Unbildsame Rohstoffe keramischer Massen

Magerungsmittel, Flußmittel und feuerfeste Stoffe

von

Ing.-Chem. **Rudolf Niederleuthner**
Professor an der Bundeslehr- u. Versuchsanstalt
für chemische Industrie, Wien

Mit 83 Abbildungen und
120 Tabellen im Text

Wien
Verlag von Julius Springer
1928

ISBN-13: 978-3-7091-5188-4 e-ISBN-13: 978-3-7091-5336-9
DOI: 10.1007/978-3-7091-5336-9

Softcover reprint of the hardcover 1st edition 1928

Vorwort

Die plastischen Rohstoffe der keramischen Industrie haben des öfteren in deutschen Spezialwerken eine ihrer Bedeutung entsprechende Würdigung erfahren. Die auf dem Gebiete der unbildsamen Rohstoffe keramischer Massen in den letzten Jahrzehnten gewonnenen Erkenntnisse sind dagegen in zahlreichen Zeitschriften verstreut bzw. in neueren technologischen Werken dem Charakter dieser gemäß nur knapp berücksichtigt. In Buchform fanden bisher nur einzelne dieser Stoffe eine ausführlichere Besprechung. Ich glaube daher, mit dem Versuche, die Forschungsergebnisse auf dem Gesamtgebiet der unplastischen Rohstoffe eingehend und zusammenfassend darzustellen, das Fachschrifttum nicht durch Überflüssiges zu vermehren.

Mein Bestreben ging dahin, auch einem nicht hochschulmäßig vorgebildeten Leserkreise das verständnisvolle Eindringen in diese Materie zu ermöglichen. Diesem Zwecke dient in erster Linie der „Allgemeine Teil" des Buches, in dem an geeigneter Stelle wissenschaftliche Grundbegriffe keramischer Hilfsdisziplinen erörtert werden, ferner der systematische Aufbau des Stoffes innerhalb jedes Kapitels des „Besonderen Teiles", der, von bekannten, grundlegenden Tatsachen ausgehend, zu den auf wissenschaftlicher, besonders physikalisch-chemischer Basis gewonnenen Erkenntnissen fortschreitet.

Im „Besonderen Teile" sind an erster Stelle nach ihrer Bedeutung oder nach didaktischem Erfordernis jene Magerungsmittel besprochen, die auch als feuerfeste Werkstoffe verwendet werden. Daran schließt sich die Behandlung der Flußmittel und einiger Mineralien und Kunststoffe, die nur als Roh- oder Werkstoffe feuerfester Massen seltenere Verwendung finden.

In jedem Kapitel werden zunächst jene morphologischen, physikalischen und chemischen Eigenschaften berücksichtigt, die in irgendeiner Beziehung zum keramischen Arbeitsgange stehen oder sich in den Scherbeneigenschaften des Erzeugnisses auszuwirken vermögen. Der großen Bedeutung der Strukturverhältnisse wurde, wo sich dies als nötig erwies, durch eine kurze Schilderung der Entstehungsbedingungen bzw. bei Kunststoffen durch Anführung des zumeist in diagrammatischer Form wiedergegebenen Erzeugungsganges Rechnung getragen. Der Kürze und Übersichtlichkeit halber sind die durch Zahlen ausdrückbaren Eigenschaften in Tabellen verzeichnet.

In dem mit „Brennverhalten" überschriebenen, keramisch wichtigsten Unterkapitel ist auf die Änderungen der gestaltlichen, mechanischen, thermischen, elektrischen und chemischen Eigenschaften in höheren Temperaturen und deren keramische Auswirkungen eingegangen, wobei je nach der Art des betreffenden Stoffes (Magerungsmittel, Flußmittel oder feuerfester Rohstoff) die für seine Verwendung wichtigeren Eigenschaften in den Vordergrund gerückt erscheinen. Soweit es sich um Stoffe handelt, die zum keramischen Weißbrand Verwendung finden, ist natürlich auch die Brennfarbe berücksichtigt. Wo es an den entsprechenden Kennzahlen über den Rohstoff selbst noch mangelt, sind sowohl in den Tabellen als auch im Texte die bezüglichen Daten der dem Rohstoff physikalisch und chemisch nahestehenden Erzeugnisse angeführt.

Beim nächsten Unterkapitel „Vorkommen" fanden zumeist nur mitteleuropäische Länder, vor allem das deutsche Sprachgebiet, eingehendere Berücksichtigung, während andere nutzbare Fundstätten nur dann ausführlicher aufgenommen wurden, wenn die weltwirtschaftliche Bedeutung des Stoffes dies gerechtfertigt erscheinen ließ. Eine strenge Scheidung zwischen Vorkommen, deren Material keramisch, auch oder nur anderweitig verwendet wird, war nicht immer möglich, da gerade diese Verhältnisse seltener Gegenstand von Veröffentlichungen sind. Als Richtschnur für die technische Nutzbarkeit eines Vorkommens überhaupt diente in Fällen, wo die keramische Literatur keine Auskunft gab, das Buch von Mieleitner, K.: Die Technisch wichtigen Mineralstoffe, München und Berlin: R. Oldenbourg. 1919.

Im Kapitel „Verwendung" ist auch auf die Anwendung des betreffenden Stoffes in Industrien Bedacht genommen, die der Keramik im weiteren Sinne des Wortes nahestehen. Auf Grund der Erwägung, daß eine zielbewußte Arbeit des Massensynthetikers die genaue Kenntnis der Verwendungsart keramischer Erzeugnisse voraussetzt, erstreckt sich die Angabe der Verwendung nicht allein auf die Rohstoffe, sondern auch auf die Erzeugnisse aus diesen.

Den Schluß jedes Kapitels bilden Erörterungen über die „Wirkungen in tonigen Massen", die nach den Gesichtspunkten „Grüne Masse" und „Wirkungen im Brande" gegliedert sind; die Auswirkungen der Rohstoffeigenschaften in Glasuren wurden dabei als nicht zum eigentlichen Gegenstand gehörig nur flüchtig gestreift.

Getragen von dem Wunsche, daß die für die Verfassung des Buches aufgewendete Mühe ihren Lohn in der Erreichung des gesteckten Zieles findet, nämlich den Absolventen höherer Fachschulen ein Wegweiser in das wissenschaftliche Gebiet der Keramik zu sein, aber auch für die geehrten Herren Fachgenossen mit wissenschaftlicher Bildung ein nützliches Nachschlagewerk zu schaffen, übergebe ich das vorliegende Buch der Öffentlichkeit mit der Bitte, es freundlich aufnehmen und die infolge der Inhomogenität und Fülle des Stoffes unvermeidlichen Mängel und Lücken nachsichtig beurteilen zu wollen.

Es obliegt mir noch die angenehme Pflicht, all jenen zu danken, die meine Arbeit durch fachliche Ratschläge oder auf andere Weise gefördert haben. Besonderen Dank schulde ich Herrn Professor Dr. Rudolf Böhm, gewesenem Chefchemiker der Veitscher Magnesitwerke, Wien, Herrn Ingenieur Robert Berg, Direktor der Tonwarenfabrik der Wienerberger Ziegelfabriks- und Bau-Gesellschaft, Wien, Herrn Hofrat Universitätsprofessor Dr. Julius Zellner, Direktor der Bundes-Lehr- und Versuchsanstalt für chemische Industrie, Wien, und Herrn Dr. Bruno von Freyberg, Privatdozenten an der Universität Halle a. d. S.

Klischees wurden mir in liebenswürdigster Weise von der Deutschen Keramischen Gesellschaft, Berlin, von der Keramischen Rundschau und Tonindustrie-Zeitung, Berlin, zur Verfügung gestellt.

Endlich bin ich auch dem Verlage Julius Springer, Wien, für das vielfach bewiesene Entgegenkommen und die schöne Ausstattung des Buches zu großem Danke verpflichtet.

Wien, im Juli 1928

Der Verfasser

Inhaltsverzeichnis

Im Buche verwendete Formelzeichen und Abkürzungen

Formelzeichen

Zeichen	bedeutet
Å	1 Ångström = 10^{-8} cm = = 10^{-4} μ = 10^{-1} μμ
α (griech. Buchstabe Alpha)	vor Worten oder chemischen Formeln die Zustandsform
α	kubischer Ausdehnungskoeffizient
α × 10^{7}	kubische Ausdehnungskonstante nach Schott, Havas u. Winkelmann × 10^{7} für 1° C
β (griech. Buchstabe Beta)	vor Worten oder chemischen Formeln die Zustandsform
β × 10^{6}	linearer Wärmeausdehnungskoeffizient × 10^{6}
c	spezifische Wärme
c_m	mittlere spezifische Wärme
// c	parallel zur kristallographischen Hauptachse
⊥ c	senkrecht zur kristallographischen Hauptachse
C-G-S	Zentimeter-Gramm-Sekunden
DK	Dielektrizitätskonstante
E	Elastizitätskoeffizient
F	Fläche
γ (griech. Buchstabe Gamma)	vor Worten oder chemischen Formeln die Zustandsform
g	absolutes Gewicht
G	Druckfestigkeit in kg/qcm
G_1	Zugfestigkeit
H	Härte nach Mohs
ϰ (griech. Buchstabe Kappa)	elektrische Leitfähigkeit des cm-Würfels in reziproken Ohm
K	Gleichgewichtskonstante
KS	Kristallsystem

Zeichen	bedeutet
l	Länge
log	Briggscher Logarithmus
λ (griech. Buchstabe Lambda)	absolute Wärmeleitfähigkeit
λ × 360	Wärmeleitzahl
M	Molekulargewicht
μ (griech. Buchstabe My)	1 Mikron = 10^{-4} cm = = 10^{-3} mm
μμ	1 Doppel- oder Myriamikron = 10^{-3} μ = = 10^{-6} mm = 10^{-7} cm
n_α, n_γ	Brechungsexponenten bei optisch einachsigen Kristallen
n_α, n_β, n_γ	Brechungsexponenten bei optisch zweiachsigen Kristallen (α kleinster, β mittlerer, γ größter)
$n_\gamma - n_\alpha$	Doppelbrechung bei optisch einachsigen Kristallen
$n_\gamma - n_\alpha$, $n_\gamma - n_\beta$, $n_\beta - n_\alpha$	Doppelbrechungen bei optisch zweiachsigen Kristallen
N_m	mittlerer Brechungsexponent
Na	bei optischen Daten Natriumlicht
Ω (griech. Buchstabe Omega)	Ohm (Maß des elektrischen Widerstandes)
Ω/ccm	Ohm je cm-Würfel
P	als Ordinate bei Diagrammen den Dampfdruck
q	Querschnitt, österr. Zentner = 100 kg
Q	Wärmemenge
r	Raumgewicht
s	spezifisches Gewicht
Σ (griech. Buchstabe Sigma)	Summe

Zeichen	bedeutet	Zeichen	bedeutet
t, T	Temperaturen in °C	WE	Wärmeeinheit
t	Tonne (1000 kg)	Zt	Zimmertemperatur
U	Undichtigkeitsgrad (Porenraum in v H)	∾	etwa, rund
		>	größer als
v	Volumen	<	kleiner als
W	elektrischer Widerstand	∅	Durchmesser
ω (kleines Omega)	spezifischer Widerstand	[x]	Konzentration des Stoffes x (Anzahl der Molekel in der Raumeinheit)
WK	thermischer Widerstandskoeffizient		

Abkürzungen

Abkürzung	bedeutet	Abkürzung	bedeutet
Abt.	Abteilung	Ref.	Referat
Am. P.	Amerikanisches Patent	Rt	Raumteile
at	1 Atmosphäre = 1·033 kg/qcm = 760 mm Hg	SK	Segerkegel
		SK 20/26	der Schmelzpunkt liegt näher zu SK 26 als zu SK 20
Blgb.	Beilageband		
°Bé	Grade Beaumé		
cal	Grammkalorie	Sek.	Sekunde
Cal/ccm	Wärmekapazität (r. c)	Smp	Schmelzpunkt
D.R.P.	Deutsches Reichspatent	Sp	Siedepunkt
E.P.	Englisches Patent	st	Stunde
F.P.	Französisches Patent	Tsch. P.	Tschecho-Slowakisches Patent
Gt	Gewichtsteile		
Kcal	Kilogrammkalorie	USA	United States of America (Vereinigte Staaten von Amerika)
KSP	Kegelschmelzpunkt		
mm Hg	mm Quecksilbersäule	v H	von Hundert
n. b.	nicht bestimmt	V. St.	Vereinigte Staaten von Nordamerika
No. P.	Norwegisches Patent		
O. K.	Ortonkegel (amerikanische Pyroskope)	$0{\cdot}0_5 12$	0·0000012

Abkürzungen der Zeitschriften

Abstr. Am. Cer. Soc.	Abstracts of the American Ceramic Society
Am. chem. Journ.	American chemical Journal
Am. Electrochem. Soc., Wash. D. C.	American Electrochemical Society, Washington, D. C.
Am. Journ. of Sci.	American Journal of Science
Am. Min.	The American Mineralogist
Ann. Chem. Phys.	Annalen der Chemie und Physik
Ann. Chim.	Annales de Chimie
Ann. Phys.	Annalen der Physik
Arch. phys. Chem. Glas u. Ker. Massen	Archiv für physikalische Chemie des Glases und der keramischen Massen
B.	Berichte der Deutschen Chemischen Gesellschaft, Berlin
Berg. hütt. Z.	Berg- und hüttenmännische Zeitung
Ber. Deutsch. ker. Ges.	Berichte der Deutschen keramischen Gesellschaft, Berlin
Ber. Ker. Forsch. Inst., Leningrad	Berichte des Keramischen Forschungsinstitutes, Leningrad (Transacts of the Ceramic-Research Institute of Leningrad)
Ber. Verb. Talk-Int. Ö.-Ung.	Bericht über die Tätigkeit des Verbandes der Talkuminteressenten in Österreich-Ungarn im Jahre 1912, Wien 1913
Ber. Ver. deutsch. Fabr.	Berichte des Vereins deutscher Fabriken feuerfester Erzeugnisse
Ber. Werkstoffaussch. Ver. d. Eisenh.	Berichte der Fachausschüsse des Vereins deutscher Eisenhüttenleute, Werkstoffausschuß
Brit. Clayworker	The British Clayworker, London
Bull. Am. Cer. Soc.	Bulletin of the American Ceramic Society
Bull. Eng. Exp. Stat. Univ. Illinois	Bulletin der Engineering Experiment Station, Universität von Illinois (Urbana)
Bull. geol. Inst. Upsala	Bulletin of the Geological Institution of Upsala
Bull. geol. Survey, USA	Bulletin of the Geological Survey of United States of Amerika
Bull. Soc. d'Encour. Ind. Nat.	Bulletin de la Société d'Encouragement p. l'Industrie Nationale
Can. Min. Journ.	Canadian Mining Journal
Cer. et Verr.	La Céramique et la Verrerie

Cer. Ind.	Ceramic Industry
Chem. and Metall. Engin.	Chemical and Metallurgical Engineering
Chem. Ind.	Die Chemische Industrie
Chem.-Met. Z.	Chemisch-Metallurgische Zeitschrift
Chem. Trade Journ. and Eng.	The Chemical Trade Journal and Chemical Engineer, London
Chem. Z.	Chemiker-Zeitung, Cöthen
Chim. et Ind.	Chimie et Industrie
Circ. Bur. Stand.	Circular of the Bureau of Standards, USA
C. r.	Comptes rendus hebdom. des séances de l'Academie des Sciences, Paris
Engin. Min. Journ.	Engineering and Mining Journal, USA, New York
Fortschr. d. Min.	Fortschritte der Mineralogie, Jena
Gazz. Chim. Ital.	Gazzetta chimica Italiana
Gieß.-Z.	Gießerei-Zeitung
Glass Ind.	Glass Industry
Glastechn. Ber.	Glastechnische Berichte
Imp. Min. Res. Bur.	Druckschrift des Departement of Imperial Mineral Resources Bureau
Jahrb. (N.) f. Min. etc.	Neues Jahrbuch für Mineralogie, Geologie und Paläontologie
Jahresh. Verein Vaterl. Naturk. Würt.	Jahreshefte des Vereins für Vaterländische Naturkunde in Württemberg
Journ. Am. Cer. Soc.	Journal of the American Ceramic Society, Columbus, Ohio
Journ. Am. Chem. Soc.	Journal of the American Chemical Society, Easton, Pa
Journ. Am. Inst. Electr. Eng.	Journal of the American Institute of Electrical Engineers
Journ. Birmingham Met. Soc.	Journal of the Birmingham Metallurgical Society
Journ. Chem. and Met. Eng.	Journal of Chemical and Metallurgical Engineer
Journ. Ind. Eng. Chem.	Journal of Industrial and Engineering Chemistry, Easton, Pa
Journ. prakt. Geol.	Journal für praktische Geologie
Journ. Russ. Phys.-chem. Ges.	Journal der Russischen Physikalisch-chemischen Gesellschaft
Journ. Soc. chem. Ind.	Journal of the Society of chemical Industry, London
Journ. Soc. Glass Techn.	Journal of the Society of Glass Technology
Journ. Wash. Acad. Sci.	Journal of Washington Acad. of Science

Ker. Rundsch.	Keramische Rundschau, Berlin
Koll.-Z.	Kolloid-Zeitschrift, Dresden-Leipzig
L. B. Tab.	Physikalisch-chemische Tabellen Landolt-Börnstein-Rooth-Scheel
Landw. Vers.	Landwirschaftliche Versuchsstationen, Berlin
Min. Carr. Entrepr.	Mines, Carrières, grandes Entreprises
Min. Res. Bur.	Flugschrift „Magnesite in the British Empire and foreign Countries"
Mit. Inst. angew. Min., Leningrad	Mitteilungen aus dem Institut für angewandte Mineralogie und Metallurgie, Leningrad
Mit. Lab. Geophys. Carnegie Inst. Wash.	Mitteilungen aus dem Laboratorium für Geophysik des Carnegie-Institutes in Washington, Washington D. C. (Geophysical Laboratory Carnegie Institution of Washington, Washington D. C.) Übersetzer J. Koppel, Berlin
Mit. öster. Bergb.	Mitteilungen über den Österreichischen Bergbau
Mitteldeutsche Bergb.-Z.	Mitteldeutsche Bergbau-Zeitung
Naturw.	Die Naturwissenschaften
N. Jahrb. f. Min. etc.	Neues Jahrbuch für Mineralogie, Geologie und Paläontologie
Norsk Geol. Tidssk.	Norsk Geologisk Tidsskrift
Notizbl.	Notizblatt
Öster. Z. Berg- und Hüttenw.	Österreichische Zeitschrift für das Berg- und Hüttenwesen
Petrol.	Petroleum, Berlin-Wien
Pogg. Ann.	Poggendorf's Annalen
Proc. Nat. Acad. Sci. Wash.	Proceedings of the National Academie of Science, Washington
Proc. Phys. Soc.	Proceedings of the Physical Society, London
Proc. Roy. Soc.	Proceedings of the Royal Society
Quarry, Surv., Contr. Journ.	The Quarry and Surveyors' and Contractors' Journal
Quart. Journ. Geol. Soc., London	Quarterly Journal of the Geological Society, London
Rev. Econ. Beograd	Revue Economique de Beograd
Rev. Gen. des Coll.	Revue génerale des Colloides
Rev. Met.	Revue de Metallurgie

Sil. Z.	Silikat-Zeitschrift, Koburg
Sitzber. Wiener Akademie	Sitzungsberichte der Akademie der Wissenschaften, Wien
Sparw.	Sparwirtschaft, Zeitschrift für wirtschaftlichen Betrieb, Wien
Sprs.	Sprechsaal, Koburg
Sprs. Arch.	Sprechsaal-Archiv
St. u. E.	Stahl und Eisen, Düsseldorf
Techn. Bull.	Technical Bulletins des American Refractories Institute (Amerikanisches „Feuerfestes" Institut)
Techn. Rev.	Technical Revier
Techn. Rundsch.	Technische Rundschau
Tonind.-Z.	Tonindustrie-Zeitung, Berlin
Trans. Am. Cer. Soc.	Transactions of the American Ceramic Society, London
Trans. Am. Electrochem. Soc.	Transactions of the American Electrochemical Society
Trans. Cer. Soc., Engl.	Transactions of the Ceramic Society, Stoke-on-Trent, England
Trans. Roy. Soc. Can.	Transactions of the Royal Society Can.
Tsch. min. Mit.	Tschermaks mineralogische und petrographische Mitteilungen
Wied. Ann.	Wiedemann's Annalen der Physik
Wiss. u. Ind.	Wissenschaft und Industrie
Z. B.	Chemisches Zentralblatt
Z. B. Min.	Zentralblatt für Mineralogie, Geologie und Paläontologie
Z. anal. Chem.	Zeitschrift für analytische Chemie, Wiesbaden
Z. angew. Chem.	Zeitschrift für angewandte Chemie, Leipzig
Z. anorg. Chem.	Zeitschrift für anorganische und allgemeine Chemie, Leipzig
Z. Chem. Ind. Koll.	Zeitschrift für Chemie und Industrie der Kolloide
Z. Elektrochem.	Zeitschrift für Elektrochemie, Halle a. d. Saale
Z. Krist.	Zeitschrift für Kristallographie und und Mineralogie
Z. öst. Ing. u. Arch. Ver.	Zeitschrift des österreichischen Ingenieur- und Architekten-Vereins
Z. phys. Chem.	Zeitschrift für physikalische Chemie, Leipzig
Z. prakt. Geol.	Zeitschrift für praktische Geologie
Z. Steinbr.	Zeitschrift für die Steinbruchsberufsgenossenschaft
Zem.	Zement

Berichtigungen

Seite 56, 7. Zeile von unten: lies „Tonerdegehalt in“ statt „Tonerdegehalt, in“.

Seite 57, 3. Absatz, 1. Zeile: lies „wahren Schmelzpunkte“ statt „Kegelschmelzpunkte“.

Seite 68, 9. Zeile von oben: lies „Meerestiere“ statt „Meerstiere“.

Seite 218, 9. Zeile von unten: lies „wie der“ statt „wieder“.

Seite 230, Fußnote ²), 2. Zeile: lies „Tonind.-Z.“ statt „Tind.-Z.“.

Seite 339, 16. Zeile von oben: lies „$(Ca\,(OH)_2 + x\,H_2O)$“ statt $(Ca\,(OH)_2 \cdot x\,H_2O)$.

Seite 356, Tabelle 62, 2. wagrechte Spalte: lies „Al_2O_3“ statt „Al_2O“.

Seite 372, 9. Zeile unter Brennverhalten: lies „$CaSO_4 \cdot {}^1/_2\,H_2O + 1\,{}^1/_2\,H_2O$“ statt „$CaSO_4 \cdot {}^1/_2\,H_2O + \ldots$“.

Seite 378, 3. Zeile von unten: lies „hervorgerufen“ statt „hervorrufen“.

Seite 388, 5. Zeile von unten, in der Gleichung: lies **„14 HF“** statt „10 HF“.

Seite 394, Tabelle 72, 5. wagrechte Spalte: lies „Serpentin“ statt „Serpent“.

Seite 399, 1. Absatz, 4. Zeile von unten: lies „Magnesitwerke Eichberg-Aue“ statt „Bayrischen Magnesitwerke Eichberg-Aue“.

Seite 427, 10. Zeile von oben: lies **„1,05¹)“** statt „1,05²)“ und **„4,30¹)“** statt „4,30²)“.

Seite 491, 15. Zeile von unten: lies „schwer“ statt „schwere“.

Seite 511, Tabelle 110, unter $\lambda \times 360$: lies „${}^1/_3$“ statt „${}^1/_2$“.

Seite 511, 12. Zeile von unten: lies „Zirkoniums“ statt „Zirkonimus“.

Seite 512, Tabelle 111, 3. Spalte von rechts: lies **„KNaO“** statt „KNa“.

Seite 529, 2. Spalte, 10. und 9. Zeile von unten: lies „Magnesitwerke Eichberg-Aue“ statt „Bayrische Magnesitwerke Eichberg-Aue“.

Einleitung

Die Industrie der Tonwaren und feuerfesten Erzeugnisse befaßt sich wie jede andere mechanische oder chemische Industrie mit der Umformung bestimmter Rohstoffe in wertvollere, in Form und Eigenschaften zweckdienlichere Erzeugnisse. In nicht allzuhäufigen Fällen besitzen die Rohstoffe schon von Natur aus die Eignung zur unmittelbaren technologischen Verarbeitung. Zumeist geht dem eigentlichen Erzeugungsgange eine „Aufbereitung" voran, die in der keramischen Industrie den Zweck verfolgt, die Grubenfeuchtigkeit zu entfernen, grobe und feine schädliche Beimengungen zu beseitigen oder unschädlich zu machen, die wertvolleren Bestandteile anzureichern, dem Rohstoffe eine für die Verarbeitung günstigere Korngröße zu erteilen, in ihm latent vorhandene Eigenschaften zu erwecken oder endlich auch durch Zusätze ein Arbeitsgemenge herzustellen, das die Gewähr für einen bestimmten Komplex von Eigenschaften des Erzeugnisses bietet. Diese Vorarbeiten schaffen erst den eigentlichen Werkstoff, der in jenen Industrien, die sich des keramischen Arbeitsganges — Formgebung, Trocknen und Brennen unterhalb der Schmelztemperatur — bedienen, die Bezeichnung „keramische Masse" oder kurzweg „Masse" führt. Im engeren Sinne versteht man unter „keramischer Masse" ein Stoffgemenge, dessen wesentlicher Bestandteil der Ton in seinen zahlreichen Spielarten (Kaolin, Steingut-, Steinzeug-, Kachel-, Töpfer-, Ziegelton und feuerfester Ton) ist.

Die Rohstoffe der keramischen Masse im engeren Sinne unterscheiden sich unter anderem durch ihr Verhalten gegenüber Wasser. Der im trockenen Zustande harte Ton wird beim Vermischen mit einer bestimmten Menge Wasser (Anfeuchtewasser) teigig, vergrößert sein Volumen und läßt sich in dieser Form durch geringen Druck oder Zug gestalten; beim Trocknen gibt er das Anfeuchtewasser unter Verringerung seines Raumes und Erhärtung ohne Verlust seiner Form wieder ab; durch Vermengung mit Wasser kann er neuerlich in den teigigen, formbaren Zustand gebracht werden, verliert aber diese Eigenschaft unter bedeutender Verfestigung und weiterer Verringerung seines Raumes beim Brennen auf bestimmte Temperaturen. Die Gesamtheit dieser im Tone schlummernden, erst durch den Wasserzusatz geweckten Eigenschaften hat man bekanntlich Bildsamkeit (Plastizität) genannt.

Professor Dr. H. Seger (1839 bis 1893) bezeichnet als Bildsamkeit jene Eigenschaft, derzufolge die Tone, mit einer bestimmten Wassermenge vermischt, eine fette, zusammenhaltende Masse bilden, die durch äußere Einwirkungen in jede beliebige Form gebracht werden kann, ohne daß dadurch der Zusammenhalt der kleinsten, gleichartigen Teilchen (Kohäsion) irgendwie verloren geht, und welche die einmal gegebene Form auch nach Beendigung der äußeren Einwirkung beim Trocknen und Brennen bewahrt.

Aller dieser Eigenschaften entbehren diejenigen keramischen Rohstoffe, die dem Tone oder Tongemenge bei der Herstellung der Masse aus irgendwelchen Gründen zugemengt werden (Versatzstoffe). Sie bilden im Gegensatz zu den bildsamen (plastischen) Tonen die unbildsamen Rohstoffe der Tonindustrie.

In obige Begriffsbestimmung ist eine Eigenschaft der Tone einbezogen, die von mancher Seite von dem Begriffe „Bildsamkeit" scharf unterschieden wird, nämlich der Zusammenhalt der kleinsten Teilchen nach dem Verdunsten des Anfeuchtewassers, also während des Trocknens und Brennens, die sogenannte Bindigkeit.

J. W. Mellor[1]) verweist darauf, daß auch „unbildsame" Stoffe wie Quarz, Schwerspat, Glas und andere bei der Durchfeuchtung des feinen Pulvers mit Wasser wohl einen zur Formgebung geeigneten Grad von Bildsamkeit, nicht aber von Bindigkeit erlangen können; Mellor schlägt daher vor, die keramischen Rohstoffe in bildsam-bindige, die Tone, und bildsam-unbindige (Quarz und andere) zu unterscheiden.

Einer größeren Anzahl von „unbildsamen" Rohstoffen kann auch auf künstlichem Wege durch sogenannte Aktivierung der Körnchenoberfläche (vgl. S. 41) ein mäßiger Grad von Bildsamkeit erteilt werden.

Auf diese Unterscheidungen ist in der Auswahl der im Rahmen dieses Buches zu besprechenden Rohstoffe keine Rücksicht genommen; unter den „unbildsamen" Rohstoffen ist vielmehr die große Gruppe von mineralischen und künstlichen Stoffen zu verstehen, die im bisher üblichen Sinne als „unbildsam" angesprochen wurden. Die Keramik bedient sich ihrer, um in tonigen Massen die für die Formgebung, das Trocknen und Brennen günstigsten Arbeitsbedingungen zu schaffen, der gebrannten Masse, dem sogenannten Scherben, gewisse Eigenschaften zu erteilen oder endlich als Grundstoff von bestimmten Zwecken dienenden tonarmen oder -freien Massen (feuerfeste Massen).

Nach den Wirkungen der Versatzstoffe auf die Eigenschaften der tonigen, ungebrannten (grünen) Masse und auf die Scherbeneigenschaften unterscheidet man bekanntlich Magerungsmittel, porositätsfördernde Zusätze (Ausbrennstoffe), Fluß-, Schmelz- oder Sintermittel und feuerfeste Versatzstoffe. Manche Magerungsmittel sind neben anderen höchst schwer schmelzenden Stoffen auch Rohstoffe der feuerfesten, tonarmen oder -freien Massen.

Versatzstoffe, die einem Erzeugnis für dieses kennzeichnende Eigenschaften verleihen, z. B. Durchschein (Transparenz), Wärme- oder elektrische Schutzwirkung, fallen in den Rahmen einer der genannten Gruppen.

---

[1]) Mellor, J. W.: Trans. Cer. Soc., Stoke-on-Trent 1921, S. 91; Ref. Ker. Rundsch. 31, 1923, S. 55.

Von der Behandlung jener Versatzstoffe, die den Massen aus dekorativen Gründen zugemengt werden, den Farbmitteln, ist in dem Buche Abstand genommen worden.

Besprochen werden dagegen jene Stoffe, die nicht als absichtliche Zusätze dienen, sondern als natürliche Beimengungen der bildsamen oder unbildsamen Rohstoffe auftreten, somit als natürliche Magerungs- oder Flußmittel angesprochen werden können. Manche von ihnen, z. B. der Gips, finden auch als Hilfsstoff keramische Verwendung. Derartige Stoffe sind nach dem Gesichtspunkte ihrer chemischen Zusammensetzung gruppiert.

Allgemeiner Teil

A. Magerungsmittel

Zu den Magerungsmitteln im weitesten Sinne des Wortes zählen alle nicht im Besitze der Tonbildsamkeit befindlichen Stoffe, die in keramischen Massen als Zusätze dienen. Berücksichtigt man deren verschiedenartige Wirkungen auf die Scherbeneigenschaften, so scheiden alle Stoffe, die einen erheblichen Grad von Verdichtung oder Porigkeit zeitigen, sowie jene, die nur zu dem Zwecke, die Schmelzbarkeit zu verringern bzw. die Schwerschmelzbarkeit zu erhöhen, zugesetzt werden, aus der Gruppe der Magerungsmittel aus.

Diese sind im engeren Sinne daher als jene Bestandteile keramischer Massen zu bezeichnen, die hauptsächlich dem Zwecke dienen, den Werkstoff, wenn sie in richtiger Menge, Korngröße und -form verwendet und sachgemäß mit ihm verarbeitet werden, in den für die einzelnen Phasen des keramischen Arbeitsganges günstigsten Zustand zu versetzen, ohne daß sie im Brande einen höheren Grad von Verdichtung bewirken.

Ihrer Herkunft nach sind sie Naturerzeugnisse, Kunststoffe oder Abfallmassen, zumeist unorganischer, eine kleinere auf die Verwendung zu Sondermassen beschränkte Gruppe, organischer Natur (Graphit, Koke).

In morphologischer Hinsicht gehören die unorganischen Magerungsmittel mit wenigen Ausnahmen zu den kristallisierten Stoffen; zumindest enthalten sie einen kristallinen, der Menge nach den gestaltlosen Stoff überwiegenden Bestandteil.

Ihre Dichte ist von der des Tones zumeist nicht wesentlich verschieden, daher sie sich, wenn sie natürlich auftreten und ihre Korngröße der Teilchengröße des Tones nahekommt, durch Schlämmen nur schwierig und unvollständig von dem bildsamen Bestandteil des Tones, der Tonsubstanz, trennen lassen. Ausnahmsweise zeigt sich bei manchen Stoffen eine sehr geringe scheinbare Dichte. In den weitesten Grenzen und unter Einbeziehung seltener verwendeter Magermittel liegt die wahre Dichte innerhalb der Werte 1·6 und 4·1.

In der Härte übertreffen sie allerdings zumeist weit den Ton; sie lassen sich daher trotz mancher Eigenschaften wie Sprödigkeit und Spaltbarkeit, welche die Zerkleinerung begünstigen, erheblich schwieriger vermahlen und erreichen erst nach entsprechend längerer Mahldauer annähernd den gleichen Feinheitsgrad wie der Ton in bedeutend kürzerer Frist; sie werden aus diesem Grunde gewöhnlich nicht mit dem Tone gleichzeitig vermahlen, da überdies die gröberen Teilchen dieser Stoffe die Erreichung einer Korngröße des Tones, welche die Körnung des Magerungsmittels unterschreitet, erschwert oder unmöglich macht. Die Härte ist bei den einzelnen Rohstoffen durch die Grade der Mohsschen Härteskala (1. Talk, 2. Gips, 3. Kalkspat, 4. Flußspat, 5. Apatit, 6. Feldspat, 7. Quarz, 8. Topas, 9. Korund und 10. Diamant) ausgedrückt.

Die thermischen und elektrischen Eigenschaften der Magerungsmittel sind sehr verschieden; im Vergleiche zu den Metallen sind sie durchwegs schlechte Leiter der Wärme und des elektrischen Stromes. Im übrigen spielen diese Eigenschaften hauptsächlich bei den feuerfesten Stoffen eine Rolle und sollen daher bei diesen (siehe S. 43 und 57) eingehender besprochen werden.

Der chemischen Natur nach zählen die Magerungsmittel zu den Oxyden bzw. Säureanhydriden, zur Stoffgruppe der Salze, zu den Elementen, organischen Verbindungen, ausnahmsweise zu den Basenanhydriden.

Alle sind in Wasser und Säuren praktisch unlöslich.

Brennverhalten

Die Magerungsmittel sind mit Ausnahme des Graphites und der Koke feuerbeständig, Graphit und Koke verschieden schwer verbrennlich. Sämtliche Eigenschaften unterliegen in dem keramisch üblichen Temperaturbereich wesentlichen Veränderungen.

Manche kristalline Magerungsmittel verändern unter Verringerung ihrer Dichte die Kristallform (polymorphe Umwandlung, Umkristallisation, Umschlag, Inversion, Transformation), amorphe werden unter Erhöhung der Dichte kristallin. Manche weiche Stoffe werden hart, manche harte mürbe und bröcklig.

Auf diese Verhältnisse, ferner auf die Änderungen der thermischen und elektrischen Eigenschaften und der Formart soll später genauer eingegangen werden (Formartänderungen siehe S. 21; alles übrige bei den feuerfesten Stoffen).

Von großer Bedeutung für die magernde Wirkung dieser Stoffe ist die Höhe der Schmelztemperatur, die Art des Schmelzens und die chemische Natur, die eine mehr oder minder große Reaktionsfähigkeit gegenüber den anderen Massenbestandteilen bei höheren Temperaturen bedingt.

Bei der Verwendung zum Aufbau von Massen, die für den keramischen Weißbrand bestimmt sind, spielt naturgemäß die Brennfarbe eine große Rolle.

Wirkungen in tonigen Massen

Die Wirkungen der Magerungsmittel auf die grüne Masse fußen auf dem Unterschiede der physikalischen Zustandsformen des Tones und der Versatzstoffe, nicht aber auf der chemischen Zusammensetzung.

Ein und derselbe Stoff kann in verschiedenen Formen auftreten; isländischer Doppelspat, Marmor und Kreide bestehen aus ein und derselben Stoffart, dem kohlensauren Kalk, und doch sind ihre Eigenschaften grundverschieden; diese Mineralien sind die verschiedenen Zustandsformen des Kalziumkarbonates. Diamant, Graphit, Kohle sind Erscheinungsformen des Elementes Kohlenstoff. Vergegenwärtigen wir uns das Körperliche dieser sechs Mineralstoffe, so können wir zwei Gruppen unterscheiden: Doppelspat, Diamant und Graphit besitzen bestimmte, immer wiederkehrende Gestalten, ebenso die Körnchen, aus denen sich der Marmor zusammensetzt, Kreide und Ruß finden wir immer gestaltlos. Die ganze stoffliche Welt läßt sich in diese beiden Gruppen, deren eine die Kristalle und kristallinen Aggregate (Kristalloide), deren andere die gestaltlosen, amorphen Stoffe umfaßt, einreihen. Die Stoffe beider Gruppen können aber noch in einer dritten Form, der kolloidalen Zustandsform, entweder natürlich auftreten (Kolloide) oder auf künstlichem Wege in sie übergeführt werden; da die amorphen Stoffe zumeist Kolloide sind, unterscheidet man gewöhnlich nur die beiden Gruppen Kristalloide und Kolloide. Die Magerungsmittel zählen zur erstgenannten Gruppe, die Tone zu den Kolloiden.

Diese beiden physikalischen Zustandsformen sollen zunächst gekennzeichnet werden.

Marmor besteht aus einer wirren Anhäufung (Aggregat) von mehr oder weniger wohlgestalteten Körnchen, die man mit freiem Auge zu unterscheiden vermag, und die scheinbar ohne Zwischenräume aneinandergereiht sind; diese Anordnung der Körnchen bedingt ein mit unbewaffnetem Auge wahrnehmbares Gefüge (Struktur); die einzelnen Körnchen, die Gefügebildner oder Strukturelemente, können bisweilen so klein sein, daß sie erst unter dem Mikroskope sichtbar werden (dichte Struktur); ein Dünnschliff, den wir mit bewaffnetem Auge untersuchen, zeigt, daß auch bei geringster Korngröße zwischen den einzelnen Kriställchen Zwischenräume vorhanden sind, die Raumerfüllung also nicht stetig, sondern diskontinuierlich ist; die Struktur ist bei sehr geringer Größe der Gefügebildner (Mikrostrukturelemente) nur unter dem Mikroskope wahrnehmbar (Feinbau oder Mikrostruktur). Die einzelnen Struktur- und Mikrostrukturelemente erscheinen auch unter dem schärfsten Mikroskope einfach, nicht aus kleineren Teilchen zusammengesetzt; und doch bestehen sie aus einer Unzahl von Kristallelementen, die sich der Wahrnehmung nur durch die enorme Kleinheit entziehen, ebenfalls dem Kristall eine Struktur (Kristallstruktur) verleihen und wie die Gefügebildner des Marmoraggregates durch Zwischenräume von einander getrennt sind. Die Kristallstrukturelemente sind Molekel, zumeist aber Atome und Ionen[1]). Was die Kristallstruktur von dem Gefüge des Aggregates unterscheidet, ist außer der Größenordnung der Elementarbestandteile und der Zwischenräume die eigentümliche Anordnung der Kristallelemente.

---

[1]) Ionen sind elektrisch geladene Atome und Molekel.

Nach der Bohrschen Theorie bilden diese ein regelmäßiges System von Punkten, etwa wie es in Abb. 1 dargestellt ist, das man als Raumgitter bezeichnet. Die mit Atomen oder Ionen besetzten Ebenen nennt man Netzebenen. Die Raumgitter der Kristalle sind nicht immer so einfacher Bauart, wie dies in der Abbildung dargestellt ist; sie bestehen zumeist aus zusammengesetzten Punktsystemen, ineinandergestellten Gittern, deren Netzebenen bei den chemischen Elementen mit gleichartigen, bei den chemischen Verbindungen mit stofflich ungleichartigen Atomen oder Ionen besetzt sind. An solchen zusammengesetzten Raumgittern kennt die Kristallstrukturtheorie mehr als zweihundert. Dieser gesetzmäßige Aufbau der Kristalle stellt die dichteste Erfüllung des Raumes durch die Materie dar und bedingt eine gesetzmäßige Folge von Eigenschaften. v. Laue fand 1912, daß ein dünnes Bündel von Röntgenstrahlen (Lichtstrahlen von außerordentlich kleiner Wellenlänge) beim Durchgang durch eine Kristallplatte in ähnlicher Weise regelmäßig gebeugt wird wie die gewöhnlichen Lichtstrahlen durch ein feines Gitter. Dieser sogenannte Laue-Effekt ist eine Bestätigung für die Raumgittertheorie und die Diskontinuität des Stoffes. Jedem Stoffe kommt ein bestimmter Laue-Effekt, ein kennzeichnendes „Röntgenspektrum" zu, das die Unterscheidung von Stoffen gestattet, die auf chemischem und physikalischem Wege nicht mehr möglich ist (vgl. S. 183).

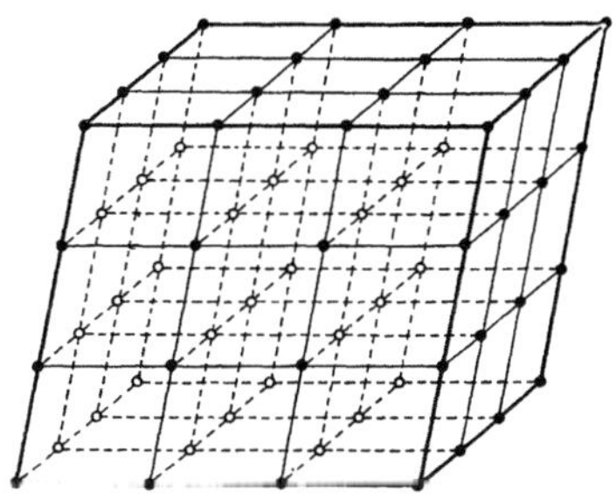

Abb. 1. Raumgitter

Der kristalloide Zustand ist also durch die gesetzmäßige räumliche Anordnung der nur durch kleinste Zwischenräume getrennten Kristallelemente und ferner durch bestimmte Eigenschaften, die mit der Richtung (// c oder $\perp$c) wechseln, gekennzeichnet, z. B. Spaltbarkeit in ganz bestimmten Ebenen, mit der Richtung wechselnde Härte, Wärmeausdehnung und -leitung, elektrische Leitfähigkeit, Doppelbrechung, chemische Angreifbarkeit und andere.

Im Gegensatz zu den Kristalloiden herrscht bei den Kolloiden (Dispersoiden) weder ein gesetzmäßiger Aufbau noch eine gesetzmäßige Beziehung zwischen Richtung und Eigenschaften. Die regellose Anordnung der Kolloidteilchen bedingt eine weitaus weniger dichte Raumerfüllung durch den betreffenden Stoff, als dies bei den Kristalloiden der Fall ist.

Wesentlich unterscheiden sich diese beiden Zustandsformen des Stoffes durch die Größe ihrer Strukturelemente und den dadurch bedingten Zerteilungsgrad (Dispersitätsgrad). Alle Strukturelemente bestehen aus Molekeln oder Atomen, deren Durchmesser kleiner als 10 Å ist; diese Größenordnungen sind unter keinem Mikroskop, auch nicht unter dem Ultramikroskop (starke, einseitige Dunkelfeldbeleuchtung), optisch wahrnehmbar und führen die Bezeichnung Amikronen. Von der Anzahl der zu einem einfachen Ganzen durch zwischenmolekulare Kräfte zusammengehaltenen Molekeln und deren räumlicher Anordnung ist die Größe (Sichtbarkeit) und Zustandsform der Strukturelemente abhängig. Ungeheuer große, gesetzmäßig gebaute Anhäufungen von Molekeln bilden die Struktur- und Mikrostrukturelemente der Kristalloide (winzige bis große Kristalle); ihre geringsten Größenordnungen fallen in das Gebiet der Mikronen (∅ > 1000 Å). Verhältnismäßig kleine Anhäufungen von Molekeln bilden dagegen die Strukturelemente der Kolloide, die Kolloidelemente; sie sind unter dem gewöhnlichen Mikroskop (diffuses Licht) unsichtbar, im Ultramikroskop dagegen wahrnehmbar; sie zählen zu den Ultramikronen, deren Durchmesser 10 bis 1000 Å beträgt (vgl. das Schema).

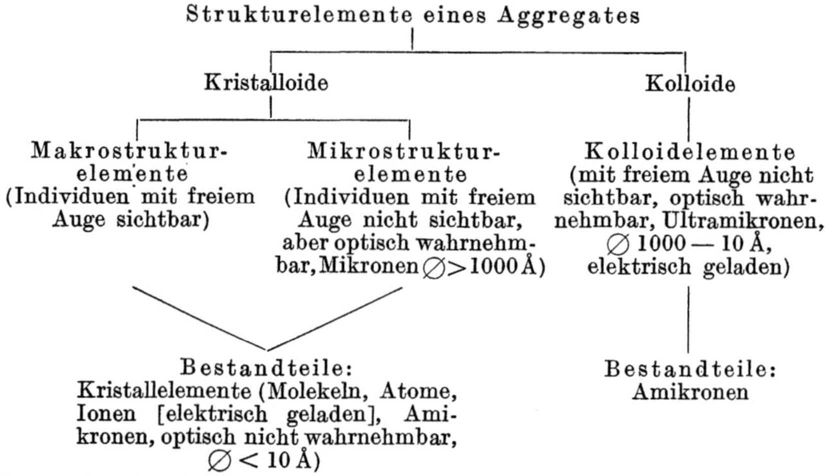

Unter der Annahme, daß ein bei der Vermahlung eines Kristalloides erhaltenes Spaltungsstückchen Würfelgestalt und eine Seitenlänge von 0·1 mm besitze, kommen auf diese Länge bei dichtester (kontinuierlicher) Lagerung 200,000 Molekeln von der Größenordnung 5 Å. Diese Anhäufung erscheint in Form eines einheitlichen Ganzen, dessen Oberfläche 0·06 mm^2 betragen würde.

Der Durchmesser eines Kolloidelementes würde unter denselben Voraussetzungen nur der linearen Größe von 200—2 Molekel bzw. die Länge von 0·1 mm der linearen Größe von 1000 bis 100 000 Kolloidelementen entsprechen. Ein Würfel von der Seitenlänge 0·1 mm würde daher wieder unter den gleichen Voraussetzungen 10^9—10^{15} Kolloidwürfelchen umschließen, deren Gesamtoberfläche jedoch nicht 0·06 mm^2, sondern, da jedes Kolloidelement ein selbständiges, optisch wahrnehmbares Ganzes bildet, 60—6000 mm^2 betragen, also 1000 bis 100 000 mal größer sein als die Oberfläche des kristalloiden Teilchens. In diesem Größenunterschied der Oberflächen der Kristalloide und Kolloide liegt der Schlüssel zur Erkennung der Ursachen des grundverschiedenen Verhaltens beider Zustandsformen, vor allem gegenüber der Einwirkung von Wasser.

Jede Oberfläche ist der Sitz einer Energie (Oberflächenenergie, Oberflächenaktivität), die sich aus der Größe der Oberfläche und der Oberflächenspannung zusammensetzt. Die ungeheuer große Oberfläche der in einem Kolloid vereinigten Kolloidelemente bedingt daher einen enorm großen Wert der Oberflächenenergie. Die Kolloide vermögen daher Wasser nicht nur aufzusaugen, sondern die Wassermolekel auch an ihrer Oberfläche zu binden, zu adsorbieren.

Durch die Wasseraufnahme tritt Quellung ein, das heißt das Kolloid vergrößert seinen Raum und geht dabei in einen gallertartigen, bildsamen Zustand, den sogenannten Gelzustand, über, in welchem die Kolloidelemente zu lockeren Gebilden verkittet sind. Beim Liegen an der Luft geben die Gele das adsorbierte, sogenannte kolloidale Wasser wieder ab, verringern dabei ihren Raum — schwinden — und erhärten.

Sorptionsvermögen besitzen die Kolloide nicht allein gegenüber Wasser, sondern auch gegenüber verschiedenen anderen chemischen Stoffen wie Lösungen von Salzen, Basen, Säuren, organischen Farbstoffen, selbst gegenüber anderen Kolloidelementen. Diesem Vereinigungsbestreben wirken die stets vorhandenen elektrischen Ladungen der Kolloidelemente entgegen. Die elektrisch gleichartig geladenen Kolloidteilchen stoßen sich ab und verhindern dadurch die Wirkung der Oberflächenenergie, die bekanntlich die Oberflächen zu verkleinern bestrebt ist, das heißt die Kolloidelemente zu vereinigen sucht. Erwärmt man ein im Gelzustande befindliches Kolloid gelinde oder vergrößert die Menge des Wassers (Dispersionsmittel), so erhält man eine „kolloidale" Lösung (Hydrosol), die in bezug auf den Verteilungsgrad des festen Stoffes im Dispersionsmittel zwischen den Suspensionen, in Wasser aufgeschwemmte gröbere Teilchen von der Größenordnung der Mikronen, und den echten Lösungen (Amikronen) steht.

Der Übergang eines Geles in kolloidale Lösung bedeutet eine weitgehende Verteilung der Kolloidelemente im Dispersionsmittel. Stoffe, welche diese Verteilung vermöge ihrer elektrischen Eigenschaften zu fördern vermögen, wirken daher auf Gele verflüssigend (Peptisation). Verflüssigungsmittel (Peptisationsmittel) sind Natronlauge, Soda, Pottasche, Wasserglas, Humusstoffe u. a. Beim Lösen im Dispersionsmittel werden diese Stoffe elektrolytisch dissoziiert, das heißt in elektrisch geladene Atome und Molekel gespalten, Ätznatron (Na OH) z. B. in positiv geladene Natriumionen und negativ geladene Hydroxylionen. Die Ionen stoßen die gleichartig geladenen Kolloidteilchen ab und bewirken dadurch eine so weitgehende Verteilung der Kolloidteilchen im Dispersionsmittel, daß das Gel die Eigenschaften einer Flüssigkeit annimmt.

Größere Mengen Verflüssigungsmittel und verdünnte Säuren, Salze (Elektrolyte) bewirken einen gegenteiligen Vorgang, die Vereinigung der Kolloidteilchen zu größeren Komplexen, die sogenannte Pektisation (Ausflockung, Gerinnung, Koagulation, Agglutination). Auch entgegengesetzt geladene Kolloide flocken sich gegenseitig aus, die Masse wird dadurch angesteift.

Ähnliche Erscheinungen, wie sie an Kolloiden wahrzunehmen sind, beobachtet man bekanntlich auch an Tonen. Sind die Tone daher Kolloide?

Einige Daten über die Teilchengröße von Tonsuspensionen geben darüber Auskunft. Nach H. Kohl[1]) bewegen sich die von verschiedenen Forschern ermittelten Durchmesser von Kaolinteilchen zwischen 20000 Å und 1460 Å (feinste Schichte eines Kaolines); sie sind also keine echten Kolloide. Die Kolloidtontheorie führt die Bildsamkeit und andere kolloidähnliche Eigenschaften der Tone auf einen geringen Gehalt derselben an echten Kolloiden zurück, rechnet aber die Tonsubstanz selbst, die nur zufolge ihres großen Dispersitätsgrades den Kolloiden nahekommt, nicht zu den eigentlichen Kolloiden.

Die in geringer, wechselnder Menge, und zwar in „fetten" Tonen mehr als in „mageren" Tonen, auftretenden echten Kolloide unorganischer (Allophanoide) und organischer Herkunft, bedingen zusammen mit dem kolloidähnlichen Dispersitätsgrad der Tonsubstanz den Kolloidcharakter der Tone. Diese besitzen daher wie jedes andere Kolloid die Eigenschaft der Quellbarkeit und des Schwindens bei der Abgabe des Anfeuchtewassers und sind wie auch die tonigen Massen im durchfeuchteten Zustande als Gele anzusprechen.

Das Anfeuchtewasser wird zum Teil vom Tone sorbiert (kolloidales oder Schwindungswasser), zum Teil tritt es als Porenfüllung auf (Porenwasser). Der Unterschied in der Art der Aufnahme des Anfeuchtewassers bedingt ein verschiedenes Verhalten bei der Verdunstung. Es liegt auf der Hand, daß das Porenwasser leichter verdunstet als das sorbierte Wasser; demgemäß ist auch die Geschwindigkeit der Abgabe des sorbierten und Porenwassers und damit auch der Schwindung verschieden groß.

Beim Trocknen eines noch im Gelzustande befindlichen Formstückes verdunstet das Anfeuchtewasser zunächst von der Oberfläche, insbesondere von den Ecken und Kanten aus. Die Oberfläche nimmt dabei, besonders bei rascher Trocknung, eine lederartige Beschaffenheit an, die das weitere Austrocknen sehr behindert. Durch die Haarröhrchenwirkung der Poren dringt das Anfeuchtewasser aus dem Innern des Körpers schichtenweise an die Oberfläche, die Verdunstung oder Verdampfung schreitet fort. Nach W. Pukall[2]) tritt in den wasserfreien Poren wahrscheinlich Luftleere ein, unter welcher Annahme die Raumminderung als Zusammenpressung durch den Atmosphärendruck erklärt werden könne.

Der Trockenvorgang ist beendet, wenn sowohl das von den Tonen sorbierte als auch das in den Poren befindliche Wasser abgegeben ist. Während der Verdunstung des Wassers rücken die Tonteilchen bis auf

[1]) Kohl, H. in Liesegang, R. E.: Kolloidchemische Technologie, S. 581. Dresden-Leipzig: Th. Steinkopff. 1927.

[2]) Pukall, W.; zit. nach Kohl: a. a. O.

molekulare Entfernungen einander nahe. Die Geschwindigkeit der Raumminderung nimmt bereits bei Beginn der Verfestigung des Tones ab; noch vor der gänzlichen Abgabe des letzten Wassers (Porenwasser) hört das Schwinden des Tones auf (Trockenschwindung).

Der Grad dieser Trockenschwindung ist von der Menge der im Tone enthaltenen Kolloide, also vom Feinheitsgrad der Teilchen, von dem Porenraum und der Feinheit der Poren, der Menge des Anfeuchtewassers und von der Art der Formgebung abhängig.

Mit der Abgabe des Wassers beim Trocknen findet die Schwindung zwar eine vorläufige, aber nicht endgültige Grenze. Die Verdampfung der beim Trocknen nicht entfernten Wasserreste und des bei der Austreibung des chemisch gebundenen Wassers (Konstitutions- oder Hydratwasser) der Tonsubstanz entstehenden freien Wassers führen zu einer weiteren Volumsverringerung, der Brennschwindung. Andere Ursachen sind die Zersetzung von kohlensauren Salzen, Verbrennung von organischen Stoffen und das Eindringen von Schmelzlösungen, die durch chemische Wechselwirkungen der Tonbestandteile entstehen, in die Poren des entwässerten Tones.

Der Betrag dieser Feuerschwindung ist von der Menge der abgegebenen Stoffe, von dem Umfange der chemischen Wechselwirkungen, der Zähflüssigkeit und dem Lösungsvermögen der gebildeten Schmelze für andere Massenbestandteile, in letzter Linie also von der Höhe der Brenntemperatur und der Dauer ihrer Einwirkung abhängig.

Die bei den einzelnen Tonen verschiedene Größe der Schwindung, die auch in einem einzigen Formstück nicht immer gleichmäßig verläuft, kann unter Umständen einen Wert erreichen, der für die Form oder den Zusammenhang des Formlings eine Gefahr bedeutet.

Nach dem Grade der Bildsamkeit unterscheidet man bekanntlich „fette“ und „magere“ Tone; diese sind gut formbar, kleben im angefeuchteten Zustande nicht an den Fingern, reißen nicht beim Aufdrehen, trocknen rasch und gleichmäßig; die aus ihnen in Gipsformen hergestellten Formlinge gehen in verhältnismäßig kurzer Zeit, ohne abzureißen, aus der Form und erleiden infolge mäßiger Trocken- und Brennschwindung weder beim Trocknen noch beim Brennen Entformungen (Verziehen, Krümmen, Blasen u. dgl.); der Scherben solcher Tone ist auch bei höheren Temperaturen porös. Fetten Tonen haften dagegen in bezug auf Verarbeitungsfähigkeit und das Verhalten beim Trocknen und Brennen eine Reihe von Mängeln an: sie zeigen die gegenteiligen Verarbeitungseigenschaften, bedürfen einer größeren Menge von Anfeuchtewasser, um in den Zustand der günstigsten Arbeitsbedingung zu gelangen, schwinden durch die größere Wassermenge beim Trocknen und Brennen stark und oft ungleichmäßig; sie brennen frühzeitig dicht und zeigen nach dem Brande häufig Unebenheiten an der Oberfläche (Austreten des Tones).

Diese unangenehmen Begleiterscheinungen einer zu großen Bildsamkeit werden zum Teil noch durch mancherlei andere Umstände verstärkt (ungleichmäßige Verteilung des Wassers in der Formmasse als

Folge mangelhaften Sumpfens und Homogenisierens, ungleich großer Verformungsdruck, der eine verschiedene Dichte der einzelnen Teile des Formstückes zeitigt, verschieden dicke Stellen am Werkstück, ungleichmäßige Luft- und Wärmezufuhr); sie verursachen eine ungleichmäßige Wasserabgabe und daher auch ungleichartige Schwindung. Die hiebei auftretenden Spannungen im Körper des Werkstückes treten bei ihrer Auslösung als Sprünge, Risse, Krümmungen, Verziehungen oder Zersprengungen in Erscheinung.

Die Ursache dieser Schäden ist die frühzeitige Verdichtung der Masse; sie behindert das Entweichen der im Innern derselben gebildeten gasförmigen Stoffe (Wasserdampf, Verbrennungsgase organischer Beimengungen oder Ablagerungen, Zersetzungsgase, z. B. Kohlensäure aus den kohlensauren Salzen) und bewirkt dadurch Auftreibungen des Scherbens, die besonders bei rascher Temperatursteigerung infolge der Ausdehnung der eingeschlossenen Gase und des dabei auftretenden Druckes auf die Oberfläche ein Verpuffen des Tones bedingen.

Bekanntlich sind auch die dichten Scherben fetter Tone gegen raschen Temperaturwechsel weitaus weniger widerstandsfähig als der poröse Scherben magerer Tone.

All diesen Übelständen kann man durch Zusatz von Magerungsmittel zum fetten Ton begegnen; der Ton wird „entfettet“ oder „gemagert“ und verhält sich dann bei der Formgebung, beim Trocknen und Brennen wie ein von Natur aus gut verarbeitbarer Ton. Die Möglichkeit zur Einverleibung von Stoffen kristalloider Beschaffenheit bietet das Bindevermögen der Tone. Die Magerungsmittel verbessern die Formbarkeit und erleichtern die Abgabe des Anfeuchtewassers, die Verdampfung des Hydratwassers, das Entweichen von Dämpfen und Gasen; ferner verringern sie die Trocken- und Brennschwindung und gestalten den Schwindungsvorgang gleichmäßiger, beheben die Entformungsgefahr, verhüten das frühe Dichtbrennen und dadurch das Austreten oder Verpuffen des Tones und machen die Masse weniger temperaturempfindlich.

Die unbildsamen Versatzstoffe keramischer Massen schaffen eine Unzahl von kleinen Trennungsflächen, die in ihrer Gesamtheit ein bis an die Oberfläche reichendes Haarröhrchennetz bilden, durch welches das Wasser leicht und gleichmäßig von allen Stellen her zur Oberfläche dringen kann. Die Annäherung der Tonteilchen wird durch das Dazwischentreten der magernden Stoffe behindert, die Schwindung somit verringert. In der gleichen Weise wirken die Magerungsmittel im Brande, in dem sie überdies durch ihre im allgemeinen geringe Reaktionsfähigkeit der Tonsubstanz gegenüber, die auch in der verhältnismäßig gröberen Körnung begründet ist, der Versinterung entgegenwirken, die Porigkeit erhöhen und dadurch die Temperaturempfindlichkeit günstig beeinflussen.

Die schwindungsverringernde Wirkung kann unter Umständen, nämlich bei Magerungsmitteln, die im Brande eine beträchtliche Raumvermehrung durch Zustandsänderungen erleiden, so bedeutend werden, daß die Masse nicht nur schwindungsfrei wird, sondern ihren Raum sogar vergrößert (vgl. S. 52). Alle Magerungsmittel verringern die Bildsamkeit, allerdings in verschiedenem Ausmaße. Graphit und der als natürliche Beimengung der Tone und Sande auftretende Glimmer wirken in dieser Beziehung zufolge ihrer Blättchenstruktur, die ihnen einen geringen Grad von Bildsamkeit verleiht, weniger energisch als gänzlich unbildsame Magerungsmittel.

Voraussetzung für ihre günstigste Wirkung auf die in Betracht kommenden Eigenschaften der grünen Masse und des Scherbens ist eine richtig bemessene Menge, eine dem Zwecke entsprechende Korngröße und -form und die innigste Vermengung (Homogenisierung) des magernden Stoffes mit den übrigen Bestandteilen der keramischen Masse.

Was den Einfluß der Menge des Magerungsmittels auf den Dichtigkeitsgrad $\left(\frac{r}{s}\right)$ der trockenen Masse, auf dessen Beziehungen zur Dichtigkeit des Scherbens und der damit im engsten Zusammenhange stehenden Scherbeneigenschaften betrifft, so ist hiefür nach J. Aron[1]) der „Punkt der größten Dichtigkeit" von einschneidender Bedeutung. Wird unter sonst gleichen Verhältnissen (gleich großer Wassergehalt, gleiche Körnung) sandfreier Ton mit verschiedenen Mengen eines magerndes Stoffes, z. B. mit Sand versetzt, so nimmt die Dichtigkeit der getrockneten Masse mit steigender Sandmenge bis zu einem bestimmten Sandgehalt zu (Punkt der größten Dichtigkeit), bei weiterer Magerung wieder ab; im Punkte der größten Dichtigkeit besteht ein ganz bestimmtes Verhältnis des Porenraumes der trockenen Masse zu dem von der trockenen Masse erfüllten Raum, das sich relativ auch nach dem Brande wieder findet und daher für wesentliche Eigenschaften des Scherbens, insbesondere für die mechanische Festigkeit, Wetter- und Temperaturwechselbeständigkeit, Glasurtragfähigkeit und andere bestimmend ist.

Die Ursache der Verdichtung der trockenen Masse durch den Sandzusatz bis zum Punkte der größten Dichtigkeit erblickt Aron (a. a. O.) in dem Umstande, daß „ein Teil des Porenwassers durch Sand vertreten ist und somit auch nur der übrigbleibende Teil des sonst erforderlichen Porenwassers zur Porenbildung Veranlassung geben kann". Parallel mit der Erhöhung des Dichtigkeitsgrades geht — wieder unter sonst gleichen Verhältnissen — eine Vergrößerung der Schwindung bis zum Punkte der größten Dichtigkeit einher, nach dessen Überschreitung die Schwindung wieder abnimmt.

Bei Überschreitung der dem Punkte der größten Dichtigkeit entsprechenden Menge an Magerungsmittel werden die Vorteile der Magerung durch nachteilige Auswirkung auf manche Verarbeitungs- und Scherbeneigenschaften aufgewogen. Zu reichliche Magerung versetzt den fetten Ton in den Zustand eines von Natur aus zu mageren Tones, der bei der

[1]) Aron, J.: Notizbl. 9, S. 339; Cramer, E. u. H. Hecht in Muspratt, J. S.: Chemie, 4. Aufl. Bd. VIII, S. 302. Braunschweig: F. Vieweg u. Sohn. 1905.

Formgebung nur geringe Druck- oder Zugbeanspruchungen, ohne zu reißen, verträgt, erschwert also die Verarbeitungsfähigkeit der Masse, verringert die mechanische Festigkeit der Trockenwerkstücke und damit die Transportfähigkeit und Sicherheit in der Handhabung der Formlinge vor dem Brennen, verringert weiters, wenn im Brande kein erheblicheres Dichtbrennen eintritt, Dichtigkeit und mechanische Festigkeit des Scherbens, ferner Wetterbeständigkeit, Dauerhaftigkeit und die Widerstandsfähigkeit gegen chemische Angriffe.

Die Lage des Punktes der größten Dichtigkeit ist von der Korngröße und Kornform abhängig. Ein Ton kann unter Umständen eine größere Menge an feinkörnigen Magerungsmitteln aufnehmen als an grobkörnigen Versatzstoffen. Diese wirken im allgemeinen energischer der Schwindung entgegen als jene, erhöhen im größeren Ausmaße die Porigkeit und begünstigen daher die Temperaturunempfindlichkeit; mit steigender Mahlfeinheit nimmt die Wirkung auf die genannten Eigenschaften ab. Zu grobes Korn gefährdet die mechanische Festigkeit der Trockenwerkstücke durch Bildung von Rissen im Innern der Masse; hingegen werden die Versatzstoffe bei hinreichendem Feinheitsgrade bei der infolge der Wasserverdunstung eintretenden räumlichen Annäherung der Teilchen in die Zwischenräume hineingedrückt, wodurch sich der Dichtigkeitsgrad der trockenen Masse wesentlich erhöht. Nach F. Kraze[1]) äußert sich ein zunehmender Feinheitsgrad des Magerungsmittels in der trockenen Masse in einer Verringerung der Porigkeit und Wasserdurchlässigkeit, in einer Erhöhung der Menge des Anfeuchtewassers und der Trockenschwindung.

Die unterschiedlichen Wirkungen verschiedener Korngrößen zeigen sich auch noch beim Brennen. Gröberes Korn gestattet ein rascheres und gleichmäßigeres Durchbrennen der Masse, beeinflußt in derselben Weise wie die Trockenschwindung die Brennschwindung, erhöht die Standfestigkeit im Feuer und verringert die Reaktionsfähigkeit des Magerungsmittels gegenüber den anderen Massenbestandteilen.

Die zweckmäßigste Kornform ergibt sich aus den Beziehungen zwischen Gestalt und Art der Raumerfüllung bei der Anhäufung der Körner. Kugeliges Korn hat wohl die kleinste Oberfläche, bedingt aber in der Anhäufung die größten Zwischenräume, verringert daher den Dichtigkeitsgrad, macht den Scherben porig und wenig mechanisch fest. Unregelmäßig geformtes, flaches, kantiges, splitteriges Korn oder noch besser gemischtes Korn gewährleistet bei richtiger Menge der verschieden geformten und verschieden großen Körner eine entsprechend hohe Dichtigkeit, indem im letzterem Falle die von den kugeligen oder gröberen Körnern gebildeten Zwischenräume durch feineres oder der Form nach geeigneteres Korn erfüllt, der Porenraum demnach auf das geringste Maß beschränkt wird.

Die Korngröße der Magerungsmittel erfährt bisweilen während des Brennens eine durch verschiedene Ursachen bedingte Veränderung.

---

[1]) Kraze, F.: Tonind.-Z. 32, 1908, S. 934—942.

Eine Verringerung der Korngröße tritt beim Brennen z. B. durch Zerspringen als Folge der Auslösung von Spannungen ein, die einem natürlichen Magerungsmittel von seiner Entstehung her anhaften oder durch spätere mächtige geologische Einflüsse verursacht sind. Anderseits kennt man auch bei den unbildsamen keramischen Rohstoffen unter den „Reaktionen im festen Zustande" (Rekristallisation, Bildung von Mischkristallen und chemische Wechselwirkungen) die bei Metallen lange bekannte „Kornvergrößerung" (Rekristallisation) von pulverförmigen Stoffen. Nach E. Kordes[1] ist die Erscheinung der Rekristallisation eine Reaktion im festen Zustande, die sich zwischen chemisch gleichartigen Kristallkörnern abspielt. B. Garre[2]) führt die Rekristallisation auf eine verstärkte Bewegung der Kristallelemente im Raumgitter zurück, die durch entsprechende Temperaturerhöhung hervorgerufen wird und zum Platzwechsel der Molekel (innere Diffusion) führt. Jedem Stoff kommt eine bestimmte Temperatur zu, oberhalb der die Kornvergrößerung beginnt; sie liegt um so tiefer, je feiner das Korn ist, nach Kordes (a. a. O.) bei Silikaten im allgemeinen ziemlich hoch. Da die Korngröße die Größe der Berührungsfläche der Teilchen, diese den Vorgang der Rekristallisation beeinflußt, fördert nach Garre (a. a. O.) der Zusatz von Wasser zu tonigen Massen durch Vergrößerung der Berührungsfläche die Rekristallisation. Äußerlich gibt sich diese Erscheinung durch eine Verfestigung des Pulvers durch Zusammenbacken zu erkennen.

Bei den zu weißbrennenden Massen verwendeten Magerungsmitteln ist die Brennfarbe eine wichtige Materialeigenschaft. Dabei ist die Eigenfarbe des Stoffes in vielen Fällen gegenstandslos, da auch verbrennliche Stoffe Färbungen verursachen können. Maßgebend ist die Brennfarbe, die der Stoff bei jener Temperatur annimmt, bei der er in der Masse gebrannt wird. Sie ist nur dann von der so sehr geschätzten Weiße, wenn im Rohstoff keine oder nur sehr geringe Mengen färbender Verbindungen (Pigmente) enthalten sind. Das allgegenwärtige Färbemittel in der Natur ist das Eisen in den verschiedensten Verbindungsformen, als Eisenoxyd, -hydroxyd und -silikat verschiedener Oxydationsstufen, als Eisen-2-karbonat (Spateisenstein) und als Schwefeleisen (Pyrit, Markasit, Pyrrhotit). Weitaus seltener sind natürliche Färbungen auf Manganverbindungen zurückzuführen. In geringer Menge, aber sehr häufig, tritt die Titansäure in Form von Rutil, Brookit oder Anatas als Farbmittel auf. Völlig eisenfreie Magerungsmittel kommen in der Natur nicht vor. Menge und Art der Verteilung der färbenden Stoffe im Körper des Rohstoffes sind für die Verwendungsmöglichkeit maßgebend. Sofern sich die färbenden Verunreinigungen nur an der Oberfläche großerer Stücke finden, üben sie auf die Verwendbarkeit des Rohstoffes keinen wesentlichen Einfluß aus, da sich die geringe Menge der Verunreinigungen im feinst vermahlenen Zustande, in dem die

[1]) Kordes, E.: Ker. Rundsch. 35, 1927, S. 768.
[2]) Garre, B.: Ker. Rundsch. 35, 1927, S. 513.

Magerungsmittel in feinkeramischen Massen fast stets verwendet werden, auf eine verhältnismäßig große Oberfläche des Mehles verteilt. Durchsetzen die färbenden Beimengungen hingegen den ganzen Körper der Stücke in Form von Schichten, Adern, Flammen u. dgl., so ist der Versatzstoff für den keramischen Weißbrand ungeeignet, was seine Verwendung in farbigbrennenden Massen natürlich nicht ausschließt.

Bei gleichmäßiger, feinerer Verteilung einer größeren Menge von Farbmitteln erscheint die gesamte Oberfläche der gebrannten Stücke gleichmäßig gefärbt; unregelmäßig in der Masse des Rohstoffes verstreut liegende, körnige Farbstoffe zeitigen eine durch farbige Flecken oder Punkte verunzierte Oberflächenfarbe. Auf die durch Farbmittel bedingte Brennfarbe sind außer den in der Natur des Rohstoffes begründeten Eigenschaften auch technologische Umstände, z. B. die Flammenbeschaffenheit beim Brennen, von Einfluß.

In sonst reinen, weißbrennenden Rohstoffen ergeben sich bisweilen Unterschiede im weißen Farbton durch den verschiedenen Grad der Lichtdurchlässigkeit. Dieser erfährt bei manchen Stoffen im Brande eine wesentliche Änderung. Lichtdurchlässige Körper erscheinen im auffallenden Lichte bekanntlich immer dunkler als jene, die zufolge einer rauhen Oberfläche das auf sie auftreffende Licht nach allen Richtungen hin zerstreut zurückwerfen (diffuse Reflexion). Erleidet die Masse eines von Natur aus lichtdurchlässigen oder durchscheinenden (lichtdurchlässig mit Zerstreuung des Lichtes beim Durchgange) Stoffes im Brande eine derartige Veränderung, daß sie das Licht infolge des Auftretens zahlreicher, kleiner, lufterfüllter Risse im Brande zerstreut zurückwirft, dann erscheint die Brennfarbe des Stoffes heller und daher reiner weiß.

Praktisch verwendete Magerungsmittel sind die verschiedenen Formen der Kieselsäure, Sande, Schamotte, gebranntes Tonmehl, Scherben gebrannter Tonmassen (Bruch von Kapseln, Biskuit- und Glattscherben, Ziegelmehl) und Aschen, in besonderen Fällen Graphit oder Koke, Karborundum und Korund. Zur Magerung geeignet sind alle Stoffe der kristalloiden Zustandsform, die bei der in Betracht kommenden Brenntemperatur und in der angewendeten Form den übrigen Massenbestandteilen gegenüber keine oder nur eine geringe Reaktionsfähigkeit besitzen und im Falle der Verwendung zum keramischen Weißbrand eine reinweiße Brennfarbe aufweisen.

Magerungsmittel für niedrig zu brennende Massen sollen keine löslichen Salze (Chloride, Sulfate) enthalten, die im Brande nicht zerstört werden können und daher die Veranlassung zu Auswitterungen sind (vgl. S. 339 und 478). Den Vorzug verdienen unter sonst gleichen Verhältnissen jene Stoffe, die entweder von Natur aus in einer zur Verwendung geeigneten Körnung und Kornform vorliegen oder zumindest ohne kostspielige Aufbereitung in diesen Zustand gebracht werden können.

Bei der Wahl des für einen bestimmten Zweck zu verwendenden Magerungsmittels sind außer den genannten Umständen auch jene besonderen Stoffeigenschaften zu berücksichtigen, die sich in den

Scherbeneigenschaften auszuwirken vermögen. Beispielsweise findet man die Sprödigkeit des Quarzes in quarzreichen Massen wieder, während mit Schamotte gemagerte Massen diese Eigenschaft nicht besitzen. Daß im allgemeinen der Verwendungszweck des Erzeugnisses und die Preisverhältnisse mitbestimmende Faktoren sind, bedarf wohl keiner eingehenderen Erörterung.

B. Ausbrennstoffe

(Porositätsfördernde Versatzstoffe)

Porigkeitsfördernde Stoffe sind organische Versatzstoffe keramischer Massen. Sie sind durchwegs pflanzlicher Herkunft, teils Naturerzeugnisse (fossile und vegetabilische Brennstoffe), teils Kunststoffe (künstliche Brennstoffe, Teer) oder Abfallmassen mechanischer und chemischer Industrien (Sägespäne, Sägemehl, Korkabfälle; Sulfitzelluloseablauge). In einem Naturerzeugnis, dem sogenannten Ölschiefer, liegt ein natürliches Gemenge von bildsamen (Ton oder Tonmergel) und Ausbrennstoffen (Bitumen) vor, das infolge des großen Heizwertes des organischen Bestandteiles gleichzeitig sein eigener Brennstoff sein kann.

Soweit von einer Struktur im mineralogischen Sinne gesprochen werden kann, zählen die Ausbrennstoffe zu den amorphen Bildungen; die meisten sind von fester Formart, wenige flüssig. Die dem Mineralreiche entstammenden Ausbrennstoffe schwanken in ihrer Dichte zwischen 1,2 und 1,8; sie sind weich, durchwegs schlechte Leiter der Wärme und Elektrizität. Die flüssigen Ausbrennstoffe sind sehr viskos und besitzen daher ein gewisses Bindevermögen. Die Ausbrennstoffe bestehen aus verwickelt zusammengesetzten Verbindungen der Elemente Kohlenstoff, Wasserstoff, Sauerstoff und Stickstoff; die fossilen mineralischen Stoffe, deren Destillationsprodukte (Koke, Teer) und die Sulfitzelluloseablauge enthalten überdies auch Schwefelverbindungen.

Brennverhalten

Bei höherer Temperatur entzünden sie sich und verbrennen unter Zurücklassung der unorganischen Bestandteile (Asche). Die Entzündungstemperatur der einzelnen Ausbrennstoffe schwankt mit der chemischen Zusammensetzung.

Näherungswerte[1]) sind für:

Koke .....700° C	Torf ....225° C
Steinkohle .350—400° C (326° C)	Fichtenholz ....280—400° C
Braunkohle.325—400° C	Nadelholz ....295° C.
Holzkohle ..360° C (345° C)[2])	

[1]) Tonind.-Z. 50, 1926, S. 590.

[2]) Ullmann, F.: Enzyklopädie der Technischen Chemie, Bd. VII, S. 50. Berlin-Wien: Urban und Schwarzenberg. 1919.

Die Verbrennungsstoffe dieser organischen Substanzen sind der Hauptsache nach stets die gleichen, nämlich Kohlensäure (CO_2) oder Kohlenoxyd (CO) und Wasserdampf. Die schwefelhaltigen Stoffe liefern bei der Verbrennung des organisch gebundenen und des (den Kohlen) in Form von Schwefelkiesen beigemengten Schwefels Schwefeldioxyd (SO_2), das durch den Luftsauerstoff unter dem katalytischen Einfluß von Metalloxyden zu Schwefeltrioxyd (SO_3) oxydiert und durch vorhandenen Wasserdampf bei der Kondensation zu Schwefelsäure gelöst wird. Auf diese Art entstehen in tonigen Massen schwefelsaure Salze (Sulfate), die, wie bereits vorhandene Sulfate, häufig die Ursache von Schönheitsfehlern (Verfärbungen, Ausblühungen) und mechanischen Schäden keramischer Erzeugnisse sind.

Wirkungen in tonigen Massen

Die allen Ausbrennstoffen gemeinsame Wirkung auf die Eigenschaften der Erzeugnisse betreffen die Porigkeit und das scheinbare spezifische Gewicht. Die aus der Masse entweichenden gasförmigen Verbrennungsprodukte der Ausbrennstoffe hinterlassen Hohlräume, deren Größe von der Stückgröße, deren Menge von der Menge des angewendeten Stoffes abhängig ist. Der Scherben dieser Massen ist außerordentlich porös, fein- oder grobporig und infolge des geringen Dichtigkeitsgrades spezifisch sehr leicht.

Hinsichtlich der Wirkung auf die grüne Masse sind alle festen Ausbrennstoffe als Magerungsmittel anzusprechen; die flüssigen Stoffe erhöhen dagegen die Bildsamkeit der grünen Masse.

Praktisch verwendete Ausbrennstoffe sind:

Fossile Brennstoffe (Kohlen): Stein- und Braunkohlen, Torf;

vegetabilische Brennstoffe (Holzstoffe): Sägespäne, Sägemehl;

künstliche Brennstoffe: Holzkohle, Koke, Torfkohle;

pflanzliche Stoffe: Stroh, Häcksel, Korkabfälle;

Destillationsprodukte der Kohlen: Teer;

Abfälle der chemischen Industrie: Sulfitzelluloseablauge;

Brennstoffabfälle: Lösche, Zinder, Grus, Staub, faserige Torfstreu und pulveriger Torfmull.

Steinkohle dürfte heute des hohen Preises halber kaum in Betracht kommen.

Der Zweck des Versatzes toniger Massen mit Ausbrennstoffen ist, entweder eine bestimmte Größe und Art von Porigkeit zu erzeugen, eine erhebliche Verringerung der scheinbaren Dichte oder eine gute Wärmeschutzwirkung zu erzielen. Eine bestimmte Art von Porigkeit wird beispielsweise vom Scherben der bekannten Wasserkühler (Alcarazzas), Filterkörper und Diaphragmen verlangt. Zur Entfaltung der günstigsten Kühlwirkung muß der Scherben eine derartig feinporige Struktur besitzen, daß die durch die Poren an die Außenfläche dringende Wassermenge sogleich zur Verdunstung gelangt. Ein besonders niedriges spezifisches Gewicht ist bei Ziegeln für Fachwerksbauten u. dgl. (Schwimmziegel, Leichtsteine) erwünscht, während eine schlechte Wärmeleitfähigkeit von den verschiedenen Wärmeschutzmassen verlangt wird; diese beruht eben auf einem reichlichen Gehalt der Masse an gröberen Poren.

Damit die Ausbrennstoffe ihren Zweck vollkommen erfüllen, müssen sie bestimmten Anforderungen Genüge leisten. Die Brenntemperatur der Erzeugnisse dieser Art ist gewöhnlich niedrig, die Ausbrennstoffe müssen daher niedrige Entzündungstemperatur und leichte Verbrennlichkeit besitzen; ihre porigkeitsfördernde Wirkung ist um so größer, je geringer ihr Aschengehalt ist; dieser Umstand ist besonders bei der Verwendung von Kohlenabfällen (Kohlenklein u. dgl.), die stets aschenreicher als Stückkohle sind, zu berücksichtigen; eine mäßig große Menge flußmittelreicher, insbesondere alkalireicher Asche, die zufolge ihrer chemischen Zusammensetzung bei der angewendeten Brenntemperatur sintert, schmilzt oder mit dem Tone in chemische Wechselwirkung tritt, ist für die mechanische Beschaffenheit des Erzeugnisses sogar günstig. Schließlich muß vom wirtschaftlichen Standpunkte aus der betreffende Stoff wegen des niedrigen Preises dieser Erzeugnisse billig zur Verfügung stehen, daher man im allgemeinen, um die Zerkleinerung zu ersparen, meist nicht die reineren, aber teureren Stückkohlen, sondern die in entsprechender Teilchengröße vorliegenden Abfälle verwendet.

Die für einen bestimmten Zweck zu verwendende Menge ist nicht allein durch das Bindevermögen des Tones, sondern auch durch wärmetechnische Umstände begrenzt, die allerdings unter gewissen Voraussetzungen durch die Art der Brandführung berücksichtigt werden können. Bei höherem Heizwert des Ausbrennstoffes kann, insbesondere wenn Brenntemperatur und Schmelzpunkt des Tones der Masse nicht den genügenden Abstand besitzen, durch die bei der Verbrennung des Ausbrennstoffes entstehende Wärme eine derartige Temperatursteigerung eintreten, daß ein teilweises Schmelzen des Erzeugnisses erfolgen kann.

Die Wahl eines bestimmten Ausbrennstoffes richtet sich außer nach kaufmännischen Gesichtspunkten in erster Linie nach dem Verwendungszwecke des Erzeugnisses, von dem ja die im Scherben erwünschte Porigkeit abhängt. Für feinporöse Waren kommen daher Ausbrennstoffe mit geringer Teilchengröße (Kohlenklein, Sägemehl, Torfmull und andere), für grobporige Kohlengrus, Sägespäne, Korkschrot u. dgl. zur Anwendung. Bei weißen oder hellfarbigen Waren spielt naturgemäß die Brennfarbe der Asche eine große Rolle.

C. Flußmittel

(Schmelzmittel, Sintermittel)

Nach R. C. Purdy[1]) ist ein keramisches Flußmittel „ein Stoff oder eine Mischung von Stoffen, die bei gegebener Zusammensetzung sich zuerst verflüssigt und zum Lösungsmittel für die überschüssigen

[1]) Purdy, R. C.: Trans. Am. Cer. Soc., Vol. 13, 1911, S. 75—85; Bauer, E. P.: Keramik, S. 29. Dresden-Leipzig: Th. Steinkopff. 1923.

Komponenten wird". In diese Gruppe zählen sowohl an sich verhältnismäßig niedrig schmelzende Stoffe als auch solche, die zwar äußerst hohe Schmelztemperaturen besitzen, zufolge ihrer chemischen Natur aber bei verhältnismäßig niedriger Hitze mit anderen Massenbestandteilen leichtschmelzige Verbindungen eingehen.

Zur ersten Art, die im folgenden als „Flußstoffe" bezeichnet werden, zählt z. B. der Feldspat, zur zweiten Art, den „Flußmittelbildnern", unter anderen der kohlensaure Kalk bzw. dessen Brennprodukt, das Kalziumoxyd.

Die Flußmittel sind der Mehrzahl nach kristalline Mineralstoffe, seltener amorphe Gläser; wenige sind Kunststoffe (Erzeugnisse, Nebenerzeugnisse) oder Abfallmassen. Zum Teil treten die kristallinen Mineral- und Kunststoffe auch in der amorphen Zustandsform auf oder bestehen aus beiden Erscheinungsformen. Ihre Dichte liegt zwischen den Werten 2,2 und 3,4, ihre Härte zwischen dem ersten und siebenten Mohsschen Grad. Einige Flußmittel sind durch außerordentlich niedriges scheinbares spezifisches Gewicht ausgezeichnet (Kreide, Bimsstein). In chemischer Hinsicht gehören sie zu den verschiedenartigsten Stoffgruppen; vorherrschend sind bei den Flußstoffen kieselsaure Salze, bei den Flußmittelbildnern Metalloxyde.

Brennverhalten

Auch die Eigenschaften der Flußmittel erfahren in höheren Temperaturen wesentliche Veränderungen. Für die Verwendung der Flußstoffe sind in erster Linie die Formartänderungen, für jene der Flußmittelbildner die Reaktionen im festen, erweichten und feurig-flüssigen Zustand bei höheren Temperaturen maßgebend. Diese beiden Faktoren der Flußmittelwirkung sollen an dieser Stelle nach Erörterung einiger für das Verständnis der Wirkungsweise nötiger Grundbegriffe zusammenfassend behandelt werden, während bezüglich der übrigen Änderungen der Eigenschaften in höheren Temperaturen wegen der großen Verschiedenheit auf den „Besonderen Teil" verwiesen werden muß.

Der wesentliche Faktor der Wirkung der Flußstoffe ist die Schmelzbarkeit bzw. deren Ausdruck der Schmelzpunkt. Im physikalischen Sinne versteht man unter Schmelzpunkt jene Temperatur, bei der sich die feste und flüssige Formart eines Stoffes im Gleichgewichte befinden (physikalischer oder wahrer Schmelzpunkt). Dieser Schmelzpunkt hängt in erster Linie von der chemischen Zusammensetzung ab, ist also eine spezifische Eigenschaft der Stoffe. Von einem wahren Schmelzpunkt kann streng genommen nur bei völlig reinen Stoffen gesprochen werden. Die Änderung der Formart beim Schmelzpunkt bedeutet bei Kristalloiden gleichzeitig eine Änderung der morphologischen Eigenschaften, da die kristallisierte Form beim Schmelzen in die amorphe Zustandsform übergeht. Diese Umwandlung muß nicht unbedingt die Verflüssigung des Stoffes nach sich ziehen. Man unterscheidet daher Schmelzung und Verflüssigung und bezeichnet nach

R. Rieke[1]) als Schmelzung die durch Temperatursteigerung bewirkte Umwandlung sämtlicher Bestandteile eines Stoffes oder Stoffgemenges in die amorphe Modifikation, als Verflüssigung den Übergang eines Stoffes oder Stoffgemenges in die tropfbarflüssige Formart unter gleichzeitiger Entformung, wobei jedoch die Vollständigkeit des Vorganges nicht Voraussetzung ist. Der Schmelzpunkt der meisten keramischen Rohstoffe, besonders der Silikate, ist nicht scharf, das heißt die Schmelzung erfolgt nicht bei einer bestimmten Temperatur. Der Schmelzvorgang erstreckt sich zufolge der geringen Schmelzgeschwindigkeit bei diesen Stoffen über ein bestimmtes Schmelzintervall; bisweilen beginnen sie schon erheblich unterhalb der Schmelztemperatur zu erweichen; die Größe des Erweichungsbereiches ist von der chemischen Zusammensetzung, der Struktur und von der Erhitzungsgeschwindigkeit abhängig. Der Schmelzvorgang kann kongruent oder inkongruent verlaufen; von kongruentem Schmelzen spricht man, wenn bei der Schmelzung kein Zerfall des Stoffes in eine andere, höher schmelzende Kristallart und eine chemisch von dieser verschiedene Schmelze eintritt; Stoffe mit kongruentem bzw. inkongruentem Schmelzpunkt bezeichnet man als „beim Schmelzpunkt stabil" bzw. „instabil".

Auf die Art des Schmelzvorganges hat in erster Linie die chemische Beschaffenheit des Stoffes bestimmenden Einfluß. Verunreinigungen, die mit dem Stoffe nicht in chemische Wechselwirkung treten, können die Verflüssigung durch Bildung von Eutektika, Beimengungen, die chemisch reagieren, durch Bildung von niedrig schmelzenden Verbindungen einleiten. Es sei zunächst der Begriff „Eutektikum" erläutert.

Im physikalisch-chemischen Sinne bezeichnet man eine aus zwei oder mehreren, nicht mischbaren Stoffen bestehende Anhäufung von Materie als ein heterogenes System; seine Ausgangsformen heißen Komponenten, die aus chemischen Umsetzungen oder physikalischen Veränderungen hervorgegangenen neuen, mechanisch abtrennbaren Stofformen, die nebeneinander und neben den Komponenten bestehen, nach W. Gibbs die Phasen des Systems.

Kalziumoxyd und Kieselsäure sind die Komponenten des Systems $CaO—SiO_2$; die Umwandlungsformen der Kieselsäure (Tridymit, Cristobalit), die aus den Komponenten bestehenden Verbindungen, z. B. $CaSiO_3$, und deren Schmelzen oder Verdampfungsprodukte sind die Phasen dieses Systems.

Von keramischem Interesse sind nur die kondensierten Systeme, die nur aus festen und schmelzflüssigen Phasen bestehen. Solange sich der Zustand eines nach außen abgeschlossenen Systems nicht ändert, spricht man vom Gleichgewicht des Systems. Das Gleichgewicht heterogener Systeme ist unabhängig von der Gleichgewichtsmenge, mit der jede einzelne Phase im System auftritt, dagegen abhängig von der Zahl der vorhandenen Komponenten und Phasen,

[1]) Rieke, R.: Tonind.-Z. 41, 1917, S. 791.

vom Druck, der Temperatur und der chemischen Zusammensetzung der Phasen. Betrachten wir zunächst ein binäres oder Zweistoffsystem, z. B. einen Stoff *A*, der nur einen einzigen Stoff *B* als Verunreinigung enthält; die beiden Stoffe seien im geschmolzenen Zustande ineinander vollkommen löslich, im festen Zustande (nach der Erstarrung) nicht mischbar und sollen miteinander keine chemische Verbindung bilden (Fall 1). Zur graphischen Darstellung der Beziehungen zwischen den Schmelzpunkten aller möglichen Mischungen dieser beiden Komponenten und deren prozentischer Zusammensetzung bedient man sich eines Koordinatensystems, dessen Abszisse die Mengenverhältnisse in Hundertteilen, dessen Ordinate die Schmelztemperaturen in Graden Celsius bezeichnen, des sogenannten Konzentrations-Temperatur-Diagramms (Abb. 2).

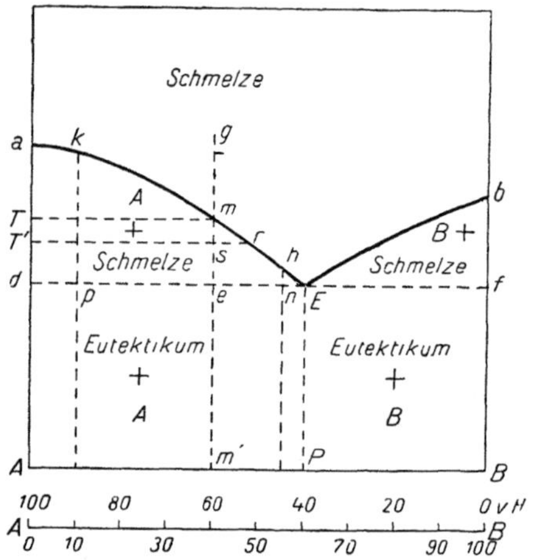

Abb. 2. Konzentrations-Temperatur-Diagramm eines binären Systems, dessen Komponenten nur im geschmolzenen Zustande mischbar sind und keine Verbindung bilden (Fall 1).

Punkt *A* stellt den reinen Stoff *A* (100 vH) mit dem Schmelzpunkt *a*, Punkt *B* den reinen Stoff *B* mit dem Schmelzpunkt *b*, jeder Punkt der Strecke *A*—*B*, z. B. Punkt *P*, ein Gemisch der beiden Stoffe *A* und *B* dar (darstellende Punkte). Das Gemenge enthält so viel vH des Stoffes *A*, als die Strecke *P*—*B*, für Punkt *P* z. B. 40 vH *A*, anzeigt; die Menge des Stoffes *B* in dem Gemisch ergibt sich in diesem Falle aus dem Fehlbetrag auf 100, das heißt aus der Strecke *P*—*A*. Zur Vereinfachung der Ablesung auf der Konzentrationskoordinate (*A B*) ist, wie auch bei den später darzulegenden Diagrammen, unterhalb dieser ein im dezimalen System geteilter Maßstab angebracht, dessen obere Teilung dem jeweils links liegenden Stoff, hier dem Stoff *A*, dessen untere Teilung dem rechts liegenden Stoff (in diesem Falle Stoff *B*) zugehört. Jeder Punkt in der Diagrammfläche (z. B. Punkt *E*) ist sowohl in bezug auf seine Zusammensetzung als auch hinsichtlich seiner Schmelztemperatur eindeutig gekennzeichnet. Der Schnittpunkt seiner Temperatur-Ordinate (*E P*) mit der Abszisse des Systems gibt die Zusammensetzung, der Schnittpunkt seiner Abszisse (*A P* = *E d*) mit der Ordinate des Systems den Schmelzpunkt (*d*) an. Durch die Verbindung der Schmelzpunkte aller Mischungen aus den beiden Stoffen erhält man die Schmelzlinie (Schmelzkurve) des betreffenden Stoffsystems (*a E b*), das Schmelzdiagramm. Die Schmelzpunkte brauchen hiezu nicht von allen Mischungen bestimmt zu werden. Zur Ermittlung der Schmelzpunkte bedient man sich häufig der sogenannten thermischen Analyse, deren Arbeitsweise kurz skizziert sei.

Die Zufuhr von Wärme zu einem Stoff bedingt, solange sich in ihm weder physikalische Vorgänge (Sieden, Schmelzen, Umwandlungen) noch chemische Reaktionen (Zersetzungen, Wechselwirkungen) abspielen, eine Erhöhung seiner Temperatur. Trägt man die den aufeinanderfolgenden Zeiten entsprechenden Temperaturanstiege auf der Ordinate, die Zeiten auf der Abszisse eines Koordinatensystems auf, so erhält man einen Linienzug, das sogenannte Temperatur-Zeit-Diagramm (vgl. Abb. 42 und 43). Die Kurve verläuft um so steiler, je rascher der Temperaturanstieg erfolgt; bei konstant bleibender Temperatur ist sie zur Abszisse parallel. Zu einem ähnlichen Diagramm gelangt man auch durch Beobachtung der Zeit-Temperatur-Verhältnisse bei der Abkühlung. Jeder Vorgang ist mit einer Änderung der Energieverhältnisse verbunden und gibt sich daher bei der thermischen Analyse durch ein Abweichen der Erhitzungs- oder Abkühlungskurve von der normalen Zeit-Temperatur-Kurve zu erkennen. Wärmeverbrauchende (endotherme) Vorgänge binden eine bestimmte Wärmemenge, die sie zur inneren Arbeitsleistung verwenden, und verzögern den Temperaturanstieg, die Kurve wird flacher, weicht also nach rechts von der normalen Temperatur-Zeit-Kurve ab; den am Beginne des Vorganges in der Kurve erscheinenden Knickpunkt bezeichnet man in diesem Falle als endothermen Haltepunkt. Bei manchen Vorgängen wird Wärme frei, der Temperaturanstieg daher beschleunigt, die Kurve weicht dann nach links vom normalen Linienzug ab, sogenannte exotherme Effekte. Endotherme Vorgänge physikalischer Natur sind z. B. Verdunsten, Sieden, Schmelzen, chemischer Natur z. B. die Austreibung chemisch gebundenen Wassers aus Tonen, Bauxiten, oder der Kohlensäure aus kohlensauren Salzen (thermische Dissoziation), die Vereinigung gewisser Oxyde zu einer chemischen Verbindung; als Beispiele für exotherme Vorgänge seien die Erstarrung einer Schmelze, die chemische Vereinigung mancher Stoffe, z. B. des Ätzkalkes mit Wasser zu gelöschtem Kalk, genannt. Bei endotherm verlaufenden chemischen Vorgängen spricht man von negativer, bei exothermen von positiver Wärmetönung. Betrachten wir den Schmelzvorgang genauer. Zur Überführung eines Stoffes aus der festen in die flüssige Formart ist außer der Erhitzungswärme auf die Schmelztemperatur die sogenannte Schmelzwärme nötig, die für jede Stoffart einen bestimmten Wert hat und zur inneren Arbeitsleistung, zum Schmelzen, verbraucht wird. Während des Schmelzens findet, wenn die zugeführte Wärmemenge dem Kalorienwert der Schmelzwärme entspricht — von Nebenumständen sei abgesehen —, keine Temperatursteigerung statt, die Kurve verläuft horizontal. Zu Beginn des Schmelzens tritt daher ein Knick im Temperatur-Zeit-Diagramm auf, dessen Temperaturwert dem Schmelzpunkt entspricht. Ist die zugeführte Wärmemenge größer als die Schmelzwärme, so macht sich der Schmelzvorgang durch eine Verzögerung des Temperaturanstieges, das heißt durch eine vom Knickpunkte an beginnende Verflachung, durch ein Abweichen nach rechts bemerkbar. Unterwirft man alle möglichen Mischungen zweier Stoffe der thermischen

Analyse, so erhält man im Diagramm für jedes Gemenge eine Erhitzungs- bzw. Abkühlungskurve mit Knickpunkten, deren Temperaturen den Schmelz- bzw. Erstarrungspunkten dieser Mischungen entsprechen. Die Verbindung dieser Knickpunkte ergibt die Schmelzkurve dieses Stoffsystems.

Die Zusammensetzung und Schmelztemperatur irgend eines Punktes der Schmelzlinie findet man durch Konstruktion seiner Koordinaten; z. B. schmilzt das durch den Punkt m (Abb. 2) dargestellte Gemenge, das $m'\,B$ Teile von A und $m'\,A$ Teile von B enthält, bei T^0 C.

Nach dem bekannten Gesetze der Schmelzpunkterniedrigung wird die Schmelztemperatur jeder der beiden Mischungsbestandteile durch den Zusatz des zweiten Stoffes erniedrigt. Stoff A mit einer auch nur kleinen Verunreinigung des Stoffes B schmilzt also tiefer als der reine Stoff.

In dem System (Fall 1) gibt es außer den Komponenten nur ein einziges Gemenge mit einheitlichem Schmelz- und Erstarrungspunkt, das heißt es existiert nur eine Mischung — ausgenommen ist der Fall einer Doppelsalzbildung —, bei der während des ganzen Schmelzvorganges die Schmelze die gleiche Zusammensetzung wie das feste Gemisch besitzt. Dieses Gemenge, dessen Bestandteile gleichzeitig, also homogen schmelzen und erstarren, zeigt auch unter allen möglichen Mischungen der beiden Stoffe den niedrigsten Schmelzpunkt; es heißt eutektisches Gemenge oder das Eutektikum. Voraussetzung für das Zustandekommen eines Eutektikums ist völlige Unlöslichkeit der Komponenten im festen Zustande und Löslichkeit der flüssigen Bestandteile ineinander. Der darstellende Punkt des Eutektikums (eutektischer Punkt) im angenommenen System A—B ist Punkt E von der Schmelztemperatur d. Er liegt um so tiefer und näher zur Mitte des Koordinatensystems, je geringer der Unterschied in den Schmelztemperaturen der Komponenten ist. Besitzt dagegen die eine Komponente im Vergleich zur anderen einen sehr hohen Schmelzpunkt, dann liegt der eutektische Punkt in nächster Nähe des Stoffes mit niedrigerem Schmelzpunkt.

Das Schmelzen eines nichteutektischen Gemenges obig angenommener Art vollzieht sich in folgender Weise: Wir wählen irgendein Gemenge des Zweistoffsystems A—B, z. B. jenes, das durch den Punkt m' dargestellt wird; beim Erhitzen dieser Mischung bis zur Temperatur d (entsprechend dem Punkte e der eutektischen Wagrechten $d\,f$, Schnittpunkt der Temperaturordinate $m'\,e = A\,d$ und Konzentrationsabszisse $d\,e = A\,m'$) schmelzen von jedem der beiden Stoffe bestimmte Mengen, die zueinander in demselben Verhältnis stehen wie die Bestandteile des Eutektikums, mit anderen Worten das Eutektikum, während die überschüssige Komponente noch weiter fest bleibt bzw. sich erst mit steigender Temperatur im verflüssigten Eutektikum allmählich auflöst; die vollständige Lösung dieser Komponente vollzieht sich bei einer Temperatur, die von der Zusammensetzung des Gemisches abhängt und nach dem Gesetze der Schmelzpunkterniedrigung tiefer liegt als der Schmelzpunkt der im Überschuß vorhandenen Komponente; in diesem Falle liegt die Temperatur bei m. Das jeweilige Mengenverhältnis zwischen der überschüssigen Komponente und der noch vorhandenen Schmelze eines bestimmten Gemenges kann graphisch oder rechnerisch ermittelt werden; in der Abbildung ist es durch die sogenannte Hebelbeziehung: „Die relativen Mengen der beiden Phasen stehen zueinander im umgekehrten Verhältnis der Abstände der ihre Konzentrationen kennzeichnenden Punkte von demjenigen, der die Konzentration der ursprünglichen Mischung kennzeichnet", also durch den Quotienten $\frac{e\,E}{e\,d}$ bestimmt; rechnerisch ergibt es sich aus folgender Überlegung: Die Zusammensetzung des Gemenges (darstellender Punkt m') sei 60 vH A und 40 vH B, die des Eutektikums (darstellender Punkt P) 40 vH A und 60 vH B. Im Eutektikum entsprechen 60 Teile des Stoffes B 40 Teilen des Stoffes A, daher benötigen die 40 Teile des Stoffes B im Gemenge zur Bildung des Eutektikums

$$60 : 40 = 40 : x;\quad x = \frac{40 \times 40}{60} = 26{,}66 \text{ Teile von } A.$$

	A	B	Σ
Das Gemenge besteht aus	60 vH	40 vH	100
Das Eutektikum, das der im Gemisch vorhandenen Menge B entspricht, aus	26,66 vH	40 vH	66,67 vH
Im Überschuß vorhanden	33,34 vH A		33,34

Die Menge der überschüssigen Komponente verhält sich daher zur Menge der noch vorhandenen Schmelze wie 1 : 2;

die graphische Ablesung ergibt: $\frac{e\,E}{e\,d} = \frac{20}{40} = 1 : 2$.

In derselben Weise läßt sich auch das Mengenverhältnis der festen Phase zur Schmelze bei einer bestimmten Temperatur ermitteln. Es wäre z. B. der Anteil der Schmelze in einem Gemenge von m' B vH A und m' A vH B bei der Temperatur T' zu ermitteln; die Parallele zur Abszisse durch T' ($T'\,r$) schneidet die im darstellenden Punkt des Gemenges errichtete Senkrechte $m'\,m$ im Punkte s; nach der erwähnten Beziehung ist $\frac{\text{fest}}{\text{flüssig}} = \frac{r\,s}{s\,T'}$; für das gewählte Gemenge ist $r\,s = 7$, $s\,T' = 40$, daher enthält dieses bei der Temperatur T' 5,7mal mehr Schmelze als Festes und besteht daher aus ∞ 15 vH A und 85 vH Schmelze. Die Menge des Eutektikums bei Beginn der Verflüssigung bzw. bei der Erstarrungstemperatur irgendeiner Mischung, z. B. von der Zusammensetzung, die dem Punkte e entspricht, ist dem Quotienten $\frac{o\,d}{d\,E}$ proportional; denn fest : flüssig $= e\,E : e\,d$ bzw. (fest + flüssig) : flüssig $= (e\,E + e\,d) : e\,d$; oder flüssig $=$ Mischung $\times \frac{e\,d}{d\,E}$.

Aus den bisherigen Betrachtungen ergeben sich von selbst die Gebiete der flussigen und festen Phasen und der Gemenge fest-flüssig. Im Felde oberhalb der Schmelzlinie $a\,E\,b$ (Abb. 2) bilden die Komponenten des Systems ein flüssiges, homogenes Gemisch, eine sogenannte Schmelzlösung. Längs *a E b* befindet sich die Schmelze mit den festen Phasen im (unvollständigen) Gleichgewichte, und zwar längs *a E* mit der Komponente *A*, längs *E b* mit der Komponente *B*. Die Gebiete *a d E* und *E b f* umfassen die aus Schmelze und den festen Phasen *A* bzw. *B* bestehenden Gemenge, während unterhalb der eutektischen Wagrechten nur feste Phasen bestehen, und zwar im Gebiete *A d E P* Eutektikum und überschüssiges *A*, im Gebiete *P E f B* Eutektikum und überschüssiges *B*. Aus der Abb. 2 können wir noch eine Reihe von Tatsachen, die gerade für den keramischen Arbeitsgang von großer Bedeutung sind, erkennen. Die eutektische Wagrechte *d f* deutet für alle Gemische den Beginn des Schmelzens an; die Schmelzpunkte der einzelnen Mischungen liegen von diesem Erweichungsbeginne sowohl links als auch rechts von der eutektischen Senkrechten (*P E*) um so weiter entfernt, je größer der Unterschied in der Zusammensetzung des Gemenges und des Eutektikums ist. Dieser Abstand ist das Erweichungsintervall. Bei Stoffgemengen, deren Zusammensetzung dem Eutektikum nahe liegt, tritt bei geringer Überschreitung der eutektischen Temperatur (*d*) bereits völlige Auflösung der überschüssigen Komponente ein; im umgekehrten Falle kann nach Erreichung der eutektischen Temperatur noch eine beträchtliche Temperatursteigerung eintreten, bevor eine völlige Auflösung erfolgt.

Außerdem erkennt man, daß eine geringe Menge eines zweiten Stoffes (*B*) bei obigen Annahmen eine nur mäßige Erniedrigung des Schmelzpunktes von *A* bewirkt und mit der Zunahme von *B* im Stoffe *A* die Schmelztemperatur bis zum Eutektikum fällt, darüber hinaus jedoch wieder ein Anstieg des Schmelzpunktes bis zur Schmelztemperatur von *B* erfolgt.

Angenommen, daß die im Diagramm gezogene eutektische Linie *d f* (Abb. 2) einer Temperatur von 1200° C entspräche und die Temperaturzählung in *A* mit 800° C beginne, würde das Erweichungsbereich des durch Punkt *h* dargestellten Gemenges 40° C (*h n*), die Erniedrigung des Schmelzpunktes von *A* durch die 55 vH *B* 260° C betragen; im Punkte *k* wäre das Erweichungsbereich $k\,p = 280^0$ C, während der Schmelzpunkt von *A* durch die diesem Gemisch entsprechende Menge *B* (10 vH) nur um 20° C erniedrigt würde.

Bei der Abkühlung eines im vollständig flüssigen Zustande befindlichen Gemisches (dargestellt z. B. durch Punkt *g*) scheidet sich, wenn die dem Punkte *m* (Schnittpunkt der Temperaturordinate von *g* mit der Schmelzlinie) entsprechende Temperatur erreicht ist, festes *A* aus, dessen Menge mit sinkender Temperatur so lange zunimmt, bis in *e* die eutektische Temperatur erreicht ist; bei dieser Temperatur erstarrt das Gemisch zu einem Konglomerat aus Eutektikum und festem *A*. Die Zusammensetzung der Schmelze ändert sich von *m* an längs *m E*; bei der Temperatur T' entspricht die Zusammensetzung der dem Punkte *s* zugehörigen Schmelze der prozentischen Zusammensetzung des Punktes *r*;

denn: das Gemenge enthält .... 60 vH A; bei s sind in den
15 vH Festem vorhanden..... 15 „ A (vgl. S. 25);

daher verbleiben für die Schmelze .. 45 Gt. $A = \frac{4500}{85} = 53$ vH A.

bzw. .... 85—45 = 40 Gt. $B = \frac{4000}{85} = 47$ vH B.

Dies ist aber die prozentische Zusammensetzung des durch r dargestellten Gemenges. Das im Punkte E erstarrende Gemenge besitzt natürlich die Zusammensetzung des Eutektikums (ohne überschüssiges A oder B).

Wenn die Komponenten eines binären Systems miteinander eine Verbindung bilden, die ohne Zersetzung schmilzt und ebenso wie die Komponenten untereinander mit diesen im festen Zustande nicht, in der flüssigen Phase in beiden völlig löslich ist (Fall 2), treten im Schmelzdiagramm (Abb. 3) ein Schmelzpunktmaximum (M) und zwei Eutektika (E_1 und E_2) auf; unter Verwendung der früher gebrauchten Bezeichnungsweise sei AB die chemische Verbindung der beiden Stoffe A und B in einem bestimmten stöchiometrischen Verhältnis; dann existieren die Eutektika A—AB (E_1) und AB—B (E_2). Ganz allgemein gilt unter obigen Voraussetzungen, daß die Anzahl der Eutektika in binären Systemen um eins größer ist als die Zahl der Schmelzpunktmaxima. (Ausnahmsfälle vgl. S. 349.)

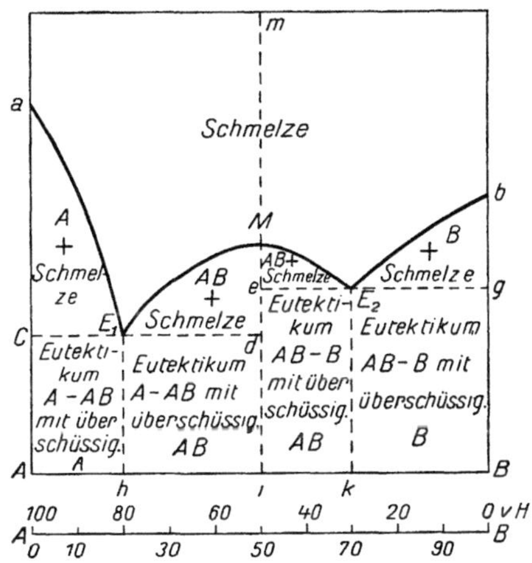

Abb. 3. Schmelzdiagramm eines binären Systems, dessen Komponenten eine unzersetzt schmelzende Verbindung bilden, die wie die Komponenten unter sich in diesen nur im geschmolzenen Zustande löslich ist (Fall 2).

Wenn man dieses Schmelzdiagramm durch die Senkrechte im in zwei Teile zerlegt, so werden diese Verhältnisse auf die einfachen Beziehungen der Abb. 2 zurückgeführt. Das System besteht dann aus zwei Teilsystemen, nämlich System A—AB und AB—B, von denen jedes einem binären System ohne Verbindung der beiden Komponenten entspricht. Es gelten daher für sie, somit also auch für das ganze System, die für den ersten Fall dargelegten Verhältnisse. Auffallend ist bei diesem System der (mehr oder weniger) stetig verlaufende Linienzug $E_1 M E_2$, der im Falle einer unzersetzt schmelzenden Verbindung eine Spitze in M bilden sollte. Dieser Verlauf des Linienteiles $E_1 M E_2$ hängt nach Ruer[1]) mit folgender Tatsache zusammen: In Wirklichkeit existiert keine Verbindung, die bei ihrer Schmelztemperatur nicht bis zu einem wenigstens geringen Grade in ihre

[1]) Ruer, R.: Metallographie, 2. Aufl. Leipzig: L. Voss. 1922.

Komponenten zerfallen würde ($AB \rightleftarrows A + B$). In unmittelbarer Nähe des Schmelzpunktmaximums liegt neben der Verbindung AB noch eine geringe Menge A (links von M) oder B (rechts von M) vor. Durch die Anwesenheit einer der reinen Komponenten wird nach dem Massenwirkungsgesetz $\left(K = \frac{[A]\,[B]}{[A\,B]}\right)$ die Dissoziation der Verbindung zurückgedrängt, daher die Komponente zur Rückbildung der Verbindung verbraucht, wodurch ihre erniedrigende Wirkung auf den Schmelzpunkt nicht so stark in Erscheinung tritt, die Kurve daher infolge der zu hoch ausfallenden Schmelzpunkte flacher erscheint. Die Mengenverhältnisse zwischen festem Anteil und Schmelze ergeben sich in derselben Weise wie beim früheren System. Die Zusammensetzung der Schmelze selbst ist von dem Mengenverhältnis der Komponenten abhängig. Im Schmelzpunktmaximum besteht sie aus reinem AB; links davon bis E_1 aus AB mit überschüssigem A, rechts davon bis E_2 aus AB mit überschüssigem B. Die den neun Zustandsfeldern entsprechenden Zusammensetzungen sind aus der Abbildung ersichtlich.

Die Schmelztemperaturen der beiden Eutektika liegen gewöhnlich verschieden hoch, können aber auch gleich sein. Nach diesen Erörterungen werden kompliziertere Fälle ohne weiters verständlich sein, wenn man bedenkt, daß — immer unter den gleichen Voraussetzungen — jeder Verbindung ein Schmelzpunktmaximum und je zwei einheitlichen Stoffen ein Eutektikum entspricht. Die Eutektika sind häufig durch besondere Strukturen ausgezeichnet.

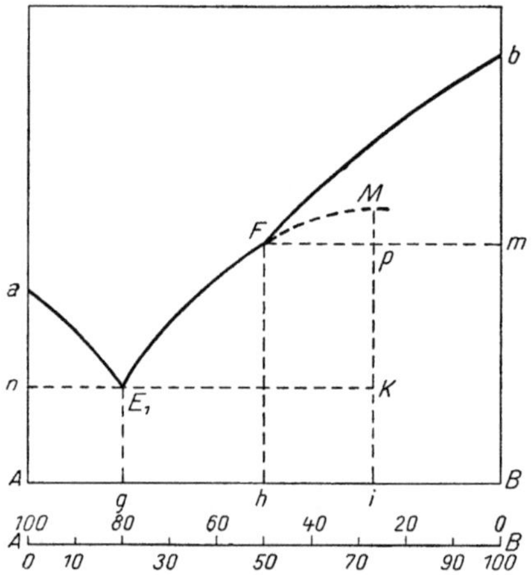

Abb. 4. Schmelzdiagramm eines binären Systems, dessen Komponenten eine Verbindung bilden, die unterhalb ihres Schmelzpunktes zerfällt. Mischbarkeitsverhältnisse wie im Falle 2 (Fall 3)

Bilden die im festen Zustande nicht mischbaren Komponenten eines Zweistoffsystems eine Verbindung, die schon unterhalb ihrer Schmelztemperatur zerfällt und in der festen Phase weder mit A noch mit B mischbar ist, dann treten die in Abb. 4 nach G. Tammann graphisch dargestellten Verhältnisse ein (Fall 3).

Beim inkongruenten Schmelzen der Verbindung $A\,B$ bilden sich Kristalle von B und eine Schmelze bestimmter Zusammensetzung. In diesem Falle existiert nur das Eutektikum A—AB (E_1). Das Schmelzpunktmaximum erscheint überhaupt nicht („verdecktes Maximum", M), dafür tritt bei F ein Knick des Kurvenastes $E_1\,b$ hervor, der den Beginn der Zersetzung von AB andeutet. Die den sieben Zustandsfeldern entsprechenden Zusammensetzungen sind folgende:

Oberhalb des Linienzuges $a\,E_1 F\,b$: Gebiet des völlig Flüssigen;

$$\left.\begin{array}{l}\triangle\, a\,E_1\,n:\\ \triangle\, b\,F\,m:\end{array}\right\}\text{Gleichgewichtszustand zwischen}\left\{\begin{array}{l}\text{festem } A \text{ und Schmelze;}\\ \text{festem } B \text{ und Schmelze;}\end{array}\right.$$

Feld $E_1\,F\,p\,K$: Gleichgewichtszustand zwischen AB und Schmelze;

$$\left.\begin{array}{l}\text{Unterhalb } n\,K\\ \quad\text{,,}\qquad p\,m\end{array}\right\}\text{Gebiet des völlig Festen, und zwar:}$$

Feld $A\,n\,E_1\,g$: Eutektikum A—AB und überschüssiges A;
Feld $g\,E_1\,K\,i$: Eutektikum A—AB und überschüssiges AB;
Feld $p\,m\,B\,i$: B und AB.

Die einfachen Verhältnisse der binären Systeme werden zuweilen recht verwickelt, wenn ein dritter Stoff hinzutritt (Dreistoff- oder ternäres System). Außer der Möglichkeit des Bestandes binärer Verbindungen und Eutektika können in diesem Falle auch ternäre Verbindungen und ternäre Eutektika auftreten, deren Zahl oft nicht gerade gering ist. Soweit ternäre Systeme erforscht sind und in irgendeiner Beziehung zum keramischen Arbeitsgang stehen, sind sie im ,,Besonderen Teile" aufgenommen.

An dieser Stelle seien die grundlegenden, zum Verständnis dieser Systeme nötigen Erörterungen gegeben:

Zur Darstellung der Zusammensetzungen ternärer Systeme bedient man sich eines Dreieckskoordinaten-Systems, z. B. nach H. W. Bakhuis Roozeboom-Schreinemakers eines gleichseitigen Dreiecks (Abb. 5), in dem die Koordinaten irgendeines Punktes im Dreiecksfeld zu den Seiten des Dreiecks unter einem Winkel von 60^0 geneigt sind. Die Eckpunkte des Dreiecks stellen die reinen Stoffe A, B und C, jeder Punkt auf der Seite $A\,B$, $B\,C$ oder $C\,A$ ein Gemenge der Stoffe A und B, B und C oder C und A dar, deren jeweilige Summe gleich 100 gesetzt wird. Die darstellenden Punkte im Innern des Dreiecks, z. B. Punkt P, entsprechen einer Mischung aller drei Stoffe, deren prozentische Zusammensetzung durch die Koordinaten $P\,c$, $P\,e$ und $P\,d$, gegeben ist, deren Summe gleich 100 ist; denn $A\,B = 100 = A\,f + f\,c + c\,B$; das Viereck $A\,f\,P\,e$ ist ein Parallelogramm, daher $A\,f = e\,P$; das Viereck $c\,P\,d\,B$ ein gleichschenkeliges Trapez, daher $P\,d = c\,B$ und das Dreieck $f\,c\,P$ gleichseitig, daher $P\,c = f\,c$; setzt man für die obigen Strecken $A\,f$, $f\,c$ und $c\,B$ die gleich großen Abschnitte auf der Seite $A\,B$ ein, so ergibt sich:

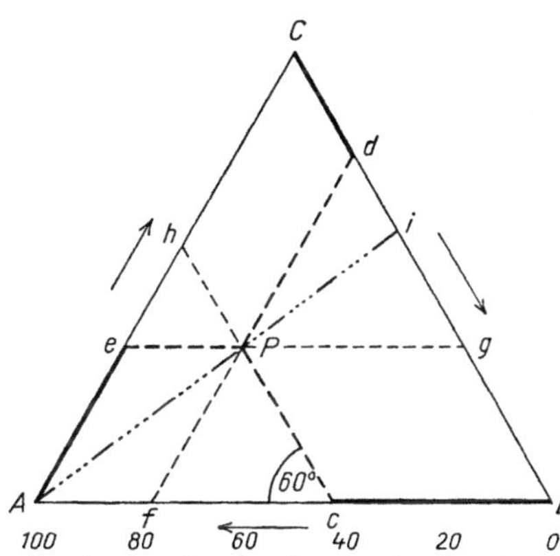

Abb. 5. Konzentrations-Diagramm eines ternären Systems nach der Darstellungsweise von H. W. Bakhuis Roozeboom und Schreinemakers

$$P\,e + P\,c + P\,d = A\,B = 100.$$

Den darstellenden Punkt eines ternären Gemenges findet man in folgender Weise:

Das Gemenge bestünde z. B. aus 42 vH *A*, 23 vH *B* und 35 vH *C*; 42 Teile von *A* entsprechen der Strecke *B c*; im Punkte *c* zieht man die Parallele zu der dem Punkte *A* gegenüberliegenden Seite; 23 Teile *B* entsprechen der Strecke *C d*; in *d* verfährt man in der gleichen Weise; der Schnittpunkt der beiden Koordinaten ist der darstellende Punkt des ternären Gemenges. Er ist natürlich auch gleichzeitig der Schnittpunkt jeder dieser Koordinaten mit der dritten Koordinate, die im Punkte *e* (*A e* = 35 Teile) parallel zu der *C* gegenüberliegenden Seite gezogen wird. Sämtliche Punkte der Strecke *e g* stellen bei konstanter Menge von *C* wechselnde Mischungen der beiden anderen Stoffe dar; sinngemäß gilt das gleiche für die Strecken *f d* (*B* konstant) und *c h* (*A* konstant). Dagegen liegen alle darstellenden Punkte von Mischungen zweier Stoffe, die zueinander in einem konstanten Verhältnis stehen, auf der durch den darstellenden Punkt des dritten Stoffes gehenden Geraden; beispielsweise liegen alle Mischungen aus *B* und *C* mit dem konstanten Verhältnis *C i* : *i B* auf der Strecke *A i*.

Um in diesem Dreiecksdiagramm die den einzelnen Gemengen zukommenden Schmelzpunkte zur Darstellung bringen zu können, denkt man sich in jedem Punkte der Dreieckseiten und Dreieckfläche

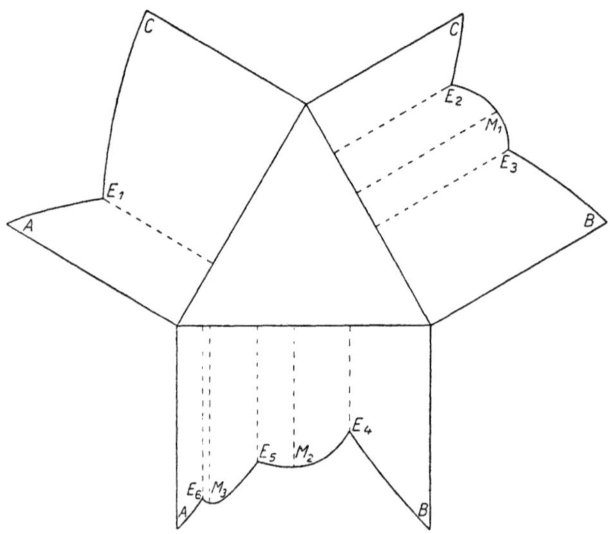

Abb. 6. Schmelzdiagramme der binären Systeme eines ternären Systems in Beziehung zum ternären System (Diagrammflächen der binären Systeme um die Dreieckseiten in die Zeichenebene umgelegt)

zur Zeichenebene normale Temperaturordinaten errichtet, auf denen nach einem bestimmten, für alle Ordinaten gleichbleibenden Maßstabe die der Schmelztemperatur des jeweiligen Gemenges entsprechende

Anzahl von Teilen aufzutragen wäre. Dadurch erhält man zunächst in den Dreieckseiten normal zur Zeichenfläche gelegene Ebenen, deren obere Begrenzungen die Schmelzlinien der binären Systeme darstellen. (Man denke sich die in Abb. 6 über den Dreieckseiten gezeichneten binären Diagrammflächen um einen Winkel von 90⁰ aufgeklappt.) Die Eckpunkte im Raume entsprechen den Schmelzpunkten der reinen Komponenten des ternären Systems.

Im Innern des dreiseitigen Raumes befinden sich schichtenweise ähnlich verlaufende Schmelzlinien, deren Gesamtheit eine Schmelzfläche mit höher und tiefer liegenden Punkten ergibt, die dem Reliefbilde eines Gebirges mit Bergspitzen, -rücken und Tälern gleicht. Die im Innern liegenden Spitzen entsprechen wie bei den binären Systemen den Schmelzpunktmaximen (Verbindungen), die tiefstliegenden Punkte den ternären Eutektiken (vgl. Abb. 59). Dieses Raummodell kann auch in die Zeichenebene projiziert werden. Wie bei den mit Schichtenlinien versehenen Landkarten denkt man sich im Abstande von der Zeichenebene z. B. von 100 zu 100⁰ C zu ihr parallele Ebenen durch das Prisma gelegt. Auf den Schnittlinien dieser Ebenen mit der Schmelzfläche liegen nur jene ternären Gemische, deren Schmelzpunkte gleich hoch sind; diese Linien bezeichnet man daher als Isothermen. Projiziert man sie in die Ebene, so erhält man zum Teil geschlossene, zum Teil offene Linienzüge, aus denen die Lage und Höhe der gleich hoch schmelzenden Gemenge (Verbindungen, Eutektika) ersichtlich ist; durch Einzeichnung der Schmelztemperaturen der Maxima und Eutektika entsteht ein sogenanntes Konzentrations-Temperatur-Diagramm mit Isothermen und Schmelztemperaturen (vgl. Abb. 62), in dem jeder Punkt durch vier Koordinaten gekennzeichnet ist.

Sowohl bei den Zweistoff- als auch Dreistoffsystemen, die im „Besonderen Teil“ besprochen werden, gelten die über die Gleichgewichtsbeziehungen gemachten Angaben selbstverständlich nur unter der Voraussetzung, daß den Reaktionen und physikalischen Vorgängen genügende Zeit gelassen wird, um bis zu einem vollständigen Gleichgewichtszustande zu gelangen.

Die praktische Bedeutung dieser Diagramme liegt in dem Umstande, daß sie sowohl bei der Synthese keramischer Massen als auch bei Verwendung von Ofenbaustoffen für bestimmte Zwecke Anhaltspunkte geben, welche Mengenverhältnisse der Komponenten einer Masse, die für einem bestimmten Zweck geeignet sein soll, zu wählen sind, bzw. welches Ofenfutter für einen bestimmten Einsatz am zweckmäßigsten ist. Wäre z. B. für einen Ofen, dessen Beschickung der Hauptsache nach aus dem Stoffe *A* bestünde, der Ofenbaustoff zu wählen, so wäre das zweckmäßigste Futter jenes, dessen Bestandteile mit *A* die höher schmelzenden Eutektika bildet. Das Umgekehrte wäre der Fall, wenn es sich um den Aufbau einer Masse handeln würde, die bei niedriger Temperatur dicht zu brennen wäre, wobei die Diagramme annähernd auch das Brennbereich zu ermitteln gestatten, in dem selbst bei mäßiger Überschreitung der Brenntemperatur eine Entformung nicht zu befürchten ist. Die jeweilige Menge des Flüssigen im Stoffgemenge ist der Maßstab hiefür.

Bei den Formartänderungen der Flußstoffe, die ja nie absolut rein sind, spielen die im vorigen betrachteten Vorgänge der Bildung von Eutektika eine bedeutende Rolle. Ihre Flußmittelwirkung ist um so größer, je tiefer die Temperatur der Verflüssigung liegt und je vollständiger sie bei tieferer Temperatur verläuft. Die Schmelztemperaturen der gebräuchlichen Flußstoffe liegen immerhin über etwa 1200° C. Die silikatischen Flußstoffe zeigen das schon gekennzeichnete Schmelzverhalten: unscharfer Schmelzpunkt, Erweichen unterhalb der Schmelztemperatur, und die ebenfalls erörterten Beziehungen zwischen diesem, der chemischen Zusammensetzung und der Erhitzungsgeschwindigkeit. Der Schmelzvorgang ist bei den gebräuchlicheren Flußstoffen inkongruent.

Bei den Flußmittelbildnern ist die Änderung der Formart durch Schmelzen bedeutungslos, da sie bei den meisten Stoffen dieser Art bei Temperaturen erfolgt, die für ihre Verwendung nicht in Frage kommen. Dagegen spielen hier die chemischen Wechselwirkungen mit den Verunreinigungen bzw. mit den übrigen Bestandteilen einer keramischen Masse die Hauptrolle. Diese sind nicht, wie man lange Zeit angenommen hat, an die flüssige Phase gebunden; man kennt heute eine Reihe von Salzbildungen und sogar doppelten Umsetzungen, die auch im festen Zustande bei höherer Temperatur mit größerer Geschwindigkeit verlaufen (Reaktionen im festen Zustande). So können nach Garre (a. a. O.) die inneren Diffusionsvorgänge (Platzwechselreaktionen), die in einem und demselben Stoff die Rekristallisationen bedingen, in Gegenwart mehrerer Stoffe bei hinreichend hoher Temperatur, aber unterhalb der Verflüssigungstemperatur, unter der Voraussetzung, daß der Vorgang exotherm (wärmeerzeugend) verläuft, zu chemischen Umsetzungen führen. Nach G. Tammann[1]) reagieren die schwer schmelzenden Oxyde — um diese handelt es sich zumeist bei den Flußbildnern — bei genügend hoher Temperatur weit unterhalb ihrer Schmelzpunkte untereinander mit beträchtlicher Geschwindigkeit, unter Umständen sogar sehr stürmisch, wenn die bei der Wechselwirkung entbundene Wärme eine wesentliche Temperatursteigerung im Stoffgemenge verursacht. Der Beginn der Reaktionen im festen Zustande liegt nach Kordes (a. a. O.) meist oberhalb der Temperatur der Korngrößerung der reinen Komponenten. Die Umsetzungen zwischen basischen Oxyden und Säureanhydriden führen auch im festen Zustande zur Bildung von Salzen, deren Schmelztemperaturen oft recht erheblich tiefer liegen als die der Komponenten; dadurch, sowie durch die Möglichkeit der Bildung neuer Eutektika tritt in einem aus hoch schmelzenden Stoffen bestehenden System ein teilweises Schmelzen, nämlich die Verflüssigung der leichter schmelzbaren Umsetzungsstoffe ein.

---

[1]) Tammann, G.: Vortrag auf der Hauptversammlung des Vereins Deutscher Chemiker, Kiel, Mai 1926; Ref. Sprs. 59, 1926, S. 462.

In bezug auf die Stärke der Wirkung gegenüber Säureanhydriden reiht Tammann (a. a. O.) unter den basischen Oxyden, die für keramische Massen als Flußmittelbildner in Betracht kommen, das Kalziumoxyd vor das Magnesiumoxyd, dieses vor das Eisen-2-oxyd. Der genannte Forscher vermutet, daß beim Zusammenbringen von zwei Kristalloiden, die vermöge ihres chemischen Charakters zur Reaktion befähigt sind, eine Umsetzung schon bei gewöhnlicher Temperatur einsetze, die zur oberflächlichen Bildung einer wenige Ångström dicken Salzschichte führe, welche die weitere Reaktion behindere; erst bei Beginn des durch Temperatursteigerung hervorgerufenen Platzwechsels der Moleküle werde die molekulare Salzschichte für gewisse Atomgruppen durchlässig und gestatte nun einen merklichen Fortschritt der Umsetzung; unterhalb der Temperatur des Diffusionsbeginnes vollziehen sich die Reaktionen nicht merklich, oberhalb dieser jedoch häufig sehr schnell.

Von Einfluß auf die Diffusionstemperatur ist nach Tammann (a. a. O.) auch die Lage des Umwandlungs- (Inversions-) Punktes — das heißt jener Temperatur, bei der die Molekel oder Atomgruppen unter Bildung einer neuen Kristallform ihre Plätze innerhalb des Raumgitters wechseln —, soferne natürlich eine Umwandlung in einem oder in mehreren Stoffen des betreffenden Reaktionsgebietes überhaupt eintritt; die Umkristallisation bewirke, wenn der Platzwechsel unterhalb des Inversionspunktes noch nicht merklich wäre, ein Hervortreten desselben und dadurch auch eine Verfestigung durch Zusammenbacken.

Die chemischen Wechselwirkungen gehen im allgemeinen um so leichter und rascher vor sich, je schneller sich die Diffusion der einzelnen Bestandteile ineinander vollzieht; daß hiefür nicht allein der chemische Gegensatz der reagierenden Stoffe, sondern in erster Linie die Kristallstruktur, Korngröße, das heißt der Feinbau, und die Innigkeit der Mischung maßgebend ist, liegt auf der Hand; sie sind die Faktoren der Größe der Berührungsoberfläche, von deren Betrag das Eintreten und die Geschwindigkeit chemischer Reaktionen abhängig ist. Sehr dichte und grobkörnige Stoffe sind selbst gegen andere von chemisch gegensätzlichem Charakter sehr reaktionsträge, während die feinkörnigen, amorphen und besonders die mit einer ungeheuer großen Oberfläche und wabenartigen Struktur ausgestatteten Kolloide bei inniger Berührung leicht und mit erheblicher Geschwindigkeit reagieren. Daß Temperatur, Konzentration und die Gegenwart katalytisch wirkender Stoffe von wesentlichem Einfluß auf den Verlauf der Reaktionen sind, ist eine bekannte Tatsache. Unter Umständen wirkt auch eine rauchige (reduzierende) Ofenatmosphäre günstig auf die Umsetzungsgeschwindigkeit.

Die leichter schmelzbaren Umsetzungsstoffe der Bestandteile einer keramischen Masse sind zumeist Silikate und Alumosilikate, deren Schmelzverhalten dem der silikatischen Flußstoffe gleicht.

Ein wesentlicher Faktor der Flußmittelwirkung ist auch das Lösungsvermögen der geschmolzenen Flußstoffe bzw. der aus den Wechselwirkungen der Flußmittelbildner hervorgegangenen Schmelzen. Das Lösungsvermögen eines Stoffes im geschmolzenen Zustande ist von seiner chemischen Zusammensetzung, Schmelzbarkeit, Viskosität, Temperatur, der Konzentration der Lösungskomponenten und der Korngröße des zu lösenden Stoffes abhängig. Die kieselsauren Salze besitzen in der flüssigen Phase eine große gegenseitige Löslichkeit, die zum Teil auch noch im festen Zustande vorhanden ist, so daß bei der Abkühlung der Schmelzlösung ein homogenes Erstarrungsprodukt erhalten wird („feste Lösung"); kristallisierte feste Lösungen nennt man bekanntlich „Mischkristalle". Sie entstehen auch durch Reaktionen im festen Zustande, wenn die Kristallstrukturen der Komponenten große Ähnlichkeit besitzen. Auch die Bildung von festen Lösungen hat eine große keramische Bedeutung; bei der Betrachtung der Stoffsysteme, deren Komponenten keine Löslichkeit in der festen Phase besitzen, findet man im Gebiete des „völlig Festen" ausnahmslos Konglomerate, deren Verfestigungsgrad naturgemäß geringer ist als eine durchaus homogen erstarrte feste Lösung; die Bildung von festen Lösungen stellt daher eine Art Verkittung oder Bindewirkung dar.

Nicht immer ist die Löslichkeit der einen Komponente in der zweiten im festen Zustande vollkommen; nur bei vollständiger Löslichkeit bilden die Komponenten im festen Zustand eine lückenlose (von 0 bis 100 vH) Reihe von Mischkristallen; andernfalls zeigt die Mischungsreihe Lücken. Die Schmelz- bzw. Erstarrungspunkte von binären Stoffgemischen, die eine stetige Reihe von Mischkristallen bilden, liegen im einfachsten Falle zwischen den Schmelz- bzw. Erstarrungspunkten der Komponenten (Typus 1 nach Bakhuis Roozeboom[1]).

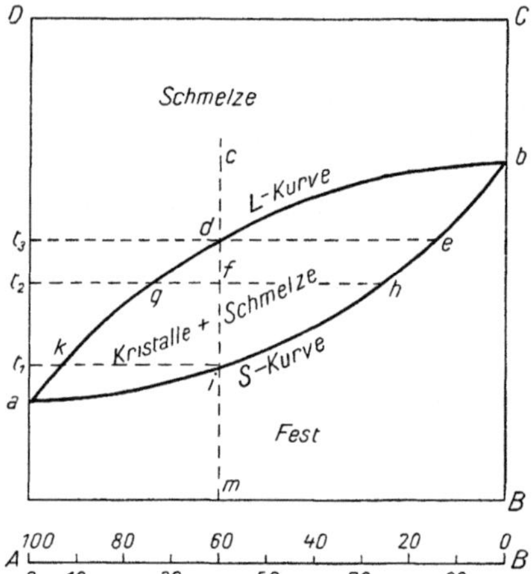

Abb. 7. Schmelzdiagramm eines binären Systems, dessen Komponenten keine Verbindung bilden, jedoch flüssig und fest in allen Verhältnissen mischbar sind (Mischkristalle)

Der Schmelzvorgang fester Lösungen weicht erheblich von dem der bisher betrachteten Stoffsysteme ab. Mischkristalle schmelzen und erstarren inhomogen. Wenn beide Komponenten eine lückenlose Reihe von Mischkristallen bilden („vollkommener Isomorphismus"), wie es z. B. bei einer Art der Feldspate vor kommt, und die Komponenten keine chemische Verbindung eingehen, besteht das Schmelzdiagramm (Abb. 7) aus drei Feldern, dem oberhalb der *L*- (liquidus-) Linie[2]) befindlichen Gebiet der homogenen Schmelze, dem unterhalb der *S*-

[1]) Bakhuis Roozeboom, H. W.: Heterogene Gleichgewichte I, Braunschweig: F. Vieweg u. Sohn. 1902.

[2]) liquidus = flüssig.

(solidus-) Kurve[1]) liegenden Feld der festen Lösungen und dem zwischen beiden befindlichen Gebiet eines in der Zusammensetzung wechselnden Gemisches von Schmelze und Kristallen. Der Anteil der Schmelze bzw. des Festen an diesem Konglomerat ergibt sich für irgendeinen Punkt des Schmelzintervalles z. B. für den Punkt f aus der Hebelbeziehung: Kristalle: Schmelze = $gf : fh$. Für die in der S- bzw. L-Linie liegenden Punkte ergeben sich z. B. folgende Verhältnisse aus dieser Beziehung:

Punkt i: Kristalle : Schmelze $= 33 : 0 = 1 : \frac{0}{33} = 1 : 0.$

Punkt d: Kristalle : Schmelze $= 0 : 44$;

das heißt im Punkte i ist alles fest, in d alles flüssig.

Die S-Linie bedeutet den Beginn des Schmelzens, die L-Kurve den Zustand des vollendeten Schmelzens. Wählen wir zur Verfolgung des Schmelzvorganges jenes Gemenge, das durch den Punkt m dargestellt wird (60 vH A und 40 vH B). Im Punkte i (Temperatur t_1) befindet sich das System noch im festen Zustande, im Punkte f (Temperatur t_2) ist das Verhältnis Kristalle : Schmelze etwa gleich 1 : 2, im Punkte d (Temperatur t_3) ist bereits alles geschmolzen. Wir erkennen aus dem Diagramm, daß der Verflüssigungspunkt des niedriger schmelzenden Stoffes A ebenso wie dessen Erstarrungspunkt durch den höherschmelzenden Stoff B erhöht wird, und sich beide Punkte stetig dem Schmelz- (Erstarrungs-) Punkt des höher schmelzenden Stoffes nähern. (Unterschied von den Systemen mit nicht mischbaren festen Komponenten!)

Die Zusammensetzung der Kristalle und Schmelzen eines bestimmten Gemenges, z. B. m, ist durch die Schnittpunkte der in den betreffenden Temperaturpunkten zur Konzentrationsachse gezogenen Parallelen mit der S-Linie (Kristalle) bzw. L-Linie (Schmelze) gegeben; die im Punkte d ausgeschiedenen Kristalle, deren Menge hier unendlich klein ist, haben die Zusammensetzung des darstellenden Punktes e; bei der Temperatur t_2 hat die Schmelze die Zusammensetzung von g, die Kristalle diejenige von h; die im Punkte i im Verschwinden begriffene flüssige Phase hat die Zusammensetzung, die dem Punkte k entspricht, die Zusammensetzung der Kristalle in i ist die der ursprünglichen Schmelze in d.

Im Falle des lückenlosen Isomorphismus kann die Erstarrungskurve unter Umständen ein Maximum bzw. ein Minimum (Eutektikum) aufweisen. In diesen beiden Punkten findet dann im Gegensatz zu allen übrigen Mischungen ein einheitliches Schmelzen bzw. Erstarren statt. Liquidus- und Solidus-Linie berühren sich im höchst- bzw. tiefstliegenden Punkt (Typus 2 und 3 nach Bakhuis Roozeboom), die Strukturen der diesen Punkten entsprechenden Stoffgemische sind homogen. Abb. 8 und **9** zeigen die Schmelzdiagramme von lückenlos isomorphen Mischkristallen mit einem Maximum bzw. einem Eutektikum. Die Gestalt

[1]) solidus = fest.

der L-Linie ist nicht immer die der in Abb. 7 dargestellten; sie kann auch einen ähnlichen Verlauf nehmen wie die S-Kurve, so daß das Kristallisationsintervall eine mondsichelartige Gestalt annimmt; sie

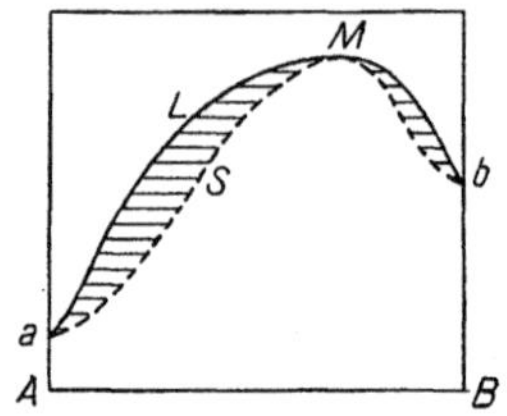

Abb. 8. Schmelzdiagramm von Mischkristallen mit einem Schmelzpunktmaximum (Typus 2)

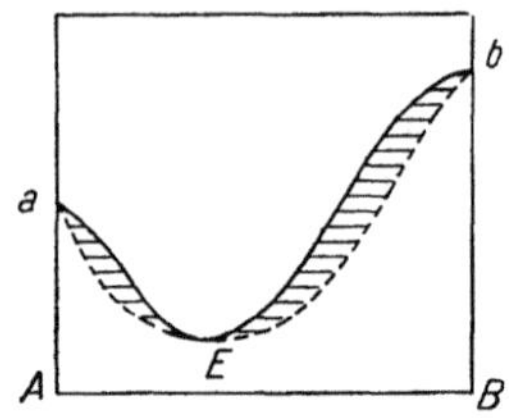

Abb. 9. Schmelzdiagramm von Mischkristallen mit einem Eutektikum (Typus 3)

kann ferner fast eine gerade Verbindung der Schmelzpunkte der reinen Stoffe darstellen und bei sehr kleinem Schmelzintervall scheinbar mit der S-Linie zusammenfallen.

Bei einer unterbrochenen Reihe von Mischkristallen kennt man zwei weitere Typen (Typus 4 und 5), von deren Erörterung abgesehen sei, da im „Besonderen Teil" derartige Fälle nicht näher ausgeführt sind. Die Erstarrungsdiagramme von Diopsid-Enstatit-Gemischen fallen in diese Typen.

Bemerkenswert ist, daß bei diesen isomorphen Mischungen viele der physikalischen Eigenschaften sich aus denen der Komponenten berechnen lassen; dies trifft aber nicht für den Schmelzpunkt zu.

Die Erstarrung von Schmelzen führt entweder zu Kristallen, kristallinen Aggregaten oder amorphen Gläsern. Welches Erstarrungsprodukt anfällt, hängt, soweit die stoffliche Beschaffenheit darauf Einfluß nimmt, hauptsächlich von der Kristallisationsgeschwindigkeit, diese wieder vorwiegend von der Viskosität der Schmelze ab. Je größer die Zähflüssigkeit, desto größer ist die Neigung zur Bildung von Gläsern. Die gebräuchlichen Flußstoffe besitzen zumeist in der Nähe ihres Erstarrungspunktes eine derart große Viskosität, daß sie unter allen Umständen glasig erstarren. Bei der kristallinen Erstarrung bilden sich in der Schmelze viele Zentren (Kerne) von Kristallen, die mit verschieden großer Geschwindigkeit wachsen. Stoffe mit wenigen Zentren (kleine Kernzahl) und geringer Geschwindigkeit des Wachstums erstarren am leichtesten zu Gläsern. Von Einfluß auf die Art der Erstarrung ist ferner die Gegenwart von Stoffen, welche die Zähflüssigkeit der Schmelze verringern (Kristallisatoren oder Mineralisatoren), und die Abkühlungsgeschwindigkeit. Bei rascher Abkühlung erstarren die meisten Schmelzen glasig, bei langsamer Abkühlung zumeist kristallin. Es sei daran erinnert, daß Kristallbildungen auch im festen Zustande möglich sind. Die Verfestigung von pulverförmigen Stoffen beim Erhitzen (Rekristallisation) ist auf diesen Umstand zurückzuführen. Ein anderer Fall von Kristallbildung im festen Zustand ist die sogenannte Entglasung, ein Kristallinischwerden von Gläsern bei längerem

Erhitzen auf bestimmte Temperaturen. Der kristallisierte Zustand, in den nicht allein Gläser, sondern auch Gele selbst bei gewöhnlicher Temperatur allmählich übergehen, ist eben durch eine besondere Beständigkeit (Stabilität) ausgezeichnet.

Außer der Schmelzbarkeit, Reaktionsfähigkeit und dem Lösungsvermögen der Schmelzen ist die Brennfarbe der Flußmittel im Falle ihrer Verwendung zum keramischen Weißbrand eine wichtige Eigenschaft. In dieser Beziehung gelten die bei den Magerungsmitteln erwähnten Umstände. In einigen Fällen spielt überdies auch beim Fehlen färbender Bestandteile die chemische Zusammensetzung, z. B. die Art des Alkalis, eine Rolle.

Wirkungen in tonigen Massen

Die Wirkung der Flußmittel in keramischen Massen ist eine zweifache. Zufolge ihrer meist kristalloiden Zustandsform entfetten sie den Ton in der gleichen Weise wie die eigentlichen Magerungsmittel. Dies ist jedoch nicht der Zweck ihrer Verwendung. Bei den Flußmitteln stehen die Wirkungen im Brande an erster Stelle; Flußstoffe und Flußmittelbildner erzeugen jene Erscheinungen, die man keramisch als Sinterung oder Verklinkerung bezeichnet. Nach R. Rieke[1]) ist unter „Sinterung" die Verdichtung einer aus einem oder mehreren Bestandteilen zusammengesetzten Masse zu verstehen, die, durch Temperatursteigerung herbeigeführt, ohne äußere Formveränderungen bis zum Verschwinden der offenen Poren, unter Umständen unter teilweisem Schmelzen (Verflüssigung!) vor sich geht. Sinterung tritt sowohl in ganz reinen, mehr noch in verunreinigten Stoffen ein; die Sinterung in reinen Stoffen (Sinterung im homogenen System), die durch den Umstand bewirkt wird, daß in pulverförmigen Stoffen, die niemals nur Teilchen einer Kornklasse oder einer Kornform enthalten, das Erweichen zuerst bei den kleineren Körnchen und an Ecken, Spitzen und Kanten beginnt, hat keramisch keine Bedeutung. Als Vorstufe der Sinterung tritt in pulverförmigen Gemengen eine durch Erhitzen bewirkte Zusammenbackung, die Frittung ein.

Bei den keramischen Rohstoffen und um so mehr bei den keramischen Massen spielt nur die Sinterung im heterogenen System eine Rolle. Bei den Rohstoffen genügen oft schon geringe Mengen von natürlichen Verunreinigungen zur Hervorbringung der Sinterung; ebenso bewirken bei reinsten Rohstoffen die kleinen, bei der Vermahlung aus dem Futter der Zerkleinerungsmaschinen in das Mahlgut gelangten Mengen an Fremdstoffen bereits Sinterung.

Die Sinterungsvorgänge in keramischen Massen sind nach P. Rohland[2]) dadurch gekennzeichnet, daß Teile in einem ungleichartig zusammengesetzten Gemisch sich in der flüssigen Formart befinden und die noch in der festen Phase verharrenden Teilchen durchtränken und unter Erniedrigung des Schmelzpunktes allmählich aufnehmen.

---

[1]) Rieke, R.: Tonind.-Z. 41, 1917, S. 831/2.

[2]) Rohland, P.: Tonind.-Z. 35, 1911, S. 118.

Die Folge eines teilweisen Erweichens oder Schmelzens ist stets eine mehr oder weniger vollständige Ausfüllung des Porenraumes durch die schmelzenden Massenbestandteile und, da die erweichten Teile eine gewisse Verbindungsfähigkeit besitzen, eine mehr oder weniger starke Verkittung der Masseteilchen bei der Erstarrung. Die völlige Verstopfung der Poren zeitigt einen Zustand, den man als Verglasung bezeichnet.

Ein Zusammenbacken kann bereits bei niedriger Temperatur durch innere Diffusionsvorgänge, ferner durch die Bildung von Eutektika und durch chemische Wechselwirkungen hervorgerufen werden. Verglasung setzt dagegen stets einen bestimmten Grad von Verflüssigung eines Bestandteiles der keramischen Masse und die reichlichere Bildung von Schmelzlösungen voraus. Mit Hilfe der Flußmittel ist man daher in der Lage, die bei allen Werkstoffen, aber vielfach erst bei sehr hoher Temperatur eintretende Sinterung bei verhältnismäßig niedriger Temperatur zu bewirken. Durch Stoffe, welche die Sinterungsgrenze herabsetzen, wird naturgemäß die Schwerschmelzbarkeit einer Masse erheblich verringert. Damit verkleinert sich auch der Abstand zwischen der Temperatur des Sinterungsbeginnes (Sinterungspunkt) und dem Schmelzpunkt, das sogenannte Brennbereich, womit die Gefahr verbunden ist, daß bei größerer Überschreitung des Sinterungspunktes eine Entformung infolge zu reichlicher Verflüssigung der Masse eintritt. Ein Brennbereich von fünf bis sechs Segerkegel ist unerläßliche Voraussetzung für ein gefahrloses Sinterbrennen, da es zur reichlicheren Verstopfung der Poren nicht genügt, nur bis zum Sinterungspunkt zu brennen. Auch die Sinterung braucht Zeit, d. h. länger anhaltende Sintertemperatur, und zwar um so mehr, je poröser der Scherben unterhalb der Sinterungstemperatur ist.

Im Sinterungszustande bestehen, wenn teilweise Verflüssigung eintritt, nebeneinander zwei Formarten; diese Koexistenz von flüssigen und festen Teilchen bedingt bei hohen Temperaturen einen gewissen Grad von Bildsamkeit, der beim Brennen von Sinterzeug (Steinzeug, Porzellan) in bezug auf die Einsatzhöhe und Flammenführung, bei feuerfesten Stoffen bezüglich der Höhe des Erweichungspunktes (vgl. S. 55) nicht ohne Bedeutung ist.

Die Wirkung der Flußstoffe beruht im allgemeinen auf ihrer Schmelzbarkeit bei verhältnismäßig niedriger Temperatur und auf der Bildung von Schmelzlösungen, die bei der Erstarrung in feste Lösungen übergehen. Ihre verflüssigende Wirkung ist um so größer, je niedriger der Schmelzpunkt, je größer das Lösungsvermögen der Schmelze für die übrigen Massenbestandteile und je geringer die Zähflüssigkeit der Schmelzlösungen ist.

Die Wirkung der Flußmittelbildner fußt dagegen auf ihrer Reaktionsfähigkeit gegenüber den anderen Massenbestandteilen; die bei entsprechend hoher Temperatur vor sich gehenden Wechselwirkungen der Flußmittelbildner führen zur Bildung leichter schmelzbarer Verbindungen und Eutektika, die im geschmolzenen Zustande gleichfalls lösend und bei der Erstarrung verkittend wirken. Die angewendete Menge von Flußmitteln, die Höhe der Brenntemperatur und Dauer der Einwirkung einer bestimmten Hitze ist für den Umstand bestimmend, ob sich die Bildung der Schmelzlösungen nur auf die Oberfläche der Masseteilchen erstreckt, also nur Verkittung eintritt, oder ob die Masseteilchen zur Gänze von den Lösungen durchdrungen werden, also eine durchwegs erweichte Masse entsteht, aus der sich wie aus einer wässerigen Lösung Kristalle ausscheiden, deren Zwischenräume durch die erstarrende Mutterlauge ausgefüllt werden.

Die verschiedene Wirkungsweise der Flußstoffe und Flußmittelbildner möge an praktischen Beispielen erörtert werden. Eine Feldspatsteingutmasse besteht der Hauptsache nach aus Tonsubstanz, Quarz und Feldspat. Ein Gemenge von Tonsubstanz und Quarz schmilzt selbst im eutektischen Mengenverhältnis weit oberhalb der für Hartsteingut üblichen Garbrandtemperatur, während der hier als Flußstoff verwendete Feldspat in diesen Hitzegraden schon ziemlich stark erweicht, unter Umständen sogar gänzlich verflüssigt sein kann. Seine Zähflüssigkeit in der Nähe des Schmelzpunktes hindert ihn, die Poren des Scherbens zur Gänze auszufüllen; sein Lösungsvermögen für Quarz und Tonsubstanz ist noch gering; die lösende Wirkung erstreckt sich nur auf die Oberfläche der festen Masseteilchen; die erstarrten Schmelzlösungen verkitten daher als feste Lösungen nur oberflächlich die Masseteilchen; der Scherben ist zwar wesentlich dichter, als er ohne Feldspatzusatz wäre, besitzt aber immerhin noch ein bestimmtes Wasseraufnahmsvermögen.

Bei wesentlicher Erhöhung der Brenntemperatur über den Schmelzpunkt des Feldspates und Vermehrung seines Hundertsatzes würde die nunmehr wenig viskose Schmelze nicht nur in alle Poren eindringen, sondern auch die Ton- und Quarzteilchen durchtränken und eine Erweichung der ganzen Masse herbeiführen, aus der bei der Abkühlung neue Verbindungen auskristallisieren, während die Mutterlauge in den Zwischenräumen der Kristalle glasig erstarrt; der Scherben ist verglast, also nicht mehr wasseraufnahmsfähig, das Erzeugnis unter der Voraussetzung, daß in diesem Falle die Hauptmenge der Tonsubstanz aus Kaolin bestand, nicht mehr Hartsteingut, sondern Porzellan. Ein und derselbe Stoff kann also je nach Menge und Höhe der Brenntemperatur verschiedene Grade der Verdichtung herbeiführen. Unterhalb der Erweichungstemperatur des Flußstoffes kann eine Flußmittelwirkung nur durch innere Diffusionsvorgänge oder die Bildung von eutektischen Gemengen, zumeist also nur in geringem Umfange erwartet werden.

Flußmittelbildner sind basische Oxyde oder Salze, die durch Hitze in basische Oxyde übergehen. Sie besitzen zumeist bei den in Industrieöfen erreichbaren Temperaturen überhaupt keine Schmelzbarkeit, treten aber weit unterhalb ihrer Schmelztemperatur mit der Tonsubstanz und mit Quarz in chemische Wechselwirkung, als deren Ergebnis Salze von geringer Schwerschmelzbarkeit auftreten. Ersetzt man in der Hartsteingutmasse den Feldspat durch Kreide, so spielen sich im Brande folgende Vorgänge ab: Bei etwa 1000° C, bis zu welcher Temperatur die Kreide als Magerungsmittel wirkt, entweicht aus der Kreide Kohlensäuregas unter Zurücklassung des Kalziumoxydes und zahlreicher Poren. Etwa 300° C höher bilden sich aus dem Kalziumoxyd, der Tonsubstanz und dem Quarz neue, etwa bei dieser Temperatur flüssig werdende Verbindungen und Eutektika, die nunmehr in Abhängigkeit von den Mengen- und weiteren Temperaturverhältnissen die gleichen Wirkungen wie der Feldspat im Hartsteingut zeitigen.

Die kräftigste Flußmittelwirkung erzielt man durch gleichzeitige Verwendung von zwei oder mehreren Schmelzmitteln, z. B. einem Flußstoff und einem Flußmittelbildner.

Die gesinterte Masse enthält zum Teil noch unveränderte Bestandteile, daneben aber kristalline und glasige Neubildungen. Die Auswirkungen der Sinterung auf ihre Eigenschaften finden einen sichtbaren Ausdruck in der Bruchbeschaffenheit. Je nach Umständen ist der Bruch mehr oder weniger saugend, glasartig glänzend, grobkörnig, dicht oder äußerst feinkörnig und verglast. Die Bildung feinkristalliner Stoffe führt naturgemäß zu einer bedeutenden Erhöhung der mechanischen Festigkeit und Oberflächenhärte, die Verdichtung zur Abnahme der Porigkeit und Wasserdurchlässigkeit, zur Erhöhung der chemischen Widerstandsfähigkeit und Wetterfestigkeit. Als unerwünschte Folgen der Sinterung erscheinen die Erhöhung des spezifischen Gewichtes, der Sprödigkeit, die Verringerung der Standfestigkeit im Feuer, Erniedrigung der Erweichungstemperatur und Feuerfestigkeit, der Elastizität und Temperaturwechselbeständigkeit. Mit der Sinterung ist immer auch eine beträchtliche Vergrößerung der Brennschwindung und Entformungsgefahr verbunden.

Die Bedeutung der Sinterung liegt nicht nur auf dem Gebiete der Sinterzeugindustrie. In geringem Umfange spielen sich auch in den niedrigst gebrannten keramischen Massen Sinterungsvorgänge ab, die es eben ermöglichen, bei niedriger Brenntemperatur Erzeugnisse von zweckentsprechender mechanischer Festigkeit herzustellen.

Schließlich wirkt sich die Sinterung durch die Möglichkeit, die Garbrandtemperatur oft recht erheblich vermindern zu können, auch in den Erzeugungskosten aus.

Praktisch werden folgende Flußmittel verwendet: Zum keramischen Weißbrand: Feldspat, Pegmatit, Cornish stone, Feldspatsande, Kalzit, Kreide, Marmor, Magnesit, Dolomit, seltener Talk, Kalkphosphate und Flußspat; für farbig brennende Massen: Eruptivgesteine (Feldspatersatzstoffe), Kalksteine, Schlacken, Kohlenaschen, die oben genannten Stoffe minderer Beschaffenheit, glimmer- und feldspathaltige Sande, geringwertige Eisen- und Manganerze, seltener Glasurerze, Glasabfälle u. dgl. Die Anforderungen an Flußmittel ergeben sich aus ihrer Wirkungsweise. Flußstoffe müssen in erster Linie eine der Brenntemperatur der Ware entsprechende Schmelzbarkeit besitzen; ferner sollen die Schmelzen imstande sein, größere Mengen der übrigen Massenbestandteile aufzulösen und beim keramischen Weißbrand nach der

Erstarrung die nötige Weiße besitzen. Flußmittelbildner sind um so wertvoller, je leichter sie mit den übrigen Masseteilchen in chemische Wechselwirkungen treten und je niedriger die Eutektika der wirksamen Systeme liegen, ohne daß dadurch der Brennbereich eine allzu große Verkürzung erfährt. Daß diese Umstände auch durch künstliche Maßnahmen (Mahlfeinheit, Innigkeit der Mischung, Ofenatmosphäre) beeinflußt werden können, geht aus den früheren Darlegungen hervor.

D. Feuerfeste Stoffe

Gemäß einem Übereinkommen des „Bundes deutscher Fabriken feuerfester Erzeugnisse" gelten jene schwerschmelzbaren Rohstoffe (und Erzeugnisse) als „feuerfest", die nicht vor dem SK 26 (∾ 1580° C) „schmelzen". Von der „Feuerfestigkeit" ist die „Feuerbeständigkeit" wohl zu unterscheiden; der Begriff „Feuerbeständigkeit" ist bezüglich der Schmelztemperatur an keine bestimmte Grenze gebunden. Feuerbeständig ist jeder Stoff oder Gegenstand, der den jeweilig an ihn gestellten thermischen Ansprüchen standhält; ein gewöhnlicher Ziegelton, der eine Brenntemperatur von 1000° C, ohne zu erweichen oder zu schmelzen, verträgt, ist in diesem Temperaturbereiche feuerbeständig, aber mit Rücksicht auf seine Schmelztemperatur unter SK 26 nicht feuerfest. Als „hochfeuerfest" bezeichnet man jene Stoffe, deren „Schmelzpunkt" (KSP!) oberhalb SK 33 (∾ 1730° C) liegt.

Von einer Trennung in feuerfeste Versatzstoffe keramischer Massen und eigentliche feuer- bzw. hochfeuerfeste Rohstoffe kann bei der folgenden Behandlung der Eigenschaften mit Rücksicht auf den Umstand, daß für beide Gruppen mit wenigen Ausnahmen die gleichen Verhältnisse gelten, abgesehen werden.

Nach der Herkunft zählen die feuerfesten Stoffe teils zu den Mineralien bzw. einfachen Gesteinen, teils zu verschiedenartigsten Erzeugnissen der chemischen oder elektrothermischen Industrie. Daher sind auch ihre Eigenschaften außerordentlich verschieden.

Morphologisch gehören sie fast ausnahmslos zu den kristallinen Stoffen, da amorphe Bildungen zufolge ihrer Struktur zu leicht in chemische Wechselwirkungen treten und dadurch unter Umständen sogar die Feuerfestigkeit einbüßen. Dagegen können amorphe Stoffe, die bei entsprechender Behandlung in den kristallinen Zustand übergehen, als feuerfeste Werkstoffe verwendet werden.

Als Kristalloide sind diese Stoffe völlig unbildsam und daher, wenn sie ohne plastisches Bindemittel, das stets den Feuerfestigkeitsgrad nachteilig beeinflußt, verarbeitet werden sollen, nur im feuchten Zustande unter hohem Druck formbar. Die mechanische Festigkeit dieser Formlinge ist für die sichere Handhabung im weiteren Arbeitsgange im allgemeinen zu gering. Auch nach dem Brennen besitzen diese Massen nur geringe Dichte und mechanische Festigkeit. Durch geeignete Maßnahmen, z. B. durch Verrühren oder Vermahlen des feinen Mehles mit Mineralsäuren bestimmter Art und Konzentration, nötigenfalls unter

Mithilfe von Wärme, können manche dieser Stoffe einen Grad von Bildsamkeit und Bindefähigkeit erlangen (aktiviert werden), der für die Weiterverarbeitung der Masse hinreicht und auch ein leidliches Dichtbrennen der Erzeugnisse gestattet. Nach O. Ruff[1]) unterscheidet man bei den oxydischen feuerfesten Stoffen auf Grund ihrer Knet- und Formbarkeit nach geeigneter Behandlung folgende Plastizitätsgrade:

1. Nicht plastische Oxyde; sie geben mit Wasser eine leicht rissig werdende und zerfallende Masse;

2. sehr wenig plastische Oxyde; sie liefern mit Wasser eine formbare Masse, die sich aber nicht zu Würstchen bilden läßt;

3. wenig plastische Oxyde; sie backen leicht und lassen sich selten und scheinbar nur bei richtig bemessener Wassermenge zu Würstchen kneten;

4. leicht plastische Oxyde; sie lassen sich leicht zu Würstchen kneten.

Diese Eigenschaft mancher Oxyde ist dann von gewisser Bedeutung, wenn der betreffende Stoff für sich allein verformt werden soll, wenn es sich also darum handelt, ohne Schädigung der Feuerfestigkeit des Rohstoffes Baustoffe oder Geräte zu erzeugen, die den höchsten thermischen Anforderungen genügen sollen. Die getrocknete, nach den keramisch üblichen Formgebungsmethoden (auch Gießen!) gestaltete Masse aus aktivierten Oxyden hat zwar auch eine geringe, doch meist zur Weiterverarbeitung ausreichende mechanische Festigkeit. Diese kittlosen hochfeuerfesten Massen besitzen außerordentlich hohe Sinterungspunkte, so daß zur Erzielung eines genügend mechanisch festen und dichten Scherbens hohe Brenntemperaturen erforderlich sind bzw. bei tieferer Brenntemperatur Scherben von geringem Dichtigkeitsgrad erhalten werden.

Die Aktivierung der Oberfläche feinstvermahlener Stoffe durch Behandlung mit Säuren ist nur einer der Wege, die auf der Entwicklung bildsamer Eigenschaften beruhen und die Formgebung unbildsamer Stoffe ermöglichen. Bekanntlich lassen sich unplastische Stoffe nicht nur durch teilweise Überführung in den Kolloidzustand auf mechanisch-chemischem Wege, sondern auch ohne toniges Bindemittel durch gewisse unorganische und organische Zusätze kolloidaler Natur und durch hohen Preßdruck verformen.

Einige hydroxydische feuerfeste Versatzstoffe, die zufolge eines Gehaltes an Kolloiden auch ohne Aktivierung einen gewissen Plastizitätsgrad besitzen, verbinden mit diesem Vorzug den Nachteil einer hohen Schwindung beim Trocknen und Brennen.

Mit wenigen Ausnahmen sind die feuerfesten Stoffe schlechte Leiter der Wärme und des elektrischen Stromes.

Die aus feuerfesten Stoffen hergestellten Erzeugnisse sind entweder Baustoffe industrieller Ofenanlagen oder Hohlwaren zum Schmelzen oder Destillieren verschiedenartiger Einsätze (Gußstahlschmelztiegel, Glashäfen, Zink- und Gasretorten u. dgl.). Beide Arten von Waren

---

[1]) Ruff, O.: Ker. Rundsch. 32, 1924, S. 605—609.

unterliegen während ihres Gebrauches zunächst einer Temperatursteigerung (Aufheizen der Öfen), der kürzer oder länger dauernden Einwirkung einer bestimmten hohen Temperatur und bei nicht stetigem Betriebe einer jedesmaligen rascheren oder langsameren Abkühlung (Abheizen). Eine wirtschaftliche Betriebsweise erfordert unter anderem, daß der betreffende Prozeß mit einer entsprechenden Geschwindigkeit und unter geringsten Energieverlusten und geringster Schädigung der Apparatur vor sich gehe. An der Erfüllung dieser Bedingungen sind nicht nur die Erzeugnisse als solche, sondern zum Teil schon die Rohstoffe beteiligt. Dabei ergeben sich oft recht widerspruchsvolle Anforderungen, denen, wenn überhaupt, nur durch besondere Maßnahmen gerecht zu werden möglich ist. Rasches Auf- und Abheizen, rasche Durchführung eines Prozesses ist nur möglich, wenn die Baustoffe bzw. deren Rohstoffe im Besitze einer entsprechenden Wärmeleitfähigkeit sind. Damit die Anwärmung und Abkühlung dem Ofenmauerwerk keinen mechanischen Schaden bringe, dürfen die Baustoffe keine allzu große und unregelmäßige Wärmeausdehnung und keine zu große Temperaturempfindlichkeit besitzen.

Anderseits genügen der Forderung nach geringsten Energieverlusten nur jene Stoffe, die über ein sehr geringes Wärmeleitvermögen verfügen. Bei Regeneratoren, Winderhitzern (Cowper-Apparaten) und ähnlichen Apparaten steht dagegen das Wärmespeicherungsvermögen (spezifische Wärme) im Vordergrunde.

Die wichtigsten thermischen Eigenschaften der feuerfesten Stoffe sind die Wärmeleitfähigkeit, spezifische Wärme, das thermische Diffusionsvermögen (Temperaturleitfähigkeit), die Wärmeausdehnung und Temperaturwechselbeständigkeit.

Bei der Wärmeleitung unterscheidet man bekanntlich zwischen dem inneren Leitvermögen, das technisch durch die Wärmeleitzahl ausgedrückt wird, und dem äußeren Leitvermögen (technisch als „Wärmeübergang“ bezeichnet).

Die innere Wärmeleitung beruht auf der Übertragung der Molekularschwingungen in den Körpern von Schichte zu Schichte, der Wärmeübergang auf dem Fortschreiten der Wärme von der Oberfläche eines Körpers auf einen kälteren Körper oder Stoff, der ihn unmittelbar umgibt.

Das innere Leitvermögen (λ) ist im C-G-S-System durch die Anzahl von Grammkalorien (cal) gegeben, die bei andauerndem Durchgange in 1 Sekunde durch 1 cm^3 hindurchgeht, wenn die einander gegenüberliegenden Flächen einen Temperaturunterschied von 1° C besitzen und ein seitlicher Wärmeverlust nicht eintritt. Seine Dimension ist $\frac{\text{cal}}{\text{cm}\cdot\text{Sek}\cdot\text{Grad}}$. In der Technik rechnet man mit dem 360fachen Wert dieses absoluten Wärmeleitvermögens, nämlich mit der Wärmeleitzahl ($\lambda \times 360$). Ihre Dimension ist durch den Ausdruck $\frac{1000\ \text{cal}}{100\ \text{cm}\cdot 3600\ \text{Sek}\cdot\text{Grad}}$ $= \frac{\text{Kcal}}{\text{m}\cdot\text{st}\cdot\text{Grad}}$ gegeben, das ist die Anzahl von Kilogrammkalorien, die durch 1 m^3 in 1 Stunde unter obigen Voraussetzungen hindurchgeht. Die durch eine Wand von der Fläche F m^2 und einer Dicke von m Metern in h Stunden hindurchströmende Wärmemenge in Kcal ist daher, wenn die gegenüberliegenden parallelen Flächen einen Temperaturunterschied von $(t_1—t_2)^0$ aufweisen gleich

$$\frac{\lambda \cdot 360 \cdot F \cdot h \cdot (t_1 - t_2)}{m} \text{ Kcal.}$$

Je größer die Wärmeleitzahl, desto größer ist die Wärmeleitung, desto rascher erfolgt die Anwärmung und Abkühlung. Tiegeln, Muffeln, Retorten u. dgl. Hohlwaren aus gut leitenden Rohstoffen (und geeigneter Struktur) übertragen daher die ihnen von außen zugeführte Wärme rasch auf das Erhitzungsgut. Nach A. T. Green[1]) wird die Wärmeleitfähigkeit wohl bei niedrigen, nicht aber in hohen Temperaturen durch die Porigkeit nachteilig beeinflußt. Sie steht bei stückigem Material im geraden Verhältnis zum Dichtigkeitsgrad; je dichter der Stoff, um so größer die Wärmeleitzahl. Der Einfluß des Dichtigkeitsgrades erhellt aus dem Wärmeleitungsvermögen der in den Poren eingeschlossenen Luft, deren Wärmeleitzahl nur 0,02 beträgt. Je mehr sich der Dichtigkeitsgrad dem Werte 1 nähert, desto größer ist die Leitfähigkeit. Diese Beziehung gilt jedoch nur für große Poren und niedrige Temperaturen; nach A. E. Mc Gee[2]) spielt bei höheren Temperaturen der Wärmeübergang durch Strahlung — insbesondere bei kleinen Poren — eine Rolle, wodurch auch die Wärmeschutzwirkung durch die Poren eine Grenze findet. Unter sonst gleichen Verhältnissen ist naturgemäß jener Stoff als Wärmeschutz am geeignetsten, der die kleinste Wärmeleitzahl besitzt und dessen Leitfähigkeit sich mit steigender Temperatur am wenigsten erhöht.

Von Einfluß auf die Wärmeleitfähigkeit sind auch die Beimengungen eines feuerfesten Stoffes.

Die Wärmeleitfähigkeit ändert sich mit der Temperatur, und zwar bei amorphen Stoffen im geraden, bei kristallinen im umgekehrten Verhältnis, bei Stoffen, die kristalline und amorphe Bestandteile enthalten, in Abhängigkeit von deren Mengenverhältnis. Der Temperaturkoeffizient der Wärmeleitfähigkeit ist unter Berücksichtigung dieses Umstandes bald positiv, bald negativ, die Leitfähigkeit bei höherer Temperatur $\lambda_t = \lambda_0 (1 + \alpha t)$ (λ_0: Leitfähigkeit bei 0^0 C, λ_t: Leitfähigkeit bei t^0 C, α: Temperaturkoeffizient).

Die wichtigste Auswirkung einer geringen Leitfähigkeit ist die Verringerung der Temperaturunempfindlichkeit. Langsame Wärmeaufnahme, bedingt durch eine geringe Leitfähigkeit, führt unter Umständen innerhalb einer Masse zu einer ungleichmäßigen Wärmeverteilung, die ein Zerspringen derselben zur Folge haben kann. Durch Zusatz von Stoffen von höherem Wärmeleitvermögen läßt sich dieser Übelstand zumeist beseitigen.

---

[1]) Green, A. T.: Trans. Cer. Soc. Engl., Vol. 25, Part 4, 1925/26, S. 360—385; Ref. Tonind.-Z. 51, 1927, S. 1058.

[2]) McGee, A. E.: Journ. Am. Cer. Soc., Vol. 9, 1926, S. 374—379; Ref. Tonind.-Z. 50, 1926, S. 1151.

Der Wärmeübergang wird durch die Wärmeübergangszahl (Wärmeübertragungs- oder Transmissionskoeffizient) ausgedrückt, d. i. die Anzahl Kilogrammkalorien, die bei dauerndem Übergang von einer Fläche von 1 m^2 während einer Stunde von einem Körper, dessen Oberfläche die Temperatur von 1^0 C besitzt, auf einen ihn unmittelbar umgebenden Körper oder Stoff von der Temperatur 0^0 C abgegeben wird. Ihre Dimension ist Kcal $\times m^{-2} \times$ st $\times$ Grad. Die von einer Fläche Fm^2 in h Stunden bei einem Temperaturunterschied der beiden Körper oder Stoffe (z. B. Heizfläche und Gut) von (t_1— t_2) (t_1 = Temperatur des wärmeabgebenden, t_2 = Temperatur des wärmeaufnehmenden Körpers) ist daher = $Z \cdot F \cdot h \cdot (t_1—t_2)$, worin Z die Übergangszahl bedeutet. Auf die Umstände, welche die Übergangszahl beeinflussen, soll nicht näher eingegangen werden, da das äußere Wärmeleitvermögen keine stoffliche Eigenschaft ist.

Die spezifische Wärme ist das Maß für die Fähigkeit eines Stoffes, eine bestimmte Wärmemenge aufzuspeichern; sie ist durch die Anzahl cal gegeben, die nötig ist, um die Gewichtseinheit eines Stoffes (1 g) von 14,5 auf $15{,}5^0$ C, also um 1^0 Grad zu erwärmen. Man unterscheidet zwischen mittlerer (c_m) und wahrer spezifischer Wärme; die mittlere spezifische Wärme zwischen zwei Temperaturen ist der Quotient aus der Temperaturdifferenz (t_2—t_1) und der Wärmemenge, die erforderlich ist, um 1 g des Stoffes von der Temperatur t_1 auf die Temperatur t_2 zu bringen:

$$c_m = \frac{Q}{t_2—t_1};$$

wird das Temperaturbereich, in dessen Grenzen man die mittlere spezifische Wärme bestimmt, außerordentlich klein, so erhält man die wahre spezifische Wärme für eine bestimmte Temperatur.

Die wahren spezifischen Wärmen der meisten Stoffe sind im Temperaturbereiche von 0—100^0 C konstant, d. h. die Erwärmung von 1 g eines Stoffes um 1^0 C erfordert die gleiche Wärmemenge, gleichgültig, ob die Erwärmung z. B. von 0^0 auf 1^0 C oder von 99 auf 100^0 C erfolgt. Bei allotropen Modifikationen hängt die spezifische Wärme von dem spezifischen Gewichte ab; die weniger dichte Modifikation besitzt die größere spezifische Wärme. Die spezifischen Wärmen ändern sich wie alle thermischen Eigenschaften mit der Temperatur; sie nehmen mit steigender Temperatur zu, nähern sich aber einem bestimmten Grenzwert. Nach W. Miehr, H. Immke und J. Kratzert[1]) erfolgt die Zunahme der spezifischen Wärmen bei Temperaturerhöhung derart, daß der Anstieg mit der Annäherung an die Schmelztemperatur stetig dem Werte 0 zustrebt.

---

[1]) Miehr, W., Immke H. u. J. Kratzert: Mitteilungen aus dem Zentrallaboratorium und Forschungsinstitut des Didier-Konzerns; Veröffentlichung des wissenschaftlichen Fachausschusses des Bundes deutscher Fabriken feuerfester Erzeugnisse. Bericht Nr. 2; Ref. Tonind.-Z. 50, 1926, S. 1671—1674 und 1791—1793.

Verunreinigungen oder absichtliche Zusätze (Bindemittel) beeinflussen die spezifische Wärme bei niederen und noch mehr bei höheren Temperaturen; Schwermetalloxyde erniedrigen den Wert erheblich. In höheren Temperaturen zeigen die spezifischen Wärmen von feuerfesten Stoffen, die Verunreinigungen oder absichtliche Beimengungen enthalten, nach den Versuchsergebnissen der genannten Forscher folgendes eigenartige Verhalten: Von einer bestimmten Temperatur an, die mit dem Beginne der Erweichung zusammenfällt, nimmt die spezifische Wärme außerordentlich hohe Werte an; sie wächst von dieser Temperatur an um so mehr, je näher die Beobachtungstemperatur dem Schmelzpunkt kommt; die genannten Forscher erklären diese Erscheinung durch das Auftreten der Schmelzwärme bei der sogenannten schmelzenden Sinterung, d. h. jener Sinterung, bei der eben Teile des heterogenen Gemenges bereits verflüssigt sind.

Die spezifische Wärme ist ebenso wie die Wärmeleitfähigkeit ein Faktor der gleichmäßigen Wärmeverteilung. Um einen Stoff mit größerer spezifischer Wärme auf den gleichen Hitzegrad zu bringen wie einen zweiten mit geringerer spezifischer Wärme, braucht man nicht nur mehr Wärme, d. h. auch mehr Brennstoff, sondern auch mehr Zeit.

Unter Wärmekapazität versteht man nach Green (a. a. O.), das in Cal/cm³ ausgedrückte Produkt aus dem Raumgewicht und der spezifischen Wärme, während man im allgemeinen die spezifische Wärme im Sinne obiger Begriffsbestimmung und die Wärmekapazität identifiziert bzw. auch als das Produkt aus spezifischer Wärme und Gewicht auffaßt. Nach der Greenschen Definition ist die Änderung der Kapazität mit der Temperatur wesentlich von der Änderung des Raumgewichtes abhängig. Im allgemeinen nimmt sie mit steigender Temperatur beträchtlich zu; der Anstieg wird aber bei Verringerung des Raumgewichtes erheblich verzögert.

Das thermische Diffussionsvermögen (thermische Diffusibilität, Temperaturleitfähigkeit) entspricht dem Temperaturanstieg, der in 1 cm³-Würfel durch Einwirkung von 1 cal in 1 Sekunde hervorgebracht wird, wenn die beiden gegenüberliegenden Würfelflächen einen Temperaturunterschied von 1° C aufweisen (somit also der Geschwindigkeit der Wärmefortpflanzung). Die Temperaturleitfähigkeit ist durch den Ausdruck: $a^2 = \frac{\lambda}{c \cdot r}$ gegeben (r = scheinbare Dichte).

Mathematisch betrachtet, steigt der Wert dieses Bruches bei konstantem λ und c, wenn r kleiner wird, d. h. die Temperaturleitfähigkeit eines Stoffes ist von seinem Dichtigkeitsgrad abhängig.

Die Änderung des thermischen Diffusionsvermögens in höheren Temperaturen ist bei den einzelnen feuerfesten Stoffen verschieden. Die von Y. Tadokoro ermittelten, von McGee (a. a. O.) mitgeteilten Vergleichswerte der thermischen Diffusibilität von feuerfesten Erzeugnissen bei verschieden hohen Temperaturen sind in Abb. 10 graphisch dargestellt.

Bekanntlich wird die einem Stoffe zugeführte Wärmemenge unterhalb seiner Schmelztemperatur nicht nur zur Vergrößerung der Geschwindigkeit seiner molekularen Wärmebewegung, also zur Temperaturerhöhung, sondern zugleich zur Vergrößerung des Abstandes der Moleküle, zur Ausdehnung, unter Umständen auch zu polymorphen Umwandlunsgreaktionen verbraucht. Da die Wärmeausdehnung von der Größe der Molekularkräfte abhängig ist, dehnen sich die Stoffe fester Formart am wenigsten aus. Infolge der nach allen Dimensionen hin gleich großen Ausdehnung begnügt man sich bei der Angabe mit der Längenausdehnung. Der mittlere (0—100° C) lineare Ausdehnungskoeffizient (β) — im „Besonderen Teil“ wegen seiner geringen Größe als $\beta \times 10^6$ angegeben — ist die Verlängerung, welche die Längeneinheit (1 m) bei einer Temperaturerhöhung um 1° C erfährt. Der mathematische Ausdruck hiefür ist: $L = L_0 (1 + \beta[t_1 - t_0])$; darin bedeutet L die Länge nach der Temperaturerhöhung von t_0 auf t_1° C, L_0 die Länge bei 0° C. Die prozentische Ausdehnung ergibt sich aus den in den Tabellen angeführten Koeffizienten nach der Formel I, $\beta \times 10^6$ aus der prozentischen Ausdehnung nach der Formel II (A = = Ausdehnung in vH):

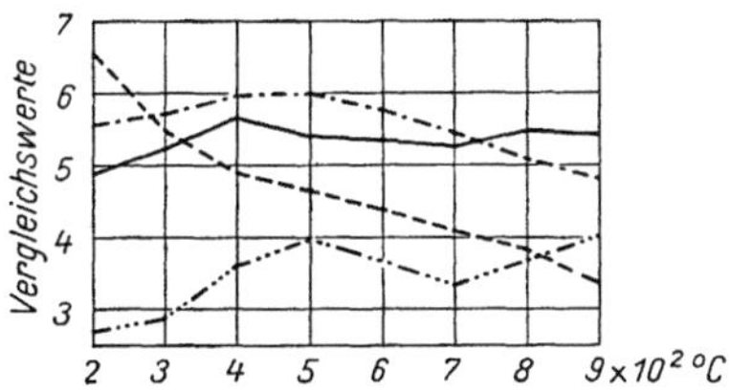

Abb. 10. Thermisches Diffusionsvermögen feuerfester Stoffe; nach den Vergleichswerten von Tadokoro konstruiert

——— Silikastein
– – – Magnesitstein
—·—·— Chromstein
—…— Schamottestein

$$(I)\ A = \frac{\beta \cdot 10^6 \cdot t/100}{100}. \qquad (II)\ \beta \cdot 10^6 = \frac{100 \cdot A}{t/100}.$$

Der kubische Ausdehnungskoeffizient (α) kann ohne großen Fehler als $= 3\,\beta$ angenommen werden. Die Längenausdehnung fester Körper steht im Temperaturbereich 0—100° C zum Temperaturanstieg im geraden Verhältnis, der Koeffizient ist daher für dieses Temperaturgebiet eine konstante Zahl. Mit der Temperaturerhöhung wächst er unter normalen Verhältnissen ziemlich stark; in anisotropen (nicht regulären) Kristallen ist der Ausdehnungskoeffizient in verschiedenen Richtungen (//c und $\perp$c) verschieden groß; dieser Umstand übt auf das Brennverhalten mancher Stoffe einen großen Einfluß aus. Miehr, Immke und Kratzert (a. a. O.) vermuten zwischen dem Ausdehnungsverhalten feuerfester Stoffe und der spezifischen Wärme eine einfache Beziehung, da beide vom Energieinhalt des Stoffes abhängig seien; nach ihren Untersuchungen hat der Quotient $\frac{\beta}{c_m}$ „eine mit der Temperatur schwach steigende Tendenz“. W. Steger[1]) verweist auf die Bedeutung des Ausdehnungskoeffizienten keramischer Stoffe, der nur ein Bruchteil desjenigen von Metallen ist, bei der gleichzeitigen Anwendung beider Stoffarten im Falle gemeinsamer Erwärmung

[1]) Steger, W.: Ber. Deutsch. Ker. Ges., Bd. 2, 1921, S. 142; Ref. Sprs. 57, 1924, S. 310.

(Spannungen), auf seine Bedeutung für das haarrissefreie Haften der Glasuren am Scherben und für die Widerstandsfähigkeit gegen schroffen Temperaturwechsel. Nicht allein die Größe der Ausdehnung bei tiefen Temperaturen, viel mehr noch die Größe der Änderung, die der Ausdehnungskoeffizient in hohen Temperaturen erfährt, ist von weittragender Bedeutung. Die Ausdehnung bzw. Zusammenziehung beim Abkühlen ist um so größer, je höher der Ziffernwert des Koeffizienten ist und je mehr er mit der Temperatursteigerung wächst.

In den Tabellen des „Besonderen Teil" sind bei den zur Glasurbereitung verwendeten Stoffen auch die von Schott, Havas und Winkelmann ermittelten Ausdehnungskonstanten ($\alpha \cdot 10^7$), die zur Berechnung der kubischen Ausdehnung keramischer Scherben und Glasuren dienen, aufgenommen.

Der Ausdehnung der Stoffe durch die Wärme folgt beim Abkühlen in der Regel eine gleich große Zusammenziehung. Nach H. J. Hodsmann und J. W. Cobb[1]) tritt bei manchen feuerfesten Stoffen (Schamotte, Silika) während der Abkühlung eine in ihren Ursachen ungeklärte Schwindung knapp unterhalb 600° C auf, die den Betrag der entsprechenden Ausdehnung beim Erhitzen übersteigt.

Der Ausdehnungskoeffizient erfährt bei manchen Stoffen eine enorm große Steigerung durch polymorphe Umwandlungen. Unter Polymorphie versteht man bekanntlich die Erscheinung, daß ein und derselbe feste, homogene Stoff bei gleicher prozentischer Zusammensetzung in zwei oder mehreren kristallographischen Formen mit verschiedenen physikalischen Eigenschaften auftritt. Zwei Beispiele hiefür wurden schon früher (vgl. S. 6) angeführt.

Manche Stoffe erleiden nun beim Erhitzen eine Umwandlung in eine neue Kristallform, womit zufolge des innigen Zusammenhanges zwischen kristallographischen und physikalischen (besonders den optischen) Eigenschaften eine Änderung dieser verbunden ist (Dichte, Härte, Spaltbarkeit, Löslichkeit, Schmelzpunkt, Brechungsquotient, Doppelbrechung). Zur Unterscheidung der stofflich gleichen Modifikationen wird nach der in Deutschland üblichen Weise die nur bei gewöhnlicher Temperatur beständige Zustandsform eines Minerals oder einer künstlich erzeugten Modifikation mit den griechischen Buchstaben Beta (β) oder Gamma (γ) bezeichnet, je nachdem in höherer Temperatur nur eine oder mehrere Umwandlungsformen bestehen. Jene Modifikation, deren Beständigkeitsbereich dem Schmelzpunkt am nächsten liegt, wird durch Vorsetzen des griechischen Buchstaben Alpha (α), die zwischen der eventuellen γ- und der α-Form liegende mit β gekennzeichnet.

Leider ist die Bezeichnungsweise im Fachschrifttum durchaus nicht einheitlich; besonders in ausländischen Zeitschriften werden häufig

[1]) Hodsmann, H. J. u. J. W. Cobb: Journ. Soc. Glass Techn. 1919, Nr. 3; Ref. Tonind.-Z. 45, 1921, S. 1131.

die natürlichen Formen als α-Modifikationen, die übrigen sinngemäß als β- oder γ-Formen angesprochen. Im „Besonderen Teil" dieses Buches ist die deutsche Bezeichnungsweise angewendet.

Jede Umwandlungsform ist nur innerhalb eines mehr oder weniger großen Temperaturgebietes beständig. Unter bestimmten Bedingungen können zwei oder mehrere Phasen beliebig lange nebeneinander bestehen, „sich im Gleichgewichte befinden". Jede Änderung dieser Gleichgewichtsbedingungen (Temperatur, Druck u. a.) bewirkt ein Verschwinden der einen oder anderen Form. Die bei Raumtemperatur beständige Phase bleibt so lange bestehen, bis durch Erhitzen jene Temperatur erreicht ist, bei der sie sich in eine andere, nur oberhalb dieser Temperatur, dem Umwandlungspunkt, beständige Form umwandelt. Umgekehrt kann diese zweite Phase bei Temperaturerniedrigung unter den Umwandlungspunkt in die Ausgangsform übergehen; diese Umwandlung ist also umkehrbar oder reversibel. Stoffe, die bei Temperaturerhöhung bzw. -erniedrigung reversible Umwandlungen zeigen, nennt man enantiotrop, die Erscheinung selbst Enantiotropie. Beim Umwandlungspunkt stehen beide Phasen im Gleichgewicht. Für alle festen Formen ist der Schmelzpunkt ein enantiotroper Umwandlungspunkt. Viele Stoffe besitzen diese Umwandlungsfähigkeit nur in einer Richtung, die Umwandlungsform kehrt bei der Abkühlung unter den Umwandlungspunkt nicht mehr in die Ausgangsform zurück (irreversible Umwandlung); diese Stoffe heißen monotrop, die Erscheinung Monotropie. Infolge verschiedener Verzögerungserscheinungen (vgl. bei Kieselsäure) stehen manche enantiotrope Umwandlungsformen eines Stoffes praktisch zueinander im Verhältnis der Monotropie.

Die enantiotropen und monotropen Zustandsänderungen unterscheiden sich überdies durch die Umwandlungsgeschwindigkeit, die in erster Linie von der zur Umordnung nötigen Energie bzw. von dem Grade der Umordnung der Moleküle abhängig ist. Die enantiotropen Umwandlungen bedürfen zufolge einer großen kristallographischen Ähnlichkeit der beim Inversionspunkt nebeneinander bestehenden Phasen nur eines geringen Energieaufwandes; sie verlaufen daher beim Umwandlungspunkt plötzlich („scharf") unter sprunghafter, aber geringer Änderung der physikalischen Eigenschaften; man nennt sie Umwandlungen des ersten Typus. Die Phasen dieser Umwandlungen sind beim Umwandlungspunkt metastabil, da sie bei geringster Änderung der Existenzbedingungen sich plötzlich ineinander umwandeln. Umgekehrt verhalten sich die Umwandlungen des zweiten Typus; sie erheischen einen beträchtlichen Energieaufwand, führen zur gänzlichen Zerstörung der ursprünglichen Anordnung der Molekel und zur Bildung einer neuen stabilen Phase, die von der Ausgangsform in den kristallographischen und physikalischen Eigenschaften wesentlich verschieden ist. Diese größere Arbeitsleistung erfordert naturgemäß mehr Zeit; die Umwandlung vollzieht sich daher äußerst „träge" und innerhalb eines größeren Temperaturbereiches, oft nur unter dem Einfluß katalytisch wirkender Stoffe (Kristallisatoren).

Manche Stoffe zeigen Umwandlungen beider Typen. Die Umwandlungsgeschwindigkeit ist im Falle der Enantiotropie am größten bei der Inversionstemperatur und nimmt mit fallender Temperatur rasch ab. Unter bestimmten Bedingungen kann der enantiotrope Umwandlungspunkt überschritten werden, ohne daß eine Zustandsänderung eintritt. Ähnlich verhalten sich bekanntlich die unterkühlten Schmelzen. Für manche Umlagerungen gilt die Ostwaldsche Regel (Gesetz der Umwandlungsstufen[1]), wonach „bei allen Vorgängen nicht gleich der beständigste Zustand erreicht wird, sondern der nächstliegende oder der unter den möglichen Zuständen wenigst beständige".

Die Erklärung dieser Erscheinungen geben die Dampfspannungsverhältnisse. Wie die Flüssigkeiten stoßen auch die festen Stoffe in die umgebende Luft bei einer bestimmten Temperatur eine bestimmte Zahl gasförmiger Molekel aus, sie besitzen eine gewisse Dampfspannung (Tension, Dampfdruck), die für jede Temperatur und jeden Stoff eine bestimmte Größe ist. Die Dampfspannung wächst mit der Temperatur bis zu einer bestimmten Grenze (Umwandlunsgpunkt), ist daher bei der unterhalb des Umwandlungspunktes beständigen Phase, also für die stabile Form, kleiner als bei der metastabilen Phase oberhalb der Inversionstemperatur, wenn diese unterhalb des Umwandlungspunktes durch langsame, vorsichtige Abkühlung beständig erhalten wird; umgekehrt ist oberhalb des Inversionspunktes die Dampfspannung der ersten Phase größer als die der zweiten, wenn das Existenzbereich der Ausgangsform durch vorsichtiges Erwärmen noch einige Zeit über den Umwandlungspunkt erstreckt wird; es muß daher Umwandlung der einen Phase in die andere eintreten, sobald die Temperatur eine andere ist als der Umwandlungspunkt. Bei dieser Temperatur ist die Dampfspannung beider Formen gleich groß. Mit Hilfe der Beziehungen zwischen Temperatur (T) und Dampfdruck (P) der stabilen bzw. metastabilen Phasen, lassen sich, wenn auch die absoluten Werte der Dampftensionen unbekannt sind, die Stabilitätsverhältnisse der Umwandlungsformen eines Stoffes wie in Abb. 11 graphisch darstellen. Aus diesen Beziehungen ergibt sich für jede Phase eine Dampfdruckkurve, deren Schnittpunkte, da bei den Umwandlungspunkten die Dampftension für je zwei Phasen gleich groß ist, ebenso viele Umwandlungspunkte darstellen. Die durch Druckerhöhung bedingten Änderungen der Schmelz- und Umwandlungspunkte der festen Phasen ergeben die Grenzlinien zwischen der flüssigen und den festen bzw. zwischen den einzelnen festen Phasen eines mehrphasigen Systems,

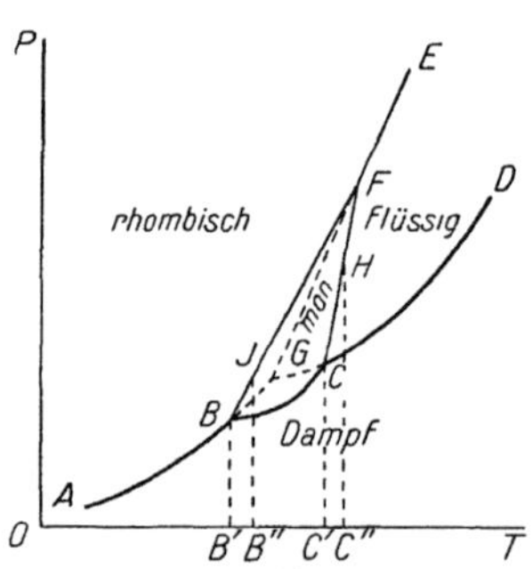

Abb. 11. Dampfdruck-Temperatur-Diagramm des Schwefels (nach H. v. Jüptner, Lehrbuch der Physikalischen Chemie)

[1]) Ostwald, W.: Grundlinien der anorganischen Chemie, 5. Aufl. S. 215. Dresden: Th. Steinkopff. 1922.

zusammen mit der Dampfdruckkurve die Gebiete der einzelnen stabilen Phasen (Zustandsdiagramm oder Gleichgewichtsbeziehungen zwischen den einzelnen Phasen des Systems).

In Abb. 11 sind als einfaches Beispiel die Gleichgewichtsbeziehungen der Phasen des Schwefels unter der Annahme von zwei festen Phasen (rhombischer und monokliner Schwefel) graphisch dargestellt. Darin bedeuten: die Linienzüge $A\,B\,C\,D$ die Dampfdruckkurve des Schwefels bis zur Grenze zwischen flüssig und dampfförmig (kritischer Punkt D); $A\,B$ die Dampfdruckkurve des rhombischen, $B\,C$ diejenige des monoklinen Schwefels; Punkt B (Schnittpunkt der beiden) den Umwandlungspunkt der rhombischen in die monokline Phase; der Kurvenast $C\,D$ stellt die Gleichgewichtslinie zwischen flüssigem und dampfförmigem Schwefel, der Punkt C daher den Schmelzpunkt des monoklinen Schwefels beim entsprechenden Druck dar; hier ist die Tension des festen Stoffes ebenso groß wie die des flüssigen. Der Linienzug $C\,F\,E$ grenzt das Gebiet des flüssigen und festen Stoffes ab, und zwar entspricht die Strecke $C\,F$ der Schmelzpunktkurve des monoklinen, die Linie $F\,E$ der Schmelzpunktkurve des rhombischen Schwefels; $B\,F$ ist die Gleichgewichtslinie zwischen der monoklinen und rhombischen Phase. Bei vorsichtiger Erhitzung des rhombischen Schwefels kann der Umwandlungspunkt überschritten werden, ohne daß der Umschlag in monoklinen Schwefel eintritt; der Kurvenast $B\,G$ stellt daher schon ein metastabiles Gleichgewicht zwischen rhombischen Schwefel und Dampf dar; ebenso befinden sich auch die Verlängerungen $C\,G$ und $F\,G$ im Gebiet der metastabilen Gleichgewichte, und zwar ist $C\,G$ die Gleichgewichtslinie zwischen flüssigem Schwefel und Dampf und $G\,F$ jene zwischen rhombischem und flüssigem Schwefel. In den Punkten B, C und F befinden sich je drei Phasen miteinander im stabilen, im Punkte G ebenfalls drei Phasen im metastabilen Gleichgewicht (Tripelpunkte); sie besitzen in diesen Punkten gleiche Energieinhalte und können daher nebeneinander bestehen.

Die Zustandsgebiete sind, wie folgt, begrenzt:
Rhombischer Schwefel: links von $A\,B\,F\,E$;
monokliner Schwefel: im Felde $B\,C\,F$;
flüssiger Schwefel: $E\,F\,C\,D$;
Schwefeldampf: rechts von $A\,B\,C\,D$.

Die Ordinaten der Dampfdruckkurve ($A\,B\,C\,D$) geben die jeweilige Dampfspannung bei der entsprechenden Temperatur, z. B. $B\,B'$ den Dampfdruck bei der Temperatur B'. Man erkennt aus dem Zustandsdiagramm, daß der Umwandlungspunkt ebenso wie der Schmelzpunkt vom Drucke abhängig ist. Eine sehr geringe Temperatursteigerung, z. B. von B' nach B'' bzw. von C' nach C'', bedingt eine beträchtliche Erhöhung des Dampfdruckes, die stärkere natürlich beim Schmelzpunkt, umgekehrt zeigt eine Erhöhung des Druckes, z. B. von B nach J bzw. von C nach H, daß eine Erhöhung des Umwandlungs- und Schmelzpunktes eintreten muß.

Das im „Besonderen Teil“ dargestellte Zustandsdiagramm der Kieselsäure ist nur eine infolge der zahlreichen Phasen des Siliziumdioxydes etwas verwickeltere Darstellung der Dampfdruck-Temperatur-Verhältnisse und nach vorstehenden Darlegungen wohl verständlich.

Im Zusammenhange mit den thermischen Eigenschaften der feuerfesten Rohstoffe beanspruchen vor allem die Auswirkungen der polymorphen Umwandlungen auf den Wärmeausdehnungskoeffizienten keramisches Interesse.

Die Umwandlung eines kristallisierten Stoffes in die flüssige Formart bedeutet in morphologischer Hinsicht — wie bereits bekannt — den Übergang in die amorphe Zustandsform, womit stets eine Verringerung des spezifischen Gewichtes verbunden ist. Die einzelnen Zwischenphasen (Umwandlungsformen) besitzen eine Dichte, die zwischen der der γ- (oder β-) Form und jener des flüssigen Stoffes liegt. Da sich bei der Dichtenverringerung das absolute Gewicht nicht ändert, kann nach der bekannten Beziehung $g = v \cdot s$ nur eine Änderung des Volumens und damit eine Längenänderung (Ausdehnungskoeffizient) eintreten. Nehmen wir an, ein Stoff hätte die Dichte 2,64, nach deren Umwandlung in eine bei höherer Temperatur beständige Phase das spezifische Gewicht 2,2; das verwendete Gewicht des Stoffes sei 264 g, sein Volumen vor der Umwandlung daher 100 cm³; nach der Umwandlung ergibt sich das gleiche Gewicht aus der Beziehung $x \times 2{,}2$; also $264 = x \times 2{,}2$; oder das Volumen $x = \frac{264}{2{,}2} = 120\ \text{cm}^3$, bzw. die Volumszunahme von 20 vH. Diese durch Umlagerungen, nicht durch einfache Ausdehnung bewirkte Zunahme des Raumes bezeichnet man als Wachstum.

Stoffe, die im Brande molekulare Umwandlungen erleiden, die mit einer größeren Dichtenänderung verbunden sind, besitzen daher keine Raumbeständigkeit. Der Ausdehnungskoeffizient erfährt durch das Wachstum bei den Umwandlungstemperaturen eine sehr erhebliche Steigerung, in einem Falle z. B. um den zehnfachen Betrag.

Daß dieses Verhalten nicht ohne Einfluß auf die mechanischen Eigenschaften der Erzeugnisse sein kann, liegt auf der Hand. Es wirkt sich natürlich um so stärker aus, je rascher und häufiger der Umwandlungspunkt durchschritten wird, d. h. bei schneller und häufiger Erhitzung, also bei nicht stetigem Betriebe und, da auch die umgekehrte Reaktion mit Raumänderungen verbunden ist, auch bei rascher Abkühlung.

Sämtliche Umwandlungspunkte eines Bestandteiles feuerfester Baustoffe bedeuten daher bei deren betriebsmäßigem Gebrauche für die Haltbarkeit eines Ofenmauerwerkes ein Gefahrenmoment, wenn die Brandführung diese Umstände unberücksichtigt ließe bzw. der Baustoff an ungeeigneter Stelle verwendet würde, da unter diesen Umständen ein Reißen, Brüchigwerden oder Abdrängen der Steine eintreten kann. Durch geeignete Maßnahmen im Verlaufe des keramischen Arbeitsganges lassen sich die durch das Wachstum bewirkten Druckspannungen auf ein zulässiges Maß beschränken; bei gewissen Verwendungen der Baustoffe, z. B. als Gewölbesteine, sind geringe Druckspannungen sogar erwünscht, da sie durch Verengung der Fugen eine bessere Abdichtung, geringere Angriffsfläche, also größere chemische Widerstandsfähigkeit gewährleisten.

Ausdehnung und Wachstum berühren in erster Linie die Temperaturwechselbeständigkeit, d. h. die Fähigkeit eines Stoffes, plötzlichen und starken (schroffen) Temperaturwechsel ohne mechanische Schäden (Springen, Reißen) zu vertragen. Für keramische Stoffe und Erzeugnisse existiert bisher noch kein einwandfreies Maß dieser Eigenschaft.

Bei feuerfesten Baustoffen beurteilt man die Temperaturempfindlichkeit z. B. durch den Gewichtsverlust, den der Stein durch Absplitterung erfährt, wenn er wiederholt auf hohe Temperaturen ($\sim 1350^0$ C) erhitzt und nach jedesmaliger Erhitzung an der Luft rasch abgekühlt wird. Ein Gewichtsverlust von 100 vH bedeutet, daß der Stein bei dieser Behandlung völlig zerspringt, also sehr temperaturempfindlich ist. Steger (a. a. O.) hat vorgeschlagen, den von O. Schott und A. Winkelmann[1]) für Gläser eingeführten thermischen Widerstandskoeffizienten (WK) „mit Vorbehalt" bei keramischen Stoffen anzuwenden. Er ist durch die Beziehung

$$WK = \frac{G_1}{E \cdot \beta} \sqrt{\frac{\lambda}{s \cdot c}}$$

gegeben. Einen ähnlichen Ausdruck für den thermischen Widerstand fand auch F. H. Norton[2]). Es liegt auf der Hand, daß die mit Hilfe der WK-Formel errechneten Werte den wirklichen Werten um so näher kommen, je mehr das Stoffgemenge „verglast" ist. Der reziproke Wert des WK stellt die Temperaturempfindlichkeit dar. Der thermische Widerstand ist demnach von mechanischen und thermischen, aber auch von der chemischen Zusammensetzung abhängig.

In mechanischer Hinsicht ist die Textur von maßgebendem Einfluß. Durch gröberes Korn bedingte poröse Beschaffenheit ist für die Temperaturwechselbeständigkeit günstiger als eine durch feines Korn bewirkte dichte Struktur. Thermisch spielt vor allem die Größe, Gleichmäßigkeit und Stetigkeit der Ausdehnung eine Rolle. Nach Steger (a. a. O.) ist die Gefahr des Reißens oder Springens bei schroffem Temperaturwechsel um so geringer, je kleiner der Ausdehnungskoeffizient im Temperaturgebiet von 15 bis 1000^0 C, je stetiger und gleichmäßiger die Ausdehnung und Zusammenziehung in allen Temperaturbereichen und je größer das Wärmeleitvermögen ist. Daß auch die chemische Beschaffenheit ein Faktor der Temperaturempfindlichkeit ist, beweist das verschiedene Verhalten von Eisen- und Kalkklinkern. Kann die Größe des thermischen Widerstandes feuerfester Erzeugnisse auch durch technologische Maßnahmen beeinflußt werden, so ist sie doch zum größten Teil schon in den Rohstoffen begründet.

[1]) Schott, O. u. A. Winkelmann: Ann. Phys. Chem. 51, 1924, S. 730.

[2]) Norton, F. H.: Ref. Shearer, W. L. u. R. W. G. Wyckoff: The Ceramist, Vol. 7, 1926, S. 349—382; Ref. Sprs. 60, 1927, S. 385.

Temperaturunempfindlichkeit ist besonders bei jenen Erzeugnissen, die einem häufigen und schroffen Temperaturwechsel unterliegen, von großer Bedeutung, z. B. in Gasretorten, an gewissen Stellen von Kesselausmauerungen, in der Kühlzone von Drehrohröfen u. dgl. Auch sie läßt sich durch wärmeverteilende Zusätze (Stoffe von großem Wärmeleitvermögen) günstig beeinflussen.

Gewisse technologische Prozesse erfordern die Erreichung von hohen und zuweilen auch lange anhaltenden Temperaturen. Dieser thermischen Beanspruchung halten nur jene Erzeugnisse stand, die einen entsprechend hohen Grad von Feuerfestigkeit und Standfestigkeit (Nichterweichen bei längerer Einwirkung hoher Hitzegrade) besitzen und unter der Belastung durch das Ofenmauerwerk keine zu große Entformung erleiden. Für diese Umstände sind wohl auch technologische Momente maßgebend, in erster Linie jedoch das Erweichungsverhalten und der Kegelschmelzpunkt der Rohstoffe.

Ebensowenig wie die meisten Magerungs- und Flußmittel besitzen auch die feuerfesten Stoffe einen scharfen Schmelzpunkt; sie erweichen unterhalb ihres Schmelzpunktes und gehen allmählich über ein bestimmtes Erweichungsintervall in die flüssige Formart über. Hiezu sind aber Temperaturen erforderlich, die in industriellen Öfen doch verhältnismäßig selten erreicht werden. Der Schmelzpunkt im physikalischen Sinne kommt daher für die Beurteilung der feuerfesten Stoffe kaum in Betracht. Als Maß der Feuerfestigkeit ist in der Keramik bekanntlich der sogenannte Kegelschmelzpunkt eingeführt, d. h. ein bestimmter, im Vergleich zu Segerkegeln festgestellter Erweichungsgrad, der bei den am häufigsten verwendeten feuerfesten Rohstoffen über dem physikalischen Schmelzpunkt liegt.

Nach M. Simonis[1]) ist unter „Kegelschmelzpunkt" jene Temperatur zu verstehen, bei der ein gleichmäßig erhitzter Körper von der Gestalt der Segerkegel bei steigender Temperatur einen derartigen Grad der Erweichung erreicht, daß seine niedergehende Spitze die Fläche berührt, auf der er senkrecht mit kurzer Kante aufgestellt war.

Der Kegelschmelzpunkt gestattet ebensowenig wie die früher übliche Probe auf Durchbiegung eines an den Enden unterstützten, unbelasteten Stabes eine sichere Beurteilung des Erweichungsverhaltens unter Belastung, das in erster Linie für die praktische Verwendbarkeit feuerfester Stoffe maßgebend ist.

Bei der Prüfung auf Druckerweichung (Erweichung unter Belastung) zeigen die feuerfesten Stoffe ein recht verschiedenes Verhalten in bezug auf die Temperatur, bei der ein Nachgeben des Prüfkörpers bemerkbar wird, auf die Art des Absinkens oder haltlosen Zusammenbruches und in bezug auf das Temperaturbereich vom Beginne der Erweichung bis zur gänzlichen Entformung.

In Deutschland ist es nach H. Hirsch[2]) üblich, die Druckerweichung durch die Temperatur des Beginnes der Erweichung und

[1]) Simonis, M.: Sprs. 40, 1907, S. 390—392.
[2]) Hirsch, H.: Ker. Rundsch. 33, 1925, S. 279.

jene, von der an schnelles Zusammensinken beginnt, zu kennzeichnen. Diese Ergebnisse in ein Koordinatensystem eingetragen, dessen Abszisse die Temperatur, dessen Ordinate z. B. die Höhe des Probekörpers in mm bei verschiedenen Temperaturen bzw. die Ausdehnung und Schwindung darstellt, liefern die Erweichungskurve unter einer bestimmten Belastung (vgl. Abb. 37 auf S. 121). In Amerika ist die prozentische Zusammendrückung bei einer bestimmten Temperatur als Maß der Druckerweichung eingeführt. Im folgenden ist der Kürze halber die Bezeichnung „Erweichungstemperatur" für den Beginn der Erweichung unter Druck angewendet.

Die Erweichungstemperatur feuerfester Stoffe hängt von dem physikalischen Zustand, der chemischen Zusammensetzung des Stoffes, von der Geschwindigkeit der Erhitzung und der Ofenatmosphäre ab. In physikalischer Hinsicht spielt vor allem die Dichte eine große Rolle. Der Menge und Art nach gleich zusammengesetzte Stoffe können, bedingt durch eine Verschiedenheit in der physikalischen Beschaffenheit, verschieden hohe Erweichungstemperaturen aufweisen. Ein Zusammenhang zwischen Erweichungstemperatur und Stoffart scheint nicht zu bestehen; bei einem und demselben Stoff besteht zwischen beiden jedoch in Anbetracht des Reinheitsgrades eine unmittelbare Beziehung. Wie bei den Flußmitteln, erniedrigen Verunreinigungen oder absichtliche Beimengungen, z. B. Bindemittel, auch bei den feuerfesten Stoffen aus bekannten Gründen (Eutektika, Wechselwirkungen) die Erweichungstemperatur, doch hängt sie wesentlich auch von der Zähflüssigkeit der auftretenden Schmelze ab. Die Geschwindigkeit der Erhitzung ist insoferne von Einfluß, als durch rasche Erhitzung („Überhitzung") bekanntlich die Erweichungstemperatur erhöht, durch langsame Hitzesteigerung erniedrigt wird. S. S. Cole[1]) berichtet über die Abhängigkeit der Erweichungstemperatur von der Erhitzungsdauer beim Druckerweichungsversuch, daß die durch verschiedene Erhitzungsgeschwindigkeiten bedingten Schwankungen der Erweichungstemperatur um so geringer seien, je reiner die Stoffe sind. Nach Versuchen von A. E. J. Vickers, B. Sc. und L. S. Theobald[2]), die sich allerdings nur auf feuerfeste Tone mit wechselndem Eisengehalt bezogen, liegt die Erweichungstemperatur in Luft- und Sauerstoffatmosphäre höher, in Kohlensäure-, Schwefeldioxyd- und reduzierender Atmosphäre (CO, H) etwas niedriger als in Stickstoffatmosphäre; dieser Umstand erklärt sich aus der verschiedenen Reaktionsfähigkeit der Eisenoxyde (in

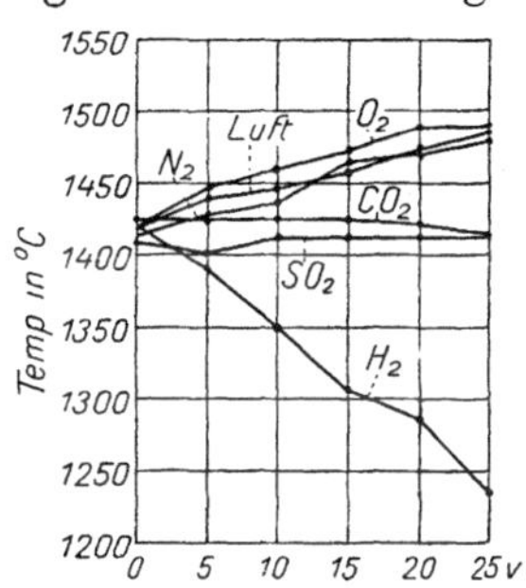

Abb. 12. Abhängigkeit der Erweichungstemperatur feuerfester Tone mit verschieden hohem Eisengehalt von der Ofenatmosphäre nach Vickers und B. Sc. und L. S. Theobald

[1]) Cole, S. S.: Journ. Am. Cer. Soc., Vol. 10, 1927, S. 180—184; Ref. Sprs. 60, 1927, S. 899.

[2]) Vickers, A. E. J.: B. Sc. u. L. S. Theobald: Trans. Cer. Soc. Engl., Vol. 24, 1924/25, S. 86—104; Ref. Tonind.-Z. 49, 1925, S. 1296.

reduzierender Flamme Eisen-2-oxyd, in sauerstoffreicher Atmosphäre Eisen-3-oxyd); die genannten Forscher konnten beim höchsten Eisengehalt die größte Erniedrigung der Erweichungstemperatur feststellen (vgl. Abb. 12; auf der Abszisse sind die Hundertteile einer eisen-3-oxydreichen Erde eingetragen, die zwecks Erhöhung des Eisengehaltes dem Stoffgemenge, aus dem die Versuchskegel geformt wurden, zugesetzt wurde).

Die Erweichungsgeschwindigkeit hängt im wesentlichen von der chemischen Beschaffenheit ab. Verunreinigungen (oder Zusätze), die befähigt sind, mit dem Stoffe niedrig schmelzende Eutektika oder chemische Verbindungen zu bilden, deren Lösungsvermögen im geschmolzenen Zustande für den Hauptstoff einigermaßen erheblich ist, mit einen Wort alle Flußmittel, wirken von einer bestimmten Temperatur an beschleunigend, indifferente Beimengungen dagegen verzögernd; die Erweichung erfolgt allmählich. Im erweichten Zustande besitzt der Stoff zufolge der Koexistenz zweier Formarten eine teigartige Beschaffenheit, er ist bildsam und daher weniger widerstandsfähig gegen Belastung.

Die Erweichungstemperatur liegt natürlich um so tiefer, je größer der auf den Körper wirkende Druck ist. E. L. Dupuy[1]) berichtet, daß die Geschwindigkeit der Temperatursteigerung einen wesentlichen Umstand für das mechanische Verhalten feuerfester Stoffe bei hohen Temperaturen bedeute; nur bei rascher Hitzesteigerung bekunde sich auffälligerweise die beginnende Erweichung durch ein Ansteigen der Druckfestigkeit. Ähnliche Beobachtungen rühren von V. Bodin[2]) her, der aus seinen Versuchen folgerte, daß die meisten feuerfesten Stoffe beim Erhitzen zunächst eine Verringerung der Druckfestigkeit erfahren, deren Höchstwert im allgemeinen bei 800° C liegt; oberhalb dieser Temperatur fand Bodin eine schnelle Zunahme der Druckfestigkeit mit einem Maximum bei 1000° C, bei weiterer Temperatursteigerung eine neuerliche, allmähliche Abnahme bis fast zum Werte Null bei etwa 1600° C. A. Bigot erblickt — nach Bodins Veröffentlichung — die Ursache dieses Verhaltens in den während der Erhitzung vor sich gehenden physikalischen Veränderungen, z. B. in der Änderung des Ausdehnungskoeffizienten.

Die Druckerweichung wird durch geeignete chemische Zusammensetzung, z. B. durch einen höheren Tonerdegehalt, in tonsubstanzreichen Stoffen, günstig beeinflußt. Ungünstig wirkt dagegen Sprödigkeit des Stoffes, die sich vornehmlich in der Art des Absinkens äußert. Bei feuerfesten Erzeugnissen übt auch die Korngröße des Magerungsmittels einen Einfluß auf die Druckerweichung aus. Nach Kohl (a. a. O.) erhöhen die feinkörnigen Magerungsmittel, im Gegensatz zu den grobkörnigen, die Erweichungstemperatur.

[1]) Dupuy, E. L.: Rev. Mét., 1922, Nr. 11; Ref. Ker. Rundsch. 31, 1923, S. 355.

[2]) Bodin, V.: Trans. Cer. Soc. Engl., Vol. 21, 1921/2, Part. 1, S. 44f.; Ref. Tonind.-Z. 46, 1922, S. 561; Sprs. 55, 1922, S. 157.

Was die Lage des Kegelschmelzpunktes zur Temperatur der beginnenden Erweichung unter Druck betrifft, so hängt sie, ohne damit sagen zu wollen, daß einem hohen Schmelzpunkt auch ein hoher Erweichungspunkt entsprechen müsse, im wesentlichen von der chemischen Zusammensetzung, also von der Menge und Art der Beimengungen ab, da diese Faktoren für die Lage der Eutektika bestimmend sind. Der Unterschied zwischen Erweichungs- und Kegelschmelzpunkt ist bei einigen feuerfesten Stoffen sehr beträchtlich, bei anderen liegen die beiden Temperaturen wieder nahe beieinander. Ebenso richtet sich das Verhältnis zwischen Kegelschmelzpunkt und physikalischem Schmelzpunkt hauptsächlich nach der chemischen Beschaffenheit. Ihre Beziehungen werden daher auch durch die Erweichungsgeschwindigkeit geregelt. Bei schneller Erweichung liegt der Kegelschmelzpunkt nach Simonis (a. a. O.) nahe beim physikalischen Schmelzpunkte; umgekehrt wirkt sich eine allmähliche Erweichung in einem größeren Abstand beider Temperaturen aus; dieselben Beziehungen bestehen naturgemäß zwischen Erweichungs- und Schmelzgeschwindigkeit.

Auf sämtliche mit Viskositätsänderungen verbundene Eigenschaften üben auch die polymorphen Umwandlungsreaktionen einen Einfluß aus. Die Erweichungstemperaturen und Kegelschmelzpunkte der Modifikationen eines Stoffes liegen verschieden hoch; im allgemeinen besitzen die metastabilen Formen den niedrigeren Schmelzpunkt.

Die Kegelschmelzpunkte der feuerfesten Stoffe umfassen ein Temperaturgebiet von etwa 1500° C über der Feuerfestigkeitsgrenze. Bei dichten Formen liegt der Kegelschmelzpunkt zuweilen höher als bei porösen Formen derselben Stoffart.

Die vielfachen Vorzüge der elektrischen Erhitzung — reinste Heizquelle, Erzielbarkeit höchster Temperaturen, leichte Regelung der Temperatur, neutrale Atmosphäre — haben besonders in der Metallindustrie trotz des im allgemeinen hohen Strompreises die Einführung der Elektroöfen gefördert. Neben den allgemeinen Anforderungen an feuerfeste Ofenbaustoffe spielen in diesem Falle die elektrischen Eigenschaften des Futters und damit auch jene der feuerfesten Rohstoffe eine große Rolle. Die erste Bedingung in dieser Hinsicht ist ein möglichst großer spezifischer Widerstand bei hohen Temperaturen, da eine erheblichere Leitfähigkeit den Aufwand an elektrischer Energie vergrößert, den Betrieb somit unwirtschaftlich gestaltet, um so mehr, als das kaum zu vermeidende Eindringen von Metall die Leitfähigkeit ohnehin erhöht.

Der Leitungswiderstand ist bekanntlich durch die Beziehung

$$W = \frac{\omega \cdot l}{q} \text{ Ohm } (\Omega)^{1)}$$

gegeben. Unter diesen Größen ist nur der Widerstand (ω) eine spezifische Eigenschaft der Stoffe. Man versteht darunter den Widerstand, den ein Körper (Draht) von der Länge 1 m und dem Querschnitt von 1 mm²

[1]) 1 Ohm ist der Widerstand einer Hg-Säule von 106,3 cm Länge und 1 mm² Querschnitt bei 0° C.

besitzt. Der reziproke Wert obigen Ausdruckes, also $\frac{1}{W}$ ist die spezifische Leitfähigkeit, man sagt, die Leitfähigkeit in reziproken Ohm. Da es sich bei keramischen und vielen anderen Stoffen nicht um drahtförmige Gebilde (große Länge, geringer Querschnitt), sondern um Körper mit größerem Querschnitt und geringer Länge handelt, pflegt man bei der Definition des spezifischen Widerstandes die Länge in Zentimetern und den Querschnitt in Quadratzentimetern auszudrücken. Dieser spezifische Widerstand eines Kubikzentimeter-Würfels, dessen reziproker Wert die spezifische Leitfähigkeit eines Kubikzentimeter-Würfels ist, besitzt einen $100 \times 100 = 10\,000$ mal so großen Wert als der Meter-Quadratmillimeter-Widerstand.

Die feuerfesten Stoffe setzen im allgemeinen dem Durchgange des elektrischen Stromes bei niedrigen Temperaturen einen erheblichen Widerstand entgegen, sie zählen daher zu den Isolatoren. Bei höheren Temperaturen jedoch werden sie zu Leitern zweiter Klasse, in denen bekanntlich die Fortpflanzung der Elektrizität mit einer Bewegung der Stoffteilchen verbunden ist. Bei den kristallisierten Stoffen steht die Leitfähigkeit in enger Beziehung zur Kristallform bzw. zur Richtung. Im Gegensatz zu den Metallen nimmt mit der Temperaturerhöhung der Widerstand der feuerfesten Stoffe ab, die Leitfähigkeit zu und erreicht einen Höchstwert bei der Verflüssigung des Stoffes.

Für die Beziehungen zwischen Widerstand und Temperatur haben Rasch und Hinrichsen[1]) folgende, für feuerfeste Stoffe mehrfach bestätigte Beziehung gefunden:

$$\log p = \frac{A}{T} + B,$$

(p: spezifischer Widerstand, T: absolute Temperatur, A und B: Stoffkonstanten). Die Temperatur-Widerstandskurve nach Rasch-Hinrichsen (Abszisse: reziproke absolute Temperaturen, Ordinate: Logarithmen des spezifischen Widerstandes) ist bei Zutreffen dieser Beziehung eine gerade Linie, knickt aber beim Erweichen bzw. beim Schmelzpunkt ab. M. Fulda[2]) zeigte die strenge Gültigkeit der Rasch-Hinrichsenschen Regel für Gläser (Thüringerglas) innerhalb des Temperaturbereiches bis 460° C; der genannte Forscher fand aus der T-p-Kurve für A den Wert 5,019, für B den Wert 2,086 und überdies die Vermutung bestätigt, daß sich wie die Verflüssigung auch die Kristallisation (Entglasung) im Widerstande bemerkbar macht.

Die Abnahme des Widerstandes bei höheren Temperaturen erfolgt bei den einzelnen Stoffen mit verschiedener Geschwindigkeit. Nach A. V. Henry[3]) zeigen manche Stoffe bei zunehmender Temperatur eine wachsende Geschwindigkeit der Abnahme.

---

[1]) Rasch u. Hinrichsen: Z. Elektrochem. 14, 1908, S. 41; Richards, E.: Ker. Rundsch. 34, 1926, S. 475—477.

[2]) Fulda, M.: Sprs. 60, 1927, S. 810.

[3]) Henry, A. V.: Journ. Am. Cer. Soc., Vol. 7, 1924, S. 764—782, Ref. Tonind.-Z. 49, 1925, S. 779; Sprs. 59, 1926, S. 442.

Der elektrische Widerstand nimmt auch mit steigendem Gehalt an Verunreinigungen ab.

Bei allen technologischen pyrogenen Prozessen sind die Ofenbaustoffe auch der chemischen Einwirkung der verschiedenartigsten gasförmigen, feurig-flüssigen und festen Angriffsstoffe ausgesetzt, sie müssen daher bei der in Betracht kommenden Temperatur die entsprechende chemische Widerstandsfähigkeit besitzen, damit die Lebensdauer eines Ofens nicht schon nach wenigen Ofenreisen beendet ist. Diese Eigenschaft wird zwar sehr erheblich durch die Art der Erzeugung der Ofenbaustoffe beeinflußt, ist aber doch bis zu einem gewissen Grade von der chemischen Natur der feuerfesten Rohstoffe abhängig. Der alte Grundsatz, bei Angriffsstoffen basischen Charakters basisches, bei saurer Einwirkung saures Ofenfutter zu verwenden, ist allerdings durch die Erfahrungen der letzten Jahre nicht mehr völlig aufrechtzuerhalten, so daß eigentlich die Bedeutung der chemischen Beschaffenheit der feuerfesten Rohstoffe für die chemische Widerstandsfähigkeit der Ofenbaustoffe in manchen Fällen geringer ist als die der technologischen Maßnahmen zur Hervorbringung gewisser mechanischer Eigenschaften, z. B. einer kleinen Angriffsfläche, also einer entsprechenden Dichte des Ofenbaustoffes. Ohne auf Vollständigkeit Anspruch zu erheben, sei eine Übersicht verschiedener Angriffsstoffe gegeben, die bei der Verwendung der Ofenbaustoffe, z. B. in allen Feuerungen, in den Öfen der Brennstoffveredelungsindustrie (Gaswerke, Kokereien, Generatoren, Ölgaserzeugung), Metall-, Glas-, Baustoff- und Mörtelindustrie, in der chemischen, elektrothermischen, keramischen und Emailindustrie, schädigende Einflüsse zu zeitigen vermögen.

In Feuerungen: oxydierende Gase (Luftsauerstoff, Kohlensäure); reduzierende Gase (Kohlenmonoxyd, Schwefeldioxyd, Kohlenwasserstoffe bzw. deren gasförmiges Zersetzungsprodukt: Wasserstoff); saure Gase (Schwefeldioxyd, Schwefeltrioxyd aus dem Pyritschwefel der Kohlen, Chlorwasserstoffgas aus dem Natriumchlorid der Kohlen), alkalische Dämpfe, ebenfalls aus der Zersetzung der Kohlenaschenbestandteile, Kohlenaschen (Flugaschen), Brennstoffschlacken (besonders bei Braunkohlenfeuerung sehr gefährlich), Ruß;

in den Öfen der Brennstoffveredelungsindustrie: dieselben Angriffsstoffe mit vorherrschender Reduktionswirkung des festen Kohlenstoffes;

in den Öfen der Metallindustrie: flüchtige und schmelzende Metalle, Metalloxyde (Flugstaube, Krätzen, Abstriche), Speisen (Arseniate, Antimoniate), Sulfide (sogenannte Steine), Antimonide, Arsenide, Karbide, Phosphide, Sulfate, Stannate, Ferrite, metallurgische Schlacken saurer und basischer Natur (Silikate, Oxyde, Phosphate), Fluoride, Cyanide, Zuschläge;

in den Öfen der Baustoff- und Mörtelindustrie: Kalk, Magnesia, Dolomit, deren Verunreinigungen, Brennstoffaschen und Schlacken, sinternder Zementklinker;

in Glasschmelzöfen: alkalische Dämpfe aus dem „Gemenge“ (Mischung der Glasrohstoffe), Alkali-, Erdalkali- und Metalloxyde, Borate, Fluoride, Phosphate, Kieselsäure, fertige Glasschmelzen;

in der elektrothermischen Industrie: Karbide, Nitride, Oxyde, Metalldämpfe, flüchtige Chloride;

in den Öfen der chemischen Industrie: die zahllosen chemischen, pyrogen hergestellten Erzeugnisse der chemischen Großindustrie und deren Rohstoffe bzw. deren Zersetzungsstoffe: Kiese, Blenden, Sulfate, Sulfide, Chloride, Säuredämpfe, Soda, Pottasche, Phosphate, Fluorverbindungen, Strontianit u. dgl. m.;

in den Brennöfen der Keramik und Emailindustrie: verflüchtigte Glasurbestandteile, in Steinzeugöfen verflüchtigtes Kochsalz, verflüchtigte Bestandteile des Emailrohstoffgemenges.

Die Rohstoffe selbst sind im Brande schon den chemischen Wirkungen der zu ihrer Gestaltung verwendeten Bindemittel ausgesetzt, soferne nicht durch geeignete Wahl, z. B. durch Verwendung organischer Bindestoffe, Wechselwirkungen ausgeschaltet sind.

Die chemische Widerstandsfähigkeit der feuerfesten Rohstoffe ist im allgemeinen durch ihre Reaktionsfähigkeit, d. h. durch ihren chemischen Charakter bestimmt und von jenen Faktoren abhängig, die bei den Flußmitteln näher ausgeführt wurden: Art und Zahl der Angriffsstoffe, Konzentration, Temperatur, Gegenwart katalytisch wirkender Stoffe. Eine große Rolle spielt auch die Bildung von niedrig schmelzenden Eutektika oder chemischen Verbindungen im Stoffe selbst und mit dem Angriffsstoff, die Löslichkeit des schwer schmelzbaren Anteiles in diesen Gemengen oder Verbindungen und die Viskosität des Angriffsstoffes, wenn es sich um Schmelzen handelt. Bezüglich der Reaktionen beim Übergange in Lösung sind ferner die polymorphen Umwandlungen von Einfluß, da die Umwandlungsformen andere Löslichkeitsverhältnisse in Schmelzen besitzen als die Ausgangsform.

Die Geschwindigkeit der Reaktionen hängt außer von der Temperatur, Konzentration und der Beschleunigung durch Katalyse von der Diffusionsgeschwindigkeit ab, d. i. die Schnelligkeit, mit der sich die in Wechselwirkung tretenden Stoffe zu durchdringen vermögen. Daß hiefür der Zähflüssigkeitsgrad von ausschlaggebender Bedeutung ist, liegt auf der Hand.

Die Reaktionsfähigkeit der praktisch verwendeten feuerfesten Stoffe ist untereinander und bei einem und demselben Stoffe gegenüber verschiedenen Angriffsstoffen sehr verschieden. Sie zählen nach ihrer chemischen Natur zu folgenden Stoffgruppen: Saure, amphotere und basische Oxyde (Oxydgemenge), Hydroxyde, die nach der thermischen Dissoziation (Zersetzung in die oxydischen Komponenten) amphotere Oxyde liefern, Silikate, Hydrosilikate, Aluminate, Chromite, Elemente, Karbide und Nitride.

Die Reaktionen, die sich zwischen diesen und den Angriffsstoffen bei höheren Temperaturen abspielen, führen in der Mehrzahl der Fälle zu Bildung von komplexen Silikaten bzw. Alumosilikaten, zum kleineren

Teile zu Oxydations- oder Reduktionsprodukten. Die meisten dieser Stoffe besitzen bei hohen Temperaturen Reaktionsfähigkeit gegenüber Stoffen anderen chemischen Charakters, und zwar im allgemeinen eine geringere, wenn der angegriffene Stoff kristallisiert vorliegt, eine höhere, wenn er sich im amorphen Zustande befindet.

Eine große chemische Reaktionsfähigkeit der Rohstoffe bedeutet aber im allgemeinen eine geringe chemische Widerstandsfähigkeit der Erzeugnisse. Käme für die chemischen Angriffe bei hohen Temperaturen nur ein aus zwei reinen Stoffen bestehendes System in Betracht, dann ließe sich durch geeignete Wahl der Rohstoffe des Ofenfutters der Angriff verhüten oder dessen Stärke wenigstens vermindern, denn grundsätzlich wäre die Widerstandsfähigkeit am größten, wenn die miteinander in Wechselwirkung tretenden Stoffe der gleichen Stoffgruppe angehören. Dieser Fall trifft aber nirgends zu. Weder die Rohstoffe und feuerfesten Massen bzw. Erzeugnisse, noch die in einem bestimmten Falle in Frage kommenden Angriffsstoffe besitzen eine einheitliche Zusammensetzung, so daß daher mit einer Schädigung des Ofenmauerwerkes durch chemische Wirkungen unter allen Umständen gerechnet werden muß. Man sucht sie durch verschiedene Maßnahmen (Luft-, Wasserkühlung, Anstriche u. dgl.) auf ein Mindestausmaß zu beschränken. Unter Umständen können in feuerfesten kittlosen Massen die chemischen Wechselwirkungen zwischen Rohstoff und Bindemittel auch erwünschte Wirkungen (Verdichtung) zeitigen, womit jedoch eine Verringerung der Schwerschmelzbarkeit verbunden ist. Um diesen Übelstand zu beseitigen, sucht man bei höchst feuerfesten Massen durch Steigerung der Brenntemperatur den nötigen Dichtigkeitsgrad zu erreichen und eine Bindewirkung durch entsprechende Vorbehandlung des betreffenden Stoffes selbst zu erzielen. Auch die Wechselwirkungen zwischen Ofenfutter und Angriffsstoff können zu günstigen Auswirkungen, selbst auf die chemische Widerstandsfähigkeit, führen. R. Hustin[1]) beobachtete an quarzreichen Schamottesteinen, die zur Auskleidung eines Schweißofens dienten, eine Anreicherung von Tonerde und Eisenoxyd in der Oberflächenschichte, die er auf den Austritt von Kieselsäure zurückführt; dieser sei dadurch entstanden, daß infolge der Wechselwirkungen zwischen der Kohlenasche und der Kieselsäure des Steines bei niedriger Temperatur schmelzende Silikate gebildet wurden; nach dem Abschmelzen blieb eine tonerdereichere Schichte zurück, die die chemische Widerstandsfähigkeit günstig beeinflußte.

Nach A. Scott[2]) geht der Angriff, dessen Geschwindigkeit durch die chemische Zusammensetzung des feuerfesten Stoffes und die Schmelzbarkeit des Angriffsstoffes geregelt werde, derart vor sich, daß Wechselwirkungen zunächst an der Oberfläche eintreten und dann

[1]) Hustin, R.: Chim. et Ind., Vol. 14, 1926, S. 691/2; Ref. Tonind.-Z. 50, 1926, S. 210.

[2]) Scott, A.: Trans. Cer. Soc. Engl., Vol. 25, Part. 4, S. 339—351; Ref. Tonind.-Z. 51, 1927, S. 865.

erst ein Eindringen der Schmelze in das Gefüge des feuerfesten Stoffes stattfinde, wodurch dessen physikalische Eigenschaften verändert würden.

Die Anforderungen, die man an feuerfeste Ofenbaustoffe unter gewissen Verhältnissen in mechanischer Hinsicht stellt, z. B. großer mechanischer Widerstand gegen Abreibung der Steine in Schachtöfen durch die niedergehende Beschickung, Gasdichtigkeit, z. B. bei Zinkretorten, und andere, werden ebenso wie die Raumbeständigkeit sowohl durch die Rohstoffeigenschaften als auch durch die technologische Verarbeitung beeinflußt.

Die von allen Ofenbaustoffen geforderte Raumbeständigkeit steht insbesondere zum Ausdehnungsverhalten (Umwandlung) und zum Dichtigkeitsgrade in enger Beziehung. Durch den erstgenannten Umstand wird auch die mechanische Festigkeit beeinflußt. Den Auswirkungen der Polymorphie auf die Raumverhältnisse, dem Wachstum, steht das in Verdichtungsvorgängen begründete Nachschwinden in hohen Hitzegraden gegenüber.

Alle Stoffe, die bei höherer Temperatur derart dissoziieren, daß einer der Zersetzungsstoffe gasförmig anfällt, besitzen in Hitzegraden, die oberhalb der Brenntemperatur des betreffenden Erzeugnisses liegen, die Eigenschaft, ihr Volumen zu verringern, d. h. nachzuschwinden. Je größer die Menge der gasförmigen Komponente ist und je niedriger die Brenntemperatur gehalten wurde, desto größer ist das Nachschwindevermögen. Die Nachschwindung der Ofenbaustoffe führt zum Klaffen der Fugen, das allerlei Betriebsstörungen (Eintritt von Falschluft, Austritt des Schmelzgutes, Ausfallen von Gewölbesteinen, Vergrößerung der Angriffsfläche) bewirken kann. Durch Vorbrennen eines Teiles der Rohstoffe und Vermengung des ungebrannten mit dem vorgebrannten Stoffe oder durch Anwendung einer hohen, über der Gebrauchstemperatur der Steine liegenden Brenntemperatur läßt sich dem Nachschwinden zum größten Teile begegnen.

Wirkungen in keramischen Massen

Mit wenigen Ausnahmen wirken alle feuerfesten Versatzstoffe auf die grüne Masse magernd. Ihre Hauptaufgabe in keramischen Massen besteht darin, das Verhalten der Masse in der Hitze in bezug auf unerwünschte Viskositätsänderungen zu verbessern. Sie erhöhen die Erweichungstemperatur und den Kegelschmelzpunkt der Masse. Nach K. Endell[1]) läßt sich z. B. die Erweichungstemperatur von Schamottesteinen durch Zusatz von hochfeuerfesten Stoffen zur Masse um etwa 100° C erhöhen.

Von hohem Einfluß auf den Grad der Wirkung ist hiebei die Menge und Korngröße des Zusatzes. Gröberes Korn wirkt schon vermöge seiner geringeren Reaktionsfähigkeit energischer als feines Korn. Die

[1]) Endell, K.: St. u. E. 1921, Heft 1, S. 6—9; Ref. Tonind.-Z. 45, 1921, S. 286.

feuerfesten Stoffe bilden in der keramischen Masse ein starres, unschmelzbares Gerüst, das auch beim Erweichen der übrigen Massebestandteile erhalten bleibt.

Die Anforderungen an die feuerfesten Rohstoffe betreffen zunächst das Verhalten im Feuer in bezug auf Erweichung und Verflüssigung, sodann, je nach dem Verwendungszweck der Erzeugnisse, einen bestimmten Komplex von mechanischen, thermischen, elektrischen und chemischen Eigenschaften.

Allen Anforderungen gleichzeitig zu genügen, vermag auch der reinste und beste Stoff nicht. Ihnen, soweit als möglich, gerecht zu werden, ist die Aufgabe der Massensynthese und des Erzeugungsganges.

Zu den feuerfesten Stoffen, die als Zusätze zu keramischen Massen verwendet werden, zählen: Quarzite, Schamotten, Natur- und Kunstgraphit, Koke, Tonerde, Korund, Kunstkorunde, Karborundum, Bauxit, Diaspor, in Amerika auch Kunstsillimanit (Kunstmullit), versuchsweise auch die Sillimanitmineralien Andalusit und Cyanit.

Massen, bei denen die Menge des Tones zurücktritt, der Ton die Rolle eines Bindemittels übernimmt oder durch andere Stoffe ersetzt ist, werden aus folgenden hochfeuerfesten Stoffen erzeugt: Quarzite, Korunde, Kunstkorunde, Zirkonerde, Sillimanitmineralien, Kunstsillimanit, Serpentin, Zirkon, Spinell, Eisenchromit, Sintermagnesit und -dolomit, Kalk, Magnesia, Karborundum, Aluminiumnitrid, Bornitrid (Borstickstoff) und seltene Erden.

Besonderer Teil

A. Kieselsäure

(Siliziumdioxyd, Kieselsäureanhydrid, SiO_2).

Unter den Baustoffen der Kruste unseres Wandelsternes steht die Kieselsäure in zahlreichen Arten und Verbindungen der Menge nach an erster Stelle. Manche ihrer nutzbaren Eigenschaften, besonders die des Feuersteines, waren schon dem Eiszeitmenschen bekannt und wurden zur Herstellung von lebensnotwendigen Geräten, z. B. von Schneidewerkzeugen, verwertet. Heute bildet die Kieselsäure den Werkstoff bedeutender Industrien, die unter der Bezeichnung „Silikatindustrie" zusammengefaßt werden. Ein Zweig dieser Industrie ist die Industrie der Tonwaren und feuerfesten Erzeugnisse („Feuerfeste" Industrie), in denen sie neben den Tonen den wichtigsten Rohstoff darstellt.

Die natürlichen Kieselsäureformen unterscheiden sich durch die Art ihres Vorkommens, ihre gestaltlichen Eigenschaften, durch die Zustandsform und den Gehalt an gebundenem Wasser.

Nach der Art ihres Vorkommens zählt sie teils zu den Mineralien bzw. bei gebirgsbildendem Auftreten zu den einfachen Gesteinen, teils bildet sie als Gesteinsquarz einen wesentlichen Gemengteil vieler zusammengesetzter Gesteine (Eruptivgesteine, kristalline Schiefer). Zufolge ihrer großen Widerstandsfähigkeit gegen Atmosphärilien (Luft, Wasser) ist sie der Hauptbestandteil vieler Verwitterungsreste und tritt daher als Trümmersediment (klastisches Sediment) bzw. nach dessen Verfestigung als Trümmergestein (klastisches Sedimentgestein) auf. Überdies erscheint sie als Versteinerungsmittel abgestorbener Pflanzen und als Verwesungsrückstand niederer Organismen beider Naturreiche.

Morphologisch unterscheidet man kristallisierte (kristalline) und amorphe Kieselsäure (Gel und Glas), nach der Zustandsform Quarz, Tridymit, Cristobalit, Kieselsäureglas und kolloidale Kieselsäure, nach dem Hydratwassergehalt wasserfreie und wasserhaltige Kieselsäure.

Die Zugehörigkeit ihrer wichtigeren Erscheinungsformen zu einer der genannten Gruppen geht aus folgendem Schaubild hervor:

Kieselsäure

- kristallisiert (kristallin), wasserfrei
  - Mineralien: Quarz, Chalzedon, Feuerstein, Hornstein, Tridymit, Cristobalit
  - Einfache Gesteine: Quarz, Kristalline Quarzite
  - Gemengteil: Gesteinsquarz, Tridymit, Cristobalit
  - Trümmer-
    - sediment: Quarzsande, Staubquarz, Kies (Gerölle und Geschiebe)
    - gestein: Sandsteine, Quarzite, Konglomerate, Brekzien
  - Versteinerungsmittel: Holzstein
  - Verwesungsrückstände: Polierschiefer, Tripel, Saugschiefer
- amorph
  - wasserfrei
    - Gemengteil: Glasiger Gesteinsquarz (Kieselsäureglas, Lechatelierit)
  - wasserhältig
    - Mineral: Opale
    - Einfache Gesteine: Kieselsinter, Geyserite
    - Verwesungsrückstände: Diatomeenerde, Randannit, Molererde

Zwischen den beiden morphologisch verschiedenen Erscheinungsformen der Kieselsäuremineralien (Quarz und Opal) existiert eine stetig verlaufende Übergangsreihe, deren Glieder, wie z. B. der Kascholong, neben kristalliner auch amorphe Kieselsäure enthalten. Dies trifft auch bei den kristallinen Verwesungsrückständen, Trümmersedimenten und jenen klastischen Sedimentgesteinen zu, in denen amorphe Kieselsäure als Bindemittel (Zement) des kristallinen Trümmersedimentes erscheint. Umgekehrt tritt neben amorpher Kieselsäure als Hauptbestandteil in den Opalen und wasserhältigen Verwesungsrückständen kristalline Kieselsäure auf. Die Ursache dieser Erscheinung ist bei allen gemischten Formen, mit Ausnahme der Trümmersedimente, die allmähliche Umwandlung der Gelkieselsäure in den kristallinen Zustand, das sogenannte „Altern". Der Gehalt an amorpher Kieselsäure in Trümmersedimenten entstammt den in ihnen enthaltenen Mineralien, die aus beiden Zustandsformen bestehen.

Die große Mannigfaltigkeit der Erscheinungsformen ist in den verschiedenen Entstehungsbedingungen begründet. Die Bildung der Mineralien im allgemeinen erfolgt auf drei verschiedenen Wegen:

Durch Auslaugung der in der Erdrinde vorhandenen Stoffe entstehen Minerallösungen, aus denen sich beim Verdunsten des Wassers bis zur Überschreitung der Sättigungsgrenze oder durch Ausfällung die festen Lösungsgenossen ausscheiden. Die ausgeschiedenen Mineralstoffe heißen chemische oder Ausscheidungssedimente, die Bildungsweise bezeichnet man als hydatogen. Nach der Art der flüssigen Lösungskomponente (atmosphärische Wässer) unterscheidet man Ablagerungen des Meerwassers (marine Bildungen), Brackwassers (brackische Bildungen) und Süßwasserbildungen. Erfolgte der Absatz unter Mitwirkung von organischen Stoffen, Organismen, dann spricht man von organogenen Mineralien oder Gesteinen, die, je nachdem sich an der Entstehung pflanzliche oder tierische Lebewesen beteiligt hatten, in phytogene und zoogene Bildungen unterschieden werden. Bei der Ausscheidung des Mineralgehaltes aus heißen Lösungen (Thermen, Geyser) entstehen, wahrscheinlich zum Teil unter Mitwirkung pflanzlicher Organismen (Algen, Moose u. dgl.), die sogenannten Sinterbildungen.

Eine zweite Art der Bildungsweise von Mineralien, die magmatische, steht im Zusammenhang mit der Entstehung der Eruptivgesteine. Die magmatogenen Mineralien bilden sich bei der Erstarrung des der Erdtiefe entstammenden Gesteinsschmelzflusses, des Magmas.

Die pneumatolytischen Bildungen endlich sind das Ergebnis der unter Druck erfolgenden Einwirkung von Gasen und Dämpfen, die bei der Erstarrung des Magmas in Gängen entwichen, auf bereits vorhandene Mineralstoffe des Nebengesteines. Auch durch Ausscheidung aus der Dampfform (Sublimation) und Wechselwirkungen von Gasen oder Dämpfen können sich Mineralien bilden.

Eine Übersicht über die Bildungsweisen der wichtigeren Kieselsäureformen gibt nachstehendes Schaubild:

Kieselsäureformen

- hydatogen
  - Chemische Sedimente:
    - Bergkristall (Gangquarze)
    - Chalzedon
    - Hornstein
    - Opale
    - Kieselsinter
    - Geyserite
  - Organogene Sedimente:
    - vorwiegend phytogen:
      - Diatomeenerden
      - Kieselsinter
    - vorwiegend zoogen:
      - Feuerstein (Flint)
- magmatogen
  - gewisse Quarze
  - Tridymit
  - Cristobalit
  - Lechatelierit
- pneumatogen
  - Cristobalit ?
  - Tridymit ?

Die Bildung des als *Holzstein* bezeichneten Hornsteines, einer Chalzedonabart, erfolgte durch allmähliche Ausscheidung der gelösten Kieselsäure innerhalb des Gewebes absterbender Hölzer, wodurch der ganze Holzkörper verkieselt wurde. *Opale* bilden sich zumeist durch Zersetzung von kieselsauren Salzen. Die hiebei in gallertartiger Form anfallende Kieselsäure erhärtet allmählich unter Abgabe des größten Teiles des chemisch gebundenen Wassers. Zuweilen bildet die Opalkieselsäure, häufiger der Chalzedon, die Füllmasse der Poren oder das Bindemittel verfestigter Trümmergesteine.

Sinterbildungen setzen sich in der Umgebung der heißen Quellen (Thermen) als Krusten und Terrassen ab.

Diatomeenerde (Kiesel-, Tripel-, Infusorienerde, Kieselgur, Berg- oder Fossilienmehl, Diatomit) verdankt ihren Ursprung den Lebensäußerungen mikroskopisch kleiner Algen (Spalt-, Kieselalgen, Diatomeen) und niederer Meerestierchen, Radiolarien, welche die Kieselsäure aus den im Wasser gelösten Verbindungen (Silikaten) aufnehmen und in ihrem Körper zur Abscheidung bringen. Nach dem Absterben der Organismen und nach der Verwesung des organischen Anteiles bilden die Kieselsäureskelette vermengt mit anderen Sedimenten (Ton, Sand, vulkanische Asche) am Boden der Gewässer mächtige Ablagerungen, deren Verfestigung wahrscheinlich durch Kieselsäuregele verschiedener Herkunft erfolgte. Diese gesteinsbildend wirkenden Gele können dem verkitteten Materiale selbst entstammen, indem die im Wasser gelösten Verwesungsstoffe (Ammoniak) die teilweise Auflösung der Kieselsäureskelette bewirkten, aus welcher Lösung sich dann das Gel abschied, oder beim Zusammentreffen von Süßwasserlösungen mit Meerwasser durch die ausflockende (pektisierende) Wirkung der darin gelösten Salze entstehen. Von den Diatomeen kennt man bereits mehrere tausend Arten. Sie leben zum größten Teile im Meerwasser, sind aber auch in Flüssen und Seen anzutreffen. Nach der Art des Lösungsmittels der Kieselsäure zählt die Diatomeenerde daher vorwiegend zu den marinen Sedimenten.

Ein tonreiches, gurähnliches Sediment der Tertiärzeit ist die dänische *Molererde*. Sie unterscheidet sich von der Diatomeenerde nur dadurch, daß die einzelnen Skelette von einer dünnen Tonschichte umgeben sind.

Die bei Randanne in Frankreich gewonnene Diatomeenerde ist der Randannit.

Den Feuerstein (englisch: flint, französisch: silex) hält man für die Umbildungsform eines ursprünglich vorwiegend zoogenen Sediments, das auf ähnliche Weise wie Diatomeenerde durch die Lebenstätigkeit niederer Meerestierchen, der Spongien, entstanden ist. Die Kieselsäurepanzer der abgestorbenen und verwesten Tierchen gingen allmählich in Lösung; die aus der Lösung chemisch gefällte Gelkieselsäure verkittete die Skelette gleichartiger oder andersartiger Meerstiere und wirkte auf diese Weise mineralbildend. Das eingetrocknete Gel ging im Laufe der Zeit in den kristallinen Zustand über. Dieses Naturerzeugnis bildet heute die lagenweise in die Kreide eingestreuten Feuersteinknollen.

Weniger zahlreich sind die Ausbildungsformen der aus dem Magma hervorgegangenen Kieselsäure. Bei der Erstarrung der Schmelze fällt entweder Quarz (Gesteinsquarz), Tridymit, Cristobalit oder Kieselsäureglas an. C. N. Fenner[1]) hält es für wahrscheinlich, daß Tridymit, wo er als wesentlicher Bestandteil saurer Ergußgesteine auftritt, eine primäre Abscheidung aus der Schmelze ist. Die Zustandsform der erstarrten Kieselsäure hängt von den bei der Bildung obwaltenden Umständen ab, vor allem von den Temperatur- und Druckverhältnissen, von der Zähflüssigkeit der Schmelze und der Geschwindigkeit der Abkühlung. Kristallisierte magmatische Formen sind gewöhnlich das Ergebnis einer langsamen, amorphes Glas das einer raschen Abkühlung. Mit Rücksicht auf die Auswirkungen der Struktur auf das Brennverhalten (Umwandlungsfähigkeit, siehe S. 112) ist besonders die Bildungstemperatur der Kieselsäureform von Bedeutung. Nach O. Mügge[2]) sind gewisse pyrogene Quarze bei einer Temperatur von über 575^0 C (siehe S. 105) entstanden.

Pneumatolytische Formen der Kieselsäure sind nicht mit Sicherheit nachgewiesen; nach Fenner (a. a. O.) deutet das Aussehen vieler cristobalithaltiger Eruptivgesteine auf die Bildung durch Wechselwirkungen von Dämpfen oder auf die Zersetzung von Silikaten oder Kieselsäureglas durch pneumatolytische Prozesse, wie auch bei der Tridymitbildung die Wirkung von Gasen mitgespielt haben könne; manche Geologen halten Cristobalit für eine pneumatolytische Bildung aus Basalten und Andesiten[3]).

Der schöpferischen Tätigkeit des Wassers, wie sie sich in den geschilderten, zur Neubildung von Mineralien führenden Vorgängen äußert, steht eine ebenso intensive zerstörende, nivellierende Wirkung gegenüber, die durch atmosphärische und kosmische Einflüsse und Lebensäußerungen von pflanzlichen Organismen vorbereitet und gefördert wird.

Durch die verschieden große Ausdehnung und Zusammenziehung der Individuen oder Gemengteile einfacher bzw. zusammengesetzter Gesteine infolge wechselnder Sonnenbestrahlung findet eine allmähliche

[1]) Fenner, C. N.: Ref. Z. anorg. Chem. 85, 1914, S. 133—198.

[2]) Mügge, O. N.: Jahrb. f. Min. etc., Festband, 1910, S. 181—196.

[3]) Andesite sind jüngere Ergußsteine mit saurem Kalknatronfeldspat.

Erweiterung der zwischen den Gefügebildnern vorhandenen Trennungsflächen statt. Auf den Felsarten angesiedelte pflanzliche Organismen unterstützen diesen Vorgang durch Ausscheidung von lösungskräftigen Pflanzensäuren, bis die entstandenen Fugen den atmosphärischen Wässern das Eindringen gestatten. Diese exogenen Wässer entfalten nunmehr eine zweifache Tätigkeit. Sie wirken einerseits lösend und vermittels ihres Gehaltes an Kohlensäure zersetzend auf die Gesteinsgemengteile, anderseits rein mechanisch durch die beim Gefrieren eintretende Ausdehnung, die allmählich zur Gefügelockerung und gänzlichen Aufhebung des Gesteinsverbandes führt.

Das Ergebnis dieser mechanischen, organischen und chemischen Verwitterung ist zunächst der am Ursprungsorte (primäre Lagerstätte) befindliche Gesteinsschutt (Gebirgsdetritus), der durch Wind und bewegtes Wasser fortgeführt, nach Korngröße und spezifischem Gewichte gesichtet, an jenen Stellen (sekundären oder tertiären Lagerstätten) abgelagert wird, wo die Transportkraft des Wassers infolge abnehmenden Gefälles zur weiteren Fortführung nicht mehr ausreicht. Zu diesen Trümmersedimenten (klastischen oder mechanischen Sedimenten) zählen die Sande, Gerölle, Geschiebe und Gesteinsmehle.

Auch die klastischen Sedimente sind nicht das Endergebnis des allgewaltigen Naturgeschehens. „Neues Leben blüht aus den Ruinen!“ Die Trümmersedimente erfahren durch mancherlei nachträgliche Umbildungen, ebenso wie die chemischen Sedimente, verschiedenartige Veränderungen, die hauptsächlich durch Diagenese oder Metamorphose bedingt sind. Die Diagenese umfaßt alle Veränderungen physikalischer oder chemischer Art, die durch Vorgänge innerhalb des Trümmersediments verursacht werden, z. B. die Verkittung der Trümmersedimente durch ein chemisches oder mechanisches Sediment zu Trümmergesteinen. Die Metamorphose, das heißt die Umbildung durch Kräfte, die von außen her wirken, erfolgt entweder durch Berührung des aufsteigenden Magmas mit dem Nebengestein (Berührungsumwandlung oder Kontaktmetamorphose) oder tektonische Druckwirkungen (Druckumwandlung oder Dynamometamorphose).

Stößt das aus dem Magmaherd emporsteigende glutflüssige Material auf ein Gestein, so wird dieses durch Hitze und chemische Einflüsse (Magmagase) innerhalb einer gewissen Zone (Kontakthof) umgewandelt. Die Hitze des Magmas zeitigt im Kontakthof Frittungen, Verschmelzungen oder Änderungen im Gefüge, z. B. Umkristallisationen, Kornvergrößerungen (Kristallinischwerden dichter Gesteine), Verglasungen. Durch Gebirgsdruck hervorgerufene Umbildungen betreffen hauptsächlich das Gefüge. Eruptivgesteine und chemische Sedimente werden durch derartige mächtige geologische Wirkungen in kristalline Schiefer umgewandelt.

Alle durch Druckumwandlung entstandenen Neubildungen und deren Zertrümmerungsprodukte sind im Gegensatz zu den freien Ausbildungsformen mit Spannungen behaftet, die sich auch im keramischen Verhalten auswirken (siehe S. 15 und 105).

Die Umbildungen der klastischen Kieselsäureformen erläutern folgende Schemata:

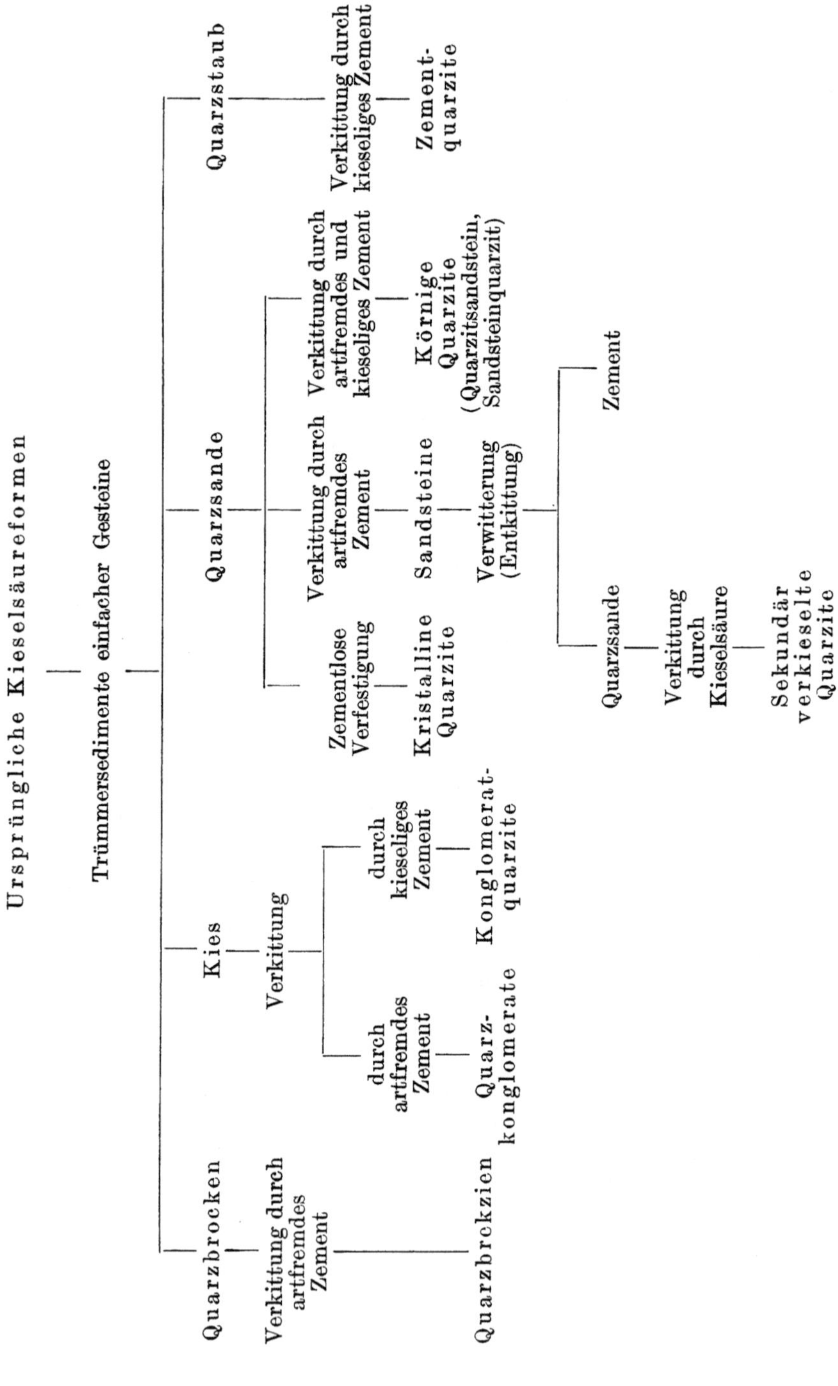
Ursprüngliche Kieselsäureformen
Trümmersedimente einfacher Gesteine
Quarzbrocken
Kies
Quarzsande
Quarzstaub
Verkittung durch artfremdes Zement
Quarzbrckzien
Verkittung
durch artfremdes Zement
durch kieseliges Zement
Quarzkonglomerate
Konglomeratquarzite
Zementlose Verfestigung
Kristalline Quarzite
Verkittung durch artfremdes Zement
Sandsteine
Verwitterung (Entkittung)
Quarzsande
Verkittung durch Kieselsäure
Sekundär verkieselte Quarzite
Zement
Verkittung durch artfremdes und kieseliges Zement
Körnige Quarzite (Quarzitsandstein, Sandsteinquarzit)
Verkittung durch kieseliges Zement
Zementquarzite

Zusammengesetzte Steine

- Verwitterung
  - *Porzellansande*
  - *Kaolinschliffsande*
- Zertrümmerung
  - *Feldspatsande*
    - Verwitterung
      - *Klebsande*
        - Quarzsande
        - Tonsubstanz

Die Trümmersedimente werden nach ihrer Größe und Form in eckigbegrenzte Quarzbrocken, abgerundeten oder rundlich-flachen Kies (Gerölle, Geschiebe), Sande und Staub unterschieden. Die keramisch wichtigsten Trümmersedimente sind die *Sande*. Die aus fast reinen Quarzen (Quarz, Chalzedon, Feuerstein und anderen Abarten) bestehenden *Quarzsande* entstehen durch Zertrümmerung oder Verwitterung von Quarzmineralien (Mineralsande oder minerogene Sande), einfachen Quarzgesteinen oder Sandsteinen.

Quarzhältige Eruptivgesteine liefern bei der Verwitterung ein aus den Gesteinsmineralien bestehendes schüttiges Gemenge, die Gesteins- oder *Silikatsande* (petrogene Sande). Zu den Bestandteilen des Muttergesteines treten nach der Verwitterung einzelner Gemengteile deren Verwitterungsprodukte, z. B. Kaolin. Dieser Gruppe von Sanden gehören die keramisch wichtigen Porzellan- und Kaolinschliffsande an. Beide entstehen bei der Kaolinisierung (siehe S. 277) quarz- und feldspathältiger Gesteine.

Bei der Bildung der *Porzellansande* wird der Feldspat weitgehend in Kaolin umgewandelt und dieser durch Wasser oder Wind zum größten Teil fortgeführt. Die *Kaolinschliffsande* sind Bestandteile der Rohkaoline und können aus diesem beim Schlämmen nach dem Absetzen der gröberen Beimengungen, getrennt von diesen, als feinkörnige Schlämmrückstände erhalten werden. Eisenarme feldspathaltige Quarzsande bezeichnet der Keramiker auch als *Glasursande*. Die *Feldspatsande* sind Zertrümmerungsprodukte jungvulkanischer Gesteine und liefern bei der Verwitterung die *Klebsande*, diese nach Fortführung der Tonsubstanz hochwertige Quarzsande (Glassande).

In der Gruppe der *Trümmergesteine* ist zunächst die Natur des Zementes bestimmend für die Art des Gesteines, das aus dem Trümmersediment durch diagenetische Vorgänge entsteht. Ist das Zement stofflich von dem Trümmersediment verschieden, so heißen: verfestigter Sand *eigentlicher Sandstein*, verfestigte Quarzbrocken und -gerölle *Quarzbrekzien* bzw. *Quarz-* oder *Quarzitkonglomerate*.

Die Verfestigung durch ein stofflich gleichartiges Zement (Kieselsäure) führt zur Bildung der *Quarzite* (Kieselsandsteine). Diese Art der

Verfestigung bezeichnet man als Verkieselung. In bezug auf die Art des Zementes bestehen zwischen den Gesteinstypen, den Sandsteinen und Quarziten, allmähliche Übergänge; sie werden bei vorwiegendem Sandsteincharakter und geringem Quarziteinschlag als „Quarzitsandsteine“, bei vorherrschenden Quarzitmerkmalen und zurücktretenden Kennzeichen des Sandsteines als „Sandsteinquarzite“ bezeichnet. B. v. Freyberg[1]) reiht beide Übergangsformen als „körnige Quarzite“ in die Quarzitgruppe ein.

Die Bildung von Quarziten kann auch durch Entkittung eigentlicher Sandsteine und Verkieselung der quarzigen Verwitterungsreste erfolgen (sekundäre Verkieselung). Auf diesem Wege erfahren z. B. manche Kalk-Ton-Sandsteine eine Umbildung in sekundär verkieselte Quarzite im Sinne nachstehenden Schaubildes:

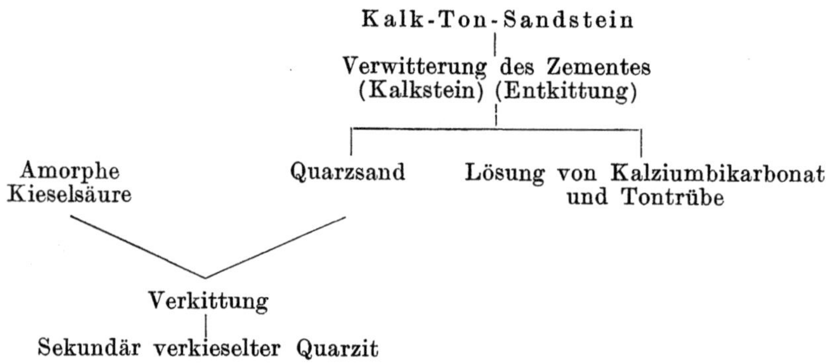

Zu den nachträglichen Umbildungen ursprünglicher Kieselsäureformen zählen jene Sekundärgesteine, die durch teilweise Auflösung der primären Formen und Verkittung der Teilchen des nicht gelösten Restes durch die Wiederausscheidung einer Kieselsäuregallerte aus dieser meist alkalischen Lösung der ursprünglichen Form entstehen. Verfestigte und zum Teil auch umkristallisierte Formen dieser Art sind der Polierschiefer, Tripel und Saugschiefer, deren ursprüngliche Form die Diatomeenerde ist.

Die keramisch, insbesondere für die „feuerfeste“ Industrie, wichtigsten diagenetischen bzw. metamorphosierten Kieselsäureformen sind die Quarzite.

Die eigentlichen Sandsteine haben zufolge der chemischen Beschaffenheit ihrer verschiedenartigen Zemente für die Ton- und „feuerfeste“ Industrie nur geringe praktische Bedeutung.

Quarzite sind einfache Quarzgesteine von körnigem bis dichtem Gefüge und zuweilen schieferiger Textur (Quarzschiefer).

Nach der Art des den Quarziten zugrunde liegenden Trümmersediments — Gerölle, verschieden körnige Sande, Quarzstaub —, das

[1]) Freyberg, B. v.: Die Tertiärquarzite Mitteldeutschlands, Stuttgart: F. Enke. 1926.

bei gleicher Gattung im geologischen Alter und nach der Lagerstätte verschieden sein kann, ferner nach Art, Alter, Herkunft und Menge des Zementes unterscheidet man mehrere Arten von Quarziten:

Zementquarzite (amorphe, klastische Quarzite, Süßwasserquarzite), kristalline Quarzite, körnige und Konglomeratquarzite.

Zementquarzite entstehen nach P. G. Strassmann[1]) aus sekundär oder tertiär gelagerten Quarzsanden, die durch ein aus feinster Kieselsäure, dem sogenannten Basalzement, bestehendes Sediment aus eingedrungenem Oberflächenwasser verkittet wurden. Sie treten zumeist in Form von Findlingen (nicht zu verwechseln mit Wanderblöcken!) auf, werden daher auch Findlingsquarzite genannt und entstammen der Braunkohlenformation (Tertiär); daher auch die Namen Braunkohlen- oder Tertiärquarzite.

Kristalline Quarzite, die wegen ihres meist felsartigen Vorkommens auch als Felsquarzite bezeichnet werden, sind nach v. Freyberg (a. a. O.) umkristallisierte und ankristallisierte reine Quarzsande des Devons von etwa gleicher Kornklasse, die ohne Bindemittel durch Gebirgsdruck verfestigt wurden.

Körnige Quarzite entstehen durch Verkittung von Quarzsanden mit fremdartigem Zement, das zum Teil durch Kieselsäure ersetzt sein kann, Konglomeratquarzite endlich durch Verkieselung von Quarz- oder Quarzitgerölle.

Den Übergang zwischen Zement- und kristallinen Quarziten bildet der Kohlensandstein, ein Quarzit der kein oder nur wenig amorphes Zement enthält.

Zu den Kohlensandsteinen ist auch der natürliche Dinasstein zu rechnen, der in England bald felsig, bald sandig auftritt; ein ähnliches Gestein ist der Ganister, ein tonhältiger Kohlensandstein.

Von den zahlreichen Erscheinungsformen der Kieselsäure finden verhältnismäßig nur wenige Verwendung in der keramischen oder „feuerfesten" Industrie, da die an die Rohstoffe der einzelnen Industriezweige gestellten Anforderungen nur von einer kleinen Anzahl der natürlichen Kieselsäureformen erfüllt werden.

Im größten Umfange macht die Keram-Industrie von jenen Kieselsäurequellen Gebrauch, welche die Natur oft schon in einer für einen bestimmten Zweck geeigneten Körnung, zuweilen sogar auch in einem hervorragenden Reinheitsgrade an einigen Orten der Erde angehäuft hat, nämlich den Quarzsanden. Neben diesen bilden Gangquarze, in untergeordnetem Maße Chalzedone (Feuerstein, Hornstein), noch seltener Kieselsinter die wichtigsten Kieselsäureformen der Feintonindustrie und des keramischen Weißbrandes, während Quarzite vorwiegend in der „feuerfesten" Industrie Verwertung finden.

[1]) Strassmann, P. G.: Die Industrie feuerfester Steine, Bonn. 1921.

Die Kieselsinter haben für die kontinental-europäische Tonindustrie als Absatz heißer Quellen mangels dieser kaum eine Bedeutung, insbesondere nicht für die deutsche Keram-Industrie.

Die Grobkeramik bedient sich als Kieselsäurequelle der Quarzsande verschiedenen Reinheitsgrades, der gewöhnlichen Silikatsande, die allerorts in reichlicher Menge zur Verfügung stehen, und für gewisse Zwecke auch der Diatomeenerde und ähnlicher Naturerzeugnisse.

In der Quarzgut-Industrie werden hauptsächlich Bergkristalle, reine Quarzsande und sehr reine Quarzite verarbeitet.

Nach den morphologischen Eigenschaften gehören die ursprünglichen Kieselsäureformen teils zu den kristallisierten und kristallinischen, teils zu den amorphen Ausbildungen.

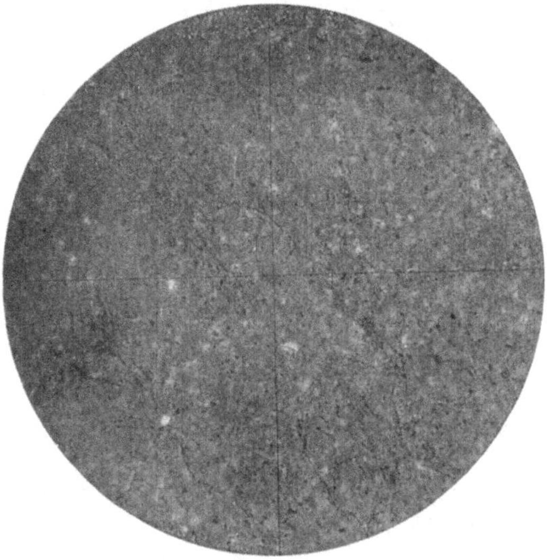

Abb. 13. Quarzkristall: Dünnschliff; polarisiertes Licht; 30fach (nach Hirsch: Tonind.-Z. 51, 1927, S. 886)

Die kristallisierte Kieselsäure ist in der Natur durch die Erscheinungsformen Quarz, Tridymit, Cristobalit und Chalzedon vertreten, sie ist also viergestaltig (tetramorph). Da sie aber bei höherer Temperatur polymorphe Umwandlungen zeigt, sind ihre Erscheinungsformen viel zahlreicher. Unter Einbeziehung der nur bei höheren Hitzegraden stabilen Phasen existiert sie in acht, nach neueren Untersuchungen sogar in neun verschiedenen Modifikationen. Über die Zustandsform der Chalzedonkieselsäure gehen die Ansichten der Mineralogen noch weit auseinander. R. Wietzel[1]) hält Chalzedon für eine kryptokristalline Abart des Quarzes; E. W. Washburn und L. Navias[2]) sprechen ihn auf Grund der X-Strahlen-Spektren als kolloidalen Quarz an, der in reineren Arten in Gelform vorläge; die neuerdings von F. Rinne[3]) untersuchten Röntgenspektrogramme scheinen die Wietzelsche Auffassung zu bestätigen. Als Beweisgrund gegen die Zugehörigkeit des Chalzedons zur Quarzmodifikation wird das unterschiedliche Verhalten der beiden Formen bei den polymorphen Umwandlungen und bei der Änderung der spezifischen Wärme in höheren Temperaturen ins

[1]) Wietzel, R.: Z. anorg. Chem. 116, 1921, S. 71—96.

[2]) Washburn, E. W. u. L. Navias: Journ. Am. Cer.-Soc., Vol. 5, 1922, Nr. 9; Ref. Ker. Rundsch. 30, 1922, S. 443.

[3]) Rinne, F.: Z. Krist. 60, 1924, S. 62.

Treffen geführt. Das normale Auftreten des Chalzedons in Form von nachahmenden Gestalten ließe die Vermutung einer amorphen Bildung zu. Das Mikrobild zeigt jedoch eine sehr dichte (kryptokristalline), feinporige Anordnung feinster Körnchen oder Kieselsäurefasern.

Abb. 14. Chalzedonaggregat, sehr feinkörnig mit Schrumpfungsrissen, denen faseriger Chalzedon in Büscheln aufsitzt; 25 fach; + Nikols (nach v. Freyberg: a. a. O., S. 215)

Die Strukturelemente der Quarzaggregate sind entweder wohlausgebildete, deutlich erkennbare Kristalle oder sie bilden eine derbe Masse aus mikroskopisch kleinen Kriställchen, die infolge der Unsichtbarkeit der Mikrostrukturelemente völlig homogen erscheint. Bei Betrachtung eines Dünnschliffes unter dem Mikroskop treten die Strukturunterschiede zwischen Quarzkristall (völlig einheitlich) und den kryptokristallinen Aggregaten erst in Erscheinung (vgl. Abb. 13, 14 u. 15).

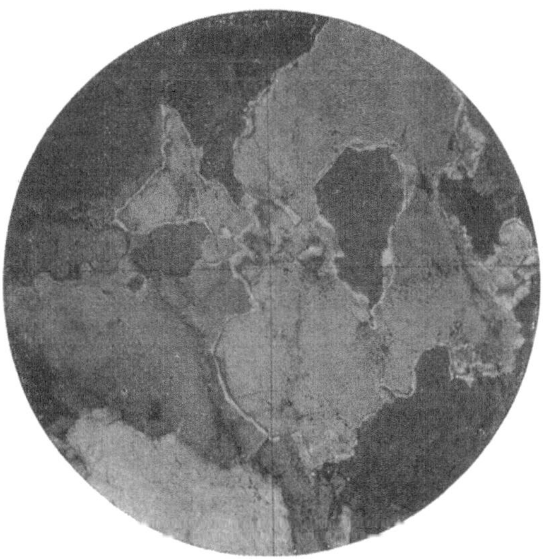

Abb. 15. Nordischer Quarz; Dünnschliff; polarisiertes Licht; 30fach (nach Hirsch: Tonind.-Z. 51, 1927, S. 886)

Die Kristallaggregate des Quarzes, z. B. der nordische Stückenquarz, bilden eine wirre Anhäufung von oft vielfach verzwillingten Kriställchen und sind infolge dieses Gefüges mit beträchtlichen Spannungen behaftet, deren Auslösung bei höheren Temperaturen das keramische Verhalten beeinflußt.

Die kristallin gewordenen Kieselsäuregele, also die zwischen Opal und Quarz liegenden Übergangsformen, z. B. der Kascholong, enthalten zum Teil kristallisierte (kryptokristalline), zum Teil amorphe Kieselsäure, deren Gehalt beim Altern der Gele abnimmt.

Als Chalzedonabart ist der Feuerstein gleichfalls ein inniges Gemenge von feinstkristallinischer und amorpher Kieselsäure anzusehen, deren Mengenverhältnisse wechseln. Für diese Auffassung spricht die teilweise Löslichkeit der Chalzedone in heißen Alkalilaugen, obwohl manche Forscher (H. Rose und C. F. Rammelsberg)[1]) die größere Löslichkeit der Chalzedone nur dem kryptokristallinen Gefüge zuschreiben. Abb. 16 zeigt ein Pulverpräparat von Feuerstein. Das Bild des gleichen Feuersteines im gebrannten Zustande zeigt Abb. 31 auf S. 108.

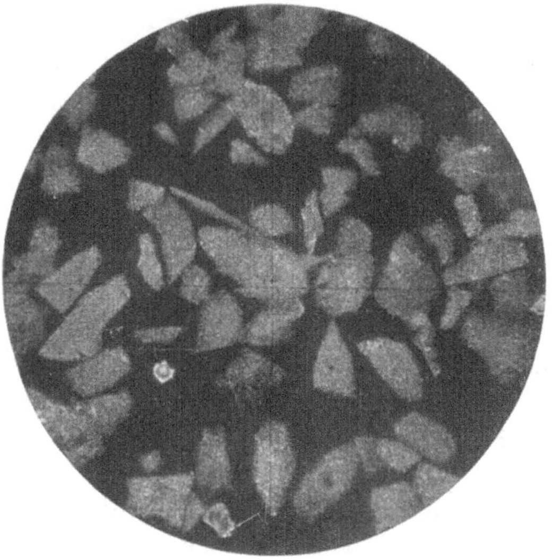

Abb. 16. Flint in Körnern; Pulverpräparat; polarisiertes Licht; 30fach (nach Hirsch: Tonind.-Z. 51, 1927, S. 886)

Hornstein zählt zu den dichten Kieselsäuremineralien und besitzt feinkörniges Gefüge.

Aus amorpher Kieselsäure bestehen die Opale, Kieselsinter, Geyserite, Diatomeenerde und Kieselsäureglas.

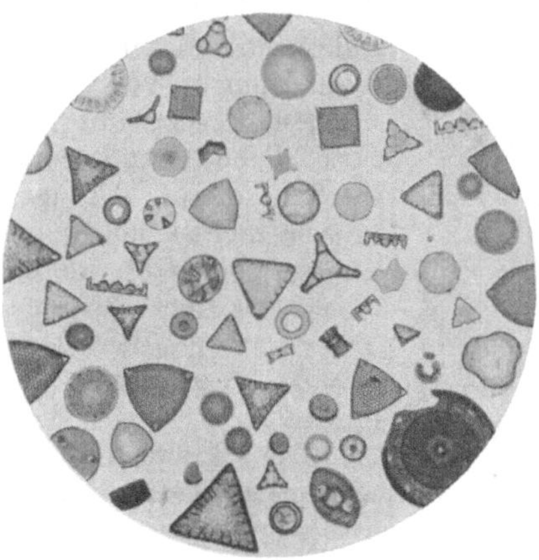

Abb. 17. Diatomeen von Omaru (Neuseeland); 35fach; gewöhnliches Licht (nach einem Präparat von H. Boeker, Mikroskopisches Institut, Wetzlar)

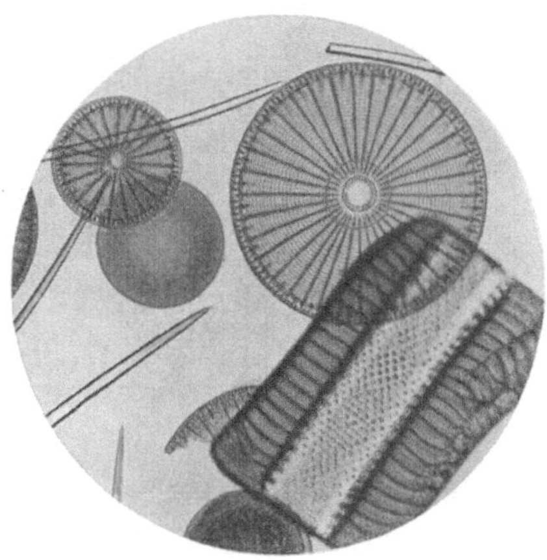

Abb. 18. Diatomeen vom Stillen Ozean; 90fach; gewöhnliches Licht (nach einem Präparat von E. Thum, Institut für Mikroskopie, Leipzig)

Nach R. Schwarz[2]) wird der amorphe Zustand der Kieselsäure nur durch reines Kieselsäureglas dargestellt, da die gewöhnlich als

[1]) Rose, H. u. C. F. Rammelsberg: Pogg. Ann. 108, 1859, S. 1.
[2]) Schwarz, R.: Ker. Rundsch. 34, 1926, S. 409.

amorph angesprochenen Modifikationen stets wasserhältig und infolge des Alterns der Gele zum Teil kristallin seien.

D i a t o m e e n e r d e ist eine zerreibliche, feinerdige und sehr poröse Abart der Opalkieselsäure. Im Feinbau zeigt sie organische Struktur, das heißt die Formen der Organismen, durch deren Lebenstätigkeit sie entstanden ist (vgl. Abb. 17 und 18).

Sie besteht zumeist aus mikroskopisch kleinen, lufterfüllten Hohlkörperchen, von denen nach V. L. E a r d l e y - W i l m o t[1]) drei bis vier Millionen in 1 cm^3 enthalten sind. Selten erreichen Diatomeen die Größe von 1 mm.

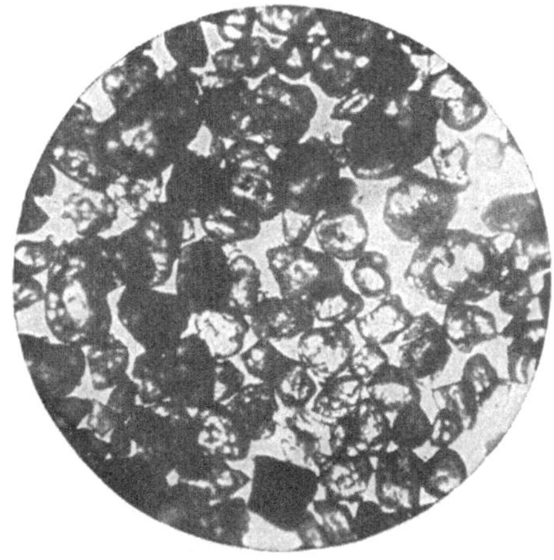

Abb. 19. Durch natürliche Aufbereitung gut ausgewaschener, gleichkörniger Quarzsand; Vergr. 25mal; gewöhnliches Licht (nach v. F r e y b e r g: a. a. O., S. 223)

S a n d e bestehen aus locker angehäuften Quarzkriställchen (Individuen) und klastischen Quarzkörnchen (Spaltungsstücke von Quarzindividuen). H. S e g e r unterscheidet nach der Korngröße folgende Kornklassen:

Grobsand ∅ > 0,2 mm,
Streusand ∅ 0,04—0,2 mm (mittelkörniger Sand),
Staubstand ∅ 0,02—0,04 mm (Staubquarz),
Schluff (Schliech) ∅ 0,01—0,02 mm.

Die Abb. 19 bis 21 zeigen die mikroskopischen Bilder verschiedenkörniger Quarzsande und eines Quarzstaubes.

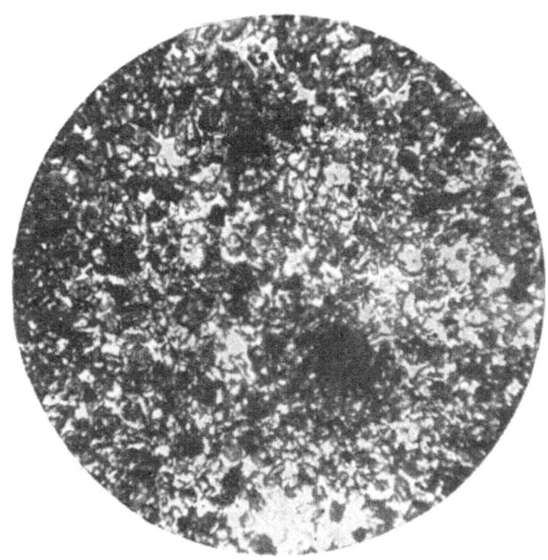

Abb. 20. Mittelkörniger tertiärer Quarzsand mit reichlichen feineren Quarzteilchen; Vergr. 25mal; gewöhnliches Licht (nach v. F r e y b e r g: a. a. O., S. 223)

Die Körner primär gelagerter Quarzsande sind mehr oder weniger vollkommen ausgebildete Individuen oder kantige, eckige, splitterformige Kristallbruchstücke. Sande von dieser Kornform bezeichnet man als „scharfe" Sande. Zu ihnen zählen auch die künstlichen, durch Brechen und Quetschen erzeugten Sande. Die Körner der sekundär

[1]) E a r d l e y - W i l m o t, V. L.: Can. Min. Journ.; Ref. Ker. Rundsch. 34, 1926, S. 640.

oder tertiär gelagerten Sande wurden bei der Fortführung von dem Orte ihrer Entstehung durch bewegte Wässer (Transportation) mehr oder weniger abgerollt, sind daher kugelig, eiförmig, z. B. Fluß- und Seesande, oder von gemischter Form, z. B. Grubensande; sie heißen „weiche" Sande; ihre Körner besitzen meist einen Durchmesser von etwa 1,5 mm.

Abb. 21. Quarzmehl; feinster, aufbereiteter Quarzstaub der Porphyrgrundmasse; Vergr. 25mal; gewöhnliches Licht (nach v. Freyberg: a.a.O., S. 223)

Durch die Tätigkeit von Sickerwässern treten an der Oberfläche der Quarzkörnchen eines Sandes im Laufe der Zeit Auswaschungen (Korrosionen) auf, welche die Gestalt des Kornes verändern.

Die eigentlichen Sandsteine bestehen aus runden bis eckigrunden Quarzkörnchen von Hirse- bis Erbsenkorngröße, die in einer Grundmasse (Zement), von einander getrennt, eingebettet sind.

Diese Sandsteinstruktur ist aus Abb. 22 ersichtlich.

Nach der Korngröße des Trümmersediments unterscheidet man die drei Typen grob-, mittel- und feinkörnige Sandsteine. Die abgerollte Form der Körner gibt besonders beim grobkörnigen Sandstein einem reichlichen Gehalt an (nichtkieseligem) Zement Raum und ist die Ursache der großen Porosität der Sandsteine. Viel seltener sind scharfkantige oder splitterförmige Körner dicht aneinander gelagert; diese Aggregationsart bedingt ein Zurücktreten des Bindemittels, bei sehr kleinen Körnchen bis fast zur Kittlosigkeit. Dadurch nimmt der Sandstein das Gefüge feinkristalliner Gesteine an und ist dann oft schwierig als Trümmergestein zu erkennen oder von kristallinen Quarziten zu unterscheiden.

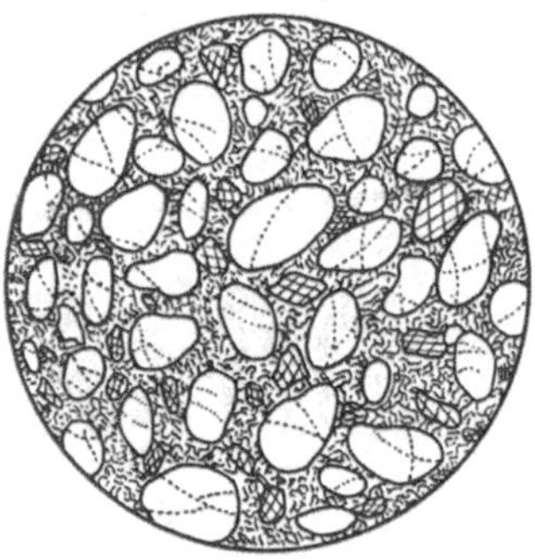

Abb. 22. Mikroskopischer Durchschnitt durch einen Sandstein mit Kalk als Bindemittel (nach Reinisch)[1])

Die Verschiedenartigkeit der Quarzite im Kleingefüge erklärt sich durch die verschiedene Korngröße und -form des Trümmersediments und Bindemittels, durch dessen wechselnde Menge und durch das Mengenverhältnis der Kornklassen des Zementes. Bei diesem unterscheidet v. Freyberg (a. a. O.) zwei Arten: Zemente, deren Körner schon bei schwacher Vergrößerung erkennbar und stets deutlich begrenzt sind — körniges (granulöses) Quarzzement (Abb. 23) — und Zemente,

[1]) Aus Wagner, P.: Lehrbuch der Geologie und Mineralogie. Leipzig-Berlin: B. G. Teubner. 1927

deren winzige Körnchen nur bei stärkerer Vergrößerung erkannt werden können — Basalzement; beide zusammen nennt v. Freyberg das Stützzement (Abb. 24).

Bei jüngeren Quarziten ist das Zement meist amorph (glasig-amorph) oder kryptokristallin (Chalzedon); bei älteren Quarziten besteht es aus sekundärer Quarzkieselsäure, die aus dem ursprünglichen, amorphen Kitt entstanden ist. Gefügeunterschiede ergeben sich ferner durch die gegenseitige Lage der Körner des Trümmersediments (Einsprenglinge) und durch die Intensität der Berührung, z. B. getrennt angeordnete Körner, die im Zement eingebettet sind, dicht aneinandergelagerte, verzahnte oder verwachsene Körner. Einlagerungen von größeren Kristallen (Quarz, Feldspat und anderen) führen zu porphyrartiger Struktur.

Abb. 23. Granulöses Quarzzement ohne Basalzement; Vergr. 25 mal; + Nikols (nach v. Freyberg: a. a. O., S. 215)

Von großer keramischer Bedeutung ist die Größe der Quarzeinsprenglinge und das Vorkommen bzw. die Menge und Art des Zementes.

Das Korn des im Quarzit verfestigten Trümmersediments ist im allgemeinen am kleinsten im Zementquarzit — nach v. Freyberg mittelkörnig bis staubfein und am Rande korrodiert —, mittelgroß im Kohlensandstein, wesentlich gröber als in den Zementquarziten — nach v. Freyberg grob- bis feinkörnig — bei den kristallinen und körnigen Quarziten (vgl. Abb. 25 bis 29).

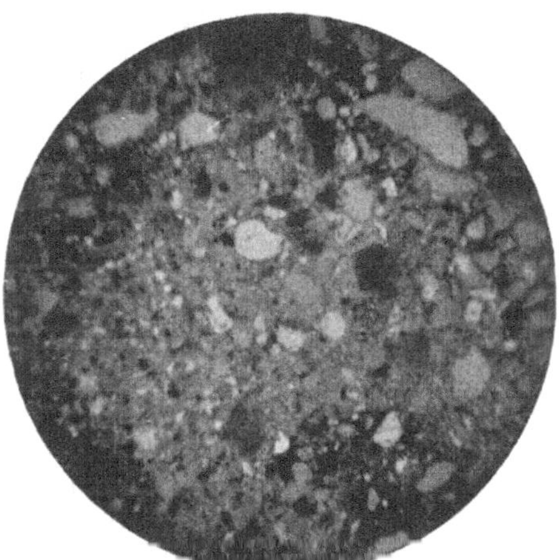

Abb. 24. Granulöses Quarzzement und Basalzement; Vergr. 30 mal; + Nicols (nach v. Freyberg: a. a. O., S. 215)

Basalzement beschränkt sich nach v. Freyberg auf das Vorkommen in Zementquarziten; selten tritt er in größerer Menge in Konglomeratquarziten auf.

Körniges Quarzzement findet sich neben Basalzement in den Zementquarziten, körnigen, kristallinen und Konglomeratquarziten.

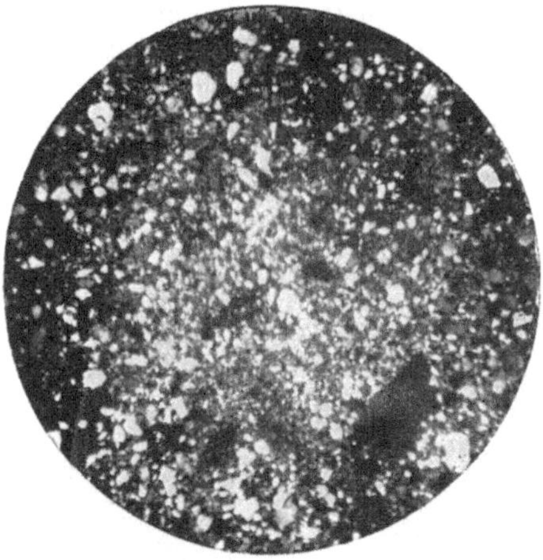

Abb. 25. Zementquarzit (nach v. Freyberg: a. a. O., S. 227)

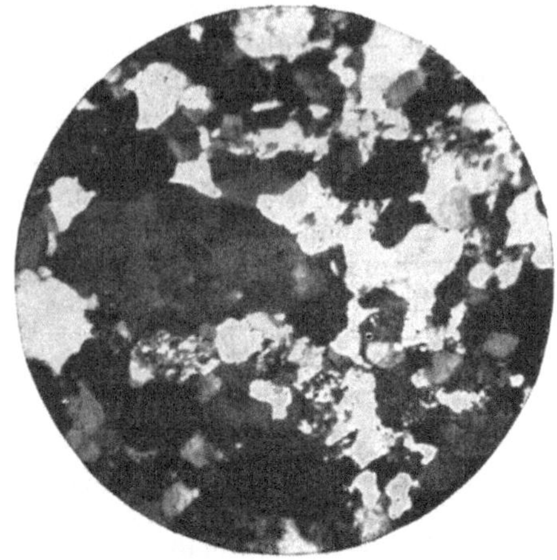

Abb. 26. Kohlensandstein (nach v. Freyberg: a. a. O., S. 227)

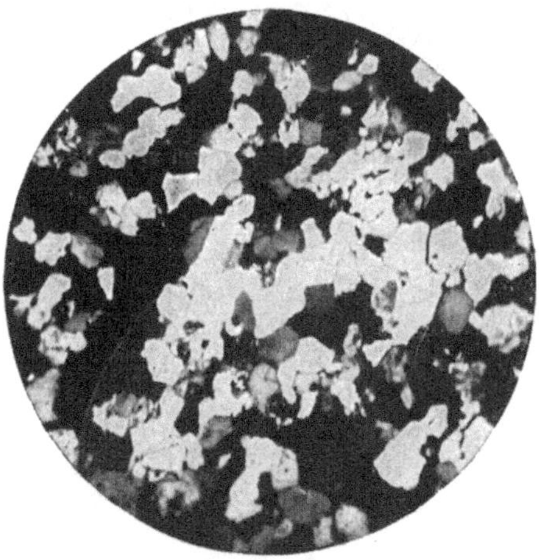

Abb. 27. Kristalliner Quarzit; Vergr. 25mal; + Nikols (nach v. Freyberg: a. a. O., S. 219)

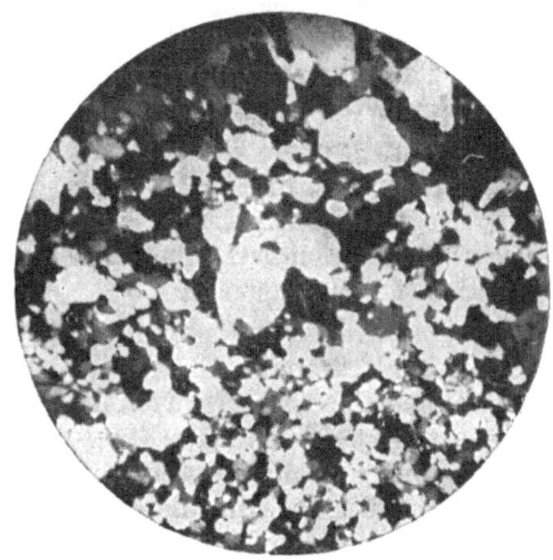

Abb. 28. Körniger Quarzit; Vergr. 25mal; + Nikols (nach v. Freyberg: a. a. O., S. 223)

Das Mengenverhältnis von Basalzement zu granulösem Zement bzw. der Einsprenglinge zum Stützzement unterliegt beträchtlichen Schwankungen.

Zwischen den einzelnen Typen von Quarziten bestehen keine scharfen Grenzen. Übergänge werden gebildet von zementlosen, kryptokristallinen Arten von chalzedonähnlichem Charakter, von Quarziten, die durch das Auftreten verschiedener Mengen von Zementquarzit in kristallinen Quarziten gekennzeichnet sind, wobei bald der amorphe Quarzit als Basalzement, bald der kristalline nur in Form geringfügiger Einschlüsse im amorphen Quarzit erscheint.

Hirsch[1]) unterscheidet unter Hinweis auf die zahlreichen Übergangsmöglichkeiten vom Quarzkristall bis zum flintartigen Charakter der Quarzite und auf den maßgebenden Einfluß der Korngröße des Trümmersediments und des Gehaltes an kristalliner bzw. glasigamorpher Grundmasse auf das Kleingefüge, „einheitlich" und „nichteinheitlich" zusammengesetzte Quarzite; zu jenen rechnet der genannte Forscher nach zunehmendem Feinheitsgrade des Kornes und steigendem Gehalt an amorphem Stützzement den Quarzkristall, Quarzkiesel (Gangquarz), gröberen und körnigen kristallinen Quarzit, Kohlensandstein (erstmaliges Auftreten von Basalzement), groben, feinen und besonders feinen Zementquarzit, diesen mit vorwiegend glasigem Zement, und Flint; zu den nicht einheitlich zusammengesetzten: kristallinen Quarzit mit verschieden großem Korn, groben und mittelkörnigen kristallinen Quarzit gemischt, nur Spuren von Basalzement enthaltend, kristallinen Quarzit zusammen mit zementreichem, feinkörnigem Quarzit (Zementquarzit als Zement), feinkörnigen und zum Teil mittelkörnigen Quarzit (Zement und kristallinen Quarzit zusammen) und endlich Zementquarzit mit Einsprengungen (Schlieren) von kristallinem Quarzit. Nach Hirsch (a. a. O.) ist für Zementquarzite die schlierenförmige Anordnung der Quarzsplitter des Zementes und das Vorkommen von Eisen- und Tonerdeverbindungen besonders typisch.

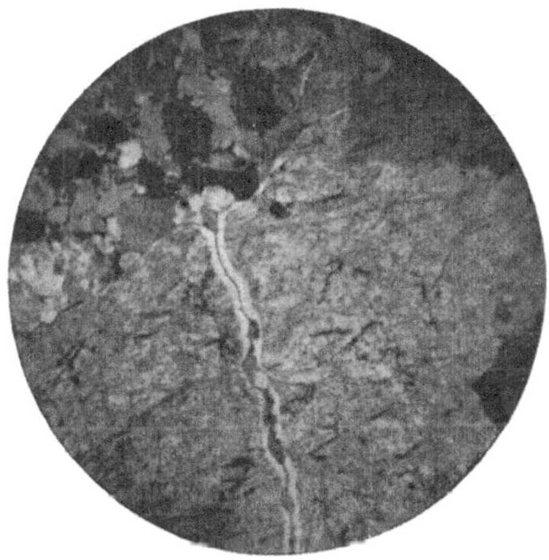

Abb. 29. Konglomerat-Quarzit; großes Quarzgerölle ist zersprungen; Vergr. 30 mal; + Nikols (nach v. Freyberg, a. a. O., S. 217)

Dem Kleingefüge der Quarzite kommt bei ihrer Verwendung als Rohstoffe der „feuerfesten Industrie" eine große Bedeutung zu. Aus später noch zu erörternden Gründen (vgl. S. 104) besitzen die Zementquarzite auf Grund ihres Brennverhaltens, das durch den Feinbau bedingt ist, besondere Eignung zur Herstellung von Quarzsteinen.

Die krystallographischen und physikalischen Eigenschaften der einzelnen Kieselsäureformen sind in Tabelle 1 verzeichnet.

Die Dichte der klastischen Trümmergesteine ist von der Menge und Art des Zementes abhängig, die der Opalkieselsäure schwankt mit dem Wassergehalt und wird daher auch durch den Umwandlungsgrad in kristalline Kieselsäure bestimmt. Das äußerst geringe scheinbare spezifische Gewicht der Diatomeenerde ist

[1]) Hirsch: Tonind.-Z. 47, 1923, S. 411.

Tabelle 1. Kristallographische und physikalische Eigenschaften der Kieselsäureformen

Erscheinungsform	KS	n_α	n_γ	N_m	$n_\gamma - n_\alpha$	s	H	Anmerkung
Quarz	hexagonal, trapezoedrisch, tetartoedrisch	1,544	1,552	1,55	+ 0,008	2,65 2,5—2,8	7	zeigt Zirkularpolarisation
Quarzsand						2,62—2,67 scheinbar: 0,19		
Chalzedon	triklin (?) rhombisch(?)	1,532	1,543	1,54	± (?)0,011	2,59—2,64	6,5—7	
Feuerstein				1,53		2,55—2,60	7	
Tridymit (γ-)	wahrscheinlich rhombisch (pseudohexagonal)			1,48	+ 0,0021	2,27—2,35	6,5—7	
Künstlicher Tridymit						2,32		
Cristobalit	rhombisch (pseudoregulär) tetragonal(?)			1,48	—0,00053 (?) [1]	2,32—2,33	6—7	
Opal (Sinter)	gel-amorph			1,44		1,9—2,5	5—6	
Kascholong	gel-amorph, z. T. kristallin					2,37		
Diatomeenerde	gel-amorph					2,2—2,36 scheinbar: 0,16—0,72 i. M. 0,350		
Molererde	amorph					scheinbar: 0,8		
Kieselsäureglas	amorph			1,46		2,0—2,21		durchlässig für ultraviolette Strahlen
Sandstein						2,4 scheinbar: 0,22		

[1]) Nach Fenner (a. a. O.) scheint die von E. Mallard ermittelte Doppelbrechung des Cristobalits fehlerhaft zu sein, da künstliche Cristobalitkristalle eine Doppelbrechung zeigen, die der des Tridymites nahezu gleich, wahrscheinlich etwas geringer ist.

durch die organische Struktur und den Gehalt an eingeschlossener Luft bedingt; die Luftmenge hängt von der Bauart (Größe und Form) der Skelette ab und beeinflußt ebenso wie Verunreinigungen die scheinbare Dichte. Das Raumgewicht verringert sich mit zunehmender Mahlfeinheit. Rohe Diatomeenerde besitzt ein Raumgewicht von etwa 0,2 und mehr, geschlämmte Erde von etwa 0,13.

Die Härte und Festigkeit der diagenetischen Formen steht ebenfalls zur Menge und Art des Bindemittels in inniger Beziehung.

Von besonderer Bedeutung unter den petrographischen Eigenschaften der Quarzite ist die Beschaffenheit des Bruches, aus der insbesondere bei Zementquarziten wichtige Schlüsse auf die Struktur und chemische Zusammensetzung gezogen werden können.

Nach v. Freyberg (a. a. O.) ist der Bruch der Zementquarzite von der Korngröße der Bestandteile und vom Tongehalt in folgender Weise abhängig:

Bei überwiegendem Gehalt an granulösem Quarzzement ist die Bruchfläche glänzend; mit der Korngröße des Zementes nimmt die Intensität des Glanzes zu; ein höherer Tongehalt bedingt die matte Bruchfläche guter Zementquarzite; abnehmender Tongehalt und zunehmende Größe des Stützzementes macht den Bruch rauher, bei großem Tongehalt, d. h. bei viel Basalzement und bei Quarzeinsprenglingen, die erst unter Vergrößerung deutlich sichtbar werden, also bei feinkörnigen Zementquarziten, nimmt die Bruchfläche einen matten Glanz an.

Die keramisch wichtigsten Kieselsäureformen gehören, mit Ausnahme mancher erdiger Formen, zur Gruppe der Kristalloide.

Ruff (a. a. O.) rechnet die Kieselsäure bezüglich ihrer Fähigkeit, durch geeignete Maßnahmen (vgl. S. 41) einen bestimmten Grad von Bildsamkeit annehmen zu können, zu den „wenig plastischen" Oxyden (vgl. S. 42), die durch einstündiges Verrühren des feinstgemahlenen Pulvers mit kalter Salzsäure bestimmter Konzentration „bescheiden plastisch" werden.

Einen höheren Grad von natürlicher Bildsamkeit, der besonders bei tonhaltigen Arten (Molererde) ohne jeden bindenden Zusatz die Formgebung auf der Strangpresse ermöglicht, besitzt die Diatomeenerde; manche Erden verfügen unter gewissen Bedingungen sogar über eine derartige Bildsamkeit, daß sie den Zusatz von körnigen Magerungsmitteln und Ausbrennstoffen vertragen.

Die Diatomeenerde zeigt gegenüber Wasser ein eigenartiges Verhalten; durch längeres Verreiben mit einer geringen Wassermenge wird sie ohne Zusatz von Verflüssigungsmitteln derart dünnflüssig, daß sie sich durch Gießen formen läßt.

Die Mahlbarkeit der Kieselsäureformen ist trotz annähernd gleicher Härte recht verschieden, da die Spaltbarkeit und insbesondere die Sprödigkeit einem Wechsel unterliegt. Quarz ist unvollkommen spaltbar und spröde. Flint ist im frischgeförderten Zustande gut spaltbar, Quarzite im allgemeinen spröde. Nach v. Freyberg (a. a. O.) scheinen Tongehalt und Zähigkeit der Zementquarzite im umgekehrten Verhältnis zueinander zu stehen, da vielfach mit zunehmendem Tongehalt die Sprödigkeit, mit abnehmendem Tongehalt die Zähigkeit zunimmt.

Die mechanische Festigkeit des Sandsteines ist von der Art des Bindemittels, die der Quarzite von der Art der Verfestigung abhängig. Körnige Quarzite sind wegen ihrer losen Verkittung weniger mechanisch fest als die sehr harten und festen kristallinen Quarzite. Jene sind daher leicht, und zwar unter reichlichem Anfall von Quarzmehl, diese hingegen ebenso wie der Feuerstein schwer zu zerkleinern.

Zur Erleichterung der Mahlarbeit werden sehr harte Kieselsäureformen bei etwa SK 019/018 verglüht und in kaltem Wasser abgeschreckt. Die Wirkung des Verglühens besteht in einer Lockerung des Gefüges durch das „Wachsen" des Quarzes (vgl. S. 52), die des Abschreckens in einer mechanischen Zerklüftung infolge der plötzlichen Zusammenziehung und Verdampfung des in die Risse eingedrungenen Wassers.

Als Glühapparate werden, je nach der zu verglühenden Menge und nach der Korngröße des Quarzes, verschiedene Öfen angewendet: Koke-Schachtöfen, Flammöfen mit Halbgasfeuerung, stetig arbeitende Drehrohr- und Röhrenöfen, Muffelöfen und eigene Schrecköfen mit stetigem Betriebe; diese kleinen Gasschachtöfen sind wie die Koke-Schachtöfen nur für Stückenquarz geeignet, da Sande durch bedeutende Vergrößerung der Gasspannung infolge der Erhöhung des Durchgangswiderstandes zu Betriebsstörungen Anlaß geben. Am billigsten ist es natürlich, wenn dies hinsichtlich der Menge des Glühgutes zulässig erscheint, die Hitze oder Abhitze von im Betriebe befindlichen Brennöfen zu verwerten, z. B. durch Verglühen des Quarzes in Kapseln in den Rund- oder Tunnelöfen der Porzellan- oder Steingutindustrie.

Was die Wahl einer bestimmten Ofenbauart zu Kalzinierzwecken betrifft, so ist hiefür die Menge und Korngröße des Kalziniergutes, die Leistungsfähigkeit des Ofens und der Umstand zu berücksichtigen, daß bei allen mit Kohle (Koke) betriebenen Öfen eine Verunreinigung des Verglühgutes durch Brennstoffasche möglich ist. Für große Leistungen kommen nur stetig arbeitende Öfen in Betracht (Schacht-, Röhren-, Drehrohr- und Tunnelöfen), für kleinere Leistungen Flammöfen, Muffelöfen und im Betriebe befindliche Öfen jeder Art. Die Verunreinigungsmöglichkeit durch Brennstoffaschen (Flugaschen) ist bei den mit Kohle beheizten Flamm-, Schacht- und Drehrohröfen (Kohlenstaubfeuerung) vorhanden, dagegen nicht zu befürchten bei Flammöfen mit Halbgasfeuerung, Drehrohröfen mit Generatorgasbeheizung und den Gasschachtöfen.

Feuerstein wird durch Kalzinieren wesentlich mürber als die kristallisierten Quarze, Quarzite verhalten sich dabei sehr verschieden (siehe S. 112).

Heute wird in der keramischen Industrie das Verglühen weniger zur Erleichterung der Mahlarbeit, als vielmehr zur Vergrößerung der Raumbeständigkeit (siehe S. 109) durchgeführt. Die neuzeitigen Aufbereitungsmaschinen würden das Verglühen aus dem erstgenannten Grunde völlig entbehrlich machen, doch ist es in manchen Industriezweigen aus dem an zweiter Stelle genannten Grunde nicht zu umgehen.

Der Vorteil der Quarzsande, daß sie häufig bereits die für den Versatz geeignete Korngröße besitzen, macht oft eine weitere Feinung überflüssig. Für die Zwecke der Feintonindustrie müssen jedoch auch feinkörnige Sande zu Quarzmehl verarbeitet werden; durch Vermahlung auf Trommelmühlen läßt sich die entsprechende Kornfeinheit unschwer erzielen; bei den Sanden erübrigt sich das Kalzinieren um so mehr, als die dadurch erzielten Vorteile einer Verkürzung der Mahldauer kaum ins Gewicht fallen; nach M. Pulfrich[1]) verringerte sich die Mahldauer bei gleichen Feinheitsgraden bei einem kalzinierten Sande nur um drei bis fünf Stunden gegenüber der beim rohen Sande. Die verschiedenen Feinheitsgrade des Quarzmehles erzielt man durch verschieden lange Mahldauer.

Diatomeenerde besitzt von Natur aus eine so geringe Korngröße, daß zumeist eine Vermahlung nicht erforderlich ist. Zur Herstellung eines äußerst innigen Gemenges mit Wasser wird sie jedoch gleichfalls gekollert. Für manche Verwendungsgebiete der Diatomeenerde, bei denen ihre Wirkung auf der Gegenwart der Hohlkörperchen beruht (Absorptionsmittel, Schalldämpfung), ist die Feststellung von E. Steinhoff[2]) von Interesse, daß die Kieselsäureskelette ohne Wasserzusatz in einer Schlagstiftmühle (Kekmühle) gut erhalten bleiben und nur die größten Diatomeengerüste gebrochen werden.

Bei der Vermahlung feinkeramischer Kieselsäurerohstoffe ist zu beachten, daß durch das Material der Zerkleinerungsmaschinen metallische, also färbende Verunreinigungen in das Mahlgut gelangen können, soferne nicht die direkte Berührung zwischen Mahlgut und Maschinenteilen durch Verwendung eines Futters aus hartem, nicht metallischem, eisenfreiem Material verhindert wird; eine Verunreinigung ist auch ausgeschlossen, wenn die Maschinenteile, die mit dem Mahlgut in Berührung kommen, aus solchem Material bestehen. Zur Ausfütterung von Trommeln verwendet man daher Porzellan-, Silex- oder Quarzitfutter, zu den Läufern der Kollergänge Granit, in Kugelfallmühlen an Stelle von Stahlkugeln als Füllkugeln Flintsteine oder rundliche Findlingsquarzitsteine, nötigenfalls derbe Quarzstücke. Bei Verwendung solcher eisenfreier Materialien in den Mahlmaschinen ist zwar das Eindringen färbender Verunreinigungen in das Mahlgut fast ausgeschlossen, nicht aber die Einmengung fremdartiger, nicht färbender Stoffe, die aus dem Futter stammen. Bei Porzellanfutter gelangen auf diese Weise Tonerde, Kalk und Alkali in das Mahlgut; dieser Umstand ist auf das Verhalten des Quarzes im Feuer — und dies gilt auch für alle anderen Stoffe — nicht ohne Einfluß.

Die Dichte des Quarzmehles ist um so größer, je feiner es gemahlen wurde. A. J. Dale[3]) beobachtete, daß diese Beziehung

---

[1]) Pulfrich, M.: Ker. Rundsch. 30, 1922, S. 375.

[2]) Steinhoff, E.: Ber. Werkstoffaussch. Ver. d. Eisenh., Nr. 95, S. 5.

[3]) Dale, A. J.: Trans. Cer. Soc., Engl., Vol. 23, Part. 3, S. 211—216; Ref. Ker. Rundsch. 33, 1924, S. 386.

zwischen Dichte und Kornfeinheit nur bis zu einer gewissen Grenze Gültigkeit besitzt; bei länger dauernder Vermahlung trete eine Verminderung der Dichte des Quarzes ein, die auf die Umwandlung der kristallinen in die amorphe Phase zurückzuführen sei.

Über die thermischen und elektrischen Eigenschaften der Kieselsäureformen im Temperaturbereiche bis ∾ 100° C gibt Tabelle 2 Auskunft.

Tabelle 2. Thermische und elektrische Eigenschaften der Kieselsäureformen im Temperaturbereich bis ∾ 100° C[1])

Kieselsäure-form	t	$\lambda \times 360$	c	$\beta \times 10^6$	W in Ω/cm^3	$\varkappa$ i. rezipr. Ω/cm^3	DK
Quarz // c	0	11,7[1])					
	0—17	9,5[2])					
	20				118×10^{12} [2])	$0{,}0_5844 \times 10^{-9}$	
	40			7,81[2])			
Quarz ⊥ c	0	6,2[1])					
	0—17	5,8[2])					
	40			14,19[2])			
	109				476×10^{7} [2])	$0{,}21 \times 10^{-9}$	
Quarz	0—100		0,19				
	12—100		0,238[2]) weiß				
	Zt—100		0,1887[2])				
Chalzedon	139	0,86[2])	0,193[1])				
Opal (weiß)	12—100		0,237[1])				
Diatomeen-erde	0	0,052[1])					
	17—100		0,212[1])				
	50	0,06 0,083[2]) gebunden					
Amorphe Kieselsäure	147				$9{,}9 \times 10^{10}$ [2])	$0{,}011 \times 10^{-9}$	
Kieselsäure-glas	0	1,19[1])					
	Zt—100		0,1718[2])	0,5[3]) aus reinem Quarz			∾4[4])
	Zt—100		0,1863[2])				
	15—99		0,1876[1])				
Quarzsand		0,047[2])					
		0,313[1])					
	20—98		0,191[2])				
	100		0,25—0,29[1])				

[1]) Singer, F.: Die Keramik im Dienste von Industrie und Volkswirtschaft, S. 432—434, 444—449. Braunschweig: F. Vieweg und Sohn. 1923.
[2]) L. B. Tab.
[3]) Merrit, G. E.: Trans. Am. Electrochem. Soc., 1926, S. 283; Ref. Sprs. 60, 1927, S. 304.
[4]) Thomson, E.: Quarry, Surv., Contr. Journ., Vol. 31, 1926, Jännerheft; Ref. Ker. Rundsch. 34, 1926, S. 593.

[1]) Die auf die Tabellen bezughabenden Anmerkungen befinden sich stets unmittelbar unter den Tabellen.

Kieselsäureform	t	$\lambda \times 360$	c	$\beta \times 10^6$	W in Ω/cm^3	$\varkappa$ i. rezipr. Ω/cm^3	DK
Quarzsand, vorgebr. bei O. K. 9—10	25			10,9[1])			
Quarzsand, vorgebr. bei O. K. 17—18 (Cristobalit)				24,0[1])			
Flußsand, trocken		0,28					
Flußsand, normal		0,97					
Sandstein	Zt—100	1,44	0,174[2])				
Quarzite		∾1,8—9,3					
Kieselsäure in Bindung	20 100	0,72[3]) um 0,40	0,191[3]) Cal/ccm: 0,349[4])				
Tridymit							
Cristobalit	Zt—100	< als bei Quarz	0,1882[2]) 0,232[5])	siehe Quarzsand vorgebr. bei O. K. 17—18			
Kieselsäure				$a \times 10^7$: 0·8			

[1]) Shearer u. Wyckoff: a. a. O. [2]) L. B. Tab.
[3]) Deutsche Karborundumwerke in Reißholz; Vielhaber, L.: Ker. Rundsch. 35, 1927, S. 285, 286. [4]) Green: a. a. O. [5]) Wietzel: a. a. O.

Die Wärmeleitfähigkeit des Quarzes ist bei allen Temperaturen parallel zur kristallographischen Hauptachse etwa doppelt so groß als senkrecht zu dieser Richtung und größer als von Ton. Tridymit und Cristobalit leiten die Wärme schlechter als Quarz; das Leitvermögen des Cristobalits ist nach Wyckoff[1]) wahrscheinlich dem des Kieselsäureglases ähnlich. Geringes Wärmeleitvermögen besitzt der Chalzedon; es ist etwa 14mal kleiner als das des Quarzes parallel zur Hauptachse. Diatomeenerde leitet bei 0° C mehr als 200mal schlechter als Quarz // c; sie ist daher bei niedrigen Temperaturen ein ausgezeichneter Wärmeschutz. Ihre Isolationsfähigkeit fußt auf dem Gehalt an eingeschlossener Luft, deren Wärmeleitfähigkeit äußerst gering ist (vgl. S. 44), und steht daher zu deren Menge, mittelbar also zum Feinbau, in engster Beziehung. Kieselsäureglas leitet bei 0° C die Wärme 23mal besser als Diatomeenerde, jedoch etwa 10mal schlechter als Quarz // c. Die Leitfähigkeit der Kieselsäure in Bindung (kalk-

[1]) Wyckoff, R. W. G.: Z. Krist., Bd. 62, Heft 3/4, S. 189—200; Ref. Sprs. 58, 1925, S. 820.

gebundene Quarzite, Silikaziegel) ist nach F. H. Norton[1]) bei niedriger Temperatur nur wenig besser (etwa um ein Fünftel) als die von Schamotte in toniger Bindung (Schamotteziegel).

Die spezifische Wärme der meisten Kieselsäureformen schwankt etwa um 0,20; höhere Werte weisen nur die gel-amorphen Formen und Trümmersedimente auf.

Der lineare Ausdehnungskoeffizient der kristallisierten Kieselsäure ist senkrecht zur kristallographischen Hauptachse fast doppelt so groß wie parallel zu ihr. Diese verschiedene Ausdehnung nach zwei Richtungen macht sich natürlich beim Erhitzen von Quarzaggregaten in der Lockerung des Gefüges bemerkbar. Den geringsten Ausdehnungskoeffizienten unter den Kieselsäureformen und überhaupt besitzt das Kieselsäureglas; er ist nach Steger (a. a. O.) etwa 7 mal kleiner als der des Porzellans und etwa 23 mal kleiner als beim gebrannten Magnesit.

In bezug auf das elektrische Leitvermögen zählen alle Erscheinungsformen der Kieselsäure zu den Leitern zweiter Klasse. Nach E. Warburg und F. Tegetmeyer[2]) besitzt Quarz in der Richtung der kristallographischen Hauptachse ein bedeutendes elektrisches Leitvermögen, während dies senkrecht zu ihr nicht zutrifft. Den größten elektrischen Widerstand unter den Kieselsäurewerkstoffen besitzt das Kieselsäureglas; seine Durchschlagsfestigkeit ist nach Thomson (a. a. O.) und H. L. Watson[3]) um 10 bis 20 vH größer als die des Porzellans.

Den vielen physikalischen Zustandsformen der Kieselsäurewerkstoffe liegen nur zwei chemisch verschiedene Kieselsäuren zugrunde, die wasserfreie Kieselsäure, das Kieselsäureanhydrid, SiO_2, und die hydratische Kieselsäure mit wechselndem Wassergehalt (Hydrogele). R. Schwarz und E. Menner[4]) fanden bei der Zersetzung fester kristallisierter Alkalisilikate durch starke Säure nur bei folgenden Hydrogelen stöchiometrische Verhältnisse zwischen Kieselsäure und Wasser:

Metakieselsäure, $H_2SiO_3 = H_2O \cdot SiO_2$,
Dikieselsäure, $H_2Si_2O_5 = H_2O \cdot 2\,SiO_2$,
Trikieselsäure, $H_2Si_3O_7 = H_2O \cdot 3\,SiO_2$ und
Granatsäure, $H_4Si_3O_8 = 2\,H_2O \cdot 3\,SiO_2$.

Die Entstehung der Orthosäure $H_4SiO_4 = 2\,H_2O \cdot SiO_2$, die bei der Zersetzung von Orthosilikaten, z. B. Natriumorthosilikat, $Na_4SiO_4 = 2\,Na_2O \cdot SiO_2$, erhalten werden sollte, ist nicht beobachtet worden. Man vermutet daher, daß sie sich schon bei niedriger Temperatur in

[1]) Norton, F. H.: Journ. Am. Cer. Soc., 1927, Jännerheft, S. 30—52; Ref. Tonind.-Z. 51, 1927, S. 394.

[2]) Warburg, E. u. F. Tegetmeyer: Wied. Ann. 32, 1887, S. 442; 35, 1888, S. 463; Doelter, C.: Handbuch der Mineralchemie, Bd. II/1, S. 134. Dresden-Leipzig: Th. Steinkopff.

[3]) Watson, H. L.: Journ. Am. Cer. Soc., Vol. 9, 1926, S. 511—534; Ref. Ker. Rundsch. 35, 1927, S. 61.

[4]) Schwarz, R. u. E. Menner: B. 57, 1924, S. 1477; 58, 1925, S. 73; Ref. Ker. Rundsch. 34, 1926, S. 409.

die Metakieselsäure umwandelt ($2\,H_2O \cdot SiO_2 = H_2O \cdot SiO_2 + H_2O$) oder daß sie überhaupt nicht existiert. Die echten Hydrate (Wasser chemisch gebunden) zeigen bestimmte Existenzbereiche, die nach Schwarz (a. a. O.) durch die Umwandlungsreihe: Metakieselsäure $\xrightarrow{45^0}$ Dikieselsäure $\xrightarrow{80^0}$ Trikieselsäure gekennzeichnet sind. In den anderen wasserhaltigen Kieselsäuren nimmt man einen Gehalt an sorbiertem Wasser an.

Aus wasserfreier Kieselsäure bestehen die Quarze, Quarzsande, kittlose Sandsteine, Quarzite und Kieselsäureglas. Zu der hydratisierten Kieselsäure zählen die Opale (Kieselsinter, Geyserite) und die Diatomeenerden. Die kryptokristallinen Quarzabarten, Chalzedon und Feuerstein, weisen je nach ihrem Umwandlungsgrad einen wechselnden Gehalt an Opalkieselsäure auf. Die Umwandlungsreihe, deren Glieder eine abnehmende Menge an hydratischer Kieselsäure enthalten (Dehydratationsreihe), wird durch folgende Mineralien dargestellt:

$$\text{Opal} \rightleftarrows \text{Kascholong} \rightleftarrows \text{Chalzedon} \rightleftarrows \text{Quarz.}$$

Die Menge des sorbierten Wassers beträgt in der Opalkieselsäure nach C. Doelter[1]) bis zu 34 vH und liegt im Mittel bei 6 vH. Diatomeenerde enthält im lufttrockenen, reinsten Zustande etwa 6 vH Hydratwasser, im Durchschnitt 3 bis 8 vH (Eardley-Wilmot [a. a. O.]); die Grubenfeuchtigkeit kann dagegen bis zu 70 vH steigen.

Manche kristalline Kieselsäureformen bestehen fast nur aus Kieselsäureanhydrid. Technisch verwendete Quarzite enthalten zumeist über 96 vH SiO_2, z. B. Westerwälder Findlingsquarzit 97,43 vH. Nach A. Hasebrink[2]) besitzen gute Zementquarzite und glimmerfreie kristalline Quarzite einen Kieselsäuregehalt von 96 bis 98,5 vH, manche tertiäre kristalline Quarzite sogar über 99 vH.

Die reinste Kieselsäure liegt im Bergkristall und in den Edelsanden vor, deren Gehalt an Siliziumdioxyd bis zu 99,97 vH reicht. Manche Quarze Deutschlands, z. B. Usinger Quarz, stehen den Edelsanden an Reinheit nicht nach. Die häufigsten Verunreinigungen der Kieselsäurewerkstoffe sind Eisen- und Titanverbindungen (als Pigmente), ferner Tonerde-, Erdalkali- und Alkaliverbindungen. Die kryptokristallinen Abarten des Quarzes sind unreiner als das kristallisierte Anhydrid. Unter den Chalzedonen kennt man bläulich bis schwärzlich gefärbte und gelbliche Arten; die bläuliche Färbung wird durch verbrennliche Stoffe, die gelbliche durch Eisenhydroxyde verursacht. In manchen Chalzedonen wurde außer den akzessorischen Beimengungen auch ein nicht unbedeutender Schwefelgehalt festgestellt (Doelter, Bd. II/1, S. 168). Feuersteine sind zufolge ihres Vorkommens in Kreidelagern stets durch kohlensauren Kalk verunreinigt, der nicht allein als Kruste die Knollenoberfläche bedeckt, sondern auch als Einschluß auftritt. Kieselsinter, echte Geyserite weisen zuweilen

[1]) Doelter, C.: Handbuch der Mineralchemie, Bd. II/1, S. 254. Dresden-Leipzig: Th. Steinkopff. 1914.

[2]) Hasebrink, A.: Ker. Rundsch. 33, 1925, S. 210.

nur geringe Gehalte an Eisenverbindungen auf; häufiger sind sie jedoch beträchtlich verunreinigt; manche Analysen zeigen einen geringen Sulfatgehalt. Die häufigsten Beimengungen der Diatomeenerde, deren Kieselsäuregehalt im reinsten, geglühten Zustande etwa 95 vH beträgt, sind Sand, Ton, vulkanische Asche, Kalk und Diatomeenfett, dessen Menge in roher, weißer Erde etwa 3 vH beträgt, in roher, grauer und grüner Erde bis zu 30 vH und mehr ansteigen kann. Erhebliche Mengen an vulkanischer Asche soll die dänische Molererde aus den Lagern am Feggeklit, einem Nachbarhang von Skarrähage, enthalten.

Der Reinheitsgrad der Quarzsande, in denen neben der kristallinen auch kryptokristalline und amorphe Kieselsäure vorkommen kann, ist außerordentlich verschieden. Sie können durch färbende Stoffe, die den Körper des Quarzkornes durchsetzen, oder Stoffe, die dem Sande mechanisch beigemengt sind, verunreinigt sein; diese können vom Quarzsand leicht getrennt werden, jene sind dagegen durch Schlämmen nicht entfernbar; endlich kommen auch noch organische Begleitstoffe (Kohlen, Humusstoffe) vor, die zwar dem Sande ein farbiges Aussehen verleihen, infolge ihrer Verbrennlichkeit aber unschädlich sind.

Porzellansande sind eisenarme Gemenge von Quarz, Feldspat und geringen Mengen von Kaolin, bisweilen auch Glimmer. Sie enthalten also der Art ihrer Bestandteile nach jene Mineralstoffe, aus denen Prozellanmassen aufgebaut werden; das Mengenverhältnis der drei erstgenannten Stoffe entspricht jedoch nicht der quantitativen Zusammensetzung einer Porzellanmasse; es schwankt je nach den Bildungsbedingungen, dem Grad der Verwitterung des Feldspates und der nachträglichen Veränderung (Menge des fortgeführten Kaolines) in weiten Grenzen.

Die aus Kaolinen ausgeschlämmten Kaolinschliffsande besitzen qualitativ die gleiche Zusammensetzung wie die Porzellansande, der Menge nach überwiegt in ihnen der Quarz.

Klebsande sind im wesentlichen Gemenge von feinkörnigem Quarzsand und feuerfestem Ton, dessen Menge so groß ist, daß der angefeuchtete Sand einen ziemlich guten Bildsamkeitsgrad besitzt.

Die gewöhnlichen Silikatsande sind Gemenge von Quarz, Silikaten und verschiedenartigsten Mineraltrümmern in wechselndem Verhältnis. Sie enthalten an färbenden Bestandteilen Glimmer (Biotit), Eisen- und Manganerze (Brauneisenstein, Braunstein), Schwefelkiese, Ton, Hornblende, Gesteinstrümmer, organische Stoffe, außerdem Kalkstein, Magnesit, Gips und viele andere. Grubensand ist ton- und humushaltig und fast immer durch Eisenverbindungen, vorwiegend Brauneisenerz, verunreinigt; der Reinheitsgrad der Sande, die in einer Grube schichtenweise auftreten, ist in den einzelnen Schichten zumeist verschieden. Manchmal finden sich sogar ziemlich reine Sande, die nur durch leicht entfernbare Beimengungen ein unreines Aussehen besitzen. See-, Fluß- und Dünensande können durch Muscheln (kohlensaure Salze von Kalk und Magnesia) und Salze, die bei der Verdunstung des

Wassers zurückblieben (Kalk-, Magnesia- und Alkalisalze), und organische Stoffe verunreinigt sein.

Die Zusammensetzung der Sandsteine ist vor allem von der Natur des Zementes abhängig. Als häufigste Kitte kommen kohlensaurer Kalk, Ton, Mergel und Eisenverbindungen vor.

Quarzite enthalten je nach ihrer Art entweder nur kristalline (auch kryptokristalline) oder kristalline und amorphe (glasig-amorphe) Kieselsäure gleichzeitig. Das Basalzement der Zementquarzite wird von K. Endell[1]) für sehr feinkristallinen Chalzedon oder Quarz gehalten, der aus dem Hydrogel entstanden sein könnte (sekundäre Quarzkieselsäure). Zuweilen ist die Basalzement-Kieselsäure Opal.

An akzessorischen Verunreinigungen bzw. Begleitmineralien finden sich in Quarziten: Ton, Braunkohlenstaub, hydatogene Eisen- und Manganverbindungen, z. B. Brauneisenstein (Limonit), ferner Turmalin, Zirkon, Cyanit, Feldspat, Glimmer, die Titanverbindungen Rutil, Anatas und Titaneisen, weniger häufig Hämatit (im beigemengten Ton), Magnetit und Schwefelkies. Der Verteilungsgrad der Verunreinigungen, der für das Brennverhalten (Sinterung, Umwandlungsfähigkeit) von Wichtigkeit ist, kann recht verschieden sein; in den Zementquarziten sind die Begleitstoffe zumeist fein verteilt. Nach v. Freyberg (siehe S. 83) ist ein Tongehalt in vielen Fällen das chemische Kennzeichen für die Feinkörnigkeit des Quarzites und das Vorhandensein von Basalzement, in dem die Tonsubstanz entweder gleichmäßig verteilt ist oder stellenweise Verballungen (Flocken, Schlieren) bildet, während die übrigen Partien fast tonfrei bleiben; Tonverballungen geben sich durch gelbe Flecken, die heller und matter erscheinen als die Färbungen durch Eisenpigmente, ein gleichmäßig verteilter Tongehalt durch mattgelbe Farbe zu erkennen. Kristalline Quarzite und Zementquarzite mit sehr geringem Gehalt an Basalzement und mit grobkörnigem Quarzzement sind meist arm an Ton. Organische Stoffe (Braunkohlenstaub) färben die Quarzite hell- bis dunkelbraun, Eisen- und Manganverbindungen (Imprägnationen) gelb oder braun; Hämatit bewirkt Rotfärbung. Reichliche Eisenimprägnationen finden sich nach v. Freyberg (a. a. O.) in den porösen Quarziten (körnige und kristalline Quarzite, Quarzite mit viel grobkörnigem Quarzzement).

Über die prozentische Zusammensetzung der einzelnen Kieselsäureformen gibt Tabelle 3 Auskunft. Sie enthält zum Teil Einzelanalysen, zum Teil die Mittelwerte zahlreicher, im Fachschrifttum bekannt gewordener Analysenergebnisse; die Abweichungen der prozentischen Zusammensetzung bestimmter Kieselsäureformen von den angeführten, gemittelten Werten sind oft recht erheblich.

In Tabelle 4 sind Bausch- und rationelle Analysenergebnisse von Kieselsäurewerkstoffen verzeichnet, die einen höheren Gehalt an Tonsubstanz und Feldspat besitzen; in der letzten Spalte dieser Tabelle

[1]) Endell, K.: St. u. E. 1913, II S. 1773.

sind die Kegelschmelzpunkte angeführt. Tabelle 5 enthält die aus der Literatur ersichtlichen Grenzwerte an färbenden Verbindungen (Eisen-3-oxyd und Titansäure, $Ti\,O_2$).

Die Grubenfeuchtigkeit der gewöhnlichen Silikatsande beträgt im Mittel 5 bis 8 vH.

Tabelle 3

Bezeichnung	$Si\,O_2$	$Al_2\,O_3$	$Fe_2\,O_3$	$Mn\,O$	$Ca\,O$	$Mg\,O$	$K_2\,O$	$Na_2\,O$	$Ti\,O_2$	$H_2\,O$	Glüh-verlust	Organ. Stoffe
Hohenbockaer Grubensande	99,84	0,06	0,04		0,01	0,003	n. b.				0,03	
dieselben gewaschen (Kristallsande)	99,78	0,11	0,01		0,008	0,002	0,005				0,26	
Dörentruper Kristallsande	99,80	0,05	0,01		0,007	0,005	0,009		0,02		0,09	
Sand vom Nivelstein bei Aachen[1]	99,975	0,01	0,009		0,01	0,006						
Weißenbrunner Quarzsand[2]	95,65	3,61	0,16		0,03	Spur	0,32				0,23	
Norwegischer Quarz	98,52	1,04	0,04				0,40					
Deutsche Zementquarzite	95,36	1,71	1,13	0,20	0,70	0,20					0,71	
Ziegenhainer Zementquarzit[3]	98,02	0,59	0,75		Spuren				0,31		0,41	
Deutsche kristalline Quarzite	96,51	2,81	0,32		Spur	0,05	0,04					
Amerikanische Quarzite	97,55	0,95	0,88		0,08	0,23	0,27					
Dinassandsteine	97,52	1,05	0,73		0,21		0,17				0,43	
Chalzedone	91,39	3,10	1,07		0,94	0,70		0,70		1,85		
Feuerstein von Rügen[4]	98,0	0,25	$FeCO_3$ 0,25		0,50						1,0	
Echte Geyserite	87,41	3,19	1,53		0,42	0,40	1,37			5,63		
Diatomeenerde (Lüneburger Heide)	88,53	1,32	0,93		0,30	1,90				9,0	11,0	3,9
Französische Kieselgur	88,13	2,05	1,03		0,20	0,48					7,80	
Kalifornische Gur	87,30	5,14	2,12		1,11	0,87			0,35		4,44	
Diatomeenerde[5] (Grenzwerte)	65—95	8—0,2			7—0,1		5—0			15—4		

[1]) Ullmann, F.: Enzyklopädie der Technischen Chemie, Bd. VI, S. 224. Berlin-Wien: Urban und Schwarzenberg. 1919.
[2]) Singer, F.: Keramik, S. 60—63. Braunschweig: F. Vieweg und Sohn. 1923.
[3]) Endell, K. u. R. Harr: Ber. Werkstoffaussch. Ver. d. Eisenb., Nr. 79; Ref. Tonind.-Z. 50, 1926, S. 809.
[4]) Nach M. Klaproth.
[5]) Nach Davis, C. W.: Brit. Clayworker, 1926, S. 132; Ref. Tonind.-Z. 51, 1927, S. 697.

Tabelle 4

Bezeichnung	SiO_2	Al_2O_3	Fe_2O_3	CaO	MgO	K_2O	Na_2O	Glühverlust	Quarz	Tonsubstanz	Feldspat	KSP in SK
Porzellansand von Neuhaus[1]									62,4	11,2	26,4	
Porzellansand von Fürstenwalde	85,96	7,30	2,22		0,25	1,97		2,12				
Porzellansand von Weißenbrunn[1]	91,95	5,20	0,27	0,20	0,09	2,33 (K_2O + Na_2O)		0,26	78,1	4,8	17,1	32
Glasursand von Fürstenwalde[2]	87,07	6,50	1,52	0,34	0,20	2,30 (K_2O + Na_2O)		2,07	74,0	15,3	10,7	besonders leicht schmelzbar
Hallescher Kaolinschliffsand[1]	91,54	6,04	0,38	0,05	0,03			1,97	84,2	15,8		36
Kemmlitzer Schliffsand[1]	86,15	9,90	0,52			0,06	0,02	3,37	73,9	23,7	2,4	32
Klebsande									80—95	20—5 i. M. 15		
Grünstädter Klebsand[3]									90—95	10—5		

[1]) Singer, F.: Keramik, S. 60—63. Braunschweig: F. Vieweg und Sohn. 1923.
[2]) Tonind.-Z. 1896, S. 519 u. 793.
[3]) Tonind.-Z. 1890, S. 563.

Tabelle 5. Eisenoxyd-Grenzwerte

Bezeichnung	Mindestgehalt an Fe_2O_3 vH	Höchstgehalt an Fe_2O_3 vH	Titansäure vH
Hohenbockaer Grubensande	0,05	0,08	
Hohenbockaer Kristallsande	0,008	0,019	
Dörentruper Kristallsande	0,007	0,015	bis 0,02
Sand vom Nivelstein	0,008	0,009	z. B. 0,30
Deutsche Kristallsande	0,007	0,019	bis 0,20
Gewaschene Quarzsande	0,02	0,32	
Nordische Quarze	0,003	0,006	0,005
Deutsche Zementquarzite	0,10	2,40	
Deutsche Felsquarzite	0,10	0,03	
Amerikanische Quarzite	0,80	1,05	
Dinassandsteine	0,40	1,07	
Chalzedone	0,17	1,73	
Echte Geyserite	Spuren	2,68	
Diatomeenerden	Spuren	38,0	bis 0,99

Gegen den Einfluß von Atmosphärilien sind der Quarz und seine Abarten sehr beständig. Quarzsande zählen daher zu den sogenannten unveränderlichen (stabilen) Sanden. Die durch Feldspat, Glimmer, Kalkstein, Dolomit, Magnesit und andere verwitterbare Stoffe verunreinigten Silikatsande sind dagegen durch Wasser und Luft (Kohlensäure) angreifbar. Auch die Quarzite, insbesondere die porigen, sind nicht atmosphärilienbeständig.

Im Verhalten gegen flüssige Angriffsstoffe (Wasser, Säuren und Laugen) zeigen die einzelnen Kieselsäureformen ein von der physikalischen Beschaffenheit abhängiges, daher verschiedenes Verhalten. Die kristallisierte und glasig-amorphe Kieselsäure ist nicht hygroskopisch und unter normalen Verhältnissen praktisch wasserunlöslich. Hydratische Kieselsäuren (Gele) sind dagegen äußerst hygroskopisch und lösen sich in geringer Menge im Wasser auf; 1000 Teile Wasser lösen etwa 0,16 Teile amorphe Kieselsäure.

Längeres Erhitzen auf etwa 115° C macht die Kieselsäuregele sowohl in Wasser als auch in verdünnten Säuren unlöslich.

Die Lösungsverhältnisse in Säuren sind analog jenen in Wasser. Quarz ist bei gewöhnlicher Temperatur in den stärksten Säuren (Salz-, Salpeter-, Schwefelsäure) mit Ausnahme von Flußsäure praktisch unlöslich. Der chemische Angriff der Flußsäure vollzieht sich bei der kristallisierten Kieselsäure langsam und ohne bedeutende Wärmeentwicklung. Das Reaktionsprodukt aus der Umsetzung

$$\underset{\text{Flußsäure}}{SiO_2 + 6\,HF\,(x\,H_2O)} = \underset{\text{Kieselfluorwasserstoffsäure}}{H_2SiF_6} + (2 + x)\,H_2O$$

ist Kieselfluorwasserstoffsäure, die beim Erwärmen in Siliziumtetrafluorid (SiF_4) und Fluorwasserstoff (HF) zerfällt. Da beide Stoffe gasförmig sind, entweichen sie beim Erhitzen. Die Geschwindigkeit der Auflösung der Kieselsäure durch Flußsäure hängt von der Temperatur ab und wächst mit der Kornfeinheit. Chalzedone lösen sich rascher als Quarzkieselsäure, Tridymit und Cristobalit; letztere wieder langsamer als Kieselsäuregele. Bei den amorphen Formen geht die Wechselwirkung mit Flußsäure stürmisch und unter bedeutender Wärmeentwicklung vor sich. Die Widerstandsfähigkeit des Kieselsäureglases gegen die lösende Wirkung der Flußsäure ist etwa 10mal so groß als beim gewöhnlichen Glas. Auch in bezug auf die Löslichkeit in Salzsäure erweist sich die amorphe Kieselsäure weniger widerstandsfähig als die kristallinische Kieselsäure.

Nach W. W. Winship[1]) wird Kieselsäureglas von Salzsäure, Bromwasserstoff, Salpeter-, Schwefel-, Essig- und Überchlorsäure bei niederen Temperaturen nicht, von heißer konzentrierter Phosphorsäure erst bei 400° C, von Schwefelsäure bei hohem Druck und 312° C weniger als gewöhnliches Glas angegriffen.

---

[1]) Winship, W. W.: Chem. Trade Journ. and Eng. Vol. 79, 1926, S. 444/5; Ref. Ker. Rundsch. 34, 1926, S. 788.

Die Unlöslichkeit der kristallisierten Kieselsäureformen in Mineralsäuren schließt die Möglichkeit ein, sie bis zu einem gewissen Grade von den färbenden Stoffen, welche die Verwendung zum keramischen Weißbrand beeinträchtigen, zu befreien (Enteisenung). Die Pigmente treten in verschiedenen Verbindungsformen auf, die sich durch ihre Löslichkeit sowohl von der Kieselsäure als auch untereinander unterscheiden. Säurelöslich (Salz- oder Salpetersäure) sind: Brauneisenstein (Limonit), Rasenerz, Goethit, Magneteisenstein (in Pulverform), Pyrit (Eisenkies), Markasit, Pyrrhotit und Spateisenstein; schwer löslich ist der Hämatit (Eisenglanz), praktisch unlöslich (unvollkommen oder nur durch konzentrierte Säuren langsam unter Zersetzung löslich) sind die eisenreichen Tonerdesilikate Turmalin, Staurolith, Granate, Hornblende, Strahlstein, Biotit (Magnesiaglimmer), Glaukonit, ferner die Titanmineralien Rutil, Anatas, Brookit, Ilmenit (Titaneisenerz), die sämtlich als Begleiter der natürlichen Kieselsäureformen, insbesondere der Sande, auftreten. Diese Löslichkeitsverhältnisse der Pigmente sind sowohl in bezug auf die analytische Bestimmung des Eisengehaltes als auch hinsichtlich der Reinigungsmöglichkeit von Sanden von Wichtigkeit. Es ist aus ihnen zu ersehen, daß eine vollkommene Enteisenung durch Behandlung mit Säuren (Salzsäure, Schwefelsäure, schwefelige Säure, Natriumbisulfit und konzentrierte Schwefelsäure) nicht zu erwarten ist. Überdies wäre die chemische Reinigung auch bei gutem Erfolge nicht wirtschaftlich, da für die eisenhaltige Abfallsäure sich selten Absatzmöglichkeiten bieten. Soferne die färbenden Verunreinigungen in den erdigen Beimengungen eines sonst reinen Quarzsandes enthalten sind, kann ihre Entfernung durch oftmaliges Waschen des Sandes erreicht werden. Der Waschprozeß wird in größeren Betrieben zumeist in Maschinen durchgeführt, welche die gleichzeitige Absiebung der kleineren Kornklassen gestatten. In der Bavaria-Wasch- und Unterwassersortiermaschine der Bavaria-Maschinenfabrik J. Hilber in Neu-Ulm (Schwaben) läßt sich nach L. Schmid[1]) sogar Sand mit 60 v H Tongehalt verarbeiten. Andere Maschinen dieser Art sind z. B. die Exzelsiormaschine der Exzelsior-Maschinenbau-Gesellschaft, Stuttgart, und Körtings Wasserstrahlsandwäsche der Gebr. Körting A. G., Körtingsdorf bei Hannover.

Die Ansicht, daß Sande durch Kalzinieren von den Eisenverbindungen befreit werden können, da sie nach dem Brennen weißer erscheinen, ist im wahren Sinne des Wortes eine optische Täuschung. Im älteren keramischen Schrifttum findet man wohl Reinigungsmethoden für Sande verzeichnet, die auf der Umwandlung der oxydischen Eisenverbindungen mittels Kochsalz in Eisenchlorid und auf dessen Verflüchtigung beruhen. Beim Brennen der Quarze hielt man den Steinsalzgehalt der Kohlen für das reinigende Agens. Tatsache ist, daß eine geringfügige Eisenmenge durch den Salzgehalt der Kohlen entfernt werden kann, doch ist der Umstand, daß verglühte Quarze

[1]) Schmid, L.: Tonind.-Z. 45, 1921, S. 691.

weißer erscheinen als ungebrannte, den durch das Brennen und Abschrecken geänderten optischen Verhältnissen (siehe S. 16) und dem Ausbrennen der organischen Beimengungen (Humusstoffe), die den Sand gelblich, grau oder schwarzbraun färben, zuzuschreiben. Praktisch ergibt sich als einziger, durch Kalzinieren erzielbarer Vorteil in bezug auf die Reinigung von Stückenquarz die Möglichkeit, die durch Oxydation des Eisen-2-oxydes zum Eisen-3-oxyd nunmehr stärker gefärbten, eisenschüssigen Stücke zuverlässiger ausscheiden zu können.

Denselben Verhältnissen wie bei der Einwirkung von Mineralsäuren auf die verschiedenen Kieselsäureformen begegnet man auch beim Angriffe von alkalischen Lösungen (Natron- oder Kalilauge, Soda- oder Pottaschelösungen). Der chemische Gegensatz zwischen Kieselsäure und in Lösung befindlichen Basen bedingt im allgemeinen eine geringere chemische Widerstandsfähigkeit der Kieselsäureformen gegenüber Alkaliverbindungen. Ist gröberer Quarz auch in der Wärme noch verhältnismäßig unangreifbar und wirken Alkalikarbonatlösungen, und zwar Pottasche stärker als Soda, bei länger andauernder Kochhitze auf Quarzmehl merklich, 15 vHige Alkalilaugen beträchtlich lösend ein, so ist es sogar möglich, feinstes Quarzmehl, also hochdisperse kristallisierte Kieselsäure, durch vielstündiges Kochen mit Kalilauge gleicher Konzentration völlig in Lösung zu bringen. Chalzedone besitzen eine größere Löslichkeit in heißen Laugen als Quarze; dieser Umstand wird teils auf den Gehalt an Opalkieselsäure, teils auf das feinporöse, kryptokristalline Gefüge (große innere Oberfläche!) zurückgeführt. Im übrigen gelten für die Modifikationen mit niedrigerem spezifischen Gewichte (Tridymit, Cristobalit und amorphe Kieselsäure) die bei den Säuren erwähnten Gesetzmäßigkeiten (vgl. S. 94). Kieselsäureglas wird nach F. Mylius und A. Meußer[1]) von Ätzkalien, Alkalisalzen und Ammoniak besonders in der Hitze stark angegriffen; Natronlauge löste bei den Versuchen der genannten Forscher in drei Stunden aus einem Kieselsäureglas 40 mg, doppeltnormale Sodalösung (106 g/l) 14 mg. Nach Watson (a. a. O.) wird die Einwirkung der Hydroxyde von Barium und Strontium erst bei höherer Temperatur merklich. Kieselsäure, die durch Zersetzung von Tonsubstanz (Kaoline, reinere Tone) mittels Säuren entstanden ist, wird beim Kochen mit verdünnter Sodalösung oder 6—7 v H iger Natronlauge leicht und vollständig gelöst. Von dieser Eigenschaft der hydratischen Kieselsäure macht man bei der rationellen (mineralogischen) Analyse von Tonen und Kaolinen Gebrauch, da sie die Trennung der Quarzkieselsäure von der in den plastischen Rohstoffen gebundenen Kieselsäure ermöglicht.

Bei der Zersetzung von Silikaten durch Säuren fällt die sich abscheidende Kieselsäure als Gel an, das beim Erhitzen amorphe Kieselsäure liefert; unter gewissen Verhältnissen kann sie auch als kolloidale Kieselsäure (Hydrosol) erhalten werden. Bei der Behandlung von Alkalisilikaten mit Säure entsteht das Hydrogel; bringt man jedoch

---

[1]) Mylius, F. u. A. Meußer: Z. anorg. Chem. 44, 1905, S. 221.

eine verdünnte Wasserglaslösung in starke Säure, so bildet sich das Hydrosol, die kolloidale Kieselsäure. Nach M. R. Mehrotra und N. R. Dhar[1]), zeigt gefällte Kieselsäure keine Neigung, beim Schütteln mit Säuren in den kolloidalen Zustand überzugehen, hingegen liefert sie bei Behandlung mit Basen leicht das Hydrosol. Kieselsäuregel (technisch: Silika-Gel) besitzt ein außerordentlich großes Sorptionsvermögen, das durch die ungeheuer große innere Oberfläche verursacht wird. Nach L. Singer[2]) beträgt die Oberfläche von 1 g Silika-Gel 450 m^2. Die Größe der Sorption wird nach Mehrotra und Dhar (a. a. O.) durch die chemische Affinität zwischen dem Gel und dem zu sorbierenden Stoff bestimmt und ist um so kleiner, je größer die Wertigkeit des sorbierten Ions ist; Säuren werden daher kaum, Basen (Na OH, NH_4 OH, Ca $(OH)_2$, Ba $(OH)_2$) dagegen in großer Menge sorbiert.

Auch natürliche Gele, z. B. Diatomeenerde, besitzen Sorptionsvermögen für Wasser, Salze, Farbstoffe u. dgl. und wirken daher auf viele flüssige und gasförmige Stoffe reinigend oder entfärbend; sie werden durch gewisse organische Farbstoffe waschecht angefärbt, wodurch sie sich wesentlich von den kristallinischen Modifikationen mit Ausnahme der durch Hitze umgewandelten Kieselsäureformen unterscheiden. Chalzedone können durch Tränken mit verschiedenen Salzlösungen und nachfolgendes langsames und schwaches Erhitzen angefärbt werden; diese Fähigkeit ist nur eine Folge des feinporösen Gefüges.

Brennverhalten

Alle Kieselsäureformen erleiden unter dem Einflusse höherer Temperaturen Änderungen ihrer morphologischen, strukturellen und physikalischen Eigenschaften, deren Auswirkungen für die Industrie der Tonwaren, besonders aber der „feuerfesten" Industrie von weittragender Bedeutung sind. Obgleich hiebei die stoffliche Beschaffenheit gewahrt wird, ergeben sich auch Änderungen in chemisch-reaktiver Hinsicht.

Die Änderungen der morphologischen und strukturellen Eigenschaften betreffen die Reaktionen im festen Zustande (Rekristallisation) und die Umwandlungsreaktionen.

Die Rekristallisation der Quarzkörner ist nach Garre (a. a. O.) bei 550° C noch sehr gering, wird erst bei 900° C stark und beginnt bei feineren Körnern bei niedrigerer Temperatur als bei gröberen Körnern.

Es wurde bereits erwähnt, daß Kieselsäure in einer größeren Anzahl fester Zustandsformen (Phasen) existiert. Diese Modifikationen wandeln sich bei bestimmten Temperaturen ineinander um, und zwar entspricht jedem der Kieselsäuremineralien mindestens eine nur bei höherer

[1]) Mehrotra, M. R. u. N. R. Dhar: Z. anorg. Chem. 155, 1926, 4, S. 298—302.

[2]) Singer, L.: Petrol. 20, 1924, S. 279; Dammer, O. — Peters F.: Chemische Technologie der Neuzeit, 2., erweiterte Aufl., S. 128. Stuttgart: F. Enke. 1926.

Temperatur beständige Zustandsform. Diese Umwandlungsreaktionen sind die Ursache der Änderungen der kristallographischen und physikalischen Eigenschaften der Kieselsäure beim Erhitzen auf höhere Temperaturen. Das sprunghafte Anwachsen des thermischen Ausdehnungskoeffizienten des Quarzes bei 575° C wurde erstmalig von H. Le Chatelier (1889) als Folge der Umwandlung des bei gewöhnlicher Temperatur beständigen β-Quarzes (Nieder-Quarz) in eine Zustandsform (α-Quarz, Hoch-Quarz), die nur oberhalb des Umwandlungspunktes beständig ist, gedeutet. Nach dem jetzigen Stande der Wissenschaft existieren vom Quarz und Cristobalit je zwei, vom Tridymit dagegen drei, ja wahrscheinlich sogar vier kristallisierte Modifikationen, und zwar:

natürliche Formen:	nur bei höherer Temperatur beständige Formen:
β-Quarz	α-Quarz
β-Cristobalit	α-Cristobalit
γ-Tridymit	β-Tridymit (nach neueren Untersuchungen wahrscheinlich zwei)
	α-Tridymit.

Diese Umwandlungsformen der kristallisierten Kieselsäure sind sämtlich wieder kristallisiert. Sie unterscheiden sich vom Quarze durch die kristallographischen und physikalischen Eigenschaften sowie durch die Löslichkeitsverhältnisse in Feldspatschmelzen (siehe S. 145). Jene Phasen, die durch scharf verlaufende Zustandsänderungen entstehen, sind einander kristallographisch und physikalisch ähnlich; Formen, die aus praktisch nicht reversiblen Umwandlungen hervorgehen, weisen beträchtliche Unterschiede im kristallographischen und physikalischen Verhalten auf.

Tabelle 6. Kristallographische und physikalische Eigenschaften

Modifikation	KS	n_α	n_γ	$n_\gamma - n_\alpha$	s
β-Quarz	hexagonal, trapezoedrisch, tetartoedrisch; pyramidale Kristalltracht	1,544	1,552	+ 0,008	2,65
α-Quarz	hexagonal, trapezoedrisch, hemiedrisch; pyramidale Kristalltracht	kleiner als bei β-Quarz		+ 0,0076	2,60—2,63
β-Cristobalit	rhombisch, pseudoregulär	etwa 1,486		— 0,0053	2,32—2,333 künstlicher: 2,35
α-Cristobalit	regulär	1,474			2,21—2,33
γ-Tridymit	pseudohexagonale Platten, rhombisch	etwa 1,477		+ 0,0021	2,27—2,35 künstlicher: 2,32
β-Tridymit	hexagonale Platten				2,32
α-Tridymit	hexagonal, trapezoedrisch, hemiedrisch				2,30—2,32

Da jeder der Umwandlungsformen eine bestimmte Dichte eigen ist, wäre es möglich, bei völliger Umkristallisation durch die Dichtenbestimmung die Art der betreffenden Phase oder den Grad der Umwandlung zu ermitteln. Dies ist jedoch aus dem Grunde unmöglich, weil im gebrannten Quarz stets mehrere Phasen nebeneinander vorkommen.

Theoretisch verlaufen die Umwandlungsreaktionen der natürlichen Kieselsäureformen nach Fenner[1]) im Sinne folgender Schemata:

$$\beta\text{-Quarz} \xrightarrow{575^\circ} \alpha\text{-Quarz},$$
$$\beta\text{-Cristobalit} \xrightarrow{\sim 230^\circ \text{ (variabel)}} \alpha\text{-Cristobalit},$$
$$\gamma\text{-Tridymit} \xrightarrow{117^\circ} \beta\text{-Tridymit}.$$

Mit Ausnahme des α-Cristobalits besitzen die umgewandelten Kieselsäuren keine bis zur Schmelze reichende Beständigkeit; die aus dem Niederquarz gebildete neue Phase (α-Quarz) erleidet bei weiterer Temperatursteigerung theoretisch eine Umwandlung in Tridymit, dieser eine Umkristallisation zu Cristobalit:

$$\alpha\text{-Quarz} \xrightarrow{870^\circ} \alpha\text{-Tridymit},$$
$$\alpha\text{-Tridymit} \xrightarrow{1470^\circ} \alpha\text{-Cristobalit},$$

β-Tridymit erfährt eine Umlagerung zu α-Tridymit bei 163°C, dieser nach Travers und de Goloubinoff[2]) bei 440°C eine nochmalige Zustandsänderung. Demnach besitzen die Kieselsäuremineralien und ihre Umwandlungsformen die aus Tabelle 7 ersichtlichen theoretischen Stabilitätsbereiche.

Tabelle 7. Stabilitätsbereiche der Kieselsäureformen

Zustandsform	beständig unterhalb		Zustandsform	beständig unterhalb	
	$^\circ$C	∾ Sk		$^\circ$C	∾ Sk
β-Quarz	575	∾ 022	α-Cristobalit	1625[1])	27/28
β-Cristobalit	∾ 230		β-Tridymit	163	
γ-Tridymit	117		α-Tridymit	1470	16/17
α-Quarz	870	012 a/**011** a			

[1]) Die Temperatur von 1625° C ist nach neueren Untersuchungen (siehe S. 122) über den Schmelzpunkt des Cristobalits durch 1710° C $\pm$ 10° zu ersetzen.

Nach Fenner stehen die Kieselsäuremineralien Quarz, Tridymit und Cristobalit zueinander im Verhältnis der Enantiotropie: Quarz kann in Tridymit oder Cristobalit, Tridymit in Quarz oder Cristobalit, dieser in Quarz oder Tridymit übergehen; diese Umwandlungsreaktionen sind also umkehrbar. Nach Wietzel (a. a. O.) ist Cristobalit im allgemeinen die Zwischenform des Quarzes beim Übergang in die Schmelze. Auch die amorphen Formen (Kieselsäureglas, gefällte amorphe Kiesel-

[1]) Fenner: Mit. Lab. Geophys. Carnegie Inst. Wash. Nr. 18; Ref. a. a. O.

[2]) Travers u. de Goloubinoff: Rev. Mét. 23, 1926, S. 27—47 u. 100—117; Ref. Steinhoff, E.: Tonind.-Z. 51, 1927, S. 364—366.

säure) gehen bei höheren Temperaturen in eines der enantiotropen Mineralien (mit Ausnahme des Quarzes) über; sie durchschreiten also bei der Erhitzung bis zum Schmelzen die kristallisierte Phase.

Die bei höheren Temperaturen entstehenden Modifikationen bilden bei der Abkühlung entweder ihre Ausgangsform zurück (in den späteren Umwandlungsschematen durch Doppelpfeile $\rightleftarrows$ gekennzeichnet) oder wandeln sich infolge von Verzögerungen in eine von der Ausgangsform verschiedene Modifikation um (einfacher Pfeil $\longrightarrow$ bei der ersten Umwandlung).

Welche Phase beim Erhitzen gebildet wird, hängt von der Temperatur, der Geschwindigkeit der betreffenden Umwandlung, der Ausgangsform, deren Reinheitsgrad, der Dauer der Einwirkung einer bestimmten hohen Temperatur und von der Geschwindigkeit der Hitzesteigerung ab. Die Art der bei der Abkühlung entstehenden Modifikation steht in enger Beziehung zur thermischen Vorbehandlung, zur Geschwindigkeit der Umwandlung und Abkühlung.

Die bei den meisten polymorphen Stoffen beobachtete Erscheinung, daß der Inversionspunkt bei der Rückbildung der Ausgangsform während der Abkühlung nicht genau mit der Umwandlungstemperatur beim Erhitzen zusammenfällt, trifft auch bei manchen Umwandlungen der Kieselsäure zu. Der Unterschied beträgt beim Quarz nur wenige Grade, kann aber beim Cristobalit ein beträchtliches Intervall ergeben:

$$\beta\text{-Quarz} \xrightarrow{575^0} \alpha\text{-Quarz},$$
$$\alpha\text{-Quarz} \xrightarrow{570^0} \beta\text{-Quarz}.$$

Die Umwandlungstemperatur des β-Cristobalits in α-Cristobalit hängt wahrscheinlich von seiner physikalischen und chemischen Beschaffenheit ab. Nach R. Weil[1]) lag der Beginn und das Ende der Umkristallisation bei einigen von ihm untersuchten Cristobaliten bei folgenden Temperaturen:

	Beginn	Ende	Intervall
San Cristobal (Mexiko)	180—195° C	205—210° C	
Tchama County	175°	210—230° C	55°
Chaudefour (Kristall mit			
2 Zonen)......1. Zone:	175°	190°	15°
2. Zone:	217°	245°	28°

Ähnliche Verhältnisse wiesen die Cristobalite der blauen Kuppe von Cottenheim und von Mount Egmont auf. Im allgemeinen vollzieht sich die Zustandsänderung zwischen 175 und 270° C, bei den natürlichen Formen nach Rieke meist zwischen 215 und 230° C. Weil[2]) erblickt in den Porigkeitsunterschieden bzw. in der Gegenwart von flüchtigen, insbesondere von alkalischen Verunreinigungen die Ursache der niedrigen Inversionspunkte oben genannter Cristobalite. Die Än-

[1]) Weil, R.: C. r., Tome 180, 1925, S. 1949—1951; Ref. Sprs. 59, 1926, S. 379.

[2]) Weil, R.: C. r., Tome 183, 1926, S. 752—755; Ref. Sprs. 59, 1926, S. 841.

derung der Umwandlungstemperaturen zwischen 220 und 260° C schreibt der genannte Forscher dem Gehalt an Erdalkalien und Eisenoxyden zu. Die Lage des Inversionspunktes von α-Cristobalit wird von der thermischen Vorbehandlung (Bildungstemperatur) und Abkühlungsgeschwindigkeit beeinflußt. Nach Wyckoff[1]) und Wietzel (a. a. O.) sind die Umwandlungspunkte von Cristobaliten mit verschiedener Bildungstemperatur:

Cristobalit	Umwandlungstemperatur beim Erhitzen	bei der Abkühlung	Unterschied
bei hoher Temperatur gebildet	270°	240°	30°
von niedriger Bildungstemperatur	220°	198°	22°
Bildungstemperatur 1600° C (Wietzel)	270°	230°	40°

Somit liegt sowohl beim Erhitzen als auch bei der Abkühlung der Umwandlungspunkt des bei niedrigerer Temperatur gebildeten Cristobalits tiefer als der des Cristobalits mit hoher Bildungstemperatur; außerdem ist der Unterschied der Inversionspunkte bei diesem größer als bei jenem.

Der Einfluß einer großen Abkühlungsgeschwindigkeit auf die Lage des Inversionspunktes äußert sich nach Fenner (a. a. O.) im gleichen Sinne wie eine hohe Bildungstemperatur.

Alle Umwandlungspunkte erfahren bei bedeutender Erhöhung des Druckes eine geringe Verschiebung; beispielsweise erhöht sich die Temperatur des α-Quarz-Umschlages (α-Quarz $\xrightarrow{870^\circ}$ α-Tridymit) bei einer Drucksteigerung um 10 at um 1° C, oder die Umwandlungstemperatur des α-Quarzes in α-Cristobalit für jede Atmosphäre nach Wietzel (a. a. O.) um 0,08° (wenn die Umwandlungswärme mit 25 WE/1 g angenommen wird).

Die theoretischen Umwandlungsreaktionen beim Erhitzen der Kieselsäure-Mineralien im Temperaturbereich des Erzeugungsganges keramischer und feuerfester Waren finden nach obigem in folgendem Umwandlungsschema ihren Ausdruck:

$$\beta\text{-Quarz} \xrightarrow{575^\circ} \alpha\text{-Quarz} \xrightarrow{870^\circ} \alpha\text{-Tridymit} \xrightarrow{1470^\circ} \alpha\text{-Cristobalit.}$$

Theoretisch sollte das Schema der Umwandlungen bei der Abkühlung des aus dem Nieder-Quarz erhaltenen α-Cristobalits bzw. α-Tridymits lauten:

$$\alpha\text{-Cristobalit} \xrightarrow{1470^\circ} \alpha\text{-Tridymit} \xrightarrow{870^\circ} \alpha\text{-Quarz} \xrightarrow{575^\circ} \beta\text{-Quarz.}$$

Das praktische Verhalten der Quarzkieselsäure weicht jedoch von dem theoretischen Umwandlungsschema sowohl beim Erhitzen als auch bei der Abkühlung beträchtlich ab.

[1]) Wyckoff, R. W. G.: Z. Krist., 62. Bd., Heft 3/4, S. 189—200; Ref. Sprs. 59, 1926, S. 653.

Beim Erhitzen reiner Quarzkieselsäure entsteht im Stabilitätsbereiche des α-Tridymits der in diesem Temperaturgebiete metastabile α-Cristobalit; erst langandauerndes Erhitzen bei 1400 bis 1450° C wandelt den gebildeten Cristobalit in α-Tridymit um.

Bei der Abkühlung verlaufen die Zustandsänderungen ebenfalls nicht im Sinne obigen Schemas; α-Cristobalit lagert sich vielmehr in β-Cristobalit, α-Tridymit über die β-Form in γ-Tridymit um. Selbst die Umwandlung in α-Cristobalit erleidet bei reinem Quarz beträchtliche Verzögerungen. Die Gründe für das Abweichen der Umwandlungsreaktionen vom theoretischen Verlauf liegen in der verschiedenen Inversionsgeschwindigkeit (vgl. Allgemeiner Teil, S. 49). Bei der Kieselsäure kennt man sowohl „scharf“ als auch „träge“ verlaufende Umwandlungen. Zum ersten Typus zählen die enantiotropen Reaktionen:

$$\beta\text{-Quarz} \overset{575^\circ}{\rightleftarrows} \alpha\text{-Quarz};$$

$$\beta\text{-Cristobalit} \overset{\sim 230^\circ}{\rightleftarrows} \alpha\text{-Cristobalit};$$

$$\gamma\text{-Tridymit} \overset{117^\circ}{\rightleftarrows} \beta\text{-Tridymit} \overset{163^\circ}{\rightleftarrows} \alpha\text{-Tridymit}.$$

Äußerst träge verlaufen dagegen die Transformationen des zweiten Typus:

$$\alpha\text{-Quarz} \xrightarrow{870^\circ} \alpha\text{-Tridymit},$$

$$\alpha\text{-Tridymit} \xrightarrow{1470^\circ} \alpha\text{-Cristobalit}$$

und deren Umkehrungen.

Der praktische Verlauf der Umwandlungen des Quarzes beim Erhitzen und Abkühlen wird daher unter Vernachlässigung der Umwandlung des α-Cristobalits in Schmelze durch folgendes Schema dargestellt:

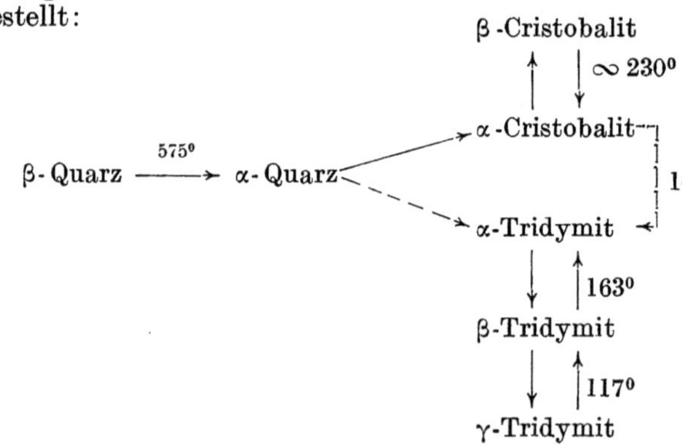

Die Gleichgewichtsbeziehungen der Kieselsäuremineralien und deren Umwandlungsformen (P-T-Diagramm) sind in Abb. 30 nach dem Fennerschen Zustandsdiagramm wiedergegeben. Die von Travers und de Goloubinoff (a. a. O.) neuerdings gefundene Tridymitumwandlung bei 400° C ist im Diagramm natürlich nicht berücksichtigt. Die ausgezogene Kurve zeigt die in den einzelnen Temperaturbereichen beständigen Formen an.

Nach P. Braesco[1]) genügt zur Cristobalitbildung aus Quarz bei 1200 bis 1300° C vier- bis fünfstündiges, bei 1500 bis 1600° C einstündiges Erhitzen. Diese Tatsache beweist einerseits, daß die Erreichung einer bestimmten Phase, abgesehen von der Höhe, auch von der Dauer der Einwirkung einer bestimmten Temperatur abhängig ist, und daß auch unterhalb des Tridymit-Cristobalit-Umschlages die metastabile Phase erhalten werden kann (Gesetz der Umwandlungsstufen, vgl. S. 50).

Die äußerst geringe Umwandlungsgeschwindigkeit des α-Quarzes in α-Tridymit kann wie jede andere durch die Gegenwart von Kristallisatoren beschleunigt werden. Mineralisatoren erhöhen nicht nur im allgemeinen die Inversionsgeschwindigkeit, sondern begünstigen auch die Ausbildung des α-Tridymits. O. Rebuffat[2]) konnte mit wenig Wolframsalz ($Na_2WO_4 \cdot 2\,H_2O$) oder Phosphorsäure größere Mengen Quarzit durch sechsstündiges Erhitzen auf 1400°C fast völlig in Tridymit umwandeln, der auch bei fortgesetztem und längerem Erhitzen auf 1700° C keine Umwandlung in Cristobalit zeigte.

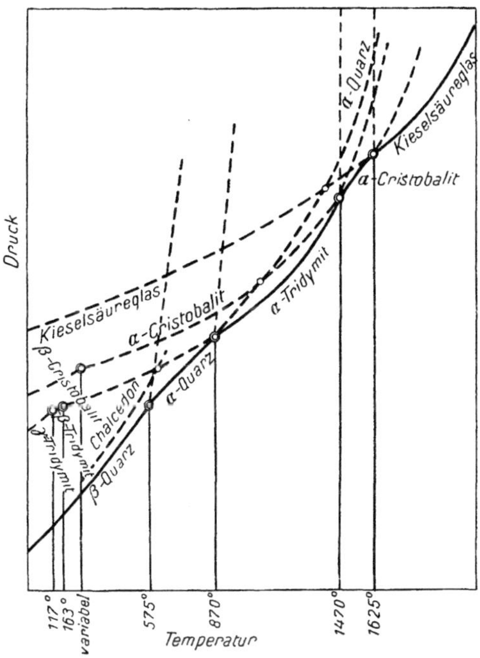

Abb. 30. Zustandsdiagramm des Siliziumdioxydes (nach Fenner)

Als Kristallisatoren wirken von den natürlichen Beimengungen der Kieselsäureformen: Eisenoxyd, Eisensilikate, Tonerde, Kalk, Kalksilikate, Alkalien, Magnesiumglimmer (Biotit), Turmalin, Zirkon, Titan und Kohlenstoff. Ferner wurde die mineralisierende Wirkung folgender Stoffe, die als absichtliche Zusätze verwendet wurden, erkannt: Metalloxyde, kalkhaltige Stoffe wie Gips und Portlandzement, Phosphorsäure, Molybdänsäure, Bor- und Wolframverbindungen, z. B. Natriumwolframat (siehe oben) und Karborundum. Ähnlich wirkt auch Flugstaub und die beim Brennen der Quarzziegelformlinge aus dem Bindemittel (Kalk), den Verunreinigungen der Quarzite und der Kieselsäure entstehende Silikatschmelze. Kristallisatoren wirken bereits in kleinen Mengen auf

[1]) Braesco, P.: C. r., Tome 170, 103. C. 1920, I. S. 608; Ref. Z. B. 1921, 3. Bd., S. 283/84.

[2]) Rebuffat, O.: Trans. Cer. Soc. Engl., 21, 1921/2, S. 66; 23, 1923/4, S. 14; Dammer, O. — Peters, F.: Chemische Technologie der Neuzeit, 2., erweiterte Aufl., S. 720. Stuttgart: F. Enke 1926.

die Umwandlungsgeschwindigkeit ein. Der günstigste Erfolg ist dann zu verzeichnen, wenn sie im Werkstoff schon von Natur aus und in richtigem Verhältnisse enthalten sind. Nach Versuchen von Endell und Harr (a. a. O.) übt ein wachsender Tonerdegehalt auf die Umwandlung des Quarzes keinen, ein steigender Kalk- und Eisenoxydgehalt, besonders dieser, einen sehr günstigen Einfluß aus. Die geringere Wirkung absichtlich zugesetzter Kristallisatoren erklärt Hirsch[1]) durch ihre langsame Diffusion in das Korninnere; im allgemeinen werde wohl durch gewisse Zusätze die Umwandlungsgeschwindigkeit erhöht, die Wirkung natürlicher Mineralisatoren aber nicht erreicht.

Die Umwandlungsgeschwindigkeit der natürlichen Kieselsäureformen steht auch in inniger Beziehung zur Stückgröße und zum Kleingefüge. Größere Stücke oder Körnchen bedürfen zu ihrer Umwandlung oft eines tagelangen Erhitzens. In kristallisierter Kieselsäure tritt die Umlagerung langsamer ein als in kryptokristallinen und amorphen Formen. In Quarziten, die Basalzement enthalten, wirkt die amorphe oder hochdisperse kristallinische Kieselsäure des Zementes bei höheren Temperaturen ebenfalls beschleunigend auf die Umbildung der Quarzkörnchen, die sie verkittet. Daher kann auch amorphe oder feinstgemahlene kristalline Kieselsäure als Kristallisator angesehen werden. L. Longchambon[2]) hat festgestellt, daß sich sehr reine Quarzkristalle selbst bei mehrtägiger Erhitzung auf 1400° C nicht umwandeln. Hingegen beanspruchen amorphe und kryptokristalline Kieselsäuren nach Endell[3]) zur Umlagerung den geringsten Zeitaufwand. Endell und Rieke (a. a. O.) führen die leichtere Umwandlung der kryptokristallinischen Chalzedonkieselsäure auf die Größe der inneren Oberfläche zurück; diese Annahme wurde durch zahlreiche Versuche bestätigt. Es verhält sich also die kristallisierte Kieselsäure, z. B. Bergkristall — kleinste wirksame Oberfläche — beim Erhitzen in bezug auf die Inversionsgeschwindigkeit am ungünstigsten, der feinstkristalline Chalzedon oder dessen Abart, der Feuerstein, unter den kristallinen Kieselsäuren am günstigsten (leichtere Umwandlung und niedrigere Umwandlungstemperatur). Ein von J. T. Robson[4]) untersuchter Flint war bei 1380° C, ein Chalzedon bei 1410° C vollständig umgewandelt.

Eine auffallende Erscheinung, die mit den angeführten Tatsachen in scheinbarem Widerspruch steht, ist das verschiedenartige Verhalten von Stückenquarz und Quarzsanden gleicher chemischer Zusammensetzung in bezug auf die Umwandlungsgeschwindigkeit. Obwohl beide Formen aus kristalliner Kieselsäure bestehen, wandeln sich sehr reine feinkörnige Kristallsande beim Brennen langsamer um, als gleich reine Stückenquarze, deren Umbildung nach einmaligem Brande fast vollendet

---

[1]) Hirsch: Tonind.-Z. 47, 1923, S. 421.

[2]) Longchambon, L.: C. r., Tome 180, 1925, S. 1855—1858; Ref. Sprs. 59, 1926, S. 379.

[3]) Endell, K.: Ref. Z. angew. Chem. 39, 1912, S. 2019.

[4]) Robson, J. T.: Journ. Am. Cer. Soc. Vol. 5, 1922, No. 12, Oktober; Ref. Tonind.-Z. 47, 1923, S. 273.

ist. Dieses Verhalten hängt mit dem Grade der Vergrößerung der inneren Oberfläche beim Brennen zusammen. Nach Pulfrich[1]) sind die Unterschiede in den Spannungsverhältnissen die Ursache eines verschiedenen Grades der Oberflächenvergrößerung beim Brennen; der Stückenquarz erfährt eben beim Erhitzen zufolge seiner Strukturverhältnisse (siehe S. 75) eine viel weitergehende Zerklüftung als die weniger mit Spannungen behafteten Sande; daher besitzt jener nach der Zerklüftung eine größere wirksame Oberfläche als diese und damit auch eine günstigere Umwandlungsfähigkeit (siehe hiezu S. 104).

Die Art der beim Erhitzen gebildeten Phase (Cristobalit oder Tridymit) ist also im wesentlichen eine Funktion der Umwandlungsgeschwindigkeit, diese eine Funktion der Stückgröße, des Feinbaues und der chemischen Zusammensetzung; der Grad der Umwandlung in Cristobalit und die Menge des neben diesem entstehenden Tridymits ist von der Einwirkungsdauer der hohen Temperatur, etwa 1400 bis 1450° C abhängig.

Im einzelnen zeigen die natürlichen Kieselsäureformen folgendes Umwandlungsverhalten:

Quarz geht ohne Kristallisatoren und bei verhältnismäßig kurzer Erhitzungsdauer stets, und zwar schon oberhalb 1000° C langsam in Cristobalit über. In Gegenwart von Schmelzmitteln, z. B. Natriumwolframat, findet eine Inversion des primär gebildeten Cristobalits in Tridymit bei 1300 bis 1400° C statt. In den gewöhnlichen Schmelzmitteln geht Quarz nach Longchambon[2]) zwischen 870 und 1470° C unmittelbar in Tridymit über; unterhalb des Tridymitumschlages (870° C) wurde auch bei längerem Erhitzen mit Wolframat keine Tridymitbildung beobachtet. Im Quarzmehl bildet sich nach Braesco (a. a. O.) oberhalb 1000° C ohne Kristallisatoren Cristobalit, bei 1300 bis 1400° C mit Natriumwolframat Tridymit, der ohne Kristallisator sich bei 1600° C in Cristobalit umwandelt.

Magmatogene Quarze, deren Entstehungstemperatur im Stabilitätsbereich des α-Quarzes lag, erleiden schon bei der natürlichen Abkühlung nach ihrer Entstehung eine enantiotrope Umlagerung des ersten Typus, durchschreiten daher beim Erhitzen schon das zweite Mal den Quarzinversionspunkt; dieser Umstand ist nicht ohne Einfluß auf die Umwandlungsgeschwindigkeit (vgl. S. 112). Die Rückbildung des β-Quarzes aus dem α-Quarz verläuft scharf, nicht aber diejenige aus dem α-Cristobalit oder α-Tridymit über α-Quarz; sie kann nur durch Kristallisatoren (Wolframatschmelze) verwirklicht werden.

In Gegenwart der im keramischen Erzeugungsgange zur Wirkung gelangenden Schmelzmittel — natürliche Beimengungen der Kieselsäurewerkstoffe, Ton, Bindemittel, Versatzstoffe — findet bei der Abkühlung keine Umkristallisation des α-Cristobalits oder α-Tridymits in α- bzw. β-Quarz statt; die Umlagerung verläuft im Sinne der Zustandsänderungen des ersten Typus.

[1]) Pulfrich, M.: Ker. Rundsch. 30, 1922, S. 375, 393 u. 403.

[2]) Longchambon: C. r., Tome 181, 1925, S. 614—616; Ref. Sprs. 59, 1926, S. 497.

Die freie Quarzkieselsäure keramischer Erzeugnisse besteht daher nach der Erhitzung auf etwa 1450° C und normaler Abkühlung auf Raumtemperatur aus einem Gemenge von Cristobalit, Tridymit und etwa nicht umgewandeltem Quarz, deren Mengenverhältnis hauptsächlich von der Dauer der Erhitzung abhängig ist. Lange Erhitzung zeitigt eine fast vollständige Umkristallisation des Quarzes und reichliche Ausbildung von Tridymit, während nach kurzer Erhitzung wenig Cristobalit neben viel unverändertem Quarz vorliegt. In feinkeramischen Massen, die unterhalb der Umwandlungstemperatur von Cristobalit in Tridymit gebrannt wurden, ist Cristobalit die häufigste Zustandsform.

Bei Chalzedon konnte bisher keine Umwandlung in Quarz beobachtet werden. Aus dieser Tatsache zog Fenner (a. a. O.) den schon erwähnten Schluß, daß Chalzedon eine besondere, „allerdings sehr instabile Modifikation" und keine Abart des Quarzes sei. Manche Forscher (P. Laschtschenko[1]) und Stein)[2]) glauben jedoch, einen Quarzumschlag bei verhältnismäßig niedriger Temperatur festgestellt zu haben. Nach Wietzel (a. a. O.) wurde in Gegenwart von Kristallisatoren die Ausbildung deutlicher Quarzkristalle beobachtet. Unter Verhältnissen, die im Quarz unterhalb 870° C zu keiner Tridymitbildung führen, entsteht im Chalzedon nach Fenner (a. a. O.) schon bei 800 bis 850° C leicht Tridymit.

Diatomeenerde kristallisiert erst nach vollzogener Sinterung, oberhalb etwa 1100° C um, gefällte amorphe Kieselsäure nach Braesco (a. a. O.) oberhalb 1000° C; bei 1300 bis 1400° C bildet sich in Wolframatschmelze Tridymit, ohne Kristallisator stets Cristobalit.

Kieselsäureglas, dessen Bildung aus Quarz im Sinne des Schemas

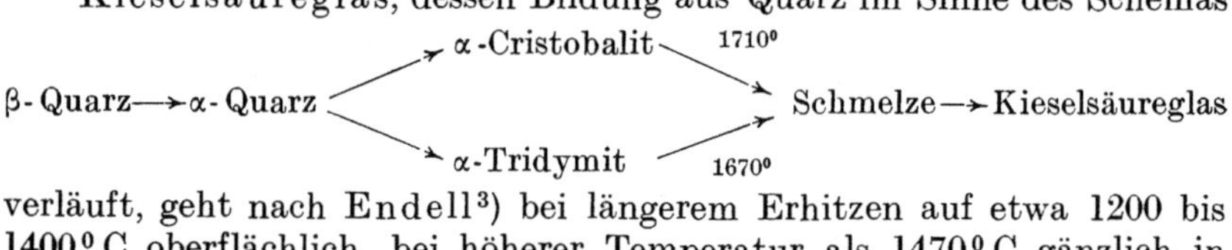

verläuft, geht nach Endell[3]) bei längerem Erhitzen auf etwa 1200 bis 1400° C oberflächlich, bei höherer Temperatur als 1470° C gänzlich in α-Cristobalit über; diese Umkristallisation erfolgt nach Wietzel (a. a. O.) ein wenig schneller als die Umwandlung Quarz → Cristobalit. In Gegenwart von Kristallisatoren, z. B. mineralisierender Schmelzen, tritt jedoch bei einer etwas unterhalb 870° C liegenden Temperatur Tridymitbildung, nach Wietzel (a. a. O.) selbst bei 200° C schon die Ausbildung der in dem betreffenden Temperaturgebiet stabilen Phase ein. Durch die Entstehung kristalliner Modifikationen im Kieselsäureglas verliert es seine glasartigen Eigenschaften, es wird kristallin, „entglast".

Die Entglasung nimmt von 1400° C an mit der Temperatur und Dauer der Erhitzung zu; sie erfolgt um so rascher, je unreiner das Kieselsäureglas ist. Die schnellere Entglasung des sogenannten Quarzgutes

---

[1]) Laschtschenko, P.: Journ. Russ. Phys.-chem. Ges. 42, 1910, S. 1064; Ref. Z. B. 1911, S. 1189.

[2]) Stein: Z. anorg. Chem. 55, 1907, S. 159.

[3]) Endell: St. u. E. 1912, S. 2.

im Vergleich zur Haltbarkeit des reineren Quarzglases ist auf die katalytische Wirkung der Verunreinigungen des Quarzgutes zurückzuführen.

Die Umwandlung des Cristobalits in Quarz ohne Mitwirkung von Schmelzmitteln ist noch nicht gelungen.

Die Umlagerung der diagenetischen und metamorphosierten Kieselsäureformen — Quarzsande, Quarzite — ist von ihrer mineralogischen Zusammensetzung und den früher erwähnten Faktoren abhängig. Reine kristalline Sande und kristalline Quarzite (kein Zement) gleichen im Umwandlungsverhalten der reinen Quarzkieselsäure; sie wandeln sich schwieriger und erst bei höherer Temperatur um, als die feinstkristallinen Zementquarzite bzw. Sande, die vorwiegend aus kryptokristalliner oder amorpher Kieselsäure bestehen. Bei artverschiedenen Quarziten von gleicher mineralogischer und chemischer Zusammensetzung ist für die Inversionsgeschwindigkeit der Feinbau maßgebend.

Was den Einfluß von Kristallisatoren auf das Brennverhalten kristalliner Quarzite betrifft, bemerkt Pulfrich[1]), daß Schmelzmittel imstande seien, das ungünstige Verhalten dieser Quarzite hinsichtlich Wachstum und Festigkeit nach dem Brennen dem vorteilhafteren Verhalten der Zementquarzite anzugleichen. Nach v. Freyberg (a. a. O.) wandeln sich die Quarzite in der Praxis ziemlich vollständig in Tridymit um, wenn sie längere Zeit einer Temperatur von 1450° C ausgesetzt werden.

Braesco (a. a. O.) faßt die praktisch nicht umkehrbaren Zustandsänderungen der polymorphen Kieselsäuren folgendermaßen zusammen:

Umwandlungen ohne Kristallisatoren:

$$\beta\text{-Quarz} \xrightarrow{1000^\circ} \alpha\text{-Cristobalit;}$$

$$\text{Amorphe Kieselsäure} \xrightarrow{1000^\circ} \alpha\text{-Cristobalit;}$$

$$\alpha\text{-Tridymit} \xrightarrow{1600^\circ} \alpha\text{-Cristobalit.}$$

Umwandlungen in Gegenwart von Kristallisatoren:

$$\beta\text{-Quarz} \xrightarrow{1300^\circ—1400^\circ} \alpha\text{-Tridymit;}$$

$$\alpha\text{-Tridymit} \xrightarrow{1600^\circ} \alpha\text{-Cristobalit;}$$

$$\alpha\text{-Cristobalit} \xrightarrow{1300^\circ—1400^\circ} \alpha\text{-Tridymit.}$$

Somit liegen die praktischen Stabilitätsbereiche für α-Cristobalit oberhalb, für α-Tridymit unterhalb 1600° C.

Der Trägheit der Umwandlungen vom zweiten Typus ist es zuzuschreiben, daß einige Umwandlungsformen einen größeren Existenzbereich besitzen, als ihnen nach den Stabilitätsverhältnissen zukommen würde; der Beständigkeitsbereich der Quarzformen reicht theoretisch nur bis 870° C, der Existenzbereich fast bis zum Schmelzpunkt.

Als äußerliches Kennzeichen einer vollzogenen Umwandlung, z. B. von Feuerstein, ist die Abwesenheit von klaren, durchsichtigen Körnchen bzw. die durch das Brennen eintretende starke Weißtrübung zu betrachten (vgl. Abb. 31 mit Abb. 16).

[1]) Pulfrich: Tonind.-Z. 47, 1923, S. 271.

Der Nachweis polymorpher Modifikationen kann optisch durch Ermittlung der Lichtbrechung oder unter Benutzung eines Heizmikroskops durch den Cristobalitumschlag bei ∾ 230° C bzw. durch die Tridymiteffekte bei 117 und 163° C, ferner durch das Ausdehnungsverhalten (vgl. S. 117) oder endlich durch Anfärben geschehen.

Abb. 31. Gebrannter Flint; Pulverpräparat; polarisiertes Licht; 30fach (nach Hirsch: Ker. Rundsch. 34, 1926, S. 696)

Nach Steinhoff und Hartmann[1]) nehmen die umgewandelten Quarzformen bei Behandlung mit Methylenblau himmelblaue Färbung an, während nicht umkristallisierter Quarz auch nach längerer Ätzung mit aluminiumchloridhaltiger, konzentrierter Salzsäure durch organische Farbstoffe nicht angefärbt wird; dadurch ist es möglich, β-Quarz von den Umwandlungsformen zu unterscheiden und die Umkristallisation zu verfolgen. Die beiden Forscher beobachteten mit Hilfe des Färbeverfahrens die schrittweise vor sich gehende Umwandlung; bei 1200° C gebrannter Quarz enthielt nach der Behandlung mit Methylenblau nur einige angefärbte Körner; bei 1300° C gebrannt, zeigte er vielfach noch farblose, nur an der äußeren Schichte angefärbte Teilchen, während der bei 1500° C gebrannte fast durchwegs hellblau erschien.

Das Verhalten der Schmelze beim Abkühlen weicht von dem des α-Cristobalits und α-Tridymits etwas ab. Nach Fenner[2]) geht sie kurz nach dem Erstarren in α-Quarz und unterhalb 575° C in β-Quarz über; in Anwesenheit von Katalysatoren findet Kristallisation der Schmelze zu Tridymit statt.

Die Umwandlungen können bei raschem Durchschreiten des Inversionspunktes oder -bereiches, also durch schnelles Erhitzen oder Abkühlen, teilweise unterdrückt werden, so daß auch durch diese Maßnahmen der Existenzbereich über das Stabilitätsgebiet hinaus erstreckt werden kann. Nach Rieke[3]) erhielt man auf diese Weise

[1]) Steinhoff, E. u. F. Hartmann: St. u. E. 45, 1925, S. 337—343.

[2]) Fenner: Sil. Z. 1913.

[3]) Rieke in Doelter, C.: Handbuch der Mineralchemie, Bd. III/1, S. 107. Dresden-Leipzig: Th. Steinkopff. 1918.

unter teilweiser Schmelzung des Quarzes ein Gemenge von nicht umgewandeltem Quarz und Kieselsäureglas.

Die keramisch wichtigsten Folgeerscheinungen der durch Erhitzen und Abkühlen bewirkten Umkristallisationen der Kieselsäureformen sind die Änderungen der Dichte und die damit verbundene Vergrößerung des spezifischen Volumens, das Wachsen des Quarzes.

Ebenso wie das Umwandlungsverhalten ist auch der Betrag und die Geschwindigkeit des Wachstums der einzelnen Kieselsäureformen verschieden. Während die amorphe Kieselsäure fast ohne Raumänderungen in die glasig-amorphe Form oder in Cristobalit bzw. Tridymit übergeht, findet bei der kristallinen Kieselsäure ein bedeutendes Wachsen statt.

Bei der Umwandlung der Quarzkieselsäure in Kieselsäureglas verringert sich das spezifische Gewicht von 2,65 auf 2,21; damit ist eine Raumzunahme von etwa 20 vH des ursprünglichen Volumens verbunden.

Die bleibende Raumänderung bei der Umwandlung β-Quarz $\longrightarrow$ α-Cristobalit (α-Tridymit) $\longrightarrow$ β-Cristobalit (γ-Tridymit) beträgt rund 14 vH. Dieser Volumeffekt setzt sich aus einem Wachstum beim Erhitzen und einer geringen Schwindung beim Abkühlen zusammen. Das Wachstum entspricht der Umwandlung des β-Quarzes in α-Cristobalit bzw. α-Tridymit, die Schwindung der Transformation des α-Cristobalits (α-Tridymits) in β-Cristobalit (γ-Tridymit).

Der Betrag des Wachstums ist vom Umwandlungsgrad abhängig. Bei vollkommener Umlagerung entsprechen den einzelnen Umwandlungsreaktionen theoretisch folgende Raumänderungen:

β-Quarz $\xrightleftharpoons{575^\circ}$ α-Quarz	etwa	$\pm$ 2,4	vH
β-Cristobalit $\xrightleftharpoons{\sim 230^\circ}$ α-Cristobalit	,,	$\pm$ 5,6	,, ,,
γ-Tridymit $\xrightleftharpoons{117^\circ}$ β-Tridymit	,,	$\pm$ 0,6	,, ,,
α-Quarz $\xrightarrow{870^\circ}$ α-Tridymit	,,	+ 12,7	,, ,,
α-Quarz $\xrightarrow{1300-1350^\circ}$ α-Cristobalit	,,	+ 17,4	,, ,,
β-Quarz $\xrightarrow{575^\circ,\ 1300-1350^\circ}$ α-Cristobalit		+ 19,8	,, ,,
β-Quarz $\xrightarrow{575^\circ,\ 870^\circ}$ α-Tridymit		+ 15,1	,, ,,
β-Quarz $\xrightarrow{1710^\circ}$ Schmelze		+ 19,9	,, ,,
Kieselsäureglas $\xrightarrow{\sim 1200^\circ}$ α-Cristobalit		— 0,4	,, ,,
Kieselsäureglas $\xrightarrow{\sim 850^\circ}$ α-Tridymit	etwa	— 4,4	,, ,,
α-Tridymit $\xrightarrow{1470^\circ}$ α-Cristobalit	,,	+ 4,7	,, ,,
α-Cristobalit $\xrightarrow{1710^\circ}$ Schmelze	,,	+ 0,1	,, ,,
β-Quarz $\xrightarrow{575^\circ,\ 1300-1350,\ \sim 230}$ β Cristobalit	,,	+ 14,2	,, ,,
β-Quarz $\xrightarrow{575^\circ,\ 870^\circ,\ 163^\circ,\ 117^\circ}$ γ-Tridymit	,,	+ 14,5	,, ,,

Die Umwandlungen des γ-Tridymits in die β- und α-Form sind nach Braesco (a. a. O.) von geringen, gleich großen Raumänderungen begleitet.

Die für keramische Zwecke in Betracht kommenden größten bleibenden Volumszunahmen des Quarzes sind mit der Umwandlung in β-Cristobalit bzw. γ-Tridymit verbunden. Doch unterscheiden sich die beiden Umwandlungen des β-Quarzes durch den reversiblen Volumeffekt bei der Abkühlung.

β-Quarz	$\longrightarrow$	α-Cristobalit	$\longrightarrow$	β-Cristobalit	
	19,8	—	**5,6**		= 14,2
β-Quarz	$\longrightarrow$	α-Tridymit	$\longrightarrow$	γ-Tridymit	
	15,1	—	∾ **1,2**		= 13,9

Neben der Größe des Volumeffektes spielt die Geschwindigkeit des Wachstums eine bedeutende Rolle. Die dem Volumeffekt nach weniger gefährlichen Umlagerungen des Quarzes bei 575° und des Cristobalits bei ∾ 230° C treten im keramischen Betriebe wegen ihres plötzlichen Verlaufes unangenehmer in Erscheinung als die Volumeffekte der Umwandlungen des zweiten Typus.

Die allmähliche Umwandlung der amorphen Kieselsäure (Diatomeenerde) in Cristobalit ist von keinem Wachstum begleitet. Dieser Tatsache kommt in bezug auf das Brennverhalten der Quarzite, die amorphe Kieselsäure im Basalzement enthalten, eine große Bedeutung zu. Je höher der Gehalt an amorpher Kieselsäure in Quarziten, desto geringer ist deren Wachstum.

Diatomeenerde verringert nach Steinhoff[1]) bereits unter Hellrotglut (∾ SK 010 a) ihr Volumen, sie schwindet.

Die Unterschiede im Verhalten praktisch verwendeter Kieselsäureformen in bezug auf ihre Umwandlungsfähigkeit sowie der Einfluß der Korngröße auf diese kommt in den Raumänderungen zum Ausdruck, die bei einmaligem Brande im Porzellanfeuer (∾ SK 16) erzielt werden. Von Endell und Rieke[2]) und von Hirsch[3]) untersuchte Kieselsäureformen wiesen folgendes Wachstum auf (aus den in den zitierten Quellen angeführten Dichtezahlen berechnet):

Nordische Quarzite	4,8—11,4 vH
Gröbere Quarzsande	0,4— 3,8 vH
Feinere Sande (Schliffsande oder gemahlene Quarzsande)	9,4—13 vH
Bergkristall	θ
Geyserit	7,8 vH
Flint	12,0 vH
Flint, gemahlen	13,0 vH
Flint, nur bei 900° (∾SK 010a) gebrannt	12,0 vH
Nordischer Quarz mit 4,8 vH Wachstum im Porzellanfeuer, feinst gemahlen	11,0 vH

[1]) Steinhoff: Ber. Werkstoffaussch. Ver. d. Eisenh. Nr. 95.

[2]) Endell u. Rieke; Ref. Kühl, H.: Sprs. 57, 1924, S. 6; Tonind.-Z. 47, 1923, S. 273.

[3]) Hirsch: Ker. Rundsch. 34, 1926, S. 695.

Aus diesen Zahlen ist zu entnehmen, daß die Umwandlung der gröberen Sande viel langsamer vor sich geht, als die der übrigen genannten Quarzkieselsäureformen mit Ausnahme des Bergkristalls, ferner daß im allgemeinen Feinmahlung die Umwandlung begünstigt, und zwar bei den kristallisierten Modifikationen erheblicher als bei den kryptokristallinen Formen und schließlich, daß beim Flint bei 900° C in diesem Falle das gleiche Wachstum erzielt wurde wie im Porzellanfeuer.

Manche Quarzite weisen nach Untersuchungen von E. Cramer[1]) gleich beim ersten Brande ein sehr starkes Wachstum auf und nehmen bei späteren Bränden nur mehr wenig an Raum zu (Zementquarzit); häufig entspricht einem starken Wachsen im ersten Brande auch eine bedeutende Volumvergrößerung bei den folgenden Bränden; andere Quarzite zeigen bei jedesmaligem Brennen eine stetige Ausdehnung, wieder andere bei der ersten Erhitzung ein verhältnismäßig geringes, dagegen ein großes Wachstum bei späteren Bränden (kristalline Quarzite); es wurden auch Fälle beobachtet, bei denen im zweiten und dritten Feuer noch geringes Wachsen, in späteren Bränden sogar eine kleine Schwindung auftrat.

Nach v. Freyberg (a. a. O.) erleidet der Kohlensandstein nach dem zweiten oder dritten Brande nur noch eine geringe Raumänderung, die für praktische Verhältnisse als unwesentlich zu betrachten ist. Abb. 32 zeigt den typischen Verlauf der Raumzunahme verschiedener Quarzite nach Endell[2]).

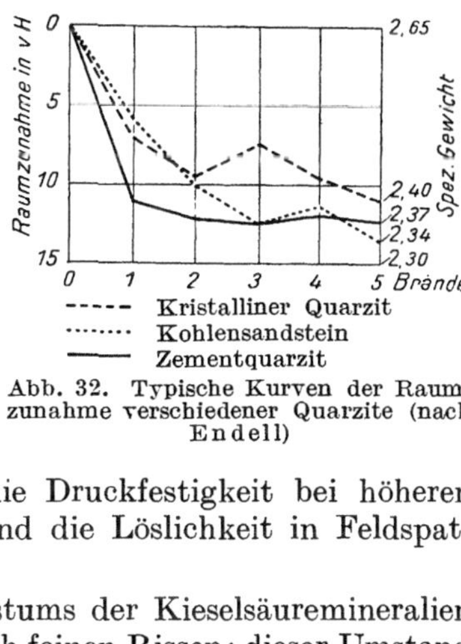

Abb. 32. Typische Kurven der Raumzunahme verschiedener Quarzite (nach Endell)

Die Umwandlungsreaktionen beeinflussen unmittelbar oder mittelbar fast sämtliche Eigenschaften der Kieselsäure. Keramisch sind insbesondere die Auswirkungen auf die mechanische Festigkeit, die thermischen Eigenschaften, die Druckfestigkeit bei höheren Temperaturen, das Schmelzverhalten und die Löslichkeit in Feldspatschmelzen von Interesse.

Eine unmittelbare Folge des Wachstums der Kieselsäuremineralien ist das Auftreten von vielen mikroskopisch feinen Rissen; dieser Umstand bedeutet in mechanischer Hinsicht einen Nachteil, da damit eine Lockerung des Gefüges und Verringerung der mechanischen Festigkeit verbunden ist, in anderer Beziehung jedoch einen Vorteil, da durch die dabei eintretende Vergrößerung der Oberfläche die Umwandlungsfähigkeit und chemische Reaktionsfähigkeit begünstigt wird.

Die Auswirkungen des Wachstums auf die mechanische Festigkeit sind im übrigen sehr wesentlich von dem Gefüge der Kieselsäureform

[1]) Cramer, E.: Tonind.-Z. 1900, S. 1041; 1901, S. 864 u. 1849; St. u. E. 1901, Nr. 14.

[2]) Endell: St. u. E., 1913, Nr. 43; wiedergegeben nach Freyberg, B. v.: Die Tertiärquarzite Mitteldeutschlands. Stuttgart: F. Enke. 1926.

abhängig; grobkristalline Quarze von großer Reinheit werden z. B. durch den Volumeffekt des Quarzumschlages gänzlich zersprengt.

Eine besonders starke Rückwirkung der Umwandlungsreaktionen auf die Umwandlungsfähigkeit ist bei den oberhalb des Quarzumschlages entstandenen pyrogenen Quarzen zu verzeichnen, da diese schon während der natürlichen Abkühlung beim Durchschreiten des Inversionspunktes (575° C) eine Zerklüftung erfahren, die durch die Umwandlung beim Erhitzen noch verstärkt wird (Steinhoff)[1]. Diese Tatsache wurde ebenfalls zur Erklärung des verschiedenartigen Umwandlungsverhaltens von gleich reinen Stückenquarzen und Quarzsanden herangezogen. Überdies ist mit der Umwandlung des pyrogenen α-Quarzes in β-Quarz nach Mügge[2] eine starke Zwillingsbildung verbunden, die allein schon imstande ist, die leichtere Umwandlung zu erklären.

Das Auftreten von Rissen bei den Umwandlungsreaktionen ist somit in manchen Fällen eine erwünschte Erscheinung. Beim Kieselsäureglas bedeutet dieser Umstand eine Einschränkung der Verwendungsmöglichkeit, da es beim Erhitzen auf über 1200° C entglast und infolge des Cristobaliteffektes bei ∾ 230° C bei wiederholtem Gebrauch an mechanischer Festigkeit einbüßt und unbrauchbar wird.

Nach Autschbach[3] ist das Mürbewerden und Zerbröckeln mancher Quarzite im Brande gleichfalls eine Folge der Bildung von Rissen und Sprüngen in den einzelnen Quarzkörnchen, die als Auslösung der in der Hitze entstehenden Spannungen auftritt und mit der Größe der Quarzkörner zunimmt. Ein Gehalt an amorpher Kieselsäure in Quarziten wirkt sich daher auch in bezug auf die mechanische Festigkeit günstig aus, indem sie die mit der Umwandlung verbundenen Spannungen verringert.

Das verschiedenartige Verhalten der einzelnen Quarzitarten in bezug auf die mechanische Festigkeit im Brande wurde von Cramer (a. a. O.) untersucht, der beobachtete, daß besonders reine, grobkristalline Quarzite, die nach den ersten Bränden ein verhältnismäßig geringes Wachstum aufwiesen, schon im ersten Brande mürbe und zerreiblich wurden, nach einigen Bränden sogar völlig zerfielen, während andere auch im wiederholten Feuer dicht und hart blieben (Zementquarzite).

Zwischen Wachstum bzw. Umwandlungsfähigkeit und mechanischer Festigkeit der Quarzite nach dem Brennen bestehen demnach innige Beziehungen.

Die Änderungen der thermischen und elektrischen Eigenschaften der Kieselsäureformen in höheren Temperaturen sind aus Tabelle 8 ersichtlich.

---

[1] Steinhoff: Tonind.-Z. 51, 1927, S. 365.

[2] Mügge: N. Jahrb. f. Min. etc., Festband 188, 1910; Doelter, C.: Handbuch der Mineralchemie, Bd. II/1, S. 129. Dresden-Leipzig: Th. Steinkopff. 1914.

[3] Autschbach: Dissertation Hannover 1923; Freyberg, B. v.: Die Tertiärquarzite Mitteldeutschlands, S. 57. Stuttgart: F. Enke. 1926.

Tabelle 8. Thermische und elektrische Eigenschaften bei höheren Temperaturen (über 100° C)

Bezeichnung	t	λ×360	c	β×10⁶	W in Ω/ccm	ϰ in rezipr. Ω/ccm
	200		0,225			
	300				//c: 5580×10^4	$17{,}9 \times 10^{-9}$ [3]
	0—500		0,238 [1]			
Quarz bzw. nach	0—1000		0,253 [1]			
Umwandlung	0—1100		0,264			
Cristobalit	0—1400		0,225 [1]			
(Tridymit)	0—1400		0,268 [1]			
	100—300			12,0 [2]		
	200—300			14,7 [2]		
	300—500			21,3 [2]		
Quarzsand	200		0,29—0,31 [1]			
				A [4] B [4]		
Quarzsand vor-	150			16,8 28,5		
gebrannt	250			20,0 11,8		
A: auf O.K. 9—10	375			19,3 6,5		
B: auf O.K. 17—18	575			106,0 5,2		
(daher Cristobalit)	650			−0,3 3,4		
	850			−1,8 7,0		
	227		0,204			
Chalzedon	300		0,250			
	100—1000		0,230 [5]			
	727				4 [3]	25 000 [3]
	0—500		0,230 [1]			
	0—1000		0,231 [1]			
Kieselsäureglas	0—1400		0,187 [1]			
	16—1000			0,54 [3]		
	25—800			0,5 [6]		
	100—1700		0,233 [5]			
	200	0,56 [1]				
Kieselsäure in	200	0,74 [1] D				
Bindung	200	1,01 [7]				
	400	1,26 [7]				
			S [9] D [9]			
S: Silikaziegel	600	0,88 [1]	0,248 0,243			
D: Dinasziegel	600	0,93 [1] D				
	600	1,44 [7]				
	700				77×10^4 [12]	1300×10^{-9}
	800		0,259 0,258		238×10^4 [10]	420×10^{-9}
	800				30×10^4 [12]	3300×10^{-9}
	800	1,58 [7]				
	1000	1,19 [1]	0,266 0,266		$5{,}0 \times 10^4$ [12]	$20\,000 \times 10^{-9}$
	1000	1,13 [1] D				
	1000	0,72 [8]				
	1000	∼ 1,3				
	1000	1,73 [7]				
	1200	1,87 [7]	0,273 0,271		$6{,}2 \times 10^4$ [10]	$16\,000 \times 10^{-9}$
	1200				$1{,}56 \times 10^4$ [12]	$64\,000 \times 10^{-9}$
	1300				$1{,}11 \times 10^4$ [12]	$90\,000 \times 10^{-9}$
	1400	1,94 [7]	0,278 0,277			
	1500				$0{,}842 \times 10^4$ [10]	$118\,836 \times 10^{-9}$
	1500				$0{,}57 \times 10^4$ [12]	$177\,000 \times 10^{-9}$
	0—1000			12,0 [3]		
	14—1600			12,1 [10]		
	25—1000		0,263 [10]			
	25—1000		0,219—0,334 [8]			
	25—1200		0,282 [10]			
	25—1400		0,294 [10]			
	15—1000			10,2—12,7 [11]		
Diatomeenerde	200	0,074 [13]				

[1]) Singer, F.: Keramik, S. 432/4 u. 595. Braunschweig: F. Vieweg u. Sohn 1923. [2]) Braesco: a. a. O. [3]) L. B. Tab. [4]) Shearer und Wyckoff: a. a. O. [5]) Wietzel: a. a. O. [6]) Merrit: a. a. O. [7]) Norton, F. H.: Journ. Am. Cer. Soc., Vol. 10, 1927, S. 30—52; Ref. Tonind.-Z. 51, 1927, S. 394. [8]) Green: a. a. O. [9]) Miehr, Immke und Kratzert: a. a. O. [10]) Hougens Tab., Hougen, O. A.: Chem. and Metall. Engin., 30, 1924, S. 738—741; Ref. Sprs. 57, 1924, S. 627. [11]) Gardner, W. T.: Trans. Cer. Soc. Engl., 1925/26, Part. 4, S. 470—489; Ref. Tonind.-Z. 51, 1927, S. 1142. [12]) Henry: a. a. O. (zweimal bei 1500° C vorgebrannter Silikasteine; in N_2-Atmosphäre). [13]) Walther, C.: Handbuch der sparsamen Wärmewirtschaft. Laufende Ausgabe. Stuttgart: Technische Verlagsgesellschaft. 1926/27.

Die Änderung der Wärmeleitfähigkeit der Kieselsäurewerkstoffe mit steigender Temperatur hängt von der Zustandsform der Kieselsäure ab. Beim Quarz nimmt sie sowohl senkrecht als auch parallel zur kristallographischen Hauptachse mit steigender Temperatur etwa im gleichen Verhältnisse ab; amorphe Formen (Diatomeenerde, Kieselsäureglas) und Kieselsäure in Bindung verhalten sich in dieser Beziehung normal, die Leitfähigkeit nimmt mit der Temperatur zu, daher die Isolierfähigkeit der Diatomeenerde ab. Die Zunahme des Leitungsvermögens der Diatomeenerde verläuft keineswegs regelmäßig; sie beträgt

bis 100° C	27 vH	des Wertes bei 0° C.
„ 200° C	38,8 vH	
„ 300° C	44,2 vH	
„ 350° C	46,8 vH	

Green und H. Edwards[1]) fanden, daß Diatomeenerde (Wärmeleitzahl = 0,052), die auf eine scheinbare Dichte von 0,34 zusammengepreßt wurde, besser isoliert als eine Erde mit der scheinbaren Dichte 0,08.

Die Wärmeleitfähigkeit von Kieselsäure in Bindung wird nach W. Emery praktisch erst ab ∾ 1000° C im Gegensatz zu Schamotte in Bindung merklich (Hirsch)[2]); sie ist bei 1400° C um etwa 60 vH größer als die von Schamotte. Die Mittelwerte der Wärmeleitzahlen von Kieselsäure in Bindung (im Mittel 95 vH SiO_2) bewegen sich bei 600° C um 0,9, bei 1000° C um 1,2, doch finden sich auch erhebliche Abweichungen von diesen Zahlenwerten.

Die Abhängigkeit der spezifischen Wärme der Kieselsäurewerkstoffe von der Temperatur ist normal. Eine Ausnahme hievon ist nur im Temperaturbereiche nach einer molekularen Umwandlung zu verzeichnen. Ein bemerkenswertes Verhalten zeigt die spezifische Wärme des Chalzedons. Bei 200° C ist sie kleiner als die des Quarzes bei der gleichen Temperatur, oberhalb 230° C überspringt sie jedoch den entsprechenden Wert des Quarzes beträchtlich und nimmt bei weiterer Hitzesteigerung bedeutend und stärker als beim Quarz zu. Dieses Verhalten der spezifischen Wärme wurde ebenfalls als Beweisgrund für eine besondere Zustandsform der Chalzedonkieselsäure angesehen.

Die Wärmekapazität (nach Greenscher Definition) der Kieselsäure in Bindung bei höheren Temperaturen ergibt sich aus den Beziehungen des Raumgewichtes und der spezifischen Wärme zur Temperatursteigerung. Sie wächst also mit der Temperatur, doch erleidet ihre Erhöhung durch die Verringerung des Raumgewichtes eine Verzögerung; nach Green (a. a. O.) beträgt sie für die Kieselsäure in Bindung bei 1000° C 0,495 Cal/ccm. McGee[3]) berechnete den Wärmebedarf

---

[1]) Green u. H. Edwards: Trans. Cer. Soc. Engl., Vol. 24, Part. 2 u. 3, 1924/5, S. 228—239; Ref. Tonind.-Z. 49, 1925, S. 1329.

[2]) Hirsch: Tonind.-Z. 47, 1923, S. 411.

[3]) McGee: Journ. Am. Cer. Soc., Vol. 9, 1926, S. 206—247; Ref. Sprs. 60, 1927, S. 155—157.

für die Erhitzung von 1 g Flint von 0° auf 1050° C unter Zugrundelegung einer spezifischen Wärme von 0,28 für dieses Temperaturgebiet zu 290 cal.

Der lineare Ausdehnungskoeffizient zeigt zwar ein der allgemeinen Regel (Zunahme mit steigender Temperatur) entsprechendes Verhalten, weist aber bei jenen Kieselsäureformen, die in der Hitze mit starken Volumeffekten verbundene Umwandlungsreaktionen vollführen, sprunghaften Anstieg auf. Daher ist das Ausdehnungsverhalten von thermisch vorbehandeltem Quarz im wesentlichen vom Umwandlungsgrad und der Art der entstandenen Phasen abhängig. Kristallisatoren beeinflussen demnach auch die thermische Ausdehnung. Nach J. F. L. Wood, H. S. Houldsworth und J. W. Cobb[1]) wird sie am stärksten durch Borsäure, Pottasche, Biotit und Borokalzit verändert.

Die Ausdehnung von Kieselsäureglas verläuft nach Merrit[2]) bis 1000° C gleichmäßig und erreicht bei 1100° C den Höchstwert ($\beta \times 10^6 = 1{\cdot}2$); bei weiterer Temperatursteigerung verringert sie sich, bei 1200° C tritt Zusammenziehung ein. Gefällte Kieselsäure hat nach Braesco (a. a. O.), wenn sie unter 1000° C entwässert ist, den gleichen Ausdehnungskoeffizienten wie die glasige Modifikation.

Wesentlich anders liegen die Verhältnisse bei den kristallisierten Kieselsäureformen und Erzeugnissen aus diesen. Die Ausdehnung der kristallinen Kieselsäuren ist nicht allein das Ergebnis einer Vergrößerung des gegenseitigen Abstandes der Moleküle (Ausdehnung), sondern auch des Wachstums, das als Folgeerscheinung der Zustandsänderungen auftritt (siehe S. 52). Nach H. J. Hodsmann und J. W. Cobb (a. a. O.) ist die thermische Ausdehnung der Quarzkieselsäure bis 500° C noch ziemlich regelmäßig und nicht viel größer als die des Kaolins, nimmt aber zwischen 500 und 600° C — nach H. Le Chatelier[3]), zwischen 480 und 570° C — bedeutend (zwischen 570 und 575° C für 1° Temperaturerhöhung fast um das zehnfache des Wertes bei 40° C)

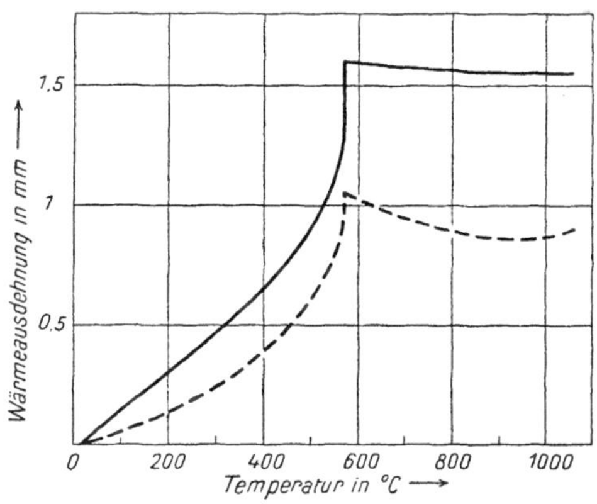

Abb. 33. Ausdehnung des Quarzes (nach Le Chatelier)

[1]) Wood, J. F. L., Houldsworth, H. S. u. J. W. Cobb. Trans. Cer. Soc. Engl., Vol. 25, 1925/6, Part. 4, S. 299—308; Ref. Tonind.-Z. 51, 1927, S. 811.

[2]) Merrit: Journ. Am. Cer. Soc., Vol. 7, 1924, S. 803—808; Ref. Ker. Rundsch. 33, 1925, S. 439.

[3]) Le Chatelier, H.: C. r. 108, 1889, S. 1046; Doelter, C.: Handbuch der Mineralchemie, Bd. II/1, S. 131/2. Dresden-Leipzig: Th. Steinkopff. 1914.

zu und ist von 600° C an bis 1000° C gleich Null. Nach Le Chatelier (a. a. O.) tritt ab 570° C bei weiterer Temperatursteigerung eine geringe Zusammenziehung (Schwindung) ein. Praktisch ist die thermische Ausdehnung der Kieselsäure bei etwa 600° C beendet.

Das verschiedene Verhalten einiger Kieselsäureformen beim Erhitzen in bezug auf Ausdehnung ist aus den beiden Diagrammen ersichtlich.

Abb. 33 zeigt die verschieden große Ausdehnung von Quarz ⊥ *c* und // *c*; die Kurven sind nach den Le Chatelierschen Zahlenwerten (Ausdehnung in Millimetern, Tabelle 9) konstruiert.

Tabelle 9. Ausdehnung des Quarzes im mm ⊥ c und // c

t	Quarz // c	Quarz ⊥ c	t	Quarz // c	Quarz ⊥ c
270	0,20	0,42	660	0,97 (0,95—0,99)	1,59
480	0,54 (0,53—0,55)	0,84 (0,82—0,86)	990	0,86	1,55
570	0,93	1,38 (1,30—1,45)	1060	0,89	1,55

Abb. 34 enthält die Wärmeausdehnungskurven von Quarz, Tridymit und Cristobalit nach Travers und de Goloubinoff (a. a. O.). Im Gegensatz zur allmählichen Ausdehnung des Tridymits zeigt die Cristobalitkurve einen plötzlichen, sehr starken Anstieg bei ∾ 230° C, die

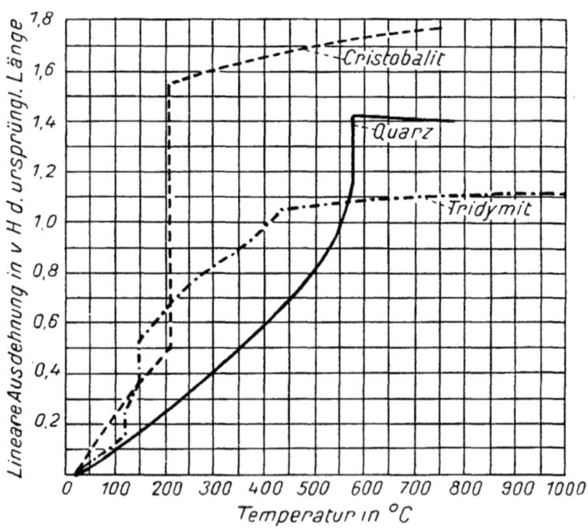

Abb. 34. Wärmeausdehnung der Kieselsäure-Mineralien (nach Travers und de Goloubinoff)

Quarzkurve bei 575° C. Der Betrag der Ausdehnung des Tridymits ist bei allen Temperaturen oberhalb 575° C geringer als bei den übrigen Kieselsäuremineralien.

Noch deutlicher als in diesen Diagrammen kommen die sprunghaften Änderungen des Ausdehnungskoeffizienten der Kieselsäuremineralien durch eine im Chemischen Laboratorium für Tonindustrie in Berlin ausgebildete Darstellungsweise zum Ausdruck, bei der die von Le Chatelier gefundenen Prozentwerte der Ausdehnung als mittlere Ausdehnungskoeffizienten zwischen je zwei Hundertergraden auf den Mittellinien zwischen den einzelnen Hunderter-Ordinaten aufgetragen und durch gerade Linien verbunden sind (Spitzenkurvendiagramm nach Hirsch)[1]) (vgl. Abb. 35).

Die mittleren Ausdehnungskoeffizienten ($\beta \times 10^6$ von 100 zu 100° C nach Le Chatelier)[2]) sind aus Tabelle 10 ersichtlich:

Tabelle 10. Mittlere Wärmeausdehnungskoeffizienten der Kieselsäuremineralien nach Le Chatelier

t	$\beta \times 10^6$			t	$\beta \times 10^6$		
	Quarz	Tridymit	Cristobalit		Quarz	Tridymit	Cristobalit
20—100	+ 12,0	+ 20,0	+ 10,0	500—600	+ **59,0**	+ 9,0	+ 5,0
100—200	+ 15,0	+ **33,0**	+ 11,0	600—700	— 2,0	+ 3,0	+ 4,0
200—300	+ 16,0	+ 17,0	+ **104,0**	700—800	— 1,0	— 3,0	+ 4,0
300—400	+ 19,0	+ 16,0	+ 6,0	800—900	— 1,0	— 5,0	+ 5,0
400—500	+ 19,0	+ 15,0	+ 4,0	900—1000	— 1,0	— 7,0	+ 3,0

Man bemerkt die sprunghafte Änderung der Ausdehnung des Quarzes zwischen 500 und 600° C, des Cristobalits zwischen 200 und 300° C und des Tridymits zwischen 100 und 200° C. Ab etwa 700° C tritt bei Tridymit, ab etwa 600° C bei Quarz eine geringe Schwindung ein.

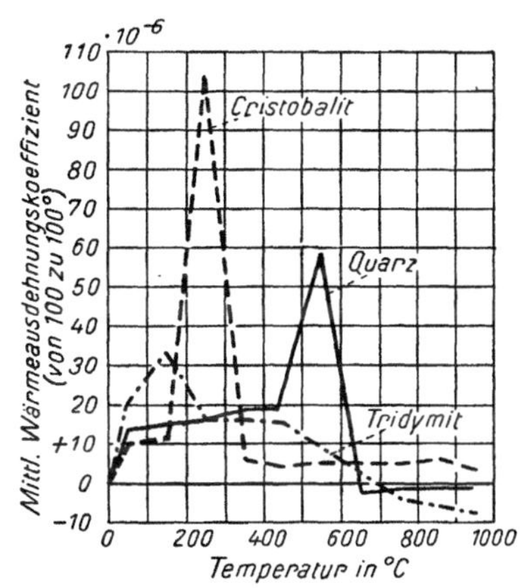

Abb. 35. Ausdehnung von Quarz, Tridymit und Cristobalit; nach der neuen Darstellungsart (Spitzenkurvendiagramm nach Hirsch)

In den Temperaturgebieten der sprunghaften Wärmeausdehnungen sind die kristallisierten Kieselsäuren sehr temperaturempfindlich, am meisten der Cristobalit (200—300° C); die größte Widerstandsfähigkeit gegen schroffen Temperaturwechsel besitzt zufolge der geringen und ziemlich gleichmäßigen Ausdehnung das Kieselsäureglas, es übertrifft in dieser Hinsicht das Porzellan und kann selbst im rotglühenden Zustande durch flüssige Luft ohne Schädigung abgeschreckt werden. Der thermische Widerstandskoeffizient des Kieselsäureglases

[1]) Hirsch: Ber. Werkstoffaussch. V. d. Eisenh., Nr. 93; Ref. Tonind.-Z. 51, 1927, S. 759—764.

[2]) Le Chatelier, H.: La silice et les silicates, 1914; zitiert nach Hirsch (a. a. O.).

beträgt nach F. Singer[1]) 146, der des Porzellans nur 6,0. Die Temperaturbeständigkeit der Erzeugnisse aus kristallisierter Kieselsäure hängt von ihrer mineralogischen Zusammensetzung ab; cristobalitreiche Silikaziegel besitzen demnach eine bedeutende Empfindlichkeit bei niedrigen Hitzegraden, quarzreiche etwa bei Rotglut, wogegen tridymitreiche Ziegel im allgemeinen günstige Verhältnisse in dieser Beziehung aufweisen.

Die geringe Temperaturwechselbeständigkeit quarzreicher Massen findet ihren Ausdruck in dem Gewichtsverlust, der bei rascher Abkühlung von hocherhitzten Silikaziegeln an der Luft durch Abspringen einzelner Stücke eintritt; er beträgt nach F. Singer[2]) bei zehnmaligem Erhitzen auf 1350° C und jedesmaliger rascher Abkühlung 100 vH.

Der elektrische Widerstand des Quarzes nimmt mit steigender Temperatur ab. Die Leitfähigkeit von Kieselsäureglas steht bei 727° C zu der des Porzellans bei der gleichen Temperatur im Verhältnis 0,424: 1; sein elektrischer Widerstand nimmt nur langsam mit der Temperaturerhöhung ab.

Nach A. Stansfield, D. L. McLeod und J. W. McMahon[3]) bewahren Silikaziegel, die in ihrer Zusammensetzung dem reinen Oxyd sehr nahe kommen, bis zu hohen Temperaturen ihre Isolationsfähigkeit, so daß unter 1300° C keine merkliche Stromleitung stattfindet; bei ungefähr 1550° C beträgt der elektrische Widerstand etwa 25 Ω/ccm.

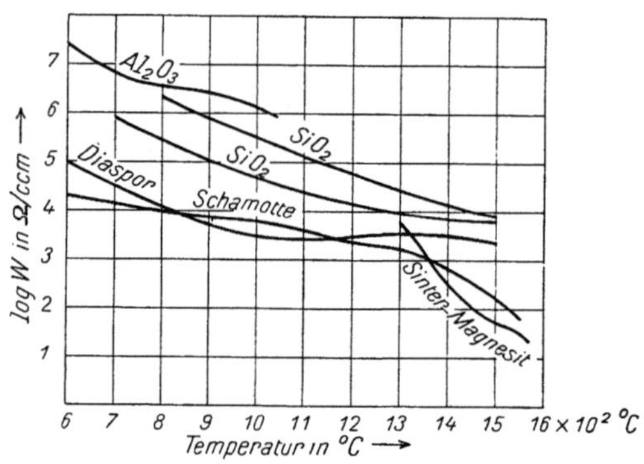

Abb. 36. Änderungen der elektrischen Widerstände von Kieselsäure, Tonerde, Diaspor, Schamotte und Sintermagnesit (mit Ausnahme von Diaspor alle in Bindung)

Die amorphe Kieselsäure verhält sich in elektrischer Beziehung umgekehrt wie die kristallisierte. Mit steigender Temperatur nimmt ihr Widerstand zu. Die Änderung des elektrischen Widerstandes der Kieselsäure in Bindung ist in Abb. 36 graphisch dargestellt. Um einen Vergleich der Widerstandsänderungen mit jenen anderer feuerfester Stoffe übersichtlich anstellen zu können, wurden in der Widerstandsordinate die Logarithmen der in den betreffenden Tabellen verzeichneten Ohm-Werte eingetragen.

In physikalischer Hinsicht spielen ferner unter den Wirkungen höherer Temperaturen für den keramischen Weißbrand die Brennfarbe,

---

[1]) Singer, F.: Vortrag auf der Hauptversammlung des Vereins Deutscher Chemiker, Juni 1926; Ref. Tonind.-Z. 50, 1926, S. 913.

[2]) Singer, F.: Keramik S. 275. Braunschweig: F. Vieweg u. Sohn. 1923.

[3]) Stansfield, A., McLeod, D. L. u. J. W. McMahon: Chem. Z. 1912, S. 1192.

für die Industrie feuerfester Erzeugnisse alle Erscheinungen eine Rolle, die mit der Änderung der Formart (Aggregatzustand) verknüpft sind.

In bezug auf die Brennfarbe der Kieselsäurewerkstoffe gelten die bei den Magerungsmitteln (siehe S. 15) erwähnten Gesichtspunkte. Bei den Kieselsäureformen ist auch die im Brande gebildete Verbindungsform des Eisens von Einfluß auf die Brennfarbe. Ein durch Eisen-3-oxyd (Fe_2O_3) rötlich oder gelblich gefärbter Kieselsäurewerkstoff kann in rauchiger (reduzierender) Ofenatmosphäre eine günstige Veränderung der Brennfarbe dadurch erfahren, daß das stark färbende Eisen-3-oxyd in das weniger farbkräftige Eisen-2-oxyd (FeO) oder Eisen-2-3-oxyd (Fe_3O_4) übergeht. Bei höheren Temperaturen wird das Eisen-2-oxyd im Reduktionsfeuer zu kieselsaurem Eisen-2-oxyd (Ferrosilikat, $FeSiO_3$) umgewandelt; auch dieser Stoff besitzt eine geringere Farbwirkung als das Eisen-3-oxyd.

Die Gegenwart von Verunreinigungen, welche die Verwendbarkeit eines Kieselsäurewerkstoffes zum keramischen Weißbrand beeinträchtigen, wird am einfachsten bei der Glühprobe erkannt. Reine Kieselsäuren bleiben dabei völlig weiß; mit Farboxyden verunreinigte nehmen je nach Menge und Verteilung einen gleichmäßigen gelblichen oder rötlichen Farbton an, oder weisen farbige Punkte, Adern, Schichtungen, Flecke u. dgl. auf. Reiner durchscheinender Stuckenquarz, der infolge einer geringen Lichtdurchlässigkeit nicht völlig weiß erscheint, wird beim Brennen rein weiß, da die hiebei und noch mehr beim Abschrecken in kaltem Wasser entstehenden, lufterfüllten Sprünge eine Änderung der Lichtbrechungsverhältnisse bedingen; der geglühte Quarz wirft das Licht zerstreut zurück und erscheint undurchsichtig (lichtundurchlässig) und daher weißer als unverglühter.

Wertvolle Anhaltspunkte über die Eignung zum keramischen Weißbrand geben auch die analytisch ermittelten Gehalte an Eisen-, Mangan- und Titanoxyden. Das sicherste Urteil jedoch liefert ein Probebrand des Werkstoffes im Gemenge mit den übrigen Bestandteilen der keramischen Masse unter Arbeitsbedingungen, die dem betreffenden Industriezweige entsprechen, in dem die Kieselsäure verwendet werden soll. Unter den Kieselsäurewerkstoffen gelten als reinste Formen die nordischen Stückenquarze und die Kristallquarzsande. Quarze von primärer Lagerstätte (Gangquarze) sind selten von solcher Reinheit wie die sekundär gelagerten. Von den Chalzedonen besitzen im allgemeinen die bläulich gefärbten eine reinere Brennfarbe als die gelblichen. Der Reinheitsgrad der in der Industrie feuerfester Erzeugnisse verwendeten Quarzite ist nicht in bezug auf die Brennfarbe von Bedeutung, sondern hinsichtlich seiner Auswirkungen auf die Umwandlungsfähigkeit und das Schmelzverhalten. Die Brennfarbe jener Kieselsäurewerkstoffe, die nur zum Versatz farbig brennender Massen verwendet werden, ist naturgemäß belanglos. Reine Diatomeenerde ist im geglühten Zustande weiß, eisenhaltige meist gelblich oder rosa bis ziegelrot gefärbt. Porzellansande brennen zufolge ihrer Eisenarmut meist rein weiß.

Die mit einer Änderung der Formart verbundenen Vorgänge vollziehen sich bei den Kieselsäurewerkstoffen erst bei verhältnismäßig hohen Temperaturen. Da sie sich auch in völlig reinen Formen über ein Temperaturbereich von 100° C und mehr erstrecken, kann bei ihnen nicht von einem physikalischen Schmelzpunkte, sondern nur von einem Schmelzbereich gesprochen werden.

Die Temperaturen, bei denen Sinterung und Erweichung eintreten und der Schmelzvorgang beendet ist, sind von der chemischen Zusammensetzung (Reinheitsgrad), von der Korngröße und Dichte abhängig. Bei reinen Quarzen beobachtet man bis zu einer Temperatur von etwa 1500° C nur mäßige Sinterungserscheinungen, denen erst ab 1600° C das Erweichen folgt. Die Sinterung ist bei manchen Kieselsäurewerkstoffen mit einer beträchtlichen Verringerung der Porigkeit verknüpft. Nach Houldsworth[1]) nimmt die Porosität von Sandsteinen beim Brennen auf ∾ 1400° C um ∾ 50 vH des Porigkeitswertes des ungebrannten Sandsteines ab. Im Gegensatz zur Quarzkieselsäure tritt bei der Diatomeenerde die Sinterung schon bei etwa 1000° C ein. Mit Rücksicht auf die Wärmeschutzwirkung und Sorptionsfähigkeit geglühter Diatomeenerde ist es bemerkenswert, daß die organische Struktur bis zum Eintritt der Sinterung erhalten bleibt. Die Erweichungstemperatur des Quarzes liegt nach Merrit[2]) bei ∾ SK 14. Ungefähr 100° höher beginnt Kieselsäureglas zu erweichen. Auch die Quarzite erweichen nach Autschbach (Dissertat. Hannover 1923; v. Freyberg, a. a. O.) unterhalb des eigentlichen Schmelzflusses. Nach Endell[3]) sintert feines Pulver von guten Quarziten schon bei 1650° C stark zusammen, während ein erbsengroßes Stück erst bei 1690° C Sinterungserscheinungen zeigt und erst bei 1710° C merklich erweicht. In der erst bei hohen Temperaturen eintretenden Viskositätsänderung ist die gute Standfestigkeit der Quarze im Feuer begründet.

Die Erweichungstemperatur von Kieselsäure in Bindung (Silikaziegel) liegt verhältnismäßig hoch. Hirsch[4]) hat bei Silikaziegeln (Kieselsäuregehalt 90—95,6 vH) unter einer Belastung von 1 kg/cm² Erweichungstemperaturen von 1260° C an und ein schnelles Zusammensinken von 1325° C an beobachtet; die höchste ermittelte Erweichungstemperatur betrug ∾ SK 33, die höchste Temperatur des Zusammensinkens ∾ SK 35; das Erweichungsintervall ist im allgemeinen gering, nach den Zahlentafeln von Hirsch (a. a. O.) 15—100° C. Als günstiges Erweichungsverhalten bezeichnet der genannte Forscher einen über 1625° C liegenden Erweichungsbeginn und eine Temperatur des Zusammensinkens von 1710° C; den niedrigsten Erweichungstemperaturen

---

[1]) Houldsworth: Journ. Soc. Glass Techn., Vol. 9, 1925, S. 3—9; Ref. Sprs. 60, 1927, S. 249.

[2]) Merrit: Journ. Am. Cer. Soc. Vol. 7, 1924, S. 803—808; Ref. Ker. Rundsch. 33, 1925, S. 439.

[3]) Endell: St. u. E. 1913, Nr. 45.

[4]) Hirsch: Ber. Werkstoffaussch. Ver. d. Eisenh. Nr. 93; Ref. Tonind.-Z. 51, 1927, S. 759—764.

entspricht hiebei das größte Erweichungsintervall und umgekehrt. Gardner (a. a. O.) gibt als Mittelwert für den Erweichungsbeginn unter Belastung von 50 Pfund/Quadratzoll = 3,5 kg/cm² 1600° C an.

Bodin[1]) fand für die Druckfestigkeit zweier Silikaziegel (A und B) bei verschiedenen Temperaturen folgende Werte:

°C	∾ SK	kg/cm² A	B
20		277	240
800	015a/014a	425	125
1000	05a	585	185
1300	10	150	160
1500	18	116	100

Die Ursache des verhältnismäßig bald nach der ersten wahrnehmbaren Erweichung eintretenden Zusammenbruches der Silikaziegel erblicken Hirsch und Pulfrich[2]) in der Sprödigkeit des Quarzes.

Steinhoff[3]) erwähnt, daß auch die Umwandlungen auf die Druckerweichung von Einfluß sind, da Quarz beim Brennen in einem Temperaturgebiet, das anscheinend bei seiner Umwandlung in Cristobalit liege, verhältnismäßig geringe Festigkeit besitzt.

Abb. 37 zeigt zwei typische Erweichungskurven von Kieselsäure in Bindung (Silikaziegel) im Vergleich zum Erweichungsverhalten von Schamotte- und Magnesitziegeln unter Druck nach E. Sembach (Dammer S. 704).

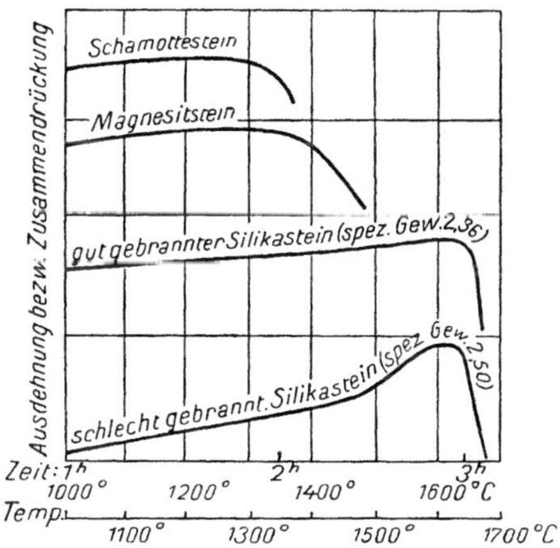

Abb. 37. Typische Erweichungskurven von Silika-, Schamotte- und Magnesitziegeln (nach Sembach)

Die Druckfestigkeit von Kieselsäureglas in höheren Temperaturen ist bis etwa 1300° C wesentlich größer als jene der Kieselsäure in Bindung bei den gleichen Hitzegraden; bei 1500° C nähert sie sich dem Werte von Silikaziegeln; sie beträgt nach Bodin (a. a. O.) bei

20° C . . 2550 kg/cm² 1000° C. . . . 780 kg/cm²
800° C . 1040 „ 1300° C. . . . 670 „
1500° C . . . 100 kg/cm²

Die kristallographischen Modifikationen der Kieselsaure besitzen verschieden hohe Schmelzpunkte; die Schmelztemperatur des β-Quarzes ist zufolge seiner Umkristallisation in α-Quarz nicht genau bekannt.

[1]) Bodin: Trans. Cer. Soc. Vol. 21, 1921/22, Part. 21, S. 44 ff.; Ref. Tonind.-Z. 46, 1922, S. 561.
[2]) Hirsch u. Pulfrich: Tonind.-Z. 47, 1923, S. 801—806.
[3]) Steinhoff: Tonind.-Z. 51, 1927, S. 401.

Auch die Schmelzpunkte des Tridymits und Cristobalits werden verschieden hoch angegeben. Es schmilzt:

Quarz bei	1550° C nach Fenner
	1600° C nach Rieke
	1600—1670° C nach Wietzel
Cristobalit bei	1625° C nach Fenner
	1685 ± 5° C nach Endell, H. Hoffmann und Rieke[1]
	1710 ± 10° C nach R. F. Ferguson und H. E. Merwin[2]
	1713 ± 5° C nach J. W. Greig[3]
Tridymit bei	1550° C nach P. Quensel[4] (künstlicher)
	1575—1580° C nach C. Doelter[4]
	1670° ± 10° C nach Greig (a. a. O.)

Die neueren Temperaturen sind für:

α-Quarz	1600° C	∾ SK 26/27
α-Tridymit	1670° C	∾ SK 30
α-Cristobalit	1710° C	∾ SK 32

Spricht man vom Schmelzpunkt des Quarzes, so ist damit meist die Schmelztemperatur des α-Cristobalits gemeint, da praktisch eine Unterdrückung der Umwandlung nicht vorkommt.

Der Kegelschmelzpunkt des Quarzes liegt bei SK 35—SK 36, zuweilen sogar etwas über SK 36. Quarz ist daher ein hochfeuerfester Rohstoff. Aus seiner geringen Schmelzgeschwindigkeit und der geringen Viskositätsänderung beim Erweichen und Schmelzen folgt, daß seine Erweichungstemperatur und der Grad seiner Schwerschmelzbarkeit wesentlich von der Korngröße beeinflußt wird und die Schmelztemperatur größerer Quarzstücke oder grobkörniger Aggregate sehr verschieden von jener des staubfeinen Quarzmehles sein muß. K. Endell[5] beobachtete, daß feinstes Quarzmehl bei vierstündiger Erhitzung auf 1470° C schon zu schmelzen beginnt. Da es sich beim Kegelschmelzpunkt um einen bestimmten Grad von Erweichung handelt, spielt auch die Geschwindigkeit der Erhitzung eine Rolle; bei rascherer Temperatursteigerung liegt der „Schmelzpunkt“ höher als bei langsamem Erhitzen. Die Schmelzpunkte der Diatomeenerde sind infolge der großen Unterschiede im Reinheitsgrade außerordentlich verschieden. Während gereinigte Erde aus der Lüneburger Heide (95 vH SiO_2) einen Kegelschmelzpunkt von SK 32 besitzt, schmilzt eine kalifornische Erde mit rund 75 vH SiO_2 nach Green und Edwards (a. a. O.) schon bei ∾ SK 7.

[1] Endell, Hoffmann, H. u. Rieke: Z. anorg. Chem. 79, 1912, S. 239—259.

[2] Ferguson, R. F. u. H. E. Merwin: Am. Journ. of Sci., 45, 1918, S. 322; Ref. Wietzel: a. a. O.

[3] Greig, J. W.: Am. Journ. of Sci., 13, 1927, 73, S. 1—44; 74, S. 133—154; Ref. Sprs. 60, 1927, S. 540.

[4] Doelter, C.: Handbuch der Mineralchemie, Bd. II/1, S. 191. Dresden-Leipzig: Th. Steinkopff. 1914.

[5] Endell, K.: zitiert nach Doelter, C.: Handbuch der Mineralchemie, Bd. II/1, S. 126. Dresden-Leipzig: Th. Steinkopff. 1914.

Hohe Schmelzpunkte besitzen das Kieselsäureglas und die Quarzite; sie gehen zwischen 1700 und 1800° C in die flüssige Formart über. Nach A. Hasebrink[1]) liegen die Schmelzpunkte glimmerfreier kristalliner Quarzite bei SK 34—SK 36. Gute Quarzsande und Kaolinschliffsande erreichen ebenfalls Schmelzpunkte bis zu SK 36, während Porzellansande infolge des Feldspatgehaltes gewöhnlich niedriger schmelzen, feldspatärmere aber immerhin noch Schmelzpunkte von ∾ SK 32 aufweisen. Unreine Sande schmelzen um so leichter, je größer ihr Gehalt an amorpher Kieselsäure und basischen Oxyden ist.

Schon unterhalb ihrer Schmelztemperatur, besonders aber aus der überhitzten Schmelze (bei etwa 2000° C) geht die Kieselsäure in nicht unerheblichem Ausmaße in den dampfförmigen Zustand über.

Geschmolzener Quarz ist von teigartiger Konsistenz, also zähflüssig (viskos). In diesem Zustande läßt er sich wie Glas durch Blasen mit Preßluft in oder ohne Formen zu Gegenständen verschiedenster Größe verformen. Nach C. W. Kanolt[2]) liegt die Temperatur des deutlichen Fließens reiner Kieselsäure bei 1750° C. Je nach der Geschwindigkeit der Abkühlung erstarrt sie bald glasig, bald kristallinisch.

Geschmolzener Bergkristall bildet bei rascher Abkühlung an der Luft das durchsichtige, fast blasenfreie „Quarzglas"; aus Quarz, Quarzsanden und Quarziten bildet sich unter den gleichen Bedingungen das durchscheinende, milchigtrübe „Quarzgut" (Vitreosil). Bei langsamer Abkühlung entsteht wie beim Wiedererhitzen des erstarrten Kieselsäureglases ab etwa 1200° C der stabile kristallinische Zustand (siehe S. 106).

Kieselsäureglas ist von großer Dichtigkeit und wird erst bei höherer Temperatur gasdurchlässig; nach H. L. Watson (a. a. O.) läßt es Helium bei etwa 300° C, Wasserstoff bei 1000°, Methan, Stickstoff und Sauerstoff erst bei 1300° C durch.

In chemischer Beziehung erleidet die reine kristalline Kieselsäure beim Glühen an der Luft keine Veränderung; sie ist glühbeständig. Bei den amorphen Formen tritt bei Temperaturen über 100° C eine thermische Dissoziation in bezug auf das chemisch gebundene Wasser ein. Vollständige Entwässerung der Gelkieselsäure ist jedoch nur durch Glühen zu erreichen, da das Hydratwasser mit großer Zähigkeit zurückgehalten wird.

Was die Reaktionsfähigkeit der einzelnen Kieselsäureformen gegenüber gas- oder dampfförmigen, feurig-flüssigen oder festen Stoffen bei höheren Temperaturen betrifft, so gelten im allgemeinen die gleichen Grundsätze wie für das Verhalten gegenüber normalflüssigen oder gelösten Stoffen. Reiner Quarz besitzt infolge seiner großen Dichte und kleinen inneren Oberfläche unter allen Kieselsäurewerkstoffen die geringste Neigung zur chemischen Vereinigung und daher auch die größte

[1]) Hasebrink, A.: Ker. Rundsch. 33, 1925, S. 210.
[2]) Kanolt, C. W.: Chem. Z. 1912, S. 1192.

chemische Widerstandsfähigkeit, unreine gel-amorphe Kieselsäure dagegen zufolge ihres hohen Dispersitätsgrades die größte Reaktionsfähigkeit und daher den geringsten Widerstand gegen chemische Einflüsse. Zwischen beide Formen der Kieselsäure sind in bezug auf den Grad der Fähigkeit, chemisch zu reagieren, die übrigen Modifikationen einzureihen, deren Reaktions- und Widerstandsfähigkeit im umgekehrten bzw. geraden Verhältnis zu ihrer Dichte steht.

Gegenüber oxydierend wirkenden Stoffen besitzt die Kieselsäure in keiner Form chemische Reaktionsfähigkeit.

Unter den Wechselwirkungen mit Reduktionsmitteln besitzen besonders jene keramisches Interesse, die zwischen Kieselsäure und den in den Feuergasen enthaltenen Stoffen während des keramischen Brandes eintreten können. Zu diesen Stoffen zählen Wasserstoff, der aus der Zersetzung von Kohlenwasserstoffen, besonders von Methan ($CH_4 \rightleftarrows C + 2H_2$), oder aus dissoziiertem Wasserdampf stammt, Kohlenmonoxyd (CO) von der unvollständigen Verbrennung der Kohle, Kohlenstoff gleicher Herkunft oder von der Zersetzung des Kohlenmonoxydes ($2\,CO \rightleftarrows CO_2 + C$) und Schwefeldioxyd von der Verbrennung des in Kohlen häufig vorkommenden Pyrites oder von der Zersetzung der in der Kohlenasche enthaltenen Sulfate.

Die Temperatur, bei der durch Wasserstoff eine Zersetzung der Kieselsäure im Sinne der umkehrbaren Reaktion

$$SiO_2 + 4\,H_2 \rightleftarrows Si\,H_4 + 2\,H_2O$$

unter Bildung von gasförmigem Silan ($Si\,H_4$) eintritt, hängt von dem Zustand des Gases ab. Wasserstoff in statu nascendi, besonders derjenige von der Aufspaltung des Methans, wirkt nach F. Schmitz[1]) auf die Kieselsäure schon bei 900° C unter Silanbildung ein; molekularer Wasserstoff dagegen reduziert sie nach Versuchen von v. Wartenberg[2]) erst bei 1330° C. Es kann also unter Umständen Kieselsäure aus dem Scherben der Formlinge und Steine verflüchtigt bzw. die als Silan vergaste wieder zurück oxydiert werden.

Kohlenmonoxyd und Kohlenstoff (Kohle) reagieren bei etwa 1000° C nur in geringem Umfange mit der Kieselsäure; bei etwa 1600° C, und von da ab mit zunehmender Geschwindigkeit, treten Kieselsäure und Kohlenstoff unter Bildung von Siliziumkarbid (vgl. Karborundum) und Kohlenmonoxyd in chemische Wechselwirkung.

Kieselsäure und Schwefeldioxyd bilden nach Untersuchungen des „Amerikanischen feuerfesten Institutes“ (American Refractories Institute)[3]) ein rotbraun gefärbtes, komplexes schwefelhältiges Silikat, das in oxydierender Atmosphäre beim Brennen wieder zersetzt wird.

Kohlenoxydgas und Schwefeldioxyd wirken wie Chlorgas schon bei 950° C nachteilig auf die mechanische Festigkeit, und zwar am stärksten das Kohlenoxyd (Techn. Bull., a. a. O.). Diese Tatsache erklärt sich

---

[1]) Schmitz, F.: Ber. Werkstoffaussch. Ver. d. Eisenh. Nr. 89.

[2]) v. Wartenberg: Z. Elektrochem. 18, 1912, S. 660.

[3]) Techn. Bull., Nr. 9, März 1927; Ref. Sprs. 60, 1927 S. 541.

aus folgenden Umsetzungsreaktionen: Das stets als Verunreinigung vorhandene Eisen-3-oxyd wird durch Kohlenoxyd bis zu metallischem Eisen reduziert:

$$Fe_2O_3 + 3\,CO \rightleftharpoons 2\,Fe + 3\,CO_2.$$

Das bei der Reduktion gebildete Eisen beschleunigt katalytisch die Zersetzung von Kohlenoxyd und Methangas im Sinne folgender Gleichungen:

$$2\,CO \rightleftharpoons CO_2 + C; \quad \underset{\text{Methan}}{CH_4} \rightleftharpoons C + 2\,H_2$$

Der anfallende Kohlenstoff wird anfangs in der Kieselsäure abgelagert, in oxydierender Atmosphäre jedoch vergast ($C + \frac{1}{2}O_2 = CO$; $C + O_2 = CO_2$); durch die Sauerstoffaufnahme vergrößert er sein Volumen und bewirkt dadurch eine Gefügelockerung. Nach Meyer und Altmayer[1]) erreicht der Zerfall des Methans oberhalb 900^0 C seinen Höchstwert.

Als Säureanhydrid reagiert die Kieselsäure bei entsprechend hohen Temperaturen mit allen basischen Oxyden, wie Kalzium-, Magnesium-, Eisen-, Mangan-, Barium-, Blei- und Alkalioxyden, unter Bildung von leichter schmelzbaren kieselsauren Salzen (Silikaten); mit mehreren Oxyden gleichzeitig bildet sie komplexe Salze (Polysilikate), die noch niedriger schmelzen als die einfachen Silikate. Den Vorgang der Silikatbildung bezeichnet man als „Silizierung".

Je nach den Mengenverhältnissen und der Temperatur entstehen entweder die Abkömmlinge der Metakieselsäure, die Metasilikate vom Typus $\overset{I}{R}_2\,SiO_3 = \overset{I}{R}_2O \cdot SiO_2$ bzw. $\overset{II}{R}\,SiO_3 = \overset{II}{R}O \cdot SiO_2$ oder die Orthosilikate vom Typus $\overset{I}{R}_4\,SiO_4 = 2\,\overset{I}{R}_2\,O \cdot SiO_2$ bzw. $\overset{II}{R}_2\,SiO_4 = 2\,\overset{II}{R}O \cdot SiO_2$[2]). Die Bildungstemperatur der Silikate liegt teils über, teils unter ihrem Schmelzpunkte und ist von der chemischen und physikalischen Beschaffenheit der Reaktionsstoffe, in einigen Fällen auch von der Ofenatmosphäre abhängig. Eisen-2-oxyd siliziert beispielsweise erheblich leichter als die höhere Oxydationsstufe (Fe_2O_3). Da eine bei niedrigerer Temperatur eintretende Silizierung des Eisens mit Rücksicht auf die leichte Schmelzbarkeit des gebildeten Silikates mit Erniedrigung des Sinterungspunktes und dies mit einem früheren Garbrennen, also mit Kohlenersparnis gleichbedeutend ist, macht man von dieser Tatsache durch Anwendung reduzierender Ofenatmosphären beim Brennen von Sinterzeugmassen häufigen Gebrauch.

Für die keramische Praxis sind besonders die Wechselwirkungen des Quarzes mit Kalk, Magnesia, Eisenoxyden, Tonerde, Tonsubstanz, Bleioxyden und Alkalioxyden von Wichtigkeit, da diese Stoffe mit

[1]) Meyer u. Altmayer: B. 40, 1907, S. 2133—2144.

[2]) $\overset{I}{R}$ = einwertiges Metall, z. B. K, Na, $\overset{II}{R}$ = zweiwertiges Metall, z. B. Ca, Mg, Ba, Sr, Fe˙˙.

Ausnahme der Bleioxyde, die dagegen die wichtigsten Glasurbildner sind, in verschiedenen Verbindungsformen als natürliche Verunreinigungen in den plastischen und unbildsamen Rohstoffen enthalten sind sowie als Versatz- und Angriffsstoffe in Betracht kommen.

Kalk findet sich in Form von kohlensaurem Kalzium in manchen Tonen in bedeutender, in anderen, z. B. in den feuerfesten Tonen, stets aber in geringer Menge. In der Industrie des Steingutes und Weichporzellans wird er in dieser Verbindungsform als Versatzstoff, in der Quarzziegel-Industrie in Form von Kalkmilch als Bindemittel angewendet. Schließlich bildet er einen Bestandteil mancher Ofenbeschickungen, die bei höherer Temperatur mit quarzhaltigen Ofenbaustoffen in Berührung kommen, so z. B. der Beschickung von Kalk-, Dolomit-, Martinöfen und Zementbrennöfen, des Hochofenmöllers[1]), des Glassatzes u. a.

Kalziumoxyd tritt mit Quarzkieselsäure rasch nur bei entsprechend hoher Temperatur in chemische Wechselwirkung. Die Bildungstemperatur der Silikate, deren chemischer Charakter von dem Mengenverhältnis der reagierenden Stoffe abhängig ist, liegt weit unterhalb der Schmelzpunkte ihrer Komponenten.

Die wichtigsten Verbindungen dieser beiden Stoffe sind das Kalziummetasilikat (natürl. Wollastonit) $CaSiO_3 = CaO \cdot SiO_2$ und das Kalziumorthosilikat oder Dikalziumsilikat $Ca_2SiO_4 = 2\,CaO \cdot SiO_2$, das in der Natur rein nicht vorkommt. Außerdem kennt man noch zwei weitere Verbindungen, welche die Valenztheorie nicht voraussehen läßt, nämlich das Trikalziumdisilikat $Ca_3Si_2O_7 = 3\,CaO \cdot 2\,SiO_2$ und das Trikalziumsilikat $Ca_3SiO_5 = 3\,CaO \cdot SiO_2$. (Einzelheiten über diese Silikate suche man bei Kalziumoxyd, S. 346.)

Die Kieselsäure verbindet sich mit Kalk und Wasser auch zu wasserhaltigen Silikaten (Hydrosilikaten). Ein Gemenge von feinem Sand (Korngröße etwa 0,2—0,3 mm) und gelöschtem Kalk (Kalk und Wasser), das einer durch Wasserdampfdruck von 6 bis 10 at erzeugten Temperatur von etwa 180° C durch mehrere Stunden ausgesetzt wird, erhärtet steinartig, indem die Oberflächen der Sandkörnchen mit dem Kalk und Wasser unter Bildung von Kalziumhydrosilikat in Wechselwirkung treten; dieser Stoff bewirkt infolge seiner hydraulischen Eigenschaften eine zementartige Verkittung der Sandkörner.

Praktische Verwertung findet diese Umsetzung bei der Erzeugung von dampfgehärteten Quarzsteinen und Kalksandsteinziegeln.

Der Einfluß der Korngröße und Höhe der Temperatur auf die Menge des gebildeten Kalkhydrosilikates geht aus Untersuchungen von M. v. Glasenapp hervor, nach denen bei einer Menge von 10 vH Kalk und 8stündiger Dampfhärtung folgende Mengen aufgeschlossener Kieselsäure vorhanden waren:

---

[1]) Möller ist das aus Erzen und Zuschlägen bestehende Rohstoffgemenge, aus dem das Roheisen erzeugt wird.

Bei einer Körnung des Sandes von 0,2 bis 0,3 mm:

bei $\begin{cases} 5 \text{ at} \ldots 3{,}1 \text{ vH} \\ 10 \text{ at} \ldots 7{,}6 \text{ vH}; \end{cases}$

bei gröberem Sand: bei $\begin{cases} 5 \text{ at} \ldots 0{,}43 \text{ vH} \\ 10 \text{ at} \ldots 3{,}3 \text{ vH}. \end{cases}$

Die Möglichkeit zu Wechselwirkungen zwischen Magnesiumoxyd und Kieselsäure ist durch das Vorkommen von Magnesiumkarbonat als Verunreinigung der Rohstoffe, bei Verwendung dieser Verbindung als Versatzstoff keramischer Massen, als Werkstoff feuerfester Massen und in Öfen, deren Ofenbaustoffe quarzhaltig und deren Beschickungen magnesiahaltig sind, z. B. beim Dolomitbrennen, bei der Erzeugung von kaustischem und Sintermagnesit gegeben.

Magnesiumoxyd bildet mit der Kieselsäure nur zwei chemische Verbindungen, das Metasilikat (natürl. rhombischer Enstatit) $MgSiO_3 = MgO \cdot SiO_2$ und ein Orthosilikat (natürl. Forsterit) $Mg_2SiO_4 = 2\,MgO \cdot SiO_2$. (Einzelheiten siehe S. 412.)

Wechselwirkungen zwischen Eisenoxyden und Kieselsäure sind bei allen keramischen Rohstoffen und unter allen Verhältnissen zu gewärtigen, da die Eisenoxyde, wenn auch zuweilen in sehr geringer Menge, überall zugegen sind.

Vom Eisen-2-oxyd kennt man ein schwarzes Metasilikat (natürl. Grunerit) $FeSiO_3 = FeO \cdot SiO_2$ vom wahrscheinlichen Schmelzpunkt 1500° C und ein Orthosilikat, das dem natürlichen Fayalit entspricht, $Fe_2SiO_4 = 2\,FeO \cdot SiO_2$ vom Schmelzpunkt 1100° C.

Die schwierige Silizierung des Eisen-3-oxydes zu braungefärbtem $Fe_2O_3 \cdot SiO_2 = Fe_2SiO_5$ äußert sich praktisch in einer verhältnismäßig großen chemischen Widerstandsfähigkeit des Quarzes gegen dieses Oxyd bzw. gegen Eisen-2-oxyd in oxydierender Ofenatmosphäre. Nach Mellor und Emery[1]) wird der Quarz in Silikaziegeln in oxydierender Atmosphäre im Gegensatz zur reduzierenden Atmosphäre (Reduktion von Eisen-3-oxyd zu Eisen-2-oxyd) nicht merklich angegriffen. Eisen-3-oxyd-Silikat dissoziiert beim Erwärmen auf 120° C in Eisen-2-oxyd-Silikat und Sauerstoff, regeneriert sich aber wieder bei langsamer Abkühlung in oxydierender Atmosphäre.

Mit Bleioxyden (Glätte, PbO; Mennige, Pb_3O_4; Glasurerz oder Bleisulfid, PbS) bildet die Kieselsäure zwei einfache Silikate, das Metasilikat $PbSiO_3 = PbO \cdot SiO_2$ (Smp 770° C) und das Orthosilikat, $Pb_2SiO_4 = 2\,PbO \cdot SiO_2$ (Smp 740° C). Nach H. C. Cooper, L. Shaw und N. E. Loomis[2]) zeigt das System $PbO—SiO_2$ zwei Eutektika, deren eines, ein gleichmolekulares Gemenge von Meta- und Orthosilikat ($PbSiO_3 + Pb_2SiO_4 = 3\,PbO \cdot SiO_2$), bei 747° C schmilzt. S. Hilport

[1]) Mellor u. Emery: Trans. Cer. Soc. Engl., Vol. 18, 1919,; Ref. Tonind.-Z. 45, 1921, S. 572.

[2]) Cooper, H. C., Shaw, L. u. N. E. Loomis: Am. chem. Journ. 42, 1909, S. 461; Doelter, C.: Handbuch der Mineralchemie, Bd. I, S. 753. Dresden-Leipzig: Th. Steinkopff. 1912.

und R. Nacken[1]) halten beide für scheinbare Eutektika, in denen wahrscheinlich nicht einheitliche Verbindungen vorliegen. Nach Cooper (a. a. O.) erstarren die $PbO—SiO_2$-Gemenge mit Bleioxydgehalten von 91,8 vH bis 97,1 vH aus dem Schmelzfluß kristallin, alle übrigen jedoch glasig mit Kristallkernen. Nach Versuchen von H. Kalsing[2]) setzt die Wechselwirkung zwischen gefällter, geglühter Kieselsäure und Bleioxyd schon bei 580° C ein, wobei vorwiegend das Metasilikat entsteht.

Am stärksten wird die Kieselsäure von schmelzenden Alkaliverbindungen angegriffen. Die Wechselwirkungen zwischen Kieselsäure und Alkalien in keramischen Massen spielen sich fast ausschließlich zwischen ihr und den zum Versatz verwendeten oder von Natur aus vorhandenen alkalihältigen komplexen Silikaten, wie Kalifeldspat $K_2O \cdot Al_2O_3 \cdot 6\ SiO_2$) und Glimmer (Muskowit, $K_2O \cdot 2\ Al_2O_3 \cdot 6\ SiO_2 \cdot 2\ H_2O$), ab (siehe S. 314). In geringem Umfange kommen hiefür auch andere natürliche Alkalibeimengungen der plastischen Werkstoffe und die alkalischen Zusätze der Gießmassen in Betracht. Starken alkalischen Angriffen ist die Kieselsäure der Ofenbaustoffe und Glashafen in den Glasschmelzöfen insolange ausgesetzt, als aus dem „Gemenge“ (Glassatz) vor der Silizierung der alkalischen Satzbestandteile (Soda, Pottasche, Sulfat) alkalische Dämpfe entweichen.

Die Alkalisilikate werden wegen ihrer zum Teil leichten Löslichkeit in Wasser als „Wasserglas“ bezeichnet. Das Metasilikat Na_2SiO_3 schmilzt bei etwa 1000° C. Ein Metasilikat mit neun Molekülen Hydratwasser kommt als „Alkasit“ in den Handel und wird beim Dr. Weberschen Gießverfahren zur Verflüssigung (Peptisation) von Tonen und keramischen Massen verwendet.

Mit Tonerde (Al_2O_3) bildet die Kieselsäure ausnahmslos über 1600° C schmelzende, also feuerfeste Silikate. Auf dieses für die Tonindustrie überaus wichtige System, das auch die Beziehungen der Kieselsäure zur Tonsubstanz beinhaltet, wird bei der Tonerde näher eingegangen.

Ein Gemisch von Kieselsäure und Titansäure (TiO_2) zeigt nach Rieke[3]) wohl zwei Maxima mit den molekularen Verhältnissen 1,13 Mol. TiO_2 : 1 Mol. SiO_2 (rund 1 : 1) und 3 Mol. TiO_2 : 1 Mol. SiO_2 (beide annähernd bei etwa 1680° C schmelzend), doch mißt Rieke diesem letzteren Oxydgemisch nicht den Charakter eines Silikates bei, wie er auch die Existenz des ersten Silikates ($TiO_2 \cdot SiO_2$) für fraglich hält.

Erheblich leichter als Quarzkieselsäure reagieren bei höheren Temperaturen die gel-amorphen Formen, z. B. Diatomeenerde, mit basischen Oxyden und Tonsubstanz. Diatomeenerde kommt daher als feuerfester Versatzstoff für tonreiche Erzeugnisse der Industrie feuerfester Waren

---

[1]) Hilpert, S. u. R. Nacken: B. 33, 1910, S. 2567.

[2]) Kalsing, H.: Z. anorg. Chem. 149, 1925, S. 21—98.

[3]) Rieke: Sprs. 41, 1908, S. 405—406.

wegen ihrer ungünstigen Wirkung auf die Feuerfestigkeit nicht in Betracht. Zu tonfreien feuerfesten Erzeugnissen kann sie jedoch verwendet werden, da sie sich im Brande ebenfalls in Cristobalit umwandelt (siehe S. 106 und 137).

Die einfachen Wechselwirkungen zwischen Kieselsäure und einem basischen Oxyd sind wohl die unentbehrlichen Grundlagen der Erkennung jener Vorgänge, die zur Bildung des keramischen Scherbens führen, praktisch handelt es sich jedoch immer um Mehrstoffsysteme, da selbst die einfachste keramische Masse zufolge der Verunreinigungen der Rohstoffe aus mehr als zwei Oxydbestandteilen zusammengesetzt ist. In den Mehrstoffsystemen treten Wechselwirkungen der Einzelstoffe und der erst im Feuer gebildeten Verbindungen bei noch tieferer Temperatur als in den Zweistoffsystemen ein; sie führen zur Bildung von komplexen Silikaten, die noch leichter schmelzbar sind als die einfachen kieselsauren Salze.

Die Reaktionsfähigkeit der Kieselsäure gegenüber basischen Oxyden ist die Ursache, daß alle Beimengungen der Kieselsäurewerkstoffe — natürliche oder bei der Verarbeitung eingedrungene Verunreinigungen, mit ihnen gemeinsam verarbeitete Versatzstoffe, als Bindemittel zugefügte Fremdstoffe — je nach Art, Menge und Verteilung in größerem oder geringerem Grade das Verhalten der Kieselsäure beim Erhitzen verändern. Sie erniedrigen die Sinterungs- und Erweichungstemperatur, beeinträchtigen die Druckfestigkeit bei höheren Temperaturen und die Feuerfestigkeit. Ist die erstgenannte Auswirkung der Reaktionsfähigkeit der Kieselsäure gegenüber basischen Stoffen überall zu begrüßen, wo es sich um die Herstellung von Sinterzeug handelt, so bedeuten die übrigen Folgeerscheinungen für die Industrie der feuerfesten Waren einen allerdings durch technologische Maßnahmen zu verringernden Nachteil.

Nach Endell und Harr (a. a. O.) wird die Erweichungstemperatur von Kieselsäure in Bindung (Silikaziegel) unter 1 kg/cm² Belastung durch einen Kalk- oder Eisenoxydgehalt bis zu 6 vH nicht beeinflußt; größere Mengen dieser Stoffe, insbesondere aber von Tonerde, erniedrigen sie erheblich. Von großem Nachteil, besonders auf die Druckfestigkeit bei hohen Temperaturen, ist ein Gehalt an alkalihaltigen (leicht schmelzbaren) Doppelsilikaten, wie Feldspat, feldspatähnlichen Mineralien und Glimmer. Obzwar alle basischen Metalloxyde, die genannten Alkaliverbindungen sowie auch die Tonerdesilikate, die Schwerschmelzbarkeit der Kieselsäure verringern, wird sie selbst von größeren Mengen Fremdstoffen und in hohen Temperaturen nicht leicht verflüssigt; Beimengungen von Flußstoffen oder Flußmittelbildnern, die den Feuerfestigkeitsgrad schon wesentlich beeinflussen, können noch ohne Wirkung auf die Feuerstandfestigkeit sein. Wenige Hundertteile Kalk erniedrigen auch die Feuerfestigkeit nicht sehr erheblich; besitzen doch gute, kalkgebundene Quarzziegel (Silikaziegel) noch einen Kegelschmelzpunkt von etwa SK 35. Hingegen drücken Alkalien den Schmelzpunkt stark herab. Nach Greig (a. a. O.) ist ein Gemenge von ∾ 96 vH

Kieselsäure und ∾ 4 vH Natron bei 1596° C bereits vollständig geschmolzen.

Durch geringe Mengen von absichtlich zugesetzten Kristallisatoren (Borsäure, Pottasche, Biotit, Borokalzit) wird die Feuerfestigkeit von Quarziten nach Wood, Houldsworth und Cobb (a. a. O.) nicht wesentlich beeinflußt.

Stark beeinträchtigt wird dagegen von allen Flußmitteln die Schwerschmelzbarkeit der wenig dichten, und daher auch bei höheren Temperaturen leicht reagierenden Kieselsäureformen wie der Diatomeenerde.

Die Reaktionsfähigkeit der Kieselsäure bestimmt auch ihr chemisches Verhalten gegenüber verschiedenartigen Angriffsstoffen, mit denen kieselsäurereiche Erzeugnisse bei ihrer Verwendung in hohen Temperaturen in Berührung kommen.

Während sie von Oxydantien auch bei den höchsten Temperaturen nicht angegriffen wird, ist sie in rauchendem Feuer ab etwa 1600° C nicht reduktionsbeständig (siehe Karborundum, S. 257). Eine verhältnismäßig große Widerstandsfähigkeit gegen reduzierende Einflüsse, und zwar gegen Metalle, zeigt das Kieselsäureglas; nach Winship (a. a. O.) wird es bei höherer Temperatur von den meisten Metallen bei Luftabschluß nicht angegriffen und nur von Aluminium und Magnesium reduziert.

Gegenüber sauren Dämpfen, Gasen und Schmelzflüssen, wie Glasschmelzen, sauren Schlacken und Flugaschen, ist die Kieselsäure auch bei sehr hohen Temperaturen ziemlich widerstandsfähig. In Bindung hängt ihre chemische Widerstandsfähigkeit auch von der Natur des Bindemittels ab. Nach R. M. Howe[1]) wird Quarz in Bindung von sauren Siemens-Martin- und Wärmeofenschlacken, die der Hauptsache nach aus Kieselsäure, Mangan-2-oxyd und Eisen-2-oxyd (Rhodonit) bzw. aus Kieselsäure und Eisenoxyd bestehen, nicht angegriffen; sie ist also selbst gegen Stoffe widerstandsfähig, die neben überwiegender Kieselsäure größere Mengen Metalloxyd enthalten, und zwar am meisten dann, wenn sie in tridymitischer Form vorliegt.

Die chemische Widerstandsfähigkeit dichter Kieselsäureformen gegenüber dem Angriff von Kalk ist auch bei hohen Temperaturen verhältnismäßig groß (vgl. die Eutektika der Systeme $CaO — SiO_2$, $CaO — Al_2O_3$ und $CaO — Al_2O_3 — SiO_2$). Die Widerstandsfähigkeit des Quarzes gegen den chemischen Angriff von basischen Schlacken, Aschen, Flugstauben u. dgl. hängt im wesentlichen von deren chemischer Beschaffenheit ab. Wie mannigfach diese auch sein mag, immer ist der Angriff dieser Stoffe der Hauptsache nach auf die gleichzeitige Wirkung von mehreren Oxyden (Kalk, Magnesia, Eisenoxyde, Tonerde, Alkalien) zurückzuführen (vgl. Zusammensetzung von Kohlenaschen S. 485). Flugstaub einer Siemens-Martin-Charge enthält nach Schmitz

[1]) Howe, R. M.: Journ. Am. Cer. Soc., Vol. 6, 1923, Nr. 2 u. 4; Ref. Tonind.-Z. 47, 1923, S. 491.

(a. a. O.) neben geringen Mengen von Manganoxyd, Magnesia, Alkalien und Säureresten 18,6—39,8 vH Kieselsäure, 6,1—10,5 vH Tonerde, 21,9—44,8 vH Eisen-3-oxyd und 11,0—16 vH Kalk.

Kalkreiche Schlacken, z. B. basische Siemens-Martin-Schlacken oder Hochofenschlacken greifen nach Howe (a. a. O.) auch den Quarz in den Silikaziegeln erheblich an. Nach Emery[1]) erwiesen sich jedoch kalkgebundene Silikaziegel mit 95 vH Kieselsäure im allgemeinen widerstandsfähiger als solche mit nur 91 vH Kieselsäure ohne Kalkbindung; Emery hält das im Silikaziegel gebildete Kalziummetasilikat für eine Art Schutzhülle.

Die Widerstandsfähigkeit der Kieselsäure gegenüber neutralen Stoffen, wie Natriumchlorid, Kalziumsulfat (aus den Kohlen), Flußspat (zuweilen ein Bestandteil des Hochofenmöllers oder Zementrohmehles) u. dgl., ist im allgemeinen durch ihre Widerstandsfähigkeit gegen die basische Komponente bestimmt, da diese Stoffe bei entsprechend hohen Temperaturen eine Zersetzung in Base und Säurerest erleiden und dieser zumeist flüchtiger Natur ist. Nach Foxwell[2]) übt geschmolzenes Natriumchlorid auf die drei Kieselsäure-Modifikationen (Quarz, Tridymit, Cristobalit) nur eine geringe Korrosionswirkung aus.

Für die chemische Widerstandsfähigkeit gebundener Kieselsäure ist im übrigen Korngröße und -form von ausschlaggebender Bedeutung. Mellor und Emery (a. a. O.) berichten, daß Flugstaub bei Silikaziegeln von grobem Korn nur das Bindemittel, bei feinkörnigen Steinen sowohl das Bindemittel als auch die gröberen Körnchen merklich angriff, daß ferner mit abnehmender Menge des Bindemittels (durch Verwendung von ineinandergreifenden, also nicht kugeligen, sondern scharfkantigen Körnern) der Zersetzungsgrad geringer wird.

Vorkommen

Kieselsäure ist in der Natur weit verbreitet. Als Bergkristall findet sie sich auf Quarz- und Erzgängen[3]), in Klüften und Höhlungen kristalliner Massen- und Schiefergesteine und bildet an manchen Orten Kristallmassen von beträchtlichen Abmessungen.

Die in keramischer Hinsicht edelsten Quarze liefert Skandinavien (nordische Quarze). Als besonders reine Quarze Deutschlands werden die bayrischen gerühmt; die Vorkommen liegen im Fichtelgebirge bei Wunsiedel, in der Oberpfalz bei Freihung, Pleystein und Weiden und im Bayrischen Wald. Auch der Quarz von Usingen im Taunus gilt als sehr reine Kieselsäurequelle.

[1]) Emery: Trans. Cer. Soc. Engl., Vol. 24, Part. 4, S. 361—401; Ref. Tonind.-Z. 50, 1926, S. 698.

[2]) Foxwell: zit. nach Emery: a. a. O.

[3]) Als „Gang“ bezeichnet man in der Lagerstättenlehre eine regelmäßig begrenzte, plattenförmige Lagerstätte, die nicht in der Richtung des Nebengesteines verläuft, sondern dieses durchschneidet.

Feuerstein tritt hauptsächlich in porösen Sedimentgesteinen auf, so in der Kreide der Insel Rügen, worin er parallellaufende Lager von gewöhnlich unregelmäßig gestalteten Knollen bildet; auf sekundärer Lagerstätte ist er in Norddeutschland verbreitet. In Großbritannien findet er sich wie auf Rügen in der Kreide, und zwar in den Kreidebrüchen Irlands, in England an der Themsemündung bei Gravesend. Die als Mahlkörper verwendeten französischen Kugelflintsteine werden am Meeresufer zwischen der Seine- und Sommemündung bei Fécamp, Dieppe, St. Valerie-en-Caux, das Material der belgischen Silex-Futtersteine in Belgien bei Maisières gefunden.

Hornstein ist in Deutschland an zahlreichen Orten, besonders in Sachsen und Bayern, anzutreffen.

Von Opal und Kieselsinter sind in Deutschland technisch nutzbare Lager nicht bekannt. Echte Geyserite bergen: Island, die nordamerikanischen Staaten Nevada, Wyoming (am Yellowstone-River im Nationalpark), Australien (Queensland), Neuseeland, die Azoreninsel St. Miguël, Kamtschatka und Italien bei Santa Fiora unweit Siena in Toskana.

Die technisch wertvollsten Lagerstätten von Diatomeenerde befinden sich in Deutschland in der Lüneburger Heide bei Bispingen, Münster-Lager, Unterlüß, Soldau, Suderburg u. a. a. Orten; außerdem wird sie in Brandenburg, am Südhange des Fläming im Anhaltischen, in der südlichen Lausitz und in Hessen am Vogelsberg gefunden.

Ausgedehnte Lager von Diatomeenerde sind vor wenigen Jahren in Niederösterreich bei Limberg entdeckt worden. Die vom Verfasser untersuchten Proben der Limberger Erde bestanden aus wechsellagernden Schichten von Diatomeenerde und Ton. Die einzelnen Schichten waren nur wenige Millimeter dick. Die Diatomeenerde besaß eine reinweiße Brennfarbe; eine in vertikaler Richtung gezogene Durchschnittsprobe brannte jedoch infolge der Tonbeimengung hellziegelrot.

Weitere europäische Fundstätten liegen in den Ländern: Ungarn[1]) (Komitate Zemplén, Hont, Nográd und Baranja); Tschechoslowakei (bei Franzensbad, Bilin; im ehemaligen ungarischen Komitat Abauj-Torna[1]); Frankreich (in den Departements Auvergne und Indre, Randannit aus der Grube von Randanne); Italien (Toskana, Sizilien); Schottland, Schweden, Finnland und Rußland (Gouvernements Uljanowsk, Georgien, Simbirsk).

Bekanntere überseeische Lager von Diatomeenerde befinden sich in Nordamerika in den Staaten Arizona, Kalifornien, Massachusetts. Nevada, Oklahama und Virginia; in Algier (Oran) und Australien.

Molererde wird in Dänemark auf der Limfjordinsel Mors (Skarrähage, Feggeklit) und bei Hollerup (Jütland) gewonnen.

Deutschland ist auch verhältnismäßig reich an Edelsandvorkommen. Im allgemeinen finden sich Quarzsande von großer Reinheit

[1]) Die Kenntnis der ungarischen Vorkommen verdankt der Verfasser liebenswürdigen Mitteilungen des Herrn Dr. Gyula Kieselbach, Budapest.

in der Braunkohlenformation (Braunkohlensande). Weltberühmt sind die Sande von Hohenbocka in der Lausitz (Korngröße höchstens 0,3 mm, fast eisenfrei), von Dörentrup im Wesergebiet (Lippe), Herzogenrath am Nivelstein nördlich von Aachen; für den keramischen Weißbrand sollen überdies die Quarzsande folgender Vorkommen verwendbar sein: Gruben von Nietleben bei Halle, von Helmstedt in Braunschweig, Walbeck in der Provinz Sachsen, von Grünstadt, Albsheim und Homburg in der Rheinpfalz, von Grüssau in Schlesien, von Roisdorf (Bezirk Köln), von Wittenberg (Bezirk Halle), Lemgo (Lippe), Welchenberg, Freiburg, Heidesheim, Neuhaus, Weißenbrunn und andere (Vorkommen zum Teil nach H. Kühl)[1]. Als Glassandquellen nennt Kühl (a. a. O.) auch die Meeresdünen, deren Sande oft sehr eisenarm sind, aber kleine Mengen Titansäure und größere Gehalte an kohlensaurem Kalk enthalten.

Edelsandvorkommen liegen ferner in Frankreich bei Fontainebleau (Departement Seine et Marne) und Nemours; in England bei der Alum-Bay auf der Isle of Wight und bei Lynn an der Küste von Norfolk, in Amerika (Berkely Springs), China (Hongkong, Kiangsu, Shantung, Tschili), Japan und Australien[2].

Bekanntere Klebsandvorkommen liegen in der Rheinpfalz (bei Grünstadt) und im Thüringer Wald.

Die gewöhnlichen Sande treten meist in den jüngeren geologischen Formationen (bis zum Tertiär) auf, zuweilen bilden sie aber auch mächtige Lager in älteren Perioden, z. B. in der Kreide; sie sind im allgemeinen weit verbreitet.

Das Hauptvorkommen der tertiären Zementquarzite, die als Findlinge zusammen mit tertiären Sanden, Tonen und Löß oder gebankt auftreten (Bank- oder Lagerquarzite), ist das Rheinland, und zwar in dem von den Flüssen Rhein, Sieg und Lahn umgrenzten Teile — Westerwald, Siebengebirge (Rostinger Heide) —, und Mitteldeutschland — Hessen (Wetterau, bei Ostheim, im Gebiete des Vogelsberges, Ziegenhain), Thüringen (Waldeck), östliches Harzgebiet, Sachsen (Erzgebirge).

Weitere Vorkommen liegen westlich des Rheines im Taunus (Usingen) — Taunusquarzit wird oft fälschlich als „Geyserit" bezeichnet — und in Schlesien. Zumeist finden sich neben den Zementquarziten auch körnige oder kristalline Quarzite. Sekundär verkieselte Quarzite sind hauptsächlich im Rheinischen Schiefergebirge und auch in Hessen anzutreffen. Die deutschen Quarzitlager sind zwar sehr zahlreich, doch überwiegen darin die bisher für die Silika-Industrie weniger geschätzten kristallinen und körnigen Quarzite. Außerhalb Deutschlands finden sich gute Zementquarzite in der Tschechoslowakei (im Urgebirge und in der Braunkohlenformation), in Rußland, in geringerer Menge

[1]) Kühl, H.: Ker. Rundsch. 34, 1926, S. 767 u. Spre. 60, 1927, S. 330.
[2]) Zum Teil nach Ker. Rundsch. 33, 1925, S. 65.

in Frankreich im Flußgebiete der Aire (Champagne) und in der Normandie.

Vorwiegend kristalline Quarzite neben minderwertigeren Zementquarziten enthalten die Lager in der Lombardei (Italien), in England und Schweden. In England kommt im Neath-Tale in Südwales (Sheffield) Dinassandstein, in Wales und in Schottland Ganister vor. In Nordamerika werden in der feuerfesten Industrie vorwiegend kristalline Quarzite von Maryland, Colorado, Kalifornien, Zentral-Pennsylvanien (Medina-Quarzite), Wisconsin (Baraboo-Quarzite) und Alabama verarbeitet. (Nach einem Vortrage[1]) von W. J. Rees in der Keramischen Gesellschaft, Paris.)

Die österreichischen Vorkommen von Kieselsäurewerkstoffen liefern fast durchwegs nur Ware zweiter Güte. Kristalline Quarzite finden sich in den niederösterreichischen Voralpen, sogenannte Semmeringquarzite, die in geringer Menge gemeinsam mit böhmischen Zementquarziten verarbeitet werden sollen.

Keramische Verwendung

Die keramische Verwendung der Kieselsäure ist recht vielseitig. Quarzkieselsäure dient als Magerungsmittel in keramischen Massen und Begüssen (Engoben), als mittelbares Flußmittel, feuerfester Werkstoff, Mörtelstoff, Glasur- und Farbbildner, als Werkstoff der Quarzindustrie, als Mahlkörper und Streußel. Amorphe Kieselsäure, ein vorwiegend porositätsförderndes Magerungsmittel und wesentlicher Bestandteil von Wärmeschutzmassen, dürfte in Zukunft auch als Werkstoff feuerfester Erzeugnisse (Leichtsteine aus Cristobalit) Verwendung finden. Zumeist ist kristallinische oder amorphe Kieselsäure in Form von Sand oder Schluff in den bildsamen Werkstoffen als natürliches Magerungsmittel schon enthalten. Reich an Sanden sind bekanntlich die verschiedenen Lehmarten; Schmiertone von Großalmerode enthalten bis zu 50 vH Quarz. In Kaolinen tritt die Kieselsäure bisweilen in so feiner Form auf (Staubquarz), daß sie auch durch sorgfältigstes Schlämmen nicht entfernt werden kann.

In der Feintonindustrie, besonders für den keramischen Weißbrand (Steingut, Porzellan, Feinsteinzeug), verwendet man sie als Quarzmehl aus reinen Quarzen, Quarzsanden, seltener aus Feuerstein. In manchen Massen, z. B. im Hart- oder Feldspatsteingut bildet die Kieselsäure der Menge nach häufig den Hauptbestandteil. Für diese Zwecke werden Quarz und Feuerstein zweckmäßig im verglühten Zustande angewendet, um wenigstens zum Teil die mit der Umkristallisation verbundene Raumänderung und Gefügelockerung während des Erzeugungsbrandes zu vermeiden. Für die edelsten Erzeugnisse der Tonindustrie verwendet man hauptsächlich Quarzmehl von nordischen Stückenquarzen und oftmals gewaschenen Kristallquarzsanden in einer

[1]) Ref. Tonind.-Z. 45, 1921, S. 1117.

so feinen Mahlung, daß es durch ein Sieb von 10 000 Maschen je cm^2 fast rückstandslos hindurchgeht. In der Steingutindustrie finden Quarzmehle in einer dem 160er bis 200er Sieb (3505 bzw. 5480 Maschen je cm^2) entsprechenden Körnung, bei der Wandplattenerzeugung auch ungemahlene, jedoch gewaschene Quarzsande Verwendung. Auch die Kaolinschliffsande dienen als Magerungsmittel in der Steingut- und Sinterzeugindustrie.

Die feinkeramischen Massen enthalten oft recht verschiedene Mengen von freier Kieselsäure. Die im folgenden angeführten Prozentgehalte verschiedener Massen sind teils E. Berdels Chemischem Praktikum für Keramiker, teils H. Hechts Lehrbuch der Keramik, 1923, bzw. F. Singers Keramik entnommen.

Kalksteingut	40 vH und mehr, i. M. 35 vH
Hartsteingut	42—55 vH, i. M. 45 vH
Kalkfeldspatsteingut	i. M. 40 vH
Sanitätssteingut	32—54 vH
Tonzellen, Filterkörper	35—55 vH
Feuertonware	31—40 vH
Feinsteinzeug	i. M. 38 vH
Pukallsches Steinzeug	43 vH
Säurefeste Steine aus Porzellanmasse	30—45 vH
Hartporzellan	i. M. 22,5 vH
Weichporzellan	i. M. 30 vH
Segerporzellan	45 vH
Japanisches Porzellan	41—45 vH

Die Verwendung des Feuersteines als Magerungsmittel beschränkt sich auf die Herstellung von Ton-, Kalk- und Hartsteingut und Feinsteinzeug.

Für grobkeramische, farbigbrennende Massen (Ziegel-, Schamotte- und Steinzeugwaren) dient die Kieselsäure vorwiegend als gewöhnlicher Sand in ursprünglicher Korngröße oder in einer mittels Siebapparaten oder Sortiermaschinen erzeugten bestimmten Körnung zur Magerung. Ungemahlene, für bessere Waren gewaschene Quarzsande finden bei der Erzeugung von Kanalisationsröhren, Klinkerplatten, gewöhnlichem und dichtem Töpfergeschirr (Bunzlauer Geschirr, Kochgeschirr), Blumentöpfen, Ofenkacheln, Ziegeln u. dgl. Verwendung. Feinkörnige Sande werden bei der Erzeugung von gewöhnlichem Töpfergeschirr, Blumentöpfen, Steinzeugröhren u. a. angewendet. Nur bei der Herstellung von Schmelzkacheln bedient man sich des Sandes auch in Mehlform.

Der Zweck der Verwendung von Sanden in grobkeramischen Massen ist verschieden. Teils erfolgt der Versatz der tonigen Masse mit Sand nur zur Schaffung der günstigsten Verarbeitungsbedingungen, teils um dem Scherben eine größere Porigkeit und dadurch eine bessere Temperaturbeständigkeit (Kochgeschirr, Kacheln!) zu verleihen; zuweilen verfolgt man aber auch damit den Zweck, die Schwerschmelzbarkeit

(Klinker) und Standfestigkeit im Feuer (Ziegeln) zu erhöhen; bisweilen dient er auch als mittelbares Schmelzmittel (Klinker) oder zur Verbesserung der Glasurtragfähigkeit des Scherbens.

In der Industrie feuerfester Erzeugnisse verwendet man grobstückigen Quarz zur Erzeugung von Quarz-Schamotte-Steinen, Quarz- oder Klebsande zur Herstellung von Sand-Ton-Steinen (Bindemittel: feuerfester Ton), Quarzsande in der Tiegelfabrikation (hessische Tiegel), feingemahlene Klebsande als Klebsandmörtel, feingemahlene Quarze oder Quarzsande für Sandmörtel (Bindemittel: Ton), Ganister, feingemahlene Kaolinschlämmrückstände und Klebsande als natürliche feuerfeste Mörtel bzw. Feuerzemente, gemahlenen Quarz als „künstlichen Feuerzement", Quarzite und Kohlensandstein als feuerfeste Werkstoffe der Quarzziegelindustrie (Quarz-Ton- und Quarz-Kalk-Ziegel). Die Kaolinschliffsande scheinen an Bedeutung für die feuerfeste Industrie zu gewinnen. Mit Rücksicht auf die von den feuerfesten Erzeugnissen zu fordernde Schwerschmelzbarkeit werden diese Kieselsäureformen zum Versatz in entsprechend grober Körnung angewendet. Klebsande dienen vermahlen auch als Versatzstoffe grobkörniger Massen[1]).

In der Schamotte-, Feuerton- und Klinkerwaren-Industrie finden an Stelle von Quarzsanden körnige, kristalline oder amorphe Quarzite Verwendung, die zur Silika- oder Dinasziegelerzeugung mindere Eignung besitzen.

Das Hauptgebiet der Quarzitverwendung ist die Quarzziegelindustrie; die Quarzite werden nötigenfalls durch Waschen von erdigen Beimengungen befreit, zerkleinert und in bestimmten gemischten Körnungen mit Ton, Kalk, seltener mit Wasserglas (Glas-Dinas-Steine), als Bindemittel verarbeitet; tongebundene Quarzziegel führen die Bezeichnung Quarz-Ton-Steine (Dinassteine), kalkgebundene werden nach der Art des verwendeten Quarzites in Quarz-Kalk-Ziegel I (Silikaziegel I, aus besten Zementquarziten) und Silikaziegel II (aus minderwertigen Zement- oder kristallinen und körnigen Quarziten) unterschieden; für diese kommt auch der Kohlensandstein als Werkstoff in Betracht.

In England benützt man zur Erzeugung der Naturdinassteine den Dinassandstein. Der Werkstoff der Quarz-Ton-Ziegel ist zumeist ein mindestens 95 vH iger kristalliner oder körniger Quarzit oder eine Mischung dieser mit Zementquarzit. In Ländern, in denen Mangel an geeigneten Zementquarziten besteht, verwendet man solche Mischungen, ja selbst kristalline Quarzite allein, auch zur Erzeugung von Silikaziegeln. In Deutschland werden nach v. Freyberg (a. a. O.) gewöhnlich Mischungen von Herschbacher und hessischen Zementquarziten auf Silikasteine verarbeitet. Ihre Herstellung geschieht etwa nach folgendem Arbeitsdiagramm:

---

[1]) Ker. Rundsch. 31, 1923, S. 211.

Reiner, magnesia-armer Kalk — Wasser

Kalkmilch

Quarzit (eventuell gänzlich oder zum Teil vorgebrannt)

nötigenfalls gewaschen (zur Entfernung anhaftender Erde)

in Stücke zerschlagen

Vorzerkleinerung (Steinbrecher)

Kollergang

Vermahlung

Formgebung { a) von Hand aus mit Nachpressung; b) mittels hydraulischer Pressen }

Trocknen

Brennen bei Sk 16/17 (Rund-, Kammerring-, Gaskammer- oder Tunnelöfen)

langsame Abkühlung

Der erreichte Umwandlungsgrad beträgt etwa 70—80 v H (Cristobalit + Tridymit). Ein neues, versuchsweise hergestelltes feuerfestes Erzeugnis der Firma Aug. Klönne, Dortmund, ist der Leichtstein aus Cristobalit. Die Raumbeständigkeit der Diatomeenerde bei der Umwandlung in Cristobalit würde ihr einen hervorragenden Platz unter den Kieselsäurewerkstoffen der feuerfesten Erzeugnisse sichern; ihrer Verwendbarkeit zu diesem Zwecke steht der geringe Reinheitsgrad und auch bei reiner Erde die große Reaktionsfähigkeit jenen Stoffen gegenüber entgegen, die praktisch als Bindemittel in Frage kämen. Nach Steinhoff[1]) liefert Diatomeenerde der Lüneburger Heide mit einer geringen Menge Wasser (0,8—1 l auf 1 kg raumtrockene Erde) kurze Zeit gekollert, eine bildsame, ohne Zusatz eines Bindemittels bindige Masse, die sich als solche durch Gießen oder nach Zusatz von Ausbrennstoffen durch Einformen gestalten läßt; die gebrannte Masse (Leichtstein aus Cristobalit) beginnt unter 1 kg/cm² Belastung erst bei SK **20**/26 zu erweichen, besitzt einen Kegelschmelzpunkt von SK 32 und eine Druckfestigkeit von rund 77 kg/cm². Ein älteres Erzeugnis aus Diatomeenerde oder Molererde sind die sogenannten Leichtsteine (Schwimmziegel), die sich durch ihr geringes scheinbares spezifisches Gewicht und gute Schall- und Wärmeisolation auszeichnen. Diese amorphen Kieselsäuren bilden auch den Hauptbestandteil vieler Wärmeschutzmassen, die zur Bekleidung von Dampfkesseln und -zylindern, Heißluft- und Wasserleitungen, Öfen, Rauchkanälen, Kühlapparaten usw. dienen. Die Sterchamol-Werke in Dortmund bringen Steine, Hinterfüllmassen, Mörtel und Aufstrichmassen aus Molererde als Isolierstoffe unter dem Namen „Sterchamol" in den Handel[2]).

[1]) Steinhoff: Ber. Werkstoffaussch. Ver. d. Eisenh. Nr. 95.

[2]) Sprs. 59, 1926, S. 878.

Neuerdings werden in den Vereinigten Staaten und in England Quarzite mit Hilfe von Kristallisatoren in Tridymit umgewandelt und dann als Versatzstoffe feuerfester Massen verwendet.

Die Kieselsäurewerkstoffe, vor allem die reinen Quarzsande und Quarzmehl, bilden auch einen wesentlichen Bestandteil aller Arten von Glasuren, Emaillen, vieler Farbflüsse und keramischer Farbkörper, z. B. von Pinkrot, Viktoriagrün, Unterglasur-Eisenrot u. a. Zur gleichzeitigen Einführung der Kieselsäure und Tonerde in die Glasur könnten die Kaolinschliffsande dienen. Die größere Reaktionsfähigkeit der Diatomeenerde gegenüber Bleioxyd zeitigte einen Vorschlag, diese an Stelle von Quarzkieselsäure für Irdenglasuren zu verwenden, da sie schon bei niedrigeren Temperaturen und in kürzerem Brande eine völlige Silizierung des Bleioxydes und dadurch die Ungiftigkeit der Glasur verbürge. Ihre feinerdige Beschaffenheit bedingt eine leichte Mischbarkeit mit anderen Stoffen bzw. die Möglichkeit, sehr innige Mischungen herzustellen und dadurch die Reaktionsfähigkeit mit den Mischungsgenossen noch erheblich zu steigern.

Als Werkstoffe der Quarz-Industrie dienen für Quarzglas reinster Bergkristall, für Quarzgut reines Quarzmehl, gereinigter, gleichmäßig körniger, grober Kristallquarzsand mit 99,5 vH SiO_2, sehr reine oder gereinigte gemahlene Quarzite.

Flintsteine von kugeliger Form werden als Mahlkörper in Kugelfall- und Rohrmühlen, Feuerstein auch als Trommelfutter (Silex) angewendet.

Kaolinschliffsande dienen als „Streußel" zur Verhinderung des Anbackens von Porzellangegenständen an die Schamotteunterlage (Pumbse) während des Brandes, Klebsande und Quarzite ferner als Werkstoffe für künstliche Schleifmaterialien (Messerputzsteine u. dgl.).

Im ungebrannten Zustande werden gekörnte Quarzite als Deckschichte von Betonplatten (Quarzitoidplatten), dichte Sandsteine, denen man durch mechanische Bearbeitung die gewünschte Form erteilt, zum Aufbau der sogenannten Bänke in Glasschmelzöfen verwendet. Quarzschiefer wird nach Behauen und Zersägen mit oder ohne Bindemittel, zumeist dampfgehärtet, zur Herstellung von hochfeuerfesten Steinen auf kaltem Wege gebraucht. Der „Deva-Stein" der Deutschen Evaporator-Gesellschaft ist ein auf diese Art mit Kalk als Zement erzeugter, ungebrannter feuerfester Quarzstein.

Quarz, Quarzite und Quarzsande bilden ferner wichtige Rohstoffe der Glas-, Email-, Kalksandstein-, Karborundum- und Wasserglasindustrie (in dieser wird auch Feuerstein verwendet) und werden vielfach auch als Hilfsstoffe in der chemischen Industrie gebraucht.

Vielseitig ist die Verwendung der Diatomeenerde auf Grund ihres bedeutenden Sorptionsvermögens, z. B. als Filtermaterial zur Entfärbung und Reinigung von Fetten, Zuckersäften, Gasen, als Füllstoff von Seifen und kosmetischen Präparaten, als Sorptionsmittel für Nitroglyzerin (Dynamit), als Packmittel von Säureflaschen; ihres hohen Dispersitätsgrades halber ist sie ein sehr geeigneter Kontaktträger, ihrer guten Schleifwirkung verdankt sie die Eignung zum Schleif-, Scheuer- und Poliermittel (besonders in Form des Tripels). Zum Schleifen und Mattieren von Glas verwendet man auch scharfkantige Sande.

Die beiden Erzeugnisse der Quarz-Industrie, das Quarzglas und Quarzgut, finden zufolge ihrer vorzüglichen Eigenschaften vielfache Verwendung.

Sie sind für viele Zweige der chemischen Großindustrie und für das chemische und physikalische Laboratorium ein unübertroffenes Apparatematerial, vorzügliche elektrische Isolatoren und werden infolge der Durchlässigkeit für die chemisch wirksamen ultravioletten Strahlen zu Heilzwecken (Quecksilberdampflampen) verwendet.

Neuerdings findet auch die Kieselsäure in Form des künstlichen Gels (Silika-Gel) auf Grund des überaus großen Sorptionsvermögens Eingang in die Technik.

Die Verwendbarkeit der Kieselsäurewerkstoffe zu den genannten keramischen Zwecken hängt davon ab, ob sie den Anforderungen, welche die einzelnen Industriezweige an sie stellen, Genüge leisten.

Die für den keramischen Weißbrand bestimmten Kieselsäureformen müssen vor allem einen derartigen Reinheitsgrad besitzen, daß ihr Gehalt an färbenden Beimengungen sich weder in der Brennfarbe der Masse, noch in der Farbe der Glasur ungünstig auswirkt. Pigmente sollen daher nur in geringem Ausmaße und in gleichmäßiger Verteilung im Werkstoff enthalten sein. Ein zulässiger Höchstgehalt an Farboxyden läßt sich im allgemeinen nicht angeben, da die Brennfarbe der Masse nicht allein durch die Verunreinigungen der Kieselsäurewerkstoffe, sondern auch durch den Gehalt der übrigen Versatzstoffe an Pigmenten und durch den Feinbau der Kieselsäure beeinflußt wird. Ein Kleingefüge, das im Brande der Vergrößerung der Oberfläche durch Zerspringen förderlich ist, äußert sich im nicht gesinterten Scherben (Steingut) durch erhöhte Intensität der weißen Brennfarbe (diffuse Reflexion des Lichtes), bei Erzeugnissen mit gesintertem Scherben (Porzellan) durch Erhöhung des Durchscheines (Transparenz), indem die Zerklüftung die Umwandlung und damit die Bildung der glasigen Grundmasse begünstigt. Für beide Zwecke sind daher jene Kieselsäureformen besonders geeignet, die nicht aus einfachen, sondern aus wirr gehäuften, vielfach verzwillingten Kristallen bestehen. Diese Erkenntnis verdankt man den Untersuchungen von Pulfrich[1]) über die verschiedenartigen optischen Wirkungen von nordischem Stückenquarz und deutschen Quarzsanden in keramischen Massen, deren Ergebnisse seither von Hirsch[2]) und anderen Forschern bestätigt wurden. Für die Verwendung der Kieselsäure als Glasurbildner ist das Kristallgefüge belanglos, da Erscheinungen, die durch Verschiedenartigkeit im Mineralcharakter

[1]) Pulfrich: Ker. Rundsch. 30, 1022, S. 375, 393 u. 403.

[2]) Hirsch: Ker. Rundsch. 34, 1926, S. 695.

bedingt sind, zufolge der amorphen Zustandsform der Schmelze nicht auftreten können.

Kieselsäurewerkstoffe, die farbigbrennenden Massen zur Erhöhung der Porigkeit, Temperaturwechselbeständigkeit, Sinterungstemperatur, Standfestigkeit im Feuer und Schmelztemperatur beigemengt werden, sollen möglichst frei von jenen Beimengungen sein, die bei der betreffenden Brenntemperatur als Flußmittel wirken; ein Gehalt an Feldspat, Glimmer, Eisenoxyden, Erdalkali- und Alkaliverbindungen begünstigt dagegen die Verwendbarkeit als Schmelzmittel. Mit Rücksicht auf das Aussehen der Ware sind Flußstoffe wie Gips und Pyrit, die im Brande Aufblähungen bzw. Schmelzkrater im Scherben verursachen, unerwünschte Begleitstoffe. Kalkarmut ist von jenen Silikatsanden zu verlangen, die zur Erzeugung von frost- und wetterbeständigen Waren dienen sollen (Mauer-, Dachziegel, Blumentöpfe, Drainrohre). Glasursande sollen feinkörnig, leichtschmelzig und für bessere Erzeugnisse eisenarm sein (höchstens 1 vH Fe_2O_3), doch beeinträchtigt ein höherer Gehalt an Eisenoxyd nicht ihre Verwendung auf gelbem, rotem oder braunem Scherben.

Vielseitig wie die Verwendungen sind die Anforderungen an Diatomeenerde. Ihre Verwendbarkeit für poröse Ziegel, schalldämpfende Bausteine, Diaphragmen und Wärmeschutzmassen wird nur durch die Menge, Größe und Form der Diatomeenpanzer bestimmt. Der ziffernmäßige Ausdruck für diese Faktoren ist das Raumgewicht; die Diatomeenerde ist umso wertvoller, je geringer dieses ist. In rohem Zustande ist sie wegen der großen Grubenfeuchtigkeit nur selten Handelsartikel. Zumeist wird die Erde getrocknet, gebrannt, gemahlen, gesichtet und nötigenfalls wieder getrocknet. Das Trocknen bezweckt in erster Linie die Entfernung des anhaftenden Wassers, das Brennen die Zerstörung der organischen Beimengungen. Das Brennen erfolgt bei einer Temperatur, die noch zu keiner Sinterung führt, also höchstens bei etwa SK **015a**/014a. Sinterung erhöht das Raumgewicht und verringert die Aufsaugefähigkeit. Die Entfernung gröberer Verunreinigungen, vor allem des beigemengten Sandes, geschieht durch Schlämmen oder Filtrieren der in viel Wasser aufgeschlämmten Erde durch Filterpressen, oder auch durch Windsichtung. Bei Anwendung der nassen Aufbereitung muß die aus der Trübe abgesetzte Erde getrocknet werden.

Mit Rücksicht auf die wirtschaftliche Bedeutung eines dauerhaften Ofenbaustoffes, wie ihn die in manchen Betrieben (Stahlprozesse, Glasindustrie) unersetzlichen Silikaziegel vorstellen, verdient die Eignung der Quarzite für diesen Industriezweig ganz besondere Beachtung.

Quarzite liefern nur dann einen allen Anforderungen gerecht werdenden Quarzziegel, wenn sie entsprechende, feinverteilte Beimengungen in zulässiger Menge enthalten und das geeignete Kleingefüge besitzen. Feinverteilte Beimengungen rufen im Erzeugungsbrande Sinterung hervor, die für eine gewisse Festigkeit des Steines unbedingt erforderlich ist, und begünstigen die Umwandlung in Tridymit; mit Rücksicht auf die Erweichungstemperatur (Druckerweichung) und Feuerfestigkeit der Silikaziegel darf ihre Menge jedoch nicht zu groß sein; nach Endell und Harr (a. a. O.) ist der zulässige Höchstgehalt in den Steinen, der noch keine ungünstigen Auswirkungen auf die Erweichungstemperatur zeitigt, von Kalk 8 vH, Eisen-3-oxyd 4 vH und von Tonerde 1,5 vH; nach Lange[1]) ist im allgemeinen ein Gesamtgehalt von 3 vH Flußmitteln im Werkstoff noch zulässig; im Durchschnitt beträgt der Gehalt der Tonerde 1—2 vH, an Eisen-3-oxyd 0,5—1,5 vH, während Kalk nur spurenweise vorhanden ist; ein Eisenoxydgehalt von 1 vH und Tongehalt von 2—3 vH (= 0,92—1,38 vH Tonerde) beeinträchtigt nach v. Freyberg die Feuerfestigkeit noch nicht; der Kegelschmelzpunkt soll bei SK 35—SK 36 liegen.

Für Silikaziegel erster Wahl geeignete bzw. ungeeignete Quarzite besitzen nach Lange (a. a. O.) die in Tabelle 11 verzeichneten prozentischen Zusammensetzungen (Mittelwerte) und Kegelschmelzpunkte.

Tabelle 11. Zusammensetzung von Quarziten, die zur Erzeugung von Silikaziegeln geeignet bzw. ungeeignet sind

Bezeichnung	SiO_2	Al_2O_3	Fe_2O_3	CaO	ΣRO	KSP SK	Anmerkung
Westerwald	97,90	1,60	0,47	0,006	2,076	35/**36**	geeignet
Hessen	98,30	1,23	0,37	0,02	1,62	35/**36**	geeignet
Westerwald	97,41	2,19	0,37	0,019	2,579	35/**36**	ungeeignet
Hessen	98,20	1,34	0,36	0,03	1,73	34—36	ungeeignet

Die Raumbeständigkeit und mechanische Festigkeit nach dem Brennen werden in erster Linie vom Kleingefüge beeinflußt. Beim erstmaligen Brennen auf entsprechend hohe Temperatur soll der Quarzit in kürzester Zeit möglichst vollständig in Tridymit übergehen, da diese Zustandsform die beste Gewähr für Raumbeständigkeit, geringste Temperaturempfindlichkeit und größte Widerstandsfähigkeit gegen Schlackenangriffe bietet. Aus früher dargelegten Gründen entspricht diesen Anforderungen in erster Linie der Zementquarzit, in zweiter Linie der Kohlensandstein. Jener gilt daher als einziger Werkstoff für Silikaziegel, die bei ihrer Verwendung den höchsten Beanspruchungen ausgesetzt sind (Stahlöfen), dieser wird z. B. für Silikasteine der Glasschmelzöfen angewendet. Zementlose, grobkristalline Quarzite liefern minderwertige, leicht der Zerstörung anheimfallende Quarzziegel, die bei ihrer Verwendung in den hohen Hitzegraden der verschiedenen Industrieöfen das zulässige Maß des Nachwachsens überschreiten und daher zu Schädigungen des Ofenmauerwerkes führen. Nach Gardner (a. a. O.) beträgt das Nachwachsen guter Silikaziegel bei zweistündigem Erhitzen auf 1400° C 0—0,5 vH. Die Umkristallisation zu Tridymit oder Cristobalit soll nur zu möglichst kleiner Dichtigkeitsverringerung und möglichst geringer Entwicklung von Druckspannungen führen; der Quarzit soll

[1]) Lange: St. u. E. 1912, Nr. 42, S. 1731; Freyberg, B. v.: Die Tertiärquarzite Mitteldeutschlands. Stuttgart: F. Enke. 1926.

im Gefüge nicht zu stark gelockert werden, sich im Brande nicht aufblähen, nicht reißen oder zersplittern, sondern nach dem Brennen hart und fest sein; nach F. Wernicke[1]) trifft dies dann zu, wenn schon der Rohquarzit dicht und hart ist, während porige Quarzite nur minderwertige Brennprodukte liefern.

Sowohl die Umwandlung als auch die mechanische Festigkeit nach dem Brennen hängen von der Feinkörnigkeit des Quarzites ab. Nach Endell[2]) kann auch ein größerer Gehalt an Kaliglimmer (Muskowit) auf die mechanische Festigkeit schädlich wirken, da durch das bei 600—800° C austretende Konstitutionswasser (siehe S. 313) eine Gefügelockerung entstehen kann.

Die Raumbeständigkeit kristalliner Quarzite kann nach E. Lux[3]) durch entsprechende Feinzerkleinerung, höhere Brenntemperatur (SK 20—SK 26) und lange Erhitzungsdauer verbessert werden, so daß unter diesen Erzeugungsbedingungen auch kristalline Quarzite Silikasteine erster Wahl zu liefern vermögen.

Wie ersichtlich, sind für die Beurteilung der Eignung von Quarziten zur Quarzziegelerzeugung mehr physikalische Eigenschaften, insbesondere das Verhalten beim Brennen, die Größe der Raumzunahme im ersten Brande im Vergleich zum Wachstum in späteren Bränden und die mechanische Festigkeit nach dem Brennen maßgebend, als die chemische Zusammensetzung.

Hirsch[4]) erblickt in dem Vorkommen gewisser, als Kristallisatoren wirkender Beimengungen, weiters in der Vereinigung kristalliner und nicht zu stark überwiegender amorpher Kieselsäure und schließlich in der gleichzeitigen Gegenwart von mittelgrobem und feinem Korne jene Eigenschaften, welche die Brauchbarkeit der Quarzite als Werkstoffe der Silika-Industrie bestimmen. Der genannte Forscher nennt als einen der besten Zementquarzite den Westerwalder Quarzit von Herschbach. Diesem praktisch gleichwertig sind nach v. Freyberg (a. a. O.) die guten Sorten der mitteldeutschen Zementquarzite, schlechter als Herschbacher, jedoch besser als die kristallinen und körnigen Quarzite, die mittleren Sorten der mitteldeutschen Zementquarzite. Der hessische Zementquarzit von Ziegenhain steht in seiner Umwandlungsfähigkeit zwischen gutem Westerwalder und kristallinem Quarzit (zitiert nach Endell und Harr a. a. O.).

Wirkungen in tonigen Massen

Die Wirkungen der kristallinen Kieselsäure in grünen tonigen Massen sind jene aller übrigen Magerungsmittel (vgl. S. 12). Nach Kraze (a. a. O.) bestehen zwischen der einem Tone zugesetzten Menge eines

[1]) Wernicke, F.: Die Herstellung der feuerfesten Baustoffe. Berlin: Julius Springer. 1921.

[2]) Endell: St. u. E. 1913, Nr. 43.

[3]) Lux, E.: St. u. E. 1921, Nr. 8, S. 24.

[4]) Hirsch: Tonind.-Z. 47, 1923, S. 411—421.

Quarzes von bestimmter Korngröße und den Eigenschaften der Masse folgende Beziehungen:

Mit zunehmender Menge erhöht sich die Wasserdurchlässigkeit, Standfestigkeit im Feuer und die Porigkeit, diese jedoch nur dann, wenn die Brenntemperatur der Masse hoch gehalten wurde; dagegen verringert sich mit wachsendem Quarzgehalt die Menge des Anfeuchtewassers, die Trocken- und Brennschwindung, die Druckfestigkeit und endlich die Porigkeit der Masse, wenn diese bei niedriger Temperatur gebrannt wurde.

Von bestimmendem Einfluß auf die Art der Wirkung ist Korngröße und -form der angewendeten Kieselsäure. Sande von Streusandkörnung (siehe S. 77) oder solche, die nur etwa zu einem Viertel das 900-Maschensieb passieren, geben einen porigen, temperaturbeständigen Scherben (Kochgeschirr, Begußkacheln) und verringern beträchtlich die Trockenschwindung. Weiche Sande wirken mehr porositätsfördernd als scharfe Sande; diese und gemischtkörnige Sande erhöhen hingegen den Dichtigkeitsgrad der Masse.

Im Brande ergeben sich zwischen den Wirkungen der Kieselsäure auf Tone und jenen anderer magernder Stoffe erhebliche Unterschiede, die auf der Reaktionsfähigkeit der Kieselsäure bei höheren Temperaturen gegenüber der Tonsubstanz und deren basischen oder neutralen Beimengungen und auf ihrer Umwandlungsfähigkeit in polymorphe Formen fußen. Erhöhen reine, gröbere Sande die Schwerschmelzbarkeit und Standfestigkeit im Feuer, so wirkt feinstverteilte Kieselsäure, ohne die Standfestigkeit wesentlich zu beeinflussen, im allgemeinen als Flußmittelbildner, somit nachteilig auf die Schwerschmelzbarkeit und Erweichungstemperatur.

Der Grad der Flußmittelwirkung hängt von all jenen Umständen ab, die im allgemeinen chemische Vorgänge beeinflussen.

Flußmittelarmer Sand kann z. B. in entsprechend feiner Körnung dann eine mittelbare Schmelzwirkung ausüben, wenn die Brenntemperatur so hoch getrieben wird, daß die Kieselsäure mit den basischen Verunreinigungen des Tones und mit der Tonsubstanz oder mit basischen Versatzstoffen in chemische Wechselwirkung tritt. Viel Kieselsäure erhöht die Schwerschmelzbarkeit flußmittelreicher Tone, eine geringe Menge davon erniedrigt sie, wirkt also flußbildend. Schluffquarz (Staubquarz) wirkt weit energischer als feinkörniger, dieser stärker als Quarz von grobem Korn. Sehr feingemahlener Quarz begünstigt daher in keramischen Massen die Verglasung, erhöht somit die mechanische Festigkeit, übt aber auf den thermischen Widerstand einen nachteiligen Einfluß aus.

Selbst in den reinsten bildsamen Rohstoffen, den Kaolinen, setzt feiner Quarz innerhalb der üblichen Zusammensetzungen keramischer Massen die Schwerschmelzbarkeit herab.

Die chemische Reaktionsfähigkeit feingemahlener Kieselsäure erlaubt somit die Höhe der Brenntemperatur innerhalb gewisser Grenzen, und zwar ohne wesentliche Verringerung des Brennbereiches, zu erniedrigen und dadurch an Brennzeit und Brennstoff zu sparen.

Die Wirkung des Quarzes auf die Brennschwindung hängt nach Berdel[1]) außer von der Menge von der Korngröße ab; mit zunehmender Mahlfeinheit nimmt der Grad des Einflusses ab.

Unter den Wirkungen der Kieselsäure in tonigen Massen sind insbesondere die Folgen des Wachstums von weittragender Bedeutung. Die üblichen Brenntemperaturen keramischer Massen fallen zum Teil in das praktische Existenzbereich des α-Quarzes, zum Teil in das Existenzgebiet des Cristobalits oder Tridymits. Keramische Massen, die mehrmals gebrannt werden müssen, erfahren durch die betreffenden Volumeffekte jedesmal eine sprunghafte Ausdehnung bzw. Zusammenziehung und daher eine Schädigung ihrer mechanischen Eigenschaften. Der Betrag der Ausdehnung oder Kontraktion der keramischen Masse ist von ihrem Gehalt an freier Kieselsäure, deren Korngröße und Zustandsform und von der Höhe der Brenntemperatur abhängig. Ein deutlicher Einfluß der Umwandlungen ist nur dann zu verzeichnen, wenn die Kieselsäure in größerer Menge im Ton enthalten ist. Aus der verschiedenen Geschwindigkeit der Umwandlungen folgt, daß die Zustandsänderungen des ersten Typus die Raumbeständigkeit und mechanische Festigkeit der Masse stärker beeinflussen als die Umwandlungen des zweiten Typus; bei diesen wirkt der Cristobaliteffekt nachteiliger als der Tridymiteffekt.

In Ziegeltonen (Brenntemperatur SK 010a — SK 01a) beobachtet man, wenn sie reichliche Mengen Schluffquarz (Staubquarz) enthalten, ein Wachstum nach dem Brande. Die Aufhebung der Schwindung ist zum Teil auf die magernde Wirkung, zum Teil auf die Raumvergrößerung durch die Umwandlung des Schluffquarzes zurückzuführen. Theoretisch müßte die freie Kieselsäure des Ziegelscherbens aus Tridymit bestehen, da der Umwandlungspunkt unterhalb der Brenntemperatur liegt. Aus den früher erwähnten Gründen (siehe S. 105 und 106) liegt die Kieselsäure jedoch zum größten Teil noch in der β-Quarzform vor, die sich aus dem Hochquarz beim Abkühlen zurückgebildet hat. Nur zum Teil ist die Umbildung in Cristobalit erfolgt.

In Steingutmassen (Rohbrandtemperatur SK 3a — SK 10, Glattbrandtemperatur SK 010a — SK 7) bildet die Kieselsäure ein standfestes Gerippe, das dem Scherben durch die oberflächliche Verkittung mit den Tonteilchen mechanische Festigkeit verleiht. Nach Pulfrich (a. a. O.) ist die Kieselsäure bei Verwendung von Flint sehr weitgehend, bei Quarzmagerung nur in geringem Grade in Cristobalit umgewandelt. Der Scherben ist daher im ersten Falle vorwiegend beim Cristobalitumschlag, im zweiten Falle beim Quarzeffekt temperaturempfindlich. Ein Teil der freien Kieselsäure befindet sich in fester Lösung (Feldspatglas), die oberflächlich die Verkittung der festen Teilchen bewirkt. Die Menge der Kieselsäure in der Steingutmasse ist auch von Einfluß auf das Haften der Glasur. Durch Vermehrung des Kieselsäuregehaltes der Masse ist es möglich, die Haarrissigkeit der Glasur zu beheben. Naturgemäß spielt auch hiebei die Art der verwendeten Kieselsäure eine große Rolle.

---

[1]) Berdel: Sprs. 37, 1904, S. 280—289.

In Porzellanmassen (Brenntemperatur SK 10 — SK 20) befindet sich die freie Kieselsäure zum größten Teil in der glasigen Grundmasse gelöst. Bei der Bildung dieser festen Lösung, des Feldspat-Kieselsäure-Glases, das als Ursache des Durchscheins angenommen wird, spielt die von der Zustandsform abhängige Lösungsgeschwindigkeit der Kieselsäure in der Feldspatschmelze eine wichtige Rolle. Je reaktionsfähiger die im Augenblicke der Lösung bestehende Modifikation ist, desto leichter vollzieht sich der Lösungsvorgang, desto besser ist der Durchschein. Nach Hirsch[1]) beeinflußt unter den verschiedenen Kieselsäureformen der kristalline Quarz den Durchschein am günstigsten; auch die Kaolinschliffsande werden verhältnismäßig leicht gelöst. Nach C. W. Parmelee und P. W. Ketchum[2]) wird die Lichtdurchlässigkeit von Porzellanmassen bei gegebenem Feldspatgehalt mit steigendem Quarzgehalt größer. Für die Bildungsgeschwindigkeit des Feldspat-Kieselsäure-Glases ist also die Zustandsform der Kieselsäure, das heißt also auch die Umwandlungsfähigkeit, durchaus nicht belanglos.

Über den Einfluß der verschiedenen Kieselsäureformen auf die mechanischen und elektrischen Eigenschaften berichtet Hirsch (a. a. O.), daß Kaolinschliffsande, Flint und Quarzsand günstiger wirken als kristalline Quarze. In thermischer Beziehung ist insbesondere der Einfluß des Quarzes auf die Größe der Ausdehnung des Porzellans beim Quarzumschlag zu verzeichnen.

In Schamottemassen (Brenntemperatur SK 10 — SK 20) spielt das Wachstum des Quarzes insofern eine Rolle, als in gemischten Ton-Quarz-Ziegeln und Quarz-Schamotte-Ziegeln die einander entgegengesetzten Raumänderungen der Bestandteile — Schwindung des Tones, Wachstum der freien Kieselsäure — einen verhältnismäßig raumbeständigen Scherben ergeben können und nach Steger[3]) auch in Schamottemassen die starken Quarz- und Cristobaliteffekte häufig der Grund einer geringen Temperaturwechselbeständigkeit sind.

Volumänderungen und Lösungsfähigkeit der Kieselsäureformen haben naturgemäß die größte Bedeutung für die Industrie der feuerfesten Quarzziegel. Quarzziegel (Brenntemperatur SK 18 — SK 20) bestehen praktisch aus Cristobalit, Tridymit, nicht umgewandeltem Quarz und dem aus Kalk und Kieselsäure im Brande gebildeten Metasilikat. Das Mengenverhältnis der Kieselsäure-Mineralien in den Quarzsteinen ist von jenen Faktoren abhängig, welche die Umwandlung des β-Quarzes in bezug auf Vollständigkeit und Art der Umwandlungsform beeinflussen. Aus der Zusammensetzung der Quarzziegel folgt einerseits, daß sie besonders im Umschlagsgebiet des Cristobalits (∾ 230° C) und Quarzes (∾ 600° C) temperaturempfindlich sind, andererseits, daß sie bei ihrer Verwendung in hohen Temperaturen noch befähigt sind, weitere Um-

[1]) Hirsch: Ber. Deutsch. Ker. Ges., 1926, Heft 7, S. 40—88.

[2]) Parmelee, C. W. u. P. W. Ketchum: Bull. Nr. 154, Eng. Exp. Stat. Univ. Illinois, April 1926, Ref. Sprs. 59, 1926, S. 843.

[3]) Steger: St. u. E. 45, 1925, S. 249—259.

wandlungen (β-Quarz ⟶ Cristobalit ⟶ Tridymit und Cristobalit ⟶ Tridymit) zu erleiden. Diese Fähigkeit beinhaltet einen Mangel an Raumbeständigkeit; solche Ziegel zeigen die Erscheinung des Nachwachsens, dessen Betrag von der Menge des nicht umkristallierten Quarzes abhängt. Größere Raumänderungen bei späteren Erhitzungen verursachen häufig beträchtliche Schädigungen des Ofenmauerwerkes und Betriebsstörungen bzw. eine geringe Lebensdauer der Ofenbaustoffe: Absplittern von Ecken und Kanten, Zerspringen, Abpressungen von Steinen und Erweichen durch Druckwirkungen. Die durch das Nachwachsen bedingte Gefügelockerung wirkt sich auch in der chemischen Widerstandsfähigkeit aus, indem sie das Eindringen von Schlacke erleichtert und durch die Vergrößerung der inneren Oberfläche zur Steigerung der Reaktionsfähigkeit beiträgt. Bewegt sich die Raumvergrößerung beim Nachwachsen in zulässigen Grenzen oder kann sie durch bautechnische Maßnahmen unschädlich gemacht werden, so kann das Wachstum der Ziegel sogar nützlich wirken, da durch die Ausdehnung eine Verengung der Fugen des Mauerwerkes, somit eine bessere Abdichtung stattfindet.

Die englischen Normen der Gas-Ingenieurs-Vereinigung[1]) gestatten ein Wachstum bei Silika- und quarzhältigen Ziegeln von 0,75 v H, bei Retorten von 1,25 v H bei 1350° C. Nach v. Freyberg (a. a. O.) wird von mancher Seite eine bleibende Ausdehnung von 0,25 v H nach dem ersten Brande für zulässig gehalten. Die aus Diatomeenerde erzeugten feuerfesten Leichtsteine bestehen nach Steinhoff (a. a. O.) fast zur Gänze aus Cristobalit und besitzen daher bei ∾ 230° C eine geringe Widerstandsfähigkeit gegen schroffen Temperaturwechsel.

Bei allen feuerfesten, quarzreichen Erzeugnissen sind ferner Auswirkungen der Lösungsfähigkeit der Kieselsäuremodifikationen in silikatischer Schmelzmasse beobachtet worden. Nach Le Chatelier[2]) löst sich die freie Kieselsäure bei hoher Temperatur in der Flußmittelschmelze vorübergehend auf und kristallisiert aus ihr in der für das Erzeugnis günstigsten, tridymitischen Zustandsform aus; die Geschwindigkeit der Tridymitbildung ist von der Art der beim Lösungsvorgang bestehenden Zustandsform abhängig.

Die Umwandlungsgeschwindigkeit, somit also der Feinbau der Quarzite, übt schließlich auch einen Einfluß auf die Erzeugungskosten der Quarzziegel aus; große Umwandlungsgeschwindigkeit bedeutet eben kürzere Brennzeit, dies wieder weniger Kohle. Nach Junius[3]) beträgt der Kohleverbrauch in amerikanischen Fabriken feuerfester Quarzziegel bei Verwendung von Tuskaroraquarzit (Korngröße im Mittel etwa $^1/_3$ mm) etwa 66 v H des Steingewichtes.

In Glasuren verringert die Kieselsäure den thermischen Ausdehnungskoeffizienten und begünstigt die glasige Erstarrung. Neutrale

[1]) Ref. Tonind.-Z. 46, 1922, S. 2017.

[2]) Le Chatelier: zit. nach Steinhoff: a. a. O.

[3]) Junius: Brennstoffchemie, Bd. 6, 1925, 9, S. 139ff.; Ref. Sprs. 59, 1926, S. 432.

oder schwach basische Silikate (geringer Kieselsäuregehalt) erstarren beim Abkühlen kristallinisch (Mattglasuren), zwei- bis dreifach saure Silikate (hoher Kieselsäuregehalt) ergeben hingegen glasige Erstarrungsprodukte. Rieke[1]) verweist auch auf die Beeinflussung des Verhaltens keramischer Massen gegenüber den Glasuren durch die Raumänderungen im Gefolge des Cristobalitumschlages.

Überblicken wir das gesamte keramische Verhalten der Kieselsäure, so erhellt daraus, welch wertvollen Stoff sie für die Ton- und „feuerfeste" Industrie darstellt. Sie ist ein vorzügliches Magerungsmittel, je nach der Form bald ein Flußmittel, bald ein feuerfester Versatzstoff oder hochfeuerfester Werkstoff, dem nur ein einziger Nachteil anhaftet, der durch geeignete Maßnahmen nicht gänzlich behoben werden kann, nämlich die im Verhältnis zu anderen feuerfesten Werkstoffen gute Wärmeleitfähigkeit, die bei Verwendung quarzreicher Ofenbaustoffe die Ursache größerer Wärmeverluste ist. Aber auch dieser Nachteil birgt einen Vorzug für besondere Verwendungszwecke. Nach Tadokoro[2]) sind gerade quarzreiche Erzeugnisse auf Grund ihres thermischen Diffusionsvermögens für jene Zwecke besonders geeignet, wo die Betriebsweise rasche Anwärmung durch heiße Gase und rasche Abkühlung heischt.

Als besondere Vorzüge kieselsäurereicher Erzeugnisse sind nach G. Keppeler[3]) die hohe Erweichungstemperatur, die geringe Schmelzgeschwindigkeit (gute Standfestigkeit im Feuer bei hohen Temperaturen) und die verhältnismäßig hohen Schmelzpunkte der bei der Einwirkung von Kalk entstehenden Eutektika und Verbindungen hervorzuheben.

B. Aluminiumverbindungen

Die Verbindungen des Aluminiums bzw. der Tonerde, des Aluminiumoxydes, besitzen für die gesamte Tonindustrie die allergrößte Bedeutung; bilden doch die Alumokieselsäuren in Form der bildsamen Tone und Kaoline die Grundstoffe der Keramik, die tonerdereichen feuerfesten Tone und deren Glühprodukte, die Schamotten, die Hauptrohstoffe der Industrie feuerfester Erzeugnisse. Die im keramischen Brande aus den Tonerdesilikaten entstandene Neubildung (Sillimanit, Mullit) ist ein wesentlicher Bestandteil aller höher gebrannten keramischen Massen.

Der Höchstgehalt reiner Tone und Kaoline an Tonerde (Al_2O_3) beträgt theoretisch entsprechend der Formel der Tonsubstanz ($Al_2O_3 \cdot 2\,SiO_2 \cdot 2\,H_2O = H_4Al_2Si_2O_9$) 39,49 vH, in völlig entwässerten Tonen und Kaolinen gemäß der Formel $Al_2O_3 \cdot 2\,SiO_2 = Al_2Si_2O_7$ 45,87 vH. Der günstige Einfluß der Tonerde auf die Schwerschmelzbarkeit feuer-

[1]) Rieke: Ker. Rundsch. 27, 1919, S. 143 u. 155.

[2]) Tadokoro: Science Rep. Tohoku Imp. University 1921, Japan; Ref. McGee: Journ. Am. Cer. Soc., 1926, S. 374—379; Tonind.-Z. 50, 1926, S. 1151.

[3]) Keppeler, G.: Z. angew. Chem. 38, 1925, S. 397—405.

fester Tone führte zur Erzeugung von Massen mit höherem Tonerdegehalt als jenem der natürlichen plastischen Rohstoffe. Dies kann jedoch unter Zugrundelegung der Tone als Hauptwerkstoffe nur durch Zusatz von reiner Tonerde oder solchen Tonerdeverbindungen erzielt werden, deren Tonerdegehalt im geglühten Zustande entsprechend höher als bei rund 45,9 vH liegt.

Tonerdereiche Stoffe sind die Mineralien Korund, Schmirgel, Diaspor, Gibbsit (Hydrargillit), Bauxit, Andalusit, Cyanit (Disthen), Sillimanit, ferner die Kunststoffe amorphe Tonerde, geschmolzener Naturkorund, geschmolzener Bauxit (Kunstkorunde) und künstlicher Sillimanit (künstlicher Mullit).

Korund, Schmirgel, amorphe Tonerde und Kunstkorunde sind der Hauptsache nach freie Tonerde; Diaspor, Gibbsit und Bauxit bestehen aus den Verbindungen der Tonerde mit Wasser (Hydroxyde), die übrigen Natur- und Kunststoffe sind im wesentlichen wasserfreie Tonerdesilikate.

Ein tonerdereiches tropisches Mineral, der Laterit, steht zum Bauxit in naher Beziehung. (Der tonerdereiche Spinell wird bei den Magnesiaverbindungen besprochen.)

Die theoretische Zusammensetzung[1]) der genannten Aluminiumverbindungen ist aus Tabelle 12 ersichtlich; zum Vergleiche ist die Zusammensetzung roher und geglühter Tonsubstanz vorangestellt.

Tabelle 12. Theoretische Zusammensetzung der Aluminiumverbindungen

Stoff	Formel	Al_2O_3	SiO_2	H_2O
Tonsubstanz	$Al_2O_3 \cdot 2\,SiO_2 \cdot 2\,H_2O$	39,49	46,60	13,91
Tonsubstanz, geglüht	$Al_2O_3 \cdot 2\,SiO_2$	45,87	54,13	
Korund	Al_2O_3	100		
Schmirgel	Korund + Verunreinigungen			
Diaspor	$Al_2O_3 \cdot H_2O$	85,02		14,98
Bauxit[1])	$Al_2O_3 \cdot 2\,H_2O$	73,95		26,05
Gibbsit	$Al_2O_3 \cdot 3\,H_2O$	65,41		34,59
Amorphe Tonerde	$Al_2O_3 + x\,H_2O$			
Geschmolzene Tonerde	Al_2O_3	100		
Andalusit, Cyanit, Sillimanit	$Al_2O_3 \cdot SiO_2$	62,90	37,10	
Mullit	$3\,Al_2O_3 \cdot 2\,SiO_2$	71,75	28,25	

[1]) Vgl. S. 151.

Eigentlich kann eine theoretische Zusammensetzung von Bauxit aus Gründen, die später erörtert werden sollen, nicht angegeben

[1]) Die bei den Bestandteilen angeführten Zahlen bedeuten wie auch bei den folgenden Analysen-Tabellen stets Prozente.

werden (siehe S. 153). Von den genannten Aluminiumverbindungen werden in der Keram- und „feuerfesten“ Industrie praktisch verwendet:

Schamotte, Bauxit und Kunstkorunde, im untergeordneten Maße Naturkorund, Schmirgel, amorphe Tonerde, in neuerer Zeit auch Kunstsillimanit, Kunstmullit, Cyanit, Andalusit, Gibbsit und Diaspor. Bauxit, Naturkorund und Schmirgel sind überdies Rohstoffe der künstlichen Tonerden.

Natürlicher Sillimanit findet sich nicht in technisch verwertbaren Lagern, sondern meist in Form von Einsprenglingen in verschiedenen kristallinen Massengesteinen (Granit), in kristallinen Schiefern (Gneis, Glimmer-, Talk- und Tonschiefer) und wenigen einfachen Gesteinen, z. B. in manchen Quarzen.

I. Tonerde

(Aluminiumoxyd, Al_2O_3).

Die technisch verwendete Tonerde ist in den meisten Fällen ein Kunststoff, da die Tonerdemineralien weder sehr verbreitet sind, noch den für viele Zwecke erforderlichen Reinheitsgrad besitzen.

Übersicht der Tonerdearten

- Tonerde
  - natürliche
    - Korund (α-Tonerde)
    - Schmirgel
  - künstliche
    - pulverige (γ-Tonerde)
      - kalzinierte Hydrate (Diaspor, Gibbsit, Bauxit)
      - chemisch gewonnene
        - aus Bauxit
        - aus Silikaten
    - geschmolzene (α-Tonerde)
      - geschmolzener Naturkorund
      - Kunstkorunde aus Bauxit

1. Natürliche Tonerden

(Korund und Schmirgel)

Korund ist natürliches, wasserfreies, kristallisiertes Aluminiumoxyd, Al_2O_3. Nach Farbe und Durchsichtigkeitsgrad unterscheidet man Edelkorunde (Saphir, Rubin) und den meist derb, in grob- bis feinkörnigen Anhäufungen auftretenden „gemeinen" Korund.

Ein feinkörniges, inniges Gemenge von gemeinem Korund und verschiedenen Mineralien ist als Schmirgel bekannt.

Die technisch in Betracht kommenden Korundlagerstätten sind kontaktmetamorphe Umbildungen tonerdereicher Verbindungen.

Die kristallographischen und physikalischen Eigenschaften sind aus Tabelle 13 ersichtlich.

Tabelle 13. Kristallographische und physikalische Eigenschaften

Bezeichnung	KS	Nm	s	H
Gemeiner Korund	hexagonal-rhomboedrisch (trigonal)	1,765[1]	3,7—3,9	9
Schmirgel			4—4,3	6—9
Naxos-Schmirgel			3,7	8
Levantiner Schmirgel			4	

[1]) Rankin, G. A. und H. E. Merwin: Ref. Z. anorg. Chem. 96, 1916, S. 291—316.

Die höhere Dichte und geringere Härte des Schmirgels im Vergleich zum Korund ist auf den oft sehr bedeutenden Gehalt an Magneteisenstein (s = 5, H = 6) zurückzuführen; diese Beimengung ist für die Verwendung des Schmirgels als Schleifmittel erwünscht, da sie dessen Zähigkeit günstig beeinflußt.

In chemischer Hinsicht besteht der gemeine Korund aus Tonerde, die durch Eisenoxyd verunreinigt ist; akzessorisch treten nämlich mikroskopische Einschlüsse von Magneteisenstein (Magnetit, Fe_3O_4) und Eisenglanz (Hämatit, Fe_2O_3) auf. Nach Bigot[1]) schwankt der Tonerdegehalt zwischen 95 und 98 vH. Der Hauptbestandteil der Verunreinigungen des Korundes im Schmirgel ist Magnetit, dessen Menge zwischen 15 und 35 vH schwankt, in manchen Vorkommen sogar bis 50 vH steigt. Der Korundgehalt bewegt sich zumeist in den Grenzen 55 und 80 vH und liegt im Durchschnitt bei 60 vH. Untergeordnete Begleitmineralien des Schmirgels sind Chlorite (Magnesium-Eisen-Tonerde-Silikate), Glimmer (Kali-Magnesia-Tonerde-Hydrosilikate), Tonerdehydroxyde und -silikate (Diaspor, Cyanit), Turmalin (borhältiges, komplexes Eisen-Tonerde-Silikat), Talk (siehe S. 452), Eisenkiese, Rutil (siehe S. 519), Quarz und Kalkstein. Zufolge der Verunreinigung mit Hydroxyden und Hydrosilikaten besitzt der Schmirgel einen geringen Gehalt an Konstitutionswasser, daher auch ein geringes Schwindungsvermögen.

Die Grenzwerte der prozentischen Zusammensetzung von Naturkorunden und wichtigeren Handelssorten des Schmirgels zeigt Tabelle 14.

[1]) Bigot: Ref. Tonind.-Z. 45, 1921, S. 583.

Tabelle 14. Grenzwerte der prozentischen Zusammensetzung

Bezeichnung	Al_2O_3	Fe_2O_3	SiO_2	Glühverlust
Naturkorunde	93—98	bis 1	bis 3	
Naxos-Schmirgel[1])	70—74	25—20	5—3	2,5—1,5
Levantiner Schmirgel[1])	50—70	30—25	7—5	3—0,3

[1]) Dengler, F.: Sparw. 1925, Heft 11, S. 139—147.

Korund ist in Säuren und Laugen unlöslich; er kann nur durch eine Pyrosulfatschmelze in lösliche Form übergeführt werden.

Brennverhalten von Korund und Schmirgel siehe S. 172.

Vorkommen

Korund findet sich in hochwertiger Form in Ontario im östlichen Kanada (Craigmont-Corund, Craic-Mine-Corund); mindere Sorten gewinnen die Vereinigten Staaten im Alleghanygebirge, besonders in Nordkarolina, ferner Indien in Ostbengalen und Madagaskar; technisch bedeutendere Fundstätten birgt außerdem Transvaal, Südaustralien und der Ural. Bauwürdige Lager von Korund sind in Deutschland bisher nicht erschlossen worden. Die bedeutendsten Schmirgellager besitzen die griechische Insel Naxos und Kleinasien, sudöstlich von Smyrna (Aidin, Tiré), sogenannter Levantiner Schmirgel; geringere Bedeutung haben die Fundstätten in Massachusetts und New York, in Deutschland (Schwarzenberg i. S.) und im Ural.

Verwendung

Naturkorunde werden selten keramisch verwendet. Im Rohzustande dienen sie als Schleifmittel, in geringem Umfange zur Erzeugung von künstlichem Schmirgel oder Kunstkorunden.

2. Tonerdehydrate

(Wasserhaltige Rohstoffe künstlicher Tonerden)

Nach dem heutigen Stande der Wissenschaft existiert das Aluminiumoxyd in drei kristallographisch verschiedenen Modifikationen, der metastabilen γ-Tonerde (Stabilitätsbereich bis 930° C), der bei hohen Temperaturen stabilen α-Form (Kunstkorund) und in einer β-Form.

Den beiden ersten Phasen entsprechen nach F. Haber[1]) zwei kristallographisch verschiedene Verbindungsreihen der Hydrate, nämlich:

γ-Reihe (metastabil)		α Reihe (stabil)
Hydrargillit (Gibbsit)	$Al_2O_3 \cdot 3\,H_2O$	fehlt
Bauxit	$Al_2O_3 \cdot H_2O$	Diaspor
γ-Al_2O_3	Al_2O_3	Korund

[1]) Haber, F.: Die Naturw. 13, 1925, S. 1007; zit. nach Spangenberg, K.: Ker. Rundsch. 35, 1927, S. 352.

Das Monohydrat ist demnach dimorph (Bauxit und Diaspor), Aluminiumoxyd trimorph.

a) Diaspor und Gibbsit

Diaspor ist das kristallisierte Monohydrat der α-Tonerde ($Al_2O_3 \cdot H_2O$), Gibbsit (Hydrargillit) das kristallisierte Trihydrat ($Al_2O_3 \cdot 3\,H_2O$) der γ-Tonerde.

Beide Verbindungen treten auch als Mineralgele (Alumogele) auf. Das Alumogel des Monohydrates wird als α-Kliachit, des Trihydrates als β-Kliachit bezeichnet.

Diaspor wird in manchen Vorkommen für eine kontaktmetamorphe Bildung gehalten.

Die mineralogischen und chemischen Eigenschaften dieser Oxydhydrate sind aus Tabelle 15 bzw. 16 ersichtlich.

Tabelle 15. Kristallographische und physikalische Eigenschaften

Mineral	KS	Lichtbrechung	s	H
Diaspor	rhombisch	anisotrop	3,3—3,5	6
Gibbsit	monoklin	zweiachsig	2,3—2,4	2,5—3

Chemisch sind beide Mineralien zwar durch einen verschieden hohen, jedoch ziemlich konstanten Gehalt an Hydratwasser gekennzeichnet.

An Beimengungen finden sich hauptsächlich Eisenoxyde, Kiesel- und Titansäure.

Tabelle 16. Analysenbeispiele bzw. Grenzwerte der Zusammensetzung

Mineral	Al_2O_3	H_2O	Fe_2O_3	SiO_2	TiO_2	Andere Fremdstoffe
Diaspor (Grenzwerte)[1]	36,2—77,8	11,4—17,3	1,6—36,1	0,6—27,2	1,1—5,1	
Diaspor[2]	75—80	13				MgO, CaO, KNaO
Gibbsit (Grenzwerte)[1]	49,5—53,6	26,6—27,9	0,8—1,1	14,2—18,3	2,9—4,4	
Gibbsit von Brasilien[3]	63,81	35,85	0,49	0,20		

[1]) Dammer, O.—Peters, F.: Chemische Technologie der Neuzeit, 2., erweiterte Aufl. S. 540/1. Stuttgart: F. Enke. 1926.

[2]) Reklameschrift der Firma A. P. Green Fire Brick Co., Mexiko, Missouri, U S A; Ref. Tonind.-Z. 51, 1927, S. 1472.

[3]) Ullmann, F.: Enzyklopädie der Technischen Chemie, Bd. I, S. 306. Berlin-Wien: Urban und Schwarzenberg. 1914.

Auffallend ist der verhältnismäßig geringe Gehalt des Hydrargilits an Eisenoxyd.

Beide Hydrate sind wasserunlöslich. Diaspor wird von Schwefelsäure erst nach starkem Glühen, Gibbsit von heißer Salzsäure oder Schwefelsäure schwierig, aber leichter als Diaspor angegriffen.

Brennverhalten siehe S. 172.

Vorkommen

Diaspor und Gibbsit treten gewöhnlich als Begleiter des Schmirgels und Korundes auf. Technisch bedeutendere Lager von Diaspor befinden sich in Rumänien (Siebenbürgen). Häufiger sind beide in den Vereinigten Staaten anzutreffen (Massachusetts, Pennsylvanien, New York), Gibbsit auch in Brasilien (Marianna).

Verwendung

Diaspor und Gibbsit finden fast nur in Amerika keramische Verwendung. Nach Howe und Ferguson[1]) lassen sich aus ihnen unter gewissen Bedingungen feuerfeste Ziegel mit hohem Tonerdegehalt (Diasporsteine) erzeugen. Die Erzeugnisse der Firma A. P. Green, Fire Brick Co., Mexiko, Missouri, sind unter der Bezeichnung „Kruzite" und „Mizzou" im Handel[2]).

b) Bauxit

(Beauxit, Wocheinit)

Bauxit ist im wissenschaftlichen Sinne das kristallisierte Monohydrat der γ-Tonerde. Nach Haber (a. a. O.) ist der natürliche Bauxit mit dem synthetischen Monohydrat identisch, da die Pulver beider Stoffe gleiche Röntgenogramme zeigen. Unter Bauxit im technischen Sinne versteht man jedoch ein Gemenge von Kliachiten, Diaspor, Gibbsit mit einem wechselnden Gehalt an Verunreinigungen.

Als Muttergesteine des Verwitterungsproduktes „Bauxit" und überhaupt der hydratischen Tonerdemineralien sind tonerde- und eisenreiche silikatische Massengesteine (Basalt, Melaphyr, Diorit) zu betrachten. Während man bei der Kaolinisierung des Feldspates oder feldspathaltiger Gesteine die Fortführung fast des ganzen Alkalis, jedoch nur eines Teiles der Silikat-Kieselsäure anzunehmen hat, scheint die Bildung der Tonerdehydrate zum Teil unter gänzlicher Fortschaffung der gebundenen Kieselsäure unter dem Einflusse besonders heftiger chemischer Angriffe vor sich zu gehen. Die geologische Entstehung der Bauxite ist noch nicht zur Gänze aufgeklärt. Die Liebrichsche Hypothese schreibt dem in den vulkanischen Exhalationen auftretenden Schwefelwasserstoff (H_2S) bzw. dessen Oxydationsprodukten, schwefelige Säure und Schwefelsäure (SO_3) diese energische Zersetzung zu, nimmt also einen Sulfatisierungsvorgang an, dessen Erzeugnis (Ton-

[1]) Howe u. Ferguson: Journ. Am. Cer. Soc., Vol. 6, 1923, Nr. 3; Ref. Tonind.-Z. 47, 1923, S. 282; Ker. Rundsch. 31, 1923, S. 102.

[2]) Tonind.-Z. 51, 1927, S. 1472.

erdesulfat) unter der Einwirkung kohlensäurehaltiger Wässer sich in basische Sulfate und weiterhin in Hydrate umgebildet hat.

Ein bauxitreiches Zersetzungsprodukt, das in feuchtem tropischem Klima aus verschiedenen Gesteinen entsteht, ist der Laterit.

Die Bauxite treten teils erdig, tonähnlich, in knollenartigen Stücken oder felsig in Blöcken oder Nestern auf, und zwar je nach der Art ihres Muttergesteines in Lagern von Kaolinen, Tonen, Löß, Kalksteinen, Kreide, Eruptionsgesteinen, hauptsächlich im Basalt. Sie sind ihrer mineralogischen Zusammensetzung nach vorwiegend kolloider, zum geringen Teile kristalloider Natur, im allgemeinen also amorphe Bildungen. Dichte und Härte schwanken selbst in ein und derselben Lagerstätte; die Dichte von tonigem Bauxit wird mit 2,6—3,1 angegeben (Bauxit: s = 2—3, H = 2—3). In der Reihe der Tonerdehydrate nimmt das spezifische Gewicht in der Richtung Gibbsit ⟶ Bauxit ⟶ Diaspor zu. Die Bauxite besitzen zufolge ihres Kolloidgehaltes einen gewissen Bildsamkeitsgrad; mit Wasser angefeuchtet, schwinden sie daher wie Tone schon beim Trocknen.

Die chemische Zusammensetzung der Bauxite ist außerordentlich verschieden. Die Menge des an Tonerde, Eisenoxyd und Kieselsäure gebundenen Wassers schwankt in weiten Grenzen. In wechselnden Mengen enthalten sie an akzessorischen Beimengungen verschiedene Eisenhydroxyde ($Fe_2O_3 \cdot 3\,H_2O$, $2\,Fe_2O_3 \cdot 3\,H_2O$), Tonerdesilikate, Kiesel- und Titansäure, organische Stoffe, seltener Kalk- und Magnesiumverbindungen; sehr selten und in ganz geringfügiger Menge werden überdies Mangan-, Chrom-, Vanadin-, Lithium-, Alkaliverbindungen, Schwefeleisen, Phosphor- und Schwefelsäure angetroffen.

Die Eisenverbindungen, deren Menge bis etwa 58 vH Fe_2O_3 ansteigen kann, verleihen dem sonst weißen bis gelblichen Bauxit bei gleichmäßiger Verteilung rost- bis dunkelbraune Farbe; ungleichmäßig verteilter Eisengehalt erscheint in Form von farbigen Punkten, Flecken, Adern und Streifen. Eisenreiche Bauxite nehmen in mineralogischer Hinsicht eine Mittelstellung zwischen Diaspor und Brauneisenstein (Limonit $2\,Fe_2O_3 \cdot 3\,H_2O$) ein. Bemerkenswert ist, daß die meisten eisenreichen Bauxite („rote Bauxite") nur geringe Mengen Kieselsäure, die eisenarmen („weiße Bauxite") viel Kieselsäure enthalten. Ein Gehalt an Schwefeleisen (kolloidal) färbt weiße Bauxite blau. Das Eisen kann außer in den genannten Verbindungsformen auch als Magnetit (Fe_3O_4) oder Titaneisenerz ($FeO \cdot TiO_2 + x\,Fe_2O_3$) auftreten. Über die quantitative Zusammensetzung gibt Tabelle 17 Aufschluß.

Bauxit ist infolge des amphoteren Charakters der Tonerde, die sich starken Basen gegenüber als Säure, starken Säuren gegenüber als Base verhält, sowohl in Schwefelsäure als auch in Natronlauge, in dieser besonders bei höherer Temperatur (etwa 170° C) und unter Druck (4 at), löslich („aufschließbar"). Bei gleichmolekularem Verhältnis von Tonerde und Natron (Na_2O) bildet sich unter diesen Bedingungen eine Metaaluminatlauge ($Na_2O \cdot Al_2O_3$), die bei geeigneter Konzentration (24—25° Bé) und Temperatur (etwa 30° C) unter dem Einflusse von

Tabelle 17. Analysenbeispiele und Grenzwerte der Zusammensetzung

Bezeichnung	Al_2O_3	H_2O	Glühverlust	Fe_2O_3	SiO_2	TiO_2	CaO	MgO	KNaO	P_2O_5	CO_2	Feuchtigkeit	Gangart + Sand
Grenzwerte von eigentlichem Bauxit[1])	47,0—68,5	17,1—26,8		0,7—21,8	1,1—30,0	1,2—5,2							
Frankreich (Dep. Bouches du-Rhône, Arles), weiß[2])	73,0	9,0		1,5	16,5 (SiO_2 + TiO_2)								
	59,0	16,3		8,0	16,6 (SiO_2 + TiO_2)								
Dep. Hérault[2])	75,7	13,5		1,9	8,3								
Laufende französische Standardqualitäten[3]) weiß	65			4	15								
grau	60			10	10								
rot	63			18	3								
feuerfest	40			4	40								
Alabama[2])	56—60	25—30		3	9—10 (SiO_2 + TiO_2)								
Arkansas[2])	55,59	28,99		6,08	10,3 (SiO_2 + TiO_2)								
Oberhessen[4])	50,6		27,1	16,4	3,2	3,0							
Nassau[5])	32,46		19,90	38,94	6,68		Spur	0,41	0,64	0,27			0,73
Lattengebirge Untersberg[6])	46,91 54,89	12,0 12,33		27,68 25,40	5,15 4,27	2,26 2,18	2,80 0,31				2,19 0,22	1,08 0,56	
Dalmatien (Festland)[7])	50—52			20—24	sehr wenig								
Jugoslawien (Grenzwerte)[8])	50—60		12—15	15—30	5—10								
Frankreich (Grenzwerte)[8])	60—70		25	5—15	2—10								
Amerika (Grenzwerte)[8])	60—70		30—35	1—10									
Rumänien (Bihargebirge in Siebenbürgen)[9])	54—60			15—24	2—5	2—4				8—16			

[1]) Dammer, O.—Peters, F.: Chemische Technologie der Neuzeit, 2., erweiterte Aufl. S. 540/1. Stuttgart: F. Enke. 1926.
[2]) Ullmann, F.: Enzyklopädie der Technischen Chemie, Bd. I, S. 306. Berlin-Wien: Urban und Schwarzenberg. 1914.
[3]) Brit. Clayworker, November 1926, Nr. 415; Ref. Tonind.-Z. 51, 1927, S. 299.
[4]) Gemittelt aus den von E. Hüffner in der Mitteldeutsch. Bergb.-Z., Ref. Tonind.-Z. 46, 1922, S. 461, bekanntgegebenen sieben Durchschnittsanalysen.
[5]) Nach Holthof (Spengel, A.: Tonind.-Z. 48, 1924, S. 357).
[6]) Spengel, A.: a. a. O.
[7]) Tonind.-Z. 45, 1921, S. 14.
[8]) Dengler, F.: a. a. O.
[9]) Ref. Sprs. 60, 1927, S. 455.

suspendiertem Tonerdehydrat besonderer Beschaffenheit und unter starkem Rühren im Sinne der Gleichung

$$\underbrace{Na_2O \cdot Al_2O_3 + 4\,H_2O}_{\text{Lauge}} \longrightarrow Al_2O_3 \cdot 3\,H_2O + 2\,NaOH$$

zerlegt wird (Ausrühren).

Das der Tonerde beigemengte Eisenoxydhydrat bildet nur pyrogen eine ähnliche Verbindung, Natriumferrit, $Na_2O \cdot Fe_2O_3$, die aber durch Wasser sofort in Eisenhydroxyd Fe $(OH)_3$ und Natronlauge zerfällt. Unter obigen Bedingungen wird weder Eisenoxyd noch die Quarzkieselsäure, wohl aber die Kieselsäure etwa vorhandener Tonsubstanz gelöst; aus der Lösung scheidet sie sich dann in Form eines zeolithartigen Natron-Tonerdesilikates ($Na_2O \cdot Al_2O_3 \cdot 4\,SiO_2 \cdot 9\,H_2O$) ab. Titansäure geht beim Aufschluß in unlösliches Metatitanat ($Na_2O \cdot TiO_2$), beim Auswaschen des eisenhaltigen Rückstandes in saures Metatitanat ($NaHTiO_3$ bzw. $2\,Na_2O \cdot 5\,TiO_2 \cdot 5\,H_2O$) über, bleibt also ebenfalls im Rückstand. Diese verschiedene Reaktionsfähigkeit der Bestandteile des Bauxites ermöglicht eine weitgehende Entfernung der Verunreinigungen und Gewinnung fast reiner Tonerde. Eine Enteisenung ohne Aufschluß ist nach D. R. P. 439033, 1924, von H. Fleißner[1]), durch Behandlung des Bauxites mit Schwefelwasserstoffgas bei gewöhnlicher Temperatur und Zerstörung des hiebei gebildeten Schwefeleisens (FeS) durch Einwirkung von Schwefeldioxydgas möglich.

Durch den Gehalt an Hydrogelen verfügen die Bauxite auch über ein gutes Sorptionsvermögen, auf Grund dessen sie in ähnlicher Weise wie Diatomeenerde zu Filtrations- und Reinigungszwecken (Ölindustrie usw.) verwendet werden.

Über Brennverhalten siehe S. 172.

Vorkommen

Die Weltproduktion an Bauxit wird für 1926 auf rund 1 500 000 t geschätzt; gegenüber der Produktion im Jahre 1918 bedeutet dies eine Zunahme um rund 53 vH[2]). Die wichtigsten Lager des Kontinentes befinden sich im südlichen Frankreich; der bauxitführende Zug erstreckt sich vom Nordfuße der Pyrenäen längs des Mittelländischen Meeres bis zu den Ausläufern der Alpen und umfaßt die Departements Hochpyrenäen, Ariège, Ostpyrenäen, Hérault, Gard, Rhonemündungen und Var (Brignolles); weitere Vorkommen liegen in den Departements Charente, Cantal und Lozère. Nur im Departement Rhonemündungen, und zwar an seiner ersten Fundstätte bei Les Beaux (nächst Arles), wird eigentlicher Bauxit gefunden. Seit 1926 steht Frankreich mit 440 000 t an erster Stelle der Weltproduktion; die auf 60 000 000 t geschätzten Lager werden hauptsächlich durch die Gesellschaften Péchiney, Société française pour l'-Industrie de l'-Aluminium, Union des Bauxites und Compagnie des Bauxites de France ausgebeutet[3]). Große Mengen Bauxit werden nach Holland und Deutschland — 1926 in den ersten elf Monaten 110 800 t —, geringere nach England und Nordamerika ausgeführt[4]).

In Deutschland befinden sich bauwürdige Lager nur in Oberhessen am Westhange und in der Umgebung des Vogelsberges (Wetterau). Gefunden wird Bauxit auch im Siebengebirge, Sollinger- und Westerwald, im Lattengebirge der Berchtesgadener Alpen und am Main (Offenbach). Die verhältnismäßig konstant zusammengesetzten Bauxite Oberhessens sind basaltische Zersetzungsprodukte und treten als Knollen in Tonen

---

1) Sprs. 60, 1927, S. 491.

2) Tonind.-Z. 51, 1927, S. 338.

3) Tonind.-Z., a. a. O.

4) Tonind.-Z., a. a. O. u. 49, 1925, S. 684.

auf. Nach Hüffner (a. a. O.) sind Lager von wenigen Zentimetern bis 5 m, stellenweise sogar von 10—15 m Mächtigkeit vorhanden. Die steigende Gewinnung der oberhessischen Bauxite liegt in den Händen der Bauxitwerke A.-G. Gießen, die wettbewerbsfähigen Bauxit auf den Markt bringen sollen.

Österreich ist arm an Bauxitvorkommen; keines der Vorkommen hat bisher technische Verwertung gefunden. Unbedeutende Lagerstätten finden sich in Salzburg am Fuße des Untersberges bei Grödig (Nester von rotem Bauxit), in Niederösterreich bei Pitten, Dreistätten und in der Wachau. Die reichhaltigen Bauxitlager von Dalmatien und Istrien, ferner die unbedeutenden Vorkommen in Krain im Flußgebiete der Wocheiner Save (Wocheinit!), die ungarischen Lager im Bihargebirge (Siebenbürgen), die auf 20 000 000 t geschätzt werden und im Mittel 60 vH, oft aber 70—80 vH Tonerde enthalten[1]), fielen durch die Friedensverträge von St.-Germain und Sèvres an Südslawien, Italien und Rumänien.

Die istrianisch-dalmatinischen Vorkommen verlaufen in zwei südöstlich gerichteten Zügen, einer Festlandszone, welche die wertvolleren Bauxite birgt — um Sovignaco (Istrien), Sebenico und Drniš in Dalmatien — und einer Inselzone mit Veglia, Arbe, St. Gregorio, Pago und Cherso. Abgebaut werden nur die unweit des Meeres und nächst der Bahn gelegenen Lager, und zwar nur bis zu einer geringen Teufe. Die dalmatinischen Vorkommen, deren Gestein 50—60, zuweilen sogar 70 vH Tonerde enthält, werden auf 20 000 000 t geschätzt[2]). Die Ausfuhr, hauptsächlich nach Nordamerika und Deutschland, betrug 1926 mindestens 130 000 t[3]). In Südslawien befinden sich ferner bedeutendere, jedoch nicht ausgenutzte Bauxitlager in der Herzegowina, in Montenegro und Kroatien. Die südslawischen Bauxite sollen sehr tonerdereich, arm an Kieselsäure sein und besonders für die Zukunft die wichtigsten Vorkommen der Welt darstellen[4]).

Italien zählt zu seinen alten Lagern — Zentralapennin, Abruzzen, Kampanien und Kalabrien — die altösterreichischen Vorkommen von Istrien und zum Teil von Dalmatien. Durch die Angliederung dieser Provinzen ist es an die dritte Stelle der Weltproduktion vorgerückt; vor dem Weltkriege betrug seine Bauxitförderung jährlich 7000 t, im Jahre 1925 dagegen 198000 t[5]).

In Ungarn wurde vor wenigen Jahren ein sehr ergiebiges Vorkommen roten Bauxites zwischen dem Plattensee und dem Bakonyer Wald bei Tapolcza in einer Ausdehnung von 14 km² von der Otavi Minen- und Eisenbahn-A.-G. (Berlin) und den Vereinigten Aluminium-Werken A. G. (Lautawerk) erschlossen, die von der Bauxit Trust A. G.

[1]) Sprs. 60, 1927, S. 455.
[2]) Tonind.-Z. 51, 1927, S. 516.
[3]) Rev. Econ. Beograd; Ref. Tonind.-Z. 51, 1927, S. 516.
[4]) Sprs. 60, 1927, S. 467.
[5]) Chim. et Ind., Nov. 1926, S. 861; Ref. Tonind.-Z. 51, 1927, S. 21.

(Zürich) ausgebeutet werden sollen, der außer den genannten deutschen Gesellschaften die Ungarische Allgemeine Kohlenbergbau A.-G., Manfred Weiß A. G., Salgotarjaner Steinkohlenbergbau A. G., Aluminiumerz-Bergbau und Industrie A. G. (Budapest) angehören[1]).

Bedeutendere Bauxitlager befinden sich ferner noch in Irland (bei Belfast im Bez. Antrim und Ayrshire), Schottland (an den Saltcoats) und Rußland (Gouv. Tschereposetz, Kreis Tichwin, am Flusse Wolozsba und im Kreise Gandschinks[2]).

Unter den überseeischen Ländern besitzt Nordamerika in den Staaten Arkansas, Alabama, Georgia und Nordkarolina (und Tennessee) die wichtigsten Bauxitlager. Der Bauxit ist hier häufig gibbsitartig, Arkansasbauxit reiner als die französischen Bauxite. Folgende Produktionsdaten zeigen den interessanten Aufstieg der USA-Bauxit-Industrie[3]).

Gründungsjahr: 1889.

Gesamtausbeute 1889—1926: 6 045 394 t,

davon	1889—1895:	0,9 vH
	1896—1905:	5,5 „ „
	1906—1916:	25,5 „ „
	1916—1925 (Ende)	68,4 „ „

In Südamerika findet sich Bauxit (Laterit) in Britisch-Guyana (County Demararu) und Niederländisch-Guyana (holländische Kolonie Surinam; größtes Bauxitwerk der Welt in Moengo)[4]), in Indien in der Präsidentschaft Bombay und Madras, in den Staaten Bhonal, Jashpur, Rewak, Sarguya, Tonk und in West Chota-Nagpur; in Niederländisch-Indien wurden Bauxitlager großer Mächtigkeit im Riouco-Archipel erschlossen[5]); in Vorderindien wird Laterit gefördert.

Schließlich verfügen noch über Bauxitlager Westafrika (am Senegal), Australien (Neusüdwales, Victoria, Westaustralien)[6]), über Lateritvorkommen Afrika und Mittelamerika.

Wegen der hohen Transportkosten wird der zu versendende Bauxit meist an Ort und Stelle kalziniert und zerkleinert, aus technischen Gründen nötigenfalls auch zur Entfernung des beigemengten Sandes geschlämmt.

Verwendung

Über die vielseitige Verwendung des Bauxites gibt folgendes Schaubild Aufschluß.

---

[1]) Tonind.-Z. 45, 1921, S. 765 u. 1086; 47, 1923, S. 576; 51, 1927, S. 118 u. 558.

[2]) Tonind.-Z. 51, 1927, S. 413; Ker. Rundsch. 34, 1926, S. 813.

[3]) Tonind.-Z. 51, 1927, S. 319.

[4]) Tonind.-Z. 45, 1921, S. 14; 50, 1926, S. 598 u. 895.

[5]) Tonind.-Z. 46, 1912, S. 994; 50, 1926, S. 578; 51, 1927, S. 558.

[6]) Tonind.-Z. 46, 1922, S. 220.

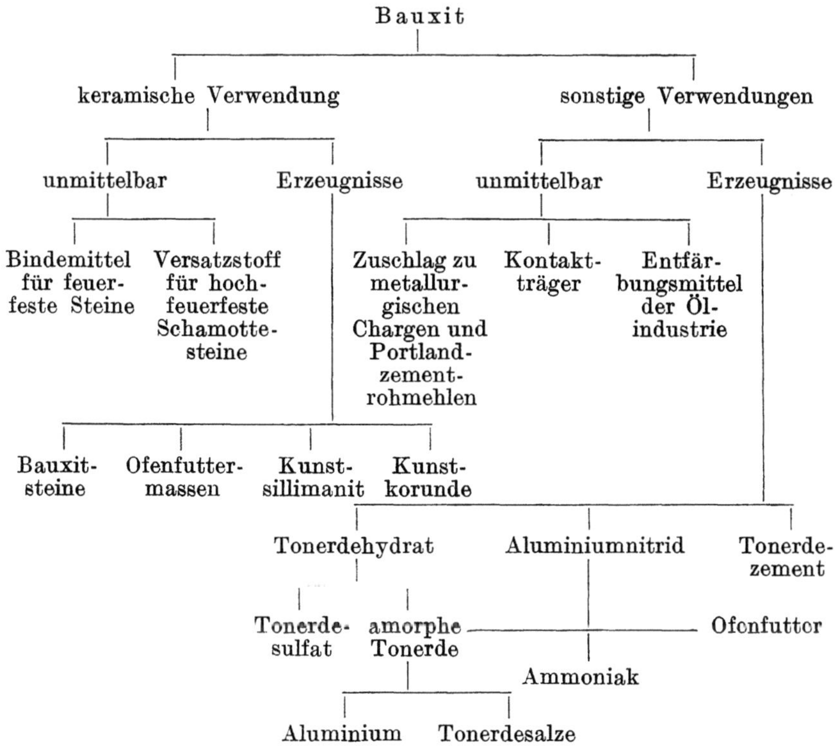

Nur ein verhältnismäßig kleiner Teil des geförderten Bauxites — in Amerika im Jahre 1918 nur etwa 2 vH der Gesamtförderung — findet keramische Verwendung, etwa die Hälfte der Erzeugung wird auf Aluminiummetall verarbeitet.

Nach J. Spotts McDowell und H. S. Robertson[1]) ist Bauxit als Bindemittel für Chromitziegel verwendet worden. Kieselsäure-, eisen- und alkaliarme Bauxite werden nach dem Kalzinieren und Feinmahlen als Versatzstoff hochfeuerfester Ziegelmassen (halbbauxitische Steine) verwendet oder mit Ton- oder Kalkbindung in beschränktem Umfange auf Bauxitziegel und Ofenfuttermassen für Sonderzwecke verarbeitet. Bauxitziegel aus tonerdereichen Bauxiten und hochtonerdehaltigen Tonen sind feuerfester als gewöhnliche Schamottesteine; nach Bischof[2]) ist ihre Standfestigkeit im Feuer gering, da sie frühzeitig erweichen und daher auch keine Belastung vertragen.

Bauxitziegel eignen sich zur Auskleidung von Hochöfen, als Ersatz der teuren Magnesitziegel und anderer hochfeuerfester Ofenbaustoffe,

[1]) Spotts McDowell, J. u. H. S. Robertson: Journ. Am. Cer. Soc., Vol. 5, 1923, Nr. 12; Ref. Ker. Rundsch. 31, 1923, S. 71.

[2]) Bischof, C.: Die feuerfesten Tone, 3. Aufl. S. 344. Leipzig: Quandt u. Händel. 1904.

zur Herstellung basischer Herdsohlen von Elektro-Öfen, als Konverterfutter, für die Gewölbe- und Seitenwände der Bleiraffinierflamm-Öfen, für Kohlenstaubfeuerungsanlagen und ähnliche Zwecke[1]).

Neuerdings wird Bauxit, zumeist französischer oder Bauxit von Istrien, zu einem sehr rasch erhärtenden Mörtelstoff von fast schwarzer Farbe verarbeitet (Tonerde-, Bauxit-, Schmelz-, Aluminat-, Elektro- oder Alca- [**Al**uminium-, **Ka**lzium-] Zement), der gegen Salzwässer sehr widerstandsfähig ist. Dieser Zement wird durch Erhitzen eines Gemenges von Bauxit (hochtonerdehaltigen Stoffen) und Kalk (oder Kalkstein) bis zur Sinterung oder bis zum Schmelzen (1400—1600° C) in Gebläseöfen mit Wasserkühlung (Wassermantelöfen), Drehrohröfen oder Elektroöfen und feines Vermahlen der erstarrten Schmelze erhalten. In Deutschland wird er z. B. in Zschornewitz (Bez. Halle) aus französischen Bauxiten erzeugt. Nach A. Hasch[2]) besitzen Aluminiumzemente die in Tabelle 18 verzeichnete Zusammensetzung.

Tabelle 18. Zusammensetzung von Tonerdezementen

	SiO_2	Al_2O_3	Fe_2O_3 (= $FeO + Fe_3O_4$ oder Fe)	CaO
Tonerdezement	10	53		37
Schmelzzement	11	41	11	37
Mittelwerte	10	40	10	40[1])

[1]) Dammer, O.—Peters, F.: Chemische Technologie der Neuzeit, zweite, erweiterte Aufl., S. 625. Stuttgart: F. Enke, 1926.

Ein feuerfester Zement aus pulverförmigem Rohbauxit soll durch Mischen mit Zement, der mindestens 30 vH Tonerde enthält, erhalten werden (D.R.P. 438264, 1925, von P. Kestner)[3]).

Das nach dem Serpek-Prozeß (Stickstoffbindung durch Bauxit) bei 1800—1900° C im Sinne der Gleichung: $Al_2O_3 + 3C + 2N = 2AlN + 3CO$ erzeugte Aluminiumnitrid (AlN) dient selbst als feuerfestes Ofenfutter (Smp über 2200° C) der zur Nitriderzeugung verwendeten, elektrisch geheizten Azotierungs-Drehöfen. Das Nitrid zerfällt nach C. Matignon erst gegen 2300° C an der Luft in Aluminiumoxyd und Stickstoff. Seine elektrische Leitfähigkeit beträgt nach Shukow bei 0° C weniger als $0{,}5 \times 10^{-6}$ reziproke Ohm.

Die Anforderungen an Bauxit richten sich einerseits nach der Art seiner Verwendung, anderseits bei einer bestimmten Verarbeitung, z. B. auf Tonerdehydrat bzw. Tonerde, nach der Art des Verfahrens.

Die in der „feuerfesten Industrie" gebrauchten Bauxite erfüllen nur dann völlig ihren Zweck, wenn sie einen möglichst hohen Tonerdegehalt und möglichst geringen Gehalt an Kieselsäure, Eisenoxyd, Kalk und Alkaliverbindungen besitzen. In bezug auf Raumbeständigkeit bei höheren Temperaturen eignen sich für feuerfeste Zwecke die wasserärmeren Bauxite der Diasporgruppe besser als die der Hydrargillit-

[1]) Journ. Chem. and Metall. Engin; Ref. Tonind.-Z. 45, 1921, S. 60; The Master Builder, 1925, S. 756; Ref. Tonind.-Z. 49, 1925, S. 634.

[2]) Hasch, A.: Z. ö. Ing.- u. Arch. Ver. 1926, Heft 13/14, S. 139.

[3]) Kestner, P.: Sprs. 60, 1927, S. 491.

gruppe. Verwendet werden daher weiße oder hellfarbige Bauxite, meist französischer Herkunft, doch sollen auch die oberhessischen Bauxite in der Erzeugung feuerfester Waren eine Rolle spielen[1]). Gute Bauxite sollen etwa 70 vH Tonerde, nicht über 5 vH Eisen-3-oxyd und 10 vH Kieselsäure neben 15 vH Hydratwasser enthalten[2]). Der amerikanische Handelsgebrauch verlangt im allgemeinen einen Mindestgehalt an Tonerde von 52 vH.

Die Anforderungen an Bauxite, die auf Tonerdehydrat bzw. Tonerde verarbeitet werden sollen, wechseln mit dem Arbeitsgange. Die Hauptmenge des Hydrates wird heute nach dem Verfahren von K. J. Bayer (nasser alkalischer Aufschluß) erzeugt. Dieser Prozeß kann sich ohne besondere Schwierigkeiten der roten Bauxite bedienen, da das Eisenoxyd unter den obwaltenden Arbeitsbedingungen unlöslich ist; hingegen soll mit Rücksicht auf die Menge des zu entfernenden Rückstandes (Rotschlamm), auf den Verbrauch an teurem Alkali und die Ausbeute an Hydrat der Gehalt an gebundener Kieselsäure (Tonsubstanz) und Titansäure möglichst gering sein.

Nach „Ullmann" sind die in Tabelle 19 verzeichneten Zusammensetzungen typisch für Bauxite, die zum alkalischen Aufschluß nach Bayer geeignet bzw. ungeeignet sind.

Tabelle 19

Kalkül	Al_2O_3	Fe_2O_3	$SiO_2 + TiO_2$
Geeignet	72,6	22,9	4,5
Ungeeignet	n. b.	0,53	17,8

Zur Erzeugung von künstlichem Schmirgel eignet sich nach „Dammer" (S. 540) besonders titansäurehaltiger Bauxit; zur Herstellung von Kunstkorunden verwendet man möglichst reine Bauxite, da unreine Rohstoffe eine Wiederholung des Schmelzprozesses heischen, um den nötigen Reinheitsgrad zu erlangen, die Erzeugung daher verteuern. Alkalioxyde in geringer Menge sind, da sie als Kristallisatoren wirken, für den Prozeß günstig.

3. Künstliche Tonerden

a) γ-Tonerde

γ-Tonerde kann aus Bauxit, Kryolith (siehe S. 392), Tonen und anderen Tonerdesilikaten, z. B. aus Leuzit $K_2O \cdot Al_2O_3 \cdot 4\,SiO_2$ oder Nephelin $Na_2O \cdot Al_2O_3 \cdot 2\,SiO_2$ hergestellt werden. Kryolith kommt als Tonerderohstoff nur in beschränktem Maße für die nordamerikanische Tonerdeindustrie in Betracht. Der Ersatz des teuren Bauxites durch Tone und andere Silikate ist bisher nicht von dem wünschenswerten Erfolge begleitet. Die Erzeugung der Tonerde aus Bauxit über das Hydrat als Zwischenprodukt nach Bayer (D.R.P. 43 977, 1887, und 65 604, 1892) erfolgt im Sinne des nachstehenden Arbeitsdiagrammes:

[1]) Tonind.-Z. 46, 1923, S. 161.
[2]) Sprs. 57, 1924, S. 318.

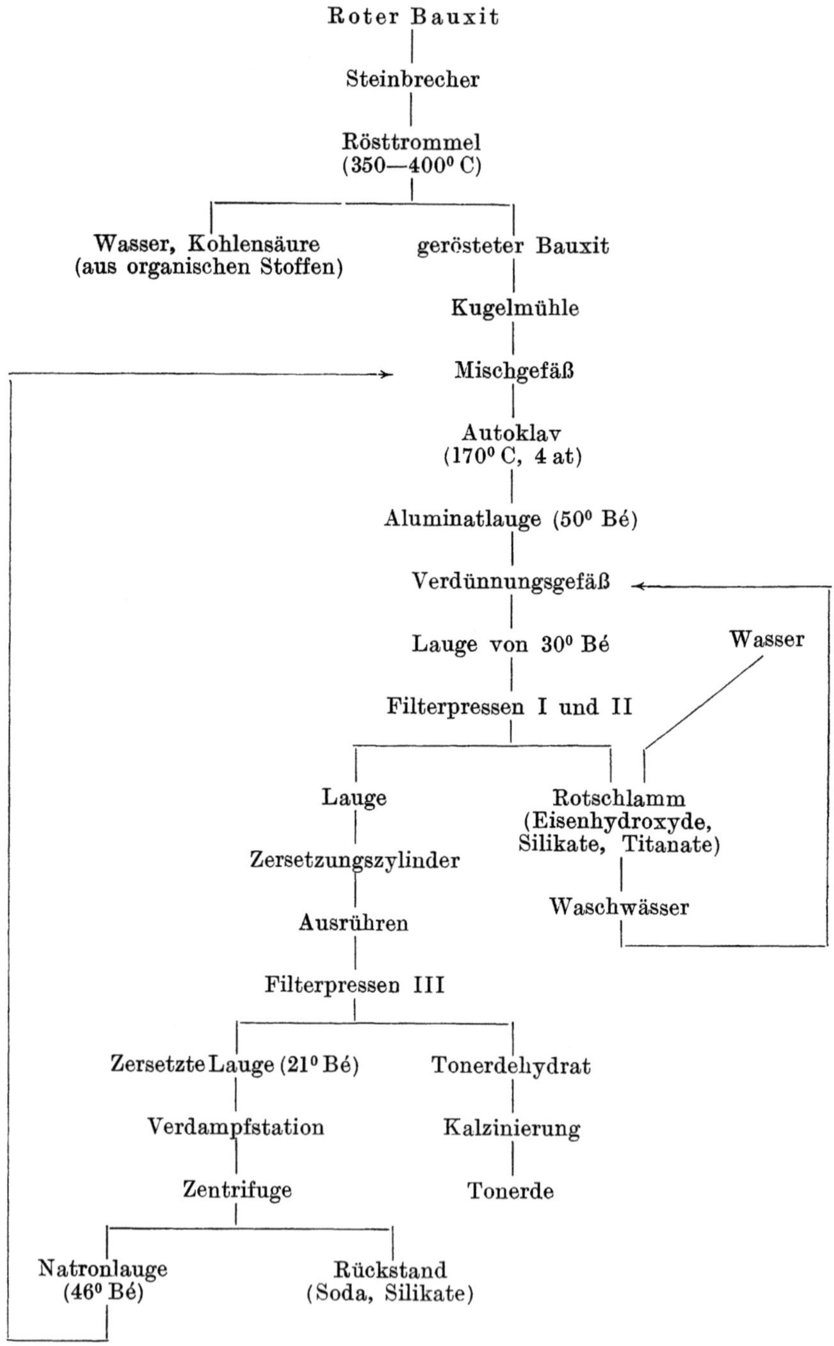
Roter Bauxit
Steinbrecher
Rösttrommel
(350—400° C)
Wasser, Kohlensäure
(aus organischen Stoffen)
gerösteter Bauxit
Kugelmühle
Mischgefäß
Autoklav
(170° C, 4 at)
Aluminatlauge (50° Bé)
Verdünnungsgefäß
Lauge von 30° Bé
Wasser
Filterpressen I und II
Lauge
Rotschlamm
(Eisenhydroxyde,
Silikate, Titanate)
Zersetzungszylinder
Waschwässer
Ausrühren
Filterpressen III
Zersetzte Lauge (21° Bé)
Tonerdehydrat
Verdampfstation
Kalzinierung
Zentrifuge
Tonerde
Natronlauge
(46° Bé)
Rückstand
(Soda, Silikate)

Aus dem Tonerdehydrat gewinnt man die Tonerde durch Kalzinieren. Das ausgewaschene Hydrat wird zunächst in einer Dampftrockenanlage getrocknet und hernach in Muffeln oder Drehrohröfen zur Entfernung des chemisch gebundenen Wassers bei mindestens heller Rotglut (∞ 1000° C) kalziniert. Auf die Beschaffenheit des Erzeugnisses ist die Höhe der Temperatur von maßgebendem Einfluß. Durch Zusatz von Aluminiumfluorid oder Flußsäure kann die Glühdauer abgekürzt und die Kalziniertemperatur erniedrigt werden (siehe S. 172).

In den letzten Jahren tauchen immer mehr Bestrebungen auf, billige tonerdehaltige Werkstoffe (Ton, Tonschiefer, Mergel, Letten, Hochofenschlacken, Leuzit und andere) auf Tonerde zu verarbeiten. Nach den in der Patentliteratur bekanntgewordenen Mitteilungen handelt es sich zumeist entweder um die Herstellung einer Aluminiumsalzlösung durch pyrogenen oder nassen alkalischen Aufschluß (Kalk, Soda) oder durch nassen oder trockenen sauren Aufschluß der Rohstoffe; aus diesem Zwischenprodukt wird nach verschiedenen chemischen Methoden das Hydrat gefällt. (Verfahren von: Packard, D.R.P. 182 442, 1902; Metallbank und Metallurgische Gesellschaft A.-G., D.R.P. 355 302, 1916; Jourdan, E.P. 195 084, 1923; O. Lederer und W. Stanczak, Tsch.P. 18 648; W. Dan Bergmann, No.P. vom 10. August 1918; Chemische Fabrik Griesheim-Elektron, Frankfurt a. M., D.R.P. 411 580); andere patentierte Verfahren bedienen sich entweder der pyrogenen Chlorierung mit Natriumchlorid zur Verflüchtigung des Eisens und Überführung des Tonerdesilikates in durch Kalk leichter aufschließbares Alkali-Tonerde-Silikat oder der pyrogenen Chlorierung mit Chlorgas in Gegenwart eines Reduktionsmittels (Holzkohle, Sägemehl) zur Umwandlung der Tonerde und Kieselsäure in trennbare Chloride. (Kayser und Cowles; Weaver Company in Milwaukee, V. St., No.P. vom 19. März 1916.)

Ob diese Verfahren im Fabriksbetriebe bereits ausgeführt werden, ist den spärlichen Angaben der Literatur nicht zu entnehmen. In der Tschechoslowakei (Kostelec) soll in nächster Zeit die Aluminiumhütte, Chemische Fabrik Schlick & Co., das Verfahren von Lederer und Stanczak aufnehmen (H. Kaßler, Chem. Z. 1926, S. 917).

Auch der saure Aufschluß mit Ammoniumbisulfat (NH_4HSO_4) nach Buchner oder mit Ammonsulfat nach Heß soll bei Tonen mit Erfolg angewendet werden können.

b) Geschmolzene Tonerden (Kunstkorunde)

Die Überlegenheit der Produkte, die durch Schmelzen von Schmirgel, Naturkorunden und roten Bauxiten gewonnen wurden, vor allem deren geringere Porigkeit gegenüber den Ausgangsstoffen, durch welche die chemische Widerstandsfähigkeit wesentlich erhöht wurde, führten zur Erzeugung der Kunstkorunde.

Der erste elektrisch geschmolzene Korund, Alundum, wurde vor etwa 30 Jahren von der Norton Company in Niagara Falls hergestellt.

Kunstkorunde können nach zwei verschiedenen Verfahren gewonnen werden, dem Elektroverfahren, das die Elektrokorunde liefert, und nach dem Kupolofenverfahren von Lecesne-Gowen (Kupolofenkorunde). Als Nebenerzeugnis fällt α-Tonerde beim Goldschmidtschen Thermitprozeß an (Thermitkorunde).

Rohstoffe sind vor allem Bauxite, und zwar weiße Bauxite für die edleren Erzeugnisse, die „hellen“ Korunde, rote Bauxite für mindere Sorten („schwarze“ Korunde, künstliche Schmirgel), ferner in untergeordnetem Maße die natürlichen kristallisierten Tonerden. „Weißer“ Korund wird aus chemisch reiner Tonerde nach dem Elektroverfahren erzeugt.

Die Beschaffenheit der Kunstkorunde hängt sowohl von den Eigenschaften der Rohstoffe als auch von der Art der Erzeugung ab.

Auch in dieser Industrie wurde versucht, den Bauxit durch Kaolin oder Ton zu ersetzen. Ein Weg hiezu böte sich in der Verflüchtigung der Kieselsäure nach einem ähnlichen Verfahren, wie es später bei Kunstsillimanit besprochen werden soll. In keramischer Beziehung liegt der Vorzug der Kunstkorunde gegenüber den natürlichen Tonerden und Tonerdehydraten sowie gegenüber der γ-Tonerde in der völligen Abwesenheit von chemisch gebundenem Wasser (Raumbeständigkeit!), in ihrer größeren Dichte und höheren Feuerfestigkeit, die durch die Verflüchtigung der Verunreinigungen bei der hohen Temperatur der Schmelze erzielt wird.

Eine Zwischenstufe zwischen amorpher und geschmolzener (kristallisierter) Tonerde ist der „gesinterte“ Bauxit, ein durch Erhitzen von Bauxit bis zur Sinterung (etwa 1700° C) erhaltenes, zum Teil umkristallisiertes, wasserfreies Erzeugnis.

Das Elektroverfahren bedient sich nach den Patenten von F. Hasslacher (D.R.P. 85021, 1894), Ch. M. Hall (D.R.P. 143901, 1902, und 135553), Gintl und Ch. B. Jacobs, Valatelli und Vialars (F.P. 525097, 1920) zum Niederschmelzen des Korundrohstoffes — Hasslacher schmolz natürlichen Schmirgel mit etwa 5 vH Reduktionsmittel —, der Hitze des elektrischen Lichtbogens (etwa 2000° C). Das Wesen des Verfahrens besteht in der Anwendung einer so hohen Temperatur, daß die Tonerde in leichtflüssigem Zustande anfällt und die Verunreinigungen in eine von der Tonerdeschmelze leicht trennbare Form übergehen. Dies wird durch Reduktion der Fremdstoffe mittels Holzkohle oder Hüttenkoke und auch durch die Elektrodenkohle selbst erreicht. Eisenoxyd, Kiesel- und Titansäure werden dadurch, und zwar Eisenoxyd völlig, die Säuren der Hauptmenge nach, zu Elementen (Eisen, Silizium, Titan) reduziert, die sich zu einem titanhaltigen Ferrosilizium — nach Br. Waeser[1]) von etwa 5—12 vH Siliziumgehalt — legieren, das bei der hohen Temperatur eine leichtflüssige Schmelze bildet, die sich zufolge ihres hohen spezifischen Gewichtes von der spezifisch leichteren Tonerdeschmelze gut trennt und zu Boden setzt. Nach Am. P. 1269224, 1917, kann die Reduktion von Tonerde durch Zusatz von metallischem Eisen

[1]) Waeser, Br.: Chem. Z. 46, 1922, S. 845—847.

vermieden werden. Der chemische Vorgang kann etwa durch folgende Gleichung ausgedrückt werden:

$$\underbrace{Al_2O_3(Fe_2O_3, SiO_2, TiO_2)}_{\text{geglühter Bauxit}} + 7\,C = Al_2O_3 + \underbrace{2\,Fe + Si + Ti}_{\text{Legierung}} + 7\,CO$$

Zur Durchführung des Prozesses wird der Bauxit im Sinne des folgenden Schemas aufbereitet und verarbeitet:

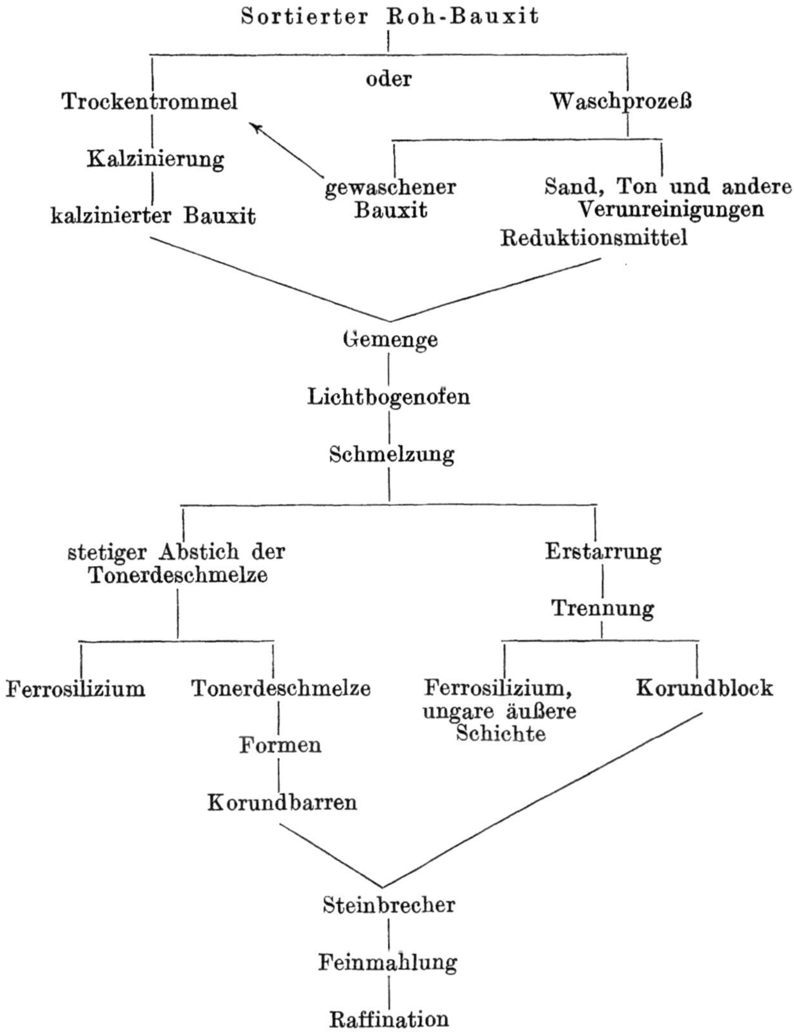

Die Kalzinierung des Bauxites erfolgt zum Zwecke der Austreibung des chemisch gebundenen Wassers und zur Zerstörung organischer Begleitstoffe. Hiezu werden hauptsächlich Drehrohröfen verwendet. Die Kalziniertemperatur liegt unterhalb Rotglut.

Die Erhitzung des Gemenges in dem mit Wechselstrom (110 Volt) geheizten Lichtbogenofen erfolgt bis zum ruhigen, leichten Fließen. Die Temperatur des Schmelzofens liegt nach Waeser (a. a. O.) bei 2800 — 3000° C. In die zuerst gebildete Schmelze wird nach Maßgabe des Niederschmelzens der Beschickung so lange neues Gemenge eingetragen (Nachsetzen!), bis aus der Charge ein etwa zwei Tonnen schwerer Block erhalten werden kann. Eine gründliche Durchmischung des Schmelzbades zum Zwecke der Homogenisierung erzielt man nach H. Vierheller[1]) durch Versenkung von gasentwickelnden Stoffen wie Peroxyde, Karbonate, Ammoniumsalze u. dgl. in das Schmelzbad am Ende des Schmelz- und Reduktionsvorganges.

Die Trennung der Tonerde von der Legierung erfolgt entweder durch stetigen Abstich der über dem flüssigen Ferrosilizium befindlichen Tonerdeschmelze oder beim nichtstetigen Blockverfahren nach der Erstarrung des Schmelzgutes. Die abgestochene Tonerdeschmelze erstarrt in den Formen zu kristallinen Blöcken. Der in besonderen Mühlen vermahlene Korund wird behufs Entfernung der Verunreinigungen häufig noch einer chemischen und magnetischen Reinigung unterzogen; der in den Brechwerken anfallende Korundstaub gelangt in den elektrischen Ofen zurück.

Der Korund kommt entweder vorgebrochen und sortiert oder vermahlen bzw. besonders gekörnt auf den Markt. Für Schleifmittel- und Polierzwecke wird er nach dem Mahlen auf Walzwerken durch Sieben und Schlämmen auf entsprechende Korngrößen verarbeitet.

Das als Nebenerzeugnis anfallende titanhaltige Ferrosilizium kann ebenfalls keramisch verwendet werden. Nach D.R.P. 441944, 1925, der Deutschen Ton- und Steinzeugwerke A. G., Berlin-Charlottenburg (Erfinder Th. Kürten[2]), Aachen), soll es die mechanischen Eigenschaften und die Temperaturwechselbeständigkeit keramischer Massen, denen es in Form von Pulver oder Draht in beliebigem Verhältnis einverleibt werden kann, verbessern; es wird besonders für jene Massen empfohlen, an die höhere Anforderungen in bezug auf thermischen Widerstand, mechanische Festigkeit und auch Alkalibeständigkeit gestellt werden (säure- und alkalifeste Gefäße, Apparate und Maschinen für die chemische Industrie).

Das Kupolofenverfahren nach Lecesne-Gowen beruht auf der Bildung von Aluminiumkarbid (Al_4C_3) und dessen Verbrennung zu Tonerde. Der Prozeß zerfällt daher in zwei Phasen; der erste Teil ist ein Reduktionsvorgang, bei dem die Tonerde und ihre Verunreinigungen in Metallkarbide übergeführt werden; im zweiten Teil des Prozesses wird das Aluminiumkarbid zu Tonerde oxydiert; die Oxydationswärme, die sich aus den Verbrennungswärmen des Aluminiummetalles und des Kohlenstoffes summiert und daher größer ist als die des Metalles allein, bewirkt das Schmelzen des oxydierten Karbides.

---

[1]) Vierheller, H.: D.R.P. 422105; Ref. Tonind.-Z. 50, 1926, S. 379.
[2]) Kürten, Th.: Ref. Tonind.-Z. 51, 1927, S. 1089.

Der chemische Vorgang bezüglich der Veränderungen der Tonerde während des Prozesses kann durch folgende Gleichungen dargestellt werden:

1. Phase: $2\,Al_2O_3 + 9\,C = Al_4C_3 + 6\,CO$,
2. Phase: $Al_4C_3 + 9\,O = 2\,Al_2O_3 + 3\,CO$.

Der zur Oxydation des Karbides nötige Wind (Luft) wird eingeblasen.

Die Reduktion der Tonerde zu Karbid gelingt in größerem Umfange nur in Gegenwart einer reichlichen Menge Reduktionsmittel (Anthrazit) bei sehr hoher Temperatur.

Dieses Verfahren, das auch zum Schmelzen von Ton und Kaolin geeignet sein soll, verwendet einen mit Gebläse versehenen Kupolofen (Schachtofen).

Die geschmolzene Tonerde wird nach Beendigung des Prozesses durch Vermehrung der Windmenge zum Erstarren gebracht, gemahlen und durch Magnetscheidung von metallischen Teilen befreit[1]).

Der Goldschmidtsche Thermitprozeß, der zur Metallgewinnung dann angewendet wird, wenn es sich um die Erzeugung kohlenstoff-(karbid-) freier Metalle handelt (Chrom, Mangan, Wolfram, Titan und andere), bedient sich an Stelle des Kohlenstoffes metallischen Aluminiums als Reduktionsmittel der Erze. Der Vorgang verläuft z. B. bei der Chromerzeugung gemäß der Gleichung:

$$Cr_2O_3 + Al_2 = Al_2O_3 + 2\,Cr.$$

Die Oxydationswärme des Aluminiums — 7140 Kcal — bewirkt das Schmelzen des gebildeten Aluminiumoxydes. Daß mit Hilfe dieses Metalles, dessen Verbrennungswärme nicht viel größer als der Heizwert einer guten Steinkohle ist, so hohe thermische Effekte (bis 3000° C) erzielt werden können, liegt hauptsächlich in dem Umstande, daß bei der Thermitreaktion keine wärmeabführenden gasförmigen Verbrennungsstoffe entstehen.

Das Gemenge von Erz und granuliertem oder pulverigem Aluminium, der sogenannte Thermit, brennt nach der Entzündung, die durch eine aus Magnesiumpulver und Bariumsuperoxyd (BaO_2) bestehende Zündkirsche erfolgt, ohne Wärmezufuhr von außen weiter. Einige Hundertteile des Erzes gehen in die Tonerdeschmelze, wodurch die Feuerfestigkeit des Korundes im günstigen oder ungünstigen Sinne beeinflußt wird; nur bei Verwendung von Chromerz wird der Feuerfestigkeitsgrad des erschmolzenen Korundes erhöht, alle übrigen Oxyde verringern die Schwerschmelzbarkeit.

Auch dieser bei der aluminothermischen Erzreduktion als Nebenerzeugnis anfallende Korund muß auf das sorgfältigste von anhaftenden Eisenteilen befreit werden.

Die Gewinnung von Kunstkorunden aus Kaolinen beruht auf folgender Reduktionswirkung:

$$\underset{\text{Tonsubstanz}}{Al_2O_3 \cdot 2\,SiO_2\,[2\,H_2O]} + 4\,C = Al_2O_3 + 2\,Si + 4\,CO\,[+\,2\,H_2O]$$

$$\text{bzw. } Al_2O_3\,2\,SiO_2\,[2\,H_2O] + 4\,C + 2\,Fe = Al_2O_3 + \underbrace{2\,(Si,Fe)}_{\text{Ferrosilizium}} + 4\,CO\,[+\,2\,H_2O].$$

[1]) Bigot: Ref. Tonind.-Z. 45, 1921, S. 583.

Das Verfahren (Am.P. 906 172 und 906 338 von Frank J. Tone) ähnelt im übrigen dem Alundumprozesse. Von der Menge des Reduktionsmittels ist es abhängig, in welchem Umfange die Kieselsäure reduziert wird (vgl. Erzeugung von Kunstsillimanit auf S. 190).

Die Kunstkorunde gelangen unter den verschiedensten Phantasienamen oder Handelsbezeichnungen auf den Markt (zum größten Teil nach H. Sachs)[1]).

Elektrokorunde sind:

Abrasit,
Aloxit (Carborundum Company in Niagara Falls),
Aloxyd,
Alundum (Norton Company in Niagara Falls),
Coraffin,
Coralund,
Corraferrin (Elektrokorund, schwarz),
Chrystals,
Dialumit (Norton-Alundum-Ersatz),
Diamantin (Diamantinwerke Rheinfelden),
Dural,
Durubit,
Elektrit,
Elektropyrit,
Elektrorubin (Meyer u. Schmidt, Rheinfelden),
Heliokorund,
Heliosin,
Natite,
Novodiamantin (Elektro-Schmelzwerk Badisch-Rheinfelden),
Paralundum,
Sirubin,
Tyrolit,
Veral,
Veralundum (Vereinigte Aluminiumwerke A. G., Abt. Korundfabrik Lautawerk, Lausitz).

Thermitkorunde sind:

Corubin,
Corundin,
Corundum,
Temperit.

Kupolofenkorunde sind:

Corindit (ein englisches und französisches Erzeugnis aus rotem Bauxit). Andere nicht im elektrischen Ofen hergestellte Kunstkorunde sind nach Sachs (a. a. O.), Coholyt, Dynamidon und Rewagit.

Die Hauptmenge des keramisch verwendeten Korundes ist Kunstkorund aus Bauxiten.

Die künstlichen Tonerden unterscheiden sich vor allem durch ihre kristallographischen und physikalischen Eigenschaften, die in Tabelle 20 verzeichnet sind. γ-Tonerde ist gewöhnlich amorph, Kunstkorunde (α-Tonerde) bilden kristalline Aggregate von sehr dichten Korundkristallen; eine Ausnahme davon macht nur der Elektrit, der kein kristallines Gefüge aufweist. Die Kunstkorunde sehen einem glasigen

[1]) Sachs, H.: Tonind.-Z. 48, 1924, S. 449.

Tabelle 20. Kristallographische und physikalische Eigenschaften

Bezeichnung	KS	Nm	s	H	t	$\lambda \times 360$	c	$\beta \times 10^6$	W in Ω/cm^3	$\varkappa$ in rezipr. Ω/cm^3
γ-Tonerde	regulär?	1,665 [1]	3,03 [2]	>9						
Italienischer Bauxit					100			4,0 [3]		
Tonerde, schwach geglüht			3,75							
Tonerde, im Porzellanfeuer geglüht			3,9							
Tonerde, in Bindung			3,6 [2]				0,198 [2]	7,1 [2]		
Tonerde, körnig					0—100		0,2003 [4] 0,1827 [2]			
α-Tonerde	trigonal	1,769 [2]								
Diaspor					20				37×10^6	$0{,}0073 \times 10^{-6}$ [5]
Korund (natürl.)					9—98		0,1976 [6]			
Korund					100			6,0 [3]		
Kristallisierte Tonerde			r: 1,84 [7]		47 9—98	0,58 [7]	0,198 [7]			
Geschmolzene kristallisierte Tonerde			4,1					8,66 [8]		
Elektrokorunde				9—9,3						
Alundum			3,91		25			5,9 [9] 7,1 [7]		
Aloxit			3,9—4 [10]			> als von feuerfestem Ton [10]		8,6 [10]		
Geschmolzener Bauxit			3,9	9,2—9,3						
Aluminiumoxyd								$\alpha \cdot 10^7$ 5,0		
β-Tonerde (siehe S.173)	hexagonal									
Aloxit in Bindung			2,7—3 [10]							

[1]) Rankin u. Merwin: a. a. O.
[2]) Hougens Tab., a. a. O.
[3]) Brick and Clay Record, Nr. 10, Mai 1927, S. 781; Ref. Tonind.-Z. 51, 1927, S. 1126.
[4]) L. B. Tab.
[5]) Henry: a. a. O.
[6]) Nach Régnault.
[7]) Singer, F.: Keramik. Braunschweig: F. Vieweg und Sohn. 1923.
[8]) Deutsche Karborundumwerke in Reißholz; zit. n. Vielhaber: a. a. O.
[9]) Shearer u. Wyckoff: a. a. O.
[10]) Tonind.-Z. 49, 1925, S. 1012—1013.

Gestein ähnlich; nach dem Lecesne-Verfahren erzeugte sind fein kristallin und von blasiger Beschaffenheit. Sie sind härter als Schmirgel, zum Teil auch härter als Naturkorunde. Die Härte ist von dem Ausbildungsgrad der kristallinen Zustandsform und dem Gehalt an Verunreinigungen abhängig. Die größte Härte besitzen die aus reinen Bauxiten erzeugten, aus der Schmelze kristallisierten Korunde. Höherer Fremdstoffgehalt (mit Ausnahme von Chromoxyd) verringert die Härte, erhöht dagegen die für Schleifmittelzwecke erwünschte Zähigkeit; in beiden Eigenschaften sind die Kunstkorunde den Naturkorunden überlegen.

Für die Erzeugung höchstfeuerfester Geräte aus Tonerde ist ihre Zugehörigkeit zur Gruppe der „wenig plastischen Oxyde" von Bedeutung. Nach Ruff (a. a. O.) besitzt ein bis 1250° C geglühtes, größtenteils entwässertes Tonerdehydrat nach Vermahlung und Anfeuchtung einen zur Formgebung ausreichenden Bildsamkeitsgrad. Ruff und W. Goebel[1]) erhielten aus einem bei 1500° C geglühten, feindispersen Aluminiumoxyd, dessen Oberfläche durch Behandlung mit Salzsäure, Schwefelsäure oder Aluminiumchloridlösung bei entsprechender Temperatur aktiviert wurde, eine gut bildsame, gießbare Masse, die auch ohne weitere Zusätze im Brande einen Scherben ergab, dessen Porigkeit und Schwindung an der Grenze dieser Eigenschaften keramischer Massen lag.

Die Wärmeleitfähigkeit geschmolzener Tonerde ist nur etwa elfmal so groß als die der Diatomeenerde, 1,6 mal so groß als die des Porzellans, jedoch 20mal kleiner als jene des Quarzes (//c); daher ist sie ein noch verhältnismäßig guter Isolator. Die spezifische Wärme der Tonerden ist ungefähr gleich groß mit der des Quarzes.

Der lineare Wärmeausdehnungskoeffizient ist nur etwa 14mal größer als der des Kieselsäureglases; bei geringeren Sorten von Kunstkorunden ist er größer als bei besseren Sorten, im allgemeinen größer als bei Karborundum, jedoch kleiner als bei den meisten anderen hochfeuerfesten Stoffen.

Die chemische Zusammensetzung der künstlichen Tonerden ist im wesentlichen vom Erzeugungsgange abhängig. Entwässertes künstliches Tonerdehydrat ist fast reines Aluminiumoxyd; die chemische Beschaffenheit der Kunstkorunde steht in enger Beziehung zur Zusammensetzung der verarbeiteten Rohstoffe. Die reinste γ-Tonerde wird bisher nach dem Bayer-Verfahren gewonnen. Sie enthält nur wenige hundertstel Prozente Kieselsäure und ist technisch eisenfrei. Die durch Kohlensäurefällung aus pyrogenen Aluminatlaugen erhaltene Tonerde ist meist durch mehrere zehntel Prozente Kieselsäure verunreinigt. Gute Kunstkorunde bestehen durchschnittlich aus 92—98 vH wasserfreier Tonerde und 5—8 vH Verunreinigungen. Ihr Reinheitsgrad ist größer als der von Naturkorunden. Die höchstwertigen Elektrokorunde erreichen sogar einen Tonerdegehalt von 99 vH.

Thermit- und Kupolofenkorunde sind gewöhnlich niedrigerprozentig.

Gesinterter Bauxit steht an Reinheit den Kunstkorunden weit nach, da mangels an Reduktionsmitteln bei der Erzeugung eine Raffination nur im geringen Ausmaße stattfindet; sein Tonerdegehalt liegt meist unter 70 vH.

---

[1]) Ruff u. W. Goebel: Z. anorg. Chem. 133, 1924, S. 220—229.

Die Verunreinigungen der Kunstkorunde bestehen aus Kieselsäure, Eisenoxyd (z. B. Magnetit), Titansäure, den aus diesen Oxyden durch chemische Wechselwirkungen mit Tonerde und Kohlenstoff entstandenen Verbindungen und anhaftenden bzw. nicht gänzlich abgeschiedenen Neben- oder Zwischenerzeugnissen (titanhaltiges Ferrosilizium, Aluminiumkarbid). Manche Kunstkorunde, z. B. die „hellen" Erzeugnisse sind technisch eisenfrei. Thermitkorunde enthalten etwa 70—90 vH Tonerde und mehrere Hundertteile des betreffenden Metalles oder Metalloxydes, z. B. bei der Chromerzeugung Chrom bzw. Chromoxyd (Cr_2O_3).

Stärker durch Eisen verunreinigte Erzeugnisse sind dunkelfarbig (rotbraun, graublau); ein Gehalt an Titan verrät sich häufig durch schöne Anlauffarben; die reinsten Korunde sind weiß.

Aus roten Bauxiten durch Entwässerung bei Sinterungstemperatur erzeugtes „Dynamidon" ist ebenso wie das aus rotem Bauxit erhaltene Corindit stark verunreinigt.

Die reinigende Wirkung der Bauxitschmelze erläutert Bigot[1]) an der Zusammensetzung der an erster bis fünfter Stelle in Tabelle 21 verzeichneten Bauxite. Die prozentuale Verringerung beträgt z. B.

Tabelle 21. Analysenbeispiele

Bezeichnung	Al_2O_3	SiO_2	TiO_2	Fe_2O_3	C	H_2O	Glühverlust	Anmerkungen
Weißer Bauxit, roh	59,2	18,5	3,5	4,7		14,1		
Daraus erzeugtes Corindit	68,8	21,4	3,85	5,25	0,6		0,1	
Obiger Bauxit, nur entwässert	68,92	21,53	4,07	5,48				berechnet
Roter Bauxit, roh	60,1	2,85	3,3	21,55		14,2		
Daraus erzeugtes Corindit	69,25	3,0	3,7	23,35	0,5			
Weißer Bauxit¹)	69,15	21,55	5,69	3,41				0,48 vH CaO + + MgO 0,13 vH KNaO
Dynamidon²)	70	20	1—2	3—4				
Gute Elektrokorunde³)	>90	2—3	3—4	1				
Veral	92							
Veralundum	97/98							
Alundum, Sorte 1	99							„Weißer Korund"
Alundum, Sorte 2	92—95		5—8					Hauptmenge der Verunreinigungen Titansäure
Heller Korund⁴)	90—95	6—7		2—4				
Schwarzer Korund⁴)	60—80	6—14		11—25				

¹) Bigot: a. a. O.
²) Endell: Chem. Z. 1915, S. 422.
³) Marktl, H.: Tonind.-Z. 48, 1924, S. 452.
⁴) Dengler: a. a. O.

[1]) Bigot: Ref. Tonind.-Z. 45, 1921, S. 583.

beim weißen Bauxit 5,4 vH Titansäure, 0,60 vH Kieselsäure und 4,2 vH Eisen-3-oxyd der betreffenden Gehalte des entwässerten Bauxites bei einer Abnahme des Tonerdegehaltes um 0,17 vH.

Amorphe Tonerde ist in Wasser unlöslich, in verdünnten Säuren und Alkalien wenig, in konzentrierter, nur wenig Wasser enthaltender Schwefelsäure in der Wärme nach längerer Einwirkung löslich. Die Löslichkeit nimmt im allgemeinen mit wachsender Dichte, daher mit steigender Erzeugungstemperatur ab.

Geschmolzene kristallisierte Tonerde wird nur von konzentrierter Schwefelsäure unter Druck gelöst und ist auch alkalibeständig.

Bei niedrigerer Temperatur als 1200° C entwässerte γ-Tonerde ist sehr hygroskopisch und hydratisiert sich leicht. Nach D.R.P. 165 612, 1905, der Compagnie des Produits chimiques d'Alais kann die Wasseranziehung und -bindung durch Zusatz von etwa 1 vH Aluminiumfluorid (AlF_3) oder Flußsäure vor dem Kalzinieren verhindert werden.

Auch hochgeglühte und geschmolzene Hydrate binden kein Wasser mehr. Mellor und A. D. Holdcroft[1]) beobachteten, daß Tonerde, die durch Glühen des Nitrates $Al(NO_3)_3$ bei 500° C gewonnen wurde, ab 600° C mit zunehmender Temperatur an Löslichkeit einbüßt und bei 900—1000° C aufhört, hygroskopisch zu sein. Nach Tammann und W. Pape[2]) ist reine Tonerde nach dem Erhitzen auf 800—900° C in Säuren schwer löslich.

Amorphe Tonerde gibt, mit Kobaltsolution (Kobaltnitratlösung) befeuchtet und geglüht, eine blaue Masse (Thénards Blau).

Brennverhalten

Die Erzeugung von Kunstkorunden aus Bauxit besteht morphologisch in einer Umwandlung der amorphen γ-Tonerde in die kristallisierte Zustandsform, α-Tonerde, auf dem Wege über die Schmelze:

$$\gamma\text{-}Al_2O_3 \xrightarrow{\sim 930^0} \alpha\text{-}Al_2O_3.$$

Die Bildung von Kristallen, deren Menge mit der Annäherung an den Schmelzpunkt wächst, beobachtete Bigot[3]) an dem roten Bauxit von Brignolles (Dep. Var) schon ab 1500° C, die Entstehung von Kristallisationszentren (Umwandlungsbeginn) an dem hochschmelzenden weißen Bauxit, dessen Zusammensetzung in der Tabelle 21 an sechster Stelle angeführt ist, bei 1710° C.

Die Umwandlung der γ-Tonerde in die α-Form dürfte jedoch schon bei wesentlich niedrigerer Temperatur eintreten. Bei der Aufnahme von Erhitzungskurven von Tonerde und Tonerdehydraten wurde bei gewissen

---

[1]) Mellor u. A. D. Holdcroft: Trans. Cer. Soc. Engl., 10, 1911, S. 112; zit. n. Spangenberg: Ker. Rundsch. 35, 1927, S. 334/5.

[2]) Tammann u. W. Pape: Z. anorg. Chem. 127, 1923, S. 43—67.

[3]) Bigot: C. r., Tome 178, 1924, S. 569—571; Ref. Sprs. 59, 1926, S. 269; Ker. Rundsch. 31, 1923, S. 197.

Formen des Oxydes und der natürlichen und künstlichen Hydrate eine Beschleunigung der Temperatursteigerung beobachtet, und zwar bei verschiedenen Formen bei verschieden hohen Temperaturen, im Mittel ungefähr bei 1000° C (oberhalb 800—1130° C). Nach Spangenberg[1]) kann dieser exotherme Effekt mit Sicherheit auf die Umwandlungsreaktion γ-$Al_2O_3 \longrightarrow \alpha$-$Al_2O_3$ zurückgeführt werden, und ist die Tatsache, daß Verbindungen der α-Reihe (Diaspor) keinen exothermen Effekt zeigen, damit erklärt. Bei Bauxiten wurde die Beschleunigung der Temperaturerhöhung teils beobachtet (z. B. bei besonders reinen Mineralien), teils trat sie nicht ein. Bei den technisch verwendeten Bauxiten scheinen diese verschiedenartigen Ergebnisse, wenn die Auffassung Spangenbergs zu Recht besteht, in dem Umstand ihre Erklärung zu finden, daß gewisse Bauxitvorkommen vorwiegenden Diasporcharakter besitzen, z. B. Tichwin-Bauxit (vgl. S. 177), also ebenfalls hauptsächlich Verbindungen der α-Reihe enthalten. Das Fehlen der exothermen Reaktion bei Hydrargillit (γ-Reihe) und einigen künstlichen Trihydraten dürfte nach Spangenberg (a. a. O.) auf Nebeneffekte und Verschleierung der Ergebnisse der thermischen Analysen durch die mit der Entwässerung verbundenen wärmebindenden Effekte zurückzuführen sein.

Nach F. Ulrich[2]), dem Entdecker der γ-Modifikation, ist diese bis etwa 930° C, nach Haber (a. a. O.) bis Gelbglut existenzfähig und geht bei höherer Temperatur leicht in Korund über. Haber (a. a. O.) hält die Umwandlung der γ- in die α-Phase für monotrop.

Die Beziehungen der hexagonalen β-Tonerde zur trigonalen α-Form (Kunstkorund) sind bisher nicht klargestellt. Nach Untersuchungen von Rankin und Merwin (a. a. O.) scheint die β-Modifikation in bezug auf Korund ebenfalls monotrop zu sein, da es bisher nicht gelang, die Umwandlung α-$Al_2O_3 \longrightarrow \beta$-$Al_3O_3$ umzukehren; ihre Bildung wurde gelegentlich in erstarrten Tonerdeschmelzen beobachtet, die langsam abgekühlt wurden, z. B. in künstlichen Korundschleifsteinen, und scheint nach Rankin und Merwin durch kleine Mengen Magnesia (0,5 vH) katalytisch gefördert zu werden, während die beiden Forscher an Tonerdeschmelzen mit geringen Gehalten an Kalk oder Kieselsäure bei der Abkühlung stets die Entstehung der α-Zustandsform beobachteten.

Mit den Umwandlungen der Tonerde sind naturgemäß Dichte- und Raumänderungen verbunden, und zwar beobachteten Mellor und Holdcroft (a. a. O.) zwischen 600 und 1000° C eine Zunahme des spezifischen Gewichtes, somit also eine Schwindung.

Die Änderungen der thermischen und elektrischen Eigenschaften bei höheren Temperaturen finden sich in Tabelle 22.

Wärmeleitfähigkeit, spezifische Wärme und Ausdehnung nehmen mit steigender Temperatur zu. Der Anstieg der linearen Wärmeaus-

[1]) Spangenberg: Ker. Rundsch. 35, 1927, S. 352.

[2]) Ulrich, F.: Norsk Geol. Tids. 8, 1924, S. 115—122; zit. n. Spangenberg: Ker. Rundsch. 35, 1927, S. 352.

Tabelle 22. Thermische und elektrische Eigenschaften in höheren Temperaturen

Bezeichnung	t	$\lambda \times 360$	c	$\beta \times 10^6$	W in Ω/cm^3	$\varkappa$ in rezipr. Ω/cm^3
Tonerde, körnig	20—2030		0,279 [1]			
	25—900			7,2—8,0 [1]		
	200—500			7,0 [4]		
Tonerde in Bindung	565				$47{,}6 \times 10^6$ [1]	$0{,}021 \times 10^{-6}$
	721				$4{,}9 \times 10^6$ [1]	$0{,}204 \times 10^{-6}$
	908				$2{,}4 \times 10^6$ [1]	$0{,}42 \times 10^{-6}$
	1040				$0{,}75 \times 10^6$ [1]	$1{,}33 \times 10^{-6}$
	>900	2,45 [1]				
	1250—650	$2{,}99 \pm 0{,}14$ [1]				
Korund	200	2,23 [2]		5,5 [5]		
	300			6,0 [5]		
	400	2,66 [2]				
	600	2,95 [2]		7,2 [5]		
	800	3,20 [2]	0,264 [3]			
	1000	3,42 [2]	0,271 [3]	8,1 [5]		
	1200	3,64 [2]	0,280 [3]			
	1400	3,78 [2]	0,285 [3]			
Italienischer Bauxit	200			5,5 [5]		
	300			6,3 [5]		
	600			7,2 [5]		
	1000			8,0 [5]		
Diaspor	500				$0{,}462 \times 10^6$ [8]	$2{,}164 \times 10^{-6}$ [8]
	800				$0{,}013 \times 10^6$ [8]	$78{,}7 \times 10^{-6}$
	1000				$0{,}003 \times 10^6$ [8]	$342{,}3 \times 10^{-6}$
	1200				$0{,}0009 \times 10^6$ [8]	1128×10^{-6}
Feuerfestes Material aus Tonerde (99 vH Al_2O_3)	25—800			7,9 [6]		
Tonerde + 10 vH Ton	25—1000			6,24 [7]		

1) Hougens Tab., a. a. O. 2) Norton, F. H.: a. a. O.
3) Miehr, Immke u. Kratzert: a. a. O.; Korund mit 2 vH Bindeton.
4) Shearer u. Wyckoff: a. a. O.; Alundum, gebrannt bei O. K. 9 und 17.
5) Brick and Clay Record, 1927, Nr. 10, S. 781; Ref. Tonind.-Z. 51, 1927, S. 1126.
6) Merrit: a. a. O.
7) Singer, F.: Keramik, Braunschweig: F. Vieweg u. Sohn. 1923.
8) Henry: a. a. O.; in N_2-Atmosphäre bestimmt.

dehnung erfolgt im Gegensatz zum Ausdehnungsverhalten des Quarzes bei den Korunden sehr gleichmäßig. Die Kunstkorunde sind unempfindlicher gegen rascher wechselnde Temperatureinflüsse als alle übrigen feuerfesten Stoffe mit Ausnahme von Karborundum. Über die Temperaturwechselbeständigkeit der Erzeugnisse aus Tonerde berichtet Ruff (a. a. O.), daß die bis 1600° C gebrannten Geräte eine gute Widerstandsfähigkeit gegen schroffen Temperaturwechsel besitzen, darin aber noch weit von jenen Erzeugnissen übertroffen werden, die bei 1800° C dichtgebrannt wurden; diese Geräte sollen in der Temperaturwechselbeständigkeit dem Quarzglas gleichen. Als besonders temperaturunempfindlich und daher für thermische Laboratoriums- und Betriebsarbeiten hervorragend geeignet, werden z. B. die von der Firma W. C. Heraeus G. m. b. H., Hanau, erzeugten Geräte aus Reinaluminiumoxyd gerühmt. Auch Bauxitziegel weisen beim Abschreckversuch (siehe S. 53) eine mehr als doppelt so große Haltbarkeit auf als Silikaziegel; nach „Singer" (S. 275) beträgt ihr Gewichtsverlust nur 43 vH.

Die Kunstkorunde zeichnen sich durch einen großen elektrischen Widerstand bei hohen Temperaturen aus; sie sind bei Rotglut bessere Isolatoren als Porzellan. Für Alundum wurde von Howe[1]) festgestellt, daß die Beziehungen zwischen Widerstand und Temperatur bei niedrigen Temperaturen der Rasch-Hinrichsen-Regel entsprechen und bei höheren Temperaturen in normaler Weise davon abweichen.

Das Verhalten der Tonerde bei hohen Temperaturen in bezug auf Viskositätsänderungen ist im wesentlichen von der Art und Menge ihrer Verunreinigungen abhängig. Bei reinen Tonerden liegt die Sinterungs- und Erweichungstemperatur nahe dem Schmelzpunkt; sie weisen auch im Porzellanfeuer noch keine Schmelzerscheinungen auf und erweichen erst etwa 100° C vor dem Schmelzen. Im gesamten Schmelzverhalten sind die Kunstkorunde ihres größeren Reinheitsgrades halber den Naturkorunden, diese wieder den Bauxiten, insbesondere in bezug auf Druckfestigkeit bei höheren Temperaturen, und dem Schmirgel überlegen. Selbst ein aus rotem, also eisenreichem Bauxit erzeugter Lecesne-Korund übertrifft nach Bigot (a. a. O.) in pyrometrischer Hinsicht den Naxos-Schmirgel.

Für die Druckfestigkeiten von Bauxit und Korund fand Bodin[2]) folgende Werte:

bei	Bauxit	Korund
20°	395 kg/cm²	790 kg/cm²
800°	270 ,, ,,	530 ,, ,,
1000°	715 ,, ,,	615 ,, ,,
1300°	55 ,, ,,	320 ,, ,,
1500°	20 ,, ,,	30 ,, ,,

Nach Le Chatelier und nach Bodin (a. a. O.) ist die Druckfestigkeit höher gebrannter Bauxite stets größer als bei niedriger kalzinierten Bauxiten.

Was den Schmelzpunkt betrifft, so ist dieser bei den natürlichen Hydraten im allgemeinen um so höher, je größer der Tonerdegehalt ist und je einheitlicher sie in bezug auf die chemische Natur der Bestandteile zusammengesetzt sind. Zufolge der außerordentlichen Schwerschmelzbarkeit zählt die Tonerde zu den hochfeuerfesten Werkstoffen.

Ihre Verdampfungstemperatur liegt nur wenig höher als ihr Schmelzpunkt.

Die Schmelze besitzt geringe Zähflüssigkeit und erstarrt auch bei rascher Abkühlung nicht glasig, sondern zu einer kristallinischen, undurchsichtigen Masse.

Daten über die Viskositätsänderungen verschiedener Tonerdeformen in hohen Temperaturen bringt Tabelle 23.

Aus der Tabelle ist zu sehen, daß selbst die unreinsten Tonerden noch zu den feuerfesten Werkstoffen zu rechnen sind.

---

[1]) Howe: Ref. Richards, E.: Ker. Rundsch. 34, 1926, S. 477.

[2]) Bodin: Trans. Cer. Soc., Vol. 21, 1921/22, Part. 1, S. 44ff.; Ref. Tonind.-Z. 46, 1922, S. 561.

Tabelle 23. Erweichungstemperaturen, Formartänderungen und Schmelzpunkte

Bezeichnung	Erweichungstemperatur in °C	Formartänderungen	Smp
Reine kristallisierte Tonerde (99,5 v H α-Al_2O_3)			2010[1]) 2020 (in N_2)[2])
Reiner Naturkorund			2050
Reine Tonerde in Bindung[3])	1950	keine bei 1550° C unter 3,5 kg/cm²	2050
Alundum I (99 v H Al_2O_3)			2050
Alundum II (92—95 v H Al_2O_3)			2000
Kristallisierte Tonerde (92—96 v H Al_2O_3)[3])	1400[4]) (Korund)		2000 ± 50
Aloxit[5])	> 1900		∾ 2000
Corindit[6])	Corinditstein, geringe Erweichung bei 1700—1730		> 1950 (SK 41)
Diaspor[3])		1,13 v H bei 1350° C unter 3,5 kg/cm²; 10,7 v H bei 1538—1552° C unter 1,75 kg/cm²	1835—1915
Tonerde in Bindung (mindere Sorte)[3])	1300		
Bauxit	1100[4])	1820[7])	1820[1])
Bauxit (∾ 4 v H basische und 27 v H saure Flußmittel)[8])			1900
Corubin[9])			> 1800
Bauxit (∾ 22 v H basische und 8 v H saure Flußmittel)[8])			< 1700
Naxos-Schmirgel[6])			1600
Bauxitsteine[7])			1600—1800
Korundmasse[10])	1290—1320; höher vorgebrannt: 1405	haltloser Zusammenbruch unter 2 kg/cm² bei 1500—1520° C; höher vorgebrannt: 1650° C	1880

[1]) Kanolt: a. a. O.
[2]) Ruff u. O. Goeke: Z. angew. Chem. 24, II, 1911, S. 1459.
[3]) Hougens Tab., a. a. O.
[4]) Bodin: Trans. Cer. Soc., Vol. 21, 1921/22, Part. 1, S. 44; Ref. Tonind.-Z. 46, 1922, S. 561.
[5]) Tonind.-Z. 49, 1924, S. 1012—1013.
[6]) Bigot: Ref. Tonind.-Z. 45, 1921, S. 584. [7]) Waeser: a. a. O.
[8]) Bigot: C. r., Tome 178, 1924, S. 569—571; Ref. Sprs. 59, 1926, S. 269.
[9]) Dammer, O. — Peters, F.: Chemische Technologie der Neuzeit, 2., erweiterte Aufl., S. 545. Stuttgart: F. Enke. 1926.
[10]) Hartmann, F.: Ber. Werkstoffaussch., V. d. Eisenh. Nr. 92.

In chemischer Hinsicht verhält sich die kristallisierte Tonerde in bezug auf Beständigkeit bei hohen Temperaturen wie wasserfreie Kieselsäure. An der Luft ist sie bis zu den höchsten Temperaturen glühbeständig. Die beim Schmirgel eintretende geringe thermische Dissoziation ist auf die Gegenwart hydratwasser- und kohlensäurehaltiger Verunreinigungen (Glimmer, Talk, Chlorite, Diaspor, Gibbsit und Kalzit) zurückzuführen. Da Glimmer sein Konstitutionswasser bei etwa 800° C abgibt, Talk erst bei Weißglut völlig wasserfrei wird, ist bis zu dieser Temperatur (etwa 1350° C) mit der Wasserabgabe beim Schmirgel zu rechnen.

Die amorphe Tonerde hält ebenso wie die natürlichen Hydrate das Konstitutionswasser sehr energisch zurück. Zur völligen Entwässerung im Sinne der Gleichung

$$Al_2(OH)_6 = Al_2O_3 + 3\,H_2O$$

ist eine Temperatur von 1200° C erforderlich.

Über die Temperaturen des Wasseraustrittes aus den natürlichen Hydraten (Diaspor, Gibbsit, Bauxit) liegen folgende Untersuchungen vor:

Bei der thermischen Analyse des Diaspors wurde von N. S. Kurnakow und G. G. Urasow[1]) eine Verzögerung der Temperaturzunahme (endothermer Effekt) bei 509—555° C beobachtet; Gibbsit und künstliches Trihydrat zeigten in der Erhitzungskurve zwei endotherme Effekte, und zwar bei 202—296° und bei etwa 500° C; beim Bauxit ist die Temperatur der Wasserabgabe von der mineralogischen Zusammensetzung abhängig; nach Kurnakow und Urasow (a. a. O.) zeigen diasporreiche Bauxite (Tichwin-Bauxit) mit höchstens je 15 vH Wasser und Kieselsäure nur eine Verzögerung beim Haltepunkt des Diapors (509—555° C), bei höherem Gehalt an Kieselsäure eine Verzögerung bei 558—605° C (wie Kaolin), bei höherem Wassergehalt (Bauxite der Hydrargillitgruppe) auch einen Haltepunkt bei 202—296° C.

Bigot[2]) fand, daß Bauxite, die mehr als 14 vH Hydratwasser enthalten, das über 14 vH hinausgehende Wasser ab etwa 300° C und vor Erreichung der Temperatur von 600° C verlieren.

Nach diesen Untersuchungsergebnissen ist anzunehmen, daß die Entwässerung des Diaspors einstufig (etwa bei 550° C), bei Gibbsit zweistufig (etwa 300 und 500° C), bei Bauxiten je nach der Zugehörigkeit zur Diaspor- oder Gibbsitgruppe und nach dem Tongehalt ein- oder zweistufig erfolgt (siehe S. 173). Praktisch ist die Dehydratation der Bauxite bei 600° C noch nicht vollendet. Nach Haber[3]) erfolgt die Entwässerung des Hydrargillites unter 10 mm Druck schrittweise über γ-$Al_2O_3 \cdot H_2O$ ohne Umkristallisation zu α-Al_2O_3; bei gewöhnlicher Art der Dehydratation sei der Umschlag in die α-Reihe jedoch anzunehmen.

Der Wasseraustritt beeinflußt sowohl die Dichte als auch die Raumbeständigkeit der amorphen Tonerde. Mit der Entwässerung ist zwar eine wesentliche Erhöhung des spezifischen Gewichtes verbunden,

[1]) Kurnakow, N. S. u. G. G. Urasow: Ann. Inst. Phys.-Chem. Anal. Leningrad 2, 1924, S. 496—498; Ref. Sprs. 60, 1927, S. 54.
[2]) Bigot: Ref. Ker. Rundsch. 31, 1923, S. 107.
[3]) Haber: zit. n. Spangenberg: a. a. O., S. 352.

doch bleibt selbst auf 1600° C erhitzte Tonerde noch porös. Mit der Verdichtung Hand in Hand geht eine Verfestigung und Zunahme der Härte.

In bezug auf die Raumbeständigkeit unterscheiden sich die Tonerdewerkstoffe durch den Betrag der Schwindung, der in engster Beziehung zum Gehalt an Konstitutionswasser steht. Die Volumbeständigkeit nimmt daher in der Reihenfolge: Gibbsit, Bauxit, Diaspor, niedrig gebrannte Tonerde, hocherhitzte Tonerde, Schmirgel, Naturkorund und Kunstkorund zu. Kunstkorunde sind mangels eines Gehaltes an Konstitutionswasser praktisch als raumbeständig anzusehen.

Naturkorund zeigt nach Bigot[1]) erst bei etwa 1700° C eine geringe Schwindung, Corinditsteine schwanden bei 1850° C um 3 vH. Der Gehalt an Hydratwasser ist bei einigen Bauxiten, z. B. von Hérault, Arles, Lattengebirge, Untersberg, etwa gleich hoch mit dem Wassergehalt reiner Tone, bei anderen hingegen steigt er bis etwa zur doppelten Höhe an, daher ist die Schwindung der Bauxite oft sehr bedeutend. Zufolge der Dehydratationsträgheit kann auch noch bei höheren Temperaturen Schwindung (und deren Folgeerscheinungen: Rissebildung, Verringerung der mechanischen Festigkeit) auftreten. Das Brennschwindungsverhalten der Bauxite zeigt manche Analogie mit dem der Tone. Bigot[2]) fand bei einem weißen, quarzfreien Bauxit (von Maussannes, Dep. Rhônemündungen) folgende Schwindungsverhältnisse:

Beginn der Schwindung	800° C
langsames Weiterschwinden	800—1200° C
schnelles „	1200—1360° C
langsames „	1400—1750° C
schnelles „	1750—1900/20° C

Ein roter Bauxit (Brignolles), der freie Kieselsäure enthielt, zeigte ab 600° C ein geringes Wachstum der Kieselsäure, das bei 1000° C endete; von dieser Temperatur an trat eine starke Schwindung und mit der Temperatursteigerung ein Zerreißen ein. Howe und Ferguson[3]) geben für Bauxite eine durchschnittliche Schwindung von 22,6 vH für Temperaturen von 1140—1500° C an, wovon 15 vH durch die Verringerung der Porigkeit, der Rest von 7,6 vH durch die Erhöhung des spezifischen Gewichtes bedingt seien. Die beiden Forscher nehmen eine innige Beziehung zwischen Schwindung und Porigkeit an, konnten aber nur einen oberflächlichen Zusammenhang zwischen Schwindung und Glühverlust feststellen; nach ihren Versuchen ist die Brennschwindung am geringsten bei hohem Kieselsäuregehalt (Wachstum!), am größten bei hohem Eisengehalt. Durch Vorbrennen der wasserhaltigen Tonerderohstoffe kann der großen, anhaltenden Schwindung bis zu einem gewissen Grade entgegengewirkt werden. Nach einem Bericht des ameri-

---

[1]) Bigot: Ref. Tonind.-Z. 45, 1921, S. 583.

[2]) Bigot: Ref. Ker. Rundsch. 31, 1923, S. 197.

[3]) Howe u. Ferguson: Journ. Am. Cer. Soc., Vol. 6, 1923, Nr. 3; Ref. Ker. Rundsch. 31, 1923, S. 192.

kanischen Bureau of Standards[1]) erwies sich bei Diaspor zu diesem Zwecke auch ein Cyanitzusatz (30 vH) als geeignet.

Die chemische Reaktionsfähigkeit der Tonerde ist im allgemeinen durch ihre amphotere Natur gegeben. Sie tritt sowohl mit säurebildenden als auch basenbildenden Oxyden bei entsprechend hoher Temperatur in chemische Wechselwirkung und bildet mit Kieselsäure niedriger schmelzende Alumosilikate, mit Basen verschiedene leichter schmelzbare Aluminate, von denen die theoretisch vorauszusehenden folgende Konstitution besitzen:

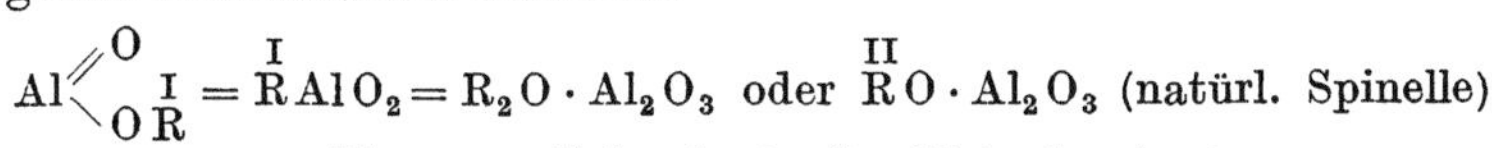

Monometallaluminat oder Metaaluminat.

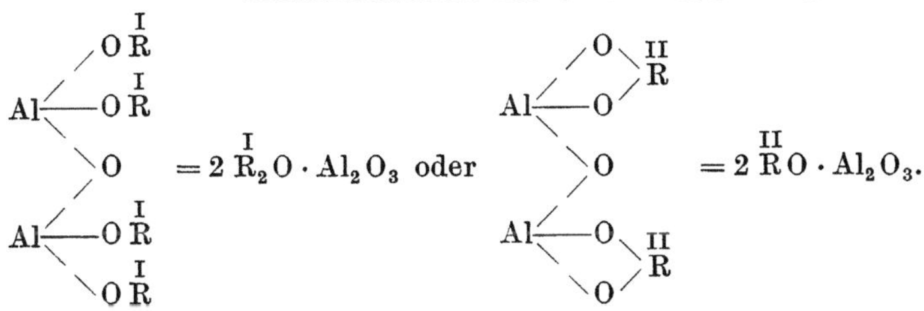

Dimetallaluminat.

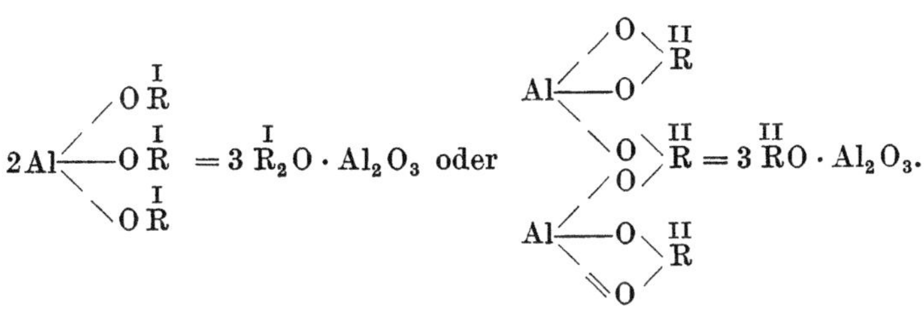

Trimetallaluminat.

Die Bildung von Dihydratsalzen ist bisher in keramischen und verwandten Stoffgemengen nicht beobachtet worden.

Außer diesen drei Aluminaten existieren noch andere mit verschiedenen stöchiometrischen Verhältnissen, die, da sie nur bei bestimmten Basen auftreten, an anderer Stelle behandelt werden sollen (siehe S. 350).

Bezüglich der Reaktionsfähigkeit im allgemeinen gelten die im ersten Abschnitt erwähnten Gesetzmäßigkeiten. Ein großer Unterschied in der chemischen Aktivität besteht natürlich zwischen amorpher und kristallisierter Tonerde.

Tonerde bildet mit Kieselsäure nach Rankin, E. S. Shepherd und Fr. E. Wright[2]) nur eine einzige bei hoher Temperatur beständige

[1]) Brick and Clay Record, Nr. 3, August 1927, S. 179; Ref. Tonind.-Z. 51, 1927, S. 1435.

[2]) Rankin, Shepherd, E. S. u. Fr. E. Wright: Mit. Lab. Geophys. Carnegie Inst. Washington; Ref. Z. anorg. Chem. 68, 1920, S. 370—420.

Verbindung, deren molekulare Zusammensetzung der des natürlichen Sillimanites ($Al_2SiO_5 = Al_2O_3 \cdot SiO_2$) entspricht; sie wird daher als synthetischer Sillimanit bezeichnet. Dieser Sillimanit bildet sowohl mit Kieselsäure als auch mit Tonerde ein Eutektikum. Das System Al_2O_3—SiO_2 gleicht daher in der Darstellung von Rankin dem im ersten Abschnitt erläuterten Fall 2. Das Schmelzdiagramm des Systems nach Rankin zeigt Abb. 38.

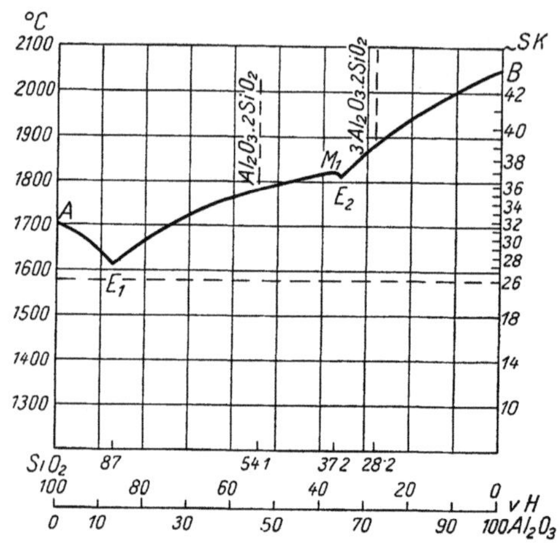

Abb. 38. Schmelzlinie des Systems Al_2O_3—SiO_2; nach Rankin, Shepherd und Wright (Smp des Cristobalits abgeändert)

Die im System erscheinenden Komponenten, Gemenge, Eutektika und Verbindungen sind durch ihre darstellenden Punkte, molekulare und empirische Zusammensetzung und die Schmelzpunkte in Tabelle 24 gekennzeichnet. Die Zusammensetzungen und Schmelzpunkte der Eutektika sind von Rankin wegen Versuchsschwierigkeiten (große Viskosität der Schmelze) nur näherungsweise angegeben worden.

Tabelle 24

Darstellender Punkt (Kurventeil)	Komponenten, Gemenge, Eutektika, Verbindungen	Molekulare Zusammensetzung	Empirische Zusammensetzung in vH		Smp	
			SiO_2	Al_2O_3	°C	∼ Sk
A	Cristobalit	SiO_2	100	0	1710	32
A—E_1	Cristobalit + + Eutektikum	SiO_2 — —∼ 12 SiO_2 : : 1 Al_2O_3	100—∼87	0—∼13	1710—∼1610	32—∼27
E_1	Eutektikum I ∼ 80 vH Cristobalit u. ∼ 20 vH Sillimanit	∼ 12 SiO_2 : : 1 Al_2O_3	∼ 87	∼ 13	∼1610±10	∼ 27
E_1—M_1	Eutektikum I + + Sillimanit	∼ 12 SiO_2 : : 1 Al_2O_3 — — $SiO_2 \cdot Al_2O_3$	∼87—37,2	∼13—62,8	∼1610—1816	27—36/**37**
M_1	Sillimanit	$Al_2O_3SiO_2$	37,2	62,8	1816	36/**37**
M_1—E_2	Sillimanit + + Eutektikum II	1 Al_2O_3 : : (1 — 0,95) SiO_2	37,2—∼36	62,8—∼64	1816—1810	36/**37**
E_2	Eutektikum II 97 vH Sillimanit + + 3 vH Korund	1 Al_2O_3 : ∼ 0,95 SiO_2	∼ 36	∼ 64	∼1810±10	36/**37**
E_2—B	Eutektikum II + + Korund	1 Al_2O_3 : ∼ 0,95 SiO_2 — Al_2O_3	∼ 36—0	∼64—100	1810—2050	36/**37**—>42
B	Korund	Al_2O_3	0	100	2050	>42

Obwohl durch die Kieselsäure bei einer bestimmten Menge eine recht erhebliche Erniedrigung des Schmelzpunktes der Tonerde eintritt — bei etwa 87 vH SiO_2 um 440° C —, sind selbst die niedrigstschmelzenden Oxydmischungen dieses Systems noch feuerfest. Vom Eutektikum E_1 ausgehend, ist der Feuerfestigkeitsgrad nach der Cristobalit-Ordinate hin durch den hohen Kieselsäuregehalt (Silikaziegel!), der Korund-Ordinate zu durch den steigenden Gehalt an Tonerde bedingt (z. B. mit Tonerde versetzte Spezial-Schamottemassen). In den Linienzug E_1M fallen die Schmelzpunkte der Oxydgemische von der molekularen Zusammensetzung ($\sim$ 12—1 SiO_2) : 1 Al_2O_3, somit auch der Schmelzpunkt der entwässerten Tonsubstanz ($Al_2O_3 \cdot 2\, SiO_2$), in den Kurventeil E_2B die Schmelzpunkte von Mischungen des Molekularverhältnisses 1 Al_2O_3:0,95 SiO_2 bis 1 Al_2O_3, daher auch der Schmelzpunkt eines Silikates 1 Al_2O_3:0,66 SiO_2 = 3 $Al_2O_3 \cdot 2\, SiO_2$ von der empirischen Zusammensetzung 71,8 vH Al_2O_3 und 28,2 vH SiO_2. Im Feuerfestigkeitsgrad übertrifft dieses Silikat die Tonsubstanz noch um etwa 100° C. Eine diesem Stoff ähnliche Zusammensetzung besitzt die sogenannte Marquardt-Masse, von der bekannt ist, daß sie in der Schwerschmelzbarkeit die besten feuerfesten Tone überragt. Nach neueren Untersuchungen von N. L. Bowen und Greig[1]) ist nicht der Sillimanit, sondern das Silikat 3 $Al_2O_3 \cdot 2\, SiO_2$, der sogenannte Mullit (Keramit, nach Vernadsky), die einzige unter gewöhnlichem Druck bei hoher Temperatur bis zu ihrem Schmelzpunkt bei 1810° C stabile Verbindung des Systems, die sich aus allen Tonerde-Kieselsäure-Gemengen oder -Verbindungen bei genügend hoher Temperatur in Form von sillimanitähnlichen rhombischen Kristallen bildet und nur ein Eutektikum gibt, nämlich mit Cristobalit, da sie bei 1810° C inkongruent schmilzt, das heißt in Korund und in kieselsäurereiches Glas zerfällt. Das Eutektikum besitzt nach den Untersuchungsergebnissen der genannten Forscher die Zusammensetzung 94,5 vH SiO_2 und 5,5 vH Al_2O_3 und den Schmelzpunkt 1545° C, ist daher kein feuerfestes Gemenge. In Abb. 39 ist die Darstellung des Systems nach Bowen und Greig wiedergegeben.

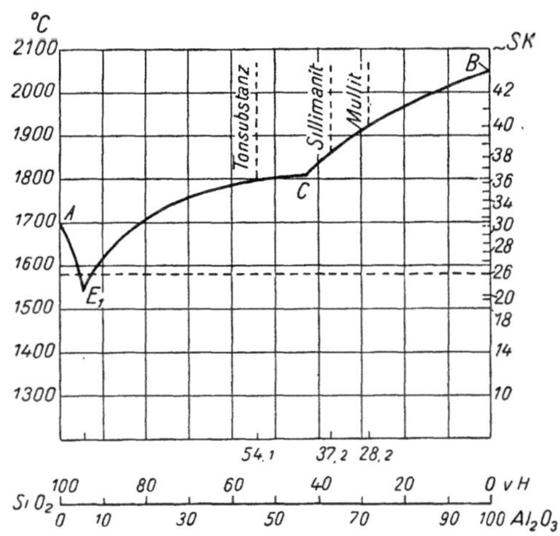

Abb. 39. Schmelzlinie des Systems Al_2O_3—SiO_2 nach Bowen und Greig

Der Mullit kommt im Diagramm nur durch den Knick der Kurve bei C, seinem inkongruenten Schmelzpunkt, zum Ausdruck.

[1]) Bowen, N. L. u. Greig: Trans. Am. Cer. Soc., Vol. 7, 1924, S. 238—254, Am. Journ. of. Sci. (5) Vol. 11, 1926, S. 459—472; Ref. Ker. Rundsch. 32, 1924, S. 470; Hirsch: Z. angew. Chem. 1926, S. 1438.

Die Erläuterung des Diagrammes enthält Tabelle 24a.

Tabelle 24a

Darstellender Punkt (Kurventeil)	Komponenten, Gemenge, Eutektika, Verbindungen	Molekulare Zusammensetzung	Empirische Zusammensetzung in vH		Smp	
			SiO_2	Al_2O_3	°C	∾SK
A	Cristobalit	SiO_2	100	0	1710	32
A—E_1	Cristobalit + Eutektikum (Schmelze)	SiO_2—29,1 SiO_2 : 1 Al_2O_3	100—94,5	0—5,5	1710—1545	32—**20**/26
E_1	Eutektikum 92,3 vH Cristobalit + + 7,7 vH Mullit	29,1 SiO_2 : 1 Al_2O_3	94,5	5,5	1545	**20**/26
E_1—C	Eutektikum (Schmelze) + Mullit	29,1 SiO_2 : 1 Al_2O_3 — 1,4 SiO_2 : 1 Al_2O_3	94,5—∾45	5,5—∾55	1545—1810	**20**/26—36/**37**
C C—B	Korund + Schmelze mit abnehmendem Gehalt an Schmelze	1,4 SiO_2 : 1 Al_2O_3 — Al_2O_3	∾45 — 0	∾55 — 100	1810—2050	36/**37**— > 42
B	Korund	Al_2O_3	0	100	2050	> 42

Die weitgehende Übereinstimmung der Kristallformen und physikalischen Eigenschaften der beiden den Mengenverhältnissen ihrer Bestandteile nach verschieden zusammengesetzten Stoffe, Sillimanit und Mullit — der einzige Unterschied liegt im Brechungsexponenten (n_γ), der bei Mullit 1,654, bei Sillimanit 1,677 beträgt — sowie die von H. Mark und P. Rosbaud[1]) und anderen Forschern röntgenographisch festgestellte Identität der kristallisierten Phasen im Mullit und Sillimanit, also selbst der Kristallbaue, ferner die von W. Eitel[2]) nachgewiesene Identität des synthetischen mit dem natürlichen Sillimanit haben zur Auffassung geführt (Eitel)[3]), daß Mullit keine einheitliche Verbindung, sondern ein Gemenge von Sillimanit, Korund und kieselsäurereichem Glas sei, das analytisch der Formel 3 $Al_2O_3 \cdot 2\, SiO_2$ entspräche; Sillimanit besitze als endotherme Verbindung[4]) eben die Neigung, in der Nähe des Schmelzpunktes in die genannten Bestandteile zu zerfallen (Fall 3 des ersten Abschnittes auf S. 28), wobei sich der Korund in feinstverteilter Form in den Sillimanit einlagere. Die so

[1]) Mark, H. u. P. Rosbaud: N. Jahrb. f. Min. etc., 54. Blgb. Abt. A., 1. Heft, 1926, S. 127—164; Ref. Sprs. 59, 1926, S. 711.

[2]) Eitel, W.: Z. anorg. Chem. 88, 1914, S. 173—184.

[3]) Eitel, W.: Ker. Rundsch. 34, 1926, S. 599—603 und 717; 35, 1927, S. 350.

[4]) Endotherme Verbindungen entstehen nur durch Zufuhr von Wärme; ihr Energieinhalt ist daher größer als die Gesamtenergie der Komponenten; sie neigen auch ohne Wärmezufuhr von außen zum Zerfall, wobei die zur Bildung der Verbindung zugeführte Wärme wieder frei wird.

einfachen Verhältnisse dieses Systems sind durch die Entdeckung von Bowen und Greig sehr verwickelt geworden, um so mehr als manche Forscher in jüngster Zeit Unterschiede in den Röntgenspektrogrammen gefunden zu haben glauben.

Sillimanit bildet sich auch bei der elektrischen Schmelze von kieselsäurehaltigen Bauxiten; bei etwa 1900° C erzeugter Kunstkorund aus weißen Bauxiten besteht demnach aus Korund- und Sillimanitkristallen.

Tonerde bildet mit Kalziumoxyd zahlreiche, teils stabile, teils instabile Aluminate, deren Eigenschaften beim System $CaO—Al_2O_3$ (siehe S. 350) erörtert werden. Nach Tammann und Pape (a. a. O.) erniedrigt Tonerde die Dissoziationstemperatur der Erdalkalikarbonate; z. B. beginnt bei Bariumkarbonat, das erst bei ∾ 1400° C dissoziiert, unter der Einwirkung der Tonerde die Kohlensäureaustreibung schon oberhalb 1100° C.

Mit Magnesiumoxyd bildet die Tonerde nur ein Aluminat, den sogenannten Magnesiaspinell (siehe System $MgO—Al_2O_3$ auf S. 414).

Mit Eisen-2-oxyd bzw. Eisen-3-oxyd in Gegenwart von Reduktionsmitteln tritt sie unter Bildung einer spinellartigen Verbindung $FeO \cdot Al_2O_3$, die dem natürlichen Pleonast entspricht, in chemische Wechselwirkung; dieser Eisenspinell findet sich auch in Kunstkorunden, die aus eisenhaltigen Bauxiten nach dem Kupolofenverfahren hergestellt wurden.

Mit Ätzalkalien oder saurem Kaliumsulfat ($KHSO_4$) geschmolzen, geht die Tonerde in lösliche, zersetzliche Alkalialuminate über, sie wird „aufgeschlossen". Ihre Verbindungen mit Alkalioxyden entsprechen den auf S. 179 angeführten Typen (R = K oder Na zu setzen).

Bei der Aufnahme der Schmelzlinie von Tonerde-Titansäure-Gemengen beobachtete Rieke[1]) ein Maximum bei 60 vH TiO_2, dessen Verbindungscharakter jedoch nicht feststeht.

Die Reaktionsfähigkeit der Tonerde gegenüber Tonsubstanz geht aus dem Zustandsdiagramm $Al_2O_3 — SiO_2$ (Abb. 38 und 39) hervor.

Die Auswirkungen der chemischen Beziehungen zwischen Tonerde einerseits, sauren und basischen Flußmitteln anderseits zeigen sich sowohl beim Erweichungs- und Schmelzverhalten verunreinigter Tonerden und tonerdehaltiger Massen als auch beim Angriffe dieser Stoffe auf tonerdereiche Ofenbaustoffe.

Alle Verunreinigungen der Tonerdewerkstoffe und absichtlichen Zusätze (Bindemittel), sofern diese nicht selbst hochfeuerfest und der Tonerde gegenüber indifferent sind, setzen die Sinterungs- und Schmelztemperatur herab und beeinträchtigen besonders das Erweichungsverhalten. Die kräftigste Flußmittelwirkung zeigt die gleichzeitige Gegenwart von Oxyden verschiedener Stoffgruppen (Säuren und Basen). Nach Ruff (a. a. O.) genügen schon kleine Mengen von Kieselsäure (2,5 vH), Kalk und Alkalien (Smp des Metaaluminates $NaAlO_2$ = 1650° C), die beim Vermahlen in der Porzellankugelmühle in die Tonerde gelangen, um dem bis 1600° C gebrannten Tonerde-

[1]) Rieke: Sprs. 41, 1908, S. 405/6.

scherben eine ausreichende mechanische Festigkeit zu geben, die ja auf die Sinterung bei dieser Temperatur zurückzuführen ist; reine Tonerdemassen verfügen, selbst wenn sie nahe bei 2000° C gebrannt wurden, über diese Festigkeit nicht. Das Reaktionsgemenge Bariumkarbonat und Tonerde zeigt nach Tammann und Pape (a. a. O.) bereits bei 1250° C Sintererscheinungen. Im Schmirgel setzt der Kalkgehalt den Schmelzpunkt nach Bigot[1]) auf 1600° C herab. Nach Versuchen von Howe und Ferguson (a. a. O.) wird der Schmelzpunkt von Bauxit am stärksten durch Kalk, am geringsten durch Eisenoxyd und durch Kieselsäure herabgedrückt; während eine Vermehrung des Kieselsäuregehaltes um 10 vH den Schmelzpunkt um etwa zwei Segerkegelnummern erniedrigte, wurde die Schmelztemperatur durch einen hohen Eisengehalt (z. B. 23,4 vH Fe_2O_3) bei geringer Kieselsäuremenge (z. B. 1,4 vH) nicht wesentlich beeinflußt; umgekehrt übte Kieselsäure bei niedrigem Eisengehalt ebenfalls nur eine schwache Schmelzmittelwirkung aus; die gleichzeitige Gegenwart beider in größeren Mengen macht sich jedoch im ganzen Schmelzverhalten sehr nachteilig bemerkbar. In Massen, in denen Korunde den Hauptbestandteil bilden, z. B. in künstlichen Schleifmitteln, ist die Art des Bindemittels von großem Einfluß auf die Höhe der anwendbaren Brenntemperatur. Keramische Bindung (Tonsubstanz) setzt die Erweichungs- und Schmelztemperatur stark herab, und zwar um so mehr, je unreiner der Korund und je weniger feuerfest und je kieselsäurereicher das Bindemittel ist. Titansäure erniedrigt den Schmelzpunkt der Tonerde nach Rieke (a. a. O.) mit steigendem Gehalt bis 40 vH TiO_2 auf etwa 1730° C.

Für keramische Massen sind die Beziehungen zwischen Zusammensetzung und Schmelztemperatur der Tonerde-Kieselsäure-Mischungen von größter Wichtigkeit.

Nach der Rankinschen Darstellung des Systems Al_2O_3 — SiO_2 wird der Schmelzpunkt des Cristobalits mit steigendem Tonerdegehalt bis zu 13 vH um 100° C erniedrigt; von diesem Tonerdegehalt an steigt jedoch der Schmelzpunkt bis zur Schmelztemperatur des Korundes. In Quarzziegeln wirkt daher ein höherer Gehalt an Tonerde (unter 13 vH), wie er z. B. einer Bindung der Quarzite mit 5 vH Tonsubstanz entspräche (1,71 vH Al_2O_3), auf den Feuerfestigkeitsgrad schon etwas erniedrigend. Nach der Darstellung von Bowen und Greig ist die Wirkung dieser Tonerdemenge viel erheblicher; eine Steigerung des Schmelzpunktes tritt schon ab 5,5 vH Tonerde ein.

Umgekehrt wird der Schmelzpunkt der Tonerde durch Kieselsäure bis zu den Schmelzpunktminimas allmählich verringert. Ein stärkerer Abstieg der Schmelztemperatur tritt erst ab etwa 75 bzw. 80 vH SiO_2 ein, von wo an die Schmelzpunkte unter die Schmelztemperatur des Cristobalits fallen.

Wählt man zum Ausgangspunkt der Betrachtung die Zusammensetzung der entwässerten Tonsubstanz, so ergibt sich, daß ein steigender

[1]) Bigot: Ref. Tonind.-Z. 45, 1921, S. 583.

Tonerdegehalt ein Anwachsen der Schmelztemperatur des Tones nach sich zieht, ein steigender Kieselsäuregehalt dagegen mit Ausnahme der höchsten Gehalte von 87 bzw. 94,5 vH SiO_2 eine Erniedrigung der Schmelztemperatur des Tones zur Folge hat.

Während die schmelzpunkterhöhende Wirkung der Kieselsäure schon bei 1710° C ihre Grenze findet, gelangt man durch Zusätze von tonerdereichen Stoffen zu Tonen in das Gebiet der höchstfeuerfesten Massen.

Die chemische Widerstandsfähigkeit der Tonerdewerkstoffe bei hohen Temperaturen gegenüber gasförmigen, festen und geschmolzenen Angriffsstoffen nimmt in der Reihenfolge: amorphe Tonerde, natürliche kristallisierte Tonerde, Kunstkorunde zu. Bei der amorphen Tonerde hängt sie von der Höhe der Verglühtemperatur ab.

In oxydierender Atmosphäre erfahren die wasserfreien Tonerden auch bei 2000° C keine Veränderung. Auch im Reduktionsfeuer ist Tonerde sehr beständig; nur bei sehr hoher Hitze und reichlichem Überschuß an Reduktionsmitteln (Holzkohle, Anthrazit, Koke) tritt die Bildung von Aluminiumkarbid (Al_4C_3) ein. Unter Verhältnissen, bei denen die Kieselsäure bereits reduziert wird, ist sie noch reduktionsbeständig.

Leichter findet Reduktion (zu Nitrid, AlN) in Gegenwart von Kohlen- und Stickstoff statt, und zwar bei Temperaturen, bei denen Reduktionswirkungen durch Kohlenstoff allein noch nicht eintreten würden. Bei den erwähnten Untersuchungen des American Refractories Institute (a. a. O.) erlitt Diaspor bei 950° C durch Kohlenoxyd und Chlorgas nur geringe, durch Schwefeldioxyd überhaupt keine Schädigung der mechanischen Festigkeit.

Tonerde ist in dichter Form gegenüber sauren Angriffsstoffen bei hoher Temperatur verhältnismäßig widerstandsfähig. Porige Tonerde wird nicht nur von freier Kieselsäure, sondern auch von silikatischen Stoffen (z. B. sauren Schlacken) angegriffen.

Oxydfreie geschmolzene Metalle zeigen bei hohen Temperaturen keine Einwirkung auf kristalline oder gesinterte Tonerde.

Gegen den Angriff von Kalk, kalkreichen Stoffen (Zement) und anderen basischen Massen sind stark kristalline Tonerdemassen (Korundmassen, Dynamidon) trotz ihrer Porigkeit bei hohen Temperaturen sehr widerstandsfähig[1]). Im allgemeinen reagiert aber Tonerde infolge der niedrigeren Bildungstemperatur gewisser Kalkaluminate, die nicht unerheblich leichter schmelzbar sind als die Kalksilikate, leichter mit Kalk als die Kieselsäure, insbesondere deren dichte Formen.

Bei einem Angriffsversuch, den Hartmann (a. a. O.) mit Dolomit vornahm, schmolzen nur die ersten aufgeworfenen Partien auf der Korundmasse, während die übrigen Partien (im ganzen 20 g) auch bei 1650° C keine Einwirkung mehr zeigten; der durch den Angriff entstandene Gewichtsverlust betrug 19,6 vH gegenüber 70 vH bei einer Kaolinmasse.

[1]) Arndt, K.: Chem. Ind. 39, 1916, S. 328.

Stark basische Schlacken und Alkalien greifen im geschmolzenen und dampfförmigen (Alkalien) Zustande die Tonerde leicht an, am wenigsten reinen Kunstkorund, so daß dieser als verhältnismäßig basenbeständig angesprochen werden kann. Alundum ist nach Waeser (a. a. O.) selbst geschmolzenen Alkalikarbonaten gegenüber widerstandsfähig.

Über chemische Angriffe von neutralen Stoffen auf Tonerde liegen bisher nur spärliche Untersuchungen vor. Im allgemeinen gilt auch hier, daß sich der Angriff nach der Dissoziation des Neutralstoffes auf die Wirkung von sauren und basenbildenden Oxyden zurückführen läßt. Zwischen Chromit und Tonerde tritt nach A. F. Gorton und W. H. Groves[1]) bei inniger Berührung oberhalb O. K. 36 eine Wechselwirkung ein. Durch Chlornatrium findet eine geringere oberflächliche Zerstörung statt als beim Quarz[2]).

Verwendung

Die keramische Verwendung der kristallisierten Tonerde fußt auf ihrer Schwerschmelzbarkeit, Temperaturwechsel- und Raumbeständigkeit und chemischen Widerstandsfähigkeit bei hoher Temperatur. Geglühte amorphe Tonerde wird keramisch seltener verwendet. Als Versatzstoffe (Magerungsmittel) toniger Massen und feuerfeste Werkstoffe dienen hauptsächlich die Kunstkorunde, z. B. Alundum, in geringem Umfange als Versatzstoff gesinterte Tonerde. Des hohen Preises halber, der einer Anwendung auf breiterer Grundlage entgegensteht, kommt der Korund oder hochgeglühte Tonerde nur für Sondermassen in Betracht, die besonders hohen thermischen und chemischen Beanspruchungen standzuhalten haben: Auskleidungen von elektrischen Öfen, z. B. hochgeglühte Tonerde oder Bauxit in Bindung mit wenig feuerfestem Ton als Stampfmasse oder Ziegel für den Herd von elektrischen Messingschmelzöfen[3]), Futter von Gebläsewindöfen, z. B. Deville-Ofen, Massen der Heizrohre elektrischer Widerstandsöfen, der Heiz- und Schutzrohre in Kohlegrießöfen, der Schutzrohre von Thermoelementen, Glühstrumpfmassen u. dgl. Bekannte tonerdereiche Massen sind die Marquardtsche Masse und das besonders gegen Säuren sehr widerstandsfähige Steinzeug, die Friedrichsfelder Korundmasse. Gesinterte oder geschmolzene Tonerde wird nach Fr. H. Riddle[4]) auch als Quarzersatz für Elektroporzellanmassen (Zündkerzen) empfohlen.

Aus Dynamidon, Aloxit und anderen Kunstkorunden stellt man mit Rohbauxit oder feuerfesten Tonen als Bindemittel Ziegel her (Dynamidonsteine, Aloxitsteine, Korundziegel), die zum Bau von Öfen

---

[1]) Gorton, A. F. u. W. H. Groves: Journ. Am. Cer. Soc., Vol. 8, 1925, S. 768—773; Ref. Sprs. 59, 1926, S. 225.

[2]) Tonind.-Z. 45, 1921, S. 28.

[3]) Brit. Clayworker, 1927, Nr. 421, S. 37; Ref. Tonind.-Z. 51, 1927, S. 1092.

[4]) Riddle, Fr. H.: Journ. Am. Inst. Electric. Eng.; Ref. Urban: Ker. Rundsch. 31, 1923, S. 329—331 und 335/36.

dienen, z. B. für die Sinterzone von Zementbrennöfen (Dynamidon, Corindit) und für Emaillieröfen. Aloxitsteine sollen Temperaturen bis 1900° C, Dynamidonsteine bis 2000° C ohne Verflüssigung vertragen. Eine tonerdereiche Masse, Korunit, die 80 vH Al_2O_3 enthält, kann nach Vielhaber (a. a. O.) als Baustoff für Feuerzüge dienen, in denen Karborundum-Erzeugnisse wegen ihrer geringen chemischen Widerstandsfähigkeit gegen Schlacken ungeeignet sind.

An feuerfesten Hohlwaren werden für Sonderzwecke Muffeln, Schmelztiegel und verschiedene Laboratoriumsgeräte erzeugt, z. B. Tiegel für aluminotherme Prozesse, Verbrennungsschiffchen u. dgl.

Nach Ruff (a. a. O.) eignen sich Tonerdetiegel, die bei 1600° C gebrannt wurden, zum Schmelzen von Eisen und Nickel, nicht aber von Chrom, dessen Schmelztemperatur der Erweichungstemperatur der Tiegel zu nahe liege. Basenbeständige Schmelztiegel für die chemische Industrie, deren Scherben einen Schmelzpunkt von ∾ SK 37 besitzt, erhält man durch Formen eines Gemisches von reiner Tonerde und reiner Magnesia mit einem organischen Bindemittel und Brennen im elektrischen Ofen bei SK 32. Bei gewissen Verwendungen von Schmelztiegeln bietet ein kieselsäurefreier Scherben erhebliche Vorteile, da einerseits chemische Veränderungen des Schmelzgutes (Aufnahme von Silizium) ausgeschlossen sind, anderseits bei Gegenwart von Graphit im Scherben eine mechanische Schädigung des Tiegels durch Bildung von Siliziumkarbid (siehe S. 257) unmöglich ist.

Eine weitere Verwendung der Korunde und Tonerde ist die zu Schutzmassen auf pyrometrisch tiefer stehende Scherben. Beispielsweise beinhaltet D.R.P. 179 390 die Herstellung von Tiegelauskleidungen für Thermitreaktionen aus einem Brei von Korund (oder einer Mischung von Korund und Magnesia) und Wasserglas. Novodiamantin wird als Anstrich zur Verlängerung der Lebensdauer von dünnwandigen Schamotteplatten genannt[1]). Hirsch[2]) empfiehlt Korund als Schutzmasse für Kalkofenfutter, Hartmann (a. a. O.) Korundmassen als Überzüge für Schamottesteine zur Erhöhung ihrer Widerstandsfähigkeit gegen den Angriff von Flugasche. Vom metallurgischen Standpunkt aus ist die Beobachtung von L. Jordan, P. P. Peterson und L. H. Phelps[3]) bemerkenswert, daß Stahlschmelzen in Tiegeln mit Alundumauskleidung (RR-Alundum) bis zu 0,07 vH Silizium aufnehmen.

Amorphe Tonerde findet zuweilen bei der Erzeugung von keramischen Farben als Farbbildner und Tönungs- (Nuancierungs-) Mittel und bei der Glasurbereitung als Trübungsmittel Verwendung. Aus Kobaltoxyd und Tonerde erzeugt man dunkelblaue Unterglasurfarben (Thénards Blau!), die durch verschiedene andere Zusätze im Farbton verändert werden können.

[1]) Ker. Rundsch. 29, 1921, S. 345.

[2]) Hirsch: Tonind.-Z. 51, 1927, S. 816—820, 836—839.

[3]) Jordan, L., Peterson, P. P. u. L. H. Phelps: Trans. Am. Electrochem. Soc., 1926, S. 115; Ref. Sprs. 60, 1927, S. 248.

Zu den keramischen Verwendungen der kristallisierten Tonerde kann im weiteren Sinne auch die in der Schleifmittelindustrie, die Hauptabnehmerin der Kunstkorunde, gezählt werden. In der Hartschleifmittelindustrie dienen alle Arten von Kunstkorunden, die besten natürlich nur für Qualitätsware, zur Erzeugung von Schleifpulver, Schleif-, Wetz- und Poliersteinen. Bei 1700° C geschmolzene rote Bauxite finden wie Schmirgel Verwendung.

Auch die Mühlsteinindustrie hat sich der Kunstkorunde bemächtigt; Aloxit liefert z. B. unter Verwendung eines glasigen Bindemittels einen außerordentlich harten und dichten Mahlstein[1]). Schließlich sei noch auf die Erzeugung künstlicher Edelsteine aus geschmolzener Tonerde verwiesen.

Der beim Bayerschen Verfahren anfallende Rotschlamm wird im D.R.P. 409545 von H. Koppers[2]), Essen, als Bindemittel für Quarzite bei der Erzeugung von Silikasteinen genannt.

Wirkungen in tonigen Massen

Tonerde kann in keramische Massen in Form von hochtonerdehaltigen Mineralien (Diaspor, Bauxit), amorpher Tonerde, gesintertem Bauxit, Schmirgel, Natur- und Kunstkorund eingeführt werden.

Die Wirkungen dieser Tonerderohstoffe in tonigen Massen sind im allgemeinen die gleichen, graduell aber in bezug auf Raumbeständigkeit, mechanische Festigkeit, thermische und chemische Widerstandsfähigkeit der Erzeugnisse verschieden.

In jeder Beziehung ist die wasserfreie, aus dem Schmelzflusse kristallinisch erstarrte, höchstprozentige Tonerde den weniger reinen Kunstkorunden, diese den gesinterten Bauxiten und zumeist auch den Tonerdemineralien, diese wieder der amorphen Tonerde und den natürlichen Hydraten überlegen.

Tonerde erhöht in keramischen Massen die Feuerfestigkeit, thermische und chemische Widerstandsfähigkeit, Säure- und Basenbeständigkeit, verbessert die dielektrischen Eigenschaften und die Druckerweichung.

Der amorphen Tonerde und mehr noch den natürlichen Hydraten haftet der Nachteil eines Mangels an Raumbeständigkeit an. Die durch amorphe Tonerde keramischen Massen erteilte größere Schwindung ist hauptsächlich auf die Verdichtung der Tonerde mit steigender Temperatur zurückzuführen. Bei den Hydraten wirkt sich in dieser Beziehung zunächst die thermische Dissoziation, in weiterer Folge wieder die Verdichtung aus. Der große Schwindungsbereich, das Weiterschwinden bis zu Hitzegraden, die nicht allein die Brenntemperatur der Erzeugnisse, sondern selbst die Temperatur bei deren Gebrauche überschreiten, bedingt selbst bei gut durchgebrannten Bauxiten eine geringe Raumbeständigkeit und mechanische Festigkeit; diesem Übelstande kann man nur zum Teil dadurch begegnen, daß man gemahlenen Bauxit im Ge-

[1]) Tonind.-Z. 49, 1925, S. 1012.

[2]) Koppers, H.: Tonind.-Z. 49, 1925, S. 709.

menge mit feuerfestem Ton bei möglichst hoher Temperatur vorbrennt und das zerkleinerte Brennprodukt mit dem Bindeton verformt oder dadurch, daß man, ähnlich wie bei den gemischten Quarz-Ton-Ziegeln, die große Schwindung durch einen entsprechenden Zusatz von Quarz (Wachstum!) aufzuheben bzw. zu verringern sucht. Durch den Quarzzuschlag leidet allerdings der pyrometrische Wert dieser Erzeugnisse.

Der von Natur aus schon dichtere Naturkorund verdient in dieser Hinsicht den Vorzug vor der amorphen Tonerde und den Hydraten. Diesem Vorteil größerer Raumbeständigkeit der Naturkorundmassen steht der Nachteil gegenüber, daß sie hinsichtlich ihrer chemischen Widerstandsfähigkeit, besonders Schlacken gegenüber, nicht völlig befriedigen.

In Glasuren verhindert die Tonerde bei größerem Kieselsäuregehalt die Entglasung und vergrößert den thermischen Ausdehnungskoeffizienten; größere Mengen von Tonerde wirken in Glasuren trübend (opakisierend).

In Farbkörpern wirkt sie farbbildend (z. B. Thénards Blau) und verändert je nach Menge den Farbton, z. B. Fritten (SK 14) von Chrom- und Eisenoxyd (je 1 Mol.) mit 204 Teilen Tonerde sind nach Hecht[1]) dunkelbraun, mit 196 Teilen Tonerde rotbraun. Die chemische Reaktionsfähigkeit der Tonerde basischen Oxyden gegenüber (Aluminatbildung) verhindert beim Färben der Glasuren mit Metalloxyden, die infolge der Wertigkeiten ihres Metalles (Chrom, Mangan) befähigt sind, beim Erhitzen unter Sauerstoffaufnahme in höhere Oxyde überzugehen und beim Abkühlen unter Sauerstoffabgabe (Aufkochen) die ursprüngliche Oxydationsstufe zurückzubilden, das Aufblähen der Glasur; auf die Beständigkeit der Farbe gewisser Farbkörper, z. B. des roten Kupferoxydulsilikates, wirkt sie dadurch günstig ein, daß sie den Stabilitätsbereich des Farbkörpers beim Brennen vergrößert[2]).

II. Wasserfreie Tonerdesilikate

Übersicht

Tonerdesilikate
- natürliche
  - Andalusit
  - Cyanit
  - Sillimanit
- künstliche
  - Kunstsillimanit (Kunstmullit)
  - Schamotte (wasserfreie Tonsubstanz)

Die keramisch wichtigen wasserfreien Tonerdesilikate gehören entweder dem Typus $Al_2SiO_5 = Al_2O_3 \cdot SiO_2$ (Sillimanitmineralien) oder

[1]) Hecht, H.: Lehrb. d. Keramik, Berlin-Wien: Urban und Schwarzenberg. 1923.

[2]) Segers: Ges. Schriften, S. 515 u. 589ff. Berlin: 1806. Hecht, H.: a. a. O.

$Al_2Si_2O_7 = Al_2O_3 \cdot 2\,SiO_2$ (wasserfreie Tonsubstanz) an. Für die europäische Keram-Industrie hat als Rohstoff von Massen nur die Schamotte Bedeutung, während die Mineralien der Sillimanitgruppe erst in jüngster Zeit, nach Erschließung technisch nutzbarer Lager von Andalusit und Cyanit, in überseeischen Ländern größere Beachtung finden. Seit kurzem wendet die „feuerfeste" Industrie ihr Augenmerk auch dem künstlichen Sillimanit (Mullit) zu. Nach A. F. Greaves-Walker[1]) wird dieser bereits im Großbetriebe an der Pazifikküste in elektrisch geheizten Öfen erzeugt. T. S. Curtis[2]) berichtet, daß in Los Angeles (Kalifornien) eine Anlage mit einer Leistungsfähigkeit von reichlich 9 t/24 st arbeitet. Eine weitere Fabrik soll in Louisville (Kentucky) errichtet werden[3]).

1. Tonerdesilikate vom Sillimanittypus und Mullit

Das natürlich vorkommende Aluminiumsilikat Al_2SiO_5 ist dreigestaltig (trimorph.). Seine Erscheinungsformen sind Andalusit, Cyanit (Disthen) und Sillimanit.

Die Entstehung der Sillimanitmineralien sowie des natürlichen Mullites wird auf Kontaktmetamorphose zurückgeführt, die von verschieden großen Druckwirkungen begleitet war. Aus der Dichte und der Art des geologischen Vorkommens schließt man, daß Cyanit unter sehr bedeutendem Druck entstanden ist.

Die Erzeugung des Kunstsillimanites, der sich physikalisch vom Sillimanitmineral nach Eitel (a. a. O.) nur durch ein geringeres spezifisches Gewicht unterscheidet, kann auf verschiedenen Wegen erfolgen.

Theoretisch bestehen unter Berücksichtigung der Zusammensetzung der in Betracht kommenden Rohstoffe folgende fünf Möglichkeiten:

A. Umwandlung der Sillimanitmineralien Andalusit und Cyanit in Kunstsillimanit auf dem Wege molekularer Umlagerungen durch Anwendung entsprechend hoher Temperaturen[4]).

$$\text{Andalusit} \xrightarrow{1390^\circ} \text{Sillimanit},$$

$$\text{Cyanit} \xrightarrow{1370^\circ} \text{Sillimanit}.$$

B. Chemische Vereinigung der Oxydbestandteile Al_2O_3 und SiO_2 auf pyrogenem (elektrischem) Wege[5]).

Al_2O_3 (oder natürliche $Al_2O_3 \cdot x\,H_2O$) $+ SiO_2 = Al_2O_3 \cdot SiO_2$ ($+ x\,H_2O$). Die Bildung des Sillimanites, einer stark endothermen Verbindung, heischt eine sehr hohe Temperatur. Nach Hirsch[6]) gelingt sie beim

---

[1]) Greaves-Walker, A. F.: Cer. Ind. 1925, Nr. 6, Juni; Ref. Tonind.-Z. 49, 1925, S. 1028.

[2]) Curtis, T. S.: Journ. Am. Cer. Soc., Vol. 8, 1925, S. 63—68; Ref. Sprs. 58, 1925, S. 887.

[3]) Tonind.-Z. 51, 1927, S. 864.

[4]) Journ. Am. Cer. Soc., Vol. 8, 1925, S. 407; Ref. Ber. Deutsch. Ker. Ges., 1925, S. 86.

[5]) Trans. Am. Electric. Soc., 46; Ref. Glastechn. Ber. 1925, S. 68.

[6]) Hirsch: Z. angew. Chem. 39, 1926, S. 1439.

bloßen Brennen auch in Gegenwart von Kristallisatoren kaum, vollständig aber durch Zusammenschmelzen der Oxyde.

C. Chemische Addition von Tonerde (Tonerdehydraten) an Tonsubstanz. Rebuffat[1]) will im Sinne der Gleichung:

$$Al_2O_3 \cdot 2\,SiO_2\,[2\,H_2O] + Al_2O_3\,(Al\,(OH)_3) = 2\,[Al_2O_3 \cdot SiO_2]$$

durch Brennen von Kaolin und Aluminiumhydroxyd auf 1400° C Sillimanit erhalten und empfiehlt[2]) als Ausgangsstoff einen unter 700° C entwässerten Kaolin, da von diesem Dehydratationsprodukt wegen der eigenartigen Aktivität dieses Stoffes (siehe S. 357) eine lebhaftere Wechselwirkung mit dem Tonerdehydrat zu erwarten sei. Hirsch (a. a. O.) hält es für unwahrscheinlich, daß sich unter obigen Bedingungen Kunstsillimanit in größerer Menge bilde, hingegen verbürge elektrisches Zusammenschmelzen den Erfolg.

D. Entzug von Kieselsäure aus Tonsubstanz durch Reduktionsschmelze mit Kohlenstoff oder Kohlenstoff und Eisen[3]). Die Entfernung der überschüssigen Kieselsäure geschieht hier durch Verflüchtigung als Siliziummetall oder durch Vereinigung mit metallischem Eisen zu Ferrosilizium, z. B. nach dem Malinitverfahren:

$$Al_2O_3 \cdot 2\,SiO_2\ [2\,H_2O] - SiO_2 = Al_2O_3 \cdot SiO_2.$$

Reduktion mit Kohlenstoff:

$$Al_2O_3 \cdot 2\,SiO_2\ [2\,H_2O] + 2\,C = Al_2O_3 \cdot SiO_2 + Si + 2\,CO$$

Reduktion mit Kohlenstoff und metallischem Eisen:

$$Al_2O_3 \cdot 2\,SiO_2\ [2\,H_2O] + 2\,C + Fe = Al_2O_3 \cdot SiO_2 + 2\,CO + \underset{\text{Ferrosilizium.}}{(Fe, Si)}$$

E. Oxydation von Aluminiummetall durch gebundenen Sauerstoff (Eisen-3-oxyd) in Gegenwart von Kieselsäure (Kristallquarz), wobei die Verbrennungswärme des Aluminiums die Zusammenschmelzung der Sillimanitkomponenten bewirkt (aluminothermer Weg):

$$6\,Al + 3\,Fe_2O_3 + 3\,SiO_2 = 3\,[Al_2O_3 \cdot SiO_2] + 6\,Fe.$$

Mullit entsteht aus Sillimanit nach Eitel[4]) im Sinne des Reaktionsschemas:

$$m\,Al_2O_3 \cdot SiO_2 \rightleftarrows \underbrace{n\,Al_2O_3 \cdot SiO_2 + Al_2O_3}_{\text{disperse Mullitphase}} + SiO_2.$$

Durch diese Darstellung kommt die Auffassung des Mullites als Gemenge von Sillimanit und feinstverteiltem Korund und die Bildung von Glas oder Cristobalit zum Ausdruck (siehe S. 182). Die Umwandlung des Sillimanites in Mullit und ein kieselsäurereiches Glas, das aus überschüssiger Kieselsäure und den Verunreinigungen des Sillimanites besteht, erfolgt nach Bowen und Greig (a. a. O.) bei 1545° C, nach

---

[1]) Rebuffat: Trans. Cer. Soc., Vol. 21, Part. 1, 1921/22, S. 66; Vol. 23, Part. 1, 1923/24, S. 14; Ref. Ber. Deutsch. Ker. Ges., 1922, Bd. 3, S. 42.

[2]) Rebuffat: Trans. Cer. Soc., Vol. 23, 1924, S. 312/13; Ref. Tonind.-Z. 49 1925, S. 882.

[3]) Trans. Am. Electrochem. Soc., 1924, S. 46; Ref. Hirsch: a. a. O.

[4]) Eitel: Ker. Rundsch. 34, 1926, S. 599—603.

A. und R. Brauns[1]) in Gegenwart von Flußmitteln sogar schon bei 1050° C.

Der einfachste Weg zur Erzeugung des Kunstsillimanites ist die Umwandlung der Sillimanitmineralien. Praktisch werden hauptsächlich die durch C und D angedeuteten Wege beschritten, doch soll in den Vereinigten Staaten nach Curtis (a. a. O) auch nach Prinzip A und B gearbeitet werden.

Behufs Erzeugung von Kunstsillimanit auf dem durch C angedeuteten Wege wird nach A. V. Bleininger[2]) ein Gemenge von Kaolin und Tonerde oder reinerem Bauxit im stöchiometrischen Verhältnis (1 Mol. Al_2O_3 auf 1 Mol. SiO_2) feinst vermahlen und im elektrischen Ofen geschmolzen.

Über die Durchführung des nach dem amerikanischen Erfinder A. Malinowsky benannten Malinitverfahrens[3]) berichtet H. Sachse[4]). Die Verflüchtigung der Kieselsäure als Siliziummetall erfolgt vermutlich auf dem Umwege über die Bildung von Siliziumkarbid, das bei der angewendeten Temperatur in Graphit und Silizium zerfällt, welches bei der Verflüchtigung unter bedeutender Wärmeentwicklung zu Kieselsäure verbrennt. Zum kleineren Teile legiert sich das Silizium mit dem Eisen, das dem als Reduktionskatalysator zugesetzten Eisenoxyd entstammt, zu Ferrosilizium, das sich auf der Herdsohle des Ofens absetzt. Eine geringe Menge des Eisens wird in Form von Magnetit fortgeführt. Sowohl die Reduktion und Verflüchtigung der Kieselsäure als auch die Bildung des Sillimanites wird durch die Gegenwart gewisser Stoffe (Eisenoxyd, Kalk, Feldspat, Glimmer, Kryolith) katalytisch, physikalisch oder chemisch beeinflußt. Eisen befördert katalytisch die Reduktion der Tonkieselsäure, Kryolith chemisch deren Verflüchtigung (SiF_4), Feldspat und Glimmer begünstigen oberhalb 1300° C die Bildung des Sillimanites durch Auflösung des Tones, wogegen Kalk der Sillimanitbildung entgegenwirkt. Zur leichteren Entfernung des reduzierten Siliziumdioxydes wird bei Mangel an Eisenoxyd behufs Magnetisierung des Siliziums auch metallisches Eisen der Charge zugesetzt. Die Erhitzung des Gemenges von Kaolin (Ton), Koke und nötigenfalls Eisen erfolgt in einem Hochofen oder Kupolofen unter Anwendung von Gebläsewind. Das Gemenge wird niedergeschmolzen und einige Stunden im Kochen erhalten. Zur Erhöhung der Porigkeit der Beschickung (s = 2,62—2,86) wird weitergeblasen, dann abgekühlt, gezogen und vermahlen. Anhaftendes Eisen wird elektromagnetisch entfernt. Wie man sieht, hat das Malinitverfahren in chemischer Hinsicht große Ähnlichkeit mit dem Elektro-Korundprozeß, in der Durchführung mit dem Korundverfahren von Lecesne-Gowen.

---

[1]) Brauns, A. u. R.: Z. B. Min. etc., Abt. A, Nr. 1, 1926; Ref. Ker. Rundsch. 35, 1927, S. 540.

[2]) Bleininger, A. V.: Journ. Am. Cer. Soc., Vol. 3, 1920, Nr. 2; Ref. Tonind.-Z. 45, 1921, S. 518.

[3]) Journ. Am. Cer. Soc., Vol. 3, 1920, S. 40—68; Vol. 6, 1923, S. 674; Trans. Cer. Soc., Engl., Vol. 19, Part. 2, 1919/20, S. 140—148.

[4]) Sachse, H.: Tonind.-Z. 44, 1920, S. 1003.

Mittels der Thermitreaktion hat Eitel (a. a. O.) nach Prinzip E Kunstsillimanit erhalten, der nur 1 v H Eisenoxyd und Titansäure enthielt.

Ein seltenes Mineral, der Dumortierit, ein Alumoborosilikat von der Zusammensetzung $8\,Al_2O_3\,6\,(7)\,SiO_2 \cdot B_2O_3 \cdot H_2O$ oder $3\,[Al_8Si_3O_{18}]\,Al \cdot B_2O_6 \cdot H_2O$ soll neuerdings in Amerika als Rohstoff für Kunstmullit in Betracht gezogen werden, da sich nach Bowen und Wyckoff[1]) die Borsäure bei 1500° C verflüchtigt und ein mullitähnliches Oxydgemenge hinterläßt.

Die kristallographischen und physikalischen Eigenschaften der Sillimanitmineralien, des Kunstsillimanites und -mullites finden sich in Tabelle 25.

Tabelle 25. Kristallographische und physikalische Eigenschaften

Bezeichnung	KS	n_α	n_β	n_γ	s	H	t	$\beta \times 10^6$
Andalusit	rhombisch (pseudohexagonal)	1,632[1])	1,638[1])	1,643[1])	3,1—3,2	7—7,5		
Cyanit	triklin	1,712[1])	1,720[1])	1,728[1])	3,5—3,7	4,5 (5) in der Vertikalrichtung; ⊥ hiezu 7		5,6[4]) (gebrannt)
Sillimanit	rhombisch (faserig)	1,638[2]) 1,659[1])	1,642[2]) 1,660[1])	1,653[2]) 1,680[1])	3,02[3])—3,25 i. M. 3,2[1])	6—7		gering
Kunstsillimanit	rhombisch	1,657[5])		1,677[5])	3,1			
Kunstmullit	rhombisch	1,642[5])		1,654[5])	3,156[5])		25	2,9[6])
Al_2SiO_5								$\alpha \cdot 10^7$: 344,2 (berechnet)

[1]) Ker. Rundsch. 35, 1927, S. 76. [2]) Hougens Tab., a. a. O.
[3]) Shepherd u. Rankin: Ref. Z. anorg. Chem. 68, 1910, S. 380.
[4]) Freed, M. L.: Journ. Am. Cer. Soc., Vol. 9, 1926, S. 249—256; Ref. Sprs. 59, 1926, S. 843.
[5]) Bowen, Greig u. Zies: Journ. Am. Cer. Soc., Vol. 8, 1925, S. 278—254; Ref. Sprs. 58, 1925, S. 109. [6]) Shearer u. Wyckoff: a. a. O.

Andalusit bildet felsige (kompakte) Massen von grobkörnigem Gefüge oder wie Cyanit und Sillimanit stengelige Anhäufungen. Der Feinbau des Cyanites zeigt außerordentlich dichtes Gefüge. Nach J. P. Norton[2]) sind die Kristallstrukturen des Cyanites und Andalusites untereinander und auch vom Kristallbau des Sillimanites verschieden. Die Molvolumina $\left(\frac{M}{s}\right)$ der drei Mineralien Cyanit, Sillimanit

[1]) Bowen u. Wyckoff: Journ. Wash. Acad. Sci., 16, 1926, Nr. 7 S. 178—189; Ref. Sprs. 59, 1926, S. 841.

[2]) Norton, J. P.: Journ. Am. Cer. Soc., Vol. 8, 1925, S. 636—639; Ref. Sprs. 59, 1926, S. 205; Ker. Rundsch. 35, 1927, S. 488.

und Andalusit stehen im Verhältnis 1:1,13:1,17; die Dichtigkeit dieser Mineralien nimmt also in der gebrauchten Reihenfolge ab.

Das von Rebuffat (a. a. O.) hergestellte Kunstprodukt bestand aus einem Gemisch von amorphem und kristallinem Sillimanit, dessen Menge mit steigender Brenntemperatur zunahm. Die strukturelle Beschaffenheit des synthetischen Sillimanites ist in hohem Grade von der Reinheit des Rohstoffes abhängig. Durch den Zerfall des Sillimanites in die disperse Mullitphase ist immer ein Überschuß an freier Kieselsäure vorhanden, die je nach der Temperatur als Cristobalit oder Kieselsäureglas vorliegt. Verunreinigungen bilden mit der freien Kieselsäure ein kieselsäurereiches Glas, welches die mullitischen Kriställchen verkittet.

Manche Andalusite, z. B. kalifornische, besitzen nach R. Twells d. J.[1]) einen gewissen Grad von Bildsamkeit, dessen Ursache wahrscheinlich ein geringer Gehalt (∾5 vH) an Pyrophyllit ($Al_2O_3 \cdot 4\ SiO_2$ H_2O) ist.

Über die thermischen Eigenschaften der Sillimanitmineralien bei niederer Temperatur (0—100° C) finden sich höchst spärliche Angaben im Schrifttum.

Die Wärmeleitfähigkeit des Sillimanites ist nach Houldsworth[2]) größer als die von feuerfestem Ton.

Die physikalischen Eigenschaften der dispersen Mullitphase sind nach Greig[3]) denen des Sillimanites, zum Teil auch jenen des Andalusites sehr ähnlich.

In chemischer Hinsicht sind die Silikate vom Typus $Al_2\,Si\,O_5$ durch den neutralen Charakter gekennzeichnet. Im reinen Mullit liegt nach der Eitelschen Auffassung ein Gemenge von Sillimanit und freier Tonerde, in verunreinigten Mulliten neben diesen Stoffen ein hochkieselsäurehaltiges Silikat vor, das sich beim Zerfall des Sillimanites aus der überschüssigen Kieselsäure und den Verunreinigungen des Rohstoffes bildet.

Mellor und Scott[4]) stellten für Sillimanit und Mullit (im Bowen-Greigschen Sinne) folgende Konstitutionsformeln auf:

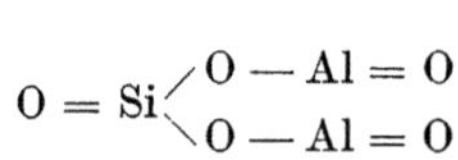

Sillimanit.

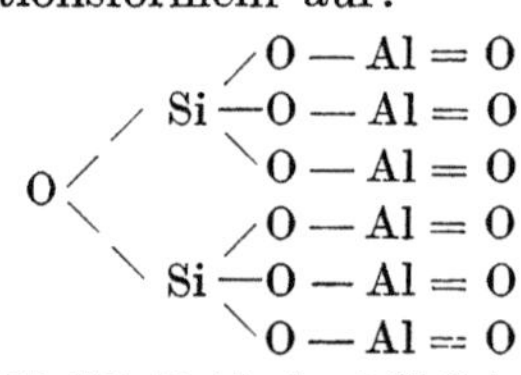

Mullit ($3\ Al_2\,O_3 \cdot 2\ Si\,O_2$).

---

[1]) Twells, R.: Journ. Am. Cer. Soc., Vol. 8, 1925, S. 485—492; Ref. Sprs. 59, 1926, S. 379.

[2]) Houldsworth: Journ. Soc. Glass Techn., Vol. 9, 1925, S. 316; Ref. Tonind.-Z. 50, 1926, S. 825.

[3]) Greig: Journ. Am. Cer. Soc., Vol. 8, 1925, S. 465—484; Ref. Sprs. 58, 1925, S. 820.

[4]) Mellor u. Scott: Trans. Cer. Soc., Vol. 23, Part. 4, 1923/24, S. 322 bis 329; Ref. Sprs. 59, 1926, S. 223.

Als Verunreinigung tritt bei den drei Mineralien zumeist nur wenig Eisenoxyd als teilweiser Ersatz der Tonerde auf. Die Erze sind oft höchstprozentig. Im Sillimanit findet sich zuweilen Rutil und Ilmenit, im kalifornischen Andalusit nach Greaves-Walker (a. a. O.) Quarz, Lazulit (ein wasserhältiges Al-, Mg-, $Fe^{\cdot\cdot}$-Phosphat), Pyrophyllit, Muskowit und Korund; der Andalusitgehalt des Erzes liegt zwischen 75 und 85 vH; sein Tonerdegehalt übersteigt zuweilen infolge der Korundbeimengung den theoretischen Wert, liegt aber häufiger zufolge der leichten Verwitterbarkeit darunter.

Cyanit ist im allgemeinen weniger rein als Andalusit.

Die mineralogische Zusammensetzung des Kunsterzeugnisses hängt von dem Mengenverhältnis der beiden Oxyde Al_2O_3 und SiO_2 ab. Nach Bowen und Greig[1]) erfolgt die Bildung von Korund und glasiger Grundmasse (Schmelze), das heißt der Zerfall der Verbindung $Al_2O_3 \cdot SiO_2$ beim Schmelzpunkt des Mullites (1810° C), in allen Tonerde-Kieselsäure-Gemengen oder -Verbindungen, die mindestens 55 vH Tonerde enthalten; die Menge der bei 1545° C (Cristobalit-Mullit-Eutektikum) vorhandenen Schmelze, die vom Überschuß an freier Kieselsäure abhängig ist, nimmt bei 1810° C unter Korundbildung plötzlich zu. Da die Zusammensetzung der Sillimanitmineralien in das angegebene Mengenverhältnis fällt, gilt das erwähnte Verhalten auch für diese. Der aus der Schmelze erstarrte Kunstsillimanit aus reinen Sillimanitmineralien besteht nach Bowen und Greig (a. a. O.) aus einem Gemenge von Kieselsäure (Cristobalit) und Mullit. Die mineralogische Zusammensetzung von Kunstsillimaniten, die aus höhertonerdehaltigen Gemengen erzeugt sind, ist für verschieden hohe Temperaturen aus Tabelle 26 ersichtlich.

Tabelle 26. Mineralogische Zusammensetzung von Kunstsillimaniten

<table>
<tr><th colspan="4">Zusammensetzung des Rohmaterials</th><th colspan="5" rowspan="2">Mineralogische Zusammensetzung bei ° C</th></tr>
<tr><th colspan="2">in vH</th><th colspan="2">in Molekülen</th></tr>
<tr><th>Al_2O_3</th><th>SiO_2</th><th>Al_2O_3</th><th>SiO_2</th><th>unter 1545</th><th>1545</th><th>über 1545</th><th>1810</th><th>1920</th></tr>
<tr><td>∾ 72</td><td>∾ 28</td><td>3</td><td>2</td><td colspan="3">Mullit</td><td rowspan="3">Korund + Schmelze</td><td rowspan="3">Schmelze</td></tr>
<tr><td>> 72</td><td>< 28</td><td>> 3</td><td>< 2</td><td colspan="3">Mullit + Korund</td></tr>
<tr><td>72—55</td><td>28—45</td><td>3—>0,72</td><td>2—1</td><td>Mullit + Cristobalit</td><td colspan="2">Mullit + Schmelze</td></tr>
</table>

Über die quantitative Zusammensetzung verschiedener Sillimanitmineralien gibt Tabelle 27 Aufschluß.

Die Sillimanitmineralien sind Säuren gegenüber sehr beständig. Sillimanit wird sogar von 30 vHiger Flußsäure nur wenig angegriffen, während das kieselsäurereiche Glas darin löslich ist. Diese Eigenschaft benutzt man zur Ermittlung des Sillimanitgehaltes hochgebrannter keramischer Massen (Porzellan).

[1]) Bowen u. Greig: a. a. O.; Ref. F. Neumann: N. Jahrb. Min. etc., 53. Blgb., Abt. A, Nr. 1, S. 1—59; Sprs. 59, 1926, S. 269.

Tabelle 27. Analysenbeispiele

Bezeichnung		SiO_2	Al_2O_3	Fe_2O_3	CaO	MgO	Glühverlust	TiO_2	Rest (K NaO u. a.)
Andalusit (Durchschnitt von vier Analysen)[1]		37,5	60,8	0—2,3					
Andalusit (kaliforn.)[2]		35,07	59,13						
		94 vH Andalusit + 0,2 vH SiO_2							5 (andere Mineralien)
Cyanit von Indiana, gewöhnl. Fördergut über 90 vH, ausges. Stücke über 98 vH Al_2SiO_5[3])	verwittertes Gestein	30,28	66,47	0,04			1,02	1,49	0,70
	unverwitt.	34,66	60,84	0,07			0,90	1,18	2,35
	ausgesuchte Stücke mit	36,15	63,41						
	viel blauen Kristallen	36,47	62,33						
Cyanit von Pamplin, Va (aufbereitet)[4]		97 (∞ 93 Cyanit, 4 Quarz)							3 (akzess. Verunreinig.)
Handelssillimanit (Amerika)[5]		32,9	64						
Sillimanit (Mittelwerte)[6]	Laacher See	37,30	62,21						
	Finkenberg	37,58	62,27						
	Chester County (Amerika)	38,30	61,80						
Al_2SiO_5 (theoret.)		37,15	62,85						

1) Greaves-Walker: a. a. O.
2) Twells d. J.: a. a. O.
3) Freed: a. a. O.
4) Harrison, H. C.: Journ. Am. Cer. Soc., Vol. 9, 1926, S. 257—271; Ref. Sprs. 59, 1926, S. 844.
5) Cobb u. Houldsworth: Brit. Clayworker, 1924, Nr. 392; Ref. Tonind.-Z. 49, 1925, S. 595.
6) Brauns, A. u. R.: a. a. O.

Brennverhalten

Der Sillimanit galt früher trotz seines weniger häufigen Vorkommens in der Natur als die bei hohen Temperaturen beständigste Kristallart unter den drei Polymeren. Zu dieser Ansicht führte einerseits die Art seines natürlichen Auftretens (in Eruptivgesteinen wie Basalt, Olivin und anderen), das auf magmatischen Ursprung hinwies, anderseits die von vielen Forschern beobachtete Tatsache, daß Andalusit und Cyanit unter der Einwirkung hoher Temperatur kristalline Umwandlungsprodukte liefern, deren Identität durch Vergleich ihrer optischen und chemischen Eigenschaften von A. B. Peck[1]) festgestellt wurde.

1) Peck, A. B.: Journ. Am. Cer. Soc., Vol. 8, 1925, S. 407—429; Ref. Sprs. 59, 1926, S. 103.

Dieses beiden Mineralien gemeinsame kristalline Umwandlungsprodukt wurde von verschiedenen Forschern auf Grund der Dichtenänderungen, Brechungsindices und der Röntgenspektrogramme als Sillimanit bzw. Mullit erkannt. Die Sillimanitmineralien wandeln sich also bei höheren Temperaturen in Mullit um, und zwar zeigt nach Phelps[1]) Cyanit eine langsame Umwandlung bei 1100° C, eine rasche Umlagerung bei 1370° C, Andalusit bei 1390° C. Die Bildung von Mullit aus Sillimanit bei 1545° (nach Bowen und Greig) wurde schon erwähnt. Ob unzersetzter Sillimanit bei der Umwandlung von Cyanit und Andalusit überhaupt entsteht, also Gleichgewichtspunkte zwischen diesen und jenem vorhanden sind, ob die Umwandlung monotrop oder enantiotrop verläuft, ist noch nicht geklärt. Nach Neumann (a. a. O.) besitzt der Cyanit die geringste Stabilität und keinen Gleichgewichtspunkt mit Sillimanit, dagegen Andalusit einen enantiotropen Umwandlungspunkt. Peck (a. a. O.) hält beide Umwandlungen für monotrop. Als tiefste Temperaturen, bei denen eine Umlagerung eintritt, nennt Eitel[2]) für Cyanit ∾ 1300°, für Andalusit ∾ 1400° C, J. P. Norton (a. a. O.) für Cyanit 1400—1500°, für Andalusit 1500—1700° C, doch scheint nach den bisher vorliegenden Forschungsergebnissen die Umwandlung dieser Mineralien nicht scharf, sondern träge — bei Cyanit rascher als bei Andalusit — zu verlaufen und die Geschwindigkeit der Umlagerung wie bei den monotropen Umwandlungsreaktionen der Kieselsäure eine Funktion der Temperatur, Zeit und physikalischen Beschaffenheit (Struktur) zu sein.

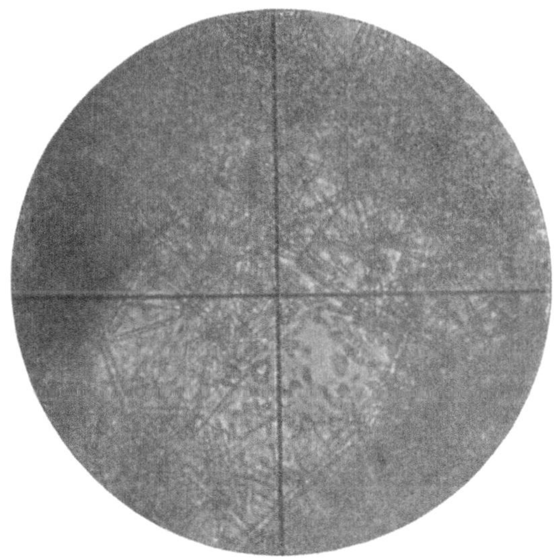

Abb. 40. Dünnschliff; verfilzte Mullitnadeln (Labor.-Porzellan); gewöhnliches Licht; 600fach; (nach Hirsch: Ker. Rundsch. 34, 1926, S. 700/1)

Mit der Umwandlung der Sillimanitmineralien sind sowohl Gefüge- als auch Raumänderungen verbunden.

Norton (a. a. O.) beobachtete Strukturänderungen bei Andalusit und Cyanit in den von ihm als Umwandlungstemperaturen angeführten Temperaturbereichen, beim Sillimanit bei 1540° C (vgl. Bowen und Greig).

[1]) Phelps: Techn. Bull., Nr. 7, Jänner 1927; Ref. Tonind.-Z. 51, 1927, S. 1670.

[2]) Eitel: Ker. Rundsch. 34, 1926, S. 599.

Nach Peck[1]) gehen die Andalusitkörner bei höheren Temperaturen als 1390° C in faserig-kristalline Anhäufungen von prismatischen Mullitkristallen über, deren Zwischenräume durch die überschüssige Kieselsäure (siehe S. 195) ausgefüllt sind; unterhalb 1390° C erscheinen höchstens glasige Einschlüsse in der Umgebung geschmolzener Verunreinigungen.

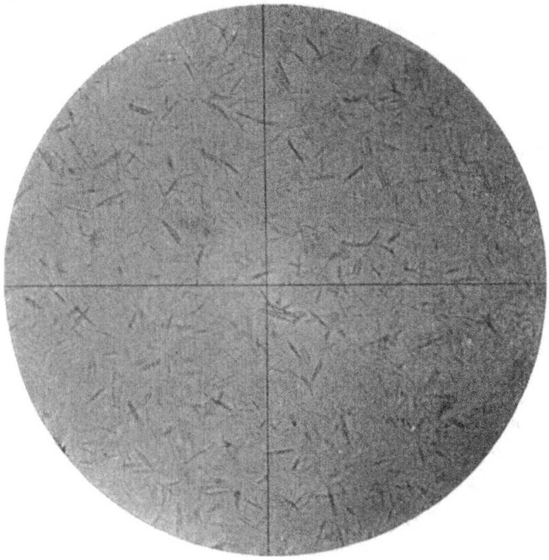

Abb. 41. Pulverpräparat; Mullitnadeln aus Labor.-Porzellan; gewöhnliches Licht; schiefe Beleuchtung; 220fach (nach Hirsch: Ker. Rundsch. 34, 1926, S. 700/1)

Abb. 40 und 41 zeigen Mullitnadeln (Pulverpräparat und Dünnschliff) eines Laboratoriumporzellans nach Hirsch[2]). Andalusit geht ohne wesentliche Volumänderungen, Cyanit unter starker Ausdehnung in Mullit über.

Peck (a. a. O.) fand für die spezifischen Gewichte der drei Mineralien vor und nach dem Brennen auf O. K. 15 (siehe Tabelle 119) folgende Werte:

	ungebrannt	gebrannt
Andalusit (Kalifornien)	3,29	3,20 (nach Harrison [a. a. O.], 3,04)
Cyanit	3,59	3,09
Sillimanit	3,15	2,92
	3,12	2,92 (nach Houldsworth).

Aus diesen Zahlen berechnet sich die prozentische Ausdehnung von Andalusit zu 3 vH, von Cyanit zu 16,3 vH und von Sillimanit zu 8 bzw. 7 vH. Die praktisch beobachteten Raumänderungen weichen oft stark von einander ab. Als sicher ist anzunehmen, daß Cyanit bei der Umwandlung ein starkes Wachstum erfährt und die Raumänderungen der beiden anderen Mineralien praktisch ohne nachteilige Auswirkungen sind. Nach der Umwandlung in Mullit sind alle Sillimanitmineralien raumbeständig.

Über die Änderungen der thermischen und elektrischen Eigenschaften in hohen Temperaturen gibt Tabelle 28 Auskunft.

Die thermische Ausdehnung des vorgebrannten Cyanites und des Mullites verläuft bis 1000° C sehr gleichmäßig. In bezug auf Temperaturwechselbeständigkeit ist das Verhalten der Sillimanitmineralien

[1]) Peck: Am. Min. 9, 1924, S. 123—129; Ref. Eitel: Ker. Rundsch. 32, 1924, S. 562.

[2]) Hirsch: Ker. Rundsch. 34, 1926, S. 700/01.

Tabelle 28. Thermische und elektrische Eigenschaften in höheren Temperaturen

Bezeichnung	t	$\lambda \times 360$	$\beta \times 10^6$	W in Ω/cm^3	$\varkappa$ in rezipr. Ω/cm^3
Sillimanit	500			607×10^4 [1]	$0{,}00165 \times 10^{-4}$
	800			$17{,}9 \times 10^4$ [1]	$0{,}0558 \times 10^{-4}$
	1000			$3{,}63 \times 10^4$ [1]	$0{,}276 \times 10^{-4}$
	1500			$0{,}315 \times \times 10^4$ [1]	$3{,}17 \times 10^{-4}$
Kunstsillimanit	900	1,58 [2] $1{,}56 \pm \pm 0{,}05$ [2]			
Kunstmullit, O. K. 9—10 gebrannt	150		3,6 [3]		
	250		3,9 [3]		
	375		4,5 [3]		
	575		5,9 [3]		
	650		5,6 [3]		
	850		6,0 [3]		
	20—500		4,1 [3]		
Geschmolzener Mullit		∾ 2mal so groß als von Schamotte in Bindung [4]	etwa wie Schamotte in Bindung [4]		
Marquardtmasse	727				$0{,}67—1{,}1 \times \times 10^{-4}$ [5]

[1]) Henry: a.a.O. [2]) Hougens Tab., a.a.O. [3]) Shearer u. Wyckoff: a.a.O. [4]) Sprs. 60, 1927 S. 284. [5]) L. B. Tab.

im allgemeinen günstig. Von kalifornischem Andalusit berichtet Twells (a. a. O.), daß er gegen plötzliche Temperaturänderungen völlig unempfindlich ist. Bei Cyanit dürfte dies infolge des großen Wachstums jedoch nicht zutreffen. Synthetischer Sillimanit ist besonders in der mullitischen Phase sehr widerstandsfähig gegen Temperaturwechsel.

Die elektrische Leitfähigkeit der mineralischen Silikate ist verschieden groß; nach R. M. King[1]) besitzt Cyanit zwischen 700 und 1000° C die geringste, Andalusit die größte Leitfähigkeit. Der elektrische Widerstand des Sillimanites verringert sich von 500—1000° C etwa im gleichen Maße wie der der Kieselsäure in Bindung, ist aber bei allen Beobachtungstemperaturen geringer als bei dieser.

Formartänderungen treten bei den Mineralien und Kunststoffen erst in hohen Temperaturen ein; der Sinterungsbeginn ist bei den reinen Werkstoffen mit dem Eutektikum (1545° C) verknüpft; einem hochliegenden Erweichungsbeginn folgt nur ein sehr kurzes Erweichungsintervall; unter Belastung treten Entformungen erst in nächster Nähe des Schmelzpunktes plötzlich ein. Unter gleichen Prüfungsbedingungen beginnt geschmolzener und erstarrter Mullit bei 1450—1600° C, Schamotte in Bindung bei 1100° C (∾ SK 1a) zu erweichen[2]). Demgemäß ist auch

[1]) King, R. M.: Journ. Am. Cer. Soc., 1926, Juniheft, S. 343—50; Ref. Ker. Rundsch. 35, 1927, S. 47.

[2]) Sprs. 60, 1927, S. 284.

die Druckfestigkeit des Sillimanites, besonders in der mullitischen Zusammensetzung, in hohen Temperaturen recht befriedigend.

Kalifornischer Andalusit besitzt nach Twells d. J. (a. a. O.) gute Festigkeit bei Druckbelastung in mäßig hohen Hitzegraden.

Infolge der Umwandlung der Sillimanitmineralien in Sillimanit und der Neigung desselben zur Mullitbildung beziehen sich die Angaben über den Schmelzpunkt dieser Stoffe auf das Umwandlungsprodukt. Der Schmelzpunkt des synthetischen Sillimanites wurde von Shepherd, Rankin und Wright (a. a. O.) mit 1816° C als kongruent angegeben. Nach Bowen und Greig (a. a. O.) findet der völlige Übergang der mullitischen Phase in die flüssige Formart erst bei 1920° C statt, da bei 1810° C die Zersetzung in Korund und Schmelze eintritt.

Sachse (a. a. O.) gibt für künstlichen „Roh-Sillimanit“ (Malinitverfahren) als Schmelztemperatur 1790—1920° C an. Die Sillimanitmineralien zählen demnach wie der künstliche Sillimanit zu den hochfeuerfesten Werkstoffen.

Shepherd, Rankin und Wright (a. a. O.) berichten, daß Sillimanit kein Lösungsvermögen für Kieselsäure und Tonerde besitzen dürfte, dagegen von Korund in begrenzter Menge aufgenommen wird. Nach H. Insley[1]) ist Mullit in geschmolzenem Glase schwer (aber gleichmäßig), dagegen die glasige Grundmasse leicht löslich.

Die chemischen Wechselwirkungen der Sillimanitmineralien und -kunststoffe mit den keramisch wichtigeren basischen Oxyden (Kalk, Magnesia) fallen in die Systeme $CaO—Al_2O_3—SiO_2$ bzw. $MgO—Al_2O_3—SiO_2$ (siehe S. 354 und 414).

Das Schmelzverhalten der Silikate vom Typus Al_2SiO_5 wird durch Fremdstoffe in verschiedener, von der Art des betreffenden Stoffes abhängiger Weise beeinflußt.

Die basischen Oxyde erniedrigen die Sinterungs- und Erweichungstemperatur und den Schmelzpunkt. Tonerde und Kieselsäure zeitigen verschiedenartige Wirkungen, die bereits in dem Diagramm auf S. 180 und 181 zum Ausdruck kommen. Kieselsäure verringert im allgemeinen die Schwerschmelzbarkeit des Sillimanites; der Grad der Erniedrigung ist jedoch von ihrer Menge abhängig. Aus dem Rankinschen Diagramm erkennt man, daß keine der Mischungen von Sillimanit mit Kieselsäure unter die Feuerfestigkeitsgrenze fällt; in der von Bowen und Greig aufgestellten Schmelzkurve liegt die Schmelztemperatur der Sillimanit-Kieselsäure-Mischungen, die einem Tonerde-Kieselsäure-Verhältnis ∾ (4,5—7,5) : ∾ (95,5—92,5) entsprechen, unterhalb SK 26. Tonerde bewirkt dagegen nach Rankin nur bis zu einer Menge von 1,1 vH eine sehr geringe Depression des Schmelzpunktes, darüber hinaus wirkt sie nur schmelzpunkterhöhend. Im Bowen-Greig-Diagramm tritt eine Flußwirkung der Tonerde überhaupt nicht in Erscheinung.

---

[1]) Insley, H.: Journ. Am. Cer. Soc., Vol. 7, 1924, S. 583—593; Ref. Tonind.-Z. 48, 1924, S. 842.

Die Wirkung eines Überschusses an Tonerde oder Kieselsäure über die molekulare Zusammensetzung des Mullites geht aus Tabelle 26 hervor. Die glasige Grundmasse besitzt einen verhältnismäßig niedrigen Schmelzpunkt und eine nicht sehr große Standfestigkeit unter Belastung. Ihre Menge beeinflußt daher sehr wesentlich das Schmelzverhalten und die Druckfestigkeit bei höheren Temperaturen. Tonerdereichere Mischungen (über $\sim$72 vH Al_2O_3) sind daher mangels an glasiger Grundmasse bei hohen Temperaturen sehr widerstandsfähig gegen Druckwirkungen.

Versuchsziegel aus diesem „Korund-Mullit" hielten nach H. Wilson, C. E. Sims und F. W. Schroeder[1]) höheren Temperaturen besser stand als die besten Silika-, Magnesit-, Chromit-, Schamotte- und Zirkonziegel.

Sillimanit ist gegenüber Oxydationswirkungen bei hohen Temperaturen völlig, gegenüber reduzierenden Einflüssen ziemlich gut widerstandsfähig. Auch saure Angriffsstoffe zeigen keine Einwirkung. Gegenüber Schmelzen von Tonerde-Kieselsäure-Verbindungen verschiedenster Zusammensetzung ist künstlicher Sillimanit nach Greig[2]) innerhalb eines großen Temperaturbereiches selbst dann widerstandsfähig, wenn er kleinere Mengen anderer Oxyde enthält. Versuche von Houldsworth[3]) zeigten, daß ein Zusatz von 10 vH Glas den Schmelzpunkt eines Sillimanites (KSP 37) überhaupt nicht beeinflußt; bei 15 vH Glasbeimengung trat sogar eine Erhöhung auf SK 38 ein. In toniger Bindung liegen die Verhältnisse etwas ungünstiger; die Mischungen von Sillimanit und feuerfestem Ton sind aber gegen Glasschmelzen stets widerstandsfähiger als Schamottemassen. Im Gemenge mit 5 vH Ball-Clay fiel zwar nach Houldsworth (a. a. O.) der Schmelzpunkt des Sillimanites bei einem 10 vHigem Glaszusatz, hielt sich aber auf der ursprünglichen Höhe bei 15 vH Glas; der Schmelzpunkt eines Gemisches aus gleichen Teilen Sillimanit und feuerfestem Ton (KSP 34) sank mit 10 vH Glas auf SK 27, mit 15 vH Glas auf SK 20. Nach S. English[4]) ist die chemische Widerstandsfähigkeit einer tongebundenen Sillimanitmasse (10 vH Ball-Clay) gegen den Angriff von Glasschmelzen bei 1420° C größer als die von Schamottemassen (Stourbridge-Ton); die Widerstandsfähigkeit von Kaolinmassen mit über 60 vH Sillimanit gegen geschmolzenes Natronkalkglas erwies sich bedeutend besser als die von Silika-, Schamottesteinen und auch Sillimanit-Ton-Massen.

Nach A. Cousen, English und W. E. S. Turner[5]) spielt die Korngröße des verwendeten Sillimanites eine bedeutende Rolle; dem

[1]) Wilson, H., Sims, C. E. u. F. W. Schroeder: Journ. Am. Cer. Soc., Vol. 7, 1924, S. 842—855; Ref. Sprs. 58, 1925, S. 109.

[2]) Greig: Journ. Am. Cer. Soc., Vol. 8, 1925, S. 165—181; Ref. Sprs. 58, 1925, S. 820.

[3]) Houldsworth: Journ. Soc. Glass Techn., 33, 1925, S. 39; Ref. Tonind.-Z. 49, 1925, S. 965.

[4]) English, S.: Journ. Soc. Glass Techn. 1923, S. 248—257; Ref. Houldsworth: Trans. Cer. Soc., Engl. Vol. 24, Part. 1, S. 33—41; Tonind.-Z. 51, 1927, S. 233.

[5]) Cousen, A., English u. W. E. S. Turner: Journ. Soc. Glass Techn., Vol. 9, 1925, S. 334—350 u. 370; Ref. Tonind.-Z. 50, 1926, S. 878.

Angriff von Glasschmelzen (Natron-Kalk-Glas, Kali-Blei-Glas) widerstanden tongebundene Massen (Stourbridge-Ton und Ball-Clay) aus feinem Sillimanit recht gut, während Massen aus grobem Sillimanit sich ihrer Porigkeit halber zur Herstellung von Glashäfen ungeeignet erwiesen; das in Sillimanithäfen geschmolzene Glas nahm aus den Hafenwandungen weniger Eisenoxyd und Tonerde auf als das in Schamottehäfen erzeugte Glas.

Da der Zerfall des Sillimanites in das mullitische Gemenge auch in Tonen, insbesondere in Gegenwart von Mineralisatoren, eintritt, bildet sich die disperse Mullitphase in Hafenwandungen und Wannensteinen in reichlicherer Menge an den Berührungsflächen mit dem Glasschmelzfluß. Die Mullitmasse ist gegen die fressende Wirkung der Glasschmelze außerordentlich widerstandsfähig, besonders dann, wenn günstige Verhältnisse in der Zusammensetzung ($Al_2O_3 > 72$ vH) die Bildung des „Korund-Mullites" verursachen; dieser verhält sich nach Wilson, Sims und Schroeder (a. a. O.) in hohen Hitzegraden auch gegenüber sauren Schlacken ziemlich indifferent. Da Korund noch weniger als Mullit in Glasschmelzen löslich ist, erhöht er die chemische Widerstandsfähigkeit der dispersen Mullitphase gegen die auflösende Wirkung saurer Schmelzen.

Weniger Widerstand leistet Sillimanit dem chemischen Angriff von basischen Oxyden und Schlacken, doch erfolgt die Zerstörung nur allmählich. Auch in Bindung mit Tonen ist Sillimanit gegen saure Schlacken widerstandsfähiger als gegen basische Schlacken.

Oxydfreie Metallschmelzen zeigen bis zu den höchsten Temperaturen keine Einwirkung.

Vorkommen

Nutzbare Lagerstätten der Sillimanitmineralien in Deutschland sind bisher nicht bekannt. In nicht bauwürdigen Lagern findet sich Sillimanit z. B. im Basalt am Bühl bei Kassel, Andalusit im Fichtelgebirge (bei Wunsiedel), im Bayrischen Wald und in Sachsen.

Das erste, bisher entdeckte bauwürdige Lager von Sillimanit befindet sich in Indien, 100 engl. Meilen von Kalkutta[1]); ein zweites indisches Vorkommen wird in der Provinz Assam im Khassia-Gebirge abgebaut[2]). Andalusit ist im Naturreich zwar viel häufiger anzutreffen, jedoch auch selten in bedeutenderer Menge. In nutzbarer Form findet er sich in Kalifornien in den White Mountains (Greaves-Walker, a. a. O). Andere Vorkommen liegen in Spanien (Andalusien!), Norwegen (Fahlun), Finnland, Brasilien und im Ural.

Von Cyanit sind in jüngster Zeit große Lager in Indien erschlossen worden (Freed, a. a. O.). Disthen und Andalusit werden auch aus Edelsteinseifen (z. B. auf Ceylon) gewonnen. Das einzige bisher bekanntgewordene, von Bowen entdeckte Vorkommen von Mullit liegt auf der Insel Mull (Schottland).

---

[1]) Journ. Am. Cer. Soc., Vol. 8, 1925, Juliheft; Ref. Ker. Rundsch. 33, 1925, S. 598.

[2]) Tonind.-Z. 50, 1926, S. 578.

Verwendung

In Europa (Festland) finden die Sillimanitmineralien keine keramische Verwendung. In Amerika dient Andalusit laut Berichten von Greaves-Walker (a. a. O.) und Twells (a. a. O.) nach entsprechender Aufbereitung (Zerkleinerung, Enteisenung) als Versatzstoff von Elektroporzellanmassen (Zündkerzen), dicht gebranntem, temperaturunempfindlichem Porzellan. Peck[1]) berichtet, daß Andalusit als Ersatz von Kunstsillimanit zur Herstellung feuerfester Erzeugnisse (Andalusitsteine, Kapseln, Ofenfuttermassen, Mörtel) versuchsweise verwendet wird. Nach Twells (a. a. O.) soll sich das kalifornische Mineral zur Erzeugung von Andalusitziegeln geeignet erwiesen haben; diese sollen insbesondere in bezug auf Druckfestigkeit bei höheren Temperaturen und Temperaturunempfindlichkeit den besten Silika- oder tonerdereichen Ziegeln überlegen sein. Vor dem Cyanit besitzt Andalusit den Vorzug einer weit größeren Raumbeständigkeit, das kalifornische Gestein im besonderen den Vorzug der Formbarkeit ohne Tonzusatz und eines guten Bindevermögens bei höheren Temperaturen.

Die unmittelbare Verwendung des Cyanites begegnet insofern größeren Schwierigkeiten, als die großen Raumänderungen beim Brennen die Herstellung raumbeständiger, dichter und mechanisch fester Erzeugnisse beeinträchtigen. Das Vorbrennen ist trotz der kurzen Kalzinierdauer, die zur Erzielung einer entsprechenden Raumbeständigkeit nötig ist, wegen der hiezu erforderlichen Temperatur — mindestens etwa 1400° C — kostspielig. Nach Harrison[2]) kann unter gewissen Bedingungen (Korngröße < 1 mm) auch roher Cyanit ohne Gefahr von Brennrissen in Massen verwendet werden.

Freed (a. a. O.) berichtet, daß Ziegel aus vorgebranntem Cyanit sich durch hohe Feuerfestigkeit, Formbeständigkeit, großen thermischen Widerstand und gleichmäßige Wärmeausdehnung auszeichnen.

Nach einem Bericht des amerikanischen Bureau of Standards[3]) wird versucht, durch einen höheren Cyanitzusatz zu Diaspor dessen große Schwindung zu beheben.

Gute Ergebnisse sollen in England mit Ziegeln aus natürlichem Sillimanit erzielt worden sein. Über eine Verwendung von Sillimanitmineral mit Ton als Bindemittel für Muffelträger berichtet Emery[4]). Wo Sillimanit in Anwendung steht, handelt es sich zumeist um das Kunsterzeugnis. In Amerika und England wird Kunstsillimanit

[1]) Peck: Am. Min., Bd. 9, 1924, S. 126—129, Ref. Ker. Rundsch. 32, 1924, S. 562.

[2]) Harrison: Journ. Am. Cer. Soc., Vol. 9, 1926, S. 257—271; Ref. Tonind.-Z. 51, 1927, S. 299.

[3]) Brick and Clay Record, Nr. 3, August 1927, S. 179; Ref. Tonind.-Z. 51, 1927, S. 1435.

[4]) Emery: Trans. Cer. Soc., Engl., Vol. 25, Part. 2, 1925/26, S. 111—126; Ref. Sprs. 60, 1927, S. 468.

in wachsender Menge als Versatzstoff toniger Massen, in der „feuerfesten“ Industrie als Werkstoff für Sillimanitsteine verwendet. Nach Riddle (a. a. O.) vermag er ebenso wie geschmolzene Tonerde den Quarz erfolgreich im elektrotechnischen Porzellan zu ersetzen. Curtis (a. a. O.) hält auch den Zusatz von Kunstsillimanit zu Glasuren, die besonders hohen Temperaturen standhalten sollen, und seine Verwendung als feuerfester Mörtel für vorteilhaft. Sillimanitziegel, die sich ebenfalls durch hohe Feuerfestigkeit und durch geringes Nachschwinden im Feuer auszeichnen, sollen nach einem Referat von Lange[1]) selbst für die Brennerköpfe amerikanischer Siemens-Martin-Öfen und andere hoch beanspruchte Stellen des Ofens mit Erfolg in Anwendung gebracht worden sein.

Die Bedeutung des Sillimanites für die keramische Industrie jener Länder, die über keine natürlichen Vorkommen von Sillimanitmineralien verfügen und in denen die Erzeugung des Kunstsillimanites mangels entsprechender Wasserkräfte oder infolge anderer Umstände zu hohe Kosten verursacht, liegt in seiner Bildung aus Tonsubstanz während des Brandes keramischer Massen auf entsprechend hohe Temperaturen (Feldspatporzellan, feuerfeste Erzeugnisse).

Aus Cyanit mit Tonzusatz oder ohne keramische Bindung hergestellte Mullitsteine leisteten, wie Freed (a. a. O.) berichtet, nicht nur den normalen, sondern auch gesteigerten Anforderungen an hochfeuerfeste Stoffe völlig Genüge; als besonders widerstandsfähig erwiesen sie sich beim Druckerweichungsversuch und bei der Prüfung auf Temperaturempfindlichkeit. Mullitreiche Tonmassen und Mullitsteine haben sich zufolge ihrer chemischen Widerstandsfähigkeit gegenüber sauren Schmelzen auch in Glasschmelzöfen sehr bewährt. Die von der Vitrefrax Co in Los Angeles hergestellten Mullitsteine sollen bei ihrer Verwendung befriedigende Ergebnisse gezeitigt haben[2]).

Eine neue Art der Verwendung von Kunstmullit ist das in Amerika (New York) versuchsweise geübte Vergießen von elektrisch geschmolzenem Mullit zu Mullitwannensteinen und -blöcken, über deren Wert für die Glasindustrie die Meinungen noch geteilt sind. Die Erzeugnisse sind zwar dichter als die gebrannten Steine, jedoch soll der beträchtliche Gehalt an niedrig schmelzender glasiger Grundmasse die Güte der Blöcke und Steine sehr vermindern[3]). Brauchbarer sollen sich Steine erwiesen haben, die aus einer Mischung von geschmolzenem Mullit und tonerdereichem Ton erzeugt wurden; durch die Beimengung des Tones sollte der Glasgehalt des Mullites verringert und feiner verteilt werden[4]). Die Vorzüge gegossenen Mullites gegenüber den meisten anderen in

[1]) Lange: St. u. E., Heft 41, S. 1255/56.

[2]) Brick and Clay Record, Vol. 69, 1926, Nr. 8; Ref. Tonind.-Z. 50, 1926, S. 1746.

[3]) Ref. Ker. Rundsch. 35, 1927, S. 113.

[4]) Glass Ind., Dezember 1926, S. 285; Ref. Ker. Rundsch. 35, 1927, S. 113.

Glasschmelzöfen verwendeten Massen sind nach R. S. Scholes[1]) die Abwesenheit von niedrig schmelzenden Bindemitteln, die Dichte und Unschmelzbarkeit bei der Temperatur des Glasofens. Die anfänglichen Schwierigkeiten bei der Verwendung des Mullites als Versatzstoff keramischer Massen, nämlich die Beeinträchtigung der Arbeitseigenschaften der Massen durch den Alkaligehalt und der Farbe des Scherbens durch den Eisengehalt des Mullites, sind nach Curtis (a. a. O.) behoben worden.

Die bei der Erzeugung von synthetischem Mullit anfallende glasige Grundmasse käme nach Curtis ihrer leichten Schmelzbarkeit halber als Flußmittel für keramische Massen (Porzellan, Hartsteingut) in Betracht. Der genannte Forscher verweist auch auf die Möglichkeit, Sillimanit auf Grund seiner geringen Abnutzbarkeit als Auskleidungsstoff von Mahltrommeln, auf Grund seines höheren spezifischen Gewichtes an Stelle von Kugelflintsteinen verwenden zu können.

Wirkungen in tonigen Massen

Die Sillimanitsilikate zählen zu den hochwertigen Magerungsmitteln. Über ihre Wirkung in tonigen Massen berichten McDowell und E. J. Vachuska[2]), daß 30 vH und mehr Cyanit in Porzellanmassen den Ausdehnungskoeffizient erniedrige, den Bruchmodul erhöhe, wenn sich der Cyanitgehalt auf Kosten des Flint- oder Feldspatgehaltes vergrößert, die Masse aber bei hohem Prozentsatz wegen seines Eisengehaltes grau färbe und eine höhere Brenntemperatur bedinge. Sillimanit erhöht nach Houldsworth und Cobb (a. a. O.) und Houldsworth[3]) in feuerfesten Massen bei hoher Brenntemperatur die Porigkeit, bei größerem Zusatz als 50 vH zum Ton beträchtlich die Feuerfestigkeit, Widerstandsfähigkeit gegen raschen Temperaturwechsel und gegen den Angriff von Glasschmelzen. Weiters bewirkt er nach Houldsworth[4]) eine Verringerung der schnellen Wärmeausdehnung von feuerfesten Tonen bei 100—200° C und 500—600°; eine Ton- bzw. Kaolin-Sillimanit-Masse dehnte sich bis 800° C gleichmäßig aus; die Ausdehnung betrug bis 1000° C ∾ 0,4 vH. In mancher Beziehung erwiesen sich Kaolin-Sillimanit-Massen vorteilhafter als Ton-Sillimanit-Massen.

In hochgebrannten Porzellanmassen, in denen sich nach A. Zoellner[5]) bei entsprechender Temperatur Sillimanitkristalle bilden, bewirkt er

[1]) Scholes, R. S.: Glass Ind., 1927, Nr. 3, S. 61/62; Ref. Ker. Rundsch. 35, 1927, S. 457.

[2]) McDowell u. E. J. Vachuska: Journ. Am. Cer. Soc., 1927, S. 64—72; Ref. Tonind.-Z. 51, 1927, S. 375; Ker. Rundsch. 35, 1927, S. 227.

[3]) Houldsworth: Journ. Soc. Glass Techn., Vol. 9, 1925, Nr. 36, S. 316; Ref. Tonind.-Z. 50, 1926, S. 825.

[4]) Houldsworth: Trans. Cer. Soc., England, Vol. 24, Part 1, S. 33—41; Ref. Tonind.-Z. 51, 1927, S. 233.

[5]) Zoellner, A.: Dissert., Berlin 1908; Hecht, H.: Lehrbuch der Keramik, S. 287. Berlin-Wien: Urban und Schwarzenberg. 1923.

eine Erhöhung der Unempfindlichkeit gegen schroffen Temperaturwechsel und der Widerstandsfähigkeit gegen hochgespannte Ströme. Zufolge seiner Schwerlöslichkeit in Säuren steigt mit zunehmender Sillimanitbildung auch die Säurebeständigkeit und -widerstandsfähigkeit toniger Massen bei höheren Temperaturen. Nach Bleininger und Riddle[1]) besitzen Porzellanscherben mit großem Mullitgehalt hohe Zugfestigkeit, geringe Wärmeausdehnung (daher große Temperaturwechselbeständigkeit) und gute dielektrische Eigenschaften.

Die Mullitphase des Sillimanites bewirkt infolge des besonders hohen Dispersitätsgrades im allgemeinen eine weitergehende Veredelung der mechanischen, thermischen, elektrischen und chemischen Eigenschaften als unzersetzter Sillimanit.

Über die Wirkung der glasigen Grundmasse in keramischen Massen berichtet Curtis (a. a. O.), daß sie die mechanische Festigkeit sehr günstig beeinflusse, da sie in den Massen ein faseriges Gerüste von großer Zähigkeit und niedriger Wärmeausdehnung bilde und die Zwischenräume dieses Skelettes mit einem Bindemittel ausgefüllt werden, in dem neuerdings mullitische Kristallfasern anschießen.

2. Schamotte (Chamotte) und gebranntes Tonmehl

Schamotte und gebranntes Tonmehl sind künstliche Magerungsmittel, die durch Brennen von Tonen und Zerkleinerung der Brennerzeugnisse gewonnen werden.

Obgleich dem Erzeugungsgange nach auch Schamotte nichts anderes als gebranntes Tonmehl ist und selbst in Fachkreisen ohne Rücksichtnahme auf den pyrometrischen Wert gebranntes Tonmehl als „Schamotte“ bezeichnet wird, empfiehlt es sich doch, und zwar nicht nur in Hinblick auf die verschiedenartige Verwendung, die durch den Feuerfestigkeitsgrad gegeben ist, sondern auch in bezug auf die strukturellen Verhältnisse und die mineralogische Zusammensetzung, die beiden Kunststoffe streng voneinander zu halten. Im folgenden wird daher unter „Schamotte“ nur jener Stoff verstanden, der durch scharfes Brennen (Brennen bei hoher Temperatur) von feuerfesten Tonen in Schollenform und Zerkleinern der gebrannten Stücke erzeugt wird, während die Bezeichnung „gebranntes Tonmehl“ für das Zerkleinerungsprodukt niedrig gebrannter Tone, die unter SK 26 schmelzen, gebraucht wird. Schamotte ist daher ein magernder, feuerfester Versatzstoff bzw. Werkstoff, gebranntes Tonmehl nur Magerungsmittel für niedrig zu brennende Erzeugnisse. Beide unterscheiden sich von dem Scherben jener keramischer Waren, die aus den entsprechend gleichen Tonen oder Tonmischungen ohne andersartige Zusätze erzeugt werden, nur durch die Form.

Alle beim Kollern von Ausschußware oder keramischen Waren, die für bestimmte Zwecke unbrauchbar geworden sind, anfallenden

[1]) Bleininger u. Riddle: Cer. Ind., 1925, Nr. 6. Juni; Ref. Tonind.-Z. 49, 1925, S. 1028.

sand- oder mehlartigen Erzeugnisse werden als „Ersatzstoffe" unter „Verwendung" behandelt.

Abarten von Schamotte entstehen durch Brennen besonderer Tone (Schiefertone) oder Gemenge von feuerfesten Tonen mit besonderen Zuschlägen. Für bestimmte Zwecke erzeugt man aus einem Gemenge von Kaolin und feuerfestem Bindeton „Kaolinschamotte", aus einem Gemisch von feuerfestem Ton und tonerdereichen Stoffen, z. B. Bauxit „Tonerdeschamotte".

Die Erzeugung von Schamotte und gebranntem Tonmehl fußt auf den Änderungen der Eigenschaften, welche die Tone beim Brennen auf bestimmte, höhere Temperaturen erleiden.

Die Tone bestehen bekanntlich der Hauptsache nach aus einem durch heiße konzentrierte Schwefelsäure aufschließbaren Anteil, der technisch als „Tonsubstanz" bezeichnet wird, und aus den durch Schwefelsäure nicht zersetzlichen Resten des Muttergesteines (Quarz, Feldspat und andern).

Die Hauptmenge der Tonsubstanz bildet das Mineral Kaolin, eine kristalline Alumokieselsäure (Kaolinsäure) von der empirischen Zusammensetzung $H_4Al_2Si_2O_9 = 2\,H_2O \cdot Al_2O_3 \cdot 2\,SiO_2$, die in den Tonen von einer größeren Menge in Salzsäure löslicher Gele (Allophanoide) begleitet ist. Beide Bestandteile der Tonsubstanz geben beim Brennen ihr teils chemisch gebundenes, teils sorbiertes Wasser unter Wärmebindung, jedoch bei verschieden hohen Temperaturen ab. Das Mineral Kaolin verliert nach neueren Untersuchungen von Spangenberg[1] die Hauptmenge des Konstitutionswassers im Sinne der Gleichung

$$Al_2O_3 \cdot 2\,SiO_2 \cdot 2\,H_2O = Al_2O_3 \cdot 2\,SiO_2 \text{ (oder } Al_2O_3 + 2\,SiO_2) + 2\,H_2O$$

mit einer von der Tension und Korngröße abhängigen Geschwindigkeit bei etwa 430 ± 10^0 C, während das restliche Wasser erst bei höherer Temperatur (∞ 750—800° C) austritt.

Das Hydratwasser der Allophanoide wird dagegen schon bei wesentlich niedrigerer Temperatur (etwa 150° C) abgegeben. Nach C. R. Moore[2] tritt zuerst das hygroskopische und kolloidale, dann das an Kieselsäure und Tonerde gebundene Wasser und schließlich das Konstitutionswasser des Kaolins aus. Ein anschauliches Bild dieser Verhältnisse geben die durch thermische Analyse von Mellor[3] ermittelten Erhitzungskurven von Kaolin (Abb. 42) und Ton (Abb. 43).

Die von der strichlierten Linie nach rechts abweichenden Kurventeile stellen die Verzögerungen der Temperaturzunahme infolge der Wärmeabsorption beim Wasseraustritt dar. Kaolin besitzt demnach nur einen, Ton zwei endotherme Punkte, die von verschiedenen Forschern stets bei etwa 150° C bzw. bei etwa 500° C gefunden wurden. (Über die Bedeutung des von der strichlierten Kurve nach links abweichenden

[1]) Spangenberg: Ker. Rundsch. 35, 1927, S.331—336.

[2]) Moore, C. R.: Trans. Cer. Soc. Engl., Vol. 25, 1925/26, Part. 2, S.127—149; Ref. Tonind.-Z. 51, 1927, S. 1091.

[3]) Mellor: Trans. Cer. Soc. Engl., 16, 1916/17, S. 73—84; Ref. Ber. Deutsch. Ker. Ges. 2, 1921, S. 55/6.

Linienzuges, der eine Beschleunigung der Temperaturzunahme infolge eines wärmeerzeugenden Vorganges darstellt, siehe S. 23.)

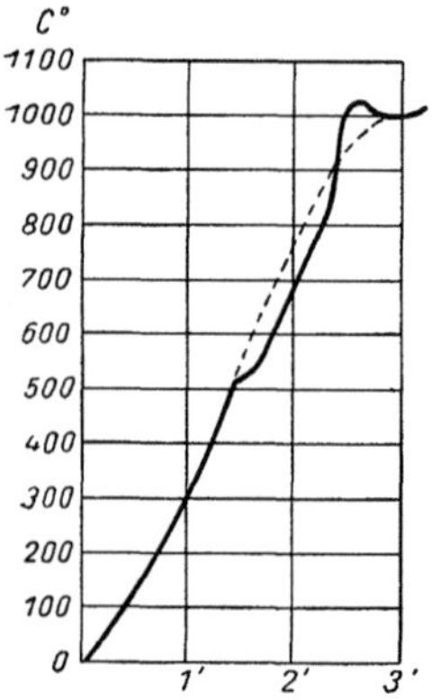

Abb. 42. Erhitzungskurve von Kaolin nach Mellor

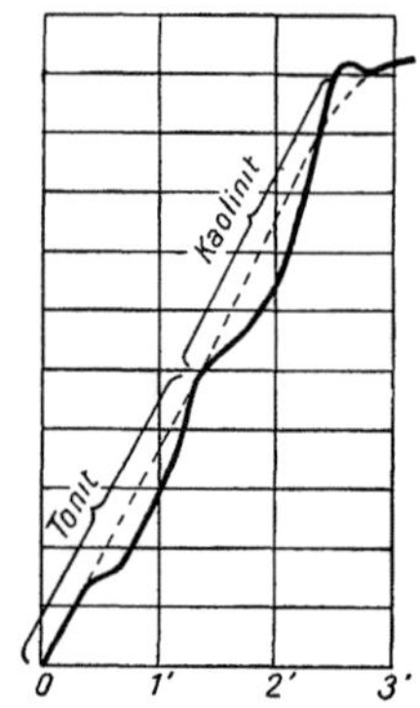

Abb. 43. Erhitzungskurve von Ton nach Mellor

Die Wärmetönung beim endothermen Vorgang des Kaolins beträgt nach McGee[1]) — 60 bis — 130 WE für die Gewichtseinheit der getrockneten Substanz, beim exothermen Effekt (∾900° C) etwa + 25 WE. Der genannte Forscher berechnet für die Gewichtseinheit Kaolin (spezifische Wärme zwischen 0 und 1000° C : 0,5) und Schamottesteinmasse (spezifische Wärme zwischen 25 und 1200° C : 0,43) folgenden Wärmebedarf: Kaolin: Erhitzung von 0° auf 1000° C: ∾ 500 WE, Schamottesteinmasse: Erhitzung von 25 auf 1200° C: 510 WE.

Die physikalischen Folgen der Entwässerung sind der Verlust der Bildsamkeit und des Bindevermögens, ferner die mit der Temperatur wachsende Raumverminderung (Brennschwindung) und Verdichtung und die bedeutende Erhöhung der Härte und mechanischen Festigkeit.

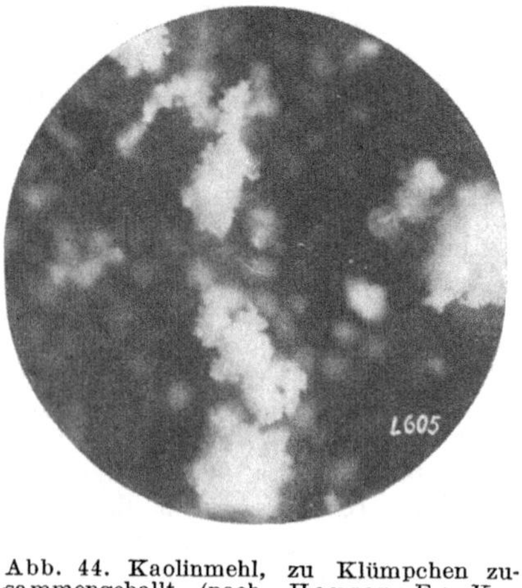

Abb. 44. Kaolinmehl, zu Klümpchen zusammengeballt (nach Hauser, F.: Ker. Rundsch. 33, 1925, Nr. 48, S. 813)

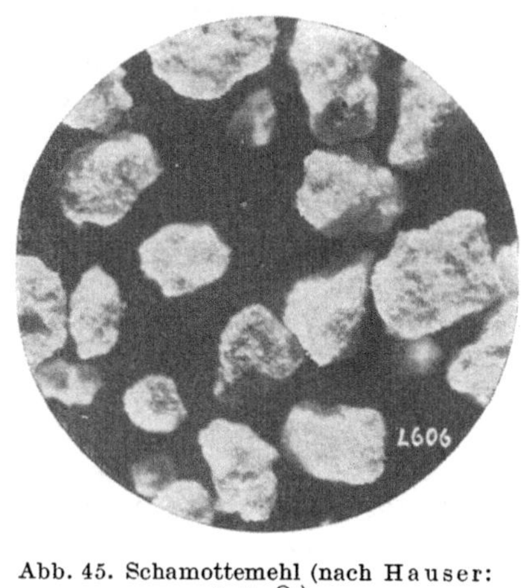

Abb. 45. Schamottemehl (nach Hauser: a. a. O.)

Der Unterschied von Tonmehl und Schamottemehl ist durch das verschiedene Verhalten gegenüber Wasser aus Abb. 44 (Kaolinmehl) und Abb. 45 (Schamottemehl) deutlich zu erkennen.

[1]) McGee: Journ. Am. Cer. Soc., Vol. 9, 1926, Nr. 4, S. 206—247; Ref. Sprs. 60, 1927, S. 157.

Das Dichtbrennen der Tone ist nach E. E. Urbschat[1]) auf die Bildung sehr leicht schmelzender (∾ 1000° C) Eutektika mit Alkalien zurückzuführen, welche die Tonteilchen benetzen und zufolge ihrer Oberflächenspannung zusammenziehen.

Die Brenntemperatur wird mit Rücksicht auf die wünschenswerte Raumbeständigkeit der Schamotte zweckmäßig so hoch gehalten, daß bei der Brenntemperatur der Schamotteerzeugnisse (∾ SK 10 — ∾ SK 20) bzw. bei einer Temperatur, die der Verwendung derselben entspricht, sich die Schwindung in zulässigen Grenzen bewegt. Eine möglichst vollständige Schwindung kann statt durch hohe Temperatur auch durch länger andauernde niedrigere Temperatur erzielt werden.

Als Schamotterohstoffe verwendet man hauptsächlich die sogenannten Schiefertone, unter denen besonders die Steinkohlentone von Saarbrücken und Neurode (Niederschlesien) und die Schiefertone der böhmischen Steinkohlenbecken bekannt sind. Sie führen als Rohstoffe von Schamotte die Bezeichnung „Schamottetone". Im allgemeinen eignen sich für diesen Zweck reine, flußmittelarme, insbesondere alkaliarme, hochfeuerfeste Tone, an deren Bildsamkeit man aus leicht begreiflichen Gründen keine Ansprüche stellt, doch werden fette neutrale Tone den mageren, sauren vorgezogen, da jene dichter und härter brennen als diese.

Die Zusammensetzung einiger Schamottetone und deren Kegelschmelzpunkte zeigt Tabelle 29. Zur Erzielung einer durchwegs gleichartigen Schamotte empfiehlt sich ein Aufbereitungsgang im Sinne des Schemas:

Schamotteton
|
Mahlen
|
Sumpfen
|
Homogenisierung (Tonschneider)
|
Strang
|
Zerschneiden
|
Blöcke
|
Brennen

Die gebräuchlichen Brennapparate der Keram-Industrie sind zum Brennen von Schamottetonen dann geeignet, wenn in ihnen eine Temperatur von ∾ SK 10 — ∾ SK 14 ohne Schädigung des Ofenmauerwerkes erreicht werden kann.

Für die Wahl der Ofenbauart und Feuerungsart sind die Rohstoffverhältnisse, der wünschenswerte Reinheitsgrad der Schamotte, die Leistungsfähigkeit des Ofens bzw. der Bedarf an Schamotte maßgebend.

[1]) Urbschat, E. E.: Z. angew. Chem. 39, 1926, S. 365.

Tabelle 29. Analysenbeispiele von Schamottetonen

Bezeichnung	SiO_2	Al_2O_3	Fe_2O_3	CaO	MgO	KNaO	Glühverlust	KSP in SK
Schieferton von Mühlheim bei Koblenz [1])	47,5	36,1	2,7	0,2	0,7	1,0	11,8	
Schieferton von Altwasser [2])	43,84	36,30	0,46	0,19	0,19	0,42	17,78	36
Wildsteiner Schamotteton [3])	46,6	36,7	1,8				14,1	etwas > 35

[1]) Ost, H.: Lehrbuch der Chemischen Technologie, 9. Aufl., S. 305. Leipzig: Dr. M. Jänecke. 1918.
[2]) Bischof, C.: Die feuerfesten Tone, 3. Aufl., Leipzig: Quandt und Händel. 1904.
[3]) Hirsch, H. im Taschenbuch für Keramiker, S. 93. Berlin: Keramische Rundschau. 1925.

Hinsichtlich der Rohstoffverhältnisse sind für das Ofensystem bestimmend: die Form (Klumpen oder Pulver), der Feuchtigkeitsgehalt, die Festigkeit bzw. das Verhalten des Tones in bezug auf Zusammenhalt im Brande.

Pulverige, feuchte und zu fette Tone sind ebensowenig für den Schachtofenbetrieb geeignet wie Tone, die beim Brennen keine genügende Härte erlangen; pulverige Tone erschweren an sich, feuchte und zu fette Tone infolge Zerspringens den Luftdurchgang und wirken dadurch auf die Höhe der Brenntemperatur nachteilig ein; nicht genügend hart brennende Tone halten dem Drucke der Beschickung und der Reibung beim Niedergehen des Brenngutes nicht stand, zerbröckeln und stören einerseits aus dem erwähnten Grunde den Ofenbetrieb, anderseits liefern sie minderwertige Schamotte. Für derartige Tone empfiehlt sich die Anwendung von Drehrohröfen. Verunreinigungsmöglichkeit durch Brennstoffaschen und -schlacken besteht in den sogenannten Schachtöfen mit kurzer Flamme (Schütt- oder Mischfeuerung), in denen das Brenngut mit dem Heizstoff in unmittelbarer Berührung steht, durch die Flugasche bei anderen nicht gasbefeuerten Ofentypen.

Um reine, das heißt asche- und schlackenfreie Schamotte im Schachtofen zu erzeugen, bedient man sich des Gasschachtofens (Schachtofen mit Gasfeuerung). Für kleinere und mittlere Leistungen (10—15t/24st) kommen bei sonstiger Eignung Einzelöfen mit überschlagender Flamme oder kleinere Schachtöfen, für größere Leistungen der Gasring-, Gaskammer-, Tunnel-, Zickzack- und Ringofen bzw. gekuppelte Einzelöfen in Betracht. Bei sehr geringem Bedarf an Schamotte brennt man den Ton, wenn hiezu die Möglichkeit besteht, in einem bei entsprechender Temperatur abzubrennenden Ofen, z. B. im Porzellanscharffeuer mit.

Die fertiggebrannte Schamotte wird mit Hilfe von geeigneten Zerkleinerungsmaschinen unter Berücksichtigung der wünschenswerten Kornform auf die zweckentsprechende Korngröße gebracht, wobei je nach Härte der Schamotte und Art der Maschine eine mehr oder minder große Menge von Schamottemehl anfällt. Nach vorherrschender

Ansicht liefern Walzwerke und Desintegratoren ein scharfkantiges, splitteriges Korn mit wenig Mehl, Kugelmühlen rundes Korn und viel Mehl, während der Kollergang in diesen Beziehungen eine Mittelstellung einnimmt. Zumeist verwendet man Maschinen, die flaches, spitziges, auf keinen Fall nur rundes Korn liefern. Die Ausscheidung des bei der Zerkleinerung der Schamotte anfallenden Mehles erfolgt entweder mittels besonderer Siebwerke (Siebzylinder) oder wird von den Maschinen bei geeigneter Bauart während der Zerkleinerung selbsttätig besorgt. In der „feuerfesten" Industrie wird zumeist der Trockenkollergang mit selbsttätiger Absiebung verwendet.

Für die Sortierung in eigenen Siebwerken sind Zylinder mit den Siebnummern 3, 6 und 13 (das heißt 3, 6 und 13 Löcher auf 26 mm Länge) gebräuchlich (Maschinenfabrik Oberlind).

Für gewisse Zwecke wird die Herstellung von Schamotte in Blättchenform (Blättchenschamotte) aus gewalztem, feuchtem Ton empfohlen; nach D.R.P. 198 840 wird hiezu ein dünnes Tonblatt in Blättchenform gebracht und dann gebrannt.

Über die physikalischen Eigenschaften der Schamotte gibt Tabelle 30 Auskunft.

Tabelle 30. Physikalische Eigenschaften von Schamotte

Bezeichnung	s	r	H	t	λ × 360	c	Cal/cm³	β × 10⁶	W in Ω/cm³	κ in rezipr. Ω/cm³
Schamotte, körnig A: Ball Clay, B: China Clay, beide bei SK 9—10 gebrannt C: Brennkapsel-mischung			6—7	25 20 — 100 100	1,22[2]) C: 1,19[2]) 0,101[3])	0,192	0,40[4])	A B 2,6[5]) 3,3[5])		
Schamotte, in Bindung	2,6 — 2,7[1])	1,9 — 2,1[1])		10 60 0 — 100 100	0,45 0,49[6]) 0,521[6]) 0,608[3])	0,21 — 0,23 0,22		5,9 4,39		
Hochtonerdehaltige Schamottesteine				20					137 × 10⁶ [3])	0,0073 × 10⁻⁶
Quarzschamotte	2,45 — 2,55[1])	1,6 — 1,63[1])								
Ziegel, porös		0,700[6])		20 0	0,145[6]) 0,44[6])					
Maschinenstein		1,672[6])		80	0,47[6])					

[1]) Gardner: a. a. O.
[2]) Deutsche Karborundum-Werke in Reißholz, n. Vielhaber: a. a. O.
[3]) Hougens Tab., a. a. O. [4]) Green: a. a. O.
[5]) Shearer und Wyckoff: a. a. O.
[6]) Walther, C.: Handbuch der sparsamen Wärmewirtschaft, Laufende Ausgabe. Stuttgart: Technische Verlagsgesellschaft. 1926/27.

Beim Brennen von Tonen treten als Begleiterscheinung der Dissoziation der Tonsubstanz molekulare Umlagerungen ein, die sich durch den kritischen Punkt bei ∾ 900° C zu erkennen geben und das Gefüge beeinflussen. Nach v. Glasenapp[1]) werden alle Tone beim Brennen auf höhere Temperaturen kristallinisch. Auf die Temperatur des beginnenden Kristallisationsprozesses scheint die Art des Muttergesteines von Einfluß zu sein. Der genannte Forscher beobachtete Kristallausscheidungen bei Tonen, die aus Granit entstanden sind, schon bei ∾ 1300° C, hingegen bei porphyrischen Kaolinisierungsprodukten erst bei wesentlich höherer Temperatur. Nach E. Roth[2]) ist ein eben entwässerter Ton (800° C) amorph, während ein auf ∾ 1300° C gebrannter Ton mikroskopisch sichtbare Kristalle enthält. Demgegenüber berichtet G. Shearer[3]), daß der auf 900° C gebrannte Ton einen deutlich kristallinen Aufbau zeigt. Da die Brenntemperatur bei der Erzeugung von Schamotte zumeist bei oder oberhalb der Temperatur des beginnenden Kristallisationsprozesses liegt, ist bei Schamotte wenigstens zum Teil ein kristallines Gefüge anzunehmen. Die Strukturverhältnisse des niedrig gebrannten Tonmehles sind nach den einander widersprechenden Beobachtungen ungeklärt.

Wie aus Tabelle 30 hervorgeht, ist Schamotte noch reichlich porös. Der Porenraum berechnet sich aus den Mittelwerten für das spezifische und Raumgewicht nach der Formel $U = 100\left(1 - \frac{r}{s}\right)$ für Schamotte zu 24,6 vH, für Quarzschamotte zu 35,4 vH. Nach Gardner (a. a. O.) sind die Grenzwerte 18—30 bzw. 34—37 vH. Ein gewisser Grad von Porigkeit ist für die mechanische Verbindungsfähigkeit der Schamotte mit dem Bindeton für den Trockenprozeß und die Temperaturwechselbeständigkeit von Vorteil. Eine besonders poröse Schamotte liefert der auch bei hohen Temperaturen nicht dichtbrennende Kaolin. Dichte, Härte und mechanische Festigkeit hängen im wesentlichen von der Höhe der Erzeugungstemperatur ab. Ist es aus wirtschaftlichen Gründen (Kohlenverbrauch) kaum möglich, völlig verdichtete Schamotte zu erzeugen, so soll die Brenntemperatur bei der Erzeugung mit Rücksicht auf die Auswirkungen einer geringen Dichte auf mechanische Festigkeit, chemische Widerstandsfähigkeit und Raumbeständigkeit doch eine Höhe erreichen, welche die Eigenschaften des Brennproduktes unter Berücksichtigung der Verbindungsfähigkeit den idealen Verhältnissen — höchste erreichbare Dichte, mechanische Festigkeit und Härte — möglichst naherückt.

Nach Green (a. a. O.) wird die Wärmeleitfähigkeit der Schamotte bei niedriger Temperatur durch die Porigkeit stark im negativen Sinne beeinflußt.

---

[1]) v. Glasenapp: Tonind.-Z. 31, 1907, S. 1167—1173.

[2]) Roth, E.: Bücher der Deutsch. Ker. Ges. 3, 1922.

[3]) Shearer, G.: Trans. Cer. Soc. Engl. 23, 1924, S. 314; zit. nach Spangenberg: Ker. Rundsch. 35, 1927, S. 352—354.

Der kubische Ausdehnungskoeffizient berechnet sich mit Hilfe der Ausdehnungskonstanten von Schott, Havas und Winkelmann zu $27{,}2 \times 10^{-6}$:

Theoretische Zusammensetzung des gebrannten Kaolines in vH		Ausdehnungskonstante		Produkt: (Prozentzahl × × Konstante)
Al_2O_3: 45,87	mal	$5{,}0 \times 10^{-7}$	=	229×10^{-7}
SiO_2: 54,13	mal	$0{,}8 \times 10^{-7}$	=	43×10^{-7}
				$272 \times 10^{-7} = 27{,}2 \times 10^{-6}$

In chemischer Hinsicht besteht die Schamotte und auch das gebrannte Tonmehl im wesentlichen aus Tonerde und Kieselsäure. Der Art der Bestandteile nach sind beide von der Zusammensetzung des Tones, aus dem sie gewonnen wurden, nur durch das Fehlen der flüchtigen Bestandteile des Tones (Konstitutionswasser, Kohlensäure und andere) unterschieden.

Die unzähligen Abweichungen der chemischen Beschaffenheit der Tone von der theoretischen Kaolinformel bedingen naturgemäß ebenso zahlreiche Abarten in der chemischen Zusammensetzung der beiden Kunststoffe. An Verunreinigungen finden sich die geringen Beimengungen der Rohstoffe und etwa beim Brennen eingedrungene Brennstoffbestandteile. Die quantitative Zusammensetzung der Schamotte entspricht im wesentlichen der des Glühproduktes der Schamottetone.

Tabelle 31. Analysenbeispiele von Schamotten

Schamotte aus	SiO_2	Al_2O_3	Fe_2O_3	CaO	MgO	KNaO	KSP in SK
Ton von Altwasser[1]	53,86	44,58	0,57	0,23	0,23	0,52	
Ton von Mühlheim[1]	53,85	40,93	3,06	0,23	0,79	1,13	
Neuroder Schieferton[2]	etwa 54,5	etwa 44	1,5				36
Rakonitzer Schieferton[2]	etwa 52,5	etwa 46	1,5				36
Wildsteiner Schamotteton[3]	54,2	42,7	2,1				
Theoretisch	54,13	45,87					

[1]) Berechnete Zusammensetzung der Glühprodukte (siehe S. 210).
[2]) Ullmann, F.: Enzyklopädie der Technischen Chemie, Bd. XII, S. 201. Berlin-Wien: Urban und Schwarzenberg. 1923.
[3]) Hirsch, H., im Taschenbuch f. Keramiker, S. 93. Berlin: Keramische Rundschau. 1925.

Die qualitative Übereinstimmung der fixen Bestandteile von Schamotte und Schamotteton bedingt keineswegs die Gleichartigkeit der Verbindungsformen beider Stoffe. Der Kaolin der Tonsubstanz und die Allophanoide unterliegen — wie schon erwähnt — beim Brennprozesse nicht allein einer Dissoziation in bezug auf das chemisch gebundene Wasser, sondern erleiden auch molekulare Umlagerungen, über deren Natur bisher keine eindeutigen Erklärungen gegeben wurden.

Aus den Allophanoiden hervorgegangene wasserfreie Oxyde (Kieselsäure, Tonerde) erleiden, solange sie nicht in chemische Wechselwirkung treten, die bei den betreffenden Stoffen dargelegten Umwandlungen.

Über die chemische Natur des entwässerten Kaolins bestehen, wenn man von morphologischen und strukturellen Verschiedenheiten (kristalline oder amorphe Phase, Dispersitätsgrad) und von vereinzelt gebliebenen Hypothesen absieht, im wesentlichen drei verschiedene Ansichten, die in folgenden Gleichungen zum Ausdruck kommen:

$$(1)\qquad \underset{\text{Tonsubstanz}}{Al_2O_3 \cdot 2\,SiO_2 \cdot 2\,H_2O} \xrightarrow{500-600^\circ} Al_2O_3 + 2\,SiO_2 + 2\,H_2O.$$

Vertreter der Ansicht, daß bei der Entwässerung ein gänzlicher Zerfall der Alumokieselsäure in freie Oxyde eintritt, sind unter anderen Tammann und Pape (a. a. O.), Mellor und Holdcroft[1]), Mellor und Scott (a. a. O.), Keppeler[2]) und A. M. Sokoloff[3]).

$$(2)\qquad Al_2O_3 \cdot 2\,SiO_2 \cdot 2\,H_2O \xrightarrow{800^\circ} \underset{\text{Sillimanit.}}{Al_2O_3 \cdot SiO_2} + SiO_2 + 2\,H_2O$$

Diese Umwandlung in Sillimanit bei der Dehydratation nehmen unter anderen A. Bencke[4]) und H. M. Kraner[5]) an.

$$(3)\qquad Al_2O_3 \cdot 2\,SiO_2 \cdot 2\,H_2O \xrightarrow{500-600^\circ} Al_2O_3 \cdot 2\,SiO_2 + 2\,H_2O.$$

Die Gleichung drückt die Annahme aus, daß sich ein Anhydrid der Alumokieselsäure bilde. W. Vernadsky[6]), V. Agafonoff und Vernadsky[7]), F. Rinne[8]), A. S. Ginsberg, Chr. S. Nikogossian und A. W. Tschilaeff[9]) und W. Isküll[10]) sind Vertreter dieser Ansicht. Vernadsky bezeichnet das Anhydrid, für das er die Konstitutionsformel

$$\begin{array}{ccccc} & O & -Al- & O & \\ & | & | & | & \\ O= & Si & O & Si & =O \\ & | & | & | & \\ & O & -Al- & O & \end{array}$$

aufstellt, als Leverrierit, Rinne als Metakaolin, Ginsberg und seine Mitarbeiter sowie Isküll als Metakaolinit.

Die bei höheren Temperaturen gebildete Verbindungsform wird von den meisten Forschern als Sillimanit angesprochen, für den auch in den Tonen die auf S. 181 erörterte Zersetzung in die disperse Mullitphase

[1]) Mellor u. Holdcroft: Trans. Cer. Soc. Engl., 10, 1910/11, S. 94—120: Doelter, C.: Handbuch der Mineralchemie, Bd. III/2, S. 102. Dresden-Leipzig: Th. Steinkopff. 1926.

[2]) Keppeler: Sprs. 46, 1913, S. 445—447.

[3]) Sokoloff, A. M.: Ker. Rundsch. 20, 1912, S. 365—368.

[4]) Bencke, A.: Sprs. 53, 1920, S. 491.

[5]) Kraner, H. M.: Journ. Am. Cer. Soc., Vol. 7, 1924, S. 726—737; Ker. Rundsch. 33, 1925, S. 439.

[6]) Vernadsky, W.: Trans. Cer. Soc. Engl., Vol. 24, 1924/25, Part. 1, S. 13—22; Ref. Sprs. 59, 1926, S. 224.

[7]) Agafonoff, V. u. Vernadsky: C. r., Tome 178, 1924, S. 1082—1084; Ref. Sprs. 59, 1926, S. 269.

[8]) Rinne, F.: Z. Krist. 61, 1925, S. 113—124; Z. B. 1925, 1, S. 1693.

[9]) Ginsberg, A. S., Nikogossian, Chr. S. u. A. W. Tschilaeff: Mit. Inst. angew. Min. usw., Leningrad, 1926, Heft 22; Ref. Sprs. 60, 1927, S. 540.

[10]) Isküll, W.: Ber. Ker. Forsch. Inst., Leningrad, 1925, Heft 2; Ref. Tonind.-Z. 51, 1927, S. 559; Sprs. 60, 1927, S. 53.

Gültigkeit hat. Die Bildungstemperatur des Sillimanites wird allerdings recht verschieden hoch angegeben. Roth (a. a. O.) nimmt die Entstehung von amorphem Sillimanit zwischen 500 und 600° C an. Kraner (a. a. O.) glaubt, aus den Veränderungen des mittleren Brechungsexponenten schließen zu können, daß zwischen 900 und 1000° C eine besonders starke Sillimanitbildung stattfinde, die im allgemeinen allmählich vor sich zu gehen scheine und unmittelbar nach der Entwässerung des Kaolins bei Temperaturerhöhung einsetze. Rinne (a. a. O.) schließt aus seinen Untersuchungen auf die Entstehung von kristallinem Sillimanit aus dem kristallinen Metakaolin bei 950—1410° C, Isküll (a. a. O.) vermutet die Bildung von Sillimanit oder sillimanitartigen Verbindungen mit einem Gehalt an freier Tonerde und Kieselsäure aus dem in die freien Oxyde zerfallenen Metakaolinit bei 1000—1050° C. Auch Tammann und Pape (a. a. O.) nehmen die Vereinigung der freien Oxyde zu Sillimanit, und zwar oberhalb 1200° C an.

Zoellner (a. a. O.) beobachtete die Bildung von Sillimanit, die durch Flußmittel beschleunigt zu werden scheine, bei längerer Erhitzungsdauer bei 1350—1370° C; bei 1470° C erhielt er aus Zettlitzer Kaolin 28 vH, aus sehr bildsamen, fetten Tonen (Wildsteiner) mit großem Gehalt an Tonsubstanz nur 2—5 vH Sillimanit.

Nach J. F. Hyslop[1]) besteht die durch Brennen auf 1050° C gewonnene Schamotte aus Mullit und umgewandeltem Quarz (Cristobalit oder Tridymit); die Temperatur, bei der nur diese beiden Stoffe vorhanden sind, hänge von der Natur des Tones ab (siehe S. 195). Nach Navias[2]) wandelt sich Kaolin bei 1300° C in Mullit um, daher sei die in gebrannten Tonen gebildete Kristallmasse als Mullit anzusprechen; nach seinen Untersuchungsergebnissen liegt bei dieser Temperatur das Maximum der Mullitbildung; aus Ball Clay erhielt er 33—50 vH, aus China Clay 60 vH Mullit (auf den rohen Ton bezogen). Rees[3]) fand, daß die Menge des Mullites mit dem Tonerdegehalt des Tones, der Brenntemperatur und der Erhitzungsdauer wächst; dieses Ergebnis konnten F. S. Thompson und H. J. Vormelker[4]) nicht bestätigen. Nach McIntyre[5]) ist die Bildungstemperatur und Menge des Mullites von der Art und Beschaffenheit des Tones abhängig. Isküll (a. a. O.) berichtet, daß verschiedene Kaoline, bei völlig gleichen Temperaturen gebrannt, Brennprodukte verschiedener Zusammensetzung ergeben; er glaubt, auch eine Verbindung 7 $Al_2O_3 \cdot 4\, SiO_2$ gefunden zu haben; auf die chemische

---

[1]) Hyslop, J. F.: Trans. Cer. Soc., Engl., 24, 1924/25, Part. 4, S. 402—406; Ref. Sprs. 59, 1926, S. 223.

[2]) Navias: Journ. Am. Cer. Soc., Vol. 8, 1925, Nr. 25; Ker. Rundsch. 35, 1927, S. 358.

[3]) Rees: Journ. Soc. Glass Techn., 8, 1924, S. 277—283; Sprs. 60, 1927, S. 304/5.

[4]) Thompson, F. S. u. H. J. Vormelker: Journ. Am. Cer. Soc., Vol. 9 1926, S. 639—670; Tonind.-Z. 50, 1926, S. 1798.

[5]) Mc Intyre: Journ. Soc. Glass Techn., Vol. 10, 1926, S. 73—77; Tonind.-Z. 51, 1927, S. 339.

Beschaffenheit des Brennproduktes könne der physikalische Zustand (kristallin oder kolloidal), die chemische Zusammensetzung (verschiedene Kaolinsäuren) oder die Art der Fremdstoffe des Tones (Eisen- oder Alkaliverbindungen) Einfluß nehmen. Nach Peck[1]) wird die Bildung von Mullit durch organische Stoffe (Ölschiefer, Kohle, Teer, Pech, Öl) begünstigt. Miehr[2]) bestätigt die Reessche Schlußfolgerung bezüglich der vermehrten Mullitbildung mit wachsendem Tonerdegehalt, hinsichtlich des Einflusses der Brenntemperatur beschränkt er die Beziehungen auf Temperaturen, die über dem natürlichen Erweichungspunkt liegen; die Mullitbildung schreite nicht gleichmäßig mit der Temperatur fort, sondern verlaufe in den einzelnen Tonen verschiedenartig und sei bei 1500° C noch nicht vollendet.

In jüngster Zeit haben sich Spangenberg[3]) und Irma Rhode[4]) der Erforschung der Wandlungen des Kaolins beim Brennen zugewendet. Spangenbergs kritische Betrachtungen der bisherigen Ergebnisse gipfeln bezüglich der Natur des bei 900—1000° C entstehenden Brennproduktes in der Feststellung, daß die „bisher vorliegenden röntgenographischen Daten noch keine Entscheidung zu liefern vermögen“ und „für die Erklärung des eigenartigen Aufbaues der Brennstufe I (Metakaolin) noch so manche Glieder in der Kette von Beobachtungen und Schlußfolgerungen fehlen, um bei zwingender Beweisführung zu einem wirklich eindeutigem Ergebnis zu gelangen“.

Irma Rhode (a. a. O.) teilt die höher gebrannten Tone auf Grund der Lichtbrechungs- und Dichtewerte in Brennstufen II (oberhalb 860° C) und III (oberhalb 1200—1300° C) ein, deren wesentlicher Unterschied entweder in der Phasenzusammensetzung oder nur im Dispersitätsgrad liege. Ihre chemischen Trennungsversuche mit Ammoniumbifluorid ($NH_4F \cdot HF$) ergaben, daß Brennstufe III fast genau die Zusammensetzung des Mullites besitzt, während in Brennstufe II ein viel kieselsäureärmerer Rückstand verblieb.

Nach dem heutigen Stande der Forschung läßt sich also weder der physikalische Zustand noch die chemische Natur von niedrig gebranntem Tonmehl angeben, hingegen mit einiger Sicherheit schließen, daß der Hauptbestandteil hochgebrannter Schamotte aus der Kristallphase einer Tonerde-Kieselsäure-Verbindung besteht, die entweder mit Sillimanit oder dessen disperser Mullitphase identisch ist.

Gebranntes Tonmehl und Schamotte sind an sich weder in Säuren noch in Laugen löslich. Die Löslichkeit in verdünnten Laugen und Säuren ist nur partiell und hängt von der thermischen Vorbehandlung ab. Während Vernadsky (a. a. O.) seinen Leverrierit als eine nur durch

[1]) Peck: Journ. Am. Cer. Soc., Vol. 8, 1925, S. 407.

[2]) Miehr: Vortrag auf der Hamburger Tagung des Bundes deutscher Fabriken feuerfester Erzeugnisse; Ref. Tonind.-Z. 51, 1927, S. 1081.

[3]) Spangenberg: Ker. Rundsch. 35, 1927, S. 331—336, 352—354 u. 370—372.

[4]) Rhode, I.: Ker. Rundsch. 35, 1927, S. 398—401, 414/5, 434/5, 452—454 u. 470/1.

sehr starke Säuren oder erst bei Temperaturen über 1000° C zersetzliche Verbindung beschreibt, deren Beständigkeit er auf den zyklischen Aufbau des Kaolinkernes zurückführt, berichtet Isküll (a. a. O.), daß bei 500—600° C entwässerter Kaolin (Kaolin-Anhydrid) in 10 vHiger Kalilauge leicht löslich sei und proportional seiner Zusammensetzung, bei reiner Tonsubstanz also im Verhältnis von zwei Mol. Kieselsäure auf ein Mol. Tonerde, in Lösung gehe; seine Löslichkeitsversuche mit Kalilauge bei Kaolin, der bei 1000—1050° C gebrannt wurde, zeitigten sehr verschiedene Ergebnisse; ein bei 1200—1400° C gebrannter Kaolin wies eine der hohen Erhitzungstemperatur entsprechende Schwerlöslichkeit auf; die leichte Zersetzlichkeit durch verdünnte Säuren — 2 vHige Salzsäure löste das Kaolin-Anhydrid am Wasserbade in ∾ 4 st auf — gestatte eine fast quantitative Trennung von den meisten Fremdstoffen mit Ausnahme von Glimmer und Eisenoxyd, so daß darauf eine rationelle Tonanalyse begründet werden könnte. Zwischen der Löslichkeit der Tonerde und des Eisenoxydes in niedrig gebrannten Kaolinen fand Keppeler (a. a. O.) eine weitgehende Analogie. Auch Tammann und Pape (a. a. O.) konnten das Löslichwerden der Tonerde des Kaolins nach der Abgabe des Konstitutionswassers und zunehmende Schwerlöslichkeit nach der Erhitzung auf 800—900° C feststellen. Die Ähnlichkeit der Löslichkeitsverhältnisse zwischen der Tonerde des Kaolins und reiner freier Tonerde war ein Mitgrund für ihre Schlußfolgerung bezüglich der chemischen Natur des entwässerten Kaolins. Neuerdings wird von Spangenberg (a. a. O.) auf die $\gamma \longrightarrow \alpha$-Umwandlung der Tonerde als Ursache der geänderten Löslichkeitsverhältnisse verwiesen.

Nach Sokoloff (a. a O.) wird die Tonerde des Kaolins der Tonsubstanz durch einstündiges Glühen auf etwa 750° C in 6 vHiger Salzsäure fast völlig und leicht löslich, beim Erhitzen auf über 850° C dagegen wieder schwer löslich. A. Becker und R. Sachse[1]) fanden, daß die herauslösbare Tonerde zum ausgetretenen Konstitutionswasser im gleichen Verhältnisse wie in der Kaolinformel (1 Mol. Al_2O_3 auf 2 Mol. H_2O) stehe.

Nach Steinhoff und Hartmann (a. a. O.) besitzt geglühter Ton nach Anätzung mit warmer aluminiumchloridhaltiger konzentrierter Salzsäure ein von der Glühtemperatur abhängiges Sorptionsvermögen für gewisse organische Farbstoffe, z. B. Methylenblau; während ungeglühter Ton bei der Behandlung mit diesem Farbstoff zufolge seines Kolloidgehaltes mit sattem Blau anfärbte, lieferten bei verschieden hohen Temperaturen geglühte Tone folgende Färbungen:

Nach dem Glühen bei	1000° C	Tiefblau
	1100° C	Hellblau
	1200° C	schwachen blauen Schein
	1300° C	Gelb
	1500° C	Reinweiß.

[1]) Becker, A. u. R. Sachse: Landw. Vers. 40, 1892, S. 245; Rhode, J.: a. a. O.

Dieses verschiedene Anfärbevermögen kann nach den genannten Forschern zur Feststellung der Brenntemperatur geglühter Tone sowie zur Unterscheidung gewisser Gefügebestandteile (siehe bei Quarz S. 108) in Schamottesteinen dienen.

Brennverhalten

Unter dem Einfluß höherer Temperaturen erfahren sämtliche Eigenschaften der Schamotte und des gebrannten Tonmehles mehr oder minder große Veränderungen. Da beide Kunststoffe pyrogenen Ursprunges sind, beschränkt sich die Änderung der morphologischen Eigenschaften bei nachfolgenden Erhitzungen auf ein Temperaturgebiet, das oberhalb der Erzeugungstemperatur liegt, während sie bei oder unterhalb der Schamottebrenntemperatur nur durch eine längere Erhitzungsdauer als die des Erzeugungsbrandes beeinflußt wird. Beide Umstände bewirken eine Vermehrung der Kristallmasse auf Kosten des amorphen Anteiles.

Nach Garre (a. a. O.) treten in keramischen Massen, also auch in Schamotte, exotherme Kornvergrößerungen (Rekristallisationen) ein, deren Beginn im Durchschnitt bei 0,57 × absoluter Schmelzpunkt des Stoffes liegt.

Die kristallographischen Eigenschaften der Schamotte erfahren bei hoher Temperatur selbst im Falle, daß das zunächst gebildete Silikat (Sillimanit) in die Mullitphase übergeht, zufolge der großen kristallographischen Ähnlichkeit der beiden Stoffarten keine Änderung.

Unter den gleichen Voraussetzungen, die für die Änderung der morphologischen Eigenschaften gemacht wurden, treten auch Veränderungen der mechanischen Eigenschaften — Erhöhung des spezifischen Gewichtes, der Härte und mechanischen Festigkeit, Verringerung der Porigkeit — ein. Hinsichtlich der mechanischen Festigkeit verweist Garre (a. a. O.) auf den Umstand, daß die mit der inneren Diffusion verbundenen Vorgänge sie bedeutend erhöhen.

Die Änderungen der thermischen und elektrischen Eigenschaften mit steigender Temperatur gehen aus Tabelle 32 hervor.

Nach P. Goerens[1]) wächst die Wärmeleitfähigkeit der Schamotte in Bindung mit der Temperatur. Über den Einfluß der Porosität auf das Wärmeleitvermögen bei höherer Temperatur berichtet Green (a. a. O.), daß kleine Porenräume die Wärme wieder feste Stoff weiterleiten. Im Vergleich zur Kieselsäure (Quarz) ist die Steigerung der Wärmeleitfähigkeit mit zunehmender Temperatur geringer. Auch die spezifische Wärme, Wärmekapazität — diese infolge Vergrößerung des Raumgewichtes — und das thermische Diffusionsvermögen nehmen mit der Temperatur zu. Die Ausdehnung der Schamotte beim Erhitzen auf 1000° C verläuft nach Hodsmann und Cobb (a. a. O.) im Gegensatz zur Ausdehnung des Quarzes sehr regelmäßig; sie ist bei reiner Schamotte gering.

---

[1]) Goerens, P.: Ber. Ver. deutsch. Fabr., 1914, S. 92.

Tabelle 32. Thermische und elektrische Eigenschaften in höheren Temperaturen

Bezeichnung	t	$\lambda \times 360$	c	$\beta \times 10^6$	W in Ω/cm^3	$\varkappa$ in rezipr. Ω/cm^3
Kaolinschamotte			Rohkaolin[1]			
	700		0,252			
	800		0,255			
	900		0,259			
	1000		0,263			
	1200		0,268			
	1400		0,273		846 [2]	1180×10^{-6}
	1500				681 [2]	1500×10^{-6}
Schamotte aus Ball Clay (A) und China Clay (B) (Tone auf O. K. 9—10 gebrannt)[3]				A B		
	150			3,7 5,5		
	250			4,1 4,3		
	375			4,5 3,8		
	575			5,8 4,6		
	650			3,8 4,6		
	850			5,3 4,0		
	20—500			4,3 4,8		
Hauptsächlich $Al_2O_3 \cdot 2SiO_3$ körnig[4]	0—200		0,1684			
Schamotte in Bindung	200	0,51[5] 0,86[6]				
	400	0,97[6]				
	600	0,66[5] 1,08[6]			$2,1 \times 10^4$ [4]	48×10^{-6}
	800	1,15[6]			$1,2 \times 10^4$ [4]	83×10^{-6}
	1000	0,82[5] 1,22[6]			$0,66 \times 10^4$ [4]	151×10^{-6}
	1200	1,30[6]			$0,23 \times 10^4$ [4]	435×10^{-6}
	1400	1,33[6]			$0,069 \times 10^4$ [4]	1450×10^{-6}
	1550		Cal/cm^3		$0,006 \times 10^4$ [4]	$16\,666 \times 10^{-6}$
	1000	1,22—1,51[4]	0,57 [7]			
	25—900			4,8 körnig[4]		
	25—600		0,228 [4]			
	25—1000		0,265 [4]			
	25—1200		0,284 [4]			
	25—1400		0,297 [4]			
	25—1000		0,192—0,332 [7]			
	15—1000			5,1—6,1[8]		
	200—900			5,7—16,1[9]		
				5,9[4]		
Hochtonerdehaltiger Schamottestein[4]	800				500×10^4	$0,2 \times 10^{-6}$
	1200				$19,3 \times 10^4$	$5,18 \times 10^{-6}$
	1500				$0,25 \times 10^4$	400×10^{-6}
Quarzschamotte				7,1—8,2[8]		

1) Miehr, Immke und Kratzert: a. a. O.
2) Henry: a. a. O.
3) Shearer u. Wyckoff: a. a. O.
4) Hougens Tab., a. a. O.
5) Singer, F.: Keramik, S. 595. Braunschweig: F. Vieweg u. Sohn. 1923.
6) Norton, F. H.: a. a. O.
7) Green: a. a. O.
8) Gardner: a. a. O.
9) Vielhaber: a. a. O.

Abb. 46 zeigt die Ausdehnung von Zettlitzer Kaolin, der bei verschieden hohen Temperaturen (SK 010 a, 1 a und 10) gebrannt wurde (nach Hirsch)[1].

Bei den höchstgebrannten Kaolinen deuten die Kurven die Ausbildung von Tridymit (T) und Cristobalit (C) an.

Nach Braesco (a. a. O.) dehnen sich die Tone verschieden und bis zu einer für jeden Ton konstanten Temperatur aus; bei Kaolin fand der genannte Forscher eine regelmäßige Ausdehnung bis 580° C, von dieser Temperatur an bis 1000° C eine Kontraktion, deren Beginn zur Entwässerungstemperatur in keiner Beziehung stand.

1) Hirsch: Tonind.-Z. 51, 1927, S. 885—890.

Die Temperaturempfindlichkeit der Schamotte hängt von dem Verdichtungsgrad und von der mineralogischen Zusammensetzung, im wesentlichen also von der Höhe der Brenntemperatur ab; Schamotte ist im allgemeinen wenig temperaturempfindlich; unter allen feuerfesten Stoffen besitzen Schamottesteine die größte Widerstandsfähigkeit gegen Temperaturwechsel. Der Gewichtsverlust bei Abschreckversuchen (siehe S. 53) betrug 9—65 vH. Ein größerer Gehalt an freier Kieselsäure beeinträchtigt ihre Temperaturunempfindlichkeit.

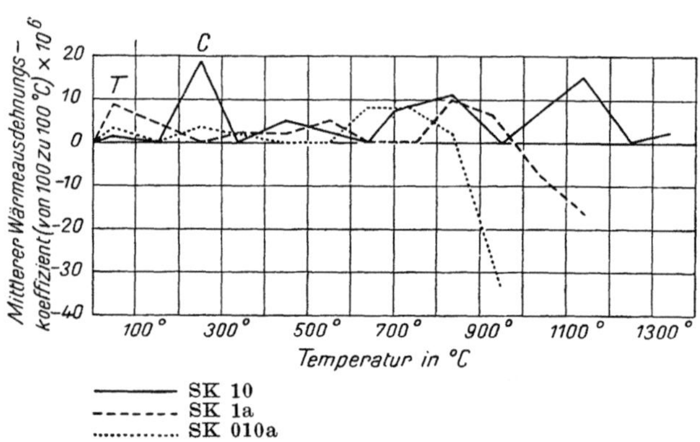

Abb. 46. Ausdehnungsverhalten von gebranntem Zettlitzer Kaolin (nach Hirsch: Ker. Rundsch. 35, 1927, S. 502)

Schamotte in Bindung wird nach Stansfield, McLeod und McMahon (a. a. O.) bei weit niedrigerer Temperatur als Silikaziegel elektrisch leitend; bei etwa 1550° C beträgt der Widerstand wie bei Silikaziegeln (siehe S. 118) ∾ 25 Ω/cm³.

In den durch höhere Temperaturen bedingten Formartänderungen unterscheidet sich Schamotte, insbesondere in bezug auf die Art der Erweichung unter Belastung, wesentlich vom Quarz. Aus geeigneten Tonen erzeugt, weist sie auch bei verhältnismäßig hohen Temperaturen nur geringe Sinterungserscheinungen auf. Der Erweichungsbeginn reiner Schamotte ist unter 1600° C anzunehmen, da nach Kraner (a. a. O.) selbst in reinsten Tonen bei 1610° C schon eine beträchtliche Menge von flüssigen Stoffen vorhanden ist. In Bindung verhält sich Schamotte infolge des Einflusses des Bindetones wesentlich schlechter. Nach Hirsch und Pulfrich[1]) liegt die Erweichungstemperatur bei 2 kg/cm² Belastung zwischen 1130 und 1390° C, die Temperatur des plötzlichen Zusammensinkens (Absinken) zwischen 1370 und etwa 1700° C. Unter dem Drucke von 1 kg/cm² erweicht sie in Bindung nach Endell[2]) bei etwa 1300° C, nach Junius (a. a. O.) bei einem Tonerdegehalt von 45 vH und einem Schmelzpunkt von 1770° C bei 1350° C. Das Er-

[1]) Hirsch u. Pulfrich: Ker. Rundsch. 32, 1924, S. 21; 33, 1925, S. 279; Tonind.-Z. 47, 1923, S. 801—806.

[2]) Endell: St. u. E. 1921, Heft 1, S. 6—9; Ref. Tonind.-Z. 45, 1921, S. 286.

weichungsbereich ist also ziemlich groß, zumeist umfaßt es ein Temperaturgebiet von 200—300° C.

Nach Gardner (a. a. O.) liegt der Erweichungsbeginn unter Belastung von 50 Pfund/Quadratzoll = 3,5 kg/cm² im Mittel bei 1325° C, von Quarzschamotte durchschnittlich bei 1400° C. Der typische Verlauf der Erweichungskurve von Schamotte in Bindung (Schamotteziegel) ist aus der Abbildung 37 auf S. 121 ersichtlich. Kraner (a. a. O.) bezeichnet als mittelbare Ursache des Erweichens die Bildung einer beständigen, schwer löslichen Verbindung (Sillimanit) und das Wachsen ihrer Kristalle, wodurch das übrige Stoffgemenge als leichter schmelzbare Masse zurückbleibe, deren Menge mit der Temperatur zunehme; der Schmelzpunkt dieses leicht verflüssigbaren Anteiles liege um so tiefer, je mehr Kristallmasse sich ausscheide; seine Menge könne durch Zusatz von Tonerde vor dem Brennen des Tones verringert werden, da diese die Sillimanitbildung begünstige.

Der Feuerfestigkeitsgrad der Schamotte ist von der chemischen Zusammensetzung des Schamottetones und von der Erzeugungsweise (Feuerungsart!) abhängig, wird aber auch von dem physikalischen Zustande (Dichte) erheblich beeinflußt. Ihr Kegelschmelzpunkt liegt wie bei den Tonen um so höher, je größer der Gehalt an Tonerde und je geringer der an Flußmitteln ist. Nach Le Chatelier bedingt eine höhere Erzeugungstemperatur einen höheren Grad von Feuerfestigkeit. Der Schmelzpunkt von Kaolinschamotte (Kaolin) liegt nach Kanolt (a. a. O.) bei 1740° C, von reinstem, quarzfreiem Kaolin nach anderen Angaben bei ∾ 1770—1790° C, von Schamotte zwischen 1400 und 1740° C. Junius (a. a. O.) gibt für Schamotte in Bindung mit 45 vH Tonerdegehalt die Temperatur von 1770° C als Schmelzpunkt an. Die Schmelztemperatur sinkt jedoch auch je nach der Beschaffenheit des Bindetones auf etwa SK 32 und tiefer. Nach Gardner (a. a. O.) liegt der Schmelzpunkt von Schamotte und Quarzschamotte in Bindung im Mittel bei 1650° C.

Im Gegensatz zum Quarz und seinen Abarten verringert Schamotte bei Temperaturen, die über ihrer Erzeugungstemperatur liegen, bzw. in tieferen Temperaturen bei entsprechend langer Erhitzungsdauer, ihren Raum, und zwar um so mehr, je niedriger bzw. kürzer der Schamotteton gebrannt wurde. Dieses Nachschwinden kann selbst durch sehr scharfes Brennen nicht gänzlich vermieden werden. Schamottesteine schwinden bei zweistündigem Erhitzen bei 1400° C nach Gardner (a. a. O.) im Mittel um 0,5—1,0 vH, Quarzschamottesteine unter den gleichen Bedingungen um 0,2—0,5 vH nach. Für die Verwendbarkeit der Schamotte bzw. der Erzeugnisse daraus ist der Betrag der Nachschwindung maßgebend. Übersteigt dieser das zulässige Höchstmaß (bei Schamottesteinen z. B. bei SK 14 etwa 2 vH), so wirkt sich die Raumverminderung bei der Verwendung der Schamotteerzeugnisse als Ofenbaustoffe in einer Schädigung des Ofenmauerwerkes (Klaffen der Fugen) aus, die sowohl auf die chemische Widerstandsfähigkeit des Ofenbaustoffes (größere Angriffsfläche) als auch auf den sich im Ofen abspielenden

Prozeß (Eintritt von Falschluft, Gasaustritt u. a.) von nachteiligem Einfluß sein kann.

Schamotte tritt mit sauren und basischen Oxyden bei entsprechend hoher Temperatur in chemische Wechselwirkungen. Im Hinblick auf die häufige Verwendung der Kieselsäure als Magerungsmittel keramischer Massen und ihre Verwendung neben Schamotte in den sogenannten gemischten Quarzschamotteziegeln sind die Wechselwirkungen zwischen Tonsubstanz und Quarz bei hohen Temperaturen von größter keramischer Bedeutung. In Abwesenheit von Flußmitteln treten diese beiden Stoffe erst in sehr großer Hitze in chemische Reaktion. Nach Steinhoff und Hartmann (a. a. O.) zeigt ein Gemenge von reiner Kieselsäure und Ton bei 1500° C nach 24stündigem Glühen nur umgewandelte Quarzkörner und erst nach 72 Stunden an den Berührungsflächen mit dem Ton Anzeichen chemischer Wechselwirkungen.

Die Beziehungen zwischen Schamotte und Quarz bzw. auch Schamotte und Tonerde gehen aus dem Zustandsdiagramm des Systems Tonerde-Kieselsäure (siehe S. 180 und 181) hervor.

Für die Gemische aus Schamotte und Quarz oder Tonerde gelten dieselben Gesetzmäßigkeiten wie für Gemenge aus Tonerde und Kieselsäure bzw. Sillimanit und diesen Oxyden. Die Beschaffenheit der Reaktionsprodukte hängt auch in diesem Falle außer von der Temperatur vom Mengenverhältnis ab (vgl. Tabelle 26 auf S. 195).

Gegenüber basischen Flußmitteln wie Eisen-, Manganoxyden, Erdalkalien und Alkalien zeigt Schamotte eine große Reaktionsfähigkeit; sie bildet mit ihnen verschieden hoch, aber verhältnismäßig leicht schmelzbare Silikate (siehe Systeme: Kalk-Tonerde-Kieselsäure, Magnesia-Tonerde-Kieselsäure, Tonsubstanz-Feldspat und Tonsubstanz-Quarz-Feldspat).

Nach Rieke[1]) gehen die Oxyde von Eisen bzw. Mangan bei der Wechselwirkung mit Tonsubstanz (Schamotte) in die Oxydulverbindungen über.

Die Reaktionsfähigkeit der gebrannten Tonsubstanz gegenüber Alkalien wird in der Steinzeugindustrie zur Erzeugung der sogenannten Salzglasur verwendet.

Natriumoxyd tritt sowohl mit der freien Kieselsäure als auch mit der Tonsubstanz des Scherbens bei entsprechend hoher Temperatur etwa im Sinne nachstehender Gleichungen in chemische Wechselwirkung:

$$Na_2O + x\,SiO_2 = Na_2O \cdot x\,SiO_2,$$
$$Na_2O + (Al_2O_3, Fe_2O_3) \cdot 2\,SiO_2 = Na_2O \cdot (Al_2O_3, Fe_2O_3)\,2\,SiO_2.$$

Die Bruttogleichung für die Reaktion mit einem quarzhaltigen Schamottescherben wäre daher:

$$2\,Na_2O + (Al_2O_3, Fe_2O_3)\,2\,SiO_2 + x\,SiO_2 =$$
$$= Na_2O\,x\,SiO_2 + Na_2O\,(Al_2O_3, Fe_2O_3)\,2\,SiO_2.$$

---

[1]) Rieke in Singer, F.: Keramik, S. 101. Braunschweig: F. Vieweg u. Sohn. 1923.

Verschiedene Forscher haben gefunden, daß zur Bildung dieses Natron-Tonerde-Silikates, dessen Bildungstemperatur bei etwa 1150 bis 1200° C liegt, ein bestimmter Gehalt an feinstverteilter, freier Kieselsäure — nach L. E. Barringer[1]) bzw. Maeckler[2]) 12,5—3,3 Mol. SiO_2 auf 1 Mol. Al_2O_3 — erforderlich ist. Die mittlere Zusammensetzung der Salzglasur ist nach Maeckler

$$Na_2O \cdot 0{,}67\ Al_2O_3 \cdot 3{,}33\ SiO_2.$$

Das Natriumoxyd entstammt entweder dem Chlornatriumgehalt der Asche der Steinkohlen, aus der es sich bei etwa 900° C verflüchtigt, der Beschickung (Angriffsstoff) oder wird zum Zwecke des „Salzens" (Erzeugung der Salzglasur) absichtlich als vergälltes Kochsalz nach dem Dichtbrennen des Einsatzes in den Feuer- oder Heizraum des Ofens gebracht.

Das Chlornatrium zersetzt sich in Gegenwart von Wasserdämpfen und reduzierenden Gasen bei höherer Temperatur im Sinne der Gleichung

$$2\,NaCl + H_2O = Na_2O + 2\,HCl.$$

Während Chlorwasserstoffgas mit den Rauchgasen entweicht, tritt das Natriumoxyd in der geschilderten Weise mit der gebrannten Tonsubstanz und der freien Kieselsäure in Wechselwirkung (Einsatz, aber auch Ofenfutter!).

Sind Kalk- und Magnesiaverbindungen zugegen, so entstehen die entsprechenden Natron-Erdalkali-Alumosilikate.

Ähnliche Alkalisalze bilden sich auch beim Angriff des noch nicht silizierten Alkalis des „Gemenges" auf die Glashäfen und -wannen in Glasschmelzöfen, wodurch eine gewisse Menge von Tonerde- und Eisenoxydverbindungen in die Glasschmelze gelangt.

Nach Rees[3]) tritt eine Zersetzung des Chlornatriumdampfes (und des Sulfates) auch bei Berührung mit glühender Kohle ein.

Die Verunreinigungen der Schamotte wirken infolge dieser Reaktionsfähigkeit höchst ungünstig auf ihr Schmelzverhalten ein, wobei die Mengenverhältnisse und Korngrößen der reagierenden Stoffe in bezug auf den Grad der Wirkung von ausschlaggebender Bedeutung sind.

Nach Untersuchungen von Hecht[4]) und Simonis (a. a. O.) wirkt staubfeiner, reiner Quarzsand auf Tonsubstanz (Zettlitzer Kaolin) bis zu einer Menge von 75 vH verflüssigend; der Schmelzpunkt des Kaolins sank bis SK 28; bei einer Menge von über 75 vH stieg der Schmelzpunkt wieder bis zur Schmelztemperatur des Quarzes. (Siehe S. 180 und 181.) Quarz von gröberer Körnung bewirkt jedoch keine so weitgehende Erniedrigung des Schmelzpunktes der Tonsubstanz. Beim Hinzutreten größerer Mengen basischer Schmelzmittel verschiebt sich nach Rieke[5]) sowohl die Lage des eutektischen Schmelzpunktes (SK 28) als auch

[1]) Barringer, L. E.: Sprs. 37, 1904, S. 1378.

[2]) Maeckler: Tonind.-Z. 40, 1905, S. 251 u. 440.

[3]) Rees: Ref. Tonind.-Z. 45, 1921, S. 28.

[4]) Hecht: Tonind.-Z. 1888, S. 73.

[5]) Rieke in Singer, F.: Keramik, S. 98. Braunschweig: F. Vieweg u. Sohn. 1923.

das eutektische Verhältnis zwischen Quarz und Kaolin; mit zunehmendem Gehalt an Flußmitteln unterschreitet der Schmelzpunkt des Gemenges den SK 28; das Eutektikum liegt dann nicht bei einem Quarz-Kaolin-Verhältnis 75:25, sondern bei niedrigerem Quarz- und höherem Kaolingehalt. Die verflüssigende Wirkung des Quarzes auf Tonsubstanz wird also durch die Gegenwart von basischen Oxyden verstärkt. Sand, Titansäure, Schwermetalloxyde, Erdalkalien, Feldspat und Glimmer erniedrigen, besonders stark bei Gegenwart verschiedener Stoffgruppen, bedeutend die Erweichungs- und Schmelztemperatur.

Die Wirkung der Titansäure auf die Erweichungstemperatur von Zettlitzer Kaolin ist nach Rieke[1]) beträchtlich stärker als auf jene der freien Oxyde Al_2O_3 und SiO_2; ein geringfügiger Gehalt an Titanoxyd setzt auch den Schmelzpunkt schon merklich herab; die stärkste Erniedrigung des Kegelschmelzpunktes, fast um zehn Segerkegelnummern, zeigte sich bei 20 vH Titansäure, ohne daß ein deutliches Eutektikum in Erscheinung trat; Gemenge mit 20—90 vH Titanoxyd schmelzen unterhalb der Feuerfestigkeitsgrenze.

Von Rieke stammen auch die weiteren Untersuchungen über die Wirkungen von basischen Oxyden auf das Schmelzverhalten von Kaolinen. Marmor[2]) setzt im Ausmaß von 10 vH (= 5,6 vH Kalziumoxyd) den Kegelschmelzpunkt um etwa 100° C herab. Die niedrigste eutektische Temperatur liegt zwischen SK 7 und SK 8 (siehe System Tonsubstanz und Kalk auf S. 360). Ähnlich wirkt Magnesia[3]). Das Eutektikum hat die molekulare Zusammensetzung $2\,MgO \cdot Al_2O_3 \cdot 2\,SiO_2$ (= 40 vH Magnesiumkarbonat) und schmilzt etwa bei SK 10 (siehe System Magnesia-Tonsubstanz auf S. 414). Sehr stark erniedrigen die Oxyde von Eisen[4]) und Mangan[5]) die Schmelztemperatur eines Tonerde-Kieselsäure-Gemenges im stöchiometrischen Verhältnis des Metakaolins. Das Eutektikum mit Eisen-2-oxyd von der Zusammensetzung $2\,FeO \cdot Al_2O_3 \cdot 2\,SiO_2$ „schmilzt“ bei SK 3a, das Manganeutektikum $2\,MnO \cdot Al_2O_3 \cdot 2\,SiO_2$ bei SK 02a. Die in manchen Tonen vorkommenden Vanadinverbindungen beeinflussen ebenfalls die Schmelzbarkeit. Nach Untersuchungen von O. Kallauner und J. Hruda[6]) ist die Wirkung des Pentoxydes, V_2O_5, auf die Schmelztemperatur von Kaolin von der Menge abhängig. Während kleine Mengen nur geringe Erniedrigungen zeitigen, wirkt ein größerer Gehalt sehr stark schmelzpunkterniedrigend.

Bariumoxyd und Strontiumoxyd[7]) wirken auf ein Gemisch von Tonerde und Kieselsäure im molekularen Verhältnis der Tonsubstanz in ähnlicher Weise wie Kalziumoxyd.

---

[1]) Rieke: Sprs. 41, 1908, S. 405/6.

[2]) Rieke: Sprs. 39, 1906, S. 1295 und 1313.

[3]) Rieke: Sprs. 38, 1905, S. 1869—1871 und 1910—1913.

[4]) Rieke: Sprs. 43, 1910, S. 229—232.

[5]) Rieke: Sprs. 43, 1910, S. 231f.

[6]) Kallauner, O. u. J. Hruda: Sprs. 55, 1922, S. 333—335 und 345—349.

[7]) Rieke: Sprs. 43, 1910, S. 229—232.

Im System BaO (SrO)—(Al_2O_3 + 2 SiO_2) finden sich zwei Eutektika und ein Schmelzpunktmaximum, die folgende molekulare Zusammensetzungen und Kegelschmelzpunkte aufweisen:

Eutektikum (1):	0,5 $BaO \cdot Al_2O_3 \cdot 2\,SiO_2$	.... ∾ SK 20
Maximum:	$BaO \cdot Al_2O_3 \cdot 2\,SiO_2$	.... ∾ SK 35
Eutektikum (2):	2,5 $BaO \cdot Al_2O_3 \cdot 2\,SiO_2$	.... ∾ SK 4 bzw.

Eutektikum (1):	0,5 $SrO \cdot Al_2O_3 \cdot 2\,SiO_2$	.... ∾ SK 19
Maximum:	$SrO \cdot Al_2O_3 \cdot 2\,SiO_2$	.... ∾ SK 30
Eutektikum (2):	∾ 2,25 $SrO . Al_2O_3 . 2\,SiO_2$	.... ∾ SK 8

Die Schmelzpunkte aller Mischungen von Bariumoxyd, Tonerde und Kieselsäure (letztere im Verhältnis 1:2) liegen bis zur molekularen Zusammensetzung ∾ 2,2 $BaO \cdot Al_2O_3 \cdot 2\,SiO_2$ über den entsprechenden Strontiangemengen, die Schmelzpunkte dieser bis etwa zu der gleichen molekularen Zusammensetzung über den Schmelzpunkten der korrespondierenden Kalkmischungen. Von dieser Zusammensetzung an ist das Verhältnis der Schmelzpunkte umgekehrt.

Bariumkarbonat reagiert nach Tammann und Pape (a. a. O.) mit Tonsubstanz in der gleichen Weise wie mit Tonerde (vgl. S. 183).

Montgomery und Fulton[1]) gelangten durch vergleichende Untersuchungen über die Schmelzwirkung der Erdalkalien (Kalkstein und Magnesit) und Alkalien (Pottasche und Soda) zu dem Ergebnis, daß die verflüssigende Wirkung bei einem höheren Tonerdegehalt, als der Zusammensetzung der Kaolinformel entspricht, in der Reihenfolge Magnesia, Kalk, Natron und Kali, also mit steigendem Molekulargewichte zunimmt, im umgekehrten Falle mit wachsendem Molekulargewichte der Angriffsstoffe abnimmt, ferner, daß die Zunahme der Wirkung bei steigenden Mengen dieser Flußbildner mit wachsendem Tonerdegehalt ausgesprochener ist als bei steigendem Kieselsäuregehalt und die Gegenwart mäßiger Mengen von Flußmitteln bei Tonerdereichtum einen größeren Einfluß ausübt als bei Kieselsäurereichtum.

Nach Untersuchungen von Rieke[2]) wird der Schmelzpunkt von Tonerde-Kieselsäure-Mischungen (1:2) durch Alkalioxyde und Erdalkalioxyde in folgender Weise erniedrigt:

durch 0,25 Na_2O	von SK 36 auf ∾	SK 19
„ 0,25 K_2O		SK 20
„ 0,25 CaO		SK 31
„ 0,25 SrO		SK + 32
„ 0,25 BaO		SK 33
„ 0,25 MgO		SK + 30

Nach der Richterschen Regel (1867) bewirken in flußmittelarmen Tonen äquimolekulare Mengen der basischen Oxyde eine gleich große Erniedrigung des Schmelzpunktes; demnach ist die verflüssigende

[1]) Montgomery u. Fulton: Trans. Am. Cer. Soc. 1917, S. 303; nach einem Vortrage von Watts, A. S.: Journ. Am. Cer. Soc., Vol. 6, 1923, S. 1150—1152; Ref. Sprs. 57, 1924, S. 300.

[2]) Rieke: Sprs. 43, 1910, S. 229—232.

Wirkung von 40 g MgO gleich der von 56 g CaO = 62 g Na_2O = 72 g FeO = 94 g K_2O = 144 g Fe_2O_3 (= 2 FeO) bzw. bei gleichen Mengen die von Magnesia am stärksten. Nach Rieke[1]) hat das Richterssche Gesetz zufolge der verschieden hohen Schmelzpunkte der Alumosilikate, die bei der Wechselwirkung der Tonsubstanz mit den betreffenden Oxyden entstehen, keine allgemeine Gültigkeit (vgl. S. 225). Diese im vorstehenden für Tonsubstanz dargelegten Auswirkungen ihrer Reaktionsfähigkeit sind nicht ohne weiteres auf Schamotte übertragbar. Je vorgeschrittener die Bildung des kristallinen, bei hoher Temperatur beständigen Silikates (Sillimanit, Mullit) und je dichter die Schamotte gebrannt, d. h. je spezifisch schwerer sie ist, desto geringer ist ihre Reaktionsfähigkeit.

Da ein höherer Tonerdegehalt die Ausbildung dieses Silikates fördert, wirkt er ebenso wie eine höhere Erzeugungstemperatur der Schamotte auf die chemische Widerstandsfähigkeit günstig ein.

Schamotte ist bis zu den höchsten Ofentemperaturen oxydierenden Gasen gegenüber beständig.

Reduzierende Stoffe (Kohlenstoff, reduzierende Gase) bewirken, wie bereits bei der Erzeugung von Kunstkorund und Kunstsillimanit aus Ton dargetan wurde, eine gänzliche oder teilweise Zersetzung der Tonsubstanz, jedoch erst bei sehr hoher Temperatur. Unterhalb der Temperatur des Porzellanscharffeuers ist Schamotte auch gegen den Angriff von Reduktionsmitteln ziemlich widerstandsfähig. Mittelbar können reduzierende Gase (Kohlenmonoxyd, Methan) in poröser Schamotte, die Eisen in Form von Sauerstoff- oder Schwefelverbindungen enthält, durch den aus der Zersetzung von Kohlenoxyd oder Methan hervorgegangenen Kohlenstoff beträchtliche Zerstörungen bewirken (siehe bei Kieselsäure, S. 125). Den Beweis, daß die Schädigung von Schamotte in geradem Verhältnis zum Eisengehalt steht und das Eisen die Zersetzung der reduzierenden Gase fördert, erbrachten B. M. O'Harra und W. J. Darby[2]), indem sie nachwiesen, daß Stoffe, die das Eisen in einer bei niedriger Temperatur nicht reduzierbaren Form enthalten (z. B. Chromit, $FeO \cdot Cr_2O_3$), nicht zersetzt werden.

Der durch die Zersetzung der Gase gebildete Kohlenstoff lagert sich in poriger Schamotte, und zwar nach Steinhoff[3]) der dem Kohlenoxyd entstammende um die Eisenoxydteilchen, der Methankohlenstoff in der ganzen Masse gleichmäßig verteilt, ab. Durch die Kohlenstoffsedimentation aus Kohlenoxydgas wurde eine Überkrustung der Eisenteilchen bis zur Haselnußgröße beobachtet.

Wie aus den Löslichkeitsverhältnissen (siehe S. 217) hervorgeht, ist die chemische Widerstandsfähigkeit der Schamotte im allgemeinen eine Funktion der Erzeugungstemperatur. Von sauren Stoffen (Kiesel-

[1]) Rieke: Sprs. 43, 1910, S. 198/9 u. 214—216.

[2]) O'Harra, B. M. u. W. J. Darby: Journ. Am. Cer. Soc., Vol. 6, 1923. Nr. 8; Ref. Tonind.-Z. 47, 1923, S. 665.

[3]) Steinhoff: Tonind.-Z. 51, 1927, S. 1047.

säure, saure Silikate, Glasschmelzen) wird Schamotte bei hohen Temperaturen beträchtlich langsamer und weniger angegriffen als von basischen Stoffen. In Glasschmelzgefäßen (Temperatur etwa 1400° C) wird sie, wenn der Kieselsäuregehalt des Glasflusses wesentlich den des Gefäßmaterials übersteigt, von der sauren Schmelze erheblich korrodiert[1]). Ihre chemische Widerstandsfähigkeit (bei 1400° C) gegen den Angriff von Alkali-Bleiglas-Schmelzen scheint vom Tonerdegehalt abhängig zu sein, da nach Hyslop[2]) die Schmelzpunkte gebrannter, in Pulverform mit Alkali-Bleiglas gemischter Tone im geraden Verhältnis zum Tonerdegehalt der Tone stehen (höherer Mullitgehalt der gebrannten Masse, siehe S. 202).

Metallen gegenüber verhält sich die Schamotte je nach dem Gehalt an dem bei hoher Temperatur beständigen Silikat verschieden; bei dessen reichlicher Ausbildung ist sie in Abwesenheit von Oxydationsprodukten der Metalle bis zu höchsten Temperaturen widerstandsfähig, andernfalls wird sie schon bei mäßig hohen Temperaturen, etwa bei 1300° C, merklich angegriffen. Besonders erwähnenswert ist eine bei der Reduktion der gerösteten Zinkblende (ZnO) auftretende Wechselwirkung zwischen Metall bzw. Metalloxyd und Schamotte in Zinkdestillationsgefäßen, ferner der besonders starke Angriff durch Metalloxyde, welche die Zinkerze begleiten (Eisenoxyd, Bleioxyd und andere), und durch Antimon- und Kupferoxyd. Die Umsetzung zwischen Zinkoxyd und Schamotte führt zur Bildung von Zinkspinell ($ZnO \cdot Al_2O_3$). Starke Einwirkung zeigen auch die Erdalkali- und besonders Alkalioxyde. Insley (a. a. O.) fand in bezug auf die Widerstandsfähigkeit gegenüber Alkalien (Soda, Sulfat als Glassatzbestandteile) ähnliche Beziehungen zwischen Angriff und Tonerdegehalt der Schamotte wie Hyslop hinsichtlich der Einwirkung der Glasschmelze; nach Insley erhöht sich der Widerstand gegen Verflüssigung durch Soda mit steigendem Tonerdegehalt. E. M. Firth, F. W. Hodkin, D. Turner und W. E. S. Turner[3]) stellten fest, daß bei 800—900° C die Soda stärker zersetzend wirkt als Sulfat, daß aber mit steigendem Sulfatgehalt des „Gemenges" die Zersetzung der Schamottemasse des Glashafens merklich zunimmt. Bei höherer Temperatur und Gegenwart eines Reduktionsmittels (Kohlenstoff), das bei Sulfatglasschmelzen stets ein Bestandteil des „Gemenges" ist, dürfte wohl das Sulfat bzw. dessen Reduktionsstoff, das Sulfid, stärker einwirken als Soda. Nach den Untersuchungen der genannten Forscher bewirkt nicht der Glasfluß als solcher, sondern die Alkalisalze des Glassatzes die Zerstörung der Hafen- oder Wannenmasse. Rees[4]) berichtet,

[1]) Ker. Rundsch. 33, 1925, S. 463.

[2]) Hyslop: Journ. Soc. Glass Techn., 1926, Nr. 38, S. 148—154; Ref. Ker. Rundsch. 34, 1926, S. 853.

[3]) Firth, E. M., Hodkin, F. W., Turner, D. u. W. E. S. Turner: Journ. Soc. Glass Techn., Sept. 1923, S. 218—227; Ref. Tonind.-Z. 48, 1924, S. 638; Ker. Rundsch. 32, 1924, S. 352 u. 369.

[4]) Rees: Nach einem Vortrage vor der Englischen Gesellschaft für Chemische Industrie; Ref. Tonind.-Z. 45, 1921, S. 28.

daß Schamotte durch Natriumchlorid bei 1100° C unter allen feuerfesten Werkstoffen die stärkste Zerstörung erfährt und die Korrosion mit steigendem Eisengehalt wachse. Bei manchen Angriffsmöglichkeiten von Alkalien auf Schamotte spielt die Ofenatmosphäre oder wie bei der Sulfatglasschmelze die Gegenwart eines Reduktionsmittels eine große Rolle. Eine Flamme, welche die Umwandlung des Schmelzgutes in stärker einwirkende Stoffe bedingt, begünstigt naturgemäß die Zerstörung. Alkalipolysulfide greifen beispielsweise Schamotte stärker an als Einfach-Schwefelnatrium (Na_2S). Da Luftzufuhr zu Schwefelnatriumschmelzen die Entstehung von Polysulfiden fördert, wird bei oxydierender Atmosphäre in diesem Falle der chemische Angriff verstärkt.

Gegenüber Arsenverbindungen ist Schamotte unter den Betriebsverhältnissen der Glashütten nach W. E. S. Turner[1]) völlig indifferent; der genannte Forscher beobachtete nur bei Arsengehalten der Schmelze, die praktisch nie erreicht werden, bei 1450° C eine zerstörende Wirkung des Arsenoxydes. McSwiney[2]) vermutet dagegen, daß die von ihm beobachtete kürzere Lebensdauer von Wannenblöcken, die mit arsenhaltigen Glasschmelzen in Berührung standen, unabhängig von der Menge des als Entfärbungsmittel gebrauchten Selens auf die Einwirkung von Arsenverbindungen zurückzuführen sei.

Über die Wirkung der verschiedenen Nebenerzeugnisse metallurgischer Betriebe wie Schlicker, Abzüge, Abstriche, Krätzen, Metallaschen, Bleirauch, Ofenbrüche, Flugstaub und Schlacken liegen zur Zeit ausführlichere Arbeiten nur bezüglich der beiden letztgenannten vor. Die chemische Einwirkung der übrigen Stoffe kann fast immer auf den gleichzeitigen Angriff mehrerer Metalloxyde zurückgeführt werden.

Nach Howe (a. a. O.) üben verschiedene Schlacken verschiedene Wirkungen aus, die bei dem von ihm benutzten Schamottematerial Schmelzpunkterniedrigungen von 1½—21½ Segerkegelnummern zeitigten; er gelangte zu dem Ergebnis, daß der Grad der Einwirkung mit der Konzentration der Schlacke wachse. Bezüglich des Einflusses der Ofenatmosphäre auf die Schlackenwirkung verweist Howe (a. a. O.) auf die geringe Einwirkung mancher Metalle, die aus der Schlacke durch Reduktion entstanden sind, z. B. Kupfer aus Kupferschlacken, daher in reduzierender Atmosphäre in diesem Falle die Flußmittelwirkung und somit auch die Zerstörung verringert werde, während sie bei eisenoxydreichen Schlacken, z. B. Glühofenschlacken, im Rauchfeuer durch die Reduktion des Eisen-3-oxydes zu Eisen-2-oxyd vergrößert werde. Die Flammenbeschaffenheit berührt demnach die Schmelzwirkung der Schlacke in Abhängigkeit von der Art der Schlacke bzw. von dem

[1]) Turner, W. E. S.: Journ. Am. Cer. Soc., Vol. 9, 1926, S. 412—417; Ref Tonind.-Z. 51, 1927, S. 300.

[2]) McSwiney: Journ. Am. Cer. Soc., Vol. 8, 1925, S. 307—309; Ref. Tonind.-Z. 51, 1927, S. 300.

Grade der Reduktion, da ja auch bei eisenoxydreichen Schlacken eine Reduktion bis zu metallischem Eisen eintreten kann. Zu ähnlichen Ergebnissen hinsichtlich des maßgebenden Einflusses der Ofenatmosphäre auf die chemische Widerstandsfähigkeit der Schamotte gelangte auch L. C. Hewitt[1]) bei seinen Kegelschlackenversuchen mit Kohlenaschen, deren Eisengehalt zwischen 11 und 50 vH Fe_2O_3 schwankte; die Schmelztemperaturen mancher Mischungen lagen im Reduktionsfeuer um 10 Kegel tiefer als in oxydierender Atmosphäre; die starke Einwirkung der Kohlenaschen auf Schamotte geht aus dem von ihm ermittelten Schamottegehalt der Aschen hervor, der im Durchschnitt 25 vH, im schlimmsten Falle 40 vH betrug.

Bei den Hartmannschen Versuchen (a. a. O.) erlitten Kaolinmassen vom KSP 32, die 37,94 vH Al_2O_3, 42,62 vH SiO_2, 6,45 vH Fe_2O_3, 7,54 vH CaO und kleinere Mengen anderer Basen enthielten, unter der Einwirkung von 40 g Siemens-Martin-Schlacke oder 20 g Dolomit einen Gewichtsverlust von 70 vH (der Vergleichswert mit Korund ist 19,6 vH).

H. Salmang[2]), der die Verschlackung einer Schamotte von der Zusammensetzung

SiO_2	$Al_2O_3 + TiO_2$	Fe_2O_3	CaO + MgO + KNaO	Glühverlust
56,52 vH	40,79 vH	2,42 vH	0,09 vH	0,18 vH

untersuchte, berichtet, daß diese von dem Basengehalt und der Viskosität der Schmelze des verschlackenden Stoffes abhängig sei; von den reinen Oxyden wirkte am stärksten das Eisen-2-oxyd, schwächer als dieses das Mangan-2-oxyd und Kalk, am geringsten Magnesiumoxyd, die höheren Oxydationsstufen von Eisen und Mangan schwächer als die entsprechenden Oxydule; an die Wirkung des Magnesiumoxydes schließen sich basische, neutrale und schließlich saure Silikate an, während komplexe Silikate etwa entsprechend ihrem Basengehalte reagieren; bei Phosphaten beobachtete Salmang ein fast ebenso starkes Lösungsvermögen wie bei den Oxyden.

Die geringste chemische Widerstandsfähigkeit dürfte Schamotte dem Schwefeleisen gegenüber besitzen; bei 1100—1200° C wird sie vom Eisensulfid glatt aufgelöst.

Verwendung

Schamotte wird als Magerungsmittel, feuerfester Versatzstoff und als Werkstoff feuerfester Massen verwendet. In den gewöhnlichen keramischen Massen, z. B. in jenen der Schmelzkacheln, Schamottekacheln (etwa 30 vH Schamotte) oder Feuertonware (etwa 35 vH Schamotte) dient sie vorwiegend als magernder Stoff, in feuerfesten Hohl- und Vollwaren (Kapseln, Tiegeln, Glashäfen, Retorten, Muffeln, Schamotteziegeln, Quarzschamottesteinen) zur Erhöhung der Feuerfestigkeit. In

[1]) Hewitt, L. C.: Journ. Am. Cer. Soc., Vol. 9, 1926, S. 575—582; Ref. Tonind.-Z. 50, 1926, S. 1732; Ker. Rundsch. 34, 1926, S. 853.

[2]) Salmang, H.: St. u. E., 1927, Heft 43, S. 1816—1820; Ref. Tonind.-Z. 51, 1927, S. 1719.

diesen Massen bildet die Schamotte den Hauptbestandteil, dem nur eine zur Formgebung und Porenausfüllung notwendige Menge an Bindeton zugesetzt wird. Zur Erhöhung des Dichtigkeitsgrades wird häufig neben körniger Schamotte ein bestimmter Anteil Schamottemehl mitverwendet.

Nach Hecht[1]) bestehen die Massen gewöhnlicher Schamottesteine entweder aus gleichen Teilen Roh- oder Bindeton und Schamotte oder der doppelten, für besondere Zwecke (Hochofensteine) zweieinhalb bis dreifachen Menge Schamotte; Kaolinsteine aus Kaolinschamotte, Kaolin und Bindeton; Quarzschamotteziegel aus grobstückigem Quarz, Schamotte aus hochfeuerfestem Ton, Tonschiefer oder Kaolin und Bindeton mit oder ohne Zusatz von Kaolin; Kapselmassen aus zwei Teilen Ton und ein bis zwei Teilen Schamotte oder aus zwei Teilen Ton, ein bis eineinhalb Teilen Rohkaolin und zwei bis drei Teilen Schamotte; ferner die Masse von Gasretorten aus acht Teilen erbsengroßer, zwei Teilen stecknadelkopfgroßer Schamotte und sechs Teilen Bindeton und endlich die Masse von Glashafen aus sieben Teilen bzw. einem Teil Schamotte, sechs bzw. zwei Teilen Rohton.

Über die Verwendung von Schamotte als Ziegelmasse mit sehr geringem Gehalt an Bindeton (90 vH Schamotte und 10 vH Bindeton) berichtet G. W. Mottram[2]).

Die höchste Verwendungstemperatur für Schamottewaren liegt nach Gardner (a. a. O.) bei 1300° C, für Quarzschamotte 50° C höher.

Zur Magerung von feuerfesten Massen, die einen dichten, gegen Reißen widerstandsfähigen Scherben ergeben sollen, wird Blättchenschamotte empfohlen.

Das bei der Zerkleinerung der gebrannten Tonschollen anfallende Schamottemehl dient zur Ausfüllung der Poren von Schamottemassen, als Magerungsmittel von Kachelmassen und zur Herstellung von feuerfestem Schamottemörtel; dieser ist eine Mischung von vier Teilen bis einem Teil feingemahlener Schamotte mit einem Teil feuerfestem Ton und dient zum Vermauern feuerfester Schamotteziegel beim Ofenbau, zum Auskleiden von Kupolöfen und anderem. Schamottemehl findet ferner zur Herstellung von Lürmannschem Mörtel, als Anstrichmasse und Schlichte, zum Einstreuen in die Formen der Schamottewaren, als Muffenkitt zur Dichtung von Kanalisationsleitungen und zur Bereitung gewöhnlicher Irdenglasuren Verwendung.

Kaolinschamotte dient zur Erzeugung von Kaolinsteinen und besseren (farblosen) Glasuren, Tonerdeschamotte zur Herstellung höchst feuerfester Schamottewaren.

Ersatzstoffe der Schamotte, das heißt unbildsame Stoffe, die in der chemischen Zusammensetzung und im Feuerfestigkeitsgrad der Schamotte gleichen bzw. nahekommen, stehen in den meisten Fabriken im gemahlenen Bruche noch ungebrauchter bzw. in den zer-

[1]) Hecht, H.: Lehrbuch der Keramik, S. 156—179. Berlin-Wien: Urban und Schwarzenberg. 1923.

[2]) Mottram, G. W.: Trans. Am. Cer. Soc., 1919, Nr. 18, S. 148—153; Ref. Tind.-Z. 45, 1921, S. 519.

kleinerten, für bestimmte Zwecke unbrauchbar gewordenen Schamottewaren in meist mehr als ausreichender Menge zur Verfügung (Kapselscherben, Glashafenscherben [Hafenschalen], Bruch von Muffeln, Retorten, Röhren, Schamotteziegeln, sogenannte Steinschamotte, Ofenabbruch, Graphittiegelscherben u. dgl.). Die Bruchstücke bereits in Verwendung gestandener Schamottewaren sind naturgemäß mehr oder weniger durch Fremdstoffe verunreinigt, mit denen die Ware während des Gebrauches in Berührung kam, z. B. angefritteter Streußel, abgelaufene Glasuren, nach der Verflüchtung kondensierte Glasurbestandteile, Flugasche, Bruchstücke vom Einsatz der Kapseln, verflüchtigte und kondensierte Brennstoffaschenbestandteile bzw. deren Umsetzungsstoffe mit der Schamottemasse, Schlacken, Mörtel und anderem. Diese Fremdstoffe setzen sich zum Teil an der Oberfläche der Schamottemasse in Form von Anflugglasuren (Schmolz) an oder bilden im Innern der porösen Schamottemasse Einlagerungen (Inkrustationen). Für feuerfeste Zwecke bedarf dieser Schamotteersatz einer sorgfältigen Sortierung oder Reinigung, da all diese Verunreinigungen die Feuerfestigkeit und das Erweichungsverhalten nachteilig beeinflussen. Einen besonders hohen Prozentsatz an eingedrungenem Beschickungsgut weisen die Bruchstücke der Zinkdestillationsgefäße auf, die bis 20 vH und mehr Zinkoxyd neben anderen Schwermetalloxyden enthalten können. Trotzdem wird dieser Röhren-, Retorten- oder Muffelbruch im Zinkbetriebe aus metallurgischen Gründen wieder zur Magerung neuer Massen verwendet, obwohl vom keramischen Standpunkt aus dagegen einzuwenden wäre, daß dadurch von vornherein schon der Feuerfestigkeitsgrad der neuen Massen beeinträchtigt wird. Gut sortierter und gereinigter Schamottebruch ist fast ebenso schwer schmelzend wie Schamotte selbst, z. B. SK 33/34.

Schamottescherben werden in ähnlicher Weise wie die Schamotte zerkleinert, nach verschiedenen Korngrößen unter Ausscheidung des Mehles gesichtet und wie Schamotte bzw. Schamottemehl verwendet. Zur Zerkleinerung der Scherben benutzt man hauptsächlich Steinbrecher (als Vorzerkleinerungsmaschine), Doppelwalzwerke und Kollergänge mit selbsttätiger Absiebung und umlaufender Mahlbahn. Unter den Schamotteersatzstoffen nehmen in jeder Beziehung die Scherben der in der Porzellan- und Steingut-Industrie zum Schutze des Einsatzes vor Flugasche verwendeten Kapseln den ersten Platz ein. Die Kapselscherben, insbesondere die der Porzellanindustrie, bilden zufolge ihrer längeren Verwendung in hohen Temperaturen ein kaum mehr nachschwindendes, ruhiges Schamottematerial. Im Feuerfestigkeitsgrad und Erweichungsverhalten übertreffen sie alle übrigen Ersatzstoffe, da sie aus den hochwertigsten feuerfesten Tonen, meist unter Zusatz von Rohkaolin, erzeugt werden und bei ihrem Gebrauche am wenigsten verunreinigt werden. Der Kaolingehalt verleiht dem Scherben die für die gute Verbindungsfähigkeit nötige Porigkeit und macht ihn gegen schroffen Temperaturwechsel widerstandsfähig. Diese Eigenschaften sowie die trotz mechanischer Festigkeit leichte Zerkleinerung, die Ersparnis an besonderen Brennkosten und der Umstand, daß die Kapseln infolge ihrer Dünnwandigkeit stets gut durchgebrannt sind, zeichnen sie sogar vor der absichtlich erzeugten Schamotte aus.

Gebranntes Tonmehl wird als Magerungsmittel nicht feuerfester keramischer Massen, insbesondere bei der Herstellung größerer Stücke verwendet. Der Mannigfaltigkeit der bildsamen Werkstoffe und keramischen Massen entsprechend, zeigt das gebrannte Tonmehl große Verschiedenheiten in den Eigenschaften. Gemäß der Einteilung der Tonwaren kann man unterscheiden:

1. Mehl vom Bruch und von Scherben der Tonwarengruppe „Tongut“:

a) mit farbigem Scherben (Ziegelmehl, Scherben von Irdenwaren [Glattscherben], Terrakotten, Ofenkacheln u. dgl.);

b) mit weißem Scherben (Biskuitscherben von Steingut und Porzellan[1]), unglasierte gebrannte Abfallmassen).

2. Mehl vom Bruch und den Scherben der Tonwarengruppe „Steinzeug“ (Bruch von Klinkern und Platten, sogenannte „Klinkerschamotte“, Scherben von verschiedenen Steinzeugwaren).

Ziegelmehl, gemahlene Glattscherben und Scherben ähnlicher Tongutarten werden an Stelle von Sand als Magerungsmittel in den entsprechenden keramischen Industriezweigen (Ziegel-, Irdenwaren-, Kachel- und Terrakotta-Industrie) verwendet. Da die meisten Irdenwaren rohglasiert und daher gleichzeitig roh- und glattgebrannt werden, bringen die Glattscherben eine geringe Menge leicht schmelzender Bleiglasur in die Masse; sie wirken daher auch etwas verdichtend.

Biskuitscherben, unglasierte Bruchstücke von verglühtem Steingut und Porzellan und unglasierte gebrannte Abfallmassen dienen nach der Vermahlung zu Mehl an Stelle von Quarzmehl zur Magerung von weißbrennenden Massen (Steingut- und Porzellan-Industrie) und Engoben.

Bei der Zerkleinerung und Vermahlung der Biskuitscherben ist wegen der unvollkommenen Wirkung der Magnetscheider die Verunreinigung durch Eisenteilchen aus den Maschinenbestandteilen auf die schon erwähnte Weise (siehe S. 85) zu verhüten. Als Schroter dienen Walzwerke und Kollergänge mit Granitlaufbahn und -läufern und Kupferschippen statt Eisenstreicher, für die Feinmahlung Naßtrommelmühlen mit Quarzit- oder Silexfutter und Flintsteinfallkörpern.

Klinkerschamotte, der feingemahlene Bruch von Klinkerziegeln, sowie gekörnte oder gemahlene Scherben von anderen Steinzeugwaren dienen in der Klinkerziegel-Industrie zur Magerung von sehr fetten Klinkertonen, die zum Teil schon durch Sand entfettet wurden, ferner zur Magerung von Platten- und Steinzeugrohrmassen, insbesondere bei der Erzeugung von Steinzeugwaren mit größerer Scherbenstärke. Zufolge der besonderen Scherbeneigenschaften dieser Warengattung ist Klinkerschamotte erheblich dichter als feuerfeste Schamotte, daher

[1]) Obwohl Porzellan in die Gruppe „Sinterzeug“ einzureihen ist, können die (nur verglühten) Biskuitscherben von Porzellan auf Grund ihrer Scherbeneigenschaften zur Tongutgruppe gezählt werden.

weniger verbindungsfähig, ferner temperaturempfindlicher und steht im pyrometrischen Werte tiefer.

Gute Schamotte soll folgenden Anforderungen Genüge leisten: Ihre Korngröße und -form soll dem Verwendungszwecke angepaßt sein; beide richten sich nach der Größe der Erzeugnisse und den angestrebten Scherbeneigenschaften. Im allgemeinen bevorzugt die Schamotte-Industrie mit Rücksicht auf die meist erwünschte Dichtigkeit der Erzeugnisse ein splitterartiges Korn. Der Porigkeitsgrad sei nicht größer als es zur guten Verbindungsfähigkeit mit dem Bindeton und zur gleichmäßigen Austrocknung der Formlinge erforderlich ist.

Im Brande soll die Nachschwindung jenen Betrag nicht überschreiten, der mit Rücksicht auf die thermische Beanspruchung der Erzeugnisse noch zulässig ist; die Schamotte soll daher im Erzeugungsbrande möglichst große Raumbeständigkeit erlangt haben. In pyrometrischer Hinsicht muß eine möglichst hohe Erweichungstemperatur und Feuerfestigkeit, in bezug auf chemische Widerstandsfähigkeit eine möglichst große Dichte (Einschränkung siehe S. 212) gefordert werden, um chemischen Angriffen bei hohen Temperaturen möglichst lange Widerstand leisten zu können.

Für das Schmelzverhalten ist im wesentlichen der Tonerdegehalt von maßgebender Bedeutung. Die oberflächliche Beurteilung ihrer Verwendbarkeit erfolgt daher zumeist auf Grund des Tonerdegehaltes und Kegelschmelzpunktes.

Wirkungen in tonigen Massen

Die Wirkungen von Schamotte, gebranntem Tonmehl und deren Ersatzstoffe in grünen tonigen Massen beschränken sich nicht allein auf die normale Entfettung und deren Folgen beim Trockenprozeß, sondern bestehen darüber hinaus in einer weiteren Förderung des gleichmäßigen Trocknens dadurch, daß diese Stoffe (mit Ausnahme der Klinkerschamotte) infolge ihrer Porigkeit das Anfeuchtewasser aufsaugen, wodurch eine gleichmäßige Verdunstung und innige Verbindung mit dem Tone bewerkstelligt wird.

Die größere Dichtigkeit einer mit Schamotte gemagerten Masse gegenüber sandgemagerten Massen ist durch die innige Adhäsion der Tonteilchen an den porösen Schamottekörnern bedingt.

Größe und Art der Wirkung sind nicht allein in der grünen Masse, sondern auch im Brande von der Korngröße und -form abhängig. Feineres Korn begünstigt zwar Innigkeit und Gleichmäßigkeit der Mischung und wie spitze und flache Körner die mechanische Festigkeit, verdichtet aber zu sehr den Scherben und verringert in zu kleinem Ausmaße die Brennschwindung. Grobes Korn (etwa von 1 mm aufwärts) entfaltet im Brande ausgesprochene Magerungswirkung, verringert also die Brennschwindung und macht den Scherben porös. Durch die Verwendung von staubfreiem, scharfkantigem, hartem, aber nicht gesintertem Korn, etwa vom Durchmesser 0,5—5 mm, wird die Widerstandsfähigkeit gegen plötzlichen Temperaturwechsel gefördert[1]). Am günstigsten wirkt im allgemeinen, besonders bei feuerfesten Erzeugnissen, ungleichmäßig gekörnte Schamotte.

Die gleichzeitige Verwendung verschiedener Körnungen und Anwendung splitteriger oder flacher Kornform bewirkt den größtmöglichen Grad von Dichte, mechanischer Festigkeit und chemischer Widerstandsfähigkeit. Bei ungleichmäßigem Korn füllt das Feine die Zwischenräume des groben Kornes aus und beschränkt den Porenraum auf das geringste Maß, wenn die Menge des feinen Anteiles räumlich so bemessen ist, daß sie gerade zur Porenfüllung ausreicht. Ein Beispiel für die Auswirkungen verschiedener Korngrößen von Schamotte teilt W. S. Williams[2]) mit, indem er den Einfluß verschieden großer Körnung auf die Lebensdauer von Glashafen aufzeigt, die bei größerem Gehalt an feingemahlenen Hafenscherben kürzer war als bei Verwendung von Korn, dessen Durchmesser etwa der Größe der Maschen des 250-Maschensiebes entsprach. Grobe, wenig nachschwindende Schamotte bildet in tonigen Massen ein starres Gerüste, das die Standfestigkeit im Feuer erhöht; die noch bessere Standfestigkeit von Schamottemassen mit mittlerem Korn erklärt sich nach Urbschat (a. a. O.) aus der größeren inneren Reibung. Infolge der chemischen Neutralität dem Tone gegenüber erhöht ein Schamottezusatz zum Tone dessen Feuerfestigkeit und verringert seine Neigung zum Erweichen.

Kaolinschamotte verleiht tonigen Massen (Kaolinsteine) große Widerstandsfähigkeit gegen schroff wechselnde thermische Einflüsse, Tonerdeschamotte besonders große Schwerschmelzbarkeit und chemische Widerstandsfähigkeit.

Für den keramischen Weißbrand geeignete Biskuitscherben und Abfallmassen beeinflussen im günstigen Sinne die Brennfarbe der Erzeugnisse.

Schamotte und gebranntes Tonmehl besitzen vor dem Quarz und den übrigen Magerungsmitteln gewisse Vorzüge in bezug auf einige Auswirkungen ihrer Eigenschaften auf die Scherbenbeschaffenheit (Porigkeit, Sprödigkeit, Stoßfestigkeit, Temperaturwechselbeständigkeit, chemische Widerstandsfähigkeit) und das Brennverhalten der Massen (Stand- und Feuerfestigkeit). Zufolge ihrer chemischen Identität mit dem gebrannten Tone entfalten sie ihre Wirkungen ohne wesentliche Änderung der chemischen Zusammensetzung des Scherbens, wodurch eine Reihe von sonst eintretenden Folgeerscheinungen, die verschiedene Eigenschaften ungünstig beeinflussen, ausgeschaltet sind (Wechselwirkungen zwischen Quarz und Bindeton; Folge: Verschlechterung der Erweichungsverhältnisse, Erniedrigung der Feuerfestigkeit, frühere Verdichtung, Verringerung der Widerstandsfähigkeit gegen Temperaturwechsel und chemische Einflüsse). Der

---

[1]) Ref. Tonind.-Z. 50, 1926, S. 477.

[2]) Williams, W. S.: Journ. Am. Cer. Soc., 1923, S. 1148; Ref. Sprs. 57, 1924, S. 121.

Scherben feuerfester Schamotteerzeugnisse und mit Tonmehl oder dessen Ersatzstoffen gemagerter keramischer Massen ist auch weniger spröde als die entsprechenden Massen mit Quarzit- oder Sandmagerung.

Anhang

Pyrophyllit

Das als Verunreinigung von Andalusit genannte Tonerdesilikat, Pyrophyllit, von der talkähnlichen Zusammensetzung $Al_2O_3 \cdot 4\,SiO_2 \cdot H_2O$, kommt in einer dichten Abart, dem sogenannten Agalmatolith (Pagodit, Bildstein, Seifenstein), in China vor und wird wie Speckstein (siehe S. 458) zu allerlei kunstgewerblichen Erzeugnissen mechanisch verarbeitet.

Neuerdings lenkt O. K. Burger[1]) die Aufmerksamkeit auf die keramische Verwendbarkeit eines dichten Pyrophyllites, von dem in Brasilien bauwürdige, frachtgünstig gelegene Lager erschlossen wurden.

Das Mineral ist etwas härter ($H = 2$—3) und dichter ($s = 2{,}8$—$2{,}9$) als Speckstein (siehe S. 453), in den übrigen physikalischen Eigenschaften, auch in bezug auf die Erhärtung beim Brennen, diesem außerordentlich ähnlich.

Die chemische Zusammensetzung des brasilianischen Pyrophyllites steht der theoretischen des Agalmatolithes ziemlich nahe:

	Agalmatolith		Brasilianischer Pyrophyllit[2])
Al_2O_3	28,28 vH		30,25 vH
SiO_2	66,74 „		63,01 „
H_2O	4,98 „	Glühverl.	6,12 „
Fe_2O_3			0,65 „
MgO			0,15 „

Pyrophyllit verliert bei etwa 1000° C sein Konstitutionswasser, besitzt geringe Feuerschwindung, ist infolge seiner guten Wärmeleitfähigkeit und geringen Ausdehnung ziemlich temperaturunempfindlich, und erweicht erst in der Nähe seines bei etwa 1700° C liegenden Schmelzpunktes.

Burger (a. a. O.) hält das Mineral für einen billigen und guten Ersatzstoff von technischem Porzellan und anderen feuerfesten Werkstoffen, die zu technischen Geräten verarbeitet werden.

Mangels an nutzbaren Lagerstätten ist es für die europäische Keram- und „feuerfeste" Industrie ohne Bedeutung.

C. Kohlenstoffhaltige Magerungsmittel

Zu den kohlenstoffhaltigen Magerungsmitteln zählen der natürliche und künstliche Graphit, amorpher Kohlenstoff, das aus diesem hergestellte Siliziumkarbid (Karborundum) und die zahlreichen organischen Stoffe, welche hauptsächlich wegen ihrer porositätsfördernden Wirkung tonigen Massen zugesetzt werden.

Die Verwendung dieser Stoffe beschränkt sich auf Sondermassen, denen sie ganz spezifische Eigenschaften verleihen.

I. Graphit und amorpher Kohlenstoff

Graphit ist ein gesteinbildendes Mineral aus der Gruppe der Elemente. Kohlenstoff tritt in der Natur in mehreren Erscheinungs-

[1]) Burger, O. K.: Bull. Am. Cer. Soc., Vol. 3, 1926, S. 343/4; Ref. Ker. Rundsch. 35, 1927, S. 27. [2]) Nach Burger: a. a. O.

formen auf; die (wahrscheinlich) hexagonal kristallisierende Modifikation ist der Graphit. Er findet sich sowohl in selbständigen Lagern wie auch als Gemengteil einzelner Massengesteine.

Das verschiedenartige geologische Vorkommen des Graphites — in kristallinen Schiefern (Graphitschiefern), in Form von Gängen, Adern und Flözen — sowie das Auftreten gewisser Begleitstoffe lassen recht verschiedene Deutungen seiner Bildungsbedingungen zu. Jedenfalls ist die Entstehung der einzelnen Graphitablagerungen auf verschiedene Ursachen zurückzuführen. Je nach der Art der Lagerstätte, der Strukturverhältnisse — in Graphitschiefern zeigt er häufig Pflanzenstruktur — und der ihn begleitenden Fremdstoffe wird er als eine dynamo- oder kontaktmetamorphe Umbildung der Kohlen, als magmatische Ausscheidung, als Zerfallsprodukt von leicht zersetzlichen Kohlenstoffverbindungen (z. B. Karbonylen), die bei der Entstehung der Erstarrungsgesteine als Exhalationen auftraten, oder endlich als hydrothermales Gestein angesprochen.

Künstliche Bildungen beobachtet man bei der Roheisenerzeugung im Hochofen (Hochofengraphit) und bei der Leuchtgasfabrikation aus Steinkohlen (Retortengraphit), der jedoch seinem chemischen Verhalten nach nicht zum Graphit zu rechnen ist.

Als Graphitersatzstoffe finden Kohlen, Anthrazit und Steinkohle, ferner Verkokungsprodukte (Koke und Holzkohle) keramische Verwendung.

Der Graphit findet sich in der Natur selten in einer Reinheit, die seine unmittelbare Anwendung gestatten würde. Aus den Graphiterzen (Rohgraphit) kann er nach verschiedenen Verfahren gewonnen werden. Neuerdings wird auch der bei der Zerkleinerung von Rohgraphit neben größeren Graphitschuppen (sogenanntem Flinz) anfallende Graphitstaub, der aus weniger wertvollen Blättchen von kleineren Abmessungen und den Verunreinigungen des Erzes besteht, als Rohstoff für Raffinadegraphit in Betracht gezogen.

Die Aufbereitung des Rohgraphites kann mechanisch auf trockenem oder nassem Wege, ferner chemisch und elektrisch — mit Hilfe von elektrostatischen Maschinen oder auf elektroosmotischem Wege — erfolgen. Welches Raffinationsverfahren für ein gegebenes Erz anzuwenden ist, ergibt sich in erster Linie aus der Art und physikalischen Beschaffenheit der Begleitstoffe und aus der erzielbaren Ausbeute an Raffinadegraphit.

Das Trockenverfahren fußt auf dem Unterschiede in der Mahlbarkeit des Graphites und seiner Beimengungen und der dadurch bedingten Verschiedenheit der Teilchengröße und -form des Mahlproduktes. Blätteriger Graphit ist trotz seiner geringen Härte weniger leicht mahlbar als seine meist spröden Verunreinigungen; er fällt daher bei der Vermahlung in Teilchen von größeren Abmessungen an als die Fremdstoffe. Dieses Verfahren verwendet ein System von Zerkleinerungsmaschinen, die zwecks Trennung der Teilchen verschiedener Größenordnung mit Siebwerken verbunden sind. Die Sichtung kann auch zufolge des Haftvermögens des Flinzes an Seidengaze mittels dieser oder auf Grund der verschiedenen Teilchenform und des Unterschiedes im spezifischen Gewichte durch einen Luftstrom in Windsichtern (Windseparation) erfolgen.

Der graphithaltige Staub, der einen erheblichen Verlust an Graphit bedeutet, kann mittels der Flotationsverfahren (siehe S. 238) so weit veredelt werden, daß das Konzentrat für Zwecke verwendbar wird, die nicht gerade die höchsten Anforderungen an den Reinheitsgrad des Graphites stellen.

Bei der großen Bedeutung der Flinzgröße für die keramische Hauptverwendung heischen jene Raffinationsmethoden besondere Beachtung, welche die Herstellung großflinzigen Graphites aus kleinen Teilchen gestatten. In dieser Beziehung ist es bisher nur gelungen, einen Ersatz, nicht aber ein gleichwertiges Erzeugnis herzustellen. Nach D.R.P. 161722 wird zu diesem Behufe der kleinflinzige Graphit, nötigenfalls unter Verwendung eines Bindemittels, zu Bändern ausgewalzt, deren Zerkleinerungsprodukte mittels Sieben nach Größenordnungen gesichtet werden.

Ein Beispiel für den Aufbereitungsgang von kleinflinzigem (bayrischem) Graphit gibt folgendes Arbeitsdiagramm[1]):

Rohgraphit

Vermahlung

Sichtung mittels Seidengaze

Graphit II — Graphithaltiger Staub

Graphit II → Vermahlung → Sichtung

Graphit I (90 vH Kohlenstoff) — Graphitstaub

Die *Scheidung auf nassem Wege* gründet sich auf die Unterschiede im spezifischen Gewichte in Wasser und in der Fallgeschwindigkeit verschieden großer Teilchen in Suspensionen. Nach dem *Stokesschen* Fallgesetz ist die Fallgeschwindigkeit im stehenden Wasser von der Teilchengröße abhängig; größere Teilchen sinken darin rascher als kleine. Die Trennung der Gemengteile des vermahlenen Graphites ist nur dann vollkommen, wenn ihre Dichtenunterschiede einen größeren Wert erreichen und auch die Gestalt der zu trennenden Stoffteilchen verschieden ist. Dies trifft aber gerade bei der häufigsten Verunreinigung, dem Glimmer, nicht zu.

[1]) Nach dem Text in Tonind.-Z. 49, 1925, S. 806.

Bei der praktischen Durchführung des nassen Raffinationsverfahrens verwendet man langsam fließendes Wasser. In dem vorher vermahlenen und gesiebten Graphiterz trennen sich bei der Fortführung durch das Wasser die gröberen Fremdstoffe (Sand, Pyrit) in einem Gerinne oder auf Schüttelherden von dem in Schwebe befindlichen Flinz, dessen Aufschlämmung (Trübe) in die Sammel- und Absetzbottiche gelangt. Ein anderes nasses Verfahren benutzt den natürlichen Auftrieb in stehenden Flüssigkeiten von größerem spezifischen Gewichte und die Fähigkeit des Graphites auf Flüssigkeitsoberflächen zu schwimmen (Schwimm- oder Flotationsverfahren); der natürliche Auftrieb kann durch gasbildende Zusätze, z. B. Kreide und Salzsäure (D.R.P. 29369, Gebr. Bessel), Auftrieb und Schwimmfähigkeit durch Beigabe spezifisch leichter, öliger Stoffe (Petroleum, Erdöl), die den Graphit, nicht aber das taube Gestein zu benetzen vermögen, oder durch Erzeugung eines Luftstromes im Dispersionsmittel durch Luftverdünnung befördert werden. Eine besondere Art dieser Schwimmverfahren stellt aus der mit Öl und Säure versetzten Trübe und Luft ein schaumiges, inniges Gemenge (Emulsion) her, aus dem sich nach kurzer Zeit der graphithaltige Schaum an der Oberfläche ausscheidet (Emulsionsverfahren, z. B. Elmore-Verfahren).

Der Verlust an Graphit ist im allgemeinen bei der nassen Raffination erheblich geringer als bei der trockenen Aufbereitung. Mit Hilfe der Flotationsverfahren ist eine fast restlose Gewinnung des Graphites aus den Erzen möglich.

Einer sinnreichen Einrichtung zur Verringerung der Zerstörung großflinzigen Graphites bei der Vermahlung der Erze bedient sich das Verfahren von H. Putz, Passau (D.R.P. 154516), das die Zerkleinerung zwischen Walzen, die sich in geöltem Wasser befinden, vornimmt; durch diese Anordnung steigen die von den Fremdstoffen losgelösten Graphitblättchen an die Oberfläche und werden daher dem Wirkungsbereiche der Walzen entzogen.

Die mechanischen Aufbereitungsmethoden sind hauptsächlich Konzentrationsverfahren, die eine gänzliche Entfernung der Verunreinigungen nicht zu erreichen gestatten. Insbesondere ist es schwierig, den Glimmer zu entfernen; sowohl beim Trockenverfahren (wegen ähnlicher Vermahlungsverhältnisse) als auch beim nassen Aufbereitungsgange bleibt ein großer Teil des Glimmer im Konzentrat. Nach J. Zellner[1]) beeinflussen die mechanischen Aufbereitungsverfahren weit weniger den Aschengehalt als den Feinheitsgrad der Raffinade, da die Hauptmenge der Fremdstoffe des Graphites in äußerst feiner Verteilung vorliegt.

Ziemlich reinen, vor allem silikatfreien Graphit gewinnt man durch die chemische Raffination, die allerdings nur für verhältnismäßig hochwertige Graphite in Betracht kommt. Ihre technische Durchführung bietet Schwierigkeiten, die das Gefäßmaterial und den Umstand betreffen, daß der feine Graphit Salze und Säuren hartnäckig

[1]) Zellner, J.: Die künstlichen Kohlen, Berlin: J. Springer. 1903.

zurückhält. Graphit ist gegen Säuren und Basen unter den bei der chemischen Reinigung obwaltenden Verhältnissen praktisch beständig, während beigemengte Silikate durch diese mehr oder weniger leicht aufgeschlossen und dadurch in eine lösliche, vom Graphit trennbare Form gebracht werden können.

Die Aufschließung der Silikate kann auf nassem Wege oder durch Schmelzen erfolgen. Als flüssige Aufschlußstoffe werden je nach dem Grade der Zersetzlichkeit der Silikate konzentrierte Schwefelsäure, diese mit Zusatz von festem Ammoniumfluorid (H. Langbein, D.R.P. 109533 und 125304) und verdünnte Flußsäure (Teisler, D.R.P. 119592) verwendet. Kieselsäure, die sich bei der in der Wärme durchgeführten Schwefelsäurebehandlung abscheidet, wird nach Langbein durch konzentrierte Natronlauge unter Druck, von Flußsäure oder Fluoriden herstammende Reste an Fluorverbindungen werden durch Kochen mit Sodalösung entfernt.

Zum pyrogenen Aufschluß werden verschiedenartige Stoffe angewendet: Ätznatron, Soda, Soda und Schwefel, Fluoride und andere. Alkalische Schmelzen führen die Silikate in lösliche Alkaliverbindungen über, Fluoride vergasen die Kieselsäure als Tetrafluorid. Der Soda-Schwefel-Aufschluß bezweckt die Umwandlung der Eisenverbindungen in säurelösliches Eisensulfid (Verfahren von Winkler).

Die elektrostatische Aufbereitung beruht auf der guten elektrischen Leitfähigkeit des Graphites, welche das Leitvermögen seiner akzessorischen Begleitstoffe um ein Vielfaches übertrifft. Die Teilchen des vermahlenen Graphites werden bei der Berührung mit einem elektrischen Körper elektrisch geladen und daher abgestoßen, während die Fremdstoffe dabei unbeeinflußt bleiben.

Die elektroosmotischen Aufbereitungsverfahren fußen auf dem Verhalten der Kolloide gegenüber dem elektrischen Strome von hoher Spannung. Es wurde bereits erwähnt, daß die gegensätzlichen elektrischen Ladungen der Kolloidelemente der Agglutination entgegenwirken und dadurch für die Aufrechterhaltung des kolloidalen Zustandes sorgen. Auch ohne Anlegung einer höheren Spannung wirken elektrische Kräfte bewegend auf die Teilchen im Dispersionsmittel ein. Setzt man die Lösung aber unter hohe Spannung, so erhält die Bewegung der Teilchen eine bestimmte Richtung und das Kolloid reichert sich an einem Pol an.

Die elektroosmotische Aufbereitung von Erzen, insbesondere von Graphit, ist Gegenstand des D.R.P. 356503 der Elektro-Osmose A. G. (Graf Schwerin-Gesellschaft), Berlin. Das auch zur Tonreinigung verwendete elektroosmotische Verfahren benutzt die Eigenschaft des elektrischen Stromes, die festen Teilchen eines feinst verteilten, unlöslichen Stoffes in bestimmter Richtung zu bewegen. Ein Zusatz geeigneter Elektrolyte zur Trübe vergrößert den elektrischen Gegensatz der dispersen Stoffe und bewirkt dadurch eine weitgehende Vorreinigung, insbesondere von Schwefelkies, Sand u. dgl. In der vorgereinigten Trübe tritt bei Einwirkung des elektrischen Stromes eine völlige Trennung der Bestandteile ein, indem der zu osmosierende Stoff der Anode zustrebt, von der er durch Schaber abgenommen wird.

Mit dem natürlichen bzw. raffinierten Graphit tritt seit einigen Jahren der Kunst- (Elektro- oder Acheson-) Graphit erfolgreich in Wettbewerb. Die preiswerte Herstellung von sehr reinem Kunstgraphit gelang E. G. Acheson aus amorphen Kohlen auf elektrothermischem Wege.

Elektrographit wird heute bereits als Massenerzeugnis von der „International Acheson Graphite Company" in Niagara Falls, seit 1915 auch in Deutschland, Schweden und in der Schweiz im Großbetriebe hergestellt. Erzeugnisse der Kunstgraphitwerke sind: loser Graphit in Flocken-, Schuppen- oder Pulverform von verschiedener Reinheit, sehr reine graphitierte Elektroden für die elektrotechnische und elektrometallurgische Industrie und einige Spezialgraphitsorten, z. B. Borgraphit, fettiger und kolloidaler Graphit.

Unter den Erscheinungsformen des Kohlenstoffes ist Graphit die bei hohen Temperaturen beständige Modifikation.

Alle Phasen des Kohlenstoffes wandeln sich bei etwa 2000° C bei genügend lang anhaltender Hitze in die allotrope graphitische Form um (Graphitierung). Die Umwandlungsgeschwindigkeit ist der Temperatur proportional und wird durch verschiedene Metalle, z. B. Aluminium, Silizium und Eisen, die in Form ihrer Oxyde angewendet werden können, und zwar durch Tonerde am stärksten, durch Eisenoxyd am geringsten, bei einer bestimmten Temperatur katalytisch beschleunigt bzw. die Umwandlungstemperatur durch die genannten Kristallisatoren erniedrigt. Die Oxyde werden durch die als Ausgangsmaterial dienende Kohle auf dem Umwege über die Karbide zu Metallen reduziert, z. B. die Kieselsäure im Sinne der Gleichung:

$$(1) \qquad SiO_2 + 3\,C = \underset{\text{Siliziumkarbid}}{SiC} + 2\,CO.$$

Bei einer die Bildungstemperatur überschreitenden und länger anhaltenden Hitze (etwa 2300° C) zerfallen die Karbide, z. B. das Siliziumkarbid in Siliziumdampf und graphitierte Kohle:

$$(2) \qquad SiC \longrightarrow \underset{\text{Graphit}}{C} + Si.$$

Auch dieser Vorgang wird durch manche Fremdstoffe beschleunigt bzw. die Zersetzungstemperatur erniedrigt.

Die Bruttogleichung der Graphitierung ist daher:

$$(3) \qquad SiO_2 + 3\,C \longrightarrow C + \underbrace{Si + 2\,CO.}_{\text{Gase}}$$

Nach den stöchiometrischen Verhältnissen sind zur Umwandlung von 100 kg reinen Kohlenstoffes 167,5 kg Kieselsäure erforderlich. Infolge des katalytischen Charakters der Oxydwirkung ist jedoch nur ein Bruchteil dieser Kieselsäuremenge nötig; zumeist genügen schon die in den Aschen der Kohle enthaltenen Mengen an Mineralisatoren. Trotz der geringeren Wirkung hat sich im Betriebe das Eisenoxyd mit Rücksicht auf die Güte des Erzeugnisses als geeignetster Kristallisator erwiesen.

Als Rohstoffe dienen meist Anthrazite mit 5—15 vH Aschengehalt, für die besten Sorten des Kunstgraphites die reinere Petrolkoke oder Holzkohle. Ein technisches Hindernis für die Graphitierung von Steinkohlen oder Steinkohlenkoke besteht jedoch nicht.

Den Rohstoffen, die von Natur aus nicht die genügende Menge an Oxyden enthalten (Petrolkoke, Holzkohle, reinere Anthrazite), setzt man wenige Hundertteile (etwa 4 vH) Eisen-3-oxyd zu.

Die Erhitzung der Rohstoffe bzw. des Gemenges der Rohstoffe und Katalysatoren geschieht in einem elektrischen Widerstandsofen, wie er auch zur Karborundumerzeugung dient, der jedoch zu Graphitierungszwecken mit Rücksicht auf die weit größere elektrische Leitfähigkeit der Beschickung in der Längsrichtung größer dimensioniert ist.

Der größte Teil der Verunreinigungen der Kohle oder Koke und der Kristallisatoren verdampft, und zwar um so vollständiger, je länger erhitzt wird.

Man hat es also in der Hand, durch Veränderung der Erhitzungsdauer verschieden reine Produkte zu erzeugen. Die reinsten Ausgangsstoffe liefern bei langwährender Erhitzung einen Kunstgraphit mit nur wenigen hundertsteln Prozenten an Fremdstoffen.

Der Arbeitsgang verläuft etwa im Sinne folgenden Diagrammes:

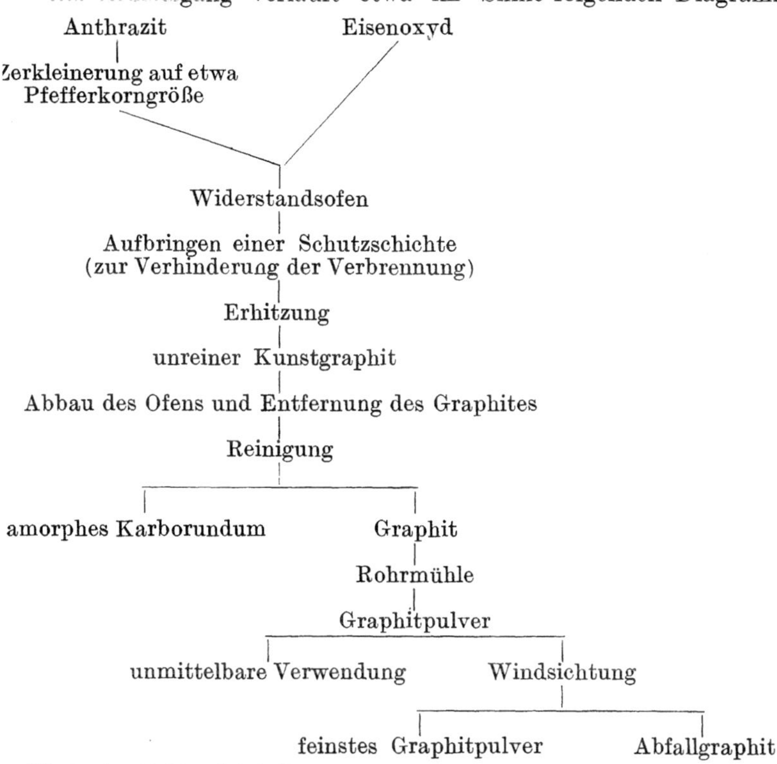

Naturgraphit (im folgenden stets als „Graphit" bezeichnet) tritt kristallisiert, derb (kristallin) und amorph auf. Debye und Scherrer haben festgestellt, daß zwischen Graphit und sogenannten „amorphen" Kohlenstoffarten außer im Entwicklungsgrade des Raumgitters kein struktureller Unterschied besteht (V. Kohlschütter)[1]. Kristallisierter Graphit erscheint in Blättchen, deren Durchmesser nur in Ausnahmsfällen die Größe von 1 mm übersteigt. Die kristallinen Anhäufungen besitzen blätterige, schuppige, faserige oder körnige Textur und sind je nach der Teilchengröße mehr oder weniger dicht.

Die morphologischen Eigenschaften des Kunstgraphites weichen wie manche andere von jenen des Graphites ab und werden durch die Art des Rohstoffes beeinflußt. Elektrographit besitzt die Kristallform des Karborundums, zählt aber auf Grund seiner sonstigen Eigenschaften zu den sogenannten amorphen Graphiten.

Beide Formen des Graphites können in den kolloidalen Zustand übergeführt werden. Aus einem fettigen Kunstgraphit läßt sich durch Behandlung mit verschiedenartigen Agentien, z. B. Gerbsäure oder Ammoniak, ein feinst verteilter kolloidaler Graphit gewinnen, der in wässeriger Schwebe als „Aquadag" (aqua, lat. = Wasser, dag = deflocculated Acheson Graphit), in öliger Trübe als „Oildag" und in Fetten verteilt als „Gredag" (grease, engl. = Fett) bezeichnet wird. Durch Natronlauge wird der Graphit ebenso peptisiert wie der Ton, ist also wie dieser gießfähig.

British Clayworker[2]) berichtet, daß die besten Ergebnisse bei einer Tiegelmasse mit einem Zusatz von 3,5 vH NaOH erzielt wurden, der Graphit sich aber bei einem höheren Zusatz absetzt.

Die Festigkeit gegossener Ton-Graphit-Massen scheint von der Art der Aufbereitung und von der Kornform abhängig zu sein. Nach „British Clayworker" (a. a. O.) zeigen Tiegelmassen dann höhere Festigkeit, wenn der Graphit vor der Vermengung mit Ton unter Zusatz von Natronlauge vermahlen wurde; ferner wurde festgestellt, daß dünnflockiger Graphit (Alabama) für die Festigkeit der Masse günstiger ist als scharfkörniger Graphit (Ceylon) oder Graphit mit dicken, runden Körnern, daß dagegen die Massen mit Ceylongraphit leichter als die mit Alabamagraphit gießbar sind.

Über die physikalischen Eigenschaften der Graphite und deren Ersatzstoffe in keramischen Massen gibt Tabelle 33 Aufschluß.

Die Dichte des Graphites hängt naturgemäß von seinem Reinheitsgrade ab. Die weichste Sorte des Kunstgraphites ist jene, die aus Petrolkoke erzeugt wurde; diese weicht auch im Glanze von den übrigen Kunstgraphiten ab; sie glänzt etwas heller. Ein Kennzeichen der Güte des Graphites ist das fettige Anfühlen.

---

[1]) Kohlschütter, V.: Z. angew. Chem. 39, 1926, S. 345.

[2]) Brit. Clayworker, 1927, Nr. 422, S. 74; Tonind.-Z. 51, 1927, S. 1092.

Tabelle 33. Physikalische Eigenschaften

Bezeichnung	s	H	t	λ×360	c	β×10^6	W in Ω/cm³	κ in rezipr. Ω/cm³
Graphit	1,9—2,3 i. M. 2,21 r: 1,59[1] 2,09—3[2]	0,5—1	0 7 20 50 100 —78 bis + 18 —190 bis + 17°	4,2[2] 38,0[1] ∞4,3[4]	0,20[1] 0,1341[2] 0,1614[5]	24,4[2]	0,00085[3]	705[2]
Ceylongraphit	2,25—2,26 gereinigt		0 10,8 17 21		0,1604[2]	4—8[4]		790—3850[2] 300[2]
Graphit vom Berge Batugol			40 50			7,86[2] 7,96[2]		
Sibirischer Graphit			0 15 40			3,8[2]		871[2] 820[2]
Kunstgraphit	2,25		—186 20 100		0,027[2]	⊥c: 11,5[1] ⊥c: 13,7[1]		
Koke	1,75		0—100	0,16 (Pulver)	0,20			
Retortengraphit			0 0	3,71[2]		5,5[2]		145[2] 204[2]
Anthrazit	1,4—1,7							
Steinkohle	1,2—1,5 2,0 Hartkohle[1] r: 1,56 Hartkohle[1] Braunkohle: 1,2	2—2,5	0—12 40 50 20—100	0,11[2] 0,16[2]	0,312[2]	5,4 Gaskohle[2] 28,11[2]		
Holzkohle, gereinigt	1,4—1,9 scheinbar: 0,3—0,5		0—99 15	0,045[7] lose	0,1935[2] 0,2040[5]			
Kohlenstoffsteine	1,2—1,4[6] 3,0[1]		20 24—68	0,60[1]	0,204[3]		0,0046[3]	
Torfmull	r: 0,191[7]		20	0,041[7]				

[1]) Singer, F.: Keramik, Braunschweig: F. Vieweg u. Sohn. 1923.
[2]) L. B. Tab. [3]) Hougens Tab., a. a. O.
[4]) Dammer, O.—Peters, F.: Chemische Technologie der Neuzeit, 2., erweiterte Aufl., S. 255. Stuttgart: F. Enke. 1926.
[5]) Ullmann, F.: Enzyklopädie der Technischen Chemie, Bd. VII, S. 50. Berlin-Wien: Urban und Schwarzenberg. 1919.
[6]) Hecht, H.: Lehrbuch der Keramik. Berlin-Wien: Urban und Schwarzenberg. 1923.
[7]) Walther, C.: Handbuch der sparsamen Wärmewirtschaft, laufende Ausgabe. Stuttgart: Technische Verlagsgesellschaft. 1926/27.

Als Auswirkung der Blättchenstruktur besitzt der Graphit einen gewissen Grad von lamellarer Bildsamkeit, die Bigot[1]) als eine rein mechanische Erscheinung erklärt, die durch das Aneinanderhaften der Blättchen bedingt ist.

Die Wärmeleitfähigkeit des Graphites um 0° C ist etwa 80mal so groß als diejenige der Diatomeenerde und etwa 3mal größer als die der Schamotte. Sie verringert sich mit steigendem Gehalt an Verunreinigungen und bei steigenden Mengen von Bindemitteln. Im Gegensatz zu amorpher Kohle ist Graphit als guter Leiter der Wärme anzusprechen.

Bei reinem Ceylongraphit beträgt die elektrische Leitfähigkeit (Silber bei 0° C = 100 gesetzt) bei 22° C 0,0693. Auch sie hängt sehr wesentlich vom Reinheitsgrade ab und fällt mit der Zunahme an Verunreinigungen. Nach A. Matthiessen[2]) ist die Leitfähigkeit des gereinigten Graphites 18mal so groß als die des Rohgraphites.

Die Verunreinigungen des Graphites sind mit Rücksicht auf seine Verwendung zu Zwecken, die ganz besondere Eigenschaften vom Werkstoff erheischen, von nicht zu unterschätzender Bedeutung. Sie bestehen zumeist aus Kieselsäure (Quarzsand), verschiedenen Silikaten wie Feldspat, Glimmer, Ton, ferner Eisenverbindungen (Oxyde, Ocker, Pyrit, Markasit) und Erdalkalikarbonaten; selten sind Chrom- und Kupferoxyd, Grauspießglanz, Phosphate und Titansäure (Rutil) beigemengt. Der organische Bestandteil des Graphites ist nach E. Donath stick- und wasserstoffhaltiger Kohlenstoff; Elektrographit besteht dagegen aus dem reinen Element. Der in Rohgraphiten als Flinz auftretende Kohlenstoff macht gewöhnlich nur einige Hundertteile aus. Der Aschengehalt der Graphiterze schwankt in weitesten Grenzen, von wenigen zehntel Prozenten (beim kristallisierten) bis über 80 vH, und zwar nicht allein von verschiedenen Fundorten, sondern auch innerhalb eines einzigen Vorkommens; er ist bei den großflinzigen Sorten am kleinsten. Der durchschnittliche Aschengehalt der Raffinade beträgt etwa 10 vH; diese Zahl stellt den Höchstwert des Aschengehaltes von Kunstgraphit dar. Bei Verwendung von Petrolkoke und Holzkohle als Rohstoffe kann der Aschengehalt bis auf etwa 2 vH, bei langer Erhitzung selbst auf 0,1 vH sinken. Ein besonderer Vorzug des Kunstgraphites ist die gänzliche Abwesenheit von Schwefel.

Der Aschengehalt der Kohlen ist von ihrer Art abhängig; bei Anthraziten ist er im allgemeinen gering, nach H. v. Jüptner[3]) bei amerikanischen 4—5,9 vH, bei steirischen Anthraziten (Turacheralpe, Werchzirmalpe) 4,82 bzw. 16,03 vH. Bei allen anderen Kohlen schwankt er in weitesten Grenzen: Steinkohle 2—20 vH, Braunkohle und Torf 1—

[1]) Bigot: La Céramique, Paris 1923, Nr. 424; Ref. Ker. Rundsch. 31, 1923, S. 391.

[2]) Matthiessen, A.: Pogg. Ann. 103, 1858, S. 428; Doelter, C.: Handbuch der Mineralchemie, Bd. I, S. 71. Dresden-Leipzig: Th. Steinkopff. 1912.

[3]) Jüptner, H. v.: Lehrb. d. chem. Technol. d. Energien, Bd. I, S. 213. Leipzig und Wien: F. Deuticke. 1905.

50 vH, Hölzer (wasserfrei) ∾ 1 vH. Die Aschenmenge der Verkokungsprodukte ist von der Beschaffenheit der Ausgangsstoffe und der Höhe der Verkokungstemperatur abhängig; sie beträgt bei Koke etwa 5—10 vH, bei Holzkohle nur 2—5 vH.

Die organische Komponente der Kohlen besteht aus Kohlen-, Wasser-, Sauer- und Stickstoff; die Menge des flüchtigen Anteiles hängt vom Alter der Kohle ab, ist beim Anthrazit am kleinsten, bei der Braunkohle am größten.

Die prozentische Zusammensetzung verschiedener Graphite zeigt Tabelle 34.

Tabelle 34. Graphitanalysenbeispiele

Herkunft	C	SiO_2	Al_2O_3	Fe_2O_3	CaO	MgO	K_2O	Na_2O	S	P_2O_5	H_2O	Asche
Ceylon[1])	50,09	23,97		10,11	0,78	1,53	1,34	1,49			12,28	33[3])
Madagaskar[1])	70,69											24,13
Amerika[1])	34,99 94,4										0,6	51,45 5,0
Sibirien[1])	33,2 98,94	43,2	15,42	3,05	1,06						4,03 0,42	59[3])
Bayern (Passau)	81,08[2])											11,62[4])
Passauer Fördergraphit	42,67[3])											53,98[5])
Ranzig bei Passau[1])	42,0	26,4	25,1	6,5								54[1])
Tschechoslowakei[1])	69,0 43,0	14,2 49,2	6,9 7,0	4,0 0,8	0,8	0,5	0,0		0,6		9,0	44–54[1])
Steiermark[1]) (Kaisersberg)	77,95	13,04	6,12	0,44	0,08	0,07	0,43	0,15	Spuren	0,01	1,95	
Acheson-Graphit[1]) Nr. 1340	99—99,8											
Asche von Passauer Graphit[2])		53,7	35,6	6,8	1,7		2,2					

[1]) Doelter, C.: Handbuch für Mineralchemie, Bd. I, S. 65—67. Dresden-Leipzig: Th. Steinkopff. 1912.

[2]) Donath, F. Singer: Keramik, Braunschweig: F. Vieweg und Sohn. 1923.

[3]) Durchschnittlicher Aschengehalt nach Kretschmer, F.: Österr. Z. Berg- und Hüttenw. 1902, S. 478.

[4]) Nach Donath (7,30 vH flüchtige Bestandteile) } zit. n. Singer, F.: Keramik, Braunschweig: F. Vieweg und Sohn. 1923.

[5]) Nach Kretschmer (3,49 vH flüchtige Bestandteile) } zit. n. Singer, F.: Keramik, Braunschweig: F. Vieweg und Sohn. 1923.

Nach F. Kretschmer (a. a. O.) bestehen die Graphitaschen der wichtigsten Sorten der Hauptsache nach aus Kieselsäure (45—70 vH), Tonerde (13—42 vH) und Eisenoxyd (4,6—33,6 vH).

Aschenanalysen von Kohlen (siehe S. 485).

Graphit ist in Wasser, Säuren und Laugen praktisch unlöslich; von stark oxydierenden Flüssigkeiten bzw. Lösungen, z. B. Salpetersäure und Kaliumchlorat ($KClO_3$), wird er in der Hitze zu Graphitsäure oxydiert. Im allgemeinen hängt die Angreifbarkeit vom Feinbau ab; makrokristalline Sorten sind gegenüber flüssigen Oxydantien sehr beständig, die kryptokristallinen Graphite dagegen weitaus weniger widerstandsfähig.

Brennverhalten

Die Änderungen der morphologischen Eigenschaften der amorphen Kohlen in der Hitze wurden bereits bei der Erzeugung des Elektrographites erörtert. Graphit selbst zeigt keine keramisch in Betracht kommende Polymorphie bei höherer Temperatur. Mit diesem Mangel an Umwandlungen ist ein hoher Grad von Raumbeständigkeit verknüpft. Da aber auch der amorphe Kohlenstoff erst bei außerordentlich hoher Temperatur graphitiert wird — womit eine Vergrößerung der Dichte und Verringerung des Raumes verbunden ist —, kann auch dieser innerhalb des für die Verwendung von Schmelztiegeln und Kohlenstoffsteinen in Betracht kommenden Temperaturbereiches auf Grund seiner geringen Raumänderungen bei Temperaturwechsel unterhalb 2000° C als raumbeständig gelten.

Die Änderungen der thermischen und elektrischen Eigenschaften gehen aus Tabelle 35 hervor.

Tabelle 35. Thermische und elektrische Eigenschaften in höheren Temperaturen

Bezeichnung	t	$\lambda \times 360$	c	$\beta \times 10^6$	W in Ω cm³	$\varkappa$ in rezipr. Ω cm³
Ceylongraphit (0,38 v H Asche)	105					400 1)
	138,5		0,2542 1)			
	181					444 1)
	977		0,4670 1)			
Graphit	0—2000		0,475 1)			
Graphit in Bindung 2)	390	121,3			$0{,}0_3 84$	
	546	117,4			$0{,}0_3 82$	
	720	105,1			$0{,}0_3 80$	
	1400	99,7	0,254 (1380°)		$0{,}0_3 79$	
	2000	91,4			$0{,}0_3 79$	
Amorpher Kohlenstoff in Bindung 2)	360	32,4			0,0042	
	750	44,6			0,0038	
	942	46,8				
	1400	49,3			0,0037	
	2000	52,2			0,0036	
	1297		0,381 1)			
Holzkohle	0—224		0,2385 1)			
Gaskohle	20—1040		0,3145 2)			
Kohlenstoffsteine 3)	150	0,71				
	550	1,05				
	950	1,36				
	17—200		0,312			
Künstlicher Graphit $\perp$c 3)	250	26,7				
	400	54,0				
	550	98,0				

1) L. B. Tab. 2) Hougens Tab., a. a. O.
3) Singer, F.: Keramik, S. 449. Braunschweig: F. Vieweg und Sohn. 1923.

Im Wärmeleitungsvermögen zeigt der Kohlenstoff ein ähnliches Verhalten wie die Kieselsäure. Beim kristallisierten Kohlenstoff (Graphit) nimmt die Wärmeleitfähigkeit mit wachsender Temperatur ab, bei den amorphen Formen und beim Kunstgraphit dagegen zu. Die spezifische Wärme ändert sich bei Temperatursteigerung in normaler Weise. Zufolge des großen Wärmeleitvermögens ist der Graphit außerordentlich widerstandsfähig gegen Temperaturwechsel.

Der elektrische Widerstand nimmt sowohl beim Graphit als auch beim amorphen Kohlenstoff mit steigender Temperatur nur allmählich ab; beim Graphit in Bindung ist er zwischen 1400 und 2000° C konstant.

In bezug auf das Erweichungsverhalten ist Kohlenstoff allen übrigen feuerfesten Stoffen überlegen. Beide Erscheinungsformen des Kohlenstoffes sind bis über höchstes Porzellanscharffeuer formbeständig. Erweichungserscheinungen treten selbst unter beträchtlicher Belastung beim Graphit erst bei etwa 2000° C, beim amorphen Kohlenstoff bei etwa 1900° C auf. Kohlenstoffsteine sind daher unter allen feuerfesten Ofenbaustoffen am standfestesten und erweichen nach Endell[1]) erst bei sehr hoher Temperatur; bis 1700° C konnte keine Erweichung beobachtet werden.

Reiner Kohlenstoff ist bei hohen Temperaturen unschmelzbar. Der Schmelzpunkt des Graphites wird mit 3800° C angegeben. Amorpher Kohlenstoff gleicht an Schwerschmelzbarkeit dem Graphit. Kohlenstoffsteine schmelzen nach „Singer"[2]) höher als bei 2000° C. Die Schmelzbarkeit der Graphite hängt von der Aschenmenge und der chemischen Beschaffenheit der Asche, insbesondere von dem Mengenverhältnis der Tonerde zu Kieselsäure und Kalk ab. Sehr schädlich ist ein Gehalt an sulfidischen Eisenverbindungen (Pyrit oder Markasit). An Graphittiegeln, die aus pyrithaltigem Graphit hergestellt sind, beobachtet man, wenn sie höheren Temperaturen ausgesetzt waren, an der Oberfläche Hohlräume, die durch das Ausschmelzen der Pyritkörnchen entstanden sind. Von ihnen aus erfolgt der weitere chemische Angriff auf den Tiegelscherben, der dadurch frühzeitig zerstört wird.

Graphit ist unter allen keramisch verwendeten organischen Stoffen der Luft gegenüber bis zu den höchsten Hitzegraden am beständigsten. Merkliche Unterschiede in bezug auf die Verbrennlichkeit ergeben sich wie beim Angriffe flüssiger Oxydationsmittel durch den Feinbau; besonders schwierig sind großflinzige Arten zu verbrennen, nämlich erst unter einer langdauernden Einwirkung einer sehr hohen Temperatur; ein merklicher Angriff des Luftsauerstoffes setzt erst oberhalb der Feuerfestigkeitsgrenze ein. In reinem Sauerstoff liegt die Entflammungstemperatur nach „Ullmann"[3]) bei 690° C. Im Tiegelscherben verbrennt er bei sehr hoher Temperatur unter langwährender Einwirkung oxydierender Gase nur in geringem Maße an der Oberfläche.

Die Widerstandsfähigkeit des amorphen Kohlenstoffes gegen Oxydation durch Luft bei hohen Temperaturen ist bei weitem nicht so groß wie die des kristallinen Graphites. In Tontiegeln setzt schon

[1]) Endell: St. u. E. 6 1. 1921, Heft 1, S. 6—9.

[2]) Singer, F.: Keramik, Braunschweig: F. Vieweg und Sohn. 1923.

[3]) Ullmann, F.: Enzyklopädie der Technischen Chemie, Bd. VII, S. 50. Berlin-Wien: Urban und Schwarzenberg. 1919.

vor beginnender Rotglut die Verbrennung in mäßigem Umfange ein und ist bei der Temperhitze fast vollendet. Am schwersten verbrennen unter den amorphen Kohlenstofformen Koke und Anthrazit, leichter dagegen die Holzkohle, Stein- und Braunkohlen (vgl. S. 17).

Gegen die verschiedenartigsten chemischen Angriffsstoffe sind beide Kohlenstofformen im allgemeinen auch bei höheren Temperaturen gut widerstandsfähig, kristalliner Graphit beständiger als amorpher Kohlenstoff. Auf der gänzlichen Indifferenz des Kohlenstoffes gegenüber flüssigem, überhitztem Eisen — die Gestelltemperatur liegt nach neueren Messungen über 1700° C — beruht die Verwendung der Kohlenstoffsteine zum Aufbau des Gestelles[1]) des Hochofens, wobei das flüssige Metall selbst den Luftabschluß bewerkstelligt.

Ebenso verhält er sich gegenüber vielen anderen oxydfreien Metallschmelzen. Die zum Gießen von Metallegierungen verwendeten Tiegel unterliegen bei viel tieferer Temperatur einer baldigen Zerstörung, wenn die Metallschmelze reicher an Antimon ist. Je nach Güte halten die Tiegel unter diesen Verhältnissen 8—40 Schmelzungen aus[2]). Der Hauptunterschied in der Angreifbarkeit der einzelnen Kohlenstoffformen liegt im Verhalten gegenüber sauerstofffreien geschmolzenen Verbindungen, z. B. Fluorit; diese wirken auf amorphen Kohlenstoff oxydierend ein, während der kristalline Graphit chemisch unverändert bleibt. In gleicher Weise wirken sauerstoffhaltige saure und basische Stoffe auf den amorphen Kohlenstoff bei hohen Temperaturen ein. Gegenüber Schlackenangriffen ist Kohlenstoff in Bindung sehr widerstandsfähig.

In Berührung mit flüssigen oder erweichenden Metallen erfährt zwar nicht der Kohlenstoff, dagegen wohl manches Metall eine chemische Veränderung, indem es Kohlenstoff aufnimmt und zum Teil in Karbid übergeht, wodurch die Eigenschaften des Metalles wesentlich verändert werden. Solche Metalle sind z. B. Eisen, Mangan, Nickel, Chrom, Wolfram, Platin und andere.

Vorkommen

Die reichsten Vorkommen von Graphit birgt der südwestliche Teil der Insel Ceylon. Ceylongraphit besitzt ein großblätteriges Gefüge; seine häufigsten Begleiter sind Quarz, Rutil und Schwefelkies; gereinigt enthält er in der reinsten Sorte nur etwa ½ vH Asche, bessere Sorten bis etwa 3 vH, gewöhnliche Marken 20—50 vH. Die auf Madagaskar in vielen Provinzen der Hochebene und Küste verbreiteten Graphite sind frei von Sulfiden und Kalkstein, enthalten dagegen zuweilen größere Mengen Quarz und Glimmer. Die meisten Lagerstätten liefern schuppigen Graphit, der in seinen besten Arten

---

[1]) Das Gestell ist jener Teil des Hochofens, in dem sich das geschmolzene Roheisen sammelt.

[2]) Nach freundlichen Mitteilungen des Herrn Ing. J. Karafiat der „Österreichischen Metallhüttenwerke A. G.“ in Schwechat bei Wien.

eine Flinzgröße von mehreren Quadratmillimetern erreicht. Im gereinigten Zustand ist Madagaskargraphit arm an Eisen- und Kieselsäureverbindungen.

In den Vereinigten Staaten liegen die größten Graphitbergbaue in Alabama. Der Graphit der U S A-Staaten ist teils kristallin, teils „amorph"; Alabama fördert hauptsächlich kristalline Graphite; bekannt ist auch der Ticonderoga-Flockengraphit des Staates New York. Kanada verfügt über Graphitlager in Quebec und Ontario; kanadischer Graphit ist ebenso wie der New Jersey-Graphit der Vereinigten Staaten großblätterig und sehr rein, daher besonders für Schmelztiegel geeignet. Auch in Mexiko wird Graphit gewonnen.

Die amerikanischen Graphite sind nach H. P. H. Brunell[1]) durch folgende Kohlenstoffgehalte gekennzeichnet:

Anglo-Canadian-Graphite Syndicate	94,7 vH
North American Graphite Co	96,3 „ „
Buckingham Graphite Co (Quebec)	98,1 „ „
Alabama	87,0 „ „
New York	89,0 „ „

Sibirien liefert ziemlich reine, dichte Graphite aus den Sidoroffschen Gruben in der Statthalterschaft Jenisseisk, früher feinkörnige Graphite organischer Herkunft vom Berge Batugol westlich von Irkutsk (Alibertgraphite). Neuerdings wurden bedeutende Vorkommen im Flußgebiet der Kurejka, in der Nähe der Mündung, in den Unterlauf des Jenissei, und der Unteren Tunguska erschlossen[2]). Die Zusammensetzung des Kurejkagraphites wird mit 89,5 vH Kohlenstoff und 9,9 vH Asche angegeben.

Deutschland besitzt Graphitlager östlich von Passau in den Ausläufern des Böhmer Waldes, im Fichtelgebirge bei Wunsiedel, in der Rheinpfalz, in Schlesien, Thüringen (Friedrichsroda); bauwürdig sind jedoch nur die Vorkommen im Bayrischen Walde unweit Passau; die bedeutendsten Gruben liegen bei Untergriesbach (Bayrische Graphitbergbau-A. G.), Pfaffenreuth, Kropfmühle (Graphitwerke Kropfmühl A. G.), Obernzell, Ober Erlau (Passauer Graphitwerke), Germannsdorf und Rampersdorf; diese Vorkommen liefern Flockengraphite oder feinschuppigen Flinz, zum Teil sind die Graphite auch großblätterig oder erdig. Zu den bisher bekannten Graphitlagerstätten im Südwesten des Bayrischen Waldes traten in jüngster Zeit ergiebige Funde am Ostausgange in der sogenannten „Böhmischen Markgrafschaft" bei Grossees unweit Waldsassen[3]). Die Verunreinigungen des Gesteines sind Feldspate, Kiese, Eisenverbindungen und eisenschüssige Tone. In Schlesien wurde im Jahre 1920 ein einziges Bergwerk, die „Glück-

[1]) Brunell, H. P. H.: Min., Carr., Gr. Entrepr., Nr. 5, März 1923; Ref. Tonind.-Z. 47, 1923, S. 357.

[2]) Tonind.-Z. 44, 1920, S. 764; 45, 1921, S. 913; 49, 1925, S. 806

[3]) Tonind.-Z. 48, 1924, S. 220.

auf-Grube" in Sakrau (Kreis Münsterberg), betrieben[1]). Bayrische Graphite weisen folgenden Kohlenstoff- bzw. Aschengehalt auf:

Wunsiedel[2]): 99,77 vH C, 0,33 vH Asche; Bayrisches Graphitwerk Pfaffenreuth[2]): 34 vH C, 42 vH Asche; Flinz von der Kropfmühle: 32,5 vH C, 63 vH Asche; erdiger Graphit von der Kropfmühle[3]): 54 vH C, 42 vH Asche.

Graphit zählt zu den wenigen Mineralrohstoffen, die dem österreichischen Freistaate in reichlicher Menge von der Natur beschieden sind. Nach O. Sauer[4]) könnte bei genügender Pflege des Graphitbergbaues nicht nur der eigene, sondern auch der Bedarf Deutschlands durch die heimische Erzeugung gedeckt werden. Sauer (a. a. O.) unterscheidet in Österreich zwei Gruppen von Graphitvorkommen: die an Gneis und kristalline Schiefer gebundenen Vorkommen in Niederösterreich und die Graphitflöze (organische Herkunft) Steiermarks; in Niederösterreich liegen die Vorkommen hauptsächlich in dem an die Donau grenzenden Teile der Viertel Ober Mannhartsberg und Ober Wienerwald, z. B. bei Mühldorf unweit Spitz a. d. Donau (Mühldorfer Graphit-Gewerkschaft), Fürholz bei Persenbeug (Vereinigte Österreichische Graphit- und Porphyritwerke A. G., Wien), Hengstberg bei Prinzersdorf a. d. Westbahn, Röhrenbach bei Horn (Graphitwerke Horn A. G., Horn, Graphit-Bergbau-Gewerkschaft G. m. b. H., Horn), Loosdorf bei Melk, Zaptau, Ranna, Raabs und an anderen Orten, in Steiermark im Gebiete der Niederen Tauern bei den Orten Rottenmann, Trieben, Hohentauern, Wald, Mautern, Bruck, im Hochschwabgebiet bei Aflenz (Palbersdorf, Aflenzer Graphit- und Talksteingewerkschaft), Veitsch, ferner bei Kaisersberg und anderen Orten. Die niederösterreichischen Graphite ähneln dem Graphit des Böhmerwaldes; unter den steirischen Graphiten wird besonders der Graphit von Rottenmann wegen seines geringen Aschengehaltes für die Tiegelerzeugung empfohlen. Im allgemeinen zählen die österreichischen Graphite teils zu den amorphen, teils zu den kristallinen Graphiten und sind verhältnismäßig unrein. Die besten Sorten enthalten nach „Doelter" 86—88 vH C, gewöhnliche Arten 40—70 vH C; Graphit von Zaptau 90,6 vH, von Ranna 58,7 vH, derselbe roh 26,3, von Raabs 38,3, von Kaisersberg 78 vH Kohlenstoff.

Unter den Graphiten, die im Gneis als Gemengteil und in flözartigen Lagern und Stöcken im böhmisch-mährischen Gebirge zumeist dicht auftreten, sind die bekanntesten Vorkommen die bei Mugrau unweit Krumau und Schwarzbach im Böhmerwaldgebiet, ferner die bei Müglitz, Hafnerluden, Trebitsch und Mährisch Altstadt.

---

[1]) Behr, J.: Gieß-Z. 1920, Heft 1—5; Ref. Poetschel, E.: Tonind.-Z. 44, 1920, S. 1227.

[2]) Doelter, C.: Handbuch der Mineralchemie, Bd. I, S. 67. Dresden-Leipzig: Th. Steinkopff. 1912.

[3]) Tonind.-Z. 47, 1923, S. 636.

[4]) Sauer, O.: Handelsmuseum, Bd. 36, Nr. 6.

Graphit wird außerdem in folgenden Ländern gefunden: Italien (Ligurien, Piemont), Frankreich (Dep. Ariège, Hautes-Alpes, Rhône). Schweiz (Kanton Wallis), Spanien (Malaga), Portugal, Schweden (Angermanland), Norwegen, Finnland, Grönland, China, Japan, auf Korea, Australien (Neusüdwales), Neuseeland, in der Südafrikanischen Union (Natal) und in Südwestindien.

In bezug auf die Weltproduktion steht Ceylon (Ausfuhrhafen Colombo) mit etwa 80 vH an erster Stelle[1]). In den Vereinigten Staaten nimmt Alabama mit 39 Tagbaubetrieben und 50 vH der U S A-Erzeugung den ersten Platz ein[2]). Der Anteil des kristallinen Graphites an der Gesamtförderung der Vereinigten Staaten schwankt; 1923 betrug er 32, 1924 nur 18 vH.

Die deutsche Graphitförderung stieg nach E. H. Schultz[3]) von 4000 t (1907) auf 36 000 t (1918); in demselben Zeitraum ging die österreichische Erzeugung von 50 000 t (Altösterreich) auf 32 000 t, in Ceylon von 35 000 t auf 22 000 t zurück; in Deutschland standen 1891 erst 18 Graphitgruben, 1918 dagegen 45 Gruben im Betrieb. In Österreich fiel die Zahl der Graphitbergbaue und Aufbereitungswerke von 12 (1921) auf 9 (1926).

Über Einzelheiten der Graphiterzeugung Österreichs gibt Tabelle 36 Aufschluß.

Tabelle 36[1]). Produktions-Statistik

Jahr	Förderung und Erzeugung			Ausfuhr		
	Roh-grapit in q	Raffinade in q	Abfall-graphit in q	Roh-graphit in q	Raffinade in q	Abfall in q
1911	68 913					
1919	41 323	5459	16 457	26 317	716	4741
1920	57 716			27 781	15 555	99
1924	95 228	32 763	20 841			
1925	130 785					
1926	147 556	73 291	24 887			

[1]) Zusammengestellt nach Mitt. öst. Bergb., 6, 1925; 7, 1926; 8, 1927; Z. öst. Ing. und Arch. Ver., Heft 47/48, 1925; Heft 45/46, 1926; Heft 41/42, 1927.

Die Ausfuhr ging hauptsächlich nach Deutschland, Ungarn, in die Tschechoslowakei und nach Südslawien; in diesem Lande wurden in jüngster Zeit ergiebige Lager festgestellt.

Erwähnt sei noch, daß die früher sehr wertvollen Gruben von Borrowdale in Cumberland (England) keine technische Bedeutung mehr besitzen.

[1]) Ker. Rundsch. 32, 1924, S. 161.
[2]) Tonind.-Z. 45, 1921, S. 84 u. 669.
[3]) Schultz, E. H.: Chem. Z. 1923, Nr. 95, S. 685.

Verwendung

Die Verwendung des Graphites in der Keramik bzw. in der „feuerfesten“ Industrie fußt auf seiner geringen Verbrennlichkeit, seiner Unschmelzbarkeit und großen chemischen Widerstandsfähigkeit. Er dient in erster Linie bei der Erzeugung von Schmelztiegeln für Metalle (Tiegelstahl, Kupfer, Aluminium, Antimon, Messing, verschiedene Legierungen) als feuerfestes Magerungsmittel, das neben den gewöhnlichen, in bezug auf Bildsamkeit und Dichte der Masse etwas abweichenden Wirkungen der Kristallite auf tonige Massen noch besondere Vorzüge besitzt. Außer zu Tiegeln wird er bei der Herstellung anderer feuerfester Hohlwaren (Muffeln, Gußformen, Schmelzformen für Edelmetalle und anderes), im Gemenge mit Alundum und feuerfestem Ton (D. R. P. 213 612) als elektrische Widerstandsmasse, mit Kokemehl gemischt zur Herstellung der Ofensohle von Tiegelöfen verwendet.

In Amerika wurden vor dem Weltkriege alle Graphittiegel aus Ceylongraphit erzeugt; heute sind neben diesem auch die Graphite von Madagaskar, Kanada, Texas, Alabama, New York und Montana für die Tiegelerzeugung sehr geschätzt[1]).

Die stärksten Verbraucher sind die Vereinigten Staaten von Nordamerika und Deutschland. Die Masse der Tiegel besteht aus einem Gemenge von bildsamem, früh dichtbrennendem, feuerfestem Ton und Graphit, dem nötigenfalls Schamotte, gemahlene Scherben von Graphittiegeln oder gemahlener Quarz zugesetzt werden.

Die Menge des Graphites in Tiegelmassen schwankt zwischen 15 und 50 vH. Tabelle 37 gibt eine Übersicht über die Zusammensetzung verschiedener Tiegelmassen.

Die Erzeugung von Graphittiegeln erfolgt etwa im Sinne nachstehenden Arbeitsdiagrammes:

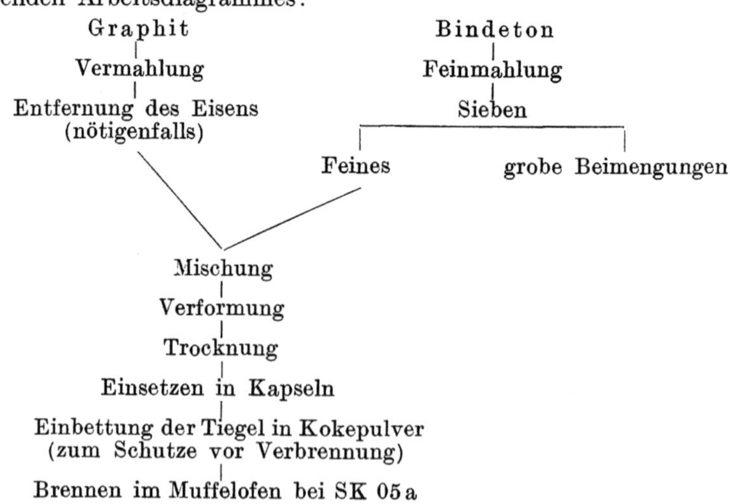

[1]) Tonind.-Z. 45, 1921, S. 837.

Tabelle 37. Zusammensetzung verschiedener Tiegelmassen

Bezeichnung	Ton		Graphit		Schamotte		Quarzsand		Kohlenstoffgehalt der Mischung in v H
	Gt	Rt	Gt	Rt	Gt	Rt	Gt	Rt	
Passauer Tiegel[1]		1		2—3 unreiner Passauer Graphit					
Duisburger Tiegel[1]		7,3		4,2		1,1 (körnig)			
Tiegelmasse I[2]	22 v H		48 v H		30 v H				20—26
Tiegelmasse II[2]	30 v H		41 v H + 6 v H Koke		23				26—30
Tiegelmasse III[2]	25 v H		50 v H		25 v H Tiegelmehl				40—45
Englische Tontiegelmasse[3]	36 v H weiße Porzellanerde + 44 v H Ton		4 v H Koke						
Steiermärkische Tiegelmasse[4]	45		50				5		25—45 v H (Tiegel)

[1]) Ker. Rundsch. 35, 1927, S. 265.
[2]) Ullmann, F.: Enzyklopädie der Technischen Chemie, Bd. IV, S. 463. Berlin-Wien: Urban und Schwarzenberg. 1916.
[3]) Singer, F.: Keramik, S. 622. Braunschweig: F. Vieweg und Sohn. 1923.
[4]) Hecht, H.: Lehrb. d. Keramik, S. 174. Berlin-Wien: Urban und Schwarzenberg. 1923.

Als teilweiser oder gänzlicher Ersatz des Graphites in Tiegelmassen, Schmelzformen, Retorten usw. wird Holzkohlen-, Kokepulver oder Kohlengrus verwendet.

Tontiegel für Metallschmelzprozesse enthalten gewöhnlich nur eine geringe Menge Kokemehl. Auch in den Anstrichmassen der Eisengießereien verwendet man an Stelle von Graphit Kokeklein.

Nach M. K. Hoffmann[1]) kann die Haltbarkeit der Kohletiegel, die für Schmelzprozesse bei Temperaturen von 2000° C verwendet werden, durch Tränken mit einer eineinhalb-v H igen Lösung von kolloidaler Kieselsäure verbessert werden.

Aus Koke oder Holzkohle verfertigt man mit Teer als Bindemittel die sogenannten Kohlenstoffsteine für das Gestell und die Rast[2]) der Hochöfen und anderer metallurgischer Schmelzöfen.

[1]) Hoffmann, M. K.: Z. Elektrochem. u. angew. phys. Chem. 33, 1927, S. 201; Ref. Sprs. 60, 1927, S. 899.

[2]) Die Rast ist der sich nach unten verjüngende, unmittelbar über dem Gestell befindliche Teil des Hochofens.

Zur Herstellung der Kohlenstoffsteine verwendet man harte, getrocknete, gemahlene und gesiebte Koke. Wegen ihrer leichteren Verbrennlichkeit müssen die Steine in geschlossenen Räumen, mit gemahlener Koke abgedeckt oder in Koke eingebettet, gebrannt werden.

Kohlenstoffsteine besitzen eine geringe mechanische Festigkeit; ihre Druckfestigkeit erreicht kaum die unterste Grenze derjenigen von Klinkern. Als Mörtel verwendet man ein Gemisch von Kokepulver und etwas Tonmehl.

Die kohlenstoffhaltigen Voll- und Hohlwaren werden bei ihrer Verwendung vor der Verbrennung entweder dadurch geschützt, daß an der Verwendungsstelle von selbst, z. B. durch schmelzende Metallmassen, ein Luftabschluß zustande kommt (Kohlenstoffsteine), oder dadurch, daß der Luftabschluß bei der Herstellung der Formmasse durch luftdichte Einbettung des Kohlenstoffes in das tonige Bindemittel absichtlich herbeigeführt wird (Graphittiegel).

In den übrigen Industriezweigen der Keramik findet Graphit nur selten Verwendung, z. B. bei der Erzeugung von Fußbodenplatten und Schwarzgeschirr. Dagegen dient er mancherlei anderen technischen Zwecken, z. B. als Maschinenschmiermittel (Flockengraphite, Aquadag, Oildag, Gredag), als säurefester Überzug auf Steinen, als rostsicherer Anstrich (Aquadag), zur Herstellung von Düsen für Bessemerkonverter, mit Ton gemengt als Stopfmasse für den Abstich beim Hochofen, als Ausstrichmasse für die Innenwand von Stahl- und Eisengußformen, zu Elektroden für Elektrohochöfen, Stahlöfen, Karbid- und Karborundumöfen, zu Dynamobürsten und Bleistiftmassen. Aus reinem Graphit oder dem Kunsterzeugnis stellt man auch Tiegel für die chemische Industrie und Laboratoriumsgeräte her. Der stärkste Verbraucher ist die elektrotechnische Industrie.

Schmelztiegel sind bei ihrem Gebrauche vor allem einer großen Hitze, oxydierend wirkenden Gasen und dem chemischen Angriff schmelzender Metallmassen, saurer oder basischer Schlacken ausgesetzt. Von dem Scherben wird daher entsprechende Feuerfestigkeit und geringe chemische Angreifbarkeit verlangt. Diesen Forderungen muß natürlich auch der graphitische Bestandteil des Scherbens genügen, das heißt der zu Schmelztiegelmassen verwendete Graphit muß möglichst ascharm (höchstens etwa 15 vH), jedenfalls frei von kohlensaurem Kalk und anderen Fremdstoffen, welche die Schwerschmelzbarkeit beeinträchtigen, absolut schwefelfrei (Pyrit), schwer verbrennlich, also kristallin und großflinzig sein. Nach R. Amberg[1]) sollte die Menge von Sulfiden (Eisenkies) höchstens 0,4 vH FeS_2 betragen. Vorzüglich eignen sich daher für diesen Zweck der aus Anthrazit gewonnene Achesongraphit, die gereinigten bzw. aufbereiteten Graphite von Ceylon, Madagaskar und Kanada. Auch die deutschen Graphite sind im gereinigten und veredelten Zustande mit den genannten Naturgraphiten wettbewerbsfähig. Ebenso eignen sich auch einige österreichische Graphite, z. B. der Graphit von Rottenmann in Steiermark, recht gut zur Schmelztiegelerzeugung.

[1]) Amberg, R. in Doelter, C.: Handbuch der Mineralchemie, Bd. I., S. 84. Dresden-Leipzig: Th. Steinkopff. 1912.

Wirkungen in tonigen Massen

Tonige Massen lassen sich trotz der im allgemeinen magernden Wirkung des Graphites zufolge seiner lamellaren Bildsamkeit mit verhältnismäßig großen Mengen Graphit versetzen, ohne daß ihre Verarbeitungsfähigkeit wesentlich verschlechtert wird. Die tonigen Graphitmassen sind auch ohne besondere Schwierigkeiten nach dem Weberschen Verfahren gießbar (vgl. S. 242). Das schuppige Gefüge des Graphites beeinflußt in hohem Grade die Dichte und dadurch die chemische Widerstandsfähigkeit der mit Graphit gemagerten Massen. Der große Dichtigkeitsgrad dieser Massen ist auch von metallurgischer Bedeutung; er verhindert, daß oxydierende Verbrennungsgase durch die Wandungen der Tiegel beim Tiegelgußstahlprozeß in das Innere der Tiegel gelangen und das Schmelzgut oxydieren. Dieser Umstand beeinflußt nicht nur den chemischen Prozeß, sondern auch die Feuerfestigkeit der Tiegel im günstigen Sinne, da durch die Verhinderung der Oxydbildung im Schmelzgut auch der chemische Angriff auf den Tiegelscherben, insbesondere auf dessen tonige Bestandteile, durch die sonst gebildeten Metalloxyde wegfällt.

Eine weitere Auswirkung des blätterigen Gefüges ist die durch das leichte Aufeinandergleiten der weichen Schüppchen bedingte Glätte der Tiegeloberfläche, welche die Menge des beim Ausgießen der Metallschmelze an den Tiegelwandungen haftenbleibenden Rückstandes auf ein Mindestmaß beschränkt. Die gute Wärmeleitfähigkeit, Raumbeständigkeit und Temperaturunempfindlichkeit des Graphites sind im Hinblick auf wärmewirtschaftliche Momente und auf die Dauerhaftigkeit der Tiegel von großem Werte. Das bedeutende Wärmeleitvermögen des Graphites wirkt sich in der schnellen Wärmeübertragung der von außen zugeführten Wärme auf das in den Tiegeln befindliche Schmelzgut aus, das daher rascher die Schmelztemperatur erreicht als in gewöhnlichen Schamottetiegeln.

Da Graphit auch bei hohen Temperaturen auf die Schamottesubstanz chemisch nicht einwirkt, erhöht er die Erweichungstemperatur und Feuerfestigkeit der Masse. Bei einem Schwefelgehalt des Tiegelmaterials besteht einerseits die bereits erwähnte Gefahr der allmählichen Zerstörung durch das Schmelzen des Eisensulfides, anderseits aber auch die Möglichkeit, daß sich der Schwefel in unerwünschter Weise an dem chemischen Prozesse beteiligt, z. B. daß die Stahlschmelze aus den Wandungen Schwefel aufnimmt, wodurch bekanntlich die Güte des Stahles recht erheblich vermindert wird (Rotbruch), oder daß beim Edelmetallschmelzen die Edelmetalle durch das Sulfid angegriffen werden.

Der Graphit der Schmelztiegel beteiligt sich unter gewissen Verhältnissen an den chemischen Wechselwirkungen des Tiegelstahlprozesses insoferne, als ein geringer Anteil des Kohlenstoffes bei entsprechendem Graphitgehalt des Tiegels sich im flüssigen Stahle auflösen und eine desoxydierende Wirkung ausüben kann. Nach „Ullmann“

steigt bei einem Kohlenstoffgehalt des Tiegelscherbens von 40—45 vH der Kohlenstoffgehalt des Schmelzgutes während des Prozesses um ∞ 0,2 vH, während bei weniger als 30 vH bzw. 20 vH Kohlenstoff in der Tiegelmasse der Kohlenstoff des Einsatzes gleich bleibt bzw. sich um 20 vH verringert.

Der Graphit der Tiegelmasse kann unter Umständen auch die Ursache einer Festigkeitsabnahme des Tiegels werden. Neben Graphit verwendet man zur Magerung von Tiegelmassen Quarzsand. Bei der Temperatur des Tiegelstahlprozesses vermag bereits der Kohlenstoff des Graphites mit der Kieselsäure amorphes Siliziumkarbid zu bilden, wodurch das Gefüge gelockert und die mechanische Festigkeit der Tiegel gefährdet wird.

Trotz der vorzüglichen Eigenschaften guter Graphite besitzen die Graphittiegel keine allzu lange Lebensdauer; sie halten nur eine geringe Anzahl von Schmelzen aus. Ihr Scherbenbruch wird neuen Tiegelmassen als Magerungsmittel zugesetzt. Aus wirtschaftlichen Gründen hat man auch der Rückgewinnung des Graphites aus unbrauchbar gewordenen Schmelztiegeln das Augenmerk zugewendet. Der Graphit kann daraus in reinem Zustande durch Vermahlung und Trennung der Bestandteile des Mehles durch Aufschwemmen in Wasser und Öl[1]) oder nach D. R. P. 263 653 durch mehrstündige Behandlung der Scherben mit Mineralsäuren und Vermahlung der durch Erhitzen auf Rotglut gelockerten Stücke zwischen Walzen, die möglichst mit gleicher Geschwindigkeit laufen, gewonnen werden.

Die Graphitersatzstoffe zeitigen im allgemeinen ähnliche Wirkungen in tonigen Massen wie der Graphit, vorausgesetzt, daß die Asche eine Zusammensetzung besitzt, welche die Schwerschmelzbarkeit nicht beeinträchtigt und die Verbrennung durch luftdichte Einbettung in den Ton verhindert wird. Sie erhöhen die Strengflüssigkeit der Masse, verleihen dem Scherben Temperaturwechselbeständigkeit, geringes spezifisches Gewicht, verringern aber, insbesondere bei reichlicherem Zusatz, durch Vermehrung des Porenraumes infolge leichterer Verbrennlichkeit die mechanische Festigkeit und geben bei Schmelztiegeln mehr Kohlenstoff an den metallischen Einsatz ab als Graphit. Bei hohem Aschengehalt und ungeeigneter Zusammensetzung der unorganischen Komponente wirken sie ungünstig auf die Feuerfestigkeit der Masse ein. Aus reiner Koke hergestellte Erzeugnisse sind ebenso feuerfest wie Graphiterzeugnisse und in sauerstoffarmer Atmosphäre auch unverbrennlich.

Die absichtliche Beimengung verbrennlicher Kohlenstoffmaterialien zu tonigen Massen bewirkt eine bedeutende Erhöhung der Porigkeit und wesentliche Verringerung des spezifischen Gewichtes. Als porositätsfördernde und gleichzeitig magernde Stoffe (Ausbrennstoffe) verwendet man bei der Erzeugung von porösen Ziegeln (Leichtsteinen), Deckensteinen, Wandplatten, feinporösen Hohlwaren

[1]) Techn. Rundsch. 1910, S. 53.

(Kühlgefäßen), Tonzellen und Filterkörpern: Kohlengrus, Koke- oder Kohlenstaub, Holzkohle, Braunkohle, Lösche oder Zinder. Dem gleichen Zwecke dienen noch andere leicht verbrennliche organische Stoffe, wie Torfmull, Torferde, Sägespäne, Sägemehl, Häcksel, Korkschrot, Korkmehl, Lohe, Teer und Sulfitzelluloseablauge von der Dichte ∞ 33/35° Bé.

Teer wird wegen seiner guten Mischfähigkeit mit dem Tone, dessen Bildsamkeit er wie die Sulfitlauge vergrößert, und wegen seiner leichten Verbrennlichkeit besonders empfohlen. Er dient übrigens auch als indifferentes Bindemittel für Kohlenstoff-, Magnesit-, Dolomit- und Chromitziegel, ferner zum Dämpfen von Tonwaren und Dichten von Ziegeln (Teeren). Teergebundene Steine müssen mindestens bis zur Verkokungstemperatur des Teeres gebrannt werden, damit der Teer seine Bindemittelwirkung äußern kann.

Sulfitzelluloseablauge wird auch als Bindemittel von Schamotte- und Dinasziegeln genannt.

II. Siliziumkarbid (Karborundum, CSi)

Siliziumkarbid oder Karbosilizid ist ein auf elektrothermischem Wege erzeugter Kunststoff, dessen natürliches Vorkommen nach H. Moissan nur ein einziges Mal, und zwar in den Mineraleinsprengungen des Meteoriten von Cañon Diablo beobachtet wurde.

Die bei der Graphitierung des amorphen Kohlenstoffes intermediär auftretende Reduktion der Kieselsäure durch Kohlenstoff ist die Hauptreaktion bei der Erzeugung des Karborundums. Das Wesen des Prozesses ist daher durch folgende Gleichungen gekennzeichnet:

$$SiO_2 + 2\,C = Si_{Dampf} + 2\,CO \quad (1)$$

$$Si_{Dampf} + C = CSi \quad (2)$$

$$\text{in Summa: } SiO_2 + 3\,C = CSi + 2\,CO. \quad (3)$$

Zur Erzielung einer möglichst vollständigen Umwandlung des Kohlenstoffes und zur Verhütung der Zersetzung des Karborundums müssen die Ausgangsstoffe annähernd in stöchiometrischem Verhältnis stehen und darf die zur Erzeugung nötige Hitze die Zersetzungstemperatur des Karborundums unter den obwaltenden Stoffverhältnissen nicht erreichen. Die Reaktion beginnt bei Verwendung reiner Rohstoffe im stöchiometrischen Verhältnis nach A. Lampen[1]) bei 1615° C. In geringem Umfange tritt eine Wechselwirkung zwischen Kohlenstoff und Kieselsäure schon bei erheblich niedrigerer Hitze, etwa um 1000° C, ein. Die Geschwindigkeit der Karbidbildung nimmt dann bei hohen Temperaturen erheblich zu.

Neben der Hauptreaktion (3) verlaufen noch mehrere durch die verschiedenen Temperatur- und Stoffverhältnisse (Beimengungen der Rohstoffe!) bedingte Nebenreaktionen, vor allem unter Bildung von

[1]) Lampen, A.: Journ. Am. Chem. Soc., 28, 1906, S. 851; Doelter, C.: Handbuch der Mineralchemie, Bd, I, S. 555. Dresden Leipzig: Th. Steinkopff. 1912.

Karbosiliziumoxyden, C_nSi_nO (oxydierte Siliziumkarbide), aus denen durch Reduktion ebenso wie aus dem primär gebildeten Siliziumdampf (1) durch die Einwirkung des Kohlenstoffes zunächst amorphes Karborundum entsteht, das sich zwischen 1900 und 2000° C bei genügend langer Hitzewirkung, ohne zu schmelzen, in die kristallisierte Form, deren Bildungstemperatur 1840° C beträgt, umwandelt. An denjenigen Stellen des elektrischen Ofens, wo die Temperatur wesentlich über 2000°, etwa auf über 2200° C steigt, tritt unter denselben Verhältnissen wie bei der Graphitierung die Zersetzung des Silizides in verdampfendes oder an den kälteren Teilen des Ofeninhaltes sich verdichtendes Silizium und in Graphit ein. Nur ein kleiner Teil des kohligen Rohstoffes verläßt den Ofen in nicht umgewandelter Form.

Rohstoffe der Karborundumerzeugung sind kohlenstoffreiche Koken oder Kohlen (beste Hüttenkoke mit ∾ 90 vH Kohlenstoff, Petrolkoke, Anthrazite) und eisenarme, hochprozentige Quarze (mindestens 97 vH SiO_2) in Form von scharfkantigen Quarzsanden oder Quarzmehl.

Als mechanisch wirkende Zuschläge verwendet man organische, leicht verkokende und dabei schwindende Stoffe, z. B. Sägemehl, als chemisches Reinigungsmittel Salinensalz oder vergälltes (denaturiertes) Kochsalz.

Der Zweck des Zuschlages von Sägemehl ist die Erhöhung der Porigkeit der Beschickung. Da sich das Kohlenoxyd zunächst am Kerne derselben bildet, muß die Charge, um diese Gasmenge ohne Betriebsstörungen gleichmäßig abführen zu können, genügende Porosität besitzen, die ihr durch das schon bei niederer Temperatur verkokende und dabei Hohlräume bildende Sägemehl erteilt wird.

Die Wirkung des Natriumchlorides beruht auf der Chlorierung einiger Verunreinigungen. Die Rohstoffe enthalten an Beimengungen hauptsächlich Eisenoxyd und Tonerde, Koke überdies neben Kalk-, Magnesia- und Alkalisalzen auch Schwefel-, Phosphor- und Chlorverbindungen, die sich in der großen Hitze und Reduktionsatmosphäre verflüchtigen. Bei größerem Eisengehalt, der die Zersetzung des Karborundums befördert, würde dieses durch Graphit und Eisen verunreinigt werden. Zur Verhütung der Graphitbildung und der Ablagerung des Eisens im Karbid bedient man sich der chlorierenden Wirkung des Kochsalzes und der Flüchtigkeit der wasserfreien bei der Chlorierung gebildeten Chloride des Eisens und Aluminiums. Natriumchlorid erleidet unter der Einwirkung der Kieselsäure bei mäßig hoher Temperatur eine Umsetzung im folgenden Sinne:

$$2\ NaCl + SiO_2 = Na_2SiO_3 + Cl_2.$$

Das entbundene Chlor führt die reduzierten Oxyde des Eisens und Aluminiums in Chloride über, die sich aus dem inneren aus kristallisiertem Karbid bestehenden Teile verflüchtigen und im amorphen Karbid (äußerer Teil) verdichten, wo sie unter Umständen wieder eine Umbildung zu Oxyden durch das aus der Reduktion des Silikates frei werdende Natrium erleiden können.

Die Aufbereitung der Rohstoffe besteht in der Vermahlung auf geeignete Körnungen (Koke feingemahlen, Quarz etwa Pfefferkorngröße) und deren Sortierung bzw. beim Stückenquarz auch in Maßnahmen, welche die Zerkleinerung erleichtern (Kalzinieren und Abschrecken).

Der Gleichung (3) gemäß sind für die Umsetzung bei einem Chargengewichte von 1 t an Kieselsäure 626 kg und an Kohlenstoff 374 kg nötig; praktisch verwendet man einen kleinen Überschuß an Reduktionsmittel, ferner an Zuschlägen 5—10 vH Sägemehl, 1—2 vH Salz; auch setzt man den nicht umgewandelten Rest der letzten Charge, weniger günstig auch das unreine amorphe Erzeugnis derselben, der neuen Beschickung zu.

Die gemischten Rohstoffe werden im Ofen um den sogenannten Kern gehäuft und elektrisch auf über 2000° C erhitzt. Nach dem Erkalten wird der Ofen abgebaut und die einzelnen Zonen, die aus verschiedenen Umwandlungsprodukten und unverbrauchter Mischung bestehen, streng voneinander geschieden.

Die bei dem Prozeß anfallenden Erzeugnisse sind:

1. Graphit, von der Zersetzung des Karbides herrührend;
2. kristallisiertes Karborundum, durch beigemengten Kohlenstoff geschwärzt (reinstes Karbid ist farblos, durchsichtig und stark lichtbrechend);
3. amorphes Karbid (von graugrüner Farbe).

Das kristallisierte Produkt wird auf Kollergängen vermahlen und nach Korngrößen, die den Zwecken der Schleifmittelindustrie angepaßt sind, gesichtet. Das für die wertvollsten Marken bestimmte Karborundum wird zwecks Entfernung der Verunreinigungen einem Waschprozeß mit verdünnter Schwefelsäure und Wasser, nötigenfalls auch einem Schlämmprozesse unterzogen. Aus den Absetzbottichen der Schlämmeinrichtung werden durch nochmaliges Schlämmen auch mehlartige Karborundumerzeugnisse erhalten.

Das kristallisierte Karborundum gelangt unter verschiedenen Bezeichnungen wie Karbora, Karbolon, Karborite, Karbosilit (Meyer u. Schmidt, Rheinfelden), Krystolon (Norton Company, Ontario), Siliziumkarbid (Karborund-Werke, Wien), Sika (norwegisches Karborundum) in den Handel.

Die wirtschaftliche Erzeugung von Karborundum, das kristallisiert zuerst (1891) von Acheson erhalten wurde, ist — wie überhaupt alle elektrothermischen Verfahren — an das Vorkommen von Wasserkräften gebunden. In Amerika werden hiefür die Niagarafälle, in der Schweiz die Wasserkräfte des Rheines ausgenützt; in Deutschland ist diese Industrie gleichfalls unter Verwendung der Rheinwasserkräfte im Aufstieg begriffen.

Morphologisch existiert das Karbid in zwei Formen. Das kristallisierte Karborundum bildet sechsseitige tafelförmige Kristalle, die bei der Körnung scharfe Spitzen und Kanten liefern, oder derbe, poröse Anhäufungen von spitzigen Nadeln. Die technisch als amorphes

Karbid angesprochene Masse ist ein Gemenge von kleinen Karborund-Kristallen und amorphem Karbosilizid, das infolge zu geringer oder zu kurz währender Hitze in der äußeren Zone nicht in die kristalline Phase übergehen konnte. Zur Vervollständigung dieser Umkristallisation wird es einer neuen Charge zugeschlagen.

Die physikalischen Eigenschaften des Karborundums sind in Tabelle 38 verzeichnet.

Tabelle 38. Physikalische Eigenschaften

s	H	t	$\lambda \times 360$	c	$\beta \times 10^6$	t	W in Ω/cm^3
3,10—3,5, i. M. 3,22[1]) Kristalle: 3,12 (Moissan)	9,5—9,75		0,18[2]) feinkörnig			20	in Bindung[4]): 107 (Refrax) 107 200 (Carbofrax B) 127 000 000 (Carbo-refrax C)
			0,184[2]) grobkörnig				
		0		0,140 körnig[3])			
		15—100			6,58[4])		
			9,9[5]) (Refrax) 8,8[5]) (Carbofrax)	0,162[5]) (Refrax) 0,180[5]) (Carbofrax)	4,7[6]) in Bindung		

[1]) Waeser: a. a. O.
[2]) Doelter, C.: Handbuch der Mineralchemie, Bd. I, S. 554. Dresden-Leipzig: Th. Steinkopff. 1912.
[3]) L. B. Tab. [4]) Hougens Tab., a. a. O.
[5]) Deutsche Karborundum-Werke in Reißholz; Vielhaber: a. a. O. (Refrax ist reines Karbid, Carbofrax enthält eine geringe Menge Ton.)
[6]) Singer, F.: Keramik, S. 471. Braunschweig: F. Vieweg und Sohn. 1923.

Die technisch wichtigste Eigenschaft des Karbides ist die außerordentliche Härte; es ritzt nicht nur Edelkorund, sondern zuweilen sogar auch manchen Diamanten. Trotz dieser Härte ist es zufolge seiner Sprödigkeit verhältnismäßig leicht zu zerkleinern.

Die Wärmeleitfähigkeit ist nach J. Stewart[1]) acht- bis zehnmal größer als diejenige von Schamotte- und Silikasteinen und überragt die fast aller übrigen feuerfesten Werkstoffe. Im Gegensatz zum Wärmeleitvermögen ist die Wärmekapazität und lineare Ausdehnung gering, diese sogar geringer als die von α-Tonerde.

Nach Untersuchungen von E. Friedrich und Lieselotte Sittig[2]) besitzt chemisch reines Karbid keine elektrische Leitfähigkeit; die große Leitfähigkeit des gewöhnlichen Karborundums schreiben die genannten Forscher einem Gehalt an elementarem Silizium zu, das durch Auskochen mit Kalilauge entfernt werden kann, wonach das Karbid nicht mehr leitet. In Bindung ist der Widerstand bei gewöhnlicher Temperatur des Bindemittels halber sehr hoch.

[1]) Stewart, J.: Chem. Eng. Min. Rev., Vol. 18, 1926, S. 151—154; Journ. Am. Cer. Soc., Vol. 9, 1926, Nr. 7, Abstr. S. 221; Sprs. 60, 1927, S. 156.
[2]) Friedrich, E. u. Lieselotte Sittig: Z. anorg. Chem. 144, 1925, S. 169.

Chemisch ist Karborundum eine Verbindung von Kohlenstoff mit Siliziummetall. Das ungewaschene technische Karbid enthält geringfügige Beimengungen (Eisenoxyd, Tonerde, Erdalkalien) aus den Verunreinigungen der Rohstoffe und an der Oberfläche ein dünnes irisierendes Häutchen von Graphit, das von der thermischen Zersetzung des Karbides herrührt. Eisenoxyd verringert die Härte und beeinträchtigt das Verhalten in der Hitze. Im amorphen Karbid finden sich die Verunreinigungen der Rohstoffe bzw. Neubildungen an Fremdstoffen besonders reichlich; es kann außer den Beimengungen des kristallisierten Erzeugnisses noch Chloride, Sulfide, Siloxikon (siehe S. 270) und anderes enthalten. Tabelle 39 zeigt die Zusammensetzung von rohem und gereinigtem kristallisiertem bzw. amorphem Karborundum.

Tabelle 39. Chemische Zusammensetzung von Karborundum

Bezeichnung	C	Si	Fe_2O_3	Al_2O_3	CaO	MgO
Theoretische Zusammensetzung	29,7	70,3				
Karbidkristalle[1])	30,41	69,59				
Kristalle[2])	27,72 30,24	69,19 69,10				
Kristalle[3])	30,00 29,80	69,70 69,85				
Kristalle[4])	30,20	69,10				
Kristalle, roh[5])	34,0	63,5	1,5	0,9	0,1	—
durch Auslaugen gereinigt[5])	30,2	69,1	0,5		0,1	—
Amorphes Karbid, gereinigt[5])	27,9	65,4	5,1		0,3	0,2

[1]) Laborat. d. Karborundum Co., Niagara Falls.
[2]) Mühlhauser, O.: Z. anorg. Chem. 5, 1894, S. 105.
[3]) Moissan: C. r., Tome 117, 1893, S. 423; Doelter, C.: Handbuch der Mineralchemie, Bd. I, S. 552. Dresden-Leipzig: Th. Steinkopff. 1912.
[4]) Kohn, Ch. A.: Journ. Soc. Chem. Ind. 16, 1897, S. 863; Doelter: a. a. O.
[5]) Amberg, R. in Askenasy, P.: Techn. Elektrochem., I. Elektrothermie, S. 180. Braunschweig: F. Vieweg und Sohn. 1910.

Siliziumkarbid ist in Säuren, sogar in Flußsäure so gut wie unlöslich; nur von einem aus Fluß- und Salpetersäure bestehenden Gemisch wird es etwas angegriffen.

Brennverhalten

In morphologischer Hinsicht erfährt in höheren Temperaturen nur das amorphe Karbid die bereits erwähnte Umwandlung in die kristalline Phase.

Über die Änderungen der thermischen und elektrischen Eigenschaften gibt Tabelle 40 Aufschluß.

Tabelle 40. Thermische und elektrische Eigenschaften in höheren Temperaturen

t	λ×360	c	β×10⁶	W in Ω / cm³		
				Rekristallisiert	Carbofrax B	Carborefrax C
300		0,261 [1]				
600	3,35 [1] 15,8 [2]	0,275 [1]				
700		0,252 (10 vH B.T.) [3]				
750	8,64 [4] in Bindung					
800	13,7 [2]	0,255 (10 vH B.T.) [3]		6,5 [4] in Bindung	12550 [4] Tonbindg.	835000 [4] in Bindung
900		0,185 [1] 0,259 (10 vH B.T.) [3]				
1000	8,3 [5] 11,9 [2]	0,264 (2 vH B.T.) [3] 0,263 (10 vH B.T.) [3]	4,35 [4]			
1100		0,265 (2 vH B.T.) [3] 0,266 (10 vH B.T.) [3]				
1200	10,4 [2]	0,266 (2 vH B.T.) [3] 0,268 (10 vH B.T.) [3]		2,45 [4] in Bindung	4160 [4] Tonbindg.	29150 [4] in Bindung
1300		0,270 (2 vH B.T.) [3] 0,271 (10 vH B.T.) [3]				
1350		0,290 (2 vH B.T.) [3]				
1400	9,4 [2]	0,273 (10 vH B.T.) [3]				
1500				1,62 [4] in Bindung	745 [4] Tonbindg.	8590 [4] in Bindung
100—200			5,39 [4]			
700—800			4,38 [4]			
800—900			2,98 [4]			
100—900			4,7 [4] in Bindung			
0—1000	i. M. 8,64 [6]					
20—1200		0,20 [6] in Bindung				

[1]) L. B. Tab. [2]) Norton, F. H.: a. a. O.
[3]) Miehr, Immke und Kratzert: a. a. O. (B. T.=Bindeton.)
[4]) Hougens Tab., a. a. O.
[5]) Wologdine; Ref. Green: a. a. O
[6]) Nach Steger; Singer, F.: Keramik, S. 471. Braunschweig: F. Vieweg und Sohn. 1923.

Nach M. L. Hartmann und O. B. Westmont[1]) ist die Wärmeleitfähigkeit von technisch reinem Karborundum im Temperaturbereich von 650—1350° C konstant, hingegen nimmt sie bei keramisch gebundenem Karbid mit steigender Temperatur zu, bei Karborundumerzeugnissen mit steigendem Gehalt an feuerfestem Bindeton ab; nach F. H. Norton (a. a. O.) nimmt die Leitfähigkeit von Karborundum bis 1400° C um etwa die Hälfte ab.

[1]) Hartmann, M. L. u. O. B. Westmont: Journ. Am. Cer. Soc., Vol. 8, 1925, S. 259—295; Ref. Sprs. 59, 1926, S. 271.

Nach H. J. Knollmann[1]) ist die Wärmekapazität von Karborundum und Schamotte bei 950° C ungefähr gleich, die thermische Diffusion durch das Karbid bei der genannten Temperatur sechsmal größer als durch Schamotte. Die geringe stetige thermische Ausdehnung und das Fehlen von molekularen Umlagerungen bei höheren Temperaturen verleihen dem kristallinen Karbid einen hohen Grad von Raumbeständigkeit; anderseits bedingt das gute Wärmeleitvermögen im Vereine mit der geringen Wärmeausdehnung eine ausgezeichnete Widerstandsfähigkeit gegen schroffen Temperaturwechsel. Bei Prüfungen von Karborundumsteinen auf den thermischen Widerstand (siehe S. 53) betrug der Gewichtsverlust nur 0,5—6,0 vH.

In bezug auf den elektrischen Widerstand zeigen rekristallisiertes und tongebundenes Karbid (Carbofrax) große Unterschiede; bei 800° C setzt das tongebundene Karborundum dem Durchgange des elektrischen Stromes einen ∽ 2000mal, bei 1500° C einen ∽ 500mal so großen Widerstand entgegen als das rekristallisierte Karbid. Im allgemeinen sinkt der Widerstand mit der Temperaturerhöhung, und zwar sprungweise.

Die chemischen Veränderungen des Karborundums wurden bereits dargelegt (siehe S. 240). Der Zerfall in metallisches Silizium und Graphit setzt in mäßigem Umfange schon oberhalb 1600° C ein.

Unterhalb dieser Temperatur zeigt es noch keine Erweichungserscheinungen. Besonders hohe Erweichungstemperatur besitzt das rekristallisierte Karbid, nämlich etwa 2000° C. Auch in hoher Hitze verändert es unter Belastung nicht wesentlich seine mechanische Festigkeit. Nach Versuchen von B. Kjellgren[2]) erweichen Karborundumziegel der schwedischen Höganäswerke unter einem Drucke von 2 kg/cm² erst bei 1800° C. Die Druckfestigkeit beträgt nach Bodin[3]) bei

20° C	415 kg/cm²	1300° C	150 kg/cm²
800° C	425 „	1500° C	70 „
1000° C	585 „		

Unter 3,5 kg/cm² Belastung finden bei 1650° C an Karborundumziegeln noch keine Entformungen statt (Hougens Tab.). Geringe Mengen feuerfesten, hochsinternden Tones üben noch keinen wesentlichen Einfluß auf die Höhe der Erweichungstemperatur und den Grad der Feuerfestigkeit aus; dagegen werden beide durch größere Mengen Tones oder kleinere Mengen von leichter schmelzbaren Tonen schon stärker beeinträchtigt; je nach der Art des bei der Erzeugung von Karborundumziegeln verwendeten Bindemittels schwanken die Erweichungstemperaturen innerhalb weiter Grenzen; unter Umständen kann Erweichen selbst schon bei starker Weißglut eintreten.

[1]) Knollmann, H. J.: Journ. Am. Cer. Soc., Vol. 10, 1927, S. 299—308; Ref. Tonind.-Z. 51, 1927, S. 1435.

[2]) Kjellgren, B.: Ref. Tonind.-Z. 46, 1922, S. 561—563.

[3]) Bodin: Trans. Cer. Soc. Engl., Vol. 21, 1921/22, Part. 1, S. 41ff.; Tonind.-Z. 46, 1923, S. 561.

Karborundum besitzt keinen eigentlichen Schmelzpunkt, da es vor dem Übergang in die flüssige Phase völlig dissoziiert.

Es ist im allgemeinen auch bei hohen Temperaturen reaktionsträge. Leicht und in verhältnismäßig niedriger Hitze tritt es nach Arndt (a. a. O.) nur mit basischen Stoffen in chemische Wechselwirkungen. Luftsauerstoff und Wasserdampf oxydieren das Karbid bei hohen Temperaturen im Sinne folgender Gleichungen:

$$CSi + {}^3/_2\,O_2\,(2\,O_2) = SiO_2 + CO\,(CO_2)$$

$$CSi + 2\,H_2O = SiO_2 + \underset{\text{Methan}}{CH_4}$$

Die Verbrennung setzt im geringen Umfange schon bei einer Temperatur von über 1000° C ein, verläuft aber rasch erst oberhalb 1700° C. Eine vollkommene Oxydation tritt jedoch selbst beim feinstverteilten Karbid nicht einmal im Sauerstoffstrome ein. Die Verzögerung der Oxydation oberhalb 1000° C ist dem Umstande zuzuschreiben, daß die bei der anfänglichen Verbrennung an der Oberfläche abgeschiedene Kieselsäure die Diffusion des Sauerstoffes in das Korninnere beeinträchtigt, dieses also vor der Oxydation schützt. Mit Beginn des Erweichens der Kieselsäure durchdringt der Sauerstoff die schmelzende Masse und vollführt nunmehr mit größerer Geschwindigkeit die Zerstörung des Karbides. Nach R. Thews[1]) geht die Zersetzung des Karbides durch Sauerstoff selbst bei 2200° C noch langsam vor sich, wird aber durch basische Silikate beschleunigt. Die Aufnahme von Sauerstoff durch beide Bestandteile des Karborundums bedingt eine Vergrößerung des Raumes, die sich durch Lockerung des Gefüges bemerkbar macht, die ihrerseits wieder die Angriffsfläche vergrößert und dadurch die Verbrennung fördert. Bei hohen Temperaturen, nämlich nach der thermischen Dissoziation (etwa bei 1800° C), wirkt auch Kohlensäure oxydierend ($CO_2 = CO + {}^1/_2\,O_2$).

Die geringe Oxydationsbeständigkeit bei hohen Temperaturen beeinflußt sehr nachteilig die chemische Widerstandsfähigkeit des Karborundums gegenüber sauren, schmelzflüssigen Massen, z. B. sauren Schlacken und Glasschmelzen. Zufolge der Aufnahmsfähigkeit dieser Stoffe für Kieselsäure geht das durch die Oxydation des Karborundums entstandene Siliziumdioxyd in die saure Schmelze über; der zurückbleibende Kohlenstoff bietet oxydierenden Gasen eine große Angriffsfläche und verbrennt daher leicht. Mit Kieselsäure reagiert das Karbid auch bei den höchsten Temperaturen der Industrieöfen nicht; dagegen tritt es mit basischen Oxyden bei einer von der Art des Metalles abhängigen, verhältnismäßig niedrigen Temperatur in chemische Wechselwirkung. Reaktionen mit Erdalkalioxyden (CaO, MgO) treten schon bei 1000° C, mit Schwermetalloxyden (FeO, NiO, MnO, CdO) bei 1300—1370° C, mit Kupferoxyd schon bei 800° C ein (Hougens Tab., a. a. O.). Aus dieser Reaktionsfähigkeit bzw. -trägheit erklärt sich einerseits die sehr geringe chemische Widerstandsfähigkeit

---

[1]) Thews, R.: Chem.-Met.-Z., 17, 1927, S. 61, 117 und 173; Ref. Sprs. 60, 1927, S. 413.

gegenüber basischen, besonders kalk- und eisenreichen silikatischen Angriffsstoffen und geschmolzenen Metallen, anderseits der große Widerstand gegen die Einwirkung von sauren Flußmitteln. Nach Endell[1]) wird Karborundum von Wasserdampf, Alkalien, Kalk, geschmolzenen basischen Schlacken und flüssigem Eisen bei Temperaturen zwischen 1000 und 1200° C zerstört. Schmelzende Alkalien (Ätzalkali, Soda, Pottasche, Kaliumbisulfat, Natriumfluorid) zersetzen das Karbid schon bei Rotglut nach längerer Einwirkung. Das unter den Bindemitteln für Karborundumerzeugnisse des öfteren im Schrifttum genannte Wasserglas wirkt nach Hougen (a. a. O.), insbesondere bei Anwesenheit von Oxydantien, schon bei 1300° C zersetzend. In bezug auf den Widerstand gegen den Angriff von Reduktionsmitteln und Metallschmelzen gleicht das Karborundum dem Graphit und amorphen Kohlenstoff. Die verhältnismäßig geringe Oxydationsbeständigkeit und Widerstandsfähigkeit gegen basiche Stoffe beeinträchtigen die Verwendbarkeit des Karbides an jenen Orten, die gleichzeitig hohen thermischen Beanspruchungen und der Einwirkung oxydierender Gase oder basischer Schlacken ausgesetzt sind, z. B. an den Brennerköpfen oder in den Feuerzügen des Siemens-Martin-Ofens.

Verwendung

Karborundum ist vor allem Werkstoff der „feuerfesten" Industrie, in untergeordnetem Maße auch Versatzstoff gewöhnlicher keramischer Massen, der diesen jedoch nur zur Hervorbringung bestimmter thermischer Scherbeneigenschaften zugesetzt wird. Einer allgemeinen Anwendung, wenigstens in Europa, steht der hohe Preis entgegen; kostet doch 1 kg amorphes Karbid etwa S 0,85 (RM 0,50), Muffeln aus Karborundumplatten nach Vielhaber (a. a. O.) S 3,0 (RM 1,80) 1 kg. Seine ausgezeichneten thermischen Eigenschaften tragen jedoch zur Verwendung in steigendem Maße bei. Man gebraucht es körnig und als feines Mehl in Form des rekristallisierten (reinsten), etwas tonhaltigen (Carbofrax) und amorphen Karbides zur Herstellung von feuerfesten Ofenbaustoffen und Hohlwaren, an die man bei ihrer Verwendung vor allem die Forderung nach rascher Wärmeübertragung und Temperaturunempfindlichkeit stellt (Öfen mit indirekter Heizung, Rekuperatoren).

Erzeugt werden, hauptsächlich in Amerika, massive Karborundumziegel (Refraxsteine), tongebundene Karborundumsteine (Carbofraxsteine), Schamottesteine mit hohem Karbidgehalt (40 bis 70 vH), Platten für Muffeln aus Karborundum mit möglichst geringem Tongehalt, vereinzelt Kapseln mit Karbidzusätzen (25 bis 30 vH), Auskleidungen von elektrischen Schmelzöfen, Gaskanälen, hochbeanspruchten Ofenteilen und Kupolöfen, ferner elektrische Widerstandskörper für Heizapparate, Röhren und Tiegeln, Wannensteine für Glasschmelzöfen, Gußformen für die Aluminiumindustrie und anderes. Versuchsweise wurde Karborundum als Zusatz (2 vH) zur Glashafenmasse angewendet. Das Karbid dient ferner als Mörtel, Karborundum-

[1]) Endell: Chem. Z. 38, 1915, S. 421.

feuerzement, für den Ofenbau und in Form einer mit geeignetem Bindemittel versehenen Masse als Überzug von Ofenwandungen, Muffeln, hochwertigen Schamottesteinen u. dgl. Als Auskleidungsmasse für die Schmelzöfen der Messinggießereien soll sich ein Gemenge von Karbid, Schamotte und Wasserglas am besten bewährt haben. Die Anbringung eines Überzuges von Karborundmasse empfiehlt sich beispielsweise bei Kokeofensteinen an jener Seite, die der Ofenkammer zugewendet ist[1]). Auch zum Ausbessern von angegriffenem Ofenmauerwerk wird diese Masse empfohlen[2]).

Karborundumziegel werden nach dem gewöhnlichen keramischen Arbeitsgang, das höchstwertige Material natürlich unter Verwendung von rekristallisiertem Karbid, erzeugt. Das gemahlene Karbid wird nach Korngrößen gesichtet, verschiedene Kornklassen gemischt und das Gemisch unter Zusatz einer möglichst geringen Menge sehr bildsamen und hochfeuerfesten Tones verformt, getrocknet und bei etwa SK 14 gebrannt. Refraxsteine bestehen aus einer dichten, bindemittelfreien Masse von kristallisiertem Karborundum mit 100 vH CSi (Marke A) bzw. 92 vH CSi (Sorte B); Carbofraxziegel enthalten reines kristallisiertes Karbid in keramischer Bindung und sind 86 vHig.

Als Bindemittel werden auch Zusätze von organischen Stoffen, Teer, Sulfitzelluloseablauge, Leim, Dextrin, Tragant und andere genannt. Nach D. R. P. 366236, 1920, erhält man eine hochfeuerfeste Masse aus Karborundum, kristallinem (schuppigen) Graphit und einem verkohlbaren Bindemittel, hochfeuerfeste Ziegel nach D. R. P. 371675, 1922, aus Karborundum, Zirkonoxyd und Kieselsäure. Gleichzeitig mit dem Karbid können diejenigen Stoffe verarbeitet werden, mit denen es nicht oder erst in sehr hohen Temperaturen in chemische Wechselwirkung tritt, z. B. Graphit, Kieselsäure, verschiedene Tonerdesilikate, scharfgebrannte Schamotte aus Schiefertonen, Zirkonerde, Zirkon und andere. Eine besondere Art von Bindemittel nennt das Am. P. 992698 und 1013700. Diese Bindung erfolgt durch Karborundum selbst, das aus der den Karbidkörnern beigemischten Kohle unter der Einwirkung von Siliziumdampf bei hoher Temperatur entsteht (vgl. S. 268).

Der größte Verbraucher des Karborundums ist die Schleifmittelindustrie. Es werden daraus Schleifsteine, -scheiben, Feilen, Stäbe, Karborundumleinwand, -papier und -schleifpulver hergestellt. In dieser Industrie verwendet man nur die besten Arten des gereinigten kristallinen Karbides in bestimmten Körnungen. Als Bindemittel für Schleifgeräte dienen entweder vegetabilische (Öle, Harze, verschiedene Klebmittel) und mineralische Stoffe (Magnesiaverbindungen, Wasserglas) oder Tone, Kaoline und Feldspat.

Ein weiteres Anwendungsgebiet auf Grund der großen Härte des Karbides ist die Kunststeinindustrie; es dient als Füllstoff von Kunststeinen, deren Oberfläche starken mechanischen Beanspruchungen ausgesetzt ist.

[1]) Ker. Rundsch. 32, 1924, S. 613.

[2]) Bull. Am. Cer. Soc., 1926, Nr. 1, S. 87; Tonind.-Z. 50, 1926, S. 1171.

Wirkungen in tonigen Massen

Die Wirkung des Karborundums in tonigen Massen ist die eines vollkommenen Magerungsmittels. Die vorzüglichen mechanischen und thermischen Eigenschaften des Karborundums wirken sich auch in den mit ihm versetzten keramischen Massen aus. Manche Ofenbaustoffe sind bei ihrer Verwendung einer starken mechanischen Beanspruchung ausgesetzt, z. B. die Bodensteine der Kokekammeröfen; ein Karbidzusatz zu den Steinen oder Überzug verringert die Abnutzbarkeit, erhöht die Schleiffestigkeit. In thermischer Hinsicht verleiht es den Erzeugnissen gute Wärmeleitfähigkeit, geringe und gleichmäßige Wärmeausdehnung, Temperaturwechselbeständigkeit, hohe Erweichungstemperatur und Feuerfestigkeit. Auch durch Überzüge aus Karborundummasse, die auf die grüne Masse aufgebracht werden können, wird die Feuerfestigkeit erhöht.

Als Folgeerscheinungen des guten Wärmeleitvermögens von Karborundumerzeugnissen oder karbidhaltigen tonigen Massen sind zu verzeichnen: Rasche und gleichmäßige Erwärmung bei indirekter Erhitzung, schnelle Übertragung der Wärme auf den Einsatz, Ersparnis an Brennstoff, Erhöhung der Leistungsfähigkeit des Heizapparates, Verlängerung der Lebensdauer der Öfen, in gewissen Fällen auch der Einfluß einer raschen Abkühlung auf die Beschaffenheit eines in Karborundumgeräten befindlichen Schmelzgutes. Nach amerikanischen Angaben beträgt der Temperaturunterschied zwischen Feuer- und Arbeitsraum bei einer Muffel aus Karborundum 5° C, bei einer Schamottemuffel bis zu 400° C[1]); die Karbidmuffel soll 625 Tage ohne Reparatur in Verwendung gestanden sein. Bei Ersatz einer Tonmuffel durch eine solche aus Siliziumkarbid soll nach B. Kleinschmidt[2]) eine Brennstoffersparnis von 20 bis 75 vH festgestellt worden sein. Vielhaber (a. a. O.) hält es für ausgeschlossen, daß die Ersparnis mehr als 40 vH betragen könne. Beim Betriebe von Wassergaserzeugern soll nach M. L. Hartmann und J. A. King[3]) durch Verwendung von Karborundum unter bedeutender Verringerung des Kohlenverbrauches die Leistungsfähigkeit um 50 vH gesteigert werden. Die Verwendung von Karborundumerzeugnissen in elektrischen Widerstandsöfen wird durch die gute elektrische Leitfähigkeit des Karbides, die einen langsamen Temperaturanstieg im Ofenfutter zur Folge hat, beeinträchtigt.

Weniger günstig als das Wärmeleitungsvermögen wirkt sich die verhältnismäßig niedrige Wärmekapazität aus. Nach Phelps[4]) sind karborundumreiche Massen für die Wärmespeicherung (z. B. in Regeneratoren) im allgemeinen von geringem Werte.

[1]) Ref. Ker. Rundsch. 34, 1926, S. 438.

[2]) Kleinschmidt, B.: Tonind.-Z. 49, 1925, S. 1277.

[3]) Hartmann, M. L. u. J. A. King: Journ. Am. Cer. Soc., Vol. 9, 1926, S. 758—765; Ref. Sprs. 60, 1927, S. 468.

[4]) Phelps: Journ. Am. Cer. Soc., Vol 8, 1925, S. 648—654; Ref. Sprs. 59, 1926, S. 271.

Auswirkungen der guten Wärmeleitfähigkeit auf die Eigenschaften des Schmelzgutes beobachtet man z. B. bei den in der Aluminiumindustrie an Stelle von Sandformen gebrauchten Gußformen; durch die schnelle Wärmeabfuhr findet eine rasche Abkühlung der Schmelze statt, wodurch eine Verdichtung und mechanische Verfestigung des Metallgefüges eintritt.

Das Silizium des Karborundums karbidhaltiger Schmelztiegel kann sich auch an den Umsetzungen des Stahltiegeleinsatzes beteiligen, den Siliziumgehalt des Stahles erhöhen und dadurch wesentliche Veränderungen der Eigenschaften des Stahles herbeiführen.

Anhang

a) Silundum

Die poröse Beschaffenheit des kristallinen Karborundums ist eine der Hauptursachen seiner leichten Oxydierbarkeit in hohen Temperaturen.

Verdichtung der Masse erhöht die chemische Widerstandsfähigkeit gegen oxydierende Einflüsse und wirkt sich auch in den mechanischen Eigenschaften günstig aus.

Die Möglichkeit, ein dichteres Karborundum zu erzeugen, bietet eine der Bildungsweisen des Karbides, nämlich aus Kohle und dampfförmigem Silizium, das entweder aus den Karborundumrohstoffen oder aus dem Karbid selbst durch Zersetzung hergestellt werden kann.

Wird ein Kohlenkörper von Siliziumdampf durchdrungen, so setzt sich je nach der innegehaltenen Temperatur, der Dauer der Erhitzung und Größe der Kohlenkörper, entweder nur ein Teil oder der ganze Kohlenstoff in Karbid um. Im ersten Falle bewirkt der Überschuß an Kohle, im zweiten Falle das nach der Umsetzung in Karbid noch eindringende Silizium, das sich in den Zwischenräumen der Karbidteilchen kondensiert, die Ausfüllung der Poren, somit die Verdichtung der Masse. (Unter gewissen Bedingungen läßt sich Kohle mit Siliziummetall auch nur oberflächlich überziehen.)

Eine auf diese Weise erzeugte Abart des Karborundums, die stofflich durch die Symbole $CSi + C$ bzw. $CSi + Si$ gekennzeichnet werden kann, führt die Bezeichnung „Silundum“ (silizierte Kohle).

Zur Herstellung von Waren aus Silundum geht man von bereits geformten Kohlenkörpern aus. Nach D. R. P. 183133, 183134, 1905, von F. Bölling werden die durch Schneiden oder Pressen in die zweckentsprechende Form gebrachten Kohlenkörper in einem Bette von Siliziumdampf liefernden Stoffen ($C + SiO_2$, $CSi + SiO_2$, CSi) entweder in eigenen Öfen oder auch in der entsprechenden Zone des Karborundumofens elektrisch auf 1600 bis 1900° C erhitzt.

Bei 1600° fällt eine aus amorphem Karborundum und mikroskopischen Kohlenstoffteilchen bestehende Masse an; bei 1900° bilden sich Karborundumkriställchen, deren Zwischenräume von Siliziummetall erfüllt sind; diese Masse besitzt daher ein metallisches Aussehen.

Das Gefüge beider ist wesentlich dichter als die Textur des Karborundums, die Masse daher auch mechanisch fester.

Eine Umwandlung des amorphen Karbides der (CSi—C)-Masse in die kristallisierte Phase erfolgt erst bei langer Einwirkung einer Temperatur von 1700° C.

Im Zersetzungsverhalten gleicht das Silundum dem reinen Karbid. Freies Silizium scheidet sich nach Bölling[1]) bei 1750 bis 1800° C aus, wobei es zu Dioxyd verbrennt.

In elektrischer Beziehung besitzt Silundum vor dem Karborundum den Vorzug, den Strom auch bei Temperatursteigerungen stetig zu leiten; der Widerstand, der bedeutend größer ist als jener der Kohle, verringert sich nach Amberg[2]) bei 1000° C auf etwa die Hälfte bis zwei Drittel des Wertes bei gewöhnlicher Temperatur.

Die größere Dichte des Silundums bedingt im Vergleich zum Karborundum eine größere Widerstandsfähigkeit gegen die Verbrennung bei hohen Temperaturen.

Aus Silundum stellt man Tiegel, Muffeln, Rohre, Kochgefäße, Erhitzungswiderstände für elektrische Heizapparate, Überzüge auf Kohle, Elektroden, Schalen, Schleifmittel u. dgl. her.

Leider können die Vorzüge des Silundums nur zu Spezialzwecken ausgenutzt werden, da es noch viel teurer als das gewöhnliche Karbid ist.

b) Silit

Eine in chemischer und physikalischer Beziehung dem Karborundum ähnliche Masse, deren Herstellung sich durch den keramischen Arbeitsgang vom Silundum unterscheidet, erhält man nach D. R. P. 257468, 1911, von Gebr. Siemens u. Co.[3]), Berlin, im Sinne folgenden Arbeitsdiagramms:

Kohlepulver — Siliziummetall — Kohlenstoffabscheidendes Bindemittel, z. B. Glyzerin

Mischung

Formgebung (Pressen)

Brennen in CO_2- oder CO-Atmosphäre (1500—1700° C, bis zur Erweichung des Siliziums)

Silit II

Das Erzeugnis besteht vorwiegend aus Karborundum. Silitmassen besitzen im Mittel ein spezifisches Gewicht von 2,75, ein Raumgewicht von 2,2, somit einen Dichtigkeitsgrad von 80 v H. Gasdichtigkeit, gutes

[1]) Bölling: Chem. Z. 32, 1908, S. 1104.

[2]) Amberg in Askenasy, P.: Technische Elektrochemie, I. Elektrothermie, S. 180. Braunschweig: F. Vieweg u. Sohn. 1910.

[3]) Gebr. Siemens u. Co.: Ref. Großmann, H.: Chem. Ind. 36, 1913, S. 304—308.

Wärmeleitvermögen, großer thermischer Widerstand, hohe Feuerfestigkeit, im Vergleich zum Karborundum viel größere Oxydationsbeständigkeit sind Eigenschaften, die Silit für die gleiche Verwendung wie Silundum befähigen und die Masse vor diesem zum Teil auszeichnen. Hauptsächlich werden daraus elektrische Widerstandskörper für hohe Temperaturen erzeugt.

c) Siloxikon

(Karbosiliziumoxyd, Siliziumoxydkarbid)

Unter den zahlreichen Verbindungen des Siliziums mit Kohlen- und Sauerstoff, die beim Erhitzen von Silizium in CO-Atmosphäre gebildet werden, scheint das Siloxikon, Si_2C_2O, technische Bedeutung zu erlangen.

Seine Bildung aus Kohle und Kieselsäure beobachtet man fast regelmäßig im Karborundumofen, der es als Nebenerzeugnis liefert. Zur Herstellung verwendet man die Rohstoffe des Karborundumprozesses mit einem genügend großen Überschuß an Kieselsäure (Sand).

Wirkt Kohlenoxydgas auf Siliziumdampf ein, so entsteht bei 1300 bis 1400° C ein faseriges Siloxikon, „Fibrox", von der Dichte 1,84 und verhältnismäßig gutem elektrischen Leitvermögen (Arndt)[1].

Eine besonders hervorzuhebende Eigenschaft von Siloxikon ist die Abbindefähigkeit im angefeuchteten Zustande, wodurch die Formgebung durch Pressen ohne Bindemittel ermöglicht wird.

Die Formlinge können auf keramischem Wege, d. h. durch Brennen, gehärtet werden.

Bei etwa 2000° C erleidet diese amorphe Masse eine Umwandlung in kristallisiertes Siliziumkarbid.

Siloxikon ist hochfeuerfest, indifferent gegen geschmolzenes Eisen, saure und basische Schlacken.

Das chemische Verhalten gleicht im allgemeinen jenem des kristallinen Karborundums.

Es kann wie amorphes Karbid und im Gemenge mit bildsamem Ton, Kaolin oder Graphit zur Erzeugung von elektrischen Widerständen (Silikarbonöfen), Tiegeln, Muffeln und Ziegeln verwendet werden. Siloxikon ist billiger als Karborundum. Ein amerikanisches Patent (895531) beinhaltet die Herstellung von luft- und temperaturbeständigen Überzügen aus Siloxikon auf Kohlenkörpern aus zwei Molekülen Kieselsäure (∾ 121 g) und fünf Atomen Kohlenstoff (60 g).

d) Siliziumoxyd

Siliziumoxyd (SiO), dessen Verbindungscharakter keinesfalls feststeht, bildet sich bei der Reduktion der Kieselsäure im elektrischen Ofen unter vermindertem Druck. Als Reduktionsmittel dient Kohlenstoff, Silizium oder Karborundum. Es wird in der Schleifmittelindustrie verwendet.

---

[1]) Arndt: Chem. Ind. 39, 1916, S. 326.

D. Alkalihaltige Tonerdesilikate

Die aus den komplexen alkalihaltigen Alumosilikaten bestehenden Mineralien zählen auf Grund ihres niedrigen Schmelzpunktes, der durch den Alkaligehalt bedingt ist, im Sinne der eingangs getroffenen Unterscheidung der Flußmittel zu den Flußstoffen.

Zu dieser Gruppe gehören die Feldspate und feldspatreichen Gesteine, Quarzspate, Pegmatite, Cornish stone und viele Eruptivgesteine bzw. deren Zertrümmerungsprodukte, die Feldspatsande. Während die genannten Mineralien und Gesteine sowohl als natürliche Begleitstoffe der Tone als auch in Form von absichtlichen Zusätzen zu tonigen Massen ihre Flußwirkung ausüben, kommt ein anderes alkalihaltiges Alumosilikat, der Kaliglimmer, nur als natürliche Beimengung plastischer und unbildsamer Keram-Rohstoffe für die Schmelzwirkung in Betracht.

Die Feldspatmineralien bilden eine artenreiche Familie, deren Glieder nach der Art der Base des Alumosilikates unterschieden werden:

I. Alkalifeldspate:
  a) Kalifeldspat (Orthoklas = „Or"), $K_2O \cdot Al_2O_3 \cdot 6\ SiO_2$;
  b) Natronfeldspat (Albit = „Ab"), $Na_2O \cdot Al_2O_3 \cdot 6\ SiO_2$.

II. Erdalkalifeldspate:
  a) Kalkfeldspat (Anorthit = „An"), $CaO \cdot Al_2O_3 \cdot 2\ SiO_2$;
  b) Barytfeldspat (Hyalophan), $BaO \cdot Al_2O_3 \cdot 2\ SiO_2$.

III. Trikline Kalknatronfeldspate oder Plagioklase ($Ab_x\ An_y$).

Übersicht

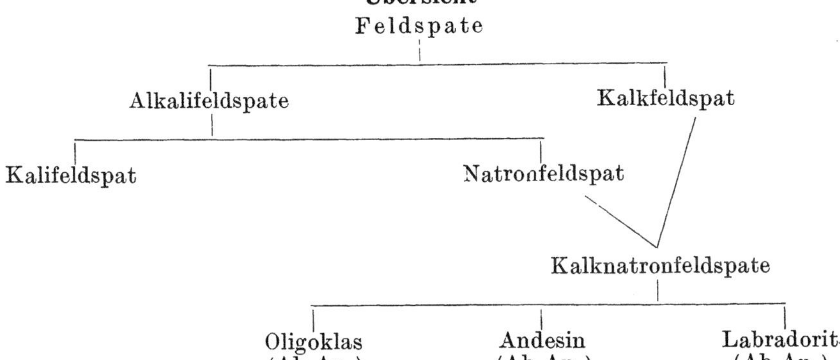

Keramische Bedeutung besitzen nur die Alkalifeldspate, und zwar hauptsächlich der gemeine Orthoklas. Die Alkalifeldspate sind wesentliche Bestandteile der als Feldspatersatz verwendeten Gesteine Quarzspat, Pegmatit und Cornish stone (der Hauptsache nach Gemenge von Feldspat, Quarz und Kaolin) und einer großen Anzahl von eruptiven Orthoklasgesteinen.

Pegmatit, Cornish stone, Quarzspat und Feldspatsande sowie in Verwitterung begriffene Feldspate unterscheiden sich mineralogisch nur durch die Mengenverhältnisse ihrer Hauptbestandteile.

I. Alkalifeldspate

In diesem Abschnitt soll hauptsächlich der Kalifeldspat berücksichtigt und nur vergleichsweise auf das unterschiedliche Verhalten des Albites in wichtigeren Eigenschaften und Wirkungen eingegangen werden.

Der Kalifeldspat tritt in der Natur als Mineral, an manchen Orten auch gebirgsbildend, somit als einfaches Gestein und als Gemengteil vieler Gesteine auf. Seine Erscheinungsformen sind: Orthoklas, Sanidin, Adular und Mikroklin.

Adular und Sanidin sind glasige Feldspate (Feldspatgläser), die sich im Glanze, in der Durchsichtigkeit und Farbe unterscheiden; Sanidin ist durchscheinend, sehr stark glasglänzend, farblos, graulich bis gelblichweiß (häufig rissig), Adular farblos, wasserhell, durchsichtig bis durchscheinend und etwas weniger stark glänzend. Gemeiner Orthoklas ist trübe, undurchsichtig, höchstens kantendurchscheinend, noch weniger glänzend als Adular, auf Spaltflächen perlmutterglänzend und verschieden gefärbt, gewöhnlich fleischfarbig oder gelblichweiß, seltener reinweiß. Im Verwitterungszustande nimmt weißer Orthoklas stets gelbliche oder rötliche Färbung an und wird matt. Mikroklin gleicht äußerlich dem Orthoklas; zuweilen besitzt er grünliche Färbung.

Albit ist farblos,weiß oder hellgefärbt, durchsichtig und glasglänzend.

Die Feldspate sind mit Ausnahme des Adular und mancher Albite, für die man eine hydrothermale Entstehung annimmt, magmatische Bildungen.

Orthoklas bildet grob- bis feinkörnige Anhäufungen, als gemeiner Feldspat feinkörnige und dichte, derbe Massen und amorphe Gläser. Die Größe der Feldspatkristalle ist von der Geschwindigkeit der Abkühlung abhängig; die größten Kristalle finden sich in den Pegmatiten. Die einzelnen Feldspatarten zeigen deutliche Strukturunterschiede. Für die besten keramisch verwendeten Feldspate Norwegens sind blätterig-kristallinische Streifungen typisch.

Über die kristallographischen und physikalischen Eigenschaften orientiert Tabelle 41.

Beim Vergleich der Zahlenwerte für das spezifische Gewicht von Feldspatkristallen und -gläsern fällt der nicht unbeträchtliche Unterschied auf; die Gläser besitzen ein geringeres spezifisches Gewicht als die Kristalle. Da alle Feldspate aus Schmelzen glasig erstarren, ist beim Übergange aus der kristallisierten Phase in die glasig-amorphe Zustandsform mit einer Dichtenverringerung, daher also wie beim Quarz mit einer bleibenden Raumvergrößerung zu rechnen.

In der Härte stehen die Spate dem Quarz nahe. Ihre Vermahlung wird durch die Spaltbarkeit — beim Orthoklas nach zwei aufeinander normalen Richtungen — erleichtert. Die Erzeugung des Feldspatmehles erfolgt heute fast ausschließlich durch Vorzerkleinerung auf Steinbrechern oder Steinbrecher-Walzwerken und Feinmahlung auf Trockenkollergängen unter gleichzeitiger Sichtung nach Korngrößen. Bei der Vermahlung von Feldspat, der zum keramischen

Tabelle 41. Kristallographische und physikalische Eigenschaften

Bezeichnung	KS	n_α	n_β	n_γ	s	H	t	$\lambda \times 360$	c	$\beta \times 10^6$
Orthoklas (reinst)	monoklin	1,52	1,52	1,53	2,55	6	16—69 18—74 15—99	2,09[1] 1,98[1]	0,1877[1] 0,183 0,1911	
Gemeiner Feldspat	monoklin				2,53—2,58					
Orthoklas-Glas	amorph	1,486—1,488			2,35—2,37		25			7,7[3] vorgebrannt auf SK 9—10
Adular (kristallisiert)	monoklin					6	20—100		0,1855[1] 0,187[1]	
Adular-Glas	amorph						20—100		0,1895[1]	
Mikroklin (Norwegen)	triklin	1,52	1,53	1,53	2,54—2,57	6	20—100		0,1878[2]	
Mikroklin-Glas	amorph						0—100		0,1909[2]	
Albit	triklin	1,53	1,53	1,54	2,59—2,70 i. M. 2,62	6—6,5	20—100		0,1948 0,1961	
Albit-Glas	amorph	1,49			2,38					
Anorthit	triklin	1,58	1,58	1,59	2,76					
Oligoklas	triklin	1,54			2,64—2,66	6—6,5				

[1]) L. B. Tab. [2]) Singer, F.: Keramik, S. 102. Braunschweig: F. Vieweg und Sohn. 1923.
[3]) Shearer u. Wyckoff: a. a. O.

Weißbrand bestimmt ist, sind die schon erwähnten Maßnahmen zur Verhütung des Eindringens färbender Verunreinigungen in das Mahlgut zu treffen. L. Finckh[1]) berichtet, daß sich der Gehalt von Eisen-3-oxyd durch die Aufbereitung von Ströbelfeldspat in eisernen Maschinen von 0,11 vH (vor dem Mahlen) auf 0,21 vH erhöhte, während bei der Vermahlung in Maschinen aus eisenfreien Legierungen (Zink, Bronze, Messing) oder Stein nur eine Steigerung auf 0,12 bis 0,13 vH eintrat.

Die Erzielung einer bestimmten Mahlfeinheit und gleichmäßigen Körnung ist mit Rücksicht auf die Reaktionsfähigkeit und Wirkung des Spates von besonderer Wichtigkeit. Ströbelfeldspat wird nach Finckh (a. a. O.) auf Mehl vermahlen, das den Maschengrößen von Sieben entspricht, die auf 1 cm² 900 bis 10 000 Maschen enthalten (und zwar 900 bis 5000 und 5000 bis 10 000). Nach E. Schramm und E. W. Scripture d. J.[2]), ist die auf der Massevorsatzmühle erzielte Mahlfeinheit größer als die auf stetig arbeitenden Mühlen erreichbare. Die vom Standpunkte der Großerzeugung aus wünschenswerte Stetigkeit des Mahlbetriebes wird durch Verwendung besonderer Maschinen, z. B.

[1]) Finckh, L.: Ker. Rundsch. 35, 1927, S. 315—320.
[2]) Schramm, E. u. E. W. Scripture d. J.: Journ. Am. Cer. Soc., Vol. 10, 1927, S. 264—267; Ref. Sprs. 60, 1927, S. 619.

der Konusmühle der Maschinenfabrik vorm. G. Dorst A. G. in Oberlind (Thüringen) erreicht.

Eine Erhöhung der Mahlbarkeit durch Verglühen und Abschrecken ist beim Feldspat nicht im gleichen Ausmaße möglich wie beim Quarz, da jener beim Erhitzen erst bei höherer Temperatur Umwandlungen erleidet, die mit wesentlicher Raumvergrößerung verbunden sind; daher wird beim Vorbrennen das Gefüge des Feldspates auch weniger gelockert. Nur wenn der Feldspat von reichlicherer Quarzmenge durchsetzt ist (Quarzspat), läßt sich eine kräftigere Wirkung auf Grund des Quarzwachstums erwarten. Bei sehr harten und dichten Spaten tritt infolge rein mechanischer Einflüsse beim Abschrecken eine Lockerung des Gefüges ein, welche die Zerkleinerung und Vermahlung erleichtert sowie auch alle übrigen Faktoren des Mahlbetriebes wie Dauer, Kraftaufwand, Abnutzung der Maschinenteile, günstig beeinflußt. Zum Verglühen kleinerer Mengen Feldspat verwendet man wie beim Quarz zweckmäßig die Abhitze keramischer Öfen, z. B. im Verglühraum des Porzellanofens, wobei man das Kalziniergut zur Vermeidung von Verunreinigung durch Flugasche einkapselt, bei großen Mengen die beim Quarz erwähnten Schrecköfen oder bei kleinstückigem Feldspat Kalziniertrommeln. Als obere Grenze der Verglühhitze kann jene Temperatur angesehen werden, oberhalb der Sinterungserscheinungen auftreten (etwa 1080° C), da bei Überschreitung der Sintertemperatur eine dem Zwecke des Verglühens entgegengesetzte Wirkung, nämlich eine mechanische Verfestigung, eintreten würde. Die Verglühtemperatur bewegt sich meist um schwache Rotglut, etwa SK 018 bis SK 09a. Der kalzinierte Feldspat gelangt in ein Abschreckgefäß, das sich neben oder unter dem Ofen befindet; großstückiges Material wird zweckmäßig vor der Einführung in die Trockentrommel einem Steinbrecher, kleinstückiges Gut ohne Steinbrecher der Trockentrommel und nachher der Mahlmaschine, z. B. einer Rohrmühle, zugeführt.

Das Verglühen ist im allgemeinen nur dann zu empfehlen, wenn es ohne Brennstoffaufwand erfolgen kann, da die erzielbaren Vorteile mit den Kosten eines besonderen Verglühbrandes (Heizstoffe, Arbeitslöhne) nicht im wirtschaftlichen Einklang stehen; es wird auch mit Rücksicht auf die Fortschritte in der Zerkleinerungstechnik immer seltener vorgenommen. Das Kalzinieren kaolinhaltiger Feldspate ist überhaupt von Nachteil, da hiedurch die plastische Wirkung der Tonsubstanz dieser Spate verloren geht, und der durch das Verglühen unbildsam gewordene Kaolin eine weitere Magerung der tonigen Massen bewirken würde.

In bezug auf die thermischen Eigenschaften unterscheidet sich der Kalifeldspat vom Quarz und der Schamotte vor allem durch die Wärmeleitfähigkeit. Sein Leitvermögen ist wesentlich kleiner als das des kristallisierten Quarzes und nur etwas größer als das der Schamotte. Die spezifische Wärme dieser drei Stoffe ist fast gleich groß, bei Schamotte zuweilen etwas größer. Bei niedrigen Temperaturen ist der lineare Ausdehnungskoeffizient gering, beim Feldspatglas etwa so groß wie der Koeffizient des Quarzes parallel zur kristallographischen Hauptachse, somit etwas größer als jener der Schamotte. Da die durch Feldspatzusatz im Brande verdichteten keramischen Scherben aus einem Gemenge von kristallinen und glasig-amorphen Stoffen bestehen, und das Feldspatglas im Scherben mancher Warengruppe reichlich vorhanden ist, besitzen vor allem die Ausdehnungsverhältnisse der Gläser keramisches Interesse. Es wird allerdings durch Fremdstoffe stark beeinflußt. Nach Malinowsky[1]) hängt die Auswirkung eines wachsenden Quarzgehaltes im Feldspat auf die thermische Ausdehnung außer von der Menge von der Art des vorhandenen Quarzes ab.

In elektrischer Hinsicht ist der glasige Kalifeldspat ein verhältnismäßig guter Isolator.

Die Feldspate sind nach Vernadsky ihrer chemischen Natur nach meist Salze der Alumohexakieselsäure ($H_2O \cdot Al_2O_3 \cdot 6\,SiO_2$).

Die empirische Zusammensetzung entspricht den Formeln:

Kalifeldspat $K_2O \cdot Al_2O_3 \cdot 6\,SiO_2 = AlK\,(SiO_4 \cdot 2\,SiO_2)$,

Natronfeldspat $Na_2O \cdot Al_2O_3 \cdot 6\,SiO_2 = AlNa\,(SiO_4 \cdot 2\,SiO_2)$.

Konstitutionell betrachtet, sind die Orthoklase als Derivate der Trisiliziumsäure $H_4Si_3O_8$ ($\underbrace{3\,H_4SiO_4}_{\text{Orthokieselsäure}} - 4\,H_2O = H_4Si_3O_8$) aufzufassen, in der die vier Wasserstoffatome durch ein (einwertiges) Kalium- und ein (dreiwertiges) Aluminiumatom ersetzt sind: $KAlSi_3O_8$ bzw. $K_2Al_2Si_6O_{16} = K_2O \cdot Al_2O_3 \cdot 6\,SiO_2$; man schreibt daher die Konstitutionsformel:

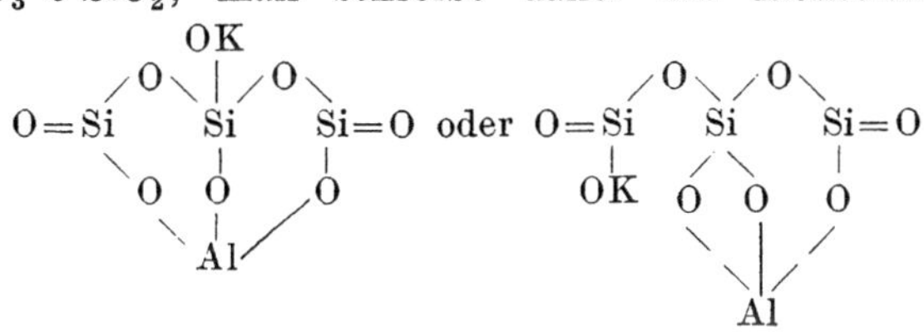

Die meisten Feldspate enthalten Verunreinigungen, welche die Brennfarbe der mit ihnen hergestellten keramischen Massen ungünstig beeinflussen. Die reinsten Spate kommen aus Skandinavien. Färbende Beimengungen sind: eingesprengte Erze, verschiedene eisenführende Mineralien (Glimmer, und zwar hauptsächlich Biotit, seltener Muskowit, Hornblende, Turmalin, Granat) und in kleinen Mengen beigemischte Eisenhydroxyde, seltener Mangan- und Titanverbindungen.

Auch reine Feldspate entsprechen kaum der theoretischen Zusammensetzung. Sie enthalten fast stets Natron, geringe Mengen (0,3—2 vH) Kalk und meist Bruchteile eines Hundertteiles von Magnesia; in manchen Feldspaten wurden auch Bariumverbindungen nachgewiesen. Der Natrongehalt in den Kalifeldspaten ist im allgemeinen gering, 2—3 vH Na_2O, erreicht im Sanidin einen Wert von 5—8 vH und kann sogar den Kaligehalt übersteigen. Ein höherer Natrongehalt verrät

[1]) Malinowsky: Journ. Am. Cer. Soc., Vol. 10, 1927, S. 23—29; Ref. Sprs. 60, 1927, S. 467.

sich durch die weißlichere Farbe des Feldspates. Ähnliche Verhältnisse obwalten beim Albit, der meist weniger als 1 vH Kali (K_2O), selten bis 2,5 vH enthält. In manchen Spaten ist der Eisengehalt sehr gering. Einige nordische Feldspate enthalten im geglühten Zustande nur wenige hundertstel Teile Eisen-3-oxyd.

Die Eisengehalte einiger Feldspatsorten betragen z. B.:

Norwegischer Orthoklas	0,08 vH Fe_2O_3
Schwedischer Orthoklas	0,10 vH ,,
Schwedischer Albit	0,18 vH ,,
Deutsche Kalifeldspate	0,18—1,75 vH Fe_2O_3

Die Farbe des Feldspates ist kein Kriterium des Eisengehaltes. Ein Feldspat mit 1 vH Eisen-3-oxydgehalt kann weiße Farbe besitzen, während ein anderer mit erheblich geringerem Eisengehalt gelblich gefärbt sein kann.

Nach K. Loeser[1]) ist ein Feldspat, in dem sich das Eisen in gleichmäßiger Verbindungsform befindet, für den keramischen Weißbrand dann verwendbar, wenn sein Gehalt an Eisen keine gelbliche Färbung bewirkt. Man nimmt an, daß die Spate mit zunehmender Verwitterung eine Verringerung des Eisengehaltes erfahren. Tatsächlich besitzen die als Pegmatite bezeichneten Verwitterungsprodukte meist einen sehr geringen Eisengehalt.

Bezüglich der schädlichen Wirkung des Glimmers verweist Loeser (a. a. O.) auf dessen Eisengehalt und die Schuppenform, die bei größeren Gehalten durch Bildung von Schichtungen die Formbarkeit der grünen Masse störe.

Andere färbende Bestandteile des Feldspates wie Mangan- und Titanverbindungen sind im allgemeinen in zu geringer Menge vorhanden, um Farbwirkungen äußern zu können.

Wichtige Gemengteile des Feldspates sind Quarz und Kaolin, der als Umwandlungsstoff stets den verwitterten Feldspat begleitet. Diese Stoffe bilden an sich Rohstoffe keramischer Massen und können daher auf Grund der rationellen Analyse des Feldspates in den Massenversatz eingerechnet werden. Ganz ohne Einfluß, und zwar hauptsächlich auf die physikalischen Eigenschaften der Masse, sind sie jedoch nicht. Ein Gehalt an Tonsubstanz wirkt unter Umständen dadurch nachteilig, daß der vom Feldspat mitgebrachte Kaolin meist weniger bildsam ist, als der zum Versatze verwendete reine, hochwertige Kaolin. Aus diesem Grunde bevorzugt man gut kristallisierte Feldspate, die zumeist frei von Tonsubstanz sind. Der Gehalt an Kaolin steigt natürlich mit der Dauer der Verwitterung, soferne der Kaolin nicht durch Wasser oder Wind fortgeführt wird. Der Einfluß des Quarzes auf die Ausdehnungsverhältnisse des Spates wurde schon erwähnt (siehe S. 275).

Quarz erhöht überdies auch die Härte. Sein Gehalt kann zuweilen eine beträchtliche Höhe erreichen. Malinowsky (a. a. O.) hat in amerikanischen Feldspaten bis zu 40 vH Quarz festgestellt. Feld-

[1]) Loeser, K.: Sprs. 57, 1924, S. 2—4, 13 u. 14.

spate mit hohem Quarzgehalt werden öfters als „Quarzspate“ bezeichnet. Nach Finckh (a. a. O.) besteht der früher als Quarzspat bezeichnete schlesische Ströbelfeldspat im wesentlichen aus Quarz und mehr oder weniger kaolinisiertem, biotitfreiem Feldspat (60—65 vH). Der Feldspat der Quarzspate ist nicht immer nur Orthoklas; er kann von Albit und Oligoklas begleitet, ja selbst zum großen Teile durch Albit ersetzt sein.

In Tabelle 42 sind Einzeln-, Durchschnittsanalysen und Grenzwerte verschiedener Feldspate und Feldspatsande, deren rationelle Zusammensetzung und zum Teil auch die zugehörigen Schmelzpunkte verzeichnet. „Grenzwerte“ bedeutet hier die Mindest- und Höchstgehalte, die in den der betreffenden Literaturstelle entnommenen Analysen aufscheinen.

Die Feldspate zählen zu den verhältnismäßig leicht verwitterbaren Mineralien. Durch Aufnahme von Wasser gehen sie in der Natur in Zeolithe, unter Wasseraufnahme und teilweisem Verlust von Alkali und Kieselsäure in Muskowit (Kaliglimmer), unter Verlust des gesamten Alkalis und eines Teiles der Kieselsäure bei gleichzeitiger Wasseraufnahme in Kaolin über. Die auf die Tropen beschränkte sogenannte lateritische Verwitterung führt unter gänzlichem Verlust des Alkalis und der Kieselsäure zur Bildung des Hydrargillites.

Schematisch läßt sich die keramisch wichtigste Umwandlung in Tonsubstanz (Kaolinisierung) durch folgende Gleichung darstellen:

$$\underset{\text{Feldspat}}{K_2O \cdot Al_2O_3 \cdot 6\,SiO_2} + 2\,H_2O + CO_2 = \underset{\text{Kaolin}}{Al_2O_3 \cdot 2\,SiO_2 \cdot 2\,H_2O} + 4\,SiO_2 + K_2CO_3$$

Die Hydrargillitbildung erfolgt gemäß der Gleichung

$$K_2O \cdot Al_2O_3 \cdot 6\,SiO_2 + 3\,H_2O + CO_2 = Al_2\,(OH)_6 + 6\,SiO_2 + K_2CO_3$$

die Muskowitbildung im Sinne der Reaktion

$$3\,KAlSi_3O_8 + H_2O + CO_2 = KH_2Al_3Si_3O_{12} + 6\,SiO_2 + K_2CO_3.$$

Am widerstandsfähigsten gegen Atmosphärilienwirkung sind die Alkalifeldspate, während Anorthite und die kalkreichen Albit-Anorthit-Feldspate leichter unter Bildung von kohlensaurem Kalk und Abscheidung von Kieselsäure zersetzt werden.

Orthoklas ist in Wasser praktisch unlöslich; bei länger dauernder, inniger Berührung der beiden Stoffe tritt eine geringe Zersetzung unter Abgabe von Alkali ein.

Die Wirkung des Wassers auf Feldspat ist keramisch insoferne von Interesse, als durch das abgegebene Alkali die Bildsamkeit der mit dem Feldspat zur Masse verarbeiteten plastischen Werkstoffe beeinflußt werden kann. Nach Kenngott zeigen die naß gemahlenen Pulver von Orthoklas, Albit und Anorthit im Gegensatz zu trocken gemahlenen Spaten deutliche alkalische Reaktion; Verglühen und Abschrecken befördert die Abspaltung von Alkali. A. S. Cushman[1]) gibt die durch abwechselndes

[1]) Cushman, A. S.: Trans. Am. Cer. Soc. Vol. 7, 1906, S. 15; Doelter, C.: Handbuch der Mineralchemie, Bd. II/2, S. 105. Dresden-Leipzig: Th. Steinkopff. 1917.

Tabelle 42. Analysenbeispiele

	Bezeichnung	K_2O	Al_2O_3	SiO_2	Na_2O	Fe_2O_3	CaO	MgO	Glühverlust	Feldspat	Quarz	Tonsubstanz	KSP SK	KSP ∞ °C
	Orthoklas (theoret.)	16,93	18,32	64,75										
Skandinavien	Typus Norwegen[1])	12,79	19,18	64,98	2,32	0,33	—	0,25	0,48				8/9	1250/1280
Skandinavien	Roerstrand[2]) (Schweden)	12,26	19,73	64,57	3,06	0,20	0,18	—						
Skandinavien	Arendal[3]) (Norwegen)	15,70	18,07	65,19	0,82	0,22								
Skandinavien	Norwegen[4])	11,11	20,22	64,70	3,67	0,08	Spur		0,20	90,6	2,2	7,2	13	1380
Skandinavien	Schweden[5])	14,02	19,40	64,04	1,91	0,10	0,08		0,48	93,1		6,9	9	1280
Bayern	Grenzwerte[4]) (z. T. Feldspatsande)	6,0 — 12,5	15,43 — 21,14	64,13 — 75,10	2,4 — 5,2	0,25 — 0,67	0 — 0,40	0 — 0,30	0,20 — 1,04	59,10 — 92,3	5,3 — 33,7	2,4 — 9,7	9 — 17	1200 — 1480
Übriges Deutschland	Grenzwerte[4])[6])	4,36 — 12,98	13,90 — 20,03	64,86 — 77,28	1,70 — 5,06	0,18 — 0,80	0,05 — 1,0	bis 0,11	bis 2,01					
Böhmen	Grenzwerte[1])[4])[6])	10,65 — 14,15	18,04 — 19,75	64,5 — 66,75	bis 4,49	0,17 — 1,75	Spur — 1,25	0 — 0,02	bis 0,73	bis 84,9			bis 15	bis 1435
Quarzspate[7])	Durchschnitt von Ia Ströbelfeldspat für feinkeram. Zwecke	4,68	14,60	76,06	3,95	0,11	Spur	Spur	0,67	61,6	30,6	7,8	15	1435
Quarzspate[7])	Ströbelfeldspat	+ Na_2O 7,53	15,05	75,44		0,91	Spur	Spur	1,07					
Albite	Theoretisch		19,44	68,73	11,83									
Albite	Krageroe[1]) (Norwegen)	0,52	21,66	65,35	9,88	0,64	1,79	0,16	0,25					
Albite	Schweden[8])	0,68	21,03	66,65	10,39	0,18	0,12		0,80	93,1	6,9 (Quarz + Tonsubstanz)		10	1300
Albite	Deutschland (Grenzwert[1])[4])[6])[8])	Spur — 1,87	18,90 — 21,70	64,10 — 67,92	6,93 — 11,8	0,18 — 1,28	0,5 — 2,02	0,16 — 0,80	0,10 — 0,60					
Durchschnittswerte	Oligoklas	2,1	22,3	63,9	8,5	0,6	1,9	0,5	Spur				∞ 6a/7	∞ 1200/1230
Durchschnittswerte	Anorthit	0,9	28,2	52,7	3,6	2,4	11,5	0,5	0,5				∞ 8	∞ 1250
	Anorthit (theoret.)		36,8	43,1			20,1							

[1]) Seger: Tonind.-Z. 1877, Nr. 45.
[2]) Tonind.-Z. 1883, S. 451.
[3]) Sprs. 1887, S. 157.
[4]) Singer, F.: Keramik, S. 60—63. Braunschweig: F. Vieweg und Sohn. 1923.
[5]) Sprs. 58, 1925, S. 626.
[6]) Kühl: Ker. Rundsch. 34, 1926, S. 767ff.
[7]) Finckh: a. a. O.
[8]) Loeser: Ker. Rundsch. 32, 1924, S. 42.

Naßmahlen und Elektrolysieren herauslösbare Alkalimenge mit etwa 4 vH an.

Nach G. A. Daubrée[1]) werden bei sehr feiner Mahlung und entsprechend langer Mahldauer bis 0,4 vH Alkali an Wasser abgegeben. F. Funk[2]) berichtet, daß besonders unter gleichzeitiger Einwirkung von Kohlensäure sich kolloidale Zersetzungsstoffe bilden, die organische Farbstoffe sorbieren. Das aus dem Feldspat bei der Naßmahlung herausgelöste Alkali reicht der Menge nach bereits hin, um die Kolloide der Tonsubstanz zu verflüssigen (peptisieren), wodurch der Plastizitätsgrad der Masse eine, wenn auch geringe, Verschlechterung erfährt, dagegen die Gießfähigkeit günstig beeinflußt wird. Nach Scripture[3]) zeigen Feldspataufschlämmungen (auch Flintsuspensionen) bei Einwirkung von Elektrolyten (Basen, Säuren, Salzen), wenn auch weniger ausgesprochen, die gleichen Erscheinungen wie Tonschlicker, nämlich je nach Art und Menge des Elektrolyten Peptisation, Pektisation und Sorption; die Wirkungen der Zusätze nehmen mit der Kornfeinheit zu.

Feldspat gilt gewöhnlich als säureunlöslicher Stoff, ausgenommen ist natürlich die Flußsäure. Streng beurteilt, entspricht diese Annahme nicht den Tatsachen. Säuren, besonders konzentrierte Schwefelsäure, die zumeist bei der rationellen Analyse von Kaolinen und Steinguttonen als Zersetzungsmittel der Tonsubstanz verwendet wird, greifen ihn erheblich stärker an als das Wasser. Am widerstandsfähigsten gegen Schwefelsäure oder Säuren überhaupt sind reiner Orthoklas und Albit. (Anorthit wird sogar ohne Kieselsäureabscheidung völlig aufgelöst.) Größere Zersetzlichkeit durch Säuren besitzen die Alkalifeldspate bei Anwesenheit von Kalk; sie sind in konzentrierter Schwefelsäure um so löslicher, je mehr ihre Zusammensetzung von der des reinen Orthoklases oder Albites abweicht.

Durch verdünnte Alkalilaugen wird Orthoklas kaum angegriffen, durch Kochen mit konzentrierten Laugen dagegen zersetzt.

In Berührung mit Salzlösungen zeigt feingemahlener Feldspat nach E. Sullivan[4]) eine permutitähnliche, fast äquimolekulare Austauschfähigkeit des Alkalis, z. B. im Sinne der Gleichung

$$K_2O \cdot Al_2O_3 \cdot 6\,SiO_2 + 2\,NaCl \rightleftarrows Na_2O \cdot Al_2O_3 \cdot 6\,SiO_2 + 2\,KCl.$$

Brennverhalten

Die Wirkung höherer Temperaturen äußert sich beim Feldspat in morphologischer Hinsicht ähnlich wie beim Quarz in einem Übergang der kristallisierten Phase in den glasig-amorphen Zustand

---

[1]) Daubrée, G. A.: zit. nach Bischof, C., Die feuerfesten Tone. 3. Aufl., S. 15. Leipzig: Quandt und Händel. 1904.

[2]) Funk, F.: Sprs. 43, 1909, S. 13, 15, 27/8.

[3]) Scripture: Journ. Am. Cer. Soc., Vol. 10, 1927, S. 238—242; Ref. Ker. Rundsch. 35, 1927, S. 423.

[4]) Sullivan, E.: Bull. geol. Sur. USA., S. 312; Bauer, E. P.: Keramik, S. 30. Leipzig: Th. Steinkopff. 1923.

(Feldspatglas). Die Umwandlung ist beim Feldspat jedoch nicht durch scharf umrissene Zwischenformen gekennzeichnet, sondern erfolgt allmählich und vor dem eigentlichen Schmelzen. An feinem Pulver von norwegischem Mikroklin beobachteten Rieke und Endell[1]) die Umwandlung in den glasig-amorphen Zustand bei einer Temperatur von 1160—1180° C nach genügend langer Einwirkung dieser Hitze; Verflüssigung trat erst um 50—100° C höher ein. Reiner Adular wurde von E. Dittler[2]) durch längeres Erhitzen bei 1180—1200° C vollkommen in Feldspatglas übergeführt. Bei diesen Temperaturen ist Quarz bzw. dessen Umwandlungsphasen noch kristallisiert. Dieser Umstand bietet die Möglichkeit der mikroskopischen Erkennung von Quarz im Feldspat auf Grund der verschiedenen optischen Eigenschaften. Die Bildung des Feldspatglases ist wie beim Quarz mit einer Verringerung der Dichte verbunden (vgl. Tabelle 41).

Berdel[3]) beobachtete an großen Stücken von norwegischem Mikroklin eine Verringerung des spezifischen Gewichtes von etwa 1150° C an; bei ∾ 1300° C erhielt er geschmolzenes Mikroklinglas, dessen Dichte nur 2,37 betrug. Vorgebrannter Feldspat ist, wenn die Brenntemperatur genügend hoch war, infolge des geringeren spezifischen Gewichtes leichter mischbar.

Mit der Verringerung der Dichte geht eine Raumzunahme und Auflockerung des Gefüges Hand in Hand. Die Volumvergrößerung beträgt beim Orthoklas etwa 7—9 vH, beim Albit etwa 10—11 vH. Selbstverständlich hängt das Ausmaß des Wachstums von dem Grade der Umwandlung der kristallisierten Phase in die glasig-amorphe Zustandsform ab. Zur Glasbildung ist keineswegs Verflüssigung nötig; Feldspatglas bildet sich schon unterhalb der Verflüssigungstemperatur, beim „Schmelzpunkt".

Über die Änderungen der thermischen und elektrischen Eigenschaften bei Temperatursteigerung gibt Tabelle 43 Aufschluß (vgl. Tabelle 41).

Die spezifische Wärme nimmt sowohl bei den kristallisierten Formen als auch bei den Gläsern mit der Temperatur erheblich zu. Zur Erhitzung der Gewichtseinheit von 0 auf 1050° C sind nach Mc Gee (a. a. O.) 290 WE erforderlich. Die Wärmeausdehnung nimmt ebenfalls mit steigender Temperatur zu. Nach Shearer und Wyckoff (a. a. O.) hat ein Feldspatglas mit 10,4 vH Kaliumoxyd und 1,4 vH Natriumoxyd die größte Wärmeausdehnung; diese erfährt mit steigender Temperatur vor dem Erweichungsbeginn einen raschen Anstieg, und zwar bei Kalifeldspatglas ab 840° C, bei Natronfeldspatglas ab 750° C.

---

[1]) Rieke u. Endell: Arch. phys. Chem. Glas u. Ker. Massen 1, 1912, S. 13—19; Doelter, C.: Handbuch der Mineralchemie, Bd. II/2, S. 105. Dresden-Leipzig: Th. Steinkopff. 1917.

[2]) Dittler E.: Z. anorg. Chem. 69, 1911, S. 273—304.

[3]) Berdel: Sprs. 37, 1904, S. 71—74.

Tabelle 43. Thermische und elektrische Eigenschaften bei höheren Temperaturen

Bezeichnung	t	c	$\beta \times 10^6$	W in Ω/cm^3	$\varkappa$ in reziproken Ω/cm^3
Adular (kristallisiert)	0—1100	0,2505[1])			
Adular-Glas	0—1100	0,2591[1])			
Feldspatglas	0—1050	0,28[2])			
Feldspatglas, gebrannt bei SK 9—10[3])	150 250 375 575 650 850 20—500		7,4 7,8 8,0 9,6 6,5 10,3 7,8		
Orthoklas			$\alpha \cdot 10^7$: 287,3		
Albit			$\alpha \cdot 10^7$: 270,5		
Orthoklas[4]) (Adular)	1215 1308 1406			90 000 31 670 3 736	
Orthoklas-Glas[5])	1100 1200 1300				$0{,}537 \times 10^{-4}$ $41{,}1 \times 10^{-4}$ $296{,}1 \times 10^{-4}$

[1]) Singer, F.: Keramik, S. 102. Braunschweig: F. Vieweg u. Sohn. 1923.
[2]) Mc Gee: a. a. O. [3]) Shearer und Wyckoff: a. a. O.
[4]) Doelter: Sitzber. Wiener Akad. 117, 1909, S. 849; Doelter, C.: Handbuch der Mineralchemie, Bd. II/2, S. 537. Dresden-Leipzig: Th. Steinkopff. 1917.
[5]) Doelter: Sitzber. Wiener Akad. 116, 1907, S. 1263; Doelter, C.: a. a. O., S. 538.

Der elektrische Widerstand nimmt mit steigender Temperatur erheblich ab. Nach Untersuchungen von Doelter[1]) folgt Orthoklas bis zum Erweichungsbeginne der Rasch-Hinrichsenschen Regel.

Unter den Auswirkungen der Hitze spielt beim Feldspat, der das höchstwertige Flußmittel weißbrennender, feinkeramischer Massen darstellt, die Brennfarbe eine große Rolle. Für diese ist die Farbe des Minerals nicht maßgebend. Rötliche Spate können sich völlig weiß und umgekehrt weiße Orthoklase rötlich brennen. Je nach dem Gehalt an färbenden Beimengungen und deren Verteilungsgrad brennen die Spate reinweiß, weiß, graulichweiß, gelblichweiß oder stärker farbig.

Die Brennfarbe ist außer vom Gehalt an färbenden Verunreinigungen von der Höhe der Brenntemperatur abhängig; manche Spate brennen

[1]) Doelter: siehe Fußnote 4 zu Tabelle 43.

bei beginnender Erweichung schwach farbig, bei der Schmelztemperatur hingegen weiß. Rein weißbrennende Feldspate entstammen den Vorkommen in Norwegen und Schweden; einige Fundstätten in Deutschland, z. B. Wunsiedel (Bayern), liefern ebenfalls weißbrennende Spate.

Ähnliche Verhältnisse obwalten beim Albit, doch brennt dieser im Reduktionsfeuer infolge Einlagerung von Kohlenstoff, der sich schwieriger als beim Orthoklas durch Oxydation entfernen läßt, leicht graulich oder bläulich.

In Österreich wurde vor einigen Jahren in Steiermark bei Naintsch ein für den keramischen Weißbrand geeigneter Feldspat gefunden, dessen Verwertung insofern auf Schwierigkeiten stößt, als die einzelnen Teile des Lagers nicht gleichwertigen Spat liefern[1]).

Von größter Bedeutung für die Flußwirkung des Feldspates sind die Formartänderungen. Sie hängen im allgemeinen vom Alkaligehalt in der Weise ab, daß alkalireichere Spate früher erweichen und schmelzen bzw. sich verflüssigen als alkaliärmere Spate. Da reinster Orthoklas 16,9 vH Kali (K_2O) und reinster Albit nur 11,8 vH Natron (Na_2O) enthält, die absolute Alkalimenge beim Albit daher bedeutend geringer ist, müßte gefolgert werden, daß Orthoklase leichter schmelzen als Albite. Dem widerspricht die Erfahrung. Die Schmelzbarkeit wird eben auch durch die Art des Alkalis beeinflußt; Natrongehalt erniedrigt den Erweichungsbeginn und erhöht die Schmelzbarkeit. Nach Shearer und Wyckoff (a. a. O.) erweicht das auf S. 280 angeführte Feldspatglas (10,4 vH K_2O und 1,4 vH Na_2O) bei 975° C, ein Albitglas mit 6,5 vH Na_2O und 4,2 vH K_2O bei 870° C.

Wie der Quarz besitzt auch der Orthoklas und Albit eine sehr geringe Schmelzgeschwindigkeit und daher keinen scharfen Schmelzpunkt. Die Erweichungs- und Schmelztemperaturen der einzelnen Kalifeldspate liegen verschieden hoch. Im Durchschnitt beginnt Orthoklas bei etwa 1160° C zu erweichen und geht, im Gegensatz zum Albit, langsam und stetig in die flüssige Formart über. Die Erweichungsbereiche der einzelnen Arten stehen in enger Beziehung zum Kaligehalt. Je nach der Zusammensetzung liegt die Verflüssigungstemperatur bei etwa 1200—1300° C. Spate, die vorwiegend aus Orthoklas bestehen, schmelzen nach Kohl[2]) meist nicht niedriger als bei SK 9, wogegen Albite eine Schmelztemperatur von 1200—1230° C besitzen. Kohl verweist auf die Tatsache, daß tiefer als bei SK 9 liegende Schmelzpunkte von Orthoklasen auf einen entsprechenden Gehalt an Natronfeldspat schließen lassen.

Sanidin besitzt zufolge seines größeren Natrongehaltes einen tieferliegenden Schmelzpunkt als Orthoklas und Mikroklin.

Albit ist auf Grund seiner größeren Schmelzbarkeit, die nach Kohl (a. a. O.) schon bei SK 7 die gleiche Zähflüssigkeit und Reaktions-

[1]) Verfasser verdankt die Kenntnis dieses Vorkommens den persönlichen Mitteilungen des Herrn Kommerzialrates Richard Lichtenstern, Steingut-Union, Wien.

[2]) Kohl: Sprs. 57, 1924, S. 363.

geschwindigkeit bedinge, wie sie beim Orthoklas erst drei Segerkegel höher eintritt, ein stärker wirkender Flußstoff als Orthoklas.

Außer durch Menge und Art des Alkalis wird die Schmelzbarkeit durch die Korngröße des Spates, die Höhe des Kieselsäuregehaltes und den Grad der Verwitterung (Tonsubstanz!) beeinflußt. Quarz und Kaolin im Feldspat verringern die Schmelzbarkeit und daher auch seinen Wert als Flußstoff.

Morey und Bowen[1]) haben festgestellt, daß Orthoklas keinen bestimmten Schmelzpunkt besitzt, sondern inkongruent unter Zerfall in Leuzit und ein kieselsäurereiches Glas schmilzt:

$$K_2O \cdot Al_2O_3 \cdot 6\,SiO_2 = \underset{\text{Leuzit}}{K_2O \cdot Al_2O_3 \cdot 4\,SiO_2} + \underset{\text{Glas}}{2\,SiO_2}.$$

Der Beginn dieser Zersetzung liegt bei 1170° C, die vollständige Verflüssigung tritt erst bei 1510° C ein.

Beim Schmelzen von Feldspat soll eine Verflüchtigung von Alkali beobachtet worden sein. Nach Untersuchungen von Zöllner[2]) beträgt der Gewichtsverlust selbst bei öfterem Erhitzen auf etwa 1400° C kaum ein Zehntel Prozent. A. Kanz[3]) berichtet, daß Feldspat bei Temperaturen oberhalb seines Schmelzpunktes Gase von noch unbekannter Zusammensetzung abgebe.

Wie die Schmelzbarkeit der Spate ist auch die Zähflüssigkeit der Feldspatschmelzen von der Art des Alkalis abhängig. Kalifeldspat besitzt im geschmolzenen Zustand eine bedeutend höhere Viskosität als Natronfeldspat. Ein Natrongehalt verringert sie ebenso wie ein Gehalt an Kalziumoxyd.

Da Orthoklas eine sehr geringe Kristallisationsfähigkeit besitzt, führt die Erstarrung ohne Mitwirkung von Katalysatoren stets zu Feldspatglas. Dieses ist bei reinem Orthoklas farblos und durchsichtig, bei größerem Gehalt an Natronfeldspat mehr oder weniger opak, häufig wolkenartig oder milchig getrübt. Nach Rieke und L. Mauve[4]) erstarrt die Feldspatschmelze unter Umständen auch zu blasigem Glas.

Unter den bei höherer Temperatur eintretenden Wechselwirkungen des Orthoklases sind insbesondere die Reaktionen mit Quarz, Tonsubstanz und Quarz + Tonsubstanz von keramischem Interesse.

Die Wirkung eines Quarzgehaltes auf die Schmelzbarkeit von Orthoklas ist aus Abb. 47, welche die von Simonis[5]) gefundenen Schmelzlinien von Quarz-Orthoklas- und Orthoklas-Kaolin-Gemengen enthält, ersichtlich.

Der Kegelschmelzpunkt des Feldspates (SK 8) steigt mit zunehmendem Quarzgehalt ziemlich stetig bis zum Schmelzpunkt des

[1]) Morey und Bowen: Am. Journ. Sci., 4, 1922, S. 1—21; zit. nach einem Referat in Ker. Rundsch. 35, 1927, S. 711.

[2]) Zöllner: Sprs. 41, 1908, S. 35f.

[3]) Kanz, A.: Dissertation, Würzburg; Ref. Sprs. 59, 1926, S. 842.

[4]) Rieke u. L. Mauve: Sprs. 60, 1927, S. 334.

[5]) Simonis: Sprs. 40, 1907, S. 390.

Quarzes. Weder Schmelzpunktmaxima noch deutliche Eutektika treten in der Schmelzlinie in Erscheinung.

In ähnlicher Weise wirkt auch die Tonsubstanz (Zettlitzer Kaolin) auf die Schmelzbarkeit des Spates. Ab etwa 15 vH Kaolingehalt tritt eine starke Steigerung der Schmelztemperatur des Gemisches ein; bis zu diesem Gehalt beträgt die Schmelzpunkterhöhung nur einen Segerkegel. Auch in diesem System treten keine deutlichen eutektischen Mischungen auf. Vom Kaolin ausgehend, erkennt man, daß die verflüssigende Wirkung des Spates auf Tonsubstanz von etwa 55 vH Spatgehalt an stärker zunimmt und die Wirkung des Spates auf die Schmelztemperatur des Quarzes durch ziemliche Stetigkeit gekennzeichnet ist.

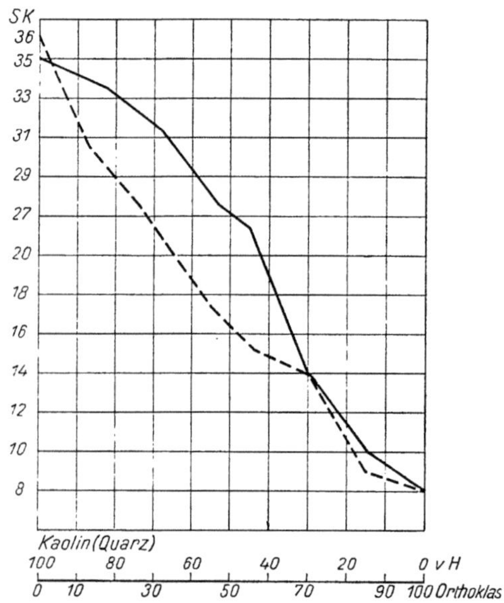

Abb. 47. Schmelzlinien von Kaolin-Orthoklas- und Quarz-Orthoklas-Gemischen; nach Simonis
——— Kaolin-Orthoklas
– – – – Quarz-Orthoklas

Alle Quarz-Orthoklas-Gemenge von 70— ∾3 vH Feldspatgehalt schmelzen tiefer als die entsprechenden Kaolin-Orthoklas-Gemische. Ein Gehalt von 70 vH Orthoklas erniedrigt die Kegelschmelztemperatur beider Stoffe (Kaolin und Quarz) auf die gleiche Höhe (∾ SK 14). Tonsubstanz wirkt nach Kohl (a. a. O.) auf Quarz-Feldspat-Gemische bis zum Betrage von 10 vH und darüber hinaus etwa im gleichen Maße erniedrigend auf den Schmelzpunkt wie die gleiche Menge Feldspat. Aus dieser Tatsache folgert Kohl, daß man aus dem Kegelschmelzpunkt der in der Porzellanindustrie verwendeten Gemische aus Tonsubstanz, Quarz und Feldspat (Pegmatite), die nicht mehr als 10 vH Kaolin enthalten, und durch Bestimmung des Glühverlustes unter Benutzung der Simonisschen Schmelzpunktkurve von Quarz-Feldspat-Gemischen näherungsweise auf den Gehalt der Mischung an den drei Komponenten zu schließen vermag; die Kurve gibt mit Hilfe des Kegelschmelzpunktes den Quarzgehalt, der Glühverlust annähernd die Tonsubstanz, somit der Ausdruck (100 — Quarz — Tonsubstanz) den Feldspatgehalt.

Im System Quarz-Kaolin-Orthoklas existiert nach Simonis[1]) ebenso wie in feldspatfreien Gemischen der beiden Bestandteile das Eutektikum 75 vH Quarz : 25 vH Tonsubstanz.

[1]) Simonis: Sprs. 40, 1907, S. 403/4.

Simonis schließt daraus, daß der Feldspat als indifferentes Lösungsmittel für die beiden Oxyde die Flußmittelwirkung des Quarzes auf Tonsubstanz verstärke, am meisten also dann den Schmelzpunkt erniedrige, wenn bezüglich der beiden anderen Oxyde eutektische Verhältnisse vorliegen. Auf diesen Tatsachen fußend, errechnete Simonis eine mit dem Kegelschmelzpunkt steigende oder fallende Schmelzbarkeitzahl (S. Z.), die für keramische Massen die relative Änderung des Kegelschmelzpunktes (Fallen oder Steigen) bei geringer Veränderung der Zusammensetzung der Masse angibt.

Für ein Gemisch von 70 vH Feldspat und je 15 vH Quarz und Tonsubstanz fand Simonis den Kegelschmelzpunkt von SK 10—11; dieser Schmelzbarkeitsgrad entspricht nach den Formeln für die Schmelzbarkeitzahl:

a) für tonige Massen $\left(z > \frac{q}{3}\right)$: $S.\,Z. = 2\,z + \frac{2}{3}\,q - 40$,

b) für kieselsäurereiche Massen $\left(z < \frac{q}{3}\right)$: $S.\,Z. = \frac{3}{2}\,q - \frac{z}{2} - 40$

einer Schmelzbarkeitzahl = 0 (höchster für die Formel zulässiger Feldspatgehalt).

In den Simonisschen Formeln bedeuten z, q und f die Prozente von Kaolin (Zettlitzer), Quarz und Feldspat. Tonsubstanz und Quarz sind in den Formeln im eutektischen Verhältnis aufgeteilt, der Restbetrag wird von Simonis als schmelzpunkterhöhend, der Feldspatgehalt als verflüssigend in Rechnung gestellt. Größere Veränderungen der Massenzusammensetzung sind durch die Unterscheidung in „tonige“ und „sandige“ Massen berücksichtigt, wobei für die letztgenannten nur die Hälfte der Überschußzahl der Berechnung zugrunde gelegt ist. Simonis berichtet, daß die Schmelzbarkeitzahl auch für Massen großer Verschiedenheit Werte ergäbe, die von den experimentell festgestellten Kegelschmelzpunkten nur um weniger als eine Segerkegelnummer abweichen; der Wert der Schmelzbarkeitzahl sei nur ein relativer, da die Schmelzpunkte auch durch die Korngrößen und Erhitzungsgeschwindigkeit beeinflußt werden.

Die Beziehungen zwischen Schmelzbarkeitzahl und Kegelschmelzpunkten gehen aus Tabelle 44 hervor.

Tabelle 44. Beziehungen zwischen Simonisscher Schmelzbarkeitzahl und Kegelschmelzpunkten

S. Z.	KSP	S. Z.	KSP	S. Z.	KSP	S. Z.	KSP
17,5	14	39,2	18	65	27	102	31
22,6	15	44,6	10	72	28	114	32
28,0	16	50,0	20	80	29	127	33
33,7	17	57,6	26	89	30	141	34

Alle basischen Oxyde treten bei entsprechend hoher Temperatur mit Feldspat in chemische Wechselwirkungen, deren Ergebnis die Bildung leichter als Feldspat schmelzbarer komplexer Silikate ist.

Eisenoxyd, Kalk, Magnesia und Natron bzw. Steigerung des Kaligehaltes erniedrigen den Schmelzpunkt, fördern also seine Flußmittelwirkung.

Mit Albit bildet der Orthoklas nach Vogt[1]) eine stetige Reihe von Mischkristallen mit einem Eutektikum, das wahrscheinlich der Zusammensetzung 42 vH Orthoklas und 58 vH Albit entspricht.

Der Schmelzpunkt dieses eutektischen Gemenges liegt bei 1130 bis 1140° C. Roth (a. a. O.) fand, daß die ersten dem Orthoklas zugesetzten Gewichtsteile Albit die stärkste Erhöhung der Schmelzbarkeit verursachen; nach seinen Versuchen liegt der Schmelzpunkt eines Gemisches von etwa 45 vH Orthoklas und etwa 55 vH Albit nur mehr um eine halbe Segerkegelnummer höher als der des reinen Albites.

Das Lösungsvermögen der Feldspatschmelze oberhalb des Feldspatschmelzpunktes für seine natürlichen Beimengungen, für die mit ihm zur keramischen Masse verarbeiteten plastischen und unbildsamen Stoffe und jene, die aus der Tonsubstanz bei hoher Temperatur gebildet werden, ist ein wesentlicher Faktor seiner Flußmittelwirkung. Es ist von der Temperatur der Schmelze, deren chemischer Beschaffenheit, dem Feinheitsgrade des Spates und des zu lösenden Stoffes und für Quarz von der Kristallphase abhängig. Höhere Temperatur, größerer Natrongehalt der Schmelze und größerer Feinheitsgrad der zweiten Lösungskomponente erhöhen im allgemeinen das Lösungsvermögen; es ist für Quarz im Porzellanfeuer erheblich größer als für Tonsubstanz, da der Spat zufolge seiner alkalischen Wirkung große Neigung zur Bildung von sauren Silikaten besitzt und gegenüber freier Kieselsäure reaktionsfähiger ist als gegenüber gebundener Kieselsäure (Tonsubstanz). Die Lösungsverhältnisse bei verschieden hohen Temperaturen wurden von Zöllner[2]), von A. Heath und Mellor[3]) und anderen untersucht. Geschmolzener Orthoklas löst bei:

	Tonsubstanz (bzw. Sillimanit)	Quarz	Tonerde
1300° C	∾ 20 vH	15—20 vH	
im Porzellanfeuer (1400—1480°)		60—70 vH	bis zu 3,5 vH

Plenske[4]) nimmt an, daß der Feldspat in der Porzellanmasse beim Erhitzen auf 1315° C in der Zeiteinheit mehr amorphe Tonsubstanz als kristalline Kieselsäure unter Bildung übersättigter Alumosilikatschmelzlösungen aufnimmt. Die Einwirkung von Feldspat auf Tonsubstanz beginnt bereits bei etwa 1000° C. Bleininger[5]) fand, daß in einem Gemenge von 25 vH mäßig weichem Feldspat, 70 vH Flint

---

[1]) Vogt: Tsch. min. Mit. 1905, Bd. 24.

[2]) Zöllner: Diss., Berlin, 1908; Sprs. 41, 1908, S. 35.

[3]) Heath, A. u. Mellor: Trans. Cer. Soc. Engl., Vol. 7, 1907, S. 80—100; Ref. Z. B. 81, 1910, S. 1065.

[4]) Plenske: Diss., Aachen, 1907; Hecht, H.: Lehrb. d. Keramik, S. 285. Berlin-Wien: Urban und Schwarzenberg. 1923.

[5]) Bleininger: Bull. Am. Soc., Mai 1926, S. 225—229; Ref. Tonind.-Z. 50, 1926, S. 1314.

und 5 vH Kreide bei Ortonkegel 9 mindestens die Hälfte des Flintes gelöst war, während bei höherer Temperatur vollständige Lösung eintrat. Nach A. S. Watts[1]) ist das Lösungsvermögen des Albites für Tonsubstanz größer als das des Orthoklases, die Menge des von der Feldspatschmelze gelösten Kaolins größer als die von fetten Tonen. Orthoklas nimmt nach Vogt (a. a. O.), ohne seine optischen Eigenschaften merklich zu ändern, etwa 30 vH Albit auf, hingegen löst Albit nur eine geringe Menge Orthoklas.

Diese Lösungsverhältnisse sind von grundlegender Bedeutung für die Bildung des Scherbens der Sintererzeugnisse, Steinzeug, Porzellan und die Übergänge des Steingutes zum Porzellan, aber auch für die Scherbenbildung in nicht gesinterten Massen, z. B. für Hartsteingut. Im Umfange dieser Lösungsvorgänge — Bildung von Schmelzlösungen an der Oberfläche der Massenteilchen (Steingut) bzw. völliges Durchdringen der Teilchen von seiten der Schmelzlösungen (Porzellan) — unterscheiden sich eben die Prozesse der Steingut- und Porzellanbildung.

Die Erstarrung der Schmelzlösungen führt wie die des Feldspates selbst stets zu Glas. Bei entsprechend hoher Temperatur scheiden sich aber auch kristalline Umlagerungsstoffe der Tonsubstanz (Sillimanit oder Mullit) aus, so daß im Scherben dieser Erzeugnisse stets kristalline neben glasig-amorphen Bildungen vorhanden sind.

Vorkommen

Die für die europäische Tonindustrie wichtigsten Feldspatvorkommen bergen die Länder Skandinavien (Hauptmenge), Deutschland (Bayern), Böhmen, England, Frankreich und Spanien. Als reinste Spate gelten die aus Pegmatiten (siehe S. 298) stammenden Orthoklase von Schweden und Norwegen. Die wichtigeren Fundorte in Norwegen sind: Arendal, Bamle, Bergen, Krageroe, Marnö, Moss, Oslo und Tvedestrand; in Schweden — hauptsächlich Orthoklas, weniger häufig und in kleineren Lagern Albit — nach A. S. W. Odelberg[2]) vorwiegend an der Ostküste und im Süden: Umgebung von Stockholm, Insel Ytterby, Waxholm, Roerstrand, Margretelund und andere.

Die nordischen Spate besitzen den höchsten Gehalt an gut kristallisiertem Orthoklas, großen Reinheitsgrad und nach Loeser[3]) auch große Gleichmäßigkeit in der chemischen Zusammensetzung. Ein Feldspat von außerordentlicher Reinheit findet sich nach Odelberg (a. a. O.) in den großen Lagern von Margretelund. Im Durchschnitt weisen die nordischen Spate einen Eisengehalt von etwa 0,3 vH Fe_2O_3 und einen Natrongehalt von ∞ 2 vH auf. Ihre Kegelschmelzpunkte liegen im Mittel bei SK 9—10, die der nordischen Albite bei SK 8. Die nor-

[1]) Watts, A. S.: Trans. Am. Cer. Soc., Vol. 11, 1909, S. 185—199; Vol. 16, 1914, S. 212—215; Sprs. 51, 1918, S. 56.

[2]) Odelberg, A. S. W.: Trans. Cer. Soc., Vol. 24, 1924/25, S. 273—277; Ref. Tonind.-Z. 49, 1925, S. 1340.

[3]) Loeser: Sprs. 57, 1924, S. 2.

wegischen Spate sind im allgemeinen kalireicher und daher strengflüssiger als die schwedischen.

Deutschland verfügt nur über wenige Vorkommen von kristallisiertem Feldspat, der nach Rieke und Mauve (a. a. O.) unreiner ist als die nordischen Spate. Zumeist findet er sich in Pegmatiten und feldspatreicheren Verwitterungsprodukten eruptiver Gesteine (siehe auch Vorkommen von Pegmatiten und Feldspatsanden). Das Hauptverbreitungsgebiet des deutschen Feldspates ist Bayern. Er findet sich hier in der Oberpfalz, z. B. bei Waidhaus, Hagendorf, Pleystein, in Oberfranken bei Wunsiedel, im Spessart und in Nieder-Bayern. Die bayrischen Feldspate stehen nach v. Hackeloer-Köbbinghoff[1]) in der Güte weit hinter den skandinavischen Spaten und kommen daher nur in beschränktem Maße als deren Ersatz für die Porzellanerzeugung in Betracht. Kohl (a. a. O.) berichtet, daß die Vorkommen von Waidhaus und Hagendorf ein zur Porzellanerzeugung geeignetes Gestein liefern. Für diese Industrie sollen nach dem Ergebnis einer vom „Sprechsaal"[2]) ergangenen Rundfrage auch der Spat von Wunsiedel (und Lohme) verwertbar sein. Waidhauser und Hagendorfer Spat sind nach Kohl (a. a. O.) praktisch frei von Glimmer, wenig quarzhaltig und in Brennfarbe und Durchschein den nordischen Spaten gleichwertig.

Albite finden sich in Deutschland bei Dransfeld (unweit Göttingen), im Odenwald, in der Pfalz und an anderen Orten.

Bekanntere Vorkommen böhmischer Spate liegen bei Karlsbad (Dorotheenaue), Marienbad, Metzling, Pilsen, Bischofteinitz, Chotoun bei Prag, Engelhaus, Klentsch, Semnitz, Taus, Wottawa und an anderen Orten. Wie Bayern liefert auch Böhmen geringe Mengen von zumeist weniger reinen Spaten. Die eben erwähnte Bewertung der bayrischen Spate durch v. Hackeloer-Köbbinghoff bezieht sich auch auf die böhmischen Spate. Im allgemeinen zählen sie zu den leichtflüssigen Arten. Der Spat von Chotoun besitzt größeren Natrongehalt, der Karlsbader Spat älterer Formation einen höheren Eisengehalt.

Die englischen Spate werden hauptsächlich als Cornish stone, und zwar zu 88 vH in Cornwall gewonnen[3]).

Frankreich gewinnt Feldspat im mittleren Teile des Landes und in den Pyrenäen. Im übrigen finden sich in Frankreich vorwiegend Pegmatite (siehe S. 298).

Im allgemeinen ist die Feldspatgewinnung der mitteleuropäischen Staaten gering.

Unter den feldspatproduzierenden Ländern steht Amerika mit den Vereinigten Staaten an erster Stelle der Welterzeugung[4]). Der Feldspat findet sich hier vorwiegend in den östlichen Ländern: Arkansas,

---

[1]) v. Hackeloer-Köbbinghoff: Ker. Rundsch. 31, 1923, S. 259.

[2]) Sprs. 58, 1925, S. 706.

[3]) Imp. Min. Res. Bur., Ref. Tonind.-Z. 45, 1921, S. 442.

[4]) Tonind.-Z. 44, 1920, S. 1325.

Connecticut, Süd-Dakota, Maine, New Hampshire, New York und Nord-Karolina, außerdem in Kalifornien. Weniger bedeutende Lager (Pegmatite) besitzt das östliche Kanada in den Provinzen Manitoba, Ontario (Kingston) und Quebec[1]). Die Feldspate der Vereinigten Staaten sollen im Durchschnitt minderer Güte sein[2]).

Feldspat gewinnen ferner: Spanien (Barcelonafeldspat), Portugal, Italien, Irland, Finnland, China und Neusüdwales. In Rußland wurden neuerdings Feldspatlager, die nunmehr ausgebeutet werden sollen, auf der Insel Kola (Murmansche Eisenbahn) entdeckt[3]).

Das Vorkommen von Feldspat in Österreich (Steiermark) wurde bereits erwähnt (siehe S. 282).

Quarzspat findet sich in Deutschland unter anderem bei Ströbel (Ströbelspat) am Fuße des Zobten im Bezirk Breslau. Ströbelspat wird als praktisch eisenfrei und rein weißbrennend bezeichnet und von der Feldspat-Ströbel G. m. b. H. als Ersatz für Feldspat und Quarz für die Porzellan-, Steinzeug- und Steingutindustrie empfohlen. Auch der Quarzspat von Kesselberg und Rabspat soll sich zur Porzellanerzeugung eignen[4]).

Verwendung

Der in der europäischen Tonindustrie als Flußstoff in Verwendung stehende Feldspat ist fast ausschließlich Kalifeldspat in Form von Orthoklas oder Mikroklin. Natronfeldspat steht in Europa nicht oder äußerst selten in Anwendung, soll aber in Amerika neben Oligoklas viel verwendet werden. Schwedischer Albit wird nach Odelberg (a. a. O.) als Flußmittel für hochwertige Isolatoren sehr geschätzt. Die Gründe für die Nichtverwendung des Albites sind zweifacher Natur. Der eine Grund liegt in den Preisverhältnissen, die durch die Häufigkeit des Vorkommens und die Mächtigkeit der Lager geregelt werden. Albit findet sich eben in Europa, besonders in Deutschland, in zu geringer Menge, um den Bedarf der Tonindustrie zu decken. In zweiter Linie sprechen verschiedene technische Umstände gegen seine Verwendung, insbesondere als Flußstoff von hochzubrennenden Massen. Albit ist nämlich selten praktisch so eisenarm, daß er für den keramischen Weißbrand verwendbar ist. Außerdem ist, wie schon erwähnt, das Ausbrennen des im Brande abgelagerten Kohlenstoffes schwierig, und die geringere Zähflüssigkeit läßt bei hohen Brenntemperaturen Entformungen befürchten, während Kalifeldspat vermöge seiner höheren Viskosität und seines langsamen Zusammenfließens die Verglasung ohne Entformungsgefahr bewirkt.

Nach den Hauptverwendungen des Feldspates in der Keramik unterscheidet man „Massefeldspat" und „Glasurfeldspat". Beide werden stets in Form von gröberem oder feinerem Mehl angewendet.

---

[1]) Tonind.-Z. 44, 1920, S. 1325; 45, 1921, S. 498.
[2]) Brick and Clay Record, 1922, Nr. 5 und 6; Ref. Tonind.-Z. 46, 1922, S. 524.
[3]) Ker. Rundsch. 35, 1927, S. 64.
[4]) Sprs. 58, 1925, S. 706.

Die besten Sorten von Massefeldspat dienen als Flußstoff in feinkeramischen Massen und solchen, die dem keramischen Weißbrand zugeführt werden. Sie finden also Anwendung in der Industrie des Hart- und Weichporzellans, des Feinsteinzeugs, Prunksteinzeugs und des Steinzeugs für Haushaltungszwecke, der Sanitätsware, des Feldspat- und gemischten Steingutes, der Feuertonware, ferner bei der Erzeugung von künstlichen Zähnen und zu Engoben. Quarzspate werden zur gleichzeitigen Einführung von Feldspat und Quarz verwendet, dessen Menge zumeist den gesamten Quarzgehalt der Masse deckt. Zweitklassiger Massefeldspat dient als Flußstoff in den übrigen Sinterzeugindustrien, bei der Erzeugung von Fußbodenplatten, Klinkern, Steinzeugrohren, chemisch-technischem Steinzeug, säurefesten Steinen, Bauterrakotten und anderen. Kaolinreicherer Ströbelfeldspat wird nach Finckh (a. a. O.) für Sondererzeugnisse der Schamotte-Industrie verwendet.

Die Menge des in den verschiedenen Massen enthaltenen Feldspates schwankt je nach der Art der Erzeugnisse von wenigen Hundertteilen bis zu einem Viertel der Masse und mehr.

Einige Beispiele für den Feldspatgehalt keramischer Massen nach Hecht[1]) und Berdel[2]):

Gemischtes Steingut (Kalk und Feldspat als Flußmittel)	bis 10 vH;
Feldspatsteingut	3—10 vH und mehr;
Sanitätsware	8—15 vH;
Berliner Weichporzellan	55 vH;
Knochenporzellan	47 vH;
Segerporzellan	20—35 vH;
Hartporzellan	15—33 vH;
Magnesiaporzellan	7 vH;
Elektroporzellan	oft mehr als 50 vH Ströbelfeldspat (nach Finckh: a. a. O.)
Pyrometerporzellan	25 vH;
Pukallsches Feinsteinzeug	12 vH;
Säurefeste Steine	20—30 vH;
Feuertonware	10 vH.

Glasurfeldspat wird vor seiner Verwendung häufig kalziniert. Er dient zur gleichzeitigen Einführung von Kali (1 Mol), Tonerde (1 Mol) und Kieselsäure (6 Mol). Die Einführung des Kalis in Form von Feldspat hat vor der Anwendung der wasserlöslichen Pottasche (K_2CO_3) den Vorzug, daß die feldspathaltigen Glasuren unter der Voraussetzung, daß durch den Feldspat die Gesamtmenge des Kalis gedeckt wird und keine anderen wasserlöslichen Glasurbestandteile zugegen sind, als Rohglasuren, also ohne vorheriges Fritten, aufgetragen werden

[1]) Hecht, H.: Lehrb. der Keramik. Berlin-Wien: Urban und Schwarzenberg. 1923.

[2]) Berdel, E.: Einfaches chemisches Praktikum, 2. Aufl. Coburg: Müller und Schmidt. 1919.

können und daß im Brande aus dem Feldspat keine größeren Gasmengen entweichen, während jedes Mol Pottasche 44 Gt Kohlensäure und jedes Mol Tonsubstanz 36 Gt Wasser entbindet; diese Gase bzw. Dämpfe können unter Umständen zur Bildung von Blasen in der Glasur führen. Feldspat findet mit Ausnahme der gewöhnlichen Irdenglasuren zur Bereitung fast aller Glasuren Verwendung. Eine bestimmte Gruppe von Glasuren (bleioxydfreie Alkali-Erdalkali-Tonerde-Silikate) führt die Bezeichnung „Feldspatglasuren".

Überdies dient Feldspat noch als Flußmittel in der Steatitindustrie, als Bindemittel in der Schleifmittelindustrie, zur Herstellung von Sondergläsern (Spatgläser) und Emaillen.

Die wichtigsten Anforderungen an keramisch verwendeten Feldspat sind: niedriger Erweichungsbeginn, niedriger Schmelzpunkt, großes Lösungsvermögen für Quarz und Tonsubstanz und für die Verwendung in weißbrennenden Massen, reinweiße, fleckenlose Brennfarbe.

Je niedriger die Erweichungstemperatur liegt, desto früher beginnt seine verkittende Wirkung, desto niedriger kann also die Brenntemperatur jener Massen, deren Scherben keine völlige Verdichtung erfordert, gehalten werden. Bezüglich der Schmelzbarkeit verlangt Bleininger[1]) von gutem Massefeldspat, daß ein auf 1250^0 C erhitzter Kegel zwar völlig durchgeschmolzen sei, aber keine merklichen Formveränderungen aufweise.

Zum Teil kann aus gewissen Eigenschaften des Spates schon auf seine Eignung zur keramischen Verwendung geschlossen werden. Nach v. Hackeloer-Köbbinghoff (a. a. O.) soll der Feldspat speckigen Glanz, monokline Kristallform besitzen und sich leicht spalten lassen. Mit Rücksicht auf den Wert als Flußmittel soll er möglichst geringe Mengen Quarz und Tonsubstanz enthalten, mit Bezug auf die Brennfarbe praktisch frei von Pigmentstoffen sein. Als schädliche Beimengung gilt auch der Glimmer (siehe S. 276).

In chemischer Hinsicht fordert Bleininger (a. a. O.) für Massefeldspat einen Mindestgehalt an Kali von 9 vH, einen Höchstgehalt an Kieselsäure und Natron von 69 vH bzw. 3 vH. Für Glasurfeldspate hält er einen höheren Natrongehalt als 3 vH für zulässig.

Die Reaktionsfähigkeit des Spates nimmt mit seiner Mahlfeinheit zu, daher soll das Mehl einen bestimmten Feinheitsgrad besitzen.

Wirkungen in tonigen Massen

Die Wirkung des Feldspates in tonigen Massen als Flußmittel hängt in erster Linie von der Höhe der Brenntemperatur, die durch seine Wirkung bedingten Eigenschaften im wesentlichen von seiner chemischen Beschaffenheit ab.

Als nicht bindefähiger Werkstoff wirkt der Feldspat in der grünen Masse magernd. Auf die Möglichkeit einer Verringerung der Plastizität der keramischen Masse durch Abgabe von Alkali an das Anfeuchte-

[1]) Bleininger: Ref. Tonind.-Z. 46, 1922, S. 496.

wasser bei der Naßmahlung, soferne er in Breiform zum Versatze kommen soll, wurde bereits hingewiesen (siehe S. 279). Die magernde Wirkung des Spates erstreckt sich bis zum beginnenden Erweichen. In Massen, deren Brenntemperatur unterhalb des Erweichungsbeginnes liegt, würde der Spat daher keine oder nur sehr geringe Flußwirkung ausüben. Mit der Erreichung der Sinterungstemperatur treten die in der Einleitung (siehe S. 37) erwähnten Flußmittelwirkungen in Erscheinung. Orthoklas bewirkt durch sein stetiges Zusammenfließen eine vollkommene Sinterung, ohne die Standfestigkeit der Masse frühzeitig zu gefährden. Nach Simonis (a. a. O.) können Massen mit entsprechend hohem Feldspatgehalt schon bei SK 2a—SK 5a vollständig sintern und daher Dichtbrennen, da mit zunehmendem Feldspatgehalt die Schmelzbarkeit der Masse steige. Nach Berdel[1]) wirkt er schon bei etwa SK 1a verkittend. Stärker als Kalifeldspat wirkt der Albit verflüssigend, jedoch besteht bei diesem zufolge des rascheren Verlaufes der Sinterung die Gefahr, daß albitreiche Massen sich leicht verziehen und im Feuer nicht so gut stehen wie orthoklasreiche Massen. Nach völliger Verflüssigung des Spates tritt infolge des Eindringens der Feldspatschmelze in die Poren der Masse nach Berdel (a. a. O.) eine plötzliche Vergrößerung der Brennschwindung ein, deren Umfang auch zur Art des Alkalis im Feldspat in Beziehung steht (siehe S. 293).

Auf die Brennfarbe wirkt reiner Feldspat insoferne günstig ein, als er die Intensität der weißen Farbe erhöht.

Im Scherben der keramischen Masse äußert sich die Flußwirkung durch erhebliche Verminderung der Porigkeit, Erhöhung der Härte und mechanischen Festigkeit, aber auch durch Verringerung der Elastizität, damit auch in der Verringerung des thermischen Widerstandes, und endlich in der Herabsetzung des Feuerfestigkeitsgrades. Der nachteilige Einfluß auf die Zähigkeit des Scherbens läßt sich bis zu einem gewissen Grade durch geeigneten Massenaufbau (Laboratoriumporzellan!) und besondere Brandführung (äußerst langsames Abheizen) vermindern.

In Steingutmassen besteht seine verdichtende Wirkung lediglich in einer teilweisen Verstopfung der Poren und oberflächlichen Verkittung der Teilchen.

In Porzellanmassen bildet er mit den übrigen Massenbestandteilen Schmelzlösungen, indem er die Teilchen der Tonsubstanz und des Quarzes völlig durchdringt; ferner fördert er katalytisch die molekulare Umlagerung der Tonsubstanz und bis zu einem gewissen Grade den Durchschein des Scherbens. Die Lichtdurchlässigkeit steigt nach Parmelee und Ketchum (a. a. O.) bei konstant bleibendem Tongehalt mit der Menge des in der Masse enthaltenen Feldspates, bei konstantem Quarzgehalt mit der Zunahme des Feldspates auf Kosten der Tonsubstanz; die Wirkung wird durch feines Mahlen verstärkt. Natronfeldspat übertrifft auch in dieser Beziehung den Orthoklas; Massen,

[1]) Berdel: Sprs. 37, 1904, S. 190—193.

die beide Spate enthalten, zeigen mit steigendem Albitgehalt einen besseren Durchschein. Auch soll die Transparenz durch Albit bei tieferer Temperatur erreicht werden als durch Kalifeldspat. Nach Watts[1]) nimmt die Lichtdurchlässigkeit des Porzellanscherbens in Gegenwart beider Spate mit steigendem Albitgehalt zu.

R. F. Geller[2]) berichtet, daß in feldspathaltigen gesinterten Massen eine Erhöhung des Gehaltes an Kaliumoxyd eine Verstärkung des Durchscheines bewirke, dagegen das Erweichungsbereich verkürze, während mit der Steigerung des Gehaltes an Natriumoxyd die thermische Ausdehnung wachse.

Was den Einfluß der Art des Alkalis auf das Brennverhalten einer Porzellanmasse betrifft, berichtet Watts (a. a. O.), daß bei gleichen Teilen Kali- und Natronfeldspat das Verziehen der Formlinge bis SK 8 am stärksten sei und auch oberhalb dieser Temperatur stärkeres Krummwerden der Masse eintrete, wenn der Natrongehalt mehr als 50 v H des Alkalis ausmacht, ferner daß die Entformungsgefahr sich verringere, wenn nur Natronfeldspat vorhanden ist. Da die Entformung unter den Verhältnissen des Porzellanbrandes im wesentlichen eine Auswirkung der Schwindungsverhältnisse ist, dürften nach Watts obige Beziehungen sinngemäß auch für die Brennschwindung gelten. Kalifeldspat soll dem Porzellan eine höhere mechanische Festigkeit erteilen als Natronfeldspat; hingegen soll Albit die Widerstandsfähigkeit des Elektroporzellans gegen hochgespannte elektrische Ströme, also das elektrische Isolationsvermögen, erhöhen[3]). Watts hält die Anwesenheit beider Alkalioxyde für die Durchschlagsfestigkeit von elektrotechnischem Porzellan für günstig.

Der Grad der Wirkung des Spates in einer Porzellanmasse hängt nach Kohl (a. a. O.) insbesondere von seinem physikalischen Verhalten ab; er ist unmittelbar eine Funktion der Schmelztemperatur, mittelbar der Einwirkungsdauer der Feldspatschmelze auf die übrigen Massenbestandteile; je niedriger die Schmelztemperatur, desto früher wird der für die Auflösung der Tonsubstanz und des Quarzes günstigste Grad von Leichtflüssigkeit erreicht, desto länger währt daher die Einwirkung der Schmelze auf die zu lösenden Stoffe, desto stärker ist auch die Wirkung des Spates während des Brennens.

Der Feldspatgehalt einer keramischen Masse beeinflußt auch das Haften der Glasuren auf dem Scherben. Beim Porzellan tritt dieser Umstand wegen der chemischen Ähnlichkeit von Masse und Glasur weniger in Erscheinung als beim Steingut. Größere Unterschiede in den Elastizitäts- und Ausdehnungsverhältnissen von Scherben und Glasur führen zu schlechtem Haften der Glasur (Haarrisse oder Ab-

[1]) Watts: Sprs. 51, 1918, S. 56.

[2]) Geller, R. F.: Bureau of Standards, 2. Fortschrittsber.; Journ. Am. Cer. Soc., Vol. 10, 1927, S. 411—434; Ref. Tonind.-Z. 51, 1927, S. 1785.

[3]) Ker. Rundsch. 31, 1923, S. 330.

springen der Glasur). Nach Seger[1]) verhütet ein richtig bemessener Feldspatgehalt durch seinen Einfluß auf die Größe der Ausdehnung — der thermische Ausdehnungskoeffizient des Scherbens wird durch Feldspat verringert — das Abspringen der Glasur an den Rändern des Steingutes. Quarz setzt nach Shearer und Wyckoff trotz seiner hohen Ausdehnung beim Übergange in die Feldspatlösung die Wärmeausdehnung des Feldspates herab. Dieser Einfluß äußert sich natürlich auch bei dem im Feldspat von Natur aus vorhandenen Quarz und in den Ausdehnungsverhältnissen jener Glasuren und Emails, die mit quarzhaltigem Feldspat ohne Einrechnung des Quarzgehaltes in die Segerformel bereitet wurden.

Die ungünstigen Wirkungen des Feldspates auf die Schwerschmelzbarkeit feuerfester Tone und Quarzite wurden bereits erwähnt.

II. Weißbrennende Feldspatersatzstoffe

(Pegmatit, Cornish stone, Feldspatsande)

Diese drei geologisch verschiedenen Feldspatquellen besitzen in ihrem mineralogischen Aufbau, daher auch im Brennverhalten, in den Verwendungen und Wirkungen viele gemeinsame Merkmale.

Ihre wesentlichen Bestandteile sind Quarz, Feldspat und dessen Verwitterungsprodukt, der Kaolin.

Pegmatite sind grobkörnige, lockere Gesteine vom Typus des Muskowitgranites. Infolge ihrer leichten Verwitterung treten sie nicht nur als Gestein, sondern auch in Form von großkörnigen Sanden, Pegmatitsanden, auf. Geologisch betrachtet, sind die Pegmatite magmatische Ausscheidungen im Mutter- oder Nebengestein (Intrusionen), die durch Anhäufung von im Magma verteilten Stoffen an einzelnen Stellen des Schmelzflusses entstehen.

Cornish stone (Cornwall stone, China stone, Stone) ist ein pegmatitähnliches Verwitterungsprodukt von Granit, das infolge des geringeren Verwitterungsgrades noch einen festeren Zusammenhang besitzt. Nach dem verschiedenen Grad der Kaolinisierung unterscheidet man in England: Hartpurpurstein (hard purple), weichen Purpurstein (mild purple), trockenen, weißen Stein (dry white) und ledergelben Stein (buff stone), von denen „mild purple“ in der Kaolinisierung am weitesten vorgeschritten ist[2]).

Die Feldspatsande sind zumeist in Kaolinisierung begriffene Zertrümmerungsprodukte juveniler Feldspatgesteine.

Ein pegmatitähnliches Gestein kennt man in China unter dem Namen „Petuntse“.

In den Pegmatiten treten zuweilen eigentümliche, schriftartige Verwachsungen von Orthoklas und Quarzprismen auf. Die Bestandteile, namentlich der Orthoklas und der zumeist vorhandene Kali-

---

[1]) Segers Ges. Schriften, 2. Aufl., S. 577. Berlin. 1908.

[2]) Imp. Min. Res. Bur.; Ref. Tonind.-Z. 45, 1921, S. 442.

glimmer (Muskowit), können in den Pegmatiten eine beträchtliche Größe erreichen.

Das Pegmatitgestein ist zumeist mürbe und leicht zerreiblich. Die Gegenwart von Tonsubstanz erteilt dem feingemahlenen Pegmatit einen mäßigen Grad von Bildsamkeit, doch ist die Plastizität der pegmatitischen Tonsubstanz meist sehr gering.

Die mineralogischen Hauptgemengteile der Pegmatite und des Cornish stone sind die betreffenden Bestandteile des Muttergesteines, bei Granit also Feldspat, Quarz und Kaliglimmer; daneben finden sich oft zahlreiche typische Mineralien wie Apatit, Turmalin, Granat, gelegentlich auch Zirkon und Beryll (in Pegmatiten), Muskowit, Fluorit und Topas im Stone. Kühl[1]) bezeichnet große Tafeln von Muskowit als wesentliche Bestandteile der Pegmatite. In manchen Gesteinen tritt jedoch der Kaliglimmer stark zurück oder fehlt, wie Magnesiumglimmer stets, gänzlich. Ein regelmäßiger Begleiter dieser beiden Gesteine ist der Kaolin. Der Feldspat ist in den Pegmatiten durch Orthoklas oder Mikroklin vertreten. Im Cornish stone findet sich Orthoklas oder Orthoklas und Albit und auch Albitoligoklas[2]).

Gemäß ihrer Entstehung sind die Feldspatsande in mineralogischer Hinsicht recht verschiedenartig zusammengesetzt. Im wesentlichen sind auch sie Gemenge von Quarzsand, Feldspat und Kaolin.

In chemischer Hinsicht bestehen diese Gesteine entsprechend ihrer mineralogischen Zusammensetzung hauptsächlich aus Kieselsäure, Tonerde, Alkalien und geringen Mengen von Eisen-, Kalk-, Magnesia- und Titanverbindungen.

Der Gesamtkieselsäuregehalt kann in den Pegmatiten bis zu 90 vH steigen und ist stets höher als beim Feldspat; dagegen ist der Alkaligehalt, in dem zuweilen das Natron vorherrscht, stets geringer als beim Orthoklas. Im allgemeinen liegt die chemische Zusammensetzung der Pegmatite innerhalb folgender Grenzwerte:

SiO_2:	70—76 vH	$CaO + MgO$:	0—0,7 vH
Al_2O_3:	13—19 „	K_2O:	2,8—11 „
Fe_2O_3:	Spur—1 „	Na_2O:	0— 9 „

Nicht kaolinisierter Pegmatit (Schriftgranit) hat als natürliches Eutektikum zwischen Orthoklas und Quarz nach Doelter[3]) eine ziemlich gleichbleibende Zusammensetzung.

Einzelanalysen dieser Feldspatersatzstoffe, Kegelschmelzpunkte und Grenzwerte aus bekannten Analysen zeigt Tabelle 45.

Die in der Tabelle angeführten Cornish stones „hard purple“ und „buff stone“ enthalten überdies mehrere zehntel Prozente Fluor und Phosphorsäure (P_2O_5), wenige hundertstel Prozente Mangan-, Lithium- und Titanverbindungen, „hard purple“ auch Chlorverbindungen.

---

[1]) Kühl: Sprs. 57, 1924, S. 624.

[2]) Imp. Min. Res. Bur.; Ref. Tonind.-Z. 45, 1921, S. 442.

[3]) Doelter, C.: Handbuch der Mineralchemie, Bd. I, S. 770. Dresden Leipzig: Th. Steinkopff. 1912.

Tabelle 45. Analysenbeispiele

	Bezeichnung	SiO_2	TiO_2	Al_2O_3	Fe_2O_3	CaO	MgO	K_2O	Na_2O	Glühverlust	Feldspat	Quarz	Tonsubstanz	KSP SK
Pegmatite	Tirschenreuth[1])	78,99		12,63	0,22	0,13	0,08	1,72	5,27	0,94	44,7	42,3	13,0	
	Steinfels (ungewaschen)[2])	86,98		8,35	0,11	—	—	3,56	0,61	0,38	32	58	10	
	Steinfels (gewaschen)[2])	87,47		7,32	0,21	0,06	0,04	1,98	2,59	0,31	36	64		18
	Weiden (Bauscher Pegmatit)[1])	82,49		11,05	0,41	0,05	Spur	4,01	0,16	1,88	34,3	54,8	10,9	
	Weiherhammer (Oberpfalz, Edelweißpegmatit)[3])	84,06	0,18	9,80	0,36	0,02	0,23	3,90	0,93	H_2O 1,02	32	60	8	
	Saarbrücken[4])	70,0		15,57	0,53	—	—	3,81	9,21	0,55	63	27	10	8—9
	St. Yrieix (Frankreich)[5])	76,10		15,37	0,13	0,17	Spur	2,84	4,58					
Cornish stone	hard purple[6])	72,28		14,90	0,50	1,66	0,15	3,58	1,76	H_2O 0,81				
	dry purple[6])	73,96		15,90	1,40	1,89	0,32	2,96	0,26	1,11				
	buff stone[6])	73,18		16,13	0,52	0,61	0,14	3,00	1,28	2,01	55,5	30,9	14,6	
	Stone[1])	72,35		17,02	0,40	1,06	0,08	4,84	2,98	1,39	40,1	38,2	21,7	
	purple stone[6])										77,2	16,1	6,7	
	Cornwall stone[7])	73,0		17,3		1,5		2,5	3,9					
Feldspatsande	Bayern[8])	69,92—75,4		15,1—17,74	~ 0,40	0,12—0,30	Spur—0,10	7,1—10,4		1,02—1,45	44,4—70,4			15—17
	Thüringen, Sachsen[8])	83,4—88,26		6,83—9,8	0,13—0,5	0,08—0,09	0,05—0,10	3,5—4,18		0,38—1,17	18—36,2			18—27
	Birkenfeld[9])	75,33		14,47	0,20	0,14	0,11	6,26	2,52	1,02	61,4	27,5	11,1	26

[1]) Singer, F.: Keramik, S. 62—63. Braunschweig: F. Vieweg und Sohn. 1923.
[2]) Analyse der Porzellanfabrik C. M. Hutschenreuther, A. G., Betrieb Steinfels.
[3]) Rieke u. Mauve: a. a. O.
[4]) Westdeutsches Feldspatwerk K. Fischer, Saarbrücken, Analyse von E. Berdel.
[5]) Muspratt, J. S.: Chemie, 4. Aufl., Bd. VIII, S. 377. Braunschweig: F. Vieweg und Sohn. 1905.
[6]) Tonind.-Z. 45, 1921, S. 442. [7]) Shearer u. Wyckoff: a. a. O.
[8]) Aus zahlreichen im Schrifttum verzeichneten Analysen (Buss E.: Sprs. 58, 1925, S. 626; Kohl: Sprs. 57, 1924, S. 362; Singer: siehe Fußnote) [1]).
[9]) Buss: Sprs. 58, 1925, S. 626.

Der schwankenden Zusammensetzung dieser drei Flußstoffe entspricht ein verschiedenes Verhalten bei der Behandlung mit Säuren. Die tonsubstanzfreien Pegmatite werden bei der Einwirkung von konzentrierter Schwefelsäure nicht zersetzt, während ein Gehalt an Kaolin eine der Menge der Tonsubstanz entsprechende Zersetzlichkeit bedingt.

Die Verwitterung der Pegmatite liefert wie die des Feldspates Kaoline, die den damit versetzten Massen eine reinweiße Brennfarbe und im Sinterbrand einen ausgezeichneten Durchschein verleihen. Der bekannte Zettlitzer Kaolin und viele französische Kaoline sind Verwitterungsprodukte von Pegmatiten.

Eine chemische Unterscheidung der weißbrennenden Feldspatersatzstoffe untereinander und von den in Kaolinisierung begriffenen Feldspaten auf Grund der rationellen Analyse zu treffen, ist kaum möglich, um so weniger, als viele der Ersatzstoffe unter der Bezeichnung „Feldspat“ auf den Markt gelangen. Nach Loeser (a. a. O.) ist die Bezeichnung „Feldspatsand“ für ein durch Aufbereitung im Feldspatgehalt auf 70 vH angereichertes Gestein durchaus zutreffend.

Bei manchen feldspathaltigen Verwitterungsprodukten entspricht das Verhältnis der Summe von Feldspat und Kaolin zum Quarz fast dem eutektischen Verhältnis des Schriftgranites, z. B. beim Birkenfelder Feldspat, beim Pegmatit von Saarbrücken und auch beim Stone.

Brennverhalten

Das Verhalten der Pegmatite, Feldspatsande und des Cornish stone bei höheren Temperaturen ergibt sich aus dem Brennverhalten ihrer Bestandteile. Da sich diese Gesteine sowohl in den Mengenverhältnissen als auch in den Eigenschaften ihrer Hauptbestandteile unterscheiden, ist das physikalische und chemische Verhalten in höheren Temperaturen von der Menge der Hauptbestandteile, von der Zustandsform des Quarzes, von der Art und den Eigenschaften des Feldspates abhängig. Bei der Verwendung dieser Feldspatersatzstoffe ist mit der Einrechnung der Bestandteile in den Massenversatz durchaus nicht alles getan. Die Masse kann durch Einverleibung von Pegmatit in mancher Hinsicht verschlechtert oder verbessert werden.

Die Brennfarbe der Pegmatite ist zufolge ihrer Eisenarmut meist so rein weiß wie die von besten Feldspatsorten; manche brennen aber auch graustichig. Von Feldspatsanden sind nur einzelne, z. B. der Hirschauer Feldspatsand, für den keramischen Weißbrand geeignet.

Sinterungsbeginn, Art des Schmelzens und Schmelztemperatur hängen bei diesen Dreistoffgemengen von dem Gehalt an Feldspat und Tonsubstanz ab. Feldspatreiche, orthoklasführende Gemenge zeigen ein frühzeitiges Sintern und allmähliches Zusammenfließen. Im Porzellanfeuer sintern Pegmatite zu einer glänzenden, weißen Masse zusammen, die vielfach von geschmolzenen Stellen durchsetzt ist. Für den in Tabelle 45 angeführten Cornish stone (73 vH SiO_2) geben Shearer und Wyckoff (a. a. O.) einen Erweichungsbeginn von 935° C an. Die Schmelztemperaturen liegen bei feldspatreichen Gemengen mit einem verhältnismäßig niedrigen Gehalt an Tonsubstanz (etwa 10 vH) in der Nähe des Feldspatschmelzpunktes, z. B. bei SK 8—9, zumeist aber höher und erreichen selbst die Grenze der Feuerfestigkeit. In tonsubstanzfreien Gemengen fällt die Schmelztemperatur mit wachsendem Spatgehalte.

Bei der Verwendung dieser Feldspatersatzstoffe als keramische Feldspatquelle ist der Schmelzpunkt des Gemenges belanglos; maßgebend für die Wirkung als Flußstoff ist die Größe des Spatgehaltes und dessen flußbildende Faktoren (Schmelzbarkeit, Lösungsvermögen).

Tonsubstanzhaltige Pegmatite erleiden naturgemäß eine Dissoziation in bezug auf das Konstitutionswasser des Kaolins, womit eine Schwindung der Tonsubstanz verbunden ist. Die Raumänderung der Pegmatite als solche ist von den Mengenverhältnissen der Hauptbestandteile, dem Umwandlungsgrad des quarzigen Anteiles und der Höhe der Temperatur abhängig.

Vorkommen

Über bedeutende Pegmatitvorkommen verfügen in Europa Deutschland, Frankreich (St. Yrieix bei Limoges, Departement Pyrenäen und andere), England und Schweden. Die wichtigsten deutschen Fundstätten liegen in Bayern, hauptsächlich in der Oberpfalz und in Oberfranken (Schönsee, Steinfels, Tirschenreuth, Weiden, Weiherhammer, Wunsiedel). Die bayrischen Pegmatite und Pegmatitsande weisen im Durchschnitt etwa 38 vH Feldspat, 52 vH Quarz und etwa 10 vH Tonsubstanz auf. Der reinweißbrennende Edelweiß-Pegmatit der Pegmatit-Bergbau A. G. München, soll einen Kaolin von gutem Bildsamkeitsgrad enthalten. Auch außerhalb Bayerns (Schlesien, Sächsisches Erzgebirge, Westdeutschland) finden sich gute Pegmatite. Einer der feldspatreichsten Pegmatite ist nach Berdel der „Feldspat“ von Saarbrücken (Westdeutsches Feldspatwerk K. Fischer, Saarbrücken). Die von der Porzellanindustrie verwendeten deutschen Pegmatite (hauptsächlich Oberpfälzer) enthalten nach Kohl (a. a. O.) selten mehr als 10 vH Tonsubstanz.

In Österreich wurden Pegmatitlager vor wenigen Jahren in Steiermark erschlossen, die zum Teil eine reiche Zone von großtafeligem Kaliglimmer (größter ∅ über 30 cm) führen und eine Mächtigkeit von Fingerbreite bis zu mehreren Metern aufweisen[1]). Fundorte sind: Südliche Umgebung von Köflach (Trattnerhöhe, Hirschegg), Ligit, Voitsberg, zwischen Ossach und Kienberg, auf dem Reiflingberg, südlich von Judenburg. Auch in Tirol finden sich Pegmatite, die mit anderen Mineralien den Marmor durchsetzen.

Stone tritt in England (Cornwall), und zwar im Bezirke St. Stephen bei St. Austell, häufig in Gesellschaft des China Clay auf[2]).

Feldspatsande finden sich in Deutschland hauptsächlich in Thüringen und Bayern (Neuhaus, Remschütz, Amberg, Arzberg, Hirschau, Kronach, Schnaittenbach, Weiden, Pleystein, Weißenbrunn, Wunsiedel und andere Orte), ferner in Westdeutschland, im Vogtlande, Erzgebirge und in Schlesien.

Verwendung

Die Verwendung der Pegmatite und Feldspatsande beschränkt sich auf die Industrie des Sinterzeugs und des Feldspat- bzw. gemischten Steingutes. Pegmatite werden vielfach an Stelle gleicher Gewichtsteile Quarz und Feldspat oder an Stelle von je einem Drittel Quarz, Feldspat und Kaolin in die keramische Masse eingeführt. Richtig allein ist, den Pegmatit auf Grund seiner mineralogischen Zusammensetzung, also seiner rationellen Analyse, die allerdings bei Pegmatiten auf Schwierigkeiten stößt, in den Massenversatz einzurechnen. Fast immer kann durch den Pegmatit der Quarzgehalt der Masse gedeckt werden, während

[1]) Mohr, H.: Österr. Monatsschrift f. öffentl. Baudienst u. d. Berg- u. Hüttenwesen; Ref. Z. öst. Ing. u. Arch. Ver. 1925, Heft 23/24, S. 206.

[2]) Tonind.-Z. 45, 1921, S. 442.

ein verbliebener Feldspatrest durch reinen Feldspat ersetzt werden muß. Nach Loeser (a. a. O.) ist für den Umstand, ob ein Pegmatit für sich allein in die Masse eingeführt werden kann oder ob daneben noch ein anderer feldspathaltiger Werkstoff von höherem Feldspatgehalt miteinzuführen ist, das Quarz-Feldspat-Verhältnis maßgebend. Über die Verwendungsmöglichkeit der deutschen Pegmatite zum Aufbau von Porzellanmassen urteilt v. Hackeloer-Köbbinghoff (a. a. O.): „Die deutschen Pegmatite (und Feldspatsande), insbesondere die gewaschenen, sind als teilweiser Ersatz für skandinavischen Feldspat selbst für bestes Qualitätsporzellan ohne Beeinträchtigung der Qualität zu empfehlen.“ Die besten Pegmatite werden heute nicht nur zur Erzeugung von technischem und Elektro-Porzellan, sondern auch bei der Herstellung von Porzellangeschirr, ferner von Hartsteingut, Feinsteinzeug und Feuertonware, mindere Sorten für Klinker, Platten, Röhren, säurefeste Steine und Bauterrakotten verwendet. Sie haben gegenüber dem Feldspat den Vorzug der Billigkeit.

Mit Rücksicht auf das seltene Vorkommen reinen Feldspates haben Pegmatite und Feldspatsande für die deutsche Keram-Industrie große Bedeutung.

Die Verwendung des Cornish stone beschränkt sich fast ganz auf die englischen Hartsteingutfabriken. Bei der Erzeugung von Wedgwoodware soll auch Cornish stone verwendet werden.

Die Feldspatsande werden, soferne sie den Anforderungen an feinkeramische Flußmittel entsprechen, wie Pegmatite angewendet. Unter den Feldspatsanden soll sich besonders der von Amberg (Bayern) zur Erzeugung von Porzellan eignen[1]).

Die drei Feldspatersatzstoffe dienen auch zur Einführung von Alkali, Tonerde und Kieselsäure in Glasuren.

Die Anforderungen, denen diese Flußstoffe Genüge leisten sollen, beziehen sich nur zum Teil auf das Gemenge selbst; sie betreffen den mineralogischen Aufbau (hoher Feldspatgehalt, möglichste Glimmerfreiheit) und die Brennfarbe (Eisenarmut). Im übrigen gelten die Forderungen dem im Gestein enthaltenen Feldspat (leichte Schmelzbarkeit) und Quarz (leichte Umwandlung). Die Tonsubstanz dieser Gesteine soll einen guten Bildsamkeitsgrad besitzen, da sie bei der Verwendung des Sintermittels zur Porzellanerzeugung eine gleich große Menge eines hochwertigen Kaolins der Masse zu ersetzen hat[2]).

Wirkung in tonigen Massen

Die Wirkung der Pegmatite und ähnlichen Gesteine auf die grüne Masse ist kaum anders zu werten als die des Feldspates. Der meist geringe Gehalt an wenig bildsamer Tonsubstanz fällt in bezug auf den Plastizitätsgrad der Masse nicht sehr ins Gewicht.

[1]) Sprs. 58, 1925, S. 706.

[2]) Sprs. 57, 1924, S. 13.

Die Wirkungen im Brande entsprechen teils denen der Einzelstoffe, teils denen, die durch die Wechselbeziehungen der drei Hauptbestandteile gegeben sind.

Ungünstige Auswirkungen eines Pegmatitversatzes sind nur dann zu verzeichnen, wenn die Werkstoffe nicht obigen Anforderungen entsprechen. Ein hoher Schmelzpunkt des Pegmatitfeldspates, eine unzureichende Umwandlung des Quarzes in die reaktionsfähigeren Zustandsformen beeinträchtigen die Flußmittelwirkung, geringe Bildsamkeit des Pegmatit-Kaolins die Plastizität und Verarbeitbarkeit der Masse.

III. Grobkeramische Feldspatersatzstoffe

(Eruptivgesteine)

Eruptiv- oder Auswurfsgesteine (plutonische oder vulkanische Gesteine) sind die Erstarrungsprodukte des aus den peripherischen Herden emporgedrungenen Magmas.

Nach dem Orte, an dem die Erstarrung vor sich gegangen ist, teilt man sie ein in Tiefen-, Gang- und Oberflächen- oder Ergußgesteine. Tiefengesteine sind noch in der Erdtiefe durch langsame Abkühlung unter hohem Druck erstarrte kristalline Massengesteine. Die in der gleichen Weise erstarrten, chemisch von der Zusammensetzung der Tiefengesteine abweichenden Magmen, die innerhalb dieser gangförmig auftreten, heißen Ganggesteine. Dringt der magmatische Schmelzfluß an die Oberfläche und erstarrt hier durch rasche Abkühlung, so entstehen die Ergußgesteine.

Nachträgliche Veränderungen der Eruptiv- und Sedimentgesteine führen zur Bildung der sogenannten kristallinen Schiefer, von denen einige, z. B. der Gneis, den gleichen mineralogischen Aufbau besitzen wie bestimmte plutonische Gebirgsarten. Diese können daher keramisch ebensogut verwendet werden wie die entsprechenden Eruptivgesteine.

Die vulkanischen Gesteine sind im Gegensatz zu den sogenannten einfachen Gesteinen (Quarzit und anderen) gemengt, sie setzen sich aus zwei oder mehreren Mineralien zusammen. Die Bestandteile eines „zusammengesetzten" Gesteines sind „wesentliche" (Hauptgemengteile) oder „zufällige" (mikroskopische Nebengemengteile oder akzessorische Beimengungen). Der keramisch wichtige Gemengteil ist der Feldspat. Nach der vorherrschenden Art des Spates unterscheidet man hellfarbige, saure Orthoklas- und dunkel gefärbte, basische Plagioklasgesteine.

Der Orthoklas ist in manchen Arten, besonders in den jüngeren Ergußgesteinen (Trachyt, Phonolith) durch Sanidin vertreten und zumeist von Albit und kieselsäurereichem (saurem) oder kieselsäurearmem (basischem) Kalknatronfeldspat begleitet. Adular bevorzugt die älteren Eruptivgesteine und kristallinen Schiefer, Mikroklin vorwiegend die dynamometamorphen Schiefer, Albit die kristallinen Schiefer und manche saure Eruptivgesteine. Neben oder an Stelle des eigentlichen Feldspates finden sich andere alkalihaltige Mineralien, wie Leuzit ($K_2O \cdot Al_2O_3 \cdot 4\ SiO_2$), Nephelin ($Na_2O \cdot Al_2O_3 \cdot 2\ SiO_2$) und Kaliglimmer ($K_2O \cdot 3\ Al_2O_3 \cdot 6\ SiO_2 \cdot 2\ H_2O$).

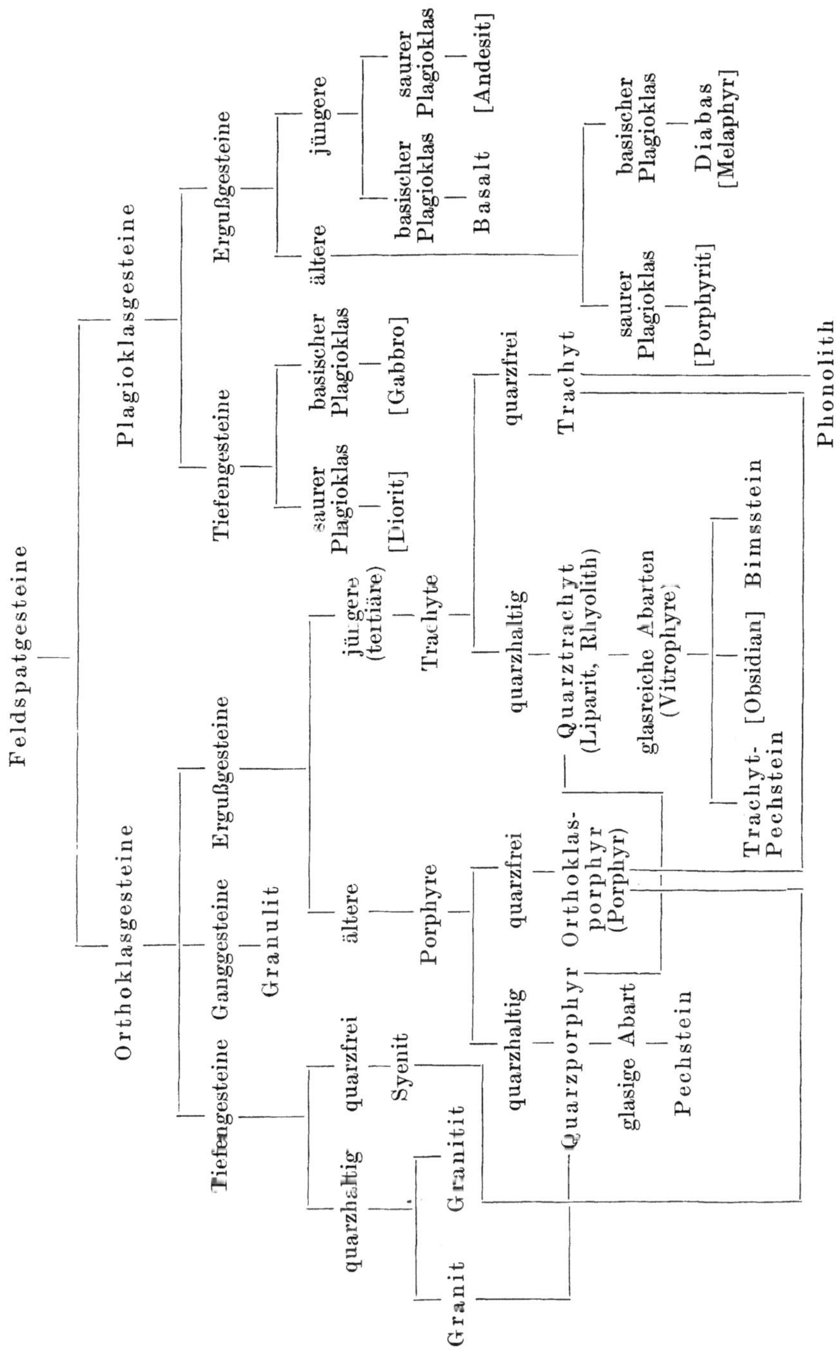
Feldspatgesteine
Orthoklasgesteine
Plagioklasgesteine
Tiefengesteine
Ganggesteine
Ergußgesteine
Granulit
quarzhaltig
quarzfrei
Granit
Granitit
Syenit
ältere
jüngere (tertiäre)
Porphyre
Trachyte
quarzhaltig
quarzfrei
Quarzporphyr
Orthoklas-porphyr (Porphyr)
glasige Abart
Pechstein
quarzhaltig
quarzfrei
Quarztrachyt (Liparit, Rhyolith)
Trachyt
glasreiche Abarten (Vitrophyre)
Trachyt-Pechstein
[Obsidian]
Bimsstein
Phonolith
Tiefengesteine
Ergußgesteine
saurer Plagioklas
[Diorit]
basischer Plagioklas
[Gabbro]
ältere
jüngere
saurer Plagioklas
[Porphyrit]
basischer Plagioklas
Diabas [Melaphyr]
basischer Plagioklas
Basalt
saurer Plagioklas
[Andesit]

Tabelle

Gestein	Gefüge	Wesentliche Gemengteile
Granit (grau oder rötlich)	grob- bis gleichmäßig feinkörnig; deutlich gemengt (porphyrisch)	weißer kristalliner Orthoklas; viel Quarz, Muskowit, Biotit
Granitit (Biotitgranit)	wie Granit	roter Orthoklas, wenig Quarz, Biotit
Granulit (Weißstein)	feinkörnig bis schiefrig	Orthoklas, Quarz, Granat
Syenit (Gemengteile rot und grün)	körnig, mittel- bis grobkörnig (porphyrisch) deutlich gemengt	roter Orthoklas, Hornblende
Quarz- (Felsit-) Porphyr (roter Porphyr)	porphyrisch; deutlich gemengt	$^2/_3$ Orthoklas, $^1/_3$ Quarz
Pechstein (Felsit-Pechstein, Pechstein-Porphyr) (grün, braun, schwarz)	glasig (glasige Ausbildung des granitischen Magmas)	wie Quarzporphyr
Orthoklas-Porphyr (Porphyr)	porphyrisch	Orthoklas, Glimmer, Hornblende
Quarztrachyt (Liparit, Rhyolith) (grau, gelblich oder rötlich)	undeutlich porphyrisch	Quarz, Sanidin, Glimmer, Hornblende
Trachyt-Pechstein	glasig	Bestandteile des Trachytes
Phonolith (Klingstein) (gelb, grüngrau, bräunlich)	undeutlich gemengt; dicht; porphyrisch	Sanidin, Nephelin oder Leuzit
Trachyt (grau-rötlich)	körnig und porphyrisch; undeutlich gemengt bis dicht	Sanidin, Glimmer, Hornblende
Bimsstein (trachytische Lava) (hellgrau, gelblich, grünlich, schwarz)	blasig-schaumig (schwammig); seidenglänzende Strähne	trachytähnlich
Diabas (Grünstein) (grün)	feinkörnig; deutlich gemengt bis fast dicht; porphyrisch	Plagioklas, Augit, Chlorit (nie Quarz und Glimmer)
Basalt (schwarzbraun, schwarz)	meist dicht; undeutlich gemengt und porphyrisch	Plagioklas, Nephelin, Leuzit, Augit, Olivin, Magnetit
Gneis	körnig-schieferig	wie Granit

46

Grundmasse		Einsprenglinge	Akzessorische Bestandteile
Gefüge	Gemengteile		
	(Feldspat und Quarz)	(Glimmer, größere Feldspatkristalle)	wenig Plagioklas, Augit, Apatit, Turmalin u. a.; an Stelle von Glimmer: Talk, Chlorit, Graphit, Hornblende, Zirkon u. a.
			viel Oligoklas
feinkörnig	Orthoklas	parallel angeordneter Quarz	Oligoklas, Cyanit, Biotit, Turmalin, Diallag
körniger Orthoklas		Hornblende	Oligoklas, Biotit, Magnetit, Titaneisen, Zirkon u. a.
felsitisch (rötlichgrau oder hellbraun)	kristallisierter Orthoklas und Quarz	Kristalle oder Körner von Quarz oder Orthoklas	Plagioklas, Glimmer, Hornblende, Augit, Magnetit
reinglasig			(Chemisch gebundenes Wasser bis zu 10 v H)
dicht (felsitisch)		Orthoklas	Hornblende, Plagioklas
felsitisch, auch porös-zellig, rauh	Feldspatmasse mit Quarz	Sanidin oder Plagioklas, Quarz	wenig Oligoklas, Glimmer, Augit, Hornblende, Magnetit
wasserreiches Glas (grün, rot, braun oder schwarz)	wie Quarztrachyt, jedoch ohne Quarz	wie Quarztrachyt, jedoch ohne Quarz	
halb-glasig (gelblich- bis dunkelgrau)	Sanidin, Leuzit (Nephelin, Augit)	Sanidin	Aegyrin-Augit ($NaFeSi_2O_6$ + + $CaMgSi_2O_6$), Magnetit, Leuzit, Oligoklas, Biotit, Hornblende, Titanit u. a.
pörös-zellig, rauh	Sanidin	Sanidin	Plagioklas, Tridymit, Biotit, Magnetit, Augit, Hornblende
schaumiges Glas			
			Magnetit, Apatit (Quarz), Orthoklas, Olivin, Titaneisen (Biotit)
glasig oder felsitisch	Plagioklas, Augit, Magnetit	die Gemengteile der Grundmasse mit Glimmer	Biotit, Hornblende, Titanit, Apatit
			Plagioklas, Magnetit, Granat u. a.; an Stelle von Glimmer: wie bei Granit, häufig reich an Eisenerzen

Als akzessorische Gemengteile treten gelegentlich auf: Quarz, silikatische Mineralien der Augit-, Hornblende-, Glimmer-, Talk- und Granatgruppe, Magnetit, Graphit und Cyanit.

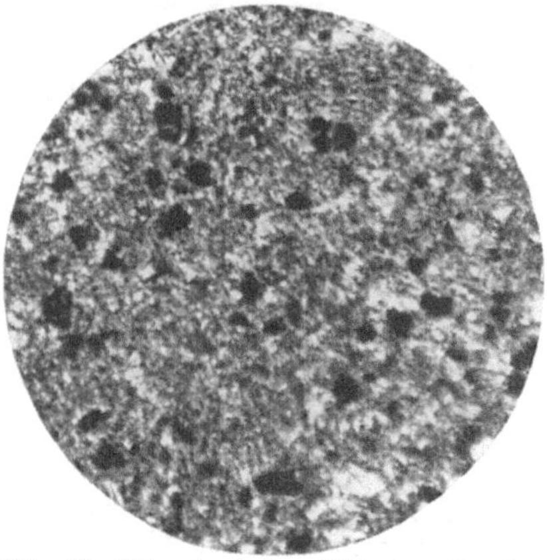

Abb. 48. Mikroskopisches Bild eines Basaltdünnschliffes; 20fach; gewöhnliches Licht

Praktische Bedeutung besitzen die Orthoklasgesteine Granit (Granitit), Granulit, Syenit, Porphyr, Trachyt, Pechstein, Phonolith, Bimsstein und in untergeordnetem Maße die Plagioklasgesteine Basalt und Diabas (Grünstein).

Das Gefüge der Eruptivgesteine zeigt im allgemeinen keine Regelmäßigkeit in der Verwachsung, es ist richtungslos-körnig (kristalline Massengesteine), bei den Tiefengesteinen grob- bis feinkörnig, bei den Ergußgesteinen je nach der Abkühlungsgeschwindigkeit glasig-amorph (rascheste Erstarrung), halbglasig oder porphyrisch, das heißt in einer mikrokristallinen Grundmasse treten gut ausgebildete größere Kristalle (Einsprenglinge) auf.

Die Grundmasse der Porphyre kann feinkörnig, glasig oder felsitisch (kristallisiert, aber dicht) sein. Die Gemengteile der Eruptivgesteine sind entweder deutlich wahrzunehmen oder erst mit bewaffnetem Auge zu erkennen. Bei rascher Erstarrung des Magmas unter Einwirkung von Gasen oder Dämpfen (Wasserdampf) entstehen blasig-schaumige Strukturen.

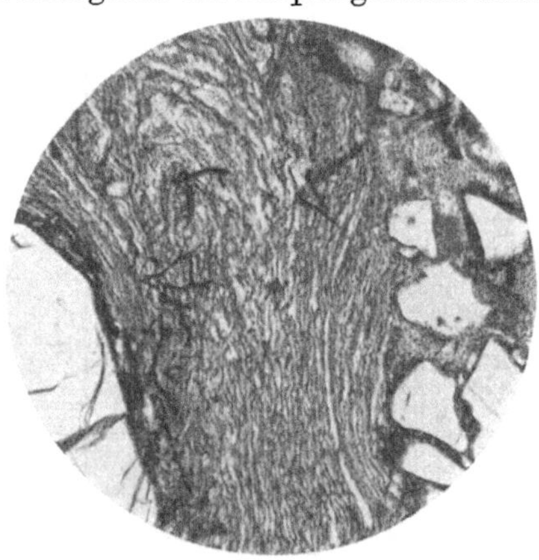

Abb. 49. Vitrophyr. Die ursprünglich glasige, reichlich vorhandene Grundmasse ist „entglast"; sie zeigt die Strömungsrichtung, in der sich die Teilchen während der Erstarrung bewegten (Fluidalstruktur); der Rand zeigt porphyrische Struktur; 20fach; gewöhnliches Licht. (Nach einem Präparat des Mineralogischen Institutes der Universität Wien)

Die kristallinen Schiefer sind körnig-kristalline Gesteine mit mehr oder weniger deutlicher, schieferiger Struktur, die durch schichtenweise Anordnung oder Parallelstellung eines Gemengteiles, z. B. des Glimmers, entsteht (Parallel- oder Gneisstruktur).

Die Kennzeichnung der keramisch verwendeten Auswurfsgesteine in struktureller und petrographischer Beziehung findet sich in Tabelle 46.

Abb. 48 zeigt die Struktur eines Basalt-Dünnschliffes, Abb. 49 das Dünnschliffbild eines Vitrophyres.

Tabelle 47 gibt über einige physikalische Eigenschaften von Eruptivgesteinen Aufschluß.

Tabelle 47. Physikalische Eigenschaften

Bezeichnung	s	H	t	$\lambda \times 360$	c	$\beta \times 10^6$
Granit	2,8 2,51–3,05[1])		0—100	2,70–3,5[1])	0,19[2]) 0,197	8,68 8,0[2])
Syenit	2,6—2,8					
Porphyr	2,4—2,8[1])		0—40	3,0[1])		
Trachyt	2,6		16—99 0—40	0,50[1]) 1,76[1])		
Trachytlava	2,0—2,7[1])					
Bimsstein	2,4—3,4 scheinbar: 0,4—0,9	6,5—7,5		0,21[1])	0,24[1])	
Basalt	2,75—3,2		17—100 20—767 750—880	1,87[1])	0,205[1]) 0,260[1]) 0,626[1])	
	2,8—2,9 Schmelz-basalt[3])	8—9 Schmelz-basalt[3])	0 20—100 —	1,14[1]) 1,87[1]) 1,2—2,4	0.2[3])	
Basaltlava	2,8—3,0[1])		23—100		0,201[1])	
Lava			24—100		0,199[1])	
Traß, gemahlen	0,95					
Gneis	2,4—2,7[1])		0 17—99 100	0,21[1]) 0,15[1])	0,196[1])	

[1]) L. B. Tab.
[2]) Singer, F.: Keramik, S. 474/75. Braunschweig: F. Vieweg und Sohn. 1923.
[3]) Nach Mitteilungen der „Schmelzbasalt A. G." in Linz a. Rhein; zit. nach Neumann, B.: Chem. Techn. d. anorg. Industriezweige, 2. Halbbd., S. 1048/49. Braunschweig: F. Vieweg und Sohn. 1927.

Die Härte dieser Felsarten richtet sich nach den Mineralbestandteilen; quarzreiche Gesteine geben mit Stahl geschlagen leicht Funken. Eines der härtesten Gesteine ist der Phonolith.

Die Dichte liegt bei den meisten Eruptivgesteinen zwischen 2,5 und 2,9; spezifisch schwer ist der Basalt, eine sehr geringe scheinbare Dichte besitzen die Gesteine mit Schwammstruktur, z. B. der Bimsstein.

Von den thermischen Eigenschaften hat nur die Wärmeleitfähigkeit des Bimssteines keramisches Interesse; die Wärmeleitzahl von Bimsstein oder Bimskies ist nicht sehr erheblich größer als die von Asbest.

In chemischer Beziehung ist der Alkaligehalt der Gesteine von Wichtigkeit; Granite, Porphyre, Phonolithe und Basaltlaven enthalten im Mittel 5—9 vH Kaliumoxyd. Aus fast durchwegs alkalireichen Gemengteilen, die auch nur einen geringen Gehalt an Konstitutionswasser aufweisen, bestehen die Phonolithe, doch schwankt die Menge des Alkalis, wie auch bei den übrigen Gesteinen, oft sehr erheblich. Ebenso wechselt auch die chemische Zusammensetzung der plutonischen Gesteine im allgemeinen. Die in Tabelle 48 zuerst angeführten Prozentzahlen sind Mittelwerte der Oxydbestandteile, die aus zahlreichen im Schrifttum veröffentlichten Analysen errechnet wurden. Zumeist sind beide Alkali derart vertreten, daß das Natron molekular überwiegt; ausgenommen sind Granit und Gneis.

Tabelle 48. Mittelwerte und Einzelanalysen

Gestein	SiO_2	Al_2O_3	Fe_2O_3	FeO	CaO	MgO	K_2O	Na_2O	H_2O	Sonstige Oxyde
Granit	71	14	1	2	2	0,5	4	3	1	
Porphyr	75	12	1	1,5	0,5	0,5	4	3	1	
Trachyt	68	17	4	0,5	1	0,5	5	6	1	
Pechstein	74	13		1,5	0,5	0,5	3	4	7	
Phonolith	59	21	2,5	3,5	2,5	0,5	6	8	2	
Bimsstein	74	13		2,5	0,5	0,5	5	4	1	
Diabas	47	16	13 (Fe₂O₃ + FeO)		11	6	1	3	2	
Basalt	46	15	7	8	11	9	1,5	2	1,5	
Gneis	72	15		2,5	2,5	1	4,5	3	0,5	
Natrongranit v. Eibenstock[1])	77,50	14,21	Spur		0,10	Spur	4,54	3,95	—	
Harzer Granit[1]) (Alkalikalkgranit)	73,71	13,46	2,20		1,15	1,93	4,59	2,60		
Pechstein (Elbetal) [2])	77,96	13,70	0,89		$CaCO_3$ 0,56		3,06	3,85		Spuren Braunstein
Phonolith (Westerwald) [2])	64,05	22,02		1,8	$CaCO_3$ 1,58	$MgCO_3$ 0,79	9,83			
Phonolith (Kaiserstuhl) [2])	51,83	20,29		5,49	$CaCO_3$ 8,44	$MgCO_3$ 2,28	2,98	7,62		MnO: 0,64 TiO_2: 0,41
Phonolith (Brohltal) [1])	50,3	24,0	2,3		1,2	1,3	9,5	8,6		
Phonolith (Rhön) [1])	59,69	20,37	2,67		1,76	0,08	5,08	7,56	Glühverlust 2,57	Mn_2O_3: 0,52
Lava (feldspatartig) [1])	59,26	21,01		4,23	1,29	—	4,67	8,49		
Bimsstein (Neuwied) [1])	56,47	19,40	3,54		0,67	0,12	11,17	3,12		
Grünstein[3])	47,8	18,5	1,7	11,0	10,0	4,9	3,2		2,9	
Basalt (Aschaffenburg)[1])	41,80	17,40	8,10	5,10	11,8	6,4	6,2 (K₂O + Na₂O)		2,70	

[1]) Kühl: Ker. Rundsch. 34, 1926, S. 767 ff.
[2]) Liebig, W.: Sprs. 59, 1926, S. 284. [3]) Ker. Rundsch. 35, 1927, S. 312.

Die rationelle Zusammensetzung des Granites ist 60—65 vH Feldspat, 30—35 vH Quarz; der Rest verteilt sich auf Glimmer, Hornblende und einige Nebengemengteile[1]).

[1]) Mieleitner, K.: Die Technisch wichtigen Mineralstoffe, S. 2. München-Berlin: R. Oldenbourg. 1919.

Die chemische Widerstandsfähigkeit dieser Gesteine gegen den Einfluß von Atmosphärilien ist insofern von Interesse, als die Verwitterung derselben die bildsamen Werkstoffe der Keram-Industrie liefert. Sie geht im allgemeinen um so rascher vor sich, je größer der Feldspatgehalt und je reichlicher der Feldspat durch Plagioklase vertreten ist. Außerdem wird sie durch grobkörniges Gefüge begünstigt, durch glasige Beschaffenheit des Gesteines erschwert.

Manche Eruptivgesteine, z. B. Bimsstein, enthalten aufgeschlossene Kieselsäure, besitzen daher ähnliche Reaktionsfähigkeit wie abgeschreckte Hochofenschlacken; sie geben im feinvermahlenen Zustande mit Erregern, z. B. Ätzkalk, selbsterhärtende Mörtelstoffe.

Mit Rücksicht auf eine in den letzten Jahren vorgeschlagene Verwendung des geschmolzenen Basaltes sei erwähnt, daß sich dieser nach Versuchen von L. Drin[1]) als sehr widerstandsfähig selbst gegen heiße Säuren (Schwefel-, Salpeter-, Salzsäure, Nitrosylschwefelsäure, $HSNO_5$) und Bisulfat erwiesen hat. Drin (a. a. O.) konnte bei 100° C durch Einwirkung von Salpetersäure (43° Bé) und bei 14tägiger Behandlung mit Salzsäuregas keinen Gewichtsverlust, bei Nitrosylschwefelsäure und Schwefelsäure nach 48 Stunden nur einen Verlust von 0,07 vH bzw. 0,31 vH feststellen.

Brennverhalten

Wie die Silikate besitzen auch diese Silikatgemenge keinen scharfen Schmelzpunkt, sondern ein Erweichungsintervall, dessen Größe bei den einzelnen Gesteinen verschieden ist. Die Erweichungstemperaturen liegen nach Doelter[2]) etwa zwischen 980 und 1260° C. Die Erweichung geht in der Weise vor sich, daß der Gemengteil mit dem niedrigsten Schmelzpunkt zuerst in den flüssigen Zustand übergeht. Die Schmelze vermag dann andere Silikate aufzulösen und wirkt dadurch auf die übrigen Bestandteile verflüssigend. Die Flußmittelwirkung dieser Gesteine hängt daher von der Art und Menge ihrer Bestandteile ab. Zu den verhältnismäßig niedrigschmelzenden Gesteinsgemengteilen zählen Granat, Turmalin, Aegyrin, Augit, Nosean, Hornblende, Biotit, Titanit, Albit, Nephelin und Orthoklas, deren mittlere Schmelzpunkte zwischen ∾ 1000 und 1300° C liegen. Verhältnismäßig noch niedriger schmelzen die glasartigen Modifikationen der Gesteinsgemengteile. Doelter[3]) führt als Beispiele für die Schmelzpunkte der Eruptivgesteine die von J. Douglas[4]) für Granit und Rhyolith (Quarztrachyt) ermittelten Werte an, die sich nach Doelters Vermutung auf jene Temperatur beziehen, bei der bereits Dünnflüssigkeit eintritt.

Granit ..... 1215° C
Rhyolith ... 1200° C

[1]) Drin, L.: La Céramique, 1921, Nr. 406; Ref. Tonind.-Z. 46, 1922, S. 278.

[2]) Doelter, C.: Tsch. min. Mit., 21, 1903, S. 30.

[3]) Doelter, C.: Handbuch der Mineralchemie, Bd. I, S. 668. Dresden-Leipzig: Th. Steinkopff. 1912.

[4]) Douglas, J.: Quart. Journ. Geol. Soc., London. 63, 1907, S. 154.

Quarzporphyr (Italien) SK 18/19 (nach Kohl)[1]).

Leicht schmelzen unter anderen Pechstein, Phonolith und Diabas (Grünstein). Grünstein schmilzt sogar leichter als Feldspat, Basalt hingegen erst bei Weißglut.

Die Gesteinsschmelze ist teils dünnflüssig, z. B. bei Diabas und Basalt, teils zähflüssig wie beim Granit, Phonolith und Rhyolith.

Vorkommen

Granit ist das verbreitetste vulkanische Gestein; auf sein Vorkommen einzugehen, erübrigt sich.

Der zu den Ganggesteinen zählende kieselsäurereiche Granulit (Weißstein) hat dagegen geringe Verbreitung. In Deutschland findet er sich im Sächsischen Mittelgebirge, in Schlesien, in den Vogesen und im Fichtelgebirge; in Österreich bei Krems und Melk a. d. Donau.

Syenitvorkommen liegen im Odenwald, in Sachsen im sogenannten Plauenschen Grund, in den Vogesen und in Bayern (Passau).

Der saure Quarzporphyr tritt in Deutschland im Schwarzwald, in den Vogesen, im Thüringerwald, Odenwald, Harz, in der Bayrischen Pfalz am Donnersberg und in Sachsen auf.

Das Vorkommen des kieselsäureärmeren ($\sim$ 59—66 vH SiO_2) Orthoklasporphyrs ist auf die Vogesen und den Thüringer Wald, das der Felsitpechsteine auf Sachsen (Elbetal) beschränkt.

Bekanntere Fundstätten von Trachyten liegen in Deutschland im rheinischen Siebengebirge, in der Eifel, im Westerwald, Rhöngebirge und in den Vogesen.

Der hellklingende, bald trachyt-, bald basaltähnliche oder glasige Phonolith, das jüngere, dem Trachyt verwandte Ergußgestein des natronreichen Eläolithsyenites — Eläolith ist eine Nephelinabart —, findet sich zumeist mit Basalt vergesellschaftet in der Eifel (Brohltal), im Westerwald, am Vogelsberg, in der Rhön, im Thüringerwald, Erzgebirge, in der Lausitz, am Kaiserstuhl, im Hegau (Hohentwiel) und in der Wetterau. Der alkalireichere Brohltalphonolith (sogenannter Brenker-Phonolith) unterscheidet sich von dem basaltähnlichen Rhönphonolith außer durch den Alkaligehalt durch die teilweise oder gänzliche Vertretung des Nephelins im Rhönphonolith durch Leuzit und durch das Auftreten eines neuen Gemengteiles, des Nosean[2]).

Bimssteinvorkommen bergen die Rheingegend, hauptsächlich in Neuwied und im Brohltal, und Hessen; als Tuff, d. s. erdige, aus zerriebenem Bimsstein gebildete Gesteine, die Brocken anderer Auswurfsgesteine einschließen, findet er sich in der Umgebung von Koblenz und im Gebiete des Laacher Sees.

Der mit Säuren wegen seines Gehaltes an kohlensaurem Kalk, der aus der Zersetzung des Plagioklases stammt, etwas brausende Diabas

---

[1]) Kohl: Sprs. 57, 1924, S. 362.

[2]) Brass, A.: Sprs. 59, 1926, S. 145. (Nosean ist ein Nephelin mit $\frac{1}{3}$ Mol Natriumsulfat).

hat in Deutschland nur geringe Verbreitung. Sein Vorkommen beschränkt sich auf Sachsen und das Harzgebirge.

Basalte, deren Pulver stark magnetisch ist (Fe_3O_4!), bilden in Deutschland einen breiten Zug, der am Rhein beginnt, bis nach Schlesien reicht, und folgende Gebirge umfaßt: Eifel, Westerwald, Siebengebirge, Hegau, Vogelsberg, Rhön, Meißner, Erzgebirge, Lausitzer Gebirge, Kaiserstuhl und Hoher Hagen. In Österreich tritt Basalt nur im östlichen Steiermark auf.

Gneis bildet die Hauptmasse der Urgebirge und hat daher sehr große Verbreitung; in Deutschland besteht die Grundmasse folgender Gebirge aus Gneis: Schwarzwald, Vogesen, Thüringer Wald, Spessart, Sächsisches Erzgebirge, Fichtelgebirge, Bayrisch-böhmischer Wald; in Österreich bildet er den Kern der Zentralalpen.

Verwendung

Die Eruptivgesteine, auch vulkanische Aschen und Laven, finden als Versatzstoffe keramischer Massen nur örtliche Verwendung, und zwar wegen ihres Gehaltes an Pigmenten (Verbindungen von Eisen, Mangan und Titan), die meist den farbigen Gemengteilen (Hornblende, Augit, Biotit, Magnetit) angehören, nur zu jenen Massen, deren Brennfarbe belanglos ist.

Sie dienen im feingemahlenen Zustande als Sinterungsmittel von Steinzeugmassen, insbesondere bei der Erzeugung von Klinkern, Fußbodenplatten (Füllmasseplatten oder Feinklinker), von Steinzeug für die chemische Großindustrie, säurefesten Steinen, Steinzeugmaschinenteilen, z. B. Hähnen, Steinzeug für Haushaltungszwecke und Landwirtschaft, für Tief- und Hochbau und bei der Erzeugung von Feuertonwaren.

Manche von ihnen finden besondere Anwendungen, z. B. zersetzte Granite als feinkeramischer Feldspatersatz[1]), glimmerarme Granite als Werkstoffe zur Erzeugung von Kunststeinen mit keramischer Bindung.

Porphyr dient als Versatzstoff von Feuertonmassen, Bimsstein wird in Form von Sand infolge seines geringen scheinbaren spezifischen Gewichtes zur Erzeugung von Leichtziegeln und Isoliersteinen verwendet. Nach D. R. P. 351069 der Gesellschaft für Tuff- und Tontechnik m. b. H., Neuwied[2]), lassen sich Bimstuffe sehr gut für keramische Zwecke gebrauchen, wenn man sie vorher durch Schlämmen, Waschen, Schleudern oder mittels elektrischer und magnetischer Aufbereitung von den beigemengten Teilchen des Nebengesteines befreit. Bimssand findet auch bei der Bereitung von wetterfesten Mattglasuren für Steinzeug Verwendung[3]).

Basalt wird zur Erzeugung von schokoladebraunem Porzellan (Bronzenachahmungen)[4]), zur Herstellung von Basaltklinkern[5]), als

[1]) Tonind-Z. 45, 1921, S. 442.

[2]) Tonind.-Z. 46, 1922, S. 835.

[3]) Ker. Rundsch. 35, 1927, S. 412.

[4]) Muspratt, J. S.: Chemie, 4. Aufl., Bd. VIII, S. 378. Braunschweig: F. Vieweg und Sohn. 1905.

[5]) Tonind.-Z. 45, 1921, S. 493.

graufärbender Zusatz zu weißbrennendem Ton für Fußbodenplatten und braundeckende Glasuren verwendet[1]).

In den letzten Jahren wird Schmelzbasalt (geschmolzener Basalt), eine grünlich bis braungefärbte glasartige Masse, die nach Drin (a. a. O.) unter besonderen Verhältnissen erstarrend, eine zellige, viel feinkörnigere Struktur als das ursprüngliche Gestein aufweist, als Stoff für Säurebehälter an Stelle von Blei und für die Erzeugung von Hochspannungsisolatoren empfohlen. Für diese Zwecke soll er sich vorteilhafter als Glas oder Porzellan erweisen.

Diabas und Grünstein — ein eisenreicher Diabas — sollen als Farbmittel für Spat- und Kunstglasuren und tiefbraun brennende Massen verwendet werden.

Aus mehlfeinen Eruptivgesteinen, z. B. Granit, besteht in manchen Gegenden der Chausseestaub, der nach Hecht[2]) von der Marchschen Fabrik in Charlottenburg verwendet wird, um die Zerkleinerung und Vermahlung des Gesteines zu ersparen.

Viele dieser Gesteine bilden auch wichtige Werkstoffe der Glasindustrie, und zwar zur Erzeugung von Farbgläsern (Flaschengläsern).

Wirkungen in tonigen Massen

In tonigen Massen wirken die Auswurfsgesteine nicht nur als Flußstoffe, sondern vermöge ihres Gehaltes an Quarz und anderen hochschmelzenden Kristalliten auch als Magerungsmittel. Ihre Schmelzwirkung hängt von der Höhe des Alkaligehaltes, der Art des Alkalis und von dem Verhältnis ab, in dem Kali und Natron vorhanden sind. Unter den eisenreicheren Eruptiven sind jene die kräftigeren Flußstoffe, die das Eisen in Form von Eisen-2-oxyd enthalten. Von maßgebendem Einfluß ist auch die mineralogische Zusammensetzung. Gemengteile, die untereinander in chemische Wechselwirkung treten und dünnflüssige Schmelzen liefern, fördern die Flußwirkung des Gesteines, während indifferente Bestandteile, die in der Feldspatschmelze nur langsam in Lösung gehen, verzögernd wirken.

Für die Verwendung der Feldspatgesteine als Versatzstoffe weißbrennender keramischer Massen bildet der oft sehr beträchtliche Eisengehalt ein Hindernis. Außerdem stehen sie im Vergleich zum Feldspat zumeist höher im Kieselsäure- und daher tiefer im Alkaligehalt. Einige Gesteinsarten, besonders Pechstein, Granit, Porphyr und Phonolith sind zuweilen so eisenarm, daß sie zum keramischen Weißbrand verwendet werden könnten, wenn sie weniger sauer und alkalireicher wären. D. R. P. 349781 von R. Froelich[3]) beinhaltet ein Verfahren zur teilweisen Entsäuerung eisenarmer vulkanischer Gesteine durch ,,Trocknen, Abschrecken, Zerkleinern, Mahlen und Behandlung des Mahlgutes mit

[1]) Ker. Rundsch. 31, 1923, S. 354.

[2]) Hecht, H.: Lehrb. d. Keramik, S. 30. Berlin-Wien: Urban und Schwarzenberg. 1923,

[3]) Froelich, R.: Tonind.-Z. 46, 1922, S. 499.

Druckwind"; durch die Anreicherung des Gehaltes an Tonsubstanz und Feldspat soll die Verwertungsmöglichkeit für den keramischen Weißbrand erreicht werden.

Anhang

Ein durch seinen Kaligehalt und die leichte Schmelzbarkeit als Sinterungsmittel für den keramischen Farbbrand geeignetes Naturerzeugnis ist die Grünerde (Glaukonit- oder Grünsand).

Grünerde ist ein durch Eisen-2-oxyd gefärbtes, derbes, leicht zerreibliches Mineral, das im wesentlichen aus einem wasserhaltigen Kalium-Eisen-Tonerdesilikat besteht ($K_2O \cdot FeO \cdot Fe_2O_3 \cdot Al_2O_3 \cdot SiO_2 \cdot H_2O$). Sie brennt im oxydierenden Feuer rot und kommt unter verschiedenen Bezeichnungen (Seladonit, Veroneser Erde) in den Handel.

Grünerde findet sich in Italien (Verona), auf Cypern, Island, in Böhmen und auch in Deutschland.

Über ihre keramische Verwendung ist bisher nichts bekannt geworden. Sie soll sich insbesondere zur Herstellung von farbigen (braunen) Glasuren, Emails, Unterglasurfarben, als Farbzusatz zu verschiedenen keramischen Massen und Engoben eignen und wird zur Verwendung in der Brauntöpferei, Steinzeug-, Klinker- und Röhrenerzeugung, hauptsächlich zur Bereitung brauner Glasuren, empfohlen.

Die körnige, zuweilen lockere Aggregate bildende Abart der Grünerde ist der Glaukonit oder Grünsand.

Die physikalischen Eigenschaften und durchschnittliche Zusammensetzung dieser Verwitterungsprodukte von Augiten und Hornblenden zeigt Tabelle 49.

Tabelle 49. Physikalische und chemische Eigenschaften von Grünerde und Glaukonit

Bezeichnung	s	H	SiO_2	Al_2O_3	FeO	K_2O	Andere Bestandteile
Grünerde	2,85	1—2	∾ 46	∾ 5	∾ 22	5—15	CaO, MgO, Na_2O, H_2O
Glaukonit	2,3—3	1—2	∾ 49	∾ 7	∾ 23	5—15	
Engl. Grünsand (Kreideformation)						6—7	

IV. Glimmer

Die Glimmer (Katzengold, Katzensilber, Mica) zählen zwar nicht zu den Rohstoffen der Tonindustrie, doch treten sie als häufige Beimengungen der Tone und unbildsamen Rohstoffe, ferner als Gemengteil der Eruptivgesteine auf und wirken infolge ihres Alkaligehaltes bei hoher Temperatur flußbildend.

Die Glimmerarten sind monoklin kristallisierende Silikate, die sich durch höchste Spaltbarkeit, Elastizität und Durchsichtigkeit der dünnen Spaltungsstücke auszeichnen.

Keramisches Interesse beanspruchen nur der Kali- und Magnesiumglimmer.

Kaliglimmer (Muskowit) ist in seiner reinsten Form ein wasserhaltiges Kalium-Alumosilikat ($K_2O \cdot 3\ Al_2O_3 \cdot 6\ SiO_2 \cdot 2\ H_2O$) von heller, nach Grün oder Braun spielender Farbe, metallartigem Perlmutterglanz und guter Durchsichtigkeit. (Entstehung siehe S. 277.)

Magnesiumglimmer (Biotit) unterscheidet sich vom Muskowit durch seine dunkle Farbe (Grün, Braun, Grau, Schwarz), unvollkommene Durchsichtigkeit und die chemische Zusammensetzung; er besteht aus einem wasserhaltigen Alkali-, Magnesia-, Eisen-Alumosilikat.

Glimmer tritt in Tonen (Kaolinen) und Sanden stets in Blättchen- oder Schuppenform auf, die auch bei feinster Vermahlung erhalten bleibt. In diesem Zustande besitzt er einen gewissen Bildsamkeitsgrad (lamellare Bildsamkeit; vgl. bei Graphit S. 244), der die Ursache ist, daß der Glimmer, trotzdem er wie Quarz, Schamotte, Feldspat usw. in grünen Massen magernd wirkt, die plastischen Eigenschaften der Tone nicht in dem Maße beeinflußt wie diese.

Über die physikalischen Eigenschaften und die chemische Zusammensetzung geben die Tabellen 50 und 51 Aufschluß.

Tabelle 50. Physikalische Eigenschaften

Bezeichnung	s	H	t	$\lambda \times 360$	c	$\beta \times 10^6$	$\varkappa$ in rezipr. Ω/cm^3	DK
Muskowit	2,7—3,1	2—3	20—98		0,2080 [1]			
			20				$0{,}114 \times 10^{-15}$ [1]	
			42	0,3005 [2]				
							$0{,}751 \times 10^{-10}$ [1]	5—7,7 [1]
Biotit	2,8—3,2	2,5—3	20—98		0,2061 [1]			

[1]) L. B. Tab.
[2]) Walther, C.: Handb. d. sparsamen Wärmewirtschaft, Laufende Ausgabe. Stuttgart: Technische Verlagsgesellschaft. 1926/27.

Tabelle 51. Chemische Zusammensetzung (Analysenbeispiele)

Bezeichnung	SiO_2	Al_2O_3	Fe_2O_3	FeO	CaO	MgO	K_2O	Na_2O	H_2O	Fluor	Andere Oxyde
Muskowit (theoret.)	45,31	38,40					11,77		4,52		
Muskowit (Grenzwerte)	45,5—51,8	25,8—36,8	0,5—8,7	1,3—2,8	sehr wenig		6,6—10,4	0,3—1,6	1—5	0—1,3	MnO Li_2O TiO_2
Muskowit [1])	45	25—35					8—12				
Kristallisierter Muskowit [2])	45,1	40,1			Spur	0,4	9,1	0,7	4,9		
Biotit (Grenzwerte)	38—43	11—20	1—13	oft sehr viel		10—30	5—11	meist etwas	+	+	TiO_2
Chinesische Kaoline mit 13,6 bzw.	49,0	36,4			0,10	0,45	2,53	0,63	11,33		
31,3 vH Glimmer	77,32	13,89	0,46		1,14		3,05	1,95	2,70		
Glimmerreicher Sand	78,7	12,7	1,2		0,3	0,28	4,10	1,54	2,50		

[1]) Ullmann, F.: Enzyklopädie der Technischen Chemie, Bd. VI, S. 258. Berlin-Wien: Urban und Schwarzenberg. 1918. [2]) Rieke: Sprs. 41, 1908, S. 577—582.

Nach D. W. Dye und L. Hartshorn[1]) haben Einschlüsse im Glimmer keinen großen Einfluß auf die Dielektrizitätskonstante. Die Durchschlagsfestigkeit des Muskowites ist sehr groß; er widersteht nach M. L. Maugé[2]) bei 1 mm Dicke Spannungen bis zu 31 000 Volt.

In chemischer Beziehung ist von keramischem Interesse, daß Biotit häufig der Träger des Eisengehaltes keramischer Werkstoffe ist. Magnesia ist oft zum Teil durch Eisen-2-oxyd, die Tonerde durch Eisen-3-oxyd vertreten. Zuweilen sind auch geringe Mengen anderer Pigmente (Mangan-2-oxyd, Titansäure) vorhanden.

Die chemische Zusammensetzung unterliegt großen Schwankungen (siehe Tabelle 51).

Der in den bildsamen Werkstoffen der Tonindustrie am häufigsten vorkommende Glimmer, Muskowit, — zuweilen steigt sein Gehalt darin auf mehrere Prozente — ist im feinstvermahlenen Zustande in konzentrierter Schwefelsäure ebenso zersetzlich wie Tonsubstanz:

$$K_2O \cdot 3\ Al_2O_3 \cdot 6\ SiO_2 \cdot 2\ H_2O + 10\ H_2SO_4 = K_2SO_4 + 3\ Al_2(SO_4)_3 + 6\ SiO_2 + 12\ H_2O.$$

Aus diesem Grund enthält der durch Schwefelsäureaufschluß bei der rationellen Analyse von Kaolinen und Tonen gefundene Wert für Tonsubstanz auch die Menge des etwa vorhanden gewesenen Glimmers. Von 10 vHiger Kalilauge wird jedoch der Glimmer in Kochhitze nicht, wohl aber die Tonsubstanz zersetzt.

Naß vermahlener Glimmer zeigt wie der analog aufbereitete Feldspat alkalische Reaktion.

Brennverhalten

Muskowit gibt beim Erhitzen auf 600—800° C sein Konstitutionswasser ab, wodurch Schwindung und eine Erhöhung der Porigkeit eintritt. Da der Gehalt an Hydratwasser gering ist, erreicht auch die Schwindung nur einen kleinen Betrag. Die Eisen-2-oxyd-Verbindungen gehen beim Erhitzen an der Luft in Eisen-3-oxyd-Verbindungen über.

Muskowit ist im Vergleich zu Feldspat erheblich schwerer schmelzbar. Auch er besitzt keinen scharfen Schmelzpunkt; sein Erweichungsintervall reicht etwa von 1270—1380° C.

Die Schmelze liefert bei der Erstarrung entweder ein trübes Glas oder weißes Email.

Biotit ist leichter schmelzbar als Muskowit; der Schmelzbeginn liegt bei etwa 1150° C, das Ende bei etwa 1170° C.

Aus dem Schmelzfluß erstarrter Biotit bildet ein graues bis schwarzes Glas.

Die keramisch wichtigen Wirkungen des Muskowites auf den Kegelschmelzpunkt von Tonsubstanz (Zettlitzer Kaolin), Quarz

[1]) Dye, D. W. u. L. Hartshorn: Proc. Physic. Soc. London, 37, 1924, S. 42—57; Z. B. 1925, I, S. 938.

[2]) Maugé, M. L.: Cér. et Verr., 1925, S. 239 u. 287; Ref. Tonind.-Z. 50, 1926, S. 956.

und Tonerde zeigen die von Rieke[1]) ermittelten, in Abb. 50 wiedergegebenen Schmelzlinien.

Die Schmelzpunkterniedrigung des Kaolins ist bei kleinen Zusätzen von Muskowit gering; 5 vH Muskowit zeigen kaum einen Einfluß; etwa 25 vH Muskowit sind erforderlich, um den Kegelschmelzpunkt des Kaolins um einen Segerkegel herabzudrücken; kräftige Wirkung setzt erst bei etwa 60 vH Glimmergehalt ein. Rieke (a. a. O.) verweist auf die Ähnlichkeit des Verlaufes der Schmelzpunktkurven von Glimmer und Orthoklas, der aber bedeutend größeren Einfluß ausübe, und auf die Verschiedenartigkeit der Wirkung dieser alkalihaltigen Doppelsilikate und der Oxyde Kalk und Magnesia bzw. deren Silikate; der genannte Forscher vermutet, daß der tiefgreifende Einfluß dieser basischen Oxyde bzw. deren Silikate auf die erst unter Mithilfe des Kaolins zustandekommende Bildung von Doppelsilikaten zurückzuführen sei, während Feldspat und Glimmer bereits in Form von verhältnismäßig tonerde- und kieselsäurereichen komplexen Verbindungen vorlägen.

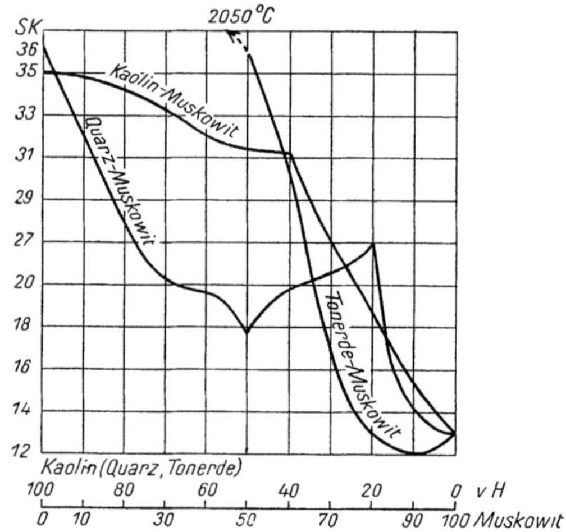

Abb. 50. Schmelzlinien der Systeme Kaolin-Muskowit, Quarz-Muskowit und Tonerde-Muskowit; nach Rieke. (Im Original sind die Schmelzlinien der Stoffgemische einzeln dargestellt)

Im System Quarz-Muskowit (Quarz feingemahlen) zeigt sich ein Schmelzpunktmaximum bei 80 vH Muskowit vom Kegelschmelzpunkt SK 27. Dieses Maximum bildet mit Quarz ein bei etwa SK 18 schmelzendes Eutektikum mit einem Muskowitgehalt von 50 vH. Die Wirkung des Glimmers auf den Kegelschmelzpunkt des Quarzes setzt schon beim geringsten Zusatz ein und führt bereits vor dem Eutektikum zu einer weit größeren Erniedrigung als beim Kaolin. Ähnlich äußert sich ein Glimmerzusatz zu feingemahlener kristallisierter Tonerde. Die beiden Kurven verlaufen anfangs fast parallel und schneiden sich bei einem Gehalt von etwa 65 vH Muskowit, doch liegt das Minimum bei der Tonerde bei einem weit höheren Glimmergehalt, etwa 90 vH. Bei geringem Muskowitgehalt scheint nach Rieke die Erniedrigung des Kegelschmelzpunktes gering zu sein.

Die Wirkung des Glimmers auf die Schmelzbarkeit dieser drei Stoffe hängt somit in erster Linie von dessen Menge ab. Die stärkste

[1]) Rieke: Sprs. 41, 1908, S. 577—582.

Erniedrigung erfährt bei einem Gehalt von 5—65 vH Muskowit der Quarz; bei 65 vH werden die Kegelschmelzpunkte von Quarz und Tonerde auf dieselbe Höhe, die etwa vier Segerkegel tiefer liegt als der Kegelschmelzpunkt des Kaolin-Muskowit-Gemenges vom gleichen Glimmergehalt, erniedrigt. Bei hohem Glimmergehalt der Gemische (etwa 90 vH) liegt der Kegelschmelzpunkt des Tonerdegemenges am tiefsten, der des Kaolingemisches am höchsten.

Nur wenige Gemische von Quarz und Muskowit (mit ∾ 73 bis ∾ 83 vH Glimmer) besitzen höhere Kegelschmelzpunkte als die entsprechenden Gemenge von Kaolin und Glimmer. Es sei hier an die Wirkung eines Glimmergehaltes von Quarziten auf die Druckfestigkeit bei hohen Temperaturen erinnert.

Vorkommen

Von dem Vorkommen des Glimmers in Tonen, Sanden usw., in denen er sich als Verwitterungsrückstand glimmerhaltiger Gesteine findet, abgesehen, haben nur jene Lager technische Bedeutung, in denen er in Platten von entsprechend großen Abmessungen auftritt. Zumeist kommt er in dieser Form mit Feldspat zusammen in den Pegmatiten vor, z. B. in Ostindien, in den „Vereinigten Staaten", in Süd- und Ostafrika und Kanada.

In den letzten Jahren wurden technisch verwertbare Glimmervorkommen im westlichen Steiermark und Lavanttal (Kärnten) erschlossen, die in der Ausbeute an Tafelglimmer und in bezug auf mittlere Plattengröße den Lagerstätten der „Vereinigten Staaten" (hauptsächlich Nord-Karolina) gleichkommen sollen. Sie werden seit 1923 von der Mica- und Mineralfarben-Industrie A. G., Wien, ausgebeutet; schon vorher hatte die „Walga" (Wiener Neustadt) den Abbau im Waldsteiner Tale (1921) und das Österreichische Mica-Syndikat, Wien, den Betrieb in der Umgebung von Wolfsberg (Lavanttal) aufgenommen[1]).

Der steirische Glimmer tritt ebenso wie in Amerika in Pegmatiten auf, deren glimmerbauwürdige Ausdehnung (mindestens 1 m Mächtigkeit) nach Mohr (a. a. O.) auf mehr als 2000 km² geschätzt wird, deren Rohglimmergehalt jenen der Vorkommen von Nord-Karolina, wie aus folgenden, von dem genannten Forscher mitgeteilten Gehalten hervorgeht, übertrifft:

Groß Wieser bei Stainz (1921)	: 3,5 vH	Rohglimmer
Pachatzgrube (Lavanttal, 1922)	: 4—6 „ „	
Happegrube bei Wolfsberg (1922)	: 2,3 „ „	
Nord-Karolina	: 1 „ „	

Verwendung

Keramische Verwendung finden die Glimmerarten nicht. Hingegen wird Muskowit auf Grund seiner ausgezeichneten Spaltbarkeit in dünne Tafeln, seiner Durchsichtigkeit, Elastizität und Feuerbeständigkeit als

[1]) Mohr: Z. öst. Ing. u. Arch. Ver., 1924, Heft 25/26, S. 234—238.

Glasersatz (Fensterscheiben, Lampenzylinder, Schaugläser an Feuerungen und Öfen, Ofentüren), auf Grund seines elektrischen Isolationsvermögens und seiner großen Durchschlagsfestigkeit als Schutzstoff in der Elektro- und Radiotechnik (z. B. in den Blockkondensatoren der Empfangsapparate) angewendet.

Wirkungen in tonigen Massen

Die Wirkungen des Glimmers auf die Strukturbeschaffenheit grüner keramischer Massen wurden bereits dargelegt (vgl. Feldspat, S. 276). Zufolge seiner lamellaren Bildsamkeit besitzen glimmerreichere tonige Massen, z. B. glimmerreiche Porzellanmassen, einen höheren Bildsamkeitsgrad als solche, in denen der Muskowit durch die gleiche Menge anderer Kristallite ersetzt ist, vorausgesetzt, daß der Glimmer feinst vermahlen ist.

Die Flußmittelwirkung des Glimmers tritt erst bei verhältnismäßig hohen Temperaturen in Erscheinung und äußert sich in geringerem Maße als bei einem Feldspatgehalt. Deutlich verdichtet Muskowit nach Rieke (a. a. O.) erst, wenn er in größerer Menge als 20 vH in der Masse enthalten ist, in welchem Ausmaße er dann schon ab ∾ SK 1a, also weit unterhalb seines Schmelzpunktes, eine mit der Mahlfeinheit wachsende Porigkeitsverringerung bewirkt; Kaolinmassen mit Glimmergehalten bis zu 10 vH brennen bei ∾ SK 16, mit 20 vH Muskowit bei ∾ SK 14 dicht. Das Schmelz-und Erweichungsverhalten von glimmerhaltigen Quarziten und Sanden wurde bereits dargelegt. Rieke (a. a. O.) setzt die Wirkung von 40 vH Muskowit auf den Schmelzpunkt des Kaolines gleich der von 25 vH Orthoklas.

E. Kalziumverbindungen

Zu den Flußmittelbildnern zählen jene Neutralstoffe, die als Base ein Erdalkalioxyd (Kalziumoxyd, CaO, Magnesiumoxyd, MgO, Bariumoxyd, BaO, oder Strontiumoxyd, SrO) enthalten. Die keramisch wichtigere Gruppe dieser Verbindungen sind die kalkhaltigen Stoffe.

Kohlensaurer Kalk und Gips sind fast nie fehlende Bestandteile der Tone, in denen sie bald in Stücken oder Kristallen, bald in feinster Verteilung auftreten.

Natürliche Verbindungsformen des Kalziumoxydes sind Kalzit (Kalkspat), Kalkstein, Marmor, Kreide, Aragonit, Kalkmergel, Apatit, Knochenasche, Gips, Gipsstein, Anhydrit, Flußspat, Dolomit und Dolomitmergel. (Die beiden letztgenannten Rohstoffe werden, da sie eine beträchtliche Menge an Magnesia enthalten, bei den Magnesiumverbindungen besprochen.)

Kalzit, Kalkstein, Marmor, Kreide und Aragonit sind Mineralien bzw. einfache Gesteine, die im wesentlichen aus kohlensaurem Kalk (Kalzium- oder Kalkkarbonat, $CaCO_3$) bestehen.

Unter Mergel versteht man ein natürliches, äußerst inniges, erdiges oder steinartiges Gemenge von Ton und feinstem Kalkkarbonat (Mergelkalk), dessen Bestandteile durch Schlämmen schwer getrennt werden können. Hinsichtlich der Abgrenzung der einzelnen Mergelarten nach den Mengenverhältnissen der Teilstoffe herrscht noch große Verworrenheit; im allgemeinen bezeichnet man als Kalkmergel jenen Mergel, der das Karbonat als Hauptbestandteil enthält. Für die zwischen Kalkstein und Ton liegenden Übergangsformen schlägt Kühl[1]) die in Tabelle 52 wiedergegebene Einteilung bzw. Benennung vor:

Tabelle 52

Bezeichnung	vH $CaCO_3$	vH Ton
Hochprozentiger Kalkstein	100—98	0—2
Mergeliger Kalkstein	98—90	2—10
Kalkmergel	90—75	10—25
Mergel	75—40	25—60
Tonmergel	40—10	60—90
Mergeliger Ton	10—2	90—98
Ton	2—0	98—100

(Aus Gründen einheitlicher Begriffsbestimmungen wird im folgenden an diesen Benennungen festgehalten.)

Apatit ist ein der Hauptsache nach aus phosphorsaurem Kalk (Trikalziumphosphat, $Ca_3(PO_4)_2$) bestehendes Mineral. Neben diesem Phosphat findet sich in der Knochenasche, dem Verbrennungsrückstand von Knochen, als wesentlicher Bestandteil kohlensaurer Kalk.

Gips, Gipsstein und Anhydrit sind Naturerzeugnisse aus der Gruppe der schwefelsauren Verbindungen (Sulfate), die sich chemisch durch das Vorhandensein oder Fehlen von Konstitutionswasser unterscheiden.

Flußspat ist ein nur selten gebrauchtes, aus Kalzium und Fluor bestehendes Mineral.

Die theoretische Zusammensetzung dieser Kalkverbindungen zeigt Tabelle 53.

Tabelle 53. Theoretische Zusammensetzung der Kalkverbindungen

Bezeichnung	CaO	Ca	CO_2	$CaCO_3$	SO_3	H_2O	Ton	P_2O_5	F
Kohlensaurer Kalk	56		44						
Kalkmergel				75—90			25—10		
Trikalziumphosphat	54,2							45,8	
Gips	32,5				46,5	21,0			
Anhydrit	41,2				58,8				
Flußspat		51,3							48,7

[1]) Kühl in Ullmann, F.: Enzyklopädie der Technischen Chemie, Bd. VIII, S. 217. Berlin-Wien: Urban und Schwarzenberg. 1920.

Von den angeführten Kalkrohstoffen werden keramisch hauptsächlich folgende verwendet:

a) für Massen: Kreide, Marmor, Kalzit, Kalkstein, Kalkmergel (selten Flußspat und Gips);

b) für Glasuren: Kreide, Marmormehl, Kalzit, Knochenasche (selten Flußspat);

c) als Hilfsstoff: Gips (Formgips).

I. Kohlensaurer Kalk

Das Kalkkarbonat tritt als Mineral, einfaches Gestein, klastisches Sediment, als Gemengteil von Schlammgesteinen und als Bindemittel klastischer Trümmergesteine auf. Vom kristallisierten Karbonat kennt man drei Modifikationen: Kalzit, Aragonit und Vaterit; dieser wurde jedoch in der Natur bisher nicht beobachtet. Als vierte polymorphe Form ist das gallertartige, wasserhaltige Kalkkarbonat-Gel anzusprechen. Am häufigsten treten die gebirgsbildenden derben Aggregate des Kalzites auf, die entweder erkennbare Reste von Organismen führen (organogene Kalksteine) oder keinerlei Spuren organischer Herkunft aufweisen (metamorphe Kalksteine).

Zu jenen zählen die phytogenen Kalktuffe (Sinterbildungen), Travertin, Wiesenkalk (schlammige Kreide) und die zoogenen Kalksteine wie Kreide, Korallen- und verschiedene Weichtierkalke (Molluskenkalke), zu den metamorphen Kalksteinen der dichte Kalkstein, Marmor und andere. Als Gemengteil findet sich das Karbonat in den Mergeln, als Bindemittel z. B. im Kalksandstein oder im Erbsen- (Roggen-) Stein. Die weitverbreitete Kalkbrekzie gehört den verfestigten Trümmergesteinen an.

Die verschiedenen Zustandsformen des Kalkkarbonates sind wie bei den Kieselsäureformen in den mannigfachen Entstehungsbedingungen begründet. Stets ist das primäre Karbonat das Ergebnis eines Zersetzungs-, Lösungs- und Ausscheidungsprozesses. Die Muttersubstanz ist wie bei den vulkanischen Gesteinen das Magma, welches das Kalziumoxyd zumeist in Form von kalkhaltigen Silikaten (Kalkfeldspate, Augite, Hornblenden, Granate und andere) zu Tage bringt. Diese erfahren durch chemische Verwitterung eine tiefgreifende Umbildung, bei welcher der Kalk in wässerige Lösung geht und aus dieser durch verschiedene Vorgänge als Karbonat (oder in anderer Form) ausgeschieden wird. Es handelt sich also durchwegs um hydatogene Bildungen, die jedoch mitunter eine nachträgliche Veränderung erfahren haben. Welche kristallisierte Phase bei der Ausscheidung anfällt, hängt von der Temperatur, Konzentration der Lösung an Karbonat bzw. Bikarbonat und von der Art und Menge der Lösungsgenossen ab. Die Ausscheidung aus konzentrierteren und mehr als 29° C warmen verdünnten Lösungen führt zu Aragonit, in den gegenteiligen Fällen zu Kalzit[1]).

[1]) Doelter, C.: Handbuch der Mineralchemie, Bd. I, S. 114 u. 129. Dresden-Leipzig: Th. Steinkopff. 1912.

Die Auflösung des wasserunlöslichen, neutralen Kalkkarbonates beruht auf einer chemischen Umwandlung desselben in saures, wasserlösliches Kalkkarbonat (Bikarbonat) durch Einwirkung von Kohlensäure und Wasser. Durch diese Umsetzung gelangt das Karbonat in die Quellen, Bäche, Flüsse, Seen und Meere. Die Rückbildung des unlöslichen Karbonates erfolgt durch Entzug von Wasser und Kohlensäure; der kohlensaure Kalk scheidet sich dabei aus der wässerigen Lösung aus und setzt sich schichtenweise ab (Schichtgesteine!). Meerwasserlösungen bilden auf diese Weise die marinen Kalksteine (Meeresablagerungen, Tiefseeschlämme), Süßwasserlösungen die terrestrischen oder Süßwasserkalke. Diese Wandlungen des Kalkes veranschaulichen folgende chemische Gleichungen:

Zersetzung eines Silikates, z. B. des monoklinen Augites:

$$\underset{\text{Augit}}{CaSiO_3} + CO_2 + x\,H_2O = \underset{\text{Monokarbonat}}{CaCO_3} + SiO_2 \cdot x\,H_2O$$

Lösung des Monokarbonates:

$$CaCO_3 + H_2O + CO_2 = \underset{\text{Bikarbonat}}{Ca\,(HCO_3)_2} = CaO \cdot 2\,CO_2 \cdot H_2O$$

Ausscheidung des Monokarbonates:

$$Ca\,(HCO_3)_2 - CO_2 - H_2O = CaCO_3.$$

Als Ursachen des letzten Vorganges kommen Verdunstung, Abkühlung (Verringerung der Löslichkeit des Bikarbonates), Veränderung der Löslichkeitsverhältnisse des Bikarbonates durch den Einfluß von neuen Lösungsgenossen, chemische Umsetzungen, Druckverminderung (Austritt von Kohlensäure) und Lebensäußerungen von Pflanzen (Entzug von Kohlensäure) und Tieren in Betracht.

Der physikalische Zustand der ausgeschiedenen Phase ist von der Geschwindigkeit und Ursache der Sedimentation abhängig. Durch langsamen Absatz entstehen Kristalle, Gangausfüllungen oder Tuffe, bei der Ausscheidung um rundliche dichte Kalkkörnchen, die durch das Sediment verkittet werden, die oolithischen Kalksteine; innerhalb poröser Sedimentgesteine, z. B. im Löß (toniger Quarzstaub) reichert sich an einzelnen Stellen das allmählich ausgeschiedene Karbonat an und bildet die konkretionären Kalkpuppen (Kalknieren, Lößkindl, Lößmännchen).

Landpflanzen entnehmen die zu ihrem Wachstum erforderliche Kohlensäure bekanntlich der Luft. Den unter Wasser lebenden Pflanzen (z. B. Algen) steht zur Deckung ihres Kohlensäurebedarfes nur die im Wasser gelöste freie oder halbgebundene Kohlensäure (Bikarbonat-Kohlensäure) zur Verfügung. Wird das gelöste Bikarbonat von der Pflanze zur Abgabe von Kohlensäure gezwungen, so scheidet sich der unlösliche kohlensaure Kalk auf ihrer Oberfläche aus. Nach dem Absterben der Pflanze häufen sich diese mit Kalk überkrusteten und verkitteten Gebilde am Grunde des Wassers an und bilden Lager von phytogenen Kalken (Kalktuffe, Algenkalke und andere). Diese phytogenen Kalke entsprechen demnach hinsichtlich ihrer Entstehung und ihres physikalischen Aufbaues der Kieselgur. Eine den Mergeln chemisch nahestehende phytogene Süßwasserbildung mit deutlich erkennbarer organischer Struktur ist der Wiesen- oder Moorkalk.

Niedere, meist im Meere lebende Urtiere, hauptsächlich die sogenannten Foraminiferen und Kokkolithen (Protozoen) bestehen aus einem mikroskopisch kleinen Organismus, der von einem Gehäuse aus kohlensaurem Kalk umgeben ist. Auch dieser Kalk wurde von den Tieren aus dem Wasser aufgenommen und auf unbekannte Weise wieder abgeschieden. Nach dem Tode der Lebewesen sinken die Gehäuse auf den Meeresboden und bilden hier mächtige Ablagerungen von zoogenen Kalksteinen, die nach der Art des Tieres benannt werden (Foraminiferenkalk, Nummulitenkalk und andere). Eine aus der oberen Kreideformation stammende Anhäufung solcher Gehäuse ist die (weiße) Kreide.

Die unter Mitwirkung von Organismen entstandenen Kalksteine sind an Resten derselben oder an ihrer Struktur makroskopisch oder mikroskopisch zu erkennen. Viele Kalksteine besitzen jedoch keines dieser Merkmale. Man hält sie für ursprünglich organogene, nachträglich umgewandelte Gesteine. Beispielsweise werden Kalksteine beim Hindurchbrechen von Magmen durch Hitze und Magmagase (Kontaktmetamorphose) in körnig-kristalline Kalksteine (Urkalke, Marmor) umgewandelt. Zu den metamorphen Kalksteinen zählen die technisch wichtigen dichten Kalksteine, der Marmor, Kalkmergel und der Plattenkalk. Der berühmte Carrara-Marmor wird für dynamometamorph, der bekannte deutsche Marmor von Auerbach (Odenwald) für kontaktmetamorph gehalten.

Diagenetische Bildungen, z. B. Kalkbrekzien, Kalksandsteine, haben keine keramische Bedeutung.

Übersicht

Kohlensaurer Kalk

- Mineral
  - Kalzit
  - Aragonit
- Gestein
  - Kalzite
    - organogen
      - zoogen-marin
        - Kreide
      - phytogene Süßwasserbildungen
        - Kalktuffe (Kalksinter)
        - Algen-Kalke
        - Wiesenkalk
    - metamorph
      - Marmor
      - Kalkstein
      - Kalkmergel
  - Aragonite (einige Sinter, oolithische und Muschelkalke)

Die kristallographischen und physikalischen Eigenschaften sind in der Tabelle 54 verzeichnet.

Tabelle 54. Kristallographische und physikalische Eigenschaften

Bezeichnung	KS	s	H	t	$\lambda \times 360$	c	$\beta \times 10^6$
Kalzit	trigonal	2,5—2,8 2,712[1])	3	17		0,1887[1])	
Isländischer Doppelspat	trigonal			0—80			//c 26,21[1]) ⊥ c 5,4[1])
Kalzit	trigonal			17—100 16—48 20—100		0,2005[1]) 0,206[2]) 0,2086[3])	
Aragonit	rhombisch	2,92—2,96 2,934[1])	3,5—4	17 40 16—45 18—99		0,190[1]) 0,203[2]) 0,2085[3])	3 Achsen: 34,6[1]), 17,2[1]), 10,2[1])
Kalkkarbonat-Gel	amorph	i. M. 2,35					
Kreidestein		scheinbar: 1,85					
Kreide					0,8		
Marmor	Individuen: Kalzit	2,5—2,9 i. M. 2,7[1])	3—4	15—100 0—100 14—21 0—100 < 0	2,5 0,41[1])	0,2158[4]) weiß 0,2099[4]) grau	11,7 (weiß)[1]) 4,7 (Carrara)[1])
Dichte Kalksteine	Individuen: Kalzit	2,6—2,7[1]) i. M. 2,65 r: 1,305[5])	3—4	0—100 90	3,13[1]) (hart) 0,5167[5]) 0,43—0,65 0,8	0,212[1]) 0,2158[1])	
Kalkmergel	Individuen: Kalzit	2,3—2,5			2,81—2,41[1])		

[1]) L. B. Tab.
[2]) Nach Kopp; Jüptner, H. v.: Lehrb. d. Phys. Chem., I, S. 58—63. Leipzig-Wien: F. Deuticke. 1904.
[3]) Nach Regnault: ebenda, [4]) Nach Naumann: ebenda.
[5]) Walther, C.: Handb. d. spars. Wärmewirtsch. Laufende Ausgabe. Stuttgart: Technische Verlags-Gesellschaft. 1926/27.

Kalzit und Aragonit bilden körnige, stengelige und faserige Aggregate. Alle phytogenen, nicht veränderten Kalkgesteine sind mehr oder weniger feste Aggregate von poröser Beschaffenheit, deren Hohlräume (Röhren) vor der Verwesung der Organismen durch Pflanzenteile, Stengel, Blätter, ausgefüllt waren.

Die zoogenen Kalksteine (z. B. Kreidestein) bilden lockere Massen, die unter dem Einfluß der Atmosphärilien zu einem Haufwerk zerfallen, dessen Teilchen äußerst feinerdige, mikroskopisch kleine, mannigfaltig, aber regelmäßig gestaltete Gehäuse sind. Die äußerst geringen Abmessungen dieser Skelette — nach Ehrenberg[1]) haben sie einen Durch-

[1]) Ehrenberg: zit. nach Tonind.-Z. 49, 1925, S. 701.

messer von 7,8—95 μ — bedingen einen hohen Dispersitätsgrad, dem man nur in manchen, nichtmarmorartigen Kalksteinen der Juraperiode begegnet.

Abb. 51 zeigt das mikroskopische Bild eines Kreidepulvers.

Mit Ausnahme der Kreide sind auch die organogenen (und oolithischen) Kalksteine, ja selbst die geologisch jungen Süßwasserbildungen im Kleingefüge mehr oder weniger deutlich kristallin.

Marmor ist ein festes, grob- bis feinkörniges Aggregat von ungefähr gleich großen Kalzitkristallen. Nach dem Gefüge unterscheidet man verschiedene Arten, von denen nur die deutlich körnig-kristallinen Abarten (körniger oder Urmarmor) als weiße, das heißt reine Varietäten keramisches Interesse besitzen. Carrara-, Laaser und Sterzinger Marmor sind Beispiele für diese Gefügearten. Carrara-Marmor besitzt das feinste, Sterzinger Marmor das gröbste Korn unter diesen dreien.

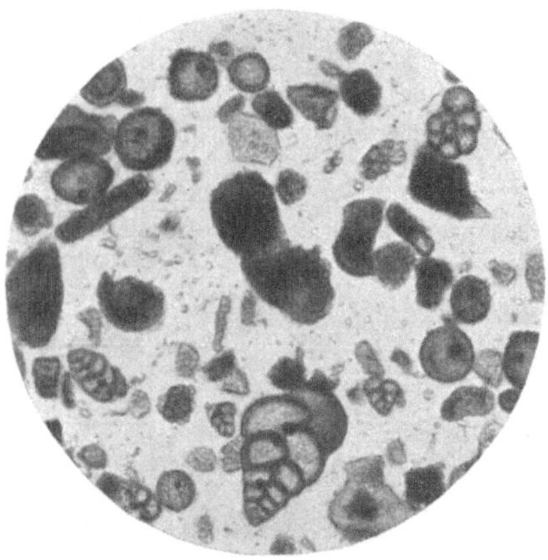

Abb. 51. Foraminiferen aus der Kreide Rügens; 90fach; gewöhnliches Licht (nach einem Präparat von J. D. Möllers Institut für Mikroskopie, Wedel in Holstein)

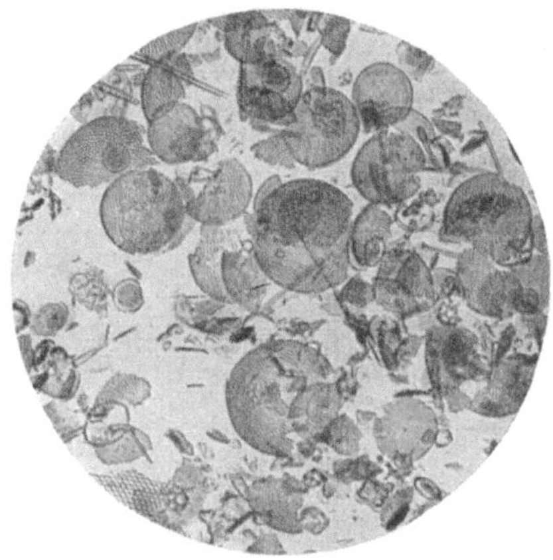

Abb. 52. Kalkfossilien aus Mergelschiefer; 90fach; gewöhnliches Licht (nach einem Präparat des Mineralogischen Institutes der Universität Wien)

Dichter Kalkstein ist die gemeine, gebirgsbildende, kryptokristalline Abart des Kalzites. Zwischen den kristallinen und kryptokristallinen Bildungen besteht keine scharfe Grenze; zahlreiche Übergangsformen bilden die Brücke zwischen den geologisch älteren kristallinen und den den jüngeren Formationen angehörigen dichten Kalkgesteinen. Zu diesen zählen die meisten marinen Kalke und die kryptokristallinen, erdigen Kalkmergel. Zuweilen ist der Kalkmergel steinartig erhärtet; ein bekanntes Beispiel hiefür ist der äußerst feinkörnige, höchst dichte Lithographenstein, ein schieferiger Jura-Kalk von Solenhofen (Mittelfranken).

Abb. 52 zeigt das Mikrobild eines organogenen Kalksteines, der aus einem schieferigen Mergel ausgeschlämmt wurde. Die Größe der Gehäuse überragt beträchtlich diejenige der Tonteilchen.

Die den Kalkmergeln im Ton-Kalk-Verhältnis nahestehenden Mergelarten (Mergel und Tonmergel) sind strukturell und physikalisch den Kalkmergeln ähnlich, nehmen aber mit wachsendem Tongehalt an Härte ab. Tonmergel zählen eigentlich schon infolge ihrer Bildsamkeit zu jenen plastischen Rohstoffen, die wegen ihres Kalkgehaltes einer besonderen keramischen Verwendung (Schmelzwarenmassen, Schmelzkachel- und Keramitmassen) vorbehalten sind.

Wiesenkalk ist erdig, sehr porös und weich.

Die Härte der Kalkrohstoffe ist außer vom Gefüge von der Art und Menge ihrer Begleitstoffe abhängig. Im allgemeinen sind die verschiedenen Abarten des Kalzites verhältnismäßig weich und daher leicht zu vermahlen. Kieselige und kristalline Kalkgesteine sind härter als kieselsäurefreie und kryptokristalline Kalke.

Leicht zu vermahlen ist die Kreide und der Mergel. Dieser besitzt auch infolge seines Tongehaltes im angefeuchteten Zustande einen bestimmten Grad von Bildsamkeit.

An Beimengungen enthalten die verschiedenen Erscheinungsformen des Kalzites folgende Verbindungen bzw. Mineralien:

Kreide (roh): Kieselsäure, Glaukonit, Ton, Eisen- und Manganverbindungen, z. B. Eisenocker, ferner Gips, organische Stoffe, häufig auch Phosphorsäure, oft beträchtliche Mengen an Feuchtigkeit, z. B. Söhlder Kreide nach P. Brandenburg[1]) 8—20 vH. Die Kreide von der Insel Rügen und aus den mit diesem Vorkommen in genetischer und petrographischer Beziehung stehenden Lagern besteht aus fast reinem kohlensauren Kalk. Kreide mit einem größeren Gehalt an feinkörnigem Quarzsand wird als Kreidesand bezeichnet.

Marmor: Eisenverbindungen in Form von Oxyden, Hydroxyden und Pyrit; selten geringe Mengen von Manganverbindungen. Der Marmor von Auerbach steht an Reinheit den griechischen und italienischen Sorten oft weit nach. In den Alpenländern ist er zuweilen sehr rein, zumeist aber stark verunreinigt. Die reinste Abart des körnigen Marmors ist der sogenannte Statuenmarmor (Carrara, Paros).

Dichter Kalkstein: Selten rein, mehr oder minder große Mengen verschiedener Verbindungen. Nach ihren hauptsächlichsten Beimengungen unterscheidet man dolomitische (magnesiahaltig), kieselige (Quarz, Chalzedon), tonige, glaukonitische und bituminöse Kalksteine. Außer diesen Begleitern sind fast immer Eisen- und Manganverbindungen, häufig beide als Karbonate in isomorpher Mischung oder als Silikate, ferner Kalksilikate und kohlige Stoffe, seltener Alkalien vorhanden. Die organischen Substanzen färben die Kalksteine grau, blau bis schwarz, jedoch auch gelblich bis bräunlich; die Eisen- und Manganverbindungen erteilen ihnen je nach der Verbindungsform und Oxydationsstufe grüne oder braune, Glaukonit, Augit und Serpentin grüne Farbe. Während Kalkspate oft kaum 1 vH Verunreinigungen, davon nur wenig Eisenoxyde, enthalten, besitzen die dichten Kalksteine meist einen beträchtlich höheren Eisengehalt, zum Teil auch in Form von Hydroxyden und Pyrit. Sekundäre Vorgänge umwandeln nicht selten einen Teil des Kalkkarbonates in Gips. Die Grubenfeuchtigkeit beträgt etwa 3 vH.

[1]) Brandenburg, P.: Tonind.-Z. 49, 1925, S. 701.

Kalkmergel: Isomorph beigemischte Karbonate von Eisen, Mangan, Magnesia (dolomitische Mergel), Eisenhydroxyde, Quarz, Glimmer, Pyrit, organische Stoffe, Feuchtigkeit. Frisch gewonnener Moorkalk von Mecklenburg enthält nach R. Burghardt[1]) 60—64 vH Feuchtigkeit. Die in Gestalt von Linsen oder schichtig auftretenden Mergel zeigen selbst in benachbarten Vorkommen oft bedeutende Schwankungen sowohl im Kalk-Ton-Verhältnis als auch in bezug auf die genannten Verunreinigungen.

Analysenbeispiele bringt Tabelle 55.

Tabelle 55. Analysenbeispiele

	Bezeichnung	$CaCO_3$	CaO	SiO_2	Al_2O_3	Fe_2O_3	FeO	MgO	$MgCO_3$	Unlösl. Rückstand	Organische Stoffe	H_2O	Glühverlust	KNaO	Rest
Kreide	Rügen[1])	97,60			0,59			0,43							1,38
	Nettlingen[1])	91,93		5,65	1,66			0,5							0,26
	Söhlde (Harz)[1])	96,44		2,60	0,31	0,35		Spur							0,38
	Lübeck[2])	98,67		1,11	Spur							0,22			
	Schweden[2])	99,23		0,61	Spur							0,16			
Marmormehl	Als „gutes deutsches Marmormehl" bezeich.[3])	96,30		2,84		0,03									
	Kolditz i. Sa.[3])	98,54		1,32		0,03									
	Tschirnhaus (Schlesien)[3])		52,84		0,09	0,08		3,62		2,08			42,80		
	Landshut (Schlesien)[3])		30,22		2,60	0,14		**20,33**		2,17			45,32		
	Hohenelbe (Böhmen)[3])		55,88	1,28		0,03							43,10		
Marmor	Auerbach (Odenwald)[4])						0,05 — 2,06								
	Carrara (Ital.)[4])					0,068									
Kalkstein	Rheinland (Spat)[3])	92,9	52,0	4,1		0,05						3,0			
	Ulm[3])	99,02		0,66		0,04									
	Brilon (Westfalen)[5])	99,82			0,12					0,06					
	Wunsiedel[6])	i. M. 99,56													
Wiesenkalk	Mecklenburg (getrocknet)[7])	86		10	+	+					3—4	+			
Mergel	Langelsheim (Harz)[8])	65—66		21—24	5,7	3,5—5			1—2						
	Tarnowitz[8])	54,5		12,7	6,0	$FeCO_3$ 1,8			20,6			4,6			
	Perlmoos (Tirol)[9])	70,64		15,92	5,94	+FeO: 3,98			1,02			0,79	16,49	1,37	

[1]) Brandenburg: a. a. O. [2]) Tonind.-Z. 47, 1923, S. 371.
[3]) Springer, L.: Sprs. 56, 1923, S. 188; Tonind.-Z. 48, 1924, S. 887.
[4]) Doelter, C.: Handbuch der Mineralchemie, Bd. I, S. 285 u. 289. Dresden-Leipzig: Th. Steinkopff. 1922.
[5]) Sprs. 58, 1925, S. 34. [6]) Sprs. 27, 1894, S. 486. [7]) Burghardt: a. a. O.
[8]) Ullmann, F.: Enzyklopädie der Technischen Chemie, Bd. X, S. 468. Urban und Schwarzenberg. 1922.
[9]) Arlt, F. v.: Laboratoriumsbuch f. d. Zement-Industrie, S. 5. Halle a. S.: W. Knapp. 1910.

[1]) Burghardt, R.: Tonind.-Z. 48, 1924, S. 156.

Kalkkarbonat ist an trockener Luft unveränderlich, in reinem (kohlensäurefreiem) Wasser praktisch unlöslich, Aragonit etwas löslicher als Kalzit. Die Löslichkeit liegt bei beiden Phasen unter 0,002 vH (Kalzit 0,00143, Aragonit 0,0015 vH). Kohlensäurehaltige Wässer wandeln das Karbonat in der bei der Entstehung des Kalzites geschilderten Weise in wasserlösliches Bikarbonat um. Bei der Behandlung des Karbonates mit Mineralsäuren, z. B. Schwefelsäure, tritt eine bei gewöhnlicher Temperatur verlaufende Umsetzung unter lebhaftem Aufbrausen infolge des Entweichens von Kohlensäuregas ein, gleichgültig, ob das Karbonat in Stücken oder Pulverform vorliegt. Die Reaktion vollzieht sich im Sinne der Gleichung

$$CaCO_3 + H_2SO_4 = CaSO_4 + H_2O + CO_2.$$

Das Aufbrausen bei der Einwirkung kalter verdünnter Säuren auf einen in wässeriger Schwebe befindlichen Ton dient zur raschen Orientierung über einen Gehalt des Tones an kohlensauren Salzen (meist Kalkkarbonat). Das Ausbleiben dieser Erscheinung berechtigt jedoch nicht, auf gänzliche Kalkfreiheit zu schließen, da bei geringem Karbonatgehalt (etwa unter 3 vH) nur spärliche Gasentwicklung wahrzunehmen ist und der Kalk auch in anderer Verbindungsform (Gips, Anhydrit, Silikat) vorliegen kann. Die Umsetzung des Karbonates mit Schwefelsäure besitzt auch noch eine zweite keramische Bedeutung. Pyrit, der als häufiger Begleiter von Kohlen vorkommt, zerfällt bei etwa 500° C in Einfachschwefeleisen (FeS) und Schwefel; dieser verbrennt bei Gegenwart von Luft zu Schwefeldioxyd, das sich mit Sauerstoff zu Schwefelsäureanhydrid vereinigt; bei der Kondensation der Wasserdämpfe der Rauchgase auf dem Ziegeleinsatz löst sich das Anhydrid im Wasser zu Schwefelsäure, die — sofern der Ton kalkhaltig ist — die Sulfatisierung des Kalkes im Ziegel bewirkt; die chemischen Grundlagen dieser Vorgänge können durch folgende Gleichungen dargestellt werden:

$$FeS_2 \longrightarrow FeS + S;\ 2\,FeS_2 + \frac{11}{2}\,O_2 = Fe_2O_3 + 4\,SO_2$$

$$S + O_2 = SO_2;\ SO_2 + O = SO_3;\ SO_3 + H_2O = H_2SO_4;$$

$$H_2SO_4 + CaCO_3 = CaSO_4 + H_2O + CO_2.$$

Auf den Unterschieden in der Löslichkeit von Kalzit und Aragonit beruht eine von W. Meigen[1]) angegebene Reaktion, die zur chemischen Unterscheidung der beiden Phasen dient. Beim Kochen des Pulvers mit 5—10 vHiger Kobaltnitratlösung (Kobaltsolution) färbt sich Aragonit in wenigen Minuten violett, Kalzit erst nach 5—10 Minuten währendem Erhitzen hellblau, in Gegenwart von Eisenverbindungen grünlichblau.

Brennverhalten

Der Einfluß von höheren Temperaturen auf das Kalkkarbonat äußert sich je nach der Höhe der Temperatur und Zustandsform des

[1]) Meigen, W.: Ber. naturf. Ges. Freiburg i. B.; Doelter, C.: Handbuch der Mineralchemie, Bd. 1, S. 115. Dresden-Leipzig: Th. Steinkopff. 1912.

Karbonates in molekularen Umlagerungen und in einer stofflichen Veränderung durch den Austritt des gasförmigen Bestandteiles, nämlich der Kohlensäure (thermische Dissoziation)[1]).

Die bei höheren Temperaturen beständige Phase des Kalziumkarbonates ist der Kalzit. Aragonit wandelt sich bei einer Temperatur von über 400° C merklich in Kalzit um. Die Umlagerung ist nicht umkehrbar, der kohlensaure Kalk somit monotrop. Die Geschwindigkeit dieser Zustandsänderung hängt von der Temperatur ab; in der Nähe von 500° C verläuft die Umlagerung ziemlich rasch, bei 100° C außerordentlich langsam.

$$\text{Aragonit} \xrightarrow{> 400} \beta\text{-Kalzit.}$$

Die Inversion des β-Kalzites in α-Kalzit bei ∞ 970° C tritt nur bei hohem Druck ein, hat also keramisch keine Bedeutung; diese Umwandlungstemperatur fällt unter normalen Druckverhältnissen bereits in das Zersetzungsbereich.

Die Umlagerung des Aragonites in β-Kalzit ist von einer Dichtenverringerung (2,94 ⟶ 2,72), daher auch von einem Wachstum begleitet.

Reiner kohlensaurer Kalk zeigt keine Neigung zum Sintern. Infolge der thermischen Dissoziation bei etwa 900° C kann er nur dann schmelzen, wenn der Kohlensäuredruck größer ist als die Zersetzungsspannung.

Die Schmelze nimmt bei der Erstarrung kristallines Gefüge an (vgl. Metamorphosen, S. 320).

Die thermische Zersetzung des kohlensauren Kalkes (Kalzit und Aragonit) verläuft im Sinne der Gleichung

$$\underset{\text{Kalkstein}}{CaCO_3\ (CaO \cdot CO_2)} \rightleftarrows \underset{\text{Kalk}}{CaO} + CO_2.$$

Nicht nur in bezug auf das Kalkbrennen, sondern auch in keramischer Hinsicht sind die bei der Zersetzung obwaltenden Gewichts- und Raumverhältnisse, die Entsäuerungsgeschwindigkeit und Wärmeverhältnisse von Bedeutung.

Ein Molekül $CaCO_3$ (100 g) vom spezifischen Gewichte · 2,72 liefert beim Brennen auf die Zersetzungstemperatur ein Molekül CaO (56 g) von der Dichte 3,08 und 1 Molekül CO_2 (44 g = 22,4 l bei 0° C und 760 mm Hg). Aus den stöchiometrischen Verhältnissen und den Werten für das spezifische Gewicht errechnen sich unter Annahme dichtester Lagerung der Teilchen folgende Raumverhältnisse:

$$100\text{ g } CaCO_3 \ldots\ldots \text{Volumen} = \frac{100}{2{,}72} = 36{,}8\text{ cm}^3,$$

$$56\text{ g } CaO \ldots\ldots\ldots \text{Volumen} = \frac{56}{3{,}08} = 18{,}2\text{ cm}^3.$$

[1]) Unter „thermischer Dissoziation" versteht man einen chemischen Vorgang, bei dem Verbindungen unter dem Einfluß von Wärme in einfachere Stoffe zerfallen, die sich nach dem Aufhören der Zersetzungsbedingungen wieder zur Ausgangsform vereinigen können. Die eigentliche thermische Dissoziation ist ein umkehrbarer Vorgang. Der Gasdruck, den die Dissoziationsprodukte in einem geschlossenen Gefäße hervorbringen würden, heißt Dissoziationsspannung.

Es wäre demnach eine Schwindung des Kalzites um $\frac{18,2 \cdot 100}{36,8} = 49,5$ vH zu erwarten. Die tatsächliche Raumminderung beträgt jedoch nur etwa 10—14 vH. Das aus 100 g Kalzit ausgetriebene Kohlensäuregas nimmt unter Normalbedingungen (0^0 C und 760 mm Hg) den Raum von 22,4 l ein. Bei einer Brenntemperatur von ∞ 1000^0 C würde dieses Gasvolumen infolge der Ausdehnung ($v_t = v_o (1 + \alpha t)$) einen Raum von 104,5 l einnehmen. Welch ungeheure Gasmengen z. B. aus der Masse eines Ziegelformlings austreten, lehrt folgende einfache Berechnung: Das Gewicht des lufttrockenen Ziegels betrage 3,334 kg; die Masse enthielte 30 vH kohlensauren Kalk = ∞ 1,000 kg; die daraus entbundene Kohlensäure erfüllt dann bei der angenommenen Brenntemperatur (1000^0 C) einen Raum von 1045 l, das heißt ungefähr den 400fachen Raum des Ziegelformlings.

Die Zersetzung des Kalziumkarbonates erstreckt sich über einen großen Temperaturbereich. Theoretisch ist sie von der Konzentration der entbundenen Kohlensäure, vom Druck und der Temperatur abhängig. Die Zersetzungstemperatur liegt um so höher, je größer die Konzentration der ausgetriebenen Kohlensäure, das heißt also auch der Druck in der Umgebung des Kalkes ist (1 m^3 CO_2 wiegt unter Normalverhältnissen 1,965 kg). Vollständige Zersetzung tritt nur dann ein, wenn der Kohlensäuredruck niedriger ist als die Zersetzungsspannung des Karbonates, die bei einer bestimmten Temperatur konstant ist.

Die Beziehungen zwischen Zersetzungsdruck und Temperatur sind in Abb. 53 nach den von Johnston[1]) ermittelten Werten, die Keppeler als die sichersten bezeichnet, graphisch dargestellt.

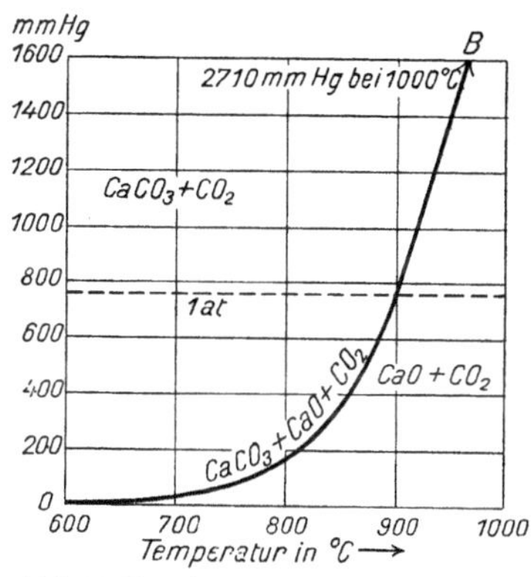

Abb. 53. Zersetzungsspannung von $CaCO_3$; nach Johnston

Längs der Dissoziationskurve (600—*B*) befinden sich die drei Phasen des Systems ($CaCO_3$, CaO, CO_2) im Gleichgewichte, oberhalb liegt das Gebiet der Phasen $CaCO_3$ und CO_2, unterhalb der Kurve jenes der Phasen CaO und CO_2. Aus der Kurve ist ersichtlich, daß bei Atmosphärendruck (760 mm = 1,033 kg/cm^2) die Zersetzungstemperatur etwa 900^0 C beträgt. Die Art und Weise, wie bei tieferer Temperatur die Zersetzung vervollständigt werden kann, lehrt das Massenwirkungsgesetz. Aus der Gleichung für die Gleichgewichtskonstante

$$K = \frac{[CaO]\,[CO_2]}{[CaCO_3]}$$

erhellt, daß durch Verringerung der Kohlensäurekonzentration die Zersetzung des Karbonates gefördert wird. Der Kohlensäuredruck

[1]) Johnston: Journ. Am. Chem. Soc., 32, 1910, S. 941; Keppeler: Z. angew. Chem. 38, 1925, S. 397—405.

kann nun entweder rein mechanisch durch Diffusion oder Fortführung der Kohlensäure durch bewegte Luft oder auf chemischem Wege durch Umsetzung der Kohlensäure mit Reduktionsmitteln (Kohle, Wasserstoff) vermindert werden. Die entbundene Kohlensäure wird durch Kohle bei über 800° C zu Kohlenmonoxyd reduziert, verschwindet daher als Phase, wodurch sich der auf dem Brenngut lastende Druck vermindert und die Zersetzung gefördert wird. Da es sich bei der Reduktion um chemische Vorgänge handelt, gelten hiefür die für diese bestimmenden Faktoren, insbesondere was die Innigkeit der Berührung zwischen Kalzit und dem Reduktionsmittel betrifft. Im allgemeinen rühmt man auch dem Wasserdampf eine ähnliche Wirkung nach. Die Rolle des Wasserdampfes bei der Entsäuerung des Kalzites ist bisher nicht bekannt. V. J. Azbe[1]) hat gefunden, daß die Zersetzungstemperaturen in und ohne Gegenwart von Wasserdampf sehr nahe beisammen liegen, der Dampf also die Zersetzung nicht durch Erniedrigung der Dissoziationstemperatur fördere. Keppeler (a. a. O.) vermutet, daß Wasserdampf die Zersetzung katalytisch befördere bzw. die Begünstigung des Prozesses in thermochemischen Unterschieden begründet sei, da die Dissoziation durch Wasserdampf eines um die Löschwärme verminderten Wärmeaufwandes bedürfe. Zur thermischen Zersetzung des kohlensauren Kalkes sind je 100 kg (Molekulargewicht 100,07) 42 500 WE erforderlich. Vergleicht man damit die Zersetzungswärme von 100 kg Kaolin — Höchstwert nach McGee (a. a. O.) 13 000, Wärmegewinn durch die exotherme Reaktion 2500, daher also 10 500 WE —, so ergibt sich, daß das Brennen kalkreicher Massen eines größeren Wärmeaufwandes bedarf als das kalkfreier Massen. Unter der früher gemachten Annahme (Formling mit 1 kg Kalkkarbonat, Höchstwert der Dissoziationswärme von Kaolin 105 WE) und Zugrundelegung eines Heizwertes der verwendeten Kohle von 6400 WE benötigt man zum Brennen der kalkhaltigen Masse je 20 Formlinge um 1 kg Kohle mehr als bei kalkfreier Masse.

1 Formling	1 kg $CaCO_3$	425 WE
	1 kg Tonsubstanz	105 WE
	Unterschied	320 WE
20 Formlinge		6400 WE = 1 kg Kohle;

bei der niedrigsten Zersetzungswärme der Tonsubstanz (60 — 25 = 35) ergibt sich je 20 Formlinge ein Mehrbedarf an Kohle von ∾ 1,22 kg bzw. ein Mehr von 1 kg Kohle je ∾ 16 Formlinge.

Das Verhalten der Mergel bei höheren Hitzegraden in bezug auf Zersetzungsvorgänge geht aus dem Brennverhalten ihrer Bestandteile hervor. Bei der Zersetzungstemperatur des Mergelkalkes ist auch die Tonsubstanz bereits völlig entwässert, daher besteht das bei dieser Temperatur anfallende Brennprodukt im wesentlichen aus einem innigen, porösen Gemenge von Kalziumoxyd und Metakaolin. Die thermische

[1]) Azbe, V. J.: Rock Products, Vol. 30, 1927, S. 63—65; Tonind.-Z. 51, 1927, S. 1191.

Zersetzung des Mergels kann durch folgende chemische Gleichung veranschaulicht werden:

$$x\,CaCO_3 + y\,[Al_2O_3 \cdot 2\,SiO_2 \cdot 2\,H_2O] =$$
$$= \underbrace{x\,CaO + y\,[Al_2O_3 \cdot 2\,SiO_2]}_{\text{gebrannter Mergel}} + x\,CO_2 + 2\,y\,H_2O.$$

Bei weiterer Temperatursteigerung tritt das freie Kalziumoxyd mit der entwässerten Tonsubstanz in chemische Wechselwirkung, als deren Ergebnis ein verhältnismäßig leicht schmelzbares Kalk-Alumosilikat erscheint (siehe S. 357). Diesen Vorgang bezeichnet man als „Aufschließen" der Tonsubstanz; der Kalk wird dabei chemisch gebunden.

Vorkommen

Die Kalkgesteine sind in der Natur weit verbreitet.

Der keramisch wichtigste kohlensaure Kalk, die Kreide, findet sich am häufigsten in England. Bedeutende Kreidelager birgt hier die Südostküste („Kreideküste") bei Dover. Die bekanntesten Kreidevorkommen Deutschlands liegen auf der Halbinsel Jasmund der Insel Rügen, an der Ostsee auf Usedom und Wollin, in Schleswig-Holstein (Itzehoe), in Mecklenburg, im Innern am Nordrande des Harzes (Söhlder Berg), in Bayern, Hannover, Hinterpommern, bei Köln und an der niederländischen Grenze. Der auf Rügen beginnende Kreidehorizont setzt sich in nordwestlicher Richtung nach Dänemark (Möen, Seeland, Jütland) fort. Dieser Kreidezug liefert die als „deutsche", „schwedische" und „dänische" Schlämmkreide bekannten Erzeugnisse. Bedeutende Kreidelager besitzen ferner Nordfrankreich (Champagne, Pariser Becken), Schweden und Belgien.

Reinere, keramisch verwendbare Marmore und kristalline Kalksteine finden sich in Deutschland im Rheinland, z. B. im Bezirke Düsseldorf, im Fichtelgebirge, in Sachsen, Schlesien, Hessen, im Odenwald, in der fränkischen und schwäbischen Alb, im Harz und an anderen Orten.

Vor wenigen Jahren wurde in den Ausläufern der rheinischen Kalksteinvorkommen bei Elberfeld ein Kalkgestein aufgefunden, das dem Carrara-Marmor ebenbürtig sein soll.

Nach L. Springer[1]) kommen sehr eisenarme Kalksteine in Bayern, Sachsen und im Rheinland vor (Rheinisches Schiefergebirge, Gegend um Elberfeld, im Neandertal). Die reinsten Vorkommen liegen im Fichtelgebirge bei Wunsiedel. In jüngster Zeit wurde von den Kalk- und Marmorbergwerken Brilon A. G. in Brilon am Flotzberg ein neues Lager erschlossen, dessen Gestein von hervorragender Reinheit sein soll (vgl. Tab. 55).

Reich an bestem (99 v H $CaCO_3$) Marmor ist nach J. Kotterba[2]) Ungarn.

Die wichtigsten Vorkommen von weißem Marmor birgt Italien (Carrara, Massa, Serravezza). Auch Tirol (Schlanders, Laas, Sterzing), Kärnten (bei Villach), Griechenland (Naxos, Paros und andere), Norwegen, Frankreich (Departement Haut-Garonne) und Spanien gewinnen weißen Marmor.

---

[1]) Springer, L.: Sprs. 58, 1925, S. 28.

[2]) Kotterba, J.: Tonind.-Z. 48, 1924, S. 135.

In Österreich bilden die dichten Kalksteine den Gebirgszug der nördlichen Kalkalpen; die meisten Kalksteine der Vorgebirge — hauptsächlich marine Strandablagerungen, z. B. im Leithagebirge und Wiener Wald — sind teils phytogen (Algen-, Nulliporen- oder Lithothamnienkalke), teils zoogen (Korallen- und Foraminiferenkalke).

Mergelkalksteine sind weit verbreitet; sie treten vorwiegend in den jüngeren Formationen der jurassischen Periode, ferner in der Kreide- und Tertiärformation auf. Tertiäre Mergel und Wiesenkalk sind in der Norddeutschen Tiefebene häufig anzutreffen.

Verwendung

Die Kalzite finden beim keramischen Weißbrand hauptsächlich in Form von Marmormehl, Kalkspat und Kreide (rohe Kreide, Stückkreide oder Schlämmkreide), im übrigen als Kreide oder Mergel, selten als dichter Kalkstein Verwendung. Einen größeren Anteil an der Zusammensetzung der Masse nimmt der kohlensaure Kalk beim Kalk-Steingut (etwa 10—20 vH), beim Feinsteinzeug, bei der Schmelzware, z. B. bei Schmelzkacheln (20—30 vH) und bei den Kalkklinkern (Keramitziegel, etwa bis 30 vH). In geringerer Menge wird er bei der Herstellung einiger Porzellanarten (Weichporzellan etwa 3 vH, Frittenporzellan — hier auch in Form von geschlämmtem Mergel —, seltener Hartporzellan), des gemischten Steingutes (kalkhaltiges Feldspatsteingut) und künstlicher Zähne verwendet.

Marmormehl, Kalkspatmehl und Kreide (Schlämmkreide) dienen auch zur Glasurbereitung für bessere Irdenwaren, Steingut, Feinsteinzeug und Porzellane, zum chemischen Mattieren der Glasuren und zur Herstellung keramischer Farbkörper, z. B. von Pinkrot. Außerdem bildet der kohlensaure Kalk den Rohstoff für den gebrannten Kalk. Bisweilen ist das zur Erzeugung einer bestimmten Warengattung erforderliche Kalkkarbonat schon von Natur aus in den plastischen Werkstoffen enthalten, z. B. in den Kacheltonen von Velten (25—32 vH) und Mühlenbeck (35—38 vH). Auch Ziegeltone und gewöhnliche Töpfertone enthalten zumeist die zum Garbrennen bei der üblichen Brenntemperatur nötige Menge an kohlensaurem Kalk, doch darf dieser nur in feiner Verteilung und in nicht zu großer Menge (höchstens 30 vH) vorliegen. Die niederprozentigen Mergel oder hochprozentigen Tonmergel bilden den Werkstoff der Keramitziegelindustrie, magere Mergel werden zuweilen als Magerungsmittel für fette Ziegeltone verwendet. Geeignete kalkhaltige Tone, z. B. der Mergel von Langelsheim (Harz), finden auch als Herdbaustoffe in Form von Stampfmasse für Herd und Ofenbrust der Treibherde Verwendung.

Welche Zustandsform des kohlensauren Kalkes zum Massenversatz anzuwenden ist, hängt von der Art der Masse und von wirtschaftlichen Umständen (frachtgünstige Lage des Bezugsortes, Preis) ab.

Im allgemeinen zieht man Kreide wegen der leichteren Mahlbarkeit, größeren Feinheit der Teilchen und des geringeren Preises allen anderen

Arten des Kalkkarbonates wenigstens für den keramischen Weißbrand vor; doch krankt die Verwendung der Kreide zu diesem Zweck an dem Übelstande, daß sie, besonders bei höheren Brenntemperaturen, nicht immer rein weißbrennt und dadurch die Intensität der weißen Brennfarbe des Scherbens nachteilig beeinflußt.

Für farbig brennende Massen bieten hinsichtlich der Feinheit des Karbonates die Mergelarten einen Ersatz für die Kreide, z. B. für Klinker.

Besonders bevorzugt ist der Kalkmergel wegen der für den Masseversatz so günstigen Form des Karbonates überall dort, wo es sich um das Einschlämmen von kohlensaurem Kalk in eine Tonmasse handelt, z. B. bei der Erzeugung von Schmelzware zwecks Erhöhung des Kalkgehaltes kalkarmer Fayencemassen.

Die gebrochene Kreide kommt entweder nach Entfernung der gröberen Verunreinigungen in unregelmäßig geformten Stücken (rohe Kreide, Stückenkreide), in Stangenform (Stangen- oder Industriekreide), staubförmig und sandhaltig (Staubkreide) oder, von den Verunreinigungen zum größten Teil durch nasse Aufbereitung befreit, nach Vermahlung und Sichtung als teurere Schlämmkreide in den Handel.

Der von Brandenburg (a. a. O.) aufgezeigte Weg zur Erzeugung von Schlämmkreide ist nachstehend durch ein Arbeitsdiagramm veranschaulicht:

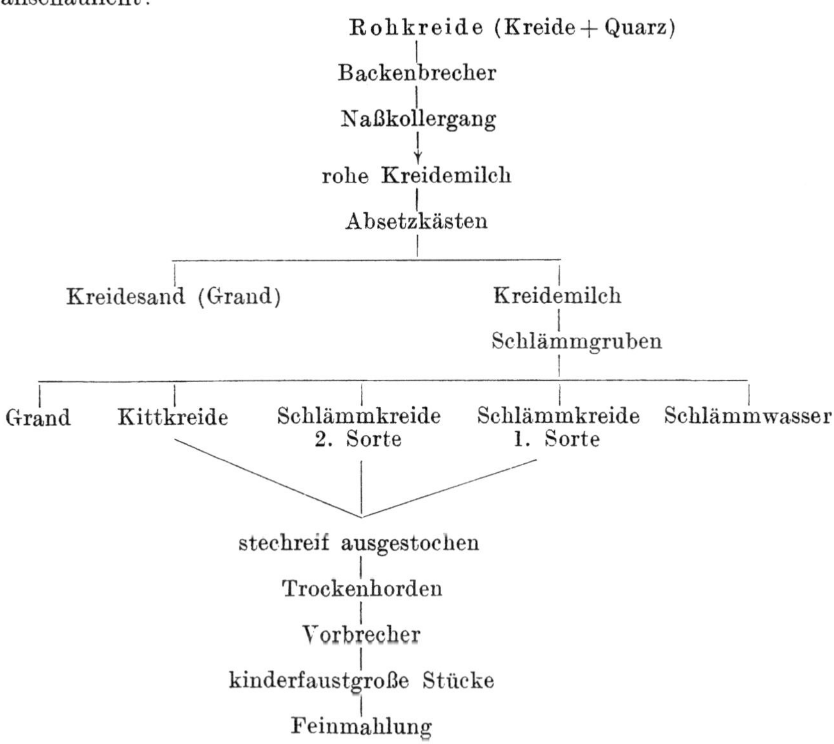

Für die Verwendung zum keramischen Weißbrand muß der kalkhaltige Rohstoff in erster Linie den Anforderungen an die Brennfarbe Genüge leisten.

Die isomorphen Begleitkarbonate beeinflussen im Rohzustande oft kaum die Farbe des Kalkgesteines, sondern treten erst beim Brennen in Erscheinung; die durch sie bewirkten Farbtöne machen das Gestein für den keramischen Weißbrand ungeeignet.

Ein größerer Eisengehalt ist dagegen bei der Anwendung des Kalkgesteines als Versatz von Klinker- und Steinzeugmassen sogar erwünscht (vgl. S. 40).

In bezug auf die physikalische Beschaffenheit kommt nur das Kleingefüge wegen der Reaktionsfähigkeit (vgl. S. 321) und die Mahlbarkeit in Betracht.

Das amerikanische Normenamt[1]) verlangt von Kalkgesteinen für keramische Zwecke, daß sie so gut wie frei von eisenhaltigen Silikaten, Pyrit, metallischem Eisen und Gips seien; es werden zwei Sorten unterschieden:

Klasse 1: Fast reines Kalziumkarbonat;

Klasse 2: Kalziumkarbonat mit beträchtlichem Gehalt an Magnesiumkarbonat.

Die Grenzwerte ihrer Zusammensetzung sind in Tabelle 56 wiedergegeben.

Tabelle 56. Grenzwerte der Zusammensetzung keramisch verwendbarer Kalkgesteine

Bestandteile	Klasse 1		Klasse 2	
	Höchstgehalt in v H	Mindestgehalt in v H	Höchstgehalt in v H	Mindestgehalt in v H
Gesamtkarbonate		97		97
$CaCO_3$		96		89
$MgCO_3$	2		8	
Fe_2O_3	0,25		0,25	
SiO_2	2		2	
Schwefel (als SO_3 berechnet)	0,1		0,1	

Der Gehalt an kohlensauren Salzen von Kalk und Magnesia und deren Summe soll nicht mehr als 1 vH, der Kieselsäuregehalt nicht mehr als 0,5 vH von den angeführten Prozentsätzen abweichen.

Für alle keramischen Verwendungszwecke muß das Kalkgestein aufs feinste vermahlen werden. Die erwähnten Normen stellen in dieser Beziehung die Forderung, daß bei einer zehn Minuten dauernden Siebwaschprobe mit einem Wasserstrahl ohne Druck nur folgende Mengen von Schlämmrückständen hinterbleiben:

---

[1]) Circ. Bur. Stand. 1923, Nr. 152; Ref. Ker. Rundsch. 32, 1924, S. 337.

Auf einem Sieb mit 3000 Maschen je 1 cm^2 (140er Sieb) höchstens 1 vH, auf dem 200er Sieb (6200 Maschen je 1 cm^2) höchstens 2 vH.

Mergel kommen für die Zwecke der Feintonindustrie kaum in Betracht, da auch bei reinster Beschaffenheit des kalkigen Bestandteiles der beigemengte Ton in höchst seltenen Fällen den erforderlichen Reinheitsgrad besitzt.

Wirkungen in tonigen Massen

Die Wirkung des Kalziumkarbonates in tonigen Massen ist bis zu seiner Zersetzung in Oxyd und Kohlensäure und darüber hinaus bis zur Silizierung des Oxydes die eines Magerungsmittels. Dadurch, daß das im Scherben zurückbleibende Kalziumoxyd an sich sehr porös ist, wirkt ein höherer Kalkgehalt in Tonen bei Brenntemperaturen, welche die Zersetzungstemperatur nicht wesentlich überschreiten, z. B. in Ziegeln, ungemein auflockernd, porositätsfördernd; der Scherben ist daher spezifisch leicht und wenig mechanisch fest. Selbst nach der chemischen Bindung des Kalkes durch die entwässerte Tonsubstanz besitzen derartige Werkstücke noch erhebliche Wasseraufnahmefähigkeit. Von diesen Eigenschaften des Kalkes macht man bei der Erzeugung des sogenannten Kalk- oder Leichtsteingutes Gebrauch.

Der Gehalt der Tone an kohlensaurem Kalk ist häufig die Ursache von Fehlern keramischer Erzeugnisse, und zwar sowohl das Kalkkarbonat als solches wie auch die bei der Dissoziation entbundene Kohlensäure.

Durch die Reaktionsfähigkeit gegenüber den in den Rauchgasen enthaltenen Schwefelverbindungen entstehen bei Außerachtlassung gewisser Vorsichtsmaßregeln beim Übergang des Karbonates in das Kalziumsulfat weiße Anflüge an Ziegeln (Verschmauchungen), denen man dadurch vorbeugt, daß man die Abkühlung der wasserdampfhaltigen Verbrennungsgase auf die Kondensationstemperatur verhindert. Durch kondensierte Schwefelsäure werden selbst bereits gebildete Kalk-Eisen-Tonerde-Silikate unter Abscheidung von weißem Kalziumsulfat und rotem Eisenoxyd zerlegt, wodurch weiße und rötliche Flecken in einer gelblichen (gelblichgrünen) Grundmasse (sogenannte Flammen) entstehen.

Die beim Brennen im Innern des Tones entwickelte Kohlensäure muß beim Entweichen die Tonmasse durchdringen. Bei Tonen, deren Dichtbrenntemperatur über der Zersetzungstemperatur des Karbonates liegt, begegnet der Austritt der Kohlensäure keinen Schwierigkeiten. Bei fetten, frühzeitig sinternden Tonen behindert dagegen die Dichtigkeit der Masse das Entweichen des Kohlendioxydes; es entstehen Blasen, Aufwölbungen, die durch den Druck des Gases zersprengt werden können, wenn nicht der Scherben überhaupt zerfliegt.

II. Ätzkalk

Der bei der thermischen Zersetzung von kohlensaurem Kalk hinterbleibende Rückstand, Kalziumoxyd, führt die technische Bezeichnung „Gebrannter Kalk“, „Ätzkalk“ oder kurzweg „Kalk“. Nach der Begriffserklärung der „Leitsätze für einheitliche Prüfung von Kalk“[1]) sind Kalke Erzeugnisse, die aus Kalksteinen durch Brennen unterhalb der Sintergrenze gewonnen werden.

In keramischen Massen entsteht der Kalk aus dem den Tonen von Natur aus beigemengten oder als Versatzstoff zugesetzten kohlensauren Kalk, wenn die Garbrandtemperatur der Masse so hoch liegt, daß der Kalkstein die zum Austritt der Kohlensäure erforderliche Zersetzungsspannung erreicht, was ja fast immer der Fall ist.

Mit Rücksicht auf die Verwendung des Kalkes als feuerfester Werkstoff und als Rohstoff zur Herstellung des als Bindemittel für Quarzite verwendeten Löschkalkes sei in Kürze das „Kalkbrennen“, das heißt die Erzeugung von Ätzkalk durch Brennen von Kalkstein in besonderen Öfen, erörtert.

Als Rohstoffe kommen alle reineren Arten des Kalzites in Betracht. Aus wirtschaftlichen Gründen bevorzugt man jedoch die weniger dichten, weichen, amorphen Kalksteine (Muschelkalkstein, weiß-jurassische Kalke, Kreidestein), weil sie leichter garzubrennen, das heißt bei niedrigerer Temperatur und vollständiger zu entsäuern sind als die dichten, harten kristallinen Abarten. In Deutschland gilt der Kalkstein von Elbingerode (Harz) mit 98—99 vH $CaCO_3$ als Normalkalkstein.

Die Kalksteine Deutschlands sind nach Kotterba (a. a. O.) im allgemeinen weniger dicht und daher leichter zu brennen als die harten, dichten Kalksteine Ungarns.

Die österreichischen Kalksteine sind teils organogener Herkunft, also ebenfalls weich und porös, teils gehören sie aber der Gruppe der Urkalke an, sind daher teils leicht, teils schwieriger zu entsäuern.

Zum Brennen dienen vorwiegend Schachtöfen und Ringöfen, selten elektrische Widerstandsöfen (Elektrokalk!). Die Schachtöfen besitzen entweder Kohlenfeuerungen, und zwar Innenfeuerung (z. B. periodisch und stetig betriebene Trichteröfen für kleinere Betriebe), Außenfeuerung (z. B. stetig arbeitender Rumford- oder Rüdersdorfer Ofen) oder Gasfeuerung. Um einen möglichst reinen Kalk zu erzielen, wie es für die Erzeugung von Kalk, der als Bindemittel verwendet wird, erforderlich ist, muß die Verunreinigung des Brenngutes durch Heizstoffaschen vermieden werden. Die Brennstoffasche kann unmittelbar oder mittelbar verunreinigend wirken. Bei den Schachtöfen mit kurzer Flamme (Schüttfeuerung) findet eine unmittelbare Berührung zwischen Brenngut und Kohlenasche statt; daher eignen sich für den genannten Sonderzweck Schachtöfen mit Außenfeuerungen besser als die Öfen mit Schüttfeuerung; in jenen fällt jedoch nur dann ein reines Erzeugnis an, wenn die zum Brennen verwendete Kohle möglichst rein, insbesondere schwefelarm ist, da sowohl die Flugasche als auch die schwefeldioxydhaltigen Gase den Reinheitsgrad beeinträchtigen (siehe S. 325). Donath[2]) berichtet über teilweise Sulfatisierung des Kalkes durch pyrithaltigen Kohlenflugstaub, der sich an die Oberfläche der Kalkstücke

---

[1]) Berlin: Verlag Tonindustrie-Zeitung. 1911.

[2]) Donath: Tonind.-Z. 44, 1920, S. 1261.

ansetzte, hier abgeröstet wurde ($2\,FeS_2 + 11\,O = Fe_2O_3 + 4\,SO_2$), wobei die gebildete Schwefelsäure sich nicht nur oberflächlich mit dem Kalk verband, sondern auch in das Innere der Kalkstücke eindrang; äußerlich war die Ablagerung des Pyrites auf den Kalkstücken durch braune bis grauschwarze Krusten erkenntlich. Vermieden wird die Flugstaubwirkung in Gasschacht- und Elektroöfen.

Das Futter der Schachtöfen ist zumeist Schamotte. Nach Keppeler (a. a. O.) und Hirsch[1]) sind im allgemeinen dichte Silikasteine zufolge ihrer hohen Erweichungstemperatur und geringen Schmelzgeschwindigkeit den tonerdehaltigen Steinen um so mehr überlegen als sie sich auch in bezug auf chemische Widerstandsfähigkeit gegenüber dem Angriffe des Kalkes bei höheren Temperaturen günstiger erweisen, doch ist nach Keppeler die Verwendungsmöglichkeit der Silikaziegel wegen des Brüchigwerdens infolge der Umwandlungen während der Ofenreise auf jene Ofenzonen beschränkt, die während längerer Betriebsperioden keinen nennenswerten Temperaturschwankungen ausgesetzt sind.

Der Wärmeaufwand für das Brennen von 100 kg Ätzkalk beläuft sich unter Berücksichtigung der unvermeidlichen Wärmeverluste auf 112 000—126 000 WE = 22,4—25,2 kg Einheitskohle (Heizwert 5000 WE).

Für die Geschwindigkeit der Entsäuerung und die anzuwendende Betriebstemperatur ist neben den schon erörterten theoretischen Bedingungen und dem Gefüge der Rohstoffe auch die Stückgröße des Brenngutes maßgebend. Die Anwendung der theoretischen Zersetzungstemperatur als Brenntemperatur genügt praktisch nicht zur raschen Durchführung des Prozesses. Die betriebsmäßig verwendeten Temperaturen bewegen sich zwischen 950 und 1200° C, meist an der oberen Grenze; zum Durchbrennen größerer Stücke sind bisweilen auch wesentlich höhere Temperaturen, z. B. 1400° C, erforderlich.

Nach Keppeler (a. a. O.) beginnt im bewegten Gasstrome des Kalkofens die Zersetzung des Karbonates zwischen 775 und 830° C. Bei Verwendung reiner Kalksteine und nicht zu großer Überschreitung der Garbrenntemperatur fällt ein ungesintertes, erdiges Brennerzeugnis von durchwegs gleicher, weißer, gelblicher oder graulicher Farbe und sehr poröser Beschaffenheit, der sogenannte Weißkalk an (spezifisches Gewicht 3,08, scheinbare Dichte 1,8). Die in den Kalksteinen vorkommenden Verunreinigungen — isomorphe Karbonate ($FeCO_3$, $MgCO_3$, $MnCO_3$), Quarzsand, Ton, Kalk- und Eisensilikate, Eisenhydroxyde, Alkaliverbindungen — beeinflussen je nach ihrer Art und der Höhe der Brenntemperatur die Beschaffenheit des Kalkes in verschiedener Weise. Solange sich zwischen den Fremdstoffen und dem Kalke keine chemischen Wechselwirkungen vollziehen, sind die Beimengungen ohne schädlichen Einfluß. Nach Cobb[2]) und nach J. A. Hedvall[3]) beginnt die chemische

[1]) Hirsch: Tonind.-Z. 51, 1927, S. 816—820 u. 836—839.
[2]) Cobb: Journ. Soc. Chem. Ind. 1915.
[3]) Hedvall, J. A.: Z. anorg. Chem. 98, 1916, S. 57—69.

Einwirkung der Fremdstoffe auf den Kalk bei längerer Brenndauer, insbesondere, wenn die Begleitstoffe in sehr feiner Verteilung (z. B. amorphe Kieselsäure) vorhanden sind, schon bei 1100° C. Das stoffliche Ergebnis der Wechselwirkungen zwischen Kalk und den Beimengungen sind verhältnismäßig niedrig schmelzende Verbindungen und deren Eutektika (Sinterung), welche die Poren verstopfen, die Oberfläche mit einer glasartigen Schichte überziehen, daher die Dichte erhöhen und den Kalk gegenüber Wasser inaktivieren (totgebrannter Kalk). Insbesondere soll die Kieselsäure das Totbrennen sehr begünstigen. Nach Azbe (a. a. O.) schützt eine begrenzte Zuführung von Wasserdampf den Kalk vor dem Totbrennen und bewirkt ein besseres und gleichmäßigeres Durchbrennen.

Ein durch zu scharfen Brand stark verdichteter Kalk besitzt glasige Beschaffenheit; die teilweise Silizierung gibt sich äußerlich durch das Auftreten glänzender Flecken von porzellan- oder glasartigem Aussehen, bei noch schärferem Brande durch Löcher mit glasiger Umgebung zu erkennen. Bis zur Erlangung des größten spezifischen Gewichtes ist die Verdichtung mit einer Schwindung verbunden, deren Betrag eine Funktion der Brenntemperatur ist. Kalk ist daher nicht raumbeständig.

Der gebrannte Kalk (Luftkalk, Weißkalk) kommt entweder in Stückform (Stückkalk) oder als gemahlener ungelöschter Kalk in den Handel.

Mit dem gebrannten Kalk wird auch ein gewisser Anteil ungarer (nicht entsäuerter Kalkstein) gezogen, aus dem nach einem amerikanischen Patent[1]) ein keramisch verwertbares, äußerlich der Kreide ähnliches Erzeugnis gewonnen werden kann. Nach diesem Patente soll der ungare Abfall der Kalköfen und Kalkstaub durch Naßmahlen, Zusatz einer Sodalösung von 10—20° Bé zum Schlamme, einstündiges Verrühren bei fast Siedehitze, Filtrieren, Waschen, Trocknen und Mahlen ein durchaus kreidiges Karbonat liefern, das keramische Verwendung finden soll. Der Zusatz der Sodalösung bezweckt die Überführung des im Kalkschlamme enthaltenen Hydrates in Kalkkarbonat.

Obwohl für die Erzeugung von Weißkalk nicht in Frage kommend, sei auf das Zersetzungsverhalten von Mergelkalk mit Rücksicht auf dessen keramische Verwendung hingewiesen; die feinste Verteilung des Kalkes in der Tonsubstanz des Mergels bedingt hier eine leichtere Entsäuerung des Karbonates, jedoch auch eine stärkere Wechselwirkung der Bestandteile im Vergleiche zum Stückkalke.

Nach R. B. Sosmann, Hochstetter und Merwin[2]) ist Kalziumoxyd dimorph; die β-Form ist weniger dicht und wahrscheinlich amorph, die α-Form kristallisiert regulär.

---

[1]) Rock Products, Nr. 27, Dez. 1921; Ref. Tonind.-Z. 46, 1922, S. 1133.

[2]) Sosmann, R. B., Hochstetter u. Merwin: Journ. Wash. Acad. Sci. 5, 1915, S. 563. Ref. Keppeler: a. a. O.

Über die physikalischen Eigenschaften des reinen Kalziumoxydes bzw. gebrannten Kalkes gibt Tabelle 57 Aufschluß.

Tabelle 57. Physikalische Eigenschaften

Bezeichnung	s	N_m	t	c	$\beta \times 10^6$
α-CaO	3,4[1]	1,83[1]			
CaO (bei 900° erbrannt)	3,08[1]				
CaO (bis 1500° geglüht)	3,30[2]				
Gebrannter Kalk	3,08—3,4 scheinbar: 1,8[3]				
CaO			0—100 17—100	0,164[4] 0,1882[2]	$\alpha \cdot 10^7$: 5,0
$CaO \cdot H_2O$	2,1 scheinbar: 1,15—1,25				

[1]) Keppeler: a. a. O.
[2]) L. B. Tab.
[3]) Abhängig von der Brenntemperatur und vom Reinheitsgrade des Karbonates.
[4]) Vogt, J. H. L.: Silikatschmelzen II, S. 37; Kristiania: J. Dybwad. 1904; Doelter, C.: Handbuch der Mineralchemie. Bd. I, S. 700. Dresden-Leipzig: Th. Steinkopff. 1912.

Gebrannter Kalk ist infolge seiner geringen Härte leicht zu vermahlen. Nach P. P. Budnikoff[1]) wird die Feinmahlung durch die Gegenwart von Kieselsäure begünstigt.

Die chemische Zusammensetzung des Kalkes ist qualitativ von der Beschaffenheit der zum Brennen verwendeten Kalksteine, in bezug auf die Verbindungsform der Einzelstoffe von der Höhe der Brenntemperatur abhängig.

Qualitativ enthält er, bis zur Entsäuerung gebrannt, neben dem Kalziumoxyd eine geringe Menge an nicht entsäuertem Karbonat, ferner Kieselsäure, Tonerde, Eisenoxyd, Magnesia, Alkalien, kurze Zeit nach dem Brande wieder etwas chemisch gebundenes und hygroskopisches Wasser sowie neu aufgenommene Kohlensäure. Aus dem Pyrit der Kohle wird stets auch etwas Schwefelsäure aufgenommen, daher im gebrannten Kalk auch Gips enthalten ist, sofern die Kohle Schwefelverbindungen enthielt.

Stark verdichteter Kalk besitzt infolge der mannigfaltigen chemischen Wechselwirkungen eine ziemlich verwickelte Zusammensetzung. Neben dem noch freien Kalziumoxyd finden sich je nach den gegebenen Mengenverhältnissen verschiedene komplexe Silikate, ferner Aluminate und wahrscheinlich auch Kalziumferrit (Eisen-Kalk-Verbindung, $CaO \cdot Fe_2O_3$).

[1]) Budnikoff, P. P.: Tonind.-Z. 51, 1927, S. 737—739.

Die in bezug auf das Verhalten gegenüber Feuchtigkeit, Wasser und Kohlensäure in Betracht kommenden Vorgänge bieten einerseits die Erklärung für manche durch freien Kalk in keramischen Massen bewirkte Schäden und weisen anderseits die zur Verhütung und Behebung derselben einzuschlagenden Wege. Die Beständigkeit des Kalkes gegenüber den Atmosphärilien ist eine Funktion seiner inneren (freien) Oberfläche. Mit ihr verringert sich das Adsorptionsvermögen und die chemische Reaktionsfähigkeit. Normal gebrannter, reiner Kalk (aktiver Kalk) ist an feuchter Luft zerfließlich; er zieht begierig Feuchtigkeit und Kohlensäure — diese nur in Gegenwart von Feuchtigkeit — an und kann daher an der Luft nicht unveränderlich gelagert werden. Der chemischen Bindung des dampfförmigen Wassers geht nach A. Stettbacher[1]) die Adsorption desselben voraus, so daß feucht gelagerter, gebrannter Kalk neben chemisch gebundenem auch noch hygroskopisches Wasser enthält. Das adsorbierte Wasser wird im Sinne folgender Gleichung, rascher als bei gebrannter Magnesia, absorbiert bzw. chemisch gebunden („Löschen des Kalkes"): $CaO + H_2O = Ca(OH)_2$.

Diese Verbindung (Kalziumhydroxyd oder Kalkhydrat) wird technisch bekanntlich als „gelöschter Kalk" oder „Löschkalk" bezeichnet. Der Vorgang der Wasserbindung ist von einer Raumvergrößerung auf mehr als das doppelte Volumen begleitet. Die Geschwindigkeit, mit der das adsorbierte Wasser chemisch gebunden wird, ist beim gebrannten Kalk ebenfalls erheblich größer als bei der gebrannten Magnesia (kaustischer Magnesit).

Der gelöschte Kalk nimmt aus der Luft unter Abgabe des Hydratwassers und steinartiger Erhärtung Kohlensäure auf (Karbonisation). Die Karbonisation schließt somit den Kreisprozeß des kohlensauren Kalkes:

Dissoziation: $CaCO_3 = CaO + CO_2$ .... Kalkbrennen;
Hydratation: $CaO + H_2O = Ca(OH)_2$ .... Kalklöschen;
Karbonisation: $Ca(OH)_2 + CO_2 = CaCO_3 + H_2O$. Abbinden (Erhärtung).

Je größer die dem Löschwasser dargebotene Oberfläche ist, das heißt je geringer die Dichte oder je poröser der Kalk ist, desto leichter und rascher löscht er sich; alle Umstände, die im Brande eine Verdichtung des Kalkes herbeiführen, wirken auf die Größe der reaktionsfähigen Oberfläche. Reiner, auf etwa 1600° C erhitzter Kalk löscht erst nach mehreren Tagen ab. Die durch Wechselwirkungen zwischen dem Kalk und einer tonigen Verunreinigung gebildeten Silikate und Aluminate sind entweder gar nicht oder äußerst träge löschbar. Da sie zum Teil die Poren des Kalkes verstopfen, zum Teil die Oberfläche überziehen, beeinträchtigen sie die unmittelbare Berührung des Kalkes mit dem Löschwasser. Die Größe dieser Wirkung ist von der Art und Menge der Verunreinigungen des Rohstoffes und von der Höhe der Brenntemperatur abhängig; sie findet ihren Ausdruck in dem besonderen Charakter der verschiedenartigen Brennprodukte wie Weißkalk, Mager-

[1]) Stettbacher, A.: Z. angew. Chem. 50, 1926, S. 1151.

kalk, in Stücken nicht löschbare, nach dem Vermahlen unter Wasser erhärtende Wasserkalke (hydraulische Kalke, Zemente). Weißkalk löscht sich rasch — Beginn der Löschung wenige Minuten nach dem Wasserzusatz — unter großer Wärmeentwicklung, Zerfall und Raumvermehrung auf das zwei- bis dreifache des ursprünglichen Volumens, „er gedeiht stark". Das Produkt ist je nach der Menge des angewendeten Wassers entweder ein voluminöses, lockeres Hydrat oder ein völlig weißer, fetter, geschmeidiger Brei (Fettkalk). Erfolgt die Wasserbindung allmählich durch Aufnahme von Feuchtigkeit aus der Luft, so entsteht der sogenannte „luftgelöschte" Kalk. Steht die zur Löschung verwendete Wassermenge zum Kalk im stöchiometrischen Verhältnis — nach der Löschgleichung auf 56 Gt Kalk 18 Gt Wasser oder ∾ 1 : 3 — so bildet sich ein trockenes, lockeres Mehl, der „trockengelöschte" Kalk (Sackkalk) oder das Kalkhydrat. Wird das Wasser im Überschuß angewendet, so heißt das entstehende Stoffgemenge „naßgelöschter" Kalk oder Kalkbrei ($Ca(OH)_2 \cdot x\,H_2O$); chemisch ist es ein Gemenge von Kalkhydrat und Wasser, in dem ein den Löslichkeitsverhältnissen entsprechender Teil des Hydrates gelöst ist (Kalkwasser). Der Art der Bestandteile nach identisch mit dem Kalkbrei ist die Kalkmilch, in der eine noch größere Menge Wasser bzw. Kalkwasser vorhanden ist. Bei genügend großer Menge von Wasser erhält man eine in kohlensäurefreier Atmosphäre klare Lösung, das Kalkwasser. Kalziumoxyd löst sich bei 15° C in ∾ 750 Teilen Wasser. Nach E. Kirchheim[1]) wird der Löschvorgang durch Verwendung von warmem Wasser (Kondenswasser von Dampfmaschinen) befördert.

Die Löslichkeit des Kalziumoxydes, Kalkhydrates und des karbonisierten Oxydes in reinem bzw. kohlensäurehaltigem Wasser (Regenwasser) ist häufig die Ursache, daß Ziegel (Dachziegel) aus kalkhaltigen Massen eine geringe Wetterbeständigkeit besitzen und bei der Lagerung oder beim Gebrauche Ausschläge (Ausblühungen, Auswitterungen) bekommen. Die im Inneren des Werkstückes befindlichen Kalkteilchen werden von eindringendem Wasser allmählich gelöst; bei der Austrocknung gelangt die Lösung infolge Kapillarwirkung an die Oberfläche, das Wasser verdunstet und hinterläßt an ihr den gelösten Stoff in Form eines weißen Beschlages.

Das Auskristallisieren der festen Lösungskomponente ist mit einer Zermürbung der Scherbenoberfläche verbunden, die allmählich zur gänzlichen Zerstörung führt. Die Lösungsgeschwindigkeit hängt nach Budnikoff (a. a. O.) von der Löschgeschwindigkeit des Kalkes ab. Seine Versuche zeigten, daß sie bei reinen Kalken zur Höhe der Brenntemperatur zwar im umgekehrten Verhältnis steht, aber nur unbedeutend mit steigender Temperatur abnimmt; die Lösungsgeschwindigkeit war am größten bei einem bei 1100° C gebrannten Kalk, beim regenerierten, bei 1100° C geglühten etwas kleiner; Kalk mit Beimengungen von Kieselsäure, Magnesia, Tonerde, Eisenoxyd besaß im Vergleich zu

[1]) Kirchheim, E.: Tonind.-Z. 47, 1923, S. 446.

reinem Kalk, der bei derselben Temperatur anfiel, eine geringe Lösungsgeschwindigkeit.

Das Kalkhydrat kann zwar noch beträchtliche, aber nicht unbegrenzte Wassermengen sorbieren und besitzt dann in der Breiform alle Kennzeichen eines Geles. E. Justin-Mueller[1]) erhielt bei Behandlung von pulverförmigem Hydrat mit einem geringen Wasserüberschuß Gele mit 91 vH und 105 vH Wasser, denen er unter Annahme von Teilvalenzen den Formeltypus $Ca(OH)_2 \cdot nH_2O$ zuschreibt. Justin führt auch das Abbinden des Mörtels auf die Bildung und Umsetzungen dieser Gele zurück.

Der dichtere, teilweise gesinterte Kalk löscht infolge der durch Verunreinigung oder zu hohe Temperatur bedingten physikalischen und chemischen Veränderungen bedeutend träger und unvollständiger, er gedeiht schlechter und liefert bei einem dem stöchiometrischen Verhältnis entsprechenden Wassergehalt ein körniges, spezifisch schwereres Kalkhydrat bzw. bei Überschreitung dieses Verhältnisses einen sich mager anfühlenden, kurzen Brei von grauer Farbe (Magerkalk). Hieher gehören auch die sonst reineren dolomitischen Kalke mit größerem Magnesiagehalte, die nur bei vorsichtigster Brandführung in Stücken löschbar sind, und ferner reiner, kieselsäurefreier, hochgebrannter (über 1650° C) Kalk. In scharf gebrannten unreineren Kalken finden sich an einzelnen Stellen, wo eine große Menge von Verunreinigungen angehäuft ist, gesinterte Klumpen, die ebenfalls die Löschfähigkeit beeinträchtigen. Totgebrannte Kalke besitzen in Stückform überhaupt keine vollständige Löschfähigkeit mehr. Die Bildung der in bezug auf Wasser fast inaktiven Kalksilikate und Aluminate verursacht das sogenannte Treiben des Kalkes, d. h. eine Raumvergrößerung nach der steinartigen Erhärtung. Die Hydratation dieser Verbindungen vollzieht sich allmählich, daher tritt die damit verbundene Volumvergrößerung erst zu einem Zeitpunkte ein, in dem das aktive Kalziumoxyd schon erhärtet ist.

Gelagerte Kalke löschen infolge der schon teilweise vor sich gegangenen Luftlöschung träger als im frisch gebrannten Zustande. Auch gipshaltige Kalke sind schwerer löschbar.

Die Verringerung der Löschfähigkeit durch Überbrennen des Kalkes bedeutet eine Erhöhung der Beständigkeit gegenüber den Atmosphärilien, ein Umstand, der für die Verwendung höher gebrannter Kalke als feuerfeste Rohstoffe von Bedeutung ist. Die in Stücken nicht mehr löschfähigen Kalke vermögen im feingemahlenen Zustande unter Wasser durch Bildung von Kalziumhydrosilikat zu erhärten (Wasserkalke, hydraulische Kalke, Zemente).

Totgebrannter und löschfähiger Kalk können auf Grund der durch die verschiedene Größe ihrer inneren Oberfläche bedingten Adsorptionsfähigkeit vermittels organischer Farbstoffe rasch unterschieden werden. Nach Steinhoff und Hartmann[2]) erteilt eine alkoholische Lösung

[1]) Justin-Mueller, E.: Rev. Gén. des Coll., 3, 1925, S. 73—77; Ref. Tonind.-Z. 49, 1925, S. 767.

[2]) Steinhoff u. Hartmann: St. u. E. 45, 1925, S. 337.

von Anthrapurpurin (1, 2, 7-Trioxyanthrachinon) löschfähigem Kalk, im Gegensatz zum totgebrannten Kalk, bei etwa einstündiger Einwirkungsdauer eine sehr deutliche Rotfärbung.

Freies Kalziumoxyd im Scherben einer keramischen Ware birgt zufolge seiner Lösch- und Karbonisationsfähigkeit eine Gefahr für die Haltbarkeit. Die bei der Wasserbindung eintretende Dehnung der Kalkkörnchen führt, insbesondere in dichteren Scherben, zu Abblätterungen, Ausplatzungen, Absprengungen und allmählich zur gänzlichen Zerstörung. In Scherben, die genügende Elastizität und Dehnfähigkeit oder Festigkeit besitzen, um der Volumvergrößerung des Kalkes nachgeben bzw. den Druck aushalten zu können, kann die Wasserbindung auch ohne nennenswerte Schädigung des Scherbens vor sich gehen. Zur Umwandlung des Kalkes im Scherben in das Hydrat genügt schon die Feuchtigkeit der Luft oder des Bodens. Niedriggebrannte Waren, z. B. Ziegel, besitzen zumeist große Porosität, saugen daher bei der Stapelung die Bodenfeuchtigkeit auf und führen sie den im Innern des Körpers befindlichen Kalkteilchen zu. Der Betrag der Raumvergrößerung infolge der Wasseraufnahme wächst mit der Korngröße des Kalkes; daher ist auch das Treiben des feinstverteilten Kalkes, z. B. des Mergelkalkes, nicht von den gleichen nachteiligen Folgen begleitet wie die Volumvergrößerung des stuckigen Kalkes. Stecknadelkopfgroße Kalkkörnchen (∅ etwa 1,4 mm) rufen schon die geschilderten Schäden hervor.

Bei der Erzeugung von niedriggebrannten Waren aus Tonen, die stückigen Kalk, Muscheln u. dgl. enthalten, muß diesen Umständen Rechnung getragen werden, indem die zur Vermeidung von Kalkschäden geeigneten Maßnahmen unter Berücksichtigung der Menge und Verteilung des Kalkkarbonates getroffen werden.

Den zur Vermeidung von Kalkschäden angewendeten Verfahren liegen zwei verschiedene Arbeitsprinzipien zugrunde. Das eine besteht darin, Kalkstücke und -körnchen vor der Verarbeitung des Tones zu entfernen, das zweite ist allen übrigen Verfahren gemeinsam und beruht auf der Überführung des Kalkes in eine nicht mehr löschfähige Verbindungsform (Kalksilizierung bzw. Kalklöschung in feinster Verteilung). Die Mittel hiezu sind Feinmahlung der Rohstoffe, Tauchen der warmen Ziegel und Totbrennen. Noch sicherer gelangt man durch Verbindung zweier Mittel, z. B. Feinmahlung und Tauchen oder Feinmahlung und Totbrennen zum gewünschten Ziel. Die Ausscheidung des Kalksteines aus dem Ton erfolgt am zuverlässigsten durch Schlämmen, ein Prozeß, der jedoch zeitraubend und kostspielig ist und daher nur für bessere Ziegeleierzeugnisse in Betracht kommen kann. Tonreiniger scheiden nur harte Kalksteinstücke über Haselnußgröße aus, ersparen daher nicht die Anwendung eines der übrigen Mittel zum Unschädlichmachen von Kalksteinkörnern geringerer Größenordnung.

Soferne der Gehalt des Tones an kohlensaurem Kalk für die zu erzeugende Ware nicht zu groß ist, kann das Unschädlichmachen des Kalkes durch Feinmahlung, z. B. auf einem Naßkollergang, fast erreicht werden. Man nimmt gewöhnlich für Gegenstände von größerer Scherbenstärke die Korngröße des Kalkes von 1 mm abwärts als unschädlich an; für Massen, die zur Herstellung von Waren mit geringer Scherbenstärke dienen, ist diese Korngröße keineswegs als unschädlich zu bezeichnen. Bei hohem Gehalt an kohlensaurem Kalk vereinigt man ein Steinaussonderungswalzwerk mit einem Feinwalzwerk.

Unter Tauchen versteht man das absichtliche Löschen der Kalkkörnchen durch kurzes Einlegen (zehn Minuten) der vom Brande kommenden, warmen Ware in kaltes Wasser. Durch den dabei eintretenden Zerfall der Kalkkörnchen zu staubfeinem Pulver und dessen mechanischer Verteilung auf den Porenraum der Ware in Form von Kalkmilch werden dem Kalke zwar die schädlichen Eigenschaften genommen — bei Vorhandensein freier Kieselsäure wird sogar der Ziegel infolge Einwirkung des Kalkes auf die durch das Brennen aufgeschlossene Kieselsäure unter Silikatbildung gehärtet —, jedoch die Erzeugungskosten erhöht, die Ware zu stark durchnäßt, das Trocknen erschwert und verlangsamt. Der Erfolg des Tauchens ist um so günstiger, je größer der Feinheitsgrad des Kalkes ist, daher auch für Tauchgut Feinmahlung angewendet wird.

Das Totbrennen, d. h. Steigerung der Brenntemperatur bis zu Hitzegraden, bei denen die chemischen Wechselwirkungen zwischen Kalk und Ton bzw. den übrigen Versatzstoffen der Masse dem Kalk die Lösch- und Treibfähigkeit nehmen, verlangt bei feiner Verteilung des Kalkes eine Mindesttemperatur von etwa 1000—1100° C; diese Temperatur kann aber durchaus nicht bei allen grobkeramischen Bränden mit Rücksicht auf die Rohstoff- und Scherbeneigenschaften angewendet werden. Totgebrannte Kalkkörnchen bilden im keramischen Scherben Schmelzkrater, Löcher mit weißer, graulicher, glasiger Umgebung. Größere Kalkstückchen können auch bei glasiger Oberfläche einen löschfähigen Kern besitzen und sind daher gefährlich. Das Totbrennen erfolgt bei um so niedrigerer Temperatur und um so rascher, je feiner die Verteilung und inniger die Mischung ist, also am leichtesten bei Mergelkalk und Kreidezusätzen. Es ist in Verbindung mit voraufgegangener Feinmahlung das sicherste Mittel zur Vermeidung von Kalkschäden.

In feinkeramischen Massen fehlen die Voraussetzungen zum Auftreten von Kalkschäden, da einerseits der Kalk stets in feinvermahlener Form zur Anwendung gelangt, anderseits bei allen Weißbränden die Brennhöhe über der Totbrenntemperatur des Kalkes liegt.

Das Verhalten des gebrannten Kalkes gegenüber flüssigen oder in Lösung befindlichen Säuren entspricht der Gesetzmäßigkeit „Base + Säure = Salz + Wasser". Je nach der Art der Säure entstehen leicht oder schwer lösliche Salze (Chloride, Nitrate, Sulfate). Da bei dieser Umsetzung im Gegensatz zum kohlensauren Kalk kein Gas entweicht, also kein Aufbrausen erfolgt, kann man durch Befeuchten eines Kalkstückchens im Ziegelscherben feststellen, ob der Kalk entsäuert ist, also auch annähernd die Brenntemperatur des Ziegels ermitteln.

Brennverhalten

Die Einwirkung höherer Temperaturen auf Kalziumoxyd äußert sich morphologisch in einer Umwandlung der bei niedriger Temperatur beständigen β-Form in die kristalline α-Modifikation. Die Umwandlungstemperatur liegt nach Sosmann, Hochstetter und Merwin (a. a. O.) bei 400—430° C. Trotz des langsamen Verlaufes der Umlagerung tritt nach Keppeler (a. a. O.) auch beim Brennen des Kalksteines die α-Form auf.

Legt man der Berechnung der mit der Umwandlung verknüpften Raumänderung die in Tabelle 57 angeführten Werte zugrunde, so ergibt sich eine durch die Umkristallisation bedingte Schwindung von ∾ 10 vH. Cramer[1]) beobachtete, daß sich kohlensaurer Kalk bzw. Kalziumoxyd bei Temperaturen unterhalb 900° C in bezug auf Raumbeständigkeit verschieden verhält; Kreide (poröser Kalkstein) wies von der niedrigsten Temperatur an eine Schwindung auf, die bei höheren Hitzegraden beträchtlich wuchs; Marmor (dicht) bzw. Kalziumoxyd aus Marmor zeigte das in Abb. 54 nach den Cramerschen Versuchsergebnissen graphisch dargestellte Verhalten. Bis SK 1a dehnt sich der Marmor bzw. das aus ihm gebildete Kalziumoxyd ziemlich stark aus; bei SK 5a ist das Volumen fast gleich dem von SK 010a, über dieser Temperatur beginnt das Schwinden. Die Raumänderungen der dichten Kalksteine sind nach Cramer ähnlich denen des Marmors.

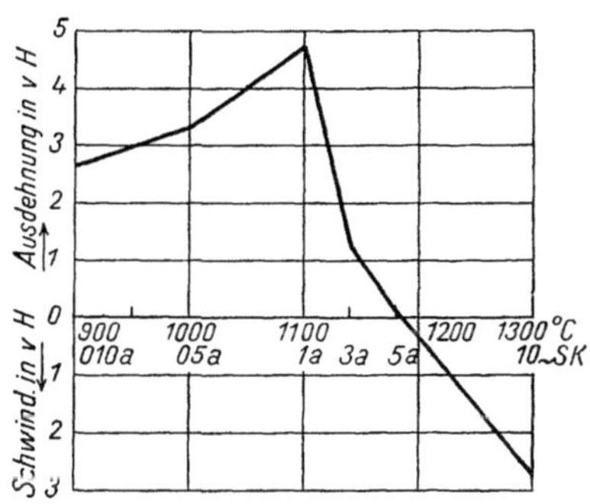

Abb. 54. Ausdehnungsverhalten von Marmor; nach Cramer

Nach Endell[2]) findet im Kalziumoxyd bei hoher Brenntemperatur infolge intermediärer Verdampfung kleinster Teilchen eine mit Erhöhung des spezifischen Gewichtes verbundene Kornvergrößerung statt. Auch Rinne und Boeke[3]) fanden bei 1000° C eine sehr deutliche, bleibende Rekristallisation.

Die Brennfarbe des Kalkes ist auch bei Verwendung reiner Rohstoffe meist nur schmutzigweiß. Färbende Metallverbindungen erteilen ihm eine gelbliche bis bräunliche Farbe. Durch organische Stoffe dunkel gefärbte Kalksteine können bei Mangel an Metallverbindungen fast weiß brennen. Die Brennfarbe des zu feuerfesten Zwecken verwendeten, hochgebrannten Kalkes wäre belanglos, wenn die die Färbung bedingenden Stoffe nicht die Feuerfestigkeit beeinträchtigen würden. Reine

[1]) Cramer: Tonind.-Z. 27, 1910, S. 1679.

[2]) Endell: Sil.-Z., 1914, Nr. 1 u. 2; Dammer O.—Peters, F.: Chemische Technologie der Neuzeit, 2., erweiterte Aufl., S. 598. Stuttgart: F. Enke. 1925.

[3]) Rinne u. Boeke: Tsch. min. Mit. 27, 1908, S. 393; Ref. Wietzel: Z. anorg. Chem. 116, 1921, S. 71—96.

Kalke in weißbrennenden Massen erhöhen die Intensität der weißen Farbe. Kreide — im grubenfeuchten Zustande häufig schon etwas gefärbt (gelblich, grünlich, rötlich) — brennt bei höheren Temperaturen, auch wenn sie im Rohzustande weiß ist, zumeist nicht rein weiß. Die reinste Brennfarbe besitzt der weiße Marmor; Kalkspat und Kalksteine brennen noch weniger weiß als Kreiden; unter diesen besitzt die Kreide von Rügen die beste Brennfarbe. Dem Marmor gebührt daher, insbesondere in der Porzellanindustrie, was Brennfarbe anbelangt, der Vorzug. Der von farbigbrennenden, plastischen Werkstoffen mitgebrachte Kalkgehalt beeinflußt in verschiedener Weise die Brennfarbe der Erzeugnisse. Bei feinster und gleichmäßiger Verteilung (Mergel!) des Kalkes in der eisenhaltigen Masse ist die Brennfarbe trotz höheren Kalkgehaltes bei niedriger Temperatur gleichmäßig rot, der Farbton allerdings gegenüber kalkfreien Massen etwas geschwächt. Bei höherer Temperatur verbindet sich der Kalk mit dem vorhandenen Eisen- und Tonerdesilikat zu einem gelblichen Kalk-Eisen-2-oxyd-Silikat; die Brennfarbe geht nach Überschreitung der Bildungstemperatur dieser Verbindung bei oxydierender Ofenatmosphäre über Fleischfarbe in Gelblichweiß, bei Reduktionsfeuer in Schwefelgelb, bei Dichtbrenntemperatur in Gelb- bis Olivgrün (Keramitziegelfarbe!), beim Schmelzen in Dunkelgrün bis Schwarz über.

Bei ungleichmäßiger Verteilung des Kalkes in der Masse können diese im gleichen Sinne verlaufenden Farbwandlungen der Anlaß zu stellenweisen Verfärbungen des Scherbens sein.

In bezug auf die Formartänderungen ist reines Kalziumoxyd sehr beständig, es zeigt bei den in Kalkbrennöfen angewendeten Hitzegraden noch keine Sinterungserscheinungen; erst bei sehr hohen Temperaturen treten Viskositätsänderungen ein. Bei etwa 1650° C beginnt es zu sintern und schmilzt nach Kanolt[1]) bei 2570° C. Reiner gebrannter Kalk zählt daher zu den höchstfeuerfesten Rohstoffen. Diese hervorragende Schwerschmelzbarkeit kann jedoch infolge seines Verhaltens an der Luft und infolge seiner Reaktionsfähigkeit bei hohen Temperaturen gegenüber den meisten Stoffen nur in wenigen Fällen nutzbar gemacht werden.

Das Kalziumoxyd besitzt vermöge seiner Basennatur die Fähigkeit, mit sauren Gasen, Dämpfen schon bei verhältnismäßig niedrigen, und mit sauren, festen Stoffen bei höheren Temperaturen in chemische Wechselwirkungen zu treten. Selbst mit indifferenten Stoffen, wie Kohlenstoff, reagiert es, allerdings erst bei sehr hoher Temperatur.

Kohlenstoff (Kohle, Koke) wirkt bei der Temperatur des elektrischen Lichtbogens reduzierend auf Kalziumoxyd ein, wobei zunächst bei etwa 2000° C metallisches Kalzium entsteht, das mit überschüssigem Kohlenstoff Kalziumkarbid bildet:

$$CaO + 3\,C = CaC_2 + CO.$$

---

[1]) Kanolt: Journ. Wash. Acad. Sci., 3, 1913, S. 315.

Unter den Wechselwirkungen des Kalziumoxydes mit sauren Dämpfen verdient in keramischer Hinsicht die Reaktion mit Schwefelsäureanhydrid (SO_3), das in den meisten Rauchgasen enthalten ist, ein besonderes Augenmerk.

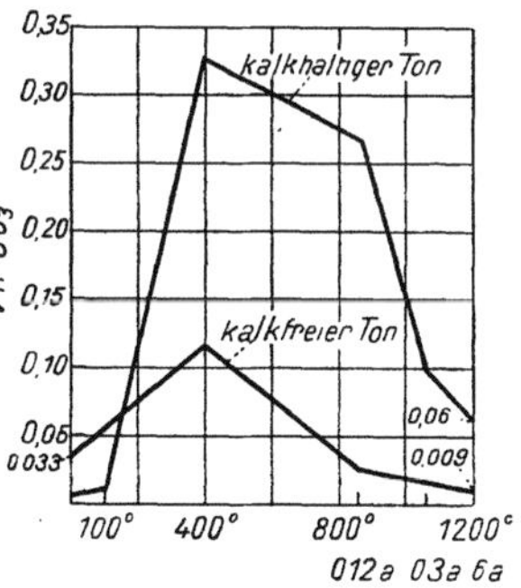

Temperatur in °C ⟶

Abb. 55. Verlauf der Aufnahme und Austreibung von SO_3 beim Brennen eines kalkhaltigen und -freien Tones in einem Ringofen mit schwefelhaltiger Kohle; nach Hirsch

Trockenes Anhydrid läßt das Kalziumoxyd völlig unangegriffen. In feuchter Atmosphäre tritt aber stets eine Vereinigung der beiden Stoffe zu Kalziumsulfat ein. Dieser Salzbildungsprozeß geht naturgemäß auch in kalkhaltigen Tonen vor sich. Hirsch[1]) hat nachgewiesen, daß die Erdalkalien, insbesondere das Kalziumoxyd, die Ursache der Aufnahme von Schwefelsäureanhydrid durch die Tone sind. Den Verlauf der Sulfatisierung verschieden hoch gekalkter Tone und der Zersetzung des gebildeten Kalziumsulfates erläutert Hirsch (a. a. O.) durch die in den Abb. 55 und 56 wiedergegebenen Diagramme.

In ein und demselben Reaktionsgebiet ergeben sich, insbesondere bei Wechselwirkungen mit festen bzw. feurigflüssigen Stoffen, erhebliche Unterschiede im Umfange der Reaktionen, die durch Verschiedenheiten der Kalkgesteine im Feinbau bedingt sind. Infolge der fast molekularen Feinheit der Kreiden, Jurakalke und des Mergelkalkes besitzen diese Kalkgesteine die größte Reaktionsfähigkeit. Der im Mergel enthaltene kohlensaure Kalk tritt mit der Tonsubstanz des Mergels daher mit einer Leichtigkeit in chemische Wechselwirkungen, die in künstlichen Mischungen von Kalziumkarbonat und Ton bei gleicher Hitze niemals erreicht werden kann.

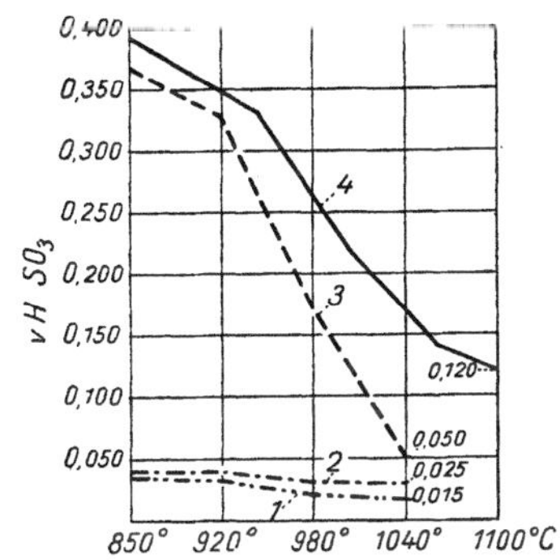

Temperatur in °C ⟶

Abb. 56. Verlauf der Zersetzung des durch Rauchgas (Kohle mit 3,4 vH Schwefel) gebildeten Kalziumsulfates; nach Hirsch
1: Ton mit 0,1 vH CaO, 1,1 vH MgO, 0,8 vH KNaO
2: Ton mit 0,3 vH CaO, 1,8 vH MgO, 3,3 vH KNaO
3: Ton mit 4,8 vH CaO, 2,0 vH MgO, 2,1 vH KNaO
4: Ton mit 6,8 vH CaO, 2,5 vH MgO, 1,7 vH KNaO

Unter den chemischen Wechselbeziehungen des Kalziumoxydes zu sauren oder amphoteren Stoffen bei hohen Temperaturen verdienen die Systeme $CaO—SiO_2$, $CaO—Al_2O_3$, $CaO—Al_2O_3—SiO_2$ (Kalk-Tonsubstanz) und $CaO—Fe_2O_3$ besondere keramische Beachtung.

Kalziumoxyd bildet mit Kieselsäure nach Shepherd und Rankin[2]) vier Silikate saurer und basischer Natur, deren Schmelz-

[1]) Hirsch: Tonind.-Z. 51, 1927, S. 1044—1046.

[2]) Shepherd u. Rankin: Mit. Lab. Geophys. Carnegie Inst. Wash.; Ref. Z. anorg. Chem. 71, 1911, S. 25; 92, 1915, S. 213—296.

punkte sämtlich unter der Schmelztemperatur des Kalziumoxydes, jedoch nur teilweise unterhalb des Schmelzpunktes des Cristobalits liegen. Gerade diese aber haben für die Flußmittelwirkung des Kalkes die größte Bedeutung. Tabelle 58 gibt eine Übersicht über die Kalksilikate, ihre Zusammensetzung und Schmelzpunkte.

Tabelle 58. Zusammensetzung und Schmelzpunkte der Kalksilikate

Bezeichnung	Formel	Zusammensetzung in vH		Smp	
		CaO	SiO_2	° C	∞SK
Metasilikat	$CaSiO_3 = CaO \cdot SiO_2$	48,18	51,82	1540 ± 2	20/26
Trikalziumdisilikat	$Ca_3Si_2O_7 = 3\,CaO \cdot 2\,SiO_2$	58,23	41,77	1475 ± 5	16/17
Orthosilikat (Dikalziumsilikat)	$Ca_2SiO_4 = 2\,CaO \cdot SiO_2$	65,03	34,97	2130 ± 20	> 42
Trikalziumsilikat	$Ca_3SiO_5 = 3\,CaO \cdot SiO_2$	73,61	26,39	1900 ± 20	39/40

Das Metasilikat existiert in zwei enantiotropen Zustandsformen, die im folgenden im gleichen Sinne wie die Quarzmodifikationen mit β (stabil bei gewöhnlicher Temperatur) und α (stabil bei hohen Temperaturen) bezeichnet werden.

Die Umwandlung ist durch folgendes Schema gekennzeichnet:

$$\beta\text{-}CaO \cdot SiO_2 \underset{}{\overset{1200 \pm 2^0\,C}{\rightleftarrows}} \alpha\text{-}CaO \cdot SiO_2.$$

Die β-Form entspricht dem natürlichen, monoklinen Wollastonit, die α-Modifikation ist der pseudohexagonale Pseudowollastonit.

Nach Untersuchungen von Doelter[1]) beginnt das Metasilikat bei 1290° C zu sintern. Es schmilzt als α-Form kongruent bei 1540 ± 2° C. Der Stabilitätsbereich des α-Silikates umfaßt daher das Temperaturgebiet 1200—1540° C. Die Schmelze kann bis zu etwa 2 vH jede ihrer Komponenten in feste Lösung aufnehmen, wodurch der Inversionspunkt beim neuerlichen Erhitzen der erstarrten Schmelze verschoben wird, und zwar durch Kalk auf 1190° C, durch Kieselsäure auf 1210° C.

Das Metasilikat entsteht nur in künstlichen Schmelzen, z. B. in Silikaziegeln aus dem Quarzit und dem als Bindemittel zugefügten oder schon von Natur aus vorhandenen Kalk, im Tonerdezement und in sauren Hochofenschlacken.

Die Verbindung $3\,CaO \cdot 2\,SiO_2$ ist wahrscheinlich rhombisch; ihr inkongruenter Schmelzpunkt, bei dem sie in $\alpha\text{-}2\,CaO \cdot SiO_2$ und Schmelze zerfällt, liegt bei 1475 ± 5° C.

[1]) Doelter: Sitzber. Wiener Akademie, 120; Doelter, C.: Handbuch der Mineralchemie, Bd. I, S. 752. Dresden-Leipzig: Th. Steinkopff. 1912.

Vom Orthosilikat, $2\,CaO \cdot SiO_2$, kennt man mit Sicherheit drei Erscheinungsformen, deren enantiotrope Umwandlungen durch folgendes Schema gekennzeichnet sind:

$$\underset{s\,=\,2{,}97}{\gamma\text{-}2\,CaO \cdot SiO_2} \xrightleftharpoons{675 \pm 5^0} \underset{s\,=\,3{,}28}{\beta\text{-}2\,CaO \cdot SiO_2} \xrightleftharpoons{1420 \pm 20} \underset{s\,=\,3{,}27}{\alpha\text{-}2\,CaO \cdot SiO_2} \xrightleftharpoons{2130 \pm 20} \text{Schmelze}$$

Die γ-Form ist wahrscheinlich monoklin, die β-Modifikation rhombisch oder monoklin, die α-Form monoklin oder triklin.

Aus den Werten für das spezifische Gewicht der Modifikationen ist zu ersehen, daß die $\gamma \longrightarrow \beta$-Inversion mit einer beträchtlichen Raumverminderung bzw. die $\beta \longrightarrow \gamma$-Umlagerung mit einem größeren Wachstum (etwa 10 vH) verbunden ist. Das technisch wichtige β-Orthosilikat geht leicht aus dem kristallinen in den amorphen Zustand über und „verstäubt" (zerrieselt) infolge des Wachstums bei der Umwandlung in die γ-Form. Shepherd und Rankin (a. a. O.) glauben noch eine vierte, wahrscheinlich monotrope, instabile β'-Form gefunden zu haben. Das Orthosilikat ist ein höchst feuerfester Stoff und kommt daher für Schmelzwirkungen nicht in Betracht. Es findet sich unter anderem im Zementklinker. Von Wasser wird es leicht unter reichlicher Auflösung von Kalk angegriffen.

Trikalziumsilikat entsteht nach W. Dyckerhoff[1]) beim Erhitzen eines Kalk-Kieselsäure-Gemenges äußerst langsam, da die anfänglich gebildeten Kalksilikate mit überschüssigem Kalk sehr träge reagieren und ihn zunächst nur in feste Lösung aufnehmen; erst bei etwa 1600° C wird er chemisch gebunden. Das monokline Trikalziumsilikat wird wie das Oxydgemenge $4\,CaO \cdot SiO_2$ im stärksten Schmiedefeuer nur weich; es schmilzt inkongruent bei 1900° C und zerfällt dabei in α-Dikalziumsilikat und freien Kalk.

Die åkermanitartige Verbindung $4\,CaO \cdot 3\,SiO_2$ kann nach A. L. Day[2]) aus den reinen Oxyden nicht dargestellt werden, wohl aber, wenn geringe Mengen Magnesia oder Eisen-2-oxyd zugegen sind.

Das Schmelzverhalten verschiedener Kalk-Kieselsäure-Gemenge nach Shepherd und Rankin (a. a. O.) zeigt Abb. 57. Die bezeichneten Punkte entsprechen den in Tabelle 59 verzeichneten Eutektiken bzw. Verbindungen, die sie verbindenden Kurventeile den in ihrer Zusammensetzung wie im Schmelzpunkt zwischen ihnen liegenden Oxydgemengen.

Die in der Abb. 57 mit P_1, P_2 und P_3 bezeichneten Punkte entsprechen den von Rieke[3]) ermittelten Kegelschmelzpunkten von Oxydgemischen der Zusammensetzung $CaO \cdot 3\,SiO_2$ ($\sim$ 76 vH SiO_2, Punkt P_1), $CaO \cdot 4\,SiO_2$ ($\sim$ 81 vH SiO_2, Punkt P_2) und $CaO \cdot 8\,SiO_2$ ($\sim$ 90 vH SiO_2, Punkt P_3). Bei diesen kieselsäurereichen Gemischen zeigt sich der Einfluß der Kieselsäure auf die Schmelzgeschwindigkeit.

---

[1]) Dyckerhoff, W.: Zem. 14, 1925, S. 60—62; Ref. Sprs. 59, 1926, S. 840.

[2]) Day, A. L.: Tsch. min. Mit., 27, 1908, S. 120; Doelter, C.: Handbuch der Mineralchemie, Bd. 1, S. 752. Dresden-Leipzig. Th. Steinkopff. 1912.

[3]) Rieke: Sprs. 39, 1906, S. 1295 u. 1313.

In diesem binären System fällt auf, daß das Trikalziumsilikat nicht als Maximum erscheint, ferner das Eutektikum α-2 $CaO \cdot SiO_2$—α-3 $CaO \cdot SiO_2$ nicht auftritt und weder eine Verbindung noch ein Eutektikum unter 1400° C schmilzt.

Tabelle 59. Erläuterungen zu Abb. 57

Punkt, Kurventeil	Phasen, Eutektika, Oxydgemenge	Mineralogische Zusammensetzung der Eutektika	Zusammensetzung in vH		Schmelzpunkte	
			CaO	SiO_2	°C	∾ SK
A	CaO		100	—	2570	> 42
A—*E*$_1$	Gemenge		100 — 67,50	0 — 32,50	2570 — 2065	> 42
E$_1$	Eutektikum	CaO— α-2 $CaO \cdot SiO_2$	67,50	32,50	2065 (±10)	> 42
E$_1$—*M*$_1$	Gemenge		67,50 — 65,03	32,50 — 34,97	2065 — 2130	> 42
M$_1$	α-2 $CaO \cdot SiO_2$		65,03	34,97	2130	> 42
M$_1$—*M*$_2$	Gemenge		65,03 — 58,23	34,97 — 41,77	2130 — 1475	> 42 — 16/17
M$_2$	α-3 $CaO \cdot 2\,SiO_2$		58,23	41,77	**1475**	16/17
M$_2$—*E*$_2$	Gemenge		58,23 — 54,50	41,77 — 45,50	1475 — 1455	16/17 — 15/16
E$_2$	Eutektikum	α-3 CaO 2SiO_2— α-$CaO \cdot SiO_2$	54,50	45,50	**1455** (±5)	15/16
E$_2$—*M*$_3$	Gemenge		54,50 — 48,18	45,50 — 51,82	1455 — 1540	15/16 — 20/26
M$_3$	α-$CaO \cdot SiO_2$		48,18	51,82	1540	20/26
M$_3$—*E*$_3$	Gemenge		48,18 — 37,00	51,82 — 63,00	1540 — 1436	20/26 — 15
E$_3$	Eutektikum	α-$CaO \cdot SiO_2$— SiO_2 (Tridymit)	37,00	63,00	**1436** (±5)	15
E$_3$—*B*	Gemenge		37,00 — 0	63,00 — 100	1436 — 1700	15 — 31/32
B	Cristobalit		—	100	1700	31/32

Daß die Verbindung 3 $CaO \cdot SiO_2$ in Berührung mit Schmelze nicht vorkommt, erklärt sich aus der Tatsache, daß ihre Dissoziationstemperatur (1900° C) unterhalb des Schmelzpunktes des Eutektikums CaO—α-2 $CaO \cdot SiO_2$ (2065° C) liegt; dadurch fallen auch die Eutektika CaO—3 $CaO \cdot SiO_2$ und 3 $CaO \cdot SiO_2$—α-2 $CaO \cdot SiO_2$ weg; für dieses erscheint das Eutektikum CaO—α-2 CaO · SiO_2. In den hohen Schmelztemperaturen der Kalk-Kieselsäure-Verbindungen und eutektischen Gemenge findet die große Widerstandsfähigkeit der Kieselsäure gegenüber dem Angriffe von Kalk bei höheren Temperaturen ihren Ausdruck. Die Temperaturen, bei denen Wechselwirkungen eintreten, hängen allerdings bedeutend von der Zustandsform der Stoffe ab. Nach Hedvall (a. a. O.) ist zwischen gefällter Kieselsäure und kohlensaurem Kalk schon unterhalb 900° C eine, wenn auch geringe, Wechselwirkung zu beobachten; gefällte und bei 500° C entwässerte Kieselsäure reagiert rasch schon bei 1000°C, Kieselsäureglas dagegen bei der gleichen Temperatur viel langsamer mit Kalk; Silikatbildung findet bei Verwendung von Quarz jedoch erst oberhalb 1400°C statt. Cristobalit scheint nach Hedvall dem Kalke gegenüber etwas reaktionsfähiger zu sein; schon unterhalb 1400° C bilden sich geringe Mengen Silikate. Nach Versuchen von Kalsing (a. a. O.) werden durch gefällte, geglühte Kieselsäure bei einem stöchiometrischen Gemenge, das dem Dikalziumsilikat entspricht, nur 0,88 vH CaO gebunden. Nach Dyckerhoff (a. a. O.) entsteht beim Erhitzen von Gemischen aus Kalziumoxyd und Kieselsäure beliebiger Konzentration bei 1200°C zunächst stets das Orthosilikat; bei weiterem Erhitzen, und zwar bei höherer Temperatur als im System CaO—Al_2O_3, stellt sich langsam ein Gleichgewicht ein, das dem molekularen Verhältnis der Oxyde zueinander entspricht; mit überschüssigem Kalk treten die gebildeten Silikate nur sehr träge und erst bei hoher Temperatur unter Bildung des Trikalziumsilikates in Wechselwirkung, der die Aufnahme von Kalk in feste Lösung vorangeht. Die langsame Bildung des 3 CaO · SiO_2 in der reinen Schmelze der Oxyde kann nach Dyckerhoff durch mineralisierende Schmelzen, z. B. eine Aluminatschmelze, wesentlich beschleunigt werden, so daß es schon bei 1600° C in verhältnismäßig kurzer Zeit entsteht.

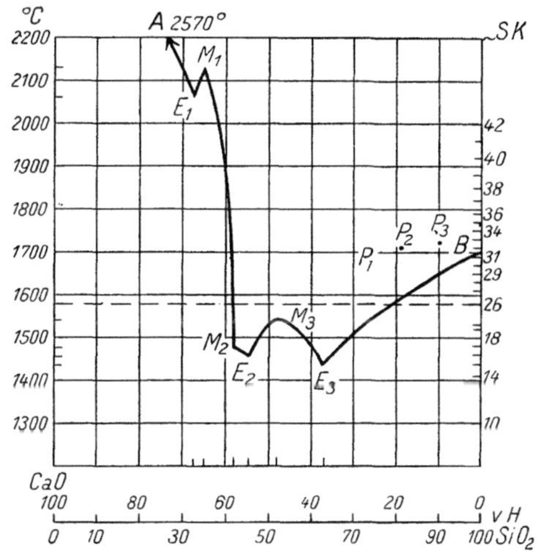

Abb. 57. Schmelzlinie des Systems CaO—SiO_2; nach Shepherd und Rankin (Schmelzpunkt des Cristobalits korrigiert auf 1710° C)

Mit der Tonerde bildet das Kalziumoxyd vier Verbindungen (Aluminate), die auch im System CaO—Al_2O_3, das von Shepherd und Rankin[1]) untersucht wurde, auftreten. Die Schmelzpunkte der Kalkaluminate liegen sämtlich unterhalb der Schmelztemperatur ihrer Einzeloxyde.

[1]) Shepherd u. Rankin: Mit. Lab. Geophys. Carnegie Inst., Wash.; Ref. Z. anorg. Chem. 68, 1916, S. 370 ff.; Rankin: Z. anorg. Chem. 92, 1915, S. 213—296.

Die Zusammensetzungen und Schmelzpunkte der Kalkaluminate sind in Tabelle 60 verzeichnet.

Tabelle 60. Zusammensetzung und Schmelzpunkte der Kalkaluminate

Bezeichnung	Formel	Zusammensetzung in vH		Smp	
		CaO	Al_2O_3	°C	∞ SK
Trikalzium-pentaaluminat	$3\,CaO \cdot 5\,Al_2O_3$	24,76	75,24	1720 (± 10) stabile (α-) Form	32/33
Kalziumaluminat (Monokalziumaluminat)	$CaO \cdot Al_2O_3$	35,43	64,57	1600 (± 5)	26/27
Pentakalzium-trialuminat	$5\,CaO \cdot 3\,Al_2O_3$	47,76	52,24	1455 (± 5) stabile (α-) Form	16
Trikalziumaluminat	$3\,CaO \cdot Al_2O_3$	62,20	37,8	1535 (± 5)	20

Trikalziumpentaaluminat ist dimorph; die α-Form kristallisiert tetragonal, die zu ihr vermutlich monotrope, instabile α'-Modifikation wahrscheinlich rhombisch. Diese Verbindung kristallisiert bisweilen in Schmelzen bei rascher Abkühlung und findet sich zuweilen im Zementklinker. Das Oxydgemisch $3\,CaO + 5\,Al_2O_3$ bildet nach Dyckerhoff[1]) zunächst (bei 1000° C) die Verbindung $CaO \cdot Al_2O_3$ und erst bei hoher, bisher unbekannter Temperatur das Trikalziumpentaaluminat.

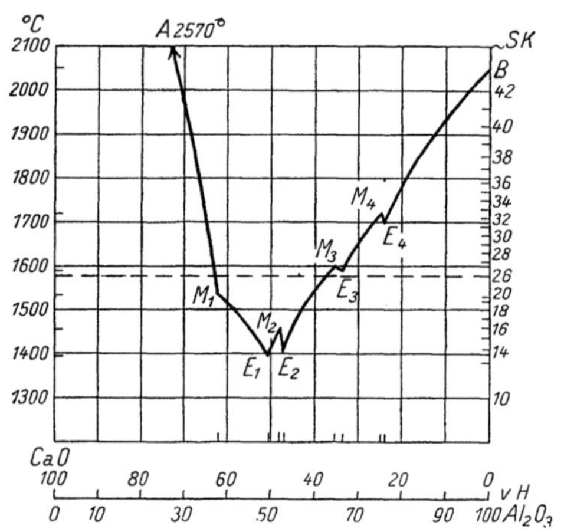

Abb. 58. Schmelzlinie des Systems CaO—Al_2O_3; nach Shepherd und Rankin

Das Monokalziumaluminat, kurz Kalziumaluminat genannt, zeigt keine Dimorphie; es bildet sich nach Dyckerhoff (a. a. O.) bei 900—1000° C und findet sich im Zementklinker und Tonerdezement.

Pentakalziumtrialuminat ist wieder dimorph; die α-Form ist isometrisch und entsteht bei 1400° C, die α'-Form kristallisiert wahrscheinlich rhombisch, bildet sich bei 1300° C, hat keinen wirklichen Stabilitätsbereich und tritt zuweilen im Portlandzementklinker auf; beim Erhitzen des Oxydgemenges $5\,CaO + 3\,Al_2O_3$ bildet sich bei 1000° C das Kalziumaluminat, bei 1300° C die α'-Form von $5\,CaO \cdot 3\,Al_2O_3$ und erst bei 1400° C die α-Form.

[1]) Dyckerhoff, W.: Dissert., S. 77; Ref. Tonind.-Z. 51, 1927, S. 520; Zem. 14, 1925, S. 60–62 u. 140/141; Sprs. 59, 1926, S. 840; Z. B. 1925, I, 1857 u. 2402.

Das isometrische Trikalziumaluminat entsteht unter Zwischenbildung von $CaO \cdot Al_2O_3$ (bei 1000° C) erst bei 1400° C. Es spaltet sich bei 1535° C in Kalk und Schmelze, zeigt daher kein Eutektikum mit Kalk. Nach R. Grün[1]) findet es sich unter anderem in Hochofenschlacken.

Das Schmelzdiagramm des Systems nach Shepherd und Rankin zeigt Abb. 58, zu der Tabelle 61 die Erläuterungen enthält.

Tabelle 61. Erläuterungen zu Abb. 58

Punkt, Kurventeil	Phasen, Eutektika und Oxydgemenge	Mineralogische Zusammensetzung der Eutektika	Zusammensetzung in vH		Smp	
			CaO	Al_2O_3	°C	∞ SK
A	CaO		100	—	2570	> 42
A—M_1	Gemenge		100— 62,22	0— 37,78	2570— 1535	> 42—20
M_1	$3\,CaO \cdot Al_2O_3$		62,22	37,78	1535	20
M_1—E_1	Gemenge		62,22— 50,00	37,78— 50,00	1535— 1395	20—13/14
E_1	Eutektikum	$3\,CaO \cdot Al_2O_3$— $5\,CaO \cdot 3\,Al_2O_3$	50,00	50,00	**1395** (± 5)	13/14
E_1—M_2	Gemenge		50,00— 47,78	50,00— 52,22	1395— 1455	13/14—16
M_2	$5\,CaO \cdot 3\,Al_2O_3$		47,78	52,22	**1455**	16
M_2—E_2	Gemenge		47,78— 47,00	52,22— 53,00	1455— 1400	16—13/14
E_2	Eutektikum	$5\,CaO \cdot 3\,Al_2O_3$— $CaO \cdot Al_2O_3$	47,00	53,00	**1400** (± 5)	13/14
E_2—M_3	Gemenge		47,00— 35,44	53,00— 64,56	1400— 1600	13/14—26/27
M_3	$CaO \cdot Al_2O_3$		35,44	64,56	1600	26/27
M_3—E_3	Gemenge		35,44— 33,50	64,56— 66,50	1600— 1590	26/27—26/27
E_3	Eutektikum	$CaO \cdot Al_2O_3$— $3\,CaO \cdot 5\,Al_2O_3$	33,50	66,50	1590 (± 5)	26/27
E_3—M_4	Gemenge		33,50— 24,78	66,50— 75,22	1590— 1720	26/27—32/33
M_4	$3\,CaO \cdot 5\,Al_2O_3$		24,78	75,22	1720	32/33
M_4—E_4	Gemenge		24,78— 24,00	75,22— 76,00	1720— 1700	32/33—31/32
E_4	Eutektikum	$3\,CaO \cdot 5\,Al_2O_3$— Al_2O_3	24,00	76,00	1700 (± 10)	31/32
E_4—B	Gemenge		24,00— 0	76,00— 100	1700— 2050	31/32— > 42
B	Korund		—	100	2050	> 42

[1]) Grün, R.: Naturw. 1926, S. 869—873; Sprs. 59, 1926, S. 840.

In der Anzahl der unter 1500° C bzw. bei oder unterhalb 1400° C schmelzenden Verbindungen und Eutektika kommt das im Vergleich zu den Kalksilikaten und Kalk-Kieselsäure-Eutektiken in bezug auf Formartänderungen und chemische Widerstandsfähigkeit ungünstigere

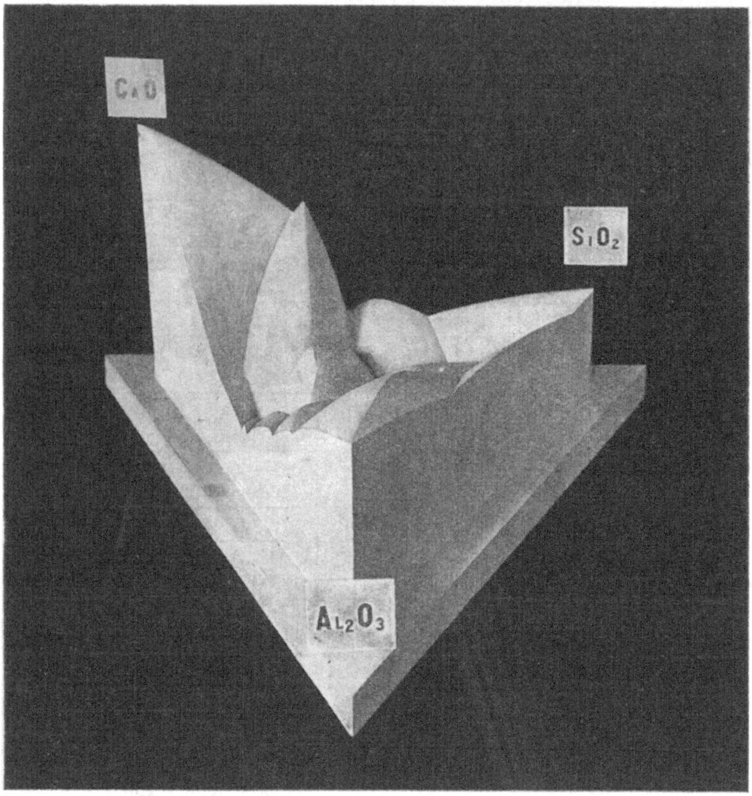

Abb. 59. Photographie des räumlichen Modelles des Konzentrations-Temperatur-Diagrammes des ternären Systems; das Bild zeigt die Beziehungen der binären Systeme $CaO-SiO_2$ und $Al_2O_3-SiO_2$ zum ternären System; nach Rankin und Wright (a. a. O., S. 256)

Verhalten der Kalk-Tonerde-Gemische zum Ausdruck, selbst wenn die Tonerde in der α-Form vorliegt.

Es schmelzen im System	Verbindungen bzw. Eutektika unter 1500° C	bei oder unter 1400° C
$CaO-SiO_2$	3	0
$CaO-Al_2O_3$	3	2

Tonerde tritt auch schon bei niedrigerer Temperatur als Kieselsäure mit dem Kalziumoxyd in chemische Wechselwirkung.

Im allgemeinen verläuft die Bildung der Aluminate nach Dyckerhoff (a. a. O.) ganz ähnlich wie die der Kalksilikate; unabhängig vom Mengenverhältnis der Oxyde entsteht beim Erhitzen zunächst das Kalziumaluminat, dann folgt insbesondere bei den hochkalkhaltigen Gemischen eine rasche Einstellung des Gleichgewichtes; in hochbasischen Gemischen geht beim Erhitzen auf 1450° C das ursprünglich gebildete Kalziumaluminat fast vollständig in die in bezug auf Kalk hochprozentigen Verbindungen $5\,CaO \cdot 3\,Al_2O_3$ und $3\,CaO \cdot Al_2O_3$ über.

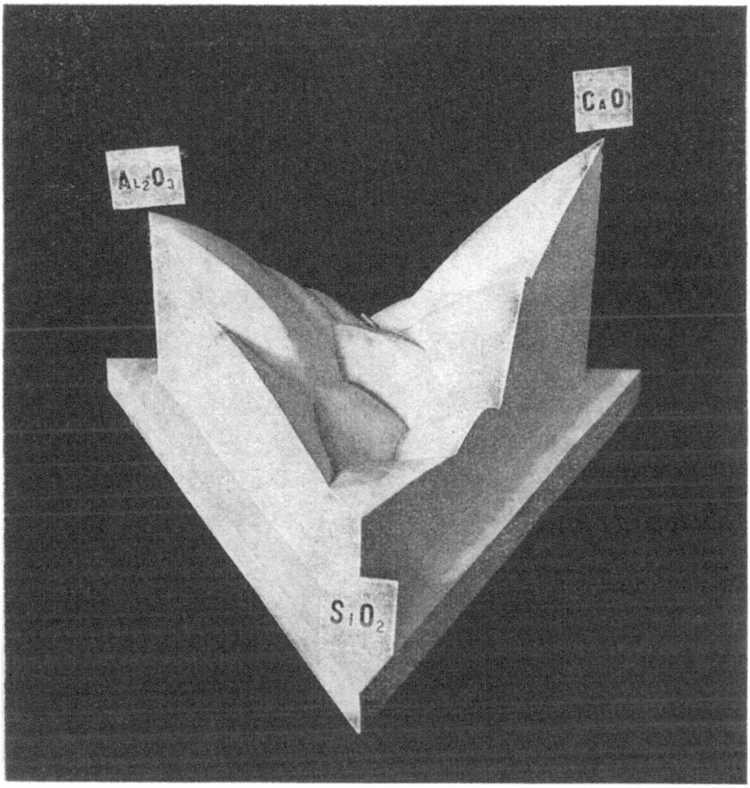

Abb. 60. Photographie des räumlichen Modelles mit den Beziehungen der binären Systeme $CaO - Al_2O_3$ und $Al_2O_3 - SiO_2$ zum ternären System; nach Rankin und Wright (a. a. O., S. 257)

Aus obigen Tatsachen kann gefolgert werden, daß die Tonerde dem Kalke gegenüber hinsichtlich seiner Feuerfestigkeit gefährlicher ist als Kieselsäure, umgekehrt, daß auch der Kalk der Tonerde gegenüber als stärkeres Flußmittel wirkt als Kieselsäure, ferner daß auch ein Tonerdegehalt im Kalkstein früher zur Verdichtung und Verminderung der Löschfähigkeit führt als ein Kieselsäuregehalt.

Wesentlich ungünstiger liegen diese Verhältnisse noch dann, wenn neben dem Kalk Tonerde und Kieselsäure gleichzeitig auftreten. In dem von Shepherd, Rankin und Wright[1]) bearbeiteten ternären System $CaO—Al_2O_3—SiO_2$ treten alle Verbindungen der drei binären Systeme $CaO—SiO_2$, $CaO—Al_2O_3$, $Al_2O_3—SiO_2$, überdies die ternären Verbindungen $CaO \cdot Al_2O_3 \cdot 2\,SiO_2$ (trikliner Anorthit), $2\,CaO \cdot Al_2O_3 \cdot SiO_2$

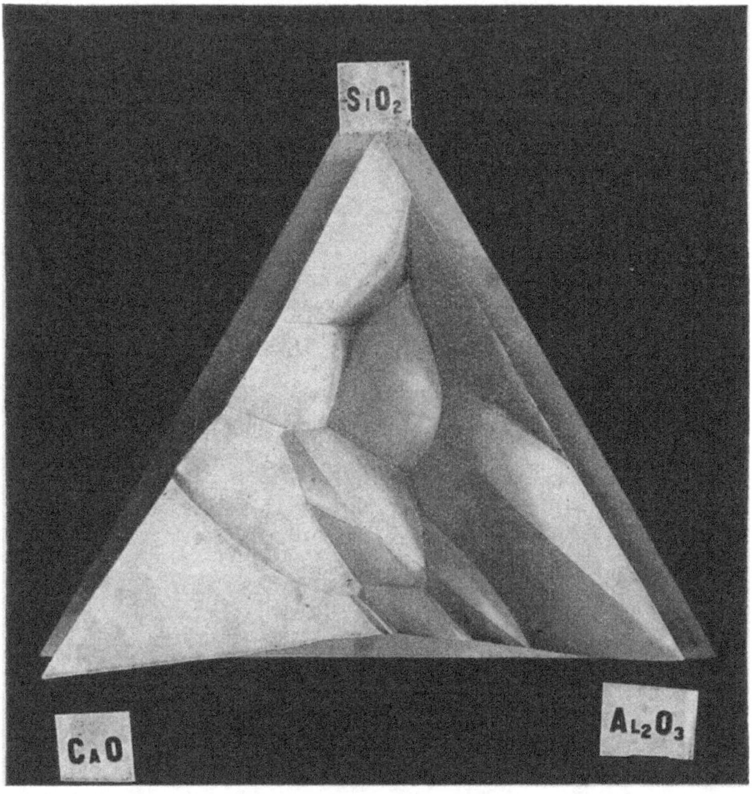

Abb. 61. Photographie des räumlichen Modelles von oben; das Bild zeigt die Beziehungen der einzelnen Felder

(tetragonaler Gehlenit) und die wahrscheinlich rhombische Verbindung $3\,CaO \cdot Al_2O_3 \cdot SiO_2$, insgesamt also elf Verbindungen, ferner neun binäre und acht ternäre Eutektika auf. Von diesen 28 Verbindungen bzw Eutektika schmelzen:

unter 1500° C	bei 1400 oder zwischen 1400 und 1300° C	zwischen 1300—1200° C	unter 1200° C
15	10	2	1 (1165° C).

Die Zusammensetzungen und Schmelzpunkte der ternären Verbindungen, binären und ternären Eutektika bringt Tabelle 62, die räumlichen Dar-

[1]) Shepherd, Rankin u. Wright: Mit. Lab. Geophys. Carnegie Inst., Wash. Nr. 25; Ref. Z. anorg. Chem. 71, 1911, S. 19—64; 92, 1915, S. 213—296.

stellungen und Projektion des Konzentrations-Temperatur-Diagrammes zeigen die Abb. 59, 60 und 61 bzw. Abb. 62. Die Oxydgemenge oder Verbindungen mit gleichen Schmelztemperaturen liegen in der Projektion auf den Isothermen (vgl. Allgemeiner Teil, S. 31). Die unter 1500° C schmelzenden Stoffgemenge dieses Systems besitzen, wie aus dem Diagramm ersichtlich ist, ziemlich große Felder; sie sind in der Projektion des Raummodelles durch stärker ausgezogene Linien kenntlicher gemacht.

Aus den in Tabelle 62 verzeichneten Zusammensetzungen ergibt sich rechnerisch, daß 1 v H CaO im Ton unter bestimmten Verhältnissen ∾ 10 v H des ternären Anorthit-Sillimanit-Kieselsäure-Eutektikums (Smp 1345° C) oder des binären Anorthit-Tridymit-Eutektikums (Smp 1359° C) entspricht:

1359° C) entspricht:	CaO	Al_2O_3	SiO_2	Eutektikum
Zusammensetzung des ersten Eutektikums:	9,8 v H	19,8 v H	70,4 v H	100 v H
daher entspricht:	1 v H			$\frac{100}{9,8} = \sim 10$ v H
Zusammensetzung des zweiten Eutektikums:	10,5 v H	19,5 v H	70,0 v H	100 v H
daher entspricht:	1 v H			$\frac{100}{10,5}$ v H $= \sim 10$ v H.

Das am leichtesten, nämlich bei 1165° C schmelzende Eutektikum besitzt etwa die molekulare Zusammensetzung 2,9 $CaO \cdot Al_2O_3 \cdot$ 7,2 SiO_2.

Die Existenz einer ternären Verbindung 8 $CaO \cdot$ 2 $SiO_2 \cdot Al_2O_3$ (Jäneckeit) ist noch umstritten (vgl. E. Jänecke)[1]).

Die Mineralbildung verläuft in diesem ternären System nach Dyckerhoff (a. a. O.) analog jener in den binären Systemen $CaO—SiO_2$ und $CaO—Al_2O_3$; beim Erhitzen eines Gemenges der drei Oxyde entstehen bis zu etwa 1200° C Dikalziumsilikat neben Kalziumaluminat; bei fortgesetzter Erhitzung stellt sich ein von dem Molekularverhältnis der Bestandteile abhängiger Gleichgewichtszustand zwischen den Kalksilikaten und -aluminaten ein, die aus dem Zerfall der ternären Gemenge in binäre Verbindungen hervorgegangen sind; weitere Temperatursteigerung zeitigt zunächst Wechselwirkungen der primär gebildeten Verbindungen mit überschüssigem Kalk; aus dem Aluminat und dem freien Kalk entstehen ziemlich rasch die höherbasischen Aluminate 5 $CaO \cdot$ 3 Al_2O_3 und 3 $CaO \cdot Al_2O_3$, aus den Kalksilikaten das Trikalziumsilikat; aus dem Trikalziumaluminat soll bei 1800° C der Jäneckeit 8 $CaO \cdot$ 2 $Al_2O_3 \cdot SiO_2$ als erste ternäre Verbindung entstehen, die aber im Verlaufe eines technischen Brennprozesses ebensowenig gebildet wird wie das Trikalziumsilikat.

Die chemische Wechselwirkung zwischen Kalk und Tonsubstanz setzt nach Cobb (a. a. O.) unter Bildung von Kalksilikaten und -aluminaten ohne Erweichung bei 1000° C ein. A. Kanz[2]) hat aus seinen Versuchen gefolgert, daß der Kalk schon bei 800° C mit der aus dem Zerfall der Tonsubstanz stammenden Kieselsäure (vgl. S. 214) ein Silikat

[1]) Jänecke, E.: Z. anorg. Chem. 73, 1911, S. 200; 74, 1912, S. 428; 76, 1912, S. 357; 89, 1914, S. 355; 93, 1915, S. 271.

[2]) Kanz, A.: Dissertation Würzburg, 1923; Ref. Sprs. 59, 1926, S. 842.

Tabelle 62. Zusammensetzungen und Schmelzpunkte der ternären Verbindungen, binären und ternären Eutektika des Dreistoffsystems $CaO - Al_2O_3 - SiO_2$

Ternäre Verbindungen		Mineralogische Zusammensetzung der Eutektika		Zusammensetzung in vH			Smp	
Name	Formel	binäre	ternäre	CaO	Al_2O	SiO_2	°C ± 5	SK S
Anorthit	$CaO \cdot Al_2O_3 \cdot 2\,SiO_2$			20,09	36,63	43,28	1550	**20/26**
Gehlenit	$2\,CaO \cdot Al_2O_3 \cdot SiO_2$			40,83	37,19	21,98	1590	**26/27**
	$3\,CaO \cdot Al_2O_3 \cdot SiO_2$ dissoziiert in β-$2\,CaO \cdot SiO_2$ und $CaO \cdot Al_2O_3$			50,90	30,90	18,2	**1335**	11/12
		Anorthit—Pseudowollastonit		34,1	18,6	47,3	**1299**	10
		Anorthit—Tridymit		10,5	19,5	70,0	**1359**	**12**/13
		Gehlenit—α-$2\,CaO \cdot SiO_2$		49,6	23,7	26,7	1545	**20/26**
		Anorthit—Tonerde		19,3	39,3	41,4	1547	**20/26**
		Gehlenit—$CaO \cdot Al_2O_3$		37,8	52,9	9,3	1512	18/**19**
		Gehlenit—$3\,CaO \cdot 5\,Al_2O_3$		35,0	50,8	14,2	1552	**20/26**
		Anorthit—Gehlenit		30,2	36,8	33,0	**1385**	13
		Gehlenit—α-$CaO \cdot SiO_2$		45,7	13,2	41,1	**1316**	11
		β-$2\,CaO \cdot SiO_2$—$5\,CaO \cdot 3\,Al_2O_3$		51,3	41,8	6,9	**1350**	12
			Anorthit—SiO_2—α-$CaO \cdot SiO_2$	23,3	14,7	62,0	**1165**	4a
			Anorthit—Sillimanit—SiO_2	9,8	19,8	70,4	**1345**	12
			Gehlenit—$3\,CaO \cdot 2\,SiO_2$—α-$CaO \cdot SiO_2$	47,2	11,8	41,0	**1310**	10/11
			Gehlenit—$CaO \cdot Al_2O_3$—$3\,CaO \cdot 5\,Al_2O_3$	37,5	53,3	9,2	1505	18
			Anorthit—Gehlenit—α-$CaO \cdot SiO_2$	38,0	20,0	42,0	**1265**	8/9
			Anorthit—Gehlenit—Tonerde	29,2	39,0	31,8	**1380**	13
			β-$2\,CaO \cdot SiO_2$—$CaO \cdot Al_2O_3$—$5\,CaO \cdot 3\,Al_2O_3$	49,5	43,7	6,8	**1335**	**11**/12
			β-$2\,CaO \cdot SiO_2$—$3\,CaO \cdot Al_2O_3$—$5\,CaO \cdot 3\,Al_2O_3$	52,0	41,2	6,8	**1335**	**11**/12

bildet. Eine eigenartige Wechselwirkung des unter 700° C entwässerten Kaolins mit Kalk tritt nach Rebuffat[1]) bei gewöhnlicher Temperatur ein, wobei sich eine Verbindung von der Zusammensetzung $3\,CaO \cdot Al_2O_3 \cdot 2\,SiO_2 \cdot 10\,H_2O$ bildet, die bei der Behandlung mit Säuren eine Alumokieselsäure der Formel $Al_2O_3 \cdot 2\,SiO_2 \cdot 4\,H_2O$ abspaltet.

Tonsubstanz wird durch Kalk auch unter den Verhältnissen des Härtekessels der Kalksandsteinziegel-Erzeugung unter Bildung von Hydrosilikaten zersetzt. Bei reichlichem Kalküberschuß findet beim Erhitzen

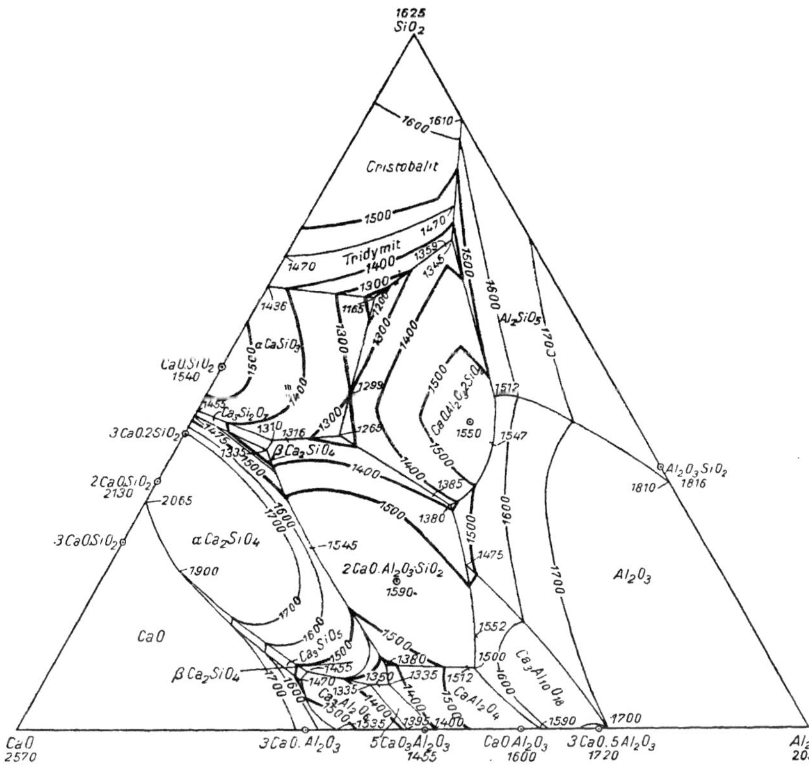

Abb. 62. Projektion des Temperatur-Konzentrations-Diagrammes des Systems $CaO—Al_2O_3—SiO_2$; nach Rankin und Wright (Z. anorg. Chem. 92, 1915, S. 255)

auf höhere Temperatur eine völlige Aufschließung der Tonsubstanz statt, wobei die Tonerde und Kieselsäure der Tonsubstanz in lösliche Verbindungen übergehen. Nach E. Selch[2]) sind bei 1020° C zur Zerlegung eines Moleküles Tonsubstanz zwei Moleküle, bei 1280° C nur ein Molekül erforderlich; eine starke Zunahme der Aufschlußwirkung mit steigender Temperatur beobachtete Selch insbesondere im Temperaturbereich von 1100—1200° C.

[1]) Rebuffat: Trans. Cer. Soc. Engl., Vol. 23, 1924, S. 312/13; Ref. Tonind.-Z. 49, 1925, S. 882.

[2]) Selch, E.: Sprs. 49, 1916, S. 173 ff.

In keramisch verwendeten Mergeln, z. B. von der Zusammensetzung 30 vH kohlensaurer Kalk und 70 vH Tonsubstanz, ist das Molekularverhältnis 0,3 Moleküle CaO zu 0,27 Molekülen Tonsubstanz; es sind daher bei Temperaturen um 1100° C herum ähnliche Wechselwirkungen zu erwarten.

Mit Eisenoxyd (Fe_2O_3) tritt der Kalk leichter in Reaktion als mit Kieselsäure. Er bildet mit ihm die sogenannten Kalziumferrite. H. O. Hofmann und W. Mostowitsch[1]) beobachteten im Reaktionsgebiet Kalziumsulfat-Eisen-3-oxyd Ferritbildung bei 1100° C unter Entweichen von Schwefeldioxyd und Sauerstoff:

$$CaSO_4 + Fe_2O_3 = CaO \cdot Fe_2O_3 + SO_2 + \frac{1}{2} O_2.$$

Nach E. Martin[2]) setzt die Wechselwirkung zwischen Eisen-3-oxyd und Kalkkarbonat schon bei der Dissoziationstemperatur des Kalzites ein. Während S. Hilpert und E. Kohlmeyer[3]) fünf Verbindungen zwischen Kalk und Eisenoxyd fanden, nämlich

	$3\,CaO \cdot Fe_2O_3$ (Smp 1410° C)	$CaO \cdot Fe_2O_3$ (Smp 1200° C),
	$3\,CaO \cdot 2\,Fe_2O_3$	$2\,CaO \cdot 3\,Fe_2O_3$,
oder	$5\,CaO \cdot 3\,Fe_2O_3$	$CaO \cdot 4\,Fe_2O_3$,

konnten R. Nacken und M. E. Grünewald[4]) nur folgende drei Ferrite darstellen:

Monokalziumferrit, $CaO \cdot Fe_2O_3$ (rote, wahrscheinlich rhombische Kristalle, s = 5,08);

Dikalziumferrit, $2\,CaO \cdot Fe_2O_3$ (schwarze Kristalle, s = 3,98) und unter besonderen Verhältnissen $5\,CaO \cdot 3\,Fe_2O_3$ (s = 4,02).

Die Schmelzpunkte der mit Sicherheit nachgewiesenen Ferrite sind:

$CaO \cdot Fe_2O_3$: 1220—1230° C (Nacken und Grünewald);
1225—1250° C (Martin);
1200° C (von Hilpert und Kohlmeyer als Eutektikum angesprochen);

$2\,CaO \cdot Fe_2O_3$: 1380—1420° C (Nacken und Grünewald);
1300—1325° C (Martin)

(Schmelzpunkt des reinen Eisen-3-oxydes nach Hilpert und Kohlmeyer 1565° C; zersetzt sich unter Atmosphärendruck bei der Schmelztemperatur in Eisen-2-oxyd und Sauerstoff).

Monokalziumferrit zerfällt nach Sosmann und Merwin[5]) bei 1216° C in Schmelze und einen festen Bodenkörper, $2\,CaO \cdot Fe_2O_3$, der sich bei 1250° C völlig auflöst und bei 1436° C in Kalziumoxyd und Schmelze dissoziiert; die Bildung des Dikalziumferrites erfolgt nach den genannten Forschern schon bei 30 Minuten langem Erhitzen des Gemenges auf 1000° C.

[1]) Hofmann, H. O. u. W. Mostowitsch: Bull. Am. Inst. Univ. Eng. 1909, S. 51—76; Ref. Sprs. 42, 1909, S. 644/45.

[2]) Martin, E.: Sonderheft der „Chim. et Ind.“, Mai 1924.

[3]) Hilpert, S. u. E. Kohlmeyer: B. 42, 1910, S. 4581.

[4]) Nacken, R. u. M. E. Grünewald: Sonderdruck aus „Zement“, 1926.

[5]) Sosmann u. Merwin: Journ. Wash. Acad. Sci., 6, 1916, S. 32—37; Ref. Z. B. 1917, 1, S. 6.

Nach Sosmann und Merwin existiert in diesem System ein Eutektikum zwischen Monokalziumferrit und Eisen-3-oxyd, das bei 1203° C schmilzt. Die Bildung von Kalziumferriten vermutet R. Böhm[1]) auch in Magnesitziegeln bei einer bestimmten Zusammensetzung des Rohmagnesites, vor allem beim Brennen in heißergehenden Drehrohröfen.

Kalziumferrite reagieren sehr träge mit Wasser und scheinen häufig die Ursache von Schäden zu sein, die erst bei der Verwendung der feuerfesten Ofenbaustoffe auftreten.

Im System $CaO—Fe_2O_3—SiO_2$ treten eutektische Schmelzen schon in der Nähe von 1000° C auf, wenn die Ofenatmosphäre reduzierend ist, da Eisen-2-oxyd erheblich leichter als Eisen-3-oxyd in chemische Wechselwirkung tritt.

Der Kalk reagiert in keramischen Massen auch mit alkalihaltigen Alumosilikaten unter Bildung komplexer, leicht schmelzbarer Verbindungen.

Von kalkhaltigen Natron-Kieselsäure-Verbindungen sind nach Wyckoff und Morey[2]) folgende vier bekannt: $Na_2O \cdot CaO \cdot SiO_2$, $2\,Na_2O \cdot CaO \cdot 3\,SiO_2$, $Na_2O \cdot 2\,CaO \cdot 3\,SiO_2$ und $Na_2O \cdot 3\,CaO \cdot 6\,SiO_2$.

Vergleicht man die Schmelzpunkte der aus Kalk einerseits, und Kieselsäure, Tonerde, Tonsubstanz, Eisenoxyd, Feldspat und Gemischen dieser Stoffe anderseits, bestehenden Gemenge sowie die in Tabelle 63 angeführten Schmelzpunkte verschiedener Oxydgemische mit dem Schmelzpunkt der Tonsubstanz (SK 35), so geht daraus klar die kräftige Flußmittelwirkung des Kalkes bei höheren Temperaturen hervor. Dieser Reaktionsfähigkeit kommt sowohl in bezug auf den Umstand, daß Kalkverbindungen häufige, reichlich vertretene Begleitstoffe von Ziegeltonen, Lehmen und Töpfertonen sind, und eine geringe Menge von Kalkverbindungen auch in feuerfesten Tonen fast niemals fehlt, als auch in Hinblick auf die Wechselwirkungen zwischen feuerfesten Ofenbaustoffen und kalkreichen Ofenbeschickungen eine hohe keramische Bedeutung zu.

Tabelle 63. Schmelzpunkte verschiedener kalkhaltiger Oxydgemische

Molekulare Zusammensetzung	Smp	
	°C	∾ SK
$CaO \cdot Al_2O_3 \cdot SiO_2$	1300	10
$CaO \cdot Al_2O_3 \cdot 3\,SiO_2$	1200	6a
$3\,CaO \cdot Al_2O_3 \cdot 3\,SiO_2$	1250	8
$CaO \cdot FeO \cdot 2\,SiO_2$	1140	3a
$3\,CaO \cdot Fe_2O_3 \cdot 3\,SiO_2$	1120	2a
$CaO \cdot MnO \cdot 2\,SiO_2$	1319	11
$CaO \cdot BaO \cdot 2\,SiO_2$	∾ 1000	05a
$CaO \cdot 0{,}6\,Na_2O \cdot 1{,}5\,SiO_2$	1175	5a
$CaO \cdot 3{,}8\,Na_2O \cdot 4{,}8\,SiO_2$	932	08a

Die Auswirkungen der Reaktionsfähigkeit des Kalkes betreffen zunächst sein physikalisches Verhalten beim Brennen, wenn

[1]) Böhm, R.: Tonind.-Z. 50, 1926, S. 1305.

[2]) Wyckoff u. Morey: Am. Journ. Wash. Sci., 12, 1926, S. 419—440; Ref. Sprs. 60, 1927, S. 411.

ihm Fremdstoffe beigemengt sind (Verunreinigungen, absichtliche Zusätze); Schmelz- und Sinterungstemperatur werden erniedrigt, die Verdichtung und damit die Inaktivität gegenüber Wasser gefördert. In keramischen Massen wirkt er auf das Schmelzverhalten der Massenbestandteile, insbesondere der Tonsubstanz ein. Die Verhältnisse sind hier recht verwickelter Natur, da in Tonen bzw. tonigen Massen neben der Tonsubstanz oft noch recht erhebliche Mengen anderer, dem Kalke gegenüber reaktionsfähiger Stoffe enthalten sind. Über den Einfluß von Kalk (sehr reinem, feingemahlenem Marmor) auf den Kegelschmelzpunkt von Zettlitzer Kaolin berichtet Rieke[1]), daß die Schmelzbarkeit des Gemenges mit steigendem Kalkgehalt sich vergrößert.

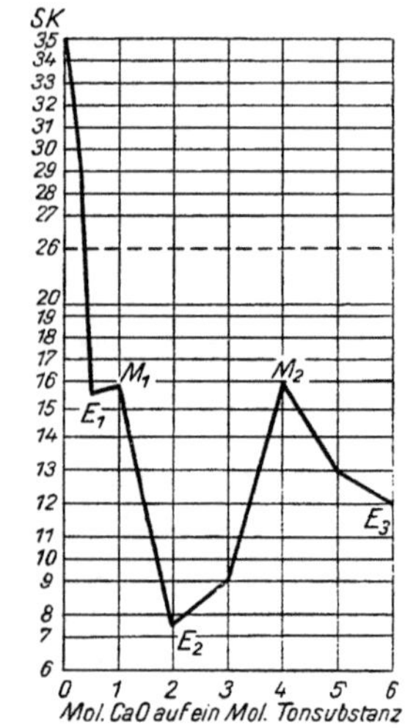

Abb. 63. Schmelzlinie von Gemischen aus Tonsubstanz und Marmor; nach Rieke

Riekes Versuchsergebnisse sind, soweit sie keramische Massen betreffen, aus Tabelle 64 und Abb. 63 ersichtlich, in welcher der Gehalt an Kalziumoxyd in Molekülen auf ein Molekül Tonsubstanz bezogen ist.

Ein größeres Brennbereich konnte Rieke (a. a. O.) nur bei jenen Massen feststellen, die höchstens 10 vH Marmor enthielten; bei allen übrigen Gemengen lagen Dichtbrenn- und Schmelztemperatur sehr nahe beisammen. Wie auch aus Abb. 63 ersichtlich, haben die Mischungen vom molekularen Verhältnis ½, 1 und 4 Moleküle CaO auf 1 Molekül Tonsubstanz fast gleiche Kegelschmelzpunkte. Punkt E_1 entspricht dem Eutektikum zwischen Tonsubstanz und Anorthit (M_1) und hat die Zusammensetzung 11,2 vH CaO, 40,7 vH Al_2O_3 und 48,1 vH SiO_2 = 0,5 Mol. CaO auf ein Mol.

Tabelle 64

Zusammensetzung des Roh-Gemenges in vH		Zusammensetzung des Brennproduktes in vH			KSP SK	Erniedrigung des KSP um	
$CaCO_3$	$Al_2O_3 \cdot 2\,SiO_2 \cdot 2\,H_2O$ (Zettlitzer Kaolin)	CaO	Al_2O_3	SiO_2		∾ SK	∾ °C
	100				etwas > 35		
1	99	0,65	45,35	53,95	35	0	wenige Grade
3	97	2,0	44,8	53,2	> 34	1	20
5	95	3,3	44,2	52,5	33	> 2	40
10	90	6,7	42,6	50,7	∾ 30	> 5	100
20	80	14,0	39,3	46,7	15	> 15	340
30	70	21,8	35,7	42,5	∾ 15	> 15	350
40	60	30,2	31,9	37,9	etwas > 8	22	510

[1]) Rieke: Sprs. 39, 1906, S. 1313.

Tonsubstanz; das zweite Schmelzpunktmaximum (M_2) enthält 50 vH CaO, 22,9 vH Al_2O_3 und 26,9 vH SiO_2, die beiden zwischen Anorthit und M_2 bzw. reinem Kalk und M_2 liegenden Eutektika bestehen aus 33,4 vH CaO, 30,8 vH Al_2O_3, 35,8 vH SiO_2 (E_2) und 60,2 vH CaO, 18,2 vH Al_2O_3, 21,6 vH SiO_2 (E_3).

Die chemische Widerstandsfähigkeit des Kalkes bei hohen Temperaturen spielt nur eine untergeordnete Rolle, da die Zahl der hochfeuerfesten Erzeugnisse aus Kalk sehr gering ist. Praktisch käme nur der Angriff von reduzierenden Stoffen, Metallschmelzen und der bei der Metallschmelze verwendeten Zuschläge in Betracht. Gegen reduzierende Einflüsse wie die Einwirkung von Kohlenstoff ist der Kalk bis etwa 2000° C widerstandsfähig; ähnlich verhält er sich gegen oxydfreie Metalle; manche Fabriken verwenden Kalktiegel zur Platinschmelze (Smp des Platins 1764° C).

Allen übrigen in Betracht kommenden Stoffen gegenüber ist er, wie schon aus der großen Reaktionsfähigkeit hervorgeht, verhältnismäßig wenig widerstandsfähig, am wenigsten dann, wenn mehrere Stoffe gleichzeitig, z. B. Kieselsäure und Tonerde, bei hohen Temperaturen auf ihn einwirken.

Verwendung

Die Anwendung des Kalkes in der Keramik („feuerfesten" Industrie) beschränkt sich auf die Herstellung von hochfeuerfesten Kalktiegeln für Metallschmelzprozesse, einzelner thermisch hochbeanspruchter Ofenteile und auf die Silikaziegelerzeugung, in der er in Form von gelöschtem Kalk, Kalkbrei, zur Herstellung einer formbaren Quarzitmasse und gleichzeitig als pyrogenes Bindemittel dient.

Kalktiegel verbinden mit einer besonders hohen Feuerfestigkeit den Nachteil, daß sie nur bei rasch hintereinander stattfindendem Gebrauche genügende Haltbarkeit besitzen, jedoch bei längerem Stehen an der Luft nach der erstmaligen Verwendung mürbe werden und schließlich zerfallen.

In Stampfmassen zur Auskleidung basischer Konverter ist der Kalk fast überall durch Sinterdolomit verdrängt. Durch Hitze hochbeanspruchte Teile des Hochofens, z. B. Düsen für den Gebläsewind, sollen nach D.R.P. 6080 aus gemahlenem Kalk mit Zusätzen von Ton und Natronwasserglas hergestellt werden können.

Außer in der Quarzkalkziegelindustrie dient Kalk als Bindemittel in der Kalksandsteinziegel-, Schwemm- und Schlackenziegelindustrie.

Die Nichtverwendung des gebrannten Kalkes zum Massenversatz und als Glasurrohstoff ist in dem höheren Preise, in der Unbeständigkeit gegenüber den Atmosphärilien und in seiner Löslichkeit in Wasser begründet.

Angaben über die günstigste chemische und physikalische Beschaffenheit des für die Quarzziegelindustrie verwendeten Kalkes verdanken wir Howe[1]). Durch seine Versuche über den Einfluß verschiedener Formen auf die Festigkeit des knochenharten und gebrannten Steines wurde zunächst festgestellt, daß der Gehalt an Kalziumoxyd für die Festigkeit der Silikaziegel wichtiger ist als die Form, in welcher der Kalk angewendet wird, daß ferner die mit Kalkhydrat hergestellten Ziegel weniger fest waren als die mit stückigem Kalk erzeugten und schließlich, daß Luftlöschung den Kalk für diese Verwendung nicht verschlechtert und der Grad der Ablöschung wegen der Verringerung des Gehaltes an Kalziumoxyd berücksichtigt werden muß.

Analysen von Kalkrohstoffen, die in der amerikanischen Silikaindustrie verwendet werden und zulässige, annähernde Grenzzahlen der Einzelbestandteile sind aus Tabelle 65 ersichtlich.

Tabelle 65. Für die Silikaindustrie geeignete Kalkrohstoffe; Grenzwerte der Einzeloxyde

		CaO	MgO	SiO_2	Al_2O_3 + Fe_2O_3	Glühverlust
Analysen	Höchstgehalt[1])	91,71	5,67	4,20	1,00	24,48
	Mindestgehalt[1])	70,55	0,55	0,48	0,32	6,54
	Mittelwert[1])	79,03	1,37	1,58	0,56	17,60
Grenzwerte	Höchstgehalt[2])		2	3	1,25	
	Mindestgehalt[2])	95				
	Höchstgehalt[3])[4])		3	3	1,5	5—10
	Mindestgehalt[3])[4])	92				

[1]) Werte aus 14 Durchschnittsproben von Kalksteinen aus Pennsylvanien, Wiskonsin, Alabama und Colorado, nach Howe: a. a. O. [2]) Nach Howe: a. a. O.
[3]) Die Werte beziehen sich auf die Summe der nicht flüchtigen Bestandteile.
[4]) Nach den Bestimmungen des amerikanischen Normenamtes; Ref. Tonind.-Z. 48, 1924, S. 899.

Wirkungen in tonigen Massen

Die Wirkungen des Kalziumoxydes in tonigen Massen sind in erster Linie von der Höhe der Brenntemperatur, dann von der Menge, Korngröße und von dem Verteilungsgrade abhängig.

Bis zur Temperatur, bei der der Kalk mit der Tonsubstanz in chemische Wechselwirkung tritt, also im Temperaturgebiet nach der Entsäuerung bis etwa 1000° C verhalten sich die einzelnen Arten des Kalkes zufolge des Unterschiedes in der Ausdehnung verschieden. Die Raumzunahme des aus Marmor entstandenen Kalkes muß selbstverständlich die Schwindung der Masse verringern; dieser Kalk wirkt daher noch als Magerungsmittel.

Der an sich schon schwindende Kreidekalk vermehrt die Schwindung der tonigen Masse. Nach Rieke[2]) besitzen 20 vHige Massen

[1]) Howe: Rock Products, 1921, No. 19, Sept.; Ref. Tonind-Z. 45, 1921, S. 1306.
[2]) Rieke: Sprs. 39, 1906, S. 1313.

(20 vH Marmor) in einem großen Temperaturbereich eine sehr kleine, fast konstante Schwindung; bei höherprozentigen Massen beobachtete Rieke die Auswirkungen der Raumzunahme des Marmorkalkes an der vergleichsweise geringen Schwindung.

Bei mäßig hoch über der Zersetzungstemperatur des Karbonates liegender Brenntemperatur finden zwischen dem Kalk und der Tonsubstanz chemische Umsetzungen nur in kleinem Umfange statt. Der Scherben enthält freies Kalziumoxyd, dessen Vorhandensein an dem Verhalten gegenüber Wasser, an der alkalischen Reaktion des Wasserauszuges oder mit Hilfe von Farbenreaktionen erkannt werden kann.

Ab etwa 1000° C setzt dann die kräftige Flußmittelwirkung ein. Die Wechselwirkungen zwischen Kalk, Tonsubstanz und deren Beimengungen führen nach Kanz (a. a. O.) anfangs zu einer chemischen Verfestigung, durch das Schmelzen der gebildeten leichtflüssigen Stoffe mit steigender Temperatur zu einer thermischen Verflüssigung.

Der Kalkgehalt der Masse erniedrigt die Sinterungs- und Schmelztemperatur, beeinträchtigt die Standfestigkeit im Feuer, verkürzt das Brennbereich, indem sich Sinterungs- und Schmelzpunkt unter Umständen bis auf zwei Segerkegelnummern einander nähern. Die Möglichkeit, daß Kalk den Schmelzpunkt einer Masse bei gleichzeitiger Erhöhung des Kieselsäuregehaltes nicht verringert, fallt nicht mehr in das Gebiet üblicher keramischer Massen. Cramer[1]) führt als Beispiel die Kegelschmelzpunkte eines Oxydgemenges $Al_2O_3 \cdot 8\, SiO_2$ (17,5 vH Al_2O_3 und 82,5 vH SiO_2) und $CaO \cdot 8\, SiO_2 + Al_2O_3 \cdot 8\, SiO_2$ (rd 5 vH CaO, 9 vH Al_2O_3 und 86 vH SiO_2) an; das kalkfreie Gemenge besitzt den Kegelschmelzpunkt SK 29, das kalkhaltige mit erhöhtem Kieselsäuregehalt den Kegelschmelzpunkt SK 30—31. Diese Masse enthielte nur ∾ 10 vH Tonsubstanz.

Die Verkürzung des Brennbereiches schließt namentlich bei Sinterzeugmassen eine sichere Erzeugungsweise aus, da mit einer geringen Überschreitung der Sinterungstemperatur bei kalkreicheren Massen die Gefahr der Entformung des Brenngutes verknüpft ist.

Unter gewissen Bedingungen, z. B. bei Zusatz von feuerfestem Ton und vorsichtigster Brennweise, ergeben kalkreiche Massen (bis zu 30 vH $CaCO_3$) bei der Dichtbrenntemperatur einen mechanisch außerordentlich festen Scherben (Keramitziegel, Kalkklinker, Rostolith), dessen gelbgrüne Farbe von einem Kalk-Eisen-Alumosilikat herrührt.

In feldspathaltigen Massen (Porzellan, Hart- und gemischtes Steingut) begünstigt der Kalk die Verglasung, da er mit alkalihaltigen Silikaten (Feldspat) noch erheblich leichter schmelzbare Verbindungen bildet als mit Quarz oder Tonsubstanz. In Porzellanmassen soll er nach Urban[2]) den Durchschein erhöhen.

Der Kalk in keramischen Massen beeinflußt auch die Glasurtragfähigkeit des Scherbens, indem er insbesondere bei Zinnoxyd-

[1]) Cramer: Tonind.-Z. 25, 1901, S. 887

[2]) Urban: Ker. Rundsch. 32, 1924, S. 175.

Glasuren das gute Haften der Glasur begünstigt und der Haarrissigkeit entgegenwirkt; zufolge seiner Reaktionsfähigkeit der freien Glasurkieselsäure gegenüber entsteht im Brande kalkreicher und daher hochbasischer Massen an der Auflagefläche der Glasur eine kalkhaltige, silikatische Übergangsschichte vom Scherben zur Glasur, die chemisch sowohl dieser als auch jenem nahesteht; diese chemische Angleichung zieht auch eine Annäherung der physikalischen Eigenschaften wie Elastizität und Ausdehnung und damit auch ein haarrissefreies Haften nach sich.

Die Wirkung des Kalkes als Bindemittel beruht entweder auf der Bildung des Kalziummetasilikates (in Silikaziegeln) durch Einwirkung hoher Temperatur oder auf der Entstehung eines Kalkhydrosilikates unter Druck. In Silikaziegeln wird die Oberfläche der Quarzitkörnchen durch das Kalkhydrat zunächst angeätzt, im Brande dann durch das Kalziumoxyd unter Bildung von Metasilikat, das die Quarzitkörnchen bei der Erstarrung verkittet, aufgeschlossen.

Es sei daran erinnert, daß der Kalk auch auf die Umwandlung des Quarzites mineralisierend wirkt. Nach Howe (a. a. O.) übt er dadurch auf die Güte der Erzeugnisse einen sehr bedeutenden Einfluß aus, vorausgesetzt, daß er mit einer großen Oberfläche des Quarzites in Berührung treten kann, also in feinster Verteilung zur Wirkung gelangt.

III. Phosphorsaurer Kalk

Phosphorsaurer Kalk oder Kalziumphosphat, $Ca_3(PO_4)_2$, bildet den Hauptbestandteil der Mineralien Apatit, Phosphorit, Osteolith und Sombrerit, ferner mineralisierter (versteinerter) tierischer Exkremente (Guano-Phosphate, Koprolithe) und der Knochen der Wirbeltiere; die Knochen liefern bei der Verbrennung an der Luft die Knochenasche.

Von diesen Stoffen wird in der Keramik vorzugsweise die Knochenasche und an deren Stelle der Apatit, selten Phosphorit oder Sombrerit, verwendet.

Apatit ist ein weit verbreitetes Mineral, das in Verbindung mit Kalziumchlorid ($CaCl_2$) oder Kalziumfluorid (CaF_2) bald für sich in größeren Lagern, bald primär als geringfügiger Bestandteil, hauptsächlich der basischen Eruptivgesteine, auch mancher Pegmatite, vorkommt.

Nach der Art der Kalziumhalogenverbindung unterscheidet man „Chlorapatite" und „Fluorapatite".

Faserige, dichte oder erdige Massen (Mineralgele), die in Form von Knollen oder nachahmenden Gestalten (trauben- oder nierenförmig) lagenweise auftreten und aus unreinem Fluorapatit bestehen, nennt man Phosphorite.

Ein oft weißes, feinerdiges bis dichtes Mineral, das häufig fast aus reinem Trikalziumphosphat besteht, ist der Osteolith, eine Abart des Phosphorites.

Sombrerit ist ein auf der Insel Sombrero (kleine Antillen) vorkommendes Kalziumphosphat, das durch Kalkstein und Ton verunreinigt ist.

Koprolithe sind die versteinerten Exkremente vorweltlicher Tiere, Guano-Phosphate die koprolithähnlichen Mineralisierungsprodukte von Vogelexkrementen (Guano).

Die natürlich vorkommenden Phosphate sind teils magmatische oder pneumatolytische Bildungen, teils auf dem Wege organogener Sedimentation (Phosphorit) oder metasomatisch, d. h. durch Umwandlung des Kalzites durch phosphathaltige Lösungen unter Wahrung der Form, entstanden.

Das in den vulkanischen Gesteinen als Gemengteil auftretende Kalziumphosphat (Apatit) unterliegt entweder durch einfache Lösung oder unter gleichzeitiger Zersetzung und Bildung löslicher Phosphorsäure der chemischen Verwitterung. Durch den Zersetzungsvorgang gelangt die Phosphorsäure in das Grund-, Fluß-, See- und Meerwasser, aus diesen in die Pflanzen und den Tierkörper.

Die Bildung der Phosphoritlager erfolgt in ähnlicher Weise wie diejenige der Kieselgurlagerstätten. Die Reste der abgestorbenen Tiere sammeln sich am Meeresboden, überkrusten sich mit weiterem Kalziumphosphat, werden durch den Meeresschlamm verkittet und bilden dann ein organogenes Sedimentgestein. Auch durch Anhäufung von Knochen am Lande können solche Phosphoritlager entstehen.

Die bei der Zersetzung von Koprolithen und von Guano gebildete lösliche Phosphorsäure ist auch zur unmittelbaren Umwandlung von Kalksteinen in Phosphat befähigt; man vermutet, daß auf diese Art der Sombrerit entstanden sein dürfte, indem der den marinen Kalkstein überlagernde Guano die lösliche Phosphorsäure lieferte, die beim Einsickern in das Kalkgestein mit ihm in chemische Wechselwirkung trat.

Die unmittelbare Aufnahme von Phosphorsäure durch Pflanzen vermitteln die Ausscheidungsprodukte der Pflanzenwurzeln, die zersetzend auf phosphathaltiges Gestein einwirken und die Phosphorsäure in eine lösliche Form überführen.

Behufs Gewinnung der Knochenasche (Beinasche, weißes Spodium) werden die Knochen äußerlich gereinigt, durch Wasserdampf entfettet, vom Knochenleim befreit und zur Zerstörung der noch vorhandenen organischen Stoffe bei Luftzutritt verascht.

Da sich die Anwendung der Knochenasche auf den keramischen Weißbrand beschränkt, sind zu ihrer Herstellung nur jene Knochen geeignet, deren Asche einen geringen Eisengehalt aufweist; die Knochen des Rindes, und zwar vorwiegend Ochsenknochen, sind eisenarm[1]). Die Asche von Pferde- und Schweineknochen besitzt einen höheren Eisengehalt und würde daher zu Gelbfarbungen des Scherbens oder der Glasur Anlaß geben.

Die Knochenasche bildet nach der Vermahlung ein feines, weißes Pulver (Knochenerde).

---

[1]) Ker. Rundsch. 32, 1924, S. 175.

Die kristallographischen und physikalischen Eigenschaften der Phosphate enthält Tabelle 66.

Tabelle 66. Kristallographische und physikalische Eigenschaften

Bezeichnung	KS	s	H	t	c	$\alpha \cdot 10^7$
Apatit	Hexagonal-pyramidale Hemiëdrie	3,09 — 3,39 [1]) 3,197 [3])	5	17—100	0,190 [2]) 0,1829 [4]) durchsichtig, grün 0,1920 [4]) undurchsichtig, rötlich	
Phosphorite	amorph	2,2–3,2 [5])	2—6 [5])			
Kalkphosphat				17—100	0,1992 [2])	363 (P_2O_5:2)
Apatitglas	amorph	2,972 [3])				

[1]) Seebach, M. in Doelter, C.: Handbuch der Mineralchemie, Bd. III/1, S. 339. Dresden-Leipzig: Th. Steinkopff. 1918. [2]) L. B. Tab.
[3]) Douglas: Quart. Journ. Geol. Soc., 63, 1907, S. 145; Seebach: a. a. O.
[4]) Joly, J,: Proc. Roy. Soc., 41, 1887, S. 250; Seebach: a. a. O., S. 343.
[5]) Samojloff, J. in Doelter, C.: Handbuch der Mineralchemie, Bd. III/1, S. 253. Dresden-Leipzig: Th. Steinkopff. 1918.

Aggregate von Apatit sind körnig, faserig, strahlig oder dicht. Die meist dunkel gefärbten Phosphorite lassen in ihrem Innern oft noch die tierischen Überreste erkennen. Apatit ist spröde und unvollkommen spaltbar. Die faserigen und dichten Arten der Phosphorite sind manchmal von geringerer Härte als der Apatit; zum Teil sind sie sogar recht mürbe, daher leicht zerreiblich und porös.

Knochenasche besteht etwa aus 80—85 vH Trikalziumphosphat; der Rest verteilt sich auf kohlensauren Kalk, Kieselsäure, kohlen- und phosphorsaure Magnesia, Fluorkalzium, Tonerde und Eisen-3-oxyd. Im reinsten Zustande enthält sie 53 vH CaO und 40 vH P_2O_5.

Die Zusammensetzung der Apatite kann durch die allgemeine Formel $Ca_5(Cl, F)(PO_4)_3$ bzw. der Grundverbindungen durch die Formeln $Ca_5Cl(PO_4)_3$ bzw. $3\,Ca_3P_2O_8 \cdot CaCl_2$ (Chlorapatit) und $Ca_5F(PO_4)_3$ bzw. $3\,Ca_3P_2O_8 \cdot CaF_2$ (Fluorapatit) ausgedrückt werden. In der Natur finden sich beide meist in isomorpher Mischung, das heißt, es ist im Fluorapatit ein Teil des Fluors äquivalent durch Chlor ersetzt und umgekehrt. In zersetzten Apatiten findet man gewöhnlich kohlen- und schwefelsauren Kalk und phosphorsaure Tonerde.

Die Zusammensetzung der Phosphorite ist wechselnd. Sie enthalten an Verunreinigungen meist Ton, Eisenverbindungen, Kalkstein, Eisen- und Tonerdephosphate und Kieselsäure.

Die mineralogische Zusammensetzung von Knochenasche ist im Durchschnitt etwa folgende:

Basisch phosphorsaures Kalzium:	80 vH
Phosphorsaure Magnesia:	3 ,,
Kohlensaurer Kalk:	10 ,,
Kalziumfluorid:	4 ,,

Tabelle 67. Analysenbeispiele

Bezeichnung	CaO	P_2O_5	F	Cl	Fe_2O_3	Al_2O_3	MgO	KNaO	SiO_2	CO_2	Ton	Organische Stoffe
Knochenaschen [1])	55,0	39,6			0,002				1,0	Spur		4,5
	52,0	39,9			0,002			2,1	0,7	Spur		5,5
Apatit von Amberg [2])	52,21	39,57	1,90		0,90 (Fe₂O₃ + Al₂O₃)		0,09	0,66		2,78	Unlösl. 1,96	
Phosphorite: Estremadura [2])	53,50	40,12	2,16	0,06	0,61	+ SiO_2 3,10						
Phosphorite: Florida [3])	75—80 (CaO + P_2O_5)		2—5		1,0	1,0			etwas			
Sombrerit [4])	75—90 (CaO + P_2O_5)									$CaCO_3$ 4—5	7—9	

[1]) Sprs. 59, 1926, S. 442f.
[2]) Doelter, C.: Handbuch der Mineralchemie, Bd. III/1, S. 325. Dresden-Leipzig: Th. Steinkopff. 1918.
[3]) Ost, H.: Lehrb. d. Chem. Technologie, 9. Aufl. Leipzig: Dr. M. Jänecke. 1918.
[4]) Muspratt, J. S.: Chemie, 4. Aufl., Bd. VIII, S. 379. Braunschweig: F. Vieweg und Sohn. 1905.

Manche Apatite enthalten an Halogenverbindungen nur $CaCl_2$, und zwar in schwankenden Mengen bis etwa 6 vH.

Kalziumphosphat ist in reinem Wasser unlöslich, in kohlensäurehaltigem wenig, in Mineralsäuren leicht löslich. Bei der Einwirkung von Schwefelsäure auf fluorhaltige Phosphate entweicht das Fluor zum größten Teile in Form von Fluorwasserstoff (HF) und Siliziumtetrafluorid (SiF_4).

Brennverhalten

Beim Erhitzen auf höhere Temperaturen erfährt das kristallisierte Kalkphosphat eine Umwandlung in die glasig-amorphe Zustandsform, die mit einer Verringerung der Dichte, somit also mit einem Wachstum verbunden ist. Aus den Douglasschen Werten (siehe Tabelle 66) für Apatit und Apatitglas errechnet sich eine Volumszunahme um 7,57 vH.

Trikalziumphosphat zählt zu den glühbeständigen Stoffen; es verliert auch bei höherer Temperatur keinen seiner Bestandteile durch thermische Dissoziation.

Die Brennfarbe der Apatite ist von ihrer Eigenfarbe unabhängig. Manche farbige Apatite erfahren beim Erhitzen völlige Entfärbung, andere nur eine Farbenänderung. Maßgebend ist nur der Gehalt an Farboxyden.

Die Schmelzpunkte der Apatite hängen von der Art des Halogens ab. Chlorapatit schmilzt bei etwa 1530° C, Fluorapatit bei etwa 1650° C. Da die natürlichen Apatite zumeist aus Mischkristallen von Fluor- und Chlorapatit bestehen, liegen ihre Schmelzpunkte niedriger als die der reinen Komponenten. Im Durchschnitt kann man etwa 1300° C als Schmelzpunkt annehmen.

Borsäure löst im Schmelzflusse das Phosphat schwierig, Borax ($Na_2B_4O_7$) allmählich zu einem klaren Glase auf. In schmelzenden

Silikatgemengen (Glasuren) ist das Phosphat ebenfalls löslich, scheidet sich aber zufolge seines großen Kristallisationsbestrebens bei der Abkühlung in feiner Verteilung wieder aus.

Vorkommen

Phosphate finden sich in Deutschland im Jura des Wesergebirges und Teutoburger Waldes, im Harz (Zilli) — hier jedoch eisenreich —, im Schiefer des Vogtlandes, im Badischen, Württembergischen und Allgäuer Jura, in den bayrischen Jurakalken (Amberg), in den Massengesteinen des Erzgebirges und der Alpen, im Fichtelgebirge (Pilgramsreuth), an der Ostseeküste in der Umgebung von Danzig bis Dirschau[1]). Die eisenreichen Phosphate (Phosphorite) des Lahn- und Dillgebietes mit 25—60 vH und mehr Kalkphosphat sind größtenteils abgebaut.

Außerhalb Deutschlands sind Phosphate in Spanien (Estremadura), Frankreich (mehrere Departements), Belgien, Skandinavien, Rußland (Podolien), ferner in Nordafrika (Marokko, Algier, Tunis), in Florida, Kanada (Apatit), in den Vereinigten Staaten (Südkarolina, New Jersey, Tenessee u. a.), endlich in Ozeanien und auf den Nauru-Inseln verbreitet. Apatit findet sich häufig auf Zinnerzgängen, z. B. in Schlaggenwald und Zinnwald.

In jüngster Zeit (1926) wurden mächtige Phosphatlager in der Nähe von Kapstadt und in Rußland im Kreise Morschanek (Gouvernement Tambow) entdeckt. Mit wenigen Ausnahmen treten die Apatite in Europa nur als Gemengteil kristalliner Massen- und Schiefergesteine und die Phosphorite erdig in nicht sehr mächtigen Schichten auf[2]).

Verwendung

Die keramische Verwendung eisenarmer Kalkphosphate in Form von Knochenasche oder geeigneten natürlichen Phosphaten als Versatzstoffe ist auf wenige, selten erzeugte Spezialporzellanmassen — englisches Porzellan, hauptsächlich weiches englisches Knochenporzellan, Massen für künstliche Zähne, Porzellanknöpfe und Polsternägel (Frittenporzellane) — und Steinzeugmassen (Wedgwoodware) beschränkt.

Als Ersatz des teuren Zinnoxydes in Emailglasuren besitzt die Knochenasche einige Bedeutung als Opakisierungsmittel.

Auf Grund der Trübwirkung findet phosphorsaurer Kalk auch in der Emailtechnik und in der Glasindustrie (zur Erzeugung von Milchglas) Verwendung. Wegen ihrer ungünstigen Eigenschaften beim Glasschmelzen und bei der Verarbeitung des Glases wird Knochenasche in der Glasindustrie nur noch zur Erzeugung von technischen Spezialgläsern und wenigen Farbgläsern (Goldrubin, Kupferrubin) verwendet[3]).

Für alle keramischen Verwendungen muß ein geringer Eisengehalt der Phosphate gefordert werden, da schon kleine Eisenmengen Miß-

---

[1]) Chem. Z. 44, 1920, S. 88.

[2]) Ker. Rundsch. 33, 1925, S. 518.

[3]) Sprs. 59, 1926, S. 442 f.

färbungen verursachen. Der Gehalt an Fluorkalzium ist bei der Verwendung als Trübungsmittel unbedenklich (siehe S. 388), ein Gehalt an schwefelsaurem Kalk insoferne unerwünscht, als dadurch leicht eine Mattierung der Glasuroberfläche eintreten kann.

Wirkung in tonigen Massen

Die Wirkung von Kalkphosphaten in tonigen Massen besteht in einer Erniedrigung der Schwerschmelzbarkeit, somit in einer Herabsetzung der Dichtbrenntemperatur; im Porzellan erhöhen sie die Lichtdurchlässigkeit, den Durchschein.

In Glasuren wirken die Phosphate als Trübungsmittel. Nach W. Henze[1]) machen sie ohne genügend Flußmittel die Glasuren schwerflüssig, matt und spröde und aus letzterem Grunde weniger haltbar; größere Mengen Knochenasche verursachen im Email eine rauhe, löcherige Oberfläche.

Infolge der geringen Ausdehnungskonstante der Phosphorsäure verringern Phosphate den Ausdehnungskoeffizienten der Glasuren.

IV. Schwefelsaurer Kalk

Der schwefelsaure Kalk (Kalziumsulfat) tritt im Mineralreich in zwei verschiedenen Formen auf, die sich in chemischer Hinsicht durch den Gehalt an Hydratwasser unterscheiden.

Das natürliche Kalziumsulfat mit chemisch gebundenem Wasser, Gips, ist das Dihydrat des Kalziumsulfates ($CaSO_4 \cdot 2\,H_2O$), das wasserfreie Sulfat bildet den Anhydrit.

Beim Gips unterscheidet man nach den optischen Eigenschaften (Farbe, Glanz, Durchschein) und den strukturellen Verhältnissen mehrere Abarten, nämlich den marmorartig aussehenden Alabaster, das glimmerähnliche Marienglas (Gipsspat), den asbestartigen Fasergips, den am häufigsten vorkommenden Gipsstein und den Schaumgips.

Auf Grund ihrer Entstehung zählen beide Sulfate zu den hydatogenen Bildungen, die teils terrestrischen Ursprunges, teils mariner Herkunft sind. Ob sich aus der wässerigen Lösung des Sulfates Gips oder Anhydrit als chemisches Sediment absetzt, hängt wahrscheinlich von denselben Faktoren wie bei der Aragonit- bzw. Kalzitbildung ab, doch dürften in diesem Falle auch die Druckverhältnisse maßgebend sein. Anhydrit scheint sich bei höherer Konzentration der Lösung und bei erheblichem Drucke zu bilden. Er kann durch nachträgliche Wasseraufnahme in Gips umgewandelt werden.

Häufig ist der Gips auch das Ergebnis sekundärer Vorgänge. In Tonen erscheint er z. B. beim Auswintern und Aussommern meist als Produkt einer chemischen Wechselwirkung zwischen dem in den Tonen enthaltenen Kalkkarbonat und den im Grundwasser gelösten Sulfaten bzw. der gelösten Schwefelsäure, die aus der Zersetzung von Schwefelkiesen, hauptsächlich Markasit, stammen.

---

[1]) Henze, W.: Ker. Rundsch. 34, 1926, S. 212.

Auch in den Wässern selbst vollziehen sich derartige Umsetzungen, indem das gelöste Kalziumbikarbonat mit den gelösten Sulfaten in Wechselwirkung tritt:

$$Ca(HCO_3)_2 + FeSO_4 = CaSO_4 + Fe(HCO_3)_2;$$

in Tonen: $CaCO_3 + FeSO_4(H_2SO_4) = CaSO_4 + FeCO_3(CO_2 + H_2O)$.

$$CaSO_4 + 2\,H_2O = CaSO_4 \cdot 2\,H_2O.$$

Auch die Schwefelsäure der vulkanischen Exhalationen vermag Kalziumverbindungen in Sulfate überzuführen:

$$CaCl_2 + H_2SO_4 = CaSO_4 + 2\,HCl.$$

Gipskristalle gehören dem monoklinen System an; von den derben Aggregaten ist Alabaster grob- bis feinkörnig, Gipsstein dicht, Marienglas von blätteriger Struktur; Fasergips besteht aus faserigen oder stengeligen Platten, Schaumgips aus feinsten Kristallschuppen. Anhydrit kommt selten kristallisiert (rhombisch) vor; zumeist bildet er fein- bis grobkörnige oder dichte Massen.

Die physikalischen Eigenschaften des Gipses und Anhydrites sowie deren Brennprodukte enthält Tabelle 68. Dichte und Härte von Gips werden durch Beimengungen von Anhydrit wesentlich erhöht.

Tabelle 68. Physikalische Eigenschaften

Bezeichnung	s	H	t	$\lambda \times 360$	c	$\beta \times 10^6$
Alabaster	2,3—2,8 scheinbar: 2,32[1])					
Gips	2,2—2,4[2])	1,5—2[2])	0	1,12[2])	0,254[2])	
	i. M. 2,32[2])		16—46		0,259[2])	
			17—100		0,256	
			20	0,051[4])		
			12—25			25[2])
Anhydrit	2,92—3	3,5—4[2])	0	4,43[2])	0,1802[2])	
	2,96[2])		0—100		0,1753[2])	
			0—300		0,1908[2])	
Stuckgips	2,75[3])		0	abgebunden: 0,324[2])		
	abgebunden: 2,32[1])					
Estrichgips	2,97[2])					

[1]) Chassevent, M. L.: Bull. Soc. d'Encour. Ind. Nat. 125, 1926, S. 789—803; Ref. Sprs. 60, 1927, S. 650—653. [2]) L. B. Tab.
[3]) Dammer, O. — Peters, F.: Chemische Technologie der Neuzeit, 2., erweiterte Aufl. S. 595. Stuttgart: F. Enke. 1925.
[4]) Walther, C.: Handb. d. sparsamen Wärmewirtschaft, Laufende Ausgabe. Stuttgart: Technische Verlagsgesellschaft. 1926/27.

Die Mahlfähigkeit des Rohgipses unterliegt oft großen Schwankungen; bald ist er infolge fremder Begleitstoffe sehr hart, bald neigt er sogar zum Schmieren. In beiden Fällen wird seine Mahlbarkeit durch Vorbrennen (Lockerung des Gefüges bzw. Beseitigung des Schmierens) günstig beeinflußt.

Gipsstein enthält häufig Beimengungen von Ton, Eisenverbindungen und organischen Stoffen (Bitumen); die durch Bitumina verursachten Färbungen sind für seine Verwendbarkeit belanglos. Häufig findet sich auch Anhydrit und Steinsalz im Gips.

Ausgesuchter, reiner Rohgips enthält z. B. nach G. A. Kall[1]) 97,98 vH Dihydrat, 0,42 vH SiO_2, 0,78 vH Al_2O_3, 0,24 vH Fe_2O_3, 0,04 vH $CaCO_3$, 0,01 vH $MgCO_3$, 0,55 vH Feuchtigkeit und Spuren von Titansäure und Natriumchlorid.

Die Löslichkeit des Gipses in Wasser ist gering; sein Löslichkeitsmaximum liegt bei ∾ 35° C. Die Löslichkeiten von Rohgips und abgebundenem Stuckgips (Dihydrat) zeigt Tabelle 69. Rohgips ist nicht abbindefähig. Die Löslichkeit des Anhydrites ist noch geringer als die des Gipses. Anhydrit geht durch Aufnahme von Wasser bei 60° C unter starker Raumvergrößerung in das Dihydrat über.

In Salzsäure und Salpetersäure sind beide Sulfate leichter löslich.

Tabelle 69. Löslichkeitsverhältnisse von Rohgips, abgebundenem Stuckgips (Dihydrat) und wasserfreiem Kalziumsulfat

Bei t	löst sich 1 g in Teilen Wasser			lösen 100 Teile Wasser g		
	Rohgips	abgebundener Gips	$CaSO_4$	Rohgips	abgeb. Gips [1])	$CaSO_4$ [1])
0		415	525		0,241	0,190
18		386	488		0,259	0,205
24		377	479		0,265	0,209
32		372	469		0,269	0,213
38		**368**	**467**	35°: ∾ 0,25	**0,272**	**0,214**
41		372	469		0,269	0,213
86		418	529		0,239	0,189
90		450	571		0,222	0,175
100				kaum 0,20		
18		218 (CO_2-haltiges Wasser) [2])				
18		172 (Wasser mit 0,029 Mol. NaCl/l = 0,17 vH NaCl) [2])				
18		194 (Wasser mit 0,051 Mol. Na_2CO_3/l = 0,541 vH Na_2CO_3) [2])				

[1]) Nach Marignac.
[2]) Kall: a. a. O.

Aus der Tabelle ist zu ersehen, daß Kohlensäure, Alkalichloride und -karbonate die Löslichkeit des abgebundenen Gipses beträchtlich erhöhen. Nach Kall (a. a. O.) kann durch Feinmahlung eine bis zu 20 vHige Steigerung der Löslichkeit erreicht werden.

[1]) Kall, G. A.: Sprs. 60, 1927, S. 8.

Den Löslichkeitsverhältnissen des abgebundenen Dihydrates in salzhaltigen Lösungen kommt mit Rücksicht auf die Anhäufung von Peptisierungsmitteln (z. B. Soda) in den Gipsformen bei der Gestaltung keramischer Massen nach dem Dr. Weberschen Gießverfahren und auf die dadurch bedingte Schädigung der Gipsformen, ferner in Hinblick auf die Möglichkeit der Abgabe von pektisierendem, in Lösung gegangenem Kalziumsulfat an den Schlicker auch keramische Bedeutung zu. Kall, der auf diese Umstände als erster hinwies, hat festgestellt, daß ein Gehalt von 0,10 vH Soda (Na_2CO_3) im Gießschlicker die noch unschädliche obere Grenze darstellt, wogegen bei einem Gehalt von 0,50 vH Wasserglas ($Na_2O \cdot 2\,SiO_2$) noch keine Vergiftung des Schlickers eintritt.

Brennverhalten

Unter dem Einfluß von Wärme erfährt der Rohgips sowohl in chemischer als auch physikalischer Hinsicht mannigfache Veränderungen, die im wesentlichen von der Höhe der Brenntemperatur abhängen.

Schon bei verhältnismäßig niedriger Temperatur tritt eine stufenweise, allmählich vor sich gehende Wasserabspaltung ein, die durch zwei Zersetzungsbereiche gekennzeichnet ist:

1. Entwässerung des Dihydrates zu Halb- oder Metahydrat, das nach D. Balarew[1]) rhombisch kristallisiert:

$$\underset{(21\ \text{vH}\ H_2O)}{CaSO_4 \cdot 2\,H_2O} \longrightarrow \underset{(6{,}2\ \text{vH}\ H_2O)}{CaSO_4 \cdot \tfrac{1}{2}\,H_2O} + \ldots .$$

2. Umwandlung des Halbhydrates in das unlösliche Anhydrid (wasserfreier Stuckgips): $CaSO_4 \cdot \frac{1}{2}\,H_2O \longrightarrow CaSO_4 + \frac{1}{2}\,H_2O$.

„Lösliches" Anhydrid wird durch Entwässern des Dihydrates im Vakuum unter 100° C erhalten.

Die Stabilitätsbereiche der einzelnen Modifikationen der Brennprodukte des Gipses sind nicht genau bekannt.

Die oben angeführten Umwandlungen erstrecken sich zufolge gewisser Verzögerungen über ein größeres Temperaturbereich und verlaufen erst oberhalb der theoretischen Zersetzungstemperaturen mit einer für technische Verhältnisse geeigneten Geschwindigkeit. Der Austritt des Konstitutionswassers beginnt schon unterhalb 100° C; nach R. Stumper[2]) setzt er bei 90° C ein und ist praktisch bei 150° C beendet; nach anderen Angaben beginnt die Dehydratation sogar schon bei 65° C; die vollständige Umwandlung in das Halbhydrat, den sogenannten Stuckgips, erfolgt unter Atmosphärendruck theoretisch bei 101,5° C, praktisch erst bei 130—180° C; Versuche Stumpers (a. a. O.) zeigten, daß die Geschwindigkeit der Entwässerung die Bildung des Metahydrates stark beeinflußt; die Herstellung des Halbhydrates gelang nur bei Erhitzungsgeschwindigkeiten, die einer Temperatursteigerung von 3—25° je Minute entsprachen. Die Bildung des Gipsanhydrides, die nach Stumper unabhängig von der Erhitzungsgeschwindigkeit erfolgt, voll-

[1]) Balarew, D.: Z. anorg. Chem. 156, 1926, S. 258—260.

[2]) Stumper, R.: Z. anorg. Chem. 162, 1927, S. 127—140.

zieht sich unter 200° C, nach Le Chatelier bei 194° C, nach Stumper bei 190—192° C. Balarew (a. a. O.) fand, daß das Halbhydrat aus feingemahlenem Gips bei einer Wasserdampftension über dem Erhitzungsgut von 23 mm sprungweise in lösliches Anhydrid übergeht, woraus er auf die Existenz einer neuen festen Phase schloß. Nach Chassevent (a. a. O.) bildet sich von 108° C an aus dem Metahydrat in trockener Luft immer Anhydrid; in wasserhaltiger Luft unter Atmosphärendruck verliert es zwischen 108 und 160° C das Wasser sehr langsam, in Wasserdampf erst über 200° C.

Kleine Mengen des Konstitutionswassers werden mit großer Zähigkeit vom Sulfate zurückgehalten; aus diesem Grund erfolgt die restlose Entwässerung erst bei höheren Hitzegraden. Sie erfordert nach v. Glasenapp[1]) eine wesentlich höhere Temperatur als 200° C; nach Budnikoff[2]) wird der Gips erst bei 400° C völlig wasserfrei (totgebrannter Gips, nach Balarew [a. a. O.] rhombisch). Bis zum Beginne der Abspaltung des Säurerestes (SO_3) vollziehen sich im völlig entwässerten Gips keine chemischen Vorgänge mehr. Dagegen treten nach Müller[3]) molekulare Umlagerungen ein, die im Sinne des untenstehenden Schemas verlaufen:

$$\gamma\text{-}CaSO_4 \xrightarrow{866^0} \underset{\text{körnig}}{\beta\text{-}CaSO_4} \xrightarrow{1055^0} \alpha\text{-}CaSO_4$$

Die Entsäuerung des wasserfreien Gipses setzt nach v. Glasenapp (a. a. O.) bei etwa 900—1000° C, nach Budnikoff (a. a. O.) bei wesentlich höherer Temperatur als 750° C ein und geht nach der Glasenappschen Auffassung vom Estrichgips im Sinne folgender Gleichung vor sich:

$$x\,CaSO_4 \longrightarrow \underbrace{(x - y)\ CaSO_4 + y\,CaO}_{\text{Estrichgips}} + y\,SO_3$$

bzw. $CaSO_4 \rightarrow CaO + SO_3$ ($x = y$ gesetzt). Für die durch diese Gleichung dargestellte völlige Entsäuerung des Anhydrides gibt Budnikoff[4]) die Temperatur von 1375° C, Hirsch[5]) die Temperatur von 1200—1300° C an.

Bei wesentlich niedrigerer Hitze erfolgt die Entschwefelung des Anhydrides in Gegenwart von Kieselsäure oder Eisen-3-oxyd. Nach Hofmann und Mostowitsch[6]) setzt die Entsäuerung durch Kieselsäure im Sinne der Gleichungen

$$CaSO_4 + SiO_2 = CaSiO_3 + SO_2 + \tfrac{1}{2}\,O_2;\ \text{oder}$$
$$2\,CaSO_4 + SiO_2 = 2\,CaO \cdot SiO_2 + 2\,SO_2 + O_2$$

bei 1000° C ein und ist bei 1250° C beendet; in Gegenwart von Eisenoxyd (siehe S. 358) beginnt sie bei 1100° C und endigt bei 1250° C:

$$CaSO_4 + Fe_2O_3 = CaO \cdot Fe_2O_3 + SO_2 + \tfrac{1}{2}\,O_2.$$

[1]) v. Glasenapp: Tonind.-Z. 47, 1923, S. 203.
[2]) Budnikoff: Tonind.-Z. 50, 1926, S. 1477.
[3]) Müller: N. Jahrb. f. Min. etc., Blgbd. 30, 1910, S. 1.
[4]) Budnikoff: Tonind.-Z. 50, 1926, S. 99 u. 123.
[5]) Hirsch: Tonind.-Z. 51, 1927, S. 1011—1046.
[6]) Hofmann u. Mostowitsch: a. a. O., und Sprs. 42, 1909, S. 219.

Bei dieser Temperatur ist der Kalziumferrit bereits geschmolzen und zeigt Neigung zur Auflösung des Sulfates.

Die Änderungen der chemischen Zusammensetzung des Rohgipses beim Brennen auf etwa 1400° C sind aus Tabelle 70 ersichtlich.

Tabelle 70

Formel	Zusammensetzung in vH			Bezeichnung	
	CaO	SO_3	H_2O	chemisch	technisch
$CaSO_4 \cdot 2\,H_2O$	79,07 (CaO + SO_3)		20,93	Dihydrat	Rohgips
$CaSO_4 \cdot x\,H_2O$ $\left(x \lessgtr \begin{matrix} 2\ \text{Mol.} \\ 0{,}5 \end{matrix}\right)$	$> 79{,}07$ $< 93{,}79$ (CaO + SO_3)		$<20{,}93$ $> 6{,}21$		
$CaSO_4 \cdot 0{,}5\,H_2O = 2\,CaSO_4 \cdot H_2O$	93,79 (CaO + SO_3)		6,21	Halb-, Metahydrat	Stuckgips
$CaSO_4 \cdot y\,H_2O$ $\left(y \lessgtr \begin{matrix} 0{,}5 \\ 0 \end{matrix}\right)$	$> 93{,}79$ < 100 (CaO + SO_3)		$< 6{,}21$ > 0		überhitzter Stuckgips
$CaSO_4 = CaO \cdot SO_3$	41,2 100 (CaO + SO_3)	58,8	—	Anhydrid	totgebrannter Gips
$CaO \cdot z\,SO_3$ $\left(z \lessgtr \begin{matrix} 1\ \text{Mol.} \\ 0 \end{matrix}\right)$	$> 41{,}2$	$< 58{,}8$	—	basisches Sulfat	Estrichgips
$CaO\ (z = 0)$	100	—	—	Kalziumoxyd	völlig entsäuerter Gips

Natürlicher Anhydrit würde unter den gleichen Verhältnissen erst mit beginnender Entsäuerung chemischen Veränderungen unterliegen.

Die Entsäuerungstemperatur kann auch durch Reduktion des Sulfates mit Kohlenmonoxyd oder Kohlenstoff erniedrigt werden.

Im Reduktionsfeuer wird aus dem Sulfat durch kohlenoxydhaltige Rauchgase im Sinne der Gleichung

$$CaSO_4 + CO = CaO + SO_2 + CO_2$$

Schwefeldioxyd abgespalten. Die Reduktion verläuft wahrscheinlich stufenweise, indem zunächst das sauerstoffärmere Sulfit ($CaSO_3$) gebildet wird, das bei wesentlich niedrigerer Temperatur als das Sulfat in seine oxydischen Bestandteile zerfällt:

$$CaSO_4 + CO = CaSO_3 + CO_2;$$
$$CaSO_4 + C = CaSO_3 + CO;$$
$$CaSO_3 = CaO + SO_2.$$

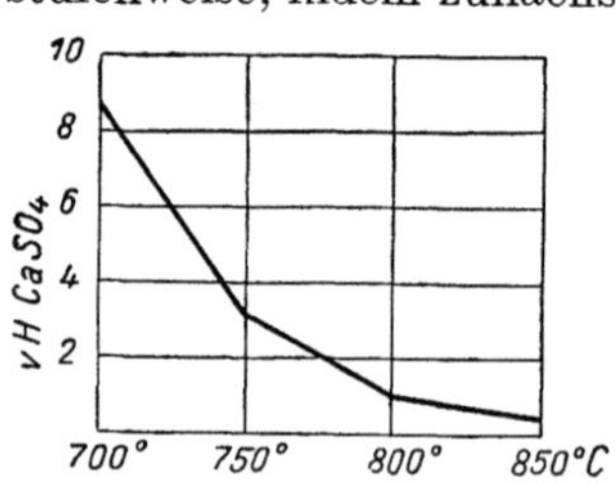

Abb. 64. Förderung der Zersetzung des Kalziumsulfates durch reduzierendes Brennen; nach Hirsch

Die quantitative Wirkung von Reduktionsmitteln auf den Zersetzungsvorgang des Sulfates zeigte Hirsch[1]) an sulfathaltigen Tonen. Der Zersetzungsbeginn lag bei 700° C, 50° höher waren 70 vH, bei 800° C 90 vH, bei 850° C 95 vH des Sulfates zersetzt (vgl. Abb. 64).

[1]) Hirsch: Tonind.-Z. 51, 1927, S. 1044—1046.

Die Entsäuerungstemperatur des Sulfates ist also auch von der Ofenatmosphäre oder Gegenwart von Reduktionsmitteln abhängig. Unter geeigneten Mengenverhältnissen zwischen Sulfat und Kohlenstoff (Kohle) wird jenem nach E. H. Riesenfeld und A. Feld[1]) bei etwa 1000° C der ganze Sauerstoff entzogen und Kalziumsulfid (Schwefelkalzium) gebildet; der Prozeß verläuft annähernd nach der Gleichung:

$$CaSO_4 + 3\,C = CaS + CO_2 + 2\,CO.$$

Nach Versuchen von Riesenfeld und Margarete Hesse (a. a. O., S. 70) setzt auch Methan (CH_4), und zwar oberhalb 1000° C, das Sulfat zu Sulfid bzw. Oxyd um; folgende Reaktionen verlaufen nebeneinander:

1. $CaSO_4 + CH_4 = CaS + CO_2 + 2\,H_2O$;
2. $CaSO_4 + CH_4 = CaO + CO_2 + H_2S + H_2O$;
3. $CaSO_4 + CH_4 = CaO + CO_2 + S + H_2O + H_2$;
4. $CaSO_4 + CH_4 + H_2O = CaO + CO_2 + SO_2 + 3\,H_2$.

Die Vorgänge 2. und 4. spielen sich insbesondere bei höherer Temperatur ab.

Von der Reduktionsfähigkeit des Kalziumsulfates durch Kohlenoxyd oder Kohle macht man in der Ziegelindustrie Gebrauch, um die schädlichen Wirkungen der in den Ziegeln enthaltenen Sulfate zu verhindern. Die hiezu erforderliche rauchige Atmosphäre ist jedoch mit wärmewirtschaftlichen Nachteilen verbunden, da die Verbrennung der Kohle zu Kohlendioxyd eine ungleich höhere Hitze liefert als die Oxydation des Kohlenstoffes zu Kohlenmonoxyd, molekular:

$$C + O_2 = CO_2 + 97{,}2\ \text{WE} \quad \text{und} \quad C + \tfrac{1}{2}\,O_2 = CO + 29\ \text{WE}.$$

Günstiger ist nach Hirsch (a. a. O.) die Reduktion mit Kohlenstoff, der den Ziegelmassen in Form von feinpulveriger Kohle beigemengt wird.

Nach Hirsch (a. a. O.) befördert auch der Ton an sich die Zersetzung des Sulfates, so daß für den Gips in Tonen mit etwas niedrigerer Entsäuerungstemperatur zu rechnen ist.

In ursächlichem Zusammenhange mit der chemischen Beschaffenheit steht das Verhalten des gebrannten Gipssteines zu Wasser. Die Hydrate mit Kristallwassergehalten von $x = 0{,}5$ und $y \lessgtr {}^{0,5}_{0}$ ($y < 0{,}5$, > 0) Moleküle sowie die wasserfreien basischen Sulfate sind in verschiedenem Grad erhärtungsfähig und zwar hängt die Reaktionsfähigkeit des Brennproduktes gegenüber Wasser bei den Hydraten von den Löslichkeitsverhältnissen, beim völlig entwässerten und teilweise entsäuerten Gips vom Gehalt an freiem Kalk ab.

Am leichtesten löslich ist der Stuckgips, schwer löslich der totgebrannte und Estrichgips. Totgebrannter Gips ist nach v. Glasenapp[2]) noch schwerer löslich als der Rohgips. Mit der Verminderung der Löslichkeit der Hydrate — eine Folge der höheren Brenntemperatur —

---

[1]) Riesenfeld, E. H. u. A. Feld: Journ. prakt. Chem. [2] 100 S. 115—158, Juli [23/4] 1920; Z. B. 1921, I, S. 69.

[2]) v. Glasenapp: Tonind.-Z. 47, 1923, S. 213.

ist eine Verkürzung der Bindezeit verbunden, die bei den Brennprodukten mit Wassergehalten y $\underset{> 0}{< 0{,}5}$ Molekülen einen Wert erreicht, der die mörteltechnische Verwendung dieser überhitzten Stuckgipse ausschließt. Sie nehmen aus der Luft gierig die Feuchtigkeit auf, wandeln sich beim Lagern in kurzer Zeit in das Metahydrat um und binden beim Anfeuchten das Wasser mit einer für die praktische Verwendung unbrauchbaren Geschwindigkeit.

Die Wasserbindung der Hydrate erfolgt im Sinne der Gleichung:

$$CaSO_4\, x\, H_2O \left(X \underset{> 0}{\leqq 0{,}5}\right) + (2 - x)\, H_2O = CaSO_4 \cdot 2\, H_2O.$$

Solange gebrannter Gips wenn auch noch so geringe Reste von Kristallwasser enthält, besitzt er Abbindefähigkeit. Nach Chassevent (a. a. O.) rehydratisiert sich unter 300° C das Gips-Anhydrid stets in der gleichen Weise, während die Hydratationsgeschwindigkeit ab 300—313° C (Bildung einer neuen Phase) mit steigender Temperatur geringer wird. Mit dem Eintritt völliger Wasserfreiheit geht die Bindefähigkeit verloren (totgebrannter Gips). Alle Brennprodukte, die aus reinem, absolut wasserfreiem Kalziumsulfat bestehen und daher nicht zu erhärten vermögen, besitzen eine ähnlich geringe Löslichkeit im Wasser wie natürlicher Anhydrit. Die Abbindefähigkeit tritt neuerlich in Erscheinung, wenn der Gips so hoch gebrannt ist, daß er freien Kalk enthält. Das Wesen des Erhärtungsvorganges dieser Brennprodukte ist aber von dem der Hydrate gänzlich verschieden. Den Löslichkeitsverhältnissen der abbindefähigen Gipse entsprechen verschiedene Bindezeiten, nach welchen man die leichter löslichen, in kürzerer Zeit erhärtenden Arten als Schnellbinder (Rapidbinder), die erst in längeren Zeiträumen abbindenden als Langsambinder bezeichnet. Das Abbindevermögen der nicht mit Hydratationsfähigkeit ausgestatteten Kalksulfate — natürlicher Anhydrit und totgebrannter Gips — kann nach Hartner[1]) durch gemeinsames Vermahlen mit Kalk oder durch Zusatz von kalkabspaltenden Stoffen, z. B. 1—3 vH Portlandzement, belebt werden. Derartige Mischungen führen die Bezeichnung „Leukolith". Hartner fand auch, daß Anhydrit von außerordentlicher Mahlfeinheit in wenigen Stunden abzubinden vermag. Da im allgemeinen die Vergrößerung der Oberfläche durch Feinmahlung die Löslichkeit eines Stoffes erhöht, steht diese Feststellung Hartners im völligen Einklang mit der üblichen Erklärung der Abbindefähigkeit.

Vorkommen

Das Hauptverbreitungsgebiet von Gips, der häufig mit Anhydrit zusammen vorkommt, ist in Deutschland der Südrand des Harzes, wo das Gestein einen viele Kilometer langen Gebirgszug bildet; bekannte Fundorte sind Osterode, Nordhausen, Niedersachswerfen, Neustadt (Alabaster) und andere. Die übrigen Gipsvorkommen sind über ganz

[1]) Hartner: D.R.P. 312239 v. J. 1917.

Deutschland zerstreut: Ruhrkohlendistrikt, Schwarzwald, Schleswig-Holstein, Hannover-Mecklenburg, Braunschweig, Hessen, Thüringen, Württemberg, Bayern, Sperenberg bei Berlin (Tagbau); zusammen mit größeren Anhydritlagern findet er sich in den Kalilagern von Staßfurt, in Württemberg im Neckartale (Neckarzimmern) und am Kocher.

In Österreich liegen die meisten Gipsvorkommen in den Voralpen, so bei Puchberg, Schottwien, Erlaufboden, Kindberg, Annaberg (unweit Mariazell), in Steiermark ferner am Osthange des Dörfelsteins bei Admont (zum Teil Alabaster und Anhydrit), ferner im Salzkammergut und bei Hall in Tirol.

Verwendung

Als Versatzstoff keramischer Massen spielt der Gips nur eine untergeordnete Rolle; man verwendet ihn zur Erzeugung von Fritten- und Knochenporzellan und von Wedgwoodware. Auch als Glasurbildner besitzt er keine Bedeutung. Neuerdings wurde er als Bindemittel für Chromitziegel vorgeschlagen (Dowell-Robertson)[1]. In gleicher Eigenschaft verwendet man ihn für Asbestisolierplatten. In der Zementindustrie wird er in geringer Menge dem Portlandzementklinker zugesetzt. Die Hauptverwendung des Rohgipses ist die Erzeugung von Stuckgips und (seltener) Estrichgips.

Anhydrit kommt als Massen- oder Glasurversatz nicht in Betracht. An Stelle des Gipses wird er in der Zementindustrie verwendet. Leukolith findet als Mörtelstoff Verwendung; er wird bereits im großen hergestellt.

Die seltene Verwendung des Gipses als Massen- oder Glasurversatz zur Einführung von Kalk ist in den Vorzügen des kohlensauren Kalkes begründet. Abgesehen von der leichteren Zersetzlichkeit des Kalkkarbonates, ist dessen Verwendung derjenigen des Gipses auch aus dem Grunde vorzuziehen, weil die Kohlensäure ein gegenüber Glasuren und Farbkörpern indifferentes Gas darstellt, während die Schwefelsäure des Gipses auf dieselben schädliche Einflüsse zu äußern vermag.

Wirkung in tonigen Massen

Das Stoffsystem Kalziumsulfat-Tonsubstanz spielt in der Keramik insoferne eine Rolle, als Gips in Form von Kristallgruppen oder in feiner Verteilung ein häufiger Begleiter gewöhnlicher Tone ist und die Bildung von Kalziumsulfat im Brande selbst erfolgen kann (vgl. S. 345). Überdies kann der Kalziumsulfatgehalt einer Tonmasse auch dem Fabrikationswasser entstammen, dessen gelöste Sulfate den Kalk der tonigen Masse sulfatisieren.

Gips, der im Tone von Natur aus vorhanden oder auf die eine oder andere Weise nachträglich in die Tonmasse hineingelangt ist, erleidet im keramischen Brande die besprochenen Umwandlungen und verhält

[1] Dowell-Robertson: Journ. Am. Cer. Soc., Vol. 6, 1923, Nr. 12; Ref. Ker. Rundsch. 31, 1923, S. 71.

sich daher, solange es nicht durch entsprechend hohe Temperatur zur Silizierung des Gipskalkes kommt, der Luftfeuchtigkeit oder dem Wasser gegenüber in der geschilderten Weise.

Bei den in der Keramik üblichen Brenntemperaturen (SK 010a bis SK 18) erfährt der Gips — für sich allein betrachtet — die Umwandlung in ein dem Estrichgips entsprechendes, abbindefähiges, wasserfreies Sulfat mit einem Gehalt an freiem Kalk, dessen Menge von der Brenntemperatur abhängig ist.

Bei Brenntemperaturen, die in der Masse noch zu keiner Umsetzung des Sulfates mit Kieselsäure oder Tonsubstanz führen, besteht daher für das Erzeugnis die Gefahr, daß die Hydratation des löschfähigen Gipskalkes zu den beim Kalk erörterten Auswirkungen führt. Wegen der viel geringeren Raumvergrößerung und geringeren Geschwindigkeit der Hydratation ist der Gips aber weit weniger gefährlich als der Kalk. Die Verhinderung von Gipsschäden durch Silizierung des Gipskalkes ($CaSO_4 + SiO_2 = CaSiO_3 + SO_3$) erfordert eine etwas höhere Temperatur als beim Kalkstein und ist daher bei niedrig zu brennenden Waren aus technischen oder wirtschaftlichen Gründen nicht anwendbar. Außerdem besteht besonders bei sinternden Massen bei Steigerung der Temperatur auf jene Höhe, bei der die Schwefelsäure des Gipses dampfförmig ausgetrieben wird, die Gefahr von Entformungen durch Aufblähungen, und zwar in höherem Maß als beim Kalkkarbonat, da die quantitative Austreibung des Schwefelsäurerestes erst bei einer Temperatur erfolgt, bei der Sinterung viel häufiger eintritt als bei der Zersetzungstemperatur des kohlensauren Kalkes.

Von der Möglichkeit, den Schwefel in Form von Schwefeldioxyd bei niedrigeren Hitzegraden als in Form von Trioxyd austreiben zu können, macht man in der Praxis bei gipshaltigen Rohstoffen mit Vorteil Gebrauch, indem man durch zeitweiliges rauchiges Brennen die Entsäuerung des Sulfates nach dessen Reduktion zu Sulfit bewirkt.

Das sicherste Mittel, den durch Gips bedingten Schäden vorzubeugen, ist seine Ausscheidung bei der Aufbereitung des Tones, die bei stückigem Gips bis zur Haselnußgröße herab durch den Tonreiniger erfolgen kann.

In feinverteilter Form und nicht zu großer Menge wäre der Gips in den Tonen hinsichtlich der durch Raumvergrößerung bei der Hydratation bedingten Auswirkungen zwar unschädlich, dagegen führt er in den Trockenwerkstücken und, soferne im Brande eine Silizierung nicht stattgefunden hat, auch in der fertiggebrannten Ware zu Ausblühungen mit den bekannten Folgeerscheinungen. (Abhilfe siehe Bariumverbindungen.)

In Tonmassen, die bei so hohen Hitzegraden gebrannt werden, daß eine Bindung des Gipskalkes eintritt, wird durch die dabei erfolgende Bildung von Kalzium- bzw. Eisen-Kalzium-Tonerdesilikat eine frühzeitige Sinterung hervorrufen.

Gips in Tonen erniedrigt also die Sinterungstemperatur und verringert die Schwerschmelzbarkeit feuerfester Tone.

Die bei der Zersetzung bzw. Wechselwirkung des Gipses ausgetriebene Schwefelsäure kann an glasierten Waren mancherlei Schaden stiften. Sie wandelt gewisse Glasurbestandteile in Sulfate um, die im Glasurschmelzfuß nur beschränkte Löslichkeit besitzen, sich daher auf der Glasuroberfläche in ähnlicher Weise wie die Glasgalle bei der Glaserzeugung ausscheiden; die Oberfläche beschlägt sich, wird bei geringem Sulfatgehalt häufig trüb, bei höherem Gehalte entsteht, besonders an weniger saugfähigen Stellen des Scherbens, eine rauhe Haut, die von Bläschen durchsetzt ist. Auch in diesem Falle schafft ein zeitweise reduzierendes Brennen Abhilfe.

Anhang

a) Stuckgips

Der im Handel kurzweg als Gips bezeichnete schwefelsaure Kalk mit einem halben Molekül Kristallwasser ist gebrannter, abbindefähiger Gipsstein, Stuckgips.

Nach den Eigenschaften des zu seiner Erzeugung verwendeten Rohgipssteines und der Mahlfeinheit des Erzeugnisses unterscheidet man beim Stuckgips zwei Arten: Edelgipse und Stukkatur- oder Baugips.

Edelgipse, zu denen der Alabaster-, Form-, Modell- oder Bildhauergips zählen, sind feinere Sorten des Stuckgipses, die nur aus bestgeeignetem, reinem Rohgestein unter sorgfältigster Aufbereitung (Abtrennung der besonders im Grus enthaltenen Verunreinigungen), durch vorsichtiges Brennen unter Fernhaltung aller Verunreinigung im Brande und genauer Einhaltung einer bestimmten Temperatur, Feinmahlung und Sieben erzeugt werden.

Stukkatur- oder Baugips ist das im Baugewerbe als Mörtel verwendete, aus gewöhnlichem Gipsstein ohne besondere Aufbereitung und Brennweise erzeugte Metahydrat.

Die Erzeugung von Stuckgips zerfällt in zwei Abschnitte, das Mahlen und Brennen.

In welcher Reihenfolge diese beiden Prozesse durchgeführt werden und ob der Mahl- bzw. Brennprozeß derart geteilt wird, daß grobgemahlener Rohgips gebrannt und dann feingemahlen bzw. vorgebrannter und gemahlener Gips fertiggebrannt wird, hängt von den Rohstoffeigenschaften (Reinheit, Härte, Wassergehalt) ab. Gewöhnlich wird der rohe Gipsstein vorzerkleinert, feingemahlen und gebrannt.

Nach den Rohstoffverhältnissen richtet sich auch die Art der zur Zerkleinerung des Rohgipses zu verwendenden Maschinen (Steinbrecher für Vorzerkleinerung, ferner Walzwerke, Glockenmühlen; Mahlgänge und Schleudermühlen zur Feinmahlung).

Zum Brennen des Stuckgipses dienen mannigfaltige Brennapparate: eiserne Kessel mit Rührvorrichtung und Beheizung von einer darunterliegenden Planrostfeuerung aus (Gipskocher, Harzer Kocher),

Kochkessel mit indirekter Heizung durch überhitzten Wasserdampf (Bauarten Frederking, Oppitz-Kaiser, Mundt), stetig arbeitende, drehbare Trommeln; zum Vorbrennen, d. h. zur teilweisen Entwässerung, Schachtöfen; für Edelgipse: Muffel-, Kanal-, Backöfen oder Kocher mit Dampfheizung.

Bei der Wahl des Entwässerungsapparates hat man in erster Linie auf die Größe der Erzeugung und die Güte des Erzeugnisses Rücksicht zu nehmen.

Die Anwendung der theoretischen Umwandlungstemperatur als Brenntemperatur ist mit Rücksicht auf die geringe Umwandlungsgeschwindigkeit bei der Dissoziationstemperatur nicht möglich.

Im allgemeinen hängt die Brenntemperatur von der Art des Gesteines (Beimengungen!) und von der Brenndauer ab. Für Südharzer Rohgips hat W. Schaper[1]) 150° C als Mindesttemperatur ermittelt. Meist bewegt sie sich in den Grenzen 140—180° C.

Folgendes Arbeitsdiagramm gibt ein Beispiel für den Gang der Erzeugung von Stuckgips bei Anwendung der häufigsten Aufbereitungsweise und unter Benutzung von Trommeln als Brennapparat (nach dem Text in Ker. Rundsch. 32, 1924, S. 612).

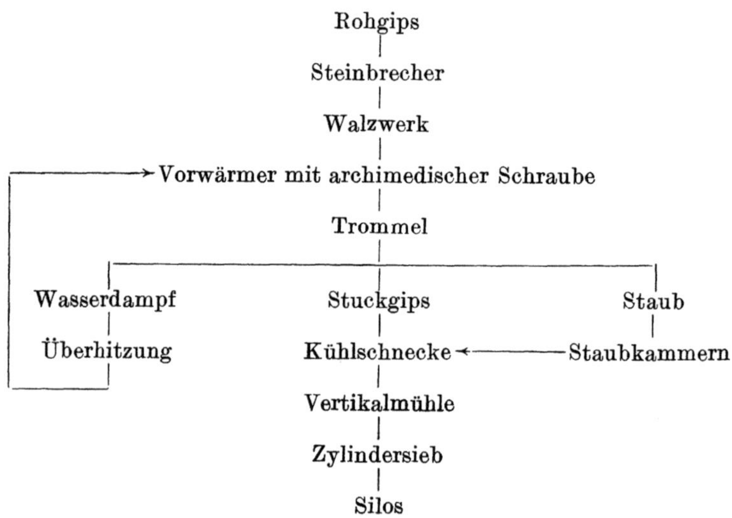

Einen neuzeitlichen Arbeitsgang zeigt die Anlage der „Alpine Maschinen A.-G. Augsburg", deren Vorzug in erhöhter Leistungsfähigkeit der Mahlmaschinen (schnell laufende Schlagmühlen), in der Verwendungsmöglichkeit ungeschulter Mühlenbedienung und der Möglichkeit, alle Gipssorten herstellen zu können, bestehen soll (sinngemäße Wiedergabe des Textes von Tonind.-Z. 51, 1927, S. 247).

---

[1]) Schaper, W.: Tonind.-Z. 50, 1926, S. 581.

Anlage der „Alpine Maschinen A.-G. Augsburg" für feinste Gipssorten

(ohne Förderanlagen und Aufgabevorrichtungen)

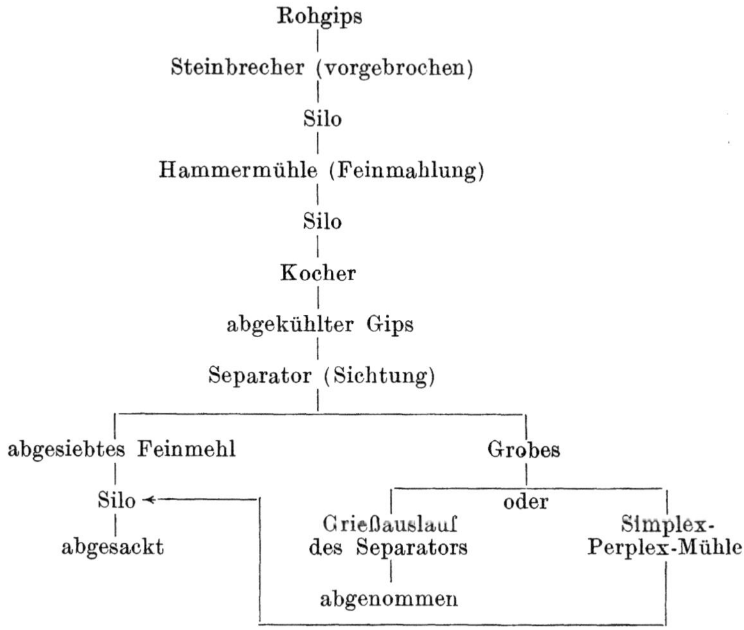

Der Brennstoffaufwand der Kocher beträgt nach K. Schoch[1]) 14 vH Braunkohle oder 8 vH Steinkohle bzw. je 5 vH bei Mischungen der beiden. In Brenntrommeln, die neuerdings als Entwässerungsapparate an Interesse gewinnen, soll nach G. Ackermann[2]) der Wärmeverbrauch um 30—35 vH kleiner sein als in Kochern. Weitere Vorzüge der Trommeln bestehen nach Ackermann in der stetigen Betriebsweise, mithin in der großen Leistungsfähigkeit — Stundenleistungen bis zu 10 t Stuckgips —, in der langen Lebensdauer (15—20 Jahre), ferner in den Umständen, daß eine Vorzerkleinerung auf Hasel- bis Walnußgröße ohne Feinmahlung genügt, keine Belästigung durch Hitze und Staub vorkommt und die Bedienung durch minder geschulte Arbeiter erfolgen kann.

Unter gewissen Verhältnissen, z. B. bei örtlichen Überhitzungen, kann ein Teil des Metahydrates weiter entwässert werden, wodurch die Güte des Stuckgipses verschlechtert wird. Nach Budnikoff[3]) ist die Menge des bei der Erzeugung von Stuckgips gebildeten Gipsanhydrides von der Mahlfeinheit des Gipses, der Entwässerungstemperatur und Dauer der Entwässerung abhängig.

[1]) Schoch, K.; Dammer, O. — Peters, F.: Chemische Technologie der Neuzeit, 2. erweiterte Aufl. S. 593/94. Stuttgart: F. Enke. 1925.

[2]) Ackermann, G.: Tonind.-Z. 51, 1927, S. 874.

[3]) Budnikoff: Z. anorg. Chem. 159, 1926, S. 87—95.

Gipsanhydrid entsteht z. B. vor allem leicht in den zum Vorbrennen verwendeten Schachtöfen an der Berührungsstelle der Flamme mit dem Brenngut.

Da ferner ein kleiner Teil des Dihydrates beim Gipsbrennen nicht bis zum Halbhydrat kalziniert wird, besteht der Stuckgips zwar der Hauptmenge nach aus Metahydrat, das aber von geringen Mengen Dihydrat und Anhydrid begleitet ist. Der theoretische Kristallwassergehalt von 6,21 vH wird wegen der schwierigen Austreibung des Hydratwassers auch bei richtig gebranntem Stuckgips um einige Zehntelprozente überschritten (etwa 6,5 vH).

Stuckgips besitzt eine weitaus größere Löslichkeit in Wasser als Rohgips; 100 Teile Wasser lösen viermal soviel Metahydrat als Dihydrat, also rd 1 g. Die in bezug auf das Halbhydrat gesättigten Lösungen sind daher in bezug auf das Dihydrat übersättigt. Das Anhydrid des Gipses geht in Berührung mit Wasser sofort in Metahydrat über, dieses und das bereits vorhanden gewesene Halbhydrat unter Bindung von 1,5 Moleküle Wasser in das Dihydrat über:

$$CaSO_4 + 0{,}5\ H_2O = CaSO_4 \cdot 0{,}5\ H_2O$$
$$CaSO_4 \cdot 0{,}5\ H_2O + 1{,}5\ H_2O = CaSO_4 \cdot 2\ H_2O.$$

Stuckgips ist Schnellbinder; seine Bindezeit beträgt 10—20, höchstens 30 Minuten. Die Hydratation erfolgt unter fühlbarer Erwärmung — nach Chassevent (a. a. O.) 25 WE je 1 g Metahydrat —, Erhärtung und Raumvergrößerung. Die Raumzunahme beim Abbinden steht im umgekehrten Verhältnis zur Menge des Wasserzusatzes; nach Versuchen des U. S. A. Bureau of Standards[1]) betrug sie im Mittel bei 45,5 vH Wasser 0,173 vH, bei 55 vH Wasser 0,096 vH.

Die Kristallisationsgeschwindigkeit des Stuckgipses kann durch Zusätze zum Anrührwasser beschleunigt oder verzögert werden. Manche Forscher nehmen an, daß die beschleunigenden und verzögernden Zusätze die Löslichkeit des Gipses verändern. Chassevent (a. a. O.) fand, daß Salze, die in entgegengesetztem Sinne die Löslichkeit des Gipses und Metahydrates beeinflussen, in gleichem Sinne auf die Hydratationsgeschwindigkeit einwirken. (Chassevent)[2]) nennt unter den Stoffen, welche die Kristallisationsgeschwindigkeit des Dihydrates vergrößern, die Haltbarkeit der an Gips übersättigten Lösungen also abkürzen und die Verwendungsdauer vermindern: lösliche Haloide (Kaliumchlorid), Stoffe, welche die Konzentration der Lösungen an Sulfationen vermehren (Kaliumsulfat, Alaun, Tonerdesulfat), überdies Stoffe, welche die Kristallform des Gipses besitzen, und schließlich Säuren, die mit dem Sulfat keine Fällung erzeugen.

Demnach beschleunigt auch Gips, z. B. das im Stuckgips noch enthaltene Dihydrat oder von außen her in den Stuckgips gelangendes rehydratisiertes Metahydrat (abgebundener Stuckgips), das Abbinden.

[1]) Rock Products, Vol. 29, Nr. 21, S. 60; Tonind.-Z. 51, 1927, S. 520.

[2]) Chassevent: Ann. Chim. 12, 1926, S. 313—352; 12, 1927, S. 43—68; Ref. Sprs. 60, 1927, S. 470 und a. a. O.

Verzögert wird die Erhärtung durch Verwendung von heißem Wasser, das auch die beschleunigende Wirkung der Zusätze aufhebt (Chassevent), ferner durch organische Stoffe, z. B. Leim, Kasein, Gerbsäure, Alkohol, Zucker, zitronensaure Salze, durch Borax u. a. Bei der Hydratation gehen nach Chassevent einige der beschleunigenden Zusätze in den abgebundenen Stuckgips, z. B. Kaliumsulfat und -chlorid, während andere (Alaun, Tonerdesulfat, Schwefelsäure) in Lösung bleiben. Die Bindezeit läßt sich auch durch Vermahlung des Stuckgipses auf eine bestimmte Korngröße innerhalb gewisser Grenzen regeln.

Zur Überführung des Halb- in das Dihydrat sind auf 100 g theoretisch 18,6 cm³ Wasser erforderlich. Die praktisch anzuwendende Löschwassermenge richtet sich nach der Mahlfeinheit und Höhe der Entwässerungstemperatur und schwankt zwischen 1—$^2/_3$ des Stuckgipsgewichtes.

Bei schlechter Aufbereitung zeigt das Metahydrat die Eigenschaft des Treibens, grobe Körnchen hydratisieren erst nach dem Abbinden der feinen Teilchen und bewirken durch die Dehnung eine Gefügelockerung des abgebundenen Gipses. Das Treiben gibt sich anfangs durch Auftreten von Rissen und Weichwerden zu erkennen.

Abgebundener Stuckgips kann durch Brennen auf 120—160° C und Feinmahlung neuerdings abbindefähig gemacht werden. Nach Budnikoff[1]) gelingt die Wiederbelebung mehrmals, jedoch ist bei zweimal regeneriertem Stuckgips größere Mahlfeinheit und mehr Löschwasser erforderlich; er bindet langsamer ab und liefert weniger festes, leicht zerfallendes Dihydrat. Budnikoff erblickt die Ursache der Schwächung des Abbindevermögens und der Festigkeitsverminderung von regeneriertem Gips in der Bildung der unlöslichen Modifikation, deren Entstehung durch zu langes und ungleichmäßiges Brennen des Gipses von bestimmter Korngröße gefördert wird. Das Abbinden des Stuckgipses besteht in einer Auflösung des Metahydrates und der Auskristallisation des Dihydrates.

Die Art und Weise der Hydratation, insbesondere die Ursache der Verfestigung und Raumzunahme hat verschiedene Deutungen gefunden. Nach Le Chatelier bildet das Metahydrat mit Wasser an Gips übersättigte Lösungen, aus denen sich vielfach verfilzte Kristallnadeln des Dihydrates ausscheiden, die durch ihre Anordnung die Festigkeit des abgebundenen Stuckgipses bedingen.

Nach C. H. Desch[2]) ist die Ursache des Abbindens die bedeutend größere Löslichkeit des Metahydrates gegenüber dem Dihydrat; v. Glasenapp (a. a. O.) bemerkt, daß an und für sich der Hydratation keine Erhartung folgen müsse; der genannte Forscher führt das Abbinden auf die Änderung des Kristallsystems beim Übergange des rhombischen Metahydrates in das monokline Dihydrat und die dadurch bedingte „Verfilzung und Verankerung der Kristallnädelchen" zurück. Andere

---

[1]) Budnikoff: Tonind.-Z. 50, 1926, S. 1475.

[2]) Desch, C. H.: Trans. Cer. Soc. Engl., 1918, S. 15; Ref. Sprs. 57, 1924, S. 205.

Forscher vermuten, daß sich beim Anrühren des Stuckgipses mit Wasser ein Gel bilde, aus dem sich nadelförmige Kristalle ausscheiden. W. Davis[1]) erblickt dagegen die Ursache der Raumzunahme in einer anfänglichen Bildung eines orthorhombischen Dihydrates, das sich unter Volumvergrößerung in die monokline Form umwandle.

Abgebundener Stuckgips besitzt geringere Härte als Rohgips; Härte und Dichte sind von der Beschaffenheit des Rohstoffes und wie die Porigkeit (scheinbare Dichte) von der verwendeten Wassermenge abhängig. Körniger Rohgips liefert härtere abgebundene Massen als faseriges oder blätteriges Gipsgestein, wasserreichere Breie porösere Rehydrate als wasserarmer Gipsbrei. Die Druckfestigkeit des abgebundenen Stuckgipses ist nach Chassevent (a. a. O.) gleichfalls von der zur Breiherstellung verwendeten Wassermenge abhängig. Um den günstigen Einfluß eines höheren Wasserzusatzes zum Stuckgips auf die Formbarkeit und den eines geringen Wassergehaltes des Breies auf die Druckfestigkeit zu vereinen, preßt Chassevent (a. a. O.) nach dem Wasserzusatz, wodurch er feinkörnige Formgipse von marmorartigem Aussehen und hohem mechanischen Widerstand erhält.

Die Wetterbeständigkeit des abgebundenen Stuckgipses ist im Vergleich zu der des Estrichgipses gering.

Verwendung

Stuckgips (Formgips) ist ein wichtiger Hilfsstoff der keramischen Industrie; er wird zur Herstellung von Gipsformen (Gieß-, Preßformen) für Dachziegel, Bauterrakotten, Verblenderwerkstücke, Töpfergeschirre, Schmelzware, Kacheln, Steingut-, Sanitäts- und Feuertonwaren, Feinsteinzeug und Porzellanwaren sowie zur Auskleidung von Entwässerungsbassins und Herstellung von Modellen verwendet. Durch seine poröse Beschaffenheit saugt er das überflüssige Wasser aus der Formmasse oder dem Schlicker auf und verkürzt dadurch wesentlich den Trockenprozeß.

Außerhalb der keramischen Industrie findet er vor allem dort Verwendung, wo es auf rasches Abbinden ankommt und die geringere Wetterbeständigkeit keine Rolle spielt, z. B. im Baugewerbe zu Stukkaturen (architektonische Verzierungen auf Decken und Innenwänden), als Baugips zu Dielen (Platten mit eingelegtem Rohrgeflecht oder Holzstäben oder Platten mit eingelegtem verzinktem Eisendrahtgewebe, Rabitzbau), als Decken- und Wandputz, zu Gipsleichtsteinen, Kunststeinmassen, als Baustoff „Struktolit" (United States Gypsum Company), nach A. C. Carruthers[2]) ein durch Zusätze verdichteter und verfestigter, temperaturbeständiger Gips von großem Wärmeisolier- und gutem Schalldämpfungsvermögen, mit gepulvertem Ton gemengt als Glaser-

[1]) Davis, W.: Journ. Soc. Chem. Ind. 1909, S. 727; Ref. Sprs. 57, 1924, S. 205.

[2]) Carruthers, A. C.: Safty Engineering, Feber 1925, S. 69—73; Ref. Tonind.-Z. 49, 1925, S. 101.

kittersatz, Fenstergips, wegen seiner geringen Ausdehnung beim Abbinden als Kitt für Stein, Metall und Holz; ferner dient er als Modellgips zu Figuren, Modellen und Abgüssen.

Gipsabfälle, z. B. alte, zerfallene Gipsformen, können in der Zementindustrie Verwendung finden.

Formgips soll eine derartige Mahlfeinheit besitzen, daß auf dem 900-Maschensieb (900 Maschen je 1 cm^2) höchstens 1 vH, auf dem 5000-Maschensieb höchstens 10 vH Rückstand hinterbleibt[1]). Nach Schaper (a. a. O.) gibt man dem in der Keramik verwendeten Formgips eine Mahlfeinheit, bei der er in 12 bis 15 Minuten abbindet.

Die Einstreumenge, das heißt jene Menge Gips, die von 100 cm^3 Wasser aufgenommen werden kann und einen noch gießfähigen Brei ergibt, soll 160—200 g, die Gießzeit, das ist der Zeitraum vom Beginne des Einstreuens bis zum Aufhören der Gießfähigkeit, 6 bis 12 Minuten, die Streichzeit, der Zeitraum vom Beginne des Einstreuens bis zum Aufhören der Streichfähigkeit, 10 bis 20 Minuten betragen. Nach den österreichischen Normen (Ö-Norm B 3321) sind die bezüglichen Kennzahlen:

Einstreumenge: höchstens 190 g;
Gießzeit für Raschbinder: weniger als vier Minuten;
Streichzeit für Langsambinder: über acht Minuten.

Nach M. Dürre[2]) soll ein guter Formgips im Wasser weder schwer zu Boden fallen noch schwimmen, sondern sich gleichmäßig verteilen; unter verschiedenen Sorten ist derjenige Gips für Formen am besten geeignet, der die größte Haltbarkeit, geringste Abnutzung, die höchste Festigkeit und geringste Sprödigkeit aufweist und den Formling leicht losläßt; aus gutem Gips erzeugte Formen sollen nach Dürre bis zu 1000 Güsse aushalten; spröde Gipse liefern Preßformen, die schon nach kurzer Verwendung springen. Der genannte Autor hält gekesselte Gipse für Formzwecke wenig geeignet; die Verwendbarkeit hiefür hänge von der Gleichmäßigkeit und der Brenntemperatur ab; die Abbindezeit soll nach Dürre 10 bis 12 Minuten betragen, die Härte nach dem Abbinden, das unter nur geringer Erwärmung vor sich gehen soll, da einer stärkeren Erwärmung gewöhnlich ein Nachlassen der Härte folge, stetig zunehmen; die Anrührwassermenge bis zum breiigen Zustande soll auf 1,5—2 Teile Gips 1 Teil betragen.

Für keramische Formen gut geeignete Gipse sind die Harzer und Thüringer Modellgipse.

b) Estrichgips

Das nach der restlosen Wasseraustreibung mit einem geringen Gehalt an freiem Ätzkalk hinterbleibende Brennprodukt heißt Estrichgips (Mörtel-, Bau-, Hartgips, Sparkalk, hydraulischer Gips).

---

[1]) Tonind.-Z. 47, 1923, S. 641.
[2]) Dürre, M.: Tonind.-Z. 49, 1925, S. 590.

Zur Erzeugung von Estrichgips bedarf es einer wesentlich höheren Temperatur als zur Herstellung von Stuckgips. Nach v. Glasenapp[1]) muß der Rohgips bis zur teilweisen Entsäuerung, also auf etwa 1000° C gebrannt werden, um Estrichgips zu erhalten. (Brenntemperatur 1000—1300° C.)

Die Brennapparate sind kalkofenähnliche Schachtöfen mit kurzer Flamme, die mit vorgebrochenem Gipsstein und Koke beschickt werden (Harzer Schachtöfen), oder Ringöfen. Die Gefahr der Reduktion des Anhydrides zu Kalziumsulfid, die in gewöhnlichen Schachtöfen bei schlechten Zugverhältnissen infolge der unmittelbaren Berührung des Gipses mit festem Kohlenstoff immer vorhanden ist, wird z. B. durch Anwendung von Schachtöfen der Bauart Meyer (stetiger Betrieb), in denen durch Anordnung von seitlichen Rostfeuerungen eine unmittelbare Berührung zwischen Brenngut und Heizstoff sowie die Bildung reduzierender Gase vermieden wird, behoben.

Nach dem Brande muß der Estrichgips, da das Brennen von gemahlenem Gut in Schachtöfen wegen des hohen Gasdurchgangswiderstandes unmöglich ist, fein gemahlen werden, wozu außer den schon genannten Feinzerkleinerungsmaschinen Kugel-, Rohr- und Pendelmühlen in Verwendung stehen.

Nach D.R.P. 363248 von J. E. Ardisson[2]) ist im Drehrohrofen auch ein gleichzeitiges Brennen von Gips zu Stuck- und Estrichgips möglich; das Brenngut wird mittels schraubenförmiger Förderrippen durch den oberen, schwach erhitzten Ofenteil bis zu einer Einschnürung geführt, wo der größere Teil des Gutes als Stuckgips ausfällt, während der Rest in dem hinter der Einschnürung liegenden, stark erhitzten Teile des Ofens zu Estrichgips fertig gebrannt wird.

Der Einfluß der hohen Brenntemperatur auf die physikalischen Eigenschaften des Estrichgipses äußert sich ähnlich wie beim gebrannten Kalk in einer starken Verdichtung; v. Glasenapp[3]) beschreibt den Estrichgips als hartgesintertes, glasiges, körnig-kristallinisches Anhydrid mit etwa 3—5 vH einer glasigen, dichten, amorphen Modifikation des Kalziumoxydes, die beide erst oberhalb 900° C entstünden. Dieser Beschaffenheit verdankt er seine höhere Dichte (2,8—2,9). Infolge des Gehaltes an freiem Kalziumoxyd reagiert der wässerige Auszug des sehr schwer löslichen Estrichgipses — solange der Kalk nicht karbonisiert ist — alkalisch.

Estrichgips ist gleichfalls eine abbindefähige Modifikation des gebrannten Gipses. Die Wasseraufnahme verläuft erheblich langsamer als beim Stuckgips und geht nach v. Glasenapp um so rascher vor sich, je größer der Gehalt an freiem Kalk ist; die Bindezeit beträgt z. B. bei Vorhandensein von 11—12 vH CaO nur eine Stunde. Bei geringen Kalkgehalten kann die Erhärtung auch einige Tage beanspruchen. Die

[1]) v. Glasenapp: Tonind.-Z. 47, 1923, S. 91.

[2]) Ardisson, J. E.: Tonind.-Z. 47, 1923, S. 174.

[3]) v. Glasenapp: Tonind.-Z. 47, 1923, S. 91.

Löschwassermenge beträgt etwa ein Drittel seines Gewichtes. Beim Abbinden zeigt er keine fühlbare Erwärmung und merkliche Raumvergrößerung.

Bezüglich der Erhärtung des Estrichgipses vermutet v. Glasenapp[1]), daß sie, obwohl gleichfalls unter Hydratation vor sich gehend, ohne jede Zustandsänderung (Umkristallisation) verlaufe und wahrscheinlich auf die mörtelartige Verkittung der Anhydridkörnchen mittels des durch Karbonisation aus dem Kalziumoxyd entstandenen Karbonates und vor allem auf die bei der Wasserbindung eintretende Verwachsung der sich unmittelbar berührenden Oberflächen der Anhydridkörnchen zurückzuführen sei.

Abgebundener Estrichgips ist härter, fester und wetterbeständiger als Stuckgips. Nach v. Glasenapp besitzt er innerhalb der praktisch erreichbaren Grenzen eine um so größere Festigkeit, je höher sein Gehalt an freiem Kalziumoxyd war.

Verwendung

Estrichgips wird als Mörtel (Mörtelgips), im Baugewerbe auch für Außenarchitektur (Baugips), für Estrichfußböden und in der Kunststeinindustrie als Bindemittel für Kunstmarmor (Marmorzement) verwendet.

V. Flußspat

Flußspat oder Fluorit ist natürliches Kalziumfluorid, das auf pneumatolytischem Wege entstanden ist.

Über seine kristallographischen und physikalischen Eigenschaften gibt Tabelle 71 Aufschluß.

Tabelle 71. Kristallographische und physikalische Eigenschaften

KS	s	H	Nm	t	c	$\beta \times 10^6$	$\alpha \times 10^7$	$\varkappa$ in reziproken Ω/cm^3	DK
regulär	3,1—3,25 3,18[1])	4	1,43[1])		0,2082[2]) 0,2149[2]) 0,209[2])	19,3[1])	2,5		6,9
				20				0,00[1])	
				40		19,1[1])			
				100				$0{,}238 \times 10^{-13}$ [1])	
				150				$0{,}15 \times 10^{-11}$ [1])	
				17—100	0,2154[1])				

[1]) L. B. Tab.
[2]) Jüptner, H. v.: Lehrb. d. Phys. Chem., S. 58—63. Leipzig-Wien: F. Deuticke. 1904.

Flußspat bildet derbe, dichte oder körnige Massen oder erdige Anhäufungen, ist spröde und ausgezeichnet spaltbar. Seine Färbungen

[1]) v. Glasenapp: Tonind.-Z. 47, 1923, S. 213.

werden durch organische Stoffe (Kohlenwasserstoffe) verursacht; er wird daher beim Glühen zumeist entfärbt. Der Gehalt an Fluorkalzium ist bedeutenden Schwankungen unterworfen, da die derben Massen häufig Kieselsäure, Gips, Kalk- und Magnesiumkarbonat, Ton, Eisenoxyd und die in den Gruben zuweilen gleichzeitig vorkommenden Begleitmineralien Baryt, Pyrit, Markasit, Kupfer-, Blei- und Zinnerze enthalten.

Flußspat ist in Wasser und verdünnter Essigsäure praktisch unlöslich, in Mineralsäuren (Salz- und Salpetersäure) schwer löslich.

Von keramisch-technischer und analytischer Bedeutung sind die Umsetzungen des Fluorites mit Schwefelsäure, Kieselsäure und Silikaten.

Konzentrierte Schwefelsäure reagiert mit ihm nach der bekannten Gesetzmäßigkeit: Salz + Säure = Salz der Säure + Säure des Salzes, bildet also Kalziumsulfat und Fluorwasserstoff:

$$CaF_2 + H_2SO_4 = CaSO_4 + 2\ HF.$$

Der entwickelte Fluorwasserstoff kann auf Kieselsäure und Silikate in folgender Weise einwirken:

$$SiO_2 + 4\ HF = SiF_4 + 2\ H_2O.$$

Das gebildete Gas, Siliziumtetrafluorid (SiF_4), wird vom Wasser unter Abscheidung eines Kieselsäurehydrates im Sinne folgender Gleichung zersetzt:

$$3\ SiF_4 + 4\ H_2O = SiO_2 \cdot 2\ H_2O + 2\ H_2SiF_6 \text{ (Kieselfluorwasserstoffsäure).}$$

Summarisch ausgedrückt ist der Vorgang:

$$3\ SiO_2 + 6\ CaF_2 + 6\ H_2SO_4 = 6\ CaSO_4 + Si(OH)_4 + 2\ H_2SiF_6 + 2\,H_2O.$$

Beim Erhitzen eines Gemenges von Kieselsäure und Flußspat bildet sich Kalziumsilikat und Siliziumtetrafluorid:

$$2\ CaF_2 + 3\ SiO_2 = 2\ CaSiO_3 + SiF_4.$$

Aus Silikaten, z. B. Ton oder keramischen Scherben, wird im Brande bei mäßig hoher Temperatur das Silizium durch den Flußspat verflüchtigt, während die Tonerde in das unschmelzbare und gegen Säuren indifferente Aluminiumfluorid umgewandelt wird, z. B.:

$$Al_2O_3 \cdot 2\ SiO_2 + 7\ CaF_2 = 2\ SiF_4 + Al_2F_6 + 7\ CaO.$$

Bei der Einwirkung des aus Fluorit durch konzentrierte Schwefelsäure entbundenen Fluorwasserstoffes auf Glasuren wird zwar ein Teil des Fluorwasserstoffes in Form von Siliziumtetrafluorid gasförmig fortgeführt, der Rest tritt aber in die Glasur ein und bildet mit den basischen Bestandteilen derselben, am leichtesten mit Bleioxyd, ferner mit Kalk, Tonerde u. a. Fluoridkriställchen, z. B.:

$$\left.\begin{matrix} 0{,}85\ PbO \\ 0{,}10\ K_2O \\ 0{,}05\ CaO \end{matrix}\right\} 0{,}1\ Al_2O_3 \cdot 2{,}85\ SiO_2 + 10\ HF = 0{,}85\ PbF_2 + 0{,}20\ KF + \\ + 0{,}05\ CaF_2 + 0{,}1\ Al_2F_6 + 2{,}85\ SiF_4 + 7\ H_2O.$$

Eine geringe Menge von Flußspat wird von Silikaten im Schmelzflusse ohne opakisierende Wirkung aufgelöst, größere Mengen haben Trübungen zur Folge (Spatgläser!).

Die Ursache der Trübwirkung des Fluorites und anderer Fluorverbindungen in Gläsern, Glasuren und Emails ist wahrscheinlich die Bildung von Fluoriden.

Die Deckkraft des Flußspates in Glasuren hängt nach Henze[1]) von der Brenndauer und Temperatur des Glattbrandes ab; lange Erhitzungsdauer, hohe Temperatur und langsame Abkühlung begünstigen die Verflüchtigung des Fluors, wodurch die Trübung abnimmt bzw. gänzlich verschwindet.

Henze und Otremba (zitiert nach Henze, a. a. O.) fanden, daß Borsäure und an zweiter Stelle Borax die Verflüchtigung des Fluors aus der Glasur am wenigsten fördern und daher die trübende Wirkung des Flußspates erhöhen.

Brennverhalten

Flußspat ist wie die meisten Fluorverbindungen glühbeständig und wird beim Erhitzen dichter. Bei einem durch Kieselsäure verunreinigten Fluorit kann bei hoher Temperatur eine Verflüchtigung der Kieselsäure als Tetrafluorid eintreten. An feuchter Luft in Gegenwart von Kieselsäure geglüht, setzt er sich mehr oder weniger vollständig unter Abgabe von Fluorwasserstoff in Metakalziumsilikat um.

Reiner Fluorit schmilzt bei etwa 1330° C. Für chemisch reines Kalziumfluorid wird der Schmelzpunkt mit 1392° C angegeben.

Die Schmelze des Flußspates ist dünnflüssig und besitzt ein gutes Lösungsvermögen. Manche Sulfate, z. B. Gips, Schwerspat, Cölestin, ferner Soda, Kalkphosphat u. a. lösen sich in der Fluoritschmelze völlig auf, trüben sie jedoch bei der Abkühlung. Anderseits besitzt auch der Flußspat leichte Löslichkeit in manchen Schmelzflüssen, z. B. im geschmolzenen Borax oder in Natriumphosphat, mit denen er nur dann trübe Gläser gibt, wenn die Schmelze in bezug auf Fluorit übersättigt ist.

Vorkommen

Flußspat findet sich als typisches Gangmineral auf vielen Erzlagerstätten und Erzgängen in Pegmatiten, bildet aber auch für sich mächtige Gänge.

Die bedeutenderen Spatgruben Deutschlands liegen nach Kühl[2]) im südlichen Harz, Thüringerwald, in Bayern (Oberpfalz, bei Nabburg, Oberfranken), in Baden (Schwarzwald), im Fichtelgebirge, sächsischen Erzgebirge — hier auf Zinnerzlagerstätten , am Glatzer Schneeberg und im Riesengebirge.

In Österreich findet man Flußspat in Steiermark (Sulzbachgraben bei Gams), in Salzburg und Tirol (am Salzberg bei Hall, Imst, Klausen, Sarntal bei Rabenstein).

---

1) Henze: Ker. Rundsch. 34, 1926, S. 191.

2) Kühl: Ker. Rundsch. 35, 1927, S. 823.

Die Hauptweltlieferanten von Flußspat sind die Vereinigten Staaten von Nordamerika (Kentucky, Illinois u. a.) und England (Cornwall, Derbyshire, Durham, Devonshire).

Im Jahre 1919 nahmen die flußspatliefernden Länder in folgender, abnehmender Reihe an der Welterzeugung teil:

Vereinigte Staaten von Nordamerika (Hauptmenge), England, Italien, Deutschland, Kanada, Australien, Spanien[1]).

Verwendung

Flußspat wird in seltenen Fällen als Versatzstoff keramischer Massen und weißer Engoben, z. B. in der Weißtöpferei, und als Trübungsmittel für Glasuren verwendet. Im besonderen soll er bei Kalksteingutmassen (0,5—2 vH), bei der Erzeugung von Steinzeug, Spülwaren, feuerfesten Geschirren und Porzellanen (Fluoritporzellan) verwendet werden. Im allgemeinen wird aber vom Gebrauche des Fluorites abgeraten, da die Fluorverbindungen mancherlei unerwünschte Nebenwirkungen hervorbringen. Künstliche Massen aus Flußspat sollen eine bedeutende chemische Widerstandsfähigkeit besitzen. D.R.P. 396 788, 1922, von Gebrüder Siemens & Co.[2]), Berlin, beinhaltet die Erzeugung von Gefäßen von hoher chemischer Widerstandskraft aus gesintertem Flußspat, D.R.P. 421 422, 1923, von H. Morinkrop[3]) ein Verfahren zur Herstellung einer hochsäurefesten, stein- oder porzellanartigen Masse von großer elektrischer Isolierfähigkeit aus Quarzsand, Flußspat, Feldspat und Soda.

Zur Erzeugung von säurebeständigen, feuerfesten Überzügen auf basischen Massen wird ein Bestreichen derselben mit feinstem Fluoritmehl, nötigenfalls unter Zusatz einer kleinen Menge von Kochsalz, und Einbrennen bei mäßig hoher Hitze empfohlen. Zur Dichtung von Zinkretorten werden diese zuweilen mit einer Fritte aus Flußspat und Zinksulfat oder aus Soda, Quarz und Flußspat glasiert[4]).

Als Bindemittel findet er bei der Erzeugung von Schmirgelscheiben Verwendung.

Weiters wird er zur Herstellung von Weißemails, Farbkörpern, z. B. Königsblau, zum Porösmachen von Ton und zum Mattätzen von glasierten Gefäßen verwendet.

Die chemische Mattätzung beruht auf der Wechselwirkung zwischen Silikaten und Fluorwasserstoff. Hiezu werden die glasierten Gegenstände in verschlossenen Gefäßen der Einwirkung von gasförmigem Fluorwasserstoff ausgesetzt oder mit einem Brei aus Fluorit, Schwefelsäure und indifferenten Stoffen, welche die Löslichkeit der Fluoridkristalle in der durch das Reaktionswasser gebildeten Flußsäure (siehe S. 388) verringern, z. B. Kaliumsulfat, bestrichen. Außerdem findet er Verwendung zu kunstgewerblichen und Schmuckgegenständen, in der Glasindustrie als

[1]) Tonind.-Z. 45, 1921, S. 1181.

[2]) Siemens & Co.: Ref. Sprs. 58, 1925, S. 37.

[3]) Morinkrop, H.: Tonind.-Z. 50, 1926, S. 477.

[4]) Sprs. 58, 1925, S. 60.

Flußmittel für optische Gläser (achromatische Linsen) und Grünglas, zur Herstellung von Milchglas, zum Mattätzen und Gravieren von Gläsern, für künstliche Edelsteine, bei der Erzeugung von Portlandzement zur Erniedrigung der Brenntemperatur und Veredelung des Zementes. Geringe Mengen werden bei der Herstellung von Kohlenstoffelektroden und Effektkohlen (Bremerlicht) gebraucht.

Die Hauptmenge des geförderten Flußspates wandert in die Metallhütten zur Verwendung beim Hochofenprozeß, Siemens-Martin-Prozeß, in den Gießereien, zur Gewinnung von Aluminium, zu der elektrischen Raffination von Blei und Antimon u. a.

Der Verbrauch an Fluorit verteilte sich in Deutschland im Jahre 1921 wie folgt[1]:

Metallindustrie	79—84 v H
Glasindustrie	10—15 v H
Chemische Industrie	4,5 v H
Schmirgelscheiben	1,0 v H
Email, Kunstgewerbe, optische Insdutrie	0,5 v H

Wirkung in tonigen Massen

Flußspat wirkt in tonigen Massen als kalkhaltiger Flußbildner; er fördert die Sinterung, erhöht die Schmelzbarkeit und auch die Dünnflüssigkeit von Silikatschmelzen. Nach Berdel[2]) führt ein Fluoritgehalt in Porzellanmassen bei verhältnismäßig niedriger Temperatur zur Verdichtung, jedoch auch durch die Herabsetzung des Schmelzpunktes zur Verkürzung des Brennbereiches; Fluoritporzellane haben eine Garbrandtemperatur von ∾ SK 6a — ∾ SK 8[3]). Die Schmelzmittelwirkung des Fluorites beruht auf der Umsetzung mit der in der Masse vorhandenen freien und gebundenen Kieselsäure.

Der Nachteil der Fluoritverwendung liegt in dem Auftreten des gasförmigen Tetrafluorides, das aus der sinternden Masse nur schwierig entweichen kann und im Scherben wie in der Glasur Blasenbildung verursacht. Die Verwendung fluorhaltiger Sintermittel in der Porzellanindustrie, z. B. für Niederspannungsporzellane, konnte sich trotz erfolgreicher Versuche nicht einbürgern[3]). In weißen Engoben dient der Flußspat als Ersatz der teureren Opakisierungsmittel wie Zinndioxyd und Zirkonpräparate.

In Glasuren wirkt er gleichfalls als Trübungsmittel, verringert beträchtlich die Ausdehnung und erleichtert infolge des Einflusses auf die Viskosität der Schmelze die Glasurbildung. Nach C. Tostmann[4]) begünstigen Fluoride die Bildung von Haarrissen und sind auch die Ursache von manch anderen Glasurfehlern.

[1]) Tonind.-Z. 45, 1921, S. 1315.

[2]) Berdel: Sprs. 43, 1910, Nr. 6, S. 75—78.

[3]) Sprs. 59, 1926, S. 401.

[4]) Tostmann, C.: Sprs. 50, 1917, Sonderabdruck, S. 5/6.

Bei der Erzeugung von Portlandzement (sogenanntem Tieftemperaturflußspatzement) soll er die Sintertemperatur um 400° C erniedrigen, das Hängen der Beschickung im Schachtofen und die Ringbildung im Drehrohrofen verhindern, einen leicht mahlbaren Zementklinker und hochwertigen Zement ergeben. Nach H. Becker[1]) tritt eine flüssige Phase in fluorithaltigen Rohmehlen schon zwischen 800 und 900° C auf, während ohne Flußspat die Sinterung erst oberhalb 1250° C einsetzt; durch die Gegenwart einer gewissen Menge geschmolzener Masse soll die Kieselsäure schon unterhalb der Dissoziationstemperatur des kohlensauren Kalkes derart aktiviert werden, daß sie wie Mineralsäure bei gewöhnlicher Temperatur das Karbonat zersetzt; überdies soll Fluorit auch die Treiberscheinungen des Zementes und das Zerrieseln der β-Modifikation des Dikalziumsilikates günstig beeinflussen.

Anhang

Kryolith

Kryolith oder Eisstein ist wie Fluorit ein Mineral aus der Ordnung der Haloidsalze; er besteht aus Natrium- und Aluminiumfluorid ($3\,NaF \cdot AlF_3$) und enthält 32,84 vH Natrium, 12,90 vH Aluminium und 54,26 vH Fluor.

Die gleiche Verbindung kann als Nebenerzeugnis bei der Aufschließung fluorhaltiger Phosphate (Apatite) mittels konzentrierter Schwefelsäure zwecks Herstellung von Superphosphat anfallen (Kunstkryolith oder synthetischer Kryolith). Die bei der Einwirkung der Schwefelsäure auf Phosphate entbundenen Gase, die der Hauptsache nach aus SiF_4 bestehen, werden aus dem Aufschlußkeller durch Ventilatoren abgesaugt, in Kammern durch eingespritztes Wasser kondensiert, wobei gemäß den beim Flußspat angeführten Umsetzungen neben fester Kieselsäure eine wässerige Lösung von Kieselfluorwasserstoffsäure (H_2SiF_6) entsteht, die auf künstlichen Kryolith, Kalziumfluorid oder Fluate (kieselfluorwasserstoffsaure Salze) verarbeitet werden kann.

Eisstein kristallisiert im triklinen System, bildet aber meist derbe Massen von der Dichte 2,9—3 und der Härte 2,5—3. Seine mittlere spezifische Wärme beträgt 0,238, im Temperaturbereiche von 17—100° C 0,2522, die Ausdehnungskonstante nach Schott, Havas und Winkelmann ($\alpha \cdot 10^7$) 7,4. Im Gegensatz zum Flußspat erhöht der Eisstein den Ausdehungskoeffizienten der Glasuren.

Seine häufigsten Beimengungen sind Quarz, Spateisenstein (Siderit), Pyrit, Kupferkies, Silberglanz (Argentit), Bleiglanz (Galenit), Zinkblende, Zinnerze, Flußspat und Kalzit.

Grönländischer Eisstein hat über 50 vH Fluorgehalt. Künstlicher Kryolith ist meist 98—99 vHiges Fluorid. Nach W. Esch[2]) ist synthetischer Kryolith zuweilen so stark verunreinigt, daß er nur 36 vH Fluorid-

---

[1]) Becker, H.: Die Verwendung des Flußspates bei der Herstellung von Portlandzementen. Druckschrift. 1924.

[2]) Esch, W.: Ker. Rundsch. 32, 1924, S. 481.

gehalt aufweist. Ein von Kühl (a. a. O.) untersuchter Kryolith der Rütgers-Werke A. G. war 89—99 vHig und enthielt 40 vH AlF_3, 59,1 vH NaF, 0,18 vH SiO_2, 0,06 vH Fe_2O_3 und 0,55 vH Wasser.

Kryolith ist in Wasser unlöslich, wird von Salzsäure nur teilweise, von konzentrierter Schwefelsäure unter Flußsäurebildung völlig gelöst. Vollkommene Zersetzung unter Bildung von Fluorkalzium und Natriumaluminatlauge tritt auch bei der Einwirkung von Kalkmilch auf feines Pulver bei Kochhitze ein.

Brennverhalten

Kryolith schmilzt schon in der Kerzenflamme und löst sich wie Fluorit in Borax- und Phosphorsalzschmelzen.

Vorkommen

Bauwürdige Lager finden sich nur auf Südgrönland bei Ivitût, (Evigtok, Ivigtut) am Arksutfjord. Technisch nicht bedeutende Vorkommen birgt die Sowjetunion im Ural bei Miask.

Verwendung

In sehr seltenen Fällen wird Eisstein oder Kunstkryolith als Schmelzmittel wie Flußspat angewendet; Fluoritporzellane enthalten etwa 0,5—3 vH Kryolith[1]).

Ebenfalls selten findet er zur Herstellung von Glasuren mit milchglasähnlichem Aussehen, zur Erzeugung von porzellanartigem Kryolithglas, häufig jedoch als Ersatz für Zinndioxyd, und zwar häufiger als Flußspat, in Emails Verwendung.

Fluorit und Kryolith werden zumeist durch synthetische Fluoride oder Fluoridgemenge, z. B. durch das billigere Natriumsilikofluorid (Na_2SiF_6), durch Aluminiumfluorid oder Gemenge von Tonerde und Fluornatrium ersetzt.

Wirkung in tonigen Massen

Die Wirkung des Kryolithes sowie der genannten Ersatzstoffe in tonigen Massen bzw. in Glasuren, Gläsern und Emails ist die gleiche wie die des Flußspates.

F. Magnesiumverbindungen

Die keramisch in Verwendung stehenden Magnesiumverbindungen sind teils Flußmittelbildner, teils feuerfeste Rohstoffe.

Flußbildend wirken Magnesit, Talk, Dolomit und Dolomitmergel. Zu den feuerfesten Rohstoffen zählen Sintermagnesit, Sinterdolomit, Spinell und die selten verwendeten Mineralstoffe Serpentin und Asbest.

Mit Ausnahme der Sinterstoffe sind diese Verbindungen Erzeugnisse des Naturreiches.

[1]) Sprs. 59, 1926, S. 401.

Die theoretische Zusammensetzung der genannten Magnesiumverbindungen geht aus Tabelle 72 hervor.

Tabelle 72. Theoretische Zusammensetzung der Magnesiumverbindungen

Stoff	Formel	MgO	CO_2	SiO_2	H_2O	Fe_2O_3	Al_2O_3	CaO	Ton
Magnesit	$MgCO_3$	47,82	52,18						
Sintermagnesit (Mittelwerte)	MgO (FeO, Al_2O_3, Fe_2O_3, SiO_2, CaO)	85,3		2,5		6,6	0,8	4,0	
Talk	$3\,MgO \cdot 4\,SiO_2 \cdot H_2O$	31,82		63,45	4,73				
Serpent	$3\,MgO \cdot 2\,SiO_2 \cdot 2\,H_2O$	43,58		43,45	12,97				
Asbest	$CaO \cdot 3\,MgO \cdot 4\,SiO_2$	28,76		57,80				13,44	
Spinell	$MgO \cdot Al_2O_3$	28,30					71,70		
Normaldolomit	(Ca, Mg) CO_3	21,73	47,83					30,44	
Dolomitmergel	x (Ca, Mg) CO_3 + y $Al_2O_3 \cdot 2\,SiO_2 \cdot 2\,H_2O$	10—40						10—30	20—50
Normalsinterdolomit	(Ca, Mg) O	41,84						58,16	

Am häufigsten werden von diesen Stoffen angewendet:

a) für keramische Massen: Magnesit, Talk und Dolomit; dieser jedoch nur dann, wenn sein Kalkgehalt der Masse keinen Schaden bringt;

b) für feuerfeste Massen: Sintermagnesit und Sinterdolomit;

c) für Glasuren: Magnesit und Dolomit.

I. Magnesiumkarbonat

(Magnesit, Talkspat)

Die kohlensaure Magnesia ($MgCO_3$) tritt in der Natur als gesteinbildendes Mineral „Magnesit" in zwei Abarten auf.

Die häufiger vorkommende Abart ist der amorphe, gelartige Magnesit (Magnesit im engeren Sinne); seltener findet sich der kristallinische Magnesit (Magnesitspat). Eine wasserreiche Abart der kohlensauren Magnesia ist der Hydromagnesit ($3\,MgCO_3 \cdot Mg[OH]_2 \cdot 3\,H_2O$, $s = 2{,}1$—$2{,}2$, $H = 1{,}5$—2).

Amorpher und kristallinischer Magnesit sind durch ihre Bildungsweise streng voneinander unterschieden.

Amorpher Magnesit ist ein aus Wasser abgesetztes Verwitterungsprodukt von magnesiumsilikathaltigen Gesteinen wie Olivin $(Mg, Fe)_2SiO_4$ oder Serpentin. In ähnlicher Weise wie bei der Kaolinisierung des Feldspates scheidet sich aus den Magnesiumsilikaten, insbesondere aus den unbeständigen eisen-2-oxydhaltigen, durch die Einwirkung kohlensäurehaltiger Wässer die Kieselsäure in ihrer kolloidalen Zustandsform ab. K. A. Redlich[1]) gibt folgende Bildungsgleichung von Magnesit aus Serpentin an:

$$\underbrace{3\,MgO \cdot 2\,SiO_2 \cdot 2\,H_2O}_{\text{Serpentin}} + 2\,H_2O + 3\,CO_2 = 3\,\underbrace{MgCO_3}_{\text{Magnesit}} + 2\,SiO_2 + 4\,H_2O.$$

[1]) Redlich, K. A.: Die Typen der Magnesitlagerstätten. Z. prakt. Geolog., 17. Jahrg., 1909, S. 300; Doelter, C.: Handbuch der Mineralchemie, Bd. I, S. 245. Dresden-Leipzig: Th. Steinkopff. 1912.

Kristallinischen Magnesit hält Redlich auf Grund seiner Begleitmineralien (Mineralien der Salzlagerstätten: Aragonit, Dolomit, Talk, Quarz, Erze und deren aller Verwitterungsprodukte) in seinen häufigsten Vorkommen für eine metamorphe Bildung aus Kalk und magnesiahaltigen Thermen, z. B. im Sinne folgender Umsetzungen:

$$\left\{\begin{array}{l} \underset{\text{Aragonit}}{2\,CaCO_3} + MgSO_4 = \underset{\text{Dolomit}}{Ca, Mg(CO_3)_2} + CaSO_4 \\ \underset{\text{Dolomit}}{Ca, Mg(CO_3)_2} + MgSO_4 = \underset{\text{Magnesit}}{2\,MgCO_3} + CaSO_4 \end{array}\right.$$

$$\text{oder}\quad \left\{\begin{array}{l} CaCO_3 + MgCO_3 = \underset{\text{Dolomit}}{Ca, Mg\,(CO_3)_2} \\ \underset{\text{Dolomit}}{Ca, Mg(CO_3)_2} + MgCO_3 = \underset{\text{Magnesit}}{2\,MgCO_3} + CaCO_3. \end{array}\right.$$

Im Bereiche der Möglichkeit liegt nach Redlich (a. a. O.) auch die Bildung des Magnesitspates durch Umkristallisation des amorphen Magnesites unter der Einwirkung hohen Druckes (vgl. Marmorisierung des dichten Kalksteines, S. 320) und die Entstehung aus Dampfform, doch wurden bisher Umwandlungen des kristallinen in amorphen Magnesit und umgekehrt nicht beobachtet.

Die kristallographischen und physikalischen Eigenschaften sind aus Tabelle 73 zu entnehmen, die zum Vergleich einige Daten über Kalzit und Dolomit enthält.

Magnesitspat bildet zumeist grobkörnig-kristallinische Anhäufungen. Der sogenannte amorphe Magnesit kommt nur derb vor und besitzt ein kryptokristallinisches Gefüge.

Tabelle 73. Kristallographische und physikalische Eigenschaften

Mineral	KS	H	s	N_m	t	c
Kalzit		3	2,5—2,8	1,60		
Magnesitspat	hexagonal-rhomboedrisch	4—4,5	2,9—3,1 i. M. 3,04	1,65 mittl. Doppelbrechung 0,202		0,227
Dichter Magnesit		3—5	2,85—2,95			
Dolomit	rhomboedrisch	3,5—4,5	2,85—2,95	1,62		
Magnesiumkarbonat						0,220

Die Dichte des Magnesitspates steht zum Eisenoxydgehalt in geradem Verhältnis. Die Härte des dichten Minerals wird durch den Kieselsäuregehalt beeinflußt; zumeist ist es härter als der kristallinische Magnesit.

Amorpher Magnesit besitzt zuweilen einen geringen Grad von Bildsamkeit, den man auf die kolloidale Zustandsform zurückführt (Magnesitgel).

Kristallinischer und dichter Magnesit unterscheiden sich in optischer Beziehung vor allem durch den Glanz; dieser ist matt, jener besitzt lebhaften Glasglanz. Die eisenreichen Abarten des Spates, die Breunnerite, sind von ockergelber, brauner bis schwärzlichgrauer Farbe. Der Glanz des Spates kann zur Unterscheidung vom perlmutterglänzenden isomorphen Dolomit dienen.

Der in der Hitze schwarz werdende Magnesit ist nach der Erhitzung infolge der Bildung von Magnoferrit (siehe S. 416) magnetisch, eine Eigenschaft, die bei der Erzeugung von Sintermagnesit zur Entfernung der nichtmagnetischen Verunreinigungen verwendet wird.

Magnesit bietet bei niedrigen Temperaturen dem Durchgange des elektrischen Stromes einen sehr großen Widerstand.

Die kristallinischen Magnesite sind selten ganz rein. Zumeist enthalten sie verschiedene Beimengungen, isomorphe Karbonate von Kalzium, Eisen und Mangan, bilden daher oft Übergänge einerseits zum Spateisenstein (Siderit, $FeCO_3$), anderseits zum Dolomit. Bisweilen treten auch geschwefelte Erze, z. B. Kupferkies, als Begleitmineralien auf. Fast immer frei oder arm ist der Spat an Kieselsäure, deren Abwesenheit oder geringer Prozentsatz geradezu ein Kriterium für das kristallinische Gefüge ist. Die dichten Magnesite sind im allgemeinen reiner, arm an Eisenverbindungen, enthalten jedoch als Folge ihrer Entstehungsweise fast immer einige Hundertteile kolloidale Kieselsäure (Kieselmagnesit) und einen innerhalb weiter Grenzen schwankenden Wassergehalt, mindere Sorten auch Serpentin. Amorpher Magnesit kann nach R. Blum[1]) als ein Gemenge von Magnesiumkarbonat und Opalkieselsäure betrachtet werden. Unter den deutschen dichten Magnesiten ist besonders der Frankensteiner Magnesit (schlesischer Magnesit) durch Reinheit ausgezeichnet.

Analysenbeispiele bringt Tabelle 74.

Tabelle 74. Analysenbeispiele

Bezeichnung[1])	Gefüge	MgO	CO_2	CaO	SiO_2	FeO	Fe_2O_3	Al_2O_3	MnO	H_2O	Rückstand
Veitsch (Steiermark)	kristallinisch	42,43	50,41	1,68		3,53		0,03	0,53		0,92
Flachau (Salzburg)		44,53	49,67	0,65			3,62		0,28		0,61
Greiner Zillertal (Tirol)		40,90	47,56	1,23		9,09					0,48
Semmering		42,49	50,45	2,18		3,19					
Harz		40,15	49,22			6,22			1,98		
Saarbrücken		17,36	42,50	1,85		36,38			2,03		
Snarum (Norwegen)		47,29	51,44			0,78				0,47	
Kraubath (Steiermark)	dicht	48,41	50,87		0,21						
Schlesien		46,81	51,15	0,42	0,36		Spur			1,26	
Euböa (Griechenland)		43,48	48,16	0,97	5,05		0,90	0,85			0,18

[1]) Sämtliche Analysen aus Doelter, C.: Handbuch der Mineralchemie, Bd. I, S. 221—228. Dresden-Leipzig: Th. Steinkopff. 1912.

Magnesit ist in reinem Wasser praktisch unlöslich, allerdings weniger unlöslich als Kalzit; in kohlensäuregesättigtem Wasser lösen sich bei 5° C 0,13 vH Magnesiumkarbonat unter Bildung von Bikarbonat

[1]) Blum, R. in Doelter, C.: Handbuch der Mineralchemie, Bd. I, S. 244. Dresden-Leipzig: Th. Steinkopff. 1912.

($Mg[HCO_3]_2$) auf. Alkalikarbonate und -borate erhöhen die Löslichkeit; in warmen Mineralsäuren ist er im gepulverten Zustande vollständig löslich. Hinsichtlich der Löslichkeitsverhältnisse in kalter Salzsäure bilden Magnesit und Kalzit die Gegensätze, während Dolomit eine Mittelstellung einnimmt, die sich mehr dem Magnesit nähert.

Brennverhalten

Das Verhalten des Magnesites in höheren Hitzegraden sowie die chemische und physikalische Beschaffenheit der Brennerzeugnisse ist vom Feinbau, von der Art und Menge der Begleitstoffe und der Höhe der Brenntemperatur abhängig. An technischen Erzeugnissen liefert der amorphe (wohl auch der kristalline) Magnesit bei mäßig hoher Brenntemperatur schwach gebrannte Magnesia oder kaustischen Magnesit; bei höheren Hitzegraden entsteht (aus dichtem Magnesit) scharf gebrannte Magnesia, aus der schwach gebrannten Magnesia in einem zweiten Brande bei hoher Temperatur die doppeltgebrannte Magnesia, während die kristallinen Arten in hoher Hitze ein als Sintermagnesit bezeichnetes, verwickelt zusammengesetztes Stoffgemenge liefern.

Das Gemeinsame im Verhalten beider Magnesitarten ist die bei wesentlich niedrigerer Temperatur als beim Kalzit beginnende und beendigte thermische Zersetzung in Magnesiumoxyd und Kohlensäure:

$$\underset{84\ \text{Gt}}{MgCO_3} \rightleftarrows \underset{40\ \text{Gt}}{MgO} + \underset{44\ \text{Gt}}{CO_2}$$

Nach A. Vesterberg[1]) und E. Wülfing[2]) liegt die Zersetzungstemperatur von reinem Magnesiumkarbonat zu Magnesiumoxyd unter Atmosphärendruck etwas über 500° C; zumeist wird sie mit 510° C angenommen. Der Austritt der Kohlensäure vollzieht sich unter ähnlichen Verhältnissen wie beim Kalzit. Eine geringe Menge Kohlensäure entweicht schon bei etwa 180° C, Spuren von Kohlendioxyd werden aber selbst beim stärksten Glühen nicht entfernt. Reines Magnesiumkarbonat (künstliches) kann man nach dem Erhitzen auf 800° C als völlig entsäuert betrachten. In keramischen Massen muß nach Rieke[3]) mit einer Entsäuerungstemperatur von SK 1a (∾ 1100° C), bei magnesitreichen Massen sogar mit SK 5a (∾ 1180° C) gerechnet werden.

Die Zersetzungstemperatur der Magnesite und die Geschwindigkeit des Kohlensäureaustrittes ist von der physikalischen Beschaffenheit, insbesondere von der Dichte abhängig und daher bei den einzelnen Gesteinen verschieden. O. Brill[4]) fand die Zersetzungstemperatur eines kristallinen Magnesites bei Atmosphärendruck zu 445° C.

---

1) Vesterberg, A.: Bull. geol. Inst. Upsala, 1900, S. 127; Doelter, C.: Handbuch der Mineralchemie, Bd. I, S. 231. Dresden-Leipzig: Steinkopff. 1912.

2) Wülfing, E.: Jahresh. Verein Vaterl. Naturk. Würt. 56, 1900, S. 1; Doelter, C.: a. a. O.

3) Rieke: Tonind.-Z. 38, 1905, S. 1951—1953.

4) Brill, O.: Z. phys. Chem. 45, 1905, S. 283; Ref. Z. anorg. Chem. 45, 1905, S. 275.

In elektrischer Beziehung verhält sich der Magnesit bei Temperaturerhöhung im allgemeinen wie die bisher behandelten Rohstoffe; mit steigender Temperatur verringert sich der elektrische Widerstand sehr wesentlich. Im Gegensatz zu den meisten feuerfesten Werkstoffen fällt aber beim Magnesit nach Henry (a. a. O.) die Geschwindigkeit der Abnahme des Widerstandes mit der Temperaturerhöhung.

Vorkommen

Magnesit hat in der Natur keine so weite Verbreitung wie Kalkstein; kristallisiert findet er sich meist in alpinen Talk- und Chloritschiefern und in Grauwacken; häufig kommt er mit Dolomit innig vermengt vor, bildet aber auch reine, selbständige Lager.

Das Vorkommen kristallinischer Magnesite beschränkt sich auf Österreich, das ehemalige Oberungarn (Komitat Gömör), auf Norwegen, Schweden, Spanien (Santander), auf wenige, nicht bauwürdige Lager in Deutschland (Harz, Gegend von Saarbrücken), ferner auf Amerika (Washington, Kalifornien) und Kanada (Quebec).

Weit häufiger tritt der dichte Magnesit auf, nämlich in Griechenland, Serbien, Mazedonien, Kleinasien, in Deutschland bei Baumgarten, Grochau und Frankenstein (Schlesien), im Zobtengebiet (Kreis Schweidnitz, Schlesien), am Kaiserstuhl im Breisgau (Baden), in Österreich bei Kraubath, St. Lorenzen und Preg am linken Murufer (Steiermark), in der Tschechoslowakei bei Hrubschitz und Krumau, in Italien in Piemont (zu Baldissero), auf der Insel Elba und in Toskana (Val d'Elsa), in Schweden, im Ural, in Nordamerika (Kalifornien, Britisch-Kolumbien), in Südamerika auf der venezuelischen Insel Margarita, in Australien (Queensland, Neusüdwales, Südaustralien), auf den Inseln Tasmanien und Neukaledonien, in Indien, in der Südafrikanischen Union (Transvaal) und in der Mandschurei.

Als magnesitreichstes Land der Erde und wichtigster Lieferant kristalliner Magnesite gilt Österreich. Nach O. Sauer[1]) beginnt der vorwiegend kristallinen Magnesit führende Gebirgszug mit durchwegs bauwürdigen Lagern bei Eichberg-Aue am Semmering und umschließt die steirischen Lager von Arzberg bei Neuberg, am Sattlerkogel in der Veitsch, im Stübmingtal (Turnau), Tragöstal (Oberdorf und St. Katharein) und bei Bruck a. d. Mur (Kaintaleck), während ein etwa gleichgerichteter Zug die Lager am Häuselberg bei Leoben, im Jessinggraben, Liesingtal (Wald und Kallwang) und im Sunk (Trieben, wichtigstes Vorkommen dieses Zuges) umfaßt. Ferner befinden sich kleinere Lagerstätten in der Strehn bei Selztal und noch ein ergiebigeres Lager am Fuße des Grimming bei St. Martin a. d. Salza. Ein südlicherer Zug umschließt nach Sauer nicht unbedeutende Vorkommen in der Breitenau bei Mixnitz im Murtale, ferner bei Turrach und andere. Anschließend an diese steirischen Lager findet sich Magnesit in Salzburg bei St. Johann im Pongau, bei Schwarzach-St. Veit, Lend, Dienten und in der Umgebung von Zell

[1]) Sauer, O.: Die Magnesitgewinnung in Deutsch-Österreich, Handelsmuseum, Bd. 35 Nr. 49; Ref. Tonind.-Z. 45, 1921, S. 104.

am See; die westliche Begrenzung des ganzen Magnesitzuges bildet das Tuxer Tal. In Tirol (kristalline Magnesite) finden sich bauwürdige Lager am Benkenberg, auf der Wanglalpe (Zillertal), in Kärnten am Tragailer Berg unmittelbar oberhalb der Ortschaft Kamering und bei Radenthein; indes verfügen beide Länder über eine weitere Reihe kleinerer Vorkommen.

Die österreichischen Magnesite sind zumeist Breunnerite, ausgezeichnet durch einen für die Erzeugung von Sintermagnesit günstigen Eisengehalt. Die größte Gesellschaft in Österreich ist die Veitscher Magnesitwerke A. G. (Gruben in der Veitsch, am Semmering, im Sunk, bei Breitenau und am Benkenberg); die zweitgrößte die Austro-American Magnesite-Company, G. m. b. H., in Radenthein (seit 1927 fusioniert mit der Allgemeinen Automobil A. G. in Wien; neuer Firmenwortlaut: Österreichisch-Amerikanische Magnesit-Aktiengesellschaft). Die Österreichische Magnesit-Industrie-A. G. (Montana) übernahm vor wenigen Jahren die Gruben von Neuberg a. d. Mürz (1920), Oberdorf (1920) — diese früher im Besitze der Oberdorfer Magnesitwerke G. m. b. H. —, Kraubath (1921) und die Grube der Magnesit-Industrie und Bergbau-A. G. Weitere Magnesitwerke sind die Obersteirische Magnesit-Gesellschaft Wien (Gruben von Tragail), die Bayrischen Magnesitwerke Eichberg-Aue, die Salzburger Magnesitwerke G. m. b. H., die Steirische Magnesit-Industrie A. G. Wien (Werk Leitendorf bei Leoben) und die Zillertaler Magnesitwerke A.-G. (Werk Mayrhofen).

Im Jahre 1921 wanderten etwa 90 vH der Magnesiterzeugung ins Ausland, und zwar hauptsächlich nach Deutschland, bedeutende Mengen aber auch nach Frankreich, England, Italien, nach der Schweiz, Amerika und in die Tschechoslowakei[1]). Die Ausfuhr an rohem Magnesit betrug im Jahre

1923	22488 q
1924	16331 ,,

die Weltproduktion im letztgenannten Jahre 168000 t[2]).

Im Jahre 1924 wurde roher Magnesit fast ausschließlich von Deutschland und England bezogen[3]). Griechenland birgt reiche Vorkommen teilweise sehr reinen, dichten Magnesites auf den Inseln und auf dem Festlande (Umgebung Saloniki); die reinsten Sorten liefert Euböa. Deutschland und die Tschechoslowakei sind arm an bauwürdigen Lagern. Die Frankensteiner Magnesitwerke in Grochau förderten 1926 ∾ 10000 t dichten Magnesit (Stettbacher, a. a. O.). Am Zobten wird amorpher Magnesit nach A. Reimers[4]) seit 1919 im Tagbau von der Firma „Schlesische Magnesitgruben W. Koenitzer & Co., G. m. b. H." gewonnen. In der Tschechoslowakei betreiben Magnesitbergbau:

[1]) Tonind.-Z. 45, 1921, S. 1381.

[2]) Stettbacher: Chem. Z., 1926, S. 741/742 u. S. 771—774.

[3]) Tonind.-Z. 49, 1925, S. 726.

[4]) Reimers, A.: Z. Steinbr. 1926, S. 219 u. 236; Ref. Tonind.-Z. 51, 1927, S. 679.

die „Vereinigten Gömörer Magnesit-Werke A. G., Bratislava (Preßburg)" — seit 1921 mit den Westböhmischen Kaolin- und Schamotte-Werken A. G. fusioniert —, die in mächtigen Lagern bei Lovinobana (Slowakei) einen erstklassigen Magnesit fördern sollen[1]). Außerdem wird in der Tschechoslowakei bei Košice (Werk der Berg- und Hüttengesellschaft in Třinec bei Teschen) Magnesit gefunden und zu Sintermagnesit verarbeitet. Andere Gesellschaften sind: Magnesit-Industrie-A. G. (Miag) und die Allgemeine Magnesit-A. G., beide in Bratislava.

Rußland verfügt im Ural in der Umgebung von Jekaterinburg über Lager, die zusammen mit den Vorkommen von Satkinsk (kristalliner Magnesit) angeblich den Weltbedarf zu decken vermögen[2]); auch in Sibirien und in der Nähe von Kursk (Südrußland) sollen sich große Lager von Magnesit befinden; Rußland führt seit 1925 Ural-Magnesit nach England, Belgien, seit 1926 auch nach Deutschland, Schweden und Holland aus[3]). Skandinavien besitzt in Snarum selbständige Lager von fast reinem Magnesit, in Norbotten (Schweden) Lagerstätten von eisenreichen Magnesiten.

Die größte Magnesitförderung der Vereinigten Staaten hat die Northwest Magnesite Co in Chewelah (Washington) zu verzeichnen, die 1924 laut Statistik des amerikanischen Geological Survey mehr als die Hälfte der USA-Erzeugung — der Rest fällt auf Kalifornien — lieferte[4]). Der kristallinische Magnesit von Stevens (Washington) wurde vor etwa zehn Jahren erschlossen; das Vorkommen soll an Umfang und Reinheit alle bisher bekannten Fundstätten übertreffen; in Kalifornien wird Magnesit von der Western Materials Development Co in der Red-Mountain-Grube südlich von Livermore (Santa Clara), von der Sierra Magnesite Co in Porterville (Tulare) und in den Bergwerken bei Rutherford (Napa County, White Rock Mine) gewonnen; im Westen der Sierra Nevada findet sich Magnesit von der Art des griechischen Gesteines[5]). Die ausgedehnten kanadischen Lager bei Calumet in Quebec zwischen Ottawa und Montreal bergen Magnesite mit schwankendem Kalkgehalt (5—15 vH); der Hauptsitz dieser Magnesitindustrie liegt in den Städten Grenville und Harrington[6]).

Australien liefert dichte Magnesite aus verschiedenen Teilen des Landes; die wichtigsten Vorkommen liegen bei Fifield in Neusüdwales, bei Heathcote in Viktoria, Tumby Bay (Queensland) und Bulong (Westaustralien); in Indien sind den griechischen ähnliche Magnesite hauptsächlich in den Kalkbergen (Chalk Hills) des Bezirkes Salem

[1]) Tonind.-Z. 45, 1921, S. 84; Ker. Rundsch. 33, 1925, S. 211.
[2]) Tonind.-Z. 47, 1923, S. 28.
[3]) Ker. Rundsch. 34, 1926, S. 760.
[4]) Tonind.-Z. 45, 1921, S. 669; 49, 1925, S. 712.
[5]) Tonind.-Z. 45, 1921, S. 73, 669 u. 1119; 47, 1923, S. 433.
[6]) Tonind.-Z. 45, 1921, S. 1119; Min. Res. Bur.; Tonind.-Z. 45, 1921, S. 610.

(Madras) zu finden; ziemlich mächtige Lagerstätten besitzt die Südafrikanische Union im Bezirke Barbertown des östlichen Transvaal.

Verwendung

Rohmagnesit findet keramisch sowohl als Versatzstoff für Massen als auch zur Glasurbereitung Verwendung. Er dient als gänzlicher oder teilweiser Ersatz von Kalzit bzw. Feldspat in den Massen von Magnesiasteingut, Magnesiaporzellan und Sanitätswaren. Die Menge des in den keramischen Massen verwendeten Magnesites ist im allgemeinen gering; die Masse der Sanitätswaren enthält nach Hecht[1]) nur etwa 1 vH $MgCO_3$; zur Herstellung von Hourdis verwendet man Tone, die bereits einige Hundertteile $MgCO_3$ mitbringen[2]); reichlicher findet Magnesit zur Herstellung von schwerer schmelzbaren Steingut- und Porzellanglasuren, ferner zum Opakisieren von Steingutglasuren Verwendung; den höchsten Magnesitgehalt weist die Masse des Magnesiaporzellans (etwa 30 vH $MgCO_3$) und des in Italien erzeugten Magnesiasteingutes (im Mittel etwa 38 vH) auf.

Amorpher Magnesit ist der Rohstoff zur Erzeugung von schwach gebrannter Magnesia (kaustischer Magnesit), der scharf- und doppeltgebrannten Magnesia, während die Hauptmenge der kristallinischen Magnesite und Breunnerite zu Sintermagnesit gebrannt wird. In neuerer Zeit stellt man aus Rohmagnesit auch geschmolzenen Magnesit her.

Von Magnesiten, die zur Erzeugung weißbrennender Massen und zur Bereitung farbloser Glasuren dienen sollen, ist entsprechende Reinheit, insbesondere Eisenfreiheit zu fordern. Es kommen daher für diesen Zweck nur reinste Spate bzw., da diese verhältnismäßig selten sind, vorwiegend amorphe Magnesite in Betracht, die auch den Vorzug einer größeren chemischen Reaktionsfähigkeit zufolge ihrer feinbaulichen Verhältnisse besitzen. Bei der Verwendung von Magnesit als Sintermittel von Klinkermassen ist ein Eisengehalt erwünscht, da dieser eine leichtere Sinterung bedingt.

Zum Kaustischbrennen wird hauptsächlich das amorphe Gestein verwendet, da die kristallinen Arten ein zu langsam abbindendes, dichteres Erzeugnis liefern sollen und unter gleichen Verhältnissen langsamer garbrennen als die amorphen Magnesite. Nach Untersuchungen von P. H. Bates[3]) ist Magnesitspat zum Kaustizieren genau so wie das Magnesitgel geeignet; der genannte Forscher hält es lediglich für ein Vorurteil, wenn die Industrie einseitig amorphen Magnesit bevorzugt. In chemischer Hinsicht ist vom Rohstoff des kaustischen Magnesites vor allem ein möglichst geringer Kalkgehalt zu verlangen, da dieser sowohl die Abbindeverhältnisse ungünstig beeinflußt als auch Gefüge-

[1]) Hecht, H.: Lehrb. d. Keramik, Berlin-Wien: Urban und Schwarzenberg. 1923.

[2]) Tonind.-Z. 26, 1902, S. 708.

[3]) Bates, P. H.: Ref. Stettbacher: Chem. Z. 50, 1926, S. 742.

störungen durch das Treiben verursachen kann. Mit Rücksicht auf das Aussehen des aus dem schwach gebrannten Magnesit erzeugten Zementes ist ein geringer Eisengehalt erwünscht.

Den hohen Anforderungen an Sintermagnesit entsprechend müssen die hiezu verwendeten Rohmagnesite eine Reihe von Bedingungen erfüllen:

1. Um mit nicht allzu hohem Brennstoffaufwand die Sinterung erreichen zu können, müssen gewisse Schmelzmittel von Natur aus vorhanden sein (Eisenoxyde, Kalk, Tonerde, Kieselsäure).

2. Zur Erzielung eines guten Sinterproduktes sind bestimmte Mengen der einzelnen Flußbildner und feine Verteilung erforderlich; unter diesen Bedingungen genügen schon verhältnismäßig geringe Mengen der Flußmittel zur Hervorbringung der Sinterung, vorausgesetzt, daß sie im richtigen Verhältnis zueinander stehen; der zum Sinterbrennen günstigste Eisengehalt beträgt etwa 3—7 vH Eisen-2-oxyd, entsprechend 5—11 vH Eisenkarbonat ($FeCO_3$); der Gehalt an Kalk und Tonerde soll möglichst gering sein (höchstzulässiger Kalkgehalt im gebrannten Magnesit etwa 4 vH); der günstigste Kieselsäuregehalt überschreitet nicht jenes Ausmaß, das zur Bildung eines zähen, glasigen Erstarrungsproduktes nötig ist.

Das Eisen-2-oxyd erniedrigt erheblich die Sinterungstemperatur, ohne die Feuerfestigkeit merklich zu beeinträchtigen, vorausgesetzt, daß seine Menge obige Grenze nicht wesentlich übersteigt. Für die Silizierung des Eisens ist das Eisen-2-oxyd wesentlich günstiger als das Eisen-3-oxyd, da es leichter mit Kieselsäure in chemische Wechselwirkung tritt.

Quarz, Kalk und kalkhaltige Stoffe wie Dolomit sind in größerer Menge als schädliche Beimengungen zu betrachten. Quarz und Kalk bilden bei der zum Sinterbrennen nötigen Temperatur ein verhältnismäßig leicht schmelzbares Silikat, das in größerer Menge die Feuerfestigkeit beeinträchtigt. Ebenso verhält sich die Tonerde, welche die Kieselsäure ersetzen kann, da sie mit Kalk gleichfalls niedrig schmelzende Aluminate eingeht. Bei gleichzeitiger Anwesenheit erheblicherer Mengen von Kalk, Tonerde und Kieselsäure bilden sich sehr leicht schmelzbare Doppelsilikate, welche die Feuerfestigkeit des Sintermagnesites noch stärker gefährden. Übersteigt der Kalkgehalt die zur Bildung der Silikate und Aluminate bzw. Doppelsilikate stöchiometrisch erforderliche Menge, so erscheint freier Kalk im Sintererzeugnis und wirkt hier in zweifacher Weise nachteilig: durch Wasser- und Kohlensäureaufnahme aus der Luft tritt Treiben und damit eine Lockerung des Gefüges ein, die in schlimmen Fällen den Zerfall des Sintermagnesites bewirkt; ferner bildet er mit dem Magnesiumoxyd feste Lösungen, die leichter schmelzbar sind als jeder ihrer Bestandteile, wodurch er ebenfalls die Feuerfestigkeit beeinträchtigt.

3. Die in Schachtöfen zu brennenden Rohmagnesite müssen auch in bezug auf Korngröße und ihr physikalisches Verhalten im Brande die nötige Eignung besitzen, das heißt sie müssen in Stückform vorliegen

und dürfen nach dem Ausbrennen der Kohlensäure nicht zerrieseln, da sonst infolge des erhöhten Gasdurchgangswiderstandes leicht Betriebsstörungen eintreten können. Dies gilt auch für das Kaustischbrennen des Magnesites im Falle der Verwendung von Schachtöfen.

Den angeführten chemischen Bedingungen kommen die steirischen Magnesitspate, vor allem der Veitscher Magnesit, am nächsten. Durchschnitts- bzw. Grenzwerte von steirischen Magnesiten, die zum Sinterbrennen hervorragend geeignet sind, zeigt Tabelle 75.

Tabelle 75. Zusammensetzung von Magnesiten, die zum Sinterbrennen geeignet sind

Bezeichnung	MgO	CO_2	$MgCO_3$	CaO	$CaCO_3$	$FeCO_3$	Fe_2O_3	Al_2O_3	SiO_2
Durchschnitt der Veitscher Magnesite[1])	40,3	45,0		1,4			8,4		3,8
Grenzwerte der steirischen Magnesite[2])			80—95		5—1	2—8		1—2	1—5

[1]) Min. Res. Bur.; Ref. a. a. O.
[2]) Ullmann, F.: Enzyklopädie der Technischen Chemie, VII. Bd., S. 677. Berlin-Wien: Urban und Schwarzenberg. 1919.

Wirkungen in tonigen Massen

Magnesit und ebenso ein natürlicher Gehalt der Tone an Magnesiumkarbonat wirkt in tonigen Massen in etwas anderer Weise magernd als der kohlensaure Kalk. Er erhöht zwar wie dieser, ja sogar in beträchtlicherem Maße die Porigkeit, da der beim Brennen eintretende Gewichtsverlust 52,2 vH gegen 44 vH beim Kalzit beträgt, verringert aber nach Rieke[1]) nicht wie Marmor (bis 20 vH) die Schwindung, sondern erhöht sie sogar innerhalb gewisser Mengenverhältnisse, während bei hochprozentigen Mischungen die Wirkung auf die Schwindung ähnlich der des Marmors ist. Mischungen von Zettlitzer Kaolin mit Magnesit wiesen bei den von Rieke durchgeführten Versuchen stets größere Schwindungen auf als die entsprechenden Marmor-Kaolin-Gemenge (vgl. bei Magnesiumoxyd, S. 422).

Infolge der niedrigeren Zersetzungstemperatur besteht in magnesithaltigen, leicht sinternden Massen eine geringere Gefahr von Entformungen durch die austretende Kohlensäure als beim kohlensauren Kalk, da die völlige Entsäuerung fast immer vor dem Beginn der Sinterung beendet ist. Auch in mancher anderer Beziehung besitzt der Magnesit dem Kalzit gegenüber Vorteile (siehe S. 422).

II. Magnesiumoxyd

Reine Magnesite oder gefälltes Magnesiumkarbonat liefern im Brande auf entsprechend hohe Temperatur Magnesiumoxyd, das je nach der

[1]) Rieke: Sprs. 38, 1905, S. 1869, 1910 u. 1951.

Höhe der angewendeten Brenntemperatur entweder als kaustischer Magnesit bzw. Kunstmagnesia (Magnesia usta) oder als scharf- (bzw. doppelt-) gebrannte Magnesia angesprochen wird.

Magnesia usta erhält man in Abhängigkeit von der Fälltemperatur des künstlichen Karbonates entweder in Form von lockerem, sehr voluminösem Pulver oder (bei heißer Fällung) in Gestalt einer harten, dichten Masse.

Natürliche Vorkommen des Magnesiumoxydes, und zwar der geringe Mengen Eisen-2-oxyd enthaltende isometrische Periklas von dunkelgrüner Farbe und der stark magnetische Magnoferrit, eine Verbindung von Magnesia mit Eisen-3-oxyd vom Spinelltypus, haben keine technische Bedeutung, da sich ihr Vorkommen auf wenige Fundorte in vulkanischen Gegenden beschränkt.

A. Berge[1]) lenkt das Augenmerk auf die bei der Salzsäureerzeugung aus den Chlormagnesiumlaugen (Endlaugen der carnallitverarbeitenden Kaliindustrie) anfallende reine Magnesia, die von den deutschen Kaliwerken in einer täglichen Menge von 2000 t geliefert werden könnte. Auch die Gewinnung von Magnesia aus gebranntem Dolomit (im wesentlichen $MgO + CaO$) käme in Betracht, z. B. nach Closson (D.R.P. 11456, 1879) mittels Chlorkalzium und Chlormagnesium:

$$CaO + MgO + CaCl_2 + MgCl_2 = 2\,CaCl_2 + 2\,MgO,$$

oder nach Scheibler (D.R.P. 16575, 1881) mittels Magnesiumsulfat:

$$CaO + MgO + MgSO_4 = CaSO_4 + 2\,MgO.$$

1. Kaustischer Magnesit
(Schwachbrand)

Kaustischer Magnesit ist die Bezeichnung für das bei Rotglut anfallende Brennprodukt des natürlichen Magnesites.

Der Brennvorgang besteht im wesentlichen in der Austreibung der Kohlensäure und Feuchtigkeit und in der Verbrennung der etwa vorhandenen organischen Beimengungen. In bezug auf die Zersetzung des Karbonates verhält sich der für diesen Zweck am meisten verwendete amorphe Magnesit wie das reine Magnesiumkarbonat. Zur Sinterung kommt es im Kaustisierbrande nicht. Die Temperatur, bei der Sinterung eintritt, hängt, abgesehen von der Brennhöhe, von der Art und Menge der Beimengungen ab. Der schmelzmittelarme dichte Magnesit erfordert zur Sinterung eine sehr hohe Temperatur, etwa 1530—1580° C, die beim Kaustischbrennen weder erreicht noch bezweckt wird. Eine wesentliche Überschreitung der für einen bestimmten Magnesit zum Kaustisieren erforderlichen Temperatur kann jedoch eine Verdichtung und damit eine teilweise Inaktivierung des Magnesiumoxydes herbeiführen.

Der Erzeugungsgang besteht in einer Zerkleinerung des Rohmagnesites, im Brennen bei Temperaturen zwischen 700 und 1100° C und Vermahlen des gebrannten Erzeugnisses. Die anzuwendende Brenntemperatur richtet sich nach der physikalischen und chemischen

[1]) Berge, A.: Sprs. 53, 1920, Nrn. 1 u. 2, Sonderdruck.

Beschaffenheit des Werkstoffes. Jeder Brenntemperatur entspricht ein kaustisches Produkt von ganz bestimmten Eigenschaften. Die Brennapparate sind Flamm-, Kupol- oder kleine Schachtöfen (Steiermark 4—5 t/24 st), für größere Leistungen bis zu 100 t und mehr Gaskammeröfen oder Schachtöfen von entsprechend größeren Abmessungen. Auch Drehrohröfen werden neuerdings zum Kaustischbrennen verwendet.

Als Nebenerzeugnis fällt kaustischer Magnesit beim Sinterbrennen von kristallinen Magnesiten an. Der fertig gebrannte Magnesit wird auf eine seiner Weiterverwendung entsprechende Korngröße vermahlen.

Der kaustische Magnesit ist ein amorphes, ungesintertes, lockeres, sehr voluminöses Pulver, das unter höherem Drucke formbar ist. Die Dichte des Schwachbrandes ist von der Brenntemperatur und der Brenndauer abhängig; sie ist um so größer, je höher die Brenntemperatur gehalten wird, hängt aber auch von der Dichte des Brenngutes ab, mit der sie wächst.

In optischer Hinsicht unterscheidet er sich von dem Rohmagnesit durch die Farbe und den Brechungsindex. Oxydationswirkungen führen etwa vorhandene Eisen-2-oxydverbindungen in farbkräftigeres Eisen-3-oxyd über und erteilen ihm daher je nach der Menge der Eisenverbindungen eine gelbliche bis bräunliche Farbe. Der Brechungsindex steigt mit der Brenntemperatur, ist also größer als beim Rohstoff (Stettbacher, a. a. O.).

Seiner chemischen Zusammensetzung nach besteht er in der Hauptsache aus Magnesiumoxyd (bis 93 vH), das von kleinen Mengen Kieselsäure, Eisenoxyd, Tonerde, Kalk, Kohlensäure (etwa 4 vH), Wasser, zuweilen auch von Schwefelsäure (Gips) begleitet ist.

Kaustischer Zillertaler Magnesit[1]) enthält z. B. 89,50 bis 93,00 vH MgO, 3,07 bis 4,02 vH SiO_2, 2,30 bis 2,66 vH $Fe_2O_3 + Al_2O_3$, 0 bis 0,76 vH CaO und 1,40 bis 4,20 vH Glühverlust.

Im Verhalten gegenüber Wasser und Kohlensäure (Luft) zeigen die einzelnen Sorten große Unterschiede. Im allgemeinen ist der kaustische Magnesit diesen Stoffen gegenüber weitaus beständiger als Kalk, aber lange nicht indifferent. Maßgebend für sein diesbezügliches Verhalten ist die Dichte bzw. der Gehalt an abbindefähiger (aktiver) Magnesia, deren Menge hauptsächlich zur Brenntemperatur in engster Beziehung steht. Mit steigender Dichte verringert sich die Reaktionsfähigkeit. Nach L. Jesser[2]) bindet Magnesia von der Dichte 3 mit Wasser energisch ab. Der bei der Zersetzungstemperatur anfallende kaustische Magnesit zieht Wasser rasch, bei höherer Temperatur gebrannter bedeutend langsamer an; die Hydratationsgeschwindigkeit der kaustischen Magnesite, die über ihrer Zersetzungstemperatur gebrannt wurden, ist um so größer, je naher die Brenntemperatur der Zersetzungstemperatur lag.

Der einfache Vorgang der Wasserbindung durch das Magnesiumoxyd, wie ihn die chemische Gleichung $MgO + H_2O = Mg(OH)_2$

[1]) Alpenländische Bergbaugesellschaft m. b. H. Innsbruck: Der Zillertaler Magnesit (Druckschrift).

[2]) Jesser, L.: Österreichische Chemiker-Zeitung.

(Magnesiumhydroxyd) ausdrückt, wurde von Stettbacher (a. a. O.) auch physikalisch aufgeklärt. Aus der Tatsache, daß in einem gelagerten kaustischen Magnesit neben chemisch gebundenem, auch noch hygrokopisches Wasser vorhanden ist, schließt Stettbacher, daß die chemische Bindung des Wassers bei der Einwirkung von Wasserdampf sich auf dem Umwege über die Sorption vollzieht, also ein Teil des aufgenommenen Wassers zunächst an der Oberfläche der Teilchen haften bleibt und erst allmählich die Bildung des Magnesiumhydroxydes eintritt; das anhaftende Wasser ist für die Abbindeverhältnisse bedeutungslos.

Schwachbrand ist auch etwas hydraulisch; ein Brei von kaustischem Magnesit und Wasser erhärtet unter Wasser zu einer festen, marmorartigen Masse. Trocken gelagerter kaustischer Magnesit nimmt nur geringe Mengen von Kohlensäure auf. Für die Karbonisation ist ein gewisser Feuchtigkeitsgehalt Voraussetzung. Sie vollzieht sich nach den Gleichungen: $MgO + H_2O = Mg(OH)_2$; $Mg(OH)_2$ (feucht) $+ CO_2 = MgCO_3 + H_2O$. Die Geschwindigkeit der Kohlensäureaufnahme steht in Parallele zur Geschwindigkeit der Wasseraufnahme. Die Bindung dieser beiden Stoffe ist von einer Raumvergrößerung begleitet (Treiben).

Im Wasser ist gebrannte Magnesia sehr schwer löslich; nach Fresenius löst sich ein Teil in 55000 Teilen kalten oder heißen Wasser, nach neueren Untersuchungen in 172000 Teilen. Die Löslichkeit in Säuren nimmt mit steigender Brenntemperatur ab; bei etwa 1500° C geglühte Magnesia ist in Säuren wenig löslich oder fast unlöslich. Mit Magnesiumchloridlaugen von etwa 20° Bé (34—58 vH $MgCl_2 \cdot 6\,H_2O$) vermag der kaustische Magnesit unter Bildung von Magnesiumoxychlorid steinartig zu erhärten, wogegen das Karbonat und Hydroxyd mit Chlormagnesium nicht reagieren. Die Bildung des Oxychlorides erfolgt im Sinne der Gleichung:

$$MgCl_2 + MgO = Mg_2OCl_2 = \begin{matrix} Mg \diagup Cl \\ \rangle O \\ Mg \diagdown Cl \end{matrix}$$

Ebenso erhärtet der Schwachbrand, wenn er mit Kreide oder Marmorpulver vermengt und mit Wasser angerührt wird (siehe bei Dolomit S. 440).

Für den Nachweis von amorphem Magnesiumoxyd in Magnesitziegeln ist eine Farbenreaktion mit Diphenylkarbazid von Interesse. Die alkoholische Lösung dieses Stoffes färbt amorphes Magnesiumoxyd bei längerer Einwirkung rot; diese Reaktion gibt weder das durch Erhitzung in den kristallisierten Periklas umgewandelte Magnesiumoxyd noch unzersetzter Magnesit (R. Böhm, a. a. O.).

Verwendung

Auf der Umsetzung mit Chlormagnesiumlauge und deren physikalischen Folgen beruht die Verwendung des kaustischen Magnesites als Mörtelstoff, hauptsächlich zur Herstellung des sogenannten Chlormagnesia- oder Sorelzementes und von Steinholz (Sorelzement und Füllstoffe, z. B. Sägespäne, Korkmehl, Talk u. a.). Außer zu dem genannten Zwecke dient er zur Herstellung von Papierfüllstoff, als Werkstoff in der Schleif- und Kunststeinindustrie, früher auch als Bindemittel für die Sintermagnesitmasse bei der Erzeugung der Magnesitziegel, zur Herstellung von feuersicheren Trennwänden elektrischer Schaltungen u. a.

Nach D.R.P. 67176 soll sich gebrannter Magnesit auch zur Erzeugung von Gipsformen eignen; die Patentschrift führt folgende Zusammensetzung der Rohmasse an: 2 Teile Gips, 1 Teil gebrannter Magnesit und eine Lösung von 7 Teilen Chlormagnesium in 9 Teilen heißem Wasser.

2. Scharf- und doppeltgebrannte Magnesia

In dem der Zersetzung des Magnesites folgenden Temperaturbereiche von etwa 510—1500° C erfährt der amorphe, entsäuerte Magnesit eine allmähliche, mit starker Schwindung verbundene Verdichtung, ohne daß Sinterung in erheblichem Umfange eintritt.

Das bei Weißglut aus amorphem Magnesit in einem Brande erzielte Brennprodukt ist die scharfgebrannte, beständige Magnesia, bzw. wenn sie aus schwachgebrannter, gereinigter Magnesia erzeugt wurde, die sogenannte doppeltgebrannte Magnesia.

Der Zweck des Scharfbrandes ist, der schwachgebrannten Magnesia die noch beträchtliche Schwindung zu nehmen und sie gegen Wasser und Kohlensäure beständig zu machen („Totbrennen"). Der doppelte Brand bedingt naturgemäß dieselben Veränderungen, hat aber vor allem den Zweck, die mechanischen Eigenschaften der Schwachbrandmagnesia zur Reinigung auszunutzen, wodurch ihre Feuerfestigkeit günstig beeinflußt wird. Die schwachgebrannte Magnesia ist, wie bereits bekannt, eine leicht zerreibliche Masse, während die Beimengungen im Brande bei der niedrigen Temperatur ihren Zusammenhang nicht verlieren und daher fest bleiben. Fremdstoffe wie Quarz und Serpentin, die niedriger als Magnesia schmelzen, können daher aus der kaustischen Magnesia leicht entfernt werden.

Für feuerfeste Zwecke, z. B. zur Herstellung der Magnesittiegel, wird die Magnesia meist aus reinen, dichten Magnesiten (Frankensteiner, Euböa-Magnesit) nach folgendem Arbeitsgange erzeugt:

Dichter Magnesit
|
bei schwacher Rotglut gebrannt
|
gereinigt
|
Verunreinigungen — gereinigte, schwachgebrannte Magnesia
|
bei Weißglut gebrannt (nötigenfalls wiederholt)
|
doppeltgebrannte Magnesia (Rohstoff für Magnesittiegel)

Magnesiumoxyd kristallisiert regulär.

Die physikalischen Eigenschaften der verschiedenen Arten von Magnesiumoxyd sind aus Tabelle 76 zu ersehen.

Tabelle 76. Physikalische Eigenschaften

Bezeichnung	s	H	N_m	t	$\lambda \times 360$	c	$\beta \times 10^6$
Magnesia usta, schwach geglüht	3,07—3,22			48	0,52(?)[1] gepreßt		
Magnesia, scharf gebrannt (kristallin)	3,59—3,61; r: 0,797[1])						
Kaustischer Magnesit	3,3—3,4		∽1,73[2])				
Magnesia (Pulver)				25 0—100	 0,169	0,2385[3]) 0,244	
Magnesia (Kalifornien)				100			7,0[4])
Magnesia (Australien)				100			8,0[4])
Magnesiumoxyd				24—100		0,2439	$\alpha \cdot 10^7$ 0,1
Periklas	3,7—3,9	5,5—6	1,74				

[1]) Singer, F.: Keramik, S. 474. Braunschweig: F. Vieweg u. Sohn. 1923.
[2]) Stettbacher: a. a. O.
[3]) L. B. Tab.
[4]) Brick and Clay Record 1927, Nr. 10, S. 781; Ref. Tonind.-Z. 51, 1927, S. 1126.

Scharfgebrannte Magnesia ist dicht, von kristallinischem Gefüge und wie der Sintermagnesit völlig unbildsam, welcher Umstand ihre Verarbeitung erschwert. Hinsichtlich seiner Eignung zur Bildung von plastischen Massen zählt das Magnesiumoxyd nach Ruff (a. a. O.) zu den „wenig plastischen“ Oxyden, also zur gleichen Gruppe wie die Kieselsäure, die sie in dieser Beziehung sogar etwas übertrifft.

Die Formgebung ohne Zusatz von plastischen Bindemitteln und ohne Vorbehandlung ist durch starken Druck auf das angefeuchtete Oxyd bzw. infolge der Erhärtungsfähigkeit auch auf nassem Wege möglich (siehe S. 409).

Aus künstlichem Magnesiumkarbonat erzeugte scharfgebrannte Magnesia ist selbstverständlich reines Magnesiumoxyd; die den natürlichen Magnesiten entstammende Magnesia enthält in einer durch das Brennen veränderten Verbindungsform die Beimengungen des Rohstoffes. Bei hohen Temperaturen nimmt das kristallinische Magnesiumoxyd[1]) bis zu 30 vH und mehr Eisenoxyd in feste Lösung auf, während bei niedrigen Hitzegraden weniger als 3 vH gelöst werden.

[1]) Nach Brick and Clay Record 1927, S. 781; Tonind.-Z. 51, 1927, S. 1126.

Im Verhalten gegenüber Wasser und Kohlensäure zeigt die scharfgebrannte Magnesia wesentliche Unterschiede vom kaustischen Magnesit. Sie ist im Wasser schwer löslich, und zwar um so schwieriger, je höher sie gebrannt wurde. Auf Weißglut erhitzte Magnesia nimmt fast keine Feuchtigkeit mehr auf, hält sie vielmehr nur mechanisch fest. Zur völligen Hydratation sind 44,68 cm^3 Wasser je 100 g Magnesia erforderlich. Von dieser Menge werden nach Versuchen von E. De Mille-Campbell[1]) mit zunehmender Brenntemperatur immer weniger Hundertteile gebunden; die Hydratation war bei Magnesia, die unter 1100° C geglüht wurde, innerhalb dreier Monate beendet, bei den zwischen 1300 und 1450° C gebrannten Proben auch nach 6 Jahren nicht vollständig.

Abb. 65 zeigt den Verlauf der Wasseraufnahme innerhalb von 6 Jahren bei verschieden hochgebrannter Magnesia nach den Campbellschen Versuchsergebnissen.

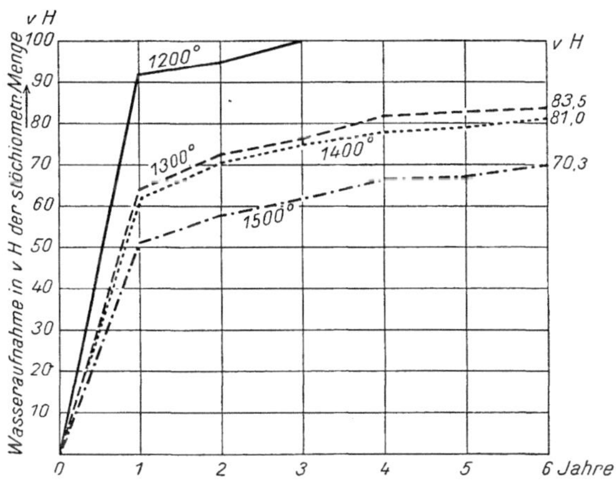

Abb. 65. Wasseraufnahme durch verschieden hoch gebrannte Magnesia; nach den Campbellschen Versuchsergebnissen

Die Lösung der scharfgebrannten Magnesia in Wasser reagiert schwach alkalisch. Wird hochgeglühte Magnesia mit Wasser angerührt, so erhärtet sie wie Zement. Von dieser Eigenschaft macht man bei der Erzeugung größerer Formlinge, die sich durch Pressen wegen des Haftens an den Formen nicht gestalten lassen, Gebrauch, um die Magnesia auf nassem Wege zu verformen.

Die Aufnahme der Kohlensäure verläuft etwa parallel mit der Wasserbindung, da die Voraussetzung der Karbonisation ein gewisser Feuchtigkeitsgehalt ist; scharfgebranntes Oxyd nimmt daher nur wenig Kohlensäure aus der Luft auf. In Säuren ist es ebenso löslich wie der gepulverte Periklas.

[1]) De Mille-Campbell, E.: Journ. Ind. Eng. Chem. 10, 1918, S. 595/96; Z. B. 1919, II, S. 246.

Brennverhalten

Mit zunehmender Temperatur erhöht sich die Dichte der scharfgebrannten Magnesia bis zum Grenzwerte nur dann, wenn die Temperatur diejenige des Erzeugungsbrandes überschreitet, soferne nicht schon während desselben der Höchstwert erreicht wurde. Unter den gleichen Voraussetzungen kann auch noch eine Umwandlung der amorphen in die kristalline Phase eintreten.

Die Änderungen der thermischen und elektrischen Eigenschaften mit der Temperatur sind aus Tabelle 77 ersichtlich. Der Verlauf der Wärmeausdehnung der Magnesia A und B ist in Abb. 66 graphisch dargestellt.

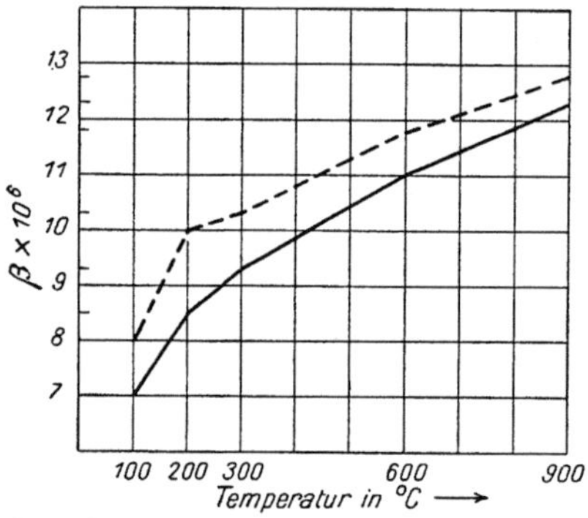

Abb. 66. Wärmeausdehnung von kalifornischer (A) und australischer (B) Magnesia; nach den Angaben in Brick and Clay Record (a. a. O.)
——— Kalifornische } Magnesia
- - - - Australische } Magnesia

In bezug auf Formartänderungen zeigt reine Magnesia trotz des hohen Schmelzpunktes, der nach Kanolt[1]) bei 2800° C liegt, ein ungünstiges Verhalten. Schon in mäßig hohen Hitzegraden erleidet sie durch Erweichen unter Belastung Entformungen; nach Hougen (a. a. O.) hält sie einem Drucke von 3,5 kg/cm² bei 1080° C nicht mehr stand, dagegen hört bei einer durch Kieselsäure (7,5 vH) verunreinigten Magnesia der mechanische Widerstand unter dem gleichen Drucke erst bei 1870° C auf. Das Erweichungsverhalten hängt auch von der bei der Erzeugung angewendeten Brenntemperatur ab; sehr scharf gebrannte Magnesia weist erheblich höhere Erweichungstemperaturen auf als bei tieferer Temperatur hergestelltes Oxyd.

Magnesia besitzt bei 2000° C eine hohe Dampftension; sie verflüchtigt sich schon weit unterhalb ihres Schmelzpunktes, so daß ihre Verwendbarkeit zu hochfeuerfesten Erzeugnissen thermisch begrenzt ist. Die Verflüchtigungstemperatur ist nicht genau bekannt; bald wird sie mit 1800° C, bald mit 2400° angegeben.

Magnesia erleidet durch gewisse Gase bei höherer Temperatur verschiedene Veränderungen, die von der Art des Gases abhängen und entweder zu einer Erhöhung oder Verringerung des mechanischen Widerstandes führen. Nach den schon erwähnten Untersuchungen des American Refractories Institute (a. a. O.) wird Magnesia bei 950° C durch Chlor völlig zu einem hellgrauen Pulver zersetzt; durch Kohlenoxyd wird der mechanische Widerstand bei der gleichen Temperatur um 12 vH verringert, hingegen durch Schwefeldioxyd

[1]) Kanolt: Journ. Wash. Acad. Sci., 3, 1913, S. 315; Z. anorg. Chem. 85, 1914, S. 1—19.

um 30 vH erhöht; es wird vermutet, daß diese letztere Erscheinung auf Umkristallisation des Magnesiumoxydes zurückzuführen sei.

Tabelle 77. Thermische und elektrische Eigenschaften in höheren Temperaturen

Bezeichnung	t	$\lambda \times 360$	$\beta \times 10^6$	W in Ω/cm^3	$\varkappa$ in rezipr. Ω/cm^3
Magnesia[1])	21—200		11,0		
	21—400		12,2		
	21—500		12,5		
	21—600		12,8		
	21—700		13,0		
Feuerfeste Erzeugnisse aus MgO[2]) 95 vH MgO	25—800		13,4		
MgO in Bindung[3])	0—1430		16,1		
Kalifornische Magnesia (A), Australische Magnesia (B)[4])			A B		
	100		7,0 8,0		
	200		8,5 10,0		
	300		9,3 10,3		
	600		11,0 11,8		
	900		12,3 12,8		
Magnesit bei 1400° C vorgebrannt; in N_2-Atmosphäre[5])	800			$3300 \cdot 10^4$	$0{,}03 \cdot 10^{-6}$
	1000			$478 \cdot 10^4$	$0{,}21 \cdot 10^{-6}$
	1500			$0{,}062 \cdot 10^4$	$1616 \cdot 10^{-6}$
Magnesitziegel		2,56[6])			
Magnesia[3])	800			10000	0,01
	1000			500	0,20
	1500			1,2	85,0

[1]) Nach Rieke in Singer, F.: Keramik, S. 429 u. 445. Braunschweig: F. Vieweg und Sohn. 1923.
[2]) Merrit: Chem. and Metall. Engin. 1926, S. 597; Tonind.-Z. 51, 1927, S. 234.
[3]) L. B. Tab.
[4]) Brick and Clay Record, a. a. O.
[5]) Henry: a. a. O.
[6]) Deutsche Karborundumwerke in Reißholz, Vielhaber: a. a. O.

In Gegenwart von Feuchtigkeit und Luftsauerstoff bildet die Magnesia mit Schwefeldioxyd Magnesiumsulfat, das wegen der hohen Zersetzungstemperatur schwierig zu entsäuren ist: $MgSO_4 \rightarrow MgO + SO_3$; durch thermische Wirkung allein zersetzt es sich erst bei 1200—1300° C. Leichter gelingt seine Zerstörung in Gegenwart von Wasserdampf und in Berührung mit Kohlenstoff.

Als basisches Oxyd tritt die Magnesia bei höheren Temperaturen auch mit festen Säuren und amphoteren Stoffen in chemische Wechselwirkungen.

Magnesiumoxyd zeigt gegenüber Kieselsäure in bezug auf Reaktionsfähigkeit im allgemeinen ein ähnliches Verhalten wie Kalziumoxyd. Nach Kalsing (a. a. O.) ist auch bei Magnesia-Kieselsäure-Gemischen im molekularen Verhältnis 1:2 (zwei Moleküle gefällte und geglühte, also fein verteilte Kieselsäure) unter 1000° C kaum eine Wechselwirkung zu beobachten. Bei Versuchen von Hedvall (a. a. O.) war unter Bedingungen, bei denen Kalk schon unter 1000° C mit der Kieselsäure reagierte, bei Magnesia noch kein Anzeichen einer Wechselwirkung zu bemerken. Die Zusammensetzungen und Schmelzpunkte der Magnesia-Kieselsäure-Verbindungen sind in Tabelle 78 enthalten.

Tabelle 78. Zusammensetzung und Schmelzpunkte der Magnesiumsilikate

Bezeichnung	Formel	Zusammensetzung in vH		Smp	
		MgO	SiO_2	° C	∞ SK
Metasilikat (Klinoenstatit)	$MgO \cdot SiO_2$	40,1	59,9	1557 (± 2)	20/**26**
Orthosilikat (natürlicher Forsterit)	$2\,MgO \cdot SiO_2$	57,2	42,8	1890 (± 20)	**39**/40

Das Metasilikat, $MgSiO_3$, existiert nach O. Andersen und Bowen[1]) und Allen, Wright und Clement[2]) in fünf Modifikationen: stabiler monokliner Pyroxen (β-$MgSiO_3$), sogenannter Klinoenstatit, eine rhombische α-Form, die monotropen Formen rhombischer Pyroxen (Enstatit, α'-$MgSiO_3$), monokliner Amphibol (β'-$MgSiO_3$) und rhombischer Amphibol (γ'-$MgSiO_3$). Die einzige im Zustandsdiagramm auftretende Phase des Metasilikates ist der bei seinem Schmelzpunkt instabile Klinoenstatit. Der Zerfall bei 1557° C, der unter bedeutender Wärmebindung vor sich geht, führt zu Forsterit (5,5 vH) und Schmelze (94,5 vH); 20° höher löst sich der Forsterit in der Schmelze vollständig auf.

Vom Orthosilikat kennt man nur eine rhombische, dem natürlichen Forsterit entsprechende Phase. Die Schmelzpunktkurve des Systems MgO—SiO_2 ist in Abb. 67 wiedergegeben; die Zusammensetzung und Schmelztemperaturen der bezeichneten Kurvenpunkte und der zwischen ihnen liegenden Oxydgemische erläutert Tabelle 79. Zufolge des Umstandes, daß für Klinoenstatit keine Temperatur existiert, bei der sich das feste Silikat im Gleichgewicht mit Schmelze der gleichen Zusammensetzung

---

[1]) Andersen, O. u. Bowen: Mit. Lab. Geophys. Carnegie Inst. Wash. Nr. 21; Z. anorg. Chem. 87, 1914, S. 283—299.

[2]) Allen, Wright u. Clement: Am. Journ. Sci. [4] 22, 1906, S. 387; Z. anorg. Chem., a. a. O.

befindet, besteht zwischen Forsterit und Klinoenstatit kein Eutektikum. Man findet daher neben den beiden Schmelzpunktmaximen nur zwei eutektische Punkte.

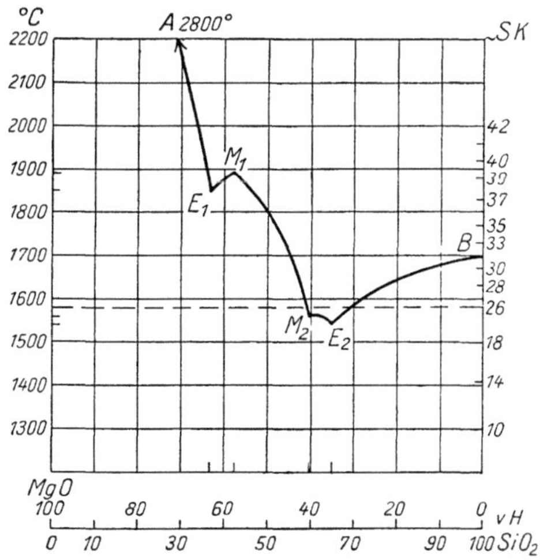

Abb. 67. Schmelzlinie des Systems $MgO - SiO_2$; nach Andersen und Bowen

Die Temperaturen, die in der Nähe der Magnesiaordinate liegen, befinden sich — wie Andersen und Bowen bemerken — nicht mehr im Bereich genauer Meßbarkeit; bei den kieselsäurereichen Gemengen beeinträchtigte hingegen die große Zähigkeit die Erzielung genauer Ergebnisse, daher sind die betreffenden Schmelztemperaturen als annähernde zu betrachten. Der Schmelzpunkt des Cristobalits wurde mit 1700° C angenommen; im Original-Diagramm erscheint er mit 1625° C. In diesem System existiert kein Maximum oder Eutektikum, das unter 1500° C schmilzt. Die niedrigst schmelzenden Gemische besitzen Schmelzpunkte, die nicht erheblich unter der Feuerfestigkeitsgrenze liegen.

Tabelle 79. Erläuterung zu Abb. 67

Punkt, Kurventeil	Phasen, Eutektika, Oxydgemenge	Mineralogische Zusammensetzung der Eutektika	Zusammensetzung in v H		Smp	
			MgO	SiO_2	°C	∾ SK
A	Periklas		100	—	2800	> 42
A—E_1	Gemenge		100— ∾ 63	0 ∾ 37	2800— 1850	> 42—38
E_1	Eutektikum	Periklas— Forsterit	∾ 63	∾ 37	1850 (± 20)	38
E_1—M_1	Gemenge		∾ 63— 57,2	∾ 37— 42,8	1850— 1890	38—**39**/40
M_1	Forsterit		57,2	42,8	1890	**39**/40
M_1—M_2	Gemenge		57,2— 40,1	42,8— 59,9	1890— 1557	**39**/40— 20/**26**
M_2	Klinoenstatit		40,1	59,9	1557	20/**26**
M_2—E_2	Gemenge		40,1— 35,1	59,9 64,9	1557 1543	20/**26**— **20**/26
E_2	Eutektikum	Klinoenstatit— Cristobalit	35,1	64,9	**1543** (± 2)	**20**/26
E_2—*B*	Gemenge		35,1— 0	64,9— 100	1543— 1700	**20**/26— 31/32
B	Cristobalit		—	100	1700	31/32

In den Systemen MgO—α-Al_2O_3 und MgO—β-Al_2O_3 treten nur eine Verbindung, der stabile Spinell, MgO · Al_2O_3, und je zwei Eutektika auf, deren Schmelztemperaturen weit oberhalb der Feuerfestigkeitsgrenze liegen. Die Schmelzlinie dieses von E. S. Shepherd und G. A. Rankin[1]), Rankin und Merwin[2]) im Carnegie Institut erforschten Systems zeigt Abb. 68, die Erläuterungen hiezu gibt Tabelle 80. Die Schmelzlinien sind strichliert, da nicht genügend viele Schmelzpunkte festgelegt werden konnten.

Rankin und Merwin vermuten nach dem Ausfall der optischen Prüfungen, daß Spinell mit Korund eine fast vollständige Reihe fester Lösungen bildet, nicht aber mit β-Tonerde, abgesehen von der Tatsache der Existenz fester Lösungen von begrenzten Mengen Spinell in β-Tonerde.

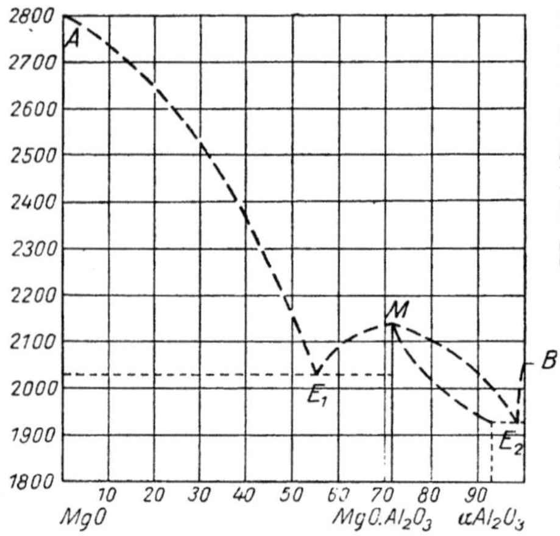

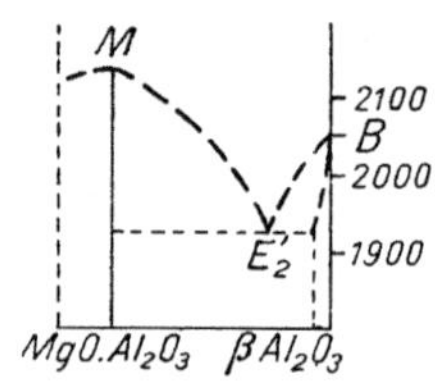

Abb. 68. Schmelzpunktkurven der Systeme MgO — α-Al_2O_3 und MgO — β-Al_2O_3; nach Shepherd, Rankin und Merwin

Mit Tonsubstanz reagiert das Magnesiumoxyd bei höherer Temperatur unter Bildung von zum Teil verhältnismäßig leicht schmelzenden Doppelsilikaten. Das am niedrigsten schmelzende Eutektikum des von Rankin, Merwin und Ferguson[3]) erforschten ternären Systems MgO — Al_2O_3 — SiO_2 hat nach Kraner und McDowell[4]) die empirische Zusammensetzung 20,3 vH MgO, 18,3 vH Al_2O_3 und 61,4 vH SiO_2 und schmilzt um fast acht Segerkegelnummern höher als das entsprechende Eutektikum des Systems CaO — Al_2O_3—SiO_2, nämlich bei 1345° C. An kristallisierten Phasen treten im Gleichgewicht mit Schmelze auf: die Phasen der binären Systeme MgO — SiO_2, MgO — Al_2O_3 und Al_2O_3 — SiO_2 (Periklas, Forsterit, Klinoenstatit, Cristobalit und Tridymit, Spinell, Korund und Sillimanit [Mullit]),

[1]) Shepherd., E. S. u. Rankin: Am. Journ. of Sci., 28, 1909, S. 395; Z. anorg. Chem. 68, 1910, S. 370.

[2]) Rankin u. Merwin: Mit. 28; Ref. Z. anorg. Chem. 96, 1916, S. 291—316.

[3]) Rankin, Merwin u. Ferguson: Am. Journ. of Sci., (Silliman) [4] 45, 1918, S. 301—325; Z. B. 1918, II, S. 179.

[4]) Kraner u. McDowell: Journ. Am. Cer. Soc., Vol. 8, 1925, S. 626—635; Ref. Sprs. 59, 1926, S. 564.

außerdem eine ternäre Verbindung, die dem natürlichen Cordierit (Dichroit $[Mg, Fe]_2 \cdot Al_4Si_5O_{18}$) von der molekularen Zusammensetzung $2\,MgO \cdot 2\,Al_2O_3 \cdot 5\,SiO_2$ entspricht. Vom Cordierit sind zwei Formen beschrieben worden (a. a. O. und A. Meißner)[1]); eine beim Schmelzpunkt instabile μ-Form, die aus Schmelzen unterhalb 950° C kristallisiert, wandelt sich bei etwas höherer Temperatur in die beständige α-Form um.

Tabelle 80. Erläuterung zu Abb. 68

Punkt, Kurventeil	Phasen, Eutektika, Oxydgemenge	Mineralogische Zusammensetzung der Eutektika	Zusammensetzung in vH		Smp	
			MgO	Al_2O_3	° C	∞ SK
A	Periklas		100	—	2800	> 42
A—E_1	Gemenge		100—45	0—55	2800—2030	> 42
E_1	Eutektikum	Periklas-Spinell	45	55	2030 (± 20)	> 42
E_1—M	Gemenge		45—28,4	55—71,6	2030—2135	> 42
M	Spinell		28,4	71,6	2135 (± 20)	40/41
M—E_2	Gemenge		28,4—2	71,6—98	2135—1925	> 42—40/41
E_2	Eutektikum	Spinell-Korund	2	98	1925 (± 40)	40/41
E_2—B	Gemenge		2—0	98—100	1925—2050	40/41—> 42
B	Korund (α-Al_2O_3)		—	100	2050 (± 20)	> 42
M—E'_2	Gemenge		28,4—8	71,6—92	2135—1925	> 42—40/41
E'_2	Eutektikum	Spinell—β-Al_2O_3	8	92	1925 (± 40)	40/41
E'_2—B	Gemenge		8—0	92—100	1925—2050	40/41—> 42
B	β-Al_2O_3		—	100	2050 (± 20)	> 42

Cordierit neigt zur Bildung kristallisierter fester Lösungen. Beim Schmelzpunkt instabil sind unter den Phasen dieses Systems nur der Klinoenstatit und der Cordierit.

Die Mindesttemperatur, bei der eine Sinterung in einer aus Magnesia, Tonerde und Kieselsäure bestehenden keramischen Masse gewärtigt werden kann, ist die eutektische Schmelztemperatur von 1345° C. Aus

[1]) Meißner, A.: Zem. 8, 1919, S. 296—298; 308—310; Ref. Z. B. 1919, III, S. 511.

dem Vergleiche dieser mit den Schmelztemperaturen der tiefstliegenden Eutektika der binären Systeme —

1543° C im System $MgO—SiO_2$,
1925° C „ „ $MgO—Al_2O_3$ und
1610 bzw. 1545° C „ „ $Al_2O_3—SiO_2$ —

erhellt zunächst die verflüssigende Wirkung der Magnesia auf Tonerde-Kieselsäure-Gemische, ferner der Flußmittelcharakter der Tonerde gegenüber Magnesia-Kieselsäure-Gemengen und die starke Schmelzmittelwirkung der Kieselsäure in Magnesia-Tonerde-Mischungen. In feuerfesten Massen, deren Zusammensetzung in das Gebiet des Systems $Al_2O_3—SiO_2$ fällt, stellt daher die Magnesia in größerer Menge, z. B. als Verunreinigung von Schamottetonen, einen die Feuerfestigkeit beeinträchtigenden Stoff dar; anderseits schließt eine dem System $Al_2O_3—MgO$ entsprechende Zusammensetzung die Mitverwendung von Kieselsäure in größerer Menge aus dem gleichen Grund aus. Umgekehrt bildet natürlich der Versatz mit magnesialiefernden Stoffen in Massen aus Tonerde und Kieselsäure (Tonsubstanz) ein wertvolles, kräftig wirkendes Sintermittel. Ganz ähnliche Verhältnisse liegen ja auch beim ternären System $CaO—Al_2O_3—SiO_2$ vor, nur liegt dort zunächst die eutektische Temperatur um 180° C tiefer, ferner schmelzen die tiefstliegenden Eutektika der binären Systeme weitaus niedriger (Unterschied in den Kieselsäuresystemen 107° C, in den Tonerdesystemen 530° C). Die der Hauptsache nach den Zweistoffsystemen zugehörigen Massen sind daher im allgemeinen für die „feuerfeste" Industrie, die den ternären Systemen entsprechenden Massen für die Industrie des Sinterzeuges die wertvolleren.

Im System $MgO—Fe_2O_3$ existiert nach Nacken und Grünewald (a. a. O.) wahrscheinlich nur die Verbindung vom Spinelltypus $MgO \cdot Fe_2O_3$, Magnesiumferrit (nat. Magnoferrit) mit 79,8 vH Eisen-3-oxyd und 20,2 vH Magnesia. Eine chemische Wechselwirkung zwischen den beiden feinvermahlenen und innig gemischten Komponenten konnten die genannten Forscher bei 1200° C noch nicht feststellen. Die Zusammensetzung des Magnesiumferrites ist großen Schwankungen unterworfen, da er bis zu 20 vH Magnesiumoxyd in feste Lösung aufnimmt[1]). Ein eigenartiges Verhalten zeigte der von F. Hundeshagen[2]) durch achtstündige Einwirkung von Chlormagnesium auf Eisen bei 20—22 at synthetisierte Magnesiumferrit; schwarze, metallglänzende Oktaeder dieses Stoffes zersplitterten bei der Berührung mit einer Nadel unter Zurücklassung eines weißen Pulvers, das in starken Säuren leicht löslich war und ohne Veränderung seiner Zusammensetzung bei Glühhitze ein rotgefärbtes Gemenge der Komponenten lieferte. Magnesiumferrit, der frei von Fe_3O_4 ist, ist nach Hundeshagen unmagnetisch.

Die Reaktionsfähigkeit des Magnesiumoxydes gegenüber sauren und amphoteren Stoffen wirkt sich in analoger Weise wie beim Kalk in einer

---

[1]) Nach Brick and Clay Record 1927, S. 781, Ref. a. a. O.
[2]) Hundeshagen, F.: Chem. Z. 30, 1906, S. 4.

Erniedrigung der Sinterungs-, Erweichungs- und Schmelztemperatur und in der Widerstandsfähigkeit gegenüber chemischen Angriffen bei höheren Temperaturen aus. Schon geringe Mengen von Verunreinigungen setzen den Schmelzpunkt wesentlich herab. Unter den Stoffen der bisher erörterten Systeme drückt die Tonerde am wenigsten, die Kieselsäure am meisten den Schmelzpunkt. Die Flußmittelwirkung von Eisenoxyd liegt zwischen jener der Tonerde und Kieselsäure. Die geringste Wirkung zeigt das Kalziumoxyd (vgl. S. 445). Der Wirkungsgrad ist natürlich auch von den Mengenverhältnissen abhängig; z. B. setzen 30 vH Tonerde den Schmelzpunkt um ∾ 380° C, 30 vH Kieselsäure um ∾ 650° C, die gleiche Menge Kalk nur um ∾ 150° C, je 60 vH Tonerde um 730° C, Kieselsäure um 1250° C, Kalziumoxyd um 400° C herab.

Eine sehr bedeutende Erniedrigung des Schmelzpunktes erfährt das Magnesiumoxyd auch durch Tonsubstanz, bzw. auch die Tonsubstanz durch Magnesia. Nach Untersuchungen von Rieke[1]) schmilzt am niedrigsten ein Gemisch von 45 vH $MgCO_3$ und 55 vH Tonsubstanz (96—97 vHiger feingemahlener, amorpher Magnesit mit nur Spuren von kohlensaurem Kalk; Zettlitzer Kaolin mit 98,5 vH Tonsubstanz), und zwar bei etwa SK 10; dieses Gemenge entspricht einer molekularen Zusammensetzung $2MgO \cdot Al_2O_3 \cdot 2SiO_2$. In Abb. 69 ist die von Rieke ermittelte Schmelzlinie von Gemischen aus Magnesiumkarbonat und Zettlitzer Kaolin wiedergegeben; die beobachteten Schmelzpunkte sind auf den Kegelordinaten hervorgehoben, wobei der Abstand der Segerkegel, wie bei Rieke, gleich angenommen wurde. Von 60 vH $MgCO_3$ an entspricht einer Erhöhung des Magnesitgehaltes um je 2 vH eine Schmelzpunktsteigerung um 2—3 Segerkegel. Die Feuerfestigkeitsgrenze ist in der Abbildung durch die strichlierte Linie gekennzeichnet. Für tonige Massen kommt nur der linke Ast der Kurve, etwa bis 30 vH $MgCO_3$, in Betracht. Mit steigendem Magnesiagehalt nimmt die Schmelzbarkeit zu; analog verhalten sich nach Rieke Mischungen aus Zettlitzer Kaolin, Quarz und Magnesit, solange das Verhältnis Magnesit zu Kaolin kleiner als eins ist; bei gleichem Magnesitgehalt fand Rieke eine Abhängigkeit der Schmelztemperatur vom Quarz-Kaolin-Verhältnis in der Richtung,

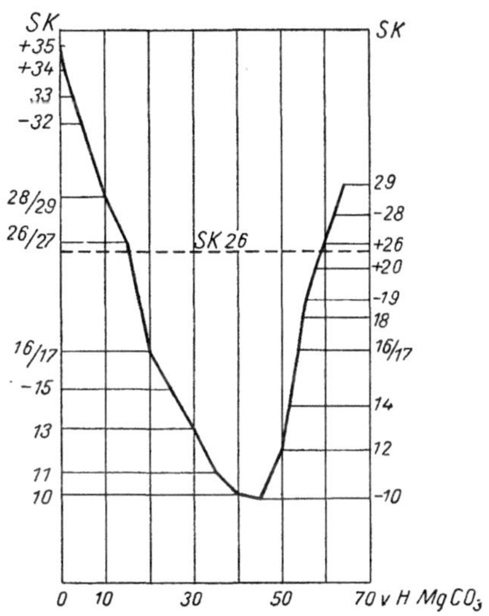

Abb. 69. Schmelzlinie von Magnesit-Kaolin-Mischungen nach Rieke

[1]) Rieke: Sprs. 38, 1905, S. 1869, 1910, 1951; 40, 1907, S. 195.

daß mit wachsendem Wert dieses Verhältnisses die Schmelzpunkte etwas niedriger liegen; wird das Verhältnis Magnesit zu Kaolin gleich oder größer als eins, dann entspricht einer Zunahme des Magnesitgehaltes eine steigende Schwerschmelzbarkeit.

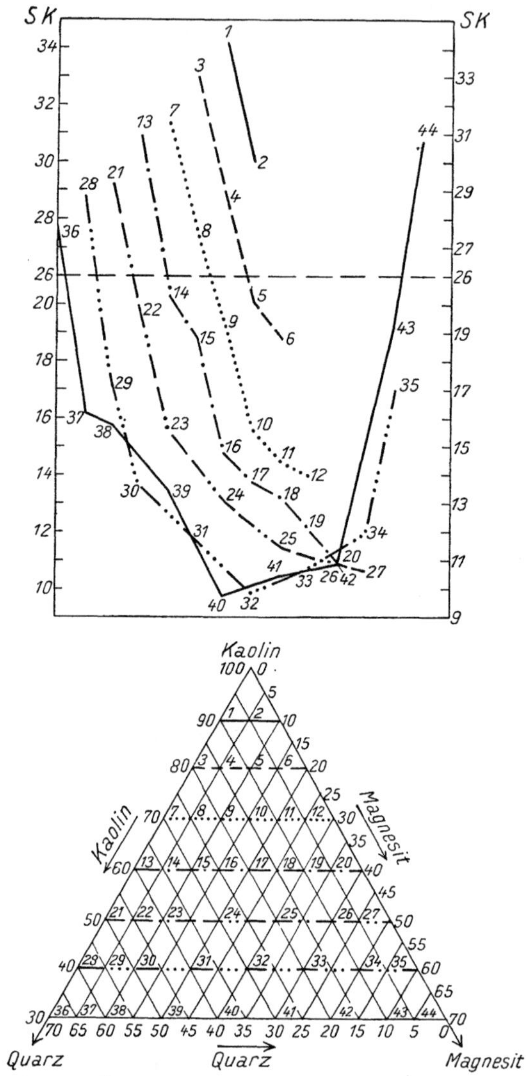

Abb. 70. **Zusammensetzungen und Schmelzlinien von Kaolin-Quarz-Magnesit-Mischungen; nach den von Rieke bekanntgegebenen Zahlenwerten konstruiert**[1])

Unter Verwendung des Dreieckkoordinatensystems lassen sich diese Verhältnisse wie in Abb. 70 übersichtlich zum Ausdruck bringen. Man beachte den ähnlichen Verlauf der Kurven von Abb. 69 und Abb. 70. Das Dreieck enthält die darstellenden Punkte aller von Rieke untersuchten Massen, die wie in seiner ziffernmäßigen Darstellung fortlaufend mit *1—44* bezeichnet sind.

In bezug auf den Abstand des Sinterungspunktes vom Schmelzpunkte beobachtete Rieke (a. a. O.) eine starke Verringerung des Brennbereiches von der Zusammensetzung des darstellenden Punktes *15* angefangen. Zusammensetzungen, wie sie die magnesitreicheren Massen der Reihen 60 und 50 vH Kaolin besitzen, kämen für Sinterbrände wegen des geringen Unterschiedes im Sinterungs- und Schmelzpunkte nicht mehr in Betracht. Die in bezug auf Kaolin 40 vHigen Massen verhalten sich nach Rieke bei einem den Quarz beträchtlich überwiegenden Magnesitgehalt ähnlich wie die

[1]) Die Zusammensetzung und der Schmelzpunkt einer Mischung wird gefunden, wenn man im Sinne folgender Anleitung verfährt:

quarzfreien Mischungen mit einem Magnesit-Kaolin-Verhältnis gleich oder größer als eins (starke Sinterung durch Schmelzen des $2\,MgO \cdot Al_2O_3 \cdot 2\,SiO_2$, aber höhere Schmelztemperatur wegen der geringen Löslichkeit des MgO-Überschusses in der Schmelze).

Die chemische Widerstandsfähigkeit der Magnesia ist im wesentlichen von der Reaktionsfähigkeit und somit auch von dem Dichtigkeitsgrad abhängig. Gut verdichtete, also scharf gebrannte Magnesia soll im Feuer sogar die Berührung mit Quarz und noch kräftiger wirkenden Stoffen vertragen, ohne mit ihnen in Wechselwirkung zu treten. Gegen Oxydationsmittel ist sie auch bei den höchsten Ofentemperaturen beständig. Festen oder gasförmigen Reduktionsstoffen (Kohle, Koke, Retortengraphit, Kohlenoxydgas) gegenüber verhält sie sich ab etwa 1500° C nur etwas weniger widerstandsfähig, wird aber dagegen oberhalb der Temperatur des Knallgasgebläses (∾ 2000° C) ohne Kohlenstoffbindung rasch reduziert. Auf die mechanischen Folgen einer Kohlenoxydgaswirkung wurde bereits hingewiesen (vgl. S. 410). Oxydfreie Metalle wirken im geschmolzenen Zustande nicht auf Magnesiumoxyd ein; es lassen sich daher in Magnesiatiegeln Metalle wie Eisen, Eisenlegierungen, Nickel und andere ohne Gefahr für den Tiegelscherben schmelzen. Die Angriffsfähigkeit der Kieselsäure, Tonerde, Gemische dieser und der Tonsubstanz geht bereits aus ihren Wechselwirkungen hervor. Nach Gorton und Groves (a. a. O.) wird Magnesia in einem Sauerstoff-Azetylen-Schmelzofen durch feuerfesten Ton erst bei SK 32 angegriffen. Nach Hougens Tabellen liegt die Angriffstemperatur von feuerfestem Ton und Silikamaterial auf Magnesia bei 1600° C. Sehr energisch greift Phosphorsäure an, die zwar nicht als Verunreinigung des Magnesiarohstoffes auftritt, aber bei der Verwendung der Magnesia in Form von Tiegeln oder Ofenfutter aus metallurgischem Schmelzgut aufgenommen werden kann.

Im allgemeinen ist der Widerstand dichter Magnesia gegen chemische Einflüsse, insbesondere gegen basische Stoffe, verhältnismäßig groß.

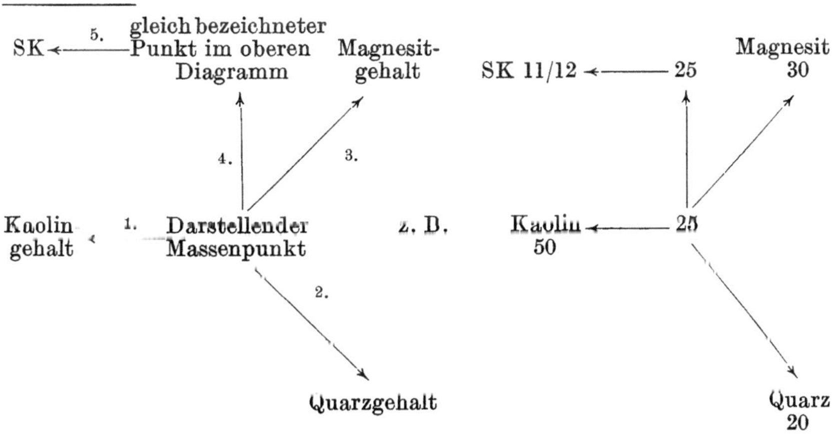

Verwendung

Die Verwendung der Magnesia für besondere metallurgischen oder chemischen Zwecken dienende Geräte (Tiegel, Rohre u. dgl.) geschieht zumeist in Form jenes Oxydes, das aus reinem, gefälltem Karbonat durch scharfes und wiederholtes Brennen erzeugt wird. Als Bindemittel wird häufig eine geringe Menge feuerfester Ton gewählt, da die Festigkeit von Gefäßen aus reiner Magnesia bei hohen Temperaturen zu gering ist. Zum Teil werden auch andere feuerfeste Stoffe als Zuschlag verwendet. D.R.P. 210 085 beinhaltet beispielsweise die Erzeugung von Schmelztiegeln aus gebranntem Magnesit (Dolomit) unter Verwendung von hydratischer Tonerde und Bindeton. Günstiger erscheint ein Versatz der pulverigen, scharfgebrannten Magnesia mit etwas schwach gebrannter, bildsamer Magnesia; dieses Gemenge ist im angefeuchteten Zustand unter hohem Drucke formbar. E.P. 4889/85 empfiehlt zur Herstellung von feuerfesten Schmelzgefäßen eine Masse aus wiederholt geglühter Magnesia und Magnesiumhydroxyd, $Mg(OH)_2$. Die bei der dokimastischen Ermittlung eines Edelmetallgehaltes in Erzen verwendeten, sehr porösen Gefäße, sogenannte Kapellen, werden aus einer Masse erzeugt, die aus 80 vH sehr hochgeglühter und 20 vH formbarer Magnesia besteht. Nach R. F. Mehl, J. L. Whitten und D. P. Smith[1]) werden Magnesiatiegel und -rohre durch Erhitzen von reiner Magnesia auf 1880° C, Pressen in Formen unter Verwendung organischer Bindemittel (Schellacklösung), Trocknen und Brennen bei 1800° C erzeugt. E. E. Moore und A. Hayes[2]) stellen gesinterte Magnesiatiegel, die für Metallgießzwecke genügende Festigkeit besitzen sollen, nach folgendem Arbeitsdiagramm her:

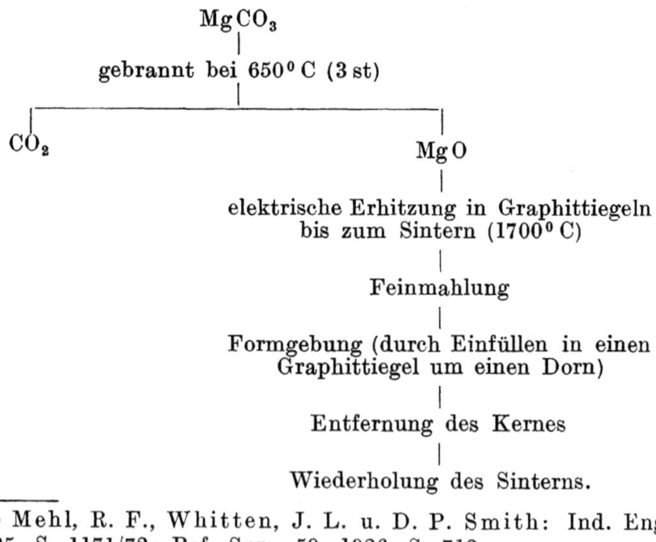

[1]) Mehl, R. F., Whitten, J. L. u. D. P. Smith: Ind. Eng. Chem. 17, 1925, S. 1171/72; Ref. Sprs. 59, 1926, S. 713.

[2]) Moore, E. E. u. A. Hayes: Abstr. Am. Cer. Soc., Vol. 5, 1926, S. 281; Ref. Sprs. 60, 1927, S. 300.

Magnesiatiegel werden hauptsächlich für Metallschmelzprozesse empfohlen, da der Einsatz aus ihren Wandungen keine Fremdstoffe aufnehmen soll, welche die Eigenschaften des Metalles ungünstig beeinflussen. L. Jordan, P. P. Peterson und Phelps[1]) halten Tiegel, die aus reinster Magnesia mit Chlormagnesiumbindung durch Brennen auf 1600° C hergestellt wurden, für das Schmelzen von reinem Eisen, Eisenlegierungen und Nickel für sehr geeignet, verweisen aber auf den Umstand, daß Tiegel aus reiner Magnesia im allgemeinen Schwefel enthalten, der in das Schmelzgut gelangen könne. Außerordentlich feuerfeste Schmelztiegel (KSP etwa SK 37) werden durch Formen eines Gemisches von reiner Magnesia und reiner Tonerde unter Verwendung eines organischen Bindemittels und Brennen im elektrischen Ofen bei ∾ SK 32 erhalten[2]); diese Gefäße sollen gegen Alkalien unempfindlicher sein als Tiegel aus gesinterten Silikatmischungen. Nach A. Heinecke[3]) werden aus den gleichen Rohstoffen feuerfeste Massen vom Schmelzpunkt SK 37 erhalten, die bei SK 32 porzellanartig sintern.

Versuchsweise wurde Magnesia auch zur Herstellung von Magnesiaziegeln angewendet.

Alle aus Magnesia erzeugten Geräte erfahren bei ihrem Gebrauch in hohen Temperaturen, etwa über 2000° C, eine Verringerung ihrer Dichtigkeit und mechanischen Festigkeit durch Verflüchtigung des Oxydes infolge des hohen Dampfdruckes.

Nach Dowell-Robertson[4]) dient gebrannter Magnesit auch als Bindemittel für Chromitsteine; ferner wird Magnesia den Zirkonmassen zur Verdichtung zugesetzt; ihr Wirkungsbereich ist jedoch durch die Verflüchtigung bei hoher Temperatur beschränkt.

Wirkungen in tonigen Massen

Die Wirkung der Magnesia in tonigen Massen unterscheidet sich von der des Kalkes trotz des gleichen Charakters nicht unwesentlich; sie erniedrigt in höherem Ausmaß als Kalk die Garbrandtemperatur, ohne das Brennbereich dadurch erheblich zu vermindern. Die erwähnten Untersuchungen von Rieke ergaben, daß die Temperatur des Sinterns und Schmelzens magnesiahaltiger Massen von dem Gehalt an Magnesiumoxyd abhängig ist. Mit steigendem Magnesitgehalt bis zu 20 vH (Rest Zettlitzer Kaolin) fiel die Temperatur der Sinterung bis auf SK 7, darüber hinaus lag der Sinterungsbeginn wieder höher; nur diese Massen zeigten bei späterem Dichtbrennen ein früheres Schmelzen. Schon Mäckler[5])

---

[1]) Jordan, L., Peterson, P. P. u. Phelps: Trans. Am. Electrochem. Soc., 1926, S. 115; Ref. Sprs. 60, 1927, S. 218.

[2]) Z. angew. Chem. 21, 1908, S. 687.

[3]) Heinecke, A.: Sprs. 41, 1908, S. 160.

[4]) Dowell-Robertson: Journ. Am. Cer. Soc., Vol. 5, 1923, Nr. 12; Ref. Ker. Rundsch. 31, 1923, S. 71.

[5]) Mäckler: Tonind.-Z. 26, 1902, S. 350; Sprs. 38, 1905, Nr. 46—48; 40, 1907, Nr. 17.

hatte an Hourdis, die 5 vH Magnesia enthielten, niedrige Dichtbrenntemperatur, scharfe Kanten und Ecken selbst während der Sinterung und ein im Vergleich zu Kalk-Ton-Mischungen großes Brennbereich beobachtet; magnesiahaltige Massen unterliegen nicht so leicht der Entformungsgefahr durch Schmelzen, gewinnen somit bei mäßig hohen Brenntemperaturen, insbesondere bei größerem Tonerdegehalt, an Standfestigkeit im Feuer und sind aus diesem Grunde für Sintererzeugnisse geeigneter als die kalkhaltigen Massen. Berge[1]) beobachtete an Magnesia-Quarz-Kaolin-Gemischen bei 8 vH Magnesia eine dem Steingut entsprechende Verdichtung bei SK 4a, eine porzellanartige Verfestigung bei SK 12.

Dieser im Vergleich zu Kalk stärkeren und bei niedrigerer Temperatur einsetzenden Flußmittelwirkung ohne Verkürzung des Brennbereiches stehen zwei Nachteile in bezug auf Schwindung und deren Auswirkungen und hinsichtlich der Brennfarbe gegenüber. Nach Rieke (a. a. O.) ist die Schwindung von tonigen Massen (Zettlitzer Kaolin) bei SK 1a mit Magnesitgehalten bis zu 20 vH prozentuell fast gleich; steigt der Magnesitgehalt über 20 vH, so wächst die Schwindung beträchtlich und erreicht ihren Höchstwert bei 50 vH $MgCO_3$; magnesithaltige Massen, die über SK 1 gebrannt wurden (bis zu SK 7), erfahren bis zu 20 vH Magnesit eine plötzlich einsetzende, starke Steigerung der Schwindung, der bei wachsendem Magnesitgehalt eine langsame Verringerung der Zunahme folgt. Berge (a. a. O.) beobachtete an Magnesia-Feldspat-Kaolin-Gemengen eine außerordentlich hohe Schwindung (bis zu 28 vH), an Magnesia-Feldspat-Kaolin-Quarz-Gemischen bis zu 22 vH. Diese Erscheinung bedeutet besonders bei größeren Werkstücken eine Gefahr für die Formbeständigkeit, namentlich beim Durchschreiten des Temperaturbereiches der plötzlichen Schwindungszunahme. Zum Teil ist dieser Umstand auf die durch die Kohlensäureabgabe bedingte große Porigkeit zurückzuführen; es wird daher empfohlen, die Magnesia in höher zu brennende Massen nicht in Form von Magnesit, sondern als Silikat — in Betracht käme nur Talk — einzuführen. Entgegengesetzt ist natürlich die Wirkung der Magnesia auf die Porigkeit.

Die frühzeitige Verdichtung übt auch auf die Brennfarbe einen Einfluß aus, der aber durch geeignete Brandführung zu beheben ist; sie behindert nämlich das Ausbrennen des während des rauchigen Brennens im porösen Scherben abgelagerten Kohlenstoffes und verursacht dadurch Mißfärbungen und Unebenheiten an der Oberfläche.

In einigen tonigen Massen zeitigt die Magnesia noch besondere Wirkungen. In Ziegeln und anderen niedrig gebrannten keramischen Erzeugnissen kann ein Gehalt der Massenbestandteile an Magnesiumkarbonat oder eine mit dem Fabrikationswasser in die Masse gelangte Magnesiaverbindung beim Brennen mit pyrithaltiger Kohle zur Bildung von Magnesiumsulfat führen, das an den fertigen Erzeugnissen die

[1]) Berge: Sprs. 53, 1920, Nr. 1 u. 2, Sonderdruck, S. 13.

bekannten Ausblühungen und deren Folgeerscheinungen verursacht. Infolge der hohen Zersetzungstemperatur findet eben eine Zerstörung des Bittersalzes im Ziegelbrande nicht statt. (Über Vermeidungsmöglichkeit der Magnesiumsulfat-Effloreszenzen vgl. Bariumverbindungen, S. 478.) Mit Rücksicht auf die weitaus geringere Hydratationsgeschwindigkeit und langsamere Kohlensäureaufnahme des Magnesiumoxydes im Vergleich zum Kalk bedeutet ein Gehalt an nicht silizierter (nicht totgebrannter) Magnesia in Ziegeln keine so große Gefahr für die Haltbarkeit wie Einsprengungen von Kalkkörnern. Bei vergleichsweiser Prüfung der Wirkung von Kalk- und Magnesiakörnern nach der üblichen Probe auf Löschfähigkeit des Kalkes in Ziegeln (14tägige Lagerung in feuchter Atmosphäre) zeigen Probekörper von 6,5 × 6,5 × 6,5 cm, die Kalkstückchen in Stecknadelgröße enthalten, starke Risse, während andere, in die erbsengroße Magnesiastückchen eingebettet wurden, völlig intakt waren.

Auf die Schmelztemperatur flußmittelarmer Tone wirkt Magnesiumoxyd nach Richters und Bischof in höherem Maß erniedrigend als eine gleich große Menge Kalziumoxyd.

Über die Rolle der Magnesia als Flußmittel in Porzellanmassen berichtet Twells[1]), daß sie in kleinen Mengen die Garbrandtemperatur eines Porzellans üblicher Zusammensetzung herabdrücke, ohne den Umfang des Sinterungsbereiches zu verringern; in nicht bis zur Sinterung gebrannten Porzellanmassen üblicher Zusammensetzung drückt der erste geringe Zusatz von Magnesia die Porigkeit merklich herab; der Grad der Porigkeitsverringerung nimmt mit der Erhöhung des Magnesiagehaltes ab. In gesinterten Scherben, die nur Magnesia, Tonerde und Kieselsäure enthalten, soll Magnesia nach Twells die Widerstandsfähigkeit gegen Temperaturwechsel erhöhen, die Bildung von Sillimanit beschleunigen und die dielektrischen Eigenschaften im Vergleich zum Feldspatporzellan verbessern; die durch hohen Feldspatgehalt bedingte Sprödigkeit und Temperaturempfindlichkeit wird also durch Magnesia, die auf Kosten des Feldspates eingeführt wird, gemildert.

In Steingutmassen wurde bisher Magnesia in größerem Umfange nur in Italien verwendet. Magnesiasteingut liefert unter gleichen Brennverhältnissen bei erheblich niedrigerer Temperatur als Kalksteingut einen dichten und daher mechanisch festen Scherben[2]).

In Glasuren verringert das Magnesiumoxyd unter allen in Betracht kommenden Stoffen den thermischen Ausdehnungskoeffizienten am meisten und bewirkt bei höherem Gehalt ein Matt- und Trübewerden der Glasur.

Die Bildung von komplexen Magnesiasilikaten in Porzellanmassen scheint nach den bisherigen, wenigen Veröffentlichungen für die Aus-

[1]) Twells: Journ. Am. Cer. Soc., Vol. 5, 1922, Nr. 10; Ref. Ker. Rundsch. 31, 1923, S. 91.

[2]) Muspratt, J. S.: Chemie, 4. Aufl., Bd. VIII, S. 993. Braunschweig: F. Vieweg und Sohn. 1905.

bildung gewisser Scherbeneigenschaften wertvoller zu sein als die Verwendung der kalihaltigen Alumosilikate.

Die Eignung der Magnesia zur Steinguterzeugung beurteilt Berge (a. a. O.) auf Grund seiner Untersuchungen im allgemeinen günstig; er verweist insbesondere auf die Auswirkungen der niedrigen Garbrandtemperatur auf die erzielbaren Kohlenersparnisse, betont aber gleichzeitig auch die schwierigere Verarbeitung magnesiareicher Massen. Bemerkenswert ist übrigens der Umstand, daß Magnesia an sich einer der höchstfeuerfesten Werkstoffe und in tonigen Massen ein kräftig wirkender Flußbildner ist.

3. Sintermagnesit

Sintermagnesit ist ein bis zur völligen Sinterung gebrannter, harter und fester Magnesit von großer Schwerschmelzbarkeit und bedeutender chemischer Widerstandsfähigkeit gegen basische Schmelzen.

Der Rohstoff zur Erzeugung von Sintermagnesit ist der kristallinische Magnesit. Rohmagnesite, die den erwähnten Anforderungen (siehe S. 402) nicht Genüge leisten, müssen in entsprechender Weise aufbereitet werden; man setzt ihnen zur Erniedrigung der Sintertemperatur Schmelzmittel (Eisen-, Tonerde- und Kieselsäure-Verbindungen in Form von Eisenerzen, Walzsinter, Schlacken oder Flugstaub) zu und erteilt ihnen, falls sie nicht die zum Brennen erforderliche Stückgröße besitzen, die geeignete Form durch Verstückungsverfahren. Nach D.R.P. 421428 von C. Fiedler[1]) wird der Magnesitsand zur Verstückung mit Chlormagnesiazement behandelt; nach der Erhärtung kann der Stein in normaler Weise gebrannt werden, ohne daß die Stücke während des Brennens zerfallen. Amorpher Magnesit eignet sich zum Sinterbrennen aus dem Grunde nicht, weil seine Sintertemperatur viel zu hoch liegt und der Zusatz von Schmelzmitteln nicht im gleichen Maße günstig wirkt wie ein von Natur aus in denkbar feinster Verteilung vorhandener Gehalt an Flußmitteln. Außer den thermischen und technischen Gründen sprechen für die ausschließliche Verhüttung von Magnesitspat zur Erzeugung von Sintermagnesit noch wirtschaftliche Momente, nämlich die durch die Art des Vorkommens bedingten Bauverhältnisse, die nach Redlich (a. a. O.) bei den in „geschlossenen, großen Stöcken" auftretenden kristallinen Magnesiten besonders günstig sind, während das dichte Gestein nur in Form von schwierig abzubauenden Adern, Linsen, Nestern und Gängen vorkommt.

Nach D.R.P. 432105, 1924, von Steinhoff[2]) lassen sich Magnesitsteine aus natürlicher oder künstlich hergestellter amorpher Magnesia erzeugen, wenn man ihr nebst den erwähnten Schmelzmitteln solche eisenhaltige Sinterstoffe einverleibt, welche die gleichmäßige Verteilung

[1]) Fiedler, C.: Verfahren zur Verhüttung von Magnesitsand; Ref. Tonind.-Z. 50, 1926, S. 28.

[2]) Steinhoff: Ref. Sprs. 60, 1927, S. 16.

und damit den Eintritt einer vollkommenen Sinterung vermitteln, z. B. Eisen-2-chloridlösung neben Eisenerz oder Puddelofenschlacke und bis 3 vH metallisches Eisen.

Der Erzeugungsgang von Sintermagnesit ist etwa folgender:

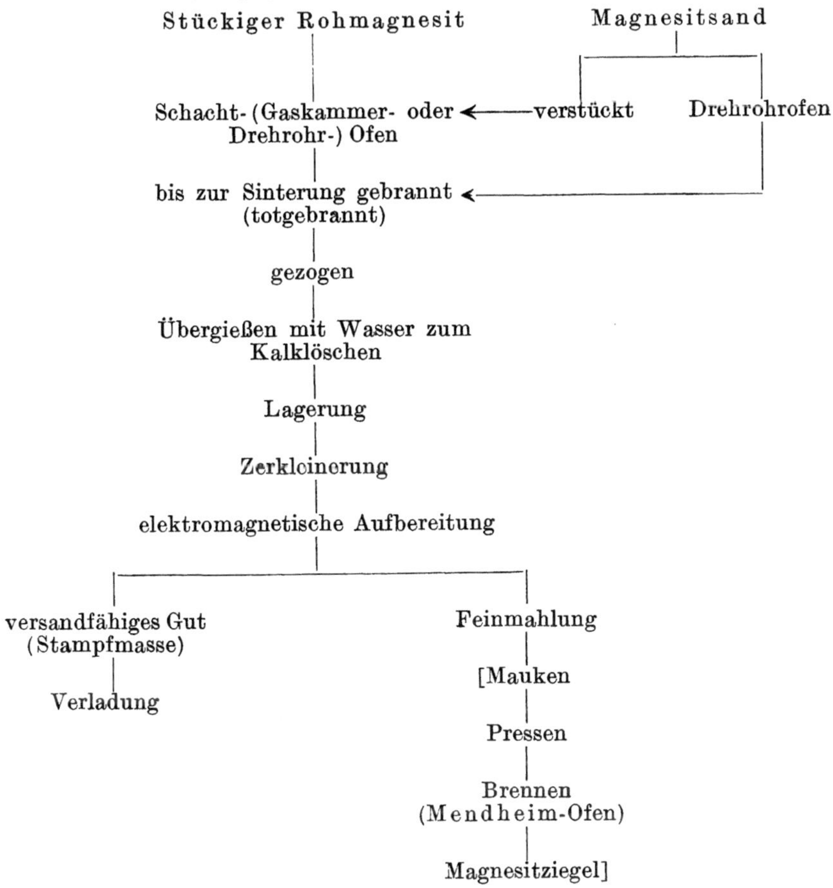

In kristallinischen Magnesiten spielen sich anfänglich die gleichen Vorgänge ab wie beim amorphen Mineral, jedoch führen die in reichlicherer Menge vorhandenen Beimengungen schon bei niedrigerer Temperatur zur Sinterung. Das aus dem Karbonat entstandene Magnesiumoxyd bildet mit den Zersetzungsstoffen der Beimengungen (Eisen-2-oxyd, Eisen-3-oxyd, Tonerde und Kieselsäure) neue mineralische, aus den Schmelzlösungen kristallisierende Stoffe bzw. Teile einiger dieser Oxyde (Kieselsäure, Tonerde) mit Kalk und den Eisenoxyden auch hell- bis dunkelbraune, glasige, als Zement wirkende Verbindungen. Nachstehende Übersicht möge diese stofflichen Veränderungen veranschaulichen:

Kristallisierte oder kristallinische Neubildungen

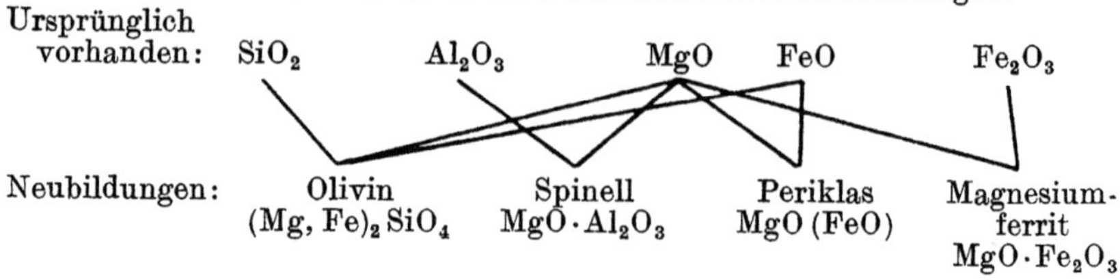

Glasige Bildungen

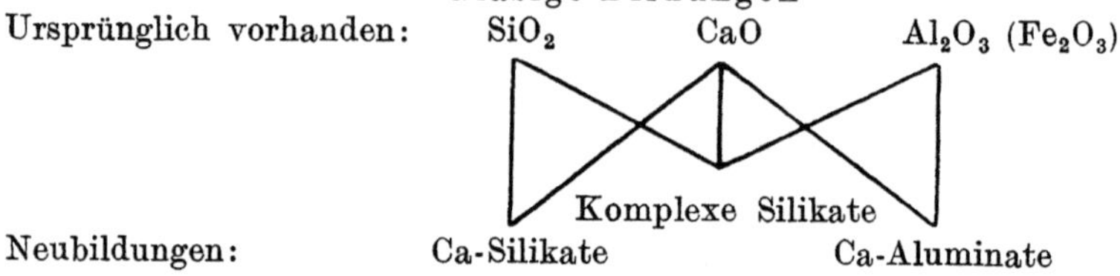

Die zum Sinterbrennen nötige Temperatur richtet sich nach der Rohstoffbeschaffenheit. Bei geeigneter Zusammensetzung des Rohmagnesites erniedrigt sich die für reine Magnesite außerordentlich hohe Sintertemperatur oft schon auf etwa 1470—1500° C. Ein Magnesit mit 2 vH Eisen-2-oxyd sintert schon bei etwa 1400° C. Die Brenntemperatur der steirischen Magnesite liegt im Mittel bei etwa 1500° C (1480—1550° C). Reinere Gesteine sintern erst bei 1600—1700° C.

Als Sintermagnesitbrennofen eignet sich insbesondere der in den Abmessungen entsprechend groß gehaltene Gasschachtofen mit Unterwind von hoher Pressung und mit selbsttätiger Entleerung (automatische Drehroste) oder der sogenannte Lezelius-Schachtofen, der mit zwei Halbgasfeuerungen ausgestattet ist und gleichfalls mit Unterwind betrieben wird. In Schachtöfen kann nur stückiges Material gebrannt werden. Beim Abbau und bei der Zerkleinerung fällt viel Magnesitsand an, dessen Verhüttung im Schachtofen bisher auf Schwierigkeiten stößt, da die Brikettierung oder Agglomerierung zu hohe Kosten verursacht. Magnesitsand kann jedoch in Drehrohröfen (Rotierer, Leistungen bis 200 t/24 st) mit Staubkohlenfeuerung (in Amerika teilweise mit Rohölheizung)[1]) sintergebrannt werden. An Stelle des Schachtofens dienen zum Brennen je nach gewünschter Leistung noch folgende Öfen: Drehrohröfen, Gaskammerofen von Mendheim, Kammeröfen mit überschlagender Flamme, Rundöfen, gekuppelte Rundöfen, Tunnelöfen.

Die in Schachtöfen erreichbare Temperatur von etwa 1500° C wird in Drehrohröfen noch um etwa 200° überschritten.

Der Kohlenverbrauch ist von der Sinterungsfähigkeit des Rohstoffes und von der Ofentype abhängig; im allgemeinen ist er ziemlich hoch und beträgt bei guter Kohle (6000 WE) etwa 30—45 vH.

Nach dem Brennen und Ziehen wird der Sintermagnesit zwecks Entfernung der schädlichen Beimengungen (Kalk, Dolomit

[1]) Tonind.-Z. 46, 1922, S. 1063.

und Quarz) einer längeren feuchten Lagerung (2—3 Wochen), Zerkleinerung auf Erbsengröße (Steinbrecher, Kollergänge) und im Großbetriebe einer elektromagnetischen Aufbereitung unterzogen, deren Erfolg Redlich (a. a. O.) an Analysenbeispielen eines Sintermagnesites, z. B. von Trieben, erläutert:

Vor der Aufbereitung:

83,15 vH MgO, 7,46[1]) vH CaO, 0,90 vH Al_2O_3, 3,65 vH Fe_2O_3 und 4,23 vH SiO_2;

nach der Aufbereitung:

93,81 vH MgO, 1,05[2]) vH CaO, 0,46 vH Al_2O_3, 4,30[2]) vH Fe_2O_3 und 0,64 vH SiO_2.

Wie aus den Analysen ersichtlich, verbleibt im aufbereiteten Sintermagnesit eine geringe Menge Kalk, Tonerde und Kieselsäure, ein Umstand, der insoferne günstig ist, als kleine Mengen dieser Stoffe zur Bildung des glasigen Kittes notwendig sind. Der aufbereitete Magnesit wird schließlich auf Kugel-, Maxecon-, Dreiwalzen- oder Pfeifferschen Doppelhartmühlen feingemahlen. Dieses Produkt bildet das Rohmaterial für die Erzeugung der Magnesitziegel.

Sintermagnesit ist eine licht- oder rot- bis schwarzbraune, oft auch blauschwarze, rissige, unbildsame Masse von kristallinem Gefüge (vgl. S. 428). Über seine physikalischen Eigenschaften gibt Tabelle 81 Auskunft.

Tabelle 81. Physikalische Eigenschaften

Bezeichnung	s	H	U	G	t	$\lambda \times 360$	c
Sintermagnesit	3,3—3,5[1]) 3,8[2])	5—6					0,2345
Derselbe in Bindung (Magnesitziegel)	3,44—3,60[3]) i. M. 3,52 r: 2,35[4])		24—30[4]) 33 (berechnet)	1200—1500[1]) ∞ 535[4])	100	2,35 ± 0,04[5])	
Periklas (Hauptbestandteil)	3,7—3,9 3,22—3,65	5,5—6					
Magnesiumferrit	3,6						

[1]) Dammer, O. — Peters, F.: Chemische Technologie der Neuzeit. 2., erweiterte Aufl., S. 716. Stuttgart: F. Enke. 1925.
[2]) Bei 1470—1600° C gesinterter Magnesit nach Bischof, C.: Die feuerfesten Tone. 3. Aufl., S. 347. Leipzig: Quandt und Händel. 1904.
[3]) St. u. E. 45, Heft 1.
[4]) Singer, F.: Keramik, S. 470/71. Braunschweig: F. Vieweg und Sohn. 1923.
[5]) Hougens Tab., a. a. O.

Die Dichte nimmt mit fortschreitender Sinterung bis zu dem Höchstwert von 3,8 zu. Einen besonders hohen Grad von Dichte erreicht nach Bigot[2]) der nach dem Lecesne-Verfahren hergestellte Sintermagnesit.

[1]) Die Menge des durch die Aufbereitung entfernten Kalkes sowie die Zunahme an Eisenoxyd erscheint dem Verfasser zu hoch; bezüglich des ursprünglich vorhandenen Kalkgehaltes vgl. S. 402.

[2]) Bigot: Ref. Tonind.-Z. 45, 1921, S. 583.

Die mechanische Festigkeit und Haltbarkeit ist von dem Gehalt an freiem Kalk abhängig, worauf bereits hingewiesen wurde (vgl. S. 402).

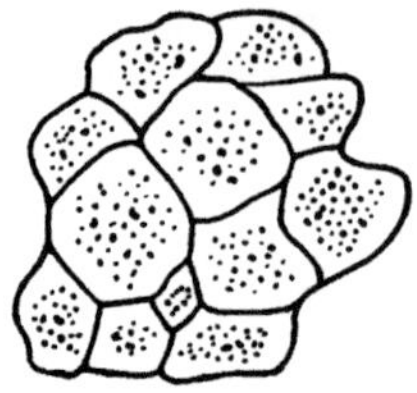

Abb. 71. Dünnschliff eines Magnesitziegels bei starker Vergrößerung. Periklaskristalle und Körner von Magnesiumferriteinschlüssen (nach Redlich, a. a. O.)

Nach F. Cornu[1]) besteht guter Sintermagnesit hauptsächlich aus Periklas, Olivin und dem glasigen Erstarrungsprodukte der Sinterungsschmelze, einem eisenhaltigen, als Kitt wirkenden Kalk-Tonerde-Silikat in einer Menge von etwa 6 vH; diese Stoffe sind von Spinell und Magnesiumferrit begleitet; Periklas und Magnoferrit machen zusammen etwa 94 vH aus.

Abb. 71 zeigt das Dünnschliffbild eines Magnesitziegels (Periklaskristalle).

Analysenbeispiele enthält Tabelle 82.

Sintermagnesit ist, wenn er aus geeignetem Rohstoff erzeugt wurde, gegen Wasser und Kohlensäure indifferent oder zumindest sehr reaktionsträge, jedoch hygroskopisch, insbesondere wenn die Brenntemperatur nicht genügend hoch war.

Tabelle 82. Analysenbeispiele

Bezeichnung	MgO	CaO	Al_2O_3	Fe_2O_3	Mn_3O_4	SiO_2
Semmering (nicht aufbereitet)[1])	81,46	8,52	1,20	6,00		2,80
Breitenau[1])	87,89	2,77	0,69	5,47[5])	0,87	2,00
Sunk[1])	85,91	4,51[4])	1,44	6,83[5])		0,63
Veitsch[1])	84,20	4,20[4])	0,56	8,00	0,90	1,87
Washington[2])	79—86	2—4	1—3	4—6		4—8
Kalifornien[2])	75—88	2—7	1—3	3—6		3—9
Kanada[2])	67—81	9—17	1—2	5—7		4—7
Radenthein[3])	85—88	1—2	1—2	4—5		4—6

[1]) Redlich: a. a. O.
[2]) Tonind.-Z. 45, 1921, S. 1119.
[3]) Dammer, O. — Peters, F.: Chemische Technologie der Neuzeit. 2., erweiterte Aufl., S. 715ff. Stuttgart: F. Enke. 1925.
[4]) Der für den Sunker und Veitscher Sintermagnesit angeführte Kalkgehalt erscheint etwas zu hoch und entspricht nicht den auf S. 433 angeführten Bedingungen.
[5]) Nach persönlichen Mitteilungen des Herrn Professor Dr. R. Böhm, gew. Chefchemiker der Veitscher Magnesitwerke, ist der Breitenauer Sintermagnesit durch ∼ 6 vH, der Sintermagnesit von Trieben (Sunk) durch ∼ 4 vH Eisen-3-oxyd geradezu gekennzeichnet.

Brennverhalten

Die beim Sinterbrennen sich abspielenden Vorgänge physikalischer Natur finden in späteren Bränden ihre Fortsetzung, sofern nicht der Endzustand im Erzeugungsbrand erreicht wurde. Nach der Austreibung der Kohlensäure aus dem kristallinen Magnesit liegt zunächst ein amorphes Produkt vor, das im Sinterbrande mehr oder weniger vollkommen in die Kristallphase Periklas übergeht. Von der Beschaffenheit des Roh-

[1]) Cornu, F.: Z. B. Min. etc. 1908, S. 305.

stoffes, der Höhe der Brenntemperatur, Dauer der Erhitzung oder Zahl der Brände ist es nun abhängig, in welchem Grade diese Umwandlung erfolgt. Eine fast völlige Kristallisation des Magnesiumoxydes erreicht man erst durch mehrmaliges scharfes Brennen. Wurde dieser Endzustand im Erzeugungsbrande nicht erreicht, dann findet auch beim Brennen der aus ihm erzeugten Magnesitziegel, ja selbst bei der Verwendung der Ziegel in späteren Bränden noch Periklasbildung statt, die infolge der mit der Kristallisation verbundenen Dichtenänderungen einen Mangel an Raumbeständigkeit mit den bekannten Folgen und einen Verlust an mechanischer Festigkeit bedeutet. Die Schwindung erreicht eben erst dann ihre Grenze, wenn das amorphe Oxyd zur Gänze in den kristallinen Zustand übergegangen ist.

Die nach völliger Kristallisation eingetretene Gesamtschwindung beträgt linear ∾ 25 vH. Durch wiederholtes, scharfes Brennen wird daher dem Nachschwinden der Magnesitziegel vorgebeugt oder zumindest der Betrag der Nachschwindung auf ein unschädliches Maß verringert; der nach dem Lecesne-Verfahren gewonnene Sintermagnesit besitzt nach Bigot (a. a. O.) bei neuerlicher Erhitzung auf 1700° C nur mehr eine geringe Schwindung, kann also praktisch als raumbeständig angesehen werden.

Die Änderungen der thermischen und elektrischen Eigenschaften sind in Tabelle 83 verzeichnet.

Nach Goerens (a. a. O.) und F. H. Norton (a. a. O.) nimmt die Wärmeleitfähigkeit von Sintermagnesit in Bindung mit steigender Temperatur erheblich ab; sie ist im allgemeinen sehr hoch, nach Norton bei 600° C nur etwa 4mal kleiner als die von Karborundum. Die spezifische Wärme und Wärmekapazität steigt ebenso wie der Ausdehnungskoeffizient mit der Temperatur. Der starke Anstieg der Wärmekapazität ist nach Green (a. a. O.) auf die Zunahme des Raumgewichtes bei der Erhitzung zurückzuführen. Über die Änderung des thermischen Diffusionsvermögens berichtet der genannte Forscher, daß es mit steigender Temperatur abzunehmen scheine. Hinsichtlich der Wärmeübertragung reiht der Sintermagnesit in Bindung nach dem Karborundum und übertrifft in dieser Beziehung die Silika- und Chromitbaustoffe[1]).

Die Temperaturempfindlichkeit der Magnesitziegel ist recht groß. Bei den erwähnten Schreckversuchen (Singer, vgl. 53) betrug der Gewichtsverlust 100 vH.

Der elektrische Widerstand nimmt erst bei starker Temperaturerhöhung beträchtlicher ab (vgl. Abb. 36). Nach Stansfield, McLeod und McMahon (a. a. O.) isoliert Sintermagnesit in Bindung bis zu etwa 1300° C. Burt-Gerrans und Kerr (a. a. O.) berichten, daß die Änderungen der Leitfähigkeit von neuen und hocherhitzten Magnesitziegeln innerhalb eines bestimmten Temperaturgebietes Unterschiede aufweisen; gegenüber dem neuen Ziegel, bei dem die Leitfähigkeit von

[1]) Sprs. 57, 1924, S. 525.

Tabelle 83. Thermische und elektrische Eigenschaften in höheren Temperaturen

Bezeichnung	t	$\lambda \times 360$	c	Cal/cm³	$\beta \times 10^6$	W in Ω/cm³	ϰ in rezipr. Ω/cm³
Sintermagnesit in Bindung	200	4,9[1])	0,253[2])				
		6,57[3])					
	300	5,47[3])					
	400	4,5[1])	0,275[2])				
		4,91[3])					
	500	4,71[3])					
	600	3,7[1])	0,290[2])				
		4,39[3])					
	700	4,14[3])					
	800	3,4[1])	0,316[2])				
		3,85[3])					
Neuer Magnesitziegel[4])	870						$2{,}10^{-5}$
Sintermagnesit in Bindung	900	3,73[3])					
	1000	1,43[5])	0,324[2])				
		2,56[6])					
		3,2[1])					
		3,06[2])					
		2,89[2])					
Neuer Magnesitziegel[4])	1020						$5{,}10^{-7}$?
	1080						$2{,}10^{-5}$
Sintermagnesit in Bindung	950	2,92[10])					
	1200	3,1[1])					
	1300		0,349[2])			6200[2])	
	1400	3,06[1])				420[2])	
	1500					55[2])	
	1550					25[7]), 30[2])	$0{,}2^{-5}$[4]) ?
	1565					25[2])	
	0—1430				16,1[2])		
	14—1200				12,6[2])		
	17—200		0,253[5])				
	20—600		0,26[8])				
	20—1200		0,287[8])				
	20—1000				11,0[8])		
	20—1600				11,9[8])		
	25—1000		0,239–0,340[9])				
	100—1000			0,621—0,842[9])			

[1]) Norton, F. H.: Journ. Am. Cer. Soc., Vol. 10, 1927, S. 30—52; Ref. Tonind.-Z. 51, 1927, S. 394.
[2]) Hougens Tab., a. a. O.
[3]) Nach Tadokoro; Ref. McGee: Journ. Am. Cer. Soc., Vol. 9, 1926, S. 374—379; Ref. Sprs. 60, 1927, S. 155.
[4]) Burt-Gerrans, J. T. u. R. S. Kerr: Trans. Roy. Soc. Can., 19, 1925, S. 27; Ref. Sprs. 59, 1926, S. 655.
[5]) Singer, F.: Keramik. S. 447 u. 471. Braunschweig: F. Vieweg und Sohn. 1923.
[6]) Nach Wologdine, S.: Ref. Green: a. a. O.
[7]) Stansfield, McLeod u. McMahon: a. a. O.
[8]) Nach Steger; Singer, F.: Keramik, S. 422. Braunschweig: F. Vieweg und Sohn. 1923.
[9]) Green: a. a. O.
[10]) Walther, C.: Handb. d. spars. Wärmewirtsch. Laufende Ausgabe. Stuttgart: Technische Verlagsgesellschaft. 1926/27.

1080° C an zunahm, zeigte ein auf über 1400° C erhitzter Ziegel zwischen 1200 und 1300° C eine Abnahme der Leitfähigkeit; bei neuen Ziegeln beobachteten die beiden Forscher in den Temperaturbereichen 870—1020° und 1080—1550° C einen Anstieg, zwischen 1020 und 1080° C ein Sinken der Leitfähigkeit.

Das Verhalten des Sintermagnesites in Bindung bezüglich der bei höheren Temperaturen eintretenden Formartänderungen wurde an Magnesitziegeln vielfach untersucht.

Der Erweichungsbeginn schwankt zwischen 1400 und 1600° C, liegt also im Mittel bei 1500° C. Diese Erweichung ist hauptsächlich auf das Bindemittel zurückzuführen. Unter Belastung zeigt Sintermagnesit im allgemeinen bis zu hohen Temperaturen eine verhältnismäßig gute Festigkeit. Es wurde beobachtet, daß Magnesitziegel noch bei der Schmelztemperatur von Quarzkalkziegeln vergleichsweise mechanisch fest waren. Das Erweichungsintervall ist bei Druckbelastung nach Hirsch und Pulfrich[1]) im allgemeinen kurz, der Entformung folgt alsbald ein haltloser Zusammenbruch (vgl. Abb. 37).

Der Erweichungsbeginn liegt unter einem Drucke von 1 kg/cm² bei 1450—1500° C, nach Endell[2]) bei 1500° C; unter einer Belastung von 2 kg/cm² nach Hirsch und Pulfrich (a. a. O.) zwischen 1430 und 1800° C. Mellor und Emery[3]) beobachteten bei 3 kg/cm² eine Zersplitterung bei 1550° C. Das Erweichungsverhalten der Magnesitziegel ist demnach günstiger als das der meisten anderen feuerfesten Ofenbaustoffe. Die Ziegel übertreffen in dieser Hinsicht sowohl die Quarzerzeugnisse als auch selbst im Tonerdegehalt veredelte Schamotteziegel.

Die Druckfestigkeit steirischer Magnesite wird von Bodin[4]) mit

450 kg/cm² bei 20° C,		155 kg/cm² bei 1300° C und
295 kg/cm² bei 800° C,		30 kg/cm² bei 1500° C
190 kg/cm² bei 1000° C,		

angegeben.

Der Schmelzpunkt des Sintermagnesites liegt nach Bischof[5]) im allgemeinen um so höher, je magnesiareicher der Magnesit ist; trotz der starken, von Schwindung und Verdichtung begleiteten Sinterung, liegt er bei günstiger Zusammensetzung über 2000° C; nach Kanolt[6]) besaß ein österreichischer Magnesit mit 89,14 vH Magnesiumoxyd den Schmelzpunkt von 2165° C. Sintermagnesit ist demnach höchst feuerfest. Die Schwerschmelzbarkeit wird durch Beimengungen, z. B. durch nichtmagnesitische Bindemittel, erheblich beeinträchtigt.

---

[1]) Hirsch u. Pulfrich: Ker. Rundsch. 32, 1924, S. 21.

[2]) Endell: St. u. E., 1921, Heft 1, S. 6—9.

[3]) Mellor u. Emery: Gas Journ. 142, 1918, S. 478; Hougens Tab., a. a. O.

[4]) Bodin: Trans. Cer. Soc., Vol. 21, Part. 1, 1921/22, S. 44; Ref. Tonind.-Z. 46, 1922, S. 561.

[5]) Bischof, C.: Die feuerfesten Tone. 3. Aufl., S. 347. Leipzig: Quandt und Händel. 1904.

[6]) Kanolt: Ref. St. u. E., 45, Heft 1.

Die Reaktionsfähigkeit des Sintermagnesites ist im allgemeinen dieselbe wie diejenige der scharfgebrannten Magnesia und steht zur Dichte im umgekehrten Verhältnis. In Berührung mit Quarziten (Silikaziegeln) und feuerfesten Tonen zeigt er nach Bischof (a. a. O.) bis etwa 1600° C, in Berührung mit Tonerde sogar noch bis zu etwas höherer Temperatur keine auf chemische Wechselwirkungen deutende Erscheinungen. Bei der Verwendung des Sintermagnesites als feuerfestes Auskleidungsmaterial basischer Konverter, z. B. der Thomasbirne, spielt die chemische Widerstandsfähigkeit gegen die während des Frischprozesses (Oxydation der Beimengungen des Roheisens) aus dem Phosphor des Thomasroheisens entstehende Phosphorsäure eine große Rolle, da von dem Grade des Angriffes der Verschleiß des Futters abhängt. Der Magnesit hat sich in dieser Hinsicht widerstandsfähiger als Kalk erwiesen.

Basischen Stoffen wie Metallschmelzen, Kalk und basischen Schlacken gegenüber besitzt der Magnesit hohe chemische Widerstandsfähigkeit. Im allgemeinen wird er von basischen Flußmitteln bei 1000° C, von oxydfreien Metallschmelzen zwischen 1000 und 2000° C nicht angegriffen (Hougens Tab.). Nach Howe, Phelps und Ferguson[1]) besitzt er eine um weniges höhere Widerstandsfähigkeit gegen die Wirkung der meisten Schlacken als chromoxydhaltiges feuerfestes Material.

Verwendung

Die Grundlage der Verwendung des Sintermagnesites bildet seine Schwerschmelzbarkeit und Widerstandsfähigkeit gegen den chemischen Angriff basischer Stoffe bei hohen Temperaturen. Er ist daher ein wichtiger Werkstoff der „feuerfesten" Industrie und wird teils als Magnesitziegel oder in Form von etwa haselnußgroßen Körnern (Stahlwerkskörnung) als Stampfmasse zum Ofenbau, und zwar für die verschiedensten Teile der Öfen (Roheisenmischer, Thomasbirnen — hier vorwiegend für die Düsen- und Nadelböden —, basische Siemens-Martin-Öfen, Elektrostahlöfen, Magnesitbrennöfen und andere mehr), teils als Magnesitmörtel (Sintermehl) verwendet. Auch in den Schmelz- und Raffinieröfen der Kupfer-, Zinn-, Blei- und Antimonhütten hat er sich gut bewährt. In diesen metallurgischen Öfen bildet der Sintermagnesit als Ziegel häufig die neutrale Zone zwischen sauren und andersartig-basischen Ofenbaustoffen, z. B. zwischen sauren Gewölbsteinen (Silikaziegel), und basischen oder neutralen Baustoffen der Seitenwände und des Herdes (z. B. Chromitziegel) oder umgekehrt zwischen saurem Herdmaterial und basischen Seitenwänden. Nach einem Referat von Lange[2]) wird der Herd amerikanischer Siemens-Martin-Öfen durch lagenweises Aufsintern einer Mischung von 75 Teilen gebrannten Magnesites und 25 Teilen basischer Schlacke hergestellt. Im gleichen Referat berichtet Lange, daß sich Magnesit für die Unterteile der Brennerköpfe, an die hinsichtlich

[1]) Howe, Phelps u. Ferguson: Journ. Am. Cer. Soc., Vol. 6, 1923, S. 589—595; Ref. Glastechn. Ber., 1924, II, Heft 6, S. 122.

[2]) Lange: St. u. E., Heft 41, S. 1255/56.

Schwerschmelzbarkeit und Widerstandsfähigkeit gegen Schlackenangriffe besonders hohe Anforderungen gestellt werden, bisher am besten bewährt hat, daß er jedoch für die Brennerköpfe selbst nicht die genügende Festigkeit bei der hohen Temperatur besitze. Als feuerfeste Stampfmasse wurde er früher beim Lichtbogenofen (Bauart Keller) und bei den Induktionsöfen von Röchling-Rodenhauser verwendet, insbesondere aus dem Grunde, weil er sich gegen Reduktionsmittel wie Kohle bei der hohen Temperatur (bis etwa Platinschmelzhitze) genügend widerstandsfähig erwies. In neuerer Zeit wird er jedoch durch den billigeren Sinterdolomit ersetzt, doch wird der Magnesitziegel mit niedrigem Kalkgehalt für geeigneter gehalten[1]). Unter der Bezeichnung „Metalkase-Magnesitsteine" werden in amerikanischen basischen Siemens-Martin-Öfen und Elektrostahlöfen mit Sintermagnesit ausgestampfte Rohre oder Formen aus Flußstahl verwendet, um die infolge der geringen Temperaturbeständigkeit eintretenden Schäden (Reißen) zu verhüten[2]). In den neuzeitigen amerikanischen, großdimensionierten Kupferraffinierflammöfen stellt man den ganzen Herd aus Magnesitmaterial her. Feingemahlener Sintermagnesit (90—92 Teile) dient mit Teer (8—10 vH) gemengt als Mörtel für Magnesitsteinmauerwerk.

Zwecks Erzeugung der Magnesitziegel wird der gereinigte und vermahlene Sintermagnesit mit einem Bindemittel (Kalkmilch oder Teer) versetzt, mittels hydraulischer Pressen unter hohem Drucke verformt und vorsichtig getrocknet; die Formlinge werden dann bei sehr hoher Temperatur im Mendheim-Gasofen oder in einem Tunnelofen gebrannt (vgl. das Diagramm auf S. 425). Das Gemenge von Magnesitmehl und Bindemittel soll nicht mehr als 3 vH CaO enthalten, da ein größerer Kalkgehalt die Feuerfestigkeit und, wenn der Kalk unverbunden bleibt, auch die mechanische Festigkeit und Lagerbeständigkeit ungünstig beeinflußt.

Die vier im Jahre 1923 in Österreich betriebenen Magnesitwerke beschäftigten etwa 4000 Arbeiter und erzeugten 2000000 q (q = dz) Sintermagnesit und 400 000 q Magnesitsteine[3]).

Die Ausfuhr an Sintermagnesit betrug:

	1923	1924
	847824 q	**739212** q
und zwar nach		
Amerika (USA)	455437 „	431715 „
England	130567 „	51594 „
Deutschland	100771 „	98621 „
Frankreich	67040 „	68982 „
der Tschechoslowakei	21826 „	21563 „
Italien	10792 „	13259 „
Spanien		12813 „

[1]) Journ. Chem. and Met. Engin.; Ref. Tonind.-Z. 45, 1921, S. 60.
[2]) Tonind.-Z. 45, 1921, S. 1119.
[3]) Tonind.-Z. 47, 1923, S. 206.

	1925 (1. Halbjahr) 645290 q	**1926** (1. Halbjahr) 504290 q
nach Amerika (USA)		246000 „
„ England		106000 „
„ Deutschland		79800 „
„ Frankreich		34891 „
„ der Tschechoslowakei		8894 „
„ Italien		6393 „
„ anderen Staaten		22312 „

Bezugsländer waren ferner noch: Polen, Südslawien, die Schweiz und einige überseeische Länder[1]).

4. Geschmolzenes Magnesiumoxyd

Die günstigen Auswirkungen eines hohen Dichtigkeitsgrades auf die chemische Widerstandsfähigkeit bei hohen Temperaturen, auf die Standfestigkeit im Feuer sowie auf das Erweichungsverhalten unter Belastung haben Versuche gezeitigt, geschmolzenen und erstarrten Magnesit zu verarbeiten.

Über die Herstellung und Eigenschaften der Schmelzmagnesia berichten J. Bronn[2]) und M. Unger[3]).

Zur Erzeugung der Schmelzmagnesia wird gebrannter Magnesit im Lichtbogen bis zum Schmelzen erhitzt und langsam abgekühlt. Beim Schmelzen findet eine Verdampfung der leichter flüchtigen Verunreinigungen statt, so daß das geschmolzene Oxyd höherprozentig und hellfarbiger wird; es wurde bei Veitscher Magnesit eine Anreicherung von 88 vH (im Rohstoff) auf 95 vH MgO beobachtet. Geschmolzener Magnesit bildet bei langsamer Abkühlung eine feste, kristalline Masse von großer Härte, deren Oberfläche glasig erscheint; die Dichte beträgt 3,5—3,62, der Ausdehnungskoeffizient ($\beta \times 10^6$) 9,3. Mangels bildsamer Eigenschaften gestaltet sich seine Verarbeitung ziemlich schwierig. Kraner und McDowell (a. a. O.) rühmen ihm dieselbe dielektrische Festigkeit nach wie dem Periklas.

Die chemische Zusammensetzung von geschmolzenem Magnesit zeigt Tabelle 83a. Chloride, Sulfate und flüchtige Stoffe sind nur in Spuren

Tabelle 83a. Analysenbeispiele

	MgO	CaO	Al_2O_3	Fe_2O_3	SiO_2
[1])	94,70	1,18	1,33	2,56	0,59
[2])	93,98	1,30	1,68	1,98	1,11
[1])	95,47	0,11	0,62	3,28	0,58
[2])	93—95	2—3	0,2—0,5		2—4

[1]) Nach Bronn: a. a. O. [2]) Nach Unger: a. a. O.

[1]) Tonind.-Z. 49, 1925, S. 726.

[2]) Bronn, J.: Chem.-Z. 49, 1925, S. 1054.

[3]) Unger, M.: Am. Electrochem. Soc., Wash., D. C., Oktober 1926, Sonderdruck; Ref. Sprs. 60, 1927, S. 303.

vorhanden. Die kristallinen Ausscheidungen im geschmolzenen Magnesiumoxyd hält man für Periklas. Es wird vermutet, daß beim Schmelzprozeß Polymerisation des Oxydes eintritt.

Der Siedepunkt der Schmelzmagnesia liegt nach Ruff und Schmidt[1]) bei 2800—2850° C. Als Nachteile des geschmolzenen Magnesites werden eine gewisse Aufnahmsfähigkeit für Schwefel und die Reduzierbarkeit durch unmittelbare Berührung mit kohligen Stoffen bei etwa 2000° C verzeichnet. Abb. 72 zeigt den raschen Anstieg des Gewichtsverlustes durch Verdampfung des reduzierten Oxydes ab 2000° C.

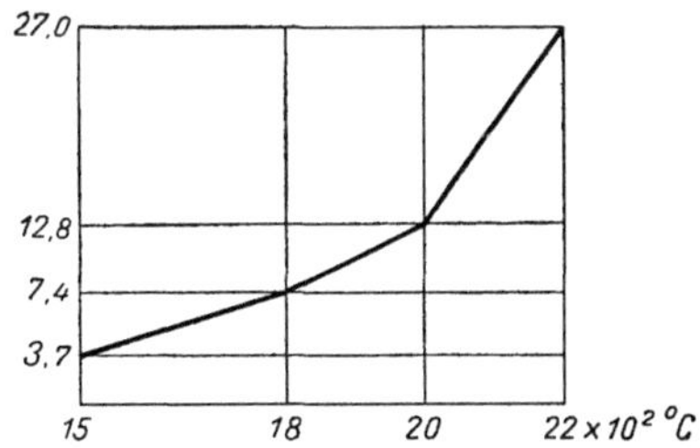

Abb. 72. Gewichtsverluste (vH) bei der Reduktion von geschmolzenem Magnesiumoxyd durch Kohle; nach Kowalke, Grenfell und Hougen

Die Kurve ist nach den von Kowalke, Grenfell und Hougen[2]) ermittelten, von Bronn (a. a. O.) mitgeteilten Werten konstruiert. Verunreinigungen wirken schon in geringer Menge nachteilig auf den Grad der Feuerfestigkeit, insbesondere bei gleichzeitiger Gegenwart mehrerer Oxyde, z. B. Kieselsäure und Tonerde.

Nach Unger (a. a. O.) soll geschmolzener Magnesit sogar gegen den Angriff saurer Schlacken, nach Bronn auch gegen Korrosionen durch geschmolzenes und überhitztes Blei widerstandsfähig sein.

Schmelzmagnesia findet nur zur Erzeugung von Geräten für besondere Zwecke Verwendung. Die aus ihr erzeugten Tiegel besitzen nach Bronn (a. a. O.) die Dichte 3,56 und sollen nicht völlig raumbeständig sein; beim Erhitzen erleiden sie noch eine geringe Schwindung. Die bisherigen Erfahrungen über die Eignung des geschmolzenen Magnesites als Auskleidung von elektrischen Öfen reichen nach Cl. E. Williams[3]) nicht hin, um Vorzüge vor dem Sintermagnesit erkennen zu können. Unger bezeichnet Schmelzmagnesia in Bindung mit wasserarmem Pech nach Versuchen der General Electric Co als besonders geeignet für Induktionsstahlöfen, deren Futter einen geringen Ausdehnungskoeffizienten besitzen und dem Angriff saurer Schlacken (20—25 vH SiO_2!) widerstehen soll. Die zu den Versuchen verwendete Mischung aus geschmolzenem Magnesit verschiedener Korngröße und gebranntem Magnesiumoxyd erweichte stärker erst oberhalb 2000° C; der Schmelzpunkt lag bei 2200° C. Nach D.R.P. 437106, 1923, der „Dynamidonwerk“ Engelhorn & Co., G. m. b. H., Mannheim-Waldhof[4]), erhält man aus eisen- und kalkarmem geschmolzenem Magnesit, wenn das

[1]) Ruff u. Schmidt: Z. anorg. Chem. 117, 1921, S. 172.

[2]) Kowalke, Grenfell u. Hougen: Trans. Am. Electrochem. Soc., 27, 1915, S. 221.

[3]) Williams, Cl. E.: Journ. Am. Cer. Soc., Vol. 6, 1923, Nr. 6; Ref. Ker. Rundsch. 31, 1923, S. 279.

[4]) Sprs. 60, 1927, S. 137.

gekörnte Material mit feinstgemahlener Schmelzmagnesia als Bindemittel verarbeitet wird, hochfeuerfeste, raumbeständige, in hohen Temperaturen standfeste Massen, die gegen Temperaturwechsel unempfindlich sein sollen.

III. Dolomit

Dolomit ist ein gebirgsbildendes, kalksteinähnliches Mineral aus der Gruppe der Karbonate, das als Basen Kalk und Magnesia enthält.

Magnesiahaltige Kalksteine und kalkhaltige Magnesite, also Gesteine, die Magnesia bzw. Kalk nur als Verunreinigung enthalten, zählen nicht zu den Dolomiten, obwohl noch keine Grenze festgelegt ist, bei welchem Hundertsatz an Magnesia ein Kalkstein als magnesiahaltiger (dolomitischer) Kalkstein oder als Dolomit anzusprechen ist. Es wurde angeregt[1]), einen Gehalt von 10 vH Magnesiumoxyd im gebrannten Werkstoff (= 11,6 vH $MgCO_3$ im Rohstoff) als obere Grenze für die Bezeichnung „dolomitischer Kalk" anzusetzen.

Das Gestein, das man gewöhnlich Dolomit nennt, ist oft nur ein dolomitischer Kalkstein.

Der Dolomit wird in seinen häufigsten Vorkommen (z. B. in der Eifel) für eine metamorphe Bildung aus Kalkstein gehalten. Es sei hier an die Redlichsche Bildungshypothese des Magnesites aus Aragonit (vgl. S. 395) auf wässerigem Wege erinnert, wonach bei der Umsetzung mit Magnesiumsulfat als auch bei der Wechselwirkung zwischen den Karbonaten von Kalk und Magnesia Dolomit als Zwischenprodukt erscheint; anderseits sprechen manche Vorkommen auch für ein reines chemisches Absatzgestein (Sediment).

Durch Druckumwandlung gehen sedimentäre Dolomite ähnlich wie die Kalksteine in kristalline Gesteine über.

Die verbreitetste Art des Dolomites bilden die sogenannten Dolomitgesteine, das sind Karbonatgesteine, die eine dolomitähnliche Zusammensetzung aufweisen. Diejenigen darunter, welche annähernd die Karbonate des Kalkes und der Magnesia in äquivalenter Menge enthalten, bezeichnet man als Normaldolomitgesteine.

Zu den Dolomitgesteinen zählen der Dolomitmarmor (parischer Marmor), der dichte Dolomit, der Brekziendolomit und die Rauhwacke.

Als Mineral tritt der Dolomit in Form des Dolomitspates, klastisch als Dolomitsand und Dolomitasche auf.

Dolomitmarmor ist eine mehr oder weniger feinkörnige Anhäufung von Dolomitkristallen, die durch ihre dichte Lagerung ein festes Gestein bilden. Bei regelloser Anordnung der Kristalle entsteht ein lockerer, leicht verwitterbarer Dolomit von zuckerkörnig-kristallinischem Gefüge.

Der dichte (kryptokristallinische) Dolomit entspricht dem dichten Kalkstein. Im Brekziendolomit sind dunkelfarbige, eckige Gesteinstrümmer durch weißen Dolomit verkittet. In der Rauhwacke

[1]) Tonind.-Z. 47, 1923, S. 565.

(Rauchwacke) liegt ein zellenporiges Gebilde vor, das einem Brekziendolomit entspricht, in dem das verkittete Material fehlt (kavernöser Dolomit).

Dolomitspat tritt meist in Kristallgruppen oder Drusen auf, deren Kristalle dem hexagonalen System angehören, aber im Gegensatze zum Kalzit wahrscheinlich tetartoedrisch sind. Dolomitsand besteht aus den Spaltungsstücken des Dolomites, Dolomitasche aus erdigem, staubförmigem Dolomit.

Über Dichte und Härte gibt Tabelle 73 (siehe S. 395) Aufschluß. Beide nähern sich um so mehr den entsprechenden Eigenschaften des Kalzites, je weiter sich das Verhältnis der beiden Karbonate zugunsten des Kalziumkarbonates verschiebt. Dichter Dolomit zeigt oft so große Härte, daß er am Stahl Funken gibt, eine Erscheinung, die darauf beruht, daß das Gestein häufig stellenweise reichliche Quarzeinschlüsse birgt. Eisenreiche Abarten besitzen eine höhere Dichte als eisenarmer Dolomit, etwa bis 3,1.

Die wenigen bekannt gewordenen Angaben über die thermischen Eigenschaften des Dolomites finden sich in Tabelle 84.

Tabelle 84. Thermische Eigenschaften

Bezeichnung	t	c	$\beta \times 10^6$
Künstliches Dolomitkarbonat	18—47	0,206[1])	
Dolomit	20—98	0,2218[1])	
	17—100	0,1920[1])	
		0,2161	// c: 19,68[2])
		0,2174	⊥ c: 3,67[2])

1) L. B. Tab.
2) Doelter, C.: Handbuch der Mineralchemie, Bd. I, S. 384. Dresden-Leipzig: Th. Steinkopff. 1912.

In elektrischer Hinsicht verhält er sich ähnlich dem Magnesit.

In bezug auf seine chemische Zusammensetzung nimmt Dolomit eine Mittelstellung zwischen Kalzit und Magnesit ein. Nur die individualisierten Dolomite, die sogenannten Normaldolomite, besitzen eine mehr oder weniger konstante Zusammensetzung. In diesen sind die beiden Karbonate in äquivalenten Mengen (1 Mol. $CaCO_3$ und 1 Mol. $MgCO_3$) enthalten. In den meisten übrigen Dolomiten herrscht der Kalk vor, doch kennt man auch Vorkommen mit überwiegendem Magnesiumkarbonat. Im allgemeinen wechselt der Gehalt an beiden Bestandteilen mit dem Fundorte. Manche Dolomite weisen ein bestimmtes, ganzzahliges Verhältnis der Karbonate auf, z. B. $CaCO_3 : MgCO_3 = 3 : 2$ oder $2 : 1$; in vielen Arten ist dies jedoch nicht der Fall.

Die Frage, welcher Natur das gemeinsame Auftreten der beiden Karbonate ist, ob Gemenge, isomorphe Mischung, Doppelsalz oder Gemenge eines der beiden letzteren mit Kalkstein bzw. Magnesit, wurde bisher auf Grund der nach den Gesetzen der Isomorphie wechselnden

Zusammensetzung durch die Annahme einer isomorphen Mischung gelöst, neuerdings aber durch Wyckoff und Merwin[1]) auf Grund der Ergebnisse ihrer nach der Laue-Methode durchgeführten röntgenspektrographischen Untersuchungen zugunsten der Doppelsalztheorie entschieden. Für die Wahrscheinlichkeit einer Doppelsalzbildung hat sich schon H. Leitmeier[2]) ausgesprochen.

Die unreinen Arten enthalten an häufiger vorkommenden Fremdstoffen Eisen- und Mangan-2-oxyd, Kieselsäure und Tonerde, die mergelartigen Gemenge, sogenannte Dolomitmergel, einen größeren Gehalt an Ton. Das dolomitische in Süddeutschland vorkommende und keramisch verwendete Gestein weist etwa 20 vH Ton auf[3]). Eisen- und Mangan-2-oxyd nehmen in den Braunspaten[4]) und Ankeriten[5]) einen erheblichen, wechselnden Anteil an der Zusammensetzung; diese Dolomitabarten sind daher gelblichweiß bis lichtgrau gefärbt und werden bei der Verwitterung braun. Bezüglich des Eisens wurde von Wyckoff und Merwin (a. a. O.) festgestellt, daß es das Magnesium im Raumgitter zu ersetzen vermag.

Analysenbeispiele von Dolomiten finden sich in Tabelle 85.

Tabelle 85. Dolomitanalysen

Bezeichnung	$CaCO_3$	$MgCO_3$	Fe_2O_3	Al_2O_3	Ton + Sand	H_2O	Unlösliches	Flüchtige Stoffe
Normaldolomit	54,27	45,73						
Diez im Lahntal[1])	54,59	44,67	0,42		0,44	0,48		
	53,58	42,63	0,81		2,35	0,63		
Wetzlar[1])	52,5	42,5	3,5		1,5	—		
Westfalen[2])	54,15	42,91	0,54				2,40	
	54,60	42,87	1,28				1,05	
Frankreich[3])	CaO 33,6	MgO 17,7	0,6	0,7	SiO_2 0,9			46,6
	31,4	16,4	4,0	1,5	0,1			42,2
Belgien[3])	33,0	18,5	0,7	0,2	0,3			47,4

[1]) Muspratt, J. S.: Chemie, 4. Aufl., Bd. V, S. 1059. Braunschweig: F. Vieweg und Sohn. 1896.

[2]) Kiepenheuer, L.: Tonind.-Z. 50, 1926, S. 1596. (Dolomit der Dolomit- und Kalkwerke, G. m. b. H., Fretter in Westfalen.)

[3]) Bischof, C.: Die feuerfesten Tone, 3. Aufl., S. 281. Leipzig: Quandt und Händel. 1904.

[1]) Wyckoff u. Merwin: Am. Journ. of Sci., Vol. 8, 1924; Ref. Ker. Rundsch. 33, 1925, S. 884.

[2]) Leitmeier, H. in Doelter, C.: Handbuch der Mineralchemie, Bd. I, S. 379. Dresden-Leipzig: Th. Steinkopff. 1912.

[3]) Ker. Rundsch. 30, 1922, S. 471.

[4]) Braunspate sind FeO- und MnO-reiche Dolomite ($Ca[Mg,Fe,Mn][CO_3]_2$).

[5]) Ankerite bestehen qualitativ aus den gleichen Karbonaten; der Gehalt an Eisen-2-oxyd ist etwa dreimal so groß als jener der Magnesia und etwa achtmal so groß als der des Mangan-2-oxydes.

Die Stellung des Dolomites hinsichtlich seiner Löslichkeit in Mineralsäuren zwischen Kalzit und Magnesit wurde bereits unter den chemischen Eigenschaften des Magnesites erwähnt (vgl. S. 397). Im Verhältnis 1 : 10 verdünnte Salzsäure greift den Dolomit erst beim Erwärmen an. Die Auflösung in kalter Salzsäure geht langsam, unter geringer Blasenbildung vor sich; manche Arten brausen mit Salzsäure gar nicht; gepulvert und mit warmer, verdünnter Salzsäure behandelt, löst er sich zumeist bis auf unlösliche Verunreinigungen vollständig unter lebhaftem Aufbrausen. Im Wasser ist er praktisch unlöslich. Der Umstand, daß zumeist nach dem Äquivalentverhältnis der Karbonate das des Kalkes überwiegt, ist auf die etwas geringere Löslichkeit desselben im Vergleich zum Magnesiumkarbonat zurückzuführen.

Zur chemischen Unterscheidung von Dolomit (auch Magnesit) und Kalzit dient das Verhalten gegenüber Kupfernitratlösung (Spangenbergsche Reaktion): Kalzit färbt sich damit sofort stark grün, Dolomit oder Magnesit nicht oder wenig erst nach längerem Kochen.

Brennverhalten

Als Karbonatgestein verhält sich der Dolomit gegen Hitze ähnlich wie Kalkstein und Magnesit; er erfährt beim Brennen auf etwa 900 bis 1000^{0} C eine thermische Zersetzung in ein basisches Oxydgemenge und Kohlensäure:

$$\underset{184\ \text{Gt}}{\text{Ca, Mg}\,(CO_3)_2} \rightleftarrows \underset{56\ \text{Gt}}{CaO} + \underset{40\ \text{Gt}}{MgO} + \underset{88\ \text{Gt}}{2\,CO_2}.$$

Infolge der verschiedenen Zersetzungstemperatur der den Dolomit bildenden Karbonate vollzieht sich die Zersetzung innerhalb zweier Temperaturbereiche, die jedoch nicht scharf getrennt sind. Übrigens verhält sich das Magnesiumkarbonat des Dolomites in bezug auf die Zersetzungstemperatur etwas abweichend vom reinen Magnesit. Nach Vesterberg[1]) gibt das in dolomitischer Bindung befindliche Magnesiumkarbonat nach zweistündigem Glühen bei 500^{0} C noch keine oder nur sehr wenig Kohlensäure ab. Die Zersetzungstemperatur des Dolomites wird von Le Chatelier (1887) mit $765—895^{0}$ C angegeben. Eine vollständige Entsäuerung der dolomitischen kohlensauren Magnesia ist ohne teilweise Austreibung der Kohlensäure des Kalkkarbonates nicht möglich. Auch bei der niedrigsten Temperatur, die gerade noch zur gänzlichen Entsäuerung des Magnesiumkarbonates hinreicht, begleiten geringe Mengen Kalzit-Kohlensäure das von der Magnesiumkomponente abgegebene Kohlendioxyd. Der Zweiphasigkeit der Zersetzung entsprechend existieren theoretisch verschiedene Brennprodukte, deren Zusammensetzung von der Höhe der angewendeten Brenntemperatur abhängt, und zwar:

---

[1]) Vesterberg: Bull. geol. Inst. Upsala, 1900, S. 127; Doelter, C.: Handbuch der Mineralchemie, Bd. I, S. 231. Dresden-Leipzig: Th. Steinkopff. 1912.

a) nur in bezug auf Magnesiumkarbonat entsäuerter Dolomit (halbgebrannter Dolomit);

b) Dolomit in bezug auf Magnesium gänzlich, hinsichtlich des Kalkes teilweise entsäuert;

c) vollständig entsäuerter, ungesinterter Dolomit (Brenntemperatur etwa über 1000° C);

d) Sinterdolomit.

Bei der Zersetzungstemperatur des dolomitischen Magnesiumkarbonates (Brenntemperatur etwa 600—750°C) fällt der halbgebrannte Dolomit an:

$$x\,CaCO_3 \cdot y\,MgCO_3 = \underbrace{x\,CaCO_3 + y\,MgO}_{\text{halbgebrannter Dolomit}} + y\,CO_2.$$

Dieser halbentsäuerte Dolomit ist der sogenannte „Magnesiakalk".

b) Bei den der Zersetzungstemperatur des dolomitischen Kalziumkarbonates nahekommenden Hitzegraden findet auch die Entsäuerung eines beträchtlichen Teiles des Kalkkarbonates statt:

$$x\,CaCO_3 \cdot y\,MgCO_3 = (x - z)\,CaCO_3 + z\,CaO + y\,MgO + (y + z)\,CO_2$$

(z = Menge des zersetzten Kalkkarbonates).

c) Bei der Zersetzungstemperatur des Dolomites fällt ein Brennerzeugnis folgender Zusammensetzung an:

$$x\,CaCO_3 \cdot y\,MgCO_3 = x\,CaO + y\,MgO + (x + y)\,CO_2.$$

d) Geeignete Dolomite (vgl. S. 442) bis zum Sintern gebrannt, liefern den sogenannten Sinterdolomit (totgebrannter Dolomit).

Diese einzelnen Brennerzeugnisse unterscheiden sich wesentlich in ihrem Verhalten dem Wasser gegenüber. Die Magnesiakalke zählen zu jener Untergruppe der ungemischten hydraulischen Bindemittel, die unterhalb der Sintertemperatur gebrannt werden und in Stücken nicht löschfähig sind. Sie erhärten unter Wasser ziemlich rasch zu einer sehr festen Masse, sind also hydraulisch. Als Ursache der Hydraulizität nimmt man eine Wechselwirkung zwischen der gebrannten Magnesia und dem nicht entsäuerten Kalk an, die vermutlich auf der Bildung eines basischen MgO-CaO-Karbonates beruht. Donath[1]) hält auf Grund der Versuche von E. Vogel die Bildung dieses Stoffes in magnesiahaltigen Mörteln im Sinne folgender Gleichung für wahrscheinlich:

$$CaCO_3 + MgO + H_2O = CaCO_3 \cdot Mg(OH)_2 = CO\begin{cases} O{-}Ca{-}OH \\ O{-}Mg{-}OH \end{cases}$$

Der zum Teil auch hinsichtlich des Kalkkarbonates entsäuerte Dolomit besitzt keine hydraulischen Eigenschaften, quillt mit Wasser und zerfällt bei der Löschung wie Kalk.

Der völlig entsäuerte Dolomit verhält sich bei beträchtlicherem Magnesiagehalte wie ein gewöhnlicher, jedoch infolge der stärkeren Verdichtung langsamer löschender und schlecht erhärtender gebrannter Kalk. (Über das Verhalten des Sinterdolomites vgl. S. 444.)

[1]) Donath, E.: Beiträge zur Mörtelchemie; Tonind.-Z. 50, 1926, S. 817.

Ist der Dolomit tonhaltig, so bilden sich im Brande unterhalb der Sintertemperatur wieder andere Stoffe, die je nach dem Tongehalt als hydraulische Kalke, z. B. Schwarzkalke oder als dem Romanzement verwandte dolomitische Zemente anzusprechen sind, das heißt in Stücken teils löschbar, teils nicht löschfähig sind. Das wichtigste dolomitische Brennerzeugnis ist der Sinterdolomit.

Vorkommen

Die Dolomite sind in der Natur reichlich vertreten. Sie finden sich in den verschiedenen Formationen, vom Devon bis zum Tertiär, hauptsächlich aber in den jüngeren Epochen, sind häufig mit Kalksteinen vergesellschaftet und bilden zuweilen ganze Gebirgszüge. In Deutschland liegen bekanntere Vorkommen in Westfalen (Westdeutsche Kalkwerke A. G., Köln; Rheinisch-Westfälische Kalkwerke, Dornap), in der Umgebung von Köln, im Lahntal, ferner in der Eifel, an der oberen Mosel (Trierer Kalk- und Dolomitwerke, Wellen), in Thüringen, im Harz, schwäbischen und fränkischen Jura, im Fichtelgebirge (Bayern), in Sachsen und Schlesien. Als besonders reiner Dolomit von fast normaldolomitischer Zusammensetzung gilt der aus der Grafschaft Glatz. Nach Kühl[1]) ist auch der Dolomit von Rothenzechau (Bayern) fast ein Normaldolomit.

Im alten Österreich bildeten die Dolomitgesteine den mächtigen Gebirgszug der Tiroler Dolomiten (Fassatal, Ampezzotal); sie treten ferner in den Kalkzonen der Alpen, in Salzburg, Steiermark, Tirol (Brenner, Greiner) und Niederösterreich, z. B. im Traisental, auf.

Braunspat findet sich häufiger im Sächsischen Erzgebirge, in Steiermark (Admont, Eisenerz), in Ungarn und anderen Orten.

Verwendung

Der Dolomit wird an Stelle von Kreide oder Marmor in der Steingutindustrie, vorwiegend zur Erzeugung von Kalksteingut (Dolomitsteingut), als Flußmittelbildner in der Porzellanindustrie für elektrotechnische Isolationsartikel und zu Irden-, Steingut- und Porzellanglasuren, auch zu Mattglasuren verwendet. Für Kalksteingutmassen findet er auch in Form des dolomitischen Mergels Anwendung.

Unreinere Dolomite werden als Versatzstoffe farbigbrennender Massen und Glasuren verwendet oder bei zutreffender Eignung zu Sinterdolomit gebrannt.

An Stelle des Magnesites wurde er von McDowell und Robertson (a. a. O.) als Bindemittel für Chromitsteine vorgeschlagen.

In der Bauindustrie finden wetterbeständige Dolomite als Bausteine und Skulpturmaterial, tonhaltige zur Erzeugung der dem Romanzement verwandten dolomitischen Zemente, tonfreie zu Magnesiakalken Verwendung. Ferner gebraucht man Dolomit in der Glasindustrie zur Erzeugung von chemischem Geräteglas und in der chemischen Industrie zur Gewinnung der künstlichen Magnesia (vgl. S. 404) und vielen anderen Zwecken.

---

[1]) Kühl: Ker. Rundsch. 35, 1927, S. 823.

Die für den keramischen Weißbrand bestimmten dolomitischen Versatzstoffe müssen hinsichtlich der Brennfarbe den bekannten Anforderungen entsprechen. Dolomit ist im allgemeinen unreiner als Magnesit; ganz reine Dolomite sind selten. Die reinste Form ist der Dolomitspat; ziemlich rein ist auch der Dolomitmarmor, besonders der von Skandinavien, dessen Eisen- und Mangangehalt nur wenige Zehntel bzw. Hundertstel beträgt. Diesen nahe stehen einige Dolomite aus Bayern (Wunsiedel, Umgebung von Regensburg); etwas unreiner sind zumeist die Dolomite der Schweiz und der Dolomiten, obwohl auch unter den letztgenannten solche von brauchbarem Reinheitsgrad auftreten sollen.

Für das Totbrennen des Dolomites ist ein entsprechender Gehalt an bestimmten Beimengungen Voraussetzung. Nach Zyromsky[1]) besitzen Dolomite mit einem Gesamtgehalt von etwa 4 vH Eisen-3-oxyd und Tonerde die beste Sinterungsfähigkeit. Dolomite mit nur wenigen zehntel Prozenten Eisen-3-oxyd sintern nach K. Pfahl[2]) sehr schwierig und können nur bei scharfem Brand und gleichmäßigem Feuer sintergebrannt werden. Die besten Dolomite für den Siemens-Martin-Ofen dürften (nach Zyromsky, a. a. O.) etwa 3 vH Eisen- und Aluminiumoxyd und 2,5 vH Kieselsäure enthalten. In bezug auf das Molekularverhältnis sollen die für Sinterdolomit verwendeten Werkstoffe ähnlich dem Normaldolomit zusammengesetzt sein[3]). Der Wert des Dolomites steht mit Rücksicht auf die geringere Haltbarkeit des aus kalkreichen Dolomiten hergestellten Ofenfutters im umgekehrten Verhältnis zu seinem Kalkgehalte[4]).

Als besonders geeignete Zusammensetzungen der Rohdolomite für die Erzeugung von Sinterdolomit werden die in Tabelle 86 angeführten genannt.

Tabelle 86. Zusammensetzung von Rohdolomiten, die zum Sinterbrennen besonders geeignet sind

Bezeichnung	$CaCO_3$	CaO	$MgCO_3$	MgO	SiO_2	Al_2O_3	Fe_2O_3	FeO	CO_2	H_2O	SO_3	Unlösl.
Mittelwerte[1])		30,60		17,34	1,71	1,66	2,61		45,30			
		etwa 30		17—20	0,75—1,75	1—4			46—48			
Dolomite der Westdeutschen Kalkwerke A. G., Köln, Abteilung Stolberg[2])	56,64		42,49			0,21		0,08		0,23	0,03	0,04
	55,33		42,97			0,86		0,24		0,27	0,03	0,15
Amerikanische Dolomite[3])		28—35		15—20	1—5	0,5—3		0,5—4	43—46			

[1]) Tonind.-Z. 45, 1921, S. 442 u. 50, 1926, S. 1596.
[2]) Kiepenheuer: Tonind.-Z. 50, 1926, S. 1596.
[3]) Tonind.-Z. 45, 1921, S. 1119.

[1]) Zyromsky: Berg. hütt. Z. 1887, S. 363; Ref. Tonind.-Z. 45, 1921, S. 442.
[2]) Pfahl, K.: Tonind.-Z. 51, 1927, S. 1146.
[3]) Tonind.-Z. 50, 1926, S. 1228.
[4]) Tonind.-Z. 50, 1926, S. 1228.

Kiepenheuer (a. a. O.) bezeichnet die Dolomite der Westdeutschen Kalkwerke A. G., Köln, Abteilung Stolberg, und der Rheinisch-Westfälischen Kalkwerke, Dornap, Abteilung Gruiten, als besonders gute Steine.

Wirkungen in tonigen Massen

Für die Wirkung des unzersetzten Dolomites in tonigen Massen, besonders in bezug auf die Eigenschaften der Formmasse sowie hinsichtlich der Entformungsgefahr leichtsinternder dolomitischer Massen im Brande durch die Abgabe der Kohlensäure, gilt das gleiche wie für den Magnesit. Entsäuerter, jedoch noch nicht silizierter Dolomit steht in vielfacher Hinsicht zwischen Magnesit und Kalzit. Nach E. Hottinger[1]) nimmt der Dolomit auch bezüglich seines Einflusses auf die Schwindung toniger Massen eine Mittelstellung zwischen Kreide und Magnesit ein.

In Glasuren fördert er das glatte Ausschmelzen (Fließen) und verleiht ihnen einen schönen, spiegelartigen Glanz; eine nachteilige Wirkung, die Empfindlichkeit gegen rauchige Ofenatmosphäre, teilt er mit dem Magnesit.

IV. Sinterdolomit

Sinterdolomit ist ein aus mäßig verunreinigten Rohdolomiten durch scharfes Brennen bis zur Sinterung erzeugter Kunststoff.

Die Brennvorgänge sind teils physikalischer, teils chemischer Natur. Sie bestehen in der Austreibung der Feuchtigkeit und Kohlensäure, in der Verbrennung etwa vorhandener organischer Stoffe, in einer Verdichtung und damit verbundenen Raumminderung und schließlich in den Wechselwirkungen der Fremdstoffe untereinander und mit dem dolomitischen Oxydgemenge, die letzten Endes eben zur teilweisen Schmelzung führen. Die zur Hervorbringung der Sinterung nötige Temperatur ist von der physikalischen Beschaffenheit (Gefüge) und der chemischen Zusammensetzung des Rohgesteines abhängig und schwankt zwischen etwa 1400 und 1700° C.

Zur Erhöhung der Sinterungsfähigkeit können sonst ungeeigneten Dolomiten ähnliche Zuschläge gegeben werden wie den schwersinternden, reineren Magnesiten, doch wird auch in diesem Falle der Zusatz, z. B. von Walzsinter, Eisenerz, Flugstaub, Ton, basischen Siemens-Martin-Schlacken u. dgl., die günstige Wirkung eines von Natur aus vorhandenen, entsprechend feinverteilten Flußmittels nicht vollwertig ersetzen können. Die bei versetzten Dolomiten zur Erzielung der größten Schwindung und geringsten Porigkeit nötige Brenntemperatur steht nach H. G. Schurecht[2]) im allgemeinen im umgekehrten Verhältnis zur Menge

---

[1]) Hottinger, E.: Trans. Am. Cer. Soc., Vol. 5, 1903; Rieke: Sprs. 38, 1905, S. 1809—1871.

[2]) Schurecht, H. G.: Journ. Am. Cer. Soc., Vol. 4, 1921, Nr. 2; Tonind.-Z. 45, 1921, S. 780.

der Zuschläge. Ihre Wirkung nimmt nach Schurecht (a. a. O.) in der genannten Reihenfolge ab.

Zum Sinterbrennen der kindskopfgroßen Dolomitstücke dienen vielfach noch kalkofenähnliche Schachtöfen, in neuzeitigen Betrieben Gebläseschachtöfen mit Schüttfeuerung, die eine Leistung von 15 t/24st besitzen und einen Kokeaufwand von ∾ 25 vH des Rohdolomitgewichtes erheischen, oder bei geringer Stückgröße Drehrohröfen, wie sie für Sintermagnesit verwendet werden. In Deutschland stehen in modernen Dolomitsinteranlagen automatische Schachtöfen, stetig betriebene Gebläseschachtöfen mit Walzen-, Dreh- oder Scherrost, denen ein günstiger Brennstoffverbrauch und die Lieferung eines guten Sinterproduktes nachgerühmt wird, in Verwendung.

Über die thermischen Eigenschaften des Sinterdolomites ist wenig bekannt geworden. In bezug auf Temperaturwechselbeständigkeit gleicht er dem Sintermagnesit. Schon bei rascher Abkühlung auf Zimmertemperatur treten mechanische Wirkungen der schnellen Zusammenziehung ein (Abblättern, Reißen).

Aus geeigneten Rohdolomiten erzeugte Sinterdolomite besitzen eine in folgenden Grenzen liegende Zusammensetzung[1]):

CaO	MgO	SiO_2	Fe_2O_3	Al_2O_3
46—55 vH	25—36 vH	4—12 vH	4—8 vH	2—5 vH.

Während der ungesinterte, nicht sehr hoch über der Zersetzungstemperatur gebrannte Dolomit noch gute Löschfähigkeit besitzt, ist Sinterdolomit gegen Atmosphärilien in chemischer und räumlicher Beziehung ziemlich beständig. Eine seiner Verwendung entsprechende Wetterfestigkeit besitzt nur der scharfgebrannte Dolomit. Hinsichtlich der Wirkung der Oberflächengröße auf die Löschfähigkeit beobachteten J. A. Andrews, G. A. Bole und J. B. Withrow[2]), daß die Neigung zum Selbstlöschen mit der Mahlfeinheit des gebrannten Dolomites zunimmt. Nach Berichten der genannten Forscher verhindert ein Talkzusatz (als Fluß- bzw. Bindemittel) das völlige Totbrennen des Dolomites.

Brennverhalten

Über das Erweichungsverhalten liegen nur wenige Angaben vor. Nach Bischof sollen die aus Sinterdolomit erzeugten Dolomitsteine in einer wenig über Gußeisenschmelzhitze (1100—1275° C) liegenden Temperatur zu erweichen beginnen. Nach Andrews, Bole und Withrow (a. a. O.) zeigte eine vorgebrannte Dolomitmischung mit Melassebindung, die aus 90 Teilen reinem Dolomit, zwei Teilen Eisenoxyd und je vier Teilen Kieselsäure und Tonerde bestand, bei etwa 1435° C schon starke Erweichung. Am besten bewährten sich bei 1530° C vorgebrannte Dolomitmischungen von folgender Zusammensetzung:

---

[1]) Tonind.-Z. 45, 1921, S. 1119.

[2]) Andrews, J. A., Bole, G. A. u. J. B. Withrow: Journ. Am. Cer. Soc., Vol. 8, 1925, S. 84—100 und S. 171—190; Ref. Sprs. 59, 1926, S. 207.

	Mischung: a	Mischung: b
Reiner Dolomit	85	85 vH
Fe_2O_3	9	6 vH
Al_2O_3	—	3 vH
SiO_2	6	6 vH
Bindemittel	Dextrin	Wasserglas

Die Formlinge aus diesen Mischungen erfuhren bei 1350° C unter einstündiger Belastung durch 25 Pfund je Quadratzoll (= 1,77 kg/cm²) eine Verkürzung um 3 vH (Mischung a) bzw. 0,9 vH (Mischung b). Der Kegelschmelzpunkt lag bei etwa 2010° C. Teergebundene Dolomitsteine schmelzen nach Bischof annähernd in Schmiedeeisenschmelzhitze (etwa 1550° C). Gebrannter Dolomit steht also pyrometrisch tiefer als Sintermagnesit und Kalk.

Der Grad der Raumbeständigkeit des Sinterdolomites hängt von der im Erzeugungsbrande erreichten Dichte, daher von der Brenntemperatur ab. Durch sehr scharfes Brennen wird demnach die Raumbeständigkeit günstig beeinflußt.

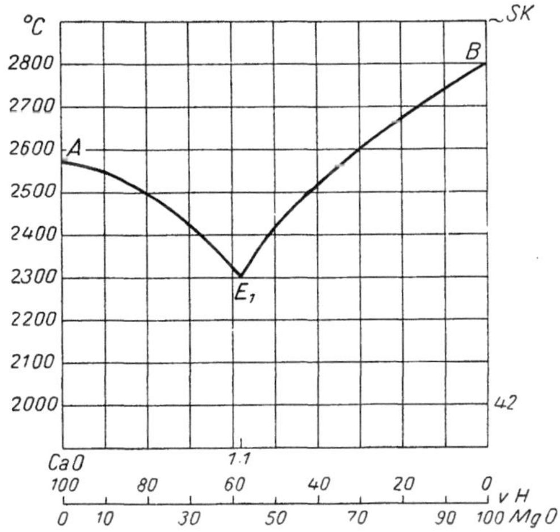

Abb. 73. Schmelzlinie des Systems CaO—MgO nach Andersen

Die niedrigere Schmelztemperatur des dolomitischen Oxydgemenges entspricht der bekannten Gesetzmäßigkeit von der Schmelzpunkterniedrigung durch die Anwesenheit eines zweiten Stoffes. Zwischen Kalzium- und Magnesiumoxyd besteht nach H. E. Boeke[1]) keine Verbindung, die in Berührung mit Schmelze stabil wäre. Nach Andersen[2]) enthält das bei 2300 ± 50° C schmelzende Eutektikum 67 vH CaO und 33 vH MgO. Spätere Reproduktionen der Andersenschen Schmelzlinie des Systems CaO—MgO zeigen ein Eutektikum von normaldolomitischer Zusammensetzung, 58,2 vH CaO und 41,8 vH MgO. Der Verlauf der Schmelzlinie unter Annahme dieses Eutektikums ist aus Abb. 73 ersichtlich.

Das ternäre System MgO—CaO—SiO_2 wurde zunächst in den Teilsystemen Tridymit-Forsterit (eutektischer Schmelzpunkt ∞ 1550° C), Tridymit-Diopsid (eutektischer Schmelzpunkt 1362° C), Forsterit-Diopsid

[1]) Boeke, H. E.: Grundlagen der physikalisch-chemischen Petrographie, S. 201. 2. Aufl. Berlin: Gebr. Bornträger. 1923.

[2]) Andersen: Ref. Rankin u. Merwin: Z. anorg. Chem. 96, 1916, S. 204.

(Eutektikum bei ∾ 1386° C) und Diopsid-Forsterit-Tridymit (nur das binäre Tridymit-Diopsid-Eutektikum vom Schmelzpunkt 1362° C) von Bowen[1]), im Teilsystem $CaSiO_3$—$MgSiO_3$ ($CaSiO_3$—Diopsid und Diopsid—$MgSiO_3$, mit den unsicheren Eutektiken 1348° und 1375° C) von Allen, White, Wright und E. S. Larsen[2]) erforscht.

Kalzium- und Magnesiumsilikat bilden zwei Doppelsalze, Diopsid ($CaMgSi_2O_6 = CaO \cdot MgO \cdot 2\,SiO_2$, Smp. 1391° C) und Monticellit (?) ($CaMgSiO_4 = CaO \cdot MgO \cdot SiO_2$), ferner eine Reihe isomorpher (wahrscheinlich isodimorpher) Mischungen unter sich wie auch mit den Doppelsalzen; diese treten wieder mit anderen Verbindungen zu festen Lösungen in verschiedenen prozentischen Verhältnissen zusammen.

Im ternären System, das von Ferguson und Merwin[3]) bearbeitet wurde, treten folgende Phasen auf:

Komponenten:	Binäre Verbindungen:	Ternäre Phasen:
Cristobalit	Pseudowollastonit	Diopsid
Tridymit	(α-$CaO \cdot SiO_2$)	Åkermanit
CaO	$3\,CaO \cdot 2\,SiO_2$	($2\,CaO \cdot MgO \cdot 2\,SiO_2$)
Periklas	α-$2\,CaO \cdot SiO_2$	$5\,CaO \cdot 2\,MgO \cdot 6\,SiO_2$
	Forsterit	

Betont wird das Fehlen des Trikalziumsilikates und des Klinoenstatites im Dreistoffsystem. Hingegen treten einige Phasen von wechselnder Zusammensetzung auf: Wollastonit (β-$CaO \cdot SiO_2$), der bis zu 17 vH Diopsid und auch die Verbindung $2\,CaO \cdot MgO \cdot 2\,SiO_2$ in feste Lösung aufnehmen kann, ferner eine stetige Reihe fester Lösungen von Klinoenstatit und Diopsid (monokline Pyroxene), feste Lösungen zwischen Forsterit (bis zu 11 vH) und Monticellit und schließlich solche zwischen Pseudowollastonit und Diopsid (bis zu 16 vH). In der neueren Arbeit berichten Ferguson und Merwin von dem wahrscheinlichen Auftreten einer festen Lösung zwischen Åkermanit oder einer nicht beständigen Verbindung $3\,CaO \cdot MgO \cdot 3\,SiO_2$ und Wollastonit bzw. Pseudowollastonit.

Die Silikate dieses Systems besitzen zum Teil ein bedeutendes Lösungsvermögen für die Komponenten des Systems. Nach den Untersuchungen von Wright und Larsen (a. a. O.) beträgt die Löslichkeit der Komponenten in Diopsid bis zu 60 vH; hingegen ist das Lösungsvermögen des Diopsides für das einfache Kalksilikat gering. Abb. 74 zeigt die Projektion des Konzentrations-Temperatur-Diagrammes des

[1]) Bowen: Mit. Lab. Geophys. Carnegie Inst. Wash., Nr. 22; Ref. Z. anorg. Chem. 90, 1915, S. 1—66.

[2]) Allen, White, Wright u. E. S. Larsen: Am. Journ. of Sci., 29, 1909, S. 1; Boeke, H.: N. Jahrb. f. Min. etc. 1911.:

[3]) Ferguson u. Merwin: Proc. Nat. Acad. Sci. Wash. 5, 1919, S. 16; Ref. Z. B. 1919 (3), S. 213; Am. Journ. Sci., 48, 1919, S. 165—89; Ref. Z. B. 1920 (3), S. 74.

ternären Systems nach der Reproduktion von Bronn (a. a. O.). Im Dreiecksfeld sind zehn unter 1500° C liegende Schmelztemperaturen verzeichnet, davon sieben unter 1400° C und vier unter 1350° C; der niedrigste Schmelzpunkt liegt bei 1320° C. W. Fischer[1]) führt für ein Oxydgemisch von der Zusammensetzung

CaO	SiO_2	MgO
29,8 vH	50,0 vH	20,2 vH

einen Schmelzpunkt von 1157° C an.

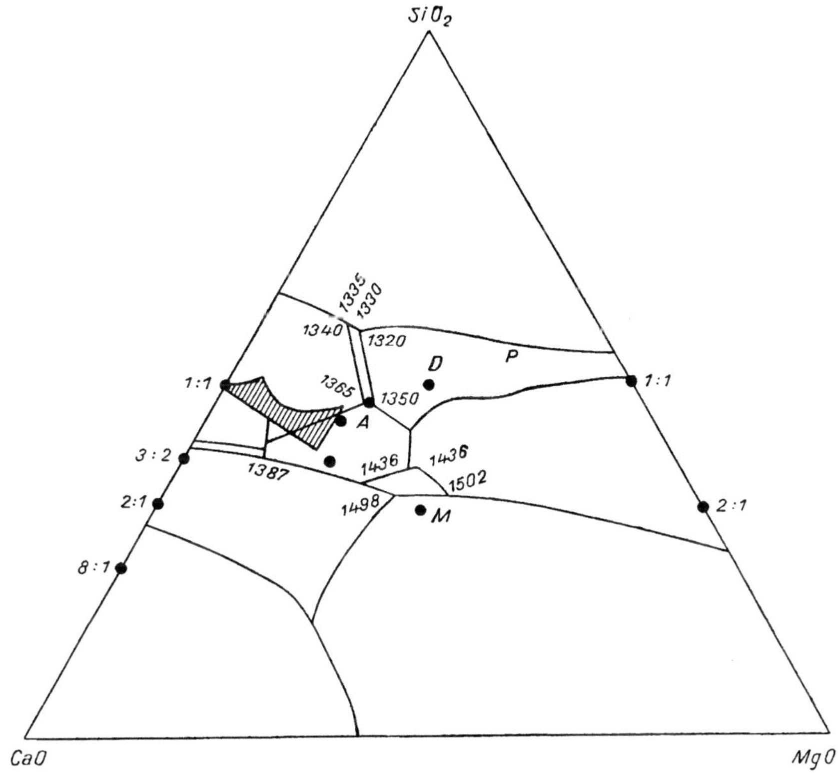

Abb. 74 Konzentrations-Temperatur-Diagramm des ternären Systems CaO—MgO—SiO_2; nach Andersen

Im System CaO—MgO—Al_2O_3 kennt man nach Rankin und Merwin[2]) bisher nur die Phasen der binären Hauptsysteme (drei Komponenten und fünf binäre Verbindungen), aber keine ternären Kristallphasen, die in Berührung mit Schmelze stabil wären.

[1]) Fischer, W.: Tonind.-Z. 59, 1927, S. 1843.

[2]) Rankin u. Merwin: Mit. Lab. Geophys. Carnegie-Inst. Wash., Nr. 28; Ref. Z. anorg. Chem. 96, 1916, S. 291—316.

Die ternären Eutektika: Periklas—3 CaO·Al_2O_3—5 CaO·3 Al_2O_3 mit 51,0 vH CaO, 42,7 vH MgO und 6,3 vH Al_2O_3 und Periklas—5 CaO·3 Al_2O_3—CaO·Al_2O_3 mit 41,5 vH CaO, 51,8 vH MgO und 6,7 vH Al_2O_3 schmelzen beide bei 1345 ± 5° C. Abb. 75 zeigt die räumliche Darstellung des Systems, Abb. 76 die Projektion des Konzentrations-Temperatur-Diagrammes mit Isothermen und Schmelztemperaturen. Die Isothermen von 1500 und der darunterliegenden Temperaturen sind wie bei den früheren Diagrammen besonders hervorgehoben.

In Tabelle 87 sind die Zusammensetzungen und Schmelztemperaturen der niedrigstschmelzenden Gemenge der erörterten neun Systeme aus den Komponenten CaO, MgO, Al_2O_3 und SiO_2 miteinander verglichen.

Tabelle 87. Zusammensetzung und Schmelztemperatur der tiefstschmelzenden Eutektika der aus den Komponenten CaO, MgO, Al_2O_3 und SiO_2 bestehenden Systeme

System	Eutektika	Zusammensetzung in vH				Smp	
		CaO	MgO	Al_2O_3	SiO_2	° C	∞ SK
CaO—SiO_2	α-CaO·SiO_2—Tridymit	37,0			63,0	1436	15
CaO—Al_2O_3	3 CaO·Al_2O_3— —5 CaO·3 Al_2O_3	50,0		50,0		1395	13/14
CaO—Al_2O_3—SiO_2	Anorthit—SiO_2— —α-CaO·SiO_2	23,3		14,7	62,0	**1165**	4a
MgO—SiO_2	Klinoenstatit— Cristobalit		35,1		64,9	1543	**20**/26
MgO—Al_2O_3	Spinell—Korund Spinell—β-Al_2O_3		2,0 8,0	98 92		1925	**40**/41
MgO—Al_2O_3—SiO_2			20,3	18,3	61,4	1345	12
CaO—MgO	CaO—MgO	58,2	41,8			2300	> 42
CaO—MgO—SiO_2		29,8	20,2		50,0	**1157**	4a
CaO—MgO—Al_2O_3	Periklas—3 CaO·Al_2O_3— —5 CaO·3 Al_2O_3 Periklas—5 CaO·3 Al_2O_3— —CaO·Al_2O_3	51,0 41,5	42,7 51,8	6,3 6,7		1345	12

Die durch Kieselsäure bzw. Tonerde bewirkten Erniedrigungen der Schmelzpunkte betragen demnach gegenüber den eutektischen Schmelztemperaturen der binären Systeme:

a) durch Kieselsäure beim System:		b) durch Tonerde beim System:	
CaO—MgO	980° C	CaO—MgO	955° C
MgO—Al_2O_3	580° C	CaO—SiO_2	271° C
CaO—Al_2O_3	230° C	MgO—SiO_2	198° C

Die ungeheuer verflüssigende Wirkung der beiden als Säure reagierenden Stoffe auf das Gemenge der basischen Oxyde (Dolomit) geht aus diesen Zahlen deutlich hervor. Noch stärker wird der Schmelzpunkt des Dolomites durch die Gegenwart beider sauren Oxyde und anderer Fremdstoffe herabgesetzt. Nach Zyromsky (a. a. O.) geht bei einem größeren Gehalt als 4 vH Tonerde + Eisenoxyd, besonders bei Anwesenheit von mehr als 3—4 vH SiO_2, die Feuerfestigkeit bereits verloren.

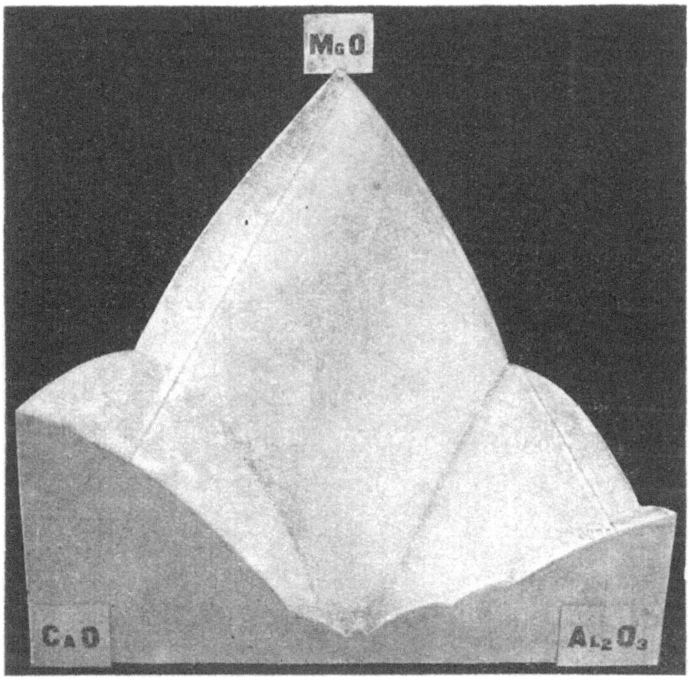

Abb. 75. Photographie des Modells des Konzentrations-Temperatur-Diagrammes vom System CaO—MgO—Al_2O_3; nach Rankin und Merwin

In bezug auf die chemische Widerstandsfähigkeit ist der Dolomit im allgemeinen seinen Komponenten ähnlich. Die früher angeführten Dolomitmischungen a und b wurden in Berührung mit Quarz und Schamotte bei 1460° C verflüssigt, verhielten sich jedoch gegenüber Magnesit und Chromit indifferent.

Verwendung

Sinterdolomit findet wegen seines niedrigeren Preises an Stelle des Sintermagnesites zur Erzeugung von feuerfesten Ziegeln (Dolomitziegel) Verwendung oder dient wie dieser in Form von Stampfmasse zur Auskleidung von Dolomitöfen, metallurgischen Öfen und Apparaten oder als Werkstoff für thermisch hochbeanspruchte Ofenteile, z. B. für die Winddüsen der Hochöfen, die unter anderem nach D.R.P. 6080 aus gemahlenem Dolomit (oder Kalk) unter Zusatz von Ton und Natronwasserglas verfertigt werden.

Die Stampfmasse besteht aus einem Gemenge von erbsen- bis nußgroßem Sinterdolomit, Schwachbrandmehl und Teer.

Bei der Verwendung als Konverterfutter und als Herdbaustoff des Martinofens ist auf die Abwesenheit von unverbrannten Kokerückständen (vom Brennen her) zu achten, da sonst eine Aufkohlung (Erhöhung des Kohlenstoffgehaltes) des Metallbades durch die Koke erfolgt[1]).

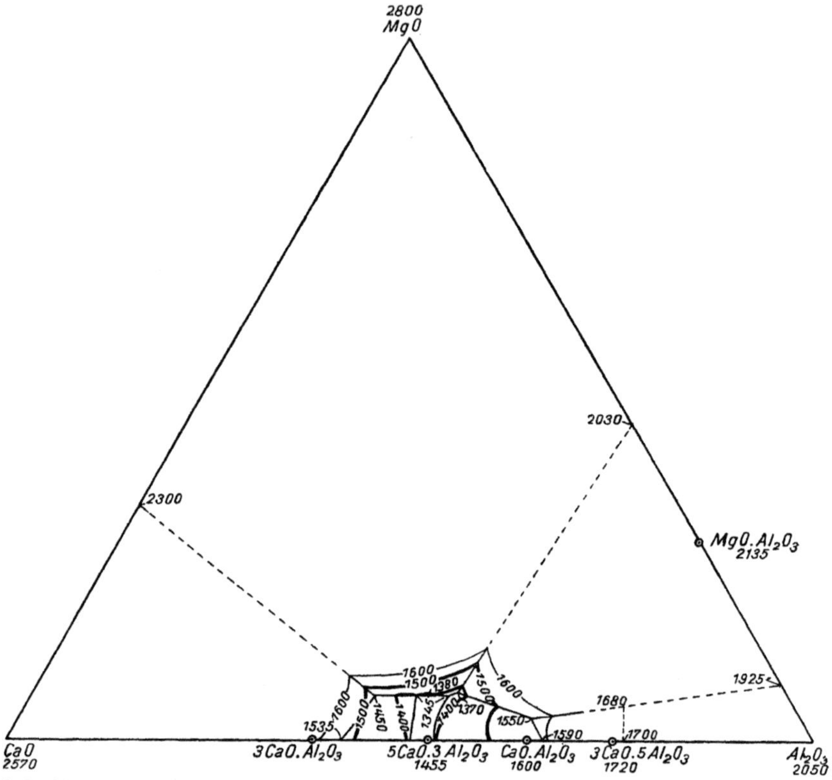

Abb. 76. Projektion des Temperatur-Konzentrations-Diagrammes des ternären Systems $CaO—MgO—Al_2O_3$; nach Rankin und Merwin

Die Nachteile der Dolomitziegel — geringere Wetterbeständigkeit und Versandfähigkeit als Magnesitziegel, außerordentlich große Schwindung im Erzeugungsbrande, welcher Umstand zu leichter Entformung und Zerreißung führt, die Zunahme der Minderwertigkeit mit wachsendem Kalkgehalte des Rohstoffes — haben trotz des wesentlich geringeren Preises ihre weitere Verbreitung in den Industrien, die auf die Verwendung basischer feuerfester Steine angewiesen sind, behindert. Die Erzeugung dieser Ziegel und der Dolomitstampfmasse für Konverter erfolgt im Sinne nachstehenden Arbeitsdiagrammes:

[1]) Tonind.-Z. 45, 1921, S. 442.

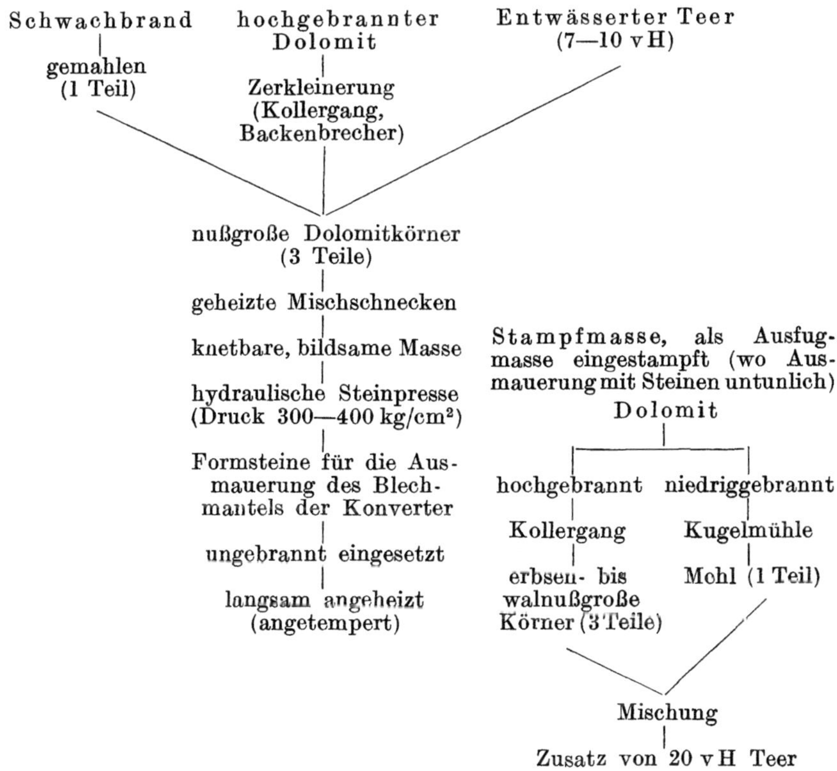

Nach D.R.P. 437 187, 1925, Zusatz zu D.R.P. 417 360 von J. Jakob[1]) sollen durch Verschmelzen von Dolomiten, dolomitischen Kalken mit Quarzsand diopsidartige, säure- und alkalibeständige Kunststeine von großer Zähigkeit und Druckfestigkeit erhalten werden können.

Wirkungen in tonigen Massen

Die Wirkung des Oxydgemisches in tonigen Massen bei höheren Temperaturen ist einerseits bestimmt durch den Einfluß der Einzelbestandteile, anderseits auch durch die Gesetze der Schmelzpunkterniedrigung bei Vermehrung der Zahl der Flußmittel.

Die stärkere Flußmittelwirkung des Dolomites im Vergleich zum Kalk hat den Vorteil, bei niedrigerer Temperatur als bei Verwendung von reinem Kalzit oder Magnesit garbrennen und hiebei einen festeren, dichteren Scherben erhalten zu können.

Im übrigen gilt für die Beziehungen zwischen dem Oxydgemisch und den Tonen sinngemäß das über die Wirkung von Kalk oder Magnesia auf Ton Erörterte. Keramische Bindung (Ton als Bindemittel) kommt für die Dolomitziegel wegen der starken Flußmittelwirkung nicht in Betracht.

[1]) Jakob, J.: Tonind.-Z. 51, 1927, S. 655.

Im allgemeinen gilt, daß sich alle Wirkungen um so mehr der Kalkwirkung nähern, je kalkreicher der als Versatzstoff oder Werkstoff verwendete Dolomit ist.

Eine bekannte Erscheinung ist, daß mit Dolomit versetzte Massen graustichig brennen, da auch verhältnismäßig reine Dolomite keine reinweiße Brennfarbe besitzen.

V. Natürliche Magnesiumsilikate

Natürliche Magnesiumsilikate, die keramisches Interesse beanspruchen, sind die kieselsäurereichen und wasserarmen Mineralien und Gesteine der Talkgruppe (Talk und Magnesiaspeckstein) und das wasserfreie Mineral, der Hornblendeasbest, doch hat dieser nur untergeordnete Bedeutung.

Das keramisch wichtigste Magnesiumsilikat ist der Magnesiaspeckstein, das Rohmaterial der Steatitindustrie.

1. Silikate der Talkgruppe

Die Talksilikate sind Metamorphosen verschiedener magnesiahaltiger, aber auch magnesiafreier Mineralien und Gesteine, welche durch die im Gefolge vulkanischer Tätigkeit auftretenden magnesiahaltigen Wässer in Talk umgewandelt wurden.

Ihre Erscheinungsformen sind der gewöhnlich grünlichweiß gefärbte, fettglänzende Talk im engeren Sinne (Talkum, Federweiß), der meist farbige, matte Speckstein (Steatit) und Talkschiefer.

Talk ist die kristallinische Abart von blätterigem, stengeligem oder schuppigem Gefüge, Speckstein, in Norwegen als Kleberstein bezeichnet, die dichte (kryptokristallinische), amorph erscheinende Abart, die steinartig oder knollen-, nierenförmig oder traubig auftritt.

Talkschiefer ist ein schieferiges, zuweilen fast dichtes Gemenge von Talk und akzessorischen Begleitmineralien, Quarz und Feldspat. Kristalle (monokline) kennt man weder vom Talk noch vom Speckstein, von diesem jedoch Pseudomorphosen nach verschiedenen Mineralien.

Über die physikalischen Eigenschaften gibt Tabelle 88 Aufschluß. Talk ist sehr mild, fast geschmeidig und in dünnen Blättchen biegsam; er fühlt sich schlüpfrig an, und zwar um so fetter, je reiner und dichter er ist.

Speckstein ist besonders im grubenfeuchten Zustande sehr weich. Seine geringe Härte bedingt eine leichte und für die Werkzeuge gefahrlose mechanische Bearbeitbarkeit durch Schneiden, Drehen, Bohren, Fräsen. Auch ist er etwas bildsam und unter Druck gut formbar. Nach P. Rohland[1]) kann Talk durch Vermengung mit kolloidalen Substanzen (z. B. Dextrin) und sauren Stoffen (z. B. Jauche) einen hohen Grad von Bildsamkeit erlangen und dadurch leichter preßbar werden. Zufolge seiner Bildsamkeit äußert er in tonigen Massen keine so kräftige magernde

---

[1]) Rohland, P.: Verb. Talk.-Int. Ö.-Ung., S. 10.

Wirkung wie die völlig unbildsamen Versatzstoffe. Die gute Verformbarkeit unter Druck macht die Talke für Trockenpressung sehr geeignet, wodurch Trockenzeit und Entformungsgefahr durch große Schwindung in günstiger Weise beeinflußt werden. Talkhaltige Massen sollen auch gut gießbar sein und geringere Porenbildung aufweisen als gewöhnliche Porzellanmassen[1]).

Tabelle 88. Physikalische Eigenschaften

Bezeichnung	s	H	U	G	DK	t	$\lambda \times 360$	c	$\beta \cdot 10^6$	$\alpha \cdot 10^7$
Talk	2,7—2,8	1—1,5				17—100		0,209[1])		etwa 56
Speckstein	2,6—2,7[1])	1—2[1]) i.M.1,5				100 20—98 100 —2 — +22 100	2,3—2,8[1])	0,20—0,30[1]) 0,2092[2]) Mehl: 0,31[1]) gepreßt: 0,25[1])	4,5[2])	
Steatit (Kunststoff)	2,79—2,8[1]) r: 2,4—2,7[1])		4,2—13	9200[3]) 6548—7528[1])	5,4[1])					

[1]) Singer, F.: Keramik, S. 395, 434 u. 474 (zum Teil abgerundete Werte). Braunschweig: F. Vieweg und Sohn. 1923. [2]) L. B. Tab.
[3]) Dammer, O.—Peters, F.: Chemische Technologie der Neuzeit, 2., erweiterte Aufl., S. 696. Stuttgart: F. Enke. 1925

Speckstein besteht im reinsten Zustande aus dem sauren Magnesiumsalz der Metakieselsäure; seine molekulare Zusammensetzung schwankt zwischen $3\,MgO \cdot 4\,SiO_2 \cdot H_2O$ und $4\,MgO \cdot 5\,SiO_2 \cdot H_2O$ ($3\,[MgO \cdot SiO_2] \cdot SiO_2 \cdot H_2O$—$4\,[MgO \cdot SiO_2]\,SiO_2 \cdot H_2O$). Zumeist sind einige Hundertteile des Magnesiumoxydes (etwa 1—5 vH) durch Eisen- bzw. Mangan-2-oxyd, ein Bruchteil der Kieselsäure (etwa 1—2 vH) durch Tonerde vertreten. Selten enthält er Alkalien und Kalk, sehr selten etwas Chromoxyd (Cr_2O_3). Sauer[2]) berichtet über das Vorkommen von nicht unbedeutenden Mengen Nickelerz und geringen Mengen Zinnerz (bis zu 0,3 vH Sn) an einigen Fundstätten Steiermarks. Das Auftreten von Nickelerz, dessen Gewinnung durch elektromagnetische Aufbereitung die Kosten der Talkaufbereitung decken soll, ist in Steiermark nach A. Sprengel[3]) auf einige, an Serpentin gebundene Lagerstätten beschränkt. Im allgemeinen ist ein Gehalt an Nickelerz nicht gar so selten.

Speckstein ist sehr häufig durch verschiedenartige Beimengungen verunreinigt, die zum Teil mit ihm in genetischer Beziehung stehen und seine physikalischen Eigenschaften (Farbe, Dichte, Härte, Bearbeitungsgrad und anderes) beeinflussen. So ist z. B. der norwegische Speckstein nach O. Falkenberg[4]) zum Teil ein Gemenge von Talk, Serpentin und akzessorischen Begleitmineralien, Chlorit, Magnesit, Magnetit und unbedeutenden Mengen Pyrit.

[1]) Ker. Rundsch. 32, 1924, S. 234.
[2]) Sauer: Handelsmuseum I, Bd. 36; Ref. Tonind.-Z. 45, 1921, S. 103.
[3]) Sprengel, A.: Tonind.-Z. 45, 1921, S. 438.
[4]) Falkenberg, O.: Ker. Rundsch. 32, 1924, S. 444/45.

Außer diesen Beimengungen finden sich in Talken auch Quarz, Glimmer, Kalzit, Dolomit, Pyroxene und Amphibole. Von hervorragender Reinheit und konstanter chemischer Zusammensetzung ist unter allen Specksteinvorkommen nur das vom Fichtelgebirge.

Analysenbeispiele sind in Tabelle 89 zusammengestellt.

Tabelle 89. Analysenbeispiele von Talken und Specksteinen

Bezeichnung	MgO	SiO_2	H_2O	FeO	Fe_2O_3	Al_2O_3	NiO	CaO	CO_2	Feuchtigkeit
Talk (theoretisch)	31,82	63,45	4,73							
Speckstein (theoretisch)	31,8—33,5	63,5—62,7	4,7—3,8							
Speckstein von Göpfersgrün (Fichtelgebirge)[1]	31,62	62,87	3,93		1,31					
Speckstein[2]	32,54	51,00	7,00		1,55	7,25				0,3
Greiner Zillertal[3]	31,19	62,38	4,73	1,42			0,20			
Talk von Oberdorf (technisch verwertet)[3]	32,67	59,75	5,07	0,40		1,00			0,99	
Talk von Mautern (technisch verwertet)[3]	30,54	61,87	2,95	0,81		3,01		1,01		0,06
	28,37	56,74	4,33	1,15		9,88		1,21		0,05
Keramisch brauchbarer, geglühter Speckstein[2]	30,50	52,17			15,86 (Fe_2O_3 + Al_2O_3)			1,47		

[1]) Nach Weinschenk (zitiert nach Ker. Rundsch. 32, 1924, S. 233).
[2]) Ker. Rundsch. 30, 1922, S. 206.
[3]) Doelter, C.: Handbuch der Mineralchemie, Bd. II/1, S. 357. Dresden-Leipzig: Th. Steinkopff. 1914.

Die Talksilikate sind in Wasser unlöslich. Nach Kenngott[1]) zeigt Wasser, das mit Talkpulver in Berührung stand, eine starke alkalische Reaktion. Von kalter Salz- und Schwefelsäure werden die Talkarten weder vor noch nach dem Glühen angegriffen, hingegen von kochender Schwefelsäure und von Flußsäure zersetzt.

Brennverhalten

Die mechanischen Eigenschaften der Talke zeigen vor und nach dem Brennen beträchtliche Unterschiede. Durch Erhitzen auf etwa 900° C erreicht der Speckstein Feldspathärte und bei geeigneter Rohstoffbeschaffenheit auch eine große mechanische Festigkeit.

Die Änderungen der thermischen und elektrischen Eigenschaften mit steigender Temperatur erhellen aus Tabelle 90.

Die Talke sind gegen Temperaturwechsel widerstandsfähig und besitzen ein gutes elektrisches Isolationsvermögen, das sich über ein verhältnismäßig großes Temperaturbereich erstreckt

[1]) Kenngott: N. Jahrb. f. Min. etc., 1867, 305, 77; Doelter: (siehe Fußnote [3]) der Tabelle 89), S. 366.

(bis etwa über 700° C). Nach King (a. a. O.) ist der elektrische Widerstand der einzelnen Talkarten zwischen 700 und 1000° C größer als der von Sillimanit und Andalusit, aber nur ausnahmsweise größer als der von Cyanit.

Tabelle 90. Thermische und elektrische Eigenschaften in höheren Temperaturen

Bezeichnung	t	$\lambda \times 360$	c	W in Ω/cm^3	$\varkappa$ in reziprok. Ω/cm^3
Speckstein	200—205	2,4—3,0[1] Mehl: 0,29[1]	0,30[1] Mehl: 0,33[1]		
Amerikanischer Talk (Maryland)[2]	500 1000			$28\,200 \times 10^3$ 238×10^3	$0{,}000035 \times 10^{-3}$ $0{,}0042 \times 10^{-3}$
Italienischer Talk[2]	500 1000			$15\,900 \times 10^3$ 75×10^3	$0{,}000063 \times 10^{-3}$ $0{,}013 \times 10^{-3}$
Indischer Talk[2]	500 1000			$67\,000 \times 10^3$ 340×10^3	$0{,}000015 \times 10^{-3}$ $0{,}0029 \times 10^{-3}$

[1]) Singer, F.: Keramik, S. 405 u. 434; zum Teil abgerundete Werte. Braunschweig; F. Vieweg und Sohn, 1923.
[2]) Henry: a. a. O.; in N_2-Atmosphäre.

In bezug auf die Brennfarbe lassen die Talke zu wünschen übrig; sie brennen selbst im reinen Zustande gelbstichig.

In der Hitze verlieren die Talksilikate den geringen Gehalt an chemisch gebundenem Wasser; sie zeigen bei der thermischen Analyse nur einen endothermen Effekt, und zwar bei etwa 1000° C. Zur gänzlichen Austreibung des Hydratwassers, dessen letzte Reste sehr energisch zurückgehalten werden, ist etwa Weißglut erforderlich. Dank der kleinen Menge des Konstitutionswassers ist dessen Abgabe von einer nur geringen Brennschwindung, etwa 1 vH, begleitet.

Die Talkarten sind also fast raumbeständig; diese wertvolle Eigenschaft ermöglicht es, Formstücke herzustellen, die nach dem Brennen genaue Abmessungen besitzen.

Außer dieser thermischen Zersetzung und den im System $MgO—SiO_2$ gemäß der Phasenregel eintretenden Mineralneubildungen erfahren die Talke in der Hitze keine chemischen Veränderungen.

Nach Kraner und McDowell (a. a. O.) bildet sich beim Erhitzen ohne allmähliches Erweichen zu 95 vH das Klinoenstatit-Cristobalit-Eutektikum vom Schmelzpunkt 1543° C.

Geglühter Talk besteht theoretisch aus 33,4 vH MgO und 66,6 vH SiO_2,
das Eutektikum aus 35,1 vH MgO und 64,9 vH SiO_2;

35,1 vH MgO entsprechen 100 Eutektikum,

$$\text{daher } 33{,}4 \text{ vH MgO} \quad \frac{33{,}4 \times 100}{35{,}1} = 95{,}1 \text{ vH Eutektikum.}$$

In bezug auf die chemische Reaktionsfähigkeit beansprucht vor allem das System Talk-Tonsubstanz (System $MgO—Al_2O_3$ SiO_2) keramisches Interesse.

Das niedrigstschmelzende Eutektikum (1345° C) dieses Systems entspricht einer empirischen Zusammensetzung von 57,0 vH ungebranntem Talk, 42,6 vH Tonsubstanz und 0,4 vH Kieselsäure (20,3 vH MgO, 18,3 vH Al_2O_3 und 61,4 vH SiO_2 = $MgO \cdot 0,356\ Al_2O_3 \cdot 2,03\ SiO_2$), wie folgende Berechnung lehrt:

	Talk enthält roh	Talk enthält geglüht	Tonsubstanz enthält roh	Tonsubstanz enthält geglüht
H_2O	4,25 vH	—	13,9 vH	—
MgO	32,65 vH	34,10 vH	—	—
SiO_2	63,10 vH	65,90 vH	46,4 vH	54,3 vH
Al_2O_3	—	—	39,7 vH	45,7 vH

100 Teile roher Talk entsprechen 95,75 Teilen geglühtem Talk.
100 Teile Tonsubstanz 86,1 Teilen Metakaolin.

	MgO	Al_2O_3	SiO_2	Σ
Zusammensetzung des Eutektikums	20,3	18,3	61,40	
34,1 MgO entsprechen 65,9 SiO_2 im geglühten Talk				
20,3 MgO daher $\frac{65,9 \times 20,3}{34,1} = 39,23\ SiO_2$;	20,3		39,23	= 59,53
Unterschied	0	18,3	22,17	
45,7 Al_2O_3 entsprechen 54,3 SiO_2 im Metakaolin				
18,3 Al_2O_3 daher $\frac{54,3 \times 18,3}{45,7} = 21,75\ SiO_2$;		18,3	21,75	= 40,05
Rest		θ	0,42	

Das Eutektikum entspräche daher folgender Zusammensetzung:

			bzw. in vH	
Geglühter Talk	59,53 vH bzw.	$\frac{100 \times 59,53}{95,75} = 62,18$ vH Rohtalk		57,0 Rohtalk
Metakaolin	40,05 vH bzw.	$\frac{40,05 \times 100}{86,10} = 46,52$ vH Tonsubstanz		42,6 Tonsubstanz
Kieselsäure	0,42 vH	0,42 vH Kieselsäure		0,4 Kieselsäure
	100,00			

Kraner und Dowell (a. a. O.) weisen auf das sehr kurze Erweichungsintervall von Massen ähnlicher Zusammensetzung und auf die damit verbundenen Schwierigkeiten des Dichtbrennens dieser Massen hin.

Wesentlich günstiger liegen die Verhältnisse bei geringen Talkzusätzen zur Tonsubstanz.

Unter obigen Annahmen ist bei einem Gemenge von 20 vH rohem Talk und 80 vH Tonsubstanz (= 21,74 vH geglühter Talk und 78,26 vH Metakaolin) mit 36,5 vH des bei 1345° C schmelzenden Eutektikums neben 63,5 vH Metakaolin zu rechnen; unter diesen Verhältnissen dürfte das Dichtbrennen wohl nicht mehr auf Schwierigkeiten infolge eines zu kurzen Brennbereiches stoßen.

Das geglühte Gemenge bestünde aus

MgO	Al_2O_3	SiO_2
7,41 vH	35,76 vH	56,83 vH

rückt daher beträchtlich von der Zusammensetzung des Eutektikums ab, wodurch sich bekanntlich das Brennbereich vergrößert.

Die 36,5 vH Eutektikum hätten die Zusammensetzung

MgO	Al_2O_3	SiO_2
7,41	6,68	22,41

Der Unterschied in den Prozentzahlen besteht demnach aus

29,08 vH Al_2O_3 und 34,42 vH SiO_2,

also aus 63,5 vH Tonsubstanz.

Da die Talksilikate nicht zu den feuerfesten Werkstoffen zählen, ist die chemische Widerstandsfähigkeit bei hohen Temperaturen gegen verschiedenartige Angriffsstoffe belanglos.

Der Schmelzpunkt des Talkes wird von Doelter[1]) mit 1530° C angegeben. Tonsubstanz erniedrigt die Schmelztemperatur sehr beträchtlich; umgekehrt setzt natürlich auch ein Talkgehalt in Tonmassen deren Sinterungs-, Erweichungs- und Schmelztemperatur herab.

Vorkommen

Talk findet sich zumeist in größeren Brocken, im allgemeinen beschränkt, stellenweise aber in reichlicher Menge in der Natur, meist in kristallinen Schiefern zusammen mit Chlorit, Serpentin, Magnesit, Dolomit und Quarz.

Die wichtigsten Talkproduktionsländer sind der Reihenfolge nach: die Vereinigten Staaten (im Osten: von Georgia bis Vermont, im Westen: in Kalifornien), Frankreich (Dep. Ariège) und Österreich.

In Österreich liegen nach Sauer (a. a. O.) die meisten Lagerstätten in Steiermark, und zwar bei Mautern im Liesingtal (Hauptfundort; kein Nickelerzgehalt), an Serpentin gebunden und nickelführend bei Aflenz, Lassing, Rabenwald bei Weiz; ferner bei Anger, St. Lorenzen, gemeinsam mit Magnesit bei Kaintaleck und Oberdorf; weniger bedeutende Lager bei Weißenbach in Kärnten, Hofgastein (Salzburg), mit Dolomit im Greiner Zillertal (Tirol), ferner bei Gloggnitz (Niederösterreich). Größere Funde sind in Niederösterreich bei Zwettl (Viertel ober dem Manhartsberg) im Jahre 1920 gemacht worden. Österreichisches Talkum zeichnet sich (nach Verb. Talk.-Int. Ö.-Ung. S. 6) durch einen hohen Gehalt an kieselsaurer Magnesia, durch die Abwesenheit von schädlich wirkenden Stoffen und geringes spezifisches Gewicht aus.

Speckstein, der im Gegensatz zum Talk in Form eines festen, zusammenhängenden Gesteines auftritt, kommt in technisch nutzbaren Lagern in Deutschland nur im Fichtelgebirge bei Göpfersgrün und Thiersheim-Hohlenbrunn vor.

Weitere Talkvorkommen liegen in Mähren, in den Pyrenäen (Südfrankreich), in der Schweiz (Wallis, Graubünden, Tessin), in Italien (Piemont), England, Schottland, Rußland (Sibirien, Ural), Brasilien und manchen anderen Ländern, deren Anführung der geringeren Bedeutung halber unterbleiben mag.

---

[1]) Doelter, C.: Handbuch der Mineralchemie, Bd. II/1, S. 366. Dresden-Leipzig: Th. Steinkopff. 1914.

Verwendung

Auf die Bedeutung des Specksteines für die Keramik lenkte F. Singer[1]) die Aufmerksamkeit. Die keramisch fast ausschließlich verwendete Talkabart ist der Speckstein. Er ist der bildsame Werkstoff der sogenannten Steatitmassen, aus denen zwei wichtige technische Erzeugnisse (Steatitwaren), nämlich elektrotechnische Isolationsartikel und Zündkerzen für Motore verfertigt werden. Außerdem dient er zur Herstellung der sogenannten Melalithmasse, einer porzellanartigen Masse mit Specksteinzusatz, die besonders für hochwertiges Isolationsmaterial bei Hochspannungen verwendet wird.

Zur gleichzeitigen Einführung von Magnesia und Kieselsäure in normale magnesiareiche keramische Massen sind die Talksilikate dem Magnesit oder dem Magnesiumoxyd (scharfgebrannt oder geschmolzen) vorzuziehen, da diese dem Scherben hohe Schwindung verleihen und die Bildsamkeit des Tones in der grünen Masse durch Hydrolyse nachteilig beeinflussen. Beschränkte Verwendung findet Speckstein als Flußmittel, z. B. zur Erzeugung von Magnesiaporzellan und durchscheinenden Porzellanen (Lithophanien), auf Grund seiner Bildsamkeit zu plastischen Modelliermassen, in der Glasurtechnik zu Porzellanglasuren und zur Hervorbringung von Craquelée. Nach Parmelee und Baldwin[2]) kann Speckstein — entsprechende Reinheit vorausgesetzt — in weißbrennenden keramischen Massen größere Mengen Ton ersetzen, ohne daß die Intensität der weißen Brennfarbe beeinträchtigt würde. Versuchsweise wurden Talke auch als Glasurtrübungsmittel angewendet.

Nach Art der Holzbearbeitung geformt und bei etwa SK 010a gebrannt, liefert Speckstein die bekannten Specksteinwaren: Brenner und Pfeifenköpfe, säurefeste und basenbeständige Stöpsel, Töpfe, Tiegel u. dgl. Das Brennen dient zur Härtung der sonst zu weichen Waren. Talk ist wegen seiner Strukturverhältnisse zur Erzeugung von gebrannten Waren, die genaue Abmessungen aufweisen sollen, nicht verwendbar.

Für keramische Verwendungen, insbesondere für Steatitmassen, muß der Speckstein gewissen Bedingungen Genüge leisten. Er soll einen geringen Wassergehalt (Brennschwindung!), amorphe Struktur, den erforderlichen Reinheitsgrad, fettige Beschaffenheit und nach dem Brande ausreichende Härte und mechanische Festigkeit besitzen. Diesen Anforderungen entspricht am besten der Speckstein von Göpfersgrün, der daher den Hauptwerkstoff der deutschen Steatitindustrie darstellt. Die übrigen bisher untersuchten Specksteine Deutschlands sollen für die Erzeugung von Steatit wegen ihres zu hohen Eisen-, Tonerde- und Wassergehaltes, der schieferigen Struktur und geringen mechanischen Festigkeit nach dem Brennen für Steatit unverwendbar sein[3]).

---

[1]) Singer, F.: Z. angew. Chem. 34, 1921, S. 270.

[2]) Parmelee u. Baldwin: Sprs. 52, 1919, S. 395.

[3]) Ker. Rundsch. 32, 1924, S. 233.

Sehr reine Talke von ausgezeichneter Güte besitzen Frankreich und Italien[1]).

Zur Erzeugung von Steatit wird Speckstein in Pulverform, zumeist Abfälle von der mechanischen Bearbeitung des Steines, mit Bindemitteln, nötigenfalls auch mit Magerungs- und Flußmitteln zu einer keramischen Masse verarbeitet, durch Trockenpressung verformt, und bei etwa SK 14 rohgebrannt, glasiert und bei ∾ SK 010a— ∾ SK 1a glattgebrannt.

Als Bindemittel kommen die plastischen keramischen Werkstoffe (Kaoline, sehr bildsame feuerfeste Tone, weißbrennende Tone, z. B. Löthainer, Wildsteiner Blau-, Westerwälder Ton), als Magerungsmittel Quarze, als Flußmittel Feldspat in Betracht. Die Verarbeitung von Ton-Talkmassen auf nassem Wege vollzieht sich im Sinne folgenden Arbeitsdiagrammes:

Trockener Speckstein
|
Feinmahlung
|
Versatz mit den Zuschlägen
|
Naßmahlung
|
Filterpressen
|
überschüssiges Wasser — Masse-Kuchen
|
Trocknung
|
Feinmahlung
|
Zusatz von etwas Wasser und Stanzöl
|
Formgebung
|
Rohbrand
|
Glasieren
|
Glattbrand

Da die Tonsubstanz eine Vergrößerung der Schwindung verursacht, ein Umstand, der gerade für die Hauptverwendung von Steatit, nämlich für elektrotechnische Artikel, von großem Nachteil ist, hat man an Stelle des Tones künstliches Magnesiumsilikat als besser geeignetes Bindemittel vorgeschlagen.

Steatitmassen besitzen zufolge ihrer Widerstandsfähigkeit gegen Säuren, Basen und Hitze vorzügliche Eignung für Artikel der chemischen und Textilindustrie, zufolge ihrer isolierenden Eigenschaften und Raumbeständigkeit besonders für jene elektrotechnischen Isoliermaterialien,

[1]) Tonind.-Z. 44, 1920, S. 1273.

die genaue Abmessungen, Formen, hohe mechanische Festigkeit, Schwerschmelzbarkeit und Temperaturbeständigkeit aufweisen sollen, z. B. Zündkerzenisolationen[1]).

Abarten von Steatit entstehen durch gemeinsame Verarbeitung von Speckstein mit Karborundum (CSi) und seltenen Erden, aus welchen Massen heiztechnische Gegenstände erzeugt werden.

Wirkungen in tonigen Massen

Der Tonsubstanz gegenüber verhält sich der Talk oder Speckstein bis zu einem gewissen Grade als kräftiges Flußmittel; er setzt die Dichtbrenntemperatur toniger Massen herab, und zwar ohne die Gefahr von Entformungen zu bedingen, in mäßigen Mengen auch ohne eine wesentliche Verkürzung des Erweichungsbereiches zu verursachen. Nach Twells[2]) kann Talk als wirtschaftlich günstiger Magnesialieferant in Hochspannungsporzellanen den Feldspat ganz oder zum Teil ersetzen; bezweckt soll damit eine Erhöhung der dielektrischen Festigkeit werden, auf Werte, wie man sie z. B. vom Material für Eisenbahnisolatoren, Streckentrenner, Motorisolationen und anderes verlangt. Als weitere günstige Auswirkungen eines Talkzusatzes auf die Scherbeneigenschaften des Porzellans vermerkt Twells (a. a. O.) außer den bei Magnesiumoxyd bereits angeführten, den hohen Durchschein eines bei $\backsim$ SK 13 gebrannten, aus MgO, Al_2O_3 und SiO_2 bestehenden Porzellans, die gute mechanische Festigkeit eines völlig gesinterten Scherbens mit Talkgehalt, und die Zunahme der Biegefestigkeit beim Ersatz von Kali (Feldspat) durch Magnesia (Talk).

Massen mit größeren Talkgehalten besitzen nach Shearer und Wyckoff (a. a. O.) einen sehr geringen Ausdehnungskoeffizienten.

2. Asbeste

Asbeste sind Naturerzeugnisse verschiedener chemischer Zusammensetzung, vorwiegend jedoch Mineralien oder Gesteine der Magnesiumsilikatgruppe, deren gemeinsames Kennzeichen die faserige Struktur ist. Sie stehen hauptsächlich zur Hornblende und zum Serpentin in enger genetischer Beziehung; daher unterscheidet man Hornblendeasbeste (Amphibolasbest, Byssolith, Amiant, Amphibolit) und Serpentin- oder Chrysotilasbeste. Die Hornblendeasbeste sind äußerst feinfaserige, haarförmige Abarten der Hornblende bzw. des monoklinen Strahlsteines (Tremolit), die Serpentinasbeste, die feinstfaserigen, seidenglänzenden Chrysotile, einer faserigen Abart des Serpentins. Die Hornblenden schwanken stark in ihrer Zusammensetzung und bestehen im wesentlichen aus Magnesium-, Kalk- und Eisensilikaten, zu denen in dunkelgefärbten Abarten Alkali- und Tonerdesilikate treten. Serpentin ist ein wasserreicheres, durch Zersetzung (Serpentinisierung) von feldspatfreien, olivinhaltigen (Peridotite) und augitreichen (Pyroxenite) Gesteinen

[1]) Ker. Rundsch. 32, 1924, S. 233.

[2]) Twells: Journ. Am. Cer. Soc., Vol. 5, 1922, Nr. 10; Ref. Ker. Rundsch. 31, 1923, S. 91.

entstandenes, krypto- bis mikrokristallin gewordenes Magnesiumsilikatgel, das als Felsart zu den feldspatfreien Gesteinen, mineralogisch zur Talkgruppe zählt. Die Asbeste bilden feine, dünn- oder dickfaserige, elastisch biegsame Aggregate, deren Fasern sehr verschiedene Länge (Stapel) besitzen. Die Fasern des Amiants — auch italienischer Asbest genannt — erreichen oft einen bedeutenden Stapel, der ihn von allen Asbesten für Spinnereizwecke am geeignetsten macht.

Die physikalischen Eigenschaften der Asbeste sind aus Tabelle 91 ersichtlich.

Tabelle 91. Physikalische Eigenschaften

Bezeichnung	s	H	t	$\lambda \times 360$	c	$\varkappa$ in rezipr. Ω/cm^3
Amiante	3,03—3,17[1]	5—6	0 100 20—98	0,130 0,167	0,1947[1]	
Serpentin	2,4—2,7[1]	3—4	0—40 0—40 0—100 12—100	0,864[1] 3,024[1]	0,251[1] 0,2529[2]	$0,53 \cdot 10^{-3}$ bis $0,35 \cdot 10^{-6}$ [1]
Amiant			200 300 400 500 600	0,180 0,186[1] 0,192 0,198 0,204[1]		
Asbest, lose	r: 0,383[3]		0	0,096[3]		
Asbestwolle	r: 0,072[3]		78,5	0,0794[3]		

[1]) L. B. Tab.
[2]) Nach Joly: Doelter, C.: Handbuch der Mineralchemie, Bd. I, S. 701. Dresden-Leipzig: Th. Steinkopff. 1912.
[3]) Walther, C.: Handb. d. spars. Wärmewirtsch. Laufende Ausgabe. Stuttgart: Technische Verlagsgesellschaft. 1926/27.

Die Dichte steht in enger Beziehung zu ihrer chemischen Zusammensetzung, insbesondere zum Gehalt an Eisenverbindungen.

Im Wärmeleitvermögen steht der Asbest (Amiant) der Kieselgur nahe; er leitet die Wärme bei 0° C nur 2,5mal besser als diese, zählt daher zu den Isolierstoffen. Die Isolierfähigkeit nimmt wie bei der Gur mit steigender Temperatur rasch ab.

Die Amphibolite, besonders die eisenarmen Varietäten, besitzen auch gutes elektrisches Isolationsvermögen. Eisenreichere Asbeste können durch Behandlung mit Oxalsäure teilweise von ihrem Eisengehalt befreit und dadurch die Isolierfähigkeit verbessert werden[1]).

Die chemische Zusammensetzung der Asbeste hängt mit ihrer Entstehung zusammen. Die Amphibolite bestehen im wesentlichen aus wasserfreiem Magnesiumsilikat, in dem die Magnesia durch Eisen-2-oxyd, Tonerde, Kalk und andere Oxyde vertreten sein kann,

[1]) Ullmann, F.: Enzyklopädie der Technischen Chemie, Bd. VII, S. 586. Berlin-Wien: Urban und Schwarzenberg. 1919.

Ca (Mg, Fe)$_3$ (SiO$_3$)$_4$. Da die Hornblende in ihrer chemischen Beschaffenheit großen Schwankungen unterliegt, ist auch bei ihren asbestartigen Abarten mit einigermaßen konstanter Zusammensetzung, wie dies z. B. bei den amerikanischen Chrysotilen der Fall ist, nicht zu rechnen. Besonders reich an Eisen in Form des Eisen-2-oxydsilikates ist der als „blauer Asbest" oder „Kappasbest" bekannte Amphibolit vom Griqualand (Südafrika), der dieser Eisenverbindung die Farbe verdankt.

Chrysotilasbest ist chemisch mit Serpentin identisch, dessen Zusammensetzung der empirischen Formel $H_4Mg_3Si_2O_9 = 3\,MgO \cdot 2\,SiO_2 \cdot 2\,H_2O$ entspricht. Der Unterschied zwischen Serpentin und Talk liegt also nur in den Mengenverhältnissen der Oxydbestandteile. Beachtenswert ist die Analogie der Molekurformeln von Serpentin und Kaolin ($H_4\overset{II}{Mg_3}Si_2O_9$ und $H_4\overset{III}{Al_2}Si_2O_9$). Chrysotil ist reich an Magnesia (30—47 vH MgO) und enthält bis zu 13 vH chemisch gebundenes Wasser. Die Magnesia ist oft in größerem Ausmaße (bis 8 vH, zuweilen bis über 13 vH) durch Eisen-2-oxyd vertreten, also: $H_4(Mg, Fe)_3Si_2O_9$. An Beimengungen enthält er verschiedene Mineralien, häufig Olivin, dessen Umwandlungs- und Serpentinisierungszwischenstoffe, ferner Hornblende, Bronzit, Granat, Magnet- und Chromeisen, Nickel- und Zinnerze, Magnesit und auch organische Stoffe (Bitumen).

Analysenbeispiele enthält Tabelle 92.

Entsprechend dem neutralen Charakter (Basen-Säureverhältnis = = 1 : 1) sind die eisenarmen Amphibolite selbst gegen den Angriff starker Säuren weitaus beständiger als die Chrysotilasbeste (Basen-Säureverhältnis = 3 : 2). In Stücken wird Serpentinasbest schon von schwächeren Säuren in der Hitze ziemlich stark angegriffen, das Pulver von Schwefel- oder Salzsäure vollkommen zersetzt. Nach Kenngott zeigt eine wässerige Suspension von Serpentinpulver stark alkalische Reaktion.

Brennverhalten

Im Verhalten bei höheren Hitzegraden weisen die beiden Asbestarten erhebliche Unterschiede auf.

Die Amphibolite liefern beim starken Glühen sehr spröde Sinterprodukte. Ihre Schmelztemperatur schwankt zwischen 1200° C und 1600° C. Nach E. van Bellen[1]) schmilzt alkalireicher Asbest bei 1150° C. Doelter[2]) fand Schmelzpunkte von 1285° C—1300° C bzw. den Beginn des Schmelzens bei 1275° C—1285° C, die vollständige Umwandlung in die flüssige Phase bei 1290° C—1310° C (L. B. Tab.). Die Hornblendeasbeste zählen nicht zu den feuerfesten Mineralstoffen.

Serpentinasbeste verlieren beim Glühen unter erheblicher Schwindung ihr Konstitutionswasser, und zwar die Hauptmenge etwa

[1]) van Bellen, E.: Chem. Z. 24, 1900, I., S. 392.

[2]) Doelter, C.: Handbuch der Mineralchemie, Bd. II/1, S. 608. Dresden-Leipzig: Th. Steinkopff. 1914.

bei Rotglut. Houldsworth und Cobb beobachteten einen endothermen Effekt bei 585—670° C (Wasserabgabe), eine exotherme Reaktion bei etwa 795 bis 825° C (zitiert nach Spangenberg, a. a. O.). Serpentinasbeste sind zwar bedeutend schwerer schmelzbar als die Amphibolite, erweichen jedoch erheblich unterhalb der Schmelztemperatur, die ebenfalls die Feuerfestigkeitsgrenze nicht erreicht.

Tabelle 92. Analysenbeispiele

Art	Bezeichnung	MgO	CaO	SiO_2	FeO	Fe_2O_3	H_2O	Al_2O_3	MnO	Na_2O	K_2O	NiO	SnO_2	
Hornblendeasbeste	Herkunft unbekannt[1])	27,85		54,60	11,15 (FeO + Fe_2O_3)		3,55	2,85						
	Frankenstein[2]) (Schlesien)	23,68	13,39	57,69	2,46		0,17		0,13	3,14				
	Zillertal[2])	26,08		54,92	12,60		5,28	1,64						
	Salzburg[2])	16,98	12,81	54,60	12,80		0,61		1,16					
	Griqualand[3])	2,3		51,1	35,8		3,9			6,9				
	Mikro-Asbest der Amiant-A. G., Wien[4])	27,96	13,21	49,81	Spur		3,01	2,19	Spur					
	Serpentin (theoret.)	43,58		43,45			12,97							
Chrysotilasbeste	Erbendorf (Oberpfalz)[5])	30,80	3,81	42,81		7,60	3,73	0,82		0,46	0,37	0,31	0,38	
	Sibirien[1])	35,18		41,80	6,63 (FeO + Fe_2O_3)		16,39							
	Kanada I[1])	41,99		41,84	2,23 (FeO + Fe_2O_3)		14,28							I. Danville II. Cambrian III. Thetford IV. Broughton V. Laurentian Templeton
	Kanada II[6])	40,07		39,05		2,41	14,48	3,67						
	Kanada III[6])	41,50		40,87		2,80	13,55	0,90						
	Kanada IV[6])	42,05		40,52		1,97	13,47	2,10						
	Italien[6])	43,37		40,30		0,87	13,72	2,27						

[1]) Ullmann, F.: Enzyklopädie der Technischen Chemie, Bd. I, S. 610. Berlin-Wien: Urban und Schwarzenberg. 1914.
[2]) Doelter, C.: Handbuch der Mineralchemie, Bd. II/1, S. 606—608. Dresden-Leipzig: Th. Steinkopff. 1914.
[3]) Tonind.-Z. 47, 1923, 747/8. [4]) Sprs. 59, 1926, S. 738.
[5]) Tonind.-Z. 47, 1923, S. 725.
[6]) Analysen verschiedener Asbeste aus dem Laboratorium des Prof. I. T. Donald, Montreal, in der Monographie „Asbestos its Occurence, Exploitation and Uses“ v. F. Cirkel; V. E. Ottava, Kanada; bekanntgegeben von Donath, E. u. O. Burian: Tonind.-Z. 47, 1923, S. 747/8.

H. Leitmeier[1]) fand für edlen Serpentin aus Snarum (Norwegen) eine Erweichungstemperatur von 1480° C, eine Verflüssigungstemperatur von 1550° C. Im Erweichungsbereich vollzieht sich eine Umwandlung in Olivin und glasige Schmelze. Geglühter Serpentin ist leicht zerreiblich.

Mit Tonsubstanz treten die Asbeste unter Bildung von verhältnismäßig niedrig schmelzenden komplexen Silikaten — etwa bei 1000° C — in chemische Wechselwirkung. Die Schmelzbarkeit der Asbeste wird daher durch Tonbindung beträchtlich erhöht.

[1]) Leitmeier, H.; Doelter, C.: Handbuch der Mineralchemie, Bd. II/1, S. 412. Dresden-Leipzig: Th. Steinkopff. 1914.

Vorkommen

Infolge der engen genetischen Beziehungen zwischen Asbesten, Hornblende und Serpentin, sind die Asbestvorkommen an die Fundorte dieser Mineralien gebunden. Sie durchsetzen bisweilen ohne scharfe Grenze ihre Lager.

Österreich besitzt Amiantvorkommen in Steiermark (Mautern), Salzburg und Tirol. Im Salzburgischen liegen die Fundstätten bei Ingelsberg (Gemeinde Hofgastein); sie werden seit 1919 von der „Ersten Österreichischen Asbestgruben-Gesellschaft m. b. H. in Hofgastein" ausgebeutet. In Tirol wurden 1921 neue Lager bei Mayrhofen (Zillertal) in Abbau genommen bzw. im Groß-Venediger-Gebiet (Pregarten, Virgen, Windisch-Matrei) gefunden. Amiantlager bergen ferner Deutschland (Vogtland, Oberfranken), Frankreich (Dauphiné), Spanien (Pyrenäen), die Schweiz (Graubünden, hier auch Chrysotile), Italien (Piemont, Lombardei), Korsika, Schweden, Rußland, Nordamerika in den Staaten Arizona, Georgia, Kalifornien, Vermont, Wyoming — in den zwei letztgenannten auch Chrysotile —, die Südafrikanische Union, Neufundland, Indien und China. Chrysotilasbeste finden sich in Deutschland bei Zöblitz, Waldheim und anderen Orten in Sachsen, Reichenstein (Schlesien), im Fichtelgebirge und in der Oberpfalz (Bayern), in den Vogesen, im Schwarzwald; in Österreich begleiten Serpentine die steirischen Talke von Aflenz, Lassing und Rabenwald, außerdem werden sie in den Tauern und in Tirol gefunden. Die Asbeste Rußlands (Ural) sind unter der Bezeichnung „sibirische Asbeste" im Handel. Die technisch wichtigsten Asbestlager befinden sich in Kanada; 90 vH der Vorkommen überhaupt liegen in Kanada, 75—80 vH der Welterzeugung werden hier gewonnen[1]). Die vorwiegend kurzfaserigen Chrysotile werden in der Provinz Quebec abgebaut. Andere Erzeugungsländer sind: Cypern, Australien (Neusüdwales), Tasmanien, Neuseeland, Mandschurei und andere.

Verwendung

Die keramische Verwendung der Asbeste ist sehr beschränkt. Tonige Massen werden durch Versatz mit Asbest beim Brennen porös und temperaturbeständiger. Für elektrotechnische und Filtrationszwecke stellt man aus porzellanartigen Massen unter Zusatz von Asbest das feinporige „Asbestporzellan" her. Einige Patente (z. B. D.R.P. 45275, E.P 1628183, Ö.P. 1651/07) nennen Asbest (vermutlich Chrysotile) wohl auch als Versatzstoff feuerfester Massen für Schmelzgefäße, Tiegel (besonders Graphittiegel) und Edelmetallschmelzformen; seine Eignung hiefür geht aus dem Verhalten in der Hitze kaum hervor, es sei denn, daß der Zusatz kleiner Mengen die Hervorrufung von Sinterungserscheinungen zwecks Erhöhung der Dichte bezwecke. Das Hauptverwendungsgebiet ist jedenfalls die Industrie der Isoliermassen und feuerbeständigen Asbestgegenstände (Pappen, Gewebe u. dgl.). Zu Wärmeschutzmassen verwendet man die nicht verspinnbaren Abfälle

[1]) Tonind.-Z. 49, 1925, S. 712; 50, 1926, S. 98.

oder kurzfaserigen Sorten von Hornblendeasbesten, die unter Zusatz von Kieselgur oder Kokepulver mit feuerfestem Ton, Gips u. dgl. gebunden werden. Versuchsweise hat man Asbest auch als Trübungsmittel von Glasuren verwendet.

Die langstapeligen Asbestarten werden vorwiegend in der Asbestspinnerei auf Asbestgarn, -schnüre, -gewebe, -filtertücher und anderes verarbeitet. Neuerdings ist die Eignung von Stampfmassen aus einem Gemenge von Asbest und feuerfestem Ton als Futter von Induktionsöfen und für den Herdbau von elektrischen Öfen zum Schmelzen von Messing und ähnlichen Legierungen festgestellt worden[1]).

Wichtige Erzeugnisse aus Asbest für die Bauindustrie sind Asbestschiefer, Asbestzementschiefer und Asbestmörtel.

VI. Spinelle

Spinelle sind Mineralien aus der Ordnung der Oxyde. Die verschiedenen Abarten sind chemische Abkömmlinge des sogenannten edlen Spinells oder Magnesiaspinells; man unterscheidet Chlorospinelle (Eisenoxydspinell), dunkelfarbige Pleonaste, schwarze Pikotite und Eisen-Titan-Spinelle. Technische Bedeutung besitzt nur der Magnesiaspinell (im folgenden kurz als Spinell benannt).

Spinell ist ein metamorphes Mineral, das durch Berührungsumwandlung entstanden ist und nur selten und in geringer Menge primär auftritt.

Über die kristallographischen und physikalischen Eigenschaften gibt Tabelle 93 Aufschluß.

Tabelle 93. Kristallographische und physikalische Eigenschaften

Bezeichnung	KS	s	H	t	c	W in Ω/cm^3
Edler Spinell		3,52—3,71[1])	8—9	15—47	0,194[2])	
Spinelle		3,5—4,1		700—1000		größer als von Sillimanitsilikaten[3])
Pleonaste	regulär	3,5—3,7	8			
Chlorospinell		3,59	8			
Pikotit		4,08	8			

[1]) L. B. Tab. [2]) Hougens Tab., a. a. O. [3]) King: a. a. O.

Die Wärmeleitfähigkeit von geschmolzenem Spinell ist nach H. J. Knollmann[2]) bei 950° C doppelt so groß, die Wärmekapazität und Wärmediffusion eineinhalbmal so groß als die von Schamottesteinen.

Edler Spinell ist ein Monomagnesiumaluminat von der Zusammensetzung $MgAl_2O_4 = MgO \cdot Al_2O_3$. Die Abarten sind gemäß der Formel $RO \cdot R_2O_3$ gebaut, in der $R = Mg, Fe^{\cdot\cdot}$ und $R_2 = Al, Fe^{\cdot\cdot\cdot}$ oder Cr bedeutet.

[1]) Brit. Clayworker, 1927, S. 37; Ref. Tonind.-Z. 51, 1927, S. 1092.

[2]) Knollmann, H. J.: Journ. Am. Cer. Soc., Vol. 10, 1927, S. 299—308; Ref. Kor. Rundsch. 35, 1927, S. 652.

Art und Zahl der die Hauptelemente vertretenden Grundstoffe bestimmen den mineralogischen Charakter der Spinellabart. Der Chlorospinell entspricht der Zusammensetzung $Mg(Al, Fe^{\cdots})_2O_4 = MgO \cdot (Al, Fe^{\cdots})_2O_3$, die Pleonaste enthalten das Eisen in beiden Oxydationsstufen: $(Mg, Fe^{\cdot\cdot})(Al, Fe^{\cdots})_2O_4 = (Mg, Fe^{\cdot\cdot})O \cdot (Al, Fe^{\cdots})_2O_3$, die Pikotite sind überdies chromhaltig: $(Mg, Fe^{\cdot\cdot})(Al, Fe^{\cdots}, Cr)_2O_4 = (Mg, Fe^{\cdot\cdot})O \cdot (Al, Cr, Fe^{\cdots})_2O_3$; die selten vorkommenden Eisen-Titan-Spinelle enthalten Titansäure (TiO_2).

Über die Zusammensetzung der Spinellabarten gibt Tabelle 94 Auskunft.

Tabelle 94. Analysenbeispiele

Bezeichnung	MgO	Al_2O_3	FeO	Cr_2O_3
Edler Spinell (theoret.)	28,30	71,70		
Pikotit (Pyrenäen)[1]	10		über 24	8
Chrompikotit[1] (Neuseeland)	14	12	18	über 56

[1]) Naumann, F.: Elemente der Mineralogie, 9. Aufl. Leipzig: W. Engelmann. 1874.

Spinell ist wasser- und praktisch säureunlöslich.

In der Hitze bleibt er bis zu den höchsten Temperaturen chemisch unverändert und ist daher raumbeständig.

Er besitzt ein sehr kurzes Erweichungsintervall und einen hohen, mit dem Eisengehalt allerdings beträchtlich schwankenden Schmelzpunkt. Die Erweichungstemperatur von gebundenem Spinell (Spinellziegel) liegt bei 1910° C, von bester Sorte bei 2117° C, der Schmelzpunkt von körnigem Spinell bei 2135° C; unter 3,5 kg/cm^2 Belastung zeigt er bei 1350° C keine Formveränderung[1]). Die Schmelztemperatur eines eisenhaltigen Spinells wird mit etwa 1900° C, die eines Pleonastes mit etwa 10 vH Eisen-2-oxyd mit 1270° C bzw. der Schmelzbeginn mit 1240—1260° C, die vollständige Umwandlung in die flüssige Phase mit 1280—1300° C angegeben (L. B. Tab.). Im allgemeinen kann man für gute, eisenarme Spinelle einen Schmelzpunkt von $\sim$ 2000° C annehmen.

Geschmolzener Spinell führt die Bezeichnung „Diamel".

Künstlicher Spinell erweicht bei etwa 1825° C und schmilzt bei 2135° C (vgl. System $MgO—Al_2O_3$ auf S. 414).

Spinell vermag bei hohen Temperaturen Eisenoxyd in feste Lösung aufzunehmen und mit Magnesiumferrit scheinbar eine ununterbrochene Reihe von festen Lösungen zu bilden, welche die mechanische Festigkeit gebrannter Gemische von Spinell und Magnesiumferrit bedingen[2]).

Innerhalb des in keramischen Betrieben gebräuchlichen Brennbereiches sowie bei Temperaturen, die bei der Verwendung von Spinellerzeugnissen in Betracht kommen (2000° C), besitzt Magnesiaspinell

[1]) Hougens Tab., a. a. O.

[2]) Brick and Clay Record, 1927, S. 781, a. a. O.

gegen oxydierende Einflüsse, gegen den Angriff von basischen Stoffen und Metallen eine gute Widerstandsfähigkeit und wird auch von festen und gasförmigen reduzierenden Stoffen nur schwierig angegriffen.

Vorkommen

Die Spinelle sind in der Natur nicht allzu reichlich vorhanden. Magnesiaspinell findet sich hauptsächlich auf Ceylon neben Pleonasten, ferner in Schweden (Åker) und Ostindien; Pleonaste am Vesuv und am Monzoniberg (Südtirol), im Staate New York, im Ural, Pikotite in den Pyrenäen und auf Neuseeland.

Verwendung

Spinell wird auf Grund seiner Schwerschmelzbarkeit und bedeutenden Widerstandsfähigkeit gegen chemische Angriffe aller Art, selbst gegen schmelzende Alkalien, zur Erzeugung von feuerfesten Voll- und Hohlwaren (Ziegel, Tiegel) verwendet. Tiegel aus Spinell sollen einer Erhitzung auf etwa 2000° C standhalten und bessere mechanische Eigenschaften besitzen als solche aus Magnesia oder Tonerde. Nach dem erwähnten Referat von Lange wurde in Amerika auch Spinell in einigen Fällen mit Erfolg für die Brennerköpfe des Siemens-Martin-Ofens angewendet.

Massen aus künstlichem Spinell erhält man durch elektrisches Schmelzen eines aus Magnesia und Tonerde bestehenden stöchiometrischen Gemenges. Sie dienen zur Herstellung von hochfeuerfesten Schmelztiegeln.

Die Staatliche Porzellanmanufaktur, Berlin, stellte aus Magnesia und Tonerde im Verhältnis 2 : 1 eine bis 1800° C gut verwendbare Spinellmasse her, die sich in reduzierender Atmosphäre (als hochfeuerfestes Schutzgefäß für Platingeräte) bis zu Temperaturen von 1500—1700° C als verwendbar erwies, jedoch nur noch in geringem Maße Anwendung findet (Dammer, S. 718). Künstliche Spinellmassen werden durch wiederholtes, längeres Erhitzen auf etwa 1600°C gasdicht[1]).

Die Verwendung des natürlichen Spinells scheitert an seiner geringen Verbreitung, die Erzeugung von Kunstspinellen ist zufolge der hohen hiezu nötigen Temperatur derzeit zu kostspielig.

G. Barium- und Strontiumverbindungen

Keramisch verwendete Verbindungen dieser Erdalkaligruppe sind: Witherit, Schwerspat (Baryt), Strontianit, Cölestin, Barium- und Strontiumkarbonat, Chlorbarium, in seltenen Fällen die Phosphate, Bariumhydroxyd und Kieselfluorbarium (zu teuer).

Witherit (der „Baryt" des Zieglers) ist natürliches Bariumkarbonat, Strontianit mineralisches Strontiumkarbonat; Baryt und Cölestin sind die entsprechenden Sulfate des Mineralreiches; die übrigen Verbindungen sind Kunststoffe.

[1]) Hecht, H.: Lehrb. d. Keramik, S. 175. Berlin-Wien: Urban und Schwarzenberg. 1923.

Die theoretische Zusammensetzung dieser Stoffe zeigt Tabelle 95.

Tabelle 95

Stoffe	Formel	Ba	BaO	SrO	CO_2	SO_3	Cl	H_2O	Si	F	P_2O_5
Witherit und Bariumkarbonat	$BaCO_3$		77,7		22,3						
Schwerspat	$BaSO_4$		65,7			34,30					
Chlorbarium, kristallisiert	$BaCl_2 \cdot 2\,H_2O$	56,2					29,0	14,8			
Chlorbarium, wasserfrei	$BaCl_2$	66,0					34,0				
Kieselfluorbarium	$BaSiF_6$	49,1							10,3	40,6	
Bariumphosphat	$Ba_3(PO_4)_2$		76,4								23,6
Strontianit und Strontiumkarbonat	$SrCO_3$			70,2	29,8						
Cölestin	$SrSO_4$			56,4		43,6					
Strontiumphosphat	$Sr_3(PO_4)_2$			68,6							31,4
Bariumhydroxyd	$Ba(OH)_2 = BaO \cdot H_2O$		89,48					10,52			

Im allgemeinen weit seltener in Gebrauch als Kalzium- oder Magnesiumverbindungen, sind die Bariummineralien und -salze nur ausnahmsweise Bestandteile keramischer Massen, dagegen häufiger Glasurbildner und Hilfsstoffe; die Strontiumverbindungen ebenfalls selten Massenbestandteile, weniger häufig als Barytsalze gebrauchte Glasurbildner.

Die Mineralien dieser Gruppe sind fast ausnahmslos hydatogene Bildungen. Nur geringe Mengen von Barium und Strontium finden sich in Eruptivgesteinen. Die Ursache der Abscheidung der sulfatischen Mineralstoffe aus wässerigen Lösungen von Ba- und Sr-Salzen ist die Unlöslichkeit bzw. Schwerlöslichkeit dieser Sulfate, so daß beim Zusammentreffen von Sulfationen (z. B. sulfathaltige Grubenwässer) mit den gelösten Ba- und Sr-Verbindungen sofort, beim Strontium etwas langsamer, ihre Sedimentation erfolgt. Organogene Sedimente der kohlensauren Salze sind nicht bekannt. Strontianit wird für eine hydrothermale Bildung gehalten.

Die Erzeugung der Kunststoffe ist bei beiden Stoffgruppen die gleiche. Als Rohstoffe dienen die Sulfatmineralien, die beim Glühen mit Kohle zu Sulfiden reduziert werden; diese setzen sich mit Kohlensäure und Wasser in Karbonate und Hydrosulfide bzw. Schwefelwasserstoff (H_2S) um:

$$\underset{\text{Schwerspat}}{BaSO_4} + 4\,C = \underset{\text{löslich}}{BaS} + 4\,CO; \quad \underset{\text{Cölestin}}{SrSO_4} + 4\,C = \underset{\text{löslich}}{SrS} + 4\,CO;$$

$$2\,BaS + CO_2 + H_2O = BaCO_3 + Ba(SH)_2;$$

$$Ba(SH)_2 + CO_2 + H_2O = BaCO_3 + 2\,H_2S;$$

$$2\,SrS + CO_2 + H_2O = SrCO_3 + Sr(HS)_2;$$

$$Sr(SH)_2 + CO_2 + H_2O = SrCO_3 + 2\,H_2S.$$

Nach diesem Reduktionsverfahren arbeiten auch die Melasse-Entzuckerungsanstalten und gewinnen dabei ein etwas verunreinigtes

Strontiumkarbonat. Auch durch Glühen bzw. Schmelzen mit Alkalikarbonaten in Revolveröfen ($SrSO_4 + Na_2CO_3 = \underset{\text{unlöslich}}{SrCO_3} + \underset{\text{löslich}}{Na_2SO_4}$) oder doppelte Umsetzung ($BaCl_2 + Na_2CO_3 = BaCO_3 + 2\,NaCl$) können die Karbonate hergestellt werden.

Chlorbarium fällt bei der Umsetzung einer Lösung von Bariumsulfid ($2\,BaS + 2\,H_2O = Ba(OH)_2 + Ba(SH)_2$) mit Chlormagnesiumlauge an:

$$BaS + MgCl_2 + H_2O = BaCl_2 + \underset{\text{unlöslich}}{Mg(OH)_2} + H_2S.$$

Im großen erzeugt man es nach dem Fabrikationsgang für Leblanc-Soda durch Glühen eines Gemenges von Schwerspat, Kohle und eingedickter Chlorkalziumablauge:

$$BaSO_4 + 4\,C + CaCl_2 = BaCl_2 + CaS + 4\,CO$$

nach folgendem Arbeitsdiagramm:

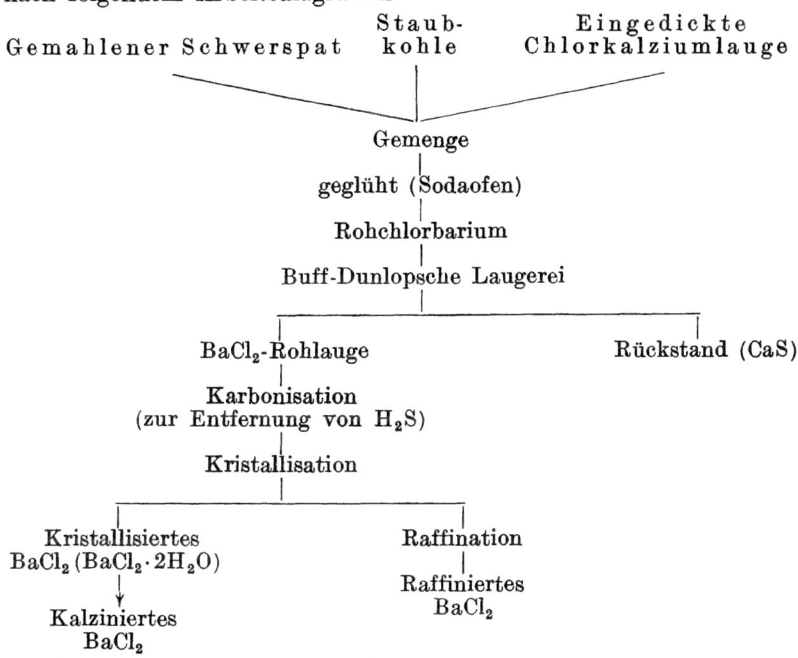

Kieselfluorbarium erhält man durch Fällung von Barytsalzlösungen mit Kieselfluorwasserstoffsäure (H_2SiF_6); durch Behandlung der Bariumlösung mit Natriumphosphat (Na_2HPO_4) in Gegenwart von Ammoniak entsteht das Bariumphosphat.

Über die kristallographischen und physikalischen Eigenschaften der Mineralien, Kunststoffe und der aus diesen gewonnenen Oxyde gibt Tabelle 96 Auskunft.

Die natürlichen Karbonate und Sulfate bilden kristalline Aggregate verschiedenen Gefüges, die Sulfate auch dichte, der Schwerspat überdies erdige Massen; Witherit kommt in nachahmenden Gestalten vor.

Tabelle 96. Kristallographische und physikalische Eigenschaften

	Stoffe	KS	s	H	t	c	$\alpha \cdot 10^7$
Mineralien	Witherit	rhombisch	4,2—4,3 4,43 1)	3—3,5	11—99 250	0,1104 1) 0,1158 1)	
	Schwerspat		4,3—4,7 4,48 bei 17,5/4° 1)		10—98	0,1128 1)	
	Strontianit		3,6—3,8 3,615 1)	3,5			
	Cölestin		3,9—4 3,91 1)	3—3,5	18—51	0,135 1)	
Kunststoffe	$BaCO_3$		4,22—4,37 4,30 1)				
	$BaSO_4$		4,25 1)		150 1050	0,1137 1) 0,1486 1)	
	$SrCO_3$		3,62		8—98	0,1445 0,1475 1)	
	$SrSO_4$		3,71 (3,95)		21—99	0,1428	
	$BaCl_2 \cdot 2\,H_2O$	monoklin	3,05				
	$BaCl_2$		3,856				
	BaO	regulär	5,7				3
	SrO	regulär	4,6				
	$Ba_3(PO_4)_2$	amorph					276,4
	$Sr_3(PO_4)_2$						
	$BaSiF_6$	kristallin	$4{,}28/21^0$				

1) L. B. Tab.

Witherit findet sich in der Natur in verhältnismäßig reinem Zustande; mit Kalzit bildet er als isomorphes Gemisch den sogenannten Alstonit und den Barytokalzit, dessen chemische Natur (Doppelsalz, Mischung) nicht geklärt ist. Des öfteren wird er von Strontianit, am häufigsten von Schwerspat begleitet.

Derber Baryt enthält an Beimengungen Witherit, Gips, Quarz, Flußspat, Kreide, Eisen- und Manganverbindungen, Begleiterze, öfters auch Strontiummineralien und Bitumen. Mit Kalziumsulfat bildet er den Kalkbaryt, mit Strontiumsulfat den Barytocölestin.

In den Strontiummineralien ist das Strontiumoxyd häufig durch einige Hundertteile Barium- oder Kalziumoxyd vertreten; Strontianit führt z. B. zuweilen bis 8 vH und mehr an kohlensaurem Kalk (Kalziostrontianit).

Die künstlichen Karbonate sind vor den mineralischen durch den bedeutenden Reinheitsgrad ausgezeichnet, stehen aber im Preise wesentlich höher. Das von den Melasseentzuckerungsanstalten gelieferte Strontiumkarbonat enthält zumeist Kalk und Kieselsäure.

Analysenbeispiele zeigt Tabelle 97.

Tabelle 97. Analysenbeispiele

	Bezeichnung	BaO	Ba CO_3	SrO	CO_2	CaO	FeO	Ba SO_4	H_2O	SiO_2	$SrSO_4$
Witherit[1])	Böhmen	77,54		Spur	22,16	0,09	0,14	0,38			
	England		98,96			$CaCO_3$ Spur		0,94			
		77,1			22,5	0,4					
Strontianit[1])	Westfalen			64,58	30,74	3,67			0,30	0,02	
	Erzgebirge			63,12	31,28	5,60					
	Münsterland			$SrCO_3$ 88,7—94,3		$CaCO_3$ 5,6—11,1	$FeCO_3$ 0-Spur			0-Spur	
Schwerspat[2])	derb (Shoharie, N. York)					$CaSO_4$ 6,12	Fe_2O_3 1,83				7,1
	Grenzwerte										0—15,3
Cölestin[2])	Grenzwerte	0—1,23				0—1,41					
	Barytcölestin (Hannover)							20,4—26			

[1]) Doelter, C.: Handbuch der Mineralchemie, Bd. I, S. 490. Dresden-Leipzig: Th. Steinkopff. 1912.

[2]) Rammelsberg, C. F.: Handb. d. Mineralchem., 2. Aufl. Leipzig: W. Engelmann. 1875.

Sämtliche natürlich vorkommenden Barium- und Strontiumverbindungen sind wie die entsprechenden Kunststoffe in Wasser praktisch unlöslich. Leichter lösen sich die Karbonate unter Bildung der sauren Salze in Wasser, das mit Kohlensäure gesättigt ist. Chlorbarium ist dagegen sehr leicht löslich. Die Löslichkeitsverhältnisse der Karbonate, Sulfate, des Bariumchlorides und -silikofluorides sowie die Dichte der Chlorbariumlösungen gehen aus Tabelle 98 hervor.

Tabelle 98

1 Teil des Stoffes löst sich bei °C in xTeilen Wasser	1°	5°	10°	15°	20°	25°	30°	40°	100°	104°
$BaCO_3$				17,5°: 12 000						
$SrCO_3$				17,5°: 12 500						
$BaSO_4$	0°: 600 000			17,5°: 400 000						
$SrSO_4$		6900							heiß: 9610	
$BaCl_2$		3,10	2,99	2,89	2,80		2,61	2,45	1,70	1,66
Ba_2SiF_6				∾3850						

Dichte der Lösungen von $BaCl_2 \cdot 2\,H_2O$ bei 15° C
(Statt Grade ist im Kopf v H $BaCl_2$ zu lesen)

$BaCl_2$	1,0092	1,0458	1,0951	1,1485	1,2061	1,2702				

Die Löslichkeitsverhältnisse von Chlorbarium und Bariumhydroxyd sind in Abb. 77 graphisch dargestellt ($Ba(OH)_2 \cdot 8\,H_2O$ und $Ba(OH)_2$ nach Rosenstiehl[1]), $BaCl_2$ und $BaCl_2 \cdot 2\,H_2O$ nach Mulder[1]). Auch die Phosphate sind in Wasser unlöslich, jedoch wie die Karbonate in Salz- oder Salpetersäure löslich. Bariumsulfat ist praktisch auch in Säuren unlöslich, kann daher z. B. durch Behandlung mit Schwefelsäure von seinen natürlichen Pigmenten befreit werden, soweit diese nicht als Silikate vorliegen. Strontiumsulfat ist in Schwefelsäure schwer, in den übrigen Mineralsäuren leichter löslich.

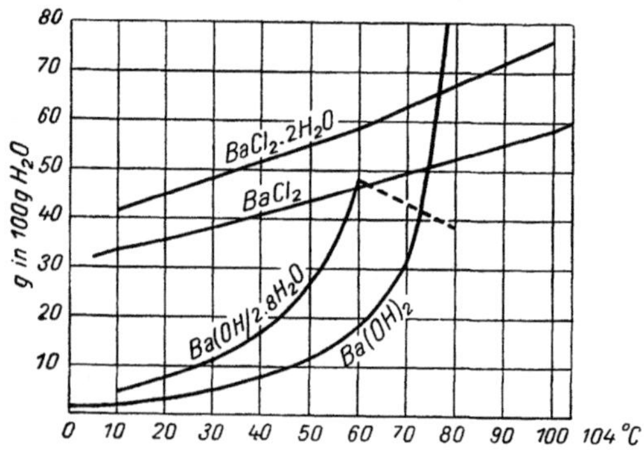

Abb. 77. Löslichkeit von Bariumverbindungen in 100 Teilen Wasser; nach Rosenstiehl und Mulder

Das kristallisierte Bariumchlorid ist luftbeständig; die Hälfte des Hydratwassers geht etwa bei 60° C verloren, der Rest erst bei etwa 120° C; beim Liegen an der Luft nimmt das vollkommen entwässerte Chlorid ein Molekül Wasser auf. Beim Glühen entweicht auch etwas Chlorgas. Kieselfluorbarium gibt beim Glühen Siliziumtetrafluorid ab; das zurückbleibende Bariumfluorid ist ebenfalls schwer löslich in Wasser.

Von keramischem Interesse sind gewisse Umsetzungen des Bariumkarbonates und Chlorbariums.

Das Karbonat tritt trotz seiner äußerst geringen Löslichkeit in Wasser mit wässerigen Lösungen von Sulfaten ($CaSO_4$, $MgSO_4$, K_2SO_4, Na_2SO_4, $FeSO_4$) unter Bildung von Bariumsulfat im Sinne nachstehender Gleichung in chemische Wechselwirkung:

$$\underset{\text{löslich}}{RSO_4(R_2SO_4)} + \underset{\text{unlöslich}}{BaCO_3} = \underset{\text{unlöslich}}{BaSO_4} + \underset{\text{unlöslich (löslich)}}{RCO_3(R_2CO_3)}.$$

$$R = Ca, Mg, Fe;\; R_2 = Na_2, K_2.$$

Diese doppelte Umsetzung verläuft selbst bei überschüssigem Karbonat sehr langsam, schnell dagegen vollzieht sie sich mit $BaCl_2$:

z. B.: $$\underset{\text{löslich}}{MgSO_4} + \underset{\text{löslich}}{BaCl_2} = \underset{\text{unlöslich}}{BaSO_4} + \underset{\text{löslich}}{MgCl_2}$$

Hirsch[2]) hat ermittelt, daß nach eintägiger Lagerung bei einem bestimmten Gehalt an SO_3 in Tonen (als Natriumsulfat und Gips vorhanden) und bei Verwendung von stöchiometrischen Mengen die nicht gebundene Schwefelsäure (SO_3) durch die Umsetzung mit Bariumchlorid fünfmal kleiner ist als beim Zusatz von Bariumkarbonat; selbst bei einem 1,6fachen

[1]) Rosenstiehl u. Mulder: Chem. Kal. 1927.

[2]) Hirsch: Tonind.-Z. 51, 1927, S. 1044—1046.

Überschuß des $BaCO_3$ war die Menge der nicht gebundenen Schwefelsäure bei Chlorbariumwirkung noch 3,6mal kleiner. Der genannte Forscher teilt ferner mit, daß die Wirkung von $BaCO_3$ durch geringen Zusatz von Chlornatrium sehr beschleunigt werden kann. Das von Hirsch über den Verlauf der SO_3-Bindung während des Sumpfens aufgestellte Diagramm ist in Abb. 78 wiedergegeben.

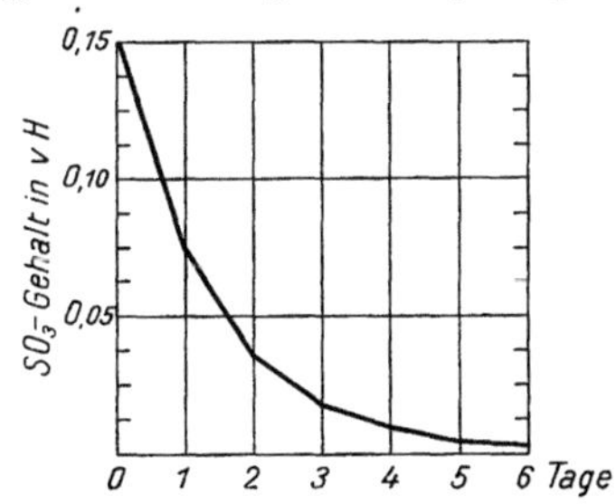

Abb. 78. Abnahme des Gehaltes an Schwefelsäureanhydrid durch Zusatz von Bariumkarbonat und Sumpfen; nach Hirsch

Brennverhalten

Höhere Temperaturen verursachen auch bei den Barium- und Strontiummineralien molekulare Umlagerungen, die in folgenden Umwandlungsschematen zum Ausdruck kommen:

Bariumkarbonat

$$\gamma\text{-}BaCO_3 \xrightarrow{811^\circ} \beta\text{-}BaCO_3 \longrightarrow \alpha\text{-}BaO$$

pseudohexagonal — hexagonal — regulär

Beim Bariumkarbonat tritt bei etwa 1000° C eine bedeutende Kornvergrößerung ein.

Strontiumkarbonat

$$\beta\text{-}SrCO_3 \overset{925^\circ}{\rightleftarrows} \alpha\text{-}SrCO_3$$

hexagonal (trigonal) Smp 1497° C — rhombisch-pseudohexagonal

Strontianit ist also enantiotrop.

Bariumsulfat

$$\beta\text{-}BaSO_4 \overset{1149^\circ}{\rightleftarrows} \alpha\text{-}BaSO_4 \quad \text{(nach Graham)}$$

rhombisch

Strontiumsulfat

$$\beta\text{-}SrSO_4 \overset{1152^\circ}{\rightleftarrows} \alpha\text{-}SrSO_4 \quad \text{(nach Graham)}$$

monoklin ?

Beide Sulfate sind also ebenfalls enantiotrop.

Sowohl die kohlen- als auch schwefelsauren Salze des Bariums und Strontiums erleiden unter dem Einflusse höherer Temperaturen die gleiche thermische Zersetzung wie der Kalzit und Magnesit bzw. Gips:

$$BaCO_3 \rightleftarrows BaO + CO_2; \qquad SrCO_3 \rightleftarrows SrO + CO_2;$$
$$BaSO_4 \rightleftarrows BaO + SO_3; \qquad SrSO_4 \rightleftarrows SrO + SO_3.$$

Im allgemeinen gelten die gleichen Gesetzmäßigkeiten wie beim Kalzit, doch besitzen diese Karbonate und Sulfate geringere Zersetzungsspannungen, erfordern also bedeutend höhere Temperaturen; Witherit und künstliches Karbonat dissoziieren unter Atmosphärendruck bei 1450° C, Strontianit und künstliches Karbonat bei 1250° C, Cölestin und Schwerspat bzw. die entsprechenden Kunststoffe erst in Weißglut unvollständig, wobei Schwerspat bei 1580° C, Cölestin bei 1605° C in die flüssige Formart übergeht. Nach Pott[1]) beträgt der Dissoziationsdruck des Bariumkarbonates bei 1200° C eine Atmosphäre; eine meßbare Zersetzung beobachtete der genannte Forscher bei 1020° C. Sowohl die Zersetzung der Karbonate als auch Sulfate wird durch Kohlenstoff (Kohle) wesentlich, und zwar mehr als bei Kalzit gefördert:

$$BaCO_3 + C = BaO + 2\,CO;\; BaSO_4 + 4\,C = BaS + 4\,CO.$$

Nach Keppeler[2]) tritt durch die Wirkung des Kohlenstoffes eine rasche und vollkommene Zersetzung selbst bei Temperaturen ein, bei denen die Zersetzungsspannung des Karbonates noch sehr gering ist und das Gleichgewicht im System $C—CO—CO_2$ gänzlich auf der CO-Seite liegt. Nach H. Rose[3]) tritt die Zersetzung des Witherites bei starker Rotglut nur in feuchter Atmosphäre ein. Da dies bei keramischen Bränden infolge der Abgabe von Konstitutionswasser durch die Tonsubstanz und zufolge des Wasserdampfgehaltes der Rauchgase immer zutrifft, ist ohne Rücksichtnahme auf etwaige Wechselwirkungen, welche die Umsetzungen unter Austreibung der Kohlensäure gleichfalls befördern, mit dieser Zersetzungstemperatur zu rechnen.

Die Reduktion des Bariumsulfates setzt in Gegenwart von Kohle schon zwischen 600 und 800° C ein. Über die Wirkung von Fremdstoffen auf die Zersetzungstemperatur berichten H. F. Krause und W. Weyl[4]), daß bei Wechselwirkungen zwischen Bariumkarbonat und Kieselsäure im Kohlensäurestrom schon ab 700° C Kohlensäure ausgetrieben wird. Nach Mostowitsch[5]) hält sich Schwerspat bis 1400° C unverändert; der Beginn der Dissoziation ist bei 1500° C zu beobachten; bei großer Erhitzungsgeschwindigkeit findet gegen 1580° C unter Schmelzen eine teilweise Zersetzung statt; durch Kieselsäure wird die Zersetzung gefördert, der Beginn dieser Wechselwirkung liegt bei 1000° C.

Der bei der thermischen Dissoziation eintretende Gewichtsverlust beträgt bei den Strontiumkarbonaten 29,8 vH, bei den kohlensauren Baryten nur 22,29 vH.

Die aus der Dissoziation der Karbonate stammenden Oxyde sind poröse Massen, die infolge der schwierigen Entsäuerung noch Reste des betreffenden Karbonates enthalten.

Gegenüber Wasser verhalten sie sich analog dem Kalk, sie binden es unter mehr oder weniger starker Erwärmung mit einer von der thermischen Vorbehandlung abhängigen Geschwindigkeit zu den entsprechenden Hydroxyden. Beim scharfen Brennen werden die Oxyde kristallin. Ihre Schmelztemperaturen liegen sehr hoch. Bariumoxyd schmilzt bei 2000° C, Strontiumoxyd bei 3000° C.

[1]) Pott: Dissertation Freiberg i. B., 1905; Doelter, C.: Handbuch der Mineralchemie, Bd. I, S. 963. Dresden-Leipzig: Th. Steinkopff. 1912.

[2]) Keppeler: Z. angew. Chem. 38, 1925, S. 397—405.

[3]) Rose, H.: Pogg. Ann. 86, 1891, S. 105; Doelter, C.: a. a. O., S. 491.

[4]) Krause, H. F. u. W. Weyl: Z. anorg. Chem. 163, 1927, S. 355—366.

[5]) Mostowitsch: Sprs. 42, 1909, S. 644/45.

Bei hohen Temperaturen treten die Oxyde mit sauren und amphoteren Stoffen in chemische Wechselwirkungen.

Hervorzuheben ist ihre Beständigkeit gegenüber reduzierenden Einflüssen (reduzierende Feuergase, auf Glasuren abgelagerter Kohlenstoff); in dieser Hinsicht bedeutet der Ersatz von Bleiverbindungen in Glasuren durch Barytsalze einen entschiedenen Vorteil.

Beim Zusammenschmelzen von Witherit mit Quarz, Ton und ähnlichen Stoffen bilden sich synthetische Silikate von niedrigeren Schmelzpunkten als jene der Einzelstoffe.

Die Zusammensetzungen und Schmelztemperaturen verschiedener Silikate bzw. Oxydgemenge und Eutektika gehen aus Tabelle 99 hervor[1]):

Tabelle 99. Zusammensetzung und Schmelztemperatur verschiedener Barium- und Strontiumverbindungen

Bezeichnung	Smp		Zusammensetzung in vH		Bezeichnung	Smp		Zusammensetzung in vH	
	°C	~SK	BaO	SiO_2		°C	~SK	SrO	SiO_2
$BaO \cdot SiO_2$	1604 ± 0,5	— 27	71,8	28,2	$SrO \cdot SiO_2$	1580 ± 4	26	63,2	36,8
$2\,BaO \cdot SiO_2$	> 1764	> 35	83,6	16,4	$2\,SrO \cdot SiO_2$	> 1764 1593[2])	> 35 **26/27**	77,5	22,5
$BaO \cdot 2\,SiO_2$	1420 ± 4	+ 14	54,6	43,4					
Eutektikum: Tridymit—$BaO \cdot 2\,SiO_2$	1374	— 13	47,5	52,5					
Eutektikum: $BaO \cdot SiO_2$—$2\,BaO \cdot SiO_2$	1551 ± 6	+ 20	74,5	25,5	Eutektikum: $SrO \cdot SiO_2$—$2\,SrO \cdot SiO_2$			65,5	34,5
$BaSiO_3$—$BaCl_2$—Eutektikum[1])	902	010a	8 Mol-Proz. $BaSiO_3$		Eutektikum: Tridymit—$SrO \cdot SiO_2$	1358 ± 4	+12	46,5	53,5
$BaCl_2$[1])	968	+ 07a							

[1]) Doelter, C.: Handbuch der Mineralchemie, Bd. I, S. 769. Dresden-Leipzig: Th. Steinkopff. 1912. [2]) L. B. Tab.

Nach Hedvall (a. a. O.) tritt Bariumoxyd mit gefällter Kieselsäure bei etwa 900° C in merkliche Wechselwirkung; die Menge des gebundenen Oxydes nimmt mit der Temperaturerhöhung nur allmählich zu; erst beim Schmelzen verläuft die Silizierung rasch.

Die polymorphen Umwandlungen des Bariummetasilikates sind nicht genügend aufgeklärt.

Nach P. Lebedew[2]) bilden die Metasilikate des Bariums und Kalziums eine ununterbrochene Reihe von festen Lösungen; für ein Gemisch von $CaO \cdot SiO_2$ und $BaO \cdot SiO_2$ mit 38,4 vH $CaO \cdot SiO_2$ gibt Lebedew einen Schmelzpunkt von 1024° C an. Die Silikatbildung aus Baryt und Kieselsäure verläuft nach Mostowitsch (a. a. O.) im Sinne folgender Gleichung:

$$n\,BaSO_4 + m\,SiO_2 = n\,BaO \cdot m\,SiO_2 + n\,SO_2 + n/2\,O_2.$$

[1]) Nach Eskola, P.: Am. Journ. of. Sci., Vol. 4, 1922, S. 331; Ref. Sprs. 58, 1925, S. 261.

[2]) Lebedew, P.: Z. anorg. Chem. 70, 1911, S. 301—324.

Mischungen dieser Stoffe im Verhältnis 3 $BaSO_4$:1 SiO_2 oder 2:1 backten unter 1400° C ohne zu sintern zusammen; bei den Mengenverhältnissen 4:3, 1:1 und 2:3 lieferten die Gemische bei 1350° C eine Sintermasse aus weißem Email und Glas; in allen Mischungen wurde von dem genannten Forscher noch vor dem Schmelzen Silizierung des Bariums beobachtet. Bariumoxyd bildet mit Eisen-3-oxyd auch Ferrite. Mostowitsch (a. a. O.) fand den Beginn der Zersetzung des Barytes durch Eisenoxyd bei 1100° C. Der Tonerde gegenüber verhält sich das Bariumoxyd (bzw. Bariumkarbonat) nach Tammann und Pape[1]) wie gegenüber Kaolin (vgl. S. 225).

Vorkommen

Unter allen Erdalkalikarbonaten hat Witherit die geringste Verbreitung. Sein Hauptvorkommen liegt bei Settlingstone in Northumberland (England); geringere Bedeutung besitzen die Lager in Westmoreland, Cumberland (Alston), Lancashire und anderen Fundorten in Northumberland; kleine Vorkommen birgt Österreich in Salzburg (Leogang) und Steiermark (Peggau). Das Auftreten des Witherites sowie der übrigen Mineralien dieser Gruppe ist hauptsächlich auf Erzgänge, bei Witherit besonders auf Bleierzgänge beschränkt.

Der Hauptlieferant von Schwerspat ist Deutschland. Die wichtigsten Vorkommen liegen im Harz; die Rheinpfalz, das Rheinland, Westfalen, der Schwarzwald, Oden- und Thüringerwald und Spessart bergen ebenfalls Barytgänge.

In Österreich findet man ihn bei Peggau und Rattenberg (Tirol).

Die Barytförderung Österreichs betrug 1925 13629 q, 1926 nur 9656 q.

In England tritt er zusammen mit Witherit in Northumberland auf.

Die Strontiummineralien kommen in Verbindung mit den bekannten Schwefelerzen auf Sizilien (Girgenti, Caltanisetta u. a. O.), ferner auf der Strontian-Insel im Ericsee (Nord-Amerika) und bei Strontian (Grafschaft Argyleshire, Schottland) vor. Beide Erze finden sich in Deutschland in bauwürdigen Lagern nur in Westfalen (Münsterland). Viel gefördert wird Cölestin in England (Umgebung von Bristol).

Verwendung

Witherit und künstliches Bariumkarbonat finden in der Keramik vorwiegend zur Erzeugung von Glasuren (Steingutglasuren) als teilweiser oder gänzlicher Ersatz der Bleiverbindungen und zur Herstellung von Emailfritten Verwendung.

Die gesundheitlichen Gefahren, welche die Verwendung von Bleiverbindungen nach sich zieht, sind durch den Ersatz derselben durch Bariumverbindungen nicht ausgeschaltet, da auch Witherit sehr giftig ist.

---

[1]) Tammann u. Pape: Z. anorg. Chem. 127, 1923, S. 43—67.

Als Bestandteil keramischer Massen erfüllt der Witherit meist nur den Zweck, Schäden, die durch wasserlösliche Salze, vor allem Magnesium- und Natriumsulfat, in tonigen Massen entstehen, vorzubeugen.

Als flußbildender Versatzstoff keramischer Massen wird Bariumkarbonat in letzter Zeit für die Erzeugung von Porzellanen, besonders von Elektroporzellan, empfohlen, in dem es nach A. S. Watts[1]) die Durchschlagsfestigkeit günstig beeinflussen soll.

Nach D.R.P. 72475 von A. Kiesewetter[2]) soll ein porzellanartig gebranntes Gemenge von Witherit oder Baryt, Alkalisalzen und Tonerde (sogenanntes Barytporzellan) wetter- und säurefeste Waren ergeben.

In der Glastechnik wird Witherit als Sodaersatz bei der Herstellung von Geräteglas, besseren Wirtschaftsgläsern, photographischen Objektiven, Linsen für Feldstecher u. dgl. angewendet.

Baryt wird als Bestandteil der Massen von Parian, ein Biskuitporzellan von mattem Glanze, und von Wedgwoodware, eine Art Feinsteinzeug, genannt. Nach B. Kerl[3]) enthält die Masse von Wedgwoodgeschirr 37—50 vH, im Mittel 44 vH Schwerspat.

Über die Verwendung des Barytes in der „feuerfesten" Industrie ist bisher wenig bekannt geworden, obwohl ihn einige Patente als Versatzstoff feuerfester Massen für Ofenauskleidungen nennen, z. B. D.R.P. 44116 (Verfahren zur Erzeugung feuerfester Massen aus Kieselsäure, Baryt und Tonerde), E.P. 13971/87 (Verfahren zur Herstellung feuerfester Ziegel für Ofenauskleidungen aus Kieselsäure, Baryt und Ton). Selten wird Baryt für Glasuren verwendet.

Keramisch angewendete Barytverbindungen müssen, wenn sie als Versatzstoff für weißbrennende Massen dienen sollen, möglichst frei von Pigmenten sein. Daher bevorzugt man für diesen Zweck die Kunststoffe.

Noch seltener als die Bariumverbindungen werden die Salze des Strontiumoxydes in der Keramik gebraucht. Ihre Anwendung gleicht derjenigen der Bariumverbindungen, z. B. Cölestin für Wedgwoodware, Strontianit als Glasurbildner; zur Verhinderung von Sulfatschäden sind sie wegen der größeren Löslichkeit des Strontiumsulfates nicht geeignet.

Die Phosphate von Barium und Strontium sind als Trübungsmittel an Stelle von Knochenasche empfohlen worden; in borhaltigen Silikatglasuren sollen sie außer der Trübung Schwerschmelzbarkeit, Zähflüssigkeit und eine Erhöhung des Glanzes verursachen.

Wirkungen in tonigen Massen

Die Wirkungen der Bariumverbindungen in tonigen Massen sind nach vorstehendem zweifacher Natur.

---

[1]) Watts, A. S.: Transact. Am. Cer. Soc., Vol. 9, 1907, S. 600—617; Ref. Sprs. 42, 1909, S. 76—77.

[2]) Kiesewetter, A.: Ker. Rundsch. 31, 1923, S. 330.

[3]) Kerl, B.: Handbuch der Tonwarenindustrie, 2. Aufl., S. 1357, Braunschweig: C. A. Schwetschke und Sohn. 1879.

Es sollen zunächst die Wirkungen der Bariumverbindungen bei ihrer Verwendung als Hilfsstoff erörtert werden. Keramische Massen, z. B. Ziegelmassen, enthalten bisweilen nicht unerhebliche Mengen an leichter oder schwieriger wasserlöslichen schwefelsauren Salzen (Alkalisulfate, Bittersalz, Gips), die sich schon an Trockenwerkstücken bemerkbar machen. Sie stammen entweder aus den Masserohstoffen oder aus dem Fabrikationswasser, in den gebrannten Massen auch aus den Rauchgasen. Infolge ihrer verhältnismäßig hohen Zersetzungstemperatur werden sie in niedriggebrannten Massen nicht entsäuert, finden sich also in der gleichen löslichen Form in den Erzeugnissen wieder. Solange der Scherben dieser Waren mit Wasser nicht in Berührung gelangt, sind sie unschädlich. Mauersteine u. dgl. sind aber den Witterungseinflüssen ausgesetzt und saugen infolge ihrer Porigkeit beträchtliche Wassermengen (Grundwasser, Regen) auf. Das eingedrungene Wasser nimmt die Sulfate in Lösung; diese gelangt nach Aufhörung der Wassereinwirkung infolge Haarröhrchenwirkung an die Oberfläche, an der das Wasser verdunstet, wobei sich die gelösten Stoffe allmählich in Form von Kristallen abscheiden (Ausblühungen, Auswitterungen, Effloreszenzen). Die Kraft, derzufolge die Moleküle ihren Platz beim Aufbau des Kristalles einnehmen, ist so groß, daß sie die ihnen im Wege stehende Masse des Scherbens verdrängen. Die augenfällige Auswirkung dieser Effloreszenzen ist eine Schädigung der mechanischen Scherbeneigenschaften (Abblätterungen, Absprengungen, Verringerung der Druckfestigkeit u. dgl.) und eine Verfärbung der Oberfläche (vgl. S. 333).

Die Ursache dieser Schäden, die schon bei einem geringen Gehalte der Masse an Sulfaten eintreten können — Rieke (a. a. O.) bezeichnet z. B. einen Ton mit 0,072 vH SO_3 bzw. ein Wasser mit 0,093 vH SO_3 als ungeeignet — ist die Löslichkeit der Sulfate. Die Überführung der löslichen Sulfate in das unlösliche Bariumsulfat durch Versatz der Masse mit Bariumkarbonat, -chlorid, -hydroxyd oder Bariumsilikofluorid (auch Bariumfluorid) beseitigt somit alle erwähnten Schäden. Die durch die Umsetzung gebildeten Stoffe,

$$Na_2SO_4 + BaCO_3 = BaSO_4 + Na_2CO_3$$
$$MgSO_4 + BaCl_2 = BaSO_4 + MgCl_2$$
$$CaSO_4 + Ba(OH)_2 = BaSO_4 + Ca(OH)_2$$
$$K_2SO_4 + BaSiF_6 = BaSO_4 + K_2SiF_6$$

Bariumsulfat, Eisen-, Alkali- oder Erdalkalikarbonate, -chloride, -hydroxyde, -silikofluoride sowie ein geringer Überschuß der Zusatzstoffe mit Ausnahme eines Überschusses von Chlorbarium, der selbst Anlaß zu Ausblühungen geben würde, bleiben in feinverteiltem Zustande in der Masse zurück und werden — ausgenommen das Bariumsulfat — im Brande teils zersetzt, teils gebunden bzw. bei naß aufbereiteten Massen, soweit sie wasserlöslich sind, zum Großteil in der Filterpresse abgepreßt, sind also unschädlich. An der Geschwindigkeit der Umsetzung gemessen, wäre das Chlorbarium unter den gebräuchlicheren Baryten allen übrigen vorzuziehen. Die Nachteile eines Überschusses an Chlorid läßt es geboten erscheinen, nur den größeren Teil der Sulfate durch

Bariumchlorid unschädlich zu machen, den Rest aber mittels Witherit oder Bariumkarbonat umzusetzen, um einen Überschuß des Chlorides zu vermeiden.

Seger empfiehlt die Verwendung von so viel Bariumchlorid, daß etwa $^3/_4$—$^4/_5$ der Sulfate dadurch gebunden werden; der Rest ($^1/_4$—$^1/_5$) wäre dann durch Bariumkarbonat (Überschuß) zu zerstören.

Nach Rieke (a. a. O.) verwendet man 80 Teile der berechneten Menge an Bariumchlorid und 40 Teile der berechneten Menge Witherit. Bei Verwendung von Witherit oder Bariumkarbonat allein empfiehlt Rieke statt der gebräuchlichen Menge (1,6facher Überschuß) einen zweifachen Überschuß. Nach den stöchiometrischen Verhältnissen wären auf 0,1 g SO_3 im Ton (Versatzstoff, Wasser) folgende Mengen anzuwenden:

Von reinem Bariumkarbonat .... 0,247 g
von kristallisiertem Chlorid .... 0,305 „
von wasserfreiem Chlorid .... 0,260 „

bzw. nach Seger ($^3/_4$ durch Chlorid):

Kristallisiertes Chlorid .... 0,226 g
\+ +
Bariumkarbonat .... 0,062 „

wasserfreies Chlorid .... 0,195 g
\+ +
Bariumkarbonat .... 0,062 „

Berechnung

	1 Mol. SO_3 erfordert	1 Mol. $BaCl_2\,2\,H_2O$	oder	1 Mol. $BaCl_2$
in g:	80	244,3	oder	208,3
daher	$^3/_4$ von 0,1 g SO_3	$\frac{244{,}3\times 3}{80\times 10\times 4}=0{,}226;$	oder	$\frac{208{,}3\times 3}{80\times 10\times 4}=0{,}195$
	$^1/_4$ von 0,1 g SO_3			

oder 1 Mol. $BaCO_3$;
oder 197,4

$$\text{und } \frac{197{,}4}{80\times 10\times 4}=0{,}062.$$

Es bedarf wohl keiner besonderen Erwähnung, daß für weißbrennende Massen (z. B. Kalksteingut) das künstliche Karbonat als Versatzstoff dem Witherit vorzuziehen ist, während für grobkeramische Massen der billigere Witherit, der ohnedies meist ziemlich hochprozentig zur Verfügung steht, vollauf genügt.

Soweit Barium und Strontiumsalze (Karbonate) als Massenbestandteile in Verwendung stehen, kommen auch deren Flußeigenschaften als Wirkung in tonigen Massen in Frage.

Nach Rieke[1]) ist die Wirkung der Erdalkalioxyde auf Tonsubstanz von dem Mengenverhältnis des betreffenden Oxydes und der Tonsubstanz und vom Molekulargewicht des Erdalkalioxydes abhängig;

[1]) Rieke: Sprs. 43, 1910, S. 231ff.

sie nimmt bei gleichmolekularen Mengen an Oxyden bis zum Molekularverhältnis 2 RO : 1 Al_2O_3 : 2 SiO_2 (das ist bis zu 57,9 vH BaO oder 48,2 vH SrO oder 33,5 vH CaO) mit steigendem Molekulargewichte ab; es wirkt also Bariumoxyd (Molgew. 153,4) schwächer als Strontiumoxyd (Molgew. 103,6), dieses schwächer als Kalziumoxyd (Molgew. 56,07) verflüssigend; umgekehrt ist das Verhalten, wenn der Erdalkalioxydgehalt obiges Ausmaß überschreitet; dann wirkt Bariumoxyd am kräftigsten, Kalziumoxyd am schwächsten verflüssigend.

Die Wirkung des Bariumkarbonates (Bariumoxydes) in Steingutmassen ist analog der des Kalziumoxydes; sie besteht in einer Erhöhung der Basizität des Scherbens, wodurch dieser der sauren Glasur gegenüber an Reaktionsfähigkeit gewinnt; das Oxyd begünstigt daher das Haften der Glasuren und verhindert das Abspringen an Kanten und Rändern. In der Glasur selbst wirkt der Barytgehalt durch seine geringe Ausdehnungskonstante auf den Ausdehnungskoeffizienten erniedrigend. Im allgemeinen ist auch die Flußwirkung der Oxyde des Bariums und Strontiums in Glasuren ähnlich derjenigen des Kalkes mit dem Unterschied, daß die Erdalkalimetalle mit dem höheren Molekulargewichte leichter, das heißt bei niedrigerer Temperatur mit der Kieselsäure in chemische Wechselwirkung treten als die Oxyde mit niedrigerem Molekulargewicht; daher steht auch der Witherit in bezug auf die Leichtigkeit des Einschmelzens unter den Erdalkaliverbindungen den Alkalikarbonaten (Soda, Pottasche) am nächsten und macht auch wie diese die Glasuren gegen chemische Einflüsse im Vergleich zu kalkhaltigen Glasuren weniger widerstandsfähig.

Barium- und Strontiumkarbonate härten die Glasuren und verleihen ihnen guten Spiegel. Bariumoxyd steht bekanntlich in bezug auf die Lichtbrechung der Glasur der Wirkung des Bleioxydes am nächsten. Der Ersatz von Bariumoxyd durch äquivalente Mengen Strontiumoxyd soll die Glasur leichter schmelzbar machen. In bezug auf Materialverbrauch bedeutet dieser Ersatz dem Gewichte nach die Ersparnis eines Viertels des Gewichtes vom Witherit, da 100 Teile Witherit $\backsim$ 75 Teilen Strontianit äquivalent sind.

H. Aschen und Schlacken

Der Begriff „Asche" umfaßt eine Stoffgruppe, deren gemeinsames Kennzeichen nur die erdige Beschaffenheit und pyrogene Herkunft ist. So spricht der Keramiker z. B. von Zinnasche und meint damit das durch Schmelzen von Zinnmetall unter Luftzutritt entstehende Zinndioxyd. Als Bestandteile keramischer Massen kommen nur die unorganischen Rückstände von der Verbrennung der fossilen Heizstoffe, die Kohlenaschen (Steinkohlen- und Braunkohlenaschen) in Frage.

Für die Zwecke der Kunststeinindustrie wird Steinkohlenasche auch absichtlich durch Verbrennen zerkleinerter Steinkohle auf Treppenrosten hergestellt.

Schlacken sind verschiedenartige gesinterte oder aus dem Schmelzflusse erstarrte Oxydgemenge bzw. -verbindungen von meist steinartiger oder glasiger Beschaffenheit, die nach ihrer Herkunft in Rostschlacken und metallurgische oder Schmelzschlacken unterschieden werden.

Die Rost- oder Feuerungsschlacken sind gesinterte, also nur teilweise geschmolzene Aschen (Kohlenschlacken) oder gesinterte Verbrennungsrückstände von Abfallstoffen (z. B. Müllschlacken)[1].

Da bei ihrer Bildung auf die chemische Zusammensetzung kein Einfluß genommen wird, enthalten sie die unorganischen Stoffe des Brenngutes und Neubildungen, die aus den chemischen Wechselwirkungen der Bestandteile in der Sinterungsphase und aus Oxydationsvorgängen entstanden sind.

Die Schmelzschlacken entstammen den erzverarbeitenden (metallurgischen) Prozessen, sind aus dem Schmelzfluß erstarrte Oxydverbindungen und -gemenge, denen bei der Erzeugung der Metalle aus den Erzen und Zuschlägen ganz bestimmte Aufgaben zufallen und die daher auch für jeden Betrieb an bestimmte, vorher festgelegte Zusammensetzungen gebunden sind und nach gewissen Gesichtspunkten in ihrem Basen-Säuren-Verhältnis eingestellt werden. Auch beim Umschmelzen des Roheisens in Gießereien zwecks Erzeugung bestimmter Gußeisensorten fallen Schmelzschlacken, die Kupolofenschlacken, an.

Für keramische Zwecke kommen hauptsächlich die Schmelzschlacken, und unter ihnen wieder nur gewisse Schlacken von der Erzeugung des Eisens, nämlich die Silikat- und Oxydschlacken, als Versatzstoffe in Betracht.

Nachstehende Schaubilder geben eine Übersicht über die wichtigsten Eisenschlacken nach dem Gesichtspunkte der Herkunft, der chemischen Zusammensetzung und des Säuren-Basen-Verhältnisses (siehe S. 489).

Einteilung nach der Herkunft

Eisenschlacken

- Hochofenschlacken (Rohschlacken)
  - vom Betriebe auf
    - graues Roheisen
    - weißes Roheisen
    - Spiegeleisen
    - Ferromangane
- Raffinierschlacken (Frischschlacken)
  - Puddelschlacken
  - Bessemerschlacken
  - Thomasschlacken
  - Martinschlacken
    - saure
    - basische
  - Hoeschschlacken
    - Vorschlacken
    - Endschlacken

[1]) Müll ist der Abfall der Haushaltungen und Braunkohlenfeuerungen.

Einteilung nach der chemischen Zusammensetzung

Eisenschlacken

- Silikatschlacken
  - Subsilikatschlacken
  - Singulosilikatschlacken
  - Bisilikatschlacken
  - Sesquisilikatschlacken
  - Trisilikatschlacken
- Phosphatschlacken
- Oxydschlacken

Zu den Silikatschlacken zählen der Herkunft nach die Hochofen-, Puddel-, Bessemer-, sauren Martinschlacken und Kupolofenschlacken. Sie werden in Raffinier- und Rohschlacken unterschieden; diese (Hochofenschlacken) bilden sich aus den Verunreinigungen der Eisenerze, deren Gangart und den Zuschlägen (Kalkstein, Dolomit, Ton, Quarz) bei der Erzeugung von Roheisen, jene durch die Oxydation der Fremdstoffe des Roheisens bei der Stahlerzeugung (Frischprozesse, Frischschlacken).

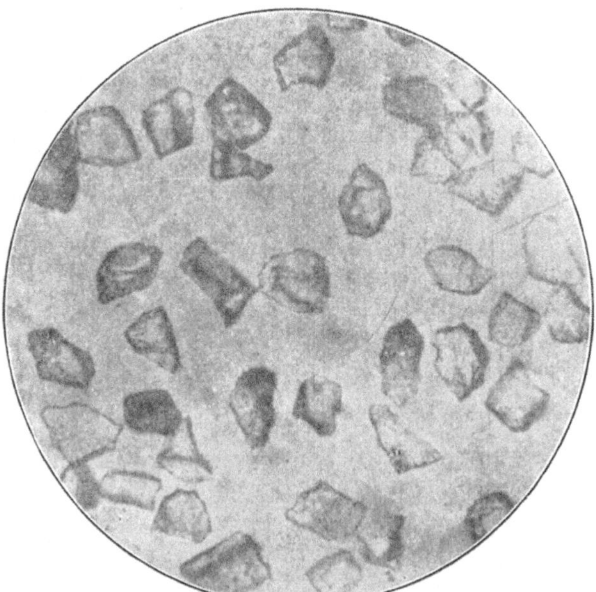

Abb. 79. Pulverpräparat glasiger Hochofenschlacke; nach Passow

Phosphatschlacken entstammen dem Thomas-, Hoesch- und basischen Siemens-Martin-Prozeß.

Zu den Oxydschlacken zählen die Schlacken von der Wärmebehandlung der Stähle bei deren Warmformgebung (Eisenhammerschlag, Glühspan, Walzsinter, Schweißofenschlacken).

Die morphologischen Eigenschaften der Hochofenschlacken sind einerseits bedingt durch die Art ihrer Entstehung — Sinterungstemperatur oder Schmelzfluß —, anderseits durch die Art und Geschwindigkeit der Abkühlung.

Im feurigflüssigen Zustand enthalten die Schlacken ihre Oxydbestandteile zum Teil im unverbundenen (dissoziierten) Zustande. Bei langsamer Erkaltung tritt eine feste Bindung zwischen den basischen und sauren Oxyden ein. Sie stellen dann reaktionsträge silikatische Stoffe von kristallinischem Gefüge dar, in denen bisweilen deutlich kristallisierte Individuen auftreten. Besonders neigen die basischen Schlacken zur Kristallbildung.

In rasch abgekühlten Schlackenschmelzflüssen hingegen bleiben die Oxyde zum Teil im unverbundenen Zustand erhalten, sie sind reaktionsfähige, amorphglasige oder emailartige Oxydgemenge. Glasige Schlacken gehen bei langsamer Abkühlung zuweilen in kristallinische Produkte über. Abb. 79 und 80 zeigen Pulverpräparate von glasiger und entglaster Hochofenschlacke nach Passow[1]).

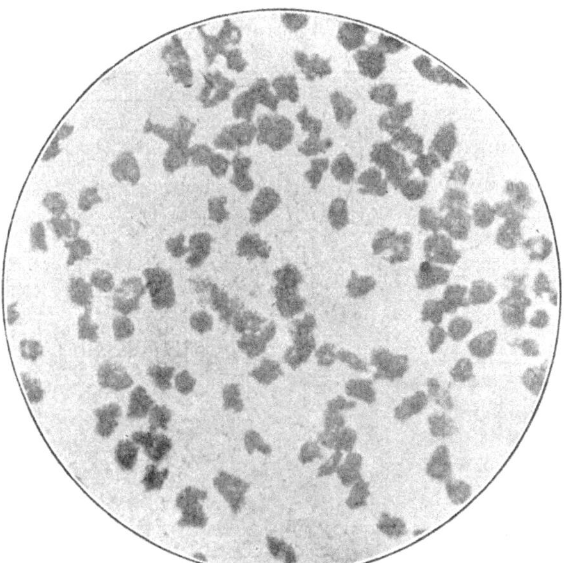

Abb. 80. Pulverpräparat entglaster Hochofenschlacke; nach Passow

Die durch fließendes kaltes Wasser oder kalte Luft (Wasser- oder Luftgranulation) abgeschreckten Laufschlacken des Hochofens (ständig abfließende Schlacken) fallen in Form von glasigen, sandgroßen Körnern (Granalien) an und führen die Bezeichnung Schlacken- oder Hüttensand (granulierte Schlacke).

Durch Einfließenlassen in kochendes Wasser bildet sich ein bimssteinartiges, stark poröses Erzeugnis, der Kunstbims (Schlammschlacke

[1]) Dammer, O.—Peters, F.: Chemische Technologie der Neuzeit, 2., erweiterte Auflage. S. 607. Stuttgart: F. Enke. 1925.

oder Thermosit). Leitet man in nicht zu basische flüssige Schlacke einen starken Luftstrom oder gespannten Wasserdampf, so entsteht die Schlackenwolle, äußerst feine Glasfäden von sehr geringem scheinbarem zpezifischem Gewichte.

Über die physikalischen Eigenschaften der Aschen und Schlacken gibt Tabelle 100 Aufschluß.

Tabelle 100. Physikalische Eigenschaften

Bezeichnung	s	t	λ × 360	c
Kohlenaschen		0—100		0,20[1])
Schlacke, kristallin	r: 0,36[2])	50	0,095[2])	
		14—99		0,1888[3])
Bessemer Schlacke		14—99		0,1691[3])
Schlackenwolle	scheinbar 0,34[4]) 0,20[2])	30	0,0472[2])	
Hochofenschlacke	2,5—3,0[3])			0,195[1])
	r: 0,360[2])	20	0,090[2])	
Hochofenschaumschlacke		25—128	0,095	

[1]) Jüptner, H. v.: Lehrb. d. Phys. Chem., I, S. 58—63. Leipzig-Wien: F. Deuticke. 1904.
[2]) Walther, C.: Handb. d. spars. Wärmewirtsch. Laufende Ausgabe. Stuttgart: Technische Verlagsgesellschaft. 1926/27.
[3]) L. B. Tab.
[4]) Nach Green u. H. Edwards: Trans. Cer. Soc. Engl., Vol. 24, Part. 2 u. 3, 1924/25, S. 228—239; Ref. Tonind.-Z. 49, 1925, S. 1329.

Kohlenaschen und Schlacken sind schlechte Wärmeleiter. Im Vergleich zur Asbestwolle ist der Wert von Kohlenaschen als Wärmeschutzmasse 3½—2½ mal geringer, jedoch etwa doppelt so groß als der von Schamotteziegeln.

Die Dichte der Schlacken steht zu der Geschwindigkeit der Abkühlung im geraden Verhältnis; je rascher diese erfolgt, um so größer ist das spezifische Gewicht. Normal abgekühlte steinige Schlacken sind im allgemeinen härter als die abgeschreckten, glasigen Schlacken. Kristalline Schlacken erreichen bisweilen Feldspathärte und besitzen große Bruchfestigkeit; glasige Schlacken sind dagegen sehr spröde.

Die Kohlenaschen bestehen aus einem Gemenge der verschiedenartigsten Verbindungen (Silikate, Karbonate, Sulfate, Sulfite, Sulfide, Chloride, Phosphate, Oxyde) und enthalten meist Reste des unverbrannten oder nur verkokten Brennstoffes.

In den Steinkohlenaschen überwiegen die Silikate von Tonerde, Eisenoxyd und Erdalkalien (Ca, Mg). Vorkommende Sulfate entstammen zum großen Teile dem Pyrit oder Markasit, die entweder in Knollenform oder zumeist in dünneren oder dickeren Bändern zwischen den Kohlenschichten eingelagert sind, zum kleineren Teile auch einem Gips- oder Anhydritgehalt der Kohlen. Fast gänzlich fehlen die Karbonate, Phosphate und Chloride der Alkalien, deren Gehalt mit steigender Veraschungstemperatur infolge Verflüchtigung fällt. Der Alkaligehalt ist bei Kohlenaschen im allgemeinen gering, bei Braunkohlenaschen größer als bei Steinkohlenaschen.

Braunkohlenaschen bestehen aus Silikaten von Tonerde, Eisen-, Manganoxyd und Kalk, aus den Sulfaten und Karbonaten der Erdalkalien und Alkalien, ferner aus geringen Mengen von Chloriden und Phosphaten. Der Sulfatgehalt ist erheblich größer als bei Steinkohlenaschen. Der an Eisen gebundene Braunkohlenschwefel macht im Mittel 1—2 vH, der in organischer Bindung befindliche nach H. Ost[1] bei den mitteldeutschen Braunkohlen etwa 1—1,5 vH, auf grubenfeuchte Kohle berechnet, aus.

Analysenbeispiele zeigt Tabelle 101.

Tabelle 101. Analysenbeispiele

Bezeichnung	SiO_2	Al_2O_3	Fe_2O_3	CaO	MgO	KNaO	Glühverlust	SO_3	S	CO_2	Smp SK
Oberschlesische Steinkohlenasche[1]	26,07	27,80	19,84	11,15	4,21	0,76		7,38			
Oberschlesische Kokeasche (Luisengrube)[2]	38,47	20,86	11,62	18,41	9,06						
Böhmische Kokeasche (Littwitz)[2]	51,43	32,91	11,57	2,67	0,95						
Pennsylvanische Kokeasche[3]	57,00	17,34	22,71	1,81				0,01			
Braunkohlenasche[4]	18,62	15,86	15,00	21,00	2,02	17,33		10,17			
Desgleichen[5]	17,0	17,2	15,5	40,4	4,6	0,2		3,9	1,0		12
Desgleichen[5]	5,8	12,6	10,0	50,6	11,2	3,5	6,3	0,1			11
Asche von Braunkohlenbriketts[6]	5,9 16,52	8,80 3,90	30,79 31,38	47,00 41,18	5,58 4,74	2,55 2,18		0,28 0,10			

[1]) Tonind.-Z. 50, 1926, S. 81.
[2]) Bischof, C.: Die feuerfesten Tone, 3. Aufl., S. 131 u. 133. Leipzig: Quandt und Händel. 1904.
[3]) Askenasy, P.: Techn. Elektrochemie, I, Elektrothermie, S. 173. Braunschweig: F. Vieweg und Sohn. 1910.
[4]) Sprs. 58, 1925, S. 154. [5]) Nach Hirsch: Tonind.-Z. 47, 1923, S. 152.
[6]) Schmitz: a. a. O.

Die Mannigfaltigkeit der Verbindungsformen der Einzelbestandteile in Braunkohlenaschen zeigt folgende von H. Erdmann mitgeteilte Analyse einer Braunkohlenflugasche[2]):

$CaSO_4$	26,68 vH	C	1,66 vH
SiO_2	17,79 vH	FeS	1,38 vH
CaO	15,13 vH	CaS_2O_3	1,27 vH (Thiosulfat)
CaO als $CaCO_3$ u. $CaSiO_3$	11,85 vH	K_2SO_4	1,26 vH
$Fe_2O_3 + Al_2O_3$	9,70 vH	$CaSO_3$	1,12 vH
$MgSO_4$	7,65 vH	CaS	0,46 vH
$CO_2 + H_2O$	4,90 vH		

Der Eisenoxydgehalt der Kohlenaschen schwankt in weitesten Grenzen: es wurden auch Gehalte von etwa 50 vH festgestellt.

[1]) Ost, H.: Chem. Z. 1896, S. 165.
[2]) Ullmann, F.: Enzyklopädie der Technischen Chemie, Bd. II, S. 763. Berlin-Wien: Urban und Schwarzenberg. 1915.

Steinkohlenaschen enthalten stets eine größere Menge an aufgeschlossener, sogenannter löslicher Kieselsäure, welche die Fähigkeit besitzt, mit Kalk und Wasser unter Bildung eines erhärtungsfähigen Kalziumhydrosilikates bei gewöhnlicher Temperatur in Wechselwirkung zu treten.

Die chemische Zusammensetzung der Kohlenschlacken ist von der Beschaffenheit der Brennstoffaschen abhängig. Empirisch entspricht sie derjenigen der betreffenden Aschen (in bezug auf die bei der Anfalltemperatur der Schlacke fixen Bestandteile der Asche).

Müllschlacken sind qualitativ ähnlich der Hochofenschlacke zusammengesetzt, jedoch bei etwa gleichem Kieselsäuregehalt ärmer an Tonerde und Kalk und viel reicher an Eisenoxyd. Am nächsten kommt die Müllschlacke in bezug auf Kieselsäure- und Tonerdegehalt der Hochofenschlacke vom Kokebetrieb auf weißes Roheisen.

Als Hauptbestandteile silikatischer Rohschlacken erscheinen Kieselsäure, Kalk und Tonerde; in den Frischschlacken überwiegen Eisen- und Mangansilikate. Neben diesen Hauptbestandteilen finden sich in geringer Menge bei den Rohschlacken Eisen- und Manganoxyde, Magnesia, Alkalien, Schwefel, Kohlensäure, bei den Frischschlacken Tonerde, Erdalkalien, auch Schwefel und Phosphor, bei den Rohschlacken gelegentlich auch Titansäure, Vanadin-, Chrom-, Kupfer-, Zink- und Bleiverbindungen. Ein höherer Mangangehalt färbt die sonst hellgrauen, blauen oder hellbraunen Schlacken grün, ein größerer Gehalt an Eisen (Rohgangschlacke) schwarz.

Die Rohschlacken schwanken stark in ihrer Zusammensetzung, je nachdem sie vom Betriebe auf siliziumreiches graues oder weißes Roheisen, auf Spiegeleisen oder Ferromangane stammen, und je nachdem der Betrieb mit Holzkohle oder Koke geführt wurde. Der Gehalt an Schwefel, der in frischen Schlacken als Sulfid, in kalkreichen Schlacken nach längerem Lagern an der Luft als Sulfit, Thiosulfat und Sulfat enthalten ist, hängt vor allem vom Brennstoff ab. Holzkohle liefert die schwefelärmsten Schlacken.

Die Zusammensetzung der Raffinierschlacken ist von dem Verfahren abhängig, bei dem sie anfallen; der Gehalt an Alkalien ist in der Regel gering (0,5—1,0 vH).

Die Oxydschlacken bestehen hauptsächlich aus den Oxyden des Eisens, vornehmlich Eisen-2-3-oxyd, während Kieselsäure nur als zufälliger Bestandteil in geringer Menge vorkommt.

In glasigamorphen, besonders in hochbasischen Hochofenschlacken und Müllschlacken befindet sich die Kieselsäure wie in Steinkohlenaschen in der „löslichen" Zustandsform (siehe oben); sie zählen daher wie diese mörteltechnisch zu den künstlichen, latent hydraulischen Bindemitteln (künstliche Puzzolane). Betrachtet man die Zusammensetzung der Schlacken unter Vernachlässigung der nebensächlicheren Bestandteile als Dreistoffsystem $CaO—Al_2O_3—SiO_2$, so liegt diejenige der hochbasischen Hochofenschlacken in bezug auf das Verhältnis $\frac{SiO_2}{Al_2O_3}$ (Silikatmodul) zwischen 1,2 und 4; bei der diagrammatischen Darstellung (Abb. 81) kommt ihrer Zusammensetzung demnach ein bestimmtes Gebiet, das schraffierte Feld, zu.

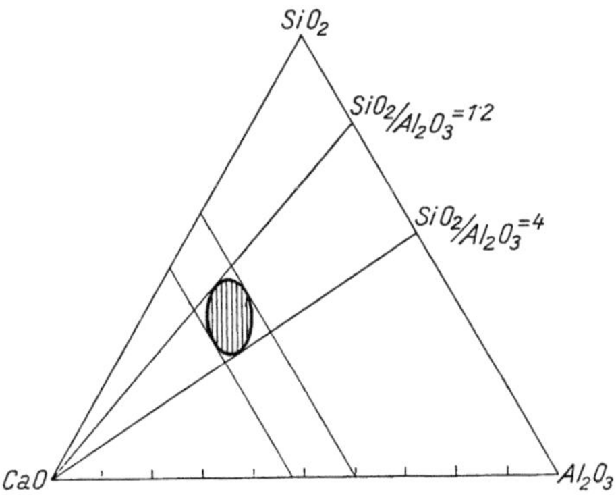

Abb. 81. Schlackenfeld im Dreistoffsystem $CaO—Al_2O_3—SiO_2$

Die Konstitution der Hauptstoffe der abgeschreckten Hochofenschlacken ist nicht geklärt. W. Schoerk[1]) vermutet als Hauptbestandteil eine kalkarme Verbindung, wie sie in Portlandzementen (Alit) auftritt, deren Bau er durch folgende Formel darstellt:

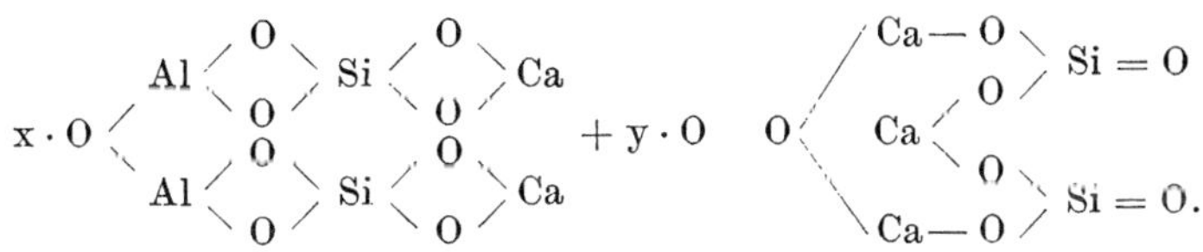

Die empirische Zusammensetzung verschiedener Schlacken und deren Schmelzpunkte zeigt Tabelle 102.

Brennverhalten

Das Verhalten der Aschen in der Hitze in bezug auf Formartänderungen ist so sehr von der mannigfaltigen Zusammensetzung abhängig, daß hiefür nur ganz allgemeine Regeln angegeben werden können. Während die eisen- und kalkreichen, an Kieselsäure und Tonerde ärmeren Braunkohlenaschen im allgemeinen leicht sintern, fritten eisenarme, kieselsäurereiche Steinkohlenaschen nur wenig zusammen und sind bei Kieselsäurearmut und hohem Gehalt an Tonerde sogar feuerfest. Kieselsäurereiche Aschen mit geringem Eisengehalt sintern bei einer Temperatur, bei der Steinkohlenaschen, die aus mehreren Silikaten bestehen und überdies basische Flußmittel enthalten, leicht verschlacken.

Die Schmelzpunkte der Kohlenaschen liegen nach Waeser (a. a. O.) zwischen 1100 und 1500° C. Braunkohlenaschen besitzen bei einem Gehalt unter 20 vH Al_2O_3 und über 60 vH Flußmittel Schmelzpunkte, die nur an die untere Grenze jener von Steinkohlenaschen heranreichen. Im allgemeinen ist die Schmelzbarkeit der Kohlenaschen nach den gleichen Gesichtspunkten wie bei den Schlacken zu beurteilen.

Hochofenschlacken besitzen im Mittel eine Erweichungstemperatur von 1100° C; die vollständige Umwandlung in die flüssige Phase

---

[1]) Schoerk, W.: Tonind.-Z. 51, 1927, S. 463.

Tabelle 102. Zusammensetzung und Schmelzpunkte

Bezeichnung	SiO_2	Al_2O_3	FeO	Fe_2O_3	Mn_2O_3	MnO	CaO	MgO	KNaO	S	SO_3	Glüh-verlust	KSP SK	KSP ~ °C
Steinkohlenschlacken[1]	47,7	42,9		3,8			4,5	0,1	0,6			0,5	27	1610
	52,3	33,0		4,9			3,5	1,8		0,1	0,3	4,1	17	1480
	49,3	31,9		6,3			6,8	1,5		0,3	0,1	2,6	14	1410
	45,6	35,5		3,0			6,7	3,7	1,2	0,9	0,6	2,9	12	1350
Feinmüll, geglüht[2]	39,60	8,58		16,26			16,05							

Eisenschlacken

Bezeichnung	SiO_2	Al_2O_3	FeO	Fe_2O_3	Mn_2O_3	MnO	CaO	MgO	KNaO	S	SO_3	Glüh-verlust	KSP SK	KSP ~ °C
v. Si-reichem Roheisen (Kokebetrieb)[3]	27,70	26,70	Spur			Spur	34,69	3,45	Ca 3,08	2,45		+ KNaO 1,93		
	33,10	24,56	0,31			0,37	25,92	6,97	Ca 4,31	3,45		+ KNaO 1,01		
v. grauem Roheisen (Holzkohlenbetrieb)[3]	bis 65	10	30 und mehr (FeO bis KNaO)										10	1300
v. grauem Roheisen[3]	30—35	10—15	50—55 (FeO bis KNaO)										—	—
v. weißem Roheisen (Kokebetrieb)[3]	30—40	5—10	+			+	55—60						14	1410
v. Spiegeleisen (Koke)[3]	30	10				5—15	55—45 (CaO + MgO)							
v. Ferromangan[3]						bis 30								
Schlackensand[4]	33,62	13,10		1,24			47,01	4,28	0,67	0,64		0,45		
	37	10		5,5 (Fe_2O_3 + Mn_2O_3)			36	3,5 (MgO + KNaO)		1,5		3		
Bessemer Schlacke[5]	47,34	3,52	9,06			39,42	0,45	0,03						
	45,61	2,58	27,93			17,07	2,41	4,65						
Saure Martinschlacken[5]	50—60		20—30			15—20								
Kupolofenschlacken[6]	50,3	10,2		11,4		3,1	21	n. best.						
	50,3	5,0		19,3		4,0	21,4							
Schlackenwolle[7]	30,92	24,70		0,47			35,62				TiO_2 : 0,56		07a	960
Schweißschlacke[6]	24,7	3,3	Fe 54,6			0,76		1,1	1,0					
Walzsinter[6]			Fe 68,4											
Grenzwerte von Hochofenschlacken[8]	27—36	9—25	0,5—2			0—5	30—62	1—20		0,5—5	0—1			

[1]) Hirsch: Tonind.-Z. 47, 1925, S. 152.
[2]) Kuhn, E.: Tonind.-Z. 48, 1924, S. 1213.
[3]) Ullmann, F.: Enzyklopädie der Technischen Chemie, Bd. IV, S. 398—400. Berlin-Wien: Urban und Schwarzenberg. 1916.
[4]) Tonind.-Z. 44, 1920, S. 895; 45, 1921, S. 60.
[5]) Doelter, C.: Handbuch der Mineralchemie, Bd. I, S. 935. Dresden-Leipzig: Th. Steinkopff. 1912.
[6]) Versuchsanstalt für chem. Ind., Wien 17.
[7]) Green u. Edwards: a. a. O.
[8]) Ullmann, F.: a. a. O., Bd. VIII, S. 259.

erfolgt durchschnittlich etwa bei 1350° C. Für die Verwendbarkeit einer Schlacke als Sintermittel ist ihre Schmelzbarkeit und der Grad der Zähflüssigkeit maßgebend. Höherer Gehalt an basischen Oxyden und glasiger Zustand deuten auf größere Schmelzbarkeit.

Mit Hilfe der bekannten Lage des Schlackenfeldes im Dreiecksdiagramm wäre es möglich, den Schmelzpunkt der Schlacke ohne praktische Prüfung annähernd zu ermitteln, wenn es sich tatsächlich nur um ein reines Oxydgemisch des ternären Systems CaO—Al_2O_3—SiO_2 handeln würde; da aber der Einfluß der Nebenbestandteile auf die Schmelzbarkeit der ternären Oxydgemische nur lückenweise bekannt ist, führt diese Art der Beurteilung zu keinem einwandfreien Ergebnis. Im allgemeinen gilt, daß Schlacken, deren Silizierungsgrad (σ)[1] gleich eins ist, sogenannte Singulosilikate, bei Gegenwart mehrerer Basen und geringem Tonerdegehalt leichter schmelzbar sind als diejenigen, deren Silizierungsstufe kleiner oder größer als eins ist (Subsilikate, $\sigma < 1$; Bisilikate, $\sigma = 2$; Trisilikate, $\sigma = 3$). Beispielsweise sind die Schlacken vom Betriebe auf weißes und graues Roheisen ($\sigma = \infty 1$) leichter schmelzbar als die Bi- oder Trisilikate vom Betrieb auf siliziumreiches Roheisen bzw. als die Subsilikatschlacken vom Spiegeleisen- und Ferromanganbetrieb.

Ein höherer Gehalt an Eisen-2-oxyd und Mangan-2-oxyd erniedrigt unter allen Umständen den Schmelzpunkt, und zwar dieses mehr als jenes.

Puddelschlacken enthalten neben Kieselsäure vorwiegend Eisen-2-oxyd und Eisen-3-oxyd und stehen dem Silikat $2\,FeO \cdot SiO_2$ (Fayalit, Smp 1100° C) oder $(Mn, Ca, Fe)_2\,(SiO_3)_2$ (Rhodonit) nahe, sind daher leicht schmelzig.

Ebenso verhalten sich Bessemer- und saure Siemens-Martin-Schlacken, da sie vornehmlich aus Eisen- und Mangansilikaten bestehen und nur geringen Tonerde- und Kalkgehalt besitzen.

Müllschlacken sind mit Rücksicht auf ihren geringen Gehalt an Tonerde viel leichter schmelzbar als die Hochofenschlacken, selbst vom Betrieb auf weißes Roheisen.

In bezug auf die Zähflüssigkeit zählen im allgemeinen die Hochofenschlacken wie die meisten Schlacken hüttenmännischer Prozesse zu den verhältnismäßig wenig viskosen Schlacken. Eisen- und Mangan-2-oxyd beeinflussen die Viskosität in der gleichen Weise wie den Schmelzpunkt. Bessemer- und Martinschlacken vom sauren Betriebe sind daher am dünnflüssigsten; in eisen-2-oxydreichen Schlacken erhöht bei geringem Kalk- und Magnesiagehalt eine steigende Tonerdemenge die Zähflüssigkeit, während sie bei mittlerem Kieselsäure- und geringem Tonerdegehalt durch eine Erhöhung der Magnesia auf Kosten des Kalkes erniedrigt wird. Im großen und ganzen steht bei den Hochofenschlacken bei

[1]) Der Silizierungsgrad ist das Verhältnis des in den sauren Bestandteilen der Schlacken enthaltenen Sauerstoffes zu dem in den basischen Oxyden gebundenen oder das Verhältnis der Wertigkeiten der Anionen zu den der Kationen — wobei nach beiden Methoden in nicht ganz richtiger Weise die Tonerde und das Eisenoxyd zu den Basen gezählt werden.

konstantem Basenverhältnis die Viskosität zum Silizierungsgrad im geraden Verhältnis. Seigere, das heißt zähfließende Schlacken lassen sich im Gegensatz zu den frischen (dünnflüssigen) Schlacken zu Fäden ausziehen. Die leicht schmelzbaren und dünnflüssigen Schlacken sind für keramische Zwecke die wertvolleren.

In bezug auf Reaktionsfähigkeit stehen die Subsilikatschlacken den Basen, die Bi- und Trisilikate den Säuren nahe. Bei eisenreichen Aschen und Schlacken ist die Reaktionsfähigkeit von der Ofenatmosphäre abhängig. Als Beispiel führe ich eine von Hewitt[1]) bei seinen Kegelschlackenversuchen gemachte Beobachtung an, wonach die Schmelzpunkte mancher Mischungen von Schamotte und Kohlenaschen im Reduktionsfeuer um 10 Kegel niedriger lagen als in oxydierender Atmosphäre.

Daraus läßt sich nicht nur auf eine erhöhte Reaktionsfähigkeit gegenüber den übrigen Versatzstoffen einer Masse, sondern auch auf eine starke Angriffsfähigkeit der Schlacken im Rauchfeuer auf Schamottesteine u. dgl. schließen.

Verwendung

Kohlenaschen können je nach ihrer Zusammensetzung oder Schmelzbarkeit bzw. je nach der Brenntemperatur in farbigbrennenden keramischen Massen sowohl als Magerungs- als auch als Flußmittel Verwendung finden. Für die niedrigsten Brenntemperaturen (Ziegel) ist wohl jede Asche als Magerungsmittel geeignet, da der Schmelzpunkt der meisten über dieser Brenntemperatur liegt. Als Flußmittel verwendet man sie für hoch zu brennendes Sinterzeug, z. B. für Klinker aus schwer sinternden Tonen u. dgl. Auf Grund ihrer guten Wärmeisolationsfähigkeit dienen sie zur Erzeugung von Wärmeschutzmassen, zufolge ihres Gehaltes an löslicher Kieselsäure (Steinkohlenaschen) zur Herstellung von Kunststeinen mit Kalk als Bindemittel (Kalkaschenziegel, Zendrinsteine). Gemahlene Hochofenschlacken oder Kohlenschlacken werden als Ersatz für natürliche Sintermittel zur Herabsetzung der Dichtbrenntemperatur verschiedenen Massen der Sinterzeugindustrie zugesetzt, z. B. bei der Erzeugung von Klinkerziegeln, Kalkklinkern, Fußbodenplatten, Schlackenplatten (farbige Wand- oder Porphyrplatten); in seltenen Fällen dienen sie zum Färben von minderwertigen Glasuren. Auf ihre Anwendung als Flußmittel beim Sinterbrennen von Magnesit und Dolomit wurde bereits verwiesen (vgl. S. **424** und **443**). Sie werden ferner als Zuschlagstoffe zu Magnesitherdmassen in Siemens-Martin-Öfen, zur Herstellung von Schlackensteinen (Hüttensand, Müllschlacken) und Hochofenschwemmsteinen (Kunstbims) verwendet.

Der Verwertung der Hochofenschlacken wurde in der Zementindustrie ein weites Feld erschlossen. Man erzeugt heute aus ihnen die dem Portlandzement in jeder Hinsicht ebenbürtigen Schlacken-

[1]) Hewitt: Journ. Am. Cer. Soc., Vol. 9, 1926, S. 575—582; Ref. Tonind.-Z. 50, 1926, S. 1732.

portlandzemente (Hochofenzement, Eisenportlandzement), ferner Schlackenzemente und hydraulische Kalke besonderer Fertigung.

Sie dienen überdies als Zuschlag zu Beton, als Isoliermassen und in der Glasindustrie zur Erzeugung gewöhnlicher Flaschengläser (z. B. Hüttensand). Langsam abgekühlte kristalline Hochofenschlacken wie auch Schlacken anderer hüttenmännischer Prozesse ergeben, in Formen vergossen, gutes, infolge der großen Härte schwer abnützbares Straßen- und Wegepflaster, das auch den Atmosphärilien gegenüber widerstandsfähig ist.

Die beim Hämmern des Eisens anfallende Schlacke, der Eisenhammerschlag, findet bei der Erzeugung von Wedgwoodware Verwendung.

Für die Verwendbarkeit der *Kohlenaschen* als *Magerungsmittel* niedrig zu brennender keramischer Massen ist ihre Schmelzbarkeit und der Gehalt an löslichen Sulfaten maßgebend. Sie dürfen bei der zur Erzeugung der Ware erforderlichen Brenntemperatur den Porositätsgrad des Scherbens nicht wesentlich herabsetzen und an Trockenwerkstücken und fertigen Waren keine Ausblühungen verursachen. Diesen *Anforderungen* kommt die Steinkohlenasche am nächsten, die daher auch zumeist verwendet wird. Der Anforderung einer für Magerungszwecke entsprechend hohen Sinterungstemperatur genügt die Steinkohlenasche vermöge ihres hohen Kieselsäure- und Tonerdegehaltes, während sie die Erfüllung der zweiten Forderung dem Umstande verdankt, daß die Steinkohlen weniger schwefel- und alkalireich zu sein pflegen als Braunkohlen.

Als *Flußmittel* soll die Asche dagegen bei der in Betracht kommenden Brenntemperatur leichte Sinterungsfähigkeit und genügendes Reaktionsvermögen den Bestandteilen der Masse gegenüber besitzen. Ein Gehalt an löslichen Sulfaten ist in diesem Falle belanglos, da diese bei höherer Temperatur zerstört werden. Übrigens ist es auch möglich, durch gute Ablagerung die Aschen in beiden Punkten zu veredeln, da hiebei einerseits Umwandlungsvorgänge eintreten können, welche die leicht löslichen Salze in schwere oder unlösliche Verbindungen überführen, anderseits die löslichen Stoffe durch Wasser fortgeführt werden können. Für die Verwendung in der Kunststeinindustrie ist ein Gehalt an Sulfidschwefel, der zu Treiberscheinungen der Steine Veranlassung gibt, und ein größerer Gehalt an löslichen Alkaliverbindungen, die Ausblühungen verursachen, schädlich.

Was die Wahl des *Schlackenmaterials* zum Versatze von keramischen Massen betrifft, so ist neben dem Schmelzpunkt der Schlacke in erster Linie die Garbrandtemperatur des Erzeugnisses maßgebend. Schweißofenschlacke soll sich für Sinterzwecke bei der Erzeugung von Ziegeln ungeeignet erwiesen haben, da bei der Verklinkerungstemperatur der Ziegelmasse die Schlackenteilchen mit den Masseteilchen noch nicht in chemische Wechselwirkung treten. Dünnfließende Schlacken sind ihres größeren Lösungsvermögens halber den seigeren Schlacken an Flußmittelwirkung überlegen. Hochofenschlacken besitzen im allgemeinen eine günstigere Flußwirkung als Kalk. Bei den Oxydschlacken beruht die Erniedrigung der Garbrandtemperatur hauptsächlich auf den Wechselwirkungen zwischen Eisen- und Manganoxyden und der Tonsubstanz.

Für mörteltechnische Zwecke und für die Kunststeinindustrie müssen die Schlacken den gleichen Anforderungen genügen wie die Aschen.

Anhang

Ähnlich wie die Oxydschlacken wirken in tonigen Massen verschiedene minderwertige Eisen- und Manganerze (Oxyde, Hydroxyde, Karbonate und deren Röstprodukte), die in seltenen Fällen als Schmelzmittel, z. B. für Klinker, verwendet werden.

Sulfidische Eisenmineralien (Pyrit, Markasit) sind häufig Begleiter tertiärer Tone und Kaoline, an deren Oberfläche sie während des Brandes schwarzgefärbte Schmelzpünktchen oder Hohlräume verursachen. Pyrit und Markasit üben insbesondere bei feuerfesten Tonen eine schädliche Wirkung aus. Nach Bischof (a. a. O.) soll 1 vH Pyrit die Feuerfestigkeit merklich herabsetzen. Aus diesen Gründen müssen diese Tonbegleitstoffe bei der Aufbereitung unschädlich gemacht werden, was bei haselnußgroßen Körnern durch den Tonreiniger, bei geringeren Abmessungen durch Schlämmen, Osmosieren oder feinste Vermahlung bewerkstelligt werden kann.

Schließlich sei noch einiger seltener als Flußmittel verwendeter Stoffe wie Glasabfälle, Glasfritten und Bleiglasurerze (Bleisulfid, Bleiglanz) Erwähnung getan. Die Benutzung der Bleiverbindungen wird zur Herabsetzung der Garbrandtemperatur, z. B. bei farbigen Platten, empfohlen[1]).

An Stelle von Feldspat könnte Glasmehl als Schmelzmittel, z. B. für Steinzeug oder frühsinternde Massen verwendet werden, doch steht dieser Verwendung die außerordentlich schwankende Zusammensetzung der Gläser entgegen. Natrongläser sind bekanntlich weitaus leichtschmelziger als Kaligläser; am leichtesten schmelzen die bleireichen Gläser. Sehr selten und nur in geringer Menge sollen Glasscherben zur Erzeugung von Töpferglasuren, bzw. geeignetes Glasmehl zu feinkeramischen Glasuren als Feldspatersatz verwendet werden [2]).

I. Chromoxydverbindungen

(Chromeisenstein, Chromeisenerz, Chromit)

Chromit ist ein Mineral der Oxydgruppe und die einzige in der Keramik für (feuerfeste) Massen verwendete Chromverbindung.

Als Farbmittel für Massen und Glasuren und zur Herstellung von keramischen Farben gelangen noch andere Verbindungen des Chroms, Chromoxyd (Cr_2O_3), Alkalichromate und Bichromate ($KNaO \cdot CrO_3$, $KNaO \cdot 2\,CrO_3$) zur Anwendung.

Die Chromeisenerze sind magmatische Mineralien, die durch Spaltung des Magmas in basische und saure Bestandteile entstanden (magmatische Differentiationen) und in ihren Vorkommen stets an Serpentin gebunden sind.

---

[1]) Ker. Rundsch. 30, 1922, S. 35. [2]) Ker. Rundsch. 32, 1924, S. 210.

Sie bilden gewöhnlich derbe, dunkelfarbige Anhäufungen von körniger Textur.

Die kristallographischen und physikalischen Eigenschaften der Chromite sind aus Tabelle 103 ersichtlich.

Tabelle 103. Kristallographische und physikalische Eigenschaften

Bezeichnung	KS	s	H	t	$\lambda \times 360$	c	$\beta \times 10^6$
Chromit	regulär	4,5—4,8	5,5—6			0,174[4]) 0,159[5])	
Griechischer Chromit				100			5,0[6])
Indischer Chromit				100			6,0[6])
Chromitziegel		3,9—4[1])			2,41[2])	0,199[1])	9,2[6])
				50	1,41[3])		
				70	1,62[3])		
Chromitpulver, gepreßt				50	1,26[3])		
Cr_2O_3						0,1805[7])	$\alpha \cdot 10^7$: 5,1 (FeO: 4,0)
				21—52		0,177[5])	

[1]) Hougens Tab., a. a. O.
[2]) Karborundum-Werke in Reißholz, Vielhaber: a. a. O.
[3]) Nach Tadokoro; Singer, F.: Keramik, S. 470. Braunschweig: F. Vieweg und Sohn. 1923.
[4]) Kleinschmidt: a. a. O.
[5]) Jüptner, H. v.: Lehrbuch der Phys. Chemie I, S. 58—63. Leipzig-Wien: F. Deuticke. 1904.
[6]) Brick and Clay Record Nr. 10, Mai 1927, S. 781; Ref. Tonind.-Z. 51, 1927, S. 1126.
[7]) L. B. Tab.

Einlagerungen von Magneteisenerz verleihen dem Chromeisenstein magnetische Eigenschaften; nach dem Glühen ist jeder Chromit magnetisch.

Die Chromeisenerze besitzen eine wechselnde Zusammensetzung, die man allgemein durch die Formel $RO \cdot R_2O_3$ ausdrücken kann; darin bedeutet RO hauptsächlich Eisen-2-oxyd und etwas Magnesia, deren Menge zuweilen einen beträchtlichen Wert erreichen kann, R_2O_3 Chromoxyd, Tonerde und Eisen-3-oxyd, also: $(Fe, Mg)O \cdot (Cr_2, Al_2, Fe_2)O_3$. Die Mengenverhältnisse der Sesquioxyde (R_2O_3) schwanken innerhalb weiterer Grenzen. Nicht wesentliche Bestandteile der Chromeisensteine sind Kieselsäure, seltener Kalk, in einigen Erzen Kupferoxyd, Schwefel, Phosphor und eingesprengter Magnetit. Die Grundsubstanz ist das sogenannte Ferrochromit $FeO \cdot Cr_2O_3$, eine neutrale Verbindung von Eisen-2-oxyd und Chromoxyd ($O = Cr—O—Fe—O—Cr = O$), dessen Menge bei den Handelserzen etwa 30—60 vH ausmacht. Australische Erze enthalten im Mittel 54 vH, türkische etwa 50 vH Chromoxyd. Ein Chromoxydgehalt von 60 vH gehört zu den Seltenheiten, am häufigsten bewegt er sich an der unteren obenangeführten Grenze. Nach Rammelsberg sind die beobachteten äußersten Grenzen:

Cr_2O_3	7,23—64,76 vH
Fe_2O_3	14,11—43,39 „ „
Al_2O_3	0,86—56,0 „ „
MgO	6,28—23,59 „ „

(vgl. MgO-Gehalt des Baltimore- und bosnischen Chromites in Tabelle 104).

Der Chromoxydgehalt von aufbereiteten (geschlämmten) Erzen bester Sorte kann fast den theoretischen Wert erreichen.

Analysenbeispiele bringt Tabelle 104.

Tabelle 104. Analysenbeispiele

Bezeichnung	Cr_2O_3	FeO	Fe_2O_3	Al_2O_3	MgO	SiO_2	CaO	Smp	
								°C	∞SK
Theoretische Zusammensetzung	67,9	32,1							
Norwegen (Drontheim)[1]	42,0		19,7	12,0	21,3	5,0			
Nordamerika[2]	40,08 52,9	17,8 22,6		22,4 4,8	14,9 10,9	3,7 9,6		2000	42
Baltimore[1]	45,0		42,3	5,4	4,1	3,2			
Britische Steine[3]	35,87	15,26		31,28	11,43	5,23	0,91		
Kraubath (Steiermark)[1]	53,0		24,9	8,0	11,6	2,5			
Ungarn[1]	31,5		29,6	16,8	14,8	7,3			
Südslawien (Bosnien)[1]	53,0		35,3	8,2	2,0	2,4	Spur		
Griechenland[1]	39,1	18,0		27,6	11,6	3,0			
Türkei (Karahissar)[1]	53,0		24,9	7,6	12,3	2,2			
Rußland (Orenburg)[1]	53,0		24,9	8,0	11,0	3,0			
Chromstein, bei SK 10 gebrannt[4]	19,5		13,7	30,1	12,5	21,8	0,1	1690	31
Chromstein[4]	36,4		1,8	19,5	14,6	1,9	0,9	1790	36
Chromstein	55,4		21,6	6,6	10,4	3,1		1810	36—37

[1]) Tonind.-Z. 17, 1893, Nr. 16.
[2]) McDowell u. Robertson: Journ. Am. Cer. Soc., Vol. 5, 1922, Nr. 12; Ref. Ker. Rundsch. 31, 1923, S. 71.
[3]) Searle, A. B.: Ref. McDowell u. Robertson: a. a. O.
[4]) Singer, F.: Keramik, S. 448. Braunschweig: F. Vieweg und Sohn. 1923.

Chromeisenstein ist in Säuren praktisch unlöslich.

Brennverhalten

Vom Chromit sind bisher keine morphologischen Änderungen durch Hitze bekannt; vom freien Chromoxyd berichtet L. Wöhler[1]), daß es in der Hitze ähnliche Umwandlungen erfährt wie die Tonerde.

Über die Änderungen der thermischen und elektrischen Eigenschaften bei höheren Temperaturen gibt Tabelle 105 Aufschluß.

Tabelle 105. Thermische und elektrische Eigenschaften in höheren Temperaturen

Bezeichnung	t	$\lambda \times 360$	c	$\beta \times 10^6$	W in Ω/cm³
				A B	
	200	2,0[1]) 1,22[2])		6,0 7,0	
	300			6,3 8,3	
	400	1,33[2])			
	500				
	550	2,12[1])			
Chromit A: griechischer, B: indischer Chromit[4])	600	1,40[2])		6,7 8,3	
	700		0,206[5])		
	800	1,44[2])	0,211[5])		2800[7])
	900	1,72[1])	0,214[5])		780[7])
	1000	1,44[2]) 2,05[3]) in Bindung	0,217[5])	8,0 8,5	420[7])
	1200	1,48[2])	0,222[5])		450[7])
	1400	1,48[2])	0,226[5])		410 (320)[7])
	0—1500			10,7[6])	
	1550				25[8])

[1]) Nach Tadokoro; Singer, F.: Keramik, S. 448. Braunschweig: F. Vieweg und Sohn. 1923.
[2]) Norton, F. H.: Journ. Am. Cer. Soc., Vol. 10, 1927, S. 30—52; Ref. Tonind.-Z. 51, 1927, S. 394.
[3]) Nach Wologdine; Ref. Green: a. a. O.
[4]) Brick and Clay-Record: a. a. O.
[5]) Miehr, Immke u. Kratzert: a. a. O.
[6]) L. B. Tab.
[7]) Hougens Tab., a. a. O.
[8]) Stansfield, McLeod u. McMahon: a. a. O.

Im Wärmeleitvermögen übertrifft der Chromit in Bindung Schamotte- und Silikamaterial, steht aber dem des Sintermagnesites nach. Gegen Temperaturwechsel ist er fast ebenso empfindlich wie Silika- und Magnesitsteine.

In bezug auf die elektrische Leitfähigkeit verhält sich Chromit ähnlich wie Schamotte; nach Stansfield, McLeod und McMahon (a. a. O.) leitet er den elektrischen Strom schon bei erheblich tieferen Temperaturen als Silikasteine.

[1]) Wöhler, L.: Z. Chem. Ind. Koll. 11, 1912, S. 248.

Chromeisenstein zählt zu jenen feuerfesten Werkstoffen, die in Bindung unter Belastung einige hundert Grade unterhalb ihrer Schmelztemperatur erweichen. Nach Bodin[1]) beträgt die Druckfestigkeit der Chromite bei

20°	450 kg/cm²	1300°	215 kg/cm²
800°	450 „	1500°	75 „
1000°	425 „		

Unter einer Belastung von 1 kg/cm² beginnt die Erweichung zwischen 1300 und 1400° C; bei 3,5 kg/cm² versagt Chromit nach G. H. Brown[2]) bei 1450° C.

Der Schmelzpunkt des reinen Ferrochromites liegt nach Kanolt[3]) bei 2180° C; türkische Erze schmelzen bei etwa 1900° C, Chromitsteine zwischen 1700 und 1900° C, freies Chromoxyd bei 2050° C. Das Chromoxyd bildet den in pyrometrischer Hinsicht maßgebenden Bestandteil der Chromiterze, die — wie Tabelle 106 zeigt — für feuerfeste Zwecke umso geeigneter sind, je höher der Gehalt an Cr_2O_3 ist und je weniger sie durch Tonerde, Kieselsäure, Kalk oder Magnesia verunreinigt sind.

Tabelle 106[1]). Beziehungen zwischen Cr_2O_3-Gehalt, Verunreinigungen und Schmelzpunkten

Cr_2O_3-Gehalt	Summe der Verunreinigungen[2])	Smp °C	Smp ∞ SK
19,5 v H	64,5 v H	1690	31
36,4 „ „	36,9 „ „	1790	36
55,4 „ „	20,1 „ „	1810	36/37
100,0 „ „	—	2050	> 42

[1]) Zusammengestellt nach den in Singer, F.: Keramik, S. 488 (Braunschweig: F. Vieweg und Sohn. 1923), verzeichneten Analysen und Schmelzpunkten.
[2]) Summe von Al_2O_3, SiO_2, CaO, MgO.

Da der Chromeisenstein in der Hitze weder eine chemische Zersetzung, noch mit Dichtenänderungen verbundene Umwandlungen erfährt, ist er ein verhältnismäßig raumbeständiger Werkstoff. Chromitziegel weisen nach Bigot[4]) selbst bei 1700° C nur geringe Schwindung auf.

Unter den Wechselwirkungen des Ferrochromites bei höheren Temperaturen sind wegen ihrer technologischen Bedeutung die Platzwechselreaktionen mit Erdalkalioxyden erwähnenswert, z. B. mit Kalziumoxyd: $FeO \cdot Cr_2O_3 + CaO = CaO \cdot Cr_2O_3 + FeO$ bzw. $2\,(Cr_2O_3 \cdot FeO) + 4\,CaO + 11\,O = 4\,(CaO \cdot CrO_4) + Fe_2O_3$.

Die Umsetzung vollzieht sich in Hitzegraden unterhalb der Sintertemperatur des Kalk-Chromit-Gemenges und führt zu Kalziumchromat, das bei der Behandlung mit Sodalösung bei Siedehitze in kohlensauren Kalk und Natriumchromat übergeht, aus dem man nach Abscheidung des Kalkes durch Zusatz von Schwefelsäure und Kristallisierenlassen der vom ausgeschiedenen Natriumsulfat getrennten und eingedampften Lauge die Muttersubstanz aller Chrompräparate, das Natriumbichromat erhält.

[1]) Bodin: Trans. Cer. Soc. Engl., Vol. 21, 1921/22, Part. 1, S. 44ff.; Tonind.-Z. 46, 1922, S. 561.
[2]) Brown, G. H.: Ref. McDowell u. Robertson: a. a. O.
[3]) Kanolt: Ref. Chem. Z. 1912, S. 1192.
[4]) Bigot: Ref. Tonind.-Z. 45, 1921, S. 583.

Im allgemeinen ist der Chromeisenstein zufolge seines neutralen chemischen Charakters ziemlich reaktionsträge. Er besitzt bei hohen Temperaturen eine große Widerstandsfähigkeit gegen Oxydation durch Luft, wird aber nach Versuchen des Amerikanischen feuerfesten Institutes (a.a.O.) schon bei 950° C von Chlorgas völlig zerstört. Sehr unbeständig ist Chromit gegenüber Reduktionsmitteln; diese entziehen ihm bei höherer Temperatur den Sauerstoff und veranlassen dadurch die Bildung einer Eisen-Chrom-Legierung, des sogenannten Ferrochroms. Bei den eben erwähnten Versuchen des „Refractories Institute“ wurde durch die Einwirkung von Kohlenoxydgas bei 950°C eine Verringerung der mechanischen Festigkeit um 31 vH festgestellt.

Oxydfreie Metallschmelzen üben bei höheren Temperaturen keinen schädlichen Einfluß aus.

Von sauren als auch basischen Flußmitteln, mit Ausnahme von Tonsubstanz, Kalk, Magnesia und Ätzalkalien, wird er im allgemeinen schwierig angegriffen. Alkalibisulfite zersetzen ihn bei höherer Temperatur leicht. Howe[1]) hebt insbesondere seine geringe Reaktionsfähigkeit gegenüber Kieselsäure bis zu deren Schmelzpunkt und gegenüber basischen Siemens-Martin-Schlacken hervor. Nach der Reaktionsfähigkeit gegenüber Kalk zu urteilen, wäre bei Kalkbindung eine wesentliche Erniedrigung des Schmelzpunktes zu erwarten. Nach McDowell und Robertson (a. a. O.) haben jedoch Chromitziegel mit Kalkbindung einen höheren Schmelzpunkt als solche mit keramischer Bindung; ein von diesen beiden Forschern untersuchter, bei 2000° C schmelzender Chromit (vgl. Tabelle 104) zeigte, mit steigenden Mengen von Zettlitzer Kaolin versetzt, einen raschen Abfall des Schmelzpunktes bis zu 1435° C; dieses niedrigst schmelzende Gemenge der beiden Stoffe enthält 65 vH Chromit und 35 vH Zettlitzer Kaolin; bei weiterem Zusatz von Kaolin stieg der Schmelzpunkt allmählich bis zu jenem des Kaolins.

Im allgemeinen übertrifft der Chromit in bezug auf chemische Widerstandsfähigkeit bei hohen Temperaturen den Sintermagnesit und die Schamotteerzeugnisse.

Vorkommen

Da magmatische Ausscheidungen in basischen Gesteinen häufiger sind als in sauren, sind die größeren Chromitvorkommen auf jene beschränkt. Die wichtigsten Chromitbergbaue befinden sich auf der Südsee-Insel Neu-Kaledonien und in Südafrika im Süden von Rhodesien (Bez. Selukwe). Nach einem Bericht des „Geological Survey“ der Vereinigten Staaten waren diese beiden Länder im Jahre 1914 mit je einem Drittel an der Welterzeugung beteiligt; der Rest entstammte verschiedenen Ländern, und zwar: Kanada (Quebeck, Neufundland), Vereinigte Staaten Nordamerikas, Indien (Ostindien, Niederländisch-Indien), Portugiesisch-

[1]) Howe: Journ. Am. Cer. Soc., Vol. 6, 1923, Nr. 2 und 4; Ref. Tonind. Z. 47, 1923, S. 101.

Ostafrika, Ozeanien (Neuseeland), Rußland (östlicher Ural, am Berge Katschkanar und Saranowsk), Kleinasien (Ladikije [Latakia], Antakia [Antiochia], Iskanderun [Alexandretta], Daghardi-Kutahie, Makri, Argana Maden bei Diarbekir), Griechenland (Euböa, Skyros, Thessalien, Saloniki), Südslawien (Banat, Serbien, Bosnien), Norwegen (Drontheim, Röraas), Frankreich (Dep. Var); Alaska, Kuba, Brasilien, Transvaal, Australien und Japan. In Rußland liegen völlig unausgebeutete Chromeisenerz-Vorkommen an den Nordwestufern des Göktschasees (Gouv. Eriwan, Transkaukasien) und an den Ufern des Gazimursees bei Kultuminsk im Transbaikalgebiet[1]).

Deutschland birgt unbedeutende Chromitvorkommen in Schlesien (Frankenstein, Silberberg, Grochau, am Zobten), Österreich ebensolche in Steiermark bei Kraubath.

Chromoxyd bildet in geringer Menge häufig einen Bestandteil von Silikaten, z. B. von Kali- und Magnesiumglimmer. Bei der Verwitterung von Gesteinen, die chromhaltige Silikate enthalten, geht das Chromoxyd in die Verwitterungsstoffe über und findet sich daher in manchen Kaolinen und Bauxiten.

Verwendung

Die Verwendung des Chromeisensteins in Form von Chromitziegeln, Stampfmassen und Überzügen auf Schamottesteinen fußt einerseits auf seiner bedeutenden Feuerfestigkeit, anderseits auf seiner chemischen Indifferenz.

Nach McDowell und Robertson (a. a. O.) wurde Chromeisenerz als Futter für Siemens-Martin-Öfen im Jahre 1879 in Frankreich (Terre-Noire) zum erstenmal angewendet; ein Jahr später schritten die Alexandrowsky-Stahlwerke in St. Petersburg in größerem Umfange an die Verwendung von Chromeisenstein als Ofenbaustoff; es folgten mit der Herstellung der Chromitziegel England (1886) und die Vereinigten Staaten (1896).

In Siemens-Martin-Öfen bezweckt man durch die Einschaltung einer Schichte von Chromitziegel zwischen die unterste Lage der sauren Gewölbesteine (Dinasziegel) und die oberste Schichte der basischen Seitenwände (Magnesitziegel) die Schaffung einer nach beiden Richtungen hin neutralen Zone.

Nach dem erwähnten Referat von Lange haben sich Chromitziegel auch für den Boden der Gaszüge in den Brennerköpfen amerikanischer Siemens-Martin-Öfen bewährt.

Als neutrale Zone verwendet man sie z. B. auch zwischen dem sauren Herd und den basischen Seitenwänden in Kupferraffinierflammöfen, ferner für den in Bleiraffinieröfen über das Metallbad hinausragenden Teil des Ofenfutters, für das Gewölbe von Kupferraffinieröfen und in Schachtöfen bei der Erzeugung von Schwarzkupfer. Im allgemeinen

[1]) Chem. Ind. 44, 1921, S. 8; nach Engin. Min. Journ., Oktober 1920.

eignen sich die Chromitziegel überall dort als Ofenbaustoff, wo weder säure noch basische Ziegel dem Angriffe des Schmelzgutes standhalten.

Die Erzeugung der Chromitziegel erfolgt etwa im Sinne nachstehenden Arbeitsdiagrammes:

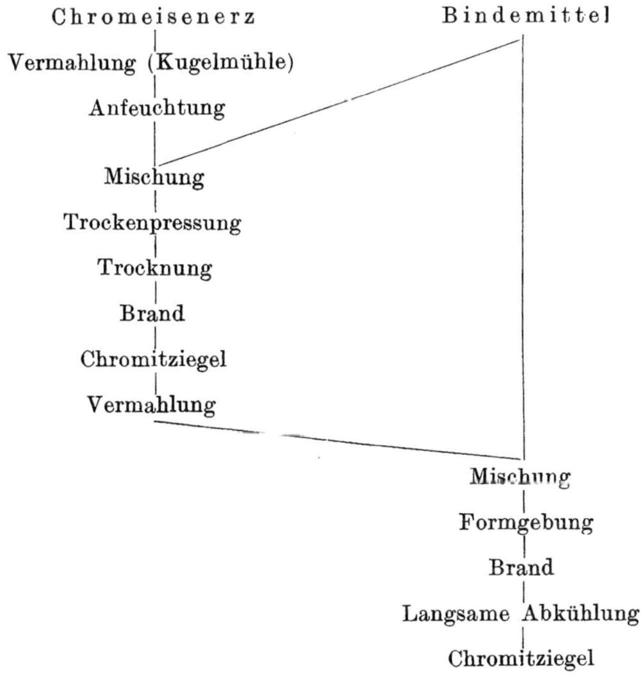

Unreine Erze werden geschlämmt, sehr harte Steine nötigenfalls vorgebrannt.

Als Bindemittel empfehlen sich mit Rücksicht auf die Schädigung der feuerfesten Eigenschaften durch mineralische Substanzen (Ton, Bauxit, Kalk, kaustischer Magnesit, Dolomit, Gips u. a.) organische Stoffe, z. B. Teer, der auch zumeist angewendet wird. Bei Verwendung mineralischer Bindestoffe wird deren Menge auf die zur Formgebung unbedingt nötige Menge beschränkt.

Der Verwendung von Chromit auf breiterer Grundlage steht der verhältnismäßig hohe, mit dem Chromgehalt steigende Preis entgegen.

Chromit dient ferner als Farbmittel für keramische Massen und Glasuren, zur Herstellung von keramischen Farben und als Rohstoff für Chromfarben (Chromgrün, Chromrot, Chromgelb) und verschiedene Chrompräparate.

Die Sodaschmelze des Chromites liefert beim Auslaugen das normale Chromat, Na_2CrO_4, das bei der Behandlung mit Schwefelsäure und Chlorkalium in das auch keramisch verwendete Kaliumbichromat ($K_2Cr_2O_7$) übergeht. Aus den löslichen Chromaten erhält man durch doppelte Umsetzungen mit Bleisalzen die gelben und roten Bleichromate (Chromfarben):

$$K_2Cr_2O_7 + 2\,Pb\,(CH_3COO)_2 + 2\,H_2O = 2\,PbCrO_4 + 2\,CH_3COOK + 2\,CH_3COOH$$

essigsaures Blei — Chromgelb — essigsaures Kalium — Essigsäure

Bei Anwesenheit von starker Natronlauge oder Kalkmilch bei obiger in Siedehitze sich vollziehender Umsetzung fällt ein kristallinisches basisches Chromat, das Chromrot ($PbCrO_4 \cdot Pb\,(OH)_2$), an. Beide Verbindungen entstehen, allerdings unter verschiedenen Umständen, in chromoxydgefärbten Bleiglasuren.

Das Chromoxyd (Cr_2O_3) wird aus dem Bichromat durch Glühen mit Schwefel und Extraktion der wasserlöslichen Bestandteile gewonnen.

Elektrisch geschmolzenes Chromoxyd wird wegen seiner großen Härte (etwa wie Korund) zu Schleifmittelzwecken verwendet.

Als feuerfester Werkstoff ist in erster Linie der hochprozentige Chromeisenstein geeignet, jedoch werden auch niedrigprozentige Erze (mit etwa 40 vH Cr_2O_3) noch zu feuerfesten Massen verarbeitet.

Erze mit über 48 vH Chromoxyd wandern zum größten Teil in die chemischen Fabriken zur Verarbeitung auf Chromsalze.

J. Zirkoniumverbindungen

Natürliche und aus diesen gewonnene künstliche Verbindungen des metallischen Elementes „Zirkonium" finden zu Sonderzwecken technische Verwendung. Die natürlichen Zirkoniumverbindungen zählen zwar zu den selteneren Mineralien, doch stehen manche Formen verhältnismäßig rein in einem für die bisherige Verwendung ausreichenden Maße zur Verfügung. Nach R. E. Kirchner[1]) befindet sich z. B. in Brasilien (Caldasdistrikt) ein Zirkonberg von 45 km Länge und 25 km Breite. Die Zirkoniummineralien gehören sämtlich der Oxydgruppe an; für das häufig als Silikat angesprochene kieselsäurereiche Oxyd „Zirkon" ist die chemische Bindung im stöchiometrischen Verhältnisse nicht erwiesen.

Die keramisch wichtigeren Zirkoniummineralien sind die Zirkonerde und der Zirkon oder Zirkonit (als Edelstein Hyazinth). Aus den genannten Mineralien gewinnt man auf chemischen Wege reines Zirkon-4-oxyd (ZrO_2), ferner einige auch keramisch wichtige Zirkonpräparate, Terrar, Zirkallit, Zirkonhydroxyd und Zirkonborat.

Von den verschiedenen Erscheinungsformen des Zirkonoxydes finden praktische Verwendung:

a) als feuerfeste Werkstoffe: Rohe brasilianische Zirkonerde, und zwar vorwiegend faserige und dichte Abarten, künstliches Zirkonoxyd und Zirkonit;

b) für opake Glasuren: Zirkonoxyd, Zirkonit, Terrar und Zirkonborat;

c) als Bindemittel für Zirkonerzeugnisse: Zirkoniumhydroxyd;

d) als feuerfester Anstrich und Mörtel: Zirkallit.

[1]) Kirchner, R. E.: Chem. Z. 46, 1922, S. 380.

I. Zirkonoxyd

Das natürliche Zirkonoxyd (Zirkonerde), über dessen Entstehung nur die Vermutung besteht, daß es eine metamorphe Bildung aus Zirkon sei, zeigt mehrere strukturell verschiedene Erscheinungsformen: Baddeleyit (Brasilit) und Zirkonfavas (Zirkonglaskopf). Auch das künstliche, weiße Zirkonoxyd erscheint in mehreren Zustandsformen, die dem monoklinen, hexagonalen und tetragonalen Systeme angehören.

Baddeleyit ist natürliches, monoklin kristallisierendes Zirkonoxyd von gelblicher, grauer oder dunkelbrauner Farbe, das auch gebirgsbildend auftritt.

Zirkonfavas (Zirkonglaskopf) ist die derbe Abart der Zirkonerde; sie wird für die mikrokristalline Modifikation einer wahrscheinlich quadratisch kristallisierenden Zirkonerde gehalten, die sich in faserig-feinkristallinen Anhäufungen mit Glaskopfstruktur (konzentrisch-schalig) findet.

Die mikrokristalline Zirkonerde erscheint oft mit Zirkon, zu dem es häufig Übergänge bildet, vermengt.

Die physikalischen Eigenschaften der natürlichen und künstlichen Zirkonerden (die künstlichen sind im folgenden als „Zirkonoxyd" bezeichnet) sind aus Tabelle 107 ersichtlich.

Tabelle 107. Physikalische Eigenschaften

Bezeichnung	s	H	t	$\lambda \times 360$	c	$\beta \times 10^6$	$\alpha \cdot 10^7$
Zirkonoxyd	5,732 [1]	6,5		0,14 [2]		0,84 [2]	2,1
			0—100		0,1076 [3]		
Geschmolzenes Zirkonoxyd	5,75						
	5,89 [4] Porigkeit < 1 v H [5]	7—9 [4]					
Baddeleyit	5,5—5,9	6—7 [6]					
Brasilianisches Erz	4,97—5,41 [6]						
Derbe Zirkonerde	4,4—5,3 [6]						
Handelsprodukt	4,9 [6]						
Hafniumoxyd (HfO_2)	9,67 [1]						

[1] Hevesy, G. v. u. V. Berglund: Journ. Chem. Soc., London, 125, 1924, S. 2372—2375; Z. B. 1925 (1), S. 1857.
[2] Arnold, H.: Chem. Z. 42, 1918, S. 413.
[3] L. B. Tab.
[4] Podszus, E.: Z. angew. Chem. 30 (1), 1917, S. 17/18.
[5] Kirchner: a. a. O.
[6] Weiß, L. u. R. Lehmann: Z. anorg. Chem. 65, 1909, S. 178—228.

Das spezifische Gewicht der Zirkonerden hängt von der Menge und Art der Verunreinigungen (hauptsächlich Hafniumoxyd, Kieselsäure und Tonerde) ab. Die größte Dichte besitzt der Glaskopf. Eine merkwürdige Beziehung besteht zwischen der Dichte und Farbe der derben Abarten. Nach Doelter[1]) sind die schiefergrauen Formen die spezifisch schwereren (bis etwa 5,2), die braunen Erden die spezifisch leichteren (bis etwa 4,9).

Die Wärmeleitfähigkeit der Zirkonerde ist nur 2,7 mal so groß als diejenige von Kieselgur bei 0° C; sie ist daher ein guter Wärmeisolator. Auch der Ausdehnungskoeffizient ist gering, erhöht sich aber wesentlich, wenn das Mineral oder Oxyd vorher geschmolzen wurde.

Nach Ruff (a. a. O.) zählt das an sich völlig unbildsame und daher schwierig verformbare Zirkonoxyd hinsichtlich der Fähigkeit, durch geeignete Behandlung plastische Eigenschaften annehmen zu können, zu der Gruppe der „leichtplastischen" Oxyde; Ruff erhielt aus einem bis 1450° C erhitzten oder durch Glühen mit wenig Soda oberflächlich aufgeschlossenen Zirkonoxyd und Naßmahlung mit Salz- oder Schwefelsäure bestimmter Konzentration eine gut bildsame und gießbare Masse. Reines Oxyd ergibt nach Ruff und J. Moczala[2]) auch bei Naßmahlung auf eine Kornfeinheit von 0,5 µ keine brauchbaren plastischen Eigenschaften. Auch rohes Zirkonerz kann wie das Oxyd in einen gießbaren Zustand übergeführt werden. Durch die Behandlung des naßvermahlenen Oxydes mit verdünnten Säuren soll die Oberfläche der Körnchen die Eigenschaft annehmen, ähnlich wie Ton sich mit einer Wasserhülle umgeben zu können (Aktivierung), die erst brauchbare plastische und Gießeigenschaften bedingt.

Der chemische Hauptbestandteil der rohen Zirkonerde ist das Zirkon-4-oxyd (ZrO_2). Als ständiger Begleiter der Zirkonmineralien tritt im Ausmaß von einigen Hundertteilen das Oxyd eines vor wenigen Jahren von Coster und Hevesy entdeckten Elementes, das Hafniumoxyd (HfO_2), auf. Häufige Verunreinigungen sind überdies: Eisenoxyd, Kieselsäure, ferner Tonerde, Titansäure, Kalk, Magnesia und Alkalien.

Die Begleitstoffe von saurem oder amphoterem Charakter sind zum kleineren Teile chemisch an das Zirkonoxyd gebunden, zum größeren Teile wie die übrigen Begleitstoffe mechanisch beigemengt. Die zirkonreichste Art ist nach Weiß und Lehmann (a. a. O.) der Zirkonfavas.

Analysenbeispiele zeigt Tabelle 108.

Zirkonerde ist an der Luft unveränderlich. Bei längerem Erhitzen mit verdünnter Schwefelsäure (2 Teile konzentrierte Säure und 1 Teil Wasser) wird sie in wasserlösliches Zirkonsulfat, $Zr(SO_4)_2$, übergeführt. Aus dieser Lösung fällt Ammoniak unlösliches $Zr(OH)_4$, das beim Glühen in ZrO_2 übergeht. Das Oxyd ist nach scharfem Glühen in verdünnten Säuren unlöslich; mäßig hoch geglüht wird es von konzentrierter Schwefelsäure und von Flußsäure in lösliche Formen umgewandelt.

---

[1]) Doelter, C.: Handbuch der Mineralchemie, Bd. III/1, S. 132. Dresden-Leipzig: Th. Steinkopff. 1918.

[2]) Ruff u. J. Moczala: Z. anorg. Chem. 133, 1924, S. 193—219.

Zufolge der Unlöslichkeit des hochgebrannten Zirkonoxydes in Salzsäure können manche Beimengungen durch Kochen der rohen, gepulverten Erde mit dieser Säure zum Teil entfernt werden, wodurch der Zirkonoxydgehalt bis zu 95 vH steigen kann. Aus dem Vergleich der beiden Analysen von roher und gereinigter Erde geht hervor, daß die prozentuale Verringerung der Begleitstoffe vorwiegend das Eisenoxyd und die Tonerde betrifft. Nach Weiß und Lehmann (a. a. O.) läßt sich aus der verunreinigten Erde durch Behandlung des Pulvers mit Salzsäure etwa die Hälfte der Fremdstoffe — hauptsächlich die mechanisch beigemengten Eisenverbindungen — auslaugen. Mit Salzsäure

Tabelle 108. Analysenbeispiele

Bezeichnung	ZrO_2	TiO_2	SiO_2	Fe_2O_3	Al_2O_3	CaO	MgO	KNaO	Glühverlust	H_2O
Baddeleyit[1]	85—90		10—15 (SiO_2 + Fe_2O_3)							
Baddeleyit[2]	96,52		0,70	0,41	0,43	0,55	0,10	0,42	0,39	
Baddeleyit[3]	96,84		0,59	0,37	0,13	0,21				0,98
Baddeleyit[4]	98,90		0,19	0,82		0,06				0,28
Brasilianisches Erz[5]	i. M. 97									
Rohes Zirkonerz[6]	79,90	0,8	9,8	5,3	1,7	2,1	Spur			
Gereinigte Erde[6]	83,5	1,1	10,3	1,4	0,5	1,8				
Handelserde[5] (feines, gelbbraunes Pulver)	88,7	0,6	7,4	4,1						
Zirkonoxydfavas[5] (hellbraun)	81,64	0,51	15,35	1,10	0,90					0,63
Zirkonoxydfavas[5] (schiefergrau)	92,87	0,50	2,05	3,50	0,70					0,52
Zirkonfavas[7]	97,19	0,48	0,48	0,92	0,40	Spur				0,38

[1]) Dammer, O. — Peters, F.: Chemische Technologie der Neuzeit, 2., erweiterte Aufl., S. 445/46. Stuttgart: F. Enke. 1925.
[2]) Blomstrand, C. W.; Ref. Weiß u. Lehmann: a. a. O.
[3]) Prica, G. T.; Ref. Weiß u. Lehmann: a. a. O.
[4]) Doelter, C.: Handbuch der Mineralchemie. Bd. III/1, S. 127. Dresden-Leipzig: Th. Steinkopff. 1918.
[5]) Weiß u. Lehmann: a. a. O.
[6]) Ruff: Ker. Rundsch. 32, 1924, S. 605ff.
[7]) Reitinger, J.: Z. Krist. 37, 1903, S. 566.

gereinigte Handelserde enthält nach R. Bayer[1]) 1,86 vH Fe_2O_3; diese Menge verringert sich durch Glühen und nochmalige Behandlung mit Salzsäure auf 1,65 vH Fe_2O_3. Eine ähnliche Wirkung zeigt auch die Schwefelsäure. Auf einem anderen chemischen Wege[2]) läßt sich aus dem Roherz unschwer, aber weniger bequem, ein technisch reines Zirkonoxyd (bis 99,4 vH ZrO_2) gewinnen.

Zur Reinigung im großen verwendet man Natriumbisulfat oder neutrales Sulfat (Na_2SO_4) unter gleichzeitiger Reduktion mit Kohle. Bei der Auslaugung der Sulfat-Reduktionsschmelze mit Wasser (siehe

[1]) Bayer, R.: Z. angew. Chem. 23, 1910, S. 485.
[2]) Lehmann: Dissertation, München 1908; Bayer: a. a. O.

untenstehendes Schema) hinterbleibt ein noch durch Eisensulfid, Tonerde, Natriummetatitanat und andere Stoffe verunreinigter Rückstand (R), während der größte Teil der ursprünglichen sauren oder amphoteren Beimengungen als Natronsalze (Silikat, Aluminat) in Lösung gegangen ist. Durch die anschließende Mineralsäurebehandlung des Rückstandes wird die Zirkonerde auch vom Eisensulfid, Titanat und den Resten der übrigen Verunreinigungen und schließlich durch Glühen von der Kohle befreit.

Schema:

$$\text{Rohe Zirkonerde} + Na_2SO_4 + 4\,C = \text{Schmelze} + 4\,CO.$$

$$\text{Erkaltete Schmelze} + \text{heißes } H_2O = \frac{ZrO_2 + FeS + Na_2TiO_3 \text{ etc. (R)}}{SiO_2,\ Al_2O_3,\ TiO_2}$$

$$R + HCl(H_2SO_4) = \frac{ZrO_2}{Fe_2O_3,\ Al_2O_3,\ TiO_2}.$$

Die auf diesem Wege gereinigte, nach dem Glühen hellgelb gefärbte Zirkonerde enthält nach Bayer (a. a. O.) noch 1,03—0,59 vH Fe_2O_3.

Ein Zirkonoxyd, das nur sehr wenige Zehntelprozente Eisen-3-oxyd enthält, gewinnt man durch Aufschluß des rohen Erzes, z. B. mit Flußsäure oder sauren Fluoriden (Marignac), mit überschüssigem Kalk und Kohle (Herzfeld), mit Soda oder durch Reduktion des Oxydes zu Karbid und Verbrennung desselben zu Oxyd (E. Wedekind). Zur technischen Erzeugung von reinem Zirkonoxyd empfiehlt Bayer (a. a. O.) den Aufschluß mit Bariumkarbonat.

Brennverhalten

Zirkonerde verringert beim Brennen auf höhere Temperaturen ihre Porigkeit unter Erhöhung ihrer Dichte; sie ist also nicht raumbeständig. Der Betrag der Schwindung ist beim reinen Oxyd so bedeutend, daß die Verarbeitung des Oxydes zu mechanisch festen, formbeständigen, rissefreien Geräten ein scharfes Vorbrennen (vor der Formgebung) erheischt. Nach Podszus (a. a. O.) tritt eigentliche Schwindung bei reinem Oxyd unter starker Rissebildung etwa von 1900° C an ein, wobei die Schwindungsgrenze unter normalen Verhältnissen erst bei 2300° C erreicht wird. Demgemäß muß auch die Temperatur beim Vorbrennen außerordentlich hoch gehalten werden, um diesen Nachteil des Zirkonoxydes zu beheben; Podszus empfiehlt die Anwendung einer Temperatur von 2000° C oder das Schmelzen des Oxydes; jedenfalls muß die Vorbrenntemperatur um so höher liegen, je reiner die Zirkonerde ist. Eine niedrigere Brenntemperatur kann nur dann angewendet werden, wenn der Erde gewisse Zusätze gegeben werden (siehe S. 509). Hoch vorgebranntes Zirkonoxyd soll ohne Rissebildung gebrannt werden können.

Über die Änderungen der thermischen und elektrischen Eigenschaften in höheren Temperaturen gibt Tabelle 109 Aufschluß.

Tabelle 109. Thermische und elektrische Eigenschaften in höheren Temperaturen

Bezeichnung	t	$\lambda \times 360$	c	$\beta \times 10^6$	W in Ω/cm^3	$\varkappa$ in rezipr. Ω/cm^3
Reines Zirkonoxyd	1200				1250	0,0008 [1]
	1400				300	0,0034 [1]
Zirkonoxyd	25—800			// c: 8,1 [2] ⊥ c: 7,3 [2]		
Zirkonerde in Bindung (Zirkonsteine)	200	1,26 [3]				
	400	1,40 [3]				
	600	1,51 [3]				
	800	1,58 [3]				
	1000	1,66 [3]				
	1200	1,73 [3]				
	1400	1,76 [3]				
	25—600		0,137 [4]			
	25—1000		0,157 [4]			
	25—1200		0,167 [4]			
	25—1400		0,175 [4]			
9 Mol. ZrO_2 + 1 Mol. Al_2O_3	1200					0,00255 [1]
9 Mol. ZrO_2 + 1 Mol. CeO_2 (Ceroxyd)	1000					0,0075 [1]
9 Mol. ZrO_2 + 1 Mol. Fe_2O_3	1287					0,0358 [1]
Feuerfestes Material aus Zirkonoxyd	25—800			6,6 [2]		

[1]) Arnold, H.: Chem. Z. 42, 1918, S 413.
[2]) Merrit: Trans. Am. Electrochem. Soc., 1926, S. 283; Ref. Sprs. 60, 1927, S. 304.
[3]) Norton, F. H.: a. a. O.
[4]) Hougens Tab., a. a. O.

Auf Grund der guten Wärmeschutzwirkung lassen sich nach einem Referat von A. Deyerlein[1]) in Öfen mit Zirkonerdefutter selbst Temperaturen bis zu 3000° C leicht erreichen. Anderseits wird durch die geringe Leitfähigkeit die Temperaturunempfindlichkeit ungünstig beeinflußt, die jedoch infolge des geringen Ausdehnungskoeffizienten noch verhältnismäßig groß, unter günstigen Verhältnissen sogar bedeutend ist. Nach Kirchner (a. a. O.) kann man geschmolzene Zirkonerdemassen von 500° C in kaltem Wasser abschrecken, ohne daß Sprünge oder Risse auftreten. Von großem Einfluß auf diese Eigenschaft scheinen die zur Bindung der Zirkonerde verwendeten Zusätze zu sein. Praktische Erfahrungen liegen in dieser Beziehung über die Wirkung keramischer und mineralischer (Magnesia, Yttererde) Bindung vor. Versuchstiegel aus einer Masse von 80 vH roher Zirkonerde und 20 vH reinstem Tiegelton (KSP 34) der Firma C. W. Göbel & Co. in Großalmerode erwiesen sich als äußerst temperaturempfindlich; sie zersprangen beim Abschrecken, während Tiegel

[1]) Deyerlein, A.: Tonind.-Z. 48, 1924, S. 1036.

aus magnesiahaltigen Zirkonerdemassen (90 vH ZrO_2 + 10 vH MgO) das Abschrecken von 2000° C in kaltem Wasser anstandslos vertrugen (Deyerlein, a. a. O.). Auch die Yttererde scheint günstig auf die Temperaturwechselbeständigkeit zu wirken; die sehr temperaturbeständige Nernstmasse besteht aus 85 vH Zirkonoxyd und 15 vH Yttererde. Andere Stoffe, die als verdichtende Zusätze zur Zirkonerde in Betracht kommen, z. B. Tonerde oder Thoroxyd, scheinen die Temperaturwechselbeständigkeit nicht wesentlich zu beeinträchtigen.

In bezug auf die elektrische Schutzwirkung ist die Zirkonerde nach C. R. Böhm[1]) der einzige bekannte Stoff, der bei Temperaturen von etwa 2000° C noch isoliert. Die in Tabelle 109 angeführten Werte für die elektrische Leitfähigkeit zeigen, daß sie mit der Temperatur wächst und durch Verunreinigungen oder Zusätze, bei gleicher Molzahl am meisten durch Eisenoxyd, beträchtlich erhöht wird; Titansäure übt dagegen nach Arnold (a. a. O.) keinen bedeutenden Einfluß aus.

Reines Zirkonoxyd weist auch bei hohen Temperaturen (z. B. 1600° C) noch keine Sinterungserscheinungen auf; daher besitzen bei dieser Temperatur gebrannte Erzeugnisse aus reiner Erde nur geringe Dichtigkeit und mechanische Festigkeit. Nach K. Herold[2]) beginnt reines Zirkonoxyd bei 2100° C zu erweichen.

Der Schmelzpunkt des reinen Zirkonoxydes wird verschieden hoch angegeben; oberhalb 3000° C tritt Verflüchtigung ein. Die reinste Form des geschmolzenen Zirkonoxydes schmilzt nach Podszus (a. a. O.) bei 3000° C bzw. 2950° C; nach Ruff[3]) liegt die Schmelztemperatur von Zirkonerde zwischen 2700—2900° C, bei einem Oxyd bei 2585° C; Arnold (a. a. O.) nennt einen Schmelzpunkt von etwa 2600° C; für rohe Zirkonerde fanden Rieke und Simonis[4]) Schmelztemperaturen bis 2000° C; aus dem Roherz hergestellte Geräte sollen bei 1900° C schmelzen. Nach Ruff und Moczala (a. a. O.) liegt die obere Grenze der Brauchbarkeit von Erzeugnissen aus rohem Zirkonerz, die von der Art und Menge der Begleitstoffe abhänge, im allgemeinen bei 1600° C. Die hohe thermische Widerstandsfähigkeit der Zirkonerde in oxydierender Atmosphäre kann nach D.R.P. 434596, 1923, von Siemens und Halske A. G., Berlin-Siemensstadt (H. Gerdien)[5]) noch gesteigert werden, wenn die Erde von dem beigemengten Hafniumoxyd befreit wird, was z. B. durch fraktionierte Kristallisation der Alkalidoppelfluoride ($2\,KF \cdot HfF_4$ $2\,KF \cdot ZrF_4$) erfolgen kann.

Geschmolzenes Zirkonoxyd hält Podszus nicht wie das Quarzglas für amorph, sondern für kristallin.

Für die Verwendung des Zirkonoxydes als Glasurtrübungsmittel sind die Löslichkeitsverhältnisse in gewissen Glasurbestandteilen von

---

[1]) Böhm, C. R.: Chem. Ind. 1913, S. 239.

[2]) Herold, K.: Laborat. Doelter; Doelter, C.: Handb. d. Mineralchem. Bd. III/1, S. 133. Dresden-Leipzig: Th. Steinkopff. 1918.

[3]) Ruff: Z. anorg. Chem. 82, 1913, S. 373.

[4]) Rieke u. Simonis: Sprs. 41, 1908, S. 210.

[5]) Tonind.-Z. 50, 1926, S. 1720.

Interesse. Geschmolzener Borax vermag nach Hartmann[1]) beträchtliche Mengen Zirkonoxyd aufzulösen und aus gesättigten Lösungen beim Erkalten Zirkonborat, unter Umständen auch basisches Zirkonborat auszuscheiden; in geschmolzenem Kryolith und Flußspat tritt bei der üblichen Glattbrenntemperatur opaker Glasuren selbst bei langer Einwirkung keine Auflösung von Zirkonoxyd ein[2]).

In bezug auf die chemische Reaktionsfähigkeit ähnelt das chemisch träge Zirkonoxyd infolge des amphoteren Charakters in mancher Hinsicht der Tonerde. Es tritt im geschmolzenen Zustande starken Basen gegenüber als Säure auf und bildet sogenannte Zirkonate, R_2ZrO_4.

Reduktionsmittel (C, CO) führen das Zirkon-4-oxyd bei hohen Temperaturen in niedrigere Oxydationsstufen, und zwar in Zirkon-3-oxyd (Zr_2O_3) und Zirkon-2-oxyd (ZrO), ja selbst in Zirkoniummetall über, doch verläuft die Reduktion mit Kohlenstoff oder reduzierenden Gasen auch bei der Temperatur des elektrischen Ofens mit geringer Geschwindigkeit. Bei hohen Hitzegraden, rasch erst erheblich oberhalb 2000° C, bildet Zirkonium mit Kohlenstoff das Karbid ZrC. Dieses entsteht nach Ruff (D.R.P. 286054) leicht bei der Erhitzung von Zirkonoxyd oder eines Gemenges von Zirkonerde mit Kohlenstoff in reduzierender Atmosphäre auf eine unterhalb des Karbidschmelzpunktes liegende Temperatur. Mit diesen Umsetzungen ist nach Ruff[3]) eine beträchtliche Verringerung der mechanischen Festigkeit verbunden. Die reduzierende Wirkung von Wasserstoff auf Zirkonoxyd beginnt nach Kalsing[4]) bereits bei 550° C.

Die Reaktionsfähigkeit des Zirkonoxydes gegenüber basischen Oxyden ist bedeutend geringer als die der Kieselsäure. Nach Kalsing tritt es bis 1000° C kaum in chemische Wechselwirkungen; bei höheren Temperaturen führen diese zur Bildung der Metazirkonate.

Mit Aluminiumoxyd bildet die Zirkonerde eine Verbindung $Al_2O_3 \cdot 3\,ZrO_2$, deren Verflüchtungstemperatur niedriger ist als die des Zirkonoxydes, aber noch immer weit oberhalb 2000° C liegt[5]).

Über eine interessante Wechselwirkung zwischen Thorerde (ThO_2) und Zirkonerde berichtet Merrit (a. a. O.): Sowohl die Form der Erhitzungs- und Abkühlungskurven als auch der mikroskopische Befund von Mischungen, die aus gleich vielen Molekeln dieser beiden Stoffe bestanden und bei 3500° C geschmolzen wurden, deuten auf die Bildung eines (außerordentlich festen) Thoriumzirkonates.

Beim Zusammenschmelzen von Zirkonerde und Phosphorsäure bildet sich ein Zirkonphosphat, das nach Podszus (a. a. O.) bei etwa 2100° C unter Zersetzung und Verflüchtigung der Phosphorsäure schmilzt.

---

[1]) Hartmann: Z. anorg. Chem. 65, 1909, S. 178—227.

[2]) Ker. Rundsch. 34, 1926, S. 243.

[3]) Ruff: Z. Elektrochem. 30, 1924, S. 356.

[4]) Kalsing: Z. anorg. Chem. 149, 1925, S. 21—98.

[5]) Singer, F.: Keramik, S. 270. Braunschweig: F. Vieweg und Sohn. 1923.

Trotz der verhältnismäßig großen Reaktionsträgheit beeinflussen die Verunreinigungen der natürlichen Erde, auch das stets beigemengte Hafniumoxyd sowie die dem Zirkonoxyd zur Erleichterung der Formgebung zugesetzten Bindemittel, das Verhalten im Feuer, das insoferne auch von der Ofenatmosphäre abhängig ist, als unter gewissen Verhältnissen die eben besprochene Reduktion zu Zirkon-2-oxyd bzw. Zirkon-3-oxyd eintreten kann; diese beiden Stoffe geben wegen ihrer leichteren Schmelzbarkeit Anlaß zu früherer Sinterung, Erweichung und Schmelzung. Nach Ruff (a. a. O.) erniedrigt insbesondere das Zirkon-3-oxyd die Sintertemperatur, nämlich auf 1750° C. Es kann also selbst reinste Zirkonerde im reduzierenden Feuer verhältnismäßig früh Sinterungserscheinungen aufweisen.

Rohe Zirkonerde erweicht infolge ihres Gehaltes an flußbildenden Stoffen wesentlich niedriger als reine Erde. Über den Einfluß keramischer Bindung berichtet Bigot, daß die Erweichungstemperatur einer Zirkonerde mit 3—6 vH Kaolinbindung, die der Wirkung nach mit 3 vH Kalkbindung gleichwertig sei, noch über den Schmelzpunkt des SK 42 liege. Die Goebelschen Versuchstiegel mit keramischer Bindung wiesen, bei SK 40 gebrannt, nach dem Berichte von Deyerlein (a. a. O.) noch keinerlei Schmelzerscheinungen auf. Cramer und Hecht[1]) führen an, daß Zirkontiegel mit keramischer Bindung (Löthainer Ton) schon bei 1900° C Entformungen erlitten, Blasen zogen und unansehnlich wurden. Andere Forscher geben sogar noch niedrigere Erweichungstemperaturen von gebundener Zirkonerde, z. B. 1800° C, an.

Bodin (a. a. O.) hat für unreine Zirkonerde folgende Druckfestigkeiten ermittelt.

bei	20° C ...	395 kg/cm²	bei	1300° C ...	90 kg/cm²
„	800° C ...	275 „	„	1500° C ...	10 „
„	1000° C ...	345 „			

Demnach steht die Zirkonerde in bezug auf die Druckfestigkeit bei der sonstigen Höchstwerttemperatur (1000° C) unter den von diesem Forscher untersuchten Stoffen an drittletzter bzw. bei der höchsten angewendeten Temperatur (1500° C) an letzter Stelle.

Nach H. E. Coley[2]) lassen sich aus Zirkonerde nach Entfernung ihrer Verunreinigungen und bei bestimmter Art der Formgebung Scherben von größerer Widerstandsfähigkeit gegen Druck in der Hitze erzeugen, als dies bei anderen feuerfesten Werkstoffen erreichbar ist.

F. Hartmann[3]) beobachtete an Zirkonoxydmassen, die bei SK 30/31 schmolzen und 51,5 vH bzw. 68,9 vH Zirkon-4-oxyd enthielten, einen Erweichungsbeginn bei 1055° C bei einer Belastung von 2 kg/cm²; der haltlose Zusammenbruch erfolgte bei 1100° C, während für Zirkonziegel

[1]) Nach Cramer u. Hecht; Ullmann, F.: Enzyklopädie der Technischen Chemie, Bd. XI, S. 273. Berlin-Wien: Urban und Schwarzenberg. 1922.

[2]) Coley, H. E.: Journ. Birmingham Met. Soc., Vol. 7, Techn. Rev. Vol. 9, Nr. 10, Part. 14; Ref. Tonind.-Z. 45, 1921, S. 707.

[3]) Hartmann, F.: Ber. Werkstoffaussch. V. d. Eisenh., Nr. 92.

Schmelzpunkte von 2563—2600° C[1]) gefunden wurden. Deyerlein (a. a. O.) berichtet über den Einfluß von Magnesia auf die Feuerfestigkeit der Zirkonerde: Ein Gemenge aus gleichen Teilen der beiden Oxyde gab, bei 1400—1500° C gebrannt, einen vollkommenen Schmelzfluß; mit zunehmendem Zirkonerdegehalt verringerte sich diese verflüssigende Wirkung; Mischungen mit 30 vH Magnesia hielten obiger Brenntemperatur thermisch bereits stand.

Eine weitere Auswirkung der Bindemittel ist die Beeinflussung der Schwindungs- und Dichtigkeitsverhältnisse. Auch hier spielt die Art des Bindemittels eine große Rolle. Keramische Bindung vergrößert die Schwindung nicht in dem Maße wie ein Zusatz von Magnesia. Nach Bigot[2]) besitzen Zirkonerdemischungen mit 3—6 vH Kaolin (oder 3—4 vH Kalk) bei SK 34 nur geringe Schwindung; 30 vH Magnesia verursachten nach Weiß (Ref. Deyerlein, a. a. O.) bei 1400—1500° C (vgl. oben) eine derart hohe Schwindung, daß beim Brennen zahlreiche starke Risse auftraten; erst Massen mit 10 vH Magnesia, die unter Zusatz von Phosphorsäure verformt wurden, hielten sich in gestaltlicher Hinsicht bei der angewendeten Brenntemperatur einwandfrei. Auch die Bildung der oxydischen Reduktionsstoffe (ZrO, Zr_2O_3) kann die Raumbeständigkeit nachteilig beeinflussen, da diese Oxyde beim Erhitzen an der Luft sich wieder unter Sauerstoffaufnahme in das Zirkon-4-oxyd umwandeln, wodurch eine Raumvergrößerung eintritt, die von nachteiligen Folgen für das Gefüge und die mechanische Festigkeit begleitet ist. Auf die Möglichkeit, die Schwindung des Zirkonoxydes durch Zusatz von schärfer geglühter Erde oder überhaupt durch Verwendung von hoch vorgebrannter Erde in zulässigen Grenzen zu halten, wurde bereits verwiesen (vgl. S. 504).

Einen für die praktische Verwendung der Zirkonerzeugnisse brauchbaren Grad der Verdichtung und Verfestigung erreicht man entweder durch eine wesentlich gesteigerte Brenntemperatur (1800—2000° C) oder bei niedrigerer Brenntemperatur durch Zusätze von anderen hochfeuerfesten Oxyden, auch durch Überziehen der vorgebrannten Masse mit Borsäure, Phosphorsäure (Podszus, a. a. O.), Eisenoxyd oder ähnlich wirkenden Flußbildnern (D.R.P. 398158, 1920, von R. Schnabel). Die verdichtende Wirkung einer hohen Brenntemperatur kann nach D.R.P. 382556 und 595845 durch Anwendung gewisser, die Verdichtung fördernder chemischer Stoffe, z. B. Salmiak (NH_4Cl), unterstützt werden. An Zusätzen sind versuchsweise zur Verwendung gelangt: Magnesia, Tonerde, Beryllerde, Yttererde, Thorerde, Vanadinoxyd und Kieselsäure. Der Wirkung dieser Verdichtungsmittel ist eine Grenze in ihrer Verflüchtigungstemperatur gesetzt. Die verdichtende Wirkung der Magnesia erstreckt sich bis etwa 2000° C. Ähnlich wie Magnesia wirken nach Ruff und Lauschke (a. a. O.) kleine Zusätze der obgenannten Oxyde; am günstigsten erwiesen sich bis etwa

[1]) Ruff u. Lauschke: Sprs. 49, 1916, S. 270; Arnold: a. a. O.

[2]) Bigot: Ref. Tonind.-Z. 45, 1921, S. 583.

2000° C 1 vH Tonerde, bis 2200° C 1 vH Thorerde, bis 2400° C 1—3 vH Yttererde, während Kieselsäure schon unter 2000° C, Berylliumoxyd bei einem 1 vH übersteigenden Zusatz bei 2000° C nicht nur selbst verdampft, sondern auch die Verflüchtigung bedeutender Mengen des Zirkonoxydes verursacht.

Die restlose Entfernung der als Überzüge verwendeten Säuren gelingt nach Podszus durch Brennen bei 2100° C.

Alle nicht höchst feuerfesten und bei hohen Temperaturen flüchtigen Verunreinigungen, Bindemittel oder Dichtungsmittel, hinterlassen bei ihrer Verdampfung Hohlräume und Blasen, die den Scherben wieder porös und weniger fest machen, so daß ein gutes Dichtbrennen von Zirkonerdemassen kaum zu erreichen ist.

Die chemische Widerstandsfähigkeit der Zirkonerde bei hohen Temperaturen ist im allgemeinen sehr bedeutend. In oxydierender Atmosphäre bleibt sie bis zu den höchsten Temperaturen unverändert. Der geringere Reduktionswiderstand erhellt bereits aus den unter „Wechselwirkungen" angeführten Umsetzungen mit Kohlenstoff.

Gegenüber festen oder feurigflüssigen Stoffen bewährt sich das Oxyd auch in hohen Temperaturen sehr gut; es wird im Temperaturgebiet bis zu 2000° C weder von Metallschmelzen noch von geschmolzenen Alkalien, Silikaten und Kieselsäuren angegriffen. Von Schlacken wird es weniger als die meisten anderen hochfeuerfesten Oxyde korrodiert. Nach Waeser (a. a. O.) greifen schmelzendes Bisulfat ($KHSO_4$, $NaHSO_4$) und geschmolzene Fluoride, diese unter Bildung von löslichem Kaliumzirkonfluorid, langsam an.

Einen günstigen Einfluß auf die chemische Widerstandsfähigkeit üben alle die Verdichtung fördernden Maßnahmen wie elektrisches Schmelzen der Erde und Zusätze von Sintermitteln. Geschmolzenes Zirkonoxyd ist sogar gegen schmelzenden Quarz widerstandsfähig. Aus Goebel-Tiegeln mit 10 vH Magnesia lösten nach Deyerleins Bericht geschmolzene Alkalioxyde und Bisulfate nur ganz unbedeutende Mengen von Zirkonoxyd und Magnesia.

Über Vorkommen und Verwendung der Zirkonerde siehe bei Zirkon, S. 515.

II. Zirkon

Zirkon ist ein meist gelbrot- bis braungefärbtes, zirkonoxydhaltiges Mineral magmatischen Ursprunges, das meist in sauren Gesteinen, besonders in Pegmatiten und Syeniten, überdies auch in Edelsteinseifen vorkommt.

Die kristallographischen und physikalischen Eigenschaften des Zirkons sind in Tabelle 110 verzeichnet.

Die Dichte des Zirkons steht zur Härte in enger Beziehung; die spezifisch leichteren Sorten besitzen eine geringere, die dichten, schweren Arten eine größere Härte als 7.

Tabelle 110. Kristallographische und physikalische Eigenschaften

Bezeichnung	KS	s	H	t	$\lambda \times 360$	c	$\beta \times 10^6$	Cal/cm³	DK
Zirkon	tetragonal	4,0—4,7	7—8	21—51		0,132[1]			
		4,5—4,6[1]		15—100		0,146[3]			
		3,6—4,1 (Malakon)	5—6 (Malakon)	40			//c: 44,3[1] ⊥c: 23,3[1]		
				100				0,47[5]	
Zirkon von Florida, vorgebrannt bei SK 9—10				25			2,7[6]		
Zirkon									//c: 12,6[7] ⊥c: 12,8[7]
Zirkon				100			2,5[4]		
Zirkon in Bindung					etwa ½ höher als die von Schamottesteinen[2]				

[1]) L. B. Tab.
[2]) Norton, F. H.: Journ. Am. Cer. Soc., 1927, Jännerheft, S. 30—52; Tonind.-Z. 51, 1927, S. 394.
[3]) Hougens Tab., a. a. O.
[4]) Brick and Clay Record, Nr. 10, Mai 1927, S. 781; Tonind.-Z. 51, 1927, S. 1126.
[5]) Green: a. a. O.
[6]) Shearer u. Wyckoff: a. a. O.
[7]) Doelter, C.: Handbuch der Mineralchemie. Bd. III/1, S. 145. Dresden-Leipzig: Th. Steinkopff. 1918.

Nach W. Schmidt[1]) ist Zirkon Nichtleiter der Elektrizität.

Er enthält als Hauptbestandteil Zirkon-4-oxyd (Grenzwerte etwa 63—68 vH ZrO_2) und Kieselsäure. Über seine chemische Natur herrschen noch verschiedene Meinungen. Die Tatsache, daß das Verhältnis der beiden Oxyde oft sehr wesentlich von der dem Silikat $ZrSiO_4 = ZrO_2 \cdot SiO_2$ entsprechenden Zusammensetzung abweicht, führte gegenüber der älteren Auffassung als Orthosilikat des Zirkonimus, die auch Weiß und Lehmann (a. a. O.) unter Betonung seiner „auffallend konstanten" Zusammensetzung vertreten, zur Ansicht, daß im Zirkon eine isomorphe Mischung der Oxyde (ZrO_2 und SiO_2) vorliege. Auch das Gemisch $2\,ZrO_2 \cdot 3\,SiO_2$ (Auerbachit) wird von den beiden Autoren als keine beliebige Mischung angesehen.

An Beimengungen enthält der Zirkon etwa die gleichen wie die derbe Zirkonerde, insbesondere auch nie fehlendes Eisenoxyd, dessen Menge zuweilen sogar sehr beträchtlich ist. Zersetzte Zirkone (Malakone, $ZrSiO_4 \cdot H_2O + (U_2O_3 \cdot Y_2O_3 \cdot Er_2O_3 \cdot Ce_2O_3)$ sind durch seltene Erden verunreinigt und stets wasserhaltig. Doelter[2]) nennt als eine das Zirkonoxyd isomorph vertretende Verbindung Zinndioxyd (SnO_2).

[1]) Schmidt, W.: Ann. Phys. 9, 1902, S. 919; Doelter, C.: Handbuch der Mineralchemie, Bd. III/1, S. 145. Dresden-Leipzig: Th. Steinkopff. 1918.
[2]) Doelter, C.: Wie Fußnote [1]), S. 140.

Manchmal tritt Zirkon in so großer Reinheit auf, daß seine Zusammensetzung von der des Orthosilikates nur unwesentlich abweicht.

Analysenbeispiele sind in Tabelle 111 enthalten.

Tabelle 111. Analysenbeispiele

Bezeichnung	ZrO_2	SiO_2	Fe_2O_3	Al_2O_3	CaO	MgO	KNa	Glühverlust	H_2O
Zirkon, theoret.	67,03	32,97							
Madagaskar[1])	66	33	1 (Summe Fe_2O_3 bis Glühverlust)						
Toskana (weiß)[2])	66,82	33,11	0,35						0,43
Ceylon (weiß)[2])	64,25	33,86	1,08						
Schweden (braun)[2])	65,76	32,44	0,42		0,09				0,46
Aus dem Küstensand von Florida, gereinigt[3])	98,5 (ZrO_2 + SiO_2)		$+P_2O_5+TiO_2$ 1,5 (Fe_2O_3 + Al_2O_3)						

[1]) Bigot: Ref. Tonind.-Z. 45, 1921, S. 583.
[2]) Doelter, C.: Handbuch der Mineralchemie, Bd. III/1, S. 134. Dresden-Leipzig: Th. Steinkopff. 1918.
[3]) Shearer, W. L.: The Ceramist, Vol. 5, 1925, S. 326; Ref. Sprs. 59, 1926, S. 713.

Zirkon ist wasser- und säureunlöslich; er wird erst nach längerer Behandlung mit Schwefelsäure zersetzt.

Unter dem Einfluß der Atmosphärilien wandelt sich das Mineral bei gleichzeitiger Wasserbindung in kolloidale Zersetzungsprodukte (Malakon und andere) um.

Bei der Einwirkung von konzentrierter Schwefelsäure auf geglühten und abgeschreckten Zirkon geht das Zirkonoxyd allmählich in wasserlösliches Sulfat $Zr(SO_4)_2$ über; aus dieser Lösung kann auf dem schon angedeuteten Wege (vgl. S. 502) Zirkonoxyd erhalten werden; die Hauptmenge des Oxydes wird jedoch aus der natürlichen Erde gewonnen. Auch die Bisulfatschmelze liefert nach Abscheidung der Kieselsäure Zirkonsulfat, aus dem durch Fällung mit Soda, Auflösung des Niederschlages in Schwefelsäure und fraktionierte Fällung mit Soda, Oxalsäure und Ammoniak ein vom Eisen befreites Zirkonoxyd erhalten werden kann. Ein anderer Weg wird von Hermann[1]) betreten; er bedient sich der Sodaschmelze, entfernt durch Wasser das Natriumsilikat, zersetzt das hydrolisierte Zirkonat mit Schwefelsäure und fällt aus dieser Lösung mit Natronlauge Zirkonhydroxyd, das allerdings noch durch Eisen verunreinigt ist. Die Trennung vom Eisen kann durch Kochen der Zirkonsulfatlösung mit Natriumthiosulfat erfolgen, da durch dieses Agens wohl Zirkonhydroxyd, nicht aber das Eisen ausgefällt wird. P. Jost und Ph. Plöcker (D.R.P. 285981) führen Zirkon durch Glühen mit Kohle in das Silizid über, das sie in verdünnter Mineralsäure lösen; durch Eindampfen der Lösung wird das betreffende wasserlösliche

[1]) Hermann: Journ. prakt. Chem. 97, S. 133.

Zirkonsalz erhalten. Auch durch Behandlung mit Flußsäure oder des geglühten Zirkons mit Salzsäure läßt sich Zirkonoxyd gewinnen (Dammer, S. 445/46).

Brennverhalten

Zirkon erfährt beim Brennen eine Erhöhung seiner Dichte, besitzt daher Schwindungsvermögen.

Die Änderungen seiner thermischen und elektrischen Eigenschaften in höheren Temperaturen sind aus Tabelle 112 ersichtlich.

Tabelle 112. Thermische und elektrische Eigenschaften in höheren Temperaturen

Bezeichnung	t	$\lambda \times 360$	$\beta \times 10^6$	Cal/cm³	W in Ω/cm³
Zirkon in Bindung	1130 1200	0,9—2,4[1]			1232[1]
Zirkon	1000			0,852[2]	
Zirkon von Florida, vorgebrannt bei SK 9—10. Ausdehnung etwas geringer als von Mullit[3]	150 250 375 575 650 850 20—500		3,3 3,7 4,1 4,9 4,9 4,5 3,8		
Zirkon	200 300 600 1000	1,26	3,0[4] 3,3[4] 4,0[4] 4,6[4]		

[1]) Hougens Tab., a. a. O.
[2]) Green: a. a. O.
[3]) Shearer und Wyckoff: The Ceramist, Vol. 7, 1926, S. 349—383; Sprs. 60, 1927, S. 385.
[4]) Brick and Clay Record, a. a. O.

Das Ausdehnungsverhalten beim Brennen ist in Abb. 82 nach den von Shearer und Wyckoff ermittelten (Kurve 1) und den von „Brick and Clay Record" (Kurve 2) mitgeteilten Werten graphisch dargestellt. Auffallend ist der verschiedenartige Verlauf der Kurven. Beim vorgebrannten Zirkon von Florida nimmt die Ausdehnung nach Erreichung und kurzer Andauer eines Maximums, das in nächster Nähe des Quarzumschlages liegt, wieder ab, während der rohe Zirkon einen fast gleichmäßigen Anstieg des Ausdehnungskoeffizienten zeigt.

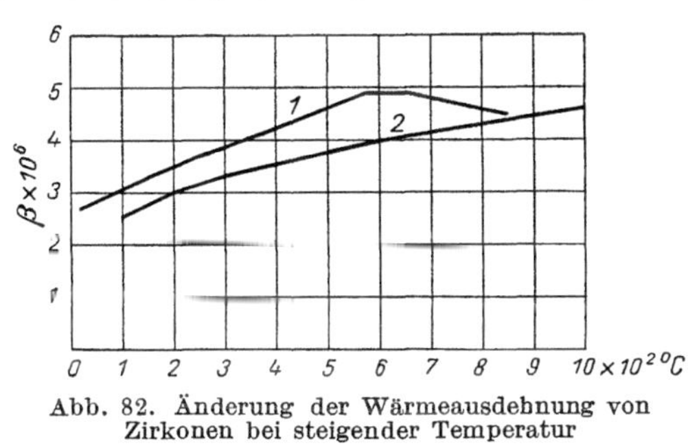

Abb. 82. Änderung der Wärmeausdehnung von Zirkonen bei steigender Temperatur

Die Temperaturempfindlichkeit des Zirkons in Bindung ist im allgemeinen gering. Shearer[1]) berichtet, daß poröse, bei SK 12 gebrannte keramische Massen mit Zirkongehalten von 30, 60 und 75 vH besonders unempfindlich gegen schroffen Temperaturwechsel sind.

Der elektrische Widerstand ist auch bei hohen Temperaturen noch ziemlich bedeutend.

In optischer Hinsicht erleiden die braunen und roten Arten (Hyazinth) nach Doelter[2]) beim Erhitzen an der Luft auf etwa 700° C eine Farbenänderung; es tritt entweder Entfärbung oder mindestens Aufhellung ein; gelbgrüne Zirkonite bleiben dagegen unverändert.

Zirkon erweicht vor dem Schmelzen. In Bindung erleidet er bei 1510° C unter einer Belastung von 3,5 kg/cm² völlige Entformung[3]).

Als Schmelztemperatur fanden Doelter[4]) 2000° C, E. W. Washburn und E. Libmann[5]) 2550° C.

Im Boraxschmelzfluß ist Zirkon nur schwierig löslich.

Chemische Veränderungen erfährt der Zirkon — mit Ausnahme einer thermischen Dissoziation in seine Oxydbestandteile, die beim Erhitzen auf über 1800° C eintreten soll — nicht[6]).

Er tritt im allgemeinen sowohl mit sauren als auch basischen Stoffen schwierig in Wechselwirkungen. Beispielsweise beobachteten A. F. Gorton und W. H. Groves (a. a. O.) eine Reaktion zwischen Zirkon und Magnesia erst bei SK 37—38. Mit Zirkonerde bildet er ein bei 2300° C schmelzendes Eutektikum[7]). Mit geschmolzenem Fluoralkali tritt er wie die Zirkonerde unter Bildung von Alkalisilikofluorid und Alkalizirkonfluorid verhältnismäßig leicht in chemische Wechselwirkung. Alkalischmelze führt zur Bildung von Alkalizirkonat (Na_4ZrO_4) und -silikat (Na_4SiO_4). Auch mit Tonsubstanz scheint er vergleichsweise leichter zu reagieren. Bigot[8]) führt als Schmelzpunkt eines Gemenges von Kaolin (KSP 36) und Zirkon (KSP 42) die Temperatur von 1460° C, eines Gemisches von 83 Teilen Zirkon, 5 Teilen Kalk und 12 Teilen Eisenoxyd die Temperatur von 1830° C an. Ähnlich wie Kaolin soll auch Beryllerde wirken.

Gegenüber Luftsauerstoff ist Zirkon ebenso widerstandsfähig wie Zirkonerde, dagegen beträchtlich beständiger als diese gegenüber Reduktionsmitteln.

---

[1]) Shearer: The Ceramist, Vol. 5, 1925, S. 326; Sprs. 59, 1926, S. 713.

[2]) Doelter, C.: Handbuch der Mineralchemie. Bd. III/1, S. 146. Dresden-Leipzig: Th. Steinkopff. 1918.

[3]) Hougens Tab., a. a. O.

[4]) Doelter, C.: a. a. O., S. 142.

[5]) Washburn, E. W. u. E. Libmann: Journ. Am. Cer. Soc., 3, 1920, S. 634—640.

[6]) C. r. 177, 1923, S. 1290; Ker. Rundsch. 32, 1924, S. 671.

[7]) Hougens Tab., a. a. O.

[8]) Bigot: Ref. Tonind.-Z. 45, 1921, S. 583.

In hohen Hitzegraden bleibt er von Metallen unangegriffen; ziemlich gut widersteht er dem Einflusse von sauren Stoffen und basischen Schlacken; hingegen wird er, wie schon aus der Reaktionsfähigkeit hervorgeht, von Alkalien, neutralen und sauren Fluoriden leicht angegriffen. Aufschlußstoffe sind saures Kaliumfluorid ($KHF_2 = KF \cdot HF$), Natriumfluorid und Ätznatron, Ätzkali allein, Alkalikarbonate und -bisulfate, Kaliumborfluorid und Pottasche[1]). Ein starker Angriff ist auch von Pyrit, Markasit und Einfachschwefeleisen zu verzeichnen.

Vorkommen

Zirkonerde und Zirkon finden sich in der Natur häufig vergesellschaftet. Europäische Vorkommen liegen im südlichen Norwegen (Zirkon in Syeniten), in Schweden, Italien (Toskana) und im Ural bei Miask (Zirkon).

In Deutschland finden sich geringe Mengen in Sachsen (Sebnitz) und am Laacher See; in der Tschechoslowakei bei Meronitz, in Rumänien bei Ohlapian in Siebenbürgen, in Österreich im Pfitschtal (Tirol). Diese Vorkommen haben für die Gewinnung der Zirkonmineralien keine Bedeutung. In technisch nutzbaren Lagerstätten findet man sie nur in Brasilien in den Staaten Sao Paulo (Baddeleyit), mit Zirkon in Minas Geraes (Sierra de Caldas) und in den Vereinigten Staaten in Nord-Karolina bei Green River (Umgebung von Zirkonia) im Henderson-Bezirk. Geringere Bedeutung besitzen die Fundstätten in Kolorado, New Yersey und Pennsylvanien, ferner in Kanada und in den Küstensanden von Florida. Als fast reine Erde tritt Baddeleyit neben Zirkon in den Edelsteinseifen von Rakwana auf der Insel Ceylon auf. Weitere Vorkommen bergen Australien, Tasmanien, Madagaskar und Indien. Nach Kirchner (a. a. O.) werden ausgedehnte Lager von Zirkonerzen („ganze Landkomplexe") um den Nordpol herum vermutet.

Verwendung

Die Hauptverwendung der Zirkonmineralien liegt wegen ihres verhältnismäßig hohen Preises nur auf dem Gebiete von Sondererzeugnissen, an die ganz besondere Anforderungen in thermischer, elektrischer oder chemischer Hinsicht gestellt werden (hochfeuerfeste Ziegel, Zirkonsteine aus Zirkonerde, die zur Ausfütterung von elektrischen Öfen dienen, Schmelztiegel, Laboratoriumsgeräte, Spezialmassen, z. B. Nernstmasse, Anstrichmassen und Mörtel).

Ein als „Terrar" bezeichnetes Zirkonpräparat, ferner Zirkonborat, Zirkonerde und andere zirkonoxydhaltige Stoffe werden als Zinndioxydersatz zur Weißtrübung von Glasuren und Emails verwendet.

Im allgemeinen bildet vorwiegend rohe (oder mit Salzsäure gereinigte) Zirkonerde wegen ihres reichlicheren Vorkommens den Werkstoff der Zirkonindustrie.

---

[1]) Dammer, O. Peters, F.: Chemische Technologie der Neuzeit, 2., erweiterte Aufl., S. 445/46. Stuttgart: F. Enke. 1925.

Die Erzeugung von Zirkonwaren größerer Abmessungen aus reiner Zirkonerde begegnet insoferne Schwierigkeiten, als es zufolge der hohen Sinterungstemperatur und Ungleichmäßigkeit der Sinterung kaum möglich ist, einen rissefreien Scherben von entsprechender Festigkeit und Dichte zu erhalten. Diese Nachteile sucht man durch Vorbrennen im zerkleinerten Zustande, elektrisches Schmelzen und feinste Vermahlung, ferner durch Zusätze, welche die Porigkeit herabsetzen, und Anwendung einer Brenntemperatur, die der Gebrauchstemperatur der Erzeugnisse entspricht, zu beheben. Als Bindemittel werden verwendet: Phosphorsäure, Borsäure, Borax, Pottasche (D.R.P. 245869), ferner Zirkonhydroxyd, Kaolin, Kalk, Magnesia (D.R.P. 347957), Glyzerin, Teeröl, Dextrin, Stärkekleister, Mehlkleister, Weizenmehl, Tragant und andere.

Rieke[1]) erreicht bei Verwendung gemahlener und mit Salzsäure gereinigter brasilianischer Erde unter Zusatz von Mehlkleister im Porzellanscharffeuer hinreichende Festigkeit, Ruff das gleiche Ergebnis durch Zusatz von 3 vH Magnesia und 1 vH Stärke bzw. 6 vH Borax. A. Spengel[2]) empfiehlt die Verwendung der schon genannten Verdichtungsmittel und erreicht mit 1 vH Thorerde (ThO_2) noch bei 2200° C eine Verminderung der Porigkeit auf etwa 2 vH. Knöhler und Co. (D.R.P. 285934) stellten hochfeuerfeste, auch Temperaturen über 2000° C standhaltende Ziegel aus reiner, in Wasser aufgeschlämmter Zirkonerde durch starke Pressung und Brennen her. Bayer (a. a. O.) erzielte eine sehr bildsame Masse von einem über 2300° C liegenden Schmelzpunkt durch Vermengung der rohen oder gereinigten Zirkonerde mit wasserhaltigem Zirkonhydroxyd und Stärkekleister. Nach Shearer (a.a.O.) werden gute Tiegel aus folgenden Gießmassen erhalten:

A) 90 Gt Zirkon, 10 Gt ball clay, 20 Gt des Trockengewichtes der Masse an Wasser, 0,05 Gt Soda und 0,07 Gt Wasserglas;

B) 70 Gt Zirkon, 30 Gt ball clay, 28 Gt Wasser, 0,10 Gt Soda und 0,09 Gt Wasserglas.

Zirkontiegel sollen im allgemeinen gute Temperaturwechselbeständigkeit besitzen. Reines Zirkonoxyd wird der hohen Herstellungskosten halber nur auf chemische Geräte verarbeitet.

Nach D.R.P. 433199 von G. Kallen[3]) werden diese Erzeugnisse und aus Rohzirkon hergestellte Schmelztiegel auch mit einem Emailüberzug versehen, der den gleichen Ausdehnungskoeffizienten wie der Scherben der Ware besitzt. Erzeugnisse aus Zirkonverbindungen von großer Haltbarkeit und Widerstandsfähigkeit gegen physikalische und chemische Einflüsse stellen unter anderen Fa. Heräus in Hanau (D.R.P. 179570) und die Allgemeine Elektrizitätsgesellschaft (AEG.), Berlin, her.

In neuerer Zeit werden Zirkonmineralien auch als Versatzstoffe besonderer keramischer Massen, z. B. von Elektroporzellan, Zündkerzen-

---

[1]) Rieke: Sprs. 41, 1908, S. 214.

[2]) Spengel, A.: Tonind.-Z. 41, 1917, S. 175.

[3]) Kallen, G.: Sprs. 60, 1927, S. 80.

porzellan, als Ersatz des nicht raumbeständigen Quarzes, ferner als Mahl- und Futtersteine für Trommelmühlen empfohlen[1]). Nach einem amerikanischen Patent[2]) soll die Sinterungstemperatur von Karborundummassen durch Zusatz von Zirkon (und Aluminiumsilikaten, Al_2SiO_5) erhöht und das Brennbereich erweitert werden.

Als Anstrichmasse (Überzug) verwendet man Zirkonmineralien zur Erhöhung der Widerstandsfähigkeit des Futters von Industrieöfen gegen den Angriff von Schlacken und Flugstaub, z. B. nach D.R.P. 261445 von A. B. Schwarz ein Gemenge von gemahlenem Baddeleyit und Wasserglas, oder sogenanntes Zirkallit. Hirsch[3]) empfiehlt Zirkonschutzmassen auch für Kalköfen. Zirkallit (Anstrichmasse und Mörtel), ein Erzeugnis des Zirkallitwerkes Neuß (D.R.P. 402020), ist eine zirkonhaltige Masse von geringer Wärmeausdehnung und -leitfähigkeit und großer chemischer Widerstandsfähigkeit gegen verschiedenartige Metalloxyde, -sulfide, Metalle, Schlacken, Alkalidämpfe und Feuergase; sie wird aus roher Zirkonerde unter Zusatz von verschieden hoch erweichenden Bindemitteln hergestellt und besitzt eine niedrige Sinterungstemperatur (Rotglut), erweicht bei etwa 1250° C, schmilzt aber erst bei 1900° C; Zirkallit bildet ein unzerstörbares, guthaftendes Schutzmittel gegen die Zerstörung von Schamotte- und Silikaziegeln, insbesondere in Hochöfen, und wird ferner als Anstrich von Tonmuffeln, Graphittiegeln und zur Veredelung hochwertiger Schamotteziegel bzw. als Mörtel zum Ausfugen des Ofenmauerwerkes verwendet[4]).

Die Erzeugung von zirkonhaltigen Trübungsmitteln für Glasuren und Emails beinhalten D.R.P. 289102, 1911, der Ver. chem. Fabriken Landau, Kreidl, Heller und Co., D.R.P. 422600 von J. Kreidl und D.R.P. 421955, 1922, der Deutschen Gasglühlicht-Auer-Ges. m. b. H., Berlin. Die zur Herstellung von Zirkonoxyd enthaltenden Trübungsmitteln, insbesondere aus Zirkonsilikat, verwendeten Verfahren bedienen sich nach dem Patent von Kreidl des alkalischen Aufschlusses und der Überführung der vorhandenen Kieselsäure in Kieselfluorverbindungen durch Behandlung des Aufschlußproduktes mit Flußsäure. Nach D.R.P. 274860 wird zur Herstellung eines zirkonhaltigen Weißtrübungsmittels aus Zirkon diesem durch Erhitzen mit NaOH auf etwa 550° C nur ein Teil der Kieselsäure entzogen. „Terrar" ist die Handelsbezeichnung eines Zirkonpräparates, das als Trübungsmittel in der Emailindustrie und bei der Glasurbereitung, ferner auch zur Erhöhung der Deckkraft weißbrennender Begüsse verwendet wird. Es besteht nach R. H. Minton[5]) im wesentlichen aus Zirkonoxyd und Zirkonsilikat, häufig wird unter dieser Bezeichnung nur die käufliche Zirkon-

[1]) Ker. Rundsch. 31, 1923, S. 329ff.; Tonind.-Z. 45, 1921, S. 858; Shearer: a. a. O.

[2]) Ref. Waeser: a. a. O.

[3]) Hirsch: Tonind.-Z. 51, 1927, S. 816—820 u. 836—839.

[4]) Ker. Rundsch. 33, 1925, S. 419; Liepus, T.: Sprs. 59, 1926, S. 405.

[5]) Minton, R. H.: Journ. Am. Cer. Soc., Jänner 1920; Ref. Ker. Rundsch. 31, 1923, S. 450.

erde verstanden. Vor dem üblichen Weißtrübungsmittel, dem Zinndioxyd, das es ebenso wie Zirkonoxyd, Zirkon, Zirkonborat, -aluminat und verschiedene Mischoxyde ganz oder zum Teile zu ersetzen vermag, besitzt es den Vorzug der Ungiftigkeit und schwierigen Reduzierbarkeit; es liefert ferner säurebeständige Glasuren und Emails, doch ist die trübende Kraft dieser Zinnersatzstoffe von der Zusammensetzung der Grundglasur abhängig, da im allgemeinen ihr Lösungsvermögen im Glasflusse größer ist als das des Zinndioxydes[1]). Kraze[2]) erzielte Glasurtrübungen auch durch Verwendung von Zirkonfluorid.

Siloxydglas ist ein Gemenge von geschmolzenem Quarz und Zirkonoxyd, das nach Kirchner (a. a. O.) alle Vorzüge des Quarzglases besitzt, aber gegen den Angriff von Schwermetalloxyden widerstandsfähiger ist und beim Gebrauche nicht kristallin wird.

Über die Wirkungen von Zirkonoxyd in Massen, die zum Auskleiden von Tiegeln dienen, in denen Eisen, Nickel oder Platin geschmolzen wird, berichten L. Jordan, P. P. Peterson und L. H. Phelps (a. a. O.): Zirkonoxyd, das für diese Zwecke nur geringe Mengen Phosphor enthalten darf, steigerte als Zusatz zur Magnesiamasse die Festigkeit bedeutend, doch nahm reines Eisen aus dem Zirkonfutter einen beträchtlichen Teil von Kieselsäure auf; zum oxydierenden Schmelzen von Platin und Platin-Rhodium-Legierungen erwiesen sich Auskleidungsmassen aus Zirkonoxyd, das frei von Kohle und säurelöslichen Eisenverbindungen war, mechanisch und thermisch bei langsamer Anwärmung und Abkühlung als sehr geeignet.

Das sehr harte Zirkonkarbid kann nach Weiß[3]) als Schleifmittel verwendet werden.

Nach D.R.P. 440574, 1924, der Deutschen Gasglühlicht-Auer-Ges. m. b. H., Berlin (Erfinder G. v. Hevesy, Kopenhagen)[4]), soll auch das der Zirkonerde stets beigemengte Hafniumoxyd bzw. eine Mischung mehrerer Hafniumverbindungen, unter denen besonders das Silizid und Karbid sehr brauchbar seien, zufolge ihrer hohen thermischen Widerstandsfähigkeit und Säurefestigkeit z. B. zur Erzeugung von Tiegeln Verwendung finden[4]).

Zirkonverbindungen und einige andere seltene Erden (Thorerde, Cererde, Lanthanoxyd und andere) entsprächen in ihren Eigenschaften weitgehenden Anforderungen der „feuerfesten“ Industrie. Das, wenn auch nicht spärliche, doch wenig verbreitete Vorkommen technisch verwertbarer Lagerstätten und die umständlichen, nicht immer erfolgreichen, teuren Reindarstellungsmethoden, die den hohen Preis bedingen, drücken die Bedeutung dieser Werkstoffe für die Industrie der höchstfeuerfesten Erzeugnisse herab.

---

[1]) Ker. Rundsch. 34, 1926, S. 243.

[2]) Kraze: Ber. Deutsch. Ker. Ges. 3, 1922, S. 157—161.

[3]) Weiß: Z. anorg. Chem. 65, 1910, S. 178.

[4]) Sprs. 60, 1927, S. 492; Tonind.-Z. 51, 1927, S. 862.

K. Titansäure

Die Titansäure, das Oxyd des Titanmetalles, TiO_2, kommt als häufiger Begleitstoff von Kaolinen, Tonen, Bauxiten und anderen Mineralstoffen, aber auch in selbständigen Lagern vor und wird in neuerer Zeit auch als Werkstoff säurefester keramischer Massen genannt. Man kennt von ihr eine größere Anzahl Erscheinungsformen, nämlich fünf oder sechs, dem tetragonalen, eine dem rhombischen System angehörende Modifikation und eine kolloidale Zustandsform, den Doelterit.

Tetragonale Formen sind Rutil, Edisonit, Sagenit, Nigrin (eisenhaltig), Anatas (Oktaedrit), und Paredrit, wahrscheinlich ein wasserhaltiger Rutil; rhombisch kristallisiert nur der Brookit (Arkansit). Außerdem existieren noch einige seltenere Eisen- oder Kalk-Titan-Verbindungen, so der Ilmenit (Titaneisen $= FeO \cdot TiO_2$), Perowskit ($CaTiO_3$), der kieselsäurehaltige Titanit ($CaO \cdot TiO_2 \cdot SiO_2$) und andere.

Die bei allen Temperaturen beständige und keramisch wichtige Form der Titansäure ist Rutil, der für eine magmatische Ausscheidung oder pneumatolytische Bildung gehalten wird.

Über seine physikalischen Eigenschaften gibt Tabelle 113 Aufschluß.

Tabelle 113. Physikalische Eigenschaften

Bezeichnung	s	H	t	c	$\beta \times 10^6$	$\alpha\, 10^7$
TiO_2			0—100	0,1785[1]		
Rutil	4,2—4,3[1]	6—6,5	14—98	0,1703[1]		
	4,25[1]				//c:9,19[2]	
					9,94[2]	
					//a u.b:7,14[2]	
Rutil (geglüht)			0—100	0,1784[2]		
				0,1787[2]		
TiO_2			0—211	0,1791[1]		4,1

[1]) L. B. Tab.
[2]) Doelter, C.: Handbuch der Mineralchemie, Bd. III/1, S. 15 u. 22. Dresden-Leipzig: Th. Steinkopff. 1918.

Rutil ist bei gewöhnlicher Temperatur elektrischer Isolator; nach Doelter (a. a. O.) besitzt er unter 950° C keine Leitfähigkeit.

In chemischer Hinsicht werden die Rutile, die stets einen mehr oder weniger großen Eisengehalt besitzen, als feste Lösungen von Titansäure und Eisentitanat aufgefaßt. Eisenreiche Varietäten bilden das Mineral „Nigrin". Kieselsäure ist neben Zinndioxyd meist als isomorphe Beimengung vorhanden.

Analysenbeispiele zeigt Tabelle 114.

Tabelle 114. Analysenbeispiele

Bezeichnung	TiO_2	FeO	Fe_2O_3	MnO	MgO
Freiberg[1])	96,75		2,40		
von der Iserwiese[1])	68,99	1,41	28,57	0,32	
St. Yrieux (Frankreich)[1])	98,47		1,53		

[1]) Doelter, C.: Handbuch der Mineralchemie, Bd. III/1, S. 16. Dresden-Leipzig: Th. Steinkopff. 1918.

Rutil ist unlöslich in Wasser, verdünnter Salzsäure und Schwefelsäure, jedoch wie künstliches Titanoxyd bei Behandlung mit konzentrierter Schwefelsäure in der Hitze löslich. Die Entfernung des Eisengehaltes der Rutile ist nach „Dammer" durch Überführung des Eisens in Eisen- oder Eisen-Alkalisulfid möglich, und zwar entweder durch Glühen im Schwefelwasserstoffstrom nach Rose, durch Schwefelschmelze, oder nach D.R.P. 337 395/7, 1917, der Titanium Pigment Co durch Erhitzen mit Alkalisulfid (Sulfate + Kohle) unterhalb der Schmelztemperatur des Gemisches und Behandlung mit verdünnter schwefeliger Säure bestimmter Konzentration, wodurch wohl die Sulfide, nicht aber die Titanate gelöst werden.

Brennverhalten

Feingemahlener Rutil wird beim Erhitzen auf etwa 1000° C verfestigt, sehr hart und nimmt dabei kristallinisches Gefüge an.

Rutil schmilzt nach Cussak[1]) bei 1560° C, ist also fast feuerfest. Das Schmelzverhalten gleicht im allgemeinen dem des Quarzes; er erweicht erheblich unter seiner Schmelztemperatur, wird dann zunächst zähflüssig und erst weit oberhalb des Schmelzpunktes dünnflüssig.

Im chemischen Verhalten bei hohen Temperaturen zeigt die Titansäure Ähnlichkeit mit der Zirkonerde, reagiert aber im allgemeinen nach Kalsing (a. a. O.) bedeutend stärker als diese.

Mit Kohlenstoff bildet sie ein Karbid (TiC), mit Stickstoff und Kohlenstoff eine Verbindung $Ti_{10}C_2N_8$, Cyanstickstofftitan, die sich unter anderem in Hochofenschlacken findet.

Die Reduktion durch Wasserstoff beginnt bei der Titansäure nach Kalsing (a. a. O.) schon 100° tiefer als bei der Zirkonerde; bei 815° C spaltet das Titandioxyd auch ohne Einwirkung von Reduktionsmitteln unter Farbenänderung (rotbraun—grau) Sauerstoff ab; bei 1400° C entspricht die Zusammensetzung des Oxydes der Formel Ti_7O_{12}.

Eine chemische Wechselwirkung zwischen Kalk und Titansäure (1—2 Mol. CaO auf 1 Mol. TiO_2) beobachtete Kalsing bei 675° C, bei Mischungen von Magnesia und Titansäure (2 Mol. MgO auf 1 Mol. TiO_2) bei 725° C; die Menge der gebundenen Erdalkalioxyde nahm mit steigender Hitze zu.

[1]) L. B. Tab.

Titansäure tritt auch mit Kieselsäure, Tonerde und Tonsubstanz in chemische Wechselwirkung.

Im System TiO_2 — SiO_2 (vgl. S. 128) existieren nach Versuchen von Rieke[1]) je zwei Schmelzpunktmaxima und -minima, deren Zusammensetzungen und Schmelztemperaturen aus Tabelle 115 ersichtlich sind. In Abb. 83 ist die von Rieke aufgestellte Schmelzlinie von Titanoxyd-Quarz-Gemischen wiedergegeben.

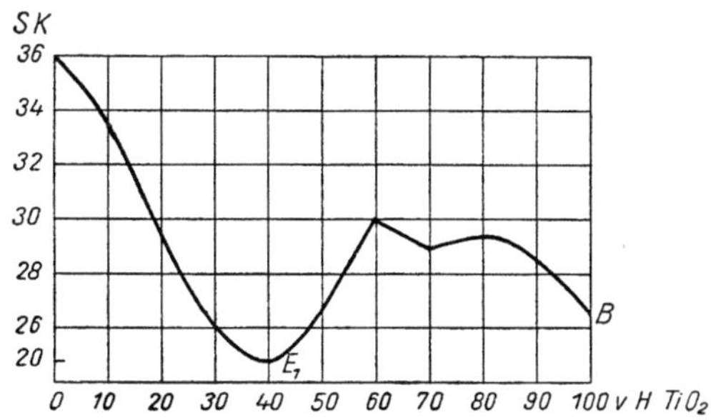

Abb. 83. Schmelzlinie von Quarz-Titansäure-Gemischen; nach Rieke

Mit Tonsubstanz tritt die Titansäure nach Rieke (a. a. O.) unter bedeutender Erniedrigung des Kaolinschmelzpunktes in chemische Wechselwirkung; sie wirkt schon in geringen Mengen und stärker als Quarz verflüssigend.

Tabelle 115. Zusammensetzungen und Schmelzpunkte von Titanoxyd- und Quarzgemischen

Bezeichnung	Molekulare Zusammensetzung	Zusammensetzung in v H		KSP	
		TiO_2	SiO_2	SK	∾ °C
Minimum	$TiO_2 \cdot SiO_2$	∾ 40	∾ 60	20	1530
Maximum	$1{,}13\ TiO_2 \cdot SiO_2$ ∾ (1 : 1)	60	40	∾ 30	1670
Minimum	$1{,}75\ TiO_2 \cdot SiO_2$	70	30	29	∾ 1650
Maximum	$3\ TiO_2 \cdot SiO_2$	∾ 80	∾ 20	29/30	1660

Vorkommen

Als Rutil findet sich die Titansäure oft verwachsen mit Eisenglanz (Fe_2O_3) derb und eingesprengt, in körnigen Aggregaten, selten in Eruptivgesteinen, häufiger in kristallinen Schiefergesteinen.

Deutschland birgt Rutilvorkommen in Sachsen und Bayern; in Österreich findet er sich bei Modriach in Steiermark, bei der Saualpe in Kärnten, im Pfitschtal in Tirol; in der Schweiz am St. Gotthard, in Frankreich bei Limoges (St. Yrieux), in Rumänien bei Ohlaplan in Siebenbürgen, in Norwegen in den Pegmatiten von Arendal, ferner in Spanien, im Ural, in Brasilien (Minas Geraes), in den Vereinigten Staaten (Georgia, Virginien) und in Australien. Technische Bedeutung haben nur die Vorkommen in Pegmatitgängen.

[1]) Rieke: Sprs. 41. 1908, S. 405/06.

Verwendung

Keramisch findet Rutil vornehmlich als Trübungsmittel von Glasuren und Emails, zum Färben von Massen (z. B. Elfenbeinmasse) und Steingut- und Porzellanglasuren, in Form des titankieselsauren Kalkes ($CaO \cdot TiO_2 \cdot SiO_2$) zur Erzeugung von Kristallglasuren, ferner zur Herstellung keramischer Farben Verwendung; selten dient er zur Erzeugung der kostspieligen Rutilsteine für elektrische Öfen. In jüngster Zeit (1924) wurde der Metal & Thermit Corporation (New York) ein Verfahren zur Herstellung feuer- und säurebeständiger Gegenstände aus Rutil patentiert[1]), wonach sich aus einer lufttrockenen, sehr feingemahlenen Rutilmasse, die ohne Zusatz von Bindemitteln geformt und bei hoher Temperatur gebrannt wird, Ziegel, Auskleidungen für Glasschmelzöfen, Gefäße für die Metallindustrie und anderes herstellen lassen sollen. Im keramischen Weißbrand verstärkt ein Titansäuregehalt der Tone, der bis zu 2 vH und höher steigen kann, nach Rieke (a. a. O.) die durch Eisenverbindungen hervorgerufenen Farbtöne, so daß selbst bei geringen Eisengehalten in Gegenwart größerer Mengen von Titansäure keine reinweiße Brennfarbe erzielt werden kann.

Titankarbid besitzt ähnliche Härteeigenschaften wie das Zirkonkarbid und wird daher ebenfalls für Schleifzwecke empfohlen.

L. Beryllerde

Beryllerde (BeO), das Oxyd des Beryllium-Metalles, ist ein Kunststoff, der aus den Beryllmineralien hergestellt wird.

In der Natur findet sich das Oxyd in den Mineralien Phenakit ($2\,BeO \cdot SiO_2$), Chrysoberyll ($BeO \cdot Al_2O_3$), Beryll ($3\,BeO \cdot Al_2O_3 \cdot 6\,SiO_2$), Euklas ($2\,BeO \cdot Al_2O_3 \cdot 2\,SiO_2 \cdot H_2O$) und in wenigen anderen, verwickelt zusammengesetzten Verbindungen. Das wichtigste Mineral ist der Beryll mit etwa 14 vH BeO.

Die Erzeugung der Beryllerde aus Beryll erfolgt etwa im Sinne nebenstehenden Schemas.

Setzt man der Mutterlauge von Kali-Alaun Ammonkarbonat im Überschusse zu, so fällt nur Tonerde- bzw. Eisenoxydhydrat, da sich das ausgeschiedene Berylliumkarbonat im Überschusse des Fällungsmittels auflöst. Diese Trennung von der Tonerde und dem Eisenoxyd verläuft jedoch nicht quantitativ. Aus der Beryllösung kann ein basisches Beryllkarbonat durch Kochen abgeschieden werden.

Beryllerde ist der Magnesia ähnlich; sie bildet entweder ein weißes, voluminöses oder kristallines Pulver. Im chemischen Charakter gleicht sie der Tonerde, da sie starken Basen gegenüber schwach saure Eigenschaften zeigt und anderseits in Säuren, besonders in konzentrierter Schwefelsäure, in der Hitze löslich ist. Ihre wichtigsten Eigenschaften finden sich neben jenen anderer Beryllverbindungen in Tabelle 116.

[1]) D.R.P. 431243, 1924; Ref. Tonind.-Z. 50, 1926, S. 160/61.

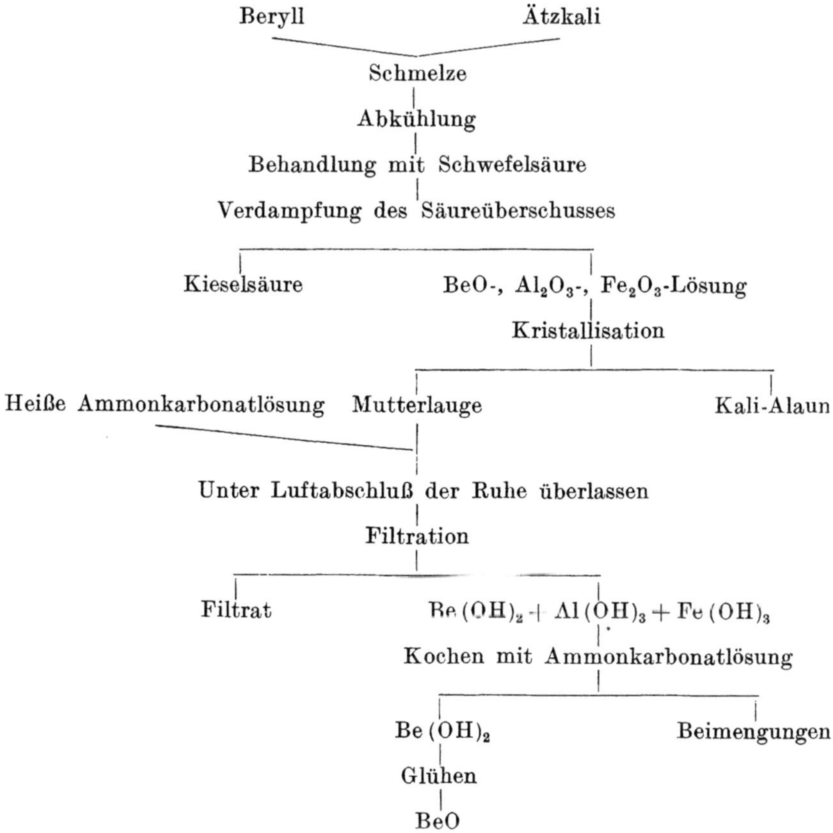

Tabelle 116. Physikalische Eigenschaften

Bezeichnung	s	H	t	c	$\beta \times 10^6$	Smp in °C	Verdampfungstemperatur in °C
Beryllerde	∞ 3		20		$\alpha \cdot 10^7$: 4,7 1,18	2400 ± 100[1])	2000° C
			0—100	0,2471[2])		2300[3])	
Beryll	2,7—2,8	7,5—8 7,8				1410—1430	
$BeO \cdot SiO_2$						> 2000[2])	
$2\,BeO \cdot SiO_2$						> 2000[2])	
Be_3N_2 (Nitrid)						2200 in N_2[4])	

[1]) Nach Tiede, E. u. E. Birnbräuer: Z. anorg. Chem. 87, 1914, S. 129
[2]) L. B. Tab.
[3]) Nach Bigot.
[4]) Fichter, Fr. u. E. Brunner: Z. anorg. Chem. 93, 1915, S. 93.

Brennverhalten

Sowohl die Beryllerde als auch das Meta- und Orthosilikat, nicht aber das Alumosilikat, zählen zu den höchstfeuerfesten Stoffen. Der geringe Ausdehnungskoeffizient läßt auf gute Temperaturwechselbeständigkeit schließen.

Bei der Erstarrung liefert die Schmelze von BeO eine Masse von größerem Härtegrad als Quarz.

Reduktionswirkungen durch Kohlenstoff zeigen sich erst bei der Schmelztemperatur.

Nach Fichter und Brunner (a. a. O.) liegt die Bildungstemperatur von Berylliumkarbid bei 1900° C; ein Gemisch von Beryllerde und Kohle nimmt bei dieser Temperatur auch leicht Stickstoff auf. Das Nitrid erstarrt beim Erkalten der Schmelze kristallin.

Das Berylloxyd bildet mit Kieselsäure Silikate, mit Tonsubstanz und anderen Silikaten Doppelsalze, deren Schmelztemperaturen viel tiefer liegen als die der Einzelstoffe. Am wenigsten wird der Schmelzpunkt durch Kieselsäure erniedrigt; Gemenge von Kaolin und Beryllerde weisen Schmelzpunkte bis zu 1450° C herab auf.

Verwendung

Unter den als Zusätze zu Zirkonerdemassen erwähnten seltenen Erden, Beryllerde, Ytter- und Thorerde, scheint jene das größere keramische Interesse zu besitzen, da sie auf Grund ihrer hohen Feuerfestigkeit und Beständigkeit gegenüber reduzierenden Wirkungen einen wertvollen Rohstoff der „feuerfesten" Industrie bilden könnte; in Amerika wird sie versuchsweise auch zu Porzellanmassen verwendet. Nach Bleininger und Riddle[1]) verleiht ein Berylloxydgehalt dem Hochspannungsporzellan eine hohe elektrische Widerstandsfähigkeit, geringe Wärmeausdehnung und bedeutende Temperaturunempfindlichkeit. Es wurden in das „Normalhochspannungsporzellan" (48,54 vH Tonsubstanz, 33,98 vH Feldspat, 17,48 vH Quarz) als teilweiser Ersatz von Quarz und Feldspat verschiedene Mengen Beryllerde eingeführt und nach den von Twells d. J.[2]) ausgeführten Versuchen als beste Mischung diejenige mit einem Gehalt von 10,83 vH Beryll, 48,54 vH Ton, 28,98 vH Feldspat und 11,65 vH Quarz erkannt. Gegenüber dem „Normalhochspannungsporzellan" stieg durch die Einführung von Beryll im obigen Ausmaße die Zugfestigkeit um 22,5 vH, die Stoßfestigkeit um 44 vH, die elektrische Festigkeit um 17 vH, die Temperaturbeständigkeit um 145 vH; dabei wies das Porzellan eine geringe Brennschwindung auf. Auch Watts[3]) berichtet über eine ausgezeichnet temperaturbeständige Porzellanmasse mit Beryllgehalt.

---

[1]) Bleininger u. Riddle: Journ. Am. Cer. Soc., Vol. 2, 1919, S. 564; Ref. Tonind.-Z. 46, 1922, S. 1124.

[2]) Twells d. J.: Journ. Am. Cer. Soc., Vol. 5, 1922, S. 228.

[3]) Watts: Journ. Am. Cer. Soc., Vol. 10, 1927, S. 148/49; Ref. Ker. Rundsch. 35, 1927, S. 307.

Vorkommen

Beryllvorkommen, die ausgebeutet werden, liegen in Norwegen, Frankreich (bei Limoges) und in Nordamerika.

M. Seltene Erden

(Thorerde [ThO_2], Cererde [CeO_2], Yttererde [Y_2O_3] und Lanthanerde [La_2O_3])

Diese Oxyde finden sich zumeist gemeinsam in verschiedenen seltenen Mineralien.

Zur technischen Gewinnung dienen für Thorerde und Ceroxyd aufbereiteter Monazitsand, ein Phosphat von Cer, Lanthan, Neodym, Praseodym und Didym mit beigemengtem Thoroxyd (3—8 vH ThO_2), das sich in Brasilien, Nordkarolina, Kolumbien, Transvaal und im Ural findet, für die Ceriterden (CeO_2 und La_2O_3) und die Yttererde der Cerit von der Zusammensetzung $[(SiO_3)_6\,(Ce, Al)_6\,Ca_2\,(OH)_6]$ oder $H_3\,(Ca, Fe)\,(Ce, La, Di)_3\,Si_3O_{13}$ mit etwa 60 vH Cer. Reich an Thoroxyd ist der Thorianit (Ceylon) mit 72—76 vH ThO_2[1]) und der Thorit (Orangit) von Schweden, $ThSiO_4$, mit 50—60 vH ThO_2. Spezifische Yttrium- bzw. Lanthanmineralien sind der Yttrotantalit, eine isomorphe Mischung von Yttriumtantalat und -niobat [$Y(Nb, Ta)O_4$], und der Lanthanit, $La_2\,(CO_3)_3 \cdot 9\,H_2O$.

Über die wichtigsten Eigenschaften dieser seltenen Erden gibt Tabelle 117 Aufschluß.

Tabelle 117. Physikalische Eigenschaften und Schmelzpunkte

Bezeichnung	s	t	$\lambda \times 360$	c	$\beta \times 10^6$	Smp in °C
Thorerde	10,2	25	$\alpha \cdot 10^7 : 6,3$	0,0608[1])	9,3[2]) geschmolzen	∾ 3000[3])
Yttererde		0—100		0,1026[1])		> 2400[3])
Cererde		—135 26	$\alpha \cdot 10^7 : 4,2$	0,0494[1]) 0,0918[1])		
Lanthanoxyd		—122 0—100		0,0338[1]) 0,0749[1])		
Monazit	4,9—5,25[4])					

[1]) L. B. Tab. [2]) Merrit: a. a. O.
[3]) Singer, F.: Keramik, S. 260. Braunschweig: F. Vieweg und Sohn. 1923.
[4]) Heinrichs, H. u. G. Jaekel: Sprs. 60, 1927, S. 705.

Die seltenen Erden besitzen in der Hitze eine gewisse Leitfähigkeit für den elektrischen Strom; durch elektrische Erregung wird besonders die Yttererde zur Lichtausstrahlung gebracht.

[1]) Chem. Z., Rep. 1915, S. 91.

In chemischer Hinsicht ist das Verhalten des Lanthanoxydes bemerkenswert; das Oxyd löst sich auch nach starkem Glühen noch in Säuren.

Die seltenen Erden zählen auf Grund ihrer hohen, zum Teil außerordentlich hohen Schmelztemperaturen zu den höchst feuerfesten Stoffen. Diese Eigenschaft begründet ihre allerdings äußerst seltene Verwendung zu Geräten (Tiegel) für Laboratoriumszwecke (ThO_2, CeO_2, La_2O_3); Thorerde dient auch als Dichtungsmittel für Zirkonmassen (vgl. S. 506), als Überzugsmasse (D.R.P. 245869) und wie die Ytter- und Cererde in der Beleuchtungstechnik zur Erzeugung von Glühkörpern (Nernstmasse, vgl. S. 506, Auerglühstrümpfe). Ceroxyd wurde versuchsweise als Trübungsmittel für Glasuren verwendet, z. B. nach dem schon erwähnten Patent der Deutschen Gasglühlicht-Auer-Ges. m. b. H., Berlin, „Verfahren zum Trüben von Email und Glasuren mittels der Oxyde der seltenen Metalle, insbesondere mittels Ceroxyd". Das sogenannte Ceritoxyd ist nach Heinrichs und Jaekel (a. a. O.) ein Gemisch von seltenen Erden mit wechselndem Cergehalt, aus dem durch Überführung in Ceroxalat ein fast eisenfreies CeO_2 gewonnen werden kann.

N. Nitride und Karbide

Als elektrische Widerstandsmassen sind vorgeschlagen worden bzw. finden Verwendung der Borstickstoff (BN) und das Borkarbid (B_6C).

Die amorphe Form des Bors absorbiert in feiner Verteilung Gase. In Stickstoffatmosphäre auf hohe Temperatur erhitzt, oder durch Einwirkung von Ammoniakgas oder trockenem Stickoxyd bei Rotglut auf das amorphe Bor bildet sich das Bornitrid. Nach G. Weintraub[1]) entsteht Borstickstoff beim Erhitzen eines pulverigen Gemenges von Borax und Cyaniden (Ferrocyaniden) im elektrischen Widerstandsofen auf 2000° C, wobei alle Verunreinigungen verdampfen. Ehrlich, Graetz und Podszus[2]) verwenden Borsäure und Ammoniak und mischen der Borsäure zur Verhütung des Zusammenfrittens Kohle oder Borstickstoff selbst zu.

Das Nitrid bildet ein leichtes, amorphes, beim Glühen an der Luft unveränderliches Pulver, das sich aber beim Erhitzen mit Wasserdampf auf 200° C in Ammoniak und Metaborsäure zersetzt.

Borkarbid entsteht beim elektrischen Erhitzen von Boroxyd mit Kohle als schwarze, glänzende Kristallmasse. Das Karbid B_6C wird nach H. Moissan[3]) aus amorphem Bor und Zuckerkohle unter Beimischung von grober Kupferfeile oder metallischem Eisen durch elektrische Erhitzung im Kohletiegel hergestellt. Der Arbeitsgang ist, diagrammatisch wiedergegeben, im wesentlichen folgender:

[1]) Weintraub, G.: Am. P. 1135232; Ref. Arndt: Chem. Ind. 39, 1916, S. 328.

[2]) Ehrlich, Graetz u. Podszus (D.R.P. 282701): a. a. O.

[3]) Moissan, H.: C. r. 118, 1894, S. 556; Dammer, O. — Peters, F.: Chemische Technologie der Neuzeit, 2., erweiterte Aufl., S. 406. Stuttgart: F. Enke. 1925.

Amorphes Bor — Zuckerkohle — Kupferfeile

Kohletiegel

elektrische Erhitzung

hämmerbare Masse

Behandlung mit Salpetersäure

Rückstand (kristallisiertes B_6C) — Lösung (Cu)

Reinigung ($KClO_3$, HNO_3, H_2SO_4, H_2O)

Graphit — Reines B_6C

Die physikalischen Eigenschaften der Borverbindungen und Schmelzpunkte anderer höchstfeuerfester Karbide, die bisher keine Verwendung gefunden haben, sind aus Tabelle 118 ersichtlich.

Tabelle 118. Physikalische Eigenschaften und Schmelzpunkte

Stoff	s	H	Wärmeleitung	Elektrische Leitfähigkeit	Smp in °C	Anmerkung
Borstickstoff			gering	Isolator	> 3000[1]	oberhalb 2000° C[2]) Zerfall oder Verflüchtigung
Borkarbid, B_6C	2,5—2,7[3])	fast 10[3]) härter als CSi		Leiter		
Urankarbid, UC_2					∾ 2425[4])	
Mono-Wolframkarbid, WC					2685[5]) (instabil)	
Tri-Wolframkarbid, W_3C					> 2700[5])	
Vanadinkarbid, V_4C_3					∾ 2750[4])	
Eutektikum WC —? W_2C					∾ 2580[5])	

[1]) Podszus: Z. angew. Chem. 30, 1917, S. 153.
[2]) Singer, F.: Keramik, S. 269. Braunschweig: F. Vieweg und Sohn. 1923.
[3]) Dammer, O.—Peters, F.: Chemische Technologie der Neuzeit, 2., erweiterte Aufl., S. 406. Stuttgart: F. Enke. 1925.
[4]) Ruff u. Goeke: Z. angew. Chem. 24, 1911, 2, S. 1459.
[5]) Ruff u. Wunsch: Z. anorg. Chem. 85, 1914, S. 292.

Borstickstoff ist nach Hecht[1]) gegenüber Quarz und Tonerde bei hohen Temperaturen widerstandsfähig.

[1]) Hecht, H.: Lehrb. d. Keramik, S. 177. Berlin-Wien: Urban und Schwarzenberg. 1923.

Schwermetalloxyde werden in Gluthitze durch Borstickstoff unter Bildung von Stickoxyden reduziert. Borkarbid ist nicht völlig oxydationsbeständig; bei hohen Temperaturen wird es vom Luftsauerstoff langsam angegriffen. Nach „Dammer“ (a. a. O.) wird es von Chlor unter 1000° C, von Schwefel, Phosphor und Stickstoff oberhalb 1200° C, und auch von schmelzenden Alkalien angegriffen. Außer der schon angedeuteten Verwendung der Borverbindungen soll Borkarbid auch zur Erzeugung von Elektroden dienen. Podszus (D.R.P. 282748) will durch Zusatz von Titansäure zum Rohstoffgemenge des Bornitrides sinternde Massen erzielen, mit Hilfe deren geformte, fast gasdichte Körper (Röhren, Tiegel) erhalten werden könnten.

Tabelle 119. Nummern der Segerkegel und annähernde Mittelwerte ihrer „Schmelzpunkte“ in °C nach neueren Messungen (Chem. Laboratorium für Tonindustrie, Berlin) und Schmelztemperaturen einiger amerikanischer Ortonkegel[1])

SK	O.K.	°C	SK	O.K.	°C	SK	O.K.	°C	SK	O.K.	°C	SK	O.K.	°C
022		600	08a		940	7		1230		18	1490	31		1690
021		650	07a		960	8		1250	18	18½	1500	32		1710
020		670	06a		980	9		1280		19	1510	33		1730
019		690	05a		1000	10		1300	19		1520	34		1750
018		710	04a		1020	11		1320	20	20	1530	35		1770
017		730	03a		1040	12	11	1350		20½	1540	36		1790
016		750	02a		1060	13	12½	1380		26	1550	37		1825
015a		790	01a		1080		13	1390		26¾	1565	38		1850
014a		815	1a		1100		13½	1400	26	27½	1580	39		1880
013a		835	2a		1120	14		1410	27		1610	40		1920
012a		855	3a		1140	15		1435	28		1630	41		1960
011a		880	4a		1160		15½	1440		30½	1640	42		2000
010a		900	5a		1180	16		1460	29	31	1650			
09a		920	6a		1200	17		1480	30		1670			

[1]) Bureau of Standards; Cole, S. S.: Journ. Am. Cer. Soc., Vol. 8, 1925, S. 462/463; Ref. Sprs. 59, 1926, S. 382.

Tabelle 120. Pouilletsche Glühfarben und Schmelztemperaturen von Metallen

Glühfarbe	°C	∾SK	Metalle	°C	∾ SK
Dunkle Rotglut	690	019	Silber	960	07a
Beginnende Kirschrotglut	790	015a	Gußeisen, weiß	1050—1100	02a—1a
Kirschrotglut	900	010a	Gold	1063	02a
Hellrotglut	1000	05a	Gußeisen, grau	1100—1275	1a—9
Dunkle Gelbglut	1100	1a	Eisen, chemisch rein	∾ 1545	20/26
Helle Gelbglut	1200	6a	Stahl	1300—1600	10—27
Beginnende Weißglut	1300	10	Eutektoide und übereutektoide Stähle	1300—1400	10—14
Helle Weißglut	1410	14	Untereutektoide Stähle	1500—1600	18—27
Blendende Weißglut	1500	18	Platin	1764	35

Namenverzeichnis

Sachverzeichnis

GPSR Compliance

The European Union's (EU) General Product Safety Regulation (GPSR) is a set of rules that requires consumer products to be safe and our obligations to ensure this.

If you have any concerns about our products, you can contact us on ProductSafety@springernature.com

In case Publisher is established outside the EU, the EU authorized representative is:

Springer Nature Customer Service Center GmbH
Europaplatz 3
69115 Heidelberg, Germany

Batch number: 10577896

Printed by Printforce, the Netherlands